传染病医院建设标准汇编

本社　编

中国计划出版社
北　京

图书在版编目（CIP）数据

传染病医院建设标准汇编 / 中国计划出版社主编
. -- 北京 : 中国计划出版社, 2020.10
ISBN 978-7-5182-1245-3

Ⅰ. ①传… Ⅱ. ①中… Ⅲ. ①传染病医院－建筑工程
－标准－汇编－中国 Ⅳ. ①TU246.1-65

中国版本图书馆CIP数据核字(2020)第199480号

传染病医院建设标准汇编
本社　编

中国计划出版社出版发行
网址：www.jhpress.com
地址：北京市西城区木樨地北里甲11号国宏大厦C座3层
邮政编码：100038　电话：(010) 63906433（发行部）
三河富华印刷包装有限公司印刷

880mm×1230mm　1/16　32.75印张　1640千字
2020年10月第1版　2020年10月第1次印刷
印数 1—1000册

ISBN 978-7-5182-1245-3
定价：198.00元

前　言

新型冠状病毒肺炎疫情发生以来，习近平总书记一直高度重视，时刻跟踪疫情蔓延形势和防控工作。从中央到地方，各级单位积极落实相关的应急管理机制，听从统一指挥和调度。然而，目前在全世界范围内，急性传染病医院和救治中心的建设正处在探索阶段，我国各区域的医院建设水平也是参差不齐。在各地加紧建设急性传染病医院之际，如何做到立即响应、立即启动、立即建设，并合理、科学、系统、规范地完成传染病医院和救治中心的新建、改建和扩建工作是摆在所有建设者面前的急迫课题。

为积极应对新型冠状病毒肺炎疫情的防治工作，科学规范新型冠状病毒肺炎传染病应急医疗设施的设计和建设，中国计划出版社将截至2020年2月有关传染病医院建设的相关工程建设标准、装配式建筑标准、医药卫生标准共29项标准汇编成册，方便全国广大设计、施工等相关单位及人员使用。若使用过程中发现错漏，敬请反馈给作者，万分感谢！

目　录

工程建设标准

装配式建筑标准

医药卫生标准

工程建设标准

中华人民共和国国家标准

传染病医院建筑设计规范

Code for design of infectious diseases hospital

GB 50849-2014

主编部门：中华人民共和国卫生和计划生育委员会
批准部门：中华人民共和国住房和城乡建设部
施行日期：2 0 1 5 年 5 月 1 日

中华人民共和国住房和城乡建设部公告

第 525 号

住房城乡建设部关于发布国家标准《传染病医院建筑设计规范》的公告

现批准《传染病医院建筑设计规范》为国家标准，编号为GB 50849—2014，自2015年5月1日起实施。其中，第4.1.3、5.2.4、5.3.2、5.5.2、5.5.6、5.5.9、5.7.1(1)、5.8.4、7.1.3、7.1.4条(款)为强制性条文，必须严格执行。

本规范由我部标准定额研究所组织中国计划出版社出版发行。

中华人民共和国住房和城乡建设部
2014年8月27日

前　言

本规范是根据原建设部《关于印发〈二〇〇四年工程建设国家标准制订、修订计划〉的通知》(建标〔2004〕67号)的要求,由中国中元国际工程有限公司编制完成。

在本规范编制过程中,编制组进行了广泛深入的调查研究,认真总结多年来传染病医院建筑设计的实践经验,收集并参照了国内外的有关资料,在广泛征求意见的基础上,通过反复讨论,修改和完善,最后经审查定稿。

本规范共分10章。主要技术内容包括:总则,术语和缩略语,传染病医院流程,选址与总平面,建筑设计,给水排水、污水处理和消防,采暖通风与空气调节,电气,智能化,医疗气体。

本规范中以黑体字标志的条文为强制性条文,必须严格执行。

本规范由住房城乡建设部负责管理和对强制性条文的解释,中国中元国际工程有限公司负责具体技术内容的解释。为了提高规范质量,请各单位和个人在执行本规范的过程中,认真总结经验,积累资料,如发现需要修改或补充之处,请将意见和有关资料寄至中国中元国际工程有限公司医疗建筑设计研究院(地址:北京市西三环北路5号,邮政编码:100089,E-mail:huanglei@ippr.net),以供今后修订时参考。

本规范主编单位、参加单位、主要起草人和主要审查人:

主 编 单 位:中国中元国际工程有限公司

参 加 单 位:北京佑安医院
北京地坛医院
广州第八人民医院
中国建筑科学研究院
北京市卫生局
上海市卫生局
河南省卫生厅

主要起草人:黄锡璆　辛春华　林向阳　涂　路　刘　颖　王　健　刘　强

主要审查人:杨炳生　徐伟民　谢双保　许仲麟　刘凤琴　毛　羽　杨建国

目　次

1 总　　则

1.0.1 为规范传染病医院的设计，满足使用功能需要，符合安全卫生、经济合理、节能环保等基本要求，制定本规范。

1.0.2 本规范适用于新建、改建和扩建的传染病医院和综合性医院的传染病区的建筑设计。

1.0.3 传染病医院的建筑设计，应遵照控制传染源、切断传染链、隔离易感人群的基本原则，并应满足传染病医院的医疗流程。

1.0.4 传染病医院的建筑设计，除应符合本规范外，尚应符合国家现行有关标准的规定。

2 术语和缩略语

2.1 术　　语

2.1.1 传染病医院　　infectious diseases hospital

诊断与收治患有国家传染病法规定传染病病种病人的专科医院。

2.1.2 筛查区　　screening area

对病人进行初步预检筛分检查的区域。

2.1.3 接诊区　　referal section

指门诊部内设立的办理并接收包括由其他医疗机构转诊来的病人的部门。

2.1.4 负压病房　　negative air pressure isolated ward

采用平面空间分隔并配置空气调节系统控制气流流向，保证室内空气静压低于周边区域空气静压，并采取有效卫生安全措施防止传染的病房。

2.1.5 负压隔离手术室　　negative air pressure operating room

采用平面空间分隔并配置空气调节系统控制气流流向，保证室内空气静压低于周边区域空气静压，并采取有效卫生安全措施防止传染的手术室。

2.1.6 缓冲室　　buffer room

相邻空间之间安排设计的有组织气流并形成卫生安全屏障的间隔小室。

2.1.7 疑似病房　　disease inspection ward

收留具有一定病兆的病人，对其做进一步留观诊断的病房。

2.2 缩　略　语

2.2.1 CT(Computerized Tomography)　　计算机断层扫描

2.2.2 PACS(Picture Archiving and Communication Systems)　图文存储传输系统

2.2.3 LIS(Laboratory Information System)　　化验信息系统

2.2.4 ICU(Intensive Care Unit)　　重症监护

3 传染病医院流程

3.0.1 传染病医院基本流程图见图 3.0.1。

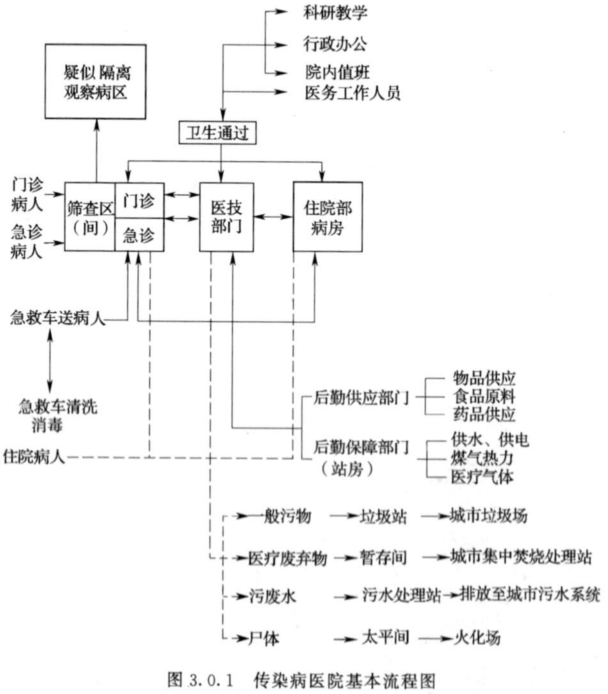

图 3.0.1　传染病医院基本流程图

3.0.2 门诊医技科室基本流程图见图 3.0.2。

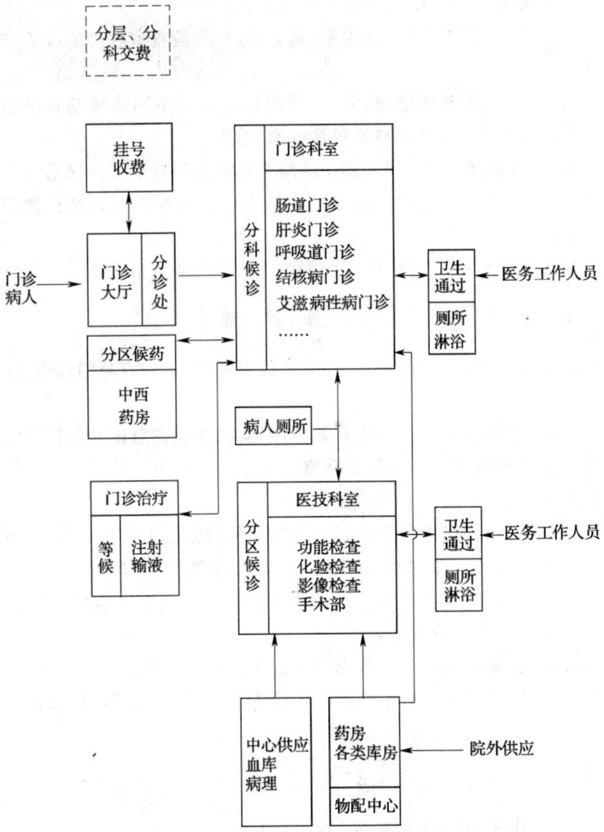

图 3.0.2 门诊医技科室基本流程图

3.0.3 住院部基本流程图见图 3.0.3。

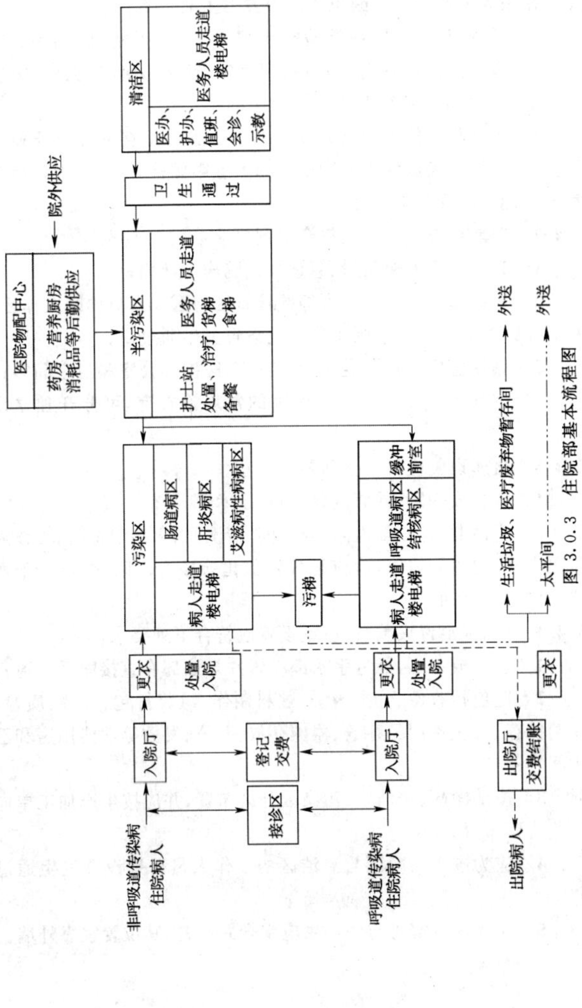

图 3.0.3 住院部基本流程图

4 选址与总平面

4.1 选 址

4.1.1 新建传染病医院选址应符合当地城镇规划、区域卫生规划和环保评估的要求。

4.1.2 基地选择应符合下列要求：

1 交通应方便，并便于利用城市基础设施；

2 环境应安静，远离污染源；

3 用地宜选择地形规整、地质构造稳定、地势较高且不受洪水威胁的地段；

4 不宜设置在人口密集的居住与活动区域；

5 应远离易燃、易爆产品生产、储存区域及存在卫生污染风险的生产加工区域。

4.1.3 新建传染病医院选址，以及现有传染病医院改建和扩建及传染病区建设时，医疗用建筑物与院外周边建筑应设置大于或等于 20m 绿化隔离卫生间距。

4.2 总 平 面

4.2.1 总平面设计应符合下列要求：

1 应合理进行功能分区，洁污、医患、人车等流线组织应清晰，并应避免院内感染；

2 主要建筑物应有良好朝向，建筑物间距应满足卫生、日照、采光、通风、消防等要求；

3 宜留有可发展或改建、扩建用地；

4 有完整的绿化规划；

5 对废弃物妥善处理，并应符合国家现行有关环境保护的规定。

4.2.2 院区出入口不应少于两处。

4.2.3 车辆停放场地应按规划与交通部门要求设置。

4.2.4 绿化规划应结合用地条件进行。

4.2.5 对涉及污染环境的医疗废弃物及污废水，应采取环境安全保护措施。

4.2.6 医院出入口附近应布置救护车冲洗消毒场地。

5 建筑设计

5.1 一般规定

5.1.1 新建传染病医院的主要建筑平面布置、结构形式和机电设计，应为今后发展、改造和灵活分隔创造条件。

5.1.2 门诊、急诊和住院部等主要出入口处，应设置带雨篷的机动车停靠处，并应设置无障碍通道。

5.1.3 医院应设置具有引导、管理等功能的标示系统。

5.1.4 两层的医疗用房宜设电梯，三层及三层以上的医疗用房应设电梯，且不得少于两台。当病房楼高度超过24m时，应单设专用污物梯。供病人使用的电梯和污物梯，应采用专用病床规格电梯。

5.1.5 150床以下传染病医院或病区，受条件限制无法设置电梯时，宜设置输送病人及物品的坡道，坡度应按无障碍要求设计，并应采用防滑措施。

5.1.6 楼梯的位置应同时符合防火疏散和功能分区的要求。主楼梯宽度不得小于1.65m，踏步宽度不得小于0.28m，高度不得大于0.16m。

5.1.7 通行推床的室内走道，净宽不应小于2.4m。有高差者应用坡道相接，坡道坡度应符合无障碍坡道要求。

5.1.8 半数以上的病房，应获得良好日照。

5.1.9 门诊、急诊和病房，宜充分利用自然通风和天然采光。

5.1.10 在自然通风条件下，室内净高应符合下列规定：

1 诊查室、病房不应低于2.80m；

2 医技科室不应低于3.00m。

5.1.11 医疗用房噪声环境要求应为：病房的允许噪声级（A声级）昼间应小于或等于40dB，夜间应小于或等于35dB；隔墙与楼板的空气声的计权隔声量应大于或等于45dB，楼板的计权标准撞击声压级应小于或等于75dB。

5.1.12 医疗用房应满足医疗使用功能和医疗设备对环境的特殊要求。

5.1.13 卫生间的设置应符合下列规定：

1 患者使用的卫生间隔间的平面尺寸，不应小于1.10m×1.40m，门应朝外开，门闩应能里外开启；

2 患者使用的坐式大便器坐圈宜采用不易被污染、易消毒的马蹄式坐圈，蹲式大便器宜采用“下卧式”感应冲水的大便器，大便器旁应装置助力拉手；

3 卫生间应设前室，病人使用的公用卫生间宜采用不设门扇的迷宫式前室，并应配备非手动开关龙头的洗手盆；

4 采用室外卫生间时，宜用连廊与门诊、病房楼相接；

5 男、女公共卫生间应各设一个无障碍隔间或另设一间无性别无障碍卫生间；

6 无障碍专用卫生间和公共卫生间的无障碍设施与设计要求，应符合现行国家标准《无障碍设计规范》GB 50763的有关规定；

7 卫生间应设输液吊钩。

5.2 门诊部

5.2.1 门诊部的出入口应靠近院区的主要出入口。

5.2.2 接诊区可在门诊部靠近入口处设置，也可与急诊部合并设立。

5.2.3 用房设置应符合下列要求：

1 公共部分应设置门厅、挂号处、问讯处、病历室、划价收费处、中西药房、候诊处、采血室、检验室、输液室、注射室、门诊办公室、卫生间等公共设施；

2 各科应设置诊查室、治疗室、护士站、值班更衣室、污洗室、杂物贮藏室、卫生间等；

3 可设置换药室、处置室、清创室、X线检查室和功能检查室等。

5.2.4 门诊部应按肠道、肝炎、呼吸道门诊等不同传染病种分设不同门诊区域，并应分科设置候诊室、诊室。

5.2.5 平面布局中，病人候诊区应与医务人员诊断工作区分开布置，并应在医务人员进出诊断工作区出入口处为医务人员设置卫生通过室。

5.2.6 接诊区、筛查区应单设医务人员卫生通过室。

5.3 急诊部

5.3.1 急诊部应自成一区，并应单独设置出入口，宜与门诊部、医技部毗邻。

5.3.2 急诊部入口处应设置筛查区（间），并应在急诊部入口毗邻处设置隔离观察病区或隔离病室。

5.3.3 急诊用房设置应符合下列要求：

1 应设置接诊分诊台、诊室、抢救室、抢救监护室、医护人员办公室、更衣室、缓冲室、卫生间、污洗室、杂物贮藏室等；

2 可独立设挂号、收费、病案、药房、检验及按功能要求配置的医学影像检查等用房。

5.3.4 快速抢救区及一般急诊区应按病人救治危急程度分设。

5.3.5 隔离观察病区或病室应全部按1床间安排，其床位规模应由当地卫生行政主管部门核定。

5.4 医技科室

5.4.1 医学影像科设置应符合下列要求：

1 其位置宜方便门诊、急诊及住院病人使用；

2 平面布置应区分病人等候检查区与医务人员诊断工作区，并应在医务人员进出诊断工作区设置卫生通过室；

3 其用房应包括各类检查机房、X线透视室、照相室、CT室、控制室、等候室、登记存片室、观片室、暗室、PACS机房、医生办公室、技师办公室等功能用房和卫生间；

4 供呼吸道传染病病人使用的一般影像检查室可分开独立设置；与其他传染病病人共同使用的大型影像检查室，宜为各检查室设2间～3间更衣小间。

5.4.2 功能检查室设置应符合下列要求：

1 其位置宜方便门诊、急诊及住院病人使用；

2 平面布置应区分病人等候检查区与医务人员诊断工作区，并应在医务人员进出诊断工作区处设置卫生通过室；

3 其用房应包括各类功能检查室、医护办公室和卫生间等；

4 供呼吸道传染病病人使用的常规检查室，可分开独立设置。

5.4.3 血库设置应符合下列要求：

1 宜自成一区，并邻近化验科、手术部；

2 应由贮血间、配血间、发血间、清洗间、灭菌消毒间、工作人员更衣室、卫生间等组成，应配置发血化验核查小间，贮血与配血应分成独立小间。

5.4.4 中心（消毒灭菌）供应室设置应符合下列要求：

1 宜自成一区，靠近手术部布置并与该部有直接联系通道；

2 应包括收件、分类清洗、敷料制作、组装打包、灭菌、质检、无菌储存、一次性用品存放、器械存放、办公、发放等功能用房和卫生间等；

3 按洁净区、清洁区、污染区分区布置，并应按生产加工单向工艺流程布置；

4 应为进入洁净区与清洁区的工作人员分别设置卫生通过室；

5 气体灭菌室可与中心供应室合并设置，其位置宜靠外墙。

5.4.5 手术部设置应符合下列要求：

1 手术部设计应按现行国家标准《医院洁净手术部建筑技术规范》GB 50333 的有关规定执行；

2 宜自成一区，与急诊部、外科手术相关的病区相近，并宜与中心供应室、血库、病理科联系方便；

3 其用房应包括污染手术室（负压手术室）、换床间、无菌手术室、刷手处（池）、麻醉准备间、术后苏醒间、男女卫生通过室（更衣、淋浴、卫生间）、无菌敷料室、器械仪器室、家属等候室、谈话室、冰冻切片间、标本传送间、污物暂存间等。有教学任务的医院可在手术部办公区或手术部外设置示教室。

5.4.6 药剂科设置应符合下列要求：

1 宜自成一区，并应与住院部联系方便；

2 250 床及以下门诊与住院部的药剂科可合设，400 床及以上宜分设；

3 其用房应包括发药处、调剂处、配剂处、中成药库、中草药库、西药库、贵重及控制药品库、办公室、值班室、更衣室等功能用房和卫生间等，非处方药房宜设于院外；

4 静脉输液配药室的设置，应符合国家现行有关药品生产规范的要求。

5.4.7 检验科设置应符合下列要求：

1 应自成一区，并与门诊及住院部联系方便；

2 承担高度生物危险等级的 ABSL－3、ABSL－4 传染病检验与研究时，检验科设计应按现行国家标准《生物安全实验室建筑技术规范》GB 50346 的有关规定执行；

3 其用房应包括临床检验、生化免疫、微生物、细胞、细菌、病毒、血液实验、洗涤消毒、试剂室、材料库、值班、化验、LIS 办公、检查标本暂存、废弃物暂存等功能用房；

4 生化免疫、病毒、细菌室应设生物安全通风柜、橱；

5 细菌检验室的接种与培养实验室应设传递窗，并应设专用洗涤池；

6 应在检验工作区合适位置布置紧急冲淋龙头及密闭型排水地漏；

7 应在检验工作区出入口处分别设置男女医务人员卫生通过室。

5.4.8 病理科设置应符合下列要求：

1 宜自成一区，与手术部联系方便，并宜设置运送病理检验废弃物的对外安全通道；

2 病理解剖室宜与太平间相邻布置；

3 应在病理科工作区出入口处设置男女卫生通过室；

4 其用房应包括收件、取材、冷冻切片、脱水染色、脱蜡包埋、镜检、洗涤消毒、办公等功能用房；

5 高度生物危险等级病理解剖用房应符合现行国家标准《生物安全实验室建筑技术规范》GB 50346 的有关规定。

5.5 住 院 部

5.5.1 宜自成一区，靠近手术部、医学影像科、检验科等，并应与药房、营养厨房等有方便联系通道。

5.5.2 平面布置应划分污染区、半污染区与清洁区，并应划分洁污人流、物流通道。

5.5.3 住院部应根据收治的传染病种类分设不同病区。综合医院传染病区可分设呼吸道病区、肠道消化道病区。150 床以上传染病医院除应设置呼吸道病区、肠道消化道病区外，也可根据规模分别设置肝炎病区、肺结核病区、艾滋病病区以及其他病区。

5.5.4 住院部用房应包括入院厅、入院登记办理处、出院厅、交费结账处、医疗保险办公室、病人住院接诊处、病人入院更衣室、财务会计室、病人卫生间、医务人员更衣室和卫生间。有教学任务的医院可设置示教室。

每个病区应包括带卫生间病房、重症监护室、医生办公室、护士办公室、护士站、处置室、治疗室、值班室、被服库、备餐兼开水间等用房，宜设置病人活动室。

5.5.5 每个病区床位配置宜为 32 床～42 床。

5.5.6 不同类传染病病人应分别安排在不同病区。

5.5.7 各病区应设 1 床间、2 床间或多床间。病房设置应符合下列要求：

1 病床的排列应平行于有采光窗的墙面，单排不宜超过 3 床，双排不宜超过 6 床；

2 平行的两床间净距不应小于 0.80m，靠墙病床床沿与墙面的净距不应小于 0.60m；

3 单排病床通道净宽不应小于 1.10m，双排病床（床端）通道净宽不应小于 1.40m；

4 各病房均应附设含大便器、淋浴器、脸盆的卫生间；

5 病房门应直接开向走道；

6 抢救室宜靠近护士站；

7 病房门净宽不应小于 1.10m，门扇应设观察窗；

8 病房走道两侧墙面应设置靠墙扶手及防撞设施。

5.5.8 住院部应根据需要设置负压病房区和重症监护病房（ICU）隔离负压小间。

5.5.9 呼吸道传染病病区，在医务人员走廊与病房之间应设置缓冲前室，并应设置非手动式或自动感应龙头洗手池，过道墙上应设置双门密闭式传递窗。

5.5.10 各病区备餐间宜划分成清洁和污染小间，清洁和污染小间应设传递窗。采用一次性餐具时，备餐间可设于清洁区，不设分隔，并应在污染区设置残食收集暂存间。

5.6 重症监护病区

5.6.1 重症监护宜自成一区，宜靠近手术部，并安排方便联系的通道。

5.6.2 呼吸道传染病重症监护病区应采用单床小隔间布置方式，非呼吸道传染病的重症监护病区可按多床大开间和单床小隔间组合布置。

5.6.3 重症监护病区应在其出入口处设置缓冲间。

5.6.4 用房应包括缓冲间、重症监护病区（含多床大开间和单床小隔间）、护士站、处置室、仪器间、药品间、值班室、更衣室、卫生间、污洗间、家属等候室等。

5.6.5 采用空气调节的呼吸道重症监护病房，应采用负压系统。

5.7 保 障 系 统

5.7.1 洗衣房设置应符合下列要求：

1 应按衣服、被单的洗涤、消毒、烘干、折叠加工流程布置，污染的衣服、被单接受口与清洁的衣服、被单发送口应分开设置；

2 污染区应包括收件分类间、消毒灭菌间、洗涤间等，清洁区应包括洗涤间、衣单存放库房、发放室、办公室、更衣间和卫生间等；

3 污染的衣服、被单应由专门容器或专用包裹收集，在清洗加工前应先行消毒灭菌；

4 有条件的医院宜选配双门式洗甩两用工业洗衣机。

5.7.2 营养膳食科设置应符合下列要求：

1 宜靠近病区，并宜设置向病区发送餐食以及接受运输外购原料半成品的通道；

2 用房应包括过磅间、主食库、副食库、调味品库、主食粗细加工间、副食粗细加工间、特种餐饮加工间、营养师室、财会室、员工更衣淋浴室和卫生间等；

3 食品加工要求应符合食品加工卫生防疫要求，主副食、生熟食物应分区布置，应采取防蝇防鼠措施以及排油烟、油污收集措施。

5.7.3 太平间设置应符合下列要求：

1 宜设置于住院楼地下室或独立建造，并应与运尸通道有方便联系；

2 应设置停尸间、告别室、病理解剖间、标本存放间、化妆间、卫生间、值班室、更衣室、器械洗涤消毒间、工作人员卫生通过室等；

3 设告别室时，宜用玻璃隔断划分死者与告别者空间，并应设化妆间和告别人员卫生间；

4 存尸应有冷藏设施，最高一层存尸抽屉的下沿高度不宜大于1.30m。

5.7.4 医疗废弃物暂存间应设置围墙与其他区域相对分隔，位置应位于院区下风向处。

5.8 室内装修和其他要求

5.8.1 一般医疗用房的地面、墙裙、墙面、顶棚，应采用便于清扫、冲洗、消毒的材料及构造，其阴阳角宜做成圆弧半径大于30mm的圆角。

5.8.2 手术室、无菌室、层流病房等洁净度要求高的用房，其室内装修应满足易清洁、耐消毒液擦洗的要求，手术室地面应采用导电或防静电地板；放射科、脑电图等用房的地面应防潮、绝缘、防静电。

5.8.3 药剂科的配方室、贮药室、中心药房、药库等均应采取防潮、防虫、防鼠等措施。

5.8.4 太平间、病理解剖室、医疗垃圾暂存处的地面与墙面，均应采用耐洗涤消毒材料，地面与墙裙均应采取防昆虫、防鼠雀以及其他动物侵入的措施。

5.8.5 生化检验室和中心实验室的部分化验台台面、通风柜台面、血库的配血室和洗涤室的操作台台面，以及病理科的染色台台面，均应采用耐腐蚀、易冲洗、耐燃烧的面层，相关的洗涤池和排水管亦应采用耐腐蚀材料。

5.8.6 建筑应符合无障碍设计要求。

6 给水排水、污水处理和消防

6.1 给 水

6.1.1 传染病医院生活给水水质，应符合现行国家标准《生活饮用水卫生标准》GB 5749的有关规定。

6.1.2 医院生活用水定额应符合表6.1.2的规定。

表6.1.2 生活用水定额

序号	设施标准	单位	最高日用水量（升/日）	小时变化系数
1	设集中卫生间、盥洗间	每床位每日	100～200	2.5～2.0
2	设集中浴室、卫生间、盥洗间	每床位每日	150～250	2.5～2.0
3	设集中浴室，病房设卫生间、盥洗间	每床位每日	250～300	2.5～2.0
4	病房设浴室、卫生间、盥洗间	每床位每日	250～400	2.0
5	贵宾病房	每床位每日	400～600	2.0
6	门（急）诊病人	每人每次	25～50	2.5
7	医护人员	每人每班	150～300	2.0～1.5
8	医院后勤职工	每人每班	30～50	2.5～2.0
9	职工浴室	每人每次	80～150	1.0
10	食堂	每人每次	25～50	2.5～1.5
11	洗衣	L/kg	80～150	1.5～1.0

注：1 医护人员的用水量包括手术室、中心供应等医院常规医疗用水。

2 道路和绿化用水应根据当地气候条件确定。

6.1.3 室内外给水、热水的配水干管、支管应设置检修阀门，阀门宜设在工作人员的清洁区内。

6.1.4 下列场所的用水点应采用非接触性或非手动开关，并应防止污水外溅：

1 公共卫生间的洗手盆、小便斗、大便器；

2 护士站、治疗室、中心（消毒）供应室、监护病房、诊室、检验科等房间的洗手盆；

3 其他有无菌要求或需要防止院内感染场所的卫生器具。

6.1.5 采用非手动开关的用水点应符合下列要求：

1 医护人员使用的洗手盆，以及细菌检验科设置的洗涤池、化验盆等，应采用感应水龙头或膝动开关水龙头；

2 公共卫生间的洗手盆应采用感应自动水龙头，小便斗应采用自动冲洗阀，坐便器应采用感应冲洗阀，蹲式大便器宜采用脚踏式自闭冲洗阀或感应冲洗阀。

6.2 排 水

6.2.1 传染病医院应采用雨污分流制，当城市市政无雨水管道时，院区也应采用单独雨水管道系统，不宜采用地面径流或明沟排放雨水。

6.2.2 传染病医院的污废水应与非病区污废水分流排放，现有传染病医院改建、扩建时，污废水应与其他污水分别收集。

6.2.3 在车辆停放处，宜设冲洗和消毒设施。

6.2.4 准备间、污洗间、卫生间、浴室、空调机房等应设置地漏，护士室、治疗室、诊室、检验科、医生办公室等房间不宜设地漏。

6.2.5 地漏宜采用带过滤网的无水封地漏加存水弯，存水弯的水封不得小于50mm，且不得大于75mm；可采用洗手盆的排水给地漏水封补水；用于手术室、急诊抢救室等房间的地漏应采用可开启的密封地漏。

6.2.6 大便器宜选用冲洗效果好、污物不易黏附在便槽内且回流少的器具。

6.2.7 呼吸道发热门（急）诊内应设独立卫生间，排水管及通气管不宜与其他区域的管道连接，排水管应单独排出。

6.2.8 细菌、病毒检验科应设专用洗涤设施，并应在消毒灭菌后再排放到室外排水管网，进入医院污水处理站。排水管道宜采用防腐蚀的管道。

6.2.9 给排水管道不应穿越无菌室；当必须穿越时，应采取防漏措施。

6.2.10 用于收集具有严重传染病病毒的排水管，在穿越的地方应用不收缩、不燃烧、不起尘材料密封。

6.2.11 上至屋面的排水通气管四周应有良好的通风，严重传染病区宜将通气管中废气集中收集进行处理。

6.2.12 污物洗涤池和污水盆的排水管管径不得小于75mm。

6.2.13 室外排水检查井应采用密封井盖。

6.2.14 空调冷凝水应集中收集，并应排入污水处理站处理。

6.3 热水及开水

6.3.1 热水用水量定额应符合表6.3.1的规定。

表6.3.1 热水用水量定额（60℃）

序号	设施标准	单位	最高日用水量（L/d）	小时变化系数（h）
1	设集中卫生间，病房设卫生间、盥洗间	每床位每日	60～100	2.5～2.0
2	设集中浴室，病房设卫生间、盥洗间	每床位每日	70～130	2.5～2.0
3	病房设浴室、卫生间、盥洗间	每床位每日	130～200	2.0

续表 6.3.1

序号	设施标准	单位	最高日用水量(L/d)	小时变化系数(h)
4	贵宾病房	每床位每日	150～300	2.0
5	门(急)诊病人	每人每次	10～15	2.5
6	医护人员	每人每班	60～100	2.5～2.0
7	医院后勤职工	每人每班	10～15	2.5～2.0
8	职工浴室	每人每次	40～60	1.0
9	食堂	每人每次	7～10	2.5～1.5
10	洗衣	L/kg	20～35	1.5～1.0

6.3.2 生活热水加热设备出水温度不应低于60℃。手术室等处的盥洗池水龙头应采用恒温供水，供水温度宜为30℃。

6.3.3 热水系统与冷水系统的供水压力应平衡。医院热水系统的换热设备不应少于2台，当一台检修时，其余设备应能供应60%的设计用水量。

6.3.4 热水进行再循环时，对于在严重传染区下游的不带水阀门的结构，在使循环水回到蓄水箱后，应在箱内于80℃加热10min以上进行杀菌，然后再以供给时所需的温度进行循环。

6.3.5 每个护理单元应单独设置饮用水供水点。当医院开水系统采用蒸汽间接加热时，宜集中设置蒸汽开水炉，并应通过开水管道向各护理单元供应；当采用电加热时，每护理单元应单独设置电开水器。

6.3.6 医院开水系统也可采用瓶装水饮水机。

6.3.7 生活饮用水管道宜避开污染区，当条件限制不能避开时，应采取防护措施。

6.4 污水、污物处理

6.4.1 传染病医院污水处理后的水质，应符合现行国家标准《医疗机构水污染物排放标准》GB 18466 的有关规定。

6.4.2 传染病医院和综合医院的传染病门诊、病房的污水、废水宜单独收集，污水应先排入化粪池，灭活消毒后应与废水一同进入医院污水处理站，并应采用二级生化处理后再排入城市污水管道。

6.4.3 传染病医院内含有病原体的固体废弃物应进行焚烧处理。手术中产生的医疗污物应就地或集中消毒处理。

6.4.4 放射性污水的排放应符合现行国家标准《放射卫生防护基本标准》GB 4792 的有关规定。

7 采暖通风与空气调节

7.1 一般规定

7.1.1 传染病医院各部门的温度、湿度在设置空调系统时，应符合表7.1.1的要求。

表 7.1.1 主要用房室内空调设计温度、湿度

房间名称	夏季		冬季	
	干球温度(℃)	相对湿度(%)	干球温度(℃)	相对湿度(%)
病房	26～27	50～60	20～22	40～45
诊室	26～27	50～60	18～20	40～45
候诊室	26～27	50～60	18～20	40～45
各种试验室	26～27	45～60	20～22	45～50
药房	26～27	45～50	18～20	40～45
药品储藏室	22	60以下	16	60以下
放射线室	26～27	50～60	23～24	40～45
管理室	26～27	50～60	18～20	40～45

7.1.2 位于采暖地区的无空调系统的传染病医院，应设集中采暖。采暖方式宜设置散热器采暖。各种用房室内采暖设计计算温度应满足表7.1.2的规定。

表 7.1.2 主要用房室内采暖设计温度

房间名称	室内采暖设计温度(℃)
病房	20
诊室	18
候诊室	18
各种试验室	20
药房	18
药品储藏室	16

7.1.3 传染病医院或传染病区应设置机械通风系统。

7.1.4 医院内清洁区、半污染区、污染区的机械送、排风系统应按区域独立设置。

7.1.5 医院门诊、急诊部入口处的筛查，其通风系统应独立设置。

7.1.6 机械送、排风系统应使医院内空气压力从清洁区至半污染区至污染区依次降低，清洁区应为正压区，污染区应为负压区。清洁区送风量应大于排风量，污染区排风量应大于送风量。

7.1.7 排风系统的排出口应远离送风系统取风口，不应临近人员活动区。

7.1.8 病房卫生间排风不宜通过共用竖井排风，应结合病房排风统一设计。

7.1.9 医院各处门口不宜设置空气幕。

7.1.10 有条件设置集中空调的地方，诊室、病房、医护办公等小空间可结合机械送排风系统做风机盘管系统，机械送风系统应设计为空调新风系统。中庭、门诊大厅等大空间可设计全新风直流式空调系统。

7.1.11 全新风直流式空调系统应采取在非呼吸道传染病流行时期回风的措施。

7.1.12 手术室、重症监护室(ICU)、负压隔离病房以及高精度医疗设备用房等，宜采用空气调节。

7.1.13 医疗设备用房应在根据房间压差要求设置送排风系统的基础上，根据设备的温度、湿度要求设置独立的空调机组或恒温恒湿机组。

7.1.14 传染病医院空调的冷凝水应分区集中收集，并应随各区污水、废水排放集中处理。

7.2 非呼吸道传染病区

7.2.1 非呼吸道传染病的门诊、医技用房及病房最小换气次数(新风量)，应为3次/h。

7.2.2 污染区房间应保持负压，每房间排风量应大于送风量$150m^3/h$。

7.3 呼吸道传染病区

7.3.1 呼吸道传染病的门诊、医技用房及病房、发热门诊最小换气次数(新风量)，应为6次/h。

7.3.2 建筑气流组织应形成从清洁区至半污染区至污染区有序的压力梯度。房间气流组织应防止送、排风短路，送风口位置应使清洁空气首先流过房间中医务人员可能的工作区域，然后流过传染源进入排风口。

7.3.3 送风口应设置在房间上部。病房、诊室等污染区的排风口应设置在房间下部，房间排风口底部距地面不应小于100mm。

7.3.4 清洁区每个房间送风量应大于排风量$150m^3/h$。污染区每个房间排风量应大于送风量$150m^3/h$。

7.3.5 同一个通风系统，房间到总送、排风系统主干管之间的支风道上应设置电动密闭阀，并可单独关断，进行房间消毒。

7.4 负压隔离病房

7.4.1 负压隔离病房宜采用全新风直流式空调系统。最小换气次数应为12次/h。

7.4.2 负压隔离病房的送风应经过粗效、中效、亚高效过滤器三级处理。排风应经过高效过滤器过滤处理后排放。

7.4.3 负压隔离病房排风的高效空气过滤器应安装在房间排风口处。

7.4.4 每间负压隔离病房的送、排风管上应设置密闭阀。

7.4.5 负压隔离病房的通风系统在过滤器终阻力时的送排风量，应能保证各区压力梯度要求。有条件时，可在送、排风系统上设置定风量装置。

7.4.6 负压隔离病房送排风系统的过滤器宜设压差检测、报警装置。

7.4.7 负压隔离病房应设置压差传感器。

7.4.8 负压隔离病房与其相邻、相通的缓冲间、走廊压差，应保持不小于5Pa的负压差。

8 电　气

8.1 供配电设计

8.1.1 传染病医院的下列部门及设备除应设计双路电源外，还应自备应急电源：

1 手术室、抢救室、急诊处置及观察室、产房、婴儿室；

2 重症监护病房、呼吸性传染病房(区)、血液透析室；

3 医用培养箱、恒温(冰)箱，重要的病理分析和检验化验设备；

4 真空吸引、压缩机，制氧机；

5 消防系统设备；

6 其他必须持续供电的设备或场所。

8.1.2 手术室、抢救室、重症监护病房等2类医疗场所的配电应采用医用IT系统，应配套装置绝缘监视器，并满足有关监测要求。

8.1.3 污水处理设备、医用焚烧炉、太平间冰柜、中心供应等用电负荷应采用双电源供电；有条件时，其中一路电源宜引自应急电源。

8.1.4 大型放射或放疗设备等电源系统及配线应满足设备对电源内阻的要求，并采用专用回路供电。

8.2 照明设计

8.2.1 照明设计应符合现行国家标准《建筑照明设计标准》GB 50034的有关规定，宜满足绿色照明的要求。

8.2.2 照明设计应采用高能效、高显色性光源。医疗场所照明灯具的设置应避免对卧床患者产生眩光，宜采用漫反射型灯具。传染病医院照度宜符合表8.2.2的要求。

表8.2.2 照度推荐值

场所名称	推荐照度(lx)
普通病房	100
重症监护病房	300
手术室、产房	750
候诊室、挂号厅	200
诊查室、治疗室、护士站	300
检验或化验室、病理分析室	500
药房	500
夜间守护照明	5

8.2.3 在清洁走廊、污洗间、卫生间、候诊室、诊室、治疗室、病房、手术室及其他需要灭菌消毒的地方应设置杀菌灯。杀菌灯与其他照明灯具应用不同开关控制，其开关应便于识别和操作。候诊室、走廊等公共场所或平时有人滞留的场所的杀菌灯，宜采用间接式灯具或照射角度可调节的灯具。

8.2.4 手术室、抢救室、产房、放射或放疗的检查及治疗室、核医学检查及治疗室等用房的入口处应设置工作警示信号灯。

8.2.5 应急照明系统配电应符合现行国家标准《高层民用建筑设计防火规范》GB 50045及《建筑设计防火规范》GB 50016的有关规定。疏散照明及出口指示应采用蓄电池供电，且持续供电时间不应小于30min。2类医疗场所应急照明的照度不应低于50%正常情况下的照度。

8.3 线路选型及敷设

8.3.1 电线电缆的选型宜采用低烟无卤型。消防负荷的配电线路或电缆的选型和敷设，还应符合现行国家标准《高层民用建筑设计防火规范》GB 50045和《建筑设计防火规范》GB 50016的有关规定。

8.3.2 配线的保护管、母线槽或桥架穿越隔墙处应做密封处理。

8.4 防雷及接地

8.4.1 传染病医院建筑的防雷设计应按现行国家标准《建筑物防雷设计规范》GB 50057 和《建筑物电子信息系统防雷技术规范》GB 50343 的有关规定执行。

8.4.2 传染病医院建筑应采用防雷接地、保护性接地、功能性接地共用接地系统。

8.4.3 低压配电系统的接地形式，除 2 类医疗场所应采用医用 IT 系统外，可采用 TN—S、TN—C—S 或 TT 系统，严禁采用 TN－C接地系统。

8.4.4 传染病医院应采取总等电位联结措施。重症监护病房、手术室、抢救室、治疗室、淋浴间或有洗浴功能的卫生间等，应采取辅助(局部)等电位联结。

9 智 能 化

9.1 一 般 规 定

9.1.1 医院智能化系统的设计内容应至少包括火灾自动报警及消防联动控制系统、紧急广播及公共广播系统、建筑设备监控系统、安全防范系统、综合布线系统、计算机网络系统、有线电视系统、信息显示系统、医护对讲系统、病房视频监视及探视系统等。

9.1.2 火灾自动报警及消防联动系统的设计应符合现行国家标准《火灾自动报警系统设计规范》GB 50116 的有关规定。

9.2 紧急广播及公共广播系统

9.2.1 紧急广播与日常广播系统，宜共用一套线路及末端设备(扬声器)，消防系统启动时应强行切至紧急广播。

9.2.2 末端设备(扬声器)应设置在公共场所，并宜在各候诊厅服务台及病房楼的护士站等处设置音量调节装置，消防系统启动时应屏蔽其音量调协功能，并应强切至紧急广播。

9.3 建筑设备监控系统

9.3.1 建筑中宜采用建筑设备监控系统对医院的建筑设备(除消防设备外)进行监视、控制和维护。

9.3.2 设计中应明确建筑设备监控系统与相关水、暖、电的设计界面划分及接口条件。

9.3.3 对于负压病房的空调设备，应采用自动控制方式，并应监视污染区及半污染区的压差。与负压病房相邻、相通的缓冲走廊压差应保持 5Pa～10Pa。

9.3.4 负压手术室的空调设备应采用自动控制方式。并应监视手术室的温度、湿度及压差。

9.4 安全防范系统

9.4.1 安全防范系统宜通过视频监控、门禁控制、防盗报警、停车场管理及巡更等系统建立组合的防范体系。

9.4.2 门禁控制系统应根据医疗流程进行设置。对负压病房的医、患通道，污染与洁净区的过渡宜进行控制，并应设置出、入人员的识别功能。识别及相关的开启装置应易于操作。

9.4.3 系统应采用 UPS 电源(即不间断电源)做后备，当火灾发生时应将所有门禁释放。

9.5 综合布线系统

9.5.1 医院的综合布线系统应进行整体规划，并应按现行国家标准《综合布线系统工程验收规范》GB 50311 的有关规定进行设计。

9.5.2 医院的综合布线系统应兼顾语音及数据。

9.5.3 医院内数据传输主干(院区主干光缆、建筑内竖向光缆)的传输速率不应低于千兆。

9.5.4 信息点的设置应符合医院信息网络的发展规划，并应符合下列要求：

1 护理单元的护士站宜至少设置 3 个双孔信息插座；

2 护理单元主任及护士长办公室宜设置 2 个双孔信息插座；

3 医生办公室每个工位宜设置 1 个双孔信息插座，应预留 1 个单孔公共信息插座；

4 护理单元的示教室宜设置 1 个双孔信息插座，应预留 1 个单孔信息插座；

5 护理单元其他功能用房(包括夜间医生和护士值班室)均应设置 1 个单孔信息插座；

6 各层护理单元的公共入口处宜设置信息插座；

7 医技各部门应根据设备的使用情况，按每台设备至少 1 个单孔信息插座设置，对于有人长时间进行操作的设备不应少于 1 个双孔信息插座；

8 门诊各医生诊室、候诊前台等处，每个工位宜设置 1 个双孔信息插座；

9 挂号、收费、发药等处每个工位不应少于 1 个单孔信息插座；

10 医院内的公共场所应根据需要设置信息插座。

9.5.5 信息插座的标高应按现行国家标准《综合布线工程设计规范》GB 50312 的有关规定设计，对部分具有特殊使用情况的应按医院工艺需求设置。

9.5.6 在病房区宜设置无线局域网 AP 点。

9.6 计算机网络设备

9.6.1 计算机网络系统的设计和配置设备的选型应能满足医院对信息使用功能的要求，并应保证网络和数据的安全可靠、满足图像信息传输的带宽及可扩展性强等要求。

9.6.2 医院用于医疗业务的应用网络(内网)宜与可接入Internet 服务的网络(外网)分别设置，且内网应采用冗余的网络架构。

9.7 有线电视系统

9.7.1 医院内应设置有线电视系统。

9.7.2 医院内宜设置自办节目频道，并应用于医院的情况介绍、服务指南、医学宣传和播放娱乐节目等。

9.7.3 在医院大堂、收费和挂号窗前、候诊室、点滴室、休息室及咖啡厅等公共场所，应设置有线电视插座。

9.7.4 在会议室、示教室、医疗康复中心等处应设置有线电视插座。

9.7.5 在每个病房应至少设置 1 个有线电视插座，带套间的单人病房可根据需要在多处设置有线电视插座。

9.7.6 病房内提供病人收听的电视节目音频信号宜采用耳机方式。

9.8 信息显示系统

9.8.1 门诊大厅、出入院大厅、挂号及收费处等公共场所，宜设置信息显示终端。

9.8.2 信息显示终端宜与医院的医疗信息管理系统联网。

9.9 医护对讲系统

9.9.1 护理单元应设置医用对讲系统，并应实现语音的双向对讲功能。

9.9.2 病床前的呼叫设备应易于清洗和消毒。

9.10 病房视频监视及探视系统

9.10.1 在负压隔离病房应建立病人的探视系统，并可兼顾护士站的远程视频监控功能。

9.10.2 探视系统宜采用语音及视频双向通信的方式。

9.10.3 探视系统病人一侧的终端设备应易于操作和进行消毒处理。

10 医疗气体

10.1 一般规定

10.1.1 医用气体系统应分为气源系统、管道输送系统及使用终端。

10.1.2 气源站房的设计应纳入传染病医院总体规划设计中，应保证采集的气源符合标准，排放的医用废气不应对医院及周边环境产生影响。

10.2 气源设备

10.2.1 供应医院的医用气源，应按日用量要求贮备足够的备用量，不应少于3天的贮存量。

10.2.2 中心供氧站应设在医院洁净区内，采用液氧供氧方式时，大于500L的液氧罐应放在室外。室外液氧罐与办公室、病房、公共场所及繁华道路的距离应大于7.5m。

10.2.3 医用氧气可根据用氧气的重要性分为一级供氧负荷和二级供氧负荷。一级供氧负荷应供应手术部、重症监护病房，医院其他用氧应为二级供氧负荷。一级供氧负荷的供氧管道应从供氧气源中心站单独接管。

10.2.4 压缩空气站宜布置在医院的洁净区，并应布置在院区上风向，宜采用无油空气压缩机，压缩空气应设过滤除菌设备。

10.2.5 负压吸引站应布置在医院污染区内，防护要求与传染病区的防护等级一致。

10.2.6 负压吸引泵站排放的气体应进行处理后再排入大气。负压吸引泵站的废液应集中收集并经过处理后再排放。

10.2.7 手术麻醉废气应集中收集经处理后再排入大气。

10.3 气体配管

10.3.1 负压吸引和手术室废气排放输送管可采用镀锌钢管或非金属管。其他气体可选用纯铜管或不锈钢管，管道、阀门和仪表安装前应进行脱脂处理。

10.3.2 医用气体在输送导管中的流速不应大于10m/s。

10.3.3 在各个病区及洁净手术部区内医用气体干管上应设置切断气源的装置。

10.3.4 含湿医用气体管道应采取防冻措施。

10.3.5 负压吸引管道以及附件不应穿越医护人员的洁净区，应坡向总管和缓冲罐，坡度不应小于3‰。

10.3.6 负压吸引系统的中间集污罐应设在医院的污染区内。

10.4 医用气体的供气压力、消耗量以及氧气管与其他管线间距离

10.4.1 各种医用气体的供气压力应符合表10.4.1的规定。

表10.4.1 各种医用气体的供气压力(MPa)

医用气体名称	供气压力
氧气	0.4～0.45
氧化亚氮	0.35～0.40
负压吸引	−0.03～−0.07
压缩空气	0.45～0.95
氮气	0.8～1.10
氩气	0.35～0.40
二氧化碳	0.35～0.40

10.4.2 各种医用气体单个终端的消耗量应符合表10.4.2的规定。

表10.4.2 各种医用气体单个终端的消耗量(L/min)

项目	氧气	负压吸引	压缩空气
门诊	5～6	10～30	20
一般病房	3～4	10	15
手术室	10～20	30	60
重症监护病房	8～10	30	20

注：有特殊用气设备时，应按特殊设备用气量计算。

10.4.3 氧气管与其他管线之间距离应符合表10.4.3的规定。

表10.4.3 氧气管与其他管线之间距离(m)

名称	平行净距	交叉净距
给排水管	0.25	0.10
热力管	0.25	0.10
燃气管、燃油管	0.50	0.30
绝缘导线或电缆	0.50	0.10

中华人民共和国国家标准

传染病医院建筑设计规范

GB 50849-2014

条文说明

1 总　则

1.0.1 为适应传染病医院建设发展需要，规范其建筑设计，特制订本规范。

1.0.2 本条明确了本规范的适用范围。目前，在全国不同规模的综合医院中大部分设有传染病门诊与传染病区，本规范也适用于其新建和改扩建项目。

1.0.3 传染病医院建筑设计的基本原则要考虑以下要素：

(1)传染病的流行环节。传染病的流行环节包括传染源、传播途径和传染病易感人群，当三个环节同时存在、相互作用时，就造成了传染病的发生与蔓延。医院对传染性疾病预防与控制的主要措施为控制传染源、切断传染途径、保护易感人群。考虑到医院感染源的多样性、感染途径的复杂性和感染人群的特殊性，本规范对传染病医院中人流、物流的组织与规划，清洁、污染区域与流程的划分，室内空调通风系统的气流组织设计，给排水系统中的污水处理和排放以及医疗废弃物的收集、暂存、转运、处理、焚烧等均作了严格规定。

(2)医院感染的预防与控制。医院感染的预防与控制是指防止病原微生物从病人或携带者传播给其他人的措施，预防疾病在患者、工作人员及探视者之间传播。目前国内外对传染病的隔离采用了两种隔离系统，一种是针对不同感染性疾病的传染特征进行隔离；另一种不按疾病分类，而是针对具体的感染性疾病临时制定具体的隔离措施，并进一步提出普遍预防和标准预防的概念。标准预防认为病人的血液、体液、分泌物均具有传染性，凡接触上述物质者必须采取防护措施。标准预防既要防止血源性疾病的传播，也要防止非血液性疾病的传播，并强调双向防护，既防止疾病从病人传至医务人员，又防止疾病从医务人员传至病人。

(3)隔离措施。根据各种疾病的主要传播途径，采取相应的隔离措施，包括接触隔离、空气隔离和微粒隔离(飞沫隔离)。

本规范的制定采用了标准预防的概念。

3 传染病医院流程

3.0.1 按照传染病医院洁污分区与分流的原则，本条以框图表述传染病医院的基本流程。综合医院内传染病区的基本流程与传染病医院流程相同。

3.0.2 本条以框图表述传染病医院门诊医技科室的基本流程。

3.0.3 本条以框图表述传染病医院住院部的基本流程。

4 选址与总平面

4.1 选　　址

4.1.1 新建传染病医院，在选址时应依据当地城镇规划、区域卫生规划，由卫生行政主管部门会同城市规划建设管理部门共同研究确定，并符合环保要求。

4.1.2 基地选址要求：

1 考虑患者就诊方便，新建院区宜靠近道路、公共交通及其他交通工具可及的地段，尽量靠近并利用现有给排水、供电、电信、热力、煤气等市政公用基础设施条件。

2 环境安静，便于患者的康复治疗，同时应远离污染源。

3 选择地形规整平坦便于布置，并选择地质构造稳定有利于结构安全与抗震，避免低洼易受洪水侵害地段。

4 新建医院院址原则上应选择远离人口密集的生活与活动区，包括高密度人口居住区，幼儿园、学校等教育场所以及商场、俱乐部等商业文化场所。

5 新选院址还应远离其他有可能造成卫生污染或事故灾害的场所，如食品、饲料加工储存、易燃易爆物品生产加工储存等场所。

4.1.3 新院址如选择布置在城市地段，根据中国建筑科学院的研究分析，其周边应设置 20m 或 20m 以上绿化隔离带作卫生隔离带。在院区内建设传染病区应综合考虑该区与医院其他区域之间的卫生隔离带。本条为强制性条文，必须严格执行。

4.2 总　平　面

4.2.1 传染病医院的总体规划要求结合流程设计，合理安排污染区、半污染区与清洁区。病人活动治疗诊断限制在污染区；医务人员一般工作活动限制在清洁区；半污染区则是医务人员进行诊疗工作的辅助区域，位于清洁区与污染区之间的过渡地段。

4.2.2 院区出入口。150 床及以上传染病院宜设 3 个或 3 个以上出入口，包括院区主入口兼门诊、急诊入口，辅助入口（工作人员、探视人员及物资供应入口）以及污物、废弃物、尸体出口，150 床以下传染病医院如条件受限可将前两个入口合并设置。传染病区如设在综合医院内宜单独设置出入口，在条件不允许时可与医院合用出入口，应当为其污物、废弃物、尸体出口作妥善安排，不得与清洁区交叉。

4.2.3 医疗设施停车位短缺已成为城镇医院的突出矛盾，新建传染病医院应按当地规划、交通部门有关规定合理安排。

4.2.4 绿化规划有助于医疗环境的改善，应纳入总平面设计。

4.2.5 传染病医院的医疗废弃物暂存间、一般垃圾转运站以及污水处理站、焚烧炉、锅炉等有可能产生二次污染，应进行统一规划与建设。医疗废弃物焚烧炉、锅炉房尽可能由当地统筹规划、集中设置。

4.2.6 为保证从院外运送患者的救护车在进入院区时不将污染源带入院内，在院区出入口应设置冲洗消毒设施。

5 建 筑 设 计

5.1 一 般 规 定

5.1.1 现今的医疗技术和管理模式等发展迅速，在结构、机电设计方面，应为今后医院的发展、改造和灵活分隔创造条件，如开间尺寸、管道井、设备层的位置与负荷计算等。

5.1.2 为满足医疗服务功能的需要，体现以人为本、关爱患者，在医院门诊、急诊、住院部等部门主要出入口设置雨篷、无障碍通道等措施。

5.1.3 为方便患者及其他人员识别方位顺利完成诊疗，要求医院设置明晰的标示系统。

5.1.4 前往传染病医院就诊或被收治住院的病人，在病情较重时需借助推床或轮椅移动，为方便病人，两层的医疗用房宜设电梯，三层及三层以上医疗用房应配置病床规格电梯，根据其运输量配置台数，为保证在电梯检修或发生故障时医院能正常运行，至少配置两台或以上。此外，三层及以上医疗用房污物量较大，为保证洁污分流应配置病床规格专用污物梯，必要时兼运送尸体用。

5.1.5 150 床以下规模较小的传染病机构，如处于偏远地区，电梯维修困难，在用地允许时，亦可采用坡道作为竖向运输联系方式，坡道设计应按无障碍，采取防滑措施。

5.1.6 楼梯的设置要求兼顾防火疏散与功能分区的需要，主楼梯宽度及踏步高宽比兼顾病患者流量及上下楼梯舒适度。

5.1.7 为保证医院患者推床、推车的推行，本条规定了推床行进走道的最小净宽以及有高差时坡道的坡度。

5.1.8 良好的日照有利于紫外线照射，保障室内环境卫生。

5.1.9 为保证门诊、急诊、病房等各医疗用房具有良好的医疗环境，提倡采用自然采光与通风，既提高室内环境品质又节省能耗。

5.1.10 本条对一般医疗用房如诊查室、病房以及对空间有特殊要求的医技科室分别提出室内净空低限。医技科室中，C 形臂影像诊断仪、手术室无影灯净高低限均不能低于 3.00m 以保证设备治疗诊断操作时必要的高度。

5.1.11 环境噪声影响医院的医疗环境，特别是病房内噪声将影响住院病人的治疗与休息，本条按照我国的相应规范做出相应规定。

5.1.12 本条系指医院的各个功能科室部门具有各自不同的环境要求以保证设备正常运转以及环境安全。例如，生物洁净手术室要求满足相对应的生物洁净净化等级，传染病检验科的各实验室要求符合国家规定的相应生物安全等级等。

5.1.13 医院卫生间使用频繁，其卫生安全影响患者就医，因此条文中提出迷宫式出入口、非手动开关龙头、马蹄式坐圈等卫生措施以及分设男女无障碍卫生隔间或另设一间无性别无障碍卫生间等要求。

5.2 门 诊 部

5.2.1 门诊部出入口靠近院区出入口有利于病人就诊，并减少院内交叉感染的机会。

5.2.2 接诊区在平时可作为从别的综合医院转诊病人的接诊地点，在发生突发卫生事件、发现不明原因传染病时，可作为筛查患者的隔离区。

5.2.3 本条列出门诊区域需配置的基本用房。

5.2.4 为避免患有不同传染病患者之间在就诊期间相互交叉感染，应考虑为不同传染病种患者分设不同诊区。一般将肠道、肝炎与呼吸道传染病诊区分开。根据医疗服务需求，可以增设其他病种如艾滋病等诊区。本条为强制性条文，必须严格执行。

5.2.5 为改善医疗环境，保障医务工作人员卫生安全，诊区布置要求将病人活动等候区与医务工作人员通道及辅助区相对分开，并在医务工作人员通向诊区的出入口处设卫生通过室。

5.2.6 为保障在接诊区、筛查区工作的医务人员的卫生安全，要求为此区的医务工作人员在出入口处设卫生通过室。

5.3 急诊部

5.3.1 急诊部入口处要求明显易找，方便急诊急救人员车辆直达。为方便病人诊断治疗，急诊部宜与门诊及医技科室，如手术部、医学影像科等毗邻。

5.3.2 为能在发生不明原因或烈性传染病疫情时及时筛查隔离患者，需在急诊部设立筛查区(间)或隔离病室(区)。本条为强制性条文，必须严格执行

5.3.4 按照急救医学的原则将急诊患者危重程度进行筛分，划分为一般急诊与危重急诊，并为后者设置快速抢救绿色通道，以提高急救效率。

5.3.5 为避免疑似患者中非传染病患者与传染病患者之间相互感染，在排查期间隔离观察病区(间)均按1床间设置。

5.4 医技科室

5.4.1 本条规定了医学影像科的设置要求。

1 其位置的安排要兼顾门诊、急诊病人以及住院病人前来检查时方便易达。

2 为改善医疗环境，保障医务工作人员卫生安全，各诊区布置要求将病人活动等候区与医务工作人员工作区及通道相对分开，并在医务工作人员通向诊区的出入口处设卫生通过室。

3 本款规定了医学影像科室包括哪些基本用房。

4 为提高医学影像科室的室内环境质量与安全，降低呼吸道传染病患者对其他病患者的传染风险，建议为呼吸道传染病病患者分开设置一般影像检查室。共同使用的大型影像检查室，可分别为各检查室设置多个更衣小间，便于替换使用与消毒。

5.4.4 本条规定了中心(消毒灭菌)供应室的设置要求。

1 从功能服务及管理方便的角度出发，要求与手术部邻近，联系方便，并自成一区。

2 本款规定了中心供应室的基本用房。

3 为保证中心供应室加工成品的卫生质量，供应室的布局与流线应满足并符合相关行业标准。

4 为保证不同工作区域的卫生环境，要求在各工作区的出入口为工作人员设置卫生通过室。

5 为方便管理，气体灭菌室可设于中心供应室内，但需要考虑在生产加工过程中所产生的有害气体排放。

5.4.5 本条规定了手术部的设置要求。

1 传染病医院对比其他综合医院，在其手术部对患者开展手术治疗时，具有更高的生物风险，需要针对不同传染媒介，如血液、空气、飞沫、直接接触、体液等采取相应技术措施。因此，手术部设计应严格按照相应规范执行。

2 为方便功能联系，其位置要考虑与急诊部、外科手术相关病区相近，还要与中心供应部、血库、病理科邻近，并自成一区。

3 本款规定了手术部的基本用房。

5.4.6 本条规定了药剂科的设置要求。

1 因功能上与住院部联系密切，要求二者联系便捷，但药剂科宜自成一区。

2 按医院规模大小，药剂科可采取合设或分设的方式，规模较小的传染病医院可以不分门诊药剂科或住院药剂科，二者合设一处集中管理。但在规模较大、物流距离较长时，二者可以分设。

3 本款规定了药剂科的基本用房。

4 如设置静脉输液配药室，其生产加工环境、生产流程、房间布局等应严格按照相应药品生产规范与标准要求执行。

5.4.7 本条规定了检验科的设置要求。

1 与功能联系较密切的门诊及住院部联系方便并宜自成一区。

2 传染病医院检验科采取、接受患者的血液、体液等标本，在检验工作环境及废弃物处理等方面存在生物危害风险。因此，检验科设计应严格按照相应规范执行。

3 本款规定了检验科的基本用房。

4 应在一些可能存在或沾染具有危害物质如病毒、病菌标本、化学试剂等的区域设置生物安全通风柜、橱，以保证检验科室环境安全和工作人员安全。

5 从生物安全卫生角度考虑，应在细菌检验室的接种与培养实验室之间设传送标本用传递窗，并设专用洗涤池。

6 为防止操作中发生意外，在检验区适当位置设置紧急冲淋龙头及密闭型排水地漏，供检验科工作人员备用。

7 为保障环境安全及检验科工作人员卫生安全，在检验科工作人员出入口处设置卫生通过室。

5.4.8 本条规定了病理科的设置要求。

1 为功能联系方便，其位置应与手术部相近，并宜自成一区。

2 一般传染病医院不设病理解剖室，但承担教学、科研的机构需要设置时，为方便管理，宜将该室与太平间相邻布置。

3 为保障环境安全，在病理科工作人员出入口处设置卫生通过室。

4 本款规定了病理科的基本用房。

5 为保障环境安全，对承担高度生物危险等级病理解剖的用房，应严格按照现行国家标准《生物安全实验室建筑技术规范》GB 50346 设计。

5.5 住院部

5.5.1 住院部位置安排既要考虑与主要医技科室、手术部、医学影像科、检验科等联系方便，便于病人检查治疗，同时也要考虑相关物流运送方便，如医护人员为住院病人取药、护工为病人到营养厨房取餐等。

5.5.2 为保障医疗卫生，做到环境安全，传染病医院住院部或综合医院传染病区的护理单元设计要求明确划分污染区、半污染区和清洁区，并将清洁物品与污染物品以及病患者与医务人员工作区域相对分开。本条为强制性条文，必须严格执行。

5.5.3 为避免不同传染病患者之间在住院治疗期间相互传染，设计要求将不同类别传染病的患者安排不同的传染病病区。

5.5.4 本条规定了住院部的基本用房。

5.5.5 为合理安排护理工作量，提高护理品质，每个护理单元规模以32床～42床为宜。

5.5.6 为防止患有不同种类传染病的病人在住院治疗期间相互感染，护理单元设计要求按照不同传染病种安排，将患有不同种类的病人安排在不同的护理单元内。当规模较小，需将不同种类传染病病人合并安排在一个护理单元内收治时，可以设置缓冲间将不同区间做必要的间隔。本条为强制性条文，必须严格执行。

5.5.7 护理单元病房的组成以1床、2床或多床间组成。

5.5.9 呼吸道传染病有可能通过飞沫、体液、粉尘等媒介随气流传播，呼吸道护理单元内采用以下措施以保证院内环境安全：设置双门密闭式传递窗用于平时向病人递送药品、食物与饮水，减少医务工作人员不必要的出入；在病房出入口部设缓冲间以保证护理单元内气流的合理流向，减少逆流；在病房缓冲间设非手动式洗手龙头，供医务人员进出病房、检查护理病人后洗净双手。本条为强制性条文，必须严格执行。

5.5.10 护理单元的备餐间根据使用回收复用型餐具或一次性餐具两种不同情况分别采用两种不同布局形式。前者要求将备餐间以设有传递窗的间隔墙分开，分别面向污染区和清洁区；后者于清洁区设置备餐间，于污染区设置残食、废餐具收集暂存间。

5.6 重症监护病区

5.6.1 为方便功能联系与管理方便，重症监护病区宜与手术部邻近布置并自成一区。

5.6.2 为保障医疗环境安全，呼吸道传染病重症监护病区设计采用单床间相互隔离布局。非呼吸道传染病的重症监护病房可按照多床大开间和单床小隔间组合的布局方式，方便护理。

5.6.3 为保障环境安全，重症监护病区应在其出入口处设置缓冲间。

5.7 保障系统

5.7.1 本条规定了洗衣房的设置要求。

1 位置应满足方便管理与环境卫生要求，为防止传染源通过污染的衣服、被单传播，洗衣房污染的衣服、被单接受口与清洁衣单发放口应严格分开，衣服、被单洗涤消毒加工按工艺流程布置。本款为强制性条文，必须严格执行。

2 本条规定了洗衣房基本用房。

3 为保障环境安全，防止污染的衣服、被单将污染扩散，提出专用容器或包裹包装收集运送以及污染衣服、被单在清洗前应杀菌消毒。

4 在有条件的医院，选用双门或洗甩两用工业清洗机，两门分别开向消洗前区及消洗后区。

5.7.2 本条规定了营养膳食科的设置要求。

1 位置宜靠近由其提供服务的病区，并考虑食品原料及加工后食物发送通道的便捷。

2 本款规定了营养膳食科的基本用房。

3 为保证食品卫生，营养厨房布置应遵守食品加工卫生防疫要求，包括主副食、生熟食分区，采取防蝇防鼠以及排油烟、油污收集等措施。

5.7.3 本条规定了太平间的设置要求。

1 位置安排考虑运尸路径隐闭方便。

2 本款规定了太平间基本用房。

3 为保障环境安全，告别室中应将死者与告别者以玻璃隔断分开，并附设必要的配套用房。

4 为改善尸体暂存环境及操作条件制定本款。

5.7.4 为防止传染源传染扩散，传染病医院医疗废弃物暂存间应独立设置并与其他区域以围墙隔开，位置宜在院区下风向处。

5.8 室内装修和其他要求

5.8.1 医疗用房装修材料及构造应兼顾保障卫生、易于清扫冲洗、耐消毒液腐蚀、坚固耐磨等特性。转角处阴阳角宜做成大于30mm圆弧，不积灰易清扫。

5.8.2 对于洁净度要求高的特殊医疗用房，如手术室、无菌室、层流病房等，应分别根据功能使用的实际需要选取其室内装修材料及构造，确保环境和患者安全。

5.8.3 药剂科各用房要求防潮、防鼠、防虫等措施以保证药物品质与卫生。

5.8.4 太平间、病理解剖室、医疗垃圾暂存处的室内装修材料与构造要耐清扫冲洗、耐消毒液腐蚀，并要采取防昆虫、鼠雀及其他动物侵入措施，保证卫生安全。本条为强制性条文，必须严格执行。

5.8.5 检验室、实验室的化验台台面、通风柜台面、血库操作台台面、病理科的染色台台面等应根据使用要求采用耐腐蚀、耐擦洗、耐燃烧的材料，使用的洗涤池排水管管材应采用耐腐蚀材料。

6 给水排水、污水处理和消防

6.1 给　　水

6.1.1 生活给水是指供应食品的洗涤、烹饪、盥洗、沐浴、食物洗涤、家具擦洗、地面冲洗等用水，其水质应符合现行的国家标准和卫生部有关规定。

6.1.2 用水定额是体现用水和节水的指标，是给水系统设备选型的依据，是系统计算的基础，对投资有着较大的影响。传染病医院的生活用水量应参考此表计算。

6.1.3 在使用过程中为了便于医院维修管理，需要在给水、热水的配水干、支管上设检修阀门，阀门应尽可能设置在清洁区，避免维修人员交叉感染；当条件不允许时，要对维修人员采取防护措施。

6.1.4 为了避免被污染的手在接触水龙头后传播病菌，在洗手盆、洗涤池、化验盆等洗手器具处设置非接触或非手动开关，在资金充裕条件下，可采用感应开关。公共卫生间的大便器、小便斗是病人排泄的场所，属于污染区，为防止不同种类的病人交叉感染，这些器具应设置成感应或脚踏式开关。

6.2 排　　水

6.2.1 分流制排水是指生活排水与雨水排水分成两个排水系统。在大中城市，市政均有污水管道和雨水管道，这为院区排水系统分流提供了可靠的基础。但对于没有市政雨水管的城市，考虑到未来的发展和环境保护的要求，应单独设雨水管道系统。雨水如果采用地面径流或明沟排放，一旦被污染，再接触到易感人群，可导致传染病暴发或流行，因此传染病医院应设单独雨水管道系统。

6.2.2 为减小化粪池容积、缩小污水处理站处理规模，需要将非传染病区内的生活污废水分流；病区的污水先进入化粪池，再进入污水处理站，非传染病区的污水进入化粪池后，与处理的污水一起排入市政污水管网。

6.2.3 由于在运输病人的过程中，车辆被污染，应设有汽车冲洗和消毒的场所和设施，减少传染概率。

6.2.4、6.2.5 为了保证室内环境卫生，地漏应尽量少设，一般仅在公共卫生间、洗涤消毒间设置，门诊室不应设置。对于设有地漏处，应仅作为排地面积水，不兼作清扫口。地漏应采用无水封加P型存水弯，或由洗脸盆排水给P型存水弯补水。

6.2.6 对于大便器的种类，最好是利用虹吸原理喷冲式的。单纯的冲洗式便器对污物冲洗效果较差，有时会有污物残留，所以最好不要使用。

6.2.7 由于呼吸道传染病传染性很强且死亡率较高，若排水管、通气管与其他区域的管道连接不当，排水会发生逆向回流，易将带有病毒的废气传播到这些区域，造成污染。

6.2.8 消毒是消灭病原体，切断传播途径，阻止和控制传染的发生，保护医护人员免受感染的一种常用的方法。检验科室是易传染传播细菌、病毒的场所，医护人员使用的洗涤设施应单独设置，排放的污水需要消毒后才能排至院区污水管网中，进入医院污水处理站处理。

6.2.9 有无菌要求的科室，管道尽可能不穿越，如果必须穿越，应将管道做防护处理，如管道外加设套管，防止管道渗漏，引起污染。

6.2.11 在排水过程中会形成水塞，管道内产生压力波动，可能会破坏卫生洁具存水弯中的水封，造成臭味外溢，为防止这种现象出现，排水系统要设计通气管，四周有良好的通风环境，将排出的有毒有害气体浓度稀释，有条件的可以将此气体收集，集中进行消毒处理，达到灭菌消毒的目的，保证安全。

6.2.12 医院污洗间的洗涤盆或污水池排水管内，往往有一些棉球、纱布碎块、小玻璃块、塑料瓶等杂物落入，堵塞现象严重，故适当放大排水支管管径。

6.2.13 室外污水管网系统通过检查井，将污水排放到污水处理站，为了防止污水管网中的有害气体外溢，检查井井盖应做成双层，加强密封。

6.2.14 为防止空调冷凝水随意排放，造成污染，应将其集中收集，进入污水处理站处理。

6.3 热水及开水

6.3.1 参考此表，计算每天热水用水量和最大小时热水量。

6.3.2 为避免冷热水压力不平衡，出现忽冷忽热现象，冷热水系统要协调一致，分区统一。

6.3.3 一般每年要检修锅炉，而医院的热水系统不能间断，换热设备不应少于两台，当一台检修时，系统至少能供应60%的热水量，对于档次较高的医院，要满足75%的热水供应能力。

6.3.4 热水进行再循环时，将可能被污染的热水回水到蓄水箱，需要进行高温消毒杀菌。

6.3.5 因传染病医院每个防护区收治不同种类的传染病人，为防止交叉感染，在每个护理单元设独立的饮水器和饮水点。

6.3.7 为防止生活饮用水被污染，饮用水管尽可能不进入污染区。

6.4 污水、污物处理

6.4.1 为了加强对医疗机构污水、污水站废气、污泥排放的控制和管理，预防和消除传染病的发生，保障人民健康，维护生态环境，国家制定了《医疗机构水污染物排放标准》GB 18466，传染病医院污水水质应达到此标准的要求才能排放。

6.4.2 考虑传染病医院的特殊性，其污水处理采用二级处理的方式，处理达标后排入市政污水管。

6.4.3 为了防止带有病原体的废弃物引起二次污染，传染病医院的污物应按照医疗机构污物处理管理条例进行处理。传染病医院有病原体的固体废弃物应进行集中焚烧。焚烧有两种方式：整个城市设有集中焚烧站，医院将有病原体的固体废弃物放入一次性塑料袋中，集中收集后运到焚烧站焚烧；城市没有集中焚烧站时，医院应自设焚烧站。

6.4.4 放射性污水的收集和处理应符合放射性规范的规定，排水管道具有防辐射的功能。放射性污水宜设衰变池，衰变池应设计停留时间不小于10个半衰期，当污水中含有几种不同的放射性物质时，污水在衰变池中的停留时间应根据各种物质分别计算，取其中最大值，并考虑一定的安全系数。

7 采暖通风与空气调节

7.1 一 般 规 定

7.1.1 传染病医院室内温、湿度要求，医疗设备用房首先应保证医疗设备正常工作同时兼顾人员舒适要求；病房、治疗室等应满足病人治疗及舒适要求。

7.1.2 在我国采暖地区新建建筑大部分设置了集中采暖，医院应该设置集中采暖，采暖设计温度应保证舒适度。目前采暖的方式多种多样，并不是都适用于传染病医院建筑。如低温热水地板采暖、发热电缆地板采暖、电热膜采暖等方式，他们的舒适性并不一定适用于传染病医院，有的也不利于控制空气污染。所以在本规范中，建议采用散热器采暖。

7.1.3 为了控制整个传染病医院或综合医院的传染病区的空气流向，防止污染空气扩散，减小传染范围，要求传染病医院或综合医院的传染病区应设置机械通风系统。控制气流流向是防止空气交叉污染的根本，故设为强制性条文，必须严格执行。

7.1.4 医院分清洁区、半污染区、污染区，各区空气污染程度不同，为防止污染区域的空气通过通风管道对较清洁区域空气的影响，要求送风、排风系统分区设置，杜绝污染空气通过系统流到清洁区的可能。本条为强制性条文，必须严格执行。

7.1.5 根据建筑平面设置，医院门诊、急诊部入口处设有接诊或筛查，用于对不同传染病患者进行筛查分流。为有效控制传染病的扩散，要求此区域通风系统独立设置。

7.1.6 传染病医院或综合医院的传染病区应特别注意建筑物内的气流流向，即应严格保证医院的压力梯度，使清洁区空气流向半污染区再流向污染区，绝不允许气流倒流。全面通风系统经设计和平衡应该使空气从较少污染的区域（较为洁净区域）流向较多污染区域（较不洁净区域）。例如，空气流向应从走廊流入病房，以防止污染物传播到其他区域。

7.1.7 本条强调排风口应该远离进风口并避开人员活动区，防止进、排风口设置过近。具体可参照现行国家标准《采暖通风与空气调节设计规范》GB 50019第5.3.4节执行。

7.1.8 传统的卫生间排风系统大多数采用共用竖井排出屋面。但在传染病医院，其科室一般都是分层分布的，呼吸道传染病房的卫生间的排风有可能通过共用竖井流入别的层的病房卫生间，造成交叉污染。应分病区设置排风系统。

7.1.9 传染病医院里携带各种病原体的病人来回穿梭，风幕吹出的高速空气加快了空气中细菌、病毒的扩散，因此不宜设置空气幕。

7.1.10 经济条件比较好、气候条件比较恶劣的地区，当设计中央空调系统时，它的新风系统就是前面说到的送风系统，排风系统同样设置。在此基础上，小空间（诊室、病房、医护办公区等）设置风机盘管冷却或加热空气，当某一个或数个小空间的空气被病菌污染，它被控制在小范围内。如果采用全空气系统（CAV或VAV），它的回风会造成各房间之间的交叉污染；如果都用全新风系统，那么空调系统的投资及运行费用会成倍上升。大空间（中庭、门诊大厅等）建议设置全空气系统，并按全新风空调系统设计。这些区域人员较杂，防止回风造成大范围污染。

7.1.11 医院一直以全新风空调系统运行，这会大大增加医院的运行费用，在一年中的非呼吸道传染病流行期间，如果把系统能够调节成有部分回风运行空调系统，会节省医院的运行费用。当然，这需要流行病研究人员、医务人员及维护管理人员掌握各季流行病的情况，及时调节空调系统运行状况。

7.1.12 手术室、重症监护室（ICU）以及医疗设备用房，因其空间比较封闭，温湿度有一定的要求，一般应该设置空调系统，来满足重症病人的舒适度要求或医疗设备的运行条件要求。

7.1.13 有空调要求的医疗设备，它的负压要求通过设计合理的送、排风系统来实现。在此基础上，设置独立的空调机组（或恒温恒湿机组）来满足医疗设备的温度、湿度要求。独立的空调机组的冷热量应考虑通风系统带入的负荷。

7.1.14 一般公共建筑的空调冷凝水，有时会直接排放至房间地漏或室外散水等处。而传染病医院飘浮在空气中，附着在灰尘颗粒上的病菌，会阻隔在空调机换热盘管上，并随着冷凝水排出。这些在冷凝水中的病菌有可能使人员致病。所以应该避免将空调冷凝水排到裸露的地面，而应该将冷凝水排到设置的冷凝水管，引至医院的废、污水系统，集中处理。

7.2 非呼吸道传染病区

7.2.1 对于非呼吸道传染病，主要考虑人员舒适和气味控制的新风量，建议最小换气次数3次/h。在冬季较温暖、夏季凉爽地区，换气次数可增加。

7.2.2 非呼吸道传染病区也需要通过风量差来控制污染区气味等。

7.3 呼吸道传染病区

7.3.1 对呼吸道传染病，理论上讲，房间通风量越大，对空气中细菌、病毒的稀释越好。但我国地域辽阔，气候条件多样，在设置采暖和空调的建筑内，较大的通风量代表着较大的能耗。有效的空气稀释控制需要每小时多少换气次数，在这方面有很多争论。AIA和ASHRAE建议肺结核病隔离病房和治疗室的最小换气次数为6次/h，大于6次/h的换气次数可能使房间的细菌浓度更低，但增加通风量而使传染的风险降低的准确数据还没有。在冬季较温暖、夏季凉爽地区，上述的6次/h的换气次数可考虑加大。

7.3.2 空气的气流组织应排除死区、停滞和送排风短路，防止细菌、病毒的积聚。气流组织的要求，使得医务人员不会处于传染源和排风口之间，减小医务人员被感染的机会。

7.3.3 实现7.3.2条文中所述气流组织的一种方式是送风在房间的一侧，与病人相对，排风从病人的一侧将空气排出；另一种方式在送风温度比室内空气温度低时是最有效的，这种方式下，送风在天花板附近，而排风在地板附近。ASHRAE也推荐高处送风，低处排风，即送风口应安装在天花板，排风口安装在地板附近，这就使洁净空气通过呼吸区和工作区向下流动到污染的地板区域排出。

7.3.4 实现并维持负压、使气流流入房间所必需的最小压差非常小（约0.25Pa），大于这个压差，都符合要求，但较大的压差可能难于实现，使用时获得的实际负压大小取决于送风、排风量差和房间围护结构的密闭程度，如果房间密封得好，负压大于最小值0.25Pa容易实现；如果房间密封不好，为了获得较高的负压，所需的送风、排风量差可能会超过通风系统设计的能力。排风量大于送风量的10%，大多数情况下，应该实现至少0.25Pa的负压。如果最小负压值没有实现，应该检查房间的泄漏情况（如通过门、窗、穿越的管道缝隙及墙体的泄漏），并应该采取措施来封堵。根据国内有关单位实测，150m^3/h的风量差是为了保证最小压差下流过门缝的空气最低的要求（国外推荐值85m^3/h）。

7.3.5 同一个通风系统，也要防止不同房间的空气交叉污染。当通风系统因各种原因停止运行时，风管是连通各个房间的直接通道，由于风压、热压等作用有可能病房之间的空气会相互流动。同时，当个别房间需要消毒时，要求单独密闭。所以要求在支风管设置电动密闭阀，以防止各房间空气互相交叉污染，并可单独关断，进行房间消毒。

7.4 负压隔离病房

7.4.1 当设置传染性负压隔离病房时，因它的建筑围护结构密闭，它的气流都是在精确控制下，不允许有自然通风的可能。要创造一个舒适的环境，就必须设置空调系统。鉴于这类病房要控制的是空气中致命性的病原体，目前空调机对回风的空气处理不能保证100%阻隔或杀死病菌，所以要求采用全新风直流式空调系统。参照美国CDC规范，传染性（负压）隔离病房最小需要12次/h换气，这也是密闭房间空调系统达到舒适的温湿度应该达到的风量，所以建议用此通风量。

7.4.2 负压隔离病房的病人一般体质较弱，内部散发的污染物主要为致病病原体。空调送风设置粗、中、亚高效过滤器三级过滤，送入洁净的空气，一是为防止带入其他致病病菌，影响病人；二是防止大量灰尘进入，给内部的致病病原体带来寄生体或携带体。由于送入的是洁净的空气，在12次/h风量下，隔离病房内是净化的环境，排风只需设置高效过滤，阻隔病房内产生的灰尘和病菌，我国的洁净专家经过实验证明，高效过滤器可阻隔绝大部分的灰尘及其附着的病菌。

7.4.3 为了防止负压隔离病房之间的带菌空气互相污染，要求负压隔离病房排风的高效过滤器安装在房间排风口部，也便于更换、消毒。

7.4.4 每间负压隔离病房因所住病人情况不同，有的病愈出院，有的病情恶化，会有病房腾空消毒，而其他病房的空调还不能停止，故要求每间隔离病房的送、排风管设置密闭阀，以便单独隔断每间病房。

7.4.5 随着空气过滤器积尘，阻力增加，系统风量会减小，其压力梯度会有所变化，在系统设计中应考虑这个因素。为避免空气过滤器积尘对系统风量的影响，系统定风量运行可以保证稳定的压力梯度，所以建议采用定风量装置。

7.4.6 过滤器的压差检测及报警装置，使运行维护人员可以及时更换过滤器，保证系统正常运行。

7.4.7 负压隔离病房门口或便于观察处应设置房间压差检测和显示装置，能够让使用者随时了解病房压力情况，掌握病区压力梯度保障情况。

8 电　　气

8.1 供配电设计

8.1.1 传染病医院或综合医院的传染病病区应按一级负荷用户的要求供电。依据IEC有关标准和我国现行行业标准《综合医院建筑设计规范》JGJ 49，医院有很多重要场所或设备需要自备应急电源来保证供电。一般传染病医院的规模及标准小于综合医院，有些治疗如心导管介入、血管造影等在传染病医院很少涉及，所以本规范列举的应急电源的供电范围小于现行行业标准《综合医院建筑设计规范》中的相关规定。

呼吸性传染病如SARS等传播性强、危害极大确保其供电可靠性非常重要，本规范将呼吸性传染病房（区）列入应急电源供电范围。

8.1.2 医用IT系统的设置规定与现行行业标准《综合医院建筑设计规范》JGJ 49一致，旨在提高用电安全和供电可靠性。

8.1.3 污水污物处理、医用焚烧炉、太平间冰柜、中心供应等重要用电负荷采用双电源供电来保证供电可靠性，确保对潜在的传染病病源的处理。在我国不同的传染病医院其等级标准存在差异，所以在标准较高时（有条件时）可从应急电源供电。

8.1.4 大型放射或放疗设备对电压质量要求高，同时也对其他负荷产生影响，故采用专线供电，一般从变电所直接引入。

8.2 照明设计

8.2.1 本条为照明设计的一般规定。

8.2.3 此条为杀菌灯设计一般规定，一般情况下采用紫外线杀菌灯。杀菌灯与其他用途照明灯具分别用不同开关控制，是因为杀菌灯的功能不同且一般由医务人员掌握，为了防止病人误操作而造成皮肤灼伤应分别用不同的开关且有明显标志。

8.2.4 此条规定目的是防止与这些医疗场所无关的人员误入，保证医疗行为的正常进行或避免对无关人员身体健康造成伤害。

8.2.5 我国现行的消防规范很重视医院的消防设计。蓄电池持续供电时间不小于 30min 等同采纳了现行国家标准《高层民用建筑设计防火规范》GB 50045 的标准，考虑了病人比健康人的自救能力差这个因素。

8.3 线路选型及敷设

8.3.1 电气火灾中丧生者多为毒烟所致，所以这里推荐采用低烟无卤型电线电缆。

8.3.2 传染病医院应采取各种措施防止交叉传染。

8.4 防雷及接地

8.4.1 本条为防雷设计原则规定，传染病医院建筑不做特殊规定。

8.4.2 此条为接地设计的原则规定。

8.4.3 TN—C 系统现在已不采用，其在继电保护、安全（防火或防电击）防护、电磁干扰方面存在缺陷。一般情况下，医院采用的是 TN—C—S 或 TN—S 系统，N 线和 PE 线应严格分开。

8.4.4 总等电位联结和辅助（局部）等电位联结是非常有效的电气安全措施，在传染病医院建筑设计中尤其应强调。

9 智 能 化

9.1 一 般 规 定

9.1.1 本条规定是从安全、节能、医院特殊需求等方面进行考虑，按照建筑智能化的基本要素，提出了系统设置的最基本要求。

9.1.2 国家相关的消防规范主要包括《高层民用建筑设计防火规范》GB 50045、《建筑设计防火规范》GB 50016、《火灾自动报警系统设计规范》GB 50116、《汽车库、修车库、停车场设计防火规范》GB 50067 等。

9.2 紧急广播及公共广播系统

9.2.1 共用一套线路及末端设备是考虑到节省投资。

9.2.2 医院内应尽量保持肃静，仅在公共场所设置末端设备，可提供保证日常广播，同时又不影响消防紧急广播的功能。设置音量调节装置可根据使用需求，避免其他音源的相互干扰，或保持安静的环境。

9.3 建筑设备监控系统

9.3.1 建筑中的消防设备，其监控级别要高于其他普通的机电设备，自有独立的消防系统进行管理。

采用建筑设备监控系统，是为建筑的节能提供手段，同时也是保证机电设备安全、可靠、经济运行的必要措施。只监不控是不能完全达到节能控制的要求。

9.3.2 对于界面及接口条件在设计中给予明确，有利于设备的招标采购，防止设备订货的疏漏和重复，便于工程实施的责任划分及设备和系统连接。

9.3.3 病房的负压是通过对自然气流的组织来达到压差梯度的形成，但无法进行量化控制，借助自控系统可实时的监测数据，并加以调节，特别是对外来干扰的克服会有极大的效果。污染区与半洁净区必须保证一定的压差，并监视数据，其压差的控制是通过负压病房与其相邻或相同的缓冲走廊之间的压差调节来实现的。压差数值由暖通工艺专业确定。

9.3.4 负压手术室的负压是通过暖通设备对手术室送、排风量的大小进行调节，控制要求高，情况变化复杂，人工无法控制，必须采用自动调节完成。对于手术室的温度、湿度也是必须控制的主要参数之一。

9.4 安全防范系统

9.4.1 本条规定建议采用各种手段进行安全防范的设置，不一定全部采用，可设置其中的部分系统，但不应没有。

9.4.2 在传染病医院中应防止交叉感染，采用门禁系统对医、患进行分离，特别是对呼吸道传染病的病房更应严格控制，最好对出入的人员进行识别和记录，以便事后查询。

9.4.3 采用 UPS 电源，是确保门禁设备正常运行的必要条件。

9.5 综合布线系统

9.5.1 医院工程项目的特点为改扩建、分期实施、多个建筑单体组成等，设计时应根据数据和信息的使用分布情况进行整体规划，建立整个医院的网络拓扑架构。

9.5.2 采用先进的综合布线系统，避免网络与电话分别布线的现象。

9.5.3 目前计算机网络的发展已经满足数据主干采用千兆的解决方案，不低于千兆的要求是可根据实际情况考虑支持万兆的光缆敷设，以便满足未来发展的需要。

9.5.4 本条规定是从未来数字化医院的基本条件考虑，设置必要的信息点，对于病房内的信息点设置应根据医院发展情况进行考虑，按照每间病房或每张病床 1 个单孔或 1 个双孔信息插座进行设置，可用于病人对宽带信息使用的需求、医疗设备信息的传输、医院的宣传信息及病人医疗的指导信息等。

9.5.5 在医院中由于信息插座的使用需求基本确定，可按照方便使用的要求设置插座的安装高度。

9.5.6 本条规定是考虑到未来无线网络的应用技术。

9.6 计算机网络设备

9.6.1 计算机网络的设置，应根据医院信息化发展需要和应用水平配置必要的设施，特别是要满足对图像信息的传输和处理技术的应用，并应保证网络的安全，且考虑预留发展。

9.6.2 内网、外网分别设置与内网采用冗余架构都是为了安全可靠的考虑。

9.7 有线电视系统

9.7.1 有线电视系统是医院最基本的娱乐设施。随着计算机技术的发展，三网技术的融合与应用，电视终端的功能会发生极大的变化。

9.7.2 自办节目通常用于医院的宣传和教学，根据医院当前需求进行设置。随着发展会逐渐改变形式，通过计算机网络实现，传统的电视节目播放的方式会被视频流技术取代。

9.7.3～9.7.5 有线电视插座设置的位置根据实际需要进行设置。对于带套间的单人病房，考虑到陪同家属的需要，可多设置电视终端插座。

9.7.6 为防止病区内声音对病人的影响，建议在收看电视节目时，通过耳机方式接收电视的伴音信号。

9.8 信息显示系统

9.8.1 方便医院信息发布、病人咨询、资料查询等。

9.8.2 利用网络易于终端的扩展和信息的管理。

9.9 医护对讲系统

9.9.1 医护对讲系统是医院必备的通信手段。

9.9.2 本条的规定是为了防止交叉感染。

9.10 病房视频监视及探视系统

9.10.1 本条规定主要考虑到病人的探视系统和护士站监控系统的统一设置，既方便护士管理又可实现家属的探访，同时可对探访人员进行管理，通过护士站的许可，才能进行探访。

9.10.2 探视系统应确保语音与视频的双向传输，方便使用。

10 医疗气体

10.2 气源设备

10.2.2 目前医院中心供氧站所采用的高压气瓶或液氧供氧方式，需要定期更换气瓶或充灌液氧，分子筛制氧机房需要工作人员值班或维修，因此设在医院清洁区方便工作。

10.2.3 病人的病情以及病人的治疗状态不同对氧气的依赖程度是不一样的，根据病人对氧气的依赖程度不同从氧气供应的重要性划分为一级供氧负荷和二级供氧负荷，为了保证一级供氧负荷强调应从供氧气源中心站单独接出供氧管道，防止其他部门用氧干扰。

10.2.4 压缩空气站考虑运行、维修管理的方便应设在医院的洁净区，为了保证压缩机吸气品质，机房最好建在医院空气较洁净区。

10.2.5、10.2.6 负压吸引泵站是医院废液、废气较为集中的地方，废液、废气基本来自医院的病人，可能带有病毒，废液一般送医院污水处理站处理后排放市政污水管网，废气也应处理后才能排放大气，减少对大气及周边环境的污染。

10.2.7 医院手术麻醉废气也存在含有传染病菌的可能，为了防止传染病菌随麻醉废气排放大气，应将手术麻醉废气收集处理后再排放。

10.3 气体配管

10.3.1 此条考虑传染病医院医用气体安全使用，对医用气体管道、附件提出要求。

10.3.2 为了减少医用气体管道输送的压力损失以及管道输送的安全，限制气体最高流速。

10.3.3 在各个病区及洁净手术部的医用气体的干管上设置切断阀，方便医用气体管道的检修，并防止在检修期间管道串气和可能发生交叉传染。

10.3.4 在寒冷地区，含湿管道受冻后可能会结冰将医用气体管道胀裂或阻塞管道，应采取防冻措施。

10.3.5 负压吸引管道可能夹带传染病菌，穿越洁净区一旦泄漏会造成污染，因此不应穿越医护人员的洁净区。

10.3.6 负压吸引管道主要收集病人的废气、废液，传染病医院真空吸引带有传染病毒，一旦发生泄漏会对环境造成污染。负压吸引系统的中间集污罐是病菌浓度较大的设备，应设在污染区，避免污染医院洁净区。

中华人民共和国国家标准

综合医院建筑设计规范

Code for design of general hospital

GB 51039-2014

主编部门：中华人民共和国国家卫生和计划生育委员会
批准部门：中 华 人 民 共 和 国 住 房 和 城 乡 建 设 部
施行日期：2 0 1 5 年 8 月 1 日

中华人民共和国住房和城乡建设部公告

第 655 号

住房城乡建设部关于发布国家标准《综合医院建筑设计规范》的公告

现批准《综合医院建筑设计规范》为国家标准，编号为 GB 51039—2014，自 2015 年 8 月 1 日起实施。其中，第 6.2.5、7.2.4、8.1.3、8.3.5、8.6.7、10.2.8（2、3）条（款）为强制性条文，必须严格执行。原行业标准《综合医院建筑设计规范》JGJ 49—88 同时废止。

本规范由我部标准定额研究所组织中国计划出版社出版发行。

中华人民共和国住房和城乡建设部
2014 年 12 月 2 日

前　言

本规范是根据原建设部《关于印发〈二〇〇二～二〇〇三年度工程建设国家标准制订、修订计划〉的通知》(建标〔2003〕102 号)的要求，由国家卫生和计划生育委员会规划与信息司、中国医院协会医院建筑系统研究分会会同有关单位共同编制完成的。

本规范在编制过程中，编制组进行了广泛、深入的调查研究，认真总结了多年来医院建筑设计的实践经验，积极采纳科研成果，参照有关国内外的技术标准，并广泛征求意见，最后经审查定稿。

本规范共分 11 章。主要技术内容包括：总则，术语，医疗工艺设计，选址与总平面，建筑设计，给水排水、消防和污水处理，采暖、通风及空调系统，电气，智能化系统，医用气体系统，蒸气系统。

本规范以黑体字标志的条文为强制性条文，必须严格执行。

本规范由住房城乡建设部负责管理和对强制性条文的解释，中国医院协会医院建筑系统研究分会负责具体技术内容的解释。为了提高规范质量，请各单位和个人在执行本规范的过程中，认真总结经验，积累资料，如发现需要修改或补充之处，请将意见和有关资料寄至中国医院协会医院建筑系统研究分会(地址：北京市东城区黄化门街 43－1 号；邮政编码：100009)，以供今后修订时参考。

本规范主编单位、参编单位、主要起草人和主要审查人：

主 编 单 位：国家卫生和计划生育委员会规划与信息司
中国医院协会医院建筑系统研究分会

参 编 单 位：上海建筑设计研究院有限公司
中国中元国际工程有限公司
中国建筑科学研究院
同济大学
中国人民解放军总后勤部建筑工程规划设计研究院
中国医学科学院北京协和医院
中国医学科学院肿瘤医院
北京大学第一医院
北京大学第三医院
北京积水潭医院
北京市卫生和计划生育委员会
北京市海淀区妇幼保健院
公安部天津消防研究所

主要起草人：于　冬　王铁林　张行健　辛春华　黄晓家　沈晋明　王　漪　王　健　刘　强　许钟麟　吴翔天　倪照鹏

主要审查人：顾　均　谢双宝　庄念生　龚京蓓　万　钧　王鸿莲　董永青　顾渭建　闵　加

目　次

1 总　　则

1.0.1 为规范综合医院建筑设计，满足医疗服务功能需要，符合安全、卫生、经济、适用、节能、环保等方面的要求，制定本规范。

1.0.2 本规范适用于新建、改建和扩建的综合医院的建筑设计。

1.0.3 医疗工艺应根据医院的建设规模、管理模式和科室设置等确定。医院建筑设计应满足医疗工艺要求。

1.0.4 综合医院建筑设计除应符合本规范外，尚应符合国家现行有关标准的规定。

2 术　　语

2.0.1 综合医院　general hospital

有一定数量的病床，分设内科、外科、妇科、儿科、眼科、耳鼻喉科等各种科室及药剂、检验、放射等医技部门，拥有相应人员、设备的医院。

2.0.2 医疗工艺　medical process

医疗流程和医疗设备的匹配，以及其他相关资源的配置。

2.0.3 医疗流程　medical flows

医疗服务的程序和环节。

2.0.4 急救通过量　emergency throughput

医院急诊部同时一次性接纳急救病人的医疗能力。

2.0.5 医院卫生学　hospital hygiene

维持医院关键科室的卫生状态，主要任务是防止感染及有害气体和化学物质的危害。

2.0.6 卫生通过　hygiene passing through

采用换鞋、更衣、淋浴等措施控制人员、物品从非洁净区到洁净区的净化过程。

2.0.7 监护病房　intensive care unit

医院独立设置的专业监护医疗单元，通常为重症监护病房(ICU)、心血管监护病房(CCU)，以及由 ICU 派生的新生儿重症监护病房(NICU)等。

3 医疗工艺设计

3.1 一 般 规 定

3.1.1 医疗工艺设计应确定医疗业务结构、功能和规模，以及相关医疗流程、医疗设备、技术条件和参数。

3.1.2 医疗工艺设计应进行前期设计和条件设计。前期设计应满足编制可行性研究报告、设计任务书及建筑方案设计的需要。条件设计应与医院建筑初步设计同步完成，并应与建筑设计的深化、完善过程相配合，同时应满足医院建筑初步设计及施工图设计的需要。

3.1.3 医疗工艺流程应分为医院内各医疗功能单元之间的流程和各医疗功能单元内部的流程。

3.1.4 医疗功能单元的划分宜符合表 3.1.4 的规定。

表 3.1.4　医疗功能单元的划分

分类	门诊、急诊	预防、保健管理	临床科室	医技科室	医疗管理
各功能单元	分诊、挂号、收费、各诊室、急诊、急救、输液、留院观察等	儿童保健、妇女保健等	内科、外科、眼科、耳鼻喉科、儿科、妇产科、手术部、麻醉科、重症监护科（ICU 和 CCU 等）、介入治疗、放射治疗、理疗科等	药剂科、检验科、医学影像科（放射科、核医学、超声科）、病理科、中心供应、输血科等	病案管理、统计管理、住院管理、门诊管理、感染控制管理等

3.2 医疗工艺设计参数

3.2.1 医疗工艺设计参数应根据不同医院的要求研究确定，当无相关数据时应符合下列要求：

1 门诊诊室间数可按日平均门诊诊疗人次/(50 人次～60 人次)测算；

2 急救抢救床数可按急救通过量测算；

3 1 个护理单元宜设 40 张～50 张病床；

4 手术室间数宜按病床总数每 50 床或外科病床数每 25 床～30 床设置 1 间；

5 重症监护病房(ICU)床数宜按总床位数的 2%～3%设置；

6 心血管造影机台数可按年平均心血管造影或介入治疗数/(3 例～5 例×年工作日数)测量；

7 日拍片人次达到 40 人次～50 人次时，可设 X 线拍片机 1 台；

8 日胃肠透视人数达到 10 例～15 例时，可设胃肠透视机 1 台；

9 日胸透视人数达到 50 人次～80 人次时，可设胸部透视机 1 台；

10 日心电检诊人次达到 60 人次～80 人次时，可设心电检诊间 1 间；

11 日腹部 B 超人数达到 40 人次～60 人次时，可设腹部 B 超机 1 台；

12 日心血管彩超人数达到 15 人次～20 人次时，可设心血管彩超机 1 台；

13 日检诊人数达到 10 例～15 例时，可设十二指肠纤维内窥镜 1 台。

3.2.2 各科门诊量应根据医院统计数据确定，当无统计数据时可按表 3.2.2 确定。

表 3.2.2　各科门诊量占总门诊量比例

科　别	占门诊总量比例(%)
内科	28
外科	25
妇科	15
产科	3
儿科	8
耳鼻喉科、眼科	10
中医	5
其他	6

3.2.3　各科住院床位数应根据医院统计数据确定，当无统计数据时可按表 3.2.3 确定。

表 3.2.3　各科住院床位数占医院总床位数比例

科　别	占医院总床位比例(%)
内科	30
外科	25
妇科	8
产科	6
儿科	6
耳鼻喉科	6
眼科	6
中医	6
其他	7

4　选址与总平面

4.1　选　　址

4.1.1　综合医院选址应符合当地城镇规划、区域卫生规划和环保评估的要求。

4.1.2　基地选择应符合下列要求：

1　交通方便，宜面临 2 条城市道路；

2　宜便于利用城市基础设施；

3　环境宜安静，应远离污染源；

4　地形宜力求规整，适宜医院功能布局；

5　远离易燃、易爆物品的生产和储存区，并应远离高压线路及其设施；

6　不应临近少年儿童活动密集场所；

7　不应污染、影响城市的其他区域。

4.2　总　平　面

4.2.1　总平面设计应符合下列要求：

1　合理进行功能分区，洁污、医患、人车等流线组织清晰，并应避免院内感染风险；

2　建筑布局紧凑，交通便捷，并应方便管理、减少能耗；

3　应保证住院、手术、功能检查和教学科研等用房的环境安静；

4　病房宜能获得良好朝向；

5　宜留有可发展或改建、扩建的用地；

6　应有完整的绿化规划；

7　对废弃物的处理作出妥善的安排，并应符合有关环境保护法令、法规的规定。

4.2.2　医院出入口不应少于 2 处，人员出入口不应兼作尸体或废弃物出口。

4.2.3　在门诊、急诊和住院用房等入口附近应设车辆停放场地。

4.2.4　太平间、病理解剖室应设于医院隐蔽处。需设焚烧炉时，应避免风向影响，并应与主体建筑隔离。尸体运送路线应避免与出入院路线交叉。

4.2.5　环境设计应符合下列要求：

1　充分利用地形、防护间距和其他空地布置绿化景观，并应有供患者康复活动的专用绿地；

2　应对绿化、景观、建筑内外空间、环境和室内外标识导向系统等做综合性设计；

3　在儿科用房及其入口附近，宜采取符合儿童生理和心理特点的环境设计。

4.2.6　病房建筑的前后间距应满足日照和卫生间距要求，且不宜小于 12m。

4.2.7　在医疗用地内不得建职工住宅。医疗用地与职工住宅用地毗连时，应分隔，并应另设出入口。

5　建 筑 设 计

5.1　一 般 规 定

5.1.1　主体建筑的平面布置、结构形式和机电设计，应为今后发展、改造和灵活分隔创造条件。

5.1.2　建筑物出入口的设置应符合下列要求：

1　门诊、急诊、急救和住院应分别设置无障碍出入口；

2　门诊、急诊、急救和住院主要出入口处，应有机动车停靠的平台，并应设雨篷。

5.1.3　应设置具有引导、管理等功能的标识系统，并应符合下列要求：

1　标识系统可采用多种方式实现；

2　标识导向分级宜按表 5.1.3 设置。

表 5.1.3　医院标识导向分级

一级导向	二级导向	三级导向	四级导向
户外/楼宇标牌	楼层、通道标牌	各功能单元标牌	门牌、窗口牌
建筑单体标识， 建筑出入口标识， 道路指引标识， 服务设施标识， 总体平面图， 户外形象标识	楼层索引， 楼层索引及平面图， 大厅、通道标识， 公共服务设施标识， 出入口索引	各功能单元标识， 各行政、会议单元标识， 各后勤保障单位标识	各房间门牌， 各窗口牌， 公共服务设施门牌

5.1.4　电梯的设置应符合下列规定：

1　二层医疗用房宜设电梯；三层及三层以上的医疗用房应设电梯，且不得少于 2 台。

2 供患者使用的电梯和污物梯，应采用病床梯。

3 医院住院部宜增设供医护人员专用的客梯、送餐和污物专用货梯。

4 电梯井道不应与有安静要求的用房贴邻。

5.1.5 楼梯的设置应符合下列要求：

1 楼梯的位置应同时符合防火、疏散和功能分区的要求；

2 主楼梯宽度不得小于1.65m，踏步宽度不应小于0.28m，高度不应大于0.16m。

5.1.6 通行推床的通道，净宽不应小于2.40m。有高差者应用坡道相接，坡道坡度应按无障碍坡道设计。

5.1.7 50%以上的病房日照应符合现行国家标准《民用建筑设计通则》GB 50352的有关规定。

5.1.8 门诊、急诊和病房应充分利用自然通风和天然采光。

5.1.9 室内净高应符合下列要求：

1 诊查室不宜低于2.60m；

2 病房不宜低于2.80m；

3 公共走道不宜低于2.30m；

4 医技科室宜根据需要确定。

5.1.10 医院建筑的热工要求应符合现行国家标准《公共建筑节能设计标准》GB 50189的有关规定。

5.1.11 病房的允许噪声级和隔声，应符合现行国家标准《民用建筑隔声设计规范》GB 50118的规定。

5.1.12 室内装修和防护宜符合下列要求：

1 医疗用房的地面、踢脚板、墙裙、墙面、顶棚应便于清扫或冲洗，其阴阳角宜做成圆角。踢脚板、墙裙应与墙面平。

2 手术室、检验科、中心实验室和病理科等医院卫生学要求高的用房，其室内装修应满足易清洁、耐腐蚀的要求。

3 检验科、中心实验室和病理科的操作台面应采用耐腐蚀、易冲洗、耐燃烧的面层。相关的洗涤池和排水管亦应采用耐腐蚀材料。

4 药剂科的配方室、贮药室、中心药房、药库均应采取防潮、防虫、防鼠等措施。

5 太平间、病理解剖室均应采取防虫、防雀、防鼠以及防其他动物侵入的措施。

5.1.13 卫生间的设置应符合下列要求：

1 患者使用的卫生间隔间的平面尺寸，不应小于1.10m×1.40m，门应朝外开，门闩应能里外开启。卫生间隔间内应设输液吊钩。

2 患者使用的坐式大便器坐圈宜采用不易被污染、易消毒的类型，进入蹲式大便器隔间不应有高差。大便器旁应装置安全抓杆。

3 卫生间应设前室，并应设非手动开关的洗手设施。

4 采用室外卫生间时，宜用连廊与门诊、病房楼相接。

5 宜设置无性别、无障碍患者专用卫生间。

6 无障碍专用卫生间和公共卫生间的无障碍设施与设计，应符合现行标准《无障碍设计规范》GB 50763的有关规定。

5.1.14 医疗废物和生活垃圾应分别处置。

5.2 门诊部用房

5.2.1 门诊部应设在靠近医院交通入口处，应与医技用房邻近，并应处理好门诊内各部门的相互关系，流线应合理并避免院内感染。

5.2.2 门诊用房设置应符合下列要求：

1 公共部分应设置门厅、挂号、问讯、病历、预检分诊、记账、收费、药房、候诊、采血、检验、输液、注射、门诊办公、卫生间等用房和为患者服务的公共设施；

2 各科应设置诊查室、治疗室、护士站、污洗室等；

3 可设置换药室、处置室、清创室、X线检查室、功能检查室、值班更衣室、杂物贮藏室、卫生间等。

5.2.3 候诊用房设置应符合下列要求：

1 门诊宜分科候诊，门诊量小时可合科候诊；

2 利用走道单侧候诊时，走道净宽不应小于2.40m，两侧候诊时，走道净宽不应小于3.00m；

3 可采用医患通道分设、电子叫号、预约挂号、分层挂号收费等方式。

5.2.4 诊查用房设置应符合下列要求：

1 双人诊查室的开间净尺寸不应小于3.00m，使用面积不应小于12.00m^2；

2 单人诊查室的开间净尺寸不应小于2.50m，使用面积不应小于8.00m^2。

5.2.5 妇科、产科和计划生育用房设置应符合下列要求：

1 应自成一区，可设单独出入口。

2 妇科应增设隔离诊室、妇科检查室及专用卫生间，宜采用不多于2个诊室合用1个妇科检查室的组合方式。

3 产科和计划生育应增设休息室及专用卫生间。

4 妇科可增设手术室、休息室；产科可增设人流手术室、咨询室。

5 各室应有阻隔外界视线的措施。

5.2.6 儿科用房设置应符合下列要求：

1 应自成一区，可设单独出入口。

2 应增设预检、候诊、儿科专用卫生间、隔离诊查和隔离卫生间等用房。隔离区宜有单独对外出口。

3 可单独设置挂号、药房、注射、检验和输液等用房。

4 候诊处面积每患儿不应小于1.50m^2。

5.2.7 耳鼻喉科用房设置应符合下列要求：

1 应增设内镜检查（包括食道镜等）、治疗的用房；

2 可设置手术、测听、前庭功能、内镜检查（包括气管镜、食道镜等）等用房。

5.2.8 眼科用房设置应符合下列要求：

1 应增设初检（视力、眼压、屈光）、诊查、治疗、检查、暗室等用房；

2 初检室和诊查室宜具备明暗转换装置；

3 宜设置专用手术室。

5.2.9 口腔科用房设置应符合下列要求：

1 应增设X线检查、镶复、消毒洗涤、矫形等用房；

2 诊查单元每椅中距不应小于1.80m，椅中心距墙不应小于1.20m；

3 镶复室宜考虑有良好的通风；

4 可设资料室。

5.2.10 门诊手术用房设置应符合下列要求：

1 门诊手术用房可与手术部合并设置；

2 门诊手术用房应由手术室、准备室、更衣室、术后休息室和污物室组成。手术室平面尺寸不宜小于3.60m×4.80m。

5.2.11 门诊卫生间设置应符合下列要求：

1 卫生间宜按日门诊量计算，男女患者比例宜为1∶1；

2 男厕每100人次设大便器不应小于1个、小便器不应小于1个；

3 女厕每100人次设大便器不应小于3个；

4 应按本规范第5.1.13条的要求设置。

5.2.12 预防保健用房设置应符合下列要求：

1 应设宣教、档案、儿童保健、妇女保健、免疫接种、更衣、办公等用房；

2 可增设心理咨询用房。

5.3 急诊部用房

5.3.1 急诊部设置应符合下列要求：

1 自成一区，应单独设置出入口，便于急救车、担架车、轮椅车的停放；

2 急诊、急救应分区设置；

3 急诊部与门诊部、医技部、手术部应有便捷的联系；

4 设置直升机停机坪时，应与急诊部有快捷的通道。

5.3.2 急诊用房设置应符合下列要求：

1 应设接诊分诊、护士站、输液、观察、污洗、杂物贮藏、值班更衣、卫生间等用房；

2 急救部分应设抢救、抢救监护等用房；

3 急诊部分应设诊查、治疗、清创、换药等用房；

4 可独立设挂号、收费、病历、药房、检验、X线检查、功能检查、手术、重症监护等用房；

5 输液室应由治疗间和输液间组成。

5.3.3 当门厅兼用于分诊功能时，其面积不应小于$24.00m^2$。

5.3.4 抢救用房设置应符合下列要求：

1 抢救室应直通门厅，有条件时宜直通急救车停车位，面积不应小于每床$30.00m^2$，门的净宽不应小于1.40m；

2 宜设氧气、吸引等医疗气体的管道系统终端。

5.3.5 抢救监护室内平行排列的观察床净距不应小于1.20m，有吊帘分隔时不应小于1.40m，床沿与墙面的净距不应小于1.00m。

5.3.6 观察用房设置应符合下列要求：

1 平行排列的观察床净距不应小于1.20m，有吊帘分隔时不应小于1.40m，床沿与墙面的净距不应小于1.00m；

2 可设置隔离观察室或隔离单元，并应设单独出入口，入口处应设缓冲区及就地消毒设施；

3 宜设氧气、吸引等医疗气体的管道系统终端。

5.4 感染疾病门诊用房

5.4.1 消化道、呼吸道等感染疾病门诊均应自成一区，并应单独设置出入口。

5.4.2 感染门诊应根据具体情况设置分诊、接诊、挂号、收费、药房、检验、诊查、隔离观察、治疗、医护人员更衣、缓冲、专用卫生间等功能用房。

5.5 住院部用房

5.5.1 住院部应自成一区，设置单独或共用出入口，并应设在医院环境安静、交通方便处，与医技部、手术部和急诊部应有便捷的联系，同时应靠近医院的能源中心、营养厨房、洗衣房等辅助设施。

5.5.2 出入院用房设置应符合下列要求：

1 应设登记、结算、探望患者管理用房；

2 可设为患者服务的公共设施。

5.5.3 每个护理单元规模应符合本规范第3.2.1条的规定，专科病房或因教学科研需要可根据具体情况确定。设传染病房时，应单独设置，并应自成一区。

5.5.4 护理单元用房设置应符合下列要求：

1 应设病房、抢救、患者和医护人员卫生间、盥洗、浴室、护士站、医生办公、处置、治疗、更衣、值班、配餐、库房、污洗等用房；

2 可设患者就餐、活动、换药、患者家属谈话、探视、示教等用房。

5.5.5 病房设置应符合下列要求：

1 病床的排列应平行于采光窗墙面。单排不宜超过3床，双排不宜超过6床；

2 平行的两床净距不应小于0.80m，靠墙病床床沿与墙面的净距不应小于0.60m；

3 单排病床通道净宽不应小于1.10m，双排病床（床端）通道净宽不应小于1.40m；

4 病房门应直接开向走道；

5 抢救室宜靠近护士站；

6 病房门净宽不应小于1.10m，门扇宜设观察窗；

7 病房走道两侧墙面应设置靠墙扶手及防撞设施。

5.5.6 护士站宜以开敞空间与护理单元走道连通，并应与治疗室以门相连，护士站宜通视护理单元走廊，到最远病房门口的距离不宜超过30m。

5.5.7 配餐室应靠近餐车入口处，并应有供应开水和加热设施。

5.5.8 护理单元的盥洗室、浴室和卫生间，应符合下列要求：

1 当卫生间设于病房内时，宜在护理单元内单独设置探视人员卫生间。

2 当护理单元集中设置卫生间时，男女患者比例宜为1：1，男卫生间每16床应设1个大便器和1个小便器。女卫生间每16床应设3个大便器。

3 医护人员卫生间应单独设置。

4 设置集中盥洗室和浴室的护理单元，盥洗水龙头和淋浴器每12床～15床应各设1个，且每个护理单元应各不少于2个。盥洗室和淋浴室应设前室。

5 附设于病房内的浴室、卫生间面积和卫生洁具的数量，应根据使用要求确定，并应设紧急呼叫设施和输液吊钩。

6 无障碍病房内的卫生间应按本规范第5.1.13条的要求设置。

5.5.9 污洗室应邻近污物出口处，并应设倒便设施和便盆、痰杯的洗涤消毒设施。

5.5.10 病房不应设置开敞式垃圾井道。

5.5.11 监护用房设置应符合下列要求：

1 重症监护病房（ICU）宜与手术部、急诊部邻近，并应有快捷联系；

2 心血管监护病房（CCU）宜与急诊部、介入治疗科室邻近，并应有快捷联系；

3 应设监护病房、治疗、处置、仪器、护士站、污洗等用房；

4 护士站的位置宜便于直视观察患者；

5 监护病床的床间净距不应小于1.20m；

6 单床间不应小于$12.00m^2$。

5.5.12 儿科病房用房设置应符合下列要求：

1 宜设配奶室、奶具消毒室、隔离病房和专用卫生间等用房；

2 可设监护病房、新生儿病房、儿童活动室；

3 每间隔离病房不应多于2床；

4 浴室、卫生间设施应适合儿童使用；

5 窗和散热器等设施应采取安全防护措施。

5.5.13 妇产科病房用房设置应符合下列要求：

1 妇科应设检查和治疗用房。

2 产科应设产前检查、待产、分娩、隔离待产、隔离分娩、产期监护、产休室等用房。隔离待产和隔离分娩用房可兼用。

3 妇科、产科两科合为1个单元时，妇科的病房、治疗室、浴室、卫生间与产科的产休室、产前检查室、浴室、卫生间应分别设置。

4 产科宜设手术室。

5 产房应自成一区，入口处应设卫生通过和浴室、卫生间。

6 待产室应邻近分娩室，宜设专用卫生间。

7 分娩室平面净尺寸宜为4.20m×4.80m，剖腹产手术室宜为5.40m×4.80m。

8 洗手池的位置应使医护人员在洗手时能观察临产产妇的动态。

9 母婴同室或家庭产房应增设家属卫生通过，并应与其他区域分隔。

10 家庭产房的病床宜采用可转换为产床的病床。

5.5.14 婴儿室设置应符合下列要求：

1 应邻近分娩室；

2 应设婴儿间、洗婴池、配奶室、奶具消毒室、隔离婴儿室、隔离洗婴池、护士室等用房；

3 婴儿间宜朝南，应设观察窗，并应有防鼠、防蚊蝇等措施；

4 洗婴池应贴邻婴儿间，水龙头离地面高度宜为1.20m，并应有防止蒸气窜入婴儿间的措施；

5 配奶室与奶具消毒室不应与护士室合用。

5.5.15 烧伤病房用房设置应符合下列要求：

1 应设在环境良好、空气清洁的位置，可设于外科护理单元的尽端，宜相对独立或单独设置。

2 应设换药、浸浴、单人隔离病房、重点护理病房及专用卫生间、护士室、洗涤消毒、消毒品贮藏等用房；

3 入口处应设包括换鞋、更衣、卫生间和淋浴的医护人员卫生通过通道；

4 可设专用处置室、洁净病房。

5.5.16 血液病房用房设置应符合下列要求：

1 血液病房可设于内科护理单元内，亦可自成一区。可根据需要设置洁净病房，洁净病房应自成一区。

2 洁净病区应设准备、患者浴室和卫生间、护士室、洗涤消毒用房、净化设备机房。

3 入口处应设包括换鞋、更衣、卫生间和淋浴的医护人员卫生通道。

4 患者浴室和卫生间可单独设置，并应同时设有淋浴器和浴盆。

5 洁净病房应仅供一位患者使用，洁净标准应符合本规范第7.5.4条规定，并应在入口处设第二次换鞋、更衣处。

6 洁净病房应设观察窗，并应设置家属探视窗及对讲设备。

5.5.17 血液透析室用房设置应符合下列要求：

1 可设于门诊部或住院部内，应自成一区；

2 应设患者换鞋与更衣、透析、隔离透析治疗、治疗、复洗、污物处理、配药、水处理设备等用房；

3 入口处应设包括换鞋、更衣的医护人员卫生通过通道；

4 治疗床(椅)之间的净距不宜小于1.20m，通道净距不宜小于1.30m。

5.6 生殖医学中心用房

5.6.1 生殖医学中心应设诊查、B超、取精、取卵、体外授精、胚胎移植、检查、妇科内分泌测定和精子库等用房。

5.6.2 生殖医学中心可设影像学检查、遗传学检查等用房。

5.6.3 取卵室、体外授精实验室、胚胎移植室应满足医院卫生学要求。

5.7 手术部用房

5.7.1 手术部的环境要求，应符合现行国家标准《医院消毒卫生标准》GB 15982的有关规定，手术部应分为一般手术部和洁净手术部洁净手术部应按现行国家标准《医院洁净手术部建筑技术规范》GB 50333的有关规定设计。

5.7.2 手术部用房位置和平面布置，应符合下列要求：

1 手术部应自成一区，宜与外科护理单元邻近，并宜与相关的急诊、介入治疗科、重症监护科(ICU)、病理科、中心(消毒)供应室、血库等路径便捷；

2 手术部不宜设在首层；

3 平面布置应符合功能流程和洁污分区要求；

4 入口处应设医护人员卫生通过，且换鞋处应采取防止洁污交叉的措施；

5 通往外部的门应采用弹簧门或自动启闭门。

5.7.3 手术部用房设置应符合下列规定：

1 应设手术室、刷手、术后苏醒、换床、护士室、麻醉师办公室、换鞋、男女更衣、男女浴室和卫生间、无菌物品存放、清洗、消毒、污物和库房等用房；

2 可设洁净手术室、手术准备室、石膏室、冰冻切片、敷料制作、麻醉器械贮藏、教学、医护休息、男女值班和家属等候等用房。

5.7.4 手术室平面尺寸应符合下列要求：

1 应根据需要选用手术室平面尺寸，平面尺寸不应小于表5.7.4的规定。

表5.7.4 手术室平面净尺寸

手术室类型	平面净尺寸(m)
特大型	7.50×5.70
大型	5.70×5.40
中型	5.40×4.80
小型	4.80×4.20

2 每2间～4间手术室宜单独设立1间刷手间，可设于清洁区走廊内。刷手间不应设门。洁净手术室的刷手间不得和普通手术室共用。每间手术室不得少于2个洗手水龙头，并应采用非手动开关。

5.7.5 推床通过的手术室门，净宽不宜小于1.40m，且宜设置自动启闭装置。手术室可采用天然光源或人工照明，当采用天然光源时，窗洞口面积与地板面积之比不得大于1/7，并应采取遮阳措施。

5.7.6 手术室内基本设施设置应符合下列规定：

1 观片灯联数可按手术室大小类型配置，观片灯应设置在手术医生对面墙上；

2 手术台长向宜沿手术室长轴布置，台面中心点宜与手术室地面中心点相对应。患者头部不宜置于手术室门一侧；

3 净高宜为2.70m～3.00m；

4 设置医用气体终端装置；

5 采取防静电措施；

6 不应有明露管线；

7 吊顶及吊挂件应采取固定措施，吊顶上不应开设人孔；

8 手术室内不应设地漏。

5.8 放射科用房

5.8.1 放射科位置与平面布置应符合下列要求：

1 宜在底层设置，并应自成一区，且应与门、急诊部和住院部邻近布置，并有便捷联系；

2 有条件时，患者通道与医护工作人员通道应分开设置。

5.8.2 用房设置应符合下列要求：

1 应设放射设备机房(CT扫描室、透视室、摄片室)、控制、暗室、观片、登记存片和候诊等用房；

2 可设诊室、办公、患者更衣等用房；

3 胃肠透视室应设调钡处和专用卫生间。

5.8.3 机房内地沟深度、地面标高、层高、出入口、室内环境、机电设施等，应根据医疗设备的安装使用要求确定。

5.8.4 照相室最小净尺寸宜为4.50m×5.40m，透视室最小净尺寸宜为6.00m×6.00m。

5.8.5 放射设备机房门的净宽不应小于1.20m，净高不应小于2.80m，计算机断层扫描(CT)室的门净宽不应小于1.20m，控制室门净宽宜为0.90m。

5.8.6 透视室与CT室的观察窗净宽不应小于0.80m，净高不应小于0.60m。照相室观察窗的净宽不应小于0.60m，净高不应小于0.40m。

5.8.7 防护设计应符合国家现行有关医用X射线诊断卫生防护标准的规定。

5.9 磁共振检查室用房

5.9.1 磁共振检查室位置设置应符合下列要求：

1 宜自成一区或与放射科组成一区，宜与门诊部、急诊部、住院部邻近，并应设置在底层；

2 应避开电磁波和移动磁场的干扰。

5.9.2 用房设置应符合下列要求：

1 应设扫描、控制、附属机房(计算机、配电、空调机)等用房；

2 可设诊室、办公和患者更衣等用房。

5.9.3 扫描室应设电磁屏蔽、氦气排放和冷却水供应设施。机电管道不应穿越扫描室。

5.9.4 扫描室门的净宽不应小于1.20m，控制室门的净宽宜为0.90m，并应满足设备通过。磁共振扫描室的观察窗净宽不应小于1.20m，净高不应小于0.80m。

5.9.5 磁共振诊断室的墙身、楼地面、门窗、洞口、嵌入体等所采用的材料、构造均应按设备要求和屏蔽专门规定采取屏蔽措施。机房选址后，确定屏蔽措施前，应测定自然场强。

5.10 放射治疗科用房

5.10.1 放射治疗用房宜设在底层、自成一区，并应符合国家现行有关防护标准的规定，其中治疗机房应集中设置。

5.10.2 用房设置应符合下列要求：

1 应设治疗机房（后装机、钴60、直线加速器、γ刀、深部X线治疗等）、控制、治疗计划系统、模拟定位、物理计划、模具间、候诊、护理、诊室、医生办公、卫生间、更衣（医患分开设）、污洗和固体废弃物存放等用房；

2 可设会诊和值班等用房。

5.10.3 治疗室内噪声不应超过50dB(A)。

5.10.4 钴60治疗室、加速器治疗室、γ刀治疗室及后装机治疗室的出入口应设迷路，且有用线束照射方向应尽可能避免照射在迷路墙上。防护门和迷路的净宽均应满足设备要求。

5.10.5 防护应按国家现行有关后装γ源近距离卫生防护标准、γ远距治疗室设计防护要求、医用电子加速器卫生防护标准、医用X射线治疗卫生防护标准等的规定设计。

5.11 核医学科用房

5.11.1 核医学科位置与平面布置应符合下列要求：

1 应自成一区，并应符合国家现行有关防护标准的规定。放射源应设单独出入口。

2 平面布置应按"控制区、监督区、非限制区"的顺序分区布置。

3 控制区应设于尽端，并应有贮运放射性物质及处理放射性废弃物的设施。

4 非限制区进监督区和控制区的出入口处均应设卫生通过。

5.11.2 用房设置应符合下列要求：

1 非限制区应设候诊、诊室、医生办公和卫生间等用房；

2 监督区应设扫描、功能测定和运动负荷试验等用房，以及专用等候区和卫生间；

3 控制区应设计量、服药、注射、试剂配制、卫生通过、储源、分装、标记和洗涤等用房。

5.11.3 核医学用房应按国家现行有关临床核医学卫生防护标准的规定设计。

5.11.4 固体废弃物、废水应按国家现行有关医用放射性废弃物管理卫生防护标准的规定处理后排放。

5.11.5 防护应按国家现行有关临床核医学卫生防护标准的规定设计。

5.12 介入治疗用房

5.12.1 介入治疗用房位置与平面布置应符合下列要求：

1 应自成一区，且应与急诊部、手术部、心血管监护病房有便捷联系；

2 洁净区、非洁净区应分设。

5.12.2 用房设置应符合下列要求：

1 应设心血管造影机房、控制、机械间、洗手准备、无菌物品、治疗、更衣和卫生间等用房；

2 可设置办公、会诊、值班、护理和资料等用房。

5.12.3 介入治疗用户应满足医疗设备安装、室内环境的要求。

5.12.4 防护应根据设备要求，按现行国家有关医用X射线诊断卫生防护标准的规定设计。

5.13 检验科用房

5.13.1 检验科用房位置及平面布置应符号下列要求：

1 应自成一区，微生物学检验应与其他检验分区布置；

2 微生物学检验室应设于检验科的尽端。

5.13.2 用房设置应符合下列要求：

1 应设临床检验、生化检验、微生物检验、血液实验、细胞检查、血清免疫、洗涤、试剂和材料库等用房；

2 可设更衣、值班和办公等用房。

5.13.3 检验科应设通风柜、仪器室（柜）、试剂室（柜）、防振天平台，并应有贮藏贵重药物和剧毒药品的设施。

5.13.4 细菌检验的接种室与培养室之间应设传递窗。

5.13.5 检验科应设洗涤设施，细菌检验应设专用洗涤、消毒设施，每个检验室应装有非手动开关的洗涤池。检验标本应设废弃消毒处理设施。

5.13.6 危险化学试剂附近应设有紧急洗眼处和淋浴。

5.13.7 实验室工作台间通道宽度不应小于1.20m。

5.14 病理科用房

5.14.1 病理科用房应自成一区，宜与手术部有便捷联系。

5.14.2 病理解剖室宜和太平间合建，与停尸房宜有内门相通，并应设工作人员更衣及淋浴设施。

5.14.3 用房设置应符合下列要求：

1 应设置取材、标本处理（脱水、染色、蜡包埋、切片）、制片、镜检、洗涤消毒和卫生通过等用房；

2 可设置病理解剖和标本库用房。

5.15 功能检查科用房

5.15.1 超声、电生理、肺功能检查室宜各成一区，与门诊部、住院部应有便捷联系。

5.15.2 功能检查科应设检查室（肺功能、脑电图、肌电图、脑血流图、心电图、超声等）、处置、医生办公、治疗、患者、医护人员更衣和卫生间等用房。

5.15.3 检查床之间的净距不应小于1.50m，宜有隔断设施。

5.15.4 心脏运动负荷检查室应设氧气终端。

5.16 内窥镜科用房

5.16.1 内窥镜科用房位置与平面布置应符合下列要求：

1 应自成一区，与门诊部有便捷联系；

2 各检查室宜分别设置。上、下消化道检查室应分开设置。

5.16.2 用房设置应符合下列要求：

1 应设内窥镜（上消化道内窥镜、下消化道内窥镜、支气管镜、胆道镜等）检查、准备、处置、等候、休息、卫生间、患者和医护人员更衣等用房。下消化道检查应设置卫生间、灌肠室。

2 可设观察室。

5.16.3 检查室应设置固定于墙上的观片灯，宜配置医疗气体系统终端。

5.16.4 内窥镜科区域内应设置内镜洗涤消毒设施，且上、下消化道镜应分别设置。

5.17 理疗科用房

5.17.1 理疗科可设在门诊部或住院部，应自成一区。

5.17.2 理疗科设计应符合现行行业标准《疗养院建筑设计规范》JGJ 40的有关规定。

5.18 输血科(血库)用房

5.18.1 输血科（血库）用房位置与平面布置应符合下列要求：

1 宜自成一区，并宜邻近手术部；

2 贮血与配血室应分别设置。

5.18.2 输血科应设置配血、贮血、发血、清洗、消毒、更衣、卫生间等用房。

5.19 药剂科用房

5.19.1 药剂科用房位置与平面布置应符合下列要求：

1 门诊、急诊药房与住院部药房应分别设置；

2 药库和中药煎药处均应单独设置房间；

3 门诊、急诊药房宜分别设中、西药房；

4 儿科和各传染病科门诊宜设单独发药处。

5.19.2 用房设置应符合下列要求：

1 门诊药房应设发药、调剂、药库、办公、值班和更衣等用房；

2 住院药房应设摆药、药库、发药、办公、值班和更衣等用房；

3 中药房应设置中成药库、中草药库和煎药室；

4 可设一级药品库、办公、值班和卫生间等用房。

5.19.3 发药窗口的中距不应小于 1.20m。

5.19.4 贵重药、剧毒药、麻醉药、限量药的库房，以及易燃、易爆药物的贮藏处，应有安全设施。

5.20 中心(消毒)供应室用房

5.20.1 中心(消毒)供应室位置与平面布置应符合下列要求：

1 应自成一区，宜与手术部、重症监护和介入治疗等功能用房区域有便捷联系；

2 应按照污染区、清洁区、无菌区三区布置，并应按单向流程布置，工作人员辅助用房应自成一区；

3 进入污染区、清洁区和无菌区的人员均应卫生通过。

5.20.2 用房设置应符合下列要求：

1 污染区应设收件、分类、清洗、消毒和推车清洗中心(消毒)用房；

2 清洁区应设敷料制备、器械制备、灭菌、质检、一次性用品库、卫生材料库和器械库等用房；

3 无菌区应设无菌物品储存用房；

4 应设办公、值班、更衣和浴室、卫生间等用房。

5.20.3 中心(消毒)供应室应满足清洗、消毒、灭菌、设备安装、室内环境要求。

5.21 营养厨房

5.21.1 营养厨房位置与平面布置应符合下列要求：

1 应自成一区，宜邻近病房，并与之有便捷联系通道；

2 配餐室和餐车停放室(处)应有冲洗和消毒餐车的设施；

3 应避免营养厨房的蒸汽、噪声和气味对病区的窜扰；

4 平面布置应遵守食品加工流程。

5.21.2 营养厨房应设置主食制作、副食制作、主食蒸煮、副食洗切、冷荤熟食、回民灶、库房、配餐、餐车存放、办公和更衣等用房。

5.22 洗衣房

5.22.1 洗衣房位置与平面布置应符合下列要求：

1 应自成一区，并应按工艺流程进行平面布置；

2 污衣入口和洁衣出口处应分别设置；

3 宜单独设置更衣间、浴室和卫生间；

4 设置在病房楼底层或地下层的洗衣房应避免噪声对病区的干扰；

5 工作人员与患者的洗涤物应分别处理；

6 当洗衣利用社会化服务时，应设收集、分拣、储存、发放处。

5.22.2 洗衣房应设置收件、分类、浸泡消毒、洗衣、烘干、烫平、缝纫、贮存、分发和更衣等用房。

5.23 太平间

5.23.1 太平间位置与平面布置应符合下列要求：

1 宜独立建造或设置在住院用房的地下层；

2 解剖室应有门通向停尸间；

3 尸体柜容量宜按不低于总病床数 1%～2%计算。

5.23.2 太平间应设置停尸、告别、解剖、标本、值班、更衣、卫生间、器械、洗涤和消毒等用房。

5.23.3 存尸应有冷藏设施，最高一层存尸抽屉的下沿高度不宜大于 1.30m。

5.23.4 太平间设置应避免气味对所在建筑的影响。

5.24 防火与疏散

5.24.1 医院建筑耐火等级不应低于二级。

5.24.2 防火分区应符合下列要求：

1 医院建筑的防火分区应结合建筑布局和功能分区划分。

2 防火分区的面积除应按建筑物的耐火等级和建筑高度确定外，病房部分每层防火分区内，尚应根据面积大小和疏散路线进行再分隔。同层有 2 个及 2 个以上护理单元时，通向公共走道的单元入口处应设乙级防火门。

3 高层建筑内的门诊大厅，设有火灾自动报警系统和自动灭火系统并采用不燃或难燃材料装修时，地上部分防火分区的允许最大建筑面积应为 4000m^2。

4 医院建筑内的手术部，当设有火灾自动报警系统，并采用不燃烧或难燃烧材料装修时，地上部分防火分区的允许最大建筑面积应为 4000m^2。

5 防火分区内的病房、产房、手术部、精密贵重医疗设备用房等，均应采用耐火极限不低于 2.00h 的不燃烧体与其他部分隔开。

5.24.3 安全出口应符合下列要求：

1 每个护理单元应有 2 个不同方向的安全出口；

2 尽端式护理单元，或自成一区的治疗用房，其最远一个房间门至外部安全出口的距离和房间内最远一点到房门的距离，均未超过建筑设计防火规范规定时，可设 1 个安全出口。

5.24.4 医疗用房应设疏散指示标识，疏散走道及楼梯间均应设应急照明。

5.24.5 中心供氧用房应远离热源、火源和易燃易爆源。

6 给水排水、消防和污水处理

6.1 一 般 规 定

6.1.1 医院新建、扩建和改建时，应对院区范围内的给水、排水、消防和污水处理工程进行统一规划设计。

6.1.2 给水、排水管道不应从洁净室、强电和弱电机房，以及重要医疗设备用房的室内架空通过，必须通过时应采取防漏措施。

6.2 给 水

6.2.1 医院生活给水水质，应符合现行国家标准《生活饮用水卫生标准》GB 5749 的有关规定。

6.2.2 医院生活用水量定额宜符合表 6.2.2 的规定。

表 6.2.2 医院生活用水量定额

项目	设施标准	单位	最高用水量	小时变化系数
每病床	公共卫生间、盥洗	L/床·d	100～200	2.5～2.0
	公共浴室、卫生间、盥洗	L/床·d	150～250	2.5～2.0
	公共浴室、病房设卫生间、盥洗	L/床·d	200～250	2.5～2.0
	病房设浴室、卫生间、盥洗	L/床·d	250～400	2.0
	贵宾病房	L/床·d	400～600	2.0
门、急诊患者		L/人·次	10～15	2.5
医务人员		L/人·班	150～250	2.5～2.0
医院后勤职工		L/人·班	80～100	2.5～2.0
食堂		L/人·次	20～25	2.5～1.5
洗衣		L/kg	60～80	1.5～1.0

注：1 医务人员的用水量包括手术室、中心供应等医院常规医疗用水；
2 道路和绿化用水应根据当地气候条件确定。

6.2.3 锅炉用水和冷冻机冷却循环水系统的补充水等应根据工艺确定。

6.2.4 烧伤病房、中心（消毒）供应室等场所的供水，应根据医院工艺要求设置供水点。

6.2.5 下列场所的用水点应采用非手动开关，并应采取防止污水外溅的措施：

1 公共卫生间的洗手盆、小便斗、大便器；

2 护士站、治疗室、中心（消毒）供应室、监护病房等房间的洗手盆；

3 产房、手术刷手池、无菌室、血液病房和烧伤病房等房间的洗手盆；

4 诊室、检验科等房间的洗手盆；

5 有无菌要求或防止院内感染场所的卫生器具。

6.2.6 采用非手动开关的用水点应符合下列要求：

1 公共卫生间的洗手盆宜采用感应自动水龙头，小便斗宜采用自动冲洗阀，蹲式大便器宜采用脚踏式自闭冲洗阀或感应冲洗阀。

2 护士站、治疗室、洁净室和消毒供应中心、监护病房和烧伤病房等房间的洗手盆，应采用感应自动、膝动或肘动开关水龙头。

3 产房、手术刷手池、洁净无菌室、血液病房和烧伤病房等房间的洗手盆，应采用感应自动水龙头。

4 有无菌要求或防止院内感染场所的卫生器具，应按本条第 1 款～第 3 款要求选择水龙头或冲洗阀。

6.3 排 水

6.3.1 医院的宿舍区生活污水应直接排入城市污水排水管道，院区内的普通生活污废水有条件时，可直接排入城市污水排水管道。

6.3.2 下列场所应采用独立的排水系统或间接排放，并应符合下列要求：

1 传染病门急诊和病房的污水应单独收集处理；

2 放射性废水应单独收集处理；

3 牙科废水宜单独收集处理；

4 锅炉排污水、中心（消毒）供应室的消毒凝结水等，应单独收集并设置降温池或降温井；

5 分析化验采用的有腐蚀性的化学试剂宜单独收集，并应综合处理后再排入院区污水管道或回收利用；

6 其他医疗设备或设施的排水管道应采用间接排水；

7 太平间和解剖室应在室内采用独立的排水系统，且主通气管应伸到屋顶无不良处。

6.3.3 室内卫生间排水系统宜符合下列要求：

1 当建筑高度超过 2 层且为暗卫生间或建筑高度超过 10 层时，卫生间的排水系统可采用专用通气立管系统；

2 公共卫生间排水横管超过 10.00m 或大便器超过 3 个时，宜采用环行通气管；

3 卫生间器具排水支管长度不宜超过 1.50m；

4 浴缸宜采取防虹吸措施。

6.3.4 中心（消毒）供应室、中药加工室、口腔科等场所的排水管道的管径，应大于计算管径 1～2 级，且不得小于 100.00mm，支管管径不得小于 75.00mm。

6.3.5 排放含有放射性污水的管道应采用机制含铅的铸铁管道，水平横管应敷设在垫层内或专用防辐射吊顶内，立管应安装在壁厚不小于 150.00mm 的混凝土管道井内。

6.3.6 存水弯的水封高度不得小于 50.00mm，且不得大于 100.00mm。

6.3.7 医院地面排水地漏的设置，应符合下列要求：

1 浴室和空调机房等经常有水流的房间应设置地漏；

2 卫生间有可能形成水流的房间宜设置地漏；

3 对于空调机房等季节性地面排水，以及需要排放冲洗地面、冲洗废水的医疗用房等，应采用可开启式密封地漏；

4 地漏应采用带过滤网的无水封直通型地漏加存水弯，地漏的通水能力应满足地面排水的要求；

5 地漏附近有洗手盆时，宜采用洗手盆的排水给地漏水封补水。

6.4 热 水

6.4.1 医院生活热水用水量定额及其计算温度，应符合下列要求：

1 医院生活热水用水量定额宜符合表 6.4.1 的规定，医疗用水应根据工艺确定；

2 医疗用热水温度应根据工艺确定，其他用途的热水水温宜按 60℃设计。

表 6.4.1 医院生活热水（60℃）用水量定额

项目	设施标准	单位	最高用水量	小时变化系数
每病床	公共浴室、卫生间、盥洗	L/床·d	45～100	2.5～2.0
	公共浴室、病房设卫生间、盥洗	L/床·d	60～130	2.5～2.0
	病房设浴室、卫生间、盥洗	L/床·d	110～200	2.0
	贵宾病房	L/床·d	150～300	2.0
门、急诊患者		L/人·次	5～8	2.5
医务人员		L/人·班	60～130	2.5～2.0
医院后勤职工		L/人·班	30～45	2.5～2.0
食堂		L/人·次	7～10	2.5～1.5
洗衣		L/kg	15～30	1.5～1.0

6.4.2 医院生活热水系统的能源，宜采用废热和太阳能等。当采用太阳能或热泵时，宜采用可自动控制的其他辅助能源。

6.4.3 热水系统的水加热器宜采用无死水区且效率高的弹性管束、浮动盘管容积或半容积式水加热器。

6.4.4 医院热水系统的热水制备设备不应少于2台，当一台检修时，其余设备应能供应60%以上的设计用水量。

6.4.5 生活热水系统的水加热器出水温度不应低于60℃，系统回水温度不应低于50℃。

6.4.6 当冷、热水供水压力差超过0.02MPa时，宜设置平衡阀。

6.4.7 当淋浴或浴缸用水点采用冷、热混合水温控装置时，使用水点出水温度在任何时间均不应大于49℃。

6.4.8 热水系统任何用水点在打开用水开关后宜在5s～10s内出热水。

6.4.9 手术部集中刷手池的水龙头应采用恒温供水，且末端温度可调节，供水温度宜为30℃～35℃。

6.4.10 洗婴池的供水应防止烫伤或冻伤且为恒温，末端温度可调节，供水温度宜为35℃～40℃。

6.5 饮　用　水

6.5.1 饮用水可采用下列方式供应：

1 当采用管道直饮水系统时，供水点宜根据需要分散设置。

2 当采用蒸气间接加热时，蒸气开水炉宜集中设置。饮用水供应至护理单元和科室。

3 当采用电开水器时，可在楼层或护理单元、科室设置电开水器。

4 当采用桶装水饮水机时，供水点宜根据需要分散设置。

6.5.2 当采用蒸气开水炉和电开水器时，自来水进开水器前应设置过滤器和止回阀。

6.5.3 当采用管道直饮水系统时，应符合下列要求：

1 管道直饮水的水源应符合国家现行标准《生活饮用水卫生标准》GB 5749和《饮用净水水质标准》CJ 94等要求。

2 管道直饮水水处理宜符合工艺流程要求（图6.5.3），最后一级膜过滤应采用孔径为0.20μm～0.45μm的膜。

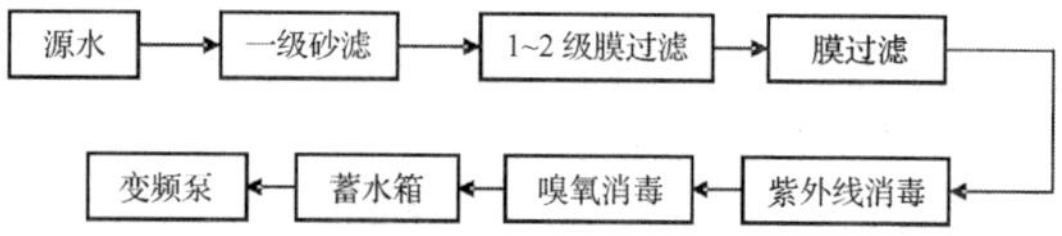

图6.5.3 管道直饮水水处理工艺流程

3 管道直饮水的宜采用循环供水系统，回水管流速宜为1.00m/s～1.50m/s，回水经膜滤和消毒后再用。管网末端盲管的最大长度不宜超过0.50m。

4 管道直饮水蓄水箱的有效容积不宜小于最大日用水量的1.2倍。

5 应设水质分析室，直饮水水质分析每班不应少于2次。

6.5.4 饮用水设备和龙头应设置在卫生条件良好、通风的房间或场所，不应设置在公共卫生间内。

6.6 制剂和医疗用水

6.6.1 制剂和医疗用水水质应符合医疗工艺的要求。

6.6.2 制剂和医疗用水的制备装置应设置在卫生、通风条件良好的房间或场所。

6.7 消　　防

6.7.1 室内消火栓的布置应符合下列要求：

1 消火栓的布置应保证2股水柱同时到达任何位置，消火栓宜布置在楼梯口附近。

2 手术部的消火栓宜设置在清洁区域的楼梯口附近或走廊。必须设置在洁净区域时，应满足洁净区域的卫生要求。

3 护士站宜设置消防软管卷盘。

6.7.2 设置自动喷水灭火系统，应符合下列要求：

1 建筑物内除与水发生剧烈反应或不宜用水扑救的场所外，均应根据其发生火灾所造成的危险程度，及其扑救难度等实际情况设置洒水喷头；

2 病房应采用快速反应喷头；

3 手术部洁净和清洁走廊宜采用隐蔽型喷头。

6.7.3 医院的贵重设备用房、病案室和信息中心（网络）机房，应设置气体灭火装置。

6.7.4 血液病房、手术室和有创检查的设备机房，不应设置自动灭火系统。

6.8 污 水 处 理

6.8.1 医疗污水排放应符合现行国家标准《医疗机构水污染物排放标准》GB 18466的有关规定，并应符合下列要求：

1 当医疗污水排入有城市污水处理厂的城市排水管道时，应采用消毒处理工艺；

2 当医疗污水直接或间接排入自然水体时，应采用二级生化污水处理工艺；

3 医疗污水不得作为中水水源。

6.8.2 放射性污水的排放，应符合现行国家标准《电离辐射防护与辐射源安全基本标准》GB 18871的有关规定。

6.9 管　　材

6.9.1 给水和热水系统的管材应根据需要确定，可选用符合国家现行有关标准的不锈钢管、塑料管、塑料与金属复合管和热镀锌钢管等。

6.9.2 排水系统的管材可选用机制排水铸铁管或塑料管。雨水排水管道应根据建筑高度确定其排水压力，并应选择合适的承压管道。

6.9.3 直饮水系统管材宜采用不锈钢管。

6.9.4 在有磁屏蔽的场所应采用紫铜管、塑料管等非磁性管材。

7 采暖、通风及空调系统

7.1 一 般 规 定

7.1.1 医院应根据其所在地区的气候条件、医院性质，以及部门、科室的功能要求，确定在全院或局部实施采暖与通风、普通空调或净化空调。

7.1.2 采用散热器采暖时，应以热水为介质，不应采用蒸气。供水温度不应大于85℃。散热器应便于清洗消毒。

7.1.3 符合本规范表7.2.2规定的Ⅲ级、Ⅳ级洁净用房，应采用板式或光管式散热器采暖，且应采取防护、防尘措施。

7.1.4 室内采暖计算温度可按表7.1.4的规定选取。

表7.1.4 室内采暖计算温度

用房名称	计算温度(℃)
病房	20～24
诊室、检查、治疗室	18～24
患者浴室、盥洗室	22～26
一般手术室、产房	20～24
办公、活动用房	18～20
无人活动用房(如药品库)	≥10

7.1.5 当采用自然通风时，中庭内不宜有遮挡物，当有遮挡物时宜辅之以机械排风。气候条件适合地区，可利用穿堂风，应保持清洁区域位于通风的上风侧。

7.1.6 凡产生气味、水气和潮湿作业的用房，应设机械排风。

7.1.7 空调系统应符合下列要求：

1 应根据室内空调设计参数、医疗设备、卫生学、使用时间、空调负荷等要求合理分区；

2 各功能区域宜独立，宜单独成系统；

3 各空调分区应能互相封闭，并应避免空气途径的医院感染；

4 有洁净度要求的房间和严重污染的房间，应单独成一个系统。

7.1.8 无特殊要求时不应在空调机组内安装臭氧等消毒装置。不得使用淋水式空气处理装置。

7.1.9 空调机组宜设置在便于日常检修及更换的机房或设备夹层内。

7.1.10 采用集中空调系统医疗用房的送风量不宜低于6次/h。

7.1.11 集中空调系统和风机盘管机组的回风口必须设初阻力小于50Pa、微生物一次通过率不大于10%和颗粒物一次计重通过率不大于5%的过滤设备。

7.1.12 当室外可吸入颗粒物PM10的年均值未超过现行国家标准《环境空气质量标准》GB 3095中二类区适用的二级浓度限值时，新风采集口应至少设置粗效和中效两级过滤器，当室外PM10超过年平均二级浓度限值时，应再增加一道高中效过滤器。

7.1.13 医疗用房的集中空调系统的新风量每人不应低于$40m^3/h$，或新风量不应小于2次/h。对人员多的场所，经过经济和技术比较，宜变新风量运行。

7.1.14 核医学检查室、放射治疗室、病理取材室、检验科、传染病病房等含有害微生物、有害气溶胶等污染物质场所的排风，应处理达标后排放。

7.1.15 没有特殊要求的排风机应设在排风管路末端，使整个管路为负压。

7.1.16 医院暖通空调设计(包括冷热源)应在保障诊疗与感染控制的前提下，按现行国家标准《公共建筑节能设计标准》GB 50189的有关规定执行。

7.2 洁净用房的通用要求

7.2.1 应根据需要和可能选用洁净用房。

7.2.2 洁净用房(不含洁净手术室)在空态或静态条件下，细菌浓度(沉降菌法浓度或浮游菌法浓度)和空气含尘浓度应按表7.2.2分级。换气次数不应超过表7.2.2规定上限的1.2倍。

表7.2.2 洁净用房的分级标准(空态或静态)

用房等级	沉降法(浮游法)细菌最大平均浓度 个/30min·φ90皿(个/m^3)	换气次数(次/h)	表面最大染菌密度(个/cm^2)	空气洁净度
Ⅰ	局部为0.2(5)[注]，其他区域0.4(10)	截面风速根据房间功能确定，在具体条文中给出	5	局部为5级，其他区域6级
Ⅱ	1.5(50)	17～20	5	7级，采用局部集中送风时，局部洁净度级别高一级
Ⅲ	4(150)	10～13	5	8级，采用局部集中送风时，局部洁净度级别高一级
Ⅳ	6	8～10	5	8.5级

注：局部集中送风时的标准。若全室为单向流时，局部标准应为全室标准。

7.2.3 Ⅰ级洁净用房的送风末端应设高效过滤器，Ⅱ级洁净用房送风末端可设高效或亚高效过滤器，Ⅲ级洁净用房的送风末端可设亚高效过滤器，Ⅳ级洁净用房的送风末端可设高中效过滤器。

7.2.4 洁净用房应采用阻隔式空气净化装置作为房间的送风末端。

7.2.5 洁净用房内不应采用普通的风机盘管机组或空调器。Ⅲ级、Ⅳ级洁净用房内采用带亚高效或高中效过滤器的净化风机盘管机组或立柜式净化空调器时，新风可集中供给或设立独立的新风机组。

7.2.6 洁净用房室内(不含走廊)不宜采用上送上回气流组织。

7.2.7 洁净用房的患者通道上不应设置空气吹淋室。

7.2.8 净化空调系统应在新风口、回风口和空调机组正压出风面、送风口3处设置空气过滤器。

7.3 门诊部

7.3.1 门诊部应采用自然通风。当采用采暖系统时，候诊区、办公室等的冬季采暖设计温度不应低于18℃。当采用空调系统时，夏季空调设计温度不宜高于26℃。

7.3.2 当医院的门厅采用空调时应减少室外空气流入，并应维持室内定向的空气流动和热环境。中庭式的门厅，宜采用分层空调，冬季可设置其他补充采暖装置。

7.3.3 候诊区的空调系统，应结合平面布局使空气从清洁区流向非清洁区。其中，小儿科候诊室和诊室对其他区域应为正压。隔离诊室及其候诊前室应采用单独的空调系统，其回风应有中效(含)以上的过滤器。当与其他诊室为同一空调系统时，应单独设回(排)风，并应维持室内负压。

7.3.4 化验室、处置室、换药室等污染较严重的场所，应设局部排风。

7.3.5 诊室的空调温度宜高于候诊区1℃～2℃。

7.4 急诊部

7.4.1 急诊部当采用空调系统时、应采用独立系统，可24h连续运行，冬季采暖设计温度不应低于18℃，夏季空调温度不宜高于26℃。

7.4.2 急诊隔离区的空调系统宜独立设置，其回风应有中效(含)以上的过滤器，并应有排风系统。当与其他诊室为同一空调系统时，应单独排用，不应系统回风，与相邻并相通的区域应保持不小于5Pa的负压。

7.5 住院部

7.5.1 普通病区应符合下列要求：

1 普通病区的病房应能开窗(有纱窗)通风。

2 设置普通空调时，冬季温度宜在20℃以上，夏季温度不宜高于27℃；应有新风供应和排风，系统规模不宜过大。

3 病区的换药室、处置室、配餐室、污物室、污洗室、公用卫生间等，应设排风，排风口的布置不应使局部空气滞留。排风换气次数宜为10次/h～15次/h。

7.5.2 产科应符合下列要求：

1 分娩室及准备室、淋浴室、恢复室等相关房间设空调系统时，应能24h连续运行；

2 分娩室宜采用新风空调系统；

3 新生儿室室内温度全年宜保持22℃～26℃，早产儿室、新生儿重症监护(NICU)和免疫缺陷新生儿室，室内温度全年宜保持24℃～26℃，噪声不宜大于45dB(A)；

4 早产儿室和新生儿重症监护(NICU)、免疫缺陷新生儿室宜为Ⅲ级洁净用房。

7.5.3 监护病房应符合下列要求：

1 温度在冬季不宜低于24℃，夏季不宜高于27℃。

2 采用普通空调系统时，宜采用连续运行，并应符合本规范第7.1.10条和第7.1.11条的规定，相对湿度宜为40%～65%。噪声不应大于45dB(A)，宜采用上送下回的气流组织，送风气流不宜直接吹向头部。每张病床均不应处于其他病床的下风侧。排风(或回风)口应设在床头附近。

3　采用洁净用房的宜用Ⅳ级标准设计，宜设置独立的净化空调系统，病房对走廊或走廊对外界宜维持不小于5Pa的正压。

7.5.4　血液病房应符合下列要求：

1　治疗期血液病房应选用Ⅰ级洁净用房，恢复期血液病房宜选用不低于Ⅱ级洁净用房。应采用上送下回的气流组织方式。Ⅰ级病房应在包括病床在内的患者活动区域上方设置垂直单向流，其送风口面积不应小于$6m^2$，并应采用两侧下回风的气流组织。如采用水平单向流，患者活动区应布置在气流上游，床头应在送风侧。

2　各病房的净化空调系统应采用独立的双风机并联，互为备用，24h运行。

3　送风应采用调速装置，应至少设两档风速。患者活动或进行治疗时，工作区截面风速不应低于0.20m/s，患者休息时不应低于0.12m/s。室内温度冬季不宜低于22℃，相对湿度不宜低于45%。夏季不宜高于27℃，相对湿度不宜高于60%。噪声应小于45dB(A)。

4　与相邻并相通房间应保持5Pa的正压。

7.5.5　烧伤病房应根据需要，确定是否选用洁净用房。采用洁净用房应符合下列要求：

1　重度(含)以上烧伤患者的病房应采用在病床上方集中布置送风风口，送风面积应为病床外的四条周边各延30cm或以上，并应按Ⅲ级洁净用房换气次数计算，有特殊需要时可按Ⅱ级洁净用房换气次数计算。其辅助用房和重度以下烧伤患者的病房可分散设置送风口，宜按Ⅳ级洁净用房换气次数计算。

2　各病房净化空调系统应设置备用送风机，并应确保24h不间断运行。应能根据治疗过程要求调节温度、湿度。

3　对于多床一室的Ⅳ级烧伤病房，每张病床均不应处于其他病床的下风侧。温度全年宜为24℃～26℃，相对温度冬季不宜低于40%，夏季不宜高于60%。室内温湿度可按治疗进程要求进行调节。

4　重度(含)以上烧伤患者的病房宜设独立空调系统，室内温湿度可按治疗进程要求进行调节。温度最高可调至32℃，湿度最高可调至90%。

5　与相邻并相通房间应保持5Pa的正压。

6　病区内的浴室、卫生间应设置排风装置，同时应设置与排风机相连锁的密闭风阀。

7　病房噪声不应大于45dB(A)。

7.5.6　过敏性哮喘病室应符合下列要求：

1　可采用洁净用房；

2　噪声不应大于45dB(A)。温湿度应相对稳定，全年温度宜为25℃±1℃，相对湿度宜为50%。与相邻并相通房间应保持5Pa的正压。

7.5.7　解剖室、标本制作室、太平间应符合下列要求：

1　非传染病尸体解剖室、标本制作室应进行充分的通风换气，应采用专用解剖台或在室内均匀布置下排风口，排风应直接排到室外；

2　解剖室的空调应采用全新风独立系统，可配合采用专用排风解剖台；

3　当标本制作室和保管室为同一空调系统时，应能根据各室的温度条件独立控制；

4　太平间应有足够的通风。设机械排风时应维持负压。

7.5.8　负压隔离病房应符合下列要求：

1　应采用自循环空调系统，换气次数10次/h～12次/h，新风可集中供给。空气传染的特殊呼吸道患者的病房应采用全新风系统。

2　送风的末级过滤器宜用高中效过滤器，回(排)风口应设无泄漏的负压高效排风装置。

3　宜在床尾或床侧及床尾各设一送风口，回风口宜设在床头侧下方。

4　病房入口应设缓冲室，病区走廊入口宜设缓冲室，卫生间内应设无泄漏的负压高效排风装置。

5　病房对缓冲间、缓冲间对走廊应保持5Pa负压差，病房内应向卫生间保持定向流。

7.6　手　术　部

7.6.1　洁净手术部设计，应符合现行国家标准《医院洁净手术部建筑技术规范》GB 50333的有关规定。

7.6.2　一般手术室室内温度冬季不宜低于20℃，夏季不宜高于26℃；室内相对湿度冬季不宜低于30%，夏季不宜高于65%；应采用末端过滤器效率不低于高中效过滤器的空调系统或全新风通风系统。室内应保持正压，换气次数不得低于6次/h。噪声不应大于50dB(A)。

7.7　医技科室

7.7.1　检验科、病理科、实验室应符合下列要求：

1　应有单独排风系统；

2　采用普通空调时，室内温度冬季不宜低于22℃，夏季不宜高于26℃；室内相对湿度冬季不宜低于30%，夏季不宜高于65%。

7.7.2　生殖学中心的体外受精实验室，应按Ⅰ级洁净用房设计，并应采用局部集中送风或洁净工作台。取卵室应按Ⅱ级洁净用房设计，并应采用局部集中送风或洁净工作台。体外受精实验室和取卵室的噪声均不应大于45dB(A)。冷冻室、工作室、洁净走廊等其他洁净辅助用房可按Ⅳ级洁净用房设计，并应采用局部集中送风。

7.7.3　电生理、超声、纤维内窥镜等科室，宜设置独立的普通空调系统。

7.7.4　听力检查室宜设置集中式空调系统，应采取消声减振措施，且噪声不应大于30dB(A)。无声要求高的检测，可采取暂时停止空调、隔断气流等措施。

7.7.5　心血管造影室的操作区宜为Ⅲ级，洁净走廊应低于操作区一级，与相邻并相通房间应保持5Pa的正压。辅助用房应采用普通空调。

7.7.6　放射科的检查室、控制室和机械间的空调系统和排风系统应符合下列要求：

1　应根据设备需要选择空调系统。

2　采用半集中式空调系统时，不应在机器上方设置任何风机盘管机组等末端装置及其凝水管。

3　放射科的检查室、控制室和暗室应设排风系统，自动洗片机排风应采用防腐蚀的风管。排风管上应设止回阀。

4　在有射线屏蔽的房间，对于穿墙后的风管和配管，应采取不小于墙壁铅当量的屏蔽措施。

7.7.7　磁共振室宜采用独立的恒温恒湿空调系统，室内温度应为22℃±2℃，相对湿度应为60%±10%。扫描间内应采用非磁性、屏蔽电磁波的风口，任何磁性管线不应穿越。磁共振机的液氦冷却系统应设置单独的排气系统，并应直接连接到磁共振机的室外排风管。管道应采用非磁性材料，管径不应小于250mm。

7.7.8　核医学科所有核辐射风险的用房宜采用独立的恒温恒湿空调系统。扫描间温度应为22℃±2℃，且1h内的温度变化不宜大于3℃。扫描间相对湿度应为60%±10%。其他房间可采用普通空调，但排风应按国家现行标准《临床核医学卫生防护标准》GBZ 120和《医用放射性废弃物管理卫生防护标准》GBZ 133的规定处理。

7.7.9　放射性同位素治疗用房的空调系统，应根据放射性同位素种类与使用条件确定，宜采用全新风空调方式。放射性同位素管理区域内，相对于管理区域外应保持负压，排气风管宜采用氯乙烯衬里风管，并应在排风系统中设置气密性阀门；应在净化处理装置的排气侧设置风机，并应保持排风管内负压，排风机应后于空调系统关闭。当贮藏室、废物保管室贮藏放射性同位素时，应 24h 排换气。

7.8 中心(消毒)供应室

7.8.1 中心(消毒)供应室应保持有序压差梯度和定向气流。定向气流应经灭菌区流向去污区。无菌存放区对相邻并相通房间不应低于 5Pa 的正压，去污区对相邻并相通房间和室外均应维持不低于 5Pa 的负压。

7.8.2 无菌存放区宜按不低于Ⅳ级洁净用房设计，并应采用独立的净化空调系统。高压灭菌器应设置局部通风，低温灭菌室应有独立排风系统，温度冬季不宜低于 18℃，夏季不宜高于 24℃；室内相对湿度冬季不宜低于 30%，夏季不宜高于 60%。

7.8.3 去污区应设置独立局部排风，总排风量不应低于负压所要求的差值风量。去污区内的回风口应设置不低于中效的空气过滤器。

7.8.4 采用普通空调的区域冬季温度不宜低于 18℃，夏季温度不宜高于 26℃。

8 电　气

8.1 一 般 规 定

8.1.1 医院的医疗场所应根据电气安全防护的要求分类，并应符合下列要求：

1 不使用医疗电气设备接触部件的医疗场所应为 0 类场所；

2 医疗电气设备接触部件需要与患者体表、体内(除 2 类医疗场所所述部位以外)接触的医疗场所，应为 1 类场所；

3 医疗电气设备接触部件需要与患者体内(指心脏或接近心脏部位)接触以及电源中断危及患者生命的医疗场所，应为 2 类场所。

8.1.2 医疗场所分类及自动恢复供电时间宜符合表 8.1.2 规定。

表 8.1.2 医疗场所及设施的类别划分及要求恢复供电的时间

部门	医疗场所以及设备	场所类别			自动恢复供电时间		
		0	1	2	$t\leqslant$ 0.5s	0.5s$<t\leqslant$15s	15s$<t$
门诊部	门诊诊室	X					
	门诊治疗室		X				X
急诊部	急诊诊室	X				X	
	急诊抢救室			X	Xa	X	
	急诊观察室、处置室		X			X	
住院部	病房		X				X
	血液病房的净化室、产房、烧伤病房		X		Xa	X	
	早产儿监护室			X	Xa	X	
	婴儿室		X			X	

续表 8.1.2

部门	医疗场所以及设备	场所类别			自动恢复供电时间		
		0	1	2	$t\leqslant$ 0.5s	0.5s$<t\leqslant$15s	15s$<t$
住院部	重症监护室			X	Xa	X	
	血液透析室		X			X	
手术部	手术室			X	Xa	X	
	术前准备室、术后复苏室、麻醉室		X		Xa	X	
	护士站、麻醉师办公室、石膏室、冰冻切片室、敷料制作室、消毒敷料室	X				X	
功能检查	肺功能检查室、电生理检查室、超声检查室		X			X	
内窥镜	内窥镜检查室		Xb			Xb	
泌尿科	泌尿科治疗室		Xb			Xb	
影像科	DR 诊断室、CR 诊断室、CT 诊断室		X			X	
	导管介入室		X			X	
	心血管造影检查室			X	Xa	X	
	MRI 扫描室		X			X	
放射治疗	后装、钴 60、直线加速器、γ 刀、深部 X 线治疗		X			X	
理疗科	物理治疗室		X			X	
	水疗室		X			X	
	按摩室	X					X

续表 8.1.2

部门	医疗场所以及设备	场所类别			自动恢复供电时间		
		0	1	2	$t\leqslant$ 0.5s	0.5s$<t\leqslant$15s	15s$<t$
检验科	大型生化仪器	X			X		
	一般仪器	X				X	
核医学	ECT 扫描间、PET 扫描间、γ 像机、服药、注射		X			Xa	
	试剂培制、储源室、分装室、功能测试室、实验室、计量室	X				X	
高压氧	高压氧舱		X			X	
输血科	贮血	X				X	
	配血、发血	X					X
病理科	取材、制片、镜检	X				X	
	病理解剖	X					X
药剂科	贵重药品冷库	X					Xc
保障系统	医用气体供应系统	X				X	
	消防电梯、排烟系统、中央监控系统、火灾警报以及灭火系统	X				X	
	中心(消毒)供应室、空气净化机组	X					X
	太平柜、焚烧炉、锅炉房	X					Xc

注：a 为照明及生命支持电气设备；b 为不作为手术室；c 为需持续 3h～24h 提供电力。

8.1.3 医疗用房内严禁采用TN－C接地系统。

8.2 电 源

8.2.1 医疗场所供配电系统应根据医疗场所分类及自动恢复供电时间的要求进行设计。

8.2.2 医疗场所配电系统的设计，应便于电源从主电网自动切换到安全电源系统。

8.2.3 当医疗设备需要采用净化电源时，宜按科室集中设置。

8.2.4 放射科大型医疗设备的电源，应由变电所单独供电。

8.2.5 放射科、核医学科、功能检查科、检验科等部门的医疗设备电源，应分别设置切断电源的隔离电器。

8.2.6 大型医疗设备的电源系统，应满足设备对电源压降的要求。

8.3 安 全 保 护

8.3.1 1类和2类医疗场所使用隔离特低电压设备(SELV)和保护特低电压设备(PELV)时，设备额定电压不应超过交流方均根值25V或无纹波直流60V，并应采取绝缘保护。

8.3.2 1类和2类医疗场所应设防止间接触电的断电保护，并应符合下列要求：

1 IT、TN、TT系统，接触电压不应超过25V。

2 TN系统最大分断时间230V应为0.2s，400V应为0.05s。

3 IT系统中性点不配出，最大分断时间230V应为0.2s。

8.3.3 当采用TN系统时，应符合下列要求：

1 在1类医疗场所中额定电流不大于32A的终端回路，应采用最大剩余动作电流为30mA的剩余电流动作保护器。

2 在2类医疗场所的下列回路应设置额定剩余电流不超过30mA的漏电保护器：

1)手术台驱动机构供电回路；

2)移动式X射线装置回路；

3)额定容量超过5kV·A的大型设备的回路；

4)非生命支持系统的电气设备回路。

8.3.4 当采用TT系统时，应按本规范第8.3.3条的规定执行，且所有配电回路均应设置剩余电流动作保护器。

8.3.5 除本规范第8.3.3条第2款所列的电气回路外，在2类医疗场所中维持患者生命、外科手术和其他位于“患者区域”范围内的电气装置和供电的回路，均应采用医用IT系统。当采用医用IT系统时，应符合下列要求：

1 多个功能相同的毗邻房间，应至少安装1个独立的医用IT系统。

2 医用IT系统必须配置绝缘监视器，并应符合下列要求：

1)交流内阻应大于或等于100kΩ；

2)测试电压不应大于直流25V；

3)在任何故障条件下，测试电流峰值不应大于1mA；

4)当电阻减少到50kΩ时应发出信号，并备有试验设施。

3 每一个医用IT系统，应设置显示工作状态的信号灯和声光警报装置。声光警报装置应安装在便于永久性监视的场所。

4 隔离变压器应设置过负荷和高温的监控。

8.3.6 在1类、2类医疗场所的“患者区域”内应设置辅助医用等电位联结母排，并应通过等电位连线将保护导体、外部可导电部分、抗电磁干扰屏蔽物、导电地板网络、隔离变压器的金属屏蔽层与等电位母排联结。

8.3.7 在2类医疗场所内，电源插座的保护导体端子、固定设备的保护导体端子或任何外界可导电部分与等电位联结母排之间导体的电阻(包括接头部分的电阻)，不应超过0.2Ω。

8.3.8 辅助医用等电位母排应安装在使用场所内，并应靠近配电箱或在配电箱中。

8.4 电气设备的选择与安装

8.4.1 医用IT系统隔离变压器，应符合下列要求：

1 医用IT系统宜采用单相变压器，其额定容量不应低于0.5kV·A，且不宜超过8kV·A；

2 隔离变压器应靠近使用场所，并应采取防护措施；

3 隔离变压器二次侧的额定电压不应超过250V；

4 当隔离变压器处于额定电压和额定频率下空载运行时，流向外壳或大地的漏电流不应超过0.5mA。

8.4.2 1类和2类医疗场所，应根据可能产生的故障电流特性选择A型或B型剩余电流保护器。

8.4.3 2类医疗场所每个终端回路，均应设置短路与过负荷保护，但在医用IT系统变压器的一次侧与二次侧不应设置过负荷保护。

8.4.4 2类医疗场所内，医用IT系统二次侧各终端回路应设置双级保护装置，应配置至少2个独立回路供电的多个插座。每组插座回路，应独立设置短路保护，有条件时可独立设置过负荷报警。医用IT系统插座应有固定、明显的标志。

8.4.5 1类和2类医疗场所内，宜提供2个不同电源的照明回路。

8.4.6 电气装置与医疗气体释放口的安装距离不得少于0.20m。

8.4.7 医院消防设计应符合下列要求：

1 应急系统的电源、控制缆线宜采用无卤低烟阻燃型或矿物绝缘型；

2 防火漏电保护应采用信号报警。

8.5 安全电源系统

8.5.1 1类和2类医疗场所内，任一导体上的电压下降值高于标准电压10%时，安全电源应自动启动。安全电源的分类应符合表8.5.1的规定。

表8.5.1 安全电源的分类

0级(不间断)	不间断自动供电
0.15级(极短时间间隔)	0.15s之内自动恢复有效供电
0.5级(短时间间隔)	0.5s之内自动恢复有效供电
15级(中等间隔)	15s之内自动恢复有效供电
大于15级(长时间间隔)	大于15s后自动恢复有效供电

8.5.2 当主电源故障时，下列场所应由安全电源提供最低照度的照明用电。安全照明系统切换时间不应超过15s：

1 疏散通道以及出口指示照明；

2 安全电源和正常电源的配电装置及其控制装置所在场所；

3 拟装重要医疗设备的房间，每个房间应至少有1个由安全电源供电的灯具；

4 在1类医疗场所，每个房间宜有1个由安全电源供电的灯具；

5 在2类医疗场所，电源应至少能提供50%的照度。

8.6 照 明 设 计

8.6.1 照明设计应符合现行国家标准《建筑照明设计标准》GB 50034的有关规定，且应满足绿色照明要求。

8.6.2 医疗用房应采用高显色照明光源，显色指数应大于或等于80，宜采用带电子镇流器的三基色荧光灯。

8.6.3 照明系统采用荧光灯时应对系统的谐波进行校验。

8.6.4 病房照明宜采用间接型灯具或反射式照明。床头宜设置局部照明，宜一床一灯，并宜床头控制。

8.6.5 护理单元走道、诊室、治疗、观察、病房等处灯具，应避免对卧床患者产生眩光，宜采用漫反射灯具。

8.6.6 护理单元走道和病房应设夜间照明，床头部位照度不应大于0.1lx，儿科病房不应大于1lx。

8.6.7 X线诊断室、加速器治疗室、核医学扫描室、γ照相机室和

手术室等用房，应设防止误入的红色信号灯，红色信号灯电源应与机组连通。

8.7 防雷、接地与电磁兼容

8.7.1 医疗建筑防雷设计应符合现行国家标准《建筑物防雷设计规范》GB 50057的有关规定。

8.7.2 医疗建筑应采用防雷接地及电力系统共用接地系统。

8.7.3 医疗建筑电气设备应满足相关的电磁兼容（EMC）要求，并应符合国家现行有关电磁兼容标准的规定。

9 智能化系统

9.1 一 般 规 定

9.1.1 医院应根据需求进行智能化系统总体架构设计，并应满足医院总体规划要求。

9.1.2 智能化系统的子系统设置应满足医院应用水平及管理模式要求，并应具备可持续发展的条件。

9.1.3 智能化系统的设计除应符合本规范的规定外，还应符合现行国家标准《智能建筑设计标准》GB/T 50314等的有关规定。

9.2 信息设施系统

9.2.1 通讯接入系统宜在医院内集中设置。

9.2.2 当采用独立的综合业务数字程控用户交换机系统时，中继线数量应根据实际话务量的1/10确定，并应预留裕量。

9.2.3 信息网络系统设置应符合下列要求：

1 应根据信息重要级别及安全程度，分别设置供医院内部使用的专用网和公用信息传输的互联网。

2 应采用以太网交换技术和相应的网络结构。

3 应配置核心交换机和接入交换机。可根据信息点分布和规模，增设汇聚层交换机。

4 医院内部使用的专用网宜采用网络的冗余配置。

9.2.4 综合布线系统设计应符合现行国家标准《综合布线系统工程设计规范》GB 50311的有关规定。信息点布置宜根据医院实际需求确定。信息插座的安装标高应满足功能使用要求。

9.2.5 当设置室内移动通讯覆盖系统时，应预留路由及设备安装空间。

9.2.6 当设置卫星通信系统时，应满足语音、数据、图像和多媒体等信息通信要求。

9.2.7 当设置有线电视系统时，应符合下列要求：

1 有线电视插座宜设置在大堂、收费和挂号窗、候诊室、休息室、咖啡厅、输液室、会议室、示教室、医疗康复中心、病房等安装电视机屏幕的附近；

2 当多人间病房采用电视伴音系统时，宜在每个患者床前设置带有音量可调节的耳机收听插孔。

9.2.8 医院应设置紧急广播系统。当设置公共广播系统时，宜与紧急广播系统共用一套线路及末端设备（扬声器），末端设备宜设在公共场所，并宜在门诊、医技的候诊厅服务台以及病房护士站安装音量调节装置。当消防报警时应自动切至紧急广播。

9.2.9 当设置信息引导及发布系统时，宜在公共场所设置触摸屏信息查询终端及大型彩色显示屏。

9.2.10 当医院设置时钟系统时，子钟宜设置在病房护理单元、分诊、医技各检查科室的护士站、手术室、医生诊室及办公室等处。

9.3 信息化应用系统

9.3.1 医院信息系统宜由管理信息系统、临床信息系统和信息支持与维护系统组成。

9.3.2 当设置排队叫号系统时，应符合下列要求：

1 宜采用网络型架构，系统软件与医院信息化系统连接；

2 在挂号窗口和分诊排队护士站应设置屏幕显示和语音提示装置；

3 可根据具体情况在诊室设置虚拟或物理呼叫器。

9.3.3 监护病房宜设置探视系统，并应符合下列要求：

1 宜设置语音与视频信号的双向传输，其操作控制系统应设在护士站内；

2 患者终端宜使用简单、易于操作。探视终端宜具备相对的私密性。

9.3.4 当设置手术室视频示教系统时，应符合下列要求：

1 视频信号应单向上传，语音信号应双向传输。

2 视频应采集全景和局部（无影灯摄像机）的图像信号，并应设备用插座，可在吊塔上设置用于转播的高清摄像机。示教室应设置显示屏。

3 控制间应对所有示教手术室的图像与音频信号进行切换管理。

4 视频示教系统不应接入有线电视系统。

9.3.5 当设置手术室监控管理系统时，应符合下列要求：

1 应采用计算机网络技术集中监控与管理手术室运行状态、环境变化等；

2 操作终端宜采用触摸屏方式。

9.3.6 护理单元宜设置医护对讲系统，并应符合下列要求：

1 病床前、卫生间应设置患者呼叫终端；

2 护士站应设置对讲总机；

3 走廊应设置呼叫显示灯或显示屏；

4 可设置无线呼叫终端。

9.3.7 当设置智能卡系统时，应分别满足患者挂号、取药、付费和医务人员身份识别、考勤、门禁、停车、消费等要求。

9.4 公共安全系统

9.4.1 公共安全系统应设置火灾自动报警及消防联动控制系统，火灾自动报警系统的设计，应符合现行国家标准《火灾自动报警系统设计规范》GB 50116的有关规定。

9.4.2 当设置建筑设备监控系统时，应按集中管理分散控制的原则，采用计算机网络控制装置对医院的机电设备（消防设备除外）进行监视、控制和管理。

9.4.3 公共安全系统应设置安全技术防范系统，并应符合下列要求：

1　当设置视频监控系统时，可在医院首层的各对外出入口、收费及挂号处、财务及出院结算处、贵重药品库、电梯轿厢、各楼层的电梯厅及人员活动较多的场所设置摄像机。图像的存储和查询应采用数字硬盘装置。

2　当设置入侵报警系统时，应在贵重药品库、收费终端等重要场所设置手动报警按钮或其他防侵入探测装置，并应与视频监视摄像机联动。

3　当设置出入口管理系统时，可在信息中心、贵重药品库等重要场所，以及手术部、病房护理单元的主要出入口设置门禁控制装置。对于有医患分流要求的通道门应设置门禁控制装置。当火灾报警时应通过消防系统联动控制相应区域的出入门处于开启状态。

4　当设置电子巡查管理系统时，宜采用离线式巡查系统。当医院设置的门禁系统控制装置可覆盖大部分巡查点时，宜通过门禁系统进行巡查管理。巡查点宜设置在首层主要出入口、各层电梯厅、贵重药品库房、信息中心等重要场所。

9.5　智能化集成系统

9.5.1　当设置智能化集成系统时，宜与信息系统共享信息。当不设置智能化集成系统时，宜采用建筑设备管理系统对建筑设备监控系统和公共安全系统进行集成，并宜预留与信息系统的接口。

9.5.2　集成系统的硬件及软件应采用开放的体系结构，满足实用、安全可靠、易扩展、易维护的要求。

9.6　机 房 工 程

9.6.1　机房应根据医院的管理模式设置。

9.6.2　机房工程宜包括配电照明系统、应急电源系统、气体灭火系统、防雷接地系统、机房监控系统、机房空调和防静电地板等。

9.6.3　弱电间应确保配线架（柜）前后可维护，侧面应留有通道。环境应满足温湿度及通风要求，并应设置可靠电源及安全接地系统。

10　医用气体系统

10.1　一 般 规 定

10.1.1　医用气体系统应根据医疗需求设置。

10.1.2　气源站应根据医院总体规划确定。医用气体管道布置应合理。

10.1.3　医用废气的排放不应对医院及周边环境产生影响。

10.2　气 源 设 备

10.2.1　高压气瓶以及液态储罐供应的医用气体，应按日用量计算，并应贮备不少于3d的备用气量。采用制气机组供气时，应设置备用机组，采用分子筛制氧机组时，还应设高压氧气汇流排。当最大机组发生故障时，其他机组的供气能力应能满足系统设计最大负荷。

10.2.2　医院应设置氧气和负压吸引系统，可根据需要设置压缩空气、氧化亚氮、氮气、二氧化碳、氩气，以及麻醉废气排放等系统。气源应满足终端处气体参数要求。

10.2.3　手术部专用气体供气站应设在离手术部较近的非洁净区。

10.2.4　手术部、监护病房、急救、抢救室供氧管道应单独从氧气站接出。

10.2.5　供气站应设供气异常报警装置。备用机组应设置自动投入使用装置。

10.2.6　医院宜采用无油空气压缩机，压缩空气应设过滤除菌设备。

10.2.7　医用气体气源应设超压排放安全阀，气体应排至室外安全地点。

10.2.8　设置分子筛制氧机组制氧站，应符合下列要求：

1　制氧站宜独立设置或设置在建筑物屋顶；

2　氧气汇流排间与机器间的隔墙耐火极限不应低于1.5h，氧气汇流排间与机器间之间的联络门应采用甲级防火门；

3　氧气储罐与机器间的隔墙耐火极限不应低于1.5h，氧气储罐与机器间之间的联络门应采用甲级防火门。

10.2.9　采用液氧供氧方式时，大于500L的液氧罐应放在室外。室外液氧罐与办公室、病房、公共场所及繁华道路的距离应大于7.50m。

10.2.10　负压吸引机房应单独设置，其排放气体应经过处理后排入大气。

10.3　气 体 配 管

10.3.1　医用气体管道应选用紫铜管或不锈钢管，负压吸引和手术室废气排放输送管可采用镀锌钢管。管道、阀门和仪表附件安装前应进行脱脂处理。

10.3.2　供氧管道不应与电缆、腐蚀性气体和可燃气体管道敷设在同一管道井或地沟内。敷设有供氧管道的管道井，宜有良好通风。

10.3.3　氧气管道架空时，可与各种气体、液体（包括燃气、燃油）管道共架敷设。共架时，氧气管道宜布置在其他管道外侧，并宜布置在燃油管道上面。供应洁净手术部的医用气体管道应单独设支吊架。

10.3.4　除氧气管道专用的导电线外，其他导电线不应与氧气管道敷设在同一支架上。

10.3.5　氧气管与其他管线之间距离应符合表10.3.5的规定，当间距无法满足时，应采取安全可靠的技术措施。

表10.3.5　氧气管与其他管线之间距离

名　称	平行净距(m)	交叉净距(m)
给排水管	0.25	0.10
热力管	0.25	0.10
燃气管、燃油管	0.50	0.30
绝缘导线或电缆	0.50	0.10

10.3.6 病区及洁净手术部内的氧气干管上，应设置手动紧急切断气源的装置。

10.3.7 穿过墙壁、楼板的氧气管道应敷设在套管内，并应用石棉或其他不燃材料将套管间隙填实。氧气管道不宜穿过不使用氧气的房间，必须通过时，在房间内的管道上不应有法兰或螺纹连接接口。

10.3.8 医用气体管道应做导静电接地装置。

10.3.9 医用气体管道与支吊架接触处，应做防静电腐蚀绝缘处理。

10.3.10 含湿医用气体管道，应采取防冻措施。

10.3.11 医用真空管道，应坡向总管和缓冲罐，坡度不应小于2‰。

10.4 医用气体终端

10.4.1 医用气体管终端应安全可靠，终端内部应清洁且密封良好。

10.4.2 医用气体的终端压力应符合表10.4.2的规定。

表 10.4.2 医用气体的终端压力

医用气体	供气压力(MPa)
氧气	0.40～0.45
氧化亚氮	0.35～0.40
医用真空	−0.03～−0.07
压缩空气	0.45～0.95
氮气	0.80～1.10
氩气	0.35～0.40
二氧化碳	0.35～0.40

11 蒸气系统

11.0.1 医院宜设置蒸气系统。蒸气可用于消毒供应、食品加工、配餐、洗衣、生活热水换热、污洗、空气加湿等。当消毒供应、空气加湿采用蒸气时，应在使用点前的管道上设置过滤除污装置。

11.0.2 中心(消毒)供应室消耗蒸气的量宜按2kg/h·床～2.5kg/h·床计算，其他的蒸气用量应根据具体情况确定。中心(消毒)供应室蒸气凝结水宜集中回收处理后，排至城市污水。

11.0.3 蒸气供应压力应符合表11.0.3的规定。

表 11.0.3 蒸气供应压力

蒸气供应压力(MPa)	使用场所
0.3～0.8	中心(消毒)供应室、厨房、洗衣房、配餐间、污洗间等
0.3	空气加湿等

11.0.4 蒸气、蒸气凝结水管道及设备应采取保温措施。有关设备、管道和附件的保温计算、材料选择及结构要求，可按现行国家标准《设备及管道绝热技术通则》GB/T 4272、《设备及管道绝热设计导则》GB/T 8175和《工业设备及管道绝热工程设计规范》GB 50264的有关规定设计。

中华人民共和国国家标准

综合医院建筑设计规范

GB 51039-2014

条文说明

1 总　　则

1.0.1 《综合医院建筑设计规范》JGJ 49—88是1988年由原建设部、卫生部批准颁布的行业标准，至今已经26年。这一时期，我国发生了巨大的变化，综合国力显著增强，人民生活水平大幅度提高，人民群众医疗观念也不断变化，医疗服务需求不断增加。同时随着医学科学的发展，医疗模式的转变，建筑技术的提高，对医院建筑提出了新的要求。为适应新时期医院建设发展的需要，在原有规范的基础上制定国家标准，以指导综合医院建设工作是十分必要的。

1.0.2 本条明确了本规范的适用范围。在实际执行中，专科医院可以按照执行，但在医院前期工作中应将其明确。

1.0.3 认真做好项目的前期准备工作，尤其是经过充分的调研和论证，编制好既符合客观规律又具有可操作性的可行性研究报告与设计任务书，是所有建设项目不可缺少的重要环节。而多年来这一点始终是医院建设的薄弱之处。鉴于医院建筑设计流程复杂、工作周期长、投入产出比相对不高，专业承担医院设计的单位较少，导致在实际设计中造成医院建设项目在规模、功能、流程、投资等各方面存在问题。因此，本规范增加了医院工艺设计章节，明确医院建筑设计应满足医疗工艺要求。医疗工艺设计是根据医院医疗功能需求，对其医疗业务结构、功能、医疗流程和相关技术要求、参数等进行的专业设计。医疗工艺设计分为前期设计和条件设计两个阶段，其设计成果为后续设计提供依据。

1.0.4 本条明确了本规范与国家现行的有关工程建设强制性标准、规范、定额、指标的关系。

2 术 语

2.0.1 本条是综合医院的基本概念。

2.0.2 医疗工艺是指根据医院医疗功能性专业需求，包括医疗业务结构、功能、医疗流程和相关技术要求，以及所需配置的建筑、信息、医疗设备和各项医用设施等各方面资源进行的专业设计。医疗工艺设计为医院建筑设计提供依据，并与建筑设计的深化和完善过程相匹配。

2.0.6 本条是卫生通过的定义及手段。

3 医疗工艺设计

3.1 一 般 规 定

3.1.2 医疗工艺前期设计是可行性研究报告的组成部分，包括医院项目策划、功能规划及医疗流程设计，其设计成果是医疗工艺报告书。医疗工艺条件设计是在前期设计的基础上，采用已完成的建筑方案设计图进行详细的医疗工艺图深化设计过程，并具体明确地提出水、电、空调、医用气体和防护设施等技术条件、技术指标参数，其设计成果是医疗工艺图及技术说明，与建筑初步设计阶段相对应，并为其提供设计依据。根据医疗工艺比较复杂的特点，在此将医疗工艺设计深度归纳为表1，并包括医疗工艺系统说明、医疗任务量计算书、医疗工艺流程设计（一、二级流程）、医疗设备、装备、配置及说明（含技术条件及参数）、医疗用房配置要求（含用房条件）、医疗相关系统配置（医用气体、物流传输系统等）等文件。

表1 医疗工艺设计深度

医疗工艺前期（方案）设计阶段	医疗工艺条件设计阶段
①医院性质及医疗任务量 ②医疗结构设计 ③医疗功能单元设置与任务量设计 ④一级医疗工艺流程设计 ⑤医疗设备配置计划 ⑥医疗装备配置计划 ⑦医疗用房配置要求	①医疗任务量细化设定（门诊、住院、手术等） ②医疗结构与功能设计 ③医疗功能单元设置与任务量优化设计 ④一级医疗工艺流程优化设计 ⑤二级医疗工艺流程设计 ⑥医疗设备配置标准及设备选型、技术规格、设备所需水、电、空调等条件要求 ⑦医疗装备配置标准、种类、规格等参数

续表1

医疗工艺前期（方案）设计阶段	医疗工艺条件设计阶段
⑧医疗工艺相关专业设计方案（水、电、医用气源、净化等） ⑨医疗物流的要求 ⑩信息流 ⑪初步分析、评价	⑧医疗用房配置要求及房间条件要求 ⑨医疗工艺相关专业配置标准及技术参数 ⑩综合分析、结论

3.1.3 医疗工艺流程是以患者为主体，以各项医疗、护理活动过程为基点，进行科学合理的分工和程序设计。

本规范强调医疗工艺流程分为两级，各医疗功能单元间为一级，各医疗功能单元内为二级。这样划分表达清楚，便于理解，比较符合医疗流程的内在规律。

3.1.4 医疗功能单元是指具有独立专业与专业分工的各类科室。由于各医院规模、标准、专业重点不同，医疗分科情况也不尽相同，一般是医院规模越大，等级越高，分科越细。本规范对医院各医疗功能单元的分类以功能属性划分。门诊部、急诊部因其对外应诊和内部功能繁杂，自成体系，故将其归为门急诊类；医院服务日益重视防病和亚健康管理工作，并具有很大的发展趋势，故将体检、团检、亚健康管理归为健康管理类；凡以治疗为主的科室列为临床科室类；凡以诊断为主及诊断治疗兼有，但偏重诊断的科室列为医技科室类。本规范这一分类方法与以建筑体物理分割的分类方法不属同一概念。

3.2 医疗工艺设计参数

3.2.1～3.2.3 这几条为医院主要诊断治疗项目任务计算和各科门诊、住院比例计算的基础指标，可以此为依据，并根据各医院实际情况加以确认。具体操作可以医院编制可研时间为截止日期，取医院统计数据为研究依据，综合考虑辖区内中长期社会经济发展规划，确定医院的规模、分科比例等所有的指标。

4 选址与总平面

4.1 选 址

4.1.1 以“区域卫生规划”取代“医疗卫生网点”的提法，更具科学性和大局观。

4.1.2 医院基地环境的选择应满足交通、安静、卫生、安全、环保等方面的基本要求。目前我国交通工具以公共交通或私家车为主，所以医院基地的选址必须考虑交通方便的因素。

设在人口集中的大城市或城市中心区的医院，往往用地比较紧张，实行社会化服务可缓解用地紧张的矛盾，避免对环境的污染，充分发挥设备的效率以避免重复投资带来的浪费。环境安静，远离污染源，指的是对场地进行历史调查，杜绝所选基地曾经是有害物生产场地或排放场地。此外，基地上空应空气洁净，附近无尘埃、煤烟、恶臭气味等工业废气污染，并应与某些工厂垃圾或污水处理场等有害气体产生地保持适当距离，并设在烟尘污染源的上风向。近年来，高速公路、铁路、航空器产生的环境噪声，以及高层建筑大片玻璃幕墙产生的光污染等也必须避免。

第5款，除为了保证医院的安全外，这一款规定也是某些精密医疗设备、仪器对环境的要求。

第7款，医院内患者病情各异，细菌密集，医院本身是产生污染的场所，应避免其对城市带来负面影响。

4.2 总 平 面

4.2.1 第4款将良好朝向作为病房楼布局的考虑因素之一。第5款是针对一些综合医院在规划中对未来发展或改造、扩建的可行性问题没有充分考虑，一旦有需要时难以实施，或造成对功能分区和流线组织的损害而提出来的。

4.2.2 由于医院内各种流线门类多、性质各异，如果只设1个出入口，难以达到流线组织清晰的要求，将极大影响医院的医疗环境。

4.2.4 本条规定的目的是避免焚烧炉对院内其他区域的污染。

5 建筑设计

5.1 一般规定

5.1.1 综合医院在医疗技术和管理模式等领域发展迅速，在结构、机电设计方面，应为今后医院的发展、改造和灵活分隔创造条件，如开间尺寸、管道井、设备层的位置与负荷计算等。

5.1.2 本条强调了建筑物出入口的无障碍设计。

5.1.3 本条增加了医院标识导向分级，以规范医院标识的设计和设置。

5.1.4 根据目前我国各地经济发展水平及近期新建医院的现状，对电梯设置要求提高了标准，要求二层医疗用房宜设电梯，三层及三层以上的医疗用房应设电梯。

5.1.7 病房日照应符合国家有关标准的要求。目前，由于空调设备普及，容易忽视建筑朝向，这对患者的心理健康和疾病治疗都是不利的。

5.1.8 考虑到目前医院的发展趋势和现实情况，过分强调一些用房的采光比值显然不现实，但还是应鼓励采用自然通风和采光，降低医院运行成本。

5.1.10 医院建筑的热工设计应符合国家有关节能设计的法定要求，这是具有战略意义的长远之计。

5.1.11 本条强调了病房的允许噪声级和隔声设计应符合现行国家标准的有关规定。

5.2 门诊部用房

5.2.1 本条主要规定了门诊部在总体布局中的位置，及其与院内主要功能用房的关系。每天大量的门诊患者来门诊部就医，其交通主要依靠公共交通或私家车，因此，门诊部应临近医院的交通入口处，以方便门诊患者到医院就诊。又由于大部分门诊患者需要到医技科室进行检查和治疗，所以门诊部应与医技用房邻近。

5.2.3 利用单侧候诊的走道净宽要求不小于2.40m，适当提高了标准。本条第3款反映了现代医院的一些最新发展趋势，如医患通道分设、电子叫号、预约挂号、分层挂号收费等，可供医院设计时酌情采用。

5.2.4 由于信息管理系统和计算机的普遍应用，以及单人诊室在一些新建医院中的广泛采用，原定的诊室标准已不能满足实际要求，因此根据近年来的实际需要进行了修改。单人诊室的尺寸已考虑了诊室内的一些基本配置，如办公桌、检查床及电脑设备等。

5.2.5 考虑到有些新建医院用地较为紧张、建筑较为集中，设单独出入口有困难，所以对妇科、产科和计划生育门诊的单独出入口放宽了要求。由于这些科室均有各自的特殊要求，为避免和其他科室患者接触，减少院内感染，故应自成一区。这些科室可采取设在尽端等方式的布局，达到自成一区的目的。

5.2.6 由于儿童年龄小，对传染性疾病的抵抗力弱，特别在门诊部，人流嘈杂，环境卫生难以保证，为避免院内感染，儿科应自成一区，并从保护儿童考虑，单独列出第3款内容。鉴于有些新建医院用地较为紧张、建筑较为集中，设单独出入口有困难，对儿科门诊设单独出入口放宽了要求。

5.2.7～5.2.9 这几条分别对耳鼻喉科、眼科、口腔科提出了基本要求。

5.2.10 根据医院建设实践，门诊手术用房宜与手术部合并设置，其优点是便于管理，节约资源。

5.3 急诊部用房

5.3.1 本条强调了急诊部在总体布局、与医院其他部门的联系、内部布局等方面的要求。门诊部和急诊部可共用部分医疗设施，大部分门诊、急诊患者需要到医技科室进行检查和治疗，很多急诊患者需立即手术治疗，所以急诊部与门诊部、医技部、手术部等均应有便捷的联系。此外，本条还反映了现代医院急诊部的新趋势，如为了应对病情轻重、性质不同的患者，而将急诊和急救分区设置，直升机停机坪与急诊部应有快捷通道等要求。

5.3.6 为避免院内感染，提出了根据需要设隔离观察室或单元的要求，并对隔离观察室或单元及医用气体的管道系统终端提出了具体的要求。

5.4 感染疾病门诊用房

5.4.1 由于传染病种类繁多，又具较强的传染性，为最大限度地避免院内感染，必须在感染疾病门诊的总体位置和出入口方面加以规定。本条提出了感染门诊总体布局的基本要求，特别强调要自成一区，并设置单独出入口。

5.5 住院部用房

5.5.1 住院部是医院中最基本、最重要的组成部门之一，也是患者起居生活的地方。安静的环境利于患者治疗和康复。为方便患者出入院、患者家属探望及医院管理，可根据医院工艺流程和功能布局的要求，单独设置或共用出入口。每天很多住院患者需在医技部、手术部借助各种医疗仪器和设备进行检查、治疗或手术；很多急诊患者需直接住院治疗，所以住院部与医技部、手术部和急诊部应有便捷的联系。住院部在综合医院的总面积中约占39%，是医院中机电系统、医疗气体系统的负荷中心，是后勤供应的主要对象。为了提高医院机电系统、医疗气体系统的效率，降低运行管理成本，住院部应尽量靠近医院的能源中心、营养厨房、洗衣房等辅助设施。

5.5.8 随着国民经济的快速发展和人民生活水平的提高，住院患者对病房设施的要求越来越高，病房内设置专用厕所越来越被大家接受，也在一定程度上避免院内感染，并给患者带来方便。

5.5.11 本条提出了监护病房在医院总体布局时的要求。由于重症患者大多数来自急诊部，或需要立即进行手术治疗，所以各类监护用房宜分别与手术部、急诊部、介入治疗室邻近。同时，根据医疗的要求，对必须配备的用房、护士站的位置提出了相关要求，并规定了监护单元每床的最小面积，以满足使用要求。

5.5.13 本条进一步明确了妇科、产科用房的设置要求。母婴同室、家庭式产房是近年出现的新模式，普及程度逐年上升，所以对实施过程中需要注意的问题，如家属的卫生通过、采用可转换为产床的病床等作了规定和建议。

5.5.17 为满足医疗实践的需要，强调了特殊功能用房的要求，如：血液透析室，一般设于门诊部或住院部，自成一区；隔离透析治疗室纳入必须配备的用房，以避免院内感染等。

5.6 生殖医学中心用房

5.6.1～5.6.3 生殖医学是一个新发展的学科，已在一些综合医院及专科医院内开设。随着人民群众对生活质量要求的不断提高，生殖医学技术越来越多地应用于临床实践。本章规范了生殖医学中心的配置，以满足其功能要求。

5.7 手术部用房

5.7.1 大部分新建医院和一些老医院的改造，较多采用现行国家标准《医院洁净手术部建筑技术规范》GB 50333 洁净手术部标准。但目前仍存在着大量的无洁净空调设施的手术室，尤其在经济欠发达地区。此类普通手术部在无洁净空调措施情况下的环境条件应符合《医院消毒卫生标准》GB 15982 的要求。

5.7.2 手术部在建筑平面中应自成一区，有利于防止其他部门人流、物流的干扰，有利于创造和保持其环境质量。手术部与很多相关部门（如中心供应、血库、病理等）有密切的内在联系，为提高工作质量与效率，宜使相关部门联系方便，途径短捷。

手术部设在首层易受到污染与干扰。在大、中型医院中宜与相关部门同层或近层布置；在较小规模医院宜采用独层布置。

手术部平面组合的重要原则是功能流程合理、洁污流线分明并便于疏散，这样有利于减少交叉感染。表 2 为手术部洁污分区表。

5.7.3 手术部用房可根据手术部的规模及经济条件合理配置，本条内容是手术部最低配置要求。其他根据需要配置。

5.7.4 刷手间的布置应便于刷手后能最短距离进入手术室。一般在两个手术室之间设刷手间，内设刷手池。为避免刷手后开门时的污染，不设门。

5.7.5 因手术室不宜采用天然光源，所以即使开窗，也要采用密闭效果较好的窗，并采取有效遮光措施。

5.7.6 为避免污染，手术室内不能设置地漏，为清扫方便其地漏可以设置在污染走廊内。

手术室吊顶上有人孔，不利于维持手术室的清洁无菌，所以检修人孔应设在手术室外，如走廊上。

表 2 手术部洁污分区

入口处以外	供应与准备					术后监护	一般手术	无菌手术	洁净手术	废弃物
家属等候处	石膏室 会议室 会诊室	换鞋处 衣帽 领发处 更衣室 浴厕	敷料 制作室 洗涤室 杂物 贮藏室	护士室 医生 休息室 值班室	麻醉室 麻醉器械室 消毒室 消毒品贮藏室 准备室 换床处	苏醒室	一般手术室 洗手室	洁净手术室 洗手室	洁净手术室 洗手室	污物室、廊
污染区	半清洁区			清洁区				洁净区		污染区

5.8 放射科用房

5.8.1 放射科医疗设备的设置必须充分考虑防护安全，所以规定应自成一区。放射诊断设备自重较大，放至底层有利于结构设计，也比较经济。放射科在功能上与急诊、门诊和住院关系很密切，应有便捷联系，以提高医疗工作效率。

医护工作人员通道与患者通道分开设置，相对独立，可以有效地避免交叉感染，方便设备的维修管理。

5.8.2 放射科功能用房分为三类，强调了按照功能分区设置，以合理有效地组织流程。

患者通道及候诊区：为患者检查、等候区域，包括登记、卫生间、候诊等用房。

医生通道及医辅区：为医生内部联系的通道及医疗管理教学等区域，包括示教室、机修、办公室、更衣、卫生间、库房等用房。

诊断医疗区：包括各种放射诊断设备机房、控制、计算机数据处理、诊室、暗室以及患者更衣、准备、领餐、专用卫生间等用房。

5.9 磁共振检查室用房

5.9.1 磁共振诊断设备机房应尽可能避免与电梯、自动扶梯、发电机、电机、直线加速器及汽车频繁经过的车道相邻，并且尽可能与大量人流聚集处间隔一段距离，避免其磁场干扰心脏起搏器的工作，危及患者生命。

为达到磁共振基准磁场的要求，对建筑物钢筋混凝土结构中的钢筋用量应有一定的限制，具体按设备安装要求确定，否则会影响磁场的均匀性，降低图像质量。磁共振设备单件自重很大，超导型主磁及氦容器需要整体运输、主磁体约 7t～13t，运输安装的最小孔道尺寸为 2.80m 高，2.50m 宽，因此要充分考虑磁体的运送通道以及磁体基础。

5.9.5 为降低外界射频干扰，磁共振检查室必须采取射频屏蔽措施。按照设备说明书采用相应的屏蔽技术。

此外，进入屏蔽室的管线应采用非铁磁材料，排水管用非金属材料，电源经滤波器接入。

5.10 放射治疗科用房

5.10.1 放射治疗部分因涉及同位素及高能射线，应设置在相对偏僻的独立地段，同时为了门诊和住院患者使用上的方便，设在门诊、住院部之间的适当位置。放疗设施的自重大，体积大，防护墙体厚重，一般放在地面或地下，与门诊、住院形成有机联系，放疗室应自成一个区域。

5.10.4 钴 60 治疗室、加速器治疗室、γ 刀治疗室及后装机、治疗室的出入口应设迷路，且有用线束照射方向应尽可能避免照射在迷路墙上。防护门和迷路的净宽均应满足设备要求。

5.10.5 综合医院内放射治疗部分功能相对较少，放射治疗室的防护应依据相应的防护标准执行。

5.11 核医学科用房

5.11.1 由于放射性同位素释放的射线可引起物质电离，如应用管理不当可损害人体正常细胞，因此，放射性同位素室宜单独设置在院区最多风向的下风向一侧，避开人口稠密区。但一所医院的下风向，有可能是邻近另一个单位的上风向，应采用吸附过滤装置，才能做到达标排放。

按照《临床核医学卫生防护标准》GBZ 120 的规定，依据管理需要核医学工作场所分为三区，即控制区、监督区与非限制区。其中各区的定义为：

控制区：在其中连续工作的人员一年内受到的照射剂量可能超过年限值 3/10 的区域，如床位区等。

监督区：在其中连续工作的人员一年内受到的照射剂量一般不超过年限值 3/10 的区域。

非限制区：在其中连续工作的人员一年内受到的照射剂量一般不超过年限值1/10的区域。

5.12 介入治疗用房

5.12.1 DSA介入治疗，在综合医院已经逐渐独立。其治疗心血管疾病的独特功能要求与急诊部、手术部及心血管监护病房(CCU)有密切联系。

5.13 检验科用房

5.13.1 检验部门的标本多为血、尿、便等物品或病变组织，属带菌物质，因此检验部门应自成独立区域，不允许与其他科室交叉，以保证安全。

5.13.2 检验科的工作流程见图1。对照其程序相应配备房间，其中微生物细菌检验室由于其工作性质，应在检验科的相对尽端布置。

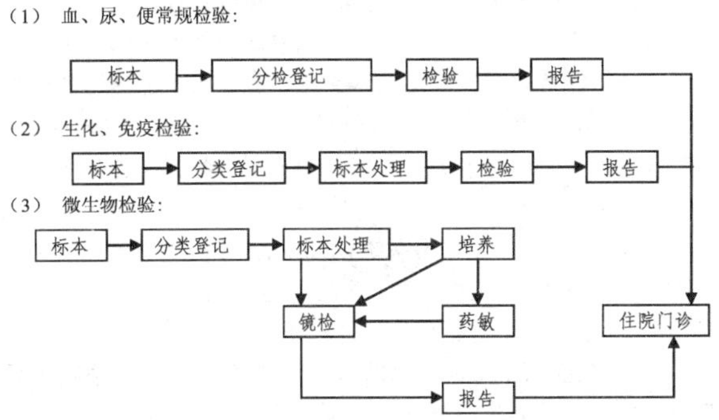

图1 检验科的工作流程

5.14 病理科用房

5.14.1、5.14.2 病理科功能关系见图2。

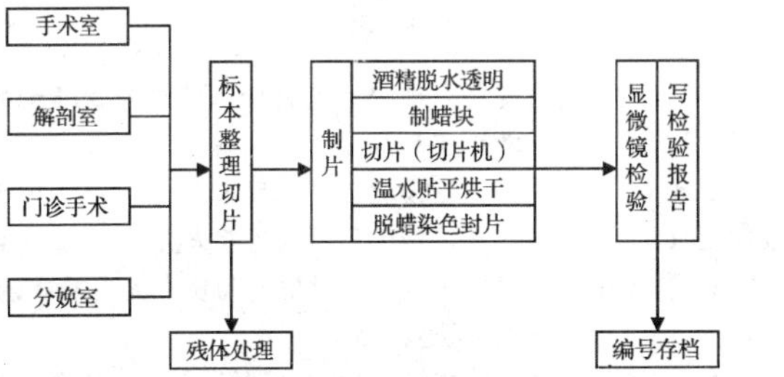

图2 病理科功能关系

病理检验中的冰冻切片检查多用于手术进行中，要求30min完成制片与诊断，以便确定下一部手术方案。因此，病理科应靠近手术部设置。

5.15 功能检查科用房

5.15.1 大型医院中超声与电生理设置较多，常常独立分科设置。但小型医院仍是相对集中设置。

5.15.2、5.15.3 脑电图与肌电图应考虑设置铜网屏蔽门、窗等。

5.16 内窥镜科用房

5.16.1～5.16.3 内窥镜检查室各检查项目差别比较大，分别设置比较合理。

随着纤维镜检技术的发展，有些内镜不但用于诊断，且用于介入治疗，如支气管镜、胆道镜、输卵管镜、腹腔镜等，这种兼有手术功能的检查室兼有手术室性质，应具有手术室中相应的设置和配置。

5.18 输血科(血库)用房

5.18.1、5.18.2 根据输血管理的有关要求，综合医院由城市血站统一供血，不再单独采血。医院血库只保留贮血、配血功能，用房应按献血法的相关规定设置。

5.19 药剂科用房

5.19.1 考虑服务人群及取药操作方式不同，门、急诊药房与住院部药房宜分别设置。

5.20 中心(消毒)供应室用房

5.20.1、5.20.2 中心(消毒)供应室为医院医疗器械的物流系统之一，它的设置选择比较重要。集中管理模式的中心(消毒)供应室已成为发展趋势。

5.20.3 污染区必须配置手工清洗池，且污染物品清洗池必须专用。很多大型医院已广泛采用多功能超声清洗池或台式超声清洗机、针头清洗设备等，有的还配备喷淋清洗机、传染物品洗消灭菌器等。手套清洗必须分室，防止粉尘污染扩散。以下医院中心(消毒)供应室按区域配置的设备和对环境的要求，设计时可以参考。

清洁区必须配置压力蒸气灭菌器、灭菌装载车、器械包装台和敷料包装台，可根据需要配置低温灭菌设备。

无菌区必须配置无菌物品的储存架(或柜)，灭菌物品卸载车以及无菌物品运送封闭车等运输工具。

中心(消毒)供应室地面应平整，采用防滑、耐磨、耐腐蚀、易清洗、不起尘、不开裂的材料。

无菌区与清洁区、清洁区与污染区之间的物品传递窗应为双层结构，中间设传递窗。

5.21 营养厨房

5.21.1、5.21.2 营养厨房作为专供住院患者制作饮食的场所，卫生要求较高，应独立成区。为使营养餐迅速运送到护理单元的配餐间，与住院部的交通路线应便捷。

营养厨房的操作程序和交通路线应洁、污分区，不交叉。

5.22 洗衣房

5.22.1、5.22.2 多年来，洗衣房基本上是独立设置，位置靠近锅炉房，便于节约管线和减少热源损耗。为了节约用地、节省人力和减少污染，建在病房楼主楼底层或地下室的已比较常见，病房的污衣可垂直输送到洗衣房。

如院内没有传染科，洗衣房必须设置消毒灭菌间和高压蒸气灭菌消毒设备。

5.24 防火与疏散

5.24.2 现代医院越来越考虑医院的人性化设计，如在病人集中的门诊区域，有为方便病人就诊而设的联系各功能部门的"医疗街"，以及各种为病人服务的银行、花店、便利店、医疗咨询等公共设施，因此，门诊区域需要大空间。增设本款关于高层建筑内门诊大厅防火分区的规定，是希望本规定既能达到限制火势蔓延，减少损失的目的，又能顾及便于平时使用管理，以节省投资。

第4款，与第3款有类似之处，大型现代综合医院内时有设置大型手术部的需要。由于大型手术部对空间的功能分区、流线组织有特殊的、严格的要求，而手术部内人员较少，管理严格，并采取了相应的消防措施。增设本款关于医院建筑内手术部防火分区的规定，可以满足大型手术部的功能要求。

5.24.5 考虑到现代科学技术的发展，供氧设备的多样化，以及在特定条件下供氧设备布置在主体建筑内的可能性及可行性，使总体布局更灵活。但强调"应远离热源、火源和易燃易爆源"，具体规定参见第10.2.8条。

6 给水排水、消防和污水处理

6.1 一般规定

6.1.1 本条强调在医院建设中应对给排水设施统一规划，一次或者分期实施，避免重复建设，减少医院运行成本。

6.1.2 医院的洁净室比较多，如手术室、无菌室、烧伤病房、重症监护病房（ICU）、心血管监护病房（CCU）等。

6.2 给 水

6.2.2 本条给出的用水量定额，是根据现行国家标准《建筑给水排水设计规范》GB 50015 作了相应的修改。

6.2.3 锅炉用水和空调冷冻机冷却循环水的补充，与锅炉用水和空调冷冻机冷却循环水工艺设计及当地的水质和气象条件有关，无法给出确定的设计用水指标，应根据具体设计项目中锅炉和空调冷却循环水系统冷却塔以及水质气象资料计算确定。

6.2.4 在医院建设工程中，有不少部位要求设置用水点或冲洗水龙头，因医院设备或者使用要求的差异而不尽相同，设计中应按医疗工艺的要求确定。本条仅列出常有用水点的烧伤病房和中心（消毒）供应室，其他部位应根据医疗工艺确定。

6.2.5 本条为强制性条文，必须严格执行。非手动开关涵盖自动水龙头和冲洗阀，肘动、膝动和脚动（踏）开关或水龙头等。

6.3 排 水

6.3.1 本条目的是把医院内的住宅楼、学生宿舍等非医疗的污水与病房、门急诊和医技等场所的污水分开排放，使住宅楼、学生宿舍的生活污水直接排入市政污水管道，以减少医院污水的处理量，降低运行成本。

6.3.2 本条是根据医院各科室或排放的污水中所含有害、有毒、腐蚀性物质种类不同或含量不同，提出分别排放和处理要求。

6.3.3 本条目的是提高医院卫生质量。根据医院建筑高度和卫生间设置位置不同，以及对室内卫生质量要求较高等情况，提出排水系统应采用专用通气立管、环行通气管和器具通气系统，以有效防止排水系统中的臭味进入室内污染室内环境。这些条款是参考工程实践经验和参考发达国家标准制定的。

6.3.4 中心（消毒）供应室、中药加工室、外科、口腔科的排水中有时含有大颗粒的物质或垃圾，为防止排水管道堵塞，本条规定这些部门的排水管管径应根据排水量的大小确定，且适当放大。

6.3.5 放射性污水所含的放射源有可能穿透管道并污染放射性污水管道经过的室内环境，为此要求排水管道为含铅管道，并要求立管敷设在有一定壁厚的混凝土管道井内，以提高安全性。

6.3.6 现行国家标准《建筑给水排水设计规范》GB 50015 第 4.2.6 条规定，构造内无存水弯的卫生器具与生活污水管道或其他可能产生有害气体的排水管道连接时，必须在排水口以下设存水弯。存水弯的水封深度不得小于 50mm。第 4.5.8 条规定，带水封的地漏水封深度不得小于 50mm。本条与《建筑给水排水设计规范》GB 50015 略有不同，规定了水封高度的上、下限值。水封高度小于 50.00mm 易蒸发，大于 100.00mm 则易造成排水不畅，堵塞管道。

6.3.7 本条规定了地漏的设置场所、地漏的形式和地漏水封的保证措施。目的是防止地漏因水封干枯使排水系统内的臭味溢到房间内，影响室内环境。本条是根据工程实践经验确定的。

对于季节性或临时排水的场所提出采用密闭地漏，目的在于排水时打开，不排水时能封闭地漏，从而防止地漏因水封干枯而把臭味溢进室内。如果设置了地漏而地面无水给地漏水封补水，一般 2d 左右的时间就会把水封破坏，因此强调要给地漏水封补水。

6.4 热 水

6.4.2 本条强调在有条件的情况下尽可能采用可再生能源，符合国家节能政策。

6.4.3 弹性管束、浮动盘管半容积式水加热器是我国 20 世纪 90 年代的新产品，热效率较高。

6.4.4 本条目的是提高医院热水供应系统的安全性，与现行国家标准《建筑给水排水设计规范》GB 50015 规定的 50% 相比略有提高。

6.4.5 本条目的是限制军团菌在热水系统中滋生。

军团菌繁殖和生长的适宜温度是 20℃～50℃，pH 值为 5.0～8.5，最佳生长温度为 40℃。大量的研究表明，军团菌存在于各种给水系统，如市政和室内给水系统的储水箱、水龙头、淋浴喷头、阀门和管道，水处理系统和水泵，水加热器和锅炉，各种给水系统的冷却塔循环水系统的冷却塔、冷凝器，各种装饰性的喷泉、游泳池，各种水加湿系统等。通常生活热水和空调冷却循环水系统中滋生军团菌的可能性较大。生活热水系统一般要求水加热器的温度应大于 60℃，这样基本可防治军团菌的滋生。空调冷却循环水系统一般应采用化学消毒的方式进行消毒灭菌，通常有二氧化氯和臭氧等消毒剂。

6.4.6 本条目的是防止因系统设计冷、热水压力出现不平衡时，淋浴或者水龙头出水温度不宜调节，发生人员烫伤。

6.4.7 本条提出了防止烫伤的技术条件。

6.4.8 本条提出了生活热水节水的规定，防止打开淋浴喷头后长时间不出热水的无效出流时间。

6.5 饮 用 水

6.5.2 设置过滤器的目的是去除因管道维修或其他原因造成的自来水系统所含杂质。

6.7 消 防

6.7.1 本条根据医院特点规定了消火栓和消防软管卷盘的设置位置，目的是便于扑救火灾和满足医院特殊的卫生要求。如护士站 24h 有人值班，在护士站设置 1 个消防软管卷盘便于护士就近取用灭火设施，及时扑救护理单元内的初期火灾。

6.7.2 本条第 1 款要求医院一旦设置自动喷水灭火系统，就应全面设置，而不是仅在局部设置。

6.7.3 本条规定医院贵重设备（通常根据设备的价值和失火损失的影响范围大小确定）用房、病案室、信息中心（网络）机房应采用气体灭火装置。

6.9 管 材

6.9.2 塑料管排水噪声一般比铸铁管大 4dB(A)～6dB(A)，因此依次推荐机制排水铸铁管和塑料管。雨水管道因有可能是压力流，为此雨水管道应根据雨水斗的高度确定其承压管道排水管的压力。

7 采暖、通风及空调系统

7.1 一 般 规 定

7.1.1 我国幅员辽阔，南北纵跨两大气候带，地区经济发展水平相差较大，应强调根据现行国家标准《采暖通风与空气调节设计规范》GB 50019 和建设定位、使用功能等实际情况，选用合适的采暖、通风与空调系统。

7.1.3 Ⅲ级、Ⅳ级洁净用房允许采暖，但应采用不易积尘又易清洁的板式或光管式散热器，还应根据供水温度和散热器结构做好防护、防尘措施。

7.1.5 医院建筑利用室外新风是降低院内致病菌浓度与院内感染最经济的措施。强调充分利用自然通风，同时辅以机械排风以保持清洁的区域位于通风的上风侧。

7.1.6 本条强调了在污染源处应设机械排风，保持污染源所在房间负压。

7.1.7 医院部门繁多、功能不一，供冷供热期差异大，有洁净度级别要求或严重污染的房间与普通有污染的房间相比，在压差、换气次数、菌浓度等方面都不同，为避免交叉污染，应单独自成一个系统。因此强调医院空调系统合理分区，还强调了系统关闭时各区之间能避免空气途径污染。

7.1.8 医用机组送风系统不得采用产生有害作用与物质的部件，特别强调不得使用淋水式等水介入空气的空气处理部件，以及对患者有潜在危害的消毒装置。

7.1.9 本条强调了空调机组要易维护检修，应设置在检修通道与空间能保证机组检修、更新的机房或设备夹层内，不应直接安装在室内。

7.1.10 国外相关标准对医疗科室的换气次数均按 6 次/h 计算（库房、餐厅、值班室等除外），不宜参照现行暖通空调设计规范对舒适性空调提出的 5 次/h 要求。

7.1.11 必须重视医院科室的回风对空调系统的污染，集中空调系统中 80%以上污染负荷来自回风。加强回风除尘、除菌是一项必要的措施。国内研究证明，如采用中效一级以上过滤器，使用风量在额定风量 60%以下，一般能达到本条规定的要求。

7.1.12 依据欧洲标准《非住宅建筑通风：通风和房间空调装置的性能要求》EN 13779—2005，提出集中空调系统的空气过滤器级数和效率应根据当地室外大气状态与室内控制要求设置。表 3 对大气状态仅为定性表述，我国大气尘浓度高得多，新风处理也是我国在 1994 年早于欧洲提出的，本规范按室外空气质量等级区分新风处理设置等级更合理。

表 3 室外空气等级与空气过滤器配置要求

室外空气等级	推　荐	最低要求
1 级（清洁空气）	F8	F7
2 级（多尘空气）	M5＋F7	F7
3 级（含不良气体）	F8	F7
4 级（多尘空气＋不良空气）	M5＋F8	F7
5 级（污染浓度很高）	M5＋气体过滤器＋F9	M5＋F7

注：M5 相当于中效过滤器，F7 与 F8 相当于高中效过滤器。

依据现行国家标准《环境空气质量标准》GB 3095，我国环境空气质量分为三级（表 4）。本条文规定当室外空气质量为二级标准时，采用粗效与中效过滤器两级过滤；当室外空气质量为三级标准时，再增加一道高中效过滤器。

表 4 环境空气质量标准

污染物名称	取值时间	浓度限值			
		一级标准	二级标准	三级标准	浓度单位
总悬浮颗粒物 TSP	年平均	0.08	0.20	0.30	mg/m^3（标准状态）
	日平均	0.12	0.30	0.50	
可吸入颗粒物 PM10	年平均	0.04	0.10	0.15	
	日平均	0.05	0.15	0.25	

7.1.15 要求整个管路处于负压，主要考虑到不使排风管路内污染物溢出，但不适用通过污染区的排风管路。

7.1.16 医院是救死扶伤的重要场所，保障诊疗与控制感染是医院节能的前提，医院暖通空调设计（包括冷热源）应根据医院特点，参照但不要盲目套用现行国家标准《公共建筑节能设计标准》GB 50189 等相关标准的规定进行。

7.2 洁净用房的通用要求

7.2.2 医院洁净用房在空态或静态条件下分级参照现行国家标准《医院洁净手术部建筑技术规范》GB 50333，截面风速根据科室功能确定，并强调了局部集中送风。针对我国设计或施工时换气次数往往偏大，本条文特规定其上限值。

由于洁净用房在空态或静态条件下分级，其浮游菌和表面最大染菌密度也是在空态或静态条件下的要求，因此其Ⅰ、Ⅱ级指标比相应的《医院消毒卫生标准》GB 15982 中的Ⅰ、Ⅱ级高。《医院消毒卫生标准》GB 15982 中Ⅲ、Ⅳ级不属于洁净用房，不在本条范围内。

7.2.3 洁净用房送风末端过滤器的设置，主要考虑既能达标又能降低运行能耗与噪声。

7.2.4 本条文强调作为洁净医疗用房，除了达到医疗环境控制要求，还需规避医疗风险，从风险管理的角度出发，如采用非阻隔式空气净化装置，即使 100%杀菌，微生物尸体与代谢物仍有可能加大感染与致敏风险，甚至危及病患的生命安全与健康。因此，要采用阻隔式空气净化装置，同时不应产生有害作用或物质。本条作为强制性条文，必须严格执行。

7.2.5 医疗洁净用房对空调机自身可能产生的污染以及由此引发交叉感染风险有较高要求，普通的风机盘管机组或空调器难以满足要求，特别强调是从结构上保证不易积尘、积水，空调部件易清洗、消毒，停机后水即排空，无积水、保持干燥，可参照现行国家标准《洁净手术室用空气调节机组》GB/T 19569—2004 相关要求。另外，不宜采用有水直接介入空气的处理方式，如淋水室、各种水加湿等。

7.2.6 洁净用房室内气流应与尘埃、微生物沉降方向一致。防止沉降的微生物再次飞扬。

7.2.7 理论研究与实际测定都表明，生物洁净用房设空气吹淋室对减少患者发菌没有太大作用，只是对患者生理与心理影响较大。另一方面，该设置也妨碍人流与物流快速流通，影响医疗急救，故不应设置。

7.3 门 诊 部

7.3.3 为防止院内感染，候诊区应结合平面规划维持正确的空气流向。

7.5 住 院 部

7.5.3 重症监护单元种类很多，要求各异，本条文强调的是通用最低要求。对于新生儿重症监护（NICU）单元、术后重症护理单元等可提高洁净度级别。

7.5.4 本条说明如下：

1 血液病房应优先采用上送下回，两侧下回风的气流组织。当层高不允许时才采用水平单向流。

2 由于此类患者一刻都不能失去无菌环境保护，因此本条文强调血液病房通风空调系统的可靠性。在净化机组内设 2 个风机，1 用 1 备。

3 送风应采用调速装置便于单向流病房噪声控制与节能。

7.5.5 本条文强调重度（含）以上烧伤的患者，由于全身裸露进行开放式的治疗，有必要提供一种有效的水代谢环境。一般烧伤患者身体表面的渗液，低温度室是合适的。但全身重度烧伤病人覆盖消毒布，为防止过度的干燥和体温降低，要求最高温度可调至

32℃，湿度可调至 90%，甚至更高。并要求病房室内温湿度可按治疗进程独立要求进行调节。

7.5.6 哮喘患者对过敏因子与温湿度十分敏感，是控制重点。

7.6 手 术 部

7.6.2 一般手术室由于空气途径感染概率较低，只强调送入新风保持正压(不要求控制)，通风空调系统采用不低于高中效过滤器的末端过滤器，可大大改善室内空气品质。如果气候适宜，室外空气质量满足要求，也可采用通风，但强调全新风，通风量不得低于 6 次/h。采用空调可按负荷确定换气次数，但不得低于 6 次/h。

7.7 医 技 科 室

7.7.2 生殖学中心的体外受精实验室，强调环境控制要求，特别是化学与放射因子、气味控制和防振。

7.7.4 听力检查室对噪声控制要求很高，特别要注意消声、隔声措施。无法满足要求时，只能采用暂停空调或隔断气流等方法。

7.7.6 本条文特别强调放射治疗科空调系统的安全性。

7.7.7 磁共振等大型诊疗设备发展很快，应根据设备性能与生产厂家要求等进行环境控制。

8 电 气

8.1 一 般 规 定

8.1.1 医院医疗场所的划分主要依据医疗电气设备的部件与人体接触的程度，以及场所停电对患者的影响。

8.1.2 医疗场所的分类及自动恢复供电时间是根据我国医院的现状，综合考虑的一个示意性分类。医疗设备发展迅速，设计时应根据医院的要求进行落实。

8.1.3 TN－C 系统中保护线与中性线合并为 PEN 线，系统对于单相负荷及三相不平衡负荷的线路，PEN 线总有电流流过，其产生的压降会呈现在电气设备的金属外壳上，因此在医院不能使用 TN－C 系统。本条作为强制性条文，必须严格执行。

8.2 电 源

8.2.1 医院的供配电系统设计应按照新的医疗场所分类及自动恢复供电时间进行设计。这种方式参照了现行国家标准《建筑物电气装置第 7－710 部分：特殊装置或场所的要求——医疗场所》GB 16895.24—2005(IEC－60364－710)中的相关标准制订。医疗场所分类体现了医疗环境对患者的影响。自动恢复供电时间，针对患者对环境的要求，也包含了对设备的要求。

8.2.3 部分医疗设备对电源的要求较高，为便于管理和节约成本，宜采用集中净化系统，且需满足工艺及设备要求。

8.2.4 放射科大型医疗设备瞬时压降大，由变电所单独供电，一方面保证线路的压降控制在一定范围，另一方面减少对其他设备的干扰。

8.2.6 大型医疗设备对电源压降均有具体要求，有的体现为电源压降指标，有的体现为电源内阻指标。

8.3 安 全 保 护

8.3.1 本条规定是根据《建筑物电气装置第 7－710 部分：特殊装置或场所的要求——医疗场所》GB 16895.24—2005 中针对医疗场所中的隔离特低电压设备(SELV)和保护特低电压设备(PELV)的电压等级的相关条款确定的。一般场所的安全特低压设备的额定电压不应超过交流方均根值 50V 或无纹波直流 120V，而在医疗场所考虑患者安全，对医疗场所的特低压设备的额定电压进一步降低。

8.3.2 本条规定是根据《建筑物电气装置第 7－710 部分：特殊装置或场所的要求——医疗场所》GB 16895.24—2005 中针对医疗场所中 1 类场所和 2 类场所间接接触保护的相关条款确定的。一般场所间接接触保护电压交流不超过 50V，而在医疗场所考虑患者安全，1 类及 2 类场所医疗电气装置的部件与患者有接触，因此间接接触保护电压也降低到 25V 以下。而 TN、IT 系统最大分断时间也都有所减小。

8.3.3 因本条文中所述回路为 2 类医疗场所中非直接接触患者身体或非生命支持系统的电气设备回路，这些回路可以采用 TN 系统加 30mA 漏电保护器进行保护，不必引入 IT 系统。

8.3.4 TT 系统为保护接地系统。当电气设备的金属外壳带电时，由于有接地保护，低压断路器不一定能跳闸，造成漏电设备的外壳对地电压高于安全电压。所以还需要漏电保护器作保护。

8.3.5 本条为强制性条文，必须严格执行。根据《建筑物电气装置第 7－710 部分：特殊装置或场所的要求——医疗场所》GB 16895.24—2005中关于医用 IT 系统的应用范围相关条款确定的。按 IEC 标准，进行心脏手术的医疗电气设备的正常泄露不得大于 10μA；当发生一个接地故障时，其故障电流不得大于 50μA。因为通过人体心脏的电流如果超过 50μA，就可以导致微电击致死。采用 IT 系统，通过隔离变压器二次回路导体不接地，电气设备外露可导电部分接到电气装置的 PE 线上，并设置辅助等电位连结。当出现接地故障时，故障电流仅为流过自隔离变压器到手术设备之间一小段非故障线段极小的对地的电容电流。因此故障时可以不切断电源，使电气设备继续运行，并可通过报警装置及检查消除故障，大大提高了系统供电的可靠性。

采用医用 IT 系统的意义，既保证直接接触患者心脏的电气设备回路不产生微电击，同时保证生命支持系统的电气设备持续供电。从 IEC 相关标准历年讨论稿的演变过程可以看出医用 IT 系统的双重作用。

多个功能房间，至少安装 1 个医用 IT 系统，主要指多个单间 ICU 病房可公用一套医用 IT 系统；当大型 ICU 集中设置病床时，可根据负荷需要设置多台医用 IT 系统。

“患者区域”见图 3。

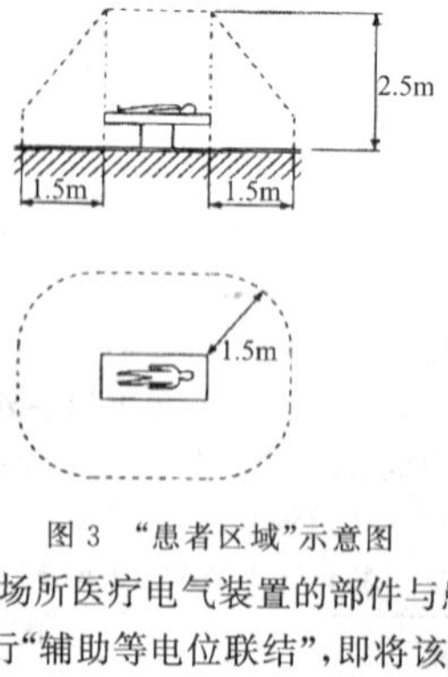

图 3 “患者区域”示意图

8.3.6 1 类及 2 类场所医疗电气装置的部件与患者有接触，患者触电危险大。必须实行“辅助等电位联结”，即将该场所内所有的金属构件、管道再与 PE 线相互联接。等电位联接的目的是使所有金属构件与 PE 线处于同一电位，以降低接触电压，提高安全用电水平。

8.3.7 根据《建筑物电气装置第 7－710 部分：特殊装置或场所的要求——医疗场所》GB 16895.24—2005 中关于 2 类场所辅助等

电位联结的相关条款确定的。

8.3.8 本条规定便于为第8.3.6条所述装置提供辅助医用等电位联结。这样的联结应该明显可见，同时可以独立断开。

8.4 电气设备的选择与安装

8.4.1 医用IT系统隔离变压器的容量不宜过大，以免供电范围大带来线路长对地电容电流增大造成系统报警。《建筑物电气装置第7-710部分：特殊装置或场所的要求——医疗场所》GB 16895.24—2005中的容量控制在10kV·A以内。欧洲多数国家的标准变压器容量都在8kV·A以下，澳大利亚标准小于4.8kV·A，日本标准小于7.5kV·A。因此本规范建议不超过8kV·A。从目前了解到的情况看，已能够满足大型手术室的容量要求。

医疗IT系统隔离变压器应符合国家相关制造标准。

8.4.2 医疗场所带有大量电子元件的医疗设备日益增多，电气线路中出现非正弦交流剩余电流也越来越多。传统的AC型剩余电流保护器用于交流故障的剩余电流保护，已不能满足上述场所的要求。而A型、B型剩余电流保护器分别增加了直流脉动分量故障电流剩余电流保护和直流脉动分量故障电流以及直流平滑故障电流的剩余电流保护。

8.4.3 回路暂时性的过载，降低线路的绝缘。为保证供电可靠而采用了医用IT系统，就没有必要因回路过载而切断重要的医疗设备的电源。

8.4.4 2类医疗场所中的IT系统回路是特别重要的负荷，在过载时应维持供电。每组插座设置独立的过载报警，以便设备使用空隙时可方便插座组之间的负荷转接。

8.5 安全电源系统

8.5.1 本规范安全电源的要求较以往的规范要求要高。根据恢复供电的时间，确定了三类安全电源（IEC原文中称为Safety services）。安全电源切换时间分别为小于或等于0.5s、小于或等于15s、大于15s。其中切换时间大于15s的安全电源所带负荷是本次规范编制中新提出的要求。这些负荷是医院保证各系统正常运行的后勤保证系统。

关于安全电源是采用第二路市电或自备发电，规范中没有明确的规定，设计者根据项目的具体情况确定。我国幅员辽阔，各医院的规模、标准相差较大。本规范是基本的标准，有条件的医院应在两路市电的基础上设置自备发电。

8.6 照 明 设 计

8.6.3 目前的医疗建筑照明光源主要是以荧光灯为主，应特别注意荧光灯带来的谐波问题对医疗环境的影响。

8.6.7 本条所述场所，医疗设备工作时均有不同程度的辐射危险，因此在工作中应在用房外显示防止误入的红色信号灯。本条为强制性条文，必须严格执行。

8.7 防雷、接地与电磁兼容

8.7.3 为减少感应过电压以及电磁兼容(EMC)的影响，应考虑如下情况：

(1)敏感设备要远离潜在干扰源。如外墙边、建筑物防雷引下线附近。

(2)敏感设备要远离大电流母线或设备，如电梯、大型影像设备等。

(3)敏感设备电源电路中设置滤波器或浪涌保护器(SPD)。

(4)选用适当延时特性的保护器。

(5)金属外护物的等电位联结与屏蔽。

(6)电力电缆与信号电缆间充分隔开(大间距或屏蔽)或直角交叉。

(7)电力电缆与建筑物防雷引下线充分隔开(大间距或屏蔽)。

(8)电缆布线路径避免环路。

(9)联结的接线尽可能短。

9 智能化系统

9.1 一 般 规 定

9.1.1 医院智能化设计直接影响医院的使用功能、运行效益，特别是改建、扩建项目和分期实施的项目，若未进行智能化系统总体架构和使用功能的优化设计，易造成投资浪费和运营不经济。

9.1.2 智能化子系统的设置应符合医院现有的管理理念和模式，超出使用水平和应用范围的设计将会造成浪费，但由于智能化技术的迅速发展，设计时还应考虑预留可发展空间。

9.1.3 国内已有智能化技术相关的国家、行业标准和规范，如《智能建筑设计标准》GB/T 50314、《民用建筑电气设计规范》JGJ 16等，本规范仅结合综合医院的特点进行规定。更细致的技术要求和设计规定可参考其他标准和规范。

9.2 信息设施系统

9.2.1 通讯接入的集中设置是为了便于管理和维护。医院采用了综合布线系统，有利于标准化的设计和管理。

9.2.2 虽然目前我国大部分医院都采用了电信运营商提供的远端模块局的服务方式，但有些医院仍然使用数字电话程控交换机。当采用这种方式提供语音服务时，中继线数量的确定应按实际话务量的1/10确定。

9.2.3 本条是为了确保网络的安全所提出的，建议医院采取内部使用的专用网与互联网分开设置的方式。医院内部使用的专用网采用冗余配置的设置，可提高网络的可靠性和安全性。

9.2.4 本条对信息插座的安装作了灵活的考虑，规范一般要求是按照距地300mm设置，然而在医院中有许多特殊的设备、工作台面和医疗带，需要就近安装信息插座，以减少线缆接插的凌乱而影响工作，当信息插座安装在工作台上时，宜在其上方100mm处。信息点的确定可参见信息点布置(表5)。

表5 信息点布置

部门	医疗场所	基本需求	一般需求	扩大需求	备注
门诊部	单人间诊室	—	1个双孔插座(1个数据，1个语音)	1个双孔+1个单孔插座(2个数据，1个语音)	扩大需求可采用1个数据点接入互联网
	双人间诊室	1个双孔+1个单孔插座(2个数据，1个语音)	2个双孔插座(2个数据，2个语音)	3个双孔插座(4个数据，2个语音)	基本需求可2人用1部电话
	分诊台	—	1个双孔插座(1个数据，1个语音)	1个双孔+1个单孔插座(2个数据，1个语音)	扩大需求可采用1个数据点用于呼叫显示
	候诊区	—	1个双孔插座(1个数据，1个语音)	—	数据用于信息发布，语音用于公用电话

续表 5

部门	医疗场所	基本需求	一般需求	扩大需求	备注
挂号、收费及取药	挂号窗口	每个窗口设置1个单孔插座(用于数据)，集中设置1～2个单孔插座(用于语音)	每个窗口设置1个双孔插座(1个数据，1个语音)	—	—
	收费窗口	—	每个窗口设置1个双孔插座(1个数据,1个语音)	—	—
	取药窗口	每个窗口设置1个单孔插座(用于数据)，集中设置1～2个单孔插座(用于语音)	每个窗口设置1个双孔插座(1个数据，1个语音)	—	—
医技部	医疗检验、检查设备	每个设备设置1个单孔插座	设置1个双孔插座(1个用于数据，1个用于语音)	—	基本需求满足无人操作设备，一般需求满足有人操作设备
	操作人员工作台	—	设置1个双孔插座(1个用于数据，1个用于语音)	—	—
	检验、检查分诊台	—	1个双孔插座(1个数据，1个语音)	1个双孔+1个单孔插座(2个数据，1个语音)	扩大需求可采用1个数据点用于呼叫显示

续表 5

部门	医疗场所	基本需求	一般需求	扩大需求	备注
医技部	诊断报告工作台	—	每个工位设置1个双孔插座(1个数据，1个语音)	—	—
	手术室	每间手术室设置2个双孔插座(全部用于数据)	每间手术室设置4个双孔插座，可分别安装在墙上和吊塔上(全部用于数据)	—	—
病房部	单人间病房(带套间)	病房及客房各设置1个双孔插座(分别用于数据和语音)，所有用于语音的插座均使用1个分机号码	病房及客房各设置1个双孔插座(分别用于数据和语音)，另外在卫生间设置1个单孔插座用于语音，病房内所有语音插座均使用1个分机号码	病房及客房各设置1个双孔插座(分别用于数据和语音)，在病房内增加1个单孔插座用于数据，另外在卫生间设置1个单孔插座用于语音，病房内所有语音插座均使用1个分机号码	客房用于数据的插座及病房内增加的单孔插座用于互联网

续表 5

部门	医疗场所	基本需求	一般需求	扩大需求	备注
病房部	单人病房	病房内设置1个双孔插座(1个数据，1个语音)	病房内设置1个双孔插座(1个数据，2个语音)，卫生间设置1个单孔插座用于语音，病房内所有语音插座均使用1个分机号码	病房内设置1个双孔插座(1个数据，2个语音)，卫生间设置2个单孔插座用于语音，病房内所有语音插座均使用1个分机号码，病房内增加1个单孔插座用于数据	病房内增加的单孔插座用于互联网
	多人病房	病房内设置1个双孔插座(1个数据，1个语音)	每床配置1个单孔插座用于数据	每床配置1个双孔插座用于数据	每床的双孔插座用于数据，其中1个数据用于互联网，多人间一般不设置语音插座，避免互相干扰
	护士站	设置2个双孔插座(3个用于数据，1个用于语音)	设置4个双孔插座(6个用于数据，2个用于语音)	—	—

续表 5

部门	医疗场所	基本需求	一般需求	扩大需求	备注
病房部	主任办公室	—	设置1个双孔及1个单孔插座(2个数据，1个语音)	设置2个双孔插座(2个数据，2个语音)	数据分别用于内网和互联网
	教授及护士长	—	设置1个双孔及1个单孔插座(2个数据，1个语音)	—	
	医生办公室	每个医生设置1个单孔插座用于数据，另外再设置1个双孔插座(1个数据，1个语音)	每个医生设置1个双孔插座(1个数据，1个语音)，另外再设置1个双孔插座（均用于数据）	—	—
	处置室、治疗室、倒班宿舍	设置1个单孔插座(用于语音)	—	—	—
	示教室	设置2个双孔插座(3个用于数据，1个用于语音)	—	—	其中1个数据用于互联网

续表 5

部门	医疗场所	基本需求	一般需求	扩大需求	备注
病房部	护理区无线覆盖	—	—	在护理单元内设置相应的无线AP点	对于无线查房的特殊应用
公共区域	门诊、医技及病房部	设置相应数量的单孔插座用于语音（公共电话）	设置相应数量的双孔插座（1个用于数据，1个用于语音）解决信息发布及查询、公用电话的需求	根据使用需求，局部做到无线网络覆盖（会议室等）	

9.2.5 目前，我国室内移动通讯覆盖系统一般由电信运营商完成深化设计，并提供设备和施工安装。因此在工程设计中，如设置室内移动通讯覆盖系统时，仅考虑预留路由及设备安装空间。

9.2.6 卫星通信系统，在医院中是采用另一种通讯路由及介质，完成数据传输的手段。采用卫星通信系统的应满足医院业务的使用需求。由于该系统目前使用条件和费用较高，无特殊情况不宜采用。

9.2.7 本条规定不要求必须设置有线电视系统。当设置时，终端点的布置可根据实际情况进行选择。采用电视伴音系统是为了提供患者耳机收听，防止相互干扰，影响其他患者休息。

9.2.8 本条规定医院应设置紧急广播系统。为节省投资并根据医院对日常广播的需求，紧急广播和日常广播系统宜采用共用一套线路和末端设备。

9.2.9 本条规定不要求必须设置信息发布系统，可根据医院建设投资可能和使用需求设置。

9.2.10 本条规定不要求必须设置时钟系统，可根据医院建设投资可能和使用需求设置。

9.3 信息化应用系统

9.3.1 本条规定了信息系统的组成。具体构成可参见图 4。

9.3.2 本条规定不要求必须设置排队叫号系统，部分规模较小、门诊量少的医院可不设置该系统。

9.3.3 随着医院管理的不断加强，特别是重症监护病房等，采取不需家属陪床的管理模式。为了方便探视，采用探视系统的技术解决方案，使得医院服务更加人性化。

9.3.4 对于有教学任务的医院，当设置视频示教系统时，主要作为内部使用，对外的播放会引起医疗纠纷或隐私权等问题，故不应接入有线电视系统。

9.3.5 本条规定不要求必须设置手术室监控管理系统，当设置时应按照方便管理、易于操作的原则进行，宜采用触摸屏友好人机界面形式。

9.3.6 本条规定根据需求可设置无线呼叫终端，该系统是医护对讲系统的一个辅助功能，当夜间只有一个护士值班时，在进行某个病人处置过程中，可方便及时接收其他病人的呼叫。

9.3.7 智能卡的应用已逐步在医院推广，本条规定在设置该系统时应兼顾病人和医生的使用需求，并加以区别。

9.6 机 房 工 程

9.6.1 医院机房包括信息中心、消防保安控制室、建筑设备监控室和弱电间等。

9.6.3 本条规定的"可靠电源"是指由信息中心或就地提供的UPS电源，以保证网络设备的安全供电。

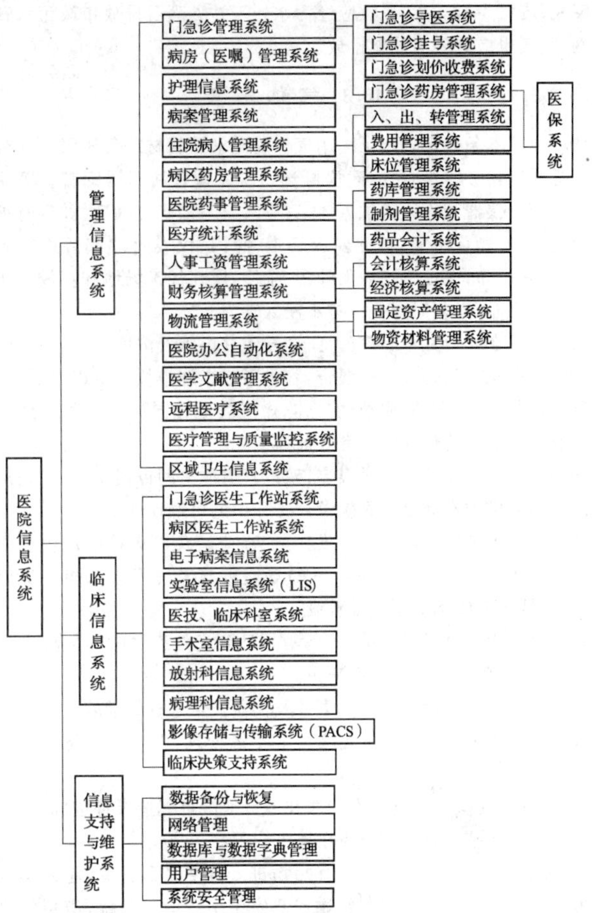

图 4 医院信息系统构成

10 医用气体系统

10.2 气 源 设 备

10.2.1 医用气体是直接供患者治疗或与患者治疗相关，不应有断气现象。医院用气波动范围大，气源供应一定要有保证。

10.2.3 医用气体气源中，专供手术部使用的气源主要是氧化亚氮、氮气、二氧化碳、氩气，这几种气体普通病房一般不用。为缩短管路，降低造价，供气站应设在离手术部较近的非洁净区，且运输方便、通风良好、安全可靠。

10.2.4 氧气是最重要的医用气体。根据患者对氧气的依赖程度不同，医院重要用氧部分应从氧气中心站单独接出供氧管道，防止其他用氧部门的干扰。

10.2.5 为确保供气安全，空气压缩机和负压吸引泵的备用机组应能自动投入使用。

10.2.8 在分子筛制氧机房内，氧气储存是用氧气汇流排或氧气储罐。氧气是助燃剂，分子筛制氧组中的空气压缩机和冷冻干燥机使用的润滑油一旦与较高浓度的氧气接触，容易引发火灾。应将氧气汇流排和氧气储罐与机器间采用耐火极限不低于 1.5h 的墙和甲级防火门隔开。故本条第 2 款、第 3 款为强制性条文，必须严格执行。

氧气是助燃气体，虽然是连续生产连续使用，但毕竟存在一定的危险性，从安全生产考虑，制氧站不应设在建筑物内。

10.2.9 液氧罐与办公室、病房、公共场所及繁华道路的距离应大于 7.50m（7.50m 是指液氧罐的外皮与建筑物的外皮净距），这样既保证使用安全，也有利于总图布置设计。

10.2.10 真空吸引泵站是医院废液、废气较为集中的地方。由于废液、废气带有病毒，废液应经污水处理站处理后排放市政污水管网，废气也应处理后才能排放。

10.3 气体配管

10.3.1 本条规定列出了医用气体输送常用管材。负压吸引和废气排放管除镀锌钢管外，建议可选用脱氧铜管和不锈钢管。医用气体用于仪器和直接接触人体，其中氧气与油脂接触后，如遇有火源，会引发燃烧事故，因此要求管道、阀门、仪表附件都要进行脱脂，清除干净，保证管道内无油污、杂质，所在加工场地和存放场所应保持干净，安装时保证污物不浸入管内。

10.3.2 在管道井中，氧气泄露会导致井内氧气浓度增高，一旦碰上电气火花或与燃烧气体混合，容易引起燃烧事故。所以，氧气管道不得与电缆、燃油、腐蚀性气体、燃气管道在同一管道井或地沟内敷设。氧气管道井宜有良好通风。

10.3.3 医院的各种管道很多，架设管道的空间也很紧张，本条规定是为了增加本规范在医院设计工作中的可操作性。

10.3.4 为了防止氧气管道发生火灾，应避免电火花的产生。所以规定氧气管道内除自动控制的导线可与氧气管道在同一支架外，其他导电线不应同支架敷设。

10.3.6 为了避免氧气助长火势，一旦氧气管道供应的区域内发生火灾，应确保能切断氧气来源。

10.3.8 本条规定是为保障患者及仪器安全采取的措施。

10.3.9 管道与支吊架固定卡应做绝缘处理，以防静电腐蚀而击穿管道。

10.3.10 含湿气体管道在严寒和寒冷地区可能造成管道冻塞，应采取防护措施。直埋管道应在冻土层下面。

10.3.11 医疗过程中，万一有污物进入真空吸引管道，应使其顺坡流进设在各病区内的集污罐或真空泵房内的集污罐，避免污物堵塞管道。

10.4 医用气体终端

10.4.1 医用气体终端应该使用方便，安全可靠。内部不同性质的管线应该有效分隔，医院内同一建筑内同一种医用气体的终端应该在规格及型号上一致，确保一种医用气体的插头能够顺利插入所有同类医用气体插口，连接可靠，方便抢救治疗，并且严禁与其他医用气体终端互换。

11 蒸气系统

11.0.1 由于用材、安装及使用等多种原因，蒸气管道内常常会存有一些杂质和锈渣，并被带至蒸气使用点而影响使用。应采用过滤除污措施，以保证蒸气供应的品质。

11.0.2 中心(消毒)供应室的蒸气凝结水，存在被污染的可能，宜集中处理排放。

中华人民共和国国家标准

传染病医院建筑施工及验收规范

Code for construction and acceptance
of infectious diseases hospitals

GB 50686－2011

主编部门：中 华 人 民 共 和 国 卫 生 部
批准部门：中华人民共和国住房和城乡建设部
施行日期：2 0 1 2 年 6 月 1 日

中华人民共和国住房和城乡建设部公告

第1099号

关于发布国家标准《传染病医院建筑施工及验收规范》的公告

现批准《传染病医院建筑施工及验收规范》为国家标准，编号为GB 50686—2011，自 2012 年 6 月 1 日起实施。其中，第5.3.6（1、2、3）、6.3.9（1、2、3）、7.2.4、7.2.5、7.3.5、7.4.1、8.2.3、8.2.4、9.1.1、9.2.1、9.2.3、9.2.4、9.2.5条（款）为强制性条文，必须严格执行。

本规范由我部标准定额研究所组织中国建筑工业出版社出版发行。

中华人民共和国住房和城乡建设部
2011年7月26日

前　言

本规范是根据原建设部《关于印发〈2004年工程建设国家标准制订、修订计划〉的通知》(建标〔2004〕67号)的要求，本规范由中国建筑科学研究院会同有关单位编制完成。

本规范在编制过程中，编制组经广泛调查研究，认真总结实践经验，参考有关国内外先进标准，并在广泛征求意见的基础上，最终经审查定稿。

本规范共分11章和2个附录，主要技术内容包括：总则，术语，基本规定，建筑，给水排水，采暖通风与空气调节，电气与智能化，医用气体，消防，工程检测，工程验收等。

本规范中以黑体字标志的条文为强制性条文，必须严格执行。

本规范由住房和城乡建设部负责管理和对强制性条文的解释，由卫生部负责日常管理，由中国建筑科学研究院负责具体技术内容的解释。本规范在执行过程中如有意见或建议，请寄送中国建筑科学研究院（地址：北京市北三环东路30号，邮编：100013）。

本规范主编单位：中国建筑科学研究院

本规范参编单位：中国医学科学院
北京佑安医院
北京地坛医院
中国中元国际工程公司医疗建筑设计研究院
中国建筑技术集团有限公司
中国卫生经济学会医疗卫生建筑专业委员会
北京中景恒基建筑装饰工程有限公司
广州铭铉净化设备科技有限公司
广东申菱净化工程有限公司

本规范主要起草人员：王清勤　赵　力　秦　川　杨建国　郑　毅　路　宾　许钟麟　曾　宇　王　虹　冉　鹏　林向阳　曹国庆　田小虎　于　冬　张益昭　陈乐端　何春霞　桓朝晖　刘　强　朱文华　邹　健

本规范主要审查人员：许溶烈　吴德绳　李景芳　辛春华　赵　伟　李俊奇　陈　琪　任元会　林　平　方天培

目　次

3

1 总 则

1.0.1 为使传染病医院建筑在施工及验收中贯彻国家有关的方针政策，规范施工，统一验收标准，以保证工程质量、施工安全、保护环境和节约资源，制定本规范。

1.0.2 本规范适用于新建、改建和扩建传染病医院建筑的施工和验收。

1.0.3 本规范应与现行国家标准《建筑工程施工质量验收统一标准》GB 50300配套使用。

1.0.4 传染病医院建筑的施工及验收除应执行本规范外，尚应符合国家现行有关标准的规定。

2 术 语

2.0.1 传染病医院 infectious diseases hospital

诊断与收治患有国家传染病法规定或新发传染病病人的专科医院。

2.0.2 污染区 contamination zone

传染病医院建筑中被病源微生物污染风险高的区域。

2.0.3 半污染区 semi-contamination zone

传染病医院建筑中具有被传染病病源微生物轻微污染风险的区域，是污染区和清洁区之间的过渡区。

2.0.4 清洁区 non-contamination zone

传染病医院建筑中正常情况下没有被病源微生物污染风险的区域。

2.0.5 负压隔离病房 negative air pressure isolated ward

采用空间分隔并配置空气调节系统控制气流流向，保证室内空气静压低于周边区域空气静压，并采取有效卫生安全措施防止传染的病房。

2.0.6 检漏 leak test

检测过滤器和机组部件是否泄漏的过程。

2.0.7 静态 at-rest

洁净房间已经建成，医疗设备已经安装齐全但未运行，空调净化系统运行正常，但无医务人员和病人时的状态。

2.0.8 综合性能评定 comprehensive performance judgment

工程质量竣工验收前，对传染病医院建筑的特殊技术要求进行综合评定。

3 基本规定

3.1 材料和设备要求

3.1.1 所用材料和设备应有质量证明文件及检验报告，并应在有效期之内。采用新技术、新工艺、新材料、新设备时，应经过试验和技术鉴定，并应制定可行的技术措施。严禁使用国家明令淘汰的材料和设备。

3.1.2 所用材料应符合国家现行有关建筑材料有害物质限量标准的规定。

3.1.3 所用材料和设备进场时应对品种、规格、外观和尺寸进行验收。材料和设备包装应完好，进口产品应按规定进行商品检验。

3.1.4 所用的材料和设备在运输、保存和施工过程中，应采取防止材料和设备损坏或污染环境的措施。

3.1.5 所用的材料应按设计要求及相关标准要求进行防火、防腐和防虫处理。

3.2 施工要求

3.2.1 传染病医院建筑的施工及验收应符合下列规定：

1 应由具有建设主管部门批准的专业资质的施工企业，按施工图设计文件施工。

2 施工人员均应经过与其所从事工作相适应的培训及考核，特殊工种应持有上岗证。

3 应由具有专业监理资质的监理单位实行全过程监理。

4 施工前施工单位应制定施工组织设计。

5 施工过程中需要修改设计时，应由设计单位出具设计变更，经建设单位和监理单位确认后方可实施。

6 分部分项工程或工程中的复杂工序施工完毕后，应进行验收，分部分项工程验收不合格的应返工达到合格，并应记录备案。

3.2.2 施工单位应按施工工艺标准或经审定的施工技术方案施工，并应对施工全过程实行质量控制。

3.2.3 传染病医院建筑工程施工中，不应擅自改动建筑主体、承重结构或主要使用功能；不应擅自拆改水、空调通风、电、燃气、通信等配套设施。

3.2.4 施工单位应遵守有关环境保护的法律法规，并应采取控制和减少施工现场的各种粉尘、废气、废水、废弃物、噪声、振动等对周围环境造成的污染和危害的措施。

3.2.5 施工单位应遵守有关施工安全、劳动保护、防火和防毒的法律法规，应建立相应的管理制度，并应配备必要的设备、器具和标识。

3.2.6 管道、设备等安装及调试宜在建筑装饰装修工程施工前完成；当同步进行时，应在饰面层施工前完成。建筑装饰装修工程不应影响管道、设备等的使用和维修。

3.2.7 工程施工的环境条件应满足施工工艺要求。施工环境温度不应低于5℃。当施工环境温度低于5℃时，应采取保证工程质量的有效措施。

3.2.8 施工过程中应做好半成品、成品的保护，防止污染和损坏。

3.2.9 智能建筑工程质量验收应按“先产品，后系统；先各系统，后系统集成”的顺序进行。

4 建　　筑

4.1 一 般 规 定

4.1.1 装饰装修工程应在基体或基层的质量验收合格后进行。对既有建筑进行装饰装修前，应对基层进行处理，并应达到现行国家标准《建筑装饰装修工程质量验收规范》GB 50210 的有关要求。

4.1.2 传染病医院建筑应满足隔热、隔声、防振、防虫、防腐、防火和防静电等要求。

4.2 材 料 要 求

4.2.1 污染区和半污染区的墙面、楼（地）面和顶棚的材料应不起尘、不开裂、无反光、耐腐蚀，墙面应耐冲击，楼（地）面应防滑、耐磨。

4.2.2 手术室、ICU 等洁净用房和负压隔离病房的墙面、楼（地）面和顶棚材料以及各面交角材料，应表面光洁、易清洁、耐消毒液擦洗、耐腐蚀、防水无渗漏。

4.2.3 污染区和半污染区应选择不含刺激性挥发物、耐老化、抗腐蚀的中性材料密封胶，并宜选择有抑菌性能的密封胶。

4.2.4 经常使用各种化学试剂的检验台台面、通风柜台面、血库的配血室和洗涤室的操作台台面、病理科的染色台台面等，均应采用耐腐蚀、易冲洗、不燃或难燃的面层；相关的洗涤池和排水管应采用耐腐蚀材料。

4.2.5 污染区和半污染区的建筑五金宜选用耐腐蚀的材料。

4.3 施 工 要 求

4.3.1 传染病医院建筑的装饰装修工程施工应做到墙面平滑、地面平整、现场清洁。

4.3.2 手术室、ICU 等洁净用房和负压隔离病房的墙面、楼（地）面和顶棚，应采用便于清扫、冲洗、消毒的构造及工艺。设计有圆角要求的，圆弧半径应满足设计的要求，当设计无要求时，圆弧半径不应小于 30mm，圆角材料与其他材料的缝隙应采取密封措施。

4.3.3 设置地漏或排水沟的房间，排水坡度应符合设计要求，当设计无要求时，不应小于 0.5%，楼（地）面应作防水处理，防水层向墙面上返高度不应低于 250mm。

4.3.4 污染区和半污染区所有墙面、顶棚的缝隙和孔洞都应填实密封。有压差要求的房间宜在合适位置预留测压孔，其孔径应与所配的压力表孔径一致，测压孔未使用时应有密封措施。

4.3.5 负压隔离病房应符合下列规定：

1　风管和其他管线暗敷时，宜设置设备夹层或上人吊顶；当采用轻质不上人吊顶时，吊顶内宜设检修通道。

2　病房及其缓冲间的门不宜采用木制门。

3　门应密封严密。门框密封面上有密封条时，在门扇关闭后，密封条应处于压缩状态。

4　应采用密闭窗，玻璃应耐撞击、防破碎。窗玻璃应用密封胶固定、封严。当采用密封条密封时，玻璃与密封条的接触应平整，密封条不得卷边、脱槽、缺口、断裂。

5　围护结构表面的所有缝隙应密封。

6　房间的隔墙宜到顶，与楼板底的缝隙宜填实密封。

7　窗应与其安装部位的表面齐平，且不宜设窗台，当不能齐平时，窗台应采用斜坡、弧坡，边、角应为圆弧过渡。

8　顶棚上不应设置人孔、管道检修口。

4.4 分项工程验收

4.4.1 地漏的安装应平整、牢固，低于周边地面，周边无渗漏。地面找坡应符合本规范第 4.3.3 条的规定。

检验方法：试水观察。

检验数量：全部有地漏的房间。

4.4.2 冲洗地面的排水不应由半污染区流向清洁区，且不应由污染区流向半污染区。

检验方法：试水观察。

检验数量：全部各区之间的关键部位。

4.4.3 有压差要求房间的门宜朝空气压力较高的房间开启，并宜能自动关闭。

检验方法：目测观察。

检验数量：全部有压差要求房间的门。

4.4.4 污染区和半污染区的所有缝隙和孔洞都应填实密封。

检验方法：目测观察。

检验数量：污染区和半污染区的全部房间。

4.4.5 外墙上的风口与建筑外围护结构之间应密封。

检验方法：目测观察。

检验数量：全部外墙上的风口。

5 给 水 排 水

5.1 一 般 规 定

5.1.1 给水管道应采用与管材相适应的管件。生活给水系统所采用的管道材料应符合现行国家标准《生活饮用水卫生标准》GB 5749 的有关规定。

5.1.2 室内给水管道应进行水压试验。排水管道应进行通球试验。阀门安装前，应作强度试验和严密性试验。试验方法应符合设计要求，当设计无要求时，应按现行国家标准《建筑给水排水及采暖工程施工质量验收规范》GB 50242 的有关规定执行。

5.2 材料和设备要求

5.2.1 污染区和半污染区用水点应采用非接触性或非手动开关，并应防止污水外溅。

5.2.2 污染区和半污染区排水管道应采用耐腐蚀的管道。排放含有放射性污水的管道应采取防辐射措施。

5.2.3 污染区和半污染区的无水封地漏应加存水弯，存水弯的水封不应小于 50mm，且不应大于 75mm。

5.2.4 污染区和半污染区的洁具应采用易于清洁和消毒的设备。

5.2.5 负压隔离病房应符合下列规定：

1　应单独设置通气立管。

2　排水通气立管上宜加耐湿和耐腐蚀的高效过滤器。

3　地面排水应采用可开启的密闭地漏。

5.3 施 工 要 求

5.3.1 给水管道、管件、阀门安装前后应清除油垢和进行脱脂处理。

5.3.2 管线布置应符合设计要求；当设计无要求时，有压管道应避让重力流排水管，管径较小管道应避让管径较大管道。

5.3.3 给水排水管道穿过墙壁和楼板时应设套管，套管内的管段不应有接头，管子与套管之间应采用不燃和不产尘的密封材料封闭。

5.3.4 污染区和半污染区的地漏或排水漏斗使用前应封闭。

5.3.5 给水系统管道在交付使用前应冲洗后检测，水质应符合现行国家标准《生活饮用水卫生标准》GB 5749 的有关规定。

5.3.6 负压隔离病房应符合下列规定：

1 给水管道应设置倒流防止器。

2 排水立管不应在负压隔离病房内设置检查口或清扫口。

3 排水管道的通气管口应高出屋面不小于 2m，通气管口周边应通风良好，并应远离一切进气口。

4 排水通气管上的高效过滤器，其安装位置与方式应便于维修与更换。

5 非负压隔离病房区所用生活饮用给水管道应避开负压隔离病房区；不能避开时，应采取防护措施。

5.4 分项工程验收

5.4.1 污染区和半污染区给水的配水干管、支管应设置检修阀门，阀门宜设在清洁区内。

检验方法：检查产品资料、现场位置和目测检查。

检验数量：全部污染区和半污染区给水的配水干管、支管。

5.4.2 污染区和半污染区的给水排水管道应严格密封。

检验方法：目测观察。

检验数量：全部污染区和半污染区的给水排水管道。

5.4.3 负压隔离病房通气管上高效过滤器的性能和安装质量应符合设计要求。

检验方法：检查产品资料、目测观察。

检验数量：全部负压隔离病房通气管上的高效过滤器。

5.4.4 传染病医院处理后的污水排到市政排水系统前应设置检查取样口。

检验方法：检查现场位置、目测观察。

检验数量：全部污水排到市政排水系统前的检查取样口。

5.4.5 负压隔离病房给水管道上倒流防止器的安装应符合设计要求。

检验方法：检查现场位置、目测观察。

检验数量：全部负压隔离病房给水管道上的倒流防止器。

6 采暖通风与空气调节

6.1 一般规定

6.1.1 采暖通风与空气调节系统所用空调机组、高效空气过滤器等设备，应符合国家现行相关标准的规定。

6.1.2 通风空调系统的风管应按现行国家标准《洁净室施工及验收规范》GB 50591 的有关规定进行严密性试验。

6.1.3 通风空调系统应对设备进行单机试运转，合格后方可进行系统调试。

6.1.4 通风空调系统的施工和验收应符合现行国家标准《通风与空调工程施工质量验收规范》GB 50243 的有关规定。

6.2 材料和设备要求

6.2.1 通风空调系统各类调节装置应严密，调节灵活，操作方便。

6.2.2 空气过滤器的类型和性能参数应符合设计要求。

6.2.3 空调设备的选用应符合下列规定：

1 不应采用淋水式空气处理机组。当采用表面冷却器时，通过盘管所在截面的气流速度不宜大于 2.0m/s。

2 空调设备内的各级过滤器宜为一次抛弃或自动更新型。

3 各级空气过滤器前后宜设压差测量装置，测量管应通畅，安装严密。

4 加湿设备与其后的过滤段之间应有足够的汽化距离。

6.2.4 空调净化系统宜选用风压变化较大时风量变化较小的风机。

6.2.5 负压隔离病房应符合下列规定：

1 不应采用普通的风机盘管机组或房间空调器。

2 排风管道、气密阀与病房相通的送风管道应采用耐腐蚀、耐老化、不吸水、易消毒的材料制作。

3 排风高效过滤器的效率不宜低于 B 类。

6.3 施工要求

6.3.1 空调净化系统风管加工前应进行清洁处理，施工过程中应保证风管不受污染。

6.3.2 风管适当位置上应设置风量测量孔。

6.3.3 净化空调系统送、排（回）风管道咬口缝均应在正压面密封。

6.3.4 室外新风口的设置应符合下列规定：

1 新风口应采取有效的防雨措施。

2 新风口处应安装防鼠、防昆虫、阻挡绒毛等的保护网，且应易于拆装。

3 新风口应高于室外地面 2.5m 以上，同时应远离污染源。

6.3.5 空调净化机组的基础对地面的高度不宜低于 200mm。

6.3.6 空调机组安装时应调平，并作减振处理。各检查门应平整，密封条应严密。污染区和半污染区空调机组表冷段的冷凝水排水管上应设水封和阀门。

6.3.7 呼吸道传染病房内排（回）风口下边沿离地面不宜低于 0.1m，上边沿不宜高于 0.6m；排（回）风口风速不宜大于 1.5m/s。

6.3.8 污染区和半污染区排风管道的正压段不宜穿越其他房间，排风机应设置在室外排风口附近。

6.3.9 负压隔离病房应符合下列规定：

1 排风机应与送风机连锁，排风机先于送风机开启，后于送风机关闭。

2 排风高效过滤器的安装应具备现场检漏的条件；否则，应采用经预先检漏的专用排风高效过滤装置。

3 排风口应高出屋面不小于 2 m，排风口处应安装防护网

和防雨罩。

4 送风末端过滤器的过滤效率不应低于高中效的过滤效率。

5 高效过滤器装置应在现场安装时打开包装。

6 排风高效过滤器应就近安装在排风口处。

7 排风高效过滤器应有安全的现场更换条件。

8 排风高效过滤器宜有原位消毒的措施。

6.4 分项工程验收

6.4.1 污染区和半污染区送排风管道上的密闭阀应符合设计要求。

检验方法：检查产品资料、现场位置和目测观察。

检验数量：全部污染区和半污染区送排风管道上的密闭阀。

6.4.2 污染区和半污染区空调机组应符合本规范第6.2.3条的要求。

检验方法：检查产品资料、目测观察。

检验数量：全部污染区和半污染区空调机组。

6.4.3 负压隔离病房排风机、送风机连锁，应符合本规范第6.3.9条的规定。

检验方法：检查产品资料、目测观察和现场试验。

检验数量：全部负压隔离病房排风机、送风机。

6.4.4 负压隔离病房排风高效过滤器，应符合本规范第6.2.5、6.3.9条的规定。

检验方法：检查产品资料、目测观察和现场试验。

检验数量：全部负压隔离病房排风高效过滤器。

7 电气与智能化

7.1 一般规定

7.1.1 电气与智能化系统所需的各种材料、管线、盘柜、开关、灯具及控制系统产品等应经进场检验合格后方可使用。

7.1.2 电气工程的施工和验收应符合现行国家标准《建筑电气工程施工质量验收规范》GB 50303的有关规定。智能化系统的施工和验收应符合现行国家标准《智能建筑工程质量验收规范》GB 50339的有关规定。

7.2 材料和设备要求

7.2.1 紫外线灯和其他用途照明灯具应采用不同开关控制，且其开关宜便于识别和操作。

7.2.2 探视系统中病人一侧的终端设备应易于操作，表面材质应满足消毒处理条件。

7.2.3 智能化系统设备应预留接口，并应有合理的冗余。

7.2.4 当出现紧急情况时，所有设置互锁功能的门都必须能处于可开启状态。

7.2.5 负压手术室及负压隔离病房的空调设备监控应具有监视手术室及负压隔离病房与相邻室压差的功能，当压差失调时应能声光报警。

7.2.6 负压隔离病房和洁净用房的照明灯具不应采用格栅灯具，并宜吸顶安装；当嵌入暗装时，其安装缝隙应采取可靠的密封措施。灯罩应采用不易破损、透光好的材料。

7.3 施工要求

7.3.1 电加热器的金属外壳应接地，并应保证电气连通性。

7.3.2 有抗静电要求的管道、金属壁板、防静电地板应接地，并应保证电气连通性。当可能出现腐蚀时应采取防电化腐蚀的措施。

7.3.3 污染区和半污染区电气管线应暗敷，设施内电气管线的管口，应采取可靠的密封措施。

7.3.4 采用双路供电的线路应各自独立敷设。

7.3.5 IT接地系统中包括中性导体在内的任何带电部分严禁直接接地。IT接地系统的电源对地应保持良好的绝缘状态。

7.3.6 屋顶通风空调设备和管道应采取可靠的接地措施。

7.3.7 负压隔离病房应符合下列规定：

1 对病房的医、患通道，污染区与半污染区、半污染区与清洁区的过渡房间应进行出入控制，并应具有识别出入人员的功能。识别及相关的开启装置应易于操作。

2 病房内控制显示盘、开关盒宜采用嵌入式安装，与墙体之间的缝隙应进行密封处理，并应与建筑装饰协调一致。

3 配电箱应设在污染区外。

7.4 分项工程验收

7.4.1 通风空调系统的电加热器应与送风机连锁，并应设无风断电、超温断电保护及报警装置。严寒地区、寒冷地区新风系统应设置防冻保护措施。

检验方法：检查硬件配置及软件功能，在设备投入正常运行后，人为设置故障，检查连锁功能。

检验数量：全部通风空调系统。

7.4.2 污染区和半污染区通风空调设备应能自动和手动控制，应急手动应有优先控制权，且应具备硬件连锁功能。

检验方法：人工检查控制柜是否设置手/自动转换开关，当转换为手动时应可通过按键直接控制通风空调设备的启停，手动控制时送排风机的启停顺序应有硬件连锁。

检验数量：全部污染区和半污染区通风空调设备。

7.4.3 通风空调系统启动和停机过程应采取防止负压区域的负压值超出围护结构和有关设备的安全范围的措施。

检验方法：人工设置开启或关闭系统，观察开、关机过程中房间负压传感器显示值或通过压力仪表观察，核对设计文件中允许的最大负压值及与压力相关设备说明书中的压力要求。

检验数量：全部负压区域的通风空调系统。

7.4.4 污染区和半污染区应设送、排风系统正常运转的标志，当送、排风机运转不正常时应能紧急报警。

检验方法：人工检查控制柜上风机运行指示灯，计算机上风机运行显示标志，人为制造风机故障，检查报警及投入功能的运行情况。

检验数量：全部污染区和半污染区送、排风系统。

7.4.5 电加热器外壳接地，应符合本规范第7.3.1条的规定。

检验方法：现场检查接地线的连接位置及牢固程度。

检验数量：全部电加热器。

8 医用气体

8.1 一般规定

8.1.1 本章适用于传染病医院医用气体的管道安装施工及验收。

8.1.2 传染病医院排放的医用废气应达到排放标准。

8.1.3 供气气体管道应进行强度试验和严密性试验。废气排放和负压吸引管道应进行气密性试验。

8.1.4 气体管道的施工应按现行国家标准《工业金属管道工程施工规范》GB 50235 的有关规定执行。

8.2 材料和设备要求

8.2.1 负压吸引和废气排放输送管可采用镀锌钢管或非金属管，其他气体可选用纯铜管或不锈钢管。

8.2.2 吸引装置应有自封条件，瓶里液体吸满时应能自动切断气源。

8.2.3 麻醉废气排放系统、负压吸引系统应安装性能符合设计要求的过滤除菌器。

8.2.4 传染病医院中心供氧气源应设中断供氧的报警装置，空气压缩机、负压吸引泵的备用机组应能自动切换。

8.2.5 传染病医院建设的压缩空气站宜采用无油空气压缩机，并应设置除菌设备。

8.3 施工要求

8.3.1 医用气体导管、阀门和仪表安装前应清洗内部并应进行脱脂处理，用无油压缩空气或氮气吹除干净，并应封堵两端备用。

8.3.2 氧气管道不宜穿过不使用氧气的房间，当需要穿过时，则在该房间内的管道上不应采用法兰或螺纹连接。

8.3.3 吸引管道坡向总管和缓冲真空罐的坡度不应小于3‰，并应避免上升坡度，否则应在管道低处转折点设小型集污罐。

8.3.4 医用气体管道支吊架间距应符合表8.3.4的规定。

表8.3.4 医用气体管道支吊架间距

管道公称直径（mm）	4～8	8～12	12～20	20～25	≥25
支吊架间距（m）	1.0	1.5	2.0	2.5	3.0

8.3.5 供病人使用的医用气体管道应做接地，每对法兰或螺纹接头应设跨接导线。

8.3.6 当医用气体管道采用铜管、不锈钢管时，管道与支吊架接触处，应作电腐蚀绝缘处理。

8.3.7 进入污染区和半污染区气体管道，应设套管，套管内管材不应有焊缝与接头，管材与套管间应用不燃材料填充并密封，套管两端应有封盖。

8.3.8 负压隔离病房内供病人使用的医用气体支管上的止回装置应靠近病房位置。

8.4 分项工程验收

8.4.1 负压隔离病房气体止回装置安装应符合设计要求。

检验方法：检查产品资料、目测观察。

检验数量：全部负压隔离病房气体止回装置。

8.4.2 气体的管件和管道的气密性试验应符合设计要求。

检验方法：在管内充入压缩空气，在各接头处涂中性肥皂水。

检验数量：全部气体的管件和管道。

8.4.3 污染区和半污染区真空吸引、麻醉废气处理设备应符合本规范第8.2.3条的规定。

检验方法：检查产品资料、目测观察。

检验数量：全部污染区和半污染区真空吸引、麻醉废气处理设备。

9 消 防

9.1 一般规定

9.1.1 传染病医院建筑消防用电设备应采用专用回路供电，并应设应急电源，火灾时应急电源应能自动切换。

9.1.2 消防供水管道和气体灭火剂输送管道应进行强度试验和严密性试验。

9.2 材料和设备要求

9.2.1 防排烟系统风管、风口、风阀及支吊架的材料、密封材料应为不燃材料。

9.2.2 传染病医院建筑内宜采用隐蔽型喷洒头。

9.2.3 传染病医院建筑消防水泵备用泵的工作能力不应小于其中最大一台消防工作泵的工作能力。

9.2.4 污染区和半污染区的排烟口应采用常闭排烟口。

9.2.5 应急照明灯具和疏散标志的备用电源连续供电时间不应小于30min。

9.3 施工要求

9.3.1 穿污染区和半污染区墙和楼板的消防管道应做套管，套管与墙和楼板之间、套管与管道之间应使用不燃的密封材料进行密封。

9.3.2 防火门、防火窗与墙壁间的安装缝隙应使用不燃的密封材料进行密封。

9.3.3 应急照明灯具与疏散标志宜为嵌入式，周边安装缝隙应使用不燃的密封材料进行密封。

9.3.4 负压隔离病房内不应安装各类灭火用喷头。

9.3.5 非负压隔离病房区消防管道应避开负压隔离病房区，不能避开时，应采取防护措施。非负压隔离病房区消防管道的阀门不应设置在负压隔离病房区。

9.4 分项工程验收

9.4.1 围护结构的密封应符合本规范第9.3.1、9.3.2和9.3.3条的规定。

检验方法：目测观察。

检验数量：全部围护结构。

9.4.2 排烟口的安装应符合设计和本规范第9.2.4条的要求。

检验方法：检查产品资料、目测观察。

检验数量：全部排烟口。

9.4.3 消防管道的安装应符合设计和本规范第9.3.4和9.3.5条的要求。

检验方法：目测观察。

检验数量：全部消防管道。

10 工程检测

10.1 一般规定

10.1.1 环境指标检测应在工程质量符合要求的条件下，由具有资质的工程检测部门进行。

10.1.2 环境指标检测前，空调系统应连续运行不小于12h。环境指标检测应在静态下进行。

10.1.3 传染病医院建筑工程环境指标检测可按本规范附录B的表格进行记录。

10.2 环境指标检测

10.2.1 清洁区、半污染区和污染区的环境指标除按相关标准进行检测外，尚应按本规范表10.2.1进行排风量和气流流向检测，检测结果应符合设计要求。

表10.2.1 清洁区、半污染区和污染区环境指标检测项目

序号	项目	检测方法
1	排风量	应执行现行国家标准《洁净室施工及验收规范》GB 50591的相关规定
2	不同区域气流流向	应按本规范第10.2.3条执行

10.2.2 负压隔离病房环境指标检测项目应按本规范表10.2.2进行检测，检测结果应符合设计要求。

表10.2.2 负压隔离病房环境指标检测项目

序号	项目	检测方法
1	送风量（换气次数）	应执行现行国家标准《洁净室施工及验收规范》GB 50591的相关规定
2	新风量	
3	排风量	
4	静压差	
5	温度	
6	相对湿度	
7	噪声	
8	照度	
9	病房内气流流向	应按本规范第10.2.4条执行
10	排风高效空气过滤器全部检漏	应执行现行国家标准《生物安全实验室建筑技术规范》GB 50346的相关规定
11	送、排风机连锁可靠性验证	

注：1 本表检测项目中的风量、压差应先测量。检测风量、压差外的其他检测项目时，不应调整风量。
2 各项技术指标检测均应在通风空调系统调试合格后进行。

10.2.3 清洁区、半污染区和污染区环境指标检测项目中气流流向应按下列要求进行检测和评价。

检测方法：采用目测法，在关键位置发烟检测气流流向。

评价标准：通过目测观察，气流从清洁区流向半污染区，从半污染区流向污染区。

10.2.4 负压隔离病房环境指标检测项目中病房内气流方向应按下列要求进行检测和评价。

检测方法：采用目测法，在室内发烟检测气流流向。

评价标准：通过目测观察，气流从送风口流向病人经常活动的区域，再从病人经常活动区域流向排风口。

11 工程验收

11.1 一般规定

11.1.1 工程质量竣工验收合格是工程启用的必要条件，传染病医院工程质量竣工验收应严格执行本规范。

11.1.2 工程质量竣工验收前，负压隔离病房、手术室、ICU等有特殊要求的区域，建设单位应委托具有资质的工程检测部门进行环境指标的检测。环境指标检测前应由建设单位组织对环境指标检测的区域进行工程完工验收。

11.2 工程验收

11.2.1 环境指标检测完成后，工程质量竣工验收前建设单位应组织专家组按本规范附录A规定的评价项目和判定方法进行综合性能评定。综合性能评定的结论分为合格、限期整改和不合格三类。对于综合性能符合规范要求的，判定为合格；对于存在问题，但经过整改后能符合规范要求的，判定为限期整改；对于不符合规范要求，判定为不合格。

11.2.2 对于综合性能评定判定为限期整改和不合格的项目，整改完毕后应组织专家组对整改部分重新进行综合性能评定。

11.2.3 对于综合性能评定判定为限期整改或不合格的工程，不应进行工程质量竣工验收。

11.2.4 传染病医院建筑工程质量竣工验收应由建设单位负责组织，由建设单位、施工单位（含分包单位）、设计单位、监理单位各方（项目）负责人参加，组成工程验收组负责执行和确认。

11.2.5 工程质量竣工验收合格应符合下列规定。

1 综合性能评定的结论应为合格。

2 环境指标检测报告的结论应为合格。

3 所含分部（子分部）工程的质量均应验收合格。

4 质量控制资料应完整。

5 所含分部工程有关安全和功能的检测资料应完整。

6 主要功能项目的抽查结果应符合相关专业质量验收规范的规定。

7 观感质量验收应符合要求。

附录A 传染病医院建筑工程综合性能评定

A.0.1 传染病医院建筑工程综合性能评定，应按表A.0.1规定的现场检查项目和评价方法进行。

表A.0.1 传染病医院建筑工程综合性能评定现场检查项目和评价方法

分项	序号	检查出的问题	评价		适用范围			
			严重缺陷	一般缺陷	清洁区	半污染区	污染区	负压隔离病房
建筑	1	装饰装修工程未在基体或基层的质量验收合格后施工或对既有建筑进行装饰装修前，未对基层进行处理并达到要求	√		√	√	√	√
	2	未满足隔热、隔声、防振、防虫、防腐、防火、防静电等要求	√		√	√	√	√
	3	墙面、楼（地）面和顶棚的材料不符合本规范第4.2.1条的要求		√		√	√	√
	4	洁净用房、负压隔离病房的墙面、楼（地）面和顶棚材料以及各面交角材料，不符合本规范第4.2.2条的要求		√	√	√	√	√
	5	未选择不含刺激性挥发物、耐老化、抗腐蚀的中性材料密封胶	√		√	√	√	√
	6	台面材料的选用，不符合本规范第4.2.4条的要求		√	√	√	√	√
	7	建筑五金未选用耐腐蚀的材料		√		√	√	√
	8	墙面、楼（地）面和顶棚设计有圆角要求的，圆弧半径不满足设计的要求；当设计无要求时，圆弧半径小于30mm或圆角材料与其他材料的缝隙未采取密封措施		√	√	√	√	√
	9	设置地漏或排水沟的房间，排水坡度小于0.5%或楼（地）面未作防水处理或防水层向墙面上返高度低于250mm	√		√	√	√	√
	10	墙面、顶棚的缝隙和孔洞未填实密封	√			√	√	√
	11	有压差要求的房间未在合适位置预留测压孔或其孔径与所配的压力表孔径不一致或测压孔未使用时没有密封措施		√	√	√	√	√
	12	负压隔离病房不符合本规范第4.3.5条的要求		√				√
	13	地漏的安装不平整、不牢固或高于周边地面或渗漏或地面找坡不符合设计要求	√		√	√	√	√
	14	冲洗地面的排水由半污染区流向清洁区或由污染区流向半污染区	√		√	√	√	√
	15	有压差要求房间的门朝空气压力较低的房间开启或不能自动关闭		√	√	√	√	√
给水排水	16	给水管道未采用与管材相适应的管件或生活给水系统所采用的管道材料不符合现行国家标准《生活饮用水卫生标准》GB 5749的有关规定	√		√	√	√	√
	17	室内给水管道未进行水压试验或排水管道未进行通球试验或阀门安装前未作强度试验和严密性试验	√		√	√	√	√
	18	用水点未采用非接触性或非手动开关		√		√	√	√
	19	排水管道未采用耐腐蚀性能的管道		√		√	√	√
	20	排放含有放射性污水的管道未采取防辐射措施	√		√	√	√	√
	21	地漏的选用和安装不符合本规范第5.2.3条的要求	√		√	√	√	√
	22	未采用易于清洁和消毒的设备		√		√	√	√
	23	未单独设置通气立管	√					√
	24	上至楼顶通气管未加设耐湿和耐腐蚀的高效过滤器		√				√
	25	地面排水未采用可开启的密封地漏	√					√
	26	给水管道、管件、阀门安装前后未清除油垢或未进行脱脂处理	√		√	√	√	√
	27	管线布置不符合设计要求或有压管道未避让重力流排水管或管径较小管道未避让管径较大管道	√		√	√	√	√
	28	给水排水管道穿过墙壁和楼板处未设套管或套管内的管段有接头或管子与套管之间未用不燃和不产尘的密封材料封闭	√		√	√	√	√
	29	给水系统管道在交付使用前未冲洗或检测水质不符合生活饮用水卫生标准	√		√	√	√	√
	30	给水管道未设置倒流防止器	√					√
	31	排水立管不应在负压隔离病房内设置检查口或清扫口	√					√
	32	排水管道的通气管口高出屋面小于2m或通气管口周边通风不好或未远离一切进气口	√					√
	33	排水通气管上高效过滤器的安装位置与方式不便于维修与更换		√				√
	34	非负压隔离病房区所用生活饮用给水管道穿越负压隔离病房区，未采取防护措施	√					√
	35	给水的配水干管、支管未设置检修阀门或阀门未设在清洁区内		√		√	√	√
	36	给排水管道未严格密封		√		√	√	√

续表A.0.1

分项	序号	检查出的问题	评价		适用范围			
			严重缺陷	一般缺陷	清洁区	半污染区	污染区	负压隔离病房
给水排水	37	传染病医院处理后的污水排到市政排水系统前未设置检查取样口	√		√	√	√	√
	38	通气管上高效过滤器的性能和安装质量不符合设计要求	√					√
采暖通风与空气调节	39	空调机组等设备不符合国家现行相关标准的规定	√		√	√	√	√
	40	通风空调系统的风管未按现行国家标准《洁净室施工及验收规范》GB 50591 的有关规定进行严密性试验		√	√	√	√	√
	41	通风空调系统各类调节装置不严密或调节不灵活或操作不方便		√	√	√	√	√
	42	空气过滤器的类型和性能参数不符合设计要求	√		√	√	√	√
	43	空调设备的选用不符合本规范第6.2.3条的要求	√		√	√	√	√
	44	空调净化系统未选用风压变化较大时风量变化较小的风机		√	√	√	√	√
	45	采用普通的风机盘管机组或房间空调器		√				√
	46	排风管道、气密阀与病房相通的送风管道未采用耐腐蚀、耐老化、不吸水、易消毒的材料制作	√					√
	47	排风高效过滤器的效率低于B类	√					√

续表A.0.1

分项	序号	检查出的问题	评价		适用范围			
			严重缺陷	一般缺陷	清洁区	半污染区	污染区	负压隔离病房
采暖通风与空气调节	48	空调净化系统风管加工前未进行清洁处理		√	√	√	√	√
	49	风管未设置风量测量孔		√	√	√	√	√
	50	净化空调系统送、排（回）风管管道咬口缝未在正压面进行密封		√	√	√	√	√
	51	室外新风口的设置不符合本规范第6.3.4条的要求		√	√	√	√	√
	52	空调净化机组的基础对地面的高度低于200mm		√	√	√	√	√
	53	空调机组安装时未调平或未作减振处理或各检查门不平整、密封条不严密		√	√	√	√	√
	54	空调机组表冷段的冷凝水排水管上未设水封和阀门		√			√	√
	55	呼吸道传染病房内排（回）风口安装位置不符合本规范第6.3.7条的要求		√			√	√
	56	排风管道的正压段穿越其他房间或排风机未设置在室外排风口附近		√			√	√
	57	送排风机的连锁顺序反向	√					√
	58	排风高效过滤器的安装不具备现场检漏的条件并未采用经预先检漏的专用排风高效过滤装置		√				√
	59	排风口高出屋面小于2m或排风口未安装防护网和防雨罩	√					√

续表A.0.1

分项	序号	检查出的问题	评价		适用范围			
			严重缺陷	一般缺陷	清洁区	半污染区	污染区	负压隔离病房
采暖通风与空气调节	60	送风末端过滤器的过滤效率低于高中效的过滤效率	√					√
	61	排风高效过滤器未安装在排风口处	√					√
	62	排风高效过滤器没有安全的现场更换条件	√					√
	63	排风高效过滤器没有原位消毒的措施		√				√
	64	送排风管道上密闭阀的安装位置、严密性等不符合设计要求	√			√	√	√
电气与智能化	65	紫外线灯与其他用途照明灯具未采用不同开关控制	√		√	√	√	√
	66	紫外线灯与其他用途照明灯具开关不易识别、操作		√	√	√	√	√
	67	病人一侧的终端设备不易于操作或表面材质不满足消毒处理条件		√	√	√	√	√
	68	智能化系统设备未预留接口或冗余不合理		√	√	√	√	√
	69	当出现紧急情况时，设置互锁功能的门不能处于可开启状态	√		√	√	√	√
	70	负压手术室或负压隔离病房的监控不具有监视手术室或负压隔离病房相邻室压差的功能或当压差失调时不能声光报警	√			√	√	√

续表A.0.1

分项	序号	检查出的问题	评价		适用范围			
			严重缺陷	一般缺陷	清洁区	半污染区	污染区	负压隔离病房
电气与智能化	71	负压隔离病房或洁净用房的照明灯具选用、安装不符合本规范第7.2.6条的要求		√	√	√	√	√
	72	电加热器的金属外壳未接地或未保证电气连通性	√		√	√	√	√
	73	有抗静电要求的管道、金属壁板、防静电地板未接地或不能保证电气连通性或当可能出现腐蚀时未采取防电化腐蚀的措施	√		√	√	√	√
	74	电气管线未暗敷或设施内电气管线的管口未采取可靠的密封措施		√		√	√	√
	75	采用双路供电的线路未各自独立敷设	√		√	√	√	√
	76	IT接地系统中包括中性导体在内的任何带电部分直接接地或IT接地系统的电源对地未保持良好的绝缘状态	√		√	√	√	√
	77	屋顶通风空调设备或管道未作可靠的接地	√		√	√	√	√
	78	过渡房间未进行出入控制或不具有识别出入人员的功能或识别及相关的开启装置不易于操作		√				√
	79	病房内控制显示盘、开关盒未采用嵌入式安装或与墙体之间的缝隙未进行密闭处理		√				√

续表A.0.1

分项	序号	检查出的问题	评价		适用范围			
			严重缺陷	一般缺陷	清洁区	半污染区	污染区	负压隔离病房
电气与智能化	80	配电箱设在污染区内		√				√
	81	通风空调系统的电加热器未与送风机连锁或未设无风断电、超温断电保护、报警装置	√		√	√	√	√
	82	严寒地区、寒冷地区新风系统未设置防冻保护措施	√		√	√	√	√
	83	空调通风设备不能自动和手动控制或应急手动没有优先控制权或不具备硬件连锁功能	√			√	√	√
	84	通风空调系统启动和停机过程未采取措施防止负压区域的负压值超出围护结构和有关设备的安全范围	√			√	√	√
	85	未设送、排风系统正常运转的标志或当送、排风系统运转不正常时不能紧急报警	√			√	√	√
医用气体	86	排放的医用废气不能达到排放标准	√		√	√	√	√
	87	气体的管件和管道未进行气密性试验	√		√	√	√	√
	88	吸引装置没有自封条件或瓶里液体吸满时不能自动切断气源	√		√	√	√	√
	89	麻醉废气排放系统、负压吸引系统未安装性能符合设计要求的过滤除菌器	√		√	√	√	√

续表A.0.1

分项	序号	检查出的问题	评价		适用范围			
			严重缺陷	一般缺陷	清洁区	半污染区	污染区	负压隔离病房
医用气体	90	中心供氧气源未设中断供氧的报警装置	√		√	√	√	√
	91	空气压缩机、负压吸引泵的备用机组不能自动切换	√		√	√	√	√
	92	压缩空气站未采用无油空气压缩机或未设除菌设备		√	√	√	√	√
	93	医用气体导管、阀门和仪表安装前未进行脱脂处理		√	√	√	√	√
	94	氧气管道穿过不使用氧气的房间，且管道上有法兰或螺纹连接接口		√	√	√	√	√
	95	吸引管道坡向总管或缓冲真空罐的坡度不符合本规范第8.3.3条的规定		√	√	√	√	√
	96	医用气体管道的安装支吊架间距不符合本规范第8.3.4条的规定		√	√	√	√	√
	97	供病人使用的医用气体管道未作接地或每对法兰或螺纹接头未设跨接导线	√		√	√	√	√
	98	医用气体管道采用铜管、不锈钢管时，管道与支吊架接触处未作电腐蚀绝缘处理		√	√	√	√	√
	99	进入污染区和半污染区气体管道，未设套管或套管内管材有焊缝与接头或管材与套管间未用不燃材料填充并密封，套管两端没有封盖		√		√	√	√

续表A.0.1

分项	序号	检查出的问题	评价		适用范围			
			严重缺陷	一般缺陷	清洁区	半污染区	污染区	负压隔离病房
医用气体	100	供病人使用的医用气体支管上的止回装置未靠近病房位置		√				√
消防	101	消防用电设备未采用专用回路供电或未设应急电源或应急电源火灾时不能自动切换	√		√	√	√	√
	102	消防供水管道和气体灭火剂输送管道未进行强度试验和严密性试验	√		√	√	√	√
	103	防排烟系统风管及支吊架的材料、密封材料为非不燃材料	√		√	√	√	√
	104	未采用隐蔽型喷洒头		√	√	√	√	√
	105	消防水泵备用泵的工作能力小于其中最大一台消防工作泵的工作能力	√		√	√	√	√
	106	未采用常闭排烟口		√		√	√	√
	107	应急照明灯具和疏散标志的备用电源连续供电时间小于30min	√		√	√	√	√
	108	穿墙和楼板的消防管道未做套管或套管与墙和楼板之间、套管与管道之间未用不燃材料密封		√	√	√	√	√
	109	防火门、防火窗与墙壁间的安装缝隙未使用不燃的填充材料进行密封		√	√	√	√	√
	110	应急照明灯具与疏散标志为非嵌入式或其周边安装缝隙未使用不燃的密封材料进行密封		√	√	√	√	√

续表A.0.1

分项	序号	检查出的问题	评价		适用范围			
			严重缺陷	一般缺陷	清洁区	半污染区	污染区	负压隔离病房
消防	111	病房内安装各类灭火用喷头	√					√
	112	非负压隔离病房区消防管道穿过负压隔离病房区，未采取防护措施或非负压隔离病房区消防管道的阀门设置在负压隔离病房区		√				√
环境指标检测	113	排风量不符合设计要求		√	√	√	√	√
	114	不同区域气流流向不符合设计要求	√		√	√	√	√
	115	换气次数不符合设计要求		√				√
	116	新风量不符合设计要求		√	√	√	√	√
	117	静压差不符合设计要求	√					√
	118	病房内气流流向不符合设计要求		√				√
	119	温度不符合设计要求		√	√	√	√	√
	120	相对湿度不符合设计要求		√	√	√	√	√
	121	噪声不符合设计要求		√	√	√	√	√
	122	照度不符合设计要求		√	√	√	√	√
	123	安装后的排风高效空气过滤器存在泄漏	√					√
	124	送、排风系统连锁可靠性验证不符合设计要求	√					√

注：凡对工程质量有影响的项目有缺陷，属一般缺陷，其中对安全和工程质量有重大影响的项目有缺陷，属严重缺陷。

A.0.2 传染病医院建筑综合性能应按表A.0.2进行评定。

表 A.0.2 传染病医院建筑综合性能评定标准

标准类别	严重缺陷数	一般缺陷数
合格	0	<20%
限期整改	1~3	<20%
	0	≥20%
不合格	>3	0
	一次整改后仍未通过者	

注：表中的百分数是缺陷数相对于应被检查项目总数的比例。

附录 B 传染病医院建筑工程环境指标检测记录

B.0.1 不同区域气流流向检测可按表 B.0.1 记录。

表 B.0.1 不同区域气流流向检测记录表

第 页 共 页

检测依据				检测日期	
检测仪器名称		规格型号		编号	
检测前检测仪器状况		检测后检测仪器状况			
检测前系统运行状况		检测后系统运行状况			
检测部位	检测结果			备注	

校核人： 记录人： 检验人：

B.0.2 风量（风速）检测可按表 B.0.2 记录。

表 B.0.2 风量（风速）检测记录表

第 页 共 页

检测依据				检测日期	
检测仪器名称		规格型号		编号	
检测前检测仪器状况		检测后检测仪器状况			
检测前系统运行状况		检测后系统运行状况			
检测部位	风口编号	风量值（m^3/h）或风速值（m/s）		备注	

校核人： 记录人： 检验人：

B.0.3 静压差检测可按表 B.0.3 记录。

表 B.0.3 静压差检测记录表

第 页 共 页

检测依据				检测日期	
检测仪器名称		规格型号		编号	
检测前检测仪器状况		检测后检测仪器状况			
检测前系统运行状况		检测后系统运行状况			
检测部位	静压差值（Pa）			备注	

校核人： 记录人： 检验人：

B. 0. 4 温度和相对湿度检测可按表 B. 0. 4 记录。

表 B. 0. 4 温度和相对湿度检测记录表

第　　页 共　　页

检测依据				检测日期	
检测仪器名称		规格型号		编号	
检测前检测仪器状况		检测后检测仪器状况			
检测前系统运行状况		检测后系统运行状况			
检测部位	温度值（℃）	相对湿度值（%）	备注		

校核人：　　　　记录人：　　　　检验人：

B. 0. 5 噪声检测可按表 B. 0. 5 记录。

表 B. 0. 5 噪声检测记录表

第　　页 共　　页

检测依据				检测日期	
检测仪器名称		规格型号		编号	
检测前检测仪器状况		检测后检测仪器状况			
检测前系统运行状况		检测后系统运行状况			
检测部位	测点	噪声值 dB（A）	备注		

校核人：　　　　记录人：　　　　检验人：

B. 0. 6 照度检测可按表 B. 0. 6 记录。

表 B. 0. 6 照度检测记录表

第　　页 共　　页

检测依据				检测日期	
检测仪器名称		规格型号		编号	
检测前检测仪器状况		检测后检测仪器状况			
检测前系统运行状况		检测后系统运行状况			
检测部位	测点	照度值（lx）	备注		

校核人：　　　　记录人：　　　　检验人：

B. 0. 7 病房内气流流向检测可按表 B. 0. 7 记录。

表 B. 0. 7 病房内气流流向检测记录表

第　　页 共　　页

检测依据				检测日期	
检测仪器名称		规格型号		编号	
检测前检测仪器状况		检测后检测仪器状况			
检测前系统运行状况		检测后系统运行状况			
检测部位	检测结果	备注			

校核人：　　　　记录人：　　　　检验人：

B.0.8 排风高效过滤器检漏检测可按表B.0.8记录。

表B.0.8 排风高效过滤器检漏检测记录表

第　　页 共　　页

检测依据				检测日期	
检测仪器名称		规格型号		编号	
检测前检测仪器状况			检测后检测仪器状况		
检测前系统运行状况			检测后系统运行状况		
检测部位	排风高效过滤器编号		检测结果		备注

校核人：　　　　记录人：　　　　检验人：

B.0.9 送、排风机连锁可靠性验证检测可按表B.0.9记录。

表B.0.9 送、排风机连锁可靠性验证检测记录表

第　　页 共　　页

检测依据			检测日期	
检测前系统运行状况		检测后系统运行状况		
检测部位	检测结果			备注

校核人：　　　　记录人：　　　　检验人：

中华人民共和国国家标准

传染病医院建筑施工及验收规范

GB 50686 - 2011

条 文 说 明

1 总　　则

1.0.1 本条说明了制定传染病医院建筑施工及验收规范的目的和意义。传染病医院建筑是专门收治各类传染病患者的设施，不仅担负着救死扶伤的重任，而且是控制传染病源微生物的传播，切断传染途径的重要设施，因此传染病医院属于生物安全的建设范畴。SARS在我国的流行留下了沉痛教训，引起了社会各界的深刻反思，在疫情得到有效控制之后，我国政府加大了卫生领域的基础设施投资，启动了传染病应急救治体系建设，本规范即是传染病应急救治体系建设的一部分。

1.0.2 本条规定了本规范的适用范围是新建、改建和扩建的传染病医院建筑的施工和验收。对于综合医院的传染病科的施工和验收，可以参照本规范执行。

1.0.3 传染病医院是一种具有特殊功能的建筑，首先应符合现行国家标准《建筑工程施工质量验收统一标准》GB 50300的有关规定，并应与其配合使用。

1.0.4 传染病医院建筑工程条件复杂，综合性强，涉及面广。由于国家有关部门对工程施工和验收制定了很多国家和行业标准，本规范不可能包括所有的规定。因此在进行传染病医院建筑施工和验收时，要将本规范和其他有关现行国家和行业标准配合使用，例如：

《建筑工程施工质量验收统一标准》GB 50300

《建筑装饰装修工程质量验收规范》GB 50210

《洁净室施工及验收规范》GB 50591

《生物安全实验室建筑技术规范》GB 50346

《实验室　生物安全通用要求》GB 19489

《洁净厂房设计规范》GB 50073

《公共建筑节能设计标准》GB 50189
《建筑节能工程施工质量验收规范》GB 50411
《医院洁净手术部建筑技术规范》GB 50333
《建筑给水排水设计规范》GB 50015
《建筑给水排水及采暖工程施工质量验收规范》GB 50242
《生活饮用水卫生标准》GB 5749
《污水综合排放标准》GB 8978
《医院消毒卫生标准》GB 15982
《医疗机构水污染物排放要求》GB 18466
《通风与空调工程施工质量验收规范》GB 50243
《采暖通风与空气调节设计规范》GB 50019
《高效空气过滤器性能实验方法　效率和阻力》GB/T 6165
《高效空气过滤器》GB/T 13554
《空气过滤器》GB/T 14295
《民用建筑工程室内环境污染控制规范》GB 50325
《建筑电气工程施工质量验收规范》GB 50303
《民用建筑电气设计规范》JGJ/T 16
《供配电系统设计规范》GB 50052
《低压配电设计规范》GB 50054
《建筑照明设计标准》GB 50034
《智能建筑工程质量验收规范》GB 50339
《压缩空气站设计规范》GB 50029
《医院中心吸引系统通用技术条件》YY/T 0186
《建筑内部装修设计防火规范》GB 50222
《高层民用建筑设计防火规范》GB 50045
《建筑设计防火规范》GB 50016
《火灾自动报警系统设计规范》GB 50116
《建筑灭火器配置设计规范》GB 50140

2 术　　语

2.0.8 对于普通的民用建筑一般只需要进行工程质量竣工验收，并不需要进行综合性能评定，以前的传染病医院建筑的工程质量竣工验收大多也是这样执行的。在实际传染病医院建筑工程中，发现工程质量竣工验收合格，却在使用中出现了很多问题，无法达到使用功能的情况，如某些负压隔离病房没有经过环境指标的检测，不能满足传染病医院的特殊安全要求等。为了保证传染病医院建筑的综合性能达到设计和使用功能要求，本规范规定了传染病医院建筑工程质量竣工验收前要进行综合性能评定，以满足传染病医院的特殊生物安全要求。

3 基 本 规 定

3.1 材料和设备要求

3.1.1 传染病医院建筑所用材料和设备对整个工程的质量和安全起着至关重要的作用，应严格审查材料和设备的合格证明材料。当设计采用新技术、新工艺、新材料、新设备时，施工单位应依据设计的规定施工。施工单位采用新技术、新工艺、新材料、新设备时，应经监理单位核准，并按相关规定执行。近年来，国家对技术指标落后或质量存在较大问题的材料和设备明令禁止，传染病医院建筑工程施工中应严格遵守这些规定，不得采购和使用国家明令淘汰的材料和设备。

3.1.2 本条是为了保证传染病医院的室内空气质量。目前主要的有关建筑材料放射性和有害物质的国家标准有：

(1)《建筑材料放射性核素限量》GB 6566

(2)《室内装饰装修材料　人造板及其制品中甲醛释放限量》GB 18580

(3)《室内装饰装修材料　溶剂木器涂料中有害物限量》GB 18581

(4)《室内装饰装修材料　内墙涂料中有害物质限量》GB 18582

(5)《室内装饰装修材料　胶粘剂中有害物质限量》GB 18583

(6)《室内装饰装修材料　木家具中有害物质限量》GB 18584

(7)《室内装饰装修材料　壁纸中有害物质限量》GB 18585

(8)《室内装饰装修材料　聚氯乙烯卷材地板中有害物质限量》GB 18586

(9)《室内装饰装修材料　地毯、地毯衬垫及地毯用胶粘剂中有害物质释放限量》GB 18587

(10)《室内装饰装修材料　混凝土外加剂释放氨的限量》GB 18588

(11)《民用建筑工程室内环境污染控制规范》GB 50325

3.1.3 所用材料和设备的进场验收应严格，以免产生不必要的经济损失或人体伤害。对于进口的材料和设备，应按照我国有关规定和标准进行检验，符合要求方可使用。所用材料和设备应有产品合格证书、中文说明书及相关性能的检测报告。

3.1.4 所用材料和设备的运输、施工、成品保护等各个环节都很重要，出现问题都会对工程质量和进度造成影响。

3.1.5 和普通的民用建筑相比，传染病医院建筑的使用功能特殊，又要经常进行清洗和消毒处理，对防火、防腐和防虫的要求更高，应按照设计要求或者相关标准进行处理，如所用材料的防火性能应符合现行国家标准《建筑内部装修设计防火规范》GB 50222 的规定，所用材料的防腐性能应符合现行国家标准《建筑防腐蚀工程施工及验收规范》GB 50212 的规定。

3.2 施 工 要 求

3.2.1 本条对施工企业资质、监理单位资质、人员执业资格、施工组织设计、施工配合等提出了要求。对于特种施工作业人员，如电工、电焊工、起重工等，应持有相关的有效证件上岗作业。

3.2.2 施工工艺标准、施工技术方案、全过程质量控制是保证工程质量的重要环节，因此，在施工前应制定科学合理的施工技术方案，施工过程中应严格执行施工工艺标准，并全过程控制施工质量，保证传染病医院建筑的工程质量。

3.2.3 传染病医院建筑工程施工中，擅自改动建筑主体、承重结构或主要使用功能，擅自拆改水、空调通风、电、燃气、通信等配套设施会造成极大的安全和质量隐患，应禁止。

3.2.4 原建设部于2007年9月发布了《绿色施工技术导则》(建质〔2007〕223号)，绿色施工总体框架由施工管理、环境保护、节材、节水、节能、节地六个方面组成。控制污染物的排放既是为了保护环境，也是为了保护施工人员。

3.2.6 管道、设备等的安装及调试在建筑装饰装修工程施工前完成是为了防止对建筑装饰装修工程的破坏。建筑装饰装修工程要预留管道阀门、设备等的检修口。

3.2.7 施工环境温度高于5℃，主要是为了防冻，很多建筑材料在低温时都需要采取特殊措施，如向水泥中加防冻剂等。施工材料的施工环境温度有特殊要求时，按设计或产品技术要求执行。

3.2.8 半成品、成品的保护问题要引起重视，以免出现返工和造成不必要的经济损失，如应保护已施工完成的瓷砖地面、风管、高效过滤器等。

3.2.9 对于智能建筑工程，前面的验收步骤完成后，后面的验收步骤才具备条件，只有按照顺序验收才能顺利地进行并保证工程质量。

4 建　　筑

4.1 一 般 规 定

4.1.1 装饰工程施工前，隐蔽工程应已验收合格，从而保证施工质量。基体是指建筑物的主体结构和围护结构，基层是指直接承受装饰装修施工的面层。既有建筑对基层的处理是指墙面、地面和顶棚的清洁、找平等作业，应达到《建筑装饰装修工程质量验收规范》GB 50210的要求。

4.1.2 传染病医院建筑的隔热、隔声、防振、防虫、防腐、防火、防静电等性能，在施工和验收时应满足设计要求及相关标准和规范的要求，如现行国家标准《民用建筑设计通则》GB 50352、《公共建筑节能设计标准》GB 50189、《民用建筑隔声设计规范》GB 50118、《建筑设计防火规范》GB 50016等。

4.2 材 料 要 求

4.2.1 污染区和半污染区内应尽量减少积尘面，减少孳生微生物的可能性。地面材料应防滑，以免人员滑倒受伤。由于污染区和半污染区需经常清洗消毒，表面材料还应耐酸碱、耐腐蚀。

4.2.2 手术室墙面和顶棚的材料可选用电解钢板、不锈钢板等；ICU墙面和顶棚的材料可选用彩钢板、树脂板、铝塑板等；负压隔离病房墙面和顶棚可选用铝塑板、彩钢板、瓷砖等；楼(地)面可选用PVC、橡胶地板、环氧树脂等。

4.2.3 污染区和半污染区表面密封胶生菌容易造成病源微生物的接触感染，应避免选用易长霉的玻璃胶和硅胶。

4.2.4 台面一般采用理化板或不锈钢材料，主要是因为在检测或实验过程中用到很多强酸、强碱试剂，要求台面耐酸碱。有些实验室还要求台面耐高温，耐高温台面宜采用石材。

4.2.5 污染区和半污染区的各材料表面都要经常清洗消毒，因此五金件也宜选用耐腐蚀的材料。

4.3 施 工 要 求

4.3.1 本条为传染病医院建筑装饰装修工程施工的基本要求。

4.3.2 有洁净要求的房间和负压隔离病房应尽量减少积尘面(特别是水平凸凹面)，以免在室内气流作用下引起积尘的二次飞扬，一般在墙面和地面的相交位置做小圆角，以减少卫生死角，防止积灰，便于清洁。实践中彩钢板墙体的圆角多采用弧铝，PVC地面与土建墙的交角多采用PVC直接上墙面，交角处内衬橡胶条，两者成型的圆角多为30mm。踢脚应与墙面平齐或略缩进不大于3mm。

4.3.3 设置地漏或排水沟的房间，应有足够的排水坡度，以便于水的排出，并应作防水，避免因渗漏而影响建筑功能。

4.3.4 污染区和半污染区如果密封不严，容易造成病源微生物扩散，排风量增大，空调负荷增加。有压差要求的房间，很多工程中未设置测压孔，而是通过门下的缝隙进行压差的测量，如果门的缝隙较大时，压差不容易满足，门的缝隙较小时，容易压住测压管，使测量不准确，建议预留测压孔。

4.3.5 在负压隔离病房设置吊顶或设备夹层，主要用于布置设备管线，吊顶可以是有一定承重能力的上人吊顶，也可以是不上人的轻质吊顶；由于不能在负压隔离病房内设置检修口，因此在不上人轻质吊顶内需要设置检修通道。病房与缓冲间的门可为平开门或上导轨推拉门，病房缓冲间与污染走廊的门应为平开门。

第3款～6款的密封要求主要是为了防止病源微生物的扩散，也能起到节能的作用。

负压隔离病房内是污染区，不能在顶棚上设检修口，应在清洁区内留检修人孔，以便于检修并防止病源微生物的扩散。

4.4 分项工程验收

4.4.1 传染病医院建筑有地漏的房间地面排水应通畅，无积水，以免积水中孳生病源微生物。

4.4.2 清洁区、半污染区和污染区之间应有适当的排水坡度，以保证地面排水不会由污染区流向半污染区、由半污染区流向清洁区，避免病源微生物的扩散。各区之间的关键部位是指各区之间相通门等其他地面相通的部位。

4.4.3 传染病医院建筑的很多房间都有压力要求，门向压力较高的房间开启，是为了使门能关闭紧密，以免影响房间的压力梯度。

4.4.4 在污染区和半污染区的装饰装修工程结束后，应检查顶棚、墙面、地面各缝隙是否填实密封，以防止病源微生物的扩散。

4.4.5 外墙上的新风口、排风口和外墙预留洞口尺寸常常不相匹配，应使用外墙材料将多余的洞口填实密封，以防止室外空气进入。

5 给 水 排 水

5.1 一 般 规 定

5.1.1 医院可根据其使用要求和自身经济情况选择具体给水管道材料，所选择的给水管道及管件材质力求合理、统一。生活给水管道系统不宜采用镀锌钢管，可选用给水塑料管、铜管、不锈钢管。管材、管件内表面应进行相关处理，使其达到能供给饮用水标准。

5.1.2 现行国家标准《建筑给水排水及采暖工程施工质量验收规范》GB 50242 中对给水管道的水压试验、排水管道的通球试验、阀门安装前的强度试验和严密性试验的方法都作了严格的规定，如：各种材质的给水管道系统试验压力均为工作压力的 1.5 倍，但不得小于 0.6MPa；排水主立管及水平干管管道作通球试验的球径不小于排水管道管径的 2/3，通球率达到 100%等。

5.2 材料和设备要求

5.2.1 污染区和半污染区是可能含有病源微生物的区域，采用非接触性或非手动开关以免交叉感染，非接触性是指感应式阀门等，非手动开关是指脚踏阀门等。防止污水外溅的措施除了考虑手盆等产品的防止污水外溅，也要考虑当用水点靠墙安装时，墙面的防水问题。

5.2.2 检验科、实验室等使用化学试剂的排水管道可用聚丙烯、聚氯乙烯材料。排放含有放射性污水的管道可采用机制铸铁（含铅）管道，立管应安装在壁厚不小于 150mm 的混凝土管道井内。

5.2.3 地漏采用无水封地漏加存水弯保证水封的效果。水封高度过小，存水容易蒸发干，起不到隔断作用；水封过高，容易造成排水不畅。

5.2.4 洗涤槽、手盆、小便斗、大便器等应选用冲洗效果好、污物不易黏附在表面的器具。洁具给水排水的接管宜暗装，以利于清洁和消毒。

5.2.5 对本条各款说明如下：

1 负压隔离病房是传染病医院潜在污染最严重的区域，其排水通气立管与其他区域的通气立管共用时，可能造成病源微生物扩散到其他区域，因此规定负压隔离病房单独设置通气立管，不应与其他区域共用通气立管。

2 负压隔离病房排水通气管内的气体可能含有病源微生物，为避免污染环境，在排水通气管口宜加装高效过滤器。由于通气立管内的空气比较潮湿，高效过滤器长期置于室外，所以高效过滤器应耐湿和耐腐蚀。

3 采用密闭地漏以减少污染。密闭地漏一般由不锈钢制成，但国内现有安装的密闭地漏大部分都不带过滤网，对于排水中含有毛发、纤维等污物的排水，为防止阻塞，可选用带过滤网的密闭地漏。

5.3 施 工 要 求

5.3.1 给水管道、管件、阀门表面在生产、运输、安装过程中可能会有油污，如不进行处理，直接影响给水水质。

5.3.2 施工过程中经常出现管道之间交叉的情况，有压让无压、小管径让大管径是基本原则，这有利于施工和节省材料。

5.3.3 管道穿过墙壁和楼板应设置金属套管。安装在楼板内的套管，考虑到污染区和半污染区的清洗消毒，其顶部应高出装饰地面不低于 50mm，底部应与楼板底面相平。穿过楼板的套管与管道之间缝隙应用不燃密实材料和防水油膏填实，端面光滑。

5.3.4 地漏或排水漏斗安装后没有封闭容易在施工中堵塞，影响完工后的使用效果。

5.3.5 施工过程中管道内壁会有杂质，只有经过清洗后检测，才能保证水质达到标准。

5.3.6 对本条各款说明如下：

1 负压隔离病房的给水管道如果单独敷设造价太高，维护也不方便，但是如果负压隔离病房的给水倒流可能会造成严重的后果，所以负压隔离病房区域可以与其他区域共用给水管道，但负压隔离病房区域的给水管道上应设倒流防止器，以防给水倒流。

2 在排水立管上每隔一层应设置检查口，为了减少污染，检查口设在负压隔离病房的上层和下层，以方便检修。

3 通气管高于屋面不小于 2m，是考虑到病源微生物万一泄漏时，有利于病源微生物的稀释。远离进风口以防污染进风。

4 排水通气管的高效过滤器需要定期进行检查和更换，其安装位置要考虑到安装和使用后的更换。

5 其他区域的生活饮用给水管道若必须穿过负压隔离病房区域时，应采用焊接方式，采用法兰或丝扣连接时，不应有接头。

5.4 分项工程验收

5.4.1 检修阀门设置在清洁区，以避免维修人员进入污染区和半污染区。产品资料包括阀门的说明书、检验报告、合格证等资料。

5.4.2 排水管道的密封对防止病源微生物扩散、维持房间压力梯度（或气流流向）有重要的作用。

5.4.3 高效过滤器在有条件的情况下可以进行现场检测，不漏再安装。由于通气管内空气的压力波动不大，通气管中受污染的空气流入室外的量很小，通气立管上安装高效过滤器并进行严格密封后就可以有效防止病源微生物扩散到大气中。如果现场检测高效过滤器的过滤效果，就需要对通气管打压，实施起来比较困难，也没有必要。产品资料包括高效过滤器的说明书、检验报告、合格证等资料。

5.4.4 传染病医院的污水排到市政管道前需要定期进行检查，设检查取样口以方便定期检查和取样。

6 采暖通风与空气调节

6.1 一 般 规 定

6.1.1 空调机组、高效空气过滤器等设备是采暖通风与空气调节系统的重要设备，其质量的好坏关系到系统的安全运行。组合式空调机组应按现行国家标准《组合式空调机组》GB/T 14294 的有关规定执行。洁净手术室空调机组应按国家标准《洁净手术室用空气调节机组》GB/T 19569 的有关规定执行。高效空气过滤器应按现行国家标准《高效空气过滤器》GB/T 13554 的有关规定执行。

6.1.2 传染病医院通风空调系统的严密性试验对减少系统的漏风量有很关键的作用。

6.1.3 单机试运转的设备包括空调机组、水泵、风机等。

6.2 材料和设备要求

6.2.1 各类调节装置（如风阀、水阀），其产品性能和安装都应严密。调节机构应灵活，调节装置的安装应利于操作和维修。

6.2.2 空气过滤器的类型和性能参数决定着过滤器的过滤效果。

6.2.3 对本条各款说明如下：

1 淋水式空气处理机组容易造成病源微生物的繁殖，不应采用。由于盘管表面有水滴，风速大于 2.0m/s，造成飞水的可能性加大，应在表面式冷却器后加挡水板。

2 空气过滤器采用一次抛弃或自动更新型是为了保证过滤效果，避免过滤器重复使用。在实际使用过程中，使用单位为节约成本对无纺布等过滤器清洗后进行多次重复使用，此做法有一定的泄漏风险。

3 过滤器前后加压差测量装置是为了检测过滤器的阻力，

方便及时更换过滤器。

4 水完全气化需要足够的气化距离，不同加湿方式（如电加热、干蒸汽加湿）、加湿条件（如温度、风速）等所需的气化距离不同。

6.2.4 空调净化系统各级过滤器随着使用时间的增加，容尘量逐渐增加，系统阻力也随之增加。选用风压变化较大时，风量变化较小的风机，可使空调净化系统的风量稳定在一定范围内。如采用变频风机，使风机的电机功率与所需风压相适应，可以降低风机的运行费用。

6.2.5 对本条各款说明如下：

1 由于普通风机盘管或空调器内容易孳生病源微生物，形成负压隔离病房的污染源。

2 负压隔离病房需要定期进行消毒处理，负压隔离病房消毒时，需要关闭送、排风支管的密闭阀，负压隔离病房消毒后要进行通风，因此提出本条要求。

3 负压隔离病房发生病源污染物的泄漏是很危险的，因此要求排风高效过滤器的效率不宜低于B类。

6.3 施 工 要 求

6.3.1 空调净化系统风管加工前应清除表面油污和灰尘。风管加工完毕后，应擦拭干净，安装前风管两端用塑料薄膜等封住，安装后整个风管两端仍需用塑料薄膜等封住，以减少灰尘等的进入。

6.3.2 风管上适当位置设置风量测量孔来测量新风量、送风量、排风量等，以用于调试和检测。测孔的位置和数量应根据调试和检测的需要设定。

6.3.3 正压面密封是为了防止密封胶的脱落。

6.3.4 对本条各款说明如下：

1 新风口一般采用防雨百叶风口或采取其他措施，防止雨水进入管道。

2 新风口设防护网防止老鼠、昆虫等进入，对于北方春季的柳絮等也有很好的预过滤作用。

3 新风口高于地面是为了防止室外地面灰尘进入管道。

6.3.5 空调净化机组的风机风压比较高，为了满足冷凝水管的水封要求，机组的基础也相对较高。

6.3.6 污染区和半污染区空调机组冷凝水排出管上设阀门是为了防止过渡季或冬季没有冷凝水排出时空气进入系统。

6.3.7 室内排（回）风口高度低于工作面有利于污染物的排出。如果排（回）风口下边太低、容易将地面的灰尘卷起。

6.3.8 污染区和半污染区排风管道的排风可能含有病源微生物，排风机设于室外排风口附近，使排风管尽可能处于负压段，防止病源微生物的泄漏。

6.3.9 对本条各款说明如下：

1 送排风机的连锁要求是为了防止房间出现正压。

2 病源微生物是靠排风高效过滤器来过滤的，排风高效过滤器泄漏会造成病源微生物的扩散，排风高效过滤器应检漏，以保证安全。

3 排风口高出屋面不小于2.0m是为了使病源微生物与大气充分稀释，以利于周围环境安全。

4 送风口安装过滤效率不低于高中效的过滤器可有效保护室内环境，延长排风高效过滤器的使用寿命。

5 尽可能防止高效过滤器装置运输过程的破损或被污染。

6 排风高效过滤器就近安装在排风口处是为了防止污染风管。

7 排风高效过滤器需定期更换，排风高效过滤器更换时需要足够的操作空间等条件。

8 病房内原有病人离开、新病人进入前或排风高效过滤器更换前，排风高效过滤器应进行消毒。排风高效过滤器原位消毒是指在不拆卸排风高效过滤器的前提下，进行的排风高效过滤器消毒。排风高效过滤器原位消毒可以通过排风高效风口产品来实现，也可以在房间送排风管之间增加消毒设备来实现。

6.4 分项工程验收

6.4.1 房间消毒时，密闭阀是为了消毒房间与其他房间隔离而设置的，其安装位置、严密性对消毒效果有直接的影响。产品资料内容包括产品说明书、检验报告、合格证等。

6.4.2 不仅要检查产品说明书、检验报告、合格证等产品资料，还要进行产品的观感质量和安装质量检查。

6.4.3 应首先检查送风机和排风机的说明书、检验报告、合格证等产品资料。再检查风机和相关电气的安装是否符合要求，最后进行风机的开、关机试验。开、关机试验过程中，整个污染区和半污染区的房间不能出现反向气流。

6.4.4 产品资料包括排风高效过滤器的说明书、检验报告、合格证等资料。系统正常运行条件下，进行现场检漏或安装前预先检漏。

7 电气与智能化

7.1 一 般 规 定

7.1.1 施工开始前应对所有材料、产品进行检验，如果产品不合格就施工安装，造成的损失难以弥补。

7.2 材料和设备要求

7.2.1 紫外线灯直接照射到人体，会对人体造成伤害，所以紫外线灯和其他灯具分设开关，并且其开关便于识别和操作，以保证紫外线灯在需要使用时才开启。

7.2.2 传染病医院需要经常对病房进行消毒处理，因此病人一侧的终端设备材质要表面光滑、耐腐蚀。

7.2.3 自控系统设备如果需要与其他系统集成则应该具备接口功能，接口应为标准开放数据形式，以适应系统集成的要求。而要求设置合理的冗余是为了保证当系统需要扩充或某些控制点失灵时，有备用点可以利用，尤其是医院的某些区域中环境参数需要随时得到保证，因此要求控制系统的合理冗余。

7.2.4 紧急情况一般包括火灾等，因此一般都在房间内设置紧急报警按钮，一旦出现紧急情况，人员可以按下按钮所有互锁门瞬间打开，人员迅速撤离，并在指定区域或护士站产生声光报警信号。

7.2.5 负压手术室及负压隔离病房需要保证负压，以使病源微生物不泄露，因此压差参数非常重要，应在护士站或指定区域设置声光报警。

7.2.6 本条对灯具及其安装提出具体要求，负压隔离病房尤其要注意安装缝隙和线管口的密封，保证不泄漏。

7.3 施 工 要 求

7.3.1 按照现行国家标准《电气装置安装工程 接地装置施工及验收规范》GB 50169 中对电热设备的接地要求，需要对电加热的金属外壳做接地，并应保证具有良好的电气连通性，可以利用金属构件、普通钢筋混凝土构件的钢筋、穿线的钢管等作接地线，应保证全长为完好的电气通路，不允许利用管道保温层的金属外皮或金属网灯等作接地线。

7.3.2 本条是对静电防护的接地要求。由于洁净环境中空气的尘埃数量远远小于一般环境，在此环境中的各种金属管道、地面均应采取防静电措施，具体要求可参考《洁净厂房设计规范》GB 50073 中有关条款。例如空调系统送风口和风管、各种管道均应有接地措施，接地连接之间的距离不应大于 30m。当采用普通法兰或螺栓连接且中间存在有非导体隔离时，应采取跨接的接地措施。配管中若部分使用绝缘性材质时，应在其配管表面安装金属网并接地。电气系统使用的导电软管，应在软管上安装与其紧密结合的接触面不小于 $20cm^2$ 的金属导体，用接地线与其可靠接地。

7.3.3 要求暗敷是为了消毒要求，可靠密封措施是为了防止病源微生物的扩散。

7.3.4 双路供电设备均为重要负荷，因此要求两路供电单独敷设，避免一路供电出现问题或检修时影响另外一路。

7.3.5 此条出自行业标准《民用建筑电气设计规范》JGJ 16－2008 第 12.2.6 条。由于民用建筑目前采取的接地系统多为 TN-S，因此需要将 TN-S 形式转换为 IT 接地系统，设置隔离变压器的目的是为了将原来的接地系统（如 TN-S、TT）通过隔离变压器变换为中性点不接地或通过阻抗接地的 IT 接地系统，IT 接地系统允许在发生第一次接地故障时系统短时间持续运行，例如维持病人生命的呼吸机等设备可以在故障发生时仍然维持供电，保证生命安全。

7.3.6 屋顶的通风空调设备高出屋面，特别是高空排放的排风管，为避免雷击均应做接地。

7.3.7 对本条各款说明如下：

1 不同区域之间进行出入控制是为了防止不相关人员误进入污染区或半污染区。

2 是为了便于消毒和保持房间的压力梯度。

3 配电箱置于污染区外是为了方便维修。

7.4 分项工程验收

7.4.1 如果风机未启动或无风状态电加热器干烧会引起火灾，因此投入使用电加热器时一定要满足有风条件。寒冷地区应设防冻保护，其报警是作用于停机还是启动预热等，应根据情况而定。

7.4.2 如果通风空调设备自带控制系统，则应具备硬件的手动或自动转换功能，并应在控制系统中设置紧急停止按钮；如果配置计算机监控系统，除具备以上功能外，还应在计算机软件上设置手动控制优先功能，当计算机软件上为手动控制时，应可以手动打开或关闭系统。

7.4.3 维持负压区域压力梯度通风空调系统的送、排风机应连锁启停，认真调试，尤其需要调试启动和停止的过渡过程，在过渡过程中负压值不能太大，影响区域的围护结构和与环境压力有关的设备正常运行。

7.4.4 本条为软硬件要求。硬件要求，即在控制柜上应设置排风运行正常指示灯；软件要求，即在计算机上能显示风机运行状态，应能对不同类型故障分别报警，例如当风机配电线路过载时热继电器报警，但是否立即断电则要求工作人员评估后确定，如果风机停机造成压力失控要比因过载损坏电机的损失大时，就应该让风机短时间带故障运行，因为过载毕竟还未造成短路，短时间的过载并不立即引起火灾，在某些情况下可让线路超过允许温度运行，即牺牲一些使用寿命以保证对某些负荷的持续供电，这时保护可作用于报警信号。

8 医 用 气 体

8.1 一 般 规 定

8.1.1 医用气体包括氧气、氧化亚氮、负压吸引、压缩空气、氮气、氩气、二氧化碳等气体。

8.1.2 传染病医院的医用废气中可能含有病源微生物，应严格处理后才能排放。排放标准可参照《医院中心吸引系统通用技术条件》YY/T 0186。

8.1.3 气体管道和管件承压较大，排放的废气中可能含有病源微生物，进行气密性试验以保证使用安全。供气气体管道的强度试验和严密性试验可参照现行国家标准《氧气站设计规范》GB 50030 的有关执行。废气排放和负压吸引管道的气密性实验可参照现行行业标准《医院中心吸引系统通用技术条件》YY/T 0186 执行。

8.2 材料和设备要求

8.2.1 负压吸引和废气排放管道不会对病人产生危害，所以采用造价低的管道。氧气等管道与病人之间接触，因此管材质量要求高。

8.2.2 本条规定是为了防止吸引液体阻塞管道。

8.2.3 传染病医院的排放废气中病源微生物多，设置高性能过滤除菌器尽可能地将病源微生物过滤掉，以防止病源微生物的传播。

8.2.4 氧气多用于病人吸氧，氧气中断供应会对病人治疗产生很大的影响，应设置事故报警，并设置在有人值班的地方。空气压缩机和负压吸引泵的运行时间长，并且不能中断，因此备用机组应能自动切换。

8.2.5 压缩空气一般用于医用设备的动力，为了防止空气中夹杂油对医用设备的影响，压缩空气站多采用无油压缩机。除菌设备是为了防止空气中的有害细菌进入医疗用房。

8.3 施 工 要 求

8.3.1 医用气体用于医疗设备或病人治疗，为了防止油污污染设备或感染病人，因此要求管道、阀门、仪表等部件都要进行脱脂，清除干净，保证管道内无油污、杂质，所在加工场地和存放场所应保持干净。安装时保证污物不进入管内。

8.3.2 氧气虽然不可燃，但它是助燃剂，所以对于氧气的使用要格外注意氧气的泄漏以满足防火要求。

8.3.3 吸引管道坡度要求是为了利于污染物的收集。不能满足坡度要求时，在管道低处转折点设小型集污罐进行污染物的收集。

8.3.4 医用气体管道的承压比较高，管道内气体的流速也比较高，对管道安装支吊架的间距进行规定，以保证管道使用的安全。

8.3.5 医用气体管道是直接与病人接触的，为防止静电造成对病人的伤害，需将管道产生的静电导出。

8.3.7 本条强调污染区和半污染区的密封，以防止病源微生物的扩散。

8.3.8 止回装置是为了防止发生医用气体倒流的意外情况。

8.4 分项工程验收

8.4.1 负压隔离病房是传染病医院污染源最集中的地方，止回阀的作用是防止气体倒流。

8.4.2 系统可以分段进行气密性试验。气密性试验应按照设计要求进行，当设计无要求时，可参考《医院中心吸引系统通用技术条件》YY/T 0186。管件包括阀门、三通、弯头、活接头和终端接头等。

8.4.3 有条件时，可以在排气系统正常运行的情况下，在排气口进行气溶胶采样并进行培养。

9 消　　防

9.1 一 般 规 定

9.1.1 本条规定的供电回路是指从低压总配电室（包括分配电室）至消防设备最末级配电箱的配电线路。火灾时保证消防用电设备的持续供电对人员的疏散、火势的控制与扑救至关重要，因此消防用电设备的配电线路应单独设置。为避免火灾时火势沿配电线路蔓延及触电事故的发生，在切断非消防电源的同时，应保证消防用电设备配电线路仍能继续供电。此外考虑到传染病医院建筑消防供电安全的重要性，要求设置应急电源，一旦消防专用回路供电失效，自动切换至应急电源持续供电。

9.1.2 消防供水管道按照现行国家标准《自动喷水灭火系统施工及验收规范》GB 50261、《建筑给水排水及采暖工程施工质量验收规范》GB 50242 的有关规定进行试验，气体灭火剂输送管道按照现行国家标准《气体灭火系统施工及验收规范》GB 50263 的有关规定进行试验。

9.2 材料和设备要求

9.2.1 通过采用不燃材料的要求，使传染病医院建筑防排烟系统达到必要的耐火性能。

9.2.2 本条规定主要考虑到隐蔽型喷洒头日常溅水盘置于盖盘内，盖盘与吊顶平齐，使得吊顶表面较为平整，易于对吊顶表面进行清洁。

9.2.3 本条规定的目的是保证火灾时消防供水的可靠性。当一台水泵进行检修或发生故障时，备用水泵能及时投入使用，使得消防用水的供给得到保障。

9.2.4 排烟风管只有在着火时才使用，如采用常开的排烟口，房间直接与排烟风管相通，容易造成病源微生物的扩散。常闭排烟口应与排烟风机连锁，以便着火时能及时开启。

9.2.5 实践证明消防应急照明的提供和疏散指示标志的设置对于人员快速撤离火场的作用显著，是火灾时人员自救的重要技术措施之一。备用电源持续供电时间一般为 20min～30min，本条规定不小于 30min，是考虑到传染病医院内病人疏散实际特点并参考国外有关规定给出的。

9.3 施 工 要 求

9.3.1 为防止病源微生物通过管道与套管之间以及套管与墙壁、楼板之间的缝隙扩散、蔓延，特别强调安装时缝隙的密封处理。

9.3.2 为防止病源微生物在安装缝隙内孳生，特别强调防火门、防火窗与墙壁间安装缝隙的密封处理。

9.3.3 采用嵌入式产品以及对安装缝隙进行密封处理是考虑安装壁面比较平整，易于清洁操作，并防止病源微生物在安装缝隙内孳生。

9.3.4 负压隔离病房内通常病人的病情较重，一旦喷淋系统的喷洒头或气体灭火系统的喷头误喷，会对病人造成严重伤害。考虑到病房 24h 有护士值班，病房内设有火灾探测器，火灾的风险较小，故作出本条规定。同时应加强消防管理，做好火灾预防工作，采用其他有效的灭火措施，如消火栓、移动灭火设备等，防患于未然。

9.3.5 消防管道的泄漏会造成围护结构的破坏，从而造成病源微生物的扩散，所以非负压隔离病房区消防管道应避开负压隔离病房区。当非负压隔离病房区消防管道穿越负压隔离病房区时，穿越的消防管道应尽可能不产生管道接头，产生的接头应强化密封，不应渗漏。非负压隔离病房区消防管道的阀门不设置在负压隔离病房区，是为了防止维护人员进入负压隔离病房区，降低病源微生物扩散的风险。

9.4 分项工程验收

9.4.2 产品资料包括说明书、检验报告、合格证等资料。

10 工 程 检 测

10.1 一 般 规 定

10.1.1 环境指标检测应在由相关建筑法规规定的建筑工程质量监督部门对工程质量进行的监督检测合格的条件下进行。环境指标检测指的是设施建成后，是否满足设计和相关规范要求的环境指标检测。工程质量符合要求包括消防、结构等建筑相关法规规定的要求，是传染病医院建筑和其他民用、工业建筑要求一致的质量要求。

环境指标检测的单位应取得相应的工程检测资格，并在资格允许的范围内进行检测。

10.1.2 空调系统连续运行 12h 以上，是为了保证检测前系统已经运行稳定。在静态下进行环境指标检测是为了保证统一的检测条件，使结果具有可比性。

10.2 环境指标检测

10.2.1 排风量是负压的重要保证。清洁区、半污染区和污染区之间应保持由清洁区到半污染区、由半污染区到污染区的气流流向，所以气流方向是衡量是否会造成污染传播的重要原因之一。

10.2.2 表中所列的项目为必检项目。各项技术指标的检测结果均应满足设计和相关标准的要求。检测过程中不应为满足某一项技术指标而随意调整其他项目的技术指标，如需进行调整，所调整部分的技术指标应重新检测，如：为达到静压差而减小送风量或增大排风量，所调整部分的送风量或排风量应重新测量。此表中的气流流向是指病房内的气流流向，检测病房内的气流流向是为了检查病房内的气流组织是否有利于污染物的排出。

10.2.3 清洁区、半污染区和污染区环境指标检测项目气流流向是检测不同区域之间的气流流向，以防止不同区域之间的气流反向。关键位置是指不同区域相连处。

11 工程验收

11.1 一般规定

11.1.1 工程质量竣工验收合格后建筑工程即可投入使用，工程质量竣工验收是保证工程质量的最后一次检验，工程质量竣工验收是非常重要的。

11.1.2 传染病医院建筑除按其他相关规范的要求进行工程质量检测外，其工程不同于普通的民用建筑，为保证传染病医院建筑的使用功能，还应对特殊要求的区域进行环境指标的检测。有洁净要求的房间应按照现行国家标准《洁净室施工及验收规范》GB 50591 的相关规定进行环境指标的检测。手术室的环境指标检测应同时符合现行国家标准《医院洁净手术部建筑技术规范》GB 50333 的相关规定。

环境指标检测前，对环境指标检测的区域进行工程完工验收，这主要是为了避免在进行环境指标检测时不具备检测条件。工程完工验收应由建设单位、施工单位、监理单位、设计单位共同参加。

11.2 工程验收

11.2.1 由于传染病医院建筑影响范围比较大，如果出现病源微生物的扩散，可能造成重大的公共卫生事件。传染病医院建筑相对于普通民用建筑，其综合性能有很多特殊要求，传染病医院建筑不仅要求工程质量合格，综合性能还应达到使用要求，因此不仅要对工程质量进行竣工验收，也要对综合性能是否达到使用要求进行评定。按照我国的建筑法规，工程质量竣工验收合格后工程就可以投入使用了，所以规定综合性能评定在工程质量竣工验收之前。综合性能评定应成立专家组，综合性能评定专家组应包括建筑、医学、管理等方面的专家。综合性能评定的依据包括专家组的现场抽查、工程质量检测报告、环境指标检测报告、施工过程的资料、观感质量检查、工程设计资料、招投标资料等。

将综合性能评定的结论分为三类，实际上反映了工程的质量。对于判定为不合格的项目，经过较大的整改后，最终工程还是要达到合格的。先对其判定为不合格，说明其存在的问题比较大，也是对工程各方的批评与警示。

11.2.2 为了保证整改部分满足功能要求，传染病医院建筑的特殊性要求整改完成后，应仍组织专家组来进行评定。

11.2.3 综合性能评定是保证传染病医院建筑使用功能的重要环节，也是传染病医院建筑工程质量竣工验收的前提，故综合性能评定应严格执行。

11.2.4 本条规定工程质量竣工验收应由建设单位负责人或项目负责人组织，由于设计、施工、监理单位都是责任主体，因此设计、施工单位负责人或项目负责人及施工单位的技术、质量负责人和监理单位的总监理工程师均应参加验收。

11.2.5 验收合格的条件有七个：因为传染病医院要控制病源微生物的传播，这就要求对负压隔离病房、污染区和半污染区进行环境指标的检测，以判定这些区域是否达到设计和使用要求。

除构成单位工程的各分部工程应为合格，资料文件应完整以外，涉及安全和使用功能的分部工程应进行检验资料的复查，不仅要全面检查其完整性，而且对分部工程验收时补充进行的见证抽样检验报告也要复核，消防部门规定的消防电气检测报告进行复核，这种强化验收的手段体现了对安全和主要使用功能的重视。

此外，对主要使用功能还须进行抽查。使用功能的检查是对建筑工程和设备安装工程最终质量的综合检验，也是用户最为关心的内容。因此，在分项、分部工程验收合格的基础上，工程质量竣工验收时再作全面检查。抽查项目是在检查资料文件的基础上由参加验收的各方人员商定。检查按有关专业工程施工质量验收标准进行。

最后，还须由参加验收的各方人员共同进行观感质量检查，最后共同确定验收结论。

中华人民共和国国家标准

医院洁净手术部建筑技术规范

Architectural technical code for hospital
clean operating department

GB 50333－2013

主编部门：中华人民共和国国家卫生和计划生育委员会
批准部门：中华人民共和国住房和城乡建设部
施行日期：2014年6月1日

中华人民共和国住房和城乡建设部
公　　告

第238号

住房城乡建设部关于发布国家标准《医院洁净手术部建筑技术规范》的公告

现批准《医院洁净手术部建筑技术规范》为国家标准，编号为GB 50333—2013，自2014年6月1日起实施。其中，第7.2.2、7.2.5、7.2.7、7.3.7、8.1.14、8.3.5、9.2.3、11.1.3、11.1.6、12.0.1、12.0.4、13.3.3条为强制性条文，必须严格执行。原《医院洁净手术部建筑技术规范》GB 50333—2002同时废止。

本规范由我部标准定额研究所组织中国建筑工业出版社出版发行。

中华人民共和国住房和城乡建设部
2013年11月29日

前　言

本规范是根据住房和城乡建设部《关于印发〈2011 年工程建设标准规范制订、修订计划的通知〉》（建标〔2011〕17 号）的要求，由中国建筑科学研究院会同有关单位在原国家标准《医院洁净手术部建筑技术规范》GB 50333—2002 的基础上修订完成的。

在修订过程中，规范修订组进行了广泛、深入的调查研究，认真总结多年来医院洁净手术部建筑设计的实践经验，积极采纳科研成果，参考有关国内外技术标准，并在广泛征求意见的基础上，修改、完善规范，最后经审查定稿。

本规范主要技术内容是：总则、术语、洁净手术部用房分级、洁净手术部用房的技术指标、洁净手术部医疗工艺要求、洁净手术室基本装备、建筑、空气调节与空气净化、医用气体、给水排水、电气、消防和施工验收以及有关附录。

本规范修订的主要技术内容是：

1. 总体上增加了“洁净手术部医疗工艺要求”一章；关于环境空气质量和验收检查项目两个规范性附录；并将原规范第 8 章医用气体、给水排水、配电拆为三章，即第 9 章医用气体、第 10 章给水排水和第 11 章电气。

2. 将洁净手术室用房“宜适用范围”改为“参考手术”，不再写明具体手术名称。

3. 对部分技术参数及其指标作了调整。

4. 洁净手术部的内部平面形式增加了“集中供应无菌物品的中心无菌走廊（即中心岛）和各手术室带前室”的内容；增加对负压手术室和感染类手术室的要求，提高对建筑装饰施工的要求。

5. 净化空调系统强调了节能，给出了风机单位风量耗功率指标；增加了负压手术室的要求；增加了对送风状况的要求；增加了扩大集中送风面积的条件；提高了风速不均匀度的要求；增加末级过滤器装置以及新风过滤器组合的条件，提高了对围护结构、系统和过滤器安装严密性的要求。

6. 医用气体部分修改了个别参数。

7. 电气部分除修改了个别参数外，增加了对谐波电流的限制要求。

8. 消防部分增加了设避难间的要求。

本规范中以黑体字标志的条文为强制性条文，必须严格执行。

本规范由住房和城乡建设部负责管理和对强制性条文的解释，由中国建筑科学研究院负责具体技术内容的解释。执行过程中如有意见或建议，请寄送中国建筑科学研究院（地址：北京市北三环东路 30 号；邮编：100013）。

主 编 单 位：中国建筑科学研究院

参 编 单 位：同济大学
中国医院协会建筑系统研究分会
中国航天工业总公司第一研究院第一设计部
中国人民解放军总后勤部建筑设计研究院
上海市卫生建筑设计研究院
公安部天津消防研究所
中国医学科学院北京协和医院
煤炭总医院
山东省建筑设计研究院第四分院
中国人民解放军总医院
中国医学科学院肿瘤医院
中国人民解放军第四军医大学唐都医院

参 加 单 位：海南灵镜医疗净化工程有限公司
江苏久信医用净化工程有限公司
常州环亚医用净化工程有限公司
西安市四腾工程有限公司
上海北亚洁净工程有限公司
上海美和医疗工程有限公司
克莱门特捷联制冷设备（上海）有限公司
江苏中卫九洲医用工程有限公司
江苏姑苏净化科技有限公司
苏州华迪净化系统有限公司
浙江华健医用工程有限公司
昆山台佳机电有限公司
广东申菱净化工程有限公司
深圳市尚荣医疗股份有限公司
深圳市先宇科技有限公司
广州科灵环境科技有限公司
北京航天爱锐科技有限责任公司
北京建研洁源科技发展有限公司
宁夏鑫吉海医疗工程有限公司
重庆思源安装工程有限公司
天津市津航净化空调工程公司
广西开天净化工程有限责任公司

主要起草人员：许钟麟　沈晋明　于　冬　王铁林　郭大荣
严建敏　倪照鹏　刘凤琴　孙　宁　周　力
钟秀玲　许　翀　顾国栋　孙鲁春　孙红兵
谢江宏

主要审查人员：李娥飞　顾　均　陈国亮　吴清玉　龚京蓓
张彦国　张庆林　孙玉红　郭　莉

目　次

4

1 总　　则

1.0.1 为规范医院洁净手术部设计、施工和验收，提高医院洁净手术部医疗环境控制能力，符合安全、卫生、经济、适用、节能、环保等方面的要求，满足医疗服务功能需要，制定本规范。

1.0.2 本规范适用于医院新建、改建、扩建的洁净手术部工程的设计、施工和验收。

1.0.3 医院洁净手术部的建设应注重空气净化技术措施，加强手术区的保护，降低感染风险。建筑设施上应坚持实用、经济的原则。

1.0.4 洁净手术部设计宜留有发展余地，注重设计的灵活性与通用性，适应将来改建或扩建需要。

1.0.5 医院洁净手术部的建设除应符合本规范要求外，还应符合国家现行有关标准、规范的规定。

2 术　　语

2.0.1 洁净手术部　clean operating department

由洁净手术室、洁净辅助用房和非洁净辅助用房等一部分或全部组成的独立的功能区域。

2.0.2 洁净手术室　clean operating room

采用空气净化技术，把手术环境空气中的微生物粒子及微粒总量降到允许水平的手术室。手术室也可称手术间。

2.0.3 洁净辅助用房　clean supporting space

对空气洁净度有要求的非手术室的用房。

2.0.4 非洁净辅助用房　non-clean supporting space

对空气洁净度无要求的非手术室的用房。

2.0.5 手术区　operating zone

需要特别保护的包括手术台及其四边外推一定距离的区域。

2.0.6 周边区　surrounding zone

洁净手术室内除去手术区以外的其他区域。

2.0.7 洁净度5级　cleanliness class 5

环境空气中大于等于0.5μm的微粒数大于350粒/m^3（0.35粒/L）到小于等于3500粒/m^3（3.5粒/L）；大于等于5μm的微粒数为0粒/L的空气洁净程度。相当于原100级。

2.0.8 洁净度6级　cleanliness class 6

环境空气中大于等于0.5μm的微粒数大于3500粒/m^3（3.5粒/L）到小于等于35200粒/m^3（35.2粒/L）；大于等于5μm的微粒数小于等于293粒/m^3（0.3粒/L）的空气洁净程度。相当于原1000级。

2.0.9 洁净度7级　cleanliness class7

环境空气中大于等于0.5μm的微粒数大于35200粒/m^3（35.2粒/L）到小于等于352000粒/m^3（352粒/L）；大于等于5μm的微粒数大于293粒/m^3（0.3粒/L）到小于等于2930粒/m^3（3粒/L）的空气洁净程度。相当于原10000级。

2.0.10 洁净度8级　cleanliness class 8

环境空气中大于等于0.5μm的微粒数大于352000粒/m^3（352粒/L）到小于等于3520000粒/m^3（3520粒/L）；大于等于5μm的微粒数大于2930粒/m^3（3粒/L）到小于等于29300粒/m^3（29粒/L）的空气洁净程度。相当于原100000级。

2.0.11 洁净度8.5级　cleanliness class 8.5

环境空气中大于等于0.5μm的微粒数大于3520000粒/m^3（3520粒/L）到小于等于11120000粒/m^3（11120粒/L）；大于等于5μm的微粒数大于29300粒/m^3（29粒/L）到小于等于92500粒/m^3（93粒/L）的空气洁净程度。相当于原30万级。

2.0.12 空态　as-built

室内净化空调设施及功能齐备而未运行，但室内没有医疗设备和人员的状态。

2.0.13 静态　at-rest

室内净化空调设施及功能齐备并运行，如有医疗设备，医疗设备已安装并可运行，但无工作人员的状态。

2.0.14 浮游法细菌浓度　airborne bacterial concentration

简称浮游菌浓度。在空气中用浮游菌采样器随机采样，经培养所得单位空气体积中的菌落形成单位的数量，代表空气中的浮游菌数（cfu/m^3）。

2.0.15 沉降法细菌浓度　depositing bacterial concentration

简称沉降菌浓度。沉降法又称平板暴露法。用培养皿在空气中暴露采样，盖好培养皿后经过培养得出的菌落形成单位的数量，代表空气中可以沉降下来的细菌数（cfu/皿）。

2.0.16 术间自净时间　recovery time between operations

在正常运行的换气次数条件下，使手术室内术后废弃物已被清除后的空气含尘浓度降低约90%或降低到设计洁净度级别上限浓度之内所需的时间。

2.0.17 洁净区　clean zone

凡有Ⅳ级及以上洁净度要求的区域均为洁净区。

2.0.18 净化空调系统　air cleaning and conditioning system

采用以过滤除菌、除尘为主要措施，将受控区域内悬浮尘埃与微生物浓度控制到所要求水平的空气调节系统。

2.0.19 外源性感染　exogenous infection

患者由他人或环境等体外微生物引发的感染。

2.0.20 内源性感染　endogenous infection

患者由自身拥有的菌群引发的感染。

2.0.21 多功能复合手术室　hybrid operating room

可以同时进行影像学诊断、介入治疗和外科手术的特殊手术室。

2.0.22 非诱导型送风装置　non-aspirating supply diffusers

特指设置在洁净手术室内引导送风气流从集中布置在顶棚（天花）上的风口向下流动且很少诱导室内空气的气流分布装置，通常出口风速低，截面风速均匀。俗称送风顶棚或送风天花。

3 洁净手术部用房分级

3.0.1 洁净手术部洁净用房应按空态或静态条件下的细菌浓度分级。

3.0.2 洁净手术室的用房分级标准应符合表 3.0.2-1 的规定，洁净辅助用房分级标准应符合表 3.0.2-2 的规定。

表 3.0.2-1 洁净手术室用房的分级标准

洁净用房等级	沉降法(浮游法)细菌最大平均浓度		空气洁净度级别		参考手术
	手术区	周边区	手术区	周边区	
Ⅰ	0.2cfu/30min·ϕ90 皿(5cfu/m³)	0.4 cfu /30min·ϕ90 皿(10cfu/m³)	5	6	假体植入、某些大型器官移植、手术部位感染可直接危及生命及生活质量等手术
Ⅱ	0.75 cfu /30min·ϕ90 皿(25cfu/m³)	1.5 cfu /30min·ϕ90 皿(50cfu/m³)	6	7	涉及深部组织及生命主要器官的大型手术
Ⅲ	2 cfu /30min·ϕ90 皿(75cfu/m³)	4 cfu /30min·ϕ90 皿(150cfu/m³)	7	8	其他外科手术
Ⅳ	6cfu/30min·ϕ90 皿		8.5		感染和重度污染手术

注：1 浮游法的细菌最大平均浓度采用括号内数值。细菌浓度是直接所测的结果，不是沉降法和浮游法互相换算的结果。

2 眼科专用手术室周边区洁净度级别比手术区的可低 2 级。

表 3.0.2-2 洁净辅助用房的分级标准

洁净用房等级	沉降法(浮游法)细菌最大平均浓度	空气洁净度级别
Ⅰ	局部集中送风区域：0.2 个/30min·ϕ90 皿，其他区域：0.4 个/30min·ϕ90 皿	局部 5 级，其他区域 6 级
Ⅱ	1.5cfu/30min·ϕ90 皿	7 级
Ⅲ	4cfu/30min·ϕ90 皿	8 级
Ⅳ	6cfu/30min·ϕ90 皿	8.5 级

注：浮游法的细菌最大平均浓度采用括号内数值。细菌浓度是直接所测的结果，不是沉降法和浮游法互相换算的结果。

3.0.3 洁净手术部内设置的辅助用房宜符合表 3.0.3 的规定。

表 3.0.3 主要辅助用房分级

	用房名称	洁净用房等级
在洁净区内的洁净辅助用房	需要无菌操作的特殊用房	Ⅰ～Ⅱ
	体外循环室	Ⅱ～Ⅲ
	手术室前室	Ⅲ～Ⅳ
	刷手间	Ⅳ
	术前准备室	
	无菌物品存放室、预麻室	
	精密仪器室	
	护士站	
	洁净区走廊或任何洁净通道	
	恢复(麻醉苏醒)室	
	手术室的邻室	无
在非洁净区内的非洁净辅助用房	用餐室	无
	卫生间、淋浴间、换鞋处、更衣室	
	医护休息室	
	值班室	
	示教室	

续表 3.0.3

	用房名称	洁净用房等级
在非洁净区内的非洁净辅助用房	紧急维修间	无
	储物间	
	污物暂存处	

3.0.4 需要建洁净手术室的医院，应根据能够开展的手术类别选建不同等级的洁净手术室，合理配置辅助用房。

4 洁净手术部用房的技术指标

4.0.1 洁净手术部的各类洁净用房细菌浓度和洁净度级别除应符合相应等级的要求外，各类洁净用房的其他主要技术指标应按表 4.0.1 的规定设计。

表 4.0.1 洁净手术部用房主要技术指标

名称	室内压力	最小换气次数(次/h)	工作区平均风速(m/s)	温度(℃)	相对湿度(%)	最小新风量[m³/(h·m²)或次/h](仅指本栏括号中数据)	噪声 dB(A)	最低照度(lx)	最少术间自净时间(min)
Ⅰ级洁净手术室和需要无菌操作的特殊用房	正	—	0.20～0.25	21～25	30～60	15～20	≤51	≥350	10
Ⅱ级洁净手术室	正	24	—	21～25	30～60	15～20	≤49	≥350	20
Ⅲ级洁净手术室	正	18	—	21～25	30～60	15～20	≤49	≥350	20
Ⅳ级洁净手术室	正	12	—	21～25	30～60	15～20	≤49	≥350	30
体外循环室	正	12	—	21～27	≤60	(2)	≤60	≥150	—
无菌敷料室	正	12	—	≤27	≤60	(2)	≤60	≥150	—

续表 4.0.1

名称	室内压力	最小换气次数（次/h）	工作区平均风速（m/s）	温度（℃）	相对湿度（%）	最小新风量[m³/(h·m²)或次/h]（仅指本栏括号中数据）	噪声dB（A）	最低照度（lx）	最少术间自净时间（min）
未拆封器械、无菌药品、一次性物品和精密仪器存放室	正	10	—	≤27	≤60	（2）	≤60	≥150	—
护士站	正	10	—	21～27	≤60	（2）	≤55	≥150	—
预麻醉室	负	10	—	23～26	30～60	（2）	≤55	≥150	—
手术室前室	正	8	—	21～27	≤60	（2）	≤60	≥200	—
刷手间	负	8	—	21～27	—	（2）	≤55	≥150	—
洁净区走廊	正	8	—	21～27	≤60	（2）	≤52	≥150	—
恢复室	正	8	—	22～26	25～60	（2）	≤48	≥200	—
脱包间 外间脱包	负	—	—	—	—	—	—	—	—
脱包间 内间暂存	正	8	—	—	—	—	—	—	—

注：1 负压手术室室内压力一栏应为“负”。
2 平均风速指集中送风区地面以上 1.2m 截面的平均风速。
3 眼科手术室截面平均风速应控制在 0.15m/s～0.2m/s。
4 温湿度范围下限为冬季的最低值，上限为夏季的最高值。
5 手术室新风量的取值，应根据有无麻醉或电刀等在手术过程中散发有害气体而增减。

4.0.2 洁净手术部各类洁净用房技术指标的选用应符合下列规定：

1 相互连通的不同洁净度级别的洁净用房之间，洁净度高的用房应对洁净度低的用房保持相对正压。最小静压差应大于或等于 5Pa，最大静压差应小于 20Pa，不应因压差而产生哨音或影响开门。

2 相互连通的相同洁净度级别的洁净用房之间，宜有适当压差，保持要求的气流方向。

3 严重污染的房间对相通的相邻房间应保持负压，最小静压差应大于等于 5Pa。用于控制空气感染的手术室应是负压手术室，负压手术室对其吊顶上技术夹层应保持略低于“0”的负压差。

4 洁净区对与其相通的非洁净区应保持正压，最小静压差应大于等于 5Pa。

5 换气次数和新风量除应符合表 4.0.1 的规定外，还应满足压差、补偿排风、空调负荷及特殊使用条件等要求。

6 温、湿度不达标的不应超过 5 天/年，连续 2 天不达标的不应超过 2 次/年。

7 对技术指标的项目、数值、精度和变化规律等有特殊要求的房间，应按实际要求设计。

8 本规范表 4.0.1 中未列出名称的房间可参照表中用途相近的房间确定其指标数值。

5 洁净手术部医疗工艺要求

5.1 洁净手术部规模

5.1.1 洁净手术部设置洁净手术室间数应根据医院类型、床位数和年手术例量核定。

5.1.2 洁净手术室应规定和控制室内医护人员的设定人数，设计负荷以设定人数为基础。当不能提出设定人数时，设计负荷可按以下人数计算：Ⅰ级 12 人～14 人，Ⅱ级 10 人～12 人，Ⅲ、Ⅳ级 6 人～10 人。

5.2 洁净手术部卫生学要求

5.2.1 洁净手术部功能布局应合理、符合手术无菌技术的原则，并应做到联系便捷、洁污分明。

5.2.2 洁净手术部房间静态空气细菌浓度及用具表面清洁消毒状况是卫生学的基本要求，应符合本规范及现行国家标准《医院消毒卫生标准》GB 15982 的规定。

5.2.3 洁净手术部人流、物流由非洁净区进入洁净区应经过卫生处置，人员应换鞋、更衣。医务（包括医护技、卫生、管理等）人员与患者进出口宜分设。

5.2.4 手术使用后的可复用器械应密封送消毒供应中心集中处理。医疗废弃物应就地打包，密封转运处理。

5.3 洁净手术部医疗流程

5.3.1 医务人员应严格执行卫生通过，并应严格执行无菌技术操作规程。医务人员应在非洁净区换鞋、更衣后，进入洁净区，医护人员应在手卫生后进入手术室，术前穿手术衣和戴手套，术毕应原路退出手术部。

5.3.2 病人从非洁净区进入后，应在洁净区换洁车或清洁车辆，并应在洁净区进行麻醉、手术和恢复，术后退出手术部至病房或 ICU。

5.3.3 无菌物品应在供应中心消毒后，通过密闭转运或专用洁净通道进入洁净区，并应在洁净区无菌储存，应按需要送入手术室。

5.3.4 手术使用后物品进出流程应符合下列规定：

1 可复用器械应在消毒供应中心密闭式回收，并应在去污区进行清点、分类、清洗、消毒、干燥、检查和包装，灭菌后的复用器械应送入无菌储存间，并应按要求送入手术部。

2 可复用的布类手术用物应在洗衣房密闭式回收，并应清洗、消毒、集中送回消毒供应中心进行检查、包装和作灭菌处理，灭菌后应送入无菌储存间，并应按要求送入手术部。

5.4 洁净手术部功能平面

5.4.1 洁净手术部平面布局应有利于提高医疗效率，并应按用房功能划分洁净区与非洁净区。

5.4.2 更衣室应分换鞋和更衣区；卫生间、淋浴间应设于更衣区前半部分。

5.4.3 医护人员更衣区合计面积按实际使用人数每人不宜小于 $1m^2$ 计算，更衣室不应小于 $6m^2$。

5.4.4 车辆卫生通过区域或换车间应设在手术部主入口，其面积应满足车辆回旋尺度和停放转运的要求。

5.4.5 病理速检室紧邻洁净手术部时宜设与洁净区走廊相通的传递窗。

5.4.6 脱包间应位于紧邻洁净区的非洁净区，脱包后物品应立即传至脱包内间或洁净区。

5.4.7 护士站宜设于主入口。

5.4.8 手术台中心线应与手术室长轴重合，手术台安装基座中心点应为手术室长轴与短轴十字交点，头侧手术床床边距墙不应小于 1.8m。主要术野应位于送风面中心区域。

6 洁净手术室基本装备

6.0.1 每间洁净手术室配备的与平面布置和建筑安装有关的基本装备，宜符合表6.0.1的规定。

表6.0.1 洁净手术室基本装备

装备名称	每间最低配置数量
无影灯	1套
手术台	1台
计时器	1只
医用气源装置	2套
麻醉气体排放装置	1套
医用吊塔、吊架	根据需要配置
免提对讲电话	1部
观片灯(嵌入式)或终端显示屏	根据需要配置
保暖柜	1个
药品柜(嵌入式)	1个
器械柜(嵌入式)	1个
麻醉柜(嵌入式)	1个
净化空调参数显示调控面板	1块
微压计(最小分辨率达1Pa)	1台
记录板	1块

注：可按医疗要求调整所需装备。

6.0.2 无影灯应根据手术要求和手术室尺寸进行配置，宜采用多头型无影灯；无影灯架调平板的位置应设在送风过滤器进风面之上，距离进风面不应小于5cm，送风口下面不应安装无影灯底座护罩。

6.0.3 手术室计时器宜兼具麻醉计时、手术计时和一般时钟计时功能，应有时、分、秒的清楚标识，并宜配置计时控制器；停电时应自动接通自备电池，自备电池供电时间不应低于10h。计时器宜设在患者不易看到的墙面上方。

6.0.4 医用气源装置应分别设置在手术台病人头部右侧麻醉吊塔上和靠近麻醉机的墙上，距地高度为1.0m～1.2m，麻醉气体排放装置宜设在麻醉吊塔(或壁式气体终端)上。

6.0.5 观片灯联数可按手术室大小类型配置，观片灯或终端显示屏宜设置在主刀医生对面墙上。

6.0.6 器械柜、药品柜宜嵌入手术台脚端墙内方便取用的位置，麻醉柜宜嵌入手术台病人头部墙上方便操作的位置。

6.0.7 净化空调参数显示和调控面板宜设于手术车入口门侧墙上。

6.0.8 微压计宜设于手术车入口门外墙上可视高度。

6.0.9 能放置电脑工作站的记录板应为暗装，收折起来应和墙面齐平。

6.0.10 对于多功能复合手术室等新型手术室可按实际医疗需要，对医疗、影像等装备的配备进行调整。

7 建 筑

7.1 建筑环境

7.1.1 新建洁净手术部应避开污染源。

7.1.2 洁净手术部不宜设在首层和高层建筑的顶层。

7.1.3 洁净手术部应独立成区，并宜与其有密切关系的外科重症护理单元临近，宜与有关的放射科、病理科、消毒供应中心、输血科等联系便捷。

7.2 洁净手术部平面布置

7.2.1 新建工程的建筑柱网布置应满足洁净手术室用房要求和回风夹墙布置要求。

7.2.2 洁净手术部平面必须分为洁净区与非洁净区。洁净区与非洁净区之间的联络必须设缓冲室或传递窗。

7.2.3 洁净区内手术室宜相对集中布置。Ⅰ、Ⅱ级洁净手术室应处于干扰最小的区域。

7.2.4 洁净手术部的内部平面和洁净区走廊应在手术室前单走廊、手术室前后双走廊、纵横多走廊、集中供应无菌物品的中心无菌走廊(即中心岛)和各手术室带前室等形式中选用；应符合洁净手术部卫生学要求，并应按实际需要选用手术室围护结构的设计方式，最大限度地利用建筑面积。

7.2.5 负压手术室和感染手术室在出入口处都应设准备室作为缓冲室。负压手术室应有独立出入口。

7.2.6 更衣区的淋浴和卫生间应相对封闭，并不应设于更衣室后部。

7.2.7 当人、物用电梯设在洁净区，电梯井与非洁净区相通时，电梯出口处必须设缓冲室。

7.2.8 在人流通道上不应设空气吹淋室。

7.2.9 换车间内非洁净和洁净两区宜分别设存车区；洁车所在区域应属于洁净区，并应作为缓冲室。

7.2.10 缓冲室应有空气洁净度级别，并与高级别一侧同级，最高达到6级。应设定与邻室间的气流方向。缓冲室面积不应小于$3m^2$，缓冲室可兼作他用。

7.2.11 每2间～4间洁净手术室应单独设立1间刷手间，刷手间不应设门；当刷手池设在洁净走廊上时，应不影响交通和环境卫生。

7.2.12 洁净手术部不宜有抗震缝、伸缩缝等穿越，当需穿越时，应用止水带封闭。洁净手术室内不应有抗震缝、伸缩缝穿越。

7.3 建筑装饰

7.3.1 洁净手术部的建筑装饰应遵循不产尘、不易积尘、耐腐蚀、耐碰撞、不开裂、防潮防霉、容易清洁、环保节能和符合防火要求的总原则。

7.3.2 洁净手术部内地面可选用实用经济的材料，以浅色为宜。

7.3.3 洁净手术部内Ⅰ、Ⅱ级手术室墙面、顶棚可用工厂生产的标准化、系列化的一体化装配方式；Ⅲ、Ⅳ级手术室墙面也可用瓷砖或涂料等；应根据用房需要设置射线防护。

7.3.4 洁净手术室围护结构间的缝隙和在围护结构上固定、穿越形成的缝隙，均应密封。

7.3.5 洁净手术部内墙面下部的踢脚不得突出墙面；踢脚与地面交界处的阴角应做成$R\geqslant 30mm$的圆角。其他墙体交界处的阴角宜做成小圆角。

7.3.6 洁净手术部内墙体转角和门的竖向侧边的阳角宜为圆角。通道两侧及转角处墙上应设防撞板。

7.3.7 洁净手术部内与室内空气直接接触的外露材料不得使用木材和石膏。

7.3.8 当新建洁净手术部有设备层时，层内设备、管道的安装与维修的操作空间不应影响人员活动、操作和通行。设备层梁下净高不宜低于2.2m，并应进行简易装修；其地面、墙面应平整耐磨，地面应作防水和排水处理；穿过楼板的预留洞口四周应有挡水防水措施。顶、墙应作涂刷处理。直接位于手术室上一层的、用水的房间地面也应作防水处理。

7.3.9 洁净手术部内使用的装饰材料应无味无毒，并应符合现行国家标准《民用建筑工程室内环境污染控制规范》GB 50325的有关规定。

7.3.10 洁净手术室的净高不宜低于2.7m。当手术室的送风装置被轨道分隔开时，该净高应按本规范第8.2.2条气流搭接原则确定。

7.3.11 洁净手术室供手术车进出的门，净宽不宜小于1.4m，当采用电动悬挂式自动门时，应具有自动延时关闭和防撞击功能，并应有手动功能。除洁净区通向非洁净区的平开门和安全门应为向外开之外，其他洁净区内的门均应向静压高的方向开。

7.3.12 Ⅲ、Ⅳ级洁净辅助用房可设外窗，但应是不能开启的双层玻璃密闭窗或两道窗。

7.3.13 洁净手术室应采取防静电措施。洁净手术室内所有饰面材料的表面电阻值应在$10^6\Omega \sim 10^{10}\Omega$之间。

7.3.14 洁净手术室和洁净辅助用房内应设置的插座、开关、各种柜体、观片灯等均应嵌入墙内，不得突出墙面。

7.3.15 洁净手术室和洁净辅助用房内不应有明露管线。

7.3.16 洁净手术室的吊顶及吊挂件，应采取牢固的固定措施。洁净手术室吊顶上不应开设人孔。检修孔可开在洁净区走廊上，并应采取密封措施。

8 空气调节与空气净化

8.1 净化空调系统

8.1.1 净化空调系统应使洁净手术部整体处于受控状态，并应使各洁净手术室灵活运行。

8.1.2 在手术进行过程中，Ⅰ级～Ⅲ级洁净手术室净化空调系统宜能够在送风温度低于室温状况下运行。

8.1.3 洁净手术室及与其配套的相邻洁净辅助用房应与其他洁净辅助用房分开设置净化空调系统；Ⅰ、Ⅱ级洁净手术室与负压手术室应每间采用独立净化空调系统，Ⅲ、Ⅳ级洁净手术室可2间～3间合用一个系统。净化空调系统应有便于调节控制风量并能保持稳定的措施。

8.1.4 净化空调系统设置空气过滤器或装置应符合下列要求：

1 在新风口或紧靠新风口处应设置新风过滤器或装置，并应符合本规范第8.3.9条的规定。

2 在空调机组送风正压段出口应设置预过滤器。

3 在系统末端或靠近末端静压箱附近应设置末级过滤器或装置，并应符合本规范第8.3.6条的规定。

4 在洁净用房回风口应设置回风过滤器。

5 在洁净用房排风入口或出口应设置排风过滤器。

8.1.5 净化空调系统可为集中式或回风自循环处理方式。Ⅳ级洁净手术室和Ⅲ、Ⅳ级洁净辅助用房，可采用带高中效及其以上过滤效率过滤器的净化风机盘管机组或立柜式空调器。

8.1.6 当整个洁净手术部设集中新风冷热处理设施时，新风处理机组应在供冷季节将新风处理到不大于要求的室内空气状态点的焓值。当有条件时，宜采用新风湿度优先控制模式。

8.1.7 通过经济和技术比较，可采用全新风直流系统，或可全年变新风量运行，或可在系统运行的不同时间段根据实际需要变化新风量。

8.1.8 应采取提高引入新风质量，减少新风输送途径污染的措施。空气处理机组内各级过滤器应与框架接触紧密，或应有密封措施。

8.1.9 洁净手术部净化空调系统可采用独立冷热源或从医院集中冷热源供给站接入。除应满足夏、冬设计工况冷热负荷使用要求外，还应满足非满负荷使用要求。冷热源设备不宜少于2台。

8.1.10 一年中需要供冷供暖运行时间较少的洁净手术部宜采用分散式冷热源。

8.1.11 新风机组和空调机组的风机的设计单位风量耗功率W_s应按下式计算，数值不应大于表8.1.11中的规定。

$$W_s = P/(3600 \cdot \eta_t) \quad (8.1.11)$$

式中：P——风机全压(Pa)；

η_t——风机的全效率，包含风机效率、电机效率和传动效率。

表8.1.11 风机单位风量耗功率

机组类型和型式	风机单位风量耗功率限值 W/(m³/h)
空调机组、新风单独处理	0.59
新风过滤器符合表8.3.9类型1的空调机组	0.68
新风过滤器符合表8.3.9类型1的全新风空调机组	0.59
新风过滤器符合表8.3.9类型2的全新风空调机组	0.66
新风过滤器符合表8.3.9类型3的全新风空调机组	0.74
新风过滤器符合表8.3.9类型1的新风空调机组	0.41
新风过滤器符合表8.3.9类型2的新风空调机组	0.48
新风过滤器符合表8.3.9类型3的新风空调机组	0.58

注：新风处理增设预热盘管，单位风量耗功率限值可附加0.049W/(m³/h)；增设新风表冷器，限值附加0.068W/(m³/h)。

8.1.12 净化空调系统新风口的设置应符合下列要求：

1 应采用防雨性能良好的新风口，新风口所在位置也应采取防雨措施，新风口后应设孔径不大于8mm的网格。

2 新风口进风净截面的速度不应大于3m/s。

3 新风口距地面或屋面应不小于2.5m，应在排气口下方，垂直方向距排气口不应小于6m，水平方向距排气口不应小于8m，并应在排气口上风侧的无污染源干扰的清净区域。

4 新风口不应设在机房内，并不应设在两墙夹角处。

5 宜安装气密性风阀。

8.1.13 手术室排风系统的设置应符合下列要求：

1 手术室排风系统和辅助用房排风系统应分开设置。各手术室的排风管可单独设置，也可并联，并应和新风系统连锁。

2 正压手术室排风管上的高中效过滤器宜设在出口处，当设在室内入口处时，应在出口处设止回阀。

3 排风管出口不得设在楼板上的设备层内，应直接通向室外。

4 每间正压手术室的排风量不宜低于250m³/h，需要排除气味的手术室排风量不应低于送风量的50%。

8.1.14 负压手术室顶棚排风口入口处以及室内回风口入口处均必须设高效过滤器，并应在排风出口处设止回阀，回风入口处设密闭阀。正负压转换手术室，应在部分回风口上设高效过滤器，另一部分回风口上设中效过滤器；当供负压使用时，应关闭中效过滤器处密闭阀，当供正压使用时，应关闭高效过滤器处密闭阀。

8.1.15 负压手术室回、排风口高效过滤器的安装应符合现行国家标准《洁净室施工及验收规范》GB 50591的有关规定。

8.1.16 手术室空调管路应短、直、顺，减少管件，应采用气流性能良好、涡流区小的管件和静压箱。管件、配件的制作与安装应符合现行国家标准《洁净室施工及验收规范》GB 50591的要求。

8.1.17 不得在Ⅰ、Ⅱ、Ⅲ级洁净手术室和Ⅰ、Ⅱ级洁净辅助用房内设置采暖散热器和地板采暖系统，但可用墙壁辐射散热板采暖，辐射板表面应平整、光滑、无任何装饰，可清洗。当Ⅳ级洁净手术室和Ⅲ、Ⅳ级洁净辅助用房需设采暖散热器时，应选用表面光洁的辐射板散热器。散热器热媒温度应符合现行国家标准《民用建筑供暖通风与空气调节设计规范》GB 50736 的有关规定。

8.1.18 净化空调系统风管漏风率，应符合现行国家标准《洁净室施工及验收规范》GB 50591 的有关规定，Ⅰ级洁净用房系统不应大于1%，其他级别的不应大于2%。

8.1.19 洁净手术部的非洁净区可采用综合医院非洁净用房的通风和空调方式。

8.2 气 流 组 织

8.2.1 Ⅰ级～Ⅲ级洁净手术室内集中布置于手术台上方的非诱导型送风装置，应使包括手术台的一定区域即手术区处于洁净气流形成的主流区内。送风装置送风面积不应低于表 8.2.1 列出的数值。当眼科手术室超过 30m²，其他手术室净面积超过 50m²，且需要增大上述送风面积时，出风面积增大的比例不应超过手术室净面积增大的比例。

表 8.2.1 洁净手术室送风口集中布置的最小面积

手术室等级	送风口面积(m²)
Ⅰ	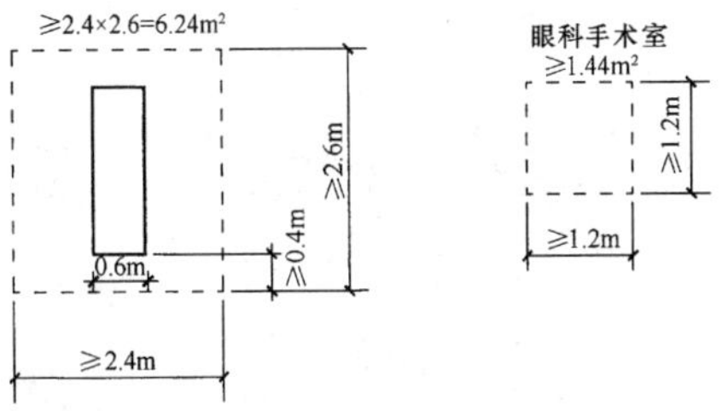
Ⅱ	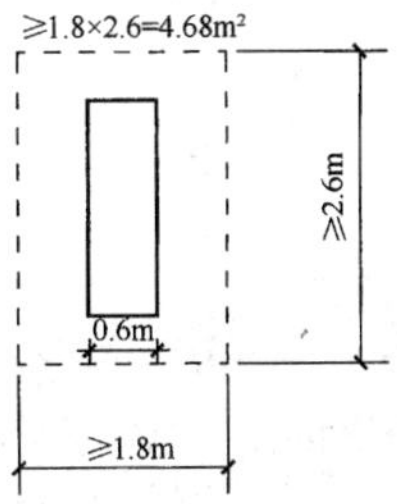
Ⅲ	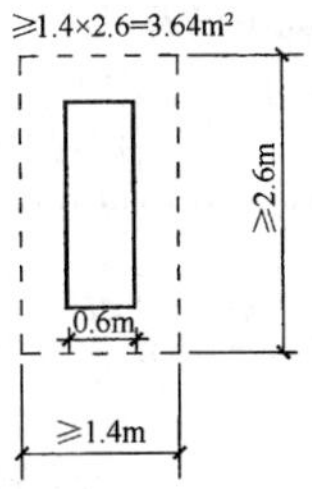

8.2.2 当洁净手术室的集中送风面需要分隔开时，应使气流在地面以上约 2m 高度搭接。当分隔后的送风盲区宽度为 0.1m～0.25m 时，房间净高相应不低于 2.8m～3.2m。

8.2.3 洁净手术室集中送风装置应符合下列要求：

1 应优先选用工厂化、装配化、安装简便的成品，避免现场加工。

2 无影灯立柱和底罩占有送风面的送风盲区不宜大于 0.25m×0.25m。

3 送风装置应方便更换或能在手术室外更换其中的末级过滤器；可采用有阻漏功能的成品装置，过滤器箱应设在附近的设备层内。

4 应执行本规范第 13.3.8 条的检漏规定。

5 集中送风装置送风洁净气流满布比应大于 0.9，并应由下式进行计算：

$$洁净气流满布比=\frac{送风面上洁净气流通过面积}{送风面总面积} \tag{8.2.3-1}$$

6 当在Ⅰ级手术室手术区地面以上 1.2m 截面按本规范第 13.3.6 条第 3 款要求布置测点时，风速不均匀度 β 应小于等于 0.24，β 应按下式计算：

$$\beta=\frac{\sqrt{\frac{\sum(v_i-\bar{v})^2}{k}}}{\bar{v}} \tag{8.2.3-2}$$

式中：v_i ——每个测点的速度(m/s)；

$\bar{v}$——各测点平均速度(m/s)；

k——测点数。

7 在Ⅱ、Ⅲ级手术室集中送风装置送风面以下 0.1m 的截面上的送风速度应能均匀分布，宜在 0.1m/s～0.4m/s 之间，不得出现无速度的盲区。

8.2.4 Ⅳ级手术室可在顶棚上分散布置送风口。

8.2.5 Ⅰ级洁净辅助用房集中送风装置除应符合本规范第 8.2.3 条有关要求外，其面积宜根据医疗要求确定。

8.2.6 Ⅱ级～Ⅳ级洁净辅助用房可在顶棚上分散布置送风口。

8.2.7 洁净手术室均宜采用室内回风，可在其附属的相通邻室回风，但不应通过走廊有组织回风。

8.2.8 洁净手术室应采用平行于手术台长边的双侧墙的下部回风；除前室外，洁净手术室附属且相通的邻室，可只利用来自手术室的回风而无级别要求；经常有人活动又需送洁净风的房间，也应采用下侧回风，当侧墙之间距离大于等于 3m 时，可采用双侧下部回风，但不宜采用四角或四侧回风。经常无人且需送洁净风的房间以及洁净区走廊或其他洁净通道可采用上回风。

8.2.9 下部回风口洞口上边高度不宜超过地面之上 0.5m，洞口下边离地面不宜小于 0.1m。Ⅰ级洁净手术室的两侧回风口宜连续布置，其他级别手术室的两侧回风口，每侧不应少于 2 个，宜均匀布置。

8.2.10 回风口的吸风速度宜按表 8.2.10 选用。

表 8.2.10 回风口吸风速度(m/s)

回风口位置		吸风速度
下部	经常无人房间和走廊	≤1.5
	经常有人房间	≤1
上部	走廊	≤2

8.2.11 洁净手术室应设上部排风口，其位置宜在病人头侧的顶部。排风口吸风速度不应大于 2m/s。

8.2.12 Ⅰ级～Ⅲ级洁净手术室和负压手术室内除集中净化空调方式外不应另外加设空气净化器。其他洁净用房可另加设带高中效及以上效率过滤器的空气净化器。

8.3 净化空调系统部件与材料

8.3.1 净化空调机组的选用除应满足防止微生物二次污染原则外，还应满足下列要求：

1 净化空调机组内表面及内置零部件应选用耐消毒药品腐蚀的材料或面层，材质表面应光洁。

2 内部结构及配置的零部件应便于消毒、清洗并能顺利排除清洗废水，不易积尘、积水和滋生细菌。

3 表面冷却器的冷凝水排出口，宜设在正压段，否则应设能防倒吸并在负压时能顺利排出冷凝水的装置。凝结水管不应直接与下水道相接。

4 净化空调机组的风机应配置能量调节装置。新风机组和空调机组内各级空气过滤器前后应设置压差计。室内安过滤器的各类风口，宜各有1个风口设测压孔，平时应密封。

5 当空气处理过程需要再热时，不宜全部采用电加热装置，可利用余热、废热作为送风再热源。

6 不应采用淋水式空气处理器。当采用表面冷却器时，对于无新风集中除湿的空调机组通过其盘管所在截面的气流速度不应大于2m/s。

7 空调机组中的加湿器不应采用有水直接介入的形式，宜采用干蒸汽加湿器。加湿水质应达到生活饮用水卫生标准。加湿器材料应抗腐蚀，便于清洁和检查。

8 加湿设备与其后的功能段之间应留有距离。Ⅰ级～Ⅲ级洁净用房净化空调系统末级过滤器之前1m～2m处应有湿度传感器，控制系统内的空气相对湿度不宜大于75%。

9 净化空调机组箱体的密封应可靠，当机组内试验压力保持1500Pa的静压值时，Ⅰ级洁净用房的系统，箱体的漏风率不应大于1%；其他洁净用房系统，箱体的漏风率不应大于2%。

8.3.2 风管材料和制作应符合现行国家标准《洁净室施工及验收规范》GB 50591的有关规定。

8.3.3 应在新风、送风的总管和支管上的方便操作的位置，按现行国家标准《洁净室施工及验收规范》GB 50591的要求开风量检测孔。

8.3.4 净化空调系统中使用的末级过滤器应符合下列要求：

1 不得用木框制品；

2 成品不应有刺激味，不应掉尘；

3 使用风量不宜大于其额定风量的70%。

4 当阻力达到运行初阻力2倍时，宜进行更换。

8.3.5 非阻隔式空气净化装置不得作为末级净化设施，末级净化设施不得产生有害气体和物质，不得产生电磁干扰，不得有促使微生物变异的作用。

8.3.6 各级洁净手术室和洁净用房送风末级过滤器或装置的最低过滤效率应符合表8.3.6的规定。

表8.3.6 末级过滤器或装置的效率

洁净手术室和洁净用房等级	对大于等于0.5μm微粒，末级过滤器或装置的最低效率
Ⅰ	99.99%
Ⅱ	99%
Ⅲ	95%
Ⅳ	70%

8.3.7 洁净手术室内的回风口应设对大于等于0.5μm微粒计数效率不低于60%的中效过滤器，回风口百叶片宜选用竖向可调叶片。

8.3.8 送风系统正压段预过滤器应选用对大于等于0.5μm微粒计数效率不低于40%的中效过滤器。

8.3.9 新风过滤器宜根据当地环境空气状况采用表8.3.9中列出的一道、两道或三道过滤器串联组合形式。表中环境空气的颗粒物浓度可按本规范附录A给出的数据选用，附录A未列出城市名的，可参照相近城市数据选用。

表8.3.9 新风过滤器组合

组合类型	颗粒物浓度	新风过滤第一道	新风过滤第二道	新风过滤第三道
1	可吸入颗粒物（PM_{10}）或总悬浮颗粒物（TSP）年均值分别小于等于0.04mg/m³或0.08mg/m³	对大于等于0.5μm微粒的计数效率大于等于60%的过滤器	—	—
2	可吸入颗粒物（PM_{10}）或总悬浮颗粒物（TSP）年均值分别小于等于0.07mg/m³或0.20mg/m³	人工尘计重效率大于等于30%的过滤器（网）	对大于等于0.5μm微粒的计数效率大于等于70%的过滤器	—
3	可吸入颗粒物（PM_{10}）或总悬浮颗粒物（TSP）年分别超过0.07mg/m³或0.20mg/m³	人工尘计重效率大于等于30%的过滤器（网）	对大于等于0.5μm微粒的计数效率大于等于50%的过滤器	对大于等于0.5μm微粒的计数效率大于等于80%的过滤器

8.3.10 在满足过滤效率的前提下，应优先选用低阻力的过滤器或过滤装置。

8.3.11 制作风阀的轴和零件表面应进行防腐蚀处理，轴端伸出阀体处应密封处理，叶片应平整光滑，叶片开启角度应有标志，调节手柄的固定应可靠。

8.3.12 净化空调系统和洁净室内与循环空气接触的金属件应防锈、耐腐，对已作过表面处理的金属件因加工而暴露的部分应再作表面保护处理。

8.3.13 空调设备宜有较宽敞的设置场所，不宜露天设置。

9 医用气体

9.1 气　　源

9.1.1 洁净手术部可使用的医用气体及相关装置可有氧气、压缩空气、负压（真空）吸引、氧化亚氮、氮气、二氧化碳和氩气以及废气回收排放等，其中应配置的为氧气、压缩空气和负压吸引装置，氩气可随设备需要配置。

9.1.2 供给洁净手术部用的医用气源，不论气态或液态，都应按日用量要求储备足够的备用量，不宜少于3d。

9.1.3 洁净手术部用气宜从中心供给站单独接入；当有专供手术部使用的中心站时，该站应设于临近洁净手术部的非洁净区域。中心站气源应设两组，应一用一备，并应具备人工和自动切换及报警功能。

9.1.4 供洁净手术部的气源为集中系统时，应设超压排放安全阀，开启压力应高于最高工作压力0.02MPa，关闭压力应低于最高工作压力0.05MPa，安全阀排放口必须设在室外安全地点。各种气体终端应设维修阀并应有调节装置和指示，检修门不应设在手术室内。终端面板根据气体种类应有明显标志。

9.1.5 进入洁净手术部的各种医用气体应设气体压力显示及流量和超压欠压报警装置。氧气报警不应采用电接点压力表。

9.1.6 洁净手术部医用气源还应符合现行国家标准《医用气体工程技术规范》GB 50751的要求。

9.2 气体终端

9.2.1 气体终端应采用国际单位制标准，接口制式应统一。

9.2.2 洁净手术部医用气体终端可选用悬吊式和暗装壁式各一套。

9.2.3 不同种类气体终端接头不得有互换性。

9.2.4 气体终端接头应选用插拔式自封快速接头，接头应耐腐蚀、无毒、不燃、安全可靠、使用方便，寿命不宜少于20000次。

9.2.5 每类终端接头配置数量应按表9.2.5-1确定。终端压力、流量、日用时间应按表9.2.5-2确定。

表9.2.5-1 每床每套终端接头最少配置数量(个)

用房名称	氧气	压缩空气	负压(真空)吸引
手术室	2	2	2
恢复室	1	1	2
预麻室	1	1	1

注：1 预麻室如需要可增设氧化亚氮终端。
2 腹腔手术和心外科手术除配置上表所列气体终端外，还应配置二氧化碳气体终端。
3 神经外科、骨科和耳鼻喉科还应配置氮气终端。

表9.2.5-2 终端压力、流量、日用时间

气体种类	终端压力(MPa)	终端流量(L/min)	平均日用时间(min)	同时使用率(%)
氧气	0.40～0.45	10～80(快速置换麻醉气体用)	120(恢复室1440)	50～100
负压(真空)吸引[1]	−0.03～−0.07	15～80	120(恢复室1440)	100
压缩空气	0.40～0.45	20～60	60	80
压缩空气[2]	0.90～0.95	230～350	30	10～60
氮气	0.90～0.95	230～350	30	10～60
氧化亚氮	0.40～0.45	4～10	120	50～100
氩气	0.35～0.40	0.5～15	120	80
二氧化碳	0.35～0.40	6～10	60	30

注：1 负压手术室负压(真空)吸引装置的排气应经过高效过滤器后排出。
2 此项用于动力设备，如设计氮气系统，该项也可以不设。

9.2.6 洁净手术室壁上气体终端装置应与墙面平齐，缝隙密封，部位宜临近麻醉师工作位置。终端面板与墙面应齐平严密，装置底边距地1.0m～1.2m，终端装置内部应干净且密封。

9.3 气体配管

9.3.1 洁净手术部的气体配管可选用脱氧铜管或不锈钢管，负压吸引和废气排放输送导管也可采用镀锌钢管或PVC管。

9.3.2 管道材质内表面应光滑、耐腐蚀、耐磨损以及吸附和解析气体作用小。

9.3.3 气体在输送导管中的流速不应大于10m/s。

9.3.4 气体配管的连接方式应按现行国家标准《洁净室施工及验收规范》GB 50591的要求执行。

9.3.5 洁净手术部医用气体管道安装应单独做支吊架，不应与其他管道共架敷设；与燃气管、腐蚀性气体管的距离应大于1.5m，且应有隔离措施；与电线管道平行距离应大于0.5m，交叉距离应大于0.3m，当空间无法保证时，应作绝缘防护处理。

9.3.6 管道安装前应清洁内部，并应有防止二次污染措施；安装后应用无污染和无油空气或氮气以大于等于20m/s的速度吹除。

9.3.7 洁净手术部气体配管的安装支吊架间距应符合表9.3.7的规定。铜管、不锈钢管道与支吊架接触处，应作绝缘处理。

表9.3.7 支吊架间距

管道公称直径(mm)	4～8	9～12	13～20	21～25	≥25
支吊架间距(m)	1	1.5	2	2.5	3

9.3.8 凡进入洁净手术室的各种医用气体管道应作导静电接地，接地电阻不应大于10Ω，中心供给站的高压汇流管、切换装置、减压出口、低压输送管路和二次再减压出口处都应作导静电接地，接地电阻不应大于10Ω。

9.3.9 医用气体配管、阀门和仪表安装前应清洗内部并应进行脱脂处理，用无油压缩空气或氮气吹除干净，封堵两端备用，不得存放在油污场所。

9.3.10 暗装管道阀门的检查门应采取密封措施。管井上下隔层应封闭。医用气体配管不应与燃气、腐蚀性气体、蒸汽以及电气、空调等管线共用管井。

9.3.11 负压吸引气流入口处应有安全调压装置。手术过程中使用的负压吸引装置应有防止污液倒流装置。

9.4 医用气体验收

9.4.1 医用气体验收应符合设计要求和本规范第9.3节的要求。

9.4.2 医用气体系统强度试验及漏率试验应符合表9.4.2的规定。

表9.4.2 医用气体系统强度试验及漏率试验

系统名称	正压气体	负压气体	时 间
强度试验	最高工作压力的1.15倍	0.2MPa	10min无变化
漏率试验	最高工作压力下小于等于0.5%/h	最高工作压力下小于等于1.5%/h	保压24h

注：1 强度试验所用介质不得二次污染系统；
2 强度试验要做好防护，保证安全；方法：逐步升压，观察其变化情况；
3 漏率试验所用介质尽可能采用同等系统所输送的介质；
4 使用不同气体终端的手术室，各抽测手术室总数的15%，应符合表9.2.5-2的要求；负压吸引终端的手术室抽测其手术室总数的20%，均应符合表9.2.5-2的要求。

10 给水排水

10.1 一般规定

10.1.1 洁净手术部内的给排水管道均应暗装，应敷设在设备层或技术夹道内，不得穿越洁净手术室。

10.1.2 管道穿过洁净用房的墙壁、楼板时应加设套管，管道和套管之间应采取密封措施。

10.1.3 管道外表面存在结露风险时，应采取防护措施。防结露外表面应光滑且易于清洗，并不得对洁净手术室造成污染。

10.2 给 水

10.2.1 供给洁净手术部用水的水质应符合现行国家标准《生活饮用水卫生标准》GB 5749的要求，应有两路进口，由处于连续正压状态下的管道系统供给。

10.2.2 洁净手术部内的盥洗设备应同时设置冷热水系统；当由储存设备供热水时，水温不应低于60℃；当设置循环系统时，循环水温应大于等于50℃。

10.2.3 洁净手术部刷手间的刷手池应同时供应冷、热水，设置洗手、消毒、干洗设备。并应设置有可调节冷热水温的非手动开关的龙头，按每间手术室不宜多于2个龙头配备。

10.2.4 给水管与卫生器具及设备的连接应有空气隔断或倒流防止器，不应直接相连。

10.2.5 给水管道应使用不锈钢管、铜管或无毒给水塑料管。

10.3 排 水

10.3.1 洁净手术部内的排水设备，应在排水口的下部设置高度大于50mm的水封装置。

10.3.2 洁净手术部洁净区内不应设置地漏。洁净手术部内其他地方的地漏，应采用设有防污染措施的专用密封地漏，且不得采用钟罩式地漏。

10.3.3 洁净手术部应采用不易积存污物又易于清扫的卫生器具、管材、管架及附件。

10.3.4 洁净手术部的卫生器具和装置的污水透气系统应独立设置。

10.3.5 洁净手术室的排水横管直径应比设计值大一级。

11 电　气

11.1 供　电

11.1.1 供配电系统应根据医用电气设备工作场所的分类进行设计。

11.1.2 洁净手术部应采用独立双路电源供电。

11.1.3 有生命支持电气设备的洁净手术室必须设置应急电源。自动恢复供电时间应符合下列要求：

1 生命支持电气设备应能实现在线切换。

2 非治疗场所和设备应小于等于 15s。

3 应急电源工作时间不应小于 30min。

11.1.4 在洁净手术室内，用于维持生命和其他位于"患者区域"内的医疗电气设备和系统的供电回路应使用医疗 IT 系统。

11.1.5 在洁净手术部内非生命支持系统可采用 TN-S 系统回路，并宜采用最大剩余动作电流不超过 30mA 的剩余电流动作保护器(RCD)作为自动切断电源的措施。

11.1.6 心脏外科手术室用电系统必须设置隔离变压器。

11.1.7 洁净手术室的配电总负荷应按手术功能要求计算。一间手术室非治疗用电总负荷不应小于 3kV·A；治疗用电总负荷不应小于 6kV·A。

11.1.8 洁净手术部进线电源的电压总谐波畸变率不应大于 2.6%，电流总谐波畸变率不应大于 15%。

11.1.9 洁净手术室内的电源回路应设绝缘检测报警装置。

11.2 配　电

11.2.1 洁净手术室内布线不应采用环形布置。大型洁净手术部内配电应按功能分区控制。

11.2.2 洁净手术室内的电气线路，应只能专用于本手术室内的电气设备，无关的电气线路不应进入或通过本手术室。

11.2.3 洁净手术部的总配电柜应设于非洁净区内。每个手术室应设置独立的专用配电箱(柜)，箱门不应开向手术室内。

11.2.4 洁净手术室用电应与辅助用房用电分开。

11.2.5 洁净手术室医疗配电系统应直接从手术部总配电柜专线供电。

11.2.6 当非治疗用电设置独立配电箱时，可采用一个分支回路供电。每个分支回路所供配电箱不宜超过 3 个。

11.2.7 洁净手术部配电管线应采用金属管敷设。穿过墙和楼板电线管应加套管，并应用不燃材料密封。进入手术室内的电线管管口不得有毛刺，电线管在穿线后应采用无腐蚀和不燃材料密封。

11.2.8 洁净手术部的电源线缆应采用阻燃产品，有条件的宜采用相应的低烟无卤型或矿物绝缘型。

11.2.9 洁净手术室的净化空调设备应能在本室内实施远程控制。

11.2.10 洁净手术室内的中央控制箱和插座箱箱体的内腔应密封。用电设施面板和显示面板应与手术室墙面齐平、严密。

11.2.11 每间洁净手术室内应设置不少于 3 个治疗设备用电插座箱，并宜安装在侧墙上。每箱不宜少于 3 个插座，应设接地端子。

11.2.12 每间洁净手术室内应设置不少于 1 个非治疗设备用电插座箱，并宜安装在侧墙上。每箱不宜少于 3 个插座，其中应至少有 1 个三相插座，并应在面板上有明显的"非治疗用电"标识。

11.2.13 洁净手术室内当在地面安装插座时，插座应有防水措施。辅助用房的插座应根据功能及使用者要求布置。

11.2.14 洁净手术室应设置可靠的辅助等电位接地系统，装修钢结构体及进入手术室内的金属管等应有良好的接地。

11.2.15 洁净手术室电源应加装电涌保护器。

11.3 照明及其他

11.3.1 手术室的照度均匀度不应低于 0.7。

11.3.2 手术台两头的照明灯具至少各有 3 支灯具应有应急照明电源。

11.3.3 有治疗功能的房间至少有 1 个灯具应由应急电源供电。

11.3.4 洁净手术室内照明应优先选用节能灯具，应为嵌入式密封灯带，灯具应有防眩光灯罩。灯带应布置在送风口之外。

11.3.5 手术室的外门上方应设手术工作指示灯。防辐射手术室的外门上方还应设置红色安全警示标志灯，与医用放射线设备连锁控制。

11.3.6 洁净手术室内可根据需要安装固定式或移动式摄像设备，全景摄像机旁应设电源插座备用。

11.3.7 洁净手术部应设置信息接口。

11.3.8 应减少医疗设备运行中的电磁干扰。

12 消　防

12.0.1　设置洁净手术部的建筑，其耐火等级不应低于二级。

12.0.2　洁净手术部宜划分为单独的防火分区。当与其他部门处于同一防火分区时，应采取有效的防火防烟分隔措施，并应采用耐火极限不低于2.00h的防火隔墙与其他部位隔开；除直接通向敞开式外走廊或直接对外的门外，与非洁净区域相连通的门应采用耐火极限不低于乙级的防火门，或在相连通的开口部位应采取其他防止火灾蔓延的措施。

12.0.3　当洁净手术部内每层或一个防火分区的建筑面积大于2000m² 时，宜采用耐火极限不低于2.00h的防火隔墙分隔成不同的单元，相邻单元连通处应采用常开甲级防火门，不得采用卷帘。

12.0.4　当洁净手术部所在楼层高度大于24m时，每个防火分区内应设置一间避难间。

12.0.5　与手术室、辅助用房等相连通的吊顶技术夹层部位应采取防火防烟措施，分隔体的耐火极限不应低于1.00h。

12.0.6　当洁净手术室设置的自动感应门停电后能手动开启时，可作为疏散门。

12.0.7　洁净手术部应设置自动灭火消防设施。洁净手术室内不宜布置洒水喷头。

12.0.8　当洁净手术部需设置消火栓系统时，洁净手术室不应设置室内消火栓，但设置在手术室外的消火栓应能保证2支水枪的充实水柱同时到达手术室内的任何部位。当洁净手术部不需设置室内消火栓时，应设置消防软管卷盘等灭火设施。洁净手术部应按现行国家标准《建筑灭火器配置设计规范》GB 50140的规定配置气体灭火器。

12.0.9　洁净手术部的设备层应设置火灾自动报警系统。

12.0.10　洁净手术部应对无窗建筑或建筑物内无窗房间设置防排烟系统。

12.0.11　洁净区内的排烟口应采取防倒灌措施，排烟口应采用板式排烟口。洁净区内的排烟阀应采用嵌入式安装方式，排烟阀表面应易于清洗、消毒。

12.0.12　洁净手术室内的装修材料应采用不燃材料或难燃材料，手术部其他部位的内部装修材料应采用难燃材料。

13 施工验收

13.1 施　工

13.1.1　洁净手术部（室）的施工，应以净化空调工程为核心。

13.1.2　洁净手术部（室）的施工应符合现行国家标准《洁净室施工及验收规范》GB 50591的有关规定。

13.1.3　各道施工程序均应进行记录，施工过程中应对每道工序制定具体施工组织设计。

13.2 工程验收

13.2.1　洁净手术部（室）应按本规范第13.2.2条规定单独验收，并应在验收合格后启用。

13.2.2　工程验收应包括按本规范附录B进行的工程项目检查和按本规范第13.3节进行的综合性能全面评定两部分。工程项目检查可在设计、运行、安装各阶段之后或综合性能检测之前进行。工程验收应出具工程验收报告。

13.3 工程检验

13.3.1　工程检验应符合现行国家标准《洁净室施工及验收规范》GB 50591的有关规定。

13.3.2　工程检验的必测项目应符合表13.3.2的规定，风速、风量和静压差应先测，细菌浓度应最后检测。

表13.3.2　必测项目

序号	项　目
1	Ⅰ级洁净手术室手术区和Ⅰ级洁净辅助用房洁净度为局部5级区的地面以上1.2m的工作面的截面风速和速度不均匀度
2	Ⅱ～Ⅳ洁净手术室和洁净辅助用房的换气次数以及Ⅱ、Ⅲ级手术室风口下无速度盲区
3	新风量
4	末级过滤器检漏
5	手术室的严密性
6	静压差
7	Ⅰ级洁净用房开门后门内0.6m处空气洁净度
8	空气洁净度级别
9	温湿度
10	噪声
11	照度
12	甲醛、苯和总挥发性有机化合物（TVOC）浓度
13	细菌浓度
14	谐波畸变率

13.3.3　不得以空气洁净度级别或细菌浓度的单项指标代替综合性能全面评定；不得以工程的调整测试结果代替综合性能全面评定的检验结果。

13.3.4　工程检验和定期检测应以空态或静态为准。任何检验结果都应注明状态。

13.3.5　综合性能全面评定的检测，应按现行国家标准《洁净室施工及验收规范》GB 50591的有关规定执行。

13.3.6　洁净度5级区域地面上1.2m高截面风速的检验应符合下列要求：

1　对Ⅰ级洁净手术室达到5级洁净度的手术区和有局部5级的Ⅰ级洁净辅助用房中达到5级洁净度的区域，应在送风温度稳定后测其地面上1.2m截面平均风速，检测结果不应小于本规范表4.0.1规定的风速范围的平均值，并不应超过上限。截面平均风速应按下式计算：

$$\overline{v}=\left(\sum_{i=1}^{k}v_i\right)\Big/k \qquad (13.3.6)$$

式中 v_i——每个测点的速度（m/s）；

k——测点数。

2 应按本规范公式（8.2.3-2）计算地面上 1.2m 高截面的速度不均匀度 β，并应符合本规范第 8.2.3 条第 6 款的要求。

3 测点范围应为集中送风面正投影区边界 0.12m 内的面积，均匀布点，测点平面布置（图 13.3.6）测点高度距地 1.2m，应无手术台或工作面阻隔，测点间距不应大于 0.3m。当有不能移动的阻隔时，应记录在案。

4 检测仪器最小分辨率应能达到 0.01m/s，仪器测杆应固定位置，不应手持。每点检测时间不应少于 5s，每秒记录 1 次，取平均值。

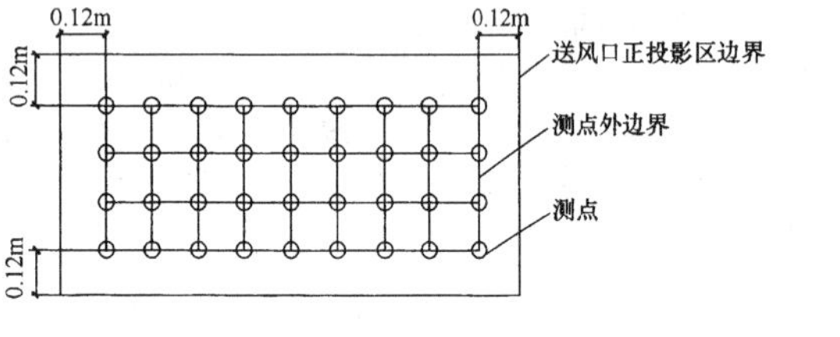

图 13.3.6 地面以上 1.2m 截面风速测点平面布置

13.3.7 Ⅱ级～Ⅳ级手术室送风速度和换气次数的检验应符合下列要求：

1 对Ⅱ、Ⅲ级洁净手术室应测送风面平均风速，测点高度在送风面下方 0.1m 以内，测点之间距离不应超过 0.3m。送风面速度测点断面布置（图 13.3.7）最外边测点应在送风口边界内 0.05m，均匀布点。送风面各点风速范围应符合本规范第 8.2.3 条第 7 款的要求。

2 在达到上述点风速的条件后，换气次数应按下式计算，

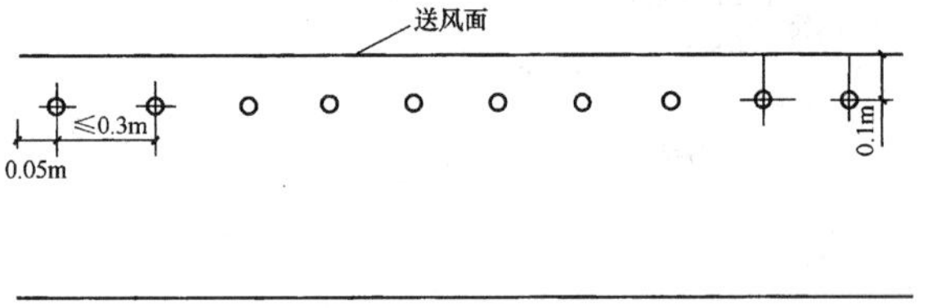

图 13.3.7 送风面速度测点断面布置

换气次数检测结果不应小于本规范表 4.0.1 的规定，不宜超过设计值的 15%。

$$n=Q/V=\frac{\overline{v}\times F}{V} \qquad (13.3.7)$$

式中：Q——房间送风量（m^3/h）；

$\overline{v}$——送风面平均速度（m/s）；

F——送风面面积（m^2）；

V——房间体积（m^3）。

3 对Ⅳ级洁净手术室和洁净辅助用房的分散送风口应通过检测送风口风量换算得出换气次数，检测结果不应小于本规范表 4.0.1 的规定，不宜超过设计值的 15%。对于分散布置的送风口的检测方法应符合现行国家标准《洁净室施工及验收规范》GB 50591 的有关规定。

13.3.8 末级过滤器检漏应符合下列要求：

1 每个高效过滤器送风口的过滤器安装边框和滤芯以及送风面内所有缝隙都应检漏。每次更换过滤器后都应重新检漏。

2 非高效过滤器送风口是否检漏以及检漏标准可由甲乙双方商定。

3 检测方法应按现行国家标准《洁净室施工及验收规范》GB 50591 的有关规定执行。

13.3.9 手术室严密性的检验应符合下列要求：

1 应在设计的正压或负压下检验。

2 除门缝不测以外，应用发烟管在所有缝隙处发烟，检查有无可见泄漏。

13.3.10 静压差的检验应符合下列要求：

1 在洁净区所有门都关闭的条件下，应从平面上最里面的房间依次向外或从空气洁净度级别最高的房间依次向低级别的房间进行检验，测出静压差合格后还应检测其相邻两间洁净用房的静压差，结果应符合本规范表 4.0.1 的要求，对于Ⅰ级洁净用房静压差合格后还应检测其开门后门内 0.6m 处洁净度，并应达标。

2 有不可关闭的开口与邻室相通的洁净室的静压差检测应符合现行国家标准《洁净室施工及验收规范》GB 50591 的有关规定。

3 测定高度应距地面 0.8m，测孔截面应平行于气流方向，测点应选在无涡流无回风口的位置。检测仪器应为读值分辨率可达到 1Pa 的微压计。

4 无压差具体数值要求或有气流流向要求的相邻洁净用房之间，应仅用丝线（或发烟）观察流向。

13.3.11 洁净度级别的检验应符合下列要求：

1 洁净手术室和洁净辅助用房洁净度级别的检测，应在系统至少已运行 30min，并确认风速、换气次数、检漏和静压差的检测无明显问题之后进行。对大于等于 0.5μm 和大于等于 5μm 的微粒，检测结果均应同时满足下列条件：应由各点平均含尘浓度 $\overline{C}$ 和室平均浓度 $\overline{N}$ 按下式计算出 N，并应小于本规范表 3.0.3-1 和表 3.0.3-2 中规定级别的上限浓度。

$$N=\overline{N}+t\cdot\sigma_{\overline{N}} \qquad (13.3.11\text{-}1)$$

$$\sigma_{\overline{N}}=\sqrt{\frac{\sum(\overline{C}_i-\overline{N})^2}{k(k-1)}} \qquad (13.3.11\text{-}2)$$

式中 t——单侧分布系数，置信度上限达 95%时，应按表 13.3.11-1 取值。

表 13.3.11-1 系数 t

测点数	2	3	4	5	6	7	8	9
系数 t	6.31	2.92	2.35	2.13	2.02	1.94	1.90	1.86

注：当测点数为 9 点以上时，$N=\overline{N}$。

2 当送风口集中布置时，应对手术区和周边区分别检测，测点数和位置应符合表 13.3.11-2 的规定，测点数不少于 3 点；当附近有显著障碍物时，可适当避开；应避开送风口正下方；当送风口分散布置时，应按全室统一布点检测，测点可均布，但不应布置在送风口正下方。

表 13.3.11-2 测点位置表

区 域	最少测点数	手术区图示
Ⅰ级洁净手术室手术区和洁净辅助用房局部 100 级区	5 点	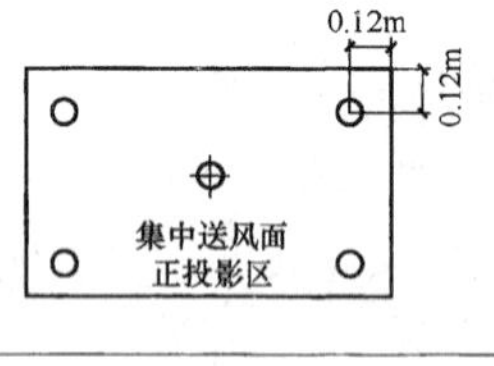
Ⅰ级周边区	8 点，每边内 2 点	
Ⅱ级～Ⅲ级洁净手术室手术区	3 点	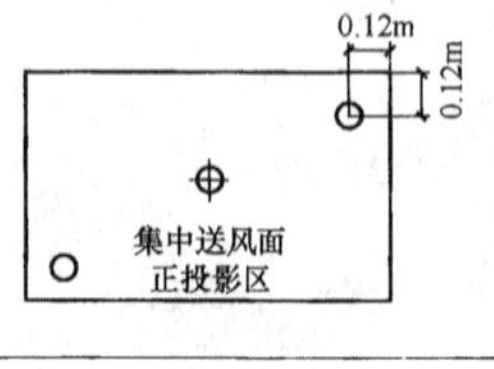
Ⅱ级～Ⅲ级周边区	6 点，长边内 2 点，短边内 1 点	
Ⅳ级洁净手术室及分散布置送风口的洁净室	测点数＝$\sqrt{面积平方米数}$	

3 每次粒子计数器采样的最小采样量 5 级区域应为 8.6L，以下各级区域应为 2.83L。

4 测点布置应在距地面 0.8m 高的平面上，在手术区检测

时应无手术台。当手术台已固定时，台面上测点应高出台面0.25m，并应记录在案。

5 当在5级区域检测时，采样口应对着气流方向；当在其他级别区域检测时，采样口均应向上。

6 当检测含尘浓度时，检测人员不得多于2人，都应穿洁净工作服，处于测点下风向的位置，减少动作。

7 当检测含尘浓度时，除无影灯外，手术室照明灯应全部打开。

13.3.12 温湿度的检测应符合下列要求：

1 室内温湿度测定应为距地面0.8m高的中心点，检测结果应符合本规范表4.0.1的规定。检测仪器为可显示小数后一位的数字式温湿度测量仪。

2 测量值应通过调试达到测定时气象条件下静态能力的极值，如有疑问或建设方有要求，可在动态下或最不利季节复核。

3 测出室内的温湿度之后，应同时测出当天室外温湿度。

13.3.13 噪声的检测应符合下列要求：

1 噪声检测宜在外界干扰较小的晚间进行，以A声级为准。不足15m^{2}的房间应在室中心测一点，超过15m^{2}的应在室中心和四角共测5点。洁净手术室测点高度为地上1.5m，其他房间应为地上1.1m。检测结果应符合本规范表4.0.1的规定。检测仪器宜用带倍频程分析仪的声级计。

2 全部噪声测定之后，应关闭净化空调系统测定背景噪声，当背景噪声与室内噪声之差小于10dB时，室内噪声应按常规予以修正。

13.3.14 照度的检测应符合下列要求：

1 照度检测应在光源输出趋于稳定时不开无影灯，无自然采光条件下进行。

2 测点应距地面0.8m，离墙面0.5m，应按间距不超过2m均匀布点，不刻意在灯下或避开灯下选点。各点中最小的照度值应符合本规范表4.0.1的规定，照度均匀度应符合本规范第11.3.1条的规定。

13.3.15 新风量的检测应符合下列要求：

1 新风量的检测应在室外无风或微风条件下进行。

2 通过测定新风口风速或新风管中的风速，应按进风净面积换算成新风量，结果应在室内静压达到标准的前提下，不应低于本规范表4.0.1的规定，并不宜超过设计值的10%。

13.3.16 甲醛、苯和总挥发性有机化合物（TVOC）浓度的检测应符合下列要求：

1 不同级别的手术室抽检数量应至少抽检1间；抽检手术室间数量不得少于手术室总数的10%，不得少于3间，当手术室总数少于3间时，应全数检测；洁净手术部辅助房间中，重症监护室（ICU）、预麻醉室、恢复室、值班室等人员长时间停留的房间应检测，辅助房间抽检数量不得低于辅助房间总数的10%。

2 甲醛、苯和总挥发性有机化合物（TVOC）浓度检测的其余要求和验收标准，应符合现行国家标准《民用建筑工程室内环境污染控制规范》GB 50325的有关规定。

13.3.17 谐波畸变率的检测应符合下列要求：

1 应在本规范第6章规定的所有基本装备及照明均开启状态下进行检测。

2 检测仪器及检测方法应按国家现行标准《电源质量检测设备——通用要求》GB/T 19862、《电能质量　公用电网谐波》GB/T 14549和《电能质量检测分析仪器检定规程》DL/T 1028的要求执行。

3 电压总谐波畸变率和电流总谐波畸变率应符合本规范第11.1.8条的要求。

13.3.18 细菌浓度的检测应符合下列要求：

1 细菌浓度宜在其他项目检测完毕，对全室表面进行常规消毒之后进行。不得进行空气消毒。

2 当送风口集中布置时，应对手术区和周边区分别检测；当送风口分散布置时，应全室统一检测。

3 当采用浮游法测定浮游菌浓度时，细菌浓度测点数应和被测区域的含尘浓度测点点数相同，且宜在同一位置上。每次采样应满足表13.3.18-1规定的最小采样量的要求，每次采样时间不应超过30min。

表13.3.18-1 浮游菌最小采样量

被测区域洁净度级别	每点最小采样量 m^3（L）
5级	1（1000）
6级	0.3（300）
7级	0.2（200）
8级	0.1（100）
8.5级	0.1（100）

4 当用沉降法测定沉降菌浓度时，细菌浓度测点数应和被测区域含尘浓度测点数相同，同时应满足表13.3.18-2规定的最少培养皿数的要求。

表13.3.18-2 沉降菌最小培养皿数

被测区域洁净度级别	每区最少培养皿数，培养皿直径90mm（ϕ90），以沉降30min计
5级	13
6级	4
7级	3
8级	2
8.5级	2

注：如沉降时间适当延长，则最少培养皿数可以按比例减少，但不得少于含尘浓度的最少测点数。采样时间略低于或高于30min时，可进行换算。

5 采样点可布置在地面上或不高于地面0.8m的任意高度上。

6 细菌浓度检测方法，应有2次空白对照。第1次应对用于检测的培养皿或培养基条做对比试验，每批一个对照皿。第2次是在检测时，应每室或每区1个对照皿，对操作过程做对照试验：模拟操作过程，但培养皿或培养基条打开后应又立即封盖。两次对照结果都应为阴性。整个操作应符合无菌操作的要求。采样后的培养基条或培养皿，应置于37℃条件下培养24h，然后计数生长的菌落数。菌落数的平均值均应四舍五入进位到小数点后1位。

7 当某个皿菌落数太大受到质疑时，应重测；当结果仍很大时，应以两次均值为准；当结果很小时，可再重测或分析判定。

8 布皿和收皿的检测人员应遵守无菌操作的要求。

附录 A　地级市以上城市可吸入颗粒物/总悬浮颗粒物年平均浓度

城市代码	城市名称	PM10/TSP 年均浓度（mg/m³）					
		2007	2008	2009	2010	2011	平　均
110000	北京	0.148	0.123	0.121	0.121	0.113	0.125
120000	天津	0.094	0.088	0.101/0.207	0.096	0.093	0.094/0.207
	河北省	—	—	—	—	—	—
130100	石家庄	0.128	0.116	0.104	0.098	0.099	0.109
130200	唐山	0.094	0.082	0.077	0.085	0.081	0.084
130300	秦皇岛	0.08	0.071	0.067	0.064	0.063	0.069
130400	邯郸	0.104	0.101	0.102	0.09	0.089	0.097
130500	邢台	—	—	0.083	0.082	0.081	0.082
130600	保定	0.106	0.085	0.088	0.084	0.083	0.089
130700	张家口	—	—	0.062	0.07	0.069	0.067
130800	承德	—	—	0.059	0.053	0.053	0.055

续表

城市代码	城市名称	PM10/TSP 年均浓度（mg/m³）					
		2007	2008	2009	2010	2011	平　均
141100	吕梁	—	—	0.073	0.067	0.069	0.070
	内蒙古自治区	—	—	—	—	—	—
150101	呼和浩特	0.084	0.07	0.074	0.068	0.076	0.074
150201	包头	0.135	0.124	0.109	0.102	0.099	0.114
150301	乌海	—	—	0.124	0.124	0.111	0.120
150401	赤峰	0.11	0.094	0.089	0.093	0.111	0.099
150501	通辽	—	—	0.074	0.069	0.064	0.069
150601	鄂尔多斯	—	—	0.062	0.065	0.058	0.062
105701	呼伦贝尔	—	—	0.066	0.064	0.062	0.064
150801	巴彦淖尔	—	—	0.072	0.068	0.077	0.072
150901	乌兰察布	—	—	0.089	0.076	0.074	0.080
152201	乌兰浩特	—	—	0.058	0.042	0.046	0.049
152502	锡林浩特	—	—	0.053	0.061	0.087	0.067
152921	巴彦浩特	—	—	0.04	0.056	0.049	0.048

续表

城市代码	城市名称	PM10/TSP 年均浓度（mg/m³）					
		2007	2008	2009	2010	2011	平　均
130900	沧州	—	—	0.086	0.078	0.073	0.079
131000	廊坊	—	—	0.081	0.078	0.076	0.078
131100	衡水	—	—	0.088	0.074	0.081	0.081
	山西省	—	—	—	—	—	—
140100	太原	0.124	0.094	0.106	0.089	0.084	0.099
140200	大同	0.11	0.101	0.077	0.075	0.072	0.087
140300	阳泉	0.086	0.071	0.072	0.078	0.082	0.078
140400	长治	0.106	0.09	0.076	0.083	0.078	0.087
140500	晋城	—	—	0.069	0.067	0.062	0.066
140600	朔州	—	—	0.073	0.075	0.065	0.071
140700	晋中	—	—	0.08	0.07	0.065	0.072
140800	运城	—	—	0.072	0.075	0.072	0.073
140900	忻州	—	—	0.062	0.061	0.057	0.060
141000	临汾	0.113	0.085	0.085	0.084	0.084	0.090

续表

城市代码	城市名称	PM10/TSP 年均浓度（mg/m³）					
		2007	2008	2009	2010	2011	平　均
	辽宁省	—	—	—	—	—	—
210100	沈阳	0.119	0.118	0.11	0.101	0.096	0.109
210200	大连	0.097	0.071	0.067	0.058	0.067	0.072
210300	鞍山	0.131	0.109	0.111	0.105	0.1	0.111
210400	抚顺	0.111	0.093	0.1	0.094	0.094	0.098
210500	本溪	0.108	0.091	0.09	0.069	0.073	0.086
210600	丹东	—	—	0.076	0.069	0.069	0.071
210700	锦州	0.098	0.085	0.087	0.079	0.08	0.086
210800	营口	—	—	0.076	0.073	0.075	0.075
210900	阜新	—	—	0.095	0.094	0.083	0.091
211000	辽阳	—	—	0.08	0.066	0.074	0.073
211100	盘锦	—	—	0.087	0.074	0.075	0.079
211200	铁岭	—	—	0.08	0.078	0.097	0.085
211300	朝阳	—	—	0.084	0.083	0.082	0.083

续表

城市代码	城市名称	PM10/TSP 年均浓度（mg/m³）					
		2007	2008	2009	2010	2011	平 均
211400	葫芦岛	—	—	0.094	0.076	0.08	0.083
	吉林省	—	—	—	—	—	—
220100	长春	0.099	0.096	0.085	0.089	0.091	0.092
220200	吉林	0.1	0.093	0.095	0.081	0.079	0.090
220300	四平	—	—	0.074	0.067	0.072	0.071
220400	辽源	—	—	0.093	0.067	0.08	0.080
220500	通化	—	—	0.074	0.087	0.065	0.075
220600	白山	—	—	0.07	0.063	0.061	0.065
220800	松原	—	—	0.1	0.06	0.057	0.072
220700	白城	—	—	0.061	0.061	0.068	0.063
220401	延吉	—	—	0.073	0.069	0.086	0.076
	黑龙江省	—	—	—	—	—	—
230100	哈尔滨	0.102	0.102	0.101	0.101	0.099	0.101
230200	齐齐哈尔	0.079	0.082	0.075	0.078	0.076	0.078

续表

城市代码	城市名称	PM10/TSP 年均浓度（mg/m³）					
		2007	2008	2009	2010	2011	平 均
230300	鸡西	—	—	0.083	0.066	0.06	0.070
230400	鹤岗	—	—	0.092	0.09	0.085	0.089
230500	双鸭山	—	—	0.085	0.08	0.078	0.081
230600	大庆	—	—	0.049	0.054	0.073	0.059
230700	伊春	—	—	0.057	0.045	0.048	0.050
230800	佳木斯	—	—	0.069	0.059	0.055	0.061
230900	七台河	—	—	0.109	0.104	0.105	0.106
231000	牡丹江	0.083	0.068	0.066	0.07	0.07	0.071
231100	黑河	—	—	0.036	0.048	0.047	0.044
232300	绥化	—	—	0.058	0.051	0.058	0.056
232700	大兴安岭	—	—	0.049	0.057	0.038	0.048
310000	上海	0.088	0.084	0.081	0.079	0.08	0.082
	江苏省	—	—	—	—	—	—
320100	南京	0.107	0.098	0.1	0.114	0.097	0.103

续表

城市代码	城市名称	PM10/TSP 年均浓度（mg/m³）					
		2007	2008	2009	2010	2011	平 均
320200	无锡	0.083	0.083	0.083	0.088	0.088	0.085
320300	徐州	0.115	0.103	0.107	0.088	0.086	0.100
320400	常州	0.104	0.098	0.091	0.097	0.096	0.097
320500	苏州	0.093	0.096	0.089	0.09	0.088	0.091
320600	南通	0.088	0.09	0.077	0.097	0.078	0.086
320700	连云港	0.095	0.086	0.091	0.09	0.089	0.090
320800	淮安	—	—	0.094	0.095	0.087	0.092
320900	盐城	—	—	0.097	0.122	0.115	0.111
321000	扬州	0.1	0.102	0.085	0.096	0.093	0.095
321100	镇江	0.089	0.095	0.092	0.097	0.093	0.093
321200	泰州	—	—	0.103	0.087	0.099	0.096
321300	宿迁	—	—	0.097	0.099	0.098	0.098
	浙江省	—	—	—	—	—	—
330100	杭州	0.107	0.11	0.097	0.098	0.093	0.101

续表

城市代码	城市名称	PM10/TSP 年均浓度（mg/m³）					
		2007	2008	2009	2010	2011	平 均
330200	宁波	0.09	0.09	0.086	0.096	0.095	0.091
330300	温州	0.08	0.082	0.076	0.085	0.091	0.083
330400	嘉兴	—	—	0.091	0.093	0.089	0.091
330500	湖州	0.089	0.098	0.085	0.086	0.107	0.093
330600	绍兴	0.094	0.096	0.1	0.095	0.1	0.097
330700	金华	—	—	0.074	0.067	0.078	0.073
330800	衢州	—	—	0.056	0.065	0.083	0.068
330900	舟山	—	—	0.06	0.061	0.06	0.060
331000	台州	—	—	0.074	0.08	0.074	0.076
331100	丽水	—	—	0.067	0.071	0.081	0.073
	安徽省	—	—	—	—	—	—
340100	合肥	0.116	0.134	0.111	0.115	0.113	0.118
340200	芜湖	0.072	0.076	0.064	0.075	0.084	0.074
340300	蚌埠	—	—	0.065	0.08	0.083	0.046

续表

城市代码	城市名称	PM10/TSP 年均浓度（mg/m³）					
		2007	2008	2009	2010	2011	平　均
340400	淮南	—	—	0.08	0.087	0.094	0.052
340500	马鞍山	0.092	0.086	0.078	0.097	0.091	0.089
340600	淮北	—	—	0.092	0.089	0.102	0.094
340700	铜陵	—	—	0.098	0.095	0.079	0.091
340800	安庆	—	—	0.086	0.085	0.086	0.086
341000	黄山	—	—	0.048	0.046	0.05	0.048
341100	滁州	—	—	0.071	0.09	0.082	0.081
341200	阜阳	—	—	0.086	0.084	0.072	0.081
341300	宿州	—	—	0.075	0.081	0.078	0.078
341400	巢湖	—	—	0.071	0.079	—	0.050
341500	六安	—	—	0.076	0.067	0.064	0.069
341600	亳州	—	—	0.092	0.088	0.088	0.089
341700	池州	—	—	0.041	0.045	0.051	0.046
341800	宣城	—	—	0.065	0.069	0.07	0.068

续表

城市代码	城市名称	PM10/TSP 年均浓度（mg/m³）					
		2007	2008	2009	2010	2011	平　均
360400	九江	0.079	0.078	0.061	0.064	0.069	0.070
360500	新余	—	—	0.076	0.077	0.075	0.076
360600	鹰潭	—	—	0.055	0.058	0.069	0.061
360700	赣州	—	—	0.06	0.059	0.072	0.064
360800	吉安	—	—	0.058	0.072	0.069	0.066
360900	宜春	—	—	0.063	0.059	0.071	0.064
361000	抚州	—	—	0.071	0.057	0.063	0.064
361100	上饶	—	—	0.053	0.058	0.059	0.057
	山东省	—	—	—	—	—	—
370100	济南	0.118	0.126	0.123	0.117	0.104	0.118
370200	青岛	0.099	0.1	0.098	0.099	0.089	0.097
370300	淄博	0.093	0.102	0.12	0.11	0.089	0.103
370400	枣庄	0.102	0.113	0.14	0.099	0.097	0.110
370500	东营	—	—	0.091	0.089	0.084	0.088

续表

城市代码	城市名称	PM10/TSP 年均浓度（mg/m³）					
		2007	2008	2009	2010	2011	平　均
	福建省	—	—	—	—	—	—
350100	福州	0.065	0.07	0.064	0.073	0.069	0.068
350200	厦门	0.074	0.073	0.059	0.065	0.062	0.067
350300	莆田	—	—	0.062	0.054	0.057	0.058
350400	三明	—	—	0.08	0.086	0.085	0.084
350500	泉州	0.067	0.064	0.056	0.068	0.069	0.065
350600	漳州	—	—	0.068	0.078	0.077	0.074
350700	南平	—	—	0.062	0.066	0.061	0.063
350800	龙岩	—	—	0.081	0.08	0.089	0.083
350900	宁德	—	—	0.063	0.063	0.072	0.066
	江西省	—	—	—	—	—	—
360100	南昌	0.083	0.083	0.079	0.087	0.088	0.084
360200	景德镇	—	—	0.057	0.064	0.07	0.064
360300	萍乡	—	—	0.069	0.066	0.073	0.069

续表

城市代码	城市名称	PM10/TSP 年均浓度（mg/m³）					
		2007	2008	2009	2010	2011	平　均
370600	烟台	0.07	0.078	0.082	0.081	0.064	0.075
370700	潍坊	0.087	0.116	0.102	0.099	0.09	0.099
370800	济宁	0.107	0.104	0.112	0.116	0.111	0.110
370900	泰安	0.08	0.081	0.095	0.097	0.098	0.090
371000	威海	—	—	0.065	0.067	0.064	0.065
371100	日照	0.06	0.061	0.085	0.089	0.089	0.077
371200	莱芜	—	—	0.093	0.107	0.106	0.102
371300	临沂	—	—	0.114	0.097	0.09	0.100
371400	德州	—	—	0.129	0.093	0.092	0.105
371500	聊城	—	—	0.093	0.089	0.1	0.094
371600	滨州	—	—	0.087	0.093	0.082	0.087
371700	菏泽	—	—	0.149	0.097	0.099	0.115
	河南省	—	—	—	—	—	—
410100	郑州	0.105	0.094	0.099	0.111	0.103	0.102

续表

城市代码	城市名称	PM10/TSP 年均浓度（mg/m³）					
		2007	2008	2009	2010	2011	平　均
410200	开封	0.109	0.089	0.095	0.111	0.097	0.100
410300	洛阳	0.114	0.097	0.098	0.107	0.101	0.103
410400	平顶山	0.116	0.097	0.096	0.094	0.089	0.098
410500	安阳	0.112	0.093	0.097	0.109	0.099	0.102
410600	鹤壁	—	—	0.089	0.105	0.094	0.096
410700	新乡	—	—	0.078	0.089	0.083	0.083
410800	焦作	0.099	0.096	0.08	0.1	0.098	0.095
410881	济源	—	—	—	0.102	—	0.102
410900	濮阳	—	—	0.085	0.103	0.089	0.092
411000	许昌	—	—	0.095	0.102	0.094	0.097
411100	漯河	—	—	—	0.099	0.085	0.092
411200	三门峡	0.102	0.102	0.094	0.096	0.096	0.098
411300	南阳	—	—	0.099	0.099	0.098	0.099
411400	商丘	—	—	0.096	0.104	0.093	0.098

续表

城市代码	城市名称	PM10/TSP 年均浓度（mg/m³）					
		2007	2008	2009	2010	2011	平　均
411500	信阳	—	—	0.092	0.091	0.083	0.089
411600	周口	—	—	0.085	0.106	0.095	0.095
411700	驻马店	—	—	0.084	0.094	0.083	0.087
	湖北省	—	—	—	—	—	—
420100	武汉	0.123	0.113	0.105	0.108	0.1	0.110
420200	黄石	—	—	0.101	0.091	0.115	0.102
420300	十堰	—	—	0.062	0.081	0.064	0.069
420500	宜昌	0.084	0.088	0.086	0.086	0.083	0.085
420600	襄樊	—	—	0.097	0.089	0.097	0.094
420700	鄂州	—	—	0.062	0.083	0.086	0.077
420800	荆门	—	—	0.104	0.106	0.104	0.105
420900	孝感	—	—	0.102	0.101	0.077	0.093
421000	荆州	0.079	0.089	0.085	0.088	0.083	0.085
421100	黄冈	—	—	0.081	0.071	0.067	0.073

续表

城市代码	城市名称	PM10/TSP 年均浓度（mg/m³）					
		2007	2008	2009	2010	2011	平　均
421200	咸宁	—	—	0.077	0.094	0.094	0.088
421300	随州	—	—	0.081	0.086	0.101	0.089
422800	恩施	—	—	0.105	0.077	0.074	0.085
	湖南省	—	—	—	—	—	—
430100	长沙	0.104	0.097	0.092	0.081	0.083	0.091
430200	株洲	0.103	0.101	0.101	0.095	0.087	0.097
430300	湘潭	0.13	0.103	0.097	0.072	0.085	0.097
430400	衡阳	—	—	0.064	0.066	0.07	0.067
430500	邵阳	—	—	0.057	0.097	0.075	0.076
430600	岳阳	0.125	0.123	0.101	0.092	0.093	0.107
430700	常德	0.104	0.112	0.094	0.071	0.089	0.094
430800	张家界	0.071	0.084	0.071	0.077	0.076	0.076
430900	益阳	—	—	0.074	0.065	0.085	0.075
431000	郴州	—	—	0.065	0.087	0.063	0.072

续表

城市代码	城市名称	PM10/TSP 年均浓度（mg/m³）					
		2007	2008	2009	2010	2011	平　均
431100	永州	—	—	0.048	0.069	0.08	0.066
431200	怀化	—	—	0.056	0.071	0.075	0.067
431300	娄底	—	—	0.065	0.061	0.073	0.066
433101	吉首	—	—	0.042	0.061	0.08	0.061
	广东省	—	—	—	—	—	—
440100	广州	0.077	0.071	0.07	0.069	0.069	0.071
440200	韶关	0.067	0.053	0.062	0.074	0.068	0.065
440300	深圳	0.064	0.063	0.057	0.057	0.057	0.060
440400	珠海	0.048	0.05	0.048	0.049	0.049	0.049
440500	汕头	0.067	0.064	0.059	0.06	0.058	0.062
440600	佛山	—	—	0.066	0.064	0.07	0.067
440700	江门	—	—	0.071	0.057	0.06	0.063
440800	湛江	0.048	0.047	0.043	0.045	0.043	0.045
440900	茂名	—	—	0.051	0.047	0.054	0.051

续表

城市代码	城市名称	PM10/TSP年均浓度（mg/m³）					
		2007	2008	2009	2010	2011	平　均
441200	肇庆	—	—	0.046	0.058	0.057	0.054
441300	惠州	—	—	0.049	0.051	0.06	0.053
441400	梅州	—	—	0.036	0.038	0.037	0.037
441500	汕尾	—	—	0.037	0.045	0.054	0.045
441600	河源	—	—	0.028	0.026	0.025	0.026
441700	阳江	—	—	0.037	0.039	0.038	0.038
441800	清远	—	—	0.059	0.06	0.056	0.058
441900	东莞	—	—	0.066	0.063	0.071	0.067
442000	中山	—	—	0.053	0.051	0.051	0.052
445100	潮州	—	—	0.064	0.072	0.063	0.066
445200	揭阳	—	—	0.057	0.053	0.046	0.052
445300	云浮	—	—	0.062	0.052	0.05	0.055
	广西壮族自治区	—	—	—	—	—	—
450100	南宁	0.064	0.056	0.05	0.069	0.073	0.062

续表

城市代码	城市名称	PM10/TSP年均浓度（mg/m³）					
		2007	2008	2009	2010	2011	平　均
450200	柳州	0.039	0.037	0.054	0.067	0.077	0.055
450300	桂林	0.035	0.034	0.049	0.066	0.076	0.052
450400	梧州	—	—	0.028	0.027	0.042	0.032
450500	北海	0.038	0.048	0.054	0.058	0.06	0.052
450600	防城港	—	—	0.053	0.058	0.064	0.058
450700	钦州	—	—	0.048	0.051	0.064	0.054
450800	贵港	—	—	0.062	0.056	0.06	0.059
450900	玉林	—	—	0.057	0.049	0.051	0.052
451000	百色	—	—	0.052	0.053	0.059	0.055
451100	贺州	—	—	0.055	0.047	0.044	0.049
451200	河池	—	—	0.052	0.061	0.063	0.059
451300	来宾	—	—	0.069	0.065	0.072	0.069
451400	崇左	—	—	0.058	0.055	0.055	0.056
	海南省	—	—	—	—	—	—

续表

城市代码	城市名称	PM10/TSP年均浓度（mg/m³）					
		2007	2008	2009	2010	2011	平　均
460100	海口	0.043	0.043	0.038	0.04	0.041	0.041
460200	三亚	—	—	0.027	0.022	0.025	0.025
500000	重庆	0.108	0.106	0.105	0.102	0.093	0.103
	四川省	—	—	—	—	—	—
510100	成都	0.111	0.111	0.111	0.104	0.1	0.107
510181	都江堰	—	—	—	0.061	—	0.061
510300	自贡	0.082	0.082	0.089	0.081	0.083	0.083
510400	攀枝花	0.108	0.105	0.101	0.098	0.093	0.101
510500	泸州	0.118	0.082	0.072	0.086	0.087	0.089
510600	德阳	0.072	0.058	0.057	0.065	0.065	0.063
510700	绵阳	0.084	0.066	0.074	0.082	0.059	0.073
510781	江油	—	—	—	0.075	—	0.075
510800	广元	—	—	0.049	0.047	0.047	0.048
510900	遂宁	—	—	0.071	0.071	0.073	0.072

续表

城市代码	城市名称	PM10/TSP年均浓度（mg/m³）					
		2007	2008	2009	2010	2011	平　均
511000	内江	—	—	0.053	0.052	0.048	0.051
511100	乐山	—	—	0.068	0.079	0.067	0.071
511181	峨眉山	—	—	—	0.121	—	0.121
511300	南充	0.063	0.054	0.052	0.061	0.059	0.058
511400	眉山	—	—	0.085	0.083	0.078	0.082
511500	宜宾	0.09	0.085	0.072	0.078	0.069	0.079
511600	广安	—	—	0.067	0.059	0.065	0.064
511700	达州	—	—	0.074	0.069	0.058	0.067
511800	雅安	—	—	0.05	0.047	0.042	0.046
511900	巴中	—	—	0.054	0.054	0.055	0.054
512000	资阳	—	—	0.064	0.062	0.067	0.064
513200	马尔康	—	—	0.023	0.032	0.034	0.030
513300	康定	—	—	0.026	0.027	0.035	0.029
513400	西昌	—	—	0.049	0.041	0.046	0.045

续表

城市代码	城市名称	PM10/TSP 年均浓度（mg/m³）					
		2007	2008	2009	2010	2011	平　均
	贵州省	—	—	—	—	—	—
520100	贵阳	—	—	0.074	0.075	0.079	0.079
520200	六盘水	—	—	0.037	0.047	0.043	0.042
520300	遵义	—	—	0.078	0.087	0.089	0.085
520400	安顺	—	—	0.063	0.058	0.053	0.058
522200	铜仁	—	—	0.098	0.094	0.091	0.094
522300	兴义	—	—	0.091	0.109	0.104	0.101
522400	毕节	—	—	0.093	0.101	0.075	0.090
522600	凯里	—	—	0.072	0.063	0.075	0.070
522700	都匀	—	—	0.016	0.068	0.068	0.051
	云南省	—	—	—	—	—	—
530100	昆明	0.075	0.067	0.067	0.072	0.065	0.069
530300	曲靖	0.089	0.086	0.08	0.085	0.068	0.082

续表

城市代码	城市名称	PM10/TSP 年均浓度（mg/m³）					
		2007	2008	2009	2010	2011	平　均
530400	玉溪	0.065	0.071	0.085	0.079	0.059	0.072
530500	保山	—	—	0.051	0.051	0.052	0.051
530600	昭通	—	—	0.028	0.048	0.046	0.041
530700	丽江	—	—	0.046	0.043	0.045	0.045
530800	普洱	—	—	0.047	0.105	0.038	0.063
530926	临沧	—	—	0.056	0.059	0.052	0.056
532326	楚雄	—	—	0.039	0.041	0.041	0.040
532500	蒙自	—	—	—	0.05	0.049	0.050
532600	文山	—	—	0.049	0.054	0.048	0.050
532800	景洪	—	—	0.033	0.051	0.05	0.045
532900	大理	—	—	0.033	0.037	0.034	0.035
533100	潞西	—	—	0.063	0.057	0.063	0.061
533300	六库	—	—	—	0.038	0.03	0.034

续表

城市代码	城市名称	PM10/TSP 年均浓度（mg/m³）					
		2007	2008	2009	2010	2011	平　均
533400	香格里拉	—	—	0.036	0.031	0.025	0.031
	西藏自治区	—	—	—	—	—	—
540100	拉萨	0.057	0.051	0.05	0.048	0.04	0.049
	陕西省	—	—	—	—	—	—
610100	西安	0.135	0.113	0.113	0.126	0.118	0.121
610200	铜川	0.107	0.082	0.079	0.099	0.105	0.094
610300	宝鸡	0.101	0.109	0.11	0.098	0.097	0.103
610400	咸阳	0.121	0.102	0.094	0.094	0.097	0.102
610500	渭南	0.123	0.11	0.117	0.112	0.098	0.112
610600	延安	0.112	0.068	0.108	0.12	0.118	0.105
610700	汉中	—	—	0.078	0.078	0.071	0.076
610800	榆林	—	—	0.109	0.095	0.094	0.099
610900	安康	—	—	0.038	0.049	0.032	0.040

续表

城市代码	城市名称	PM10/TSP 年均浓度（mg/m³）					
		2007	2008	2009	2010	2011	平　均
611000	商洛	—	—	0.044	0.057	0.065	0.055
	甘肃省	—	—	—	—	—	—
620100	兰州	0.129	0.132	0.15	0.155	0.138	0.141
620200	嘉峪关	—	—	0.091	0.097	0.104	0.097
620300	金昌	0.103	0.102	0.087	0.088	0.089	0.094
620400	白银	—	—	0.121	0.099	0.129	0.116
620500	天水	—	—	0.069	0.066	0.069	0.068
620900	酒泉	—	—	0.096	0.089	0.083	0.089
620700	张掖	—	—	0.081/0.115	0.08	0.079	0.08/0.115
620600	武威	—	—	0.085	0.08	0.09	0.051
621100	定西	—	—	0.06	0.061	0.087	0.042
621200	陇南	—	—	未测/0.305	0.121/0.322	0.074	0.098/0.314
620800	平凉	—	—	0.074	0.089	0.062	0.075

4

续表

城市代码	城市名称	PM10/TSP 年均浓度（mg/m³）					
		2007	2008	2009	2010	2011	平　均
621000	庆阳	—	—	0.057	0.076	0.09	0.074
622900	临夏	—	—	未测/0.184	0.121/0.211	0.099	0.11/0.198
623000	合作	—	—	—	0.107/0.162	未测/0.141	0.107/0.152
	青海省	—	—	—	—	—	—
630100	西宁	0.115	0.118	0.141	0.124	0.105	0.121
	宁夏回族自治区	—	—	—	—	—	—
640100	银川	0.092	0.084	0.09	0.093	0.095	0.091
640200	石嘴山	0.097	0.093	0.087	0.088	0.078	0.089
640300	吴忠	—	—	0.052	0.064	0.061	0.059
640400	固原	—	—	0.126	0.105	0.1	0.110
640500	中卫	—	—	0.123	0.101	0.097	0.107
	新疆维吾尔自治区	—	—	—	—	—	—
650100	乌鲁木齐	0.136	0.145	0.14	0.133	0.132	0.137

续表

城市代码	城市名称	PM10/TSP 年均浓度（mg/m³）					
		2007	2008	2009	2010	2011	平　均
650200	克拉玛依	0.066	0.072	0.055	0.051	0.068	0.062
652101	吐鲁番	—	—	0.150/0.377	0.135/0.449	0.155	0.147/0.413
652201	哈密	—	—	0.107	0.086	0.087	0.093
652301	昌吉	—	—	0.100/0.295	0.082/0.283	0.08	0.087/0.289
652700	博尔塔拉蒙古自治州	—	—	—	—	0.049	0.049
652800	巴音郭楞蒙古自治州	—	—	—	—	0.111	0.111
652900	阿克苏地区	—	—	—	—	0.156	0.156
653000	克孜勒苏柯尔克孜自治州	—	—	—	—	0.095	0.095
652302	阜康	—	—	—	0.072	—	0.072
650701	博乐	—	—	0.048/0.136	0.046/0.167	—	0.047/0.152
652801	库尔勒	—	—	0.106	0.137	—	0.122
652901	阿克苏	—	—	0.131	0.143	—	0.137
653001	阿图什	—	—	0.110/0.416	0.174/0.592	—	0.142/0.504

续表

城市代码	城市名称	PM10/TSP 年均浓度（mg/m³）					
		2007	2008	2009	2010	2011	平　均
653101	喀什	—	—	0.133/0.784	0.248/0.799	—	0.191/0.792
653100	喀什地区	—	—	—	—	0.282	0.282
653201	和田	—	—	0.206/0.940	0.272/0.988	—	0.239/0.964
653200	和田地区	—	—	—	—	0.352	0.352
654002	伊宁	—	—	0.084	0.08	—	0.082
654003	奎屯	—	—	—	0.056	—	0.056
654000	伊犁哈萨克自治州	—	—	—	—	0.073	0.073
654201	塔城	—	—	0.039	0.036	0.046	0.040
654202	乌苏	—	—	—	0.058	—	0.058
654301	阿勒泰	—	—	0.035	0.039	0.039	0.038
659001	石河子	—	—	—	0.07	0.071	0.071
659004	五家渠	—	—	—	0.073	0.096	0.085

附录 B　洁净手术部工程验收检查项目

B.0.1　洁净手术部建成后，除应由建设方按医疗工艺要求自查外，还宜由建设方负责按本附录列出的项目验收，并应按现行国家标准《洁净室施工及验收规范》GB 50591 组织综合性能全面评定的检测。

B.0.2　洁净手术部工程验收报告评价标准应符合表 B.0.2 的规定。

表 B.0.2　洁净手术部工程验收评价标准

标准类别	严重缺陷数目	一般缺陷数目
合格	0	小于等于 15%
	小于等于 3 可整改并整改合格	整改后小于 15%
不合格	大于 3 并难于整改	0
	整改后仍未合格	

B.0.3　洁净手术部工程项目宜按表 B.0.3 进行验收。

表 B.0.3　洁净手术部工程项目检查表

章	序号	检查出不符合要求的问题	评　价		适用等级			
			严重缺陷	一般缺陷	Ⅰ级	Ⅱ级	Ⅲ级	Ⅳ级
建筑	1	新建洁净手术部未远离污染源		√	√	√	√	√
	2	洁净手术部未自成一区，与其有密切关系的科室较远		√	√	√	√	√
	3	新建工程建筑柱网不合理，非常影响用房回风墙和管线布置等要求		√	√	√	√	√

续表 B.0.3

章	序号	检查出不符合要求的问题	评价		适用等级			
			严重缺陷	一般缺陷	Ⅰ级	Ⅱ级	Ⅲ级	Ⅳ级
建筑	4	洁净区与非洁净区分区不明确，其间缓冲室或传递窗设置欠缺	√		√	√	√	√
	5	负压手术室和感染手术室出入口无缓冲室	√				√	√
	6	负压手术室无独立出入口	√				√	√
	7	淋浴和卫生间设于更衣室后部		√	√	√	√	√
	8	人物用电梯出口设在洁净区又无缓冲室	√		√	√	√	√
	9	人流通道上设了吹淋室		√	√	√	√	√
	10	换车处换车后和存洁车处不是洁净区		√	√	√	√	√
	11	缓冲室级别不对，面积过小		√	√	√	√	√
	12	超过4间手术室才设1间刷手间；刷手间设门		√	√	√	√	√
	13	洁净手术部有各种结构缝穿过且未用止水带密封		√	√	√	√	√
	14	装饰材料不符合防火要求	√		√	√	√	√
	15	手术部地面有缺陷		√	√	√	√	√
	16	手术部墙面有缺陷		√	√	√	√	√
	17	围护结构上有未密封的洞眼缝隙		√	√	√	√	√
	18	踢脚突出墙面或弧度不够		√	√	√	√	√
	19	阳角有棱角。通道防撞板不全		√	√	√	√	√

续表 B.0.3

章	序号	检查出不符合要求的问题	评价		适用等级			
			严重缺陷	一般缺陷	Ⅰ级	Ⅱ级	Ⅲ级	Ⅳ级
建筑	20	外露材料用了木材和石膏	√		√	√	√	√
	21	没有特殊原因，设备层空间太满，穿行困难		√	√	√	√	√
	22	设备层内未作简易装修，预留洞口四周无挡水防水措施		√	√	√	√	√
	23	使用了可持续挥发有机化学物质的材料和涂料。可以闻到明显的气味，或无检验合格报告		√	√	√	√	√
	24	综合手术室的净高与分隔送风面的轨道宽度不对应		√	√	√		
	25	推拉门不能自动延时关闭；其他门开启方向有误		√	√	√	√	√
	26	Ⅲ、Ⅳ级辅房外窗非双层密闭窗		√	√	√	√	√
	27	不能提供洁净手术室饰面材料表面电阻在$10^6\Omega$～$10^{10}\Omega$之间的检测证明		√	√	√	√	√
	28	墙上的设置突出了墙面		√	√	√	√	√
	29	洁净用房内有外露管线		√	√	√	√	√
	30	手术室顶棚上有开孔		√	√	√	√	√
空气调节与空气净化	31	未根据需要采取使洁净手术室在送风温度低于室温条件下运行的措施		√	√	√	√	√
	32	净化空调系统没有便于调节控制风量且能保持稳定的任何措施		√	√	√	√	√

续表 B.0.3

章	序号	检查出不符合要求的问题	评价		适用等级			
			严重缺陷	一般缺陷	Ⅰ级	Ⅱ级	Ⅲ级	Ⅳ级
空气调节与空气净化	33	洁净手术室与辅房的净化空调系统未分开（不含正负压切换手术室与其准备室）		√	√	√	√	√
	34	洁净用房用了普通风机盘管机组或空调器	√		√	√	√	√
	35	Ⅰ级～Ⅲ级手术室（含负压手术室）和Ⅰ、Ⅱ级辅房除集中净化空调系统外又设置了局部净化机组		√	√	√	√	√
	36	不合理地采用了全新风系统		√	√	√	√	√
	37	设计单位风量耗功率不符合要求		√	√	√	√	√
	38	新风口设置不符合要求		√	√	√	√	√
	39	排风系统设置不符合要求		√	√	√	√	√
	40	负压手术室排风无高效过滤器或安装未检漏或其边框有泄漏	√		√	√	√	√
	41	Ⅰ级～Ⅲ级手术室和Ⅰ、Ⅱ级辅房用了对流采暖散热器		√	√	√	√	√
	42	冷热源不能满足非满负荷要求		√	√	√	√	√
	43	风管漏风率无检测数据或数据不合格		√	√	√	√	√
	44	集中送风口面积小于要求		√	√	√	√	
	45	无影灯立柱和底罩占有的盲区超过0.25m×0.25m		√	√	√	√	√

续表 B.0.3

章	序号	检查出不符合要求的问题	评价		适用等级			
			严重缺陷	一般缺陷	Ⅰ级	Ⅱ级	Ⅲ级	Ⅳ级
空气调节与空气净化	46	集中送风的洁净手术室洁净气流满布比不大于0.9		√	√			
	47	Ⅱ、Ⅲ级手术室送风口下最高最低风速不符合要求		√		√	√	
	48	洁净手术室和经常有人活动的房间未采用双长侧下回风，回风口明显不均匀、数量不够		√	√	√	√	√
	49	无任何原因，回风口上边超过地面0.5m，下边距地面低于0.1m		√	√	√	√	√
	50	手术室向走廊有组织回风		√	√	√	√	√
	51	上部排风口位置不对，或风速超过2m/s排风过滤器效率低于高中效		√	√	√	√	√
	52	空调设备选用不当，如凝结水管直接通下水道；过滤器前后未设压差计；无原因全部用电热作再热；用水直接介入式加湿；Ⅰ级～Ⅲ级洁净用房末级过滤器前系统内相对湿度可能大于75%；空调箱漏风率无证明数据或不符合要求		√	√	√	√	√
	53	新风送风总管和支管上无风量检测孔		√	√	√	√	√
	54	消声器填充料不符合《洁净室施工及验收规范》要求		√	√	√	√	√
	55	末级过滤器不符合要求		√	√	√	√	√

续表 B.0.3

章	序号	检查出不符合要求的问题	评价		适用等级			
			严重缺陷	一般缺陷	Ⅰ级	Ⅱ级	Ⅲ级	Ⅳ级
空气调节与空气净化	56	末级过滤装置为非阻隔式设施	√		√	√	√	√
	57	末级过滤装置未达最低效率要求		√	√	√	√	√
	58	回风口及其过滤器不符合要求		√	√	√	√	√
	59	新风过滤器匹配低于当地环境空气质量标准的要求		√	√	√	√	√
	60	风阀叶片无开启角度标识，手柄固定不牢		√	√	√	√	√
	61	与环境空气接触的暴露金属料未作保护处理		√	√	√	√	√
医用气体	62	氧气、压缩医用空气、负压（真空）吸引装置不全		√	√	√	√	√
	63	气源储备量不足3日		√	√	√	√	√
	64	中心站气源无一用一备，只有一种切换方式，不能报警		√	√	√	√	√
	65	气源无超压排放安全阀，开启压力、关闭压力不合要求，安全阀不在室外，检修门在手术室内，没有明显的气体种类标识		√	√	√	√	√
	66	进入洁净手术部各种气体的压力显示或流量报警装置不完备。氧气报警用电接点压力表		√	√	√	√	√

续表 B.0.3

章	序号	检查出不符合要求的问题	评价		适用等级			
			严重缺陷	一般缺陷	Ⅰ级	Ⅱ级	Ⅲ级	Ⅳ级
医用气体	67	气体终端接头可互换	√		√	√	√	√
	68	终端接头配置数量不足		√	√	√	√	√
	69	壁上气体终端未暗装		√	√	√	√	√
	70	气体输送速度大于10m/s		√	√	√	√	√
	71	与其他管道共用支架；与其他管道距离不足		√	√	√	√	√
	72	无安装前的吹除记录		√	√	√	√	√
	73	支吊架间距不合要求		√	√	√	√	√
	74	管道未作导静电接地，或接地电阻过大		√	√	√	√	√
	75	管井上下隔层未封闭，与其他管道共用管井		√	√	√	√	√
	76	负压（真空）吸引装置无调压和防倒流设置	√		√	√	√	√
	77	医用气体无合格的验收报告		√	√	√	√	√
给水排水	78	给水排水管道未暗装或穿越手术室		√	√	√	√	√
	79	管道穿墙处未密封		√	√	√	√	√
	80	管道有结露风险未采取措施		√	√	√	√	√
	81	给水无两路进口		√	√	√	√	√
	82	盥洗设备无冷热水设置，储存热水温度不合要求		√	√	√	√	√
	83	刷手池龙头不是非手动，个数不合要求		√	√	√	√	√

续表 B.0.3

章	序号	检查出不符合要求的问题	评价		适用等级			
			严重缺陷	一般缺陷	Ⅰ级	Ⅱ级	Ⅲ级	Ⅳ级
给水排水	84	给水管与卫生器具连接无空气隔断或防倒流设施，甚至直接相连		√	√	√	√	√
	85	给水管不是不锈钢管、铜管或无毒给水型塑料管		√	√	√	√	√
	86	排水口下部水封高度不足50mm		√	√	√	√	√
	87	洁净手术部洁净区内设地漏。其他地漏非防污染的专用密封型		√	√	√	√	√
	88	洁净手术部污水透气系统未独立设置		√	√	√	√	√
	89	洁净手术室排水横管未比设计值大一级		√	√	√	√	√
供配电	90	不是独立的双电源供电	√		√	√	√	√
	91	生命支持电气设备未设应急电源，恢复供电时间不合要求	√		√	√	√	√
	92	谐波畸变率不合要求		√	√	√	√	√
	93	电源回路无漏电检测报警装置		√	√	√	√	√
	94	手术室布线采用环形布置，大型手术部未按功能分区控制		√	√	√	√	√
	95	未用金属管敷设管线		√	√	√	√	√
	96	进入手术部电缆非绝缘阻燃型	√		√	√	√	√

续表 B.0.3

章	序号	检查出不符合要求的问题	评价		适用等级			
			严重缺陷	一般缺陷	Ⅰ级	Ⅱ级	Ⅲ级	Ⅳ级
供配电	97	有无关的电气线路通过手术室		√	√	√	√	√
	98	手术室用电和辅房未分开		√	√	√	√	√
	99	治疗用电设备未在靠近使用场所安隔离变压器		√	√	√	√	√
	100	手术室用电不能远控，面板不与墙齐		√	√	√	√	√
	101	手术室侧墙上插座箱数量不够，地面插座不防水		√	√	√	√	√
	102	手术室内无“非治疗用电”插座		√	√	√	√	√
	103	无等电位接地系统	√		√	√	√	√
	104	手术室电源未加电涌保护器		√	√	√	√	√
	105	灯带非嵌入式，或在送风面之内		√	√	√	√	√
	106	手术室内应急电源照明灯具不足；有治疗功能的房间内无一个灯具由应急电源供电		√	√	√	√	√
	107	手术室外无手术工作指示灯		√	√	√	√	√
	108	手术部无信息接口		√	√	√	√	√

续表 B.0.3

章	序号	检查出不符合要求的问题	评价		适用等级			
			严重缺陷	一般缺陷	Ⅰ级	Ⅱ级	Ⅲ级	Ⅳ级
消防	109	手术部耐火等级低于二级，装修材料至少不是难燃材料	√		√	√	√	√
	110	防火隔断不符合要求	√		√	√	√	√
	111	手术部建筑高度大于24m时未设避难间	√		√	√	√	√
	112	与手术室辅房相连通的吊顶技术夹层无防火防烟设施		√	√	√	√	√
	113	手术室自动门停电后不能开启	√		√	√	√	√
	114	手术部排烟系统设施有缺陷		√	√	√	√	√
工程检验	115	施工无监理		√	√	√	√	√
	116	Ⅰ级手术室地面上1.2m高处风速不合格	√		√			
	117	Ⅰ级手术室地面上1.2m高处风速不均匀度不合格		√	√			
	118	Ⅱ、Ⅲ级手术室集中送风装置送风面下速度差异不符合要求		√		√	√	
	119	Ⅱ、Ⅲ级手术室集中送风装置送风面下有速度盲区	√		√	√		
	120	换气次数低于规范要求	√		√	√	√	√
	121	新风量低于规范要求	√		√	√	√	√
	122	末级过滤器经泄漏修补或更换后仍漏	√		√	√	√	

续表 B.0.3

章	序号	检查出不符合要求的问题	评价		适用等级			
			严重缺陷	一般缺陷	Ⅰ级	Ⅱ级	Ⅲ级	Ⅳ级
工程检验	123	负压手术室严密性经修补后仍不合格	√		√	√	√	√
	124	静压差不合格，不符合规范压差值要求，微正压或微负压的或为“0”或相反	√		√	√	√	√
	125	Ⅰ级手术室开门后门内0.6m处空气洁净度不合格		√	√			
	126	空气洁净度不合格	√		√	√	√	√
	127	温湿度不合格		√	√	√	√	√
	128	噪声不合格		√	√	√	√	√
	129	照度或照度均匀度不合格		√	√	√	√	√
	130	甲醛、苯或TVOC浓度不合格		√	√	√	√	√
	131	细菌浓度不合格	√		√	√	√	√
	132	谐波畸变率不合格		√	√	√	√	√

中华人民共和国国家标准

医院洁净手术部建筑技术规范

GB 50333-2013

条 文 说 明

1 总 则

1.0.2 本条明确了适用的工程内容，包括工程的设计、施工、检测和验收。

1.0.3 空气净化技术是各国有关手术室标准所采用的唯一技术措施。关键点控制也是现代质量控制的一个重点。在应用这些措施时，应注重绿色医院的理念。

1.0.4 考虑到现在以及未来医疗技术发展，手术部设计及手术室建造要注重灵活性与通用性，便于改建或扩建。

3　洁净手术部用房分级

3.0.1　为控制不同用房的室内环境卫生质量，降低手术外源性感染风险，洁净手术部用房应按环境空气中细菌浓度分级，并以空气洁净度级别作为必要保障条件。控制手术部位感染主要包括两种，即：感染源为病人自身的内源性感染和感染源来自医护人员、器械及室内空气环境的外源性感染。

由于净化技术综合措施既除尘又除菌，可在全手术过程中有效控制医疗环境，除菌效率常在99.999%以上，且不会产生副作用和有害物质，简单易行。所以，目前为止所有国家的医院和手术室的标准在室内空气环境方面只提到了这种空气洁净技术和系统，见表1。

表1　各国标准情况

国别	标　准　名	除空气洁净技术和系统外是否还采用别的手段
美国	ANSI/ASHRAE/ASHE170-2008 医疗护理设施的通风	无
美国	VA Surgical Service Deign Guide 退伍军人医院标准手术部设计指南 2005	无
德国	DIN1946-4 医疗护理设施建筑和用房的通风空调 2008	无
日本	HEAS-02-2004 医院空调设备设计与管理指南	无
俄国	GOST R 52539-2006 医院中空气洁净度一般要求	无
法国	NFS90-351-2003 医疗护理设施洁净室及相关受控环境悬浮污染物控制要求	无

续表1

国别	标　准　名	除空气洁净技术和系统外是否还采用别的手段
瑞士	SWKI 99-3：Heating，ventilation and air-conditioning system in hospitals 2005 医院暖通空调系统	无
瑞典	SIS-TR 39 Vägledning och grundläggande krav för mikrobiologisk renhet i operationsrum 手术室生物净化基本要求和指南	无
西班牙	UNE100713：2005：Acondicionamiento de Aire en Hospitales 医院空调设施	无
巴西	NBR 7256：Tratamento de Ar em Unidades Médico-assistenciais. 2011，医疗护理设施空气处理	无
英国	UK Department of health and social services，engineering data：ventilation of operating departments，a design guide 卫生与社会服务部：手术部通风——设计指南	无

3.0.2　关于手术部用房的分级、参考手术以及菌浓指标说明如下：

(1)本章和本条中强调了"手术部"用房的分级。该用房既有洁净手术室的用房，也有洁净辅助用房。国外一些标准是按手术部各类用房分级的。根据编制组调查、征询、座谈返回的意见，大部分意见认为洁净用房分级不变为好。特别指出的是，一些县医院反映，按原规范做Ⅰ级手术室基本不现实，Ⅲ级又要求过低，认为Ⅱ级比较适应当前开展的手术类型。本次修订后，规定的Ⅰ、Ⅱ、Ⅲ三个级别的沉降菌浓度和浮游菌浓度完全符合《医院消毒卫生标准》GB 15982 新版的规定。考虑到将来综合使用洁净手术室和一般手术室的可能，Ⅳ级仅保留按世界卫生组织相关标准和原医院消毒卫生标准浮游菌指标换算得到的沉降菌一个指标，适用的"参考手术"则有较大的变化，使得Ⅱ级用房的作用更突出了。医院可根据发展需要和自身建设能力决定所需建设的手术室级别。

本规范只涉及不同级洁净用房的建筑技术内容。具体用途应由医院作出规划，根据手术切口类别、麻醉分级、手术持续时间以及手术类别、患者状况等，按有关主管部门的手术风险评估办法评估确定。

(2)原规范首次提出了手术适用范围示例，2002年至今，国外新编和修编的标准也进行了相关规定。例如，德国标准规定在Ⅰ级手术室中做的手术有：整形手术、大型异体植入手术、高风险神经外科手术、心血管手术、器官移植、妇科手术、大面积创口和长时间的肿瘤手术、持续时间长的手术。美国标准的C级手术室（最高一级）则规定用于需要全身或大面积局部麻醉及生命机能维持设备的大型手术。俄国标准列举的还要多。

参照国外相关标准，并征求医院意见，本规范提出了各级洁净手术室可参考承担的手术。假体植入和某些大型器官移植、手术部位感染可直接危及生命及生活质量等手术是最具风险的，应采用Ⅰ级洁净用房即Ⅰ级手术室，而原规范列入Ⅰ级的具体手术，按其风险评估可能降为或在Ⅱ、Ⅲ级手术室进行。属于深部组织及生命主要器官大型手术可用Ⅱ级手术室，其他外科手术可用Ⅲ级，国内一些实践也证明这是合适的。本次修订后的Ⅳ级手术室主要考虑用于感染和重度污染类手术（当然也可在高级别手术室进行此类手术），Ⅳ级手术室是采用了不低于高中效过滤器作为空气过滤除菌方法的手术室，满足《医院消毒卫生标准》关于Ⅱ类（保护性隔离病区）用房沉降菌浓度的要求。本次修订将"适用范围"改为"参考手术"，表示只供参考，不是一种规定。

(3)本规范根据计算指定了静态菌浓指标，在有关检测单位发表的文献中，160余间手术室有97.8%都能达标，说明是合适的。同时，根据《医院消毒卫生标准》GB 15982 的规定，洁净手术室在"洁净系统自净后与从事医疗活动前"进行菌浓检测，即是静态检测。在调查中，相关医务人员都提出要进行静态检测。实际工作中，医院在静态检测中存在菌浓超标而影响工作的情况。因此，作为检验工程质量的静态验收，更应对菌浓指标提出要求，德国、法国、俄国标准都规定要遵循ISO14644标准，检测静态菌浓。其中德国标准执行的ISO 14698-1明确指出："在安装和调试新设备时，以及在相应的空态情况下，微生物采样可提供有用的原始资料。对危险区的监测，可以在空态和静态下进行。"所以，静态菌浓应作为背景资料。

(4)本规范规定的送风方式和现行多国标准一样，即集中送风方式。这种方式能充分利用主流区做工作区。只要手术区的面积大到一定程度，可以使手术区（工作区）洁净度提高一级，细菌浓度比周边区降低一半以上。按照测定统计，Ⅰ、Ⅱ、Ⅲ级手术室手术区菌浓与周边区菌浓之比即污染度为0.3，0.45，0.6。为了简化并给予一定安全系数，本规范污染度均按0.5计算（按德国文献的污染度概念，即中心区污染度（指细菌）比周边区降低一半，污染度为0.5，本规范取0.5），即手术区菌浓定为周边区的一半。这一点和德国标准依据的测定结果是一样的。参照美国宇航标准由悬浮微粒数确定浮游菌数量，静态沉降菌浓由浮游菌浓计算而来，并符合美国宇航标准中微生物当量直径按6.5μm计的两者的关系，本规范对计算结果适当取整。

3.0.3　表中的主要辅助用房是举例，不是凡表中列出的都要设置。表中没有提到但需要的也可以建设。

由于医疗技术的发展，在手术部内可能要建立的无菌操作用房，如实验室、仪器装配室等高度洁净用房，可按Ⅰ、Ⅱ级洁净用房考虑。

去掉原规范的手术部ICU，可并入医院ICU统一考虑。

"洁净区走廊"包括原规范中的单走廊、双走廊、多走廊等形式中的"洁净走廊"和"清洁走廊"。"洁净通道"是指其他用途的通道，如手术区通向供应中心的通道等。

3.0.4 随着医疗技术的发展，洁净辅助用房也在变化，本条要求参照表3.0.3和实际需要进行选择，例如在手术室较多时，污物应有专用的集中存放处，以避免随意堆放，造成二次污染。又如洁具间应做到专室专放，可以对洁具进行清洁、消毒甚至干燥处理。

4 洁净手术部用房的技术指标

4.0.1、4.0.2 关于手术部洁净用房技术指标分别说明如下：

(1)关于静压差

国内洁净室的实践证明，5Pa的正压可以满足关门状态下，外部空气不能渗入室内的要求。所以此次修订一律将压差改为5Pa。正负压差都是5Pa。有人认为压差大一些可以使开门时仍保持有一定压差，实践证明，开门后多大的压差都瞬间消失。

国外标准中这一数值从2.5Pa到20Pa不等。即使2.5Pa可以满足要求，但从仪器测定来看，2.5Pa不易掌控。压差不是越大越好，压差太大会加大噪声甚至产生哨音，开门费力。故本条作了上限规定。英国卫生与社会服务部与医疗研究协会编写的《手术室超净送风系统》为了防止对人耳的影响，规定最高不超过30Pa，原规范是参照英国标准制定的，本次修订参照ISO 14644标准改为20Pa。相邻相通同级别洁净室应使气流按要求有一个固定流动方向，俗称定向流。由设计确定，不要求5Pa压差，略有压差即可保持定向流。

如果医院因某种原因建立了用于给经空气途径感染症状的病人进行手术的手术室，必须是负压手术室，但绝对不能理解为洁净手术部都要有此手术室。由于担心负压手术室仍然可能出现正压，使危险气溶胶渗向吊顶上的技术夹层，因此要求对夹层也保证微负压即可。此技术夹层是指上层楼板和手术室吊顶之间的夹层空间。

(2)关于换气次数

原规范给出Ⅱ级～Ⅳ级的换气次数范围，Ⅱ级$30h^{-1}$～$36h^{-1}$，Ⅲ级$18h^{-1}$～$22h^{-1}$，Ⅳ级$12h^{-1}$～$18h^{-1}$。现在改为最小换气次数，上限由设计确定。其中Ⅲ、Ⅳ级均从原来的下限起步，Ⅱ级的降到$24h^{-1}$，因为多年的实测结果证明Ⅱ级换气次数有余量。

国外标准：美国ASHRAE标准B、C级手术室均为最小$20h^{-1}$，美国退伍军人医院标准要求全新风$20h^{-1}$；德国标准只给出风量在$5000m^3/h$～$10500m^3/h$（Ia）之间，则相对于对Ia以下手术室约有$30h^{-1}$～$60h^{-1}$；俄国标准为$12h^{-1}$～$20h^{-1}$；日本标准对非层流手术室给出≥$15h^{-1}$；瑞典标准对其他手术室给出≥$2000m^3/h$，约合$20h^{-1}$换气以上；法国标准附录B对4级手术室给出>$50h^{-1}$，对3级乱流洁净手术室给出$25h^{-1}$～$30h^{-1}$，2级$15h^{-1}$～$20h^{-1}$，1级未规定；巴西标准为最小$25h^{-1}$、$15h^{-1}$两档；英国标准最小$25h^{-1}$，新加坡标准最小$20h^{-1}$。

我国《洁净厂房设计规范》GB 50073给出静态换气次数是：6级50次～60次换气、7级15次～25次换气、8级～9级10次～15次换气。此次修订辅房换气要求是参考上述标准下限，而且无人常在的如刷手间，甚至恢复室，还参考美国、日本标准（仅有6次）用更小的8次换气。有些房间很小，在规定的最小换气次数下，风量仍很小，而选用时只能用既有的较大的送风口，风量较大，换气次数明显大于最小换气次数很多，这是特殊情况，只能由设计人员酌定。但Ⅰ、Ⅱ、Ⅲ级手术室还要考虑送风面风速不宜小于0.13m/s，设Ⅱ、Ⅲ级手术室均为$35m^2$，高2.7m，则Ⅱ级应有风量$0.13\times4.68\times3600=2190m^3/h=23.1$次，取24次。Ⅲ级应有风量$0.13\times3.64\times3600=1703m^3/h=$ 18次。

但以上数据都是最小下限，设计者可根据实际情况高于此值。

(3)关于截面风速

原规范规定Ⅰ级手术室工作面高度（即地上0.8m）截面风速是0.25m/s～0.3m/s。多年实测表明，以这一速度实现手术区5级洁净度是有富余的，可以适当降低。同时有些速度偏高（设计或选用设备的原因）的手术室，使医生肩部有吹风感。当然风速大了还有切口失水之虑。过去美国、现在日本Ⅰ级手术室主要是工业的层流室概念，而不是今天的低紊流度的置换流概念，所以日本标准（2013版）还给出0.35m/s～0.45m/s的送风速度。现在美国ASHRAE标准的送风速度为0.13m/s～0.18m/s；退伍军人医院标准未提要求；德国标准要求地上1.2m高度截面风速为0.23m/s～0.25m/s；俄国标准要求单向流区域内的送风速度为0.24m/s～0.3m/s；法国标准未提，瑞典标准只是≥$10800m^3/h$，如果送风面积和德国的一样，则风速应高于德国标准。本规范此次修订将地上1.2m处风速定为0.2m/s～0.25m/s（平均为0.225m/s），比较适中，据测定，当风速降到0.2m/s时，手术室静态菌浓为$3.5cfu/m^3$，完全达标，动态<$25cfu/m^3$，也达标。如果风速太小，甚至达不到低紊流置换的效果，实际检测中常发生这种情况。在2002年以前上海某医院按德国老层流标准的小风速设计，就发生过这种情况。

(4)关于温度

原规范对各级手术室都定为22℃～25℃，经征求各方面意见，实际工作中，医生希望降低对温度的要求。但从具体情况看，造成医生困扰的原因主要是运行过程中温度调节不及时不到位。而且，过低的温度是导致病人患低温症的主要原因，也常为病人所不能忍受，要采取措施。

国外标准的情况是：美国ASHRAE标准，B、C级手术室为20℃～24℃，A级手术室为21℃～24℃；美国退伍军人医院标准为17℃～27℃；德国标准Ia、Ib手术室为19℃～24℃，Ⅱ级手术室为22℃～26℃；俄国标准均为18℃～24℃；日本标准为22℃～26℃；瑞典标准为（22±4)℃；法国标准为19℃～26℃。

此次本规范修订为21℃～25℃。

(5)关于相对湿度

原规范将Ⅰ、Ⅱ级定为40%～60%，Ⅲ、Ⅳ级定为35%～60%。

国外标准的情况是：美国ASHRAE标准定为30%～60%，

不久又修改为20%～60%，美国退伍军人医院标准定为45%～55%；传统理念主要怕低于30%的相对湿度会引起静电和切口干燥，但美国经实验证明，“静电控制良好的手术室允许将相对湿度下限降至20%”。德国标准没有提及；俄国标准只提最小为30%；日本标准规定夏季均为50%，冬季均为55%；瑞典标准均为20%～65%；法国标准为45%～65%。可见冬季可低到20%，高到55%，而夏季低到55%，高到65%。

此次本规范修订考虑到现有静电防护技术水平，以及许多医院反映，30%以下有起静电的现象，所以将手术室相对湿度一律定为30%～60%，对一些辅助用房更下降为25%，上限取到65%。

关于温湿度允许超标天数的要求，是指不允许连续2天（不是非连续48h）不达标。如果房间出现连续2天温湿度不达标，需要对系统进行检查、排除问题。德国标准也明确规定一年中只允许有几天不达标。需要指出，设计时仍然是参照《民用建筑供暖、通风和空调设计规范》选取室外设计参数，该参数是按历年平均不保证50h确定的，与这里所说的连续2天并不矛盾。

(6)关于新风量

原规范给出确定新风量的三个原则，并最后若Ⅰ级小于1000m^3/h，Ⅱ、Ⅲ级小于800m^3/h，Ⅳ级小于600m^3/h，则皆按后者采用。但是实际使用时几乎都只按后者确定。考虑到前者三原则应是暖通设计人员的基本常识，所以本次修订不再提此三原则，而是给出一个限值。但是设计人员有按常规原则进行校核的责任。

由于手术室的面积各有不同，国内的规定低于国外的，国内特大型室为40m^2～50m^2，而日本生物洁净室为59.9m^2，美国退伍军人医院常规手术室为41.9m^2～60.5m^2，特殊手术室为65m^2～74m^2。所以若用换气次数说明新风量，则易产生误解，如从数字看，小的换气次数的风量（大面积时）未必低于大的换气次数（小面积时）的风量，甚至还相反。有一种说法认为，和十几年前不同，现今使用气体麻醉少了，打针麻醉多了，因此原来的新风量大。据向一些麻醉医生了解，认为这是不了解现状的看法，他们认为正好相反：“目前麻醉的发展状况与十几年前相比略有改变，在相对大型医院全身麻醉的比例在逐年增高，椎管内麻醉的比例相对减少”。“在全身麻醉的选择上又以静吸复合麻醉为主，全凭静脉麻醉的比例也在减少，此比例与手术间有无废气净化有关，一般来说，现代化的手术室都设计有废气净化装置，所以静吸复合麻醉的比例有上升趋势，所谓的静吸复合麻醉就是利用麻醉机使用挥发性麻醉药。从麻醉角度讲静吸复合麻醉是最为科学的。有的大型医院静吸复合麻醉也有选择应用氧气和笑气混合应用的，但从科学和安全角度来看，此种方法的比例在下降，另外此种方法不适合心脏手术或心脏病人做其他手术的麻醉”。可以说，目前麻醉方法是注射与气体并用的多，很少有单一使用的，更无单一麻醉方法的手术室，还有产生异味、有毒的气溶胶的激光刀（电刀）更是常用到的。因此手术室的新风量应综合考虑这些因素。

国外标准的新风量是：美国ASHRAE标准均相当于4次换气，美国退伍军人医院标准则为100%新风；德国标准最小1200m^3/h；俄国标准按每人100m^3/h计算；日本标准生物洁净手术室为5次换气，一般手术室和传染性手术室为3次换气，但注明在排除剩余的麻醉气体和使用激光刀产生的臭气的场合，也可能提高到10次换气以上；瑞典标准均为2000m^3/h；而西班牙标准为100%新风；巴西标准为800m^3/h；英国标准为10次换气；新加坡标准也为10次换气。

本次规范修订改为以单位时间单位面积计算最小新风量，根据面积和级别每平方米最小新风量应在15m^3/h～20m^3/h中选用，当然也可以选比此范围大的数值，如30m^2小手术室只有几个人，可以选最小600m^3/h的新风，也可以大于它。而60m^2的大手术室往往有十几个人，最小可以达到900m^3/h～1200m^3/h，需要再大一些也可以，若按原来的特大型50m^2手术室，最小新风量刚好是1000m^3/h。这应由院方提供的平均医护人员数量确定是往大里选还是往小里选。

15m^3/m^2·h～20m^3/m^2·h的范围是给设计者按具体情况对最小值作调整用的。对于其他洁净辅助房间，参考美国标准和日本标准，除护士站和预麻室最小为3次外，其他最小都定为2次，这要求在围护结构施工时做到严密不漏气，以便在给定的换气次数下能保持规范要求的正压。而且2次只是最低值，可以高于此值但不能再低于此值了。

(7)关于噪声

原规范考虑到我国产品和施工水平，将Ⅰ级手术室允许噪声定为52dB（A），其他级别为50dB（A）。这是比别国都低的标准，根据实测结果，以上指标85%以上的手术室都能达到，还低约2dB。

国外标准噪声没有超过50dB（A）的，最低的40dB（A）（法国标准的2级区域），一般为45dB（A）。

根据国内实际情况，此次修订后的噪声稍作降低，以示促进。

(8)关于照度

据国外文献介绍，手术室一般照度多在500 lx以上，高者达1500 lx，也有提出750 lx～1500 lx的。而据后来实测日本东海大学无菌手术室照度为465 lx，准备室为350 lx，前室为420 lx，都未说明是最低照度，是平均照度的可能性大。本规范结合国情，手术室一般照明的最低照度取350 lx，则平均照度将大于此数，而辅助用房则按洁净室最低标准取150 lx。

5 洁净手术部医疗工艺要求

5.1 洁净手术部规模

5.1.1 应根据医院类型、级别和需求去考虑洁净手术室间数和级别。

手术室间数按外科系统床位数确定时，按1∶20～1∶25的比例计算，即每20床～25床设1间手术室。也可按以下方式计算：

$$A = B \times 365/(T \times W \times N)$$

式中：A——手术室数量；

B——需要手术病人的总床位数；

T——平均住院天数；

W——手术室全年工作日；

N——平均每个手术室每日手术台数。

5.1.2 根据北京市医院感染质量控制和管理中心2005年对5家三甲医院的39台手术调查，手术室实际平均工作人数是：Ⅰ级10.4人，Ⅱ级10人，Ⅲ级8.7人。本条考虑安全系数取高于平均的人数。

5.2 洁净手术部卫生学要求

5.2.1 洁净手术部平面组合的重要原则是功能流程合理，洁污流线分明并便于疏散，这样做既有利于减少交叉污染，有效地组织净化空调系统，又比较经济。但对于负压手术室则要求洁污分流而不仅是“分明”，不能交叉，以防万一。

5.2.2～5.2.4 洁净手术室主要应控制细菌的污染。污染途径通常有如下几种：

(1)空气污染——空气中细菌沉降，这一点已有净化技术控制；

(2)自身污染——患者及工作人员自身带菌；

(3)接触污染——人及带菌的器械敷料的接触 。

由污染途径可见，人员本身是一个重要污染源，物品是影响空气洁净的媒介之一（洁净手术室中尘粒来源于人的占80%以上）。所以进入洁净手术室的人员和物品应采取有效的净化程序，以及严格的科学管理制度来保证。同时净化程序不要过于繁琐，路线要短捷。

5.4 洁净手术部功能平面

5.4.1 划分洁净区与非洁净区是从建筑技术和如何采用净化空调措施角度考虑的。至于从医院管理上如何划分控制区与半控制区，不在本规范内容之内。

5.4.6 进入手术部的物品都有外包装，应先在脱包室脱去外包装，内包装物品可经墙上小传递窗、落地大传递窗或通过门等方式送入洁净区。脱包间如为一间，则紧邻洁净区；如一分为二，一半为脱外包，然后传至另一半暂存室，则后者属于洁净区。

6 洁净手术室基本装备

6.0.1 洁净手术室基本装备是指需在手术室内部进行建筑装配、安装的设施，不包括可移动的或临时用的医疗设备、电脑及与其配套的设备，此外，洁净辅助用房内的装备设施也不在此基本装备之列。

7 建 筑

7.1 建 筑 环 境

7.1.1 本条是指在医院范围内，手术部的位置宜远离院内或周边的污染源，并宜在其上风向。上风向是通俗称呼，原来有关标准上称为“最多风向”。

7.1.2 由于首层易受到污染和干扰，而高层建筑顶层又不利节能、防漏。因此在大、中型医院中，宜采用与相关部门同层或近层布置洁净手术部。在医院规模不大时宜采用同层布置。

7.1.3 洁净手术部在建筑平面中的位置，应自成一区或独占一层，有利于防止其他部门人流、物流的干扰，有利于创造和保持洁净手术部的环境质量。

因洁净手术部与不少相关部门有内在联系，为提高医疗质量与医疗效率，在使手术部自成一区前提下，宜使相关部门联系方便，途径短捷，干扰最少。

7.2 洁净手术部平面布置

7.2.1 洁净手术部的具体组成是洁净手术部平面布置的依据，以洁净手术室为核心配置其他辅助用房，组合起来，既能满足功能关系及环境洁净质量要求，又是与相关部门联系方便的相对独立的医疗区。所以建筑柱网的设计最好先了解手术部的规模、用途。

7.2.2 为实行污染控制、减少交叉污染的因素，也为了更好地实现压力梯度，洁净手术室平面必须区分洁净区与非洁净区，这样做在系统上也好安排，在人流、物流上也好管理。不这样做，洁净手术部或洁净手术室就失去了意义。洁净手术部洁净区与非洁净区之间必须设置缓冲室或传递窗以供人流、物流使用，防止两区气流因人、物的流动而交换对流，能有效防止污染气流侵入洁净区。

实施与检查：

设计人员应与甲方很好地沟通，了解功能需求，特别要征求护士长、麻醉科主任的意见，合理安排用房的位置。

检查设计图纸，检查现场。

以有无经过审核批准的图纸或验收检查报告为依据。

7.2.3 在洁净手术部中不同洁净度的手术室，应使高级别的手术室处于干扰最小的区域，尽端往往是这种区域，这样有利洁净手术部的气流组织，避免交叉感染，使净化系统经济合理。

7.2.4 洁净手术部平面组合的重要原则是功能流程合理、洁污流线分明并便于疏散。这样做有利于提高医院效率，减少交叉感染，有效地组织空气净化系统，既经济又能满足洁净质量。

洁净手术室在手术部中的平面布置方法很多，形式不少，各有利弊，但必须符合功能流程合理与洁污流线分明的原则。各医院根据具体情况选择布置形式及适当位置。

根据资料归纳分析，一般洁净手术部的平面布置有如下5种形式：

(1)单通道形式：整个手术部仅设置单一通道，即手术室进病人手术车的门前设通道。将手术后的污废物经就地打包密封处理后，可进入此通道。

(2)双通道形式 ：即手术室前后均设通道。将医务人员、术前患者、洁净物品供应的洁净路线与术后的患者、器械、敷料、污物等污染路线分开。

(3)多通道形式：即手术部内有纵横多条通道，设置原则与双通道形式相同。适用于较大面积的大型手术部，使同一楼层内可容纳多排手术室。

(4)集中供应无菌物品的中心无菌走廊：手术室围绕着无菌走廊布置，无菌物品供应路径最短。

(5)手术室带前室：使用起来方便，减少了交叉感染，但需要面积。

对以上5种方式各有利弊，不能错误地认为只能用某一种（如双走廊）形式而不能用另一种（如单走廊）形式。

根据实践经验及参照国外标准，此次将洁净区内的走廊改为一个级别即Ⅳ级，所以取消“洁净走廊”和“清洁走廊”之名称，皆称“洁净区走廊”。

7.2.5 负压手术室是为医院中疑有空气传播感染或未知原因感染的手术而设的，一旦经过空气传播，影响范围大、速度快，但又不同于传染病医院中烈性传染病的情况。

设独立出入口即防止因人流、物流而将污染空气传播到其他区域。设准备室既是为了作消毒等准备工作需要，也是作为缓冲室，能起到有效隔离作用，缓冲室的作用比压差的作用大得多。

日本标准规定“对于治疗空气途径感染症状的手术室，必须防止病原微生物向外流出”，并要求采用DOP效率在65%以上的过滤器，相当于我国Ⅳ级手术室使用的高中效过滤器。“在手术室排风口设高效过滤器”，该手术室对于“空气途径传染症状以外的患者，采用能够切换正负压的设备”，因为“由于不会引起空气途径感染，所以即使正压也不会产生危害”。“必须采用单独的空调系统”，“需要设置前室”。本条即参考这些做法作出了规定。

实施与检查：

设计人员应与甲方很好地沟通，只有在非常必要时才考虑设负压或正负压转换手术室。要很好地在平面上进行规划，为负压手术室留出可用的地方。

检查设计图纸，检查现场。

以有无经过审核批准的图纸或验收检查报告为依据。

7.2.7 与非洁净区相通的人、物用电梯在运行过程中，将使非洁净的气流被电梯带动并通过电梯井道污染洁净区；不运行时井道的烟囱效应也会把污染带到洁净区，所以首先人、物用电梯不宜设在洁净区。如在平面上只能设在洁净区，在电梯的出口处必须设缓冲室隔离脏空气，以免污染洁净区。

实施与检查：

在设计图纸时与甲方沟通并做好规划。

检查设计图纸，检查现场。

以有无经过审核批准的图纸或验收检查报告为依据。

7.2.8 空气吹淋室是利用一定风速的空气，吹去人、物表面的浮尘，对保证洁净空间洁净度有一定效果。但是在洁净手术部（手术室）门口设置就不合适了，因为病人是不宜经受高速气流吹淋的，同时吹淋室底面高出地面，影响手术车的推行；一个手术部往往有多间至20间手术室，有数十至一、二百医护人员几乎同时工作，即使设几间吹淋室也不够用，而且效果也不理想，而刷手后更不便吹淋，所以规定不应设空气吹淋室。

7.2.10 缓冲室是位于洁净空间入口处的小室，在同时间内只能打开一个门，目的是防止人、物出入时外部污染空气流入洁净间，可起到“气闸作用”，还具有补偿压差作用，所以在人、物出入处及不同洁净级别之间应设缓冲室。作为缓冲室必须符合能起到缓冲作用的条件。缓冲室可兼作术前准备，存放洁车之用。

7.2.11 刷手间宜分散布置，最多一间刷手间带4间手术室，以便清洁手后能从最短距离进入手术室，防止远距离二次污染手的外表。所以一般宜在两个手术室之间设刷手间，内有刷手池；为避免刷手后开门污染，不应设门。多年使用证明，刷手池放在走廊上易溅湿地面，影响交通，应加以考虑，并采取相应措施。

7.2.12 洁净手术部不应有各种建筑缝穿越，主要是为了保证洁净手术部的严密性，减少污染，当必须穿越时则需采取措施。

7.3 建筑装饰

7.3.2、7.3.3 洁净手术室必须保证建筑的洁净环境，为防止交叉感染及积灰，吊顶、墙面、地面的装饰用材要求耐磨，不起尘、易清洗、耐腐蚀。随着科学的发展，能满足洁净手术室要求的新材料品种繁多，根据实际功能需要及财务能力，合理选择。涂涂料的水泥地面、水磨石地面、瓷砖地面、自流平地面、粘贴地面等都可以使用。要求用浅色，是为了和清洗后的血液污染过的地面颜色接近。而涂防静电环氧树脂的水泥地面，简单易行，颜色美观，更适合中小医院或低级别手术室。宜在地面上划出集中送风面外轮廓线的投影，实际上已有这么做的，在德国标准上也有此建议。据到国外考察所见，美国医院仍有不少用瓷砖墙面，国内一些大医院也有仍用瓷砖的，效果没有问题。

7.3.4 围护结构上大的缝容易发现和处理，由固定、穿越等工作造成的细小孔、缝则难于发现，这成为压力难于保证，特别是负压室压力难于维持的重要原因，因此必须细细寻找，密封这些空隙。

7.3.5、7.3.6 在洁净手术部内为了便于清洗，避免产生污染物集聚的死角，要求踢脚与地面交界处必须为圆角，这也是现行国家标准《洁净室施工及验收规范》GB 50591所强调的。为避免意外事故发生，要求阳角也宜做成圆角（但门洞上口可例外），墙上做防撞板。

7.3.7 外露的木质和石膏材料易吸湿变形、开裂、积灰、长菌、储菌，所以要求在洁净手术室内不得使用这些材料。

实施与检查：

检查设计和施工说明，检查现场。

以有无说明文件为依据。

7.3.8 由于设备层内安有空调、净化设备并需经常更换，更换过滤器和设备的维护、维修，需要人员活动空间。据一些工程的实际情况反映，为了节省面积，把技术层设计得很低，梁下几乎塞满，这对保证手术室的正常运行很不利，应在设计中给设备层留出足够的面积和层高。根据国家标准《建筑工程建筑面积计算规范》GB/T 50353－2005第3.0.24条规定，“建筑物内的设备管道夹层不应计算面积”。所以这次修订对设备层梁下净高作了特别强调，设备层梁下净高不宜低于2.2m。此外，设备层有和手术室相通的机会，因此，要求该层内干净、防尘，故其围护结构要按一定要求处理。

7.3.9 由于手术时间很长，持续挥发有害有味气体，对患者和医护人员都极不利，所以至少应符合现行国家标准《民用建筑工程室内环境污染控制规范》GB 50325中Ⅰ类民用建筑工程的规定，当建设方另有要求时，应符合具体合同约定的要求。

对于有特殊要求的用房例如涉及生命科学的用房，应根据院方要求确定有关挥发物质的具体指标。

7.3.10 洁净手术室的净高是根据无影灯的型号及气流组织形式来确定的，考虑到本规范适用于改建工程，此次修订将下限降低至2.7m。对有天轨的手术室，如多功能复合手术室，送风面积可能被分隔开来，所以要提高净高以使轨道两边气流在5倍轨宽的高度内能搭接。轨宽见本规范第8.2.2条。

7.3.11 洁净手术室建筑技术的重点在于空气净化及气流组织，为防止空气途径的污染，进入手术室的门需设置吊挂式自动推拉门，以减少外界气流干扰，避免地面出现凹槽积污。如果术中经常敞着门，使正压作用完全丧失，因此要求洁净手术室的门应有自动延时关闭装置。

7.3.12 手术室不应设外窗，应采用人工照明，主要是为避免室外光线对手术的影响及室外环境对手术室的污染，这次修订对Ⅲ、Ⅳ级洁净辅助用房，放宽到可设外窗，但必须是双层密闭的。可以是两道窗，内窗可打开，也可是一道而用双层玻璃，四周密封好。

7.3.13 由于降低了相对湿度值，对防静电的要求更高，现行国家标准《洁净室施工及验收规范》GB 50591规定表面电阻$10^5\Omega \sim 10^{10}\Omega$，本规范提高为$10^6\Omega \sim 10^{10}\Omega$。

7.3.14 为了避免突出与不平而积尘，墙面上的插销、药品柜、器械柜、麻醉柜、吊顶上的灯具等均应嵌入墙内，在不同材料的接缝处要求密封。

7.3.16 如果洁净手术室的吊顶上有人孔，则因技术夹层中由于漏风常形成正压，就会造成从人孔缝隙向手术室渗漏。同时，有人孔就意味着可允许维修人员从手术室通过人孔进入技术夹层，这对维持手术室的洁净是很不利的。所以人孔应设在手术室之外，如走廊上。

8 空气调节与空气净化

8.1 净化空调系统

8.1.1 本条强调各洁净手术室可灵活使用，但手术部采用任何系统，始终都要处于受控状态。不能因某洁净手术室停开而影响整个手术部的压力梯度分布，破坏各室之间的正压气流的定向流动，引起交叉污染。系统设计要达到这一目的，可以有许多措施，由设计者因地制宜地去选用。

8.1.2 如果送热风，气流很难下降到手术实施的工作高度，送冷风时风速小于0.13m/s，气流也有同样的问题（参见说明第4.0.2条第3款）。所以如德国标准也强调送风温度要低于室温。为实施本条可采取的措施，如手术室围护结构外夹墙中加设采暖散热装置，使送风不承担热负荷任务。或者早上提前先送热风等。

8.1.3 由于Ⅰ、Ⅱ级手术室的手术风险高、风量大，手术时间多数很长，系统单独设置有利。系统的单独或合用还有管理、经济方面的因素，应综合考虑。调节控制和稳定风量的措施很多，应从需要、经济、实用、有效角度加以比较后选用。

8.1.4 净化系统在正压段设预过滤器也是业内一致的看法。德国标准指出这一过滤器应是空气处理机组的最后一个部件，即安在其下游的正压段。美国、瑞典和法国标准指出预过滤器可用于增加最终过滤器的使用寿命，从而降低成本。回风过滤器一般不被重视，有的仅为粗滤网，它是防止系统污染的重要措施，和新风过滤器一样，是防止“菌（尘）从口入”的两道屏障之一，应引起重视。洁净用房排风一般和有害气溶胶有关，所以也应设过滤器。

8.1.5 大量国内外文献都报道过普通空调器和风机盘管机组在夏季运行工况中盘管和凝水盘的发霉和滋生细菌问题，引起室内细菌浓度和臭味极大增高，因此国外一些标准明确表明禁止在手术室内使用这种设备。本规范则对低级别用房使用这些设备设定了条件。

日本《医院设计和管理指南》规定，低级别的洁净手术室允许另外加用带不低于亚高效空气过滤器的空气循环机组。因此，本条允许在Ⅳ级洁净手术室及Ⅲ、Ⅳ级辅房可采用带高中效及其以上效率过滤器的净化空调器和净化风机盘管机组。

8.1.6 国外新版本标准对室内湿度控制的要求都提高了。大量事实表明，尽管净化空调可以有效地过滤掉送风中的细菌，但仍须强调整个洁净手术部系统内的湿度控制，因为只要有适当的水分，细菌就有了营养源，就可以在系统中随时随地繁殖，最后会造成整个控制失败，因此要对湿度的危害引起高度重视。在设置独立新风处理机组时，强调其处理终状态点。在国内尚不能做到循环机组干工况运行的情况下，希望有条件时处理后新风能承担室内一部分湿负荷。

8.1.7 当室外大气尘浓度很低，温湿度（焓值）又合适时，用全新风可能节能，按国外通行做法，此时可减少总风量。如运行管理上可能，甚至在不同时段变化新风量，也有节能效果。但一定要注意，并非我国所有地区均适合，一定要进行经济技术分析，并注意压差控制。

8.1.8 提高引入新风质量，就是提高新风的稀释作用。在设计时注意新风口的设置，减少由于位置不当增加污染，还要减少新风输送长度与途径污染，特别是各级过滤器，其滤材与自身框架之间、过滤器边框与安装框架间要严密，不要有明显空隙，或进行密封，都是提高新风质量的有效措施。

8.1.9、8.1.10 手术部净化空调系统及其冷热源采用什么形式，应通过手术部布局以及全年运行工况分析，从能量的综合利用角度考虑，优化选择。如由于目前大多手术部体量较大，又常设外走廊，手术室处于空调区内，特别是在过渡季节，室外温度降低，室内冷负荷减小，人员湿负荷不变的情况下，热湿比下降，为了保证送风温度和湿度，空气需先进行冷却降温除湿，再进行等湿加热。整个过程同时需要冷量和热量，所以可以考虑采用四管制系统。传统方式制冷和制热需分别消耗能源，若制热采用电加热方式时能源利用率极低。而多功能热泵机组能够在蒸发器获得冷水的同时，从热回收器获得冷凝热加热热水，不平衡部分通过辅助换热器排放，从而实现同时制冷和制热，而只需输入一份能源，便同时获取冷量和热量，大大降低了能耗。因此过渡季采用多功能热泵，可以显著减低能耗，减少排放。所以为了一份能源两份利用，可以考虑多功能热泵形式，总之应综合考虑整个手术部的全部冷负荷和热负荷（包括空调系统再加热量，洗浴、刷手以及污物清洗的热水用量）选择合适的冷热源，才能有效节能。洁净手术部冷热源应具有可靠性、经济性、适应性，方便维护和运行，所以宜考虑过渡季节使用要求和经济性是否采用独立冷热源方式。当用非独立冷热源方式时，应考虑过渡季节使用要求和医疗要求及经济性。由于手术部空调系统不能停，而且为使冷热源具备较好调节能力，保障使用要求，在条件允许时可设2台（可以是2台设计满负荷，也可以非满负荷）。对供冷供暖运行时间较少的手术部，采用分散式冷热源更经济。

8.1.11 现行国家标准《公共建筑节能设计标准》GB 50189对空调风机的单位风量耗功率的限值作出了规定，不过该标准没有考虑医院洁净手术部空调机组和新风机组的应用情况。本条的规定是对该标准的补充。

本条中，把应用中的空调机组分为两种类型。

第1种类型的空调机组，其新风由新风机组处理，且新风机组配置风机。空调机组包含新风回风混合段、风机段、均流段、袋式中效过滤器段、表冷器、再热器、加湿段、出风段和必要的检修段等，二次回风系统还包括二次回风段。确定表中的风机单位风量耗功率限值时，空调机组机外余压为650Pa，机组内部全压损失394Pa。

第2种类型的空调机组在第1种类型空调机组的基础上增设了新风的中效过滤器，机组内部全压损失558Pa，机组外余压同上。

全新风空调机组按表8.3.9过滤器组合方式分为三种类型。

第一种类型机组包含进风段、风机段、均流段、中效过滤器段、表冷器、再热器、加湿段、出风段和必要的检修段等。机组机外余压为650Pa，机组内部全压损失394Pa。

第二种类型机组包含进风段、风机段、均流段、粗效和高中效过滤器段、表冷器、再热器、加湿段、出风段和必要的检修段等。机组机外余压为650Pa，机组内部全压损失520Pa。

第三种类型机组包含进风段、风机段、均流段、粗效、中效过滤器段、高中效过滤器或亚高效过滤器段、表冷器、再热器、加湿段、出风段和必要的检修段等。机组机外余压为650Pa，机组内部全压损失664Pa。

新风机组按表8.3.9过滤器组合方式分为三种类型。

第一种类型新风机组包含进风段、中效过滤器、检修段、风机段。确定表中的风机单位风量耗功率限值时，机组机外余压为500Pa，机组内部全压损失234Pa。

第二种类型新风机组包含进风段、粗效和中效过滤器、检修段、风机段。确定表中的风机单位风量耗功率限值时，机组机外余压为500Pa，机组内部全压损失360Pa。

第三种类型新风机组包含进风段、粗效和中效过滤器、高中效过滤器或亚高效过滤器段、检修段、风机段。确定表中的风机单位风量耗功率限值时，机组机外余压为500Pa，机组内部全压损失540Pa。

附加的预热器压降按100Pa，表冷器按140Pa。如果需在机组内要增设其他部件，请参考本说明计算。

风机全效率按57%计算。在确定限值时，在按以上方法得到的风机全压计算值基础上，附加了15%的冗余度。

8.1.13 本次修订区别一般正压洁净手术室的排风口和负压手术室的排风口，本条属于前者。在排风出口上设高中效过滤器，除为防止倒灌外，也防止有害气溶胶排出。正压手术室排风量宜为250m³/h，比原规范稍微提高一点。俄国标准为不小于150m³/h，美国退伍军人医院标准是全排风。

8.1.14 规范规定的负压手术室因允许回风，所以回风需安高效过滤器作无害化处理，一部分排风因含有害气溶胶需无害化排出。如原设计为正负压转换手术室，只需在一部分回风口上安高效过滤器，供负压时使用；另一部分不安高效过滤器的回风口供正压时使用。日本、美国标准都说明风口或装置上安有高效过滤器时可利用循环风（回风）。根据国内外实验，对≥0.5μm有99.999%以上效率的高效过滤器，对细菌过滤效率则达99.9999%以上，关键是高效过滤器不允许泄漏。由于安好后很难检漏，按现行国家标准《洁净室施工及验收规范》GB 50591，若边框是零泄漏结构，现场对高效过滤器检漏后即行安装，例如动态气流密封负压高效排风装置即是，可实现整个装置零泄漏，就不用再对边框检漏了，否则应检漏。

8.1.15 回、排风口安装高效过滤器都是针对有危害的生物气溶胶的情况，应参照现行国家标准《洁净室施工及验收规范》GB 50591有关条款执行，并尽量采用零泄漏的边框密封结构。

8.1.17 国外标准凡提到手术室采暖的都不采用对流换热的散热器，而是用辐射散热器，主要从净化角度考虑，故本条也仍然规定只用辐射散热器。

8.2 气流组织

8.2.1 根据主流区理论，非诱导型送风装置集中布置后，在原空气洁净度级别的风量下，当集中送风面积达到全室面积的1/10～1/8后，全室6级的风量可使手术区级别提高至5级，而室内其他区域仍为原级别，即中心区可提高一级，手术区细菌浓度也降低一半以上，执行本规范10年的事实也说明可以做到这一点。本规范原来定的送风面积约适用54m² 以下手术室（与2000年10月1日由原卫生部主编并印发的《医院洁净手术部建设标准》规定的面积相当），所以此次修订略提高要求，对超过50m² 的手术室，作了本条规定。国外标准除日本提到全室层流外，都是手术台顶部集中送风。由于实际建设的手术室面积可能大出标准给出的约50m² 的面积很多，考虑到发生这种情况，所以本条给出的是最小面积，必要时可以加大，并取消了原1.2倍的规定，交由设计者掌握。而国外标准中最大送风面积为德国标准在9m² 以上，最小为美国，送风面积每边比手术台外延305mm。俄国则还有3m²～4m² 一档。

8.2.2 这几年出现的多功能复合手术室（也称介入手术室、复合手术室），往往在顶棚上安有吊轨，使送风面被分隔。这种情况还算不算集中送风？根据气流搭接的原理，普通顶部满布高效过滤器的送风口之间还有5cm～10cm的无风盲区。当送风面被分隔时，只要下降气流经5倍边框宽度（盲区）以上长度，两部分气流下来后能彼此搭接形成完整的送风面，就是允许的。要求气流在人头顶以上搭接，两部分被分隔的送风面之间盲区宽度不宜大于0.25m，故作本条规定。

8.2.3 集中送风装置是系统的最后一道关口，和现行国家标准《洁净室施工及验收规范》GB 50591要求风管宜工业化生产一样，本条突出优先选用工厂化、装配化送风装置，可提高安装速度和质量，避免现场加工、焊接（大静压箱、过滤器和装饰层的几道框架等）带来脏乱。关于无影灯盲区参见上一条说明。如果发生过滤器和边框的泄漏，污染控制的效果将无法保证。据文献报道，国家建工质检中心在2006、2008、2009三年对部分三甲医院手术室抽检发现，泄漏的约占40%，有些工程在边框上用厚厚的密封胶，有的因堵漏一再涂胶，不仅影响拆换，也产生极大污染；有的用油槽密封，但也会造成油融化后滴落到手术床上的情况。文献中只有一家三甲医院因采用阻漏层送风末端，每次抽检都不漏。当采用这种成品装置时，还可降低层高，不在室内换过滤器，这对保护室内环境很重要，德国标准（DIN 1946-4）也规定更换过滤器应在其上游进行，即最好在手术室外更换。阻漏层送风天花的室内送风面上只有阻漏层，所以可满足不在室内换过滤器的要求，送风很均匀，没有反尘的可能。

本次修订送风不均匀度是衡量Ⅰ级手术室送风气流质量的重要指标，见13.3.6条说明。对于Ⅰ、Ⅱ、Ⅲ级手术室洁净气流满布比应大于0.9，如用孔板，不仅有反尘积尘的问题，而且气流通过面积很小，不能满足低紊流度置换流的要求，所以不推荐用孔板来均匀气流。也曾有偷工减料现象，只布置大风量过滤器2个，结果有的地方没有风，有的地方风速太大。因此对这种布置要求尽量做到送风速度均匀，并给出指标。

8.2.7 为和各手术室尽可能设置独立机组的要求适应，方便控制，并减少手术室之间通过走廊的交叉污染，故要求本室回风通过本室回风管循环。考虑到无人邻室允许手术室的正压渗透作为送风，故也允许在邻室设回风口。

8.2.8 采用房间长边双侧下回风是因为人员主要分布在长边上，为了尽可能保证送风气流的二维运动和尽快排走人员散发的污染。据实验，四侧回风时，全室平均的乱流度要比两侧回风时大13%以上。此次修订对于经常无人活动的房间允许用上回风。同时，采用四角回风面积太小，对于有洁净度局部5级要求的房间，不足以把回风速度控制在1m/s以下，势必要抬高回风口高度，有些工程回风口上边竟在1.2m左右，这是非常错误的做法。据调查反映，不希望四面墙都被风口占用。所以本条只提“不宜”四面回风，不排除不得不使用的情况。

超过3m宽的房间一般要在两面回风，如果只有一面设回风口则另一面工作时发生的污染将流经这一面的工作区，形成交叉污染，因此作了本条规定。

8.2.9 回风口高度必须使弯曲的气流在工作面（0.7m～0.8m）以下，同时单向流洁净室回风口要连续布置，才能减少紊流区；又为了减少风口叶片抖动的噪声，故回风速度要予限制，这一数值已为大量工程实测证明是可用的。为不影响卫生角的设置，并考虑回风口法兰边宽，所以回风口洞口下边不应太低，至少离地0.1m。

国外有些标准对回风口位置也有明确规定，如美国ASHRAE170标准规定两面墙下部的回风口底边距地面约263mm。美国退伍军人医院标准规定回风口高度必须在460mm之内，下边离地175mm。

8.2.11 为了排除一部分较轻的麻醉气体和室内污浊空气，排风口应设在上部并靠近发生源的人的头部。

8.2.12 因为Ⅰ级～Ⅲ级洁净手术室采用局部集中下送风且其面积较大，气流组织的质量较好，如果在手术室顶部再设局部净化设备，容易干扰局部集中垂直下送气流区的气流，所以不应直接在这些洁净手术室内设置其他净化设备。同时当按规定换气次数设计时，集中下送风方式达到设计级别一点也无悬念，完全不需要另加净化器。只有其他乱流洁净用房，才允许设置这种局部净化设备，但也要注意与净化空调系统的送风气流协调。

国外标准如美国ASHRAE170标准比本规范更严格，任何一级手术室都不允许另设循环机组。俄国标准只允许3级手术室带F9（相当于我国高中效）过滤器的机组。日本标准规定传染性手术室只能设带高效过滤器的机组，非传染性的可设带高中效过滤器的机组。

8.3 净化空调系统部件与材料

8.3.1 空调机（带制冷机，冷量在16.3kW以上）、空调器（带制冷机，冷量在16.3kW以下）、空调机组（不带制冷机）是净化空调系统最常用的重要部件，医用净化空调机组应能有效避免产生微生物二次污染、抑制机组附着微生物的滋生，且能满足医疗特定要求。它的制作及选材应满足日常进行维护方面的特点，如清洗、消毒、防锈、防腐、排水等均应有与普通常用空调设备不同的要求，本条针对这些原则提出了不同要求，大量工程实践已证实这些要求是可行的。例如：对于空调机组内不应采用淋水室，因为淋水室中的水质很差，尤其是水中的含菌量很高，菌种很杂，故不应作为冷却段使用；空调箱（器）中加湿器的下游应有足够的距离，便于水珠充分汽化，空气吸收水分，以保证管道和过滤器不受潮。美国相关标准甚至把本条第8款中的相对湿度值降低到70%。考虑到有存水容器的喷雾式或电极式水加湿器的水质容易滋生细菌、变质，故推荐采用干蒸汽加湿器。但由于通常锅炉房生产的蒸汽中含有清洗剂、防腐剂、防垢剂等物质，使蒸汽含有不良气味，影响室内空气品质，甚至使室内人员发生加湿器热病，所以强调用干蒸汽加湿，加湿水质应达到生活饮用水卫生标准，可使用专用锅炉发生二次蒸汽，且加湿器结构应便于清洁。

8.3.4 过滤器在70%额定风量下运行，其寿命可增加1倍以上，最终在经济、节能上都是合算的。

8.3.5 原规范本条为"静电空气净化装置不得作为净化空调系统的净化设施"。实践中发生过断电、断丝使其后空气含尘浓度大增的事情。日本空气清净协会的《空气净化手册》也明确说明了这一点。德国标准DIN 1946-4在"高效过滤"一节指出："不允许使用静电除尘过滤器"，"在机组运行时不能有任何有害健康的物质释放到机组内，即使是使用抗菌过滤器或含有特殊材料的过滤器"。国内军事医学科学院微生物流行病研究所杨明华的实验（见2010年第37届药物制剂论坛论文集）表明开机4h时，手术室内静电净化器除菌效率才66.7%。又据同济大学2008年"应用静电净化器改善室内空气品质研究"的报告，对大气自然菌的1h除菌率为79.9%，也只相当于中效过滤器一次通过的效率。根据这些年的实践，为确保安全，认为将静电装置扩大为"非阻隔式"装置是必要的。这方面还贯彻一个原则，就是把尘菌拒之于"门"外，细菌即使杀死了，如仍在室内漂浮着也是有后患的，所以"阻隔式"是必要的。同时，末级净化设施不应产生超标的有害气体（如臭氧、氮氧化物等），不应产生电磁辐射，不应有促使微生物变异和增加抗药性的可能。这是本次修订根据有些微生物专家的实验结果而特别说明的。

实施与检查：

检查设计说明与图纸，检查现场。

以有无经过审核的图纸和验收检查报告为依据。

8.3.6 原规范规定Ⅳ级手术室和Ⅲ、Ⅳ级辅房可用亚高效过滤器，但很少有医院这样用，这次本条作了更细的划分，给出最低要求。这只是对设计者的一种提醒：有这种可能性，还需要设计者仔细考量设计条件。关于各类过滤器名称均根据现行国家标准《空气过滤器》GB/T 14295和《高效空气过滤器》GB/T 13554标准，A类高效过滤是最低一档高效过滤器，其钠焰法效率为99.9%～99.99%，相当于≥0.5μm的微粒计数效率在99.99%上下。末级过滤装置可以是一道或两道过滤器或者过滤器与阻漏层组合。

8.3.7 对≥0.5μm的微粒计数效率不低于60%即Z1中效过滤器。

8.3.8 对≥0.5μm的微粒计数效率不低于40%即Z2中效过滤器。

8.3.9 本条规定视大气尘浓度的近几年统计平均值确定新风过滤级数，这比原规范只规定粗、中、亚高一种模式更合适，这种做法和温湿度按多年统计值考虑是相当的。要指出的是，刚公布的我国《环境空气质量标准》GB 3095要到2016年才正式实施。所以标准中直接给出数值，没有PM_{10}数值的地方可用TSP的数值，因为对于过滤器容尘来说，用总悬浮颗粒物更好，所以如有总悬浮颗粒物数据，建议采用此数据。但此后主要给出PM_{10}数据，总悬浮颗粒物浓度约比PM_{10}高1倍，常有沙尘的西北地区要高几倍。德国标准EN13779也有类似加强新风过滤的规定。

条文中计重效率≥30%的过滤器（网），相当于国标中C4粗效过滤器（网）中的高档次而接近C3的过滤器（网），计数效率（≥0.5μm）≥60%的过滤器，相当于国标中Z1中效及以上的过滤器，计数效率（≥0.5μm）≥70%、80%的过滤器，相当于国标中GZ高中效及以上的过滤器。

8.3.10 选用过滤器时不仅要关注过滤器的效率和生产厂家，还应注意其阻力。目前国内不仅有低阻中效、亚高效过滤器，还有超低阻高中效过滤器和低阻高效过滤器，以及低阻力的过滤器组合结构，这些将改变对净化系统的传统评价，也是节能的有效措施之一，因此本条予以强调。

9 医用气体

9.1 气　源

9.1.1 洁净手术部使用的医用气体中，氮气、氧化亚氮（笑气）、氩气、二氧化碳，这几种气体普通病房一般是不用的，氧气、负压（真空）吸引和压缩空气是必不可少的。氩气主要为医疗设备所带，无需设供应系统。腹腔手术室最好有二氧化碳。为缩短管路，降低造价，减少管路损失，该站应设在离手术部较近的非洁净区，且运输方便、通风良好和安全可靠的部位。中心站气源要求设两路自动切换。

关于负压吸引这不仅是习惯称呼，也是合乎原理的。查过去相关标准和文献，称医用中心吸引，或称负压吸引、真空吸引，都是指利用真空泵机组作为负压源抽吸，使吸引系统的管路达到所需负压值，在手术室终端产生吸力，提供医疗使用。所以这是一个动的过程——吸引，而用静的状态——真空，是不能完全反映的。

9.1.2 备用量是指中心站内备用气源不管是气态还是液态都应有足够的储存量。医用气体是为治疗、抢救病人之用，不应有断气现象，医院用气波动范围大，没有足够的储存量就不能应付突发情况的出现。

9.1.3 洁净手术部医用气体气源一般由医院中心站供给。如氧气、负压吸引、压缩空气，因为不但手术室使用而且普通病房也用。为保证手术部正常使用，防止其他部位用气的干扰，应单独从中心站直接送来。

9.1.4 中心站出来的管路中应设安全阀，防止中心站的压力升高而带来危险性。安全阀把升高的部分排放出去，以保证低压管路的安全。

手术室内各种气源设维修阀和调节装置，是为了当某一用气点维修时，不致影响别的部位正常使用，调节装置是为了扩大使用范围。末端有指示设施是让使用者可确认气源的可靠性，也可观察使用过程中的变化情况。

9.1.5 关于气体显示报警，因为手术部的气源系统是相通的，各处压力基本相同，所以不一定每间手术室都安装，可在护士站设一个总的报警装置，但总气源应通过报警装置后送到各用气点，各用气点均受控。

9.2 气体终端

9.2.1 气体终端应符合国家现行有关标准的要求，采用国际单位制即法定单位制标准，尽量不用外国任何标准。这是为了我国医院用的医疗气体设备达到统一标准利于配套维修，降低日常维护费用。

9.2.2 终端一般设悬吊式和壁式两种设置，起到安全互补作用。

9.2.3 不同种类快速接头不允许有互换性是从结构上防止插错而出事故。

实施与检查：

检查施工说明、设备名录。

以有无施工说明、设备名录或现场检查为依据。

9.2.4 终端选配插拔式自封快速接头是为了使用方便。《医用气体管道系统终端　第一部分：用于压缩医用气体和真空的终端》YY0801.1要求这种接头寿命为10000次，并且超过1000次要换垫片。后者属管理上的事，因此本条不提后者而根据当前产品质量的实际情况以及用户要求把次数扩大。

9.2.5 两个表中的参数是根据手术室内仪器及其他状态下使用的要求而规定，如建设方有什么特殊要求与本表不一致，可根据要求另设系统。

表格中压缩空气为单嘴压力。0.45 MPa～0.9MPa，0.45MPa为常用仪器，0.9MPa用于高速钻、锯，如果同时安装有氮气系统则压缩空气只需0.45MPa就可以，不需设0.9MPa这一档；若不设氮气系统，压缩空气机选1.2 MPa～1.6MPa的无油设备，送到洁净手术部。设两个不同出口压力二级减压器，一路为0.4MPa，另一路为0.9MPa，送至各自对应的末端接嘴。

9.3 气体配管

9.3.1 本条列出医用气体输送常用管材。吸引、废气排放管除可用镀锌钢管外，从发展来看，建议可选用脱氧铜管、不锈钢管和非金属管。

9.3.3 气体在管道中流动摩擦发热，速度越高温度越高，如温度达到某一种材料的软化温度时，管道会因强度降低而破裂，所以要限定流速。

9.3.4 镀锌管施工中，应采用丝扣对接，管道内径≥80mm可采用法兰及其他方式对接。如采用焊接方式，对焊接处应进行二次镀锌处理；不锈钢管采用氩弧焊，管径≤12mm和压力≤2.0MPa的铜管可采用扩口卡式连接或采用银基焊，非金属管道对接可采用卡式或热熔焊。

9.3.5 管道之间安全距离无法达到时，可用PVC绝缘管包起来以防静电击穿；管道的支吊架固定卡应作绝缘处理，以防静电腐蚀而击穿管道。

9.3.6 医用气体用于仪器和直接接触人体，为此要求管道、阀门、仪表都要进行脱脂，清除干净，保证管道内无油污、杂质，所在加工场地和存放场所应保持干净。安装时保证污物不侵入管内。

9.3.11 负压吸引终端要设调压装置，是为保证手术过程中的安全。因为手术对象年龄不同，手术部位不同，要根据具体情况调整不同压力。

吸引装置上应有防倒吸装置是为了防止在手术使用中将污物吸入而堵塞。

10 给水排水

10.1 一般规定

10.1.1、10.1.2 洁净手术部内管道的敷设方式可影响洁净室的空气洁净度，因此，要求管道均应暗装：横管布置在设备层、技术夹道内；立管可布置在墙板、管槽或技术夹道内。目的是使室外未净化空气不能渗入室内，洁净室内的空气不被污染。

管道穿洁净室墙壁、楼板处必须设套管，且做好管道和套管之间的密封措施，也是防止室外未净化空气渗入室内，是保证洁净室空气洁净度的重要环节。

10.1.3 洁净手术部内房间有严格的温湿度要求，如管道内外的温差使管外壁结露，直接影响室内温湿度，影响室内洁净度。所以，对于有可能结露的管道采取防结露措施是必要的。

10.2 给　水

10.2.1～10.2.3 洁净手术室内的给水，一是医护人员生活用水，刷手、清洗手术器具用水，所以需要冷热水兼有；二是用以冲刷墙壁、冲扫地面。水的质量直接影响室内的洁净度，影响到手术的质量。因此，供水要不间断，应和医院给水要求一样，采取两路环形供水，不仅水量和水压要保证，并且水质要可靠，一定要符合现行国家标准《生活饮用水卫生标准》GB 5749，这是最基本的要求。许多国家城市自来水厂的出厂水质是必须符合生活饮用水标准的，打开自来水龙头就可直接饮用。然而我国的情况是，自来水由于经过较长距离给水管网的输送以及储水容器的长期置放，和周围不洁环境接触，产生了二次污染（滋生细菌，生成铁锈等）。各单位自己管理的自备井水，由于管理不规范，也同样有污染的情况。所以，自来水在使用前可增设过滤、消毒等再处理装置。据了解，建筑物内设置二次升压给水系统，设储水箱、二次消毒装置的地方，其储水箱质量、储水箱处的卫生条件、消毒设备的管理都很不规范，实际上二次消毒没有得到保证。所以，为提高洁净度，减少感染率，对水质标准要求较高的手术室，其刷手用水除符合饮用水标准外，也可考虑安装小型除菌过滤设备或采用氧化电位消毒水，以保持手术用水的质量。给水管道连续正压供水，就是防止管道外的物质进入，污染洁净手术部的水质。

据文献介绍，可能发生由于高位水箱断水或支管系统上有人抽吸，造成给水管路中出现中空、带气现象，从而发生污染，所以给水要由连续正压状态下的管路供给。

据文献介绍，世界卫生组织推荐："医院给水应高于60℃储存，至少在50℃下循环"。又据美国ASHRAE杂志2000年9月号（P46）介绍："在医疗卫生设施中，包括护理部，热水应在等于或高于60℃储存，在需要循环的场合，回水至少在51℃"。其目的是保证蓄水温度不利于肺炎双球菌的生长。而对某些使用而言，需要将水龙头出水温度降到40℃～45℃。这可以通过安装靠近排放点的调温混合阀来实现。

手术室设非手动开关的龙头，是为了防止手碰龙头而沾染细菌。目前国内医院广泛采用肘式、脚踏式开关的龙头，还有膝式、光电及红外线控制的开关。刷手池应临近手术室，最好在单独的刷手间内。

10.2.4 给水管道不能直接连接到任何可能引起污染的卫生器具及设备上，除非在这种连接系统中，留有空气隔断装置或设有行之有效的预防回流装置。否则污染的水由于背压、倒流、超压控流等原因，从卫生器具和卫生设备倒流入给水系统，污染饮用水，其结果是相当危险的。

10.2.5 长期以来，镀锌钢管占据着给水管道的主要市场，而镀锌钢管的腐蚀问题越来越被人们所关注。由于锈水给饮用和管理带来诸多难题，目前发达国家和地区早已禁止使用。在我国也已开始实施取代镀锌钢管计划。从2000年开始，冷镀锌钢管禁止使用，热镀锌钢管限制使用。推广应用铝塑复合管、交联聚乙烯（PE-X）管、无规共聚聚乙烯（PP-R）管等新型管材，且大力推广使用不锈钢管和铜管。

塑料管有化学稳定性好，卫生条件好、热传导低、管内光滑阻力小、安装方便、价格低廉、材料基本无毒无二次污染等优点，其缺点是抗冲击性差，耐热性差，热膨胀系数大。

不锈钢管强度高，刚度好，内壁光滑，外观漂亮，无二次污染，故也受到重视，它正朝着减小壁厚、降低成本方面发展。

金属管最受青睐的是铜管。据了解铜管在经济发达国家和地区的建筑给水、热水供应中得到普遍应用。美国和加拿大80%以上供水管为铜管，在香港50%的供水系统采用铜管。铜管使用历史最悠久、机械性能好，耐压强度高，化学性能稳定，耐腐蚀，使用寿命长，管材管件齐全、接口方式多样。另外，铜还具有抗微生物的特性，可以抑制细菌的滋生，尤其对大肠杆菌有抑制作用，有99%以上的水中细菌在进入铜管道5h后会自行消失。所以，铜管为首选管材。

第三类金属与非金属复合管，兼有金属管的强度大、刚度好和非金属管材耐腐蚀、内壁光滑、不结垢等优点。复合管的缺点是两种材料热膨胀系数相差较大，容易脱开。在洁净手术部使用的给水管一定要考虑使用安全性能和卫生性能好的管材。

10.3 排 水

10.3.1 为防止污秽空气的污染，洁净手术室内所有设备都要密封，防止与室外大气相通。盥洗设备排水口的下水管道直通室外下水井，无水时直接与大气相通，变成一个通气孔口，下水道的污秽气体可窜入室内，污染室内空气。为了阻止有害、有毒气体通过排水管道进入室内，一种方法是采取排水止回阀，但是由于污水中挟带有大量污物，其中纤维状的杂质极易挂带在止回阀阀瓣等部件上，造成排水止回阀关闭不严，使止气功能受到影响。另一种方法是在卫生器具接入排水管系的始端，设置一段弯曲管段，管段内存有一定量的水，该弯管在卫生设备使用时，可以顺利地将污水排开，而气体被封住。这就是设备的排水口下部的存水弯水封，是目前最有效的方法。而此水封深度不得小于50mm，这个规定是根据排水管道系统内压力波动和水封蒸发等因素确定的。任何小于此值则被认为是不安全的。

所谓高水封，是针对以往存水弯水封较低、远远小于50mm、极易干枯、臭气外逸而言的。按地漏加工的行业标准，*DN*50规格地漏最小有效水封储量应大于165mL；*DN*75规格地漏最小有效水封储量应大于330mL；*DN*100规格地漏最小有效水封储量应大于565mL。保证一定量的储水容积及高度，以阻隔下水道污秽气体窜入室内。所以，卫生器具排水口的下部设置高水封装置是至关重要的。为防止水封被破坏，应做到：

（1）设计排水系统时要严格按现行国家标准《建筑给水排水设计规范》GB 50015执行。排水管道要有足够大的排水能力，要按重力流设计，管道充满度为0.5；设各种通气管的目的都是为了平衡管道内的压力，保证卫生器具的水封。通气系统应连接于立管的最低横支管，应与立管底部保持一定距离，否则极易破坏卫生器具的水封。

（2）医院建筑内的用水设备不得采用共用存水弯，手术部内的卫生设备更不允许采用共用存水弯，这样易于保持水封。

10.3.2 选择优质的密闭式地漏，它具有排水时打开、不排水时可密封的功能，既能防止水封损失而干枯，不使污浊气体窜入室内，又可隔离由于地漏积污而产生的臭气。

地漏作为排除地面积水的卫生设备，应设置在易溅水的用水设备旁，以及需要经常用水清洗地面、墙面的地方。地漏的安装应平整、牢固、无渗漏。地漏顶标高应低于附近地面5mm～10mm，并应以0.01的坡度坡向地漏，这样，可迅速排除地面积水，并使地漏的存水弯的水封得以经常补充水量，防止地漏水封损失而干枯。然而，地漏无论是直通式、管道带存水弯的，还是密封型本身带密封盖的，都是污水流入下水道的一个关口，此处易沉积有机物，易滋生细菌，有机物腐化发酵易生成有害气体而渗入室内，污染室内空气。所以，手术部洁净区内不应设置地漏。

随着医疗技术的发展，手术室内的消毒采用药物而不用水，洁净手术室内不需要设地漏。设置在手术部其他部位的地漏一是要有足够的水封，满足相关标准的要求，地漏水封不得小于50mm；二是结构要简单，内部要光滑，水流畅通，不易积污，不得有冒溢现象，具有较好的自清能力，利于清扫；三是要加密加盖，防止水分蒸发和下水道内有害气体渗入。

钟罩式地漏易积污、自清能力差，无法保持水封，早已被淘汰。

10.3.3 洁净手术部应采取不易积存污物、易于清扫的卫生器具、管材、管架及附件。洁净手术部内的卫生器具宜用白瓷制造，不应用水泥、水磨石等制作。一般露明的存水弯不应用表面粗糙的铸铁制品，可用镀铬、塑料等表面光滑材料；地漏不应用铸铁箅子，应用硬塑料、铜及镀铬件等表面光滑材料制作。洁净手术部内与设备连接的排水管，如采用螺纹连接，宜采用聚四氟乙烯胶带填料，不得使用铅油、麻丝等填料。很多地方已经禁止使用普通铸铁承插排水管，代替它的是柔性铸铁管和机制排水铸铁管。柔性排水铸铁管及管件规格齐全，连接方式为管箍式与承插式两种，其优点是经久耐用，维修方便。机制排水铸铁管如UPVC管、PSP管、UPC螺旋消音排水管，因其管壁光滑、阻力小、耐磨性能好，也得到广泛的采用。

手术室内排水管道的灌水试验结果及排水系统竣工后的通水试验结果，必须符合设计要求及施工验收规范。

10.3.4 透气系统的作用，一是将室内排水系统中散发的臭气排到大气中，二是向排水立管补充空气，使水流通畅，减少排水管内压力变化幅度，防止卫生器具的水封被破坏。所以，超过一层的建筑应设通气管透气，而通气管必须直通室外，不得接至风道和烟道上。由于洁净手术部所在建筑位置不同，污水透气系统形式各异，透气管可为伸顶透气管、专用透气管或环型透气管等多种形式。但无论哪种，为防止其他污水系统臭气进入洁净手术部，透气系统不要和其他医疗用房合用。洁净手术部内的卫生器具和装置，也应有自己独立的透气系统。

10.3.5 医院内管道种类多，线路长，遇有故障就要凿墙断壁，甚为不便，而手术过程中污物量较大，为了防止排水管道堵塞，适当加大手术室排水管道口径，可减少日常的维修量。

11 电　　气

11.1 供　　电

11.1.2 本建筑体配电中心应有来自两个不同供电站的10kV电源在本配电中心可实施切换，这个切换不能瞬间完成；如果本地没有两个供电站供电，医院内必须有备用发电机组，当外部市电中断时由发电机组自启动并供电，互设电源柜实施切换，保证医疗正常用电。

11.1.3 发电机投入使用需要一定的准备时间．因此，有生命支持电气设备的洁净手术室必须设置应急电源设备，保证手术正常用电。同时，部分心外手术在手术过程中要使用体外循环机。因此，为保证病人生命安全，生命支持电气设备还应有在线切换功能。设计应急电源的容量不宜过大，一般供电时间≥30min即可。

实施与检查：

检查设计和施工说明，检查设备名录。

以有无设计、施工说明和设备名录或现场检查为依据。

11.1.6 心外手术室为防止手术过程中触及心脏的设备漏电致人死亡的危险，必须要设隔离变压器。

实施与检查：

检查设计和施工说明，检查设备名录。

以有无设计、施工说明和设备名录或现场检查为依据。

11.1.8 随着国家节能政策的普及和推广，在医院手术室的整个运行系统中，电力电子装置被广泛使用。比如，空调系统使用的变频器，手术室内使用的节能灯、电子镇流器、二极管无影灯等，但电力电子装置也因此成为最大的谐波源，产生谐波污染和功率因数滞后的现象。

直流侧采用电容滤波的二极管整流电路也是严重的谐波污染源，由于输入电流谐波分量很大，给电网和手术室设备运行造成严重电磁污染。

电系统的谐波会严重干扰手术室内医疗器械的正常安全使用，严重影响手术室内医疗检测装置的工作精度和可靠性。

同时，谐波注入电网后使无功功率加大，功率因数降低，甚至有可能引发并联或串联谐振，损坏电气设备以及干扰通信线路的正常工作，使测量和计量仪器的指示和计量不准确。

因此，应制定医疗手术室及相关的辅助设备进线电源处的电源谐波检测要求。在医院手术室竣工验收时要检测电源的电压及电流谐波，保证手术室医疗电器用电环境的安全。

手术室电源谐波检测标准的现行国家标准主要包括《电磁兼容　限值　谐波电流发射限值（设备每相输入电流≤16A）》GB 17625.1和《电磁兼容　限值　对额定电流大于16A的设备在低压供电系统中产生的谐波电流的限制》GB/Z 17625.6。

11.2 配　　电

11.2.3 为了节能降低运行费用，手术部应按功能分区控制。每间手术室独立设配电箱是为了安全，消除相互干扰。

11.2.5、11.2.6 手术过程中医疗仪器和无影灯适用IT电源（配单相隔离变压器），并应分三路以上布线（无影灯一路、其他几路分别供医疗仪器用电插座）；洁净手术室非医疗用电是指照明灯带、电动门、观片灯等。把手术室内治疗与非治疗用电分开，是降低投资、降低三相不平衡因素有效措施，可进一步增强安全系数。

11.2.7 电缆的穿线管在过楼板、隔墙要加套管，是防止电线管腐蚀和更换方便，同时也符合其他相关规范要求。进入手术室的电线管及穿线后的周边要求用阻燃且耐腐蚀材料封严，防止空气流通而破坏洁净区域环境。

11.2.15 加电涌保护器主要是防止雷击时产生的浪涌。

11.3 照明及其他

11.3.2 应急照明灯具由应急电源供电。美国退伍军人医院标准手术室设计指南规定“手术台上的荧光灯中要有50%能够使用配有备用电池（D1型）的应急电源”。由于“手术台的头部有时候可能会转换，所以手术台两头的荧光灯都要有应急电源”。根据国内实际情况，此次修订增加了该方面要求。

11.3.3 有治疗功能的房间指设有与患者身体接触的电气装置房间和与手术室同时使用的辅助房间，至少应有1个应急照明灯具。

12 消　防

12.0.1 医院洁净手术部是医院建筑中的一个功能构成部分，根据医院的条件和规模不同有多种建设方式，有的与医院内其他功能的建筑合建在一起，有的则独立建造。为更好地防止其他建筑的火灾或建筑内其他部位的火灾危及手术部的安全，特别是其手术室内可能还有正在手术的病人，所以必须根据洁净手术部的功能和用途，要求其所在建筑应具有较高的耐火等级。因此要采用一、二级耐火等级的建筑物或设在一、二级耐火等级的建筑物内。在设计时，尽可能采用较高的耐火等级。当耐火等级为二级时，其吊顶材料也要采用不燃材料。

实施与检查：

严格对照现行国家有关防火的标准设计。

以有无审核批准的图纸为依据。

12.0.2 手术部内的人员在火灾时往往需要时间进行应急处理，有条件的，要尽量单独划分防火分区。当手术部的面积不大，需要与其他用途的房间划分在同一个防火分区内时，则要将该手术部作为一个相对独立的防火单元考虑，采用防火隔墙与其他部位分隔开。

洁净手术部与非洁净手术部相连通的部位采用耐火极限甲级或乙级防火门分隔，对于在火灾时不需要通过的较大开口部位也可以设置防火卷帘等来防止火灾蔓延。

12.0.3 洁净手术部内的人员疏散，相对医院的其他部位要困难。根据近些年的医院火灾情况，在按照规范要求划分防火分区后，每个防火分区还需根据面积大小和疏散路线采用防火隔墙分隔成多个建筑面积较小的区域，有利于相互间的避难与逃生，缩短疏散距离，并将火灾控制在更小的区域内，减小烟气的危害，为人员疏散与灭火救援提供更好的条件。

对于设置自动喷水灭火系统的手术部，由于手术工作空间的特殊性，允许不设置洒水喷头，而其他部位仍需要设置。在此情况下，手术部的防火分区建筑面积可以根据现行国家标准《建筑设计防火规范》GB 50016 的规定增加一倍或局部增加一倍。

12.0.4 本条主要为高层中不能马上直接疏散的医患人员，能及时就近避难，以躲避火灾的高温和烟气危害。这是本次修订新加的内容。避难间的防火分隔和设施配备要足以保证避难人员的安全，同时靠外墙和疏散楼梯设置，以便消防救援。为充分利用避难间，在手术部这种特定场所，可以将其与平时使用的火灾危险性小的房间结合使用。在修订后的《建筑防火设计规范》中也有高层设避难间的要求，应按其具体要求执行。

实施与检查：

严格对照现行国家有关防火的标准设计。

以有无审核批准的图纸或验收检查报告为依据。

12.0.5 洁净手术部吊顶的技术夹层主要用于安装高效过滤器、静压箱和一些管线，火灾危险性较手术工作空间高，为防止其发生火灾后在短时间内对下部产生危害，规定要采用防火分隔体将该夹层与其他部位分隔开。

12.0.6 自动感应门不允许作为疏散用门，以防止人员在紧急疏散情况下无法使用。但当具有手动开启功能，且能方便打开时，可作为疏散门，且门上醒目位置要有使用说明标识。

12.0.7、**12.0.8** 由于很难防止误喷伤人，所以对设洒水喷头应作限制，除非确能保证不误喷伤人，则不宜设喷头。在洁净手术部内，要密切结合洁净手术部所在建筑的建筑高度、楼层建筑面积等确定其消防设施的设置。在消火栓箱内配置消防软管卷盘以控制初起火。对于建筑面积较小的手术部，当不需要设置室内消火栓时，则要求配置消防软管卷盘等轻便的灭火器材。

本条规定的手术部应设置气体灭火器，要求手术室内外均需配置气体灭火器，其设置数量和规格等应符合现行国家标准《建筑灭火器配置设计规范》GB 50140 的要求。

12.0.9 洁净手术部的设备层，平时相对封闭，发生火灾人员难以及时发现。在该部位设置火灾自动报警装置，能帮助早期发现和通报火灾，及时通知人员疏散和施救。

12.0.10 洁净手术部内的房间大多数为无窗或窗扇固定、不能开启，火灾烟气不能自然排除，容易导致烟气在内部蔓延并导致火势燃烧猛烈，增加人员疏散与救援的难度。本条要求该场所要按照无窗房间设置和设计防烟和排烟系统，即在避难区及其前室，楼梯间或消防电梯的前室等部位设置防烟设施，在其他部位设置排烟设施，同时设置补风系统。

12.0.11 洁净区内应消除一切影响空气净化的因素，排烟口直接与大气相通，远离建筑的新鲜空气进风口，以防倒灌。

板式排烟口安装在走道或防烟前室，无窗房间的排烟系统的排烟口处，可以吊装在顶棚上或安装在侧墙，平时保持常闭，火灾时依靠火警信号联动开启，并能在烟气温度达 280℃时重新关闭。洁净区采用该类型的排烟口，既能保证区域的洁净度要求，又能在火灾时开启排烟。

12.0.12 医院洁净手术部的室内装修主要为墙面、顶棚和地面以及室内家具、饰物。在设计中要充分考虑洁净手术部内空间的密闭特点和功能要求，妥善处理装修效果、使用安全和消毒清洁的矛盾，要求采用难燃材料，避免采用遇高温或燃烧时会产生较多烟气或有毒气体的材料。手术室内装修装饰材料要求再高一些，加上了不燃材料。

13 施工验收

13.1 施　工

13.1.1～13.1.3 由于工程施工往往出现空调净化系统的施工与围护结构的施工不是一个单位承担的情况，给工程质量造成隐患，特强调洁净手术室的施工必须以空调净化为核心，统一指挥施工。

洁净手术部施工应按程序进行，这也是考核施工方水平的一个尺度。洁净手术部施工应实行监理。

13.2 工 程 验 收

13.2.1、**13.2.2** 为保证质量，在洁净手术部（室）所在的建筑物验收之后，还应对其单独验收。由于发生过一些涉外施工单位借口有国外标准而自行验收完事的情况，所以本条强调医院的洁净手术部（室）都要按本节规定进行工程项目检查和验收。

不论施工方有无完整的调试报告，都不能代替综合性能全面评定。

洁净手术部的工程验收制度应执行现行国家标准《洁净室施工及验收规范》GB 50591 的规定，即：

- 验收（建设方主导）
  - 工程验收
    - 中间验收阶段——自检
    - 施工验收阶段
      - 设计符合性确认
      - 安装确认
      - 运行确认
    - 性能验收阶段——通过综合性能全面评定进行性能确认
  - 使用验收

13.3 工 程 检 验

13.3.3 由于使用方通常只注意细菌浓度和洁净度是否达标，而不关心其性能和施工做法。往往运行一段时间后才发现问题（如漏水、漏密封油、漏污染气体、新风突然变小等），可能造成严重后果。所以要特别指出洁净室是多功能的综合整体，空气洁净度或细菌浓度单项指标不能反映洁净室可以投入使用的整体性能；又由于竣工验收主要考查施工质量，综合性能全面评定主要考察设计质量，因此不能互相代替，并且只有竣工验收之后才可进行全面评定。本次修订在必测项目中增加了谐波畸变率、甲醛浓度、苯和TVOC。

实施与检查：

工程竣工后必须进行综合性能全面评定的检验。

以有无合格的检验报告为依据。

13.3.6 关于工作区风速测点高度2002版规范统一定在无手术台遮挡时0.8m高处。因此测定时已有手术台的应搬开手术台，实在搬不开的，可在手术台上方0.25m处布置测点。这样做不易统一且有时不可能实现，此次修订参照德国标准，改为1.2m高处截面，离送风面近了，所以对β的要求也从$\leqslant 0.25$改为$\leqslant 0.24$。为了使运行一段时间后风速仍能在规定范围之内，所以将综合性能评定的结果定在不低于范围的平均值；实际工程中施工方为了安全，把风速取得很高，这是浪费，因此规定不能超过上限，取消了1.2倍的宽限。

13.3.7 换气次数的检测要求。

鉴定验收结果的规定由不超过高限1.2倍此次修订改为不宜超过设计值15%，是考虑到此次参数设有上限，同时设计的洁净室面积和人数均明显和本规范标准不同时，则换气次数也只能用设计值。而上一条的截面风速则无此问题，因为不论面积等有何变化，截面风速都是定值。

13.3.9 实际反映洁净室泄漏严重，致使新风量远远超过标准，造成浪费，泄漏严重的手术室5Pa压差也达不到，或者压差达到了，但洁净度达不到，所以除在本规范第7.3.4条提出严格的密封要求外，本条采用最低标准，即用发烟管检验烟流向，如发现有明显的向烟管内（负压室）或向外（正压室）的流动，则应采取密封措施。没有泄漏时烟流不动。

13.3.11 洁净度级别的检测要求。

1 对系统t只取到9点的值，是参照美国联邦标准209E和ISO 14644确定的，因为9点以后实际上$N \rightarrow \overline{N}$。

2 考虑到手术室规划已定，面积相差不大，为了方便工作，所以作出了硬性规定，而并未采用有关标准（包括ISO标准）规定的计算方法，并指定了布置位置，这样可操作性和可比性均较好。

3 本标准没有对等速采样作规定。因为研究已表明，按现在仪器、方法采样，对$\geqslant 0.5\mu m$微粒的采样误差很小，对$5\mu m$微粒的误差也在允许范围内。

最小采样量按现行国家标准《洁净室施工及验收规范》GB 50591的规定采用。

13.3.12 温湿度的检测要求。

温湿度的测定结果只代表所测时间的工况，应同时注明当时的室外温湿度条件。当必须测定夏季或冬季工况的温湿度时，只能在当年最热月或最冷月进行。

13.3.13 由于手术室内医护人员站立工作，其耳部高度约1.5m，所以测点高度改以此为准。其他房间仍在常规坐姿的1.1m高度测定。

13.3.15 新风量的检测要求。

强调计算通风面积时一定要用净面积（如扣除风口百叶叶面面积）。

13.3.18 细菌浓度的检测要求。

浮游法采样细菌时，由于气流以每秒几十米以上的速度从缝隙吹向培养基表面，如果时间太长则易将培养基吹干，微生物死亡，所以美国NASA标准建议采样时间不大于15min。国内一些研究报告指出，有些仪器允许30min，所以本条规定，不应大于30min。

中华人民共和国国家标准

医用气体工程技术规范

Technical code for medical gases engineering

GB 50751 - 2012

主编部门：中 华 人 民 共 和 国 卫 生 部
批准部门：中华人民共和国住房和城乡建设部
施行日期：2 0 1 2 年 8 月 1 日

中华人民共和国住房和城乡建设部公告

第 1357 号

关于发布国家标准《医用气体工程技术规范》的公告

现批准《医用气体工程技术规范》为国家标准，编号为GB 50751—2012，自2012年8月1日起实施。其中，第4.1.1（1）、4.1.2（1）、4.1.4（3）、4.1.7、4.1.8、4.1.9（1）、4.2.8、4.3.5、4.4.1（1、4）、4.4.7、4.5.2、4.6.4（3）、4.6.7、5.2.1、5.2.5（1）、5.2.9、10.1.4（3）、10.1.5、10.2.17条（款）为强制性条文，必须严格执行。

本规范由我部标准定额研究所组织中国计划出版社出版发行。

中华人民共和国住房和城乡建设部
二〇一二年三月三十日

前　言

本规范是根据住房和城乡建设部《关于印发〈2008 年工程建设标准规范制订、修订计划(第一批)〉的通知》(建标〔2008〕102 号)的要求，由上海市建筑学会会同有关设计、研究、管理、使用单位共同编制完成的。

本规范在编制过程中，编制组对国内外医用气体工程的建设情况进行了广泛的调查研究，总结了国内医用气体工程建设中的设计、施工、验收和运行管理的先进经验，引用了设备与产品制造、质量检测单位的领先成果，吸纳了国际上通用的理论和流程，并充分考虑了国内工程的现状与水平，参考了国内外相关标准，并在广泛征求意见的基础上，通过反复讨论、修改和完善，最后经审查定稿。

本规范共分 11 章及 4 个附录，主要内容包括：总则，术语，基本规定，医用气体源与汇，医用气体管道与附件，医用气体供应末端设施，医用气体系统监测报警，医用氧舱气体供应，医用气体系统设计，医用气体工程施工，医用气体系统检验与验收等。

本规范中以黑体字标志的条文为强制性条文，必须严格执行。

本规范由住房和城乡建设部负责管理和对强制性条文的解释，上海市建筑学会负责具体技术内容的解释。为进一步完善本规范，请各单位和个人在执行本规范过程中，认真总结经验，积累资料，如发现需要修改或补充之处，请将意见和有关资料寄至上海市建筑学会《医用气体工程技术规范》编制工作组(地址：上海市静安区新闸路 831 号丽都新贵 24 楼 E)，以供今后修订时参考。

本规范主编单位、参编单位、参加单位、主要起草人和主要审查人名单：

主 编 单 位：上海市建筑学会

参 编 单 位：中国医院协会医院建筑系统研究分会
重庆大学城市建设与环境工程学院
上海现代建筑设计(集团)有限公司
中国人民解放军总医院
上海德尔格医疗器械有限公司
上海必康美得医用气体工程咨询有限公司
上海申康医院发展中心
上海市卫生基建管理中心
国际铜业协会(中国)
上海捷锐净化工程有限公司
浙江华健医用工程有限公司
中国中元国际工程公司
公安部天津消防研究所

参 加 单 位：浙江海亮股份有限公司
林德集团上海金山石化比欧西气体有限公司
上海康普艾压缩机有限公司
上海普旭真空设备技术有限公司
上虞市金来铜业有限公司
北京航天雷特新技术实业公司
上海邦鑫实业有限公司

主要起草人：王宇虹　马琪伟　丁德平　卢　军　钱俏鹂
楼东堡　刘　强　谢思桃

主要审查人：于　冬　诸葛立荣　张建忠　陈霖新　倪照鹏
施振球　何晓平　黄　磊　王祥瑞　贾来全
明汝新　董益波　曹德森　刘光荣　何哈娜
岳相辉

目　次

5

1 总　　则

1.0.1 为规范我国医用气体工程建设，保证建设质量，实现安全可靠、技术先进、经济合理、运行与管理维护方便的目标，制定本规范。

1.0.2 本规范适用于医疗卫生机构中新建、改建或扩建的集中供应医用气体工程的设计、施工及验收。

1.0.3 医疗卫生机构应按医疗科目和流程选择所需的医用气体系统，系统的建设应统一完整。

1.0.4 医用气体工程所使用的设备、材料，应有生产许可证明并通过相关的检验或检测。

1.0.5 医用气体工程的设计、施工及验收，除应执行本规范外，尚应符合国家现行有关标准的规定。

2 术　　语

2.0.1 医用气体　medical gas

由医用管道系统集中供应，用于病人治疗、诊断、预防，或驱动外科手术工具的单一或混合成分气体。在应用中也包括医用真空。

2.0.2 医用气体管道系统　medical gas pipeline system

包含气源系统、监测和报警系统，设置有阀门和终端组件等末端设施的完整管道系统，用于供应医用气体。

2.0.3 医用空气　medical purpose air

在医疗卫生机构中用于医疗用途的空气，包括医疗空气、器械空气、医用合成空气、牙科空气等。

2.0.4 医疗空气　medical air

经压缩、净化、限定了污染物浓度的空气，由医用管道系统供应作用于病人。

2.0.5 器械空气　instrument air

经压缩、净化、限定了污染物浓度的空气，由医用管道系统供应为外科工具提供动力。

2.0.6 医用合成空气　synthetic air

由医用氧气、医用氮气按氧含量为21%的比例混合而成。由医用管道系统集中供应，作为医用空气的一种使用。

2.0.7 牙科空气　dental air

经压缩、净化、限定了污染物浓度的空气，由医用管道系统供应为牙科工具提供动力。

2.0.8 医用真空　medical vacuum

为排除病人体液、污物和治疗用液体而设置的使用于医疗用途的真空，由管道系统集中提供。

2.0.9 医用氮气　medical nitrogen

主要成分是氮，作为外科工具的动力载体或与其他气体混合用于医疗用途的气体。

2.0.10 医用混合气体　medical mixture gases

由不少于两种医用气体按医疗卫生需求的比例混合而成，作用于病人或医疗器械的混合成分气体。

2.0.11 麻醉废气排放系统　waste anaesthetic gas disposal system(WAGD)

将麻醉废气接收系统呼出的多余麻醉废气排放到建筑物外安全处的系统，由动力提供、管道系统、终端组件和监测报警装置等部分组成。

2.0.12 单一故障状态　single-fault condition

设备内只有一个安全防护措施发生故障，或只出现一种外部异常情况的状态。

2.0.13 生命支持区域　life support area

病人进行创伤性手术或需要通过在线监护治疗的特定区域，该区域内的病人需要一定时间的病情稳定后才能离开。如手术室、复苏室、抢救室、重症监护室、产房等。

2.0.14 区域阀门　zone valve

将指定区域内的医用气体终端或医用气体使用设备与管路的其他部分隔离的阀门，主要用于紧急情况下的隔断、维护等。

2.0.15 终端组件　terminal unit

医用气体供应系统中的输出口或真空吸入口组件，需由操作者连接或断开，并具有特定气体的唯一专用性。

2.0.16 低压软管组件　low-pressure hose assembly

适用于压力为1.4MPa以下的医用气体系统，带有永久性输入和输出专用气体接头的软管组合体。

2.0.17 直径限位的安全制式接头(DISS接头)　diameter-index safety system connector

具有气体专用特性，直径各不相同的、分别与各种气体设施匹配的专用内、外接头组件。

2.0.18 专用螺纹制式接头(NIST接头)　non-interchangeable screw-threaded connector

具有气体专用特性，直径与旋向各不相同的、分别与各种气体设施匹配的专用内、外螺纹接头组件。

2.0.19 管接头限位的制式接头(SIS接头)　sleeve-index system connector

具有气体专用特性，插孔各不相同的、分别与各种气体设施匹配的专用内、外管接头组件。

2.0.20 医用供应装置　medical supply unit

配备在医疗服务区域内，可提供医用气体、液体、麻醉或呼吸废气排放、电源、通信等的不可移动装置。

2.0.21 焊接绝热气瓶　welded insulated cylinder

在内胆与外壳之间置有绝热材料，并使其处于真空状态的气瓶。用于储存临界温度小于等于－50℃的低温液化气体。

2.0.22 医用氧舱　medical hyperbaric chamber

在高于环境大气压力下利用医用氧进行治疗的一种载人压力容器设备。

2.0.23 气体汇流排　gas manifold

将数个气体钢瓶分组汇合并减压，通过管道输送气体至使用末端的装置。

2.0.24 真空压力　effective vacuum pressure

指相对真空压力，当地绝对大气压与真空绝对压力的差值。

3 基本规定

3.0.1 部分医用气体的品质应符合下列规定：

1 部分医用空气的品质要求应符合表3.0.1的规定；

表3.0.1 部分医用空气的品质要求

气体种类	油 mg/Nm^3	水 mg/Nm^3	$CO10^{-6}$ (v/v)	$CO_2 10^{-6}$ (v/v)	NO 和 NO_2 10^{-6}(v/v)	$SO_2 10^{-6}$ (v/v)	颗粒物(GB 13277.1)*	气味
医疗空气	≤0.1	≤575	≤5	≤500	≤2	≤1	2级	无
器械空气	≤0.1	≤50	—	—	—	—	2级	无
牙科空气	≤0.1	≤780	≤5	≤500	≤2	≤1	3级	无

注：*《压缩空气 第1部分：污染物净化等级》GB 13277.1—2008。

2 用于外科工具驱动的医用氮气应符合现行国家标准《纯氮、高纯氮和超纯氮》GB/T 8979中有关纯氮的品质要求。

3.0.2 医用气体终端组件处的参数应符合表3.0.2的规定。

表3.0.2 医用气体终端组件处的参数

医用气体种类	使用场所	额定压力(kPa)	典型使用流量(L/min)	设计流量(L/min)
医疗空气	手术室	400	20	40
	重症病房、新生儿、高护病房	400	60	80
	其他病房床位	400	10	20
器械空气、医用氮气	骨科、神经外科手术室	800	350	350
医用真空	大手术	40(真空压力)	15～80	80
	小手术、所有病房床位	40(真空压力)	15～40	40
医用氧气	手术室和用氧化亚氮进行麻醉的用点	400	6～10	100
	所有其他病房用点	400	6	10
医用氧化亚氮	手术、产科、所有病房用点	400	6～10	15
医用氧化亚氮/氧气混合气	待产、分娩、恢复、产后、家庭化产房(LDRP)用点	400(350)	10～20	275
	所有其他需要的病房床位	400(350)	6～15	20
医用二氧化碳	手术室、造影室、腹腔检查用点	400	6	20
医用二氧化碳/氧气混合气	重症病房、所有其他需要的床位	400(350)	6～15	20
医用氦/氧混合气	重症病房	400(350)	40	100
麻醉或呼吸废气排放	手术室、麻醉室、重症监护室(ICU)用点	15(真空压力)	50～80	50～80

注：1 350kPa气体的压力允许最大偏差为$350kPa^{+50}_{-40}kPa$，400kPa气体的压力允许最大偏差为$400kPa^{+100}_{-80}kPa$，800kPa气体的压力允许最大偏差为$800kPa^{+200}_{-160}kPa$。

2 在医用气体使用处与医用氧气混合形成医用混合气体时，配比的医用气体压力应低于该处医用氧气压力50kPa～80kPa，相应的额定压力也应减小为350kPa。

3.0.3 在牙椅处的牙科气体参数应符合表3.0.3的规定。

表3.0.3 在牙椅处的牙科气体参数

医用气体种类	额定压力(kPa)	典型使用流量(L/min)	设计流量(L/min)	备注
牙科空气	550	50	50	气体流量需求视牙椅具体型号的不同有差别
牙科专用真空	15(真空压力)	300	300	
医用氧化亚氮/氧气混合气	400(350)	6～15	20	在使用处混合提供气体时额定压力为350kPa
医用氧气	400	5～10	10	—

3.0.4 医用气体终端组件的设置数量和方式应根据医疗工艺需求确定，宜符合本规范附录A的规定。

4 医用气体源与汇

4.1 医用空气供应源

Ⅰ 医疗空气供应源

4.1.1 医疗空气的供应应符合下列规定：

1 医疗空气严禁用于非医用用途；

2 医疗空气可由气瓶或空气压缩机组供应；

3 医疗空气与器械空气共用压缩机组时，其空气含水量应符合本规范表3.0.1有关器械空气的规定。

4.1.2 医疗空气供应源应由进气消音装置、压缩机、后冷却器、储气罐、空气干燥机、空气过滤系统、减压装置、止回阀等组成，并应符合下列规定：

1 医疗空气供应源在单一故障状态时，应能连续供气；

2 供应源应设置备用压缩机，当最大流量的单台压缩机故障时，其余压缩机应仍能满足设计流量；

3 供应源宜采用同一机型的空气压缩机，并宜选用无油润滑的类型；

4 供应源应设置防倒流装置；

5 供应源的后冷却器作为独立部件时应至少配置两台，当最大流量的单台后冷却器故障时，其余后冷却器应仍能满足设计流量；

6 供应源应设置备用空气干燥机，备用空气干燥机应能满足系统设计流量；

7 供应源的储气罐组应使用耐腐蚀材料或进行耐腐蚀处理。

4.1.3 空气压缩机进气装置应符合下列规定：

1 进气口应设置在远离医疗空气限定的污染物散发处的场所；

2 进气口设于室外时，进气口应高于地面5m，且与建筑物的门、窗、进排气口或其他开口的距离不应小于3m，进气口应使用耐腐蚀材料，并应采取进气防护措施；

3 进气口设于室内时，医疗空气供应源不得与医用真空汇、牙科专用真空汇，以及麻醉废气排放系统设置在同一房间内。压缩机进气口不应设置在电机风扇或传送皮带的附近，且室内空气质量应等同或优于室外，并应能连续供应；

4 进气管应采用耐腐蚀材料，并应配备进气过滤器；

5 多台压缩机合用进气管时，每台压缩机进气端应采取隔离措施。

4.1.4 医疗空气过滤系统应符合下列规定：

1 医疗空气过滤器应安装在减压装置的进气侧；

2 应设置不少于两级的空气过滤器，每级过滤器均应设置备用。系统的过滤精度不应低于1μm，且过滤效率应大于99.9%；

3 医疗空气压缩机不是全无油压缩机系统时，应设置活性炭过滤器；

4 过滤系统的末级可设置细菌过滤器，并应符合本规范第5.2节的有关规定；

5 医疗空气过滤器处应设置滤芯性能监视措施。

4.1.5 医疗空气的设备、管道、阀门及附件的设置与连接，应符合下列规定：

1 压缩机、后冷却器、储气罐、干燥机、过滤器等设备之间宜设置阀门。储气罐应设备用或安装旁通管；

2 压缩机进、排气管的连接宜采用柔性连接；

3 储气罐等设备的冷凝水排放应设置自动和手动排水阀门；

4 减压装置应符合本规范第5.2.14条的规定；

5 气源出口应设置气体取样口。

4.1.6 医疗空气供应源控制系统、监测与报警，应符合下列规定：

1 每台压缩机应设置独立的电源开关及控制回路；

2 机组中的每台压缩机应能自动逐台投入运行，断电恢复后压缩机应能自动启动；

3 机组的自动切换控制应使得每台压缩机均匀分配运行时间；

4 机组的控制面板应显示每台压缩机的运行状态，机组内应有每台压缩机运行时间指示；

5 监测与报警的要求应符合本规范第7.1节的规定。

4.1.7 医疗空气供应源应设置应急备用电源。

Ⅱ 器械空气供应源

4.1.8 非独立设置的器械空气系统，器械空气不得用于各类工具的维修或吹扫，以及非医疗气动工具或密封门等的驱动用途。

4.1.9 器械空气由空气压缩机系统供应时，应符合下列规定：

1 器械空气供应源在单一故障状态时，应能连续供气；

2 器械空气供应源的设置要求应符合本规范第4.1.2条第2～7款的规定；

3 器械空气同时用于牙科时，不得与医疗空气共用空气压缩机组。

4.1.10 器械空气的过滤系统应符合下列规定：

1 机组使用减压装置时，器械空气过滤系统应安装在减压装置的进气侧；

2 应设有不少于两级的过滤器，每级过滤均应设置备用。系统的过滤精度不应低于0.01μm，且效率应大于98%；

3 器械空气压缩机组不是全无油压缩机系统时，应设置末级活性炭过滤器；

4 器械空气过滤器处应设置滤芯性能监视措施。

4.1.11 器械空气供应源的设备、管道、阀门及附件的设置与连接，应符合本规范第4.1.5条的规定。

4.1.12 器械空气供应源的控制系统、监测与报警，应符合本规范第4.1.6条的规定。

4.1.13 独立设置的器械空气源应设置应急备用电源。

Ⅲ 牙科空气供应源

4.1.14 牙科空气供应源宜设置为独立的系统，且不得与医疗空气供应源共用空气压缩机。

4.1.15 牙科空气供应源应由进气消音装置、压缩机、后冷却器、储气罐、空气干燥机、空气过滤系统、减压装置、止回阀等组成。

4.1.16 牙科空气压缩机的排气压力不得小于0.6MPa。

4.1.17 当牙椅超过5台时，压缩机不宜少于2台，其控制系统、监测与报警应符合本规范第4.1.6条的规定。

4.1.18 牙科空气与器械空气共用系统时，牙科供气总管处应安装止回阀。

4.1.19 压缩机进气装置应符合本规范第4.1.3条第4和5款的规定。

4.1.20 储气罐应符合本规范第4.1.2条第7款的规定。

4.2 氧气供应源

Ⅰ 一般规定

4.2.1 医疗卫生机构应根据医疗需求及医用氧气供应情况，选择、设置医用的氧气供应源，并应供应满足国家规定的用于医疗用途的氧气。

4.2.2 医用氧气供应源应由医用氧气气源、止回阀、过滤器、减压装置，以及高、低压力监视报警装置组成。

4.2.3 医用氧气气源应由主气源、备用气源和应急备用气源组成。备用气源应能自动投入使用，应急备用气源应设置自动或手动切换装置。

4.2.4 医用氧气主气源宜设置或储备能满足一周及以上用氧量，应至少不低于3d用氧量；备用气源应设置或储备24h以上用氧量；应急备用气源应保证生命支持区域4h以上的用氧量。

4.2.5 应急备用气源的医用氧气不得由医用分子筛制氧系统或医用液氧系统供应。

4.2.6 医用氧气供应源的减压装置、阀门等附件，应符合本规范第5.2节的规定，医用氧气供应源过滤器的精度应为100μm。

4.2.7 医用氧气汇流排应采用工厂制成品，并应符合下列规定：

1 医用气体汇流排高、中压段应使用铜或铜合金材料；

2 医用气体汇流排的高、中压段阀门不应采用快开阀门；

3 医用气体汇流排应使用安全低压电源。

4.2.8 医用氧气供应源、医用分子筛制氧机组供应源，必须设置应急备用电源。

4.2.9 医用氧气的排气放散管均应接至室外安全处。

Ⅱ 医用液氧贮罐供应源

4.2.10 医用液氧贮罐供应源应由医用液氧贮罐、汽化器、减压装置等组成。医用液氧贮罐供应源的贮罐不宜少于两个，并应能切换使用。

4.2.11 医用液氧贮罐应同时设置安全阀和防爆膜等安全措施；医用液氧贮罐气源的供应支路应设置防回流措施；当医用液氧输送和供应的管路上两个阀门之间的管段有可能积存液氧时，必须设置超压泄放装置。

4.2.12 汽化器应设置为两组且应能相互切换，每组均应能满足最大供氧流量。

4.2.13 医用液氧贮罐的充灌接口应设置防错接和保护设施，并应设置在安全、方便位置。

4.2.14 医用液氧贮罐、汽化器及减压装置应设置在空气流通场所。

Ⅲ 医用氧焊接绝热气瓶汇流排供应源

4.2.15 医用氧焊接绝热气瓶汇流排供应源的单个气瓶输氧量超过5m³/h时，每组气瓶均应设置汽化器。

4.2.16 医用氧焊接绝热气瓶汇流排供应源的气瓶宜设置为数量相同的两组，并应能自动切换使用。每组医用氧焊接绝热气瓶应满足最大用氧流量，且不得少于2只。

4.2.17 汇流排与医用氧焊接绝热气瓶的连接应采取防错接措施。

Ⅳ 医用氧气钢瓶汇流排供应源

4.2.18 医用氧气钢瓶汇流排气源的汇流排容量，应根据医疗卫生机构最大需氧量及操作人员班次确定。

4.2.19 医用氧气钢瓶汇流排供应源作为主气源时，医用氧气钢瓶宜设置为数量相同的两组，并应能自动切换使用。

4.2.20 汇流排与医用氧气钢瓶的连接应采取防错接措施。

Ⅴ 医用分子筛制氧机供应源

4.2.21 医用分子筛制氧机供应源及其产品气体的品质应满足国家有关管理部门的规定。

4.2.22 医用分子筛制氧机供应源应由医用分子筛制氧机机组、过滤器和调压器等组成，必要时应包括增压机组。医用分子筛制氧机机组宜由空气压缩机、空气储罐、干燥设备、分子筛吸附器、缓冲罐等组成，增压机组应由氧气压缩机、氧气储罐组成。

4.2.23 空气压缩机进气装置应符合本规范第4.1.3条的规定。分子筛吸附器的排气口应安装消声器。

4.2.24 医用分子筛制氧机供应源应设置氧浓度及水分、一氧化碳杂质含量实时在线检测设施，检测分析仪的最大测量误差为±0.1%。

4.2.25 医用分子筛制氧机机组应设置设备运行监控和氧浓度及水分、一氧化碳杂质含量监控和报警系统，并应符合本规范第7章的规定。

4.2.26 医用分子筛制氧机供应源的各供应支路应采取防回流措施，供应源出口应设置气体取样口。

4.2.27 医用分子筛制氧机供应源应设置备用机组或采用符合本规范第4.2.10条～第4.2.20条规定的备用气源。医用分子筛制氧机的主供应源、备用或备用组合气源均应能满足医疗卫生机构的用氧峰值量。

4.2.28 医用分子筛制氧机供应源应设置应急备用气源，并应符合本规范第4.2.18条～第4.2.20条的规定。

4.2.29 当机组氧浓度低于规定值或杂质含量超标，以及实时检测设施故障时，应能自动将医用分子筛制氧机隔离并切换到备用或应急备用氧气源。

4.2.30 医疗卫生机构不应设置将医用分子筛制氧机产出气体充入高压气瓶的系统。

4.3 医用氮气、医用二氧化碳、医用氧化亚氮、医用混合气体供应源

4.3.1 医疗卫生机构应根据医疗需求及医用氮气、医用二氧化碳、医用氧化亚氮、医用混合气体的供应情况设置气体的供应源，并宜设置满足一周及以上，且至少不低于3d的用气或储备量。

4.3.2 医用氮气、医用二氧化碳、医用氧化亚氮、医用混合气体的汇流排容量，应根据医疗卫生机构的最大用气量及操作人员班次确定。

4.3.3 医用氮气、医用二氧化碳、医用氧化亚氮、医用混合气体的供应源，应符合下列规定：

1 气体汇流排供应源的医用气瓶宜设置为数量相同的两组，并应能自动切换使用。每组气瓶均应满足最大用气流量；

2 气体供应源的减压装置、阀门和管道附件等，应符合本规范第5.2节的规定；

3 气体供应源过滤器应安装在减压装置之前，过滤精度应为100μm；

4 汇流排与医用气体钢瓶的连接应采取防错接措施。

4.3.4 医用气体汇流排应采用工厂制成品。输送氧气含量超过23.5%的汇流排，还应符合本规范第4.2.7条的规定。

4.3.5 各种医用气体汇流排在电力中断或控制电路故障时，应能持续供气。医用二氧化碳、医用氧化亚氮气体供应源汇流排，不得出现气体供应结冰情况。

4.3.6 医用氮气、医用二氧化碳、医用氧化亚氮、医用混合气体供应源，均应设置排气放散管，且应引出至室外安全处。

4.3.7 医用氮气、医用二氧化碳、医用氧化亚氮、医用混合气体供应源，应设置监测报警系统，并应符合本规范第7章的规定。

4.4 真空汇

Ⅰ 医用真空汇

4.4.1 医用真空汇应符合下列规定：

1 医用真空不得用于三级、四级生物安全实验室及放射性沾染场所；

2 独立传染病科医疗建筑物的医用真空系统宜独立设置；

3 实验室用真空汇与医用真空汇共用时，真空罐与实验室总汇集管之间应设置独立的阀门及真空除污罐；

4 医用真空汇在单一故障状态时，应能连续工作。

4.4.2 医用真空机组宜由真空泵、真空罐、止回阀等组成，并应符合下列规定：

1 真空泵宜为同一种类型；

2 医用真空汇应设置备用真空泵，当最大流量的单台真空泵故障时，其余真空泵应仍能满足设计流量；

3 真空机组应设置防倒流装置。

4.4.3 医用真空汇宜设置细菌过滤器或采取其他灭菌消毒措施。当采用细菌过滤器时，应符合本规范第5.2节的有关规定。

4.4.4 医用真空机组排气应符合下列规定：

1 多台真空泵合用排气管时，每台真空泵排气应采取隔离措施；

2 排气管口应使用耐腐蚀材料，并应采取排气防护措施，排气管道的最低部位应设置排污阀；

3 真空泵的排气应符合医院环境卫生标准要求。排气口应设置有害气体警示标识；

4 排气口应位于室外，不应与医用空气进气口位于同一高度，且与建筑物的门窗、其他开口的距离不应少于3m；

5 排气口气体的发散不应受季风、附近建筑、地形及其他因素的影响，排出的气体不应转移至其他人员工作或生活区域。

4.4.5 医用真空汇的设备、管道连接、阀门及附件的设置，应符合下列规定：

1 每台真空泵、真空罐、过滤器间均应设置阀门或止回阀。真空罐应设置备用或安装旁通管；

2 真空罐应设置排污阀，其进气口之前宜设置真空除污罐，并应符合本规范第5.2节的有关规定；

3 真空泵与进气、排气管的连接宜采用柔性连接。

4.4.6 医用真空汇的控制系统、监测与报警应符合下列规定：

1 每台真空泵应设置独立的电源开关及控制回路；

2 每台真空泵应能自动逐台投入运行，断电恢复后真空泵应能自动启动；

3 自动切换控制应使得每台真空泵均匀分配运行时间；

4 医用真空汇控制面板应设置每台真空泵运行状态指示及运行时间显示；

5 监测与报警的要求应符合本规范第7.1节的规定。

4.4.7 医用真空汇应设置应急备用电源。

4.4.8 液环式真空泵的排水应经污水处理合格后排放，且应符合现行国家标准《医疗机构水污染物排放标准》GB 18466的有关规定。

Ⅱ 牙科专用真空汇

4.4.9 牙科专用真空汇应独立设置，并应设置汞合金分离装置。

4.4.10 牙科专用真空汇应符合下列规定：

1 牙科专用真空汇应由真空泵、真空罐、止回阀等组成，也可采用粗真空风机机组型式；

2 牙科专用真空汇使用液环真空泵时，应设置水循环系统；

3 牙科专用真空系统不得对牙科设备的供水造成交叉污染。

4.4.11 牙科过滤系统应符合下列规定：

1 进气口应设置过滤网，应能滤除粒径大于1mm的颗粒；

2 系统设置细菌过滤器时，应符合本规范第5.2节的有关规定。湿式牙科专用真空系统的细菌过滤器应设置在真空泵的排气口。

4.4.12 牙科专用真空汇排气应符合本规范第4.4.4条的规定。

4.4.13 牙科专用真空汇控制系统应符合本规范第4.4.6条的规定。

4.5 麻醉或呼吸废气排放系统

4.5.1 麻醉或呼吸废气排放系统应保证每个末端的设计流量，以及终端组件应用端允许的真空压力损失符合表4.5.1的规定。

表4.5.1 麻醉或呼吸废气排放系统每个末端设计流量与应用端允许真空压力损失

麻醉或呼吸废气排放系统	设计流量(L/min)	允许真空压力损失(kPa)
高流量排放系统	≤80	1
	≥50	2
低流量排放系统	≤50	1
	≥25	2

4.5.2 麻醉废气排放系统及使用的润滑剂、密封剂，应采用与氧气、氧化亚氮、卤化麻醉剂不发生化学反应的材料。

4.5.3 麻醉或呼吸废气排放机组应符合下列规定：

1 机组在单一故障状态时，系统应能连续工作；

2 机组的真空泵或风机宜为同一种类型；

3 机组应设置备用真空泵或风机，当最大流量的单台真空泵或风机故障时，机组其余部分应仍能满足设计流量；

4 机组应设置防倒流装置。

4.5.4 麻醉或呼吸废气排放机组中设备、管道连接、阀门及附件的设置，应符合下列规定：

1 每台麻醉或呼吸废气排放真空泵应设置阀门或止回阀；

2 麻醉或呼吸废气排放机组的进气管及排气管宜采用柔性连接；

3 麻醉或呼吸废气排放机组进气口应设置阀门。

4.5.5 粗真空风机排放机组中风机的设计运行真空压力宜高于17.3kPa，且机组不应再用作其他用途。

4.5.6 麻醉或呼吸废气真空机组排气应符合本规范第4.4.4条的规定。

4.5.7 大于0.75kW的麻醉或呼吸废气真空泵或风机，宜设置在独立的机房内。

4.5.8 引射式排放系统采用医疗空气驱动引射器时，其流量不得对本区域的其余设备正常使用医疗空气产生干扰。

4.5.9 用于引射式排放的独立压缩空气系统，应设置备用压缩机，当最大流量的单台压缩机故障时，其余压缩机应仍能满足设计流量。

4.5.10 用于引射式排放的独立压缩空气系统，在单一故障状态时应能连续工作。

4.6 建筑及构筑物

4.6.1 医用气体气源站房的布置应在医疗卫生机构总体设计中统一规划，其噪声和排放的废气、废水不应对医疗卫生机构及周边环境造成污染。

4.6.2 医用空气供应源站房、医用真空汇泵房、牙科专用真空汇泵房、麻醉废气排放泵房设计，应符合下列规定：

1 机组四周应留有不小于1m的维修通道；

2 每台压缩机、干燥机、真空泵、真空风机应根据设备或安装位置的要求采取隔震措施，机房及外部噪声应符合现行国家标准《声环境质量标准》GB 3096以及医疗工艺对噪声与震动的规定；

3 站房内应采取通风或空调措施，站房内环境温度不应超过相关设备的允许温度。

4.6.3 医用液氧贮罐站的设计应符合下列规定：

1 贮罐站应设置防火围堰，围堰的有效容积不应小于围堰最大液氧贮罐的容积，且高度不应低于0.9m；

2 医用液氧贮罐和输送设备的液体接口下方周围5m范围内地面应为不燃材料，在机动输送设备下方的不燃材料地面不应小于车辆的全长；

3 氧气储罐及医用液氧贮罐本体应设置标识和警示标志，周围应设置安全标识。

4.6.4 医用液氧贮罐与建筑物、构筑物的防火间距，应符合下列规定：

1 医用液氧贮罐与医疗卫生机构外建筑之间的防火间距，应符合现行国家标准《建筑设计防火规范》GB 50016的有关规定；

2 医疗卫生机构液氧贮罐处的实体围墙高度不应低于2.5m；当围墙外为道路或开阔地时，贮罐与实体围墙的间距不应小于1m；围墙外为建筑物、构筑物时，贮罐与实体围墙的间距不应小于5m；

3 医用液氧贮罐与医疗卫生机构内部建筑物、构筑物之间的防火间距，不应小于表4.6.4的规定。

表4.6.4 医用液氧贮罐与医疗卫生机构内部建筑物、构筑物之间的防火间距(m)

建筑物、构筑物	防火间距
医院内道路	3.0
一、二级建筑物墙壁或突出部分	10.0
三、四级建筑物墙壁或突出部分	15.0
医院变电站	12.0
独立车库、地下车库出入口、排水沟	15.0
公共集会场所、生命支持区域	15.0
燃煤锅炉房	30.0
一般架空电力线	≥1.5倍电杆高度

注：当面向液氧贮罐的建筑外墙为防火墙时，液氧贮罐与一、二级建筑物墙壁或突出部分的防火间距不应小于5.0m，与三、四级建筑物墙壁或突出部分的防火间距不应小于7.5m。

4.6.5 医用分子筛制氧站、医用气体储存库除本规范的规定外，尚应符合现行国家标准《建筑设计防火规范》GB 50016的有关规定，应布置为独立单层建筑物，其耐火等级不应低于二级，建筑围护结构上的门窗应向外开启，并不得采用木质、塑钢等可燃材料制作。与其他建筑毗连时，其毗连的墙应为耐火极限不低于3.0h且无门、窗、洞的防火墙，站房应至少设置一个直通室外的门。

4.6.6 医用气体汇流排间不应与医用空气压缩机、真空汇或医用分子筛制氧机设置在同一房间内。输送氧气含量超过23.5%的医用气体汇流排间，当供气量不超过60m³/h时，可设置在耐火等级不低于三级的建筑内，但应靠外墙布置，并应采用耐火极限不低于2.0h的墙和甲级防火门与建筑物的其他部分隔开。

4.6.7 除医用空气供应源、医用真空汇外，医用气体供应源均不应设置在地下空间或半地下空间。

4.6.8 医用气体的储存应设置专用库房，并应符合下列规定：

1 医用气体储存库不应布置在地下空间或半地下空间，储存库内不得有地沟、暗道，库房内应设置良好的通风、干燥措施；

2 库内气瓶应按品种各自分实瓶区、空瓶区布置，并应设置明显的区域标记和防倾倒措施；

3 瓶库内应防止阳光直射，严禁明火。

4.6.9 医用空气供应源、医用真空汇、医用分子筛制氧源，应设置独立的配电柜与电网连接。

4.6.10 氧化性医用气体储存间的电气设计，应符合现行国家标准《爆炸和火灾危险环境电力装置设计规范》GB 50058 的有关规定。

4.6.11 医用气源站内管道应按现行行业标准《民用建筑电气设计规范》JGJ 16 的有关规定进行接地，接地电阻应小于 10Ω。

4.6.12 医用气源站、医用气体储存库的防雷，应符合现行国家标准《建筑物防雷设计规范》GB 50057 的有关规定。医用液氧贮罐站应设置防雷接地，冲击接地电阻值不应大于 30Ω。

4.6.13 输送氧气含量超过 23.5%的医用气体供应源的给排水、采暖通风、照明、电气的要求，均应符合现行国家标准《氧气站设计规范》GB 50030 的有关规定，并应符合下列规定：

1 汇流排间内气体贮量不宜超过 24h 用气量；

2 汇流排间应防止阳光直射，地坪应平整、耐磨、防滑、受撞击不产生火花，并应有防止瓶倒的设施。

4.6.14 医用气体气源站、医用气体储存库的房间内宜设置相应气体浓度报警装置。房间换气次数不应少于 8 次/h，或平时换气次数不应少于 3 次/h，事故状况时不应少于 12 次/h。

5 医用气体管道与附件

5.1 一般规定

5.1.1 敷设压缩医用气体管道的场所，其环境温度应始终高于管道内气体的露点温度 5℃以上，因寒冷气候可能使医用气体析出凝结水的管道部分应采取保温措施。医用真空管道坡度不得小于 0.002。

5.1.2 医用氧气、氮气、二氧化碳、氧化亚氮及其混合气体管道的敷设处应通风良好，且管道不宜穿过医护人员的生活、办公区，必须穿越的部位，管道上不应设置法兰或阀门。

5.1.3 生命支持区域的医用气体管道宜从医用气源处单独接出。

5.1.4 建筑物内的医用气体管道宜敷设在专用管井内，且不应与可燃、腐蚀性的气体或液体、蒸汽、电气、空调风管等共用管井。

5.1.5 室内医用气体管道宜明敷，表面应有保护措施。局部需要暗敷时应设置在专用槽板或沟槽内，沟槽的底部应与医用供应装置或大气相通。

5.1.6 医用气体管道穿墙、楼板以及建筑物基础时，应设套管，穿楼板的套管应高出地板面至少 50mm。且套管内医用气体管道不得有焊缝，套管与医用气体管道之间应采用不燃材料填实。

5.1.7 医疗房间内的医用气体管道应作等电位接地；医用气体的汇流排、切换装置、各减压出口、安全放散口和输送管道，均应作防静电接地；医用气体管道接地间距不应超过 80m，且不应少于一处，室外埋地医用气体管道两端应有接地点；除采用等电位接地外宜为独立接地，其接地电阻不应大于 10Ω。

5.1.8 医用气体输送管道的安装支架应采用不燃烧材料制作并经防腐处理，管道与支吊架的接触处应作绝缘处理。

5.1.9 架空敷设的医用气体管道，水平直管道支吊架的最大间距应符合表 5.1.9 的规定；垂直管道限位移支架的间距应为表 5.1.9 中数据的 1.2 倍～1.5 倍，每层楼板处应设置一处。

表 5.1.9 医用气体水平直管道支吊架最大间距

公称直径 *DN*(mm)	10	15	20	25	32	40	50	65	80	100	125	≥150
铜管最大间距(m)	1.5	1.5	2.0	2.0	2.5	2.5	2.5	3.0	3.0	3.0	3.0	3.0
不锈钢管最大间距(m)	1.7	2.2	2.8	3.3	3.7	4.2	5.0	6.0	6.7	7.7	8.9	10.0

注：表中不锈钢管间距按表 5.2.3 的壁厚规定；*DN*8 管道水平支架间距小于或等于1.0m。

5.1.10 架空敷设的医用气体管道之间的距离应符合下列规定：

1 医用气体管道之间、管道与附件外缘之间的距离，不应小于 25mm，且应满足维护要求；

2 医用气体管道与其他管道之间的最小间距应符合表 5.1.10 规定。无法满足时应采取适当隔离措施。

表 5.1.10 架空医用气体管道与其他管道之间的最小间距(m)

名称	与氧气管道净距		与其他医用气体管道净距	
	并行	交叉	并行	交叉
给水、排水管，不燃气体管	0.15	0.10	0.15	0.10
保温热力管	0.25	0.10	0.15	0.10
燃气管、燃油管	0.50	0.25	0.15	0.10
裸导线	1.50	1.00	1.50	1.00
绝缘导线或电缆	0.50	0.30	0.50	0.30
穿有导线的电缆管	0.50	0.10	0.50	0.10

5.1.11 埋地敷设的医用气体管道与建筑物、构筑物等及其地下管线之间的最小间距，均应符合现行国家标准《氧气站设计规范》GB 50030 有关地下敷设氧气管道间距的规定。

5.1.12 埋地或地沟内的医用气体管道不得采用法兰或螺纹连接，并应作加强绝缘防腐处理。

5.1.13 埋地敷设的医用气体管道深度不应小于当地冻土层厚度，且管顶距地面不宜小于 0.7m。当埋地管道穿越道路或其他情况时，应加设防护套管。

5.1.14 医用气体阀门的设置应符合下列规定：

1 生命支持区域的每间手术室、麻醉诱导和复苏室，以及每个重症监护区域外的每种医用气体管道上，应设置区域阀门；

2 医用气体主干管道上不得采用电动或气动阀门，大于 *DN*25 的医用氧气管道阀门不得采用快开阀门；除区域阀门外的所有阀门，应设置在专门管理区域或采用带锁柄的阀门；

3 医用气体管道系统预留端应设置阀门并封堵管道末端。

5.1.15 医用气体区域阀门的设置应符合下列规定：

1 区域阀门与其控制的医用气体末端设施应在同一楼层，并应有防火墙或防火隔断隔离；

2 区域阀门使用侧宜设置压力表且安装在带保护的阀门箱内，并应能满足紧急情况下操作阀门需要。

5.1.16 医用氧气管道不应使用折皱弯头。

5.1.17 医用真空除污罐应设置在医用真空管段的最低点或缓冲罐入口侧，并应有旁路或备用。

5.1.18 除牙科的湿式系统外，医用气体细菌过滤器不应设置在真空泵排气端。

5.1.19 医用气体管道的设计使用年限不应小于 30 年。

5.2 管材与附件

5.2.1 除设计真空压力低于 27kPa 的真空管道外，医用气体的管材均应采用无缝铜管或无缝不锈钢管。

5.2.2 输送医用气体用无缝铜管材料与规格，应符合现行行业标准《医用气体和真空用无缝铜管》YS/T 650 的有关规定。

5.2.3 输送医用气体用无缝不锈钢管除应符合现行国家标准《流

体输送用不锈钢无缝钢管》GB/T 14976 的有关规定，并应符合下列规定：

1 材质性能不应低于 0Cr18Ni9 奥氏体，管材规格应符合现行国家标准《无缝钢管尺寸、外形、重量及允许偏差》GB/T 17395 的有关规定；

2 无缝不锈钢管壁厚应经强度与寿命计算确定，且最小壁厚宜符合表 5.2.3 的规定。

表 5.2.3 医用气体用无缝不锈钢管的最小壁厚(mm)

公称直径 *DN*	8～10	15～25	32～50	65～125	150～200
管材最小壁厚	1.5	2.0	2.5	3.0	3.5

5.2.4 医用气体系统用铜管件应符合现行国家标准《铜管接头 第1部分：钎焊式管件》GB/T 11618.1 的有关规定；不锈钢管件应符合现行国家标准《钢制对焊无缝管件》GB/T 12459 的有关规定。

5.2.5 医用气体管材及附件的脱脂应符合下列规定：

1 所有压缩医用气体管材及附件均应严格进行脱脂；

2 无缝铜管、铜管件脱脂标准与方法，应符合现行行业标准《医用气体和真空用无缝铜管》YS/T 650 的有关规定；

3 无缝不锈钢管、管件和医用气体低压软管洁净度应达到内表面碳的残留量不超过 20mg/m^2，并应无毒性残留；

4 管材应在交货前完成脱脂清洗及惰性气体吹扫后封堵的工序；

5 医用真空管材及附件宜进行脱脂处理。

5.2.6 医用气体管材应具有明确的标记，标记应至少包含制造商名称或注册商标、产品类型、规格，以及可溯源的批次号或生产日期。

5.2.7 医用气体管道成品弯头的半径不应小于管道外径，机械弯管或煨弯弯头的半径不应小于管道外径的 3 倍～5 倍。

5.2.8 医用气体管道阀门应使用铜或不锈钢材质的等通径阀门，需要焊接连接的阀门两端应带有预制的连接用短管。

5.2.9 与医用气体接触的阀门、密封元件、过滤器等管道或附件，其材料与相应的气体不得产生有火灾危险、毒性或腐蚀性危害的物质。

5.2.10 医用气体管道法兰应与管道为同类材料。管道法兰垫片宜采用金属材质。

5.2.11 医用气体减压阀应采用经过脱脂处理的铜或不锈钢材质减压阀，并应符合现行国家标准《减压阀 一般要求》GB/T 12244 的有关规定。

5.2.12 医用气体安全阀应采用经过脱脂处理的铜或不锈钢材质的密闭型全启式安全阀，并应符合现行行业标准《安全阀安全技术监察规程》TSG ZF001 的有关规定。

5.2.13 医用气体压力表精度不宜低于 1.5 级，其最大量程宜为最高工作压力的 1.5 倍～2.0 倍。

5.2.14 医用气体减压装置应为包含安全阀的双路型式，每一路均应满足最大流量及安全泄放需要。

5.2.15 医用真空除污罐的设计压力应取 100kPa。除污罐应有液位指示，并应能通过简单操作排除内部积液。

5.2.16 医用气体细菌过滤器应符合下列规定：

1 过滤精度应为 0.01μm～0.2μm，效率应达到 99.995%；

2 应设置备用细菌过滤器，每组细菌过滤器均应能满足设计流量要求；

3 医用气体细菌过滤器处应采取滤芯性能监视措施。

5.2.17 压缩医用气体阀门、终端组件等管道附件应经过脱脂处理，医用气体通过的有效内表面洁净度应符合下列规定：

1 颗粒物的大小不应超过 50μm；

2 工作压力不高于 3MPa 的管道附件碳氢化合物含量不应超过 550mg/m^2，工作压力高于 3MPa 的管道附件碳氢化合物含量不应超过 220mg/m^2。

5.3 颜色和标识

Ⅰ 一 般 规 定

5.3.1 医用气体管道、终端组件、软管组件、压力指示仪表等附件，均应有耐久、清晰、易识别的标识。

5.3.2 医用气体管道及附件标识的方法应为金属标记、模版印刷、盖印或黏着性标志。

5.3.3 医用气体管道及附件的颜色和标识代号应符合表 5.3.3 的规定。

表 5.3.3 医用气体管道及附件的颜色和标识代号

医用气体名称	代号		颜色规定	颜色编号
	中文	英文		
医疗空气	医疗空气	Med Air	黑色－白色	—
器械空气	器械空气	Air 800	黑色－白色	—
牙科空气	牙科空气	Dent Air	黑色－白色	—
医用合成空气	合成空气	Syn Air	黑色－白色	—
医用真空	医用真空	Vac	黄色	Y07
牙科专用真空	牙科真空	Dent Vac	黄色	Y07
医用氧气	医用氧气	O_2	白色	—
医用氮气	氮气	N_2	黑色	PB11
医用二氧化碳	二氧化碳	CO_2	灰色	B03
医用氧化亚氮	氧化亚氮	N_2O	蓝色	PB06
医用氧气/氧化亚氮混合气体	氧/氧化亚氮	O_2/N_2O	白色－蓝色	－PB06
医用氧气/二氧化碳混合气体	氧/二氧化碳	O_2/CO_2	白色－灰色	－B03
医用氦气/氧气混合气体	氦气/氧气	He/O_2	棕色－白色	YR05
麻醉废气排放	麻醉废气	AGSS	朱紫色	R02
呼吸废气排放	呼吸废气	AGSS	朱紫色	R02

注：表中规定为两种颜色时，系在标识范围内以中部为分隔左右分布。

5.3.4 任何采用颜色标识的圈套、色带圈或夹箍，颜色均应覆盖到其全周长。

Ⅱ 颜色和标识的设置规定

5.3.5 医用气体管道标识应至少包含气体的中文名称或代号、气体的颜色标记、指示气流方向的箭头。压缩医用气体管道的运行压力不符合本规范表 3.0.2 和表 3.0.3 的规定时，管道上的标识还应包含气体的运行压力。

5.3.6 医用气体管道标识长度不应小于 40mm，标识的设置应符合下列规定：

1 标识应沿管道的纵向轴以间距不超过 10m 的间隔连续设置；

2 任一房间内的管道应至少设置一个标识，管道穿越的隔墙或隔断的两侧均应有标识，立管穿越的每一层应至少设置一个标识。

5.3.7 医用气体管道外表面除本规范规定的标识外，不应有其他涂覆层。

5.3.8 医用气体的输入、输出口处标识，应包含气体代号、压力及气流方向的箭头。

5.3.9 阀门的标识应符合下列规定：

1 应有气体的中文名称或代号、阀门所服务的区域或房间的名称，压缩医用气体管道的运行压力不符合本规范表 3.0.2 和表 3.0.3 的规定时，阀门上的标识还应包含气体运行压力；

2 应有明确的当前开、闭状态指示以及开关旋向指示；

3 应标明注意事项及警示语。

5.3.10 医用气体终端组件及气体插头的外表面，应按表 5.3.3 的规定设置耐久和清晰的颜色及中文名称或代号，终端组件上无中文名称或代号时，应在其安装位置附近另行设置中文名称或代号。

5.3.11 除医疗器械内的软管组件外，其他低压软管组件的标识应符合下列规定：

1 所有管接头/套管和夹箍上应至少标识气体的中文名称或代号；

2 软管的两端应贴有带颜色标记的条带，使用色带条时，色带应设置在靠近软管的连接处，且色带宽度不应小于25mm；

3 软管的端口应盖有带颜色标记的封闭端盖。

5.3.12 医用气体报警装置应有明确的监测内容及监测区域的中文标识。

5.3.13 医用气体计量表应有明确的计量区域的中文标识。

5.3.14 医用气体终端组件外部有遮盖物时，应设置明确的文字指示标识。

5.3.15 医用气体标识的中文字高不应小于3.5mm，英文字高不应小于2.5mm。其中管道上的标识文字高度不应小于6mm。

5.3.16 埋地医用气体管道上方0.3m处宜设置开挖警示色带。

6 医用气体供应末端设施

6.0.1 医用气体的终端组件、低压软管组件和供应装置的安全性能，应符合现行行业标准《医用气体管道系统终端　第1部分：用于压缩医用气体和真空的终端》YY 0801.1、《医用气体管道系统终端　第2部分：用于麻醉气体净化系统的终端》YY 0801.2、《医用气体低压软管组件》YY/T 0799，以及本规范附录D的规定，与医用气体接触或可能接触的部分应经脱脂处理，并应符合本规范第5.2节的有关规定。

6.0.2 医用气体的终端组件、低压软管组件和供应装置的颜色与标识，应符合本规范第5.3节的有关规定。

6.0.3 医疗建筑内宜采用同一制式规格的医用气体终端组件。

6.0.4 医用气体终端组件的安装高度距地面应为900mm～1600mm，终端组件中心与侧墙或隔断的距离不应小于200mm。横排布置的终端组件，宜按相邻的中心距为80mm～150mm等距离布置。

6.0.5 医用供应装置的安装应符合下列规定：

1 装置内不可活动的气体供应部件与医用气体管道的连接宜采用无缝铜管，且不得使用软管及低压软管组件；

2 装置的外部电气部件不应采用带开关的电源插座，也不应安装能触及的主控开关或熔断器；

3 装置上的等电位接地端子应通过导线单独连接到病房的辅助等电位接地端子上；

4 装置安装后不得存在可能造成人员伤害或设备损伤的粗糙表面、尖角或锐边；

5 条带型式的医用供应装置中心线的安装高度距地面宜为1350mm～1450mm，悬梁型式的医用供应装置底面的安装高度距地面宜为1600mm～2000mm；

6 医用供应装置或其中的移动部件距地面高度最小时，安装在其中的终端组件高度应符合本规范第6.0.4条的规定；

7 医用供应装置安装后，应能在环境温度为10℃～40℃、相对湿度为30%～75%、大气压力为70kPa～106kPa、额定电压为220V±10%的条件中正常运行。

6.0.6 横排布置真空终端组件邻近处的真空瓶支架，宜设置在真空终端组件离病人较远一侧。

7 医用气体系统监测报警

7.1 医用气体系统报警

7.1.1 医用气体系统报警应符合下列规定：

1 除设置在医用气源设备上的就地报警外，每一个监测采样点均应有独立的报警显示，并应持续直至故障解除；

2 声响报警应无条件启动，1m处的声压级不应低于55dBA，并应有暂时静音功能；

3 视觉报警应能在距离4m、视角小于30°和100 lx的照度下清楚辨别；

4 报警器应具有报警指示灯故障测试功能及断电恢复自启动功能。报警传感器回路断路时应能报警；

5 每个报警器均应有标识，并应符合本规范第5.3.12条的规定；

6 气源报警及区域报警的供电电源应设置应急备用电源。

7.1.2 气源报警应具备下列功能：

1 医用液体储罐中气体供应量低时应启动报警；

2 汇流排钢瓶切换时应启动报警；

3 医用气体供应源或汇切换至应急备用气源时应启动报警；

4 应急备用气源储备量低时应启动报警；

5 压缩医用气体供气源压力超出允许压力上限和额定压力欠压15%时，应启动超、欠压报警；真空汇压力低于48kPa时，应启动欠压报警；

6 气源报警器应对每一个气源设备至少设置一个故障报警显示，任何一个就地报警启动时，气源报警器上应同时显示相应设备的故障指示。

7.1.3 气源报警的设置应符合下列规定：

1 应设置在可24h监控的区域，位于不同区域的气源设备应设置各自独立的气源报警器；

2 同一气源报警的多个报警器均应各自单独连接到监测采样点，其报警信号需要通过继电器连接时，继电器的控制电源不应与气源报警装置共用电源；

3 气源报警采用计算机系统时，系统应有信号接口部件的故障显示功能，计算机应能连续不间断工作，且不得用于其他用途。所有传感器信号均应直接连接至计算机系统。

7.1.4 区域报警用于监测某病人区域医用气体管路系统的压力，应符合下列规定：

1 应设置压缩医用气体工作压力超出额定压力±20%时的超压、欠压报警以及真空系统压力低于37kPa时的欠压报警；

2 区域报警器宜设置医用气体压力显示，每间手术室宜设置视觉报警；

3 区域报警器应设置在护士站或有其他人员监视的区域。

7.1.5 就地报警应具备下列功能：

1 当医用空气供应源、医用真空汇、麻醉废气排放真空机组中的主供应压缩机、真空泵故障停机时，应启动故障报警；当备用压缩机、真空泵投入运行时，应启动备用运行报警；

2 医疗空气供应源应设置一氧化碳浓度报警，当一氧化碳浓度超标时应启动报警；

3 液环压缩机应具有内部水分离器高水位报警功能。采用液环式或水冷式压缩机的空气系统中，储气罐应设置内部液位高位置报警；

4 当医疗空气常压露点达到−20℃、器械空气常压露点超过−30℃，且牙科空气常压露点超过−18.2℃时，应启动报警；

5 医用分子筛制氧机的空气压缩机、分子筛吸附塔，应分别设置故障停机报警；

6 医用分子筛制氧机应设置一氧化碳浓度超限报警，氧浓度低于规定值时，应启动氧气浓度低限报警及应急备用气源运行报警。

7.2 医用气体计量

7.2.1 医疗卫生机构应根据自身的需求，在必要时设置医用气体系统计量仪表。

7.2.2 医用气体计量仪表应根据医用气体的种类、工作压力、温度、流量和允许压力降等条件进行选择。

7.2.3 医用气体计量仪表应设置在不燃或难燃结构上，且便于巡视、检修的场所，严禁安装在易燃易爆、易腐蚀的位置，或有放射性危险、潮湿和环境温度高于45℃以及可能泄漏并滞留医用气体的隐蔽部位。

7.2.4 医用氧气源计量仪表应具有实时、累计计量功能，并宜具有数据传输功能。

7.3 医用气体系统集中监测与报警

7.3.1 医用气体系统宜设置集中监测与报警系统。

7.3.2 医用气体系统集中监测与报警的内容，应包括并符合本规范第7.1.2条～第7.1.4条的规定。

7.3.3 监测系统的电路和接口设计应具有高可靠性、通用性、兼容性和可扩展性。关键部件或设备应有冗余。

7.3.4 监测系统软件应设置系统自身诊断及数据冗余功能。

7.3.5 中央监测管理系统应能与现场测量仪表以相同的精度同步记录各子系统连续运行的参数、设备状态等。

7.3.6 监测系统的应用软件宜配备实时瞬态模拟软件，可进行存量分析和用气量预测等。

7.3.7 集中监测管理系统应有参数超限报警、事故报警及报警记录功能，宜有系统或设备故障诊断功能。

7.3.8 集中监测管理系统应能以不同方式显示各子系统运行参数和设备状态的当前值与历史值，并应能连续记录储存不少于一年的运行参数。中央监测管理系统宜兼有信息管理(MIS)功能。

7.3.9 监测及数据采集系统的主机应设置不间断电源。

7.4 医用气体传感器

7.4.1 医用气体传感器的测量范围和精度应与二次仪表匹配，并应高于工艺要求的控制和测量精度。

7.4.2 医用气体露点传感器精度漂移应小于1℃/年。一氧化碳传感器在浓度为10×10^{-6}时，误差不应超过2×10^{-6}。

7.4.3 压力或压差传感器的工作范围应大于监测采样点可能出现的最大压力或压差的1.5倍，量程宜为该点正常值变化范围的1.2倍～1.3倍。流量传感器的工作范围宜为系统最大工作流量的1.2倍～1.3倍。

7.4.4 气源报警压力传感器应安装在管路总阀门的使用侧。

7.4.5 区域报警传感器应设置维修阀门，区域报警传感器不宜使用电接点压力表。除手术室、麻醉室外，区域报警传感器应设置在区域阀门使用侧的管道上。

7.4.6 独立供电的传感器应设置应急备用电源。

8 医用氧舱气体供应

8.1 一 般 规 定

8.1.1 医用氧舱舱内气体供应参数，应符合现行国家标准《医用氧气加压舱》GB/T 19284和《医用空气加压氧舱》GB/T 12130的有关规定。

8.1.2 医用氧舱气体供应系统的管道及其附件均应符合本规范第5章的有关规定。

8.2 医用空气供应

8.2.1 医用空气加压氧舱的医用空气品质应符合本规范表3.0.1有关医疗空气的规定。

8.2.2 医用空气加压氧舱的医用空气气源与管道系统，均应独立于医疗卫生机构集中供应的医用气体系统。

8.2.3 医用空气加压氧舱的医用空气气源应符合本规范第4.1.1条～第4.1.7条的规定，但可不设备用压缩机与备用后处理系统。

8.2.4 多人医用空气加压氧舱的空压机配置不应少于2台。

8.3 医用氧气供应

8.3.1 供应医用氧舱的氧气应符合医用氧气的品质要求。

8.3.2 医用氧舱与其他医疗用氧共用氧气源时，氧气源应能同时保证医疗用氧的供应参数。

8.3.3 除液氧供应方式外，医用氧气加压舱的医用氧气源应为独立气源，医用空气加压氧舱氧气源宜为独立气源。

8.3.4 医用氧舱氧气源减压装置、供应管道，均应独立于医疗卫生机构集中供应的医用气体系统；医用氧气加压舱与其他医疗用氧共用液氧气源时，应设置专用的汽化器。

8.3.5 医用空气加压氧舱的供氧压力应高于工作舱压力0.4MPa～0.7MPa，当舱内满员且同时吸氧时，供氧压降不应大于0.1MPa。

8.3.6 医用氧舱供氧主管道的医用氧气阀门不应使用快开式阀门。

8.3.7 医用氧舱排氧管道应接至室外，排氧口应高于地面3m以上并远离明火或火花散发处。

9 医用气体系统设计

9.1 一 般 规 定

9.1.1 医用气体系统的设计，包括末端设施的设置方案，应根据当地气源供应状况、医疗建筑的建设与规划以及医疗需求，经充分调研、论证后确定。

9.1.2 医用气体管道的设计压力，应符合现行国家标准《压力管道规范 工业管道 第3部分：设计和计算》GB/T 20801.3的有关规定。医用真空管道设计压力应为0.1MPa。

9.1.3 医用气体管道的压力分级应符合表9.1.3的规定。

表9.1.3 医用气体管道的压力分级

级别名称	压力 p(MPa)	使 用 场 所
真空管道	$0<p<0.1$（绝对压力）	医用真空、麻醉或呼吸废气排放管道等
低压管道	$0\leqslant p\leqslant 1.6$	压缩医用气体管道、医用焊接绝热气瓶汇流排管道等
中压管道	$1.6<p<10$	医用氧化亚氮汇流排、医用氧化亚氮/氧汇流排、医用二氧化碳汇流排管道等
高压管道	$p\geqslant 10$	医用氧气汇流排、医用氮气汇流排、医用氮/氧汇流排管道等

9.1.4 医用气体系统末端的设计流量应符合本规范第3.0.2条的规定，并应满足特殊部门及用气设备的峰值用气量需求。

9.1.5 医用气体管路系统在末端设计压力、流量下的压力损失，应符合表9.1.5的规定。

表9.1.5 医用气体管路系统在末端设计压力、流量下的压力损失(kPa)

气体种类	设计流量下的末端压力	气源或中间压力控制装置出口压力	设计允许压力损失
医用氧气、医疗空气、氧化亚氮、二氧化碳	400～500	400～500	50
与医用氧在使用处混合的医用气体	310～390	360～450	50
器械空气、氮气	700～1000	750～1000	50～200
医用真空	40～87（真空压力）	60～87（真空压力）	13～20（真空压力）

注：医用真空汇内真空压力允许超过87kPa。

9.1.6 麻醉或呼吸废气排放系统每个末端的设计流量，以及终端组件应用端允许的真空压力损失，应符合表9.1.6的规定。

表9.1.6 麻醉或呼吸废气排放系统每个末端设计流量与应用端允许真空压力损失

麻醉或呼吸废气排放系统	设计流量(L/min)	允许真空压力损失(kPa)
高流量排放系统	≤80	1
	≥50	2
低流量排放系统	≤50	1
	≥25	2

9.2 气体流量计算与规定

9.2.1 医用气体系统气源的计算流量可按下式计算：

$$Q=\sum[Q_a+Q_b(n-1)\eta] \quad (9.2.1)$$

式中：Q——气源计算流量(L/min)；

Q_a——终端处额定流量(L/min)，按本规范附录B取值；

Q_b——终端处计算平均流量(L/min)，按本规范附录B取值；

n——床位或计算单元的数量；

η——同时使用系数，按本规范附录B取值。

9.2.2 医用空气气源设备、医用真空、麻醉废气排放系统设备选型时，应进行进气及海拔高度修正。

9.2.3 医用氧舱的耗氧量可按表9.2.3的规定计算。

表9.2.3 医用氧舱的耗氧量

含氧空气与循环	完整治疗所需最长时间(h)	完整治疗时间耗氧量(L)	治疗时间外耗氧量(L/min)
开环系统	2	30000	250
循环系统	2	7250	40
通过呼吸面罩供氧	2	1200	10
通过内置呼吸罩供氧	2	7250	60

9.2.4 医用氧气加压舱的氧气供应系统，应能以30kPa/min的升压速率加压氧舱至最高工作压力连续至少两次。

9.2.5 医用空气加压氧舱的医疗空气供应系统，应满足氧舱各舱室10kPa/min的升压速率需求。

10　医用气体工程施工

10.1　一 般 规 定

10.1.1　医用气体安装工程开工前应具备下列条件：

1　施工企业、施工人员应具备相关资质证明与执业证书；

2　已批准的施工图设计文件；

3　压力管道与设备已按有关要求报建；

4　施工材料及现场水、电、土建设施配合准备齐全。

10.1.2　医用气体器材设备安装前应开箱检查，产品合格证应与设备编号一致，配套附件文件应与装箱清单一致，设备应完整，应无机械损伤、碰伤，表面处理层应完好无锈蚀，保护盖应齐全。

10.1.3　医用气体管材及附件在使用前应按产品标准进行外观检查，并应符合下列规定：

1　所有管材端口密封包装应完好，阀门、附件包装应无破损；

2　管材应无外观制造缺陷，应保持圆滑、平直，不得有局部凹陷、碰伤、压扁等缺陷；高压气体、低温液体管材不应有划伤压痕；

3　阀门密封面应完整，无伤痕、毛刺等缺陷；法兰密封面应平整光洁，不得有毛刺及径向沟槽；

4　非金属垫片应保持质地柔韧，应无老化及分层现象，表面应无折损及皱纹；

5　管材及附件应无锈蚀现象。

10.1.4　焊接医用气体铜管及不锈钢管材时，均应在管材内部使用惰性气体保护，并应符合下列规定：

1　焊接保护气体可使用氮气或氩气，不应使用二氧化碳气体；

2　应在未焊接的管道端口内部供应惰性气体，未焊接的邻近管道不应被加热而氧化；

3　焊接施工现场应保持空气流通或单独供应呼吸气体；

4　现场应记录气瓶数量，并应采取防止与医用气体气瓶混淆的措施。

10.1.5　输送氧气含量超过 23.5%的管道与设备施工时，严禁使用油膏。

10.1.6　医用气体报警装置在接入前应先进行报警自测试。

10.2　医用气体管道安装

10.2.1　所有压缩医用气体管材、组成件进入工地前均应已脱脂，不锈钢管材、组成件应经酸洗钝化、清洗干净并封装完毕，并应达到本规范第 5.2 节的规定。未脱脂的管材、附件及组成件应作明确的区分标记，并应采取防止与已脱脂管材混淆的措施。

10.2.2　医用气体管材切割加工应符合下列规定：

1　管材应使用机械方法或等离子切割下料，不应使用冲模扩孔，也不应使用高温火焰切割或打孔；

2　管材的切口应与管轴线垂直，端面倾斜偏差不得大于管道外径的 1%，且不应超过 1mm；切口表面应处理平整，并应无裂纹、毛刺、凸凹、缩口等缺陷；

3　管材的坡口加工宜采用机械方法。坡口及其内外表面应进行清理；

4　管材下料时严禁使用油脂或润滑剂。

10.2.3　医用气体管材现场弯曲加工应符合下列规定：

1　应在冷状态下采用机械方法加工，不应采用加热方式制作；

2　弯管不得有裂纹、折皱、分层等缺陷；弯管任一截面上的最大外径与最小外径差与管材名义外径相比较时，用于高压的弯管不应超过 5%，用于中低压的弯管不应超过 8%；

3　高压管材弯曲半径不应小于管外径 5 倍，其余管材弯曲半径不应小于管外径 3 倍。

10.2.4　管道组成件的预制应符合现行国家标准《工业金属管道工程施工规范》GB 50235 的有关规定。

10.2.5　医用气体铜管道之间、管道与附件之间的焊接连接均应为硬钎焊，并应符合下列规定：

1　铜钎焊施工前应经过焊接质量工艺评定及人员培训；

2　直管段、分支管道焊接均应使用管件承插焊接；承插深度与间隙应符合现行国家标准《铜管接头　第 1 部分：钎焊式管件》GB 11618.1 的有关规定；

3　铜管焊接使用的钎料应符合现行国家标准《铜基钎料》GB/T 6418 和《银钎料》GB/T 10046 的有关规定，并宜使用含银钎料；

4　现场焊接的铜阀门，其两端应已包含预制连接短管；

5　铜波纹膨胀节安装时，其直管长度不得小于 100mm，允许偏差为±10mm。

10.2.6　不锈钢管道及附件的现场焊接应采用氩弧焊或等离子焊，并应符合下列规定：

1　不锈钢管道分支连接时应使用管件焊接。承插焊接时承插深度不应小于管壁厚的 4 倍；

2　管道对接焊口的组对内壁应齐平，错边量不得超过壁厚的 20%。除设计要求的管道预拉伸或压缩焊口外不得强行组对；

3　焊接后的不锈钢管焊缝外表面应进行酸洗钝化。

10.2.7　不锈钢管道焊缝质量应符合下列规定：

1　不锈钢管焊缝不应有气孔、钨极杂质、夹渣、缩孔、咬边；凹陷不应超过 0.2mm，凸出不应超过 1mm；焊缝反面应允许有少量焊漏，但应保证管道流通面积；

2　不锈钢管对焊焊缝加强高度不应小于 0.1mm，角焊焊缝的焊角尺寸应为 3mm～6mm，承插焊接焊缝高度应与外管表面齐平或高出外管 1mm；

3　直径大于 20mm 的管道对接焊缝应焊透，直径不超过 20mm 的管道对接焊缝和角焊缝未焊透深度不得大于材料厚度的 40%。

10.2.8　医用气体管道焊缝位置应符合下列规定：

1　直管段上两条焊缝的中心距离不应小于管材外径的 1.5 倍；

2　焊缝与弯管起点的距离不得小于管材外径，且不宜小于 100mm；

3　环焊缝距支、吊架净距不应小于 50mm；

4　不应在管道焊缝及其边缘上开孔。

10.2.9　医用气体管道与经过防火或缓燃处理的木材接触时，应防止管道腐蚀；当采用非金属材料隔离时，应防止隔离物收缩时脱落。

10.2.10　医用气体管道支吊架的材料应有足够的强度与刚度，现场制作的支架应除锈并涂二道以上防锈漆。医用气体管道与支架间应有绝缘隔离措施。

10.2.11　医用气体阀门安装时应核对型号及介质流向标记。公称直径大于 80mm 的医用气体管道阀门宜设置专用支架。

10.2.12　医用气体管道的接地或跨接导线应有与管道相同材料的金属板与管道进行连接过渡。

10.2.13　医用气体管道焊接完成后应采取保护措施，防止脏物污染，并应保持到全系统调试完成。

10.2.14　医用气体管道现场焊接的洁净度检查应符合下列规定：

1　现场焊缝接头抽检率应为 0.5%，各系统焊缝抽检数量不应少于 10 条；

2　抽样焊缝应沿纵向切开检查，管道及焊缝内部应清洁，无氧化物、特殊化合物和其他杂质残留。

10.2.15　医用气体管道焊缝的无损检测应符合下列规定：

1　熔化焊焊缝射线照相的质量评定标准，应符合现行国家标准《金属熔化焊焊接接头射线照相》GB/T 3323 的有关规定；

2　高压医用气体管道、中压不锈钢材质氧气、氧化亚氮气体管道和$-29^{\circ}C$以下低温管道的焊缝，应进行100%的射线照相检测，其质量不得低于Ⅱ级，角焊焊缝应为Ⅲ级；

3　中压医用气体管道和低压不锈钢材质医用氧气、医用氧化亚氮、医用二氧化碳、医用氮气管道，以及壁厚不超过2.0mm的不锈钢材质低压医用气体管道，应进行10%的射线照相检测，其质量不得低于Ⅲ级；

4　焊缝射线照相合格率应为100%，每条焊缝补焊不应超过2次。当射线照相合格率低于80%时，除返修不合格焊缝外，还应按原射线照相比例增加检测。

10.2.16　医用气体减压装置应进行减压性能检查，应将减压装置出口压力设定为额定压力，在终端使用流量为零的状态下，应分别检查减压装置每一减压支路的静压特性24h，其出口压力均不得超出设定压力15%，且不得高于额定压力上限。

10.2.17　医用气体管道应分段、分区以及全系统作压力试验及泄漏性试验。

10.2.18　医用气体管道压力试验应符合下列规定：

1　高压、中压医用气体管道应做液压试验，试验压力应为管道设计压力的1.5倍，试验结束应立即吹除管道残余液体；

2　液压试验介质可采用洁净水，不锈钢管道或设备试验用水的氯离子含量不得超过25×10^{-6}；

3　低压医用气体管道、医用真空管道应做气压试验，试验介质应采用洁净的空气或干燥、无油的氮气；

4　低压医用气体管道试验压力应为管道设计压力的1.15倍，医用真空管道试验压力应为0.2MPa；

5　医用气体管道压力试验应维持试验压力至少10min，管道应无泄漏、外观无变形为合格。

10.2.19　医用气体管道应进行24h泄漏性试验，并应符合下列规定：

1　压缩医用气体管道试验压力应为管道的设计压力，真空管道试验压力应为真空压力70kPa；

2　小时泄漏率应按下式计算：

$$A=\left[1-\frac{(273+t_1)P_2}{(273+t_2)P_1}\right]\times\frac{100}{24} \qquad (10.2.19)$$

式中：A——小时泄漏率（真空为增压率）（%）；

P_1——试验开始时的绝对压力（MPa）；

P_2——试验终了时的绝对压力（MPa）；

t_1——试验开始时的温度（℃）；

t_2——试验终了时的温度（℃）。

3　医用气体管道在未接入终端组件时的泄漏性试验，小时泄漏率不应超过0.05%；

4　压缩医用气体管道接入供应末端设施后的泄漏性试验，小时泄漏率应符合下列规定：

1）不超过200床位的系统应小于0.5%；

2）800床位以上的系统应小于0.2%；

3）200床位～800床位的系统不应超过按内插法计算得出的数值；

5　医用真空管道接入供应末端设施后的泄漏性试验，小时泄漏率应符合下列规定：

1）不超过200床位的系统应小于1.8%；

2）800床位以上的系统应小于0.5%；

3）200床位～800床位的系统不应超过按内插法计算得出的数值。

10.2.20　医用气体管道在安装终端组件之前应使用干燥、无油的空气或氮气吹扫，在安装终端组件之后除真空管道外应进行颗粒物检测，并应符合下列规定：

1　吹扫或检测的压力不得超过设备和管道的设计压力，应从距离区域阀最近的终端插座开始直至该区域内最远的终端；

2　吹扫效果验证或颗粒物检测时，应在150L/min流量下至少进行15s，并应使用含50μm孔径滤布、直径50mm的开口容器进行检测，不应有残余物。

10.2.21　管道吹扫合格后应由施工单位会同监理、建设单位共同检查，并应进行“管道系统吹扫记录”和“隐蔽工程（封闭）记录”。

10.2.22　医用气体供应末端设施的安装应符合本规范第6章和附录D的规定。医用气体悬吊式供应装置应固定于预埋件上，当装置采用医用空气作动力时，应确认空气参数符合装置要求及本规范的规定。

10.2.23　医用气体供应装置内现场施工的管道，应按本规范第10.2.18条和第10.2.19条规定进行压力试验和泄漏性试验。

10.3　医用气源站安装及调试

10.3.1　空气压缩机、真空泵、氧气压缩机及其附属设备的安装、检验，应按设备说明书要求进行，并应符合现行国家标准《风机、压缩机、泵安装工程施工及验收规范》GB 50275的有关规定。

10.3.2　压缩空气站、医用液氧贮罐站、医用分子筛制氧站、医用气体汇流排间内所有气体连接管道，应符合医用气体管材洁净度要求，各管段应分别吹扫干净后再接入各附属设备。

10.3.3　医用气源站内管道应按本规范第10.2.18条和第10.2.19条的规定分段进行压力试验和泄漏性试验。

10.3.4　空气压缩机、真空泵、氧气压缩机及附属设备，应按设备要求进行调试及联合试运转。

10.3.5　医用真空泵站的安装及调试应符合下列规定：

1　真空泵安装的纵向水平偏差不应大于0.1/1000，横向水平偏差不应大于0.2/1000。有联轴器的真空泵应进行手工盘车检查，电机和泵的转动应轻便灵活、无异常声音；

2　应检查真空管道及阀门等附件，并应保证管道等通径。真空泵排气管道宜短直，管道口径应无局部减小。

10.3.6　医用液氧贮罐站安装及调试应符合下列规定：

1　医用液氧贮罐应使用地脚螺栓固定在基础上，不得采用焊接固定；立式医用液氧贮罐罐体倾斜度应小于1/1000；

2　医用液氧贮罐、汽化器与医用液氧管道的法兰联接，应采用低温密封垫、铜或奥氏体不锈钢连接螺栓，应在常温预紧后在低温下再拧紧；

3　在医用液氧贮罐周围7m范围内的所有导线、电缆应设置金属套管，不应裸露；

4　首次加注医用液氧前，应确认已经过氮气吹扫并使用医用液氧进行置换和预冷。初次加注完毕应缓慢增压并在48h内监视贮罐压力的变化。

10.3.7　医用气体汇流排间应按设备说明书安装，并应进行汇流排减压、切换、报警等装置的调试。焊接绝热气瓶汇流排气源还应进行配套的汽化器性能测试。

11 医用气体系统检验与验收

11.1 一般规定

11.1.1 新建医用气体系统应进行各系统的全面检验与验收，系统改建、扩建或维修后应对相应部分进行检验与验收。

11.1.2 施工单位质检人员应按本规范的规定进行检验并记录，隐蔽工程应由相关方共同检验合格后再进行后续工作。

11.1.3 所有验收发现问题和处理结果均应详细记录并归档。验收方确认系统均符合本规范的规定后应签署验收合格证书。

11.1.4 检验与验收用气体应为干燥、无油的氮气或符合本规范规定的医疗空气。

11.2 施工方的检验

11.2.1 医用气体系统中的各个部分应分别检验合格后再接入系统，并应进行系统的整体检验。

11.2.2 医用气体管道施工中应按本规范的有关规定进行管道焊缝洁净度检验、封闭或暗装部分管道的外观和标识检验、管道系统初步吹扫、压力试验和泄漏性试验、管道颗粒物检验、医用气体减压装置性能检验、防止管道交叉错接的检验及标识检查、阀门标识与其控制区域正确性检验。

11.2.3 医用气体各系统应分别进行防止管道交叉错接的检验及标识检查，并应符合下列规定：

1 压缩医用气体管道检验压力应为 0.4MPa，真空应为 0.2MPa。除被检验的气体管道外，其余管道压力应为常压；

2 用各专用气体插头逐一检验终端组件，应是仅被检验的气体终端组件内有气体供应，同时应确认终端组件的标识与所检验气体管道介质一致。

11.2.4 医用气体终端组件在安装前应进行下列检验：

1 连接性能检验应符合现行行业标准《医用气体管道系统终端 第1部分：用于压缩医用气体和真空的终端》YY 0801.1 和《医用气体管道系统终端 第2部分：用于麻醉气体净化系统的终端》YY 0801.2 的有关规定；

2 气体终端底座与终端插座、终端插座与气体插头之间的专用性检验；

3 终端组件的标识检查，结果应符合本规范第 5.3 节的有关规定。

11.3 医用气体系统的验收

11.3.1 医用气体系统应进行独立验收。验收时应确认设计图纸与修改核定文件、竣工图、施工单位文件与检验记录、监理报告、气源设备与末端设施原理图、使用说明与维护手册、材料证明报告等记录，且所有压力容器、压力管道应已获准使用，压力表、安全阀等应已按要求进行检验并取得合格证。

11.3.2 医用气体系统验收应进行泄漏性试验、防止管道交叉错接的检验及标识检查、所有设备及管道和附件标识的正确性检查、所有阀门标识与控制区域标识正确性检查、减压装置静态特性检查、气体专用性检查。

11.3.3 医用气体系统验收应进行监测与报警系统检验，并应符合下列规定：

1 每个医用气体子系统的气源报警、就地报警、区域报警，应按本规范第 7.1 节的规定对所有报警功能逐一进行检验，计算机系统作为气源报警时应进行相同的报警内容检验；

2 应确认不同医用气体的报警装置之间不存在交叉或错接。报警装置的标识应与检验气体、检验区域一致；

3 医用气体系统已设置集中监测与报警装置时，应确认其功能完好，报警标识应与检验气体、检验区域一致。

11.3.4 医用气体系统验收应按本规范第 10.2.20 条的规定进行气体管道颗粒物检验。压缩医用气体系统的每一主要管道支路，均应分别进行 25% 的终端处抽检，任何一个终端处检验不合格时应检修，并应检验该区域中的所有终端。

11.3.5 医用气体系统验收应对压缩医用气体系统的每一主要管道支路距气源最远的一个末端设施处进行管道洁净度检验。该处被测气体的含水量应达到本规范表 3.0.1 有关医疗空气的含水量规定；与气源处相比较的碳氢化合物、卤代烃含量差值不得超过 5×10^{-6}。

11.3.6 医用气源应进行检验，并应符合下列规定：

1 压缩机以 1/4 额定流量连续运行满 24h 后，检验气源取样口的医疗空气、器械空气质量应符合本规范的规定；

2 应进行压缩机、真空泵、自动切换及自动投入运行功能检验；

3 应进行医用液氧贮罐切换、汇流排切换、备用气源、应急备用气源投入运行功能及报警检验；

4 应进行备用气源、应急备用气源储量或压力低于规定值的有关功能与报警检验；

5 应进行本规范与设备或系统集成商要求的其他功能及报警检验。

11.3.7 医用气体系统验收应在子系统功能连接完整、除医用氧气源外使用各气源设备供应气体时，进行气体管道运行压力与流量的检测，并应符合下列规定：

1 所有气体终端组件处输出气体流量为零时的压力应在额定压力允许范围内；

2 所有额定压力为 350kPa～400kPa 的气体终端组件处，在输出气体流量为 100L/min 时，压力损失不得超过 35kPa；

3 器械空气或氮气终端组件处的流量为 140L/min 时，压力损失不得超过 35kPa；

4 医用真空终端组件处的真空流量为 85L/min 时，相邻真空终端组件处的真空压力不得降至 40kPa 以下；

5 生命支持区域的医用氧气、医疗空气终端组件处的 3s 内短暂流量，应能达到 170L/min；

6 医疗空气、医用氧气系统的每一主要管道支路中，实现途泄流量为 20% 的终端组件处平均典型使用流量时，系统的压力应符合本规范第 9.1.5 条的规定。

11.3.8 每个医用气体系统的管道应进行专用气体置换，并应进行医用气体系统品质检验，同时应符合下列规定：

1 对于每一种压缩气体，应在气源及主要支路最远末端设施处分别对气体品质进行分析；

2 除器械空气或氮气、牙科空气外，终端组件处气体主要组分的浓度与气源出口处的差值不应超过 1%。

附录 A 医用气体终端组件的设置要求

A.0.1 医用气体终端组件的设置应根据各类医疗卫生机构用途的不同经论证后确定，可按表 A.0.1 的规定设置。

表 A.0.1 医用气体终端组件的设置要求

部门	单元	氧气	真空	医疗空气	氧化亚氮/氧气混合气	氧化亚氮	麻醉或呼吸废气	氮气/器械空气	二氧化碳	氦/氧混合气
手术部	内窥镜/膀胱镜	1	3	1	—	1	1	1	1a	—
	主手术室	2	3	2	—	2	1	1	1a	—
	副手术室	2	2	1	—	1	1	—	1a	—
	骨科/神经科手术室	2	4	1	—	1	1	2	1a	—
	麻醉室	1	1	1	—	1	1	—	—	—
	恢复室	2	2	1	—	—	—	—	—	—
	门诊手术室	2	2	1	—	—	—	—	—	—
妇产科	待产室	1	1	1	1	—	—	—	—	—
	分娩室	2	2	1	1	—	—	—	—	—
	产后恢复	1	2	1	1	—	—	—	—	—
	婴儿室	1	1	1	—	—	—	—	—	—
儿科	新生儿重症监护	2	2	2	—	—	—	—	—	—
	儿科重症监护	2	2	2	—	—	—	—	—	—
	育婴室	1	1	1	—	—	—	—	—	—
	儿科病房	1	1	—	—	—	—	—	—	—
诊断学	脑电图、心电图、肌电图	1	1	—	—	—	—	—	—	—
	数字减影血管造影室(DSA)	2	2	2	—	1a	1a	—	—	—
	MRI	1	1	1	—	1	—	—	—	—
	CAT 室	1	1	1	—	1	—	—	—	—
	眼耳鼻喉科 EENT	—	1	1	—	—	—	—	—	—
	超声波	1	1	—	—	—	—	—	—	—
	内窥镜检查	1	1	1	—	1	—	—	—	—
	尿路造影	1	1	—	—	1	—	—	—	—
	直线加速器	1	1	1	—	1	—	—	—	—
病房及其他	病房	1	1a	1a	—	—	—	—	—	—
	精神病房	—	—	—	—	—	—	—	—	—
	烧伤病房	2	2	2	1a	1a	1a	—	—	—
	ICU	2	2	2	1a	—	1a	—	—	1a
	CCU	2	2	2	—	—	1a	—	—	—
	抢救室	2	2	2	—	—	—	—	—	—
	透析	1	1	1	—	—	—	—	—	—
	外伤治疗室	1	2	1	—	—	—	—	—	—
	检查/治疗/处置	1	1	—	—	—	—	—	—	—
	石膏室	1	1	1a	—	—	—	1a	—	—
	动物研究	1	2	1	—	1a	1a	1a	—	—
	尸体解剖	1	1	—	—	—	—	1a	—	—
	心导管检查	2	2	2	—	—	—	—	—	—
	消毒室	1	1	×	—	—	—	—	—	—
	普通门诊	1	1	—	—	—	—	—	—	—

注：本表为常规的最少设置方案。其中 a 表示可能需要的设置，×为禁止使用。

A.0.2 牙科、口腔外科的医用气体供应可按表 A.0.2 的规定设置。

表 A.0.2 牙科、口腔外科医用气体的设置要求

气体种类	牙科空气	牙科专用真空	医用氧气	医用氧化亚氮/氧气混合气
接口或终端组件的数量	1	1	1(视需求)	1(视需求)

附录 B 医用气体气源流量计算

B.0.1 医疗空气、医用真空、医用氧气系统气源的计算流量中的有关参数，可按表 B.0.1 取值。

表 B.0.1 医疗空气、医用真空与医用氧气流量计算参数

使用科室		医疗空气(L/min)			医用真空(L/min)			医用氧气(L/min)		
		Q_a	Q_b	η	Q_a	Q_b	η	Q_a	Q_b	η
手术室	麻醉诱导	40	40	10%	40	30	25%	100	6	25%
	重大手术室、整形、神经外科	40	20	100%	80	40	100%	100	10	75%
	小手术室	60	20	75%	80	40	50%	100	10	50%
	术后恢复、苏醒	60	25	50%	40	30	25%	10	6	100%
重症监护	ICU、CCU	60	30	75%	40	40	75%	10	6	100%
	新生儿 NICU	40	40	75%	40	20	25%	10	4	100%
妇产科	分娩	20	15	100%	40	40	50%	10	10	25%
	待产或(家化)产房	40	25	50%	40	40	50%	10	6	25%
	产后恢复	20	15	25%	40	40	25%	10	6	25%
	新生儿	20	15	50%	40	40	25%	10	3	50%
其他	急诊、抢救室	60	20	20%	40	40	50%	100	6	15%
	普通病房	60	15	5%	40	20	10%	10	6	15%
	呼吸治疗室	40	25	50%	40	40	25%	—	—	—
	创伤室	20	15	25%	60	60	100%	—	—	—
	实验室	40	40	25%	40	40	25%	—	—	—
	增加的呼吸机	80	40	75%	—	—	—	—	—	—
	CPAP 呼吸机	—	—	—	—	—	—	75	75	75%
	门诊	20	15	10%	—	—	—	10	6	15%

注：1 本表按综合性医院应用资料编制。
2 表中普通病房、创伤科病房的医疗空气流量系按病人所吸氧气需与医疗空气按比例混合并安装医疗空气终端时的流量。
3 氧气不作呼吸机动力气体。
4 增加的呼吸机医疗空气流量应以实际数据为准。

B.0.2 氮气或器械空气系统气源的计算流量中的有关参数，可按表B.0.2取值。

表 B.0.2 氮气或器械空气流量计算参数

使用科室	Q_a(L/min)	Q_b(L/min)	η
手术室	350	350	50%(<4 间的部分)
			25%(≥4 间的部分)
石膏室、其他科室	350	—	—
引射式麻醉废气排放(共用)	20	20	见表B.0.7
气动门等非医用场所	按实际用量另计		

B.0.3 牙科空气与真空系统气源的计算流量中的有关参数，可按表B.0.3取值。

表 B.0.3 牙科空气与真空计算参数

气体种类	Q_a(L/min)	Q_b(L/min)	η	η
牙科空气	50	50	80%(<10 张牙椅的部分)	60%(≥10 张牙椅的部分)
牙科专用真空	300	300		

注：Q_a、Q_b的数值与牙椅具体型号有关，数值有差别。

B.0.4 医用氧化亚氮系统气源的计算流量中的有关参数，可按表B.0.4取值。

表 B.0.4 医用氧化亚氮流量计算参数

使用科室	Q_a(L/min)	Q_b(L/min)	η
抢救室	10	6	25%
手术室	15	6	100%
妇产科	15	6	100%
放射诊断(麻醉室)	10	6	25%
重症监护	10	6	25%
口腔、骨科诊疗室	10	6	25%
其他部门	10	—	—

B.0.5 医用氧化亚氮与医用氧混合气体系统气源的计算流量中的有关参数，可按表B.0.5取值。

表 B.0.5 医用氧化亚氮与医用氧混合气体流量计算参数

使用科室	Q_a(L/min)	Q_b(L/min)	η
待产/分娩/恢复/产后(<12 间)	275	6	50%
待产/分娩/恢复/产后(≥12 间)	550	6	50%
其他区域	10	6	25%

B.0.6 医用二氧化碳气体系统气源的计算流量中的有关参数，可按表B.0.6取值。

表 B.0.6 医用二氧化碳气体计算参数

使用科室	Q_a(L/min)	Q_b(L/min)	η
终端使用设备	20	6	100%
其他专用设备	另计		

B.0.7 麻醉或呼吸废气排放系统真空汇的计算流量中的有关参数，可按表B.0.7取值。

表 B.0.7 麻醉或呼吸废气排放流量计算参数

使用科室	η	Q_a与Q_b(L/min)
抢救室	25%	80(高流量排放方式) 50(低流量排放方式)
手术室	100%	
妇产科	100%	
放射诊断(麻醉室)	25%	
口腔、骨科诊疗室	25%	
其他麻醉科室	15%	

附录C 医用气体工程施工主要记录

C.0.1 医用气体施工中的隐蔽工程(封闭)记录可按表C.0.1的格式进行。

表 C.0.1 隐蔽工程(封闭)记录

项目：	区域：		工号：	记录编号：
隐蔽部位：封闭		图纸编号		记录日期：
隐蔽前的检查：封闭				
隐蔽方法：封闭				
简图说明：				
结论：				
建设单位： 年 月 日	监理单位： 年 月 日		设计单位： 年 月 日	施工单位： 年 月 日

C.0.2 医用气体施工中管道系统压力试验记录可按表C.0.2的格式进行。

C.0.3 医用气体施工中管道系统吹扫/颗粒物检验记录可按表C.0.3的格式进行。

表 C.0.2 管道系统压力试验记录

项目：			区域：				工号：						试验日期： 年 月 日		记录编号：
管段号	材质	设计参数		压力试验			泄漏性试验								要求
		压力(MPa)	介质	试验压力(MPa)	试验介质	鉴定结论	试验压力(MPa)	试验介质	包含终端数量	计算泄漏率	维持时间	起始压力	终了压力	试验泄漏率	鉴定结论
验收单位： 年 月 日			建设单位： 年 月 日				监理单位： 年 月 日				设计单位： 年 月 日			施工单位： 年 月 日	

表 C.0.3 管道系统吹扫/颗粒物检验记录

项目：　　区域：　　工号：　　日期：　　年　月　日　　记录编号：

管段号	长度(m)	材质	介质	吹扫/检验压力(MPa)	介质	吹扫时间/收集时间	鉴定结果	管线复位与检查（含垫片、盲板等）

验收单位： 年　月　日	建设单位： 年　月　日	监理单位： 年　月　日	设计单位： 年　月　日	施工单位： 年　月　日

附录 D　医用供应装置安全性要求

D.1　医用供应装置

D.1.1　医用供应装置所使用的医用气体终端组件、低压软管组件，应符合现行行业标准《医用气体管道系统终端　第 1 部分：用于压缩医用气体和真空的终端》YY 0801.1 和《医用气体管道系统终端　第 2 部分：用于麻醉气体净化系统的终端》YY 0801.2 和《医用气体低压软管组件》YY/T 0799 的有关规定，医用气体管道应符合本规范第 5.1 节和第 5.2 节的规定。

D.1.2　医用供应装置所使用液体终端应符合下列规定：

1　快速连接的插座和插头均应设置止回阀；

2　用于透析浓缩和透析通透的插头应安装在医用供应装置上；

3　终端所用材料应在按制造商规定的操作下与所使用液体相兼容；

4　透析浓缩的快速连接插头和插座的内径应为 4mm，透析通透的快速连接插头和插座的内径应为 6mm，用于透析浓缩排放的快速插头和插座尺寸应与其他用途的液体不同。

D.1.3　医用供应装置的通用实验要求应符合现行国家标准《医用电气设备　第 1 部分：安全通用要求》GB 9706.1—2007 第 4 章的规定。

D.1.4　医用供应装置及其部件的外部标记除应符合本规范和现行国家标准《医用电气设备　第 1 部分：安全通用要求》GB 9706.1—2007 第 6.1 条的有关规定外，还应符合下列规定：

1　由主供电电源直接供电的设备及其可拆卸的带电部件，应在设备主要部件外面设置产地、型号或参考型号的标识；

2　所有电气和电子接线图应设置在医用供应装置内的连接处。电气接线图应标明电压、相数及电气回路数目，电子接线图应标有接线端子数量及电线的识别；

3　专用设备电源插座应设置电源类型、额定电压、额定电流及设备名称标识；

4　为重要供电电路提供电源的电源插座应符合国家现行有关的安装规定，无安装规定时，应单独标识；

5　医用供应装置应按Ⅰ类、B 型设备要求设计制造，设备及其内置的 BF 或 CF 类型部件和输出部件的相关标识符号，应符合现行国家标准《医用电气设备　第 1 部分：安全通用要求》GB 9706.1—2007 附录 D 中表 D2 的规定；

6　连接辅助等电位接地的设备应设置符合现行国家标准《医用电气设备　第 1 部分：安全通用要求》GB 9706.1—2007 附录 D 中表 D1 符号 9 规定的标识符号；

7　与用于肌电图、脑电图和心电图的病人监护仪相连接的医用供应装置，应设置肌电图机 EMG，脑电图机 EEG，心电图机 ECG 或 EKG 等特别应用标识。

D.1.5　医用供应装置及其部件的内部标记，除应符合现行国家标准《医用电气设备　第 1 部分：安全通用要求》GB 9706.1—2007 第 6.2 条的有关规定外，还应符合下列规定：

1　医用气体连接点及管道标识、色标应符合本规范 5.2 节的有关规定；

2　中性线接点应设置符合现行国家标准《医用电气设备　第 1 部分：安全通用要求》GB 9706.1—2007 附录 D 中表 D1 符号 8 规定的字母 N 及蓝色色标。

D.1.6　医用供应装置液体管道及终端标识应符合表 D.1.6 的规定。

表 D.1.6　液体管道及终端标识

液体名称	
饮用水 冷	Portable water, cold
饮用水 热	Portable water, warm
冷却水	Cooling water
冷却水 回水	Cooling water, feed-back
软化水	De-mineralized water
蒸馏水	Distilled water
透析浓缩	Dialysing concentrate
透析通透	Dialysing permeate

D.1.7　医用供应装置的输入功率应符合现行国家标准《医用电气设备　第 1 部分：安全通用要求》GB 9706.1—2007 第 7 章的规定。

D.1.8　医用供应装置的环境条件应符合现行国家标准《医用电气设备　第 1 部分：安全通用要求》GB 9706.1—2007 第 10 章的规定。

D.1.9　医用供应装置对电击危险的防护应符合下列规定：

1　在正常或单一故障下使用不得发生电击危险；

2　内置或安放于医用供应装置的照明设备，应符合现行国家标准《灯具　第 1 部分：一般要求与试验》GB 7000.1 的有关规定；

3　装置在切断电源后，通过调节孔盖即可触及的电容或电路上的剩余电压不应超过 60V，且剩余能量不应超过 2mJ；

4　外壳与防护罩除应符合现行国家标准《医用电气设备　第 1 部分：安全通用要求》GB 9706.1—2007 第 16 章的规定，且在正常操作下所有外部表面直接接触的防护等级应至少为 IP2X 或 IPXXB；在医用气体、麻醉废气排放或液体管道系统的维护过程中的带电部件的防护等级不应降低；

5 隔离应符合现行国家标准《医用电气设备 第1部分：安全通用要求》GB 9706.1—2007第17章的规定；

6 保护接地、功能接地和电位均衡应符合现行国家标准《医用电气设备 第1部分：安全通用要求》GB 9706.1—2007第18章的规定，医用气体终端不需接地；

7 连续漏电流及病人辅助电流应符合现行国家标准《医用电气设备 第1部分：安全通用要求》GB 9706.1—2007第19章的规定；

8 电介质强度应符合现行国家标准《医用电气设备 第1部分：安全通用要求》GB 9706.1—2007第20章的规定。

D.1.10 医用供应装置机械防护应符合下列规定：

1 机械强度应符合现行国家标准《医用电气设备 第1部分：安全通用要求》GB 9706.1—2007第21章的要求，还应符合下列规定：

1)医用供应装置在抗撞击试验后带电部分不应外露，且医用气体终端仍应符合现行行业标准《医用气体管道系统终端 第1部分：用于压缩医用气体和真空的终端》YY 0801.1、《医用气体管道系统终端 第2部分：用于麻醉气体净化系统的终端》YY 0801.2的要求；

2)医用供应装置及其载荷部件在静态载荷试验后不应产生永久性变形，相对于承重表面倾斜度不应超过10°。

2 运动部件要求应符合现行国家标准《医用电气设备 第1部分：安全通用要求》GB 9706.1—2007第22章的规定；

3 正常使用时的稳定性应符合现行国家标准《医用电气设备 第1部分：安全通用要求》GB 9706.1—2007第24章的规定；

4 应采取防飞溅物措施，并应符合现行国家标准《医用电气设备 第1部分：安全通用要求》GB 9706.1—2007第25章的规定；

5 医用供应装置悬挂物的支承有可能磨损、腐蚀或老化时，应采取备用安全措施；

6 医用供应装置每一音频的噪声峰值不应大于35dB(A)；除治疗、诊断或医用供应装置调节产生的噪声外，医用供应装置在额定频率下施加额定电压的1.1倍工作时所产生的噪声不应超过30dB(A)；

7 悬挂物的要求应符合现行国家标准《医用电气设备 第1部分：安全通用要求》GB 9706.1—2007第28章的规定。

D.1.11 医用供应装置对辐射危险的防护应符合下列规定：

1 对X射线辐射要求应符合现行国家标准《医用电气设备 第1部分：安全通用要求》GB 9706.1—2007第29章的规定；

2 对电磁兼容性的要求应符合现行国家标准《医用电气设备 第1部分：安全通用要求》GB 9706.1—2007第36章的规定，且医用供应装置在距离0.75m处产生的磁通量峰—峰值不应超过下列数值：

1)用于肌电图设备时，0.1×10^{-6} T；

2)用于脑电图设备时，0.2×10^{-6} T；

3)用于心电图设备时，0.4×10^{-6} T。

D.1.12 医用供应装置中存在可能泄漏的麻醉混合气体时，其点燃危险的防护应符合现行国家标准《医用电气设备 第1部分：安全通用要求》GB 9706.1—2007第39章～第41章的规定。

D.1.13 医用供应装置对超温和其他安全方面危险的防护，应符合下列规定：

1 超温要求除应符合现行国家标准《医用电气设备 第1部分：安全通用要求》GB 9706.1—2007第42章规定外，灯具及其暴露元件温度不应超过现行国家标准《灯具 第1部分：一般要求与试验》GB 7000.1规定的最高温度；

2 医用供应装置应具有足够的强度与刚度以防止失火危害，且在正常或单一故障状态下，可燃材料温度不得升至其燃点，也不得产生氧化剂；

3 泄漏、受潮、进液、清洗、消毒和灭菌要求，应符合现行国家标准《医用电气设备 第1部分：安全通用要求》GB 9706.1—2007第44章的规定；

4 生物相容性要求应符合现行国家标准《医用电气设备 第1部分：安全通用要求》GB 9706.1—2007第48章的规定；

5 供电电源的中断要求应符合现行国家标准《医用电气设备 第1部分：安全通用要求》GB 9706.1—2007第49章的规定。

D.1.14 医用供应装置对危险输出的防护要求应符合现行国家标准《医用电气设备 第1部分：安全通用要求》GB 9706.1—2007第51章的规定。

D.1.15 医用供应装置非正常运行和故障状态环境试验要求应符合现行国家标准《医用电气设备 第1部分：安全通用要求》GB 9706.1—2007第九篇的规定。

D.1.16 医用供应装置的结构设计应符合下列规定：

1 医用供应装置外壳的最低部位应设通风开口；

2 金属管道与终端组件连接应采用焊接连接；

3 安装后的医用供应装置中的控制阀门应只能使用专用工具操作；

4 元器件组件要求除应符合现行国家标准《医用电气设备 第1部分：安全通用要求》GB 9706.1—2007第56章的规定外，其等电位接地连接导线连接器应固定。

D.1.17 元器件及布线应符合下列规定：

1 医用供应装置的外部不应安装可触及的主控开关或熔断器，不应使用带开关的电源插座；

2 主电源连接器及设备电源输入要求应符合现行国家标准《医用电气设备 第1部分：安全通用要求》GB 9706.1—2007第57.2条的规定；

3 端子及连接部分的接地保护除应符合现行国家标准《医用电气设备 第1部分：安全通用要求》GB 9706.1—2007第58章的规定外，还应符合下列规定：

1)固定电源导线的保护接地端子紧固件，不借助工具应不能放松；

2)保护接地导线的导电能力不应小于横截面$2.5mm^2$铜导线的导电性能，且应各自连接到公共接地；

3)外部连接设备的等电位接地连接点的导线应采用横截面至少$4mm^2$的铜线，且应能与等电位接地连接导线分离；

4)电源电路本身所有保护接地导线应连接至医用供应装置中的公共接地，公共接地的导电能力不应小于横截面$16mm^2$铜线的导电性能，医用气体管道不得作为公共接地导体；

5)无等电位接地的医用供应装置内的公共保护接地本身应设置一个横截面不小于$16mm^2$接地端子，并连接到建筑设施内的等电位接地；

6)生命支持区域内医用气体供应装置上应提供医疗专用接地，且连接导体的导电能力不应小于横截面$16mm^2$铜的导电性能。

4 医用供应装置内部布线、绝缘除应符合现行国家标准《医用电气设备 第1部分：安全通用要求》GB 9706.1—2007第59.1条的有关规定外，还应符合下列规定：

1)医用供应装置中电、气应分隔开，强电和弱电宜分隔开；

2)除普通病房外，每个床位应至少设2个各自从主电源直接供电的电源插座；

3)通讯线与电源电缆或电线管、气体软管设置在一起时，应满足单一故障下的电气安全性能；

4)每种管道维护时不应接触到电气系统中的带电部分；

5)当水平安装时，液体分隔腔应安装在电分隔腔的下方；

6)过电流及过电压保护除应符合现行国家标准《医用电气

设备　第1部分：安全通用要求》GB 9706.1—2007第59.3条的规定外，医用供应装置中脉冲继电器还应符合现行国家标准《家用和类似用途固定式电气装置的开关　第1部分：通用要求》GB 16915.1和现行国家标准《医用电气设备　第1部分：安全通用要求》GB 9706.1—2007第57.10条的规定。

5　正常和单一故障状态下，可能产生火花的电器元件与氧化性医用气体和麻醉废气排放终端组件的距离应至少为200mm。

D.1.18　医用供应装置内医用气体管道的环境温度不得超过50℃，医用气体软管的环境温度不得超过40℃。

D.1.19　医用供应装置管道泄漏应符合下列规定：

1　压缩医用气体管道内承压为额定压力，且真空管道承压0.4MPa时，泄漏率不得超过0.296mL/min或0.03(kPa·L)/min乘以连接到该管道的终端数量；

2　麻醉废气排放管道在最大和最小操作压力条件下，泄漏均不应超过2.96mL/min[相当于0.3(kPa·L)/min]乘以此管道的终端数量；

3　液体管道内承压为额定压力1.5倍的测试气体压力时，泄漏率不得超过0.296mL/min或0.03(kPa·L)/min乘以连接到该管道的终端数量。

D.1.20　医用气体悬吊供应装置应符合下列规定：

1　医用气体悬吊供应装置中的医用气体低压软管组件应符合现行行业标准《医用气体低压软管组件》YY/T 0799的有关规定；

2　电缆和医用气体的软管安装在一起时，电缆应设置护套，并应采取绝缘措施或安装在电线软管内。

D.2　医用供应装置机械强度测试方法

D.2.1　抗撞击试验[D.1.10　1　1)测试]应符合下列规定：

1　应将一个大约装了一半沙、总重为200N、0.5m宽的袋子悬挂起来，并形成1m的摆长，在水平偏移量为0.5m的地方将其释放，撞击根据制造商的指导安装的医用供应装置(图D.2.1)。抗撞击试验应在医用供应装置的多个部位重复进行。

2　仅出现模塑破裂的现象不应为试验失败，可继续进行。

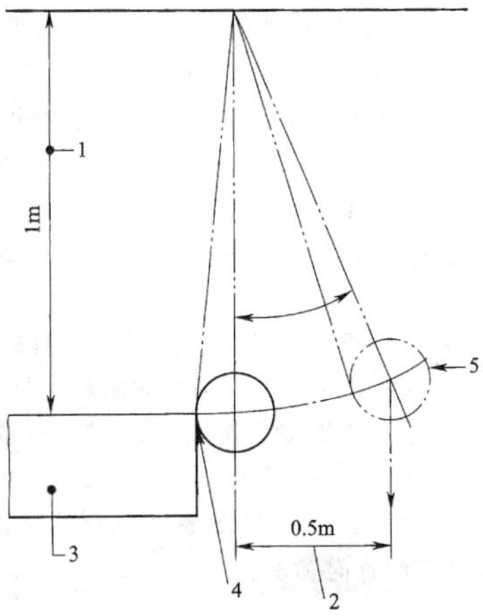

图D.2.1　抗撞击试验

1—摆长；2—偏移距离；3—已安装的医用供应装置；4—易损部位(范例)；5—重200N的沙包

D.2.2　静态载荷试验[D.1.10　1　2)测试]时，应根据制造商的参数说明，在医用供应装置上均衡地分配负载。

中华人民共和国国家标准

医用气体工程技术规范

GB 50751-2012

条文说明

1　总　　则

1.0.1　本条旨在说明制定本规范的目的。

当前，我国医院建设处于一个快速发展的时期。在国内医用气体建设中，长期以来对该部分重视程度不够，投资总体偏少，建设水平与国际通用做法相比有一定差距。为适应我国医院建设的需要，规范与提高医疗卫生机构集中供应医用气体工程的建设水平，本规范在考虑了现阶段国内实际状况与水平的情况下，以医用气体工程系统建设为出发点，重点规范了工程中的原则性技术指标和要求、设备或产品的主要技术参量，明确了系统建设中的基本技术问题，但不涉及具体的设备或产品的标准或结构。

医用气体工程的设计、施工、验收等环节应统筹考虑，合理选择、优化系统，其技术参数与要求均应满足本规范的规定。

1.0.3　本规范规定的医用气体种类与系统对于某一具体的医疗卫生机构并不一定都是必需的，应根据自身需求确定部分或者全部建设。在建设过程中，应注意保持系统的统一与完整。如在分期分段实施时应纳入全系统统一测试检验，系统内的终端组件、医用器具在具有医用气体专用特性的前提下能够通用等。

1.0.4　医用气体工程所使用的设备、材料应有相关的生产许可、检验、检测证明。若产品属于医疗器械或产品的，还应有医疗器械生产许可证和产品的注册证并在有效使用期内。

1.0.5　本条说明本规范与国家工程建设的其他规范、法律法规的关系。这种关系应遵守协调一致、互相补充的原则。由于医用气体工程涉及设备与产品制造、工程安装施工以及医疗卫生操作流程等多行业、多专业、多学科内容，因此除本规范外尚应遵守国家其他有关建设标准规范，以及医疗卫生行业有关的法律、法规、作业流程、要求等。

2 术 语

本章所列举的术语理论上只在本规范内有效，列出的目的主要是为了防止错误的理解。尽管在确定和解释术语时，尽可能地考虑了其通用性，但仍应注意在本规范以外使用这些术语时，其含义或范围可能与此处定义不同。

2.0.5 器械空气在有些国家的标准中也称之为外科手术用空气(Surgical air)。

2.0.7 按国际通用的对于生命支持系统的提法，牙科空气不属于生命支持系统的内容。

2.0.8 从用词含义角度来说，牙科使用的真空也包含在医用真空之内。但因其使用的特殊性，加之牙科真空不属于生命支持系统，故牙科使用的真空一般作为一个细分的内容另行建设。

2.0.10 常用的医用混合气体有医用二氧化碳/医用氧气、医用氧化亚氮/医用氧气、医用氦气/医用氧气等混合气体。

2.0.12 单一故障状态即是设备或机组中单个部件发生故障，或者单个支路中的设备与部件发生故障的情况。若一个单一故障状态会不可避免地导致另一个单一故障状态时，则两者被认为是一个单一故障状态。部件维修、系统停水、停电也被视为一个单一故障状态。

2.0.17～2.0.19 此处三种专用接头均有相关的专用标准。

2.0.20 医用供应装置是一个范围较大的统称。其中包含有医用气体供应的可称之为医用气体供应装置。

2.0.21 焊接绝热气瓶即俗称的杜瓦罐(钢瓶)，符合现行国家标准《焊接绝热气瓶》GB 24159 的规定。

2.0.23 汇流排根据瓶组切换形式的不同可分为手动切换、气动(半自动)切换和自动切换形式，以及单侧供应的汇流模式。主要用于中小型气体供应站以及其他适用场所。

3 基 本 规 定

3.0.1 本规范规定的医用气体、医用混合气体组分的品质均应符合现行《中华人民共和国药典》的要求。

1 表 3.0.1 中，各杂质含量参数按照 ISO 7396、HTM 02－01 以及 NFPA 99C 标准采用相同的规定，其中医疗空气的露点系按照 NFPA 99C 的指标制定。

这里补充部分参考数据如下：水含量 575mg/Nm^3 相当于常压露点－23.1℃，50mg/Nm^3 相当于常压露点－46℃，780mg/Nm^3 相当于常压露点－20℃。CO_2 含量 500×10^{-6}(v/v) 相当于 900mg/Nm^3。

医用空气颗粒物的含量系采纳 ISO 7396 的规定。为便于对照使用，这里将现行国家标准《压缩空气　第 1 部分：污染物净化等级》GB/T 13277.1—2008(等同于 ISO 8573－1:2001)中关于颗粒物的规定摘列如下。

7.1 固体颗粒等级

固体颗粒等级见表 2.0 级～5 级的测量方法按照 ISO 8573－4 进行，6 级～7 级的测量按照 ISO 8573－8 进行。

表 2　固体颗粒等级

等级	每立方米中最多颗粒数 颗粒尺寸 d/μm ≤0.10	0.10<d≤0.5	0.5<d≤1.0	1.0<d≤5.0	颗粒尺寸/μm	浓度/(mg/m^3)
0	由设备使用者或制造商制定的比等级 1 更高的严格要求				不适用	不适用
1	不规定	100	1	0		
2	不规定	100000	1000	10		
3	不规定	不规定	10000	500		
4	不规定	不规定	不规定	1000		
5	不规定	不规定	不规定	20000		
6	不适用				≤5	≤5
7	不适用				≤40	≤10

注 1 与固体颗粒等级有关的过滤系数(率)β 是指过滤器前颗粒数与过滤器后颗粒数之比，它可以表示为 $\beta=1/P$，其中 P 是穿透率，表示过滤后与过滤前颗粒浓度之比，颗粒尺寸等级作为下标。如 $\beta_{10}=75$，表示颗粒尺寸在 10μm 以上的颗粒数在过滤前比过滤后高 75 倍。

2 颗粒浓度是在表 1 状态下的值。

2 氮气除用于驱动医疗工具外，还可以作为混合成分与医用氧气构成医用合成空气，在 HTM 02－01 标准中有规定作为医疗空气的紧急备用气源。但该用途涉及对呼吸用氮气的医药规定，本规范仅进行器械驱动用途方面的规定，不涉及直接作用于病人的氮气成分规定。

3.0.2、3.0.3 表中参数按照 HTM 02－01 取值，并结合 ISO 7396 的规定修改。表中以及本规范所有医用气体压力均为表压，医用真空、麻醉废气排放的压力均为真空压力，特说明。

表 3.0.2 中将部分医用混合气体的压力参数定义得比 400kPa 气体压力低 50kPa 的原因，是考虑到在供应点混合的需求，当使用钢瓶装医用混合气体时，也可使用 400kPa 的额定压力。

3.0.4 每个医疗卫生机构中，医用气体终端组件的设置数量和方式均有可能不同，应根据医疗工艺需求与医疗专业人员共同确定。附录 A 中的两个表系依据 HTM 02－01 的设置要求数据，以及《Guidelines for Design and Construction of Health Care Facilities》2006(FGI　AIA)，按照国内医院的具体情况进行了修正，可供各科室设置终端组件时参考。

4 医用气体源与汇

4.1 医用空气供应源

Ⅰ 医疗空气供应源

4.1.1 本条规定的理由为：

1 非医用用途的压缩空气如电机修理、喷漆、轮胎充气、液压箱、消毒系统、空调或门的气动控制，流量波动往往较大而且流量无法预计，如由医用空气供应会影响医疗空气的流量和压力，并增加医疗空气系统故障频率，缩短系统使用寿命，甚至把污染物带进系统中形成对病人的危险。所以无论医疗空气由瓶装或空压机系统供应，均禁止用于非医用的用途，本款为强制性条款。

3 医疗器械工具要求水含量更低，以免造成器械损坏或腐蚀。因此当医疗空气与器械空气共用机组时，应满足器械空气的含水量要求。

实际应用中，无油医疗空气系统也不宜与器械空气共用压缩机，因为一般无油压缩机出口压力达到1.0MPa时，压缩机的效率(包括流量)和寿命都会降低。

4.1.2 1 作为一种直接作用于病人的重要的医用气体，医疗空气的供应必须有可靠的保障。本规定使得医疗空气供应源在单台压缩机故障或机组任何单一支路上的元件或部件发生故障时，能连续供气并满足设计流量的需求。因此，医疗空气供应源包括控制系统在内的所有元件、部件均应有冗余，本款为强制性条款。

3 使用含油压缩机对医疗卫生机构管理提出了更为严格的要求，并带来管理维护费用提高，容易导致管道系统污损、末端设备损坏的各种事故。所以在可能的情况下，建议医疗卫生机构使用无油压缩机。

无油压缩机通常包含以下几种：

(1)全无油压缩机：喷水螺杆压缩机及轴承永久性轴封无油压缩机，如无油涡旋压缩机、全无油活塞压缩机等；

(2)非全无油活塞压缩机：油腔和压缩腔至少应有两道密封，并且开口与大气相通。开口应能直观的检查连接轴及密封件；

(3)带油腔的旋转式压缩机：压缩腔和油腔应至少经过一道密封隔离，密封区每边应各有一个通风口，靠近油腔的通风口应能够自然排污到大气中。每个通风口应能直接目视检查密封件的状况；

(4)液环压缩机：其水封用的水质应符合厂家规定。

NFPA99－2005中第5.1.3条、第5.4.1(1)款有规定，压缩腔中任何部位都应无油，HTM 02－01第7.17条中也说明了无油压缩机对空气的处理更有优势。

4 如机组未设置防倒流装置，则系统中的压缩空气会回流至不运行的压缩机中，易造成压缩机的损坏，且不运行的压缩机需要维护时，也会因无法与系统隔离而不能实现在线维修。

5 独立的后冷却器热交换效率高，除水效率也更高。但现在一般的螺杆式空压机每台机器会自己配备后冷却器。储气罐因其冷却功能弱、不稳定而不能作为后冷却器使用。

6 干燥机排气露点温度应保证系统任何季节、任何使用状况下满足医疗空气品质要求(其目的是在使用时不会产生冷凝水)。冷冻式干燥机在流量较低，尤其是在额定流量的20%以下时，干燥机水分离器中冷凝水积聚也变得缓慢而无法及时排除，这时水分离器中的空气仍可能含水量饱和，并被带入系统中造成空气压力露点温度快速上升。而吸附式干燥机是根据吸附粒子的范德华原理吸收空气中的水分，其露点温度不会随用气量变化而产生波动，因此是医院首选的干燥方式。

4.1.3 本条对医疗空气的进气进行规定，吸气的洁净是保证医疗空气洁净的前提条件。条文中的数据主要参考了NFPA99C的规定。

有设备厂家在医疗空气压缩机组中使用了一氧化碳转换为二氧化碳的装置，或安装独立的空气过滤系统，此时可视为对进气品质的提升，在能够保证医疗空气品质的前提下是可以适当放宽进气口位置要求的。

1 进气口位置的选择需考虑进气口周围的空气质量，特别是一氧化碳含量。不要将进气口安装在发动机排气口、燃油、燃气、储藏室通风口、医用真空系统及麻醉排气排放系统的排气口附近，空气中不应有颗粒或异味。

3 如果室内空气经过处理后等同于或优于室外空气质量要求，如经过滤的手术室通风系统的空气等，只要空气质量能够持续保证，则可以将医疗空气进气口安装在室内。

医疗空气供应源与医用真空汇、牙科专用真空汇及麻醉废气排放系统放在同一站房内时，若真空泵排气口泄漏或维护时，可能会导致医疗空气机组的进气受到污染，故应避免。

4 非金属材料如PVC，在高温或进气管附近发生火灾时，材料本身可能会产生有毒气体，未经防腐处理的金属管道如钢管可能会因为氧化锈蚀而产生金属碎屑。此类材料用于进气管时，有毒气体和金属碎屑可能进入压缩机及管道系统，从而影响医疗空气的品质或增加运行费用等。

医疗空气进气应防止鸟虫、碎片、雨雪及金属碎屑进入进气管道。国外曾有报道飞鸟进入医疗空气进气管道及压缩机系统后造成医疗空气中异味，达不到医疗空气品质标准的事例。

4.1.4 1 空气过滤器安装在减压阀之前系为了防止油污、粉尘等损坏减压阀。

2 本款数据依据NFPA 99中5.1.3.5.8(3)制定。

3 本款为强制性条款。设置活性炭过滤器的目的是为了过滤油蒸汽并消除油异味，可以有效减少对体弱病人的刺激与不利影响，具有非常重要的作用，在系统不使用全无油的压缩机时必须设置。

4 细菌过滤器可有效防止花粉、孢子等致敏源对体弱病人的影响，在有条件时宜考虑设置。

4.1.5 1 干燥机、过滤器、减压装置及储气罐维修时，通过阀门或止回阀隔断气体，防止回流至维修管道回路，不至于中断供气。是保证单一故障状态下能不间断供气的必要手段。

3 当储气罐的自动排水阀损坏时再采用手动排水阀排水，此为安全备用措施。

4.1.6 2 本款规定系为防止两台或两台以上压缩机同时启动时，启动瞬时电流过大可能会造成供电动力柜故障。

4.1.7 本条为强制性条文。本条规定系为防止主电源因故停止供电时，导致机组长时间停止运行影响供气。

医疗空气作为一种重要的医用气体，一般供应生命支持区域作为呼吸机等用途，其供应的间断有可能会导致严重的医疗事故。因此医疗空气供应源的动力供应必须有备用。

Ⅱ 器械空气供应源

4.1.8 本条为强制性条文。非独立设置的器械空气系统在用于工具维修、吹扫、非医疗气动工具、密封门等的驱动用途时，有些情况下流量波动往往较大而且无法预计，从而会影响器械空气的流量和压力，增加系统故障频率，缩短系统使用寿命，甚至把污染物带进系统中，从而影响医疗空气的正常供应。因医疗空气的供应对于病人生命直接相关，故非独立设置的器械空气系统不能用于非医用用途。而且气动医疗器械驱动时，往往对器械空气的流量与压力要求较高，所以非独立设置的器械空气系统也不能用于上述非医用用途。

一般地说来独立设置的器械空气系统允许用于医疗辅助用途，包括手术用气动工具、横梁式吊架、吊塔等设备的驱动压缩空气等。

4.1.9 1 器械空气作为医疗器械的动力用气体，往往用在手术室等重要的生命支持区域，其供应如有中断或不正常有可能会导致严重的医疗事故，因此器械空气的供应必须有可靠的保障。本规定使得器械空气供应源在单台压缩机故障，或机组任何单一支路上的元件或部件发生故障时均能连续供气。因此，器械空气供应源包括控制系统在内的所有元件、部件均应有冗余。

4.1.10 2 本款数据依据NFPA 99中第5.1.3条、第8.7.2(3)款制定。

Ⅲ 牙科空气供应源

4.1.14 牙科供气不属于生命支持系统的一部分，所以对压缩机的备用、故障情况的连续供气等要求都较低。而且牙科用气往往供应量较大，尤其带教学功能的牙科医院，因教学牙椅同时使用率高，宜单独配置压缩机组避免对医疗空气的影响。所以对于一般医院来说，建议牙科气体独立成系统。

4.2 氧气供应源

Ⅰ 一般规定

4.2.5 医用氧气气源应根据供应与需求模式的不同合理选择气源，进行组合。使用液氧类气源时，液氧会有蒸发损耗，若长时间不用可能造成储量不足。而医用分子筛供应源需要一定的启动时间，无法满足随时供应的要求，因此只能使用医用氧气钢瓶作为应急备用气源。

4.2.6 本条规定的数据源自 ISO 7396－1 中第 5.3.4 条及 ISO 15001 规定。

4.2.7 由于高压氧气快速流过碳钢管材存在着火灾的危险性较大，根据现行国家标准《深度冷冻法生产氧气及相关气体安全技术规程》GB 16912—2008 中第 8.3 款规定以及 NFPA99C 等国外有关标准而制定本条。

4.2.8 本条为强制性条文，系为防止主电源因故停止供电时无法连续供应氧气。

医用氧气作为一种重要的医用气体，其间断供应有可能会导致严重的医疗事故。因此医用氧气供应源、分子筛制氧机组的动力供应必须设置备用。

4.2.9 医用氧气为助燃性气体，设计时应考虑其排放对周围环境安全的影响。

Ⅱ 医用液氧贮罐供应源

4.2.11 医用液氧贮罐作为低温储存容器应确保其安全可靠，因此只具备一种安全泄放设施是不够的，一般应设有两种安全泄放方面的措施。

由于医用液氧会吸收环境中热量而迅速汽化，体积大量增加，从而使密闭的管路段中压力升高产生危险，因此两个阀门之间有凹槽、兜弯、上下翻高的地方，以及切断液氧管段的两个阀门间有可能积存液氧，则该管段必须设置安全泄放装置。

4.2.13 由于目前的接口规格与液氮等液体一样，所以存在误接误装的危险，且国内曾出现过此类事故，因此提出此要求。保护设施可避免污物堵塞或污染充灌口。医用液氧贮罐的充装口应设置在安全、方便位置，以防被撞，同时方便槽罐车进行灌注。

4.2.14 由于医用液氧贮罐、汽化及调压装置的法兰等连接部位，有时会出现泄漏的情况，因此要求设在空气流通场所。建议都设置在室外。

Ⅲ 医用氧焊接绝热气瓶汇流排供应源

4.2.17 由于目前的接口规格与液氮等液体一样，存在误接误装的危险。且曾出现过此类事故，因此提出此要求。

Ⅳ 医用氧气钢瓶汇流排供应源

4.2.18 汇流排容量应是每组钢瓶容量均能满足计算流量和运行周期要求。由于医疗卫生机构规模不一样，每班操作人员的人数及更换气瓶的熟练程度也不一样而有所不同。

Ⅴ 医用分子筛制氧机供应源

4.2.21 作为医用气体系统建设方面的标准，本规范对医用分子筛(PSA)制氧在医疗卫生机构内通过医用管道系统集中供应时的安全措施做出了规定，不涉及 PSA 制氧设备作为医疗设备注册以及 PSA 产品气体在医疗用途等方面的要求。

本部分主要依据《Oxygen concentrator supply systems for use with medical gas pipeline systems》ISO 10083:2006 标准，结合国内医院具体情况制定。该标准定义 PSA 产出气体为“富氧空气”(oxygen-enriched air)，氧浓度为 90%～96%，并说明其在医疗应用的范围及许可与否均由各国或地区自行确定。

我国药典目前尚未收录 PSA 法产生的氧气条目，现行的管理规定允许 PSA 制氧机在医院内部使用。医用 PSA 制氧及其产品在医院的应用应以其最新规定为准。

4.2.23 由于分子筛制氧机的产品气体与空压机进气品质相关，且分子筛有优先吸附水分、油分及麻醉排放废气的特性，吸附这些成分后会引起吸附性能逐渐降低，因此必须对其进气口作相应规定。

4.2.24 医用 PSA 制氧产品作为在医院现场生产的重要气体，其供应品质宜具有完善的实时监测。设置氧浓度及水分、一氧化碳杂质的在线分析装置，是为了能够及时发现分子筛吸附性能的变化，从而及时采取相应措施。

4.2.27～4.2.29 分子筛制氧机在实际运行中有可能因电源供应、内部故障而影响到气体供应，这几条的规定是保证 PSA 氧气源及其供氧品质稳定的必要保障措施。

4.2.30 医院工作现场一般不具备国家对于气瓶充装规定的安全要求及人员培训、定期检查等条件，为避免医院因气瓶充装带来的危险与危害，同时也减少富氧空气钢瓶与医用氧气钢瓶内残余气体混淆的可能，因此制定本条。

4.3 医用氮气、医用二氧化碳、医用氧化亚氮、医用混合气体供应源

4.3.1、4.3.2 由于医疗卫生机构的医用氮气、医用二氧化碳、医用氧化亚氮和医用混合气体一般用量不是很大，故一般是采用汇流排形式供应。医用混合气体一般有氮/氧、氦/氧、氧化亚氮/氧、氧/二氧化碳等。

汇流排容量应是每组钢瓶容量均能满足计算流量和运行周期的要求。汇流排容量因医疗卫生机构规模不一样，每班操作人员的人数及更换气瓶的熟练程度也不一样而有所不同。

4.3.3 3 本款规定源自ISO 7396—1 中第 5.3.4 条并依据 ISO 15001 规定。

4 国内现有气瓶的接口规格对于每一种气体不是唯一的，存在着错接的可能。因此应使用专用气瓶，只允许使用与钢印标记一致的介质，不得改装使用。在接口处也有防错接措施以避免事故的发生。

4.3.5 本条为强制性条文。医用气体汇流排所供应的气体对于病人的生命保障非常重要，如果中断可能会造成严重医疗事故直至危及病人生命。因此应该保证在断电或控制系统有问题的情况下，能够持续供应气体。本条是为了保障使用医用气体汇流排的气源能够在意外情况下可靠供气，因此汇流排的结构可能不同于一般用途的产品，在产品设计中应有特殊考虑。

医用二氧化碳、医用氧化亚氮气体供应源汇流排在供气量达到一定程度时会有气体结冰情况出现，如不采取措施会影响气体的正常供应，造成严重后果。所以应充分考虑气体供应量及环境温度的条件，一般应在汇流排机构上进行特殊设计，如安装加热装置等。

4.4 真空汇

Ⅰ 医用真空汇

4.4.1 1 本款为强制性条款。因真空汇内气体的流动是一个汇集的过程，随着管路系统内真空度的变化，气体的流动方向具有不确定性。三级、四级生物安全试验室、放射性沾染场所如共用真空

汇极易产生交叉感染或污染，故应禁止这种用法。

3　非三级、四级生物安全实验室与医疗真空汇共用时，教学用真空与医用真空之间各自设独立的阀门及真空除污罐，可在试验教学真空管路出现故障需要停气时不影响医用真空管路的正常供应，反之亦然。

4　本款为强制性条款。医用真空在医疗卫生机构的作用非常重要，如手术中的真空中断有可能会造成严重的医疗事故，因此其应有可靠的供应保障。本规定使得系统在单台真空泵或机组任何单一支路上的元件或部件发生故障时，能连续供应并满足最高计算流量的要求。因此，包括控制系统在内的元件、部件均应有冗余。

4.4.2　3　真空机组设置防倒流装置是为了阻止真空系统内气体回流至不运行的真空泵。

4.4.4　2　为防止鸟虫、碎片、雨雪及金属碎屑可能经排气管道进入真空泵而损坏泵体，应采取保护措施。

4.4.5　每台真空泵设阀门或止回阀，与中央管道系统和其他真空泵隔离开，以便真空泵检修或维护时，机组能连续供应。真空罐应在进、出口侧安装阀门，在储气罐维护时不会影响真空供应。

4.4.7　本条为强制性条文。系为防止医用真空汇主电源因故停止供电时，导致机组长时间停止运行，影响供气。

医用真空在医疗卫生机构中起着重要的作用，尤其手术、ICU等生命支持区域都需要大流量不间断供应，供应的不善有可能会导致严重的医疗事故。因此医用真空汇的动力供应必须有备用。

4.4.8　目前国内医院使用液环泵较多。液环泵系统耗水量较大，一般需要安装水循环系统，由于部分液环泵的水循环系统易漏水，真空排气中细菌随着水漏出造成站房与环境污染。同时系统中的真空电磁阀、止回阀关闭不严造成密封液体回流等故障现象也较多，真空压力有时不能保证，实际应用中应加以注意。

Ⅱ　牙科专用真空汇

4.4.9　牙科专用真空汇与医用真空汇的要求与配置均不相同，故两者一般不应共用。牙科用汞合金含有50%汞，对水及环境会造成严重污染，因此应设置汞合金分离装置。

4.4.10　2　水循环系统既可节水并减少污水处理量，也可在外部供水短暂停止时通过内部水循环系统维持真空系统持续工作，保护水环泵。

4.4.11　1　本条规定数据源自于 HTM 2022 supplement 中图4.1～图4.3(Figure 4.1 - Figure 4.3)。

2　细菌过滤器的阻力有可能影响真空泵的流量及效率，如需安装细菌过滤器，应及时对细菌过滤器进行保养(更换滤芯)，以免细菌过滤器阻力过大。

4.5　麻醉或呼吸废气排放系统

4.5.1　麻醉或呼吸废气排放系统的设计有其特殊性，关于流量方面的要求见本规范第9.1.6条，工程实际中应根据医疗卫生机构麻醉机的使用要求，咨询有经验的医务人员来选择系统的类型、数量、终端位置及安全要求等。

4.5.2　本条为强制性条文。由于麻醉废气中往往含醚类化合物以及助燃气体氧气，真空泵的润滑油与氧化亚氮及氧气在高温环境下会增加火灾的危险，排放系统的材料若与之发生化学反应会造成不可预料的严重后果。

本条未对一氧化氮废气排放的管材作出要求。一氧化氮性质不稳定，会与空气中的氧气、水发生化学反应后产生硝酸，因此系统应能耐受硝酸的腐蚀。但其用于治疗用途时浓度很低，因而对器材或管道的腐蚀问题不大。当然，使用不锈钢或含氟塑料的材料是更好的选择。

4.5.4　1　每台麻醉或呼吸废气排放真空泵设阀门或止回阀与管道系统和其他真空泵隔离开，是为了便于真空泵检修和维护。

4.5.8　引射式排放如与医疗空气气源共用，设计时应考虑到有可能对医疗空气供应产生的影响，否则应采用惰性压缩气体、器械空气或其他独立压缩空气系统驱动。

4.6　建筑及构筑物

4.6.3　第2款依据和综合以下标准制定：

(1)现行国家标准《建筑设计防火规范》GB 50016中第4.3.5条规定："液氧贮罐周围5m范围内不应有可燃物和设置沥青路面"。

(2)在美国消防标准《便携式和固定式容器装、瓶装及罐装压缩气及低温流体的储存、使用、输送标准》NFPA55中的有关规定：液氧贮存时，贮罐和供应设备的液体接口下方地面应为不燃材料表面，该不燃表面应在以液氧可能泄漏处为中心至少1.0m直径范围内；在机动供应设备下方的不燃表面至少等于车辆全长，并在竖轴方向至少2.5m的距离；以上区域若有坡度，应该考虑液氧可能溢流到相邻的燃料处；若地面有膨胀缝，填缝材料应采用不燃材料。

4.6.4　目前国内的医院液氧设置现状中，依照医院规模的大小不同，常用的液氧贮罐容积一般是$3m^3$、$5m^3$、$10m^3$等几种，总容量一般不超过$20m^3$。本条第1款～第3款规定了医疗卫生机构的液氧贮罐与区域外部及围墙直至内部的建筑物的安全间距。

2　本款规定了医疗卫生机构的液氧贮罐与区域围墙的安全间距，规定的外界条件与数值的不同，目的是为了与边界外的建筑物等有一个全局范围内的呼应，从而在总体上符合现行国家标准《建筑设计防火规范》GB 50016的规定。

3　我国医院多数都设立在人员密集的市区，院内的地域范围往往很有限，而液氧贮罐气源在充罐和泄漏时会在附近区域形成一个富氧区，造成火灾或爆炸危险，因此应对其安全距离制定一个严格的要求。液氧贮罐气源按医疗工艺的需求在一般情况下是医院必备的基础设施。为液氧贮罐制定一个较为详细的安全间距，对于医疗卫生机构满足医疗工艺需求，合理规划医疗环境、高效使用土地有着重要的意义。

医疗卫生机构的用氧属于封闭的、相对安全的使用环境，有别于工厂制氧阶段的储存。本表制定的主要依据为：

(1)美国消防标准2005年版《便携式和固定式容器装、瓶装及罐装压缩气体及低温流体的储存、使用、输送标准》(Standard for the storage use and handling of compressed gases and cryogenic fluids in portable and stationary containers, cylinders, and tanks) NFPA55中有关大宗氧气系统的气态或液态氧气系统的最小间距规定。

(2)英国压缩气体协会BCGA标准CP19。

(3)ISO 7396－1:2007。

考虑到国内的具体安装情况及安全管理条件，本表依据上述标准并严格规定了部分条件下安全距离的数值。

4.6.5、4.6.6　本部分是参考现行国家标准《氧气站设计规范》GB 50030—91中第2.0.5条、第2.0.6条，现行国家标准《深度冷冻法生产氧气及相关气体安全技术规程》GB 16912—2008中第4.6.2条、第4.6.3条而制定的。其中第4.6.6条是依据ISO 7396－1 5.8供应系统设置位置的要求，为压缩机或真空泵运行安全而作此规定。

4.6.7　本条为强制性条文。地下室内的通风不易保证，且氧气、医用氧化亚氮、医用二氧化碳、常用医用混合气体的部分组分均比空气重，安装在地下或半地下或医疗建筑内均易因泄漏形成积聚，造成火灾、窒息或毒性危险。医用分子筛制氧机组作为氧气生产设备，在建筑物中也容易因为氧气泄漏积聚而造成火灾危险，故不应与其他建筑功能合用。

4.6.8　由于医用气体储存库会储有不同种医用气体，因此必须按品种放置，并标以明显标志，以免混淆。对一种医用气体，也要分实瓶区、空瓶区放置，并标以明显标志以免给供气带来不利影响。

由于医用气体储存时存在泄漏可能，因此要求应具备良好的通风。气瓶的储存要求避免阳光直射。

4.6.11 国内医用气源站曾多次发生因接地不良引发的事故，尤其高压医用气体汇流排管道及安全放散管道、减压器前后的主管道是医用气体系统发生爆炸最多的地方。多起医用气体系统爆炸事故事后检查发现，通常是没有接地或因年久失修导致接地不良引起，因此医用气体系统应保证接地状况良好。

5 医用气体管道与附件

5.1 一 般 规 定

5.1.3 本条增加了医疗卫生机构重要部门的供气可靠性。

鉴于国内综合性医院普遍床位数较多、规模较大，为了防止普通病房用气对重要部门的干扰，对于重要部门设专用管路可以提高用气安全性，此外从气源单独接管也便于事故状况下供气的应急管理。但当医院规模较小，整个系统的安全使用有良好的保障时，生命支持区域也可以不设单独供应管路。

5.1.10 管道间安全间距无法达到要求时，可用绝缘材料或套管将管道包覆等方法隔离。

5.1.13 这里的其他情况主要指管道埋深不足、地面上载荷较大等情况。

5.1.14 **2** 医用气体供应主干管道如采用电动或气动阀门，在电气控制或气动控制元件出现故障时可能会产生误动作或无法操作阀门，特别是因误动作关闭阀门时，将会造成停气的危险。

大于 *DN*25 的阀门如采用快开阀门，由于氧气流量流速较大易发生事故。

非区域阀门应安装在受控区域（如安装在带锁的房间内）或阀门带锁，便于安全管理。此规定是防止无关人员误操作阀门而影响阀门所控制区域的气体供应。

5.1.15 区域阀门主要用于发生火灾等紧急情况时的隔离及维护使用。关闭区域阀门可阻止或延缓火灾蔓延至附近区域，对需要一定时间处理后才能疏散的危重病人起到保护作用。一些特殊区域是否作为生命支持区域对待可根据医院自身情况确定，如有些医院可能认为膀胱镜或腹腔镜使用区域也需要安装区域阀门。如果一个重要生命支持区域的区域阀控制的病床数超过 10 个时，可根据具体情况考虑将该区域分成多个区域。

区域阀门应尽量安装在可控或易管理的区域，如医院员工经常出入的走廊中容易看见的位置，一旦控制区域内发生紧急情况时，医院员工被疏散走出通道的同时可经过区域阀并将其关闭。如果安装在不可控的公共区域，可能会发生人为地恶意或无意操作而引发事故。区域阀门不应安装在上锁区域如上锁的房间、壁橱内壁等；也不应安装在隐蔽的地方如门背后的墙上，否则在开门或关门时会挡住区域阀门，发生紧急状况时不易找到这些阀门。

保护用的阀门箱应设有带可击碎玻璃或可移动的箱门或箱盖，且阀门箱大小应以方便操作箱内阀门为原则。在发生紧急情况需要关闭区域阀门时，可以直接击碎箱门上的玻璃或移动箱门或箱盖操作阀门。

5.2 管材与附件

5.2.1 本条为强制性条文。医用气体供应与病人的生命息息相关，出于管道寿命和卫生洁净度方面的严格要求，特对管材作此规定。

铜作为医用气体管材，是国际公认的安全优质材料，具有施工容易、焊接质量易于保证，焊接检验工作量小，材料抗腐蚀能力强特别是抗菌能力强的优点。因此目前国际上通用的医用气体标准中，包括医用真空在内的医用气体管道均采用铜管。

但在中国国内，业内也有多年使用不锈钢管的经验。不锈钢管与铜管相比强度、刚度性能更好，材料的抗腐蚀能力也较好。但是在使用中有害残留不易清除，尤其医用气体管道通常口径小壁厚薄，焊接难度大，总体质量不易保证，焊接检验工作量也较大。

目前有色金属行业标准《医用气体和真空用无缝铜管》YS/T 650—2007 规定了针对医用气体的专用铜管材要求，而国内没有针对医用气体使用的不锈钢管材专用标准。鉴于国内医用气体工程的现状，本规范将铜与不锈钢均作为医用气体允许使用的管道材料，但建议医院使用医用气体专用的成品无缝铜管。

镀锌钢管在国内医院的真空系统中曾大量使用，并经长期运行证明了其易泄漏、寿命短、影响真空度等不可靠性，依据国际通用规范的要求本规范不再采纳。

一氧化氮呼吸废气排放因气体成分的原因宜使用不锈钢管道材料。

国内的医院一般为综合性多床位医院，非金属管材在材质质量、防火等方面的实际可控制性差，本规范依据国际通用标准未将非金属管材列为医用真空管路的允许用材料，但允许麻醉废气、牙科真空等设计真空压力低于 27kPa 的真空管路使用。在工程实际中这部分管材允许使用优质 PVC 材料等非金属材质。ISO 7396 标准在麻醉废气排放管路的材料中也提及了非金属管材，但没有进一步的详细要求。

5.2.5 **1** 本款为强制性条款。医用气体管道输送的气体可能直接作用于病人，对管材洁净度与毒性残留的要求很高，油脂和有害残留将会对病人产生严重危害，因此医用气体管材与附件应严格脱脂。

工程实际中一般可使用符合国家现行标准《医用气体和真空用无缝铜管》YS/T 650—2007 标准的专用成品无缝铜管。对于无缝不锈钢管，因其没有专用管材标准，本规范对清洗脱脂的要求系按照国家现行标准《医用气体和真空用无缝铜管》YS/T 650—2007 标准及 BS EN 13348 中规定的数值等同采用，实际中管材的清洗脱脂方法也可参照使用。

4 规定管材的清洗应在交付用户前完成，是因为在工厂集中进行脱脂可以保证脱脂质量并达到生产过程中的环保要求。其脱脂应在指定区域、指定设备、有生产能力及排放资质的企业或场所进行。

5 真空管道脱脂可以有效杜绝施工时与压缩医用气体脱脂

管材混淆使用的情况出现。

5.2.8 由于阀门与管道可能采用不同材质(如黄铜材质阀门与紫铜管道),阀门与管道的焊接往往需要焊剂,焊接后的阀门需要进行清洗处理。而现场焊接无法满足清洗要求,故需在制造工厂或其他专业焊接厂家的特定场所进行,在阀门两端焊接与气体管道相同材质的连接短管,清洗完成后便于阀门现场焊接使用。

5.2.9 本条为强制性条文。医用气体中的化合物成分如麻醉废气中的醚类化合物、氧气等,如与医用气体管道、附件材料发生化学反应,可能会造成火灾、腐蚀、危害病人等不可预料的严重后果,应避免此类问题出现的可能。

5.2.14 医用气体减压装置上的安全阀按照国内现行有关规定,应定期进行校验,因此有必要将减压装置分为含安全放散的、功能完全相同的双路型式。

5.2.16 **1** 本条规定数据参考 HTM 2-01 中第 7.45 条及第 9.29 条制定。

5.2.17 本条数据参考 ISO 15001 参数规定及 ISO 7396-1 制定。真空阀门与附件可以不要求脱脂处理。

5.3 颜色和标识

Ⅰ 一 般 规 定

5.3.1 所有医用气体工程系统中必须有耐久、清晰、可识别的标识,所有标识的内容应保持完整,缺一不可。这些规定是安全、正确地输送、供应、使用、检测、维修医用气体的必要保证。设置后的标识肉眼易观察到,检查、维修不受影响,不易受损于环境和外力因素。

5.3.3 表 5.3.3 的规定等效于 ISO 5359—2008,稍有改动。

表中颜色编码系采用《漆膜颜色标准样卡》GSB 05—1426—2001 的规定。因颜色样卡中无黑色、白色的规定编号,使用中按常规黑色、白色作颜色标识。

关于医用分子筛制氧机组的产出气体,由于国内医药管理部门现在还没有明确规定,因此表中未列出。实际应用中,建议依据 ISO 10083—2006 的规定,标识如下:名称:医用富氧空气;中文代号:富氧空气;英文代号:93%O_2;颜色:白色。

标识和颜色规定的耐久性可按照下法试验:在环境温度下,用手不太用力地反复摩擦标识和颜色标记,首先用蒸馏水浸湿的抹布擦拭 15s,然后用酒精浸湿后擦拭 15s,再用异丙醇浸湿擦拭 15s。标记仍应清晰可识别。

Ⅱ 颜色和标识的设置规定

5.3.9 在对阀门标识时,一般应标识在阀门主体部位较大或较平坦的面积体位上。应尽量把标识的内容集中在一个面上。第 3 款注意事项应标识在此标识内容区域中最明显之处或另设独立标识。

5.3.11 在执行本条过程中,应注意色带是连续的且不易脱落,并视实际情况适当增加色带的条数。

6 医用气体供应末端设施

6.0.4 一般情况下,当气体终端组件横排安装于墙面或带式医用气体供应装置上时,便于医用气体系统使用的气体终端组件最佳高度为 1.4m 左右。如果气体终端组件安装在带式医用气体供应装置上时,供应装置可能安装的照明灯或阅读灯的布置不应妨碍医用气体装置或器材的使用。

出于以人为本的考虑,有时把气体终端组件安装在带有装饰面板(壁画)的墙内,此时最边上的气体终端组件至少应该离两边墙体 100mm,离顶部 200mm,离墙体底部 300mm,墙体内深度不宜小于 150mm。墙面上有表明内有医用气体装置的明显标识。

为了使用方便,一些医疗卫生机构可能在医用气体供应装置或病床两侧同时布置气体终端组件。相同气体终端组件应对称布置。

6.0.5 **2** 当医用气体供应装置向其他医疗设备提供电源时,如果安装开关或保险,误操作时将危及病人的安全。

6.0.6 真空瓶是用于阻止吸出的液体进入真空管道系统,真空瓶的支架在设计安装中却经常被忽视,由于真空瓶比较重,直接通过与终端二次接头接至终端易损坏气体终端内的阀门部件,极端情况下还可能导致终端插座从安装面板上脱落下来,因此独立支架的作用非常重要。支架布置以便于医护人员操作为原则,一般设在真空气体终端离病人较远一侧。真空瓶支架也可设置在医用供应装置以外的区域,如安装在病床附近、高度为 450mm~600mm 的墙上。图 1、图 2 表示了这种常用的安装示例。

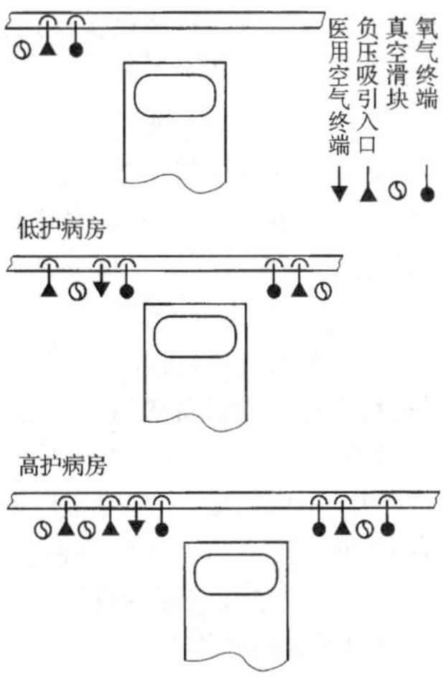

图 1 真空瓶支架的常用安装位置示意(一)

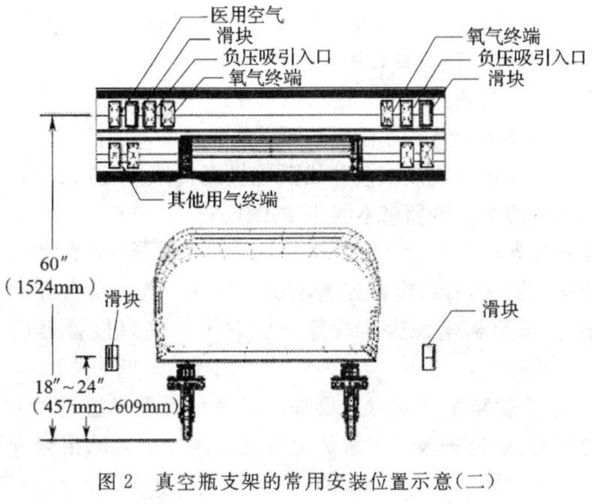

图 2 真空瓶支架的常用安装位置示意(二)

7 医用气体系统监测报警

7.1 医用气体系统报警

7.1.1 安装医用气体系统监测和报警装置有四个不同的目的。四个目的所对应的分别是临床资料信号、操作警报、紧急操作警报和紧急临床警报。

临床资料信号的目的是显示正常状态；操作报警的目的是通知技术人员在一个供应系统中有一个或多个供应源不能继续使用，需采取必要行动；紧急操作警报显示在管道内有异常压力，并通知技术人员立即作出反应；紧急临床警报显示在管道内存在异常压力，通知技术人员和临床人员立即作出反应。

鉴于报警系统实现的多样性与复杂性以及国内的现状，本规范在参考了 ISO 7396—1 及 CEI/IEC 60601—1—8:2006 和 NFPA99C:2005 标准的情况下，未进一步对具体的报警声光颜色进行规定。实际实施中可按照上述目的进行监测报警系统的设计与建造。

1 就地报警中有些气源设备的故障报警允许共用一个故障显示，如压缩机发生故障时可只用一个表示压缩机故障的报警显示即可，不必具体显示发生故障的部位。

2 声响报警无条件启动是指当某一报警被静音而又发生其他报警等情况出现时，声响报警应能重启。

4 本款指传感器在连线故障或显示自身故障的时候，应该有相应的报警显示，不会造成医护或维修人员错误判断为管道中气体压力故障。在主电源断电后应急电源自动投入运行前往往会有短暂的停电，报警应该能在来电后自行启动，且不会有误报警，也不需要人工复位。

7.1.2 **6** 气源报警主要目的是在气源设备出现任何故障时，通过气源报警通知相关负责人至现场处理故障。因此，气源报警可以不要求显示每一个气源设备的具体报警内容。这样既可把每一个本地报警信号分别独立地连接至气源报警器每一个信号点，对每一个本地报警内容重复报警，也可把所有本地报警信号并接到气源报警器的一个信号点，只在气源报警器上显示气源设备发生故障。

7.1.3 **1** 气源报警用于监测气源设备运行情况及总管的气体压力，为了能 24 小时连续监控气源设备的运行状况，一般气源报警器可在值班室、电话交换室或其他任何 24 小时有人员的地方安装。当气源设备处于以下不同区域时，应将不同区域的气源设备上的本地报警信号分别传送至各自独立的报警模块，便于维修人员判断：1)医院设有多个医疗空气气源、器械空气气源、医用真空汇、麻醉废气排放系统且每套系统位于不同区域；2)气源设备内压缩机或真空泵位于不同区域；3)其他气源设备如汇流排位于不同区域。

2 为了让维护人员也能及时了解气源设备的运行状况，及时处理故障，有时可在负责医用气体维护人员的办公室或机房办公区域设第二个气源报警器。这样也可在一个气源报警器发生故障时保证气源设备能持续被监控。两个气源报警器的信号线不应该通过某一个报警器或接线盒并线后连接至传感器，防止因并线处故障而造成两个报警器都不能正常工作。

有些报警信号可能无法直接连接至气源报警器而需要通过继电器转换后连接，若继电器控制电源与某一个气源报警器控制电源共用时，报警器电源发生故障会影响另一气源报警器的正常报警。

7.1.4 第 2 款和第 3 款对重要部门的区域报警设置进行规定。一般说来，重症监护及其他重要生命支持区域的区域报警安装位置可按如下原则选择：(1)该区域确保24小时有员工值班，如护士站等地方；(2)区域报警应安装在易观察，听得到报警信号的位置。不能安装在门后墙上或设备上、其他阻挡物的背后以及办公室内；(3)如果不同区域的区域报警器的最佳安装位置在同一个地方，例如，不同科室共用了护士站，这些区域的报警信号可安装在同一报警面板上，并设有监测区域标识。

麻醉室的区域报警安装位置可按如下原则选择：(1)区域报警器应靠近麻醉室并 24 小时有员工值班，例如，手术区域的护士站；(2)区域报警器应安装在易观察，听得到报警信号的位置。不能安装在门后墙上或设备上、其他阻挡物的背后以及办公室内。

7.1.5 **1** 当系统所需流量大于正常运行时气源机组的流量，或因设备故障机组输出的流量无法满足系统正常所需流量时，此时备用压缩机、真空泵或麻醉废气泵投入运行，同时启动备用运行报警信号表示没有备用机可使用。真空泵的故障停机报警需要根据真空泵类型的不同区别设定。

3 液环压缩机的高水位报警是为满足压缩机运行要求由厂家设置的报警。对于液环或水冷式压缩机系统，储气罐易积聚液态水，如液态水不及时排除可能会进入后续处理设备(如过滤器、干燥机等)，因此需设有液位报警以防止自动排污装置的故障。当液位高于可视玻璃窗口或液位计时，很难辨别储气罐中液位是低于窗口或液位计的最低位置，还是已超过窗口或液位计最高位置。因此可视玻璃窗口或液位计最高位置宜作为液位报警的报警液位。

4 本款规定医疗空气常压露点报警参数源自 NFPA99C，器械空气常压露点报警参数源自 HTM 02-01。

7.2 医用气体计量

7.2.1 制定本条规定的目的，是医用气体系统作为医院生命支持系统，不鼓励以计费为目的在医院内设置气体多级计量装置。

7.3 医用气体系统集中监测与报警

7.3.1 医用气体系统集中监测与报警功能可由医疗卫生机构根据自身建设标准、功能需求等确定是否设置。

7.3.4 软件冗余指采取镜像等技术，将关键数据做备份等方法。

7.3.8 中央监控管理系统兼有 MIS 功能，可为所辖医用气体设备建立档案管理数据，供管理人员使用。

7.4 医用气体传感器

7.4.5 区域报警及其传感器安装位置可按以下情况设置：

因每个手术室、麻醉室都设有一个区域阀门，如果这些房间相对集中，且附近有护士站，则允许在相对集中的手术室或麻醉房间安装一个区域报警器，如脑外科手术室的区域，此时传感器应安装在任何一个区域阀门的气源侧，否则无法监测该区域阀门以外的其他麻醉场所。

如果每个手术室或麻醉室相对分散，每个房间有自己的专职人员且附近没有中心护士站，则每个手术室、麻醉室都需安装独立区域报警器，传感器应安装在每个区域阀门的使用端。

一般推荐每个手术室均安装独立的区域报警器，传感器应安装在每个区域阀门的病人使用侧。其他区域如重症监护室、普通病区等，只需在相对集中区域安装一个区域阀及区域报警即可。

8 医用氧舱气体供应

8.1 一般规定

8.1.1 本规范是为符合现行国家标准《医用氧气加压舱》GB/T 19284和《医用空气加压氧舱》GB/T 12130的医用氧舱供应气体进行规定，不包括飞行器、船舶、海洋上作业的载人压力容器等。

医用氧舱气体供应一般是一个独立的系统，且不属于生命支持系统的一部分。除医用空气加压氧舱的氧气供应源或液氧供应源在适当情况下可以与医疗卫生机构医用气体系统共用外，其余所有的部分均应独立于集中供应的医用气体系统之外自成体系。考虑到国内一般都把氧舱供气作为医用气体的一部分对待，且氧舱供气也有其独特要求，所以本规范针对目前国内医用氧舱的情况，规定了该类氧舱的气体供应要求。但不涉及氧舱本体及其工艺对相关专业的要求。

9 医用气体系统设计

9.1 一般规定

9.1.6 关于麻醉废气排放流量的有关问题的说明：

按BS 6834：1987规定，对于粗真空方式的麻醉废气排放，医生控制使用压降允许1kPa时，最大设计流量应能达到130L/min，压降允许4kPa时，最小设计流量应能达到80L/min。按ISO 7396—2的规定，对于引射式麻醉废气排放，所需 器械空气医生控制压降允许1kPa时，最大设计流量应能达到80L/min，压降允许2kPa时，最小设计流量应能达到50L/min。

鉴于国内麻醉废气排放系统有关标准均按照ISO系列标准规定，因此本规范也按照ISO 8835—3：2007进行规定，未采纳英美等国流量更大的数据。但实际使用中应注意到医疗卫生机构自身的麻醉设备对于废气排放的需求，如果尚有大流量的麻醉设备在使用，则在排放系统的设计中要相应加大设计流量。

9.2 气体流量计算与规定

9.2.1 本条公式系采用HTM 02－01的计算方法与形式修改而成。附录B的数值也是如此，并根据我国医院实际，对国内医院统计数值进行了部分数值的调整。

9.2.3 本表数值源自HTM 02－01。

9.2.4、9.2.5 这两条规定的数值源自现行国家标准《医用氧气加压舱》GB/T 19284和《医用空气加压氧舱》GB/T 12130的规定。

10 医用气体工程施工

10.1 一般规定

10.1.1 医用气体系统是关系到病人生命安全的系统工程，为确保其质量和安全可靠运行，按国家有关部门要求，医用气体施工企业必须具备相关资质，与医疗器械生产经营有关者，还应具备医疗器械行业资质证明。

因为医用气体焊接要求的特殊性，故针对有关焊接能力有具体的要求。如焊工考试应按现行国家标准《现场设备、工业管道焊接工程施工及验收规范》GB 50236第5章规定考试合格，取得有关部门专门证书。

射线照相的检验人员应按现行国家标准《无损检测人员资格鉴定与认证》GB/T 9445或相关标准进行相应工业门类及级别的培训考核，并持有关考核机构颁发的资格证书。

医用气体工程安装应与土建及各相关专业的施工协调配合。如对有关设备的基础、预埋件、孔径较大的预留孔、沟槽及供水、供电等工程质量，应按设计和相关的施工规范进行检查验收。对与安装工程不协调之处提出修改意见，并通过建设单位与土建施工单位协调解决。

10.1.4 1 用惰性气体（氮气或氩气）保护，可有效消除管道氧化现象，形成清洁的焊缝，并防止管道内氧化颗粒物的生成，确保医用气体供应的安全与洁净。

3 本款为强制性条款。因氮气或氩气等惰性气体的聚集会造成空气含氧量减少，可能造成人员窒息等伤害事故，故现场应保持通风良好，或另行供应专用呼吸气体。

10.1.5 本条为强制性条文。医用氧气或混合气体中的含氧量高时，与油膏反应极易造成火灾危险，故应防止此类事故的发生。

10.2 医用气体管道安装

10.2.3 1 以医用气体铜管加热制作弯管为例，加热温度为500℃～600℃，制作弯管在工厂进行。其加热温度是可控的，弯管时使用的润滑剂在弯管后能清洗洁净，也可经过热处理消除内应力、提高弯管的强度。而现场管材弯曲则无法控制温度和加热范围，容易造成过热过烧，采用填沙防瘪时又不能用惰性气体保护，容易产生氧化物或生成颗粒，影响医用气体输送的洁净度，使管道内壁粗糙，而且无法进行脱脂处理。所以，医用气体铜管不应在施工现场加热制作弯管。冷弯管材应该使用专用的弯管器弯曲。

不锈钢管工厂加热制作弯管应防止因退火造成晶格结构改变，奥氏体结构改变后会导致材料锈蚀。

10.2.5 采用比母材熔点低的金属材料作钎料，将焊件和钎料加热到高于钎料熔点但低于母材熔化温度，利用液态钎料毛细作用润湿母材，填充接头间隙并与母材相互扩散实现连接焊件的方法称为钎焊。使用熔点高于450°C的钎料进行的钎焊为硬钎焊，与熔点小于450°C的软钎焊相比，硬钎焊具有更高的接头强度。

管道深入管帽或法兰内，连接处形成角焊缝的焊接方式称之为承插焊接。主要用于小口径阀门和管道、管件和管道焊接或者高压管道、管件的焊接。

10.2.13 管段施工完成后，可采用充氮气或洁净空气保护等方法进行保护。

10.2.14 抽样焊缝应纵向切开检查。如果发现焊缝不能用，邻近的接头也要更换。焊接管道应完全插到另一管道或附件的孔肩里。管道及焊缝内部应清洁，无氧化物和特殊化合物，看到一些明显的热磨光痕迹是允许的。本条规定的数值采用了HTM 02－01的规定。

10.2.16 检查减压器静压特性的目的，是防止低压管路压力在零流量时压力缓慢升高过多，在使用氧气吸入器时，因超出吸入器强度导致湿化瓶爆裂或其他安全事故。医院曾多次发生过此类事件。

10.2.17 本条为强制性条文。分段、分区测试能确保每段和每个区域管道施工的可靠性，可以保证管道系统以及隐蔽工程的质量，降低了全系统试验的风险，本条对于医用气体管道施工质量非常重要。如不按此执行，则在使用中有可能会出现医用气体泄漏的情况，从而产生浪费、诱发火灾危险甚至中毒事故，故作此规定。

10.2.19 医用气体因使用的要求与气体成本都较高，管道的寿命要求长，氧化亚氮、二氧化氮、氮气等气体泄漏会对人体造成危害。因此在未接入终端状态下应该是不允许漏气的，即要求医用气体系统泄漏性试验平均每小时压降近似为零。

接入终端组件后，管路泄漏率与管路容积、终端组件数量有关。按 ISO 9170－1 要求，终端组件的泄漏不应超过 0.296mL/min[相当于 0.03(kPa·L)/min]。因此总装后系统泄漏率应为：

$$\Delta p = 1.8n \cdot t / V \qquad (1)$$

式中：Δp——允许压力降；

n——试验系统含终端组件数量；

t——切断气源保持压力时间(h)；

V——试验管路所含气体容积(kPa·L)。

本条系为简化规定，对于常见系统进行通用数值计算后得出，并根据当前国内的工程经验进行了调整。对于有条件的单位应该尽量减少泄漏。

10.2.20 原来行业标准推荐用白沙布条靶板检查，在 5min 内靶板上无污物为合格。多年实践证明该方法虽然简单易行，但当有焊渣、焊药等吹出时易伤人，且不易在白纱布条上留下痕迹，无法直接知晓颗粒物的大小。

ISO 7396－1 检测污染物的方法和规定：所有压缩医用气体管路都要进行特殊污染物测试。测试应使用如图 3 所示的设备，在 150L/min 流量下至少进行 15s。

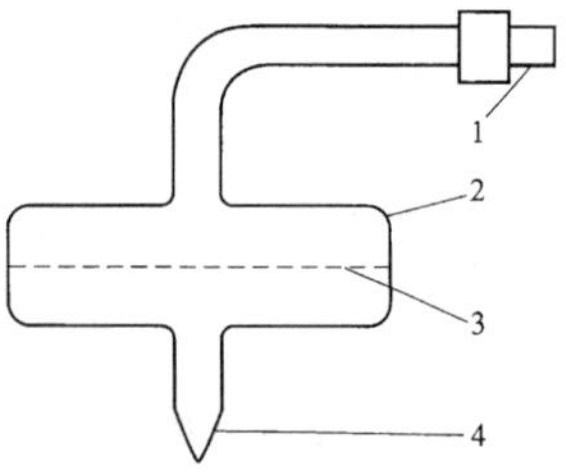

图 3 管路内特殊污染物定性测试设备

1—能更换使用各种专用气体接头的部分；2—可承受 1MPa 压力的过滤网支架；

3—直径 50mm 的滤网，滤网孔径为 50μm；

4—可调节或更换的喷嘴，在吹扫或测试压力下能通过 150L/min 流量的气流

10.3 医用气源站安装及调试

10.3.6 液氧罐装运、吊装、翻转、就位操作时，因重心高、偏心大易滚动，应合理搁置、有效牵动，采取有效的稳固措施防止液氧罐及附件(尤其是底部蒸发器)由于吊装而碰伤损坏。一般液氧罐应充氮气保护运输，在安装管道前放气。放气后应立即密封管口，防止潮湿气体进入罐中。

液氧罐吹扫时应注意各支路、表阀等处的吹扫。预冷中应监视其保温层和真空度，当表面出汗或结霜、真空度下降时，应及时处理，严重时应停止预冷。

11 医用气体系统检验与验收

11.1 一 般 规 定

11.1.1 新建系统的检验与验收包括了系统中的所有设备及其部件，如压缩机组中的压缩机、干燥机、过滤系统、减压装置及管道、管道附件、报警装置等。对于系统的改扩建，相应部分限于拆除、更换、新增或被分离部分的区域，其检验与验收是变更点至使用端的气体供应区域。对未影响管道系统的气源设备或气体报警器更换时，只需要对这些设备或报警器进行功能检验即可。但是当改扩建部分影响到原有系统的整体性能时，还应该对与改扩建相关的部分进行流量、压力方面的测试。

除报警器外，管道上任何连接件的拆除、更新、增加都视为系统改、扩建或维修。气源设备或气体报警器内零配件的拆除、更换或增加视为气源设备或报警器的更换。

11.2 施工方的检验

11.2.3 本检验用于确认不同医用气体管道之间不存在交叉连接或未接通现象，以及终端组件无接错气体的问题存在。交叉错接测试在系统连接终端组件后进行，也可以在连接气源设备后，与气源设备测试同时进行，并测试系统每一个分支管道上连接的终端组件。

11.3 医用气体系统的验收

11.3.3 报警系统的检验可以在管道防交叉错接的检验、标识检测之后进行，在气源设备验证、管道颗粒物检验、运行压力检验、管道流量检验、管道洁净度检验、医用气体浓度检验之前进行。

11.3.7 本条规定的验收参数主要依据 NFPA 99C、HTM 02－01 制定。其中终端的输出流量可以是末端相邻的两个终端组件的数据。

6 医用氧气系统作本测试时，为防止危险应使用医疗空气或氮气进行。本款规定系针对国内医院普遍床位多、同时使用量大而制定，以保证管路系统能够满足实际的需求。

实际测试中可以在系统的每一主要管道支路中，选择管道长度上相对均布的 20% 的终端组件，每一终端均释放表 3.0.2 的平均典型使用流量来实现本测试条件。

11.3.8 检验设备应使用专用分析仪器，如气相色谱分析仪等。

附录 B 医用气体气源流量计算

B.0.1 本附录是供公式(9.2.1)参考使用的数据，系采用HTM 02-01的计算方法与型式制作，并按国内医院的特殊情况，根据国内医院统计数值进行了部分数值的调整。有关气体使用量的说明如下：

表B.0.1关于氧气流量的有关说明：

(1)普通病房氧气流量一般在5L/min～6L/min。但是如果使用喷雾器或者其他呼吸设备，每台终端设备在400kPa条件下应能够提供10L/min的流量。

(2)手术室流量基于供氧流量100L/min的要求。由此手术室和麻醉室每台氧气终端设备应能够通过100L/min的流量，但一般不可能几个手术室同时均供氧，流量的增加基于第一个手术室流量100L/min，另一个手术室流量10L/min。为得到至每个手术套间的流量，可将手术和麻醉室流量加起来即110L/min。

(3)在恢复中，有可能所有床位被同时占用，因而同时使用系数应为100%。

(4)气动呼吸机：如果能用医疗空气为动力气体，氧气不得被用作其驱动气体。如果必须用氧气作为呼吸机动力气体且呼吸机在CPAP模式下运行，设计管线和确定气罐尺寸时要考虑到可能遇到的高流量情况。这些呼吸机要用到更多的氧气，尤其是当调节不当时。如果设置不当可能会超出120L/min，但是在较低流量下治疗效果更好。为了有一定的灵活性并增加容量，本条考虑了针对75%床位采用的变化流量75L/min。如果CPAP通气治疗患者需要大量的床位，应考虑从气源引一条单独的管路。若设计计算有大量CPAP机器同时运行，而室内通风故障等原因会导致环境氧气浓度升高的病房应注意，系统安装应考虑氧气浓度高于23.5%的报警及处理。

B.0.2 表B.0.2关于氮气或器械空气的有关说明：

对于医疗气动工具，如不能知道确切使用量，可以根据每个工具300L/min～350L/min的使用量来大约估算，一个工具的使用时间可估算为每周45min～60min。

B.0.5 表B.0.5关于氧化亚氮/氧气混合气的有关说明：

(1)所有终端设备应能在很短时间内(正常情况下持续时间为5s)通过275L/min的流量，以提供患者喘息时的吸气，以及20L/min的连续流量，正常情况下实际流量不会超过20L/min。

(2)分娩室流量的增加基于第一个床位流量275L/min，而其余每个床位流量6L/min，其中50%的时间里仅一半产妇在用气(喘息峰值吸气量为275L/min，而每分钟可呼吸量对应6L/min流量，而且，分娩妇女不会连续呼吸止痛混合气)。对于有12个或12个以上LDRP室的较大产科，应考虑两个喘息峰值吸气量。

(3)氧化亚氮/氧气混合气可用于其他病区作止痛之用。流量的增加基于第一个治疗处10L/min流量，而其余治疗处的1/4有25%的时间是6L/min流量。

附录 D 医用供应装置安全性要求

D.1 医用供应装置

D.1.1 本部分规定涉及对产品与设备的有关要求。按有关部门规定，部分医用气体末端设施在国内并不属于医疗设备监管的范畴。鉴于目前国内尚无本部分产品或设备的具体标准，其与建筑设备的界限划定不够明朗，而且需要在施工时再安装，医用气体工程相关的产品标准也尚未形成系统性的支撑体系，因此本规范从建设角度出发，给出工程中该类装置应满足的安全性要求。

本附录的规定不是对医用气体供应装置或器材的产品生产许可证明方面的要求。

本附录等效采用ISO 11197—2004的有关规定。个别条款有变动，与医用气体安全性无关的规定请详见ISO 1197。

医用供应设施的典型例子有：医用供应装置、吊塔、吊梁、吊杆(booms)、动力柱、终端组件等。

医用供应装置包括安装在墙上的横式或竖式，或安装在地面或天花板上的非伸缩柱式供应设备带，其供应装置内所有气体管道应为非低压软管组件，不可伸缩。

图4～图6是医用供应装置的构造示意图。医用供应装置并没有规定型式，其产品的功能和模块可按实际的需求而增减。

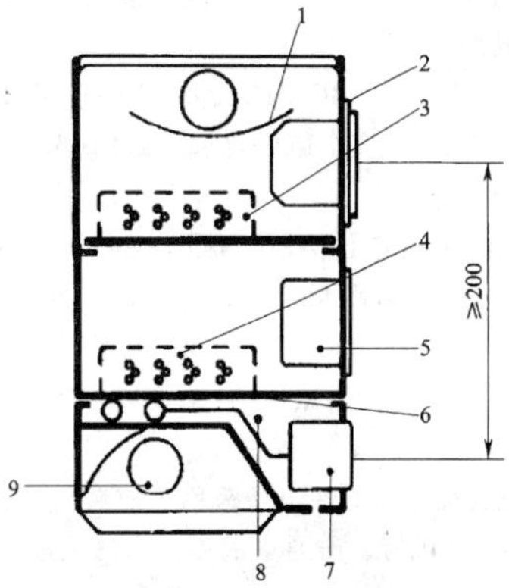

图4 典型普通病房医用供应装置截面示意

1—照明灯；2—电源插座；3—电源线区域；4—通信、低压电区域；5—嵌入式设备；6—隔断；7—气体终端组件；8—气体管道安装区域；9—阅读灯

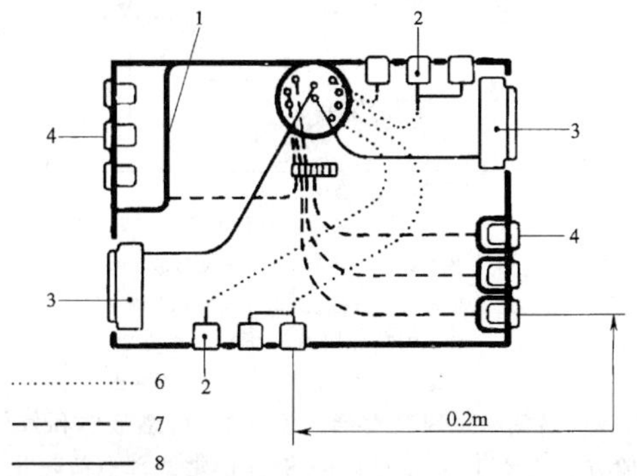

图5 典型重症监护病房及手术室医用供应装置的截面示意

1—电源插座；2—电源线区域；3—通信、低压电区域；4—嵌入式设备；5—隔断；6—气体终端组件终端；7—管道安装区域

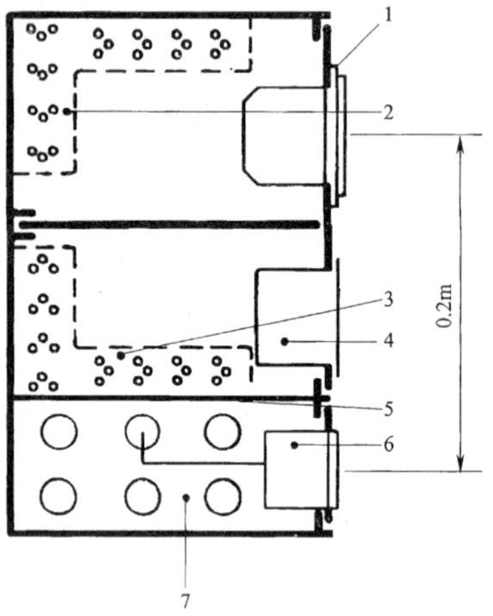

图 6　典型的医用悬吊供应装置的截面示意

1—隔断；2—气体终端组件；
3—嵌入式设备、弱电电子设备、通信及低电压区域；
4—电源插座；5—表面测量的中心到中心的安全距离；
6—软管；7—电源线区域

D.1.2　液体终端可由一个带止回阀的节流阀组成，且在阀门输出口插有一个软管，用于饮用水（包括冷水、热水）、冷却水（包括循环冷却水）、软化水、蒸馏水，也可由快速连接插座、插头组成，用于透析浓缩或透析通透。

D.1.4　**3**　用于专用区域的独立电源回路的多个主电源插座可采相同的数字标识。

4　指对于同一位置但由不同电源提供的各个电源插座应分别有电源的标识。

5　此条文中的“B 型(BF、CF)设备”等同于现行国家标准《医用电气设备　第 1 部分：安全通用要求》GB 9706.1—2007 中的“B 型(BF、CF)应用部分”。

6　此条文中的“等电位接地”等同于现行国家标准《医用电气设备　第 1 部分：安全通用要求》GB 9706.1—2007 中的术语“电位均衡导线”。

D.1.9　**6**　为了保护医疗器械，其电源接地与等电位接地均应保证可靠。

D.1.11　**2**　电磁兼容性部件包括医用供应装置的外围电气部件如护士呼叫器、计算机等。磁通量的测试方法见图 7。

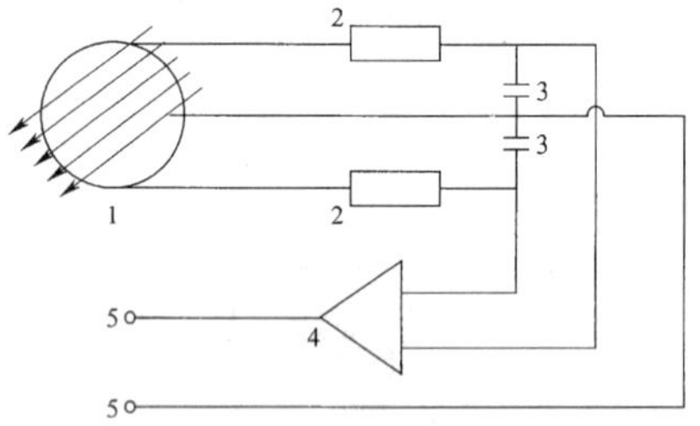

图 7　测量磁通量电路示意

1—测试线圈：线圈绕线数=2×159，线圈有效区域=0.01 m²，
线圈平均直径=113mm，电线直径=0.28mm，在 1μT 磁通量及 50Hz
频率下输出电压=1 mV；2—电阻 R=10kΩ；3—电容器 C=3.2μ；
4—放大器(放大系数=1000)；5—输出电压(0.1 V 相当于 1μT)

D.1.13　**2**　最低燃点可按现行国家标准《可燃液体和气体引燃温度试验方法》GB/T 5332的规定，根据正常或单点故障状态下的氧化情况来测定：(1)在正常或单一故障状态下，通过对材料的升温来检验是否符合要求。(2)如果在正常或单一故障状态下有火花产生，火花能量在材料中分散，此时材料在氧化条件下不应燃烧。根据单一故障最差状态下观察是否发生燃烧来检验是否符合要求。

D.1.16　**1**　医用供应装置下部的通风用开口，系为防止氧化性医用气体在医用供应装置中积聚。

D.1.17　**1**　当医用供应装置向其他医疗设备提供电源时，误操作开关或拔去熔断器，都将危及患者安全，故应禁止。

3　等电位和保护接地设施的防松、防腐措施典型示意图见图 8。

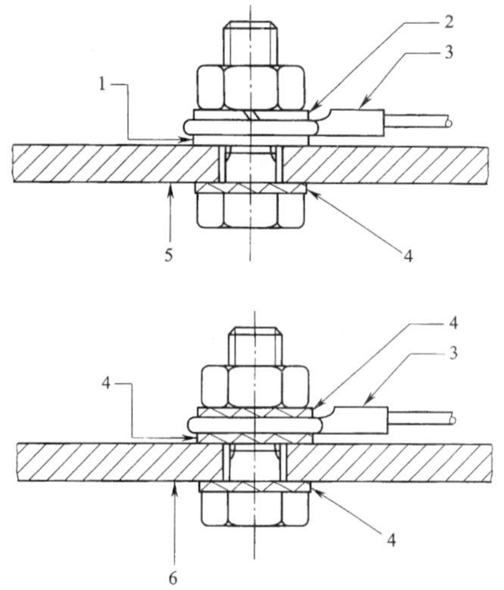

图 8　等电位和接地保护设施防松、防腐措施典型示意

1—铜铝垫圈(上表面为铜)；2—弹簧垫圈；3—导线夹头；
4—锁定垫圈；5—医用供应设备截面(铝材)；
6—医用供应设备截面(铁材)

4)具有等效导电性能的医用供应装置的金属材料可作为公共接地。

5)医用供应装置内保护接地接线方法见图 9。

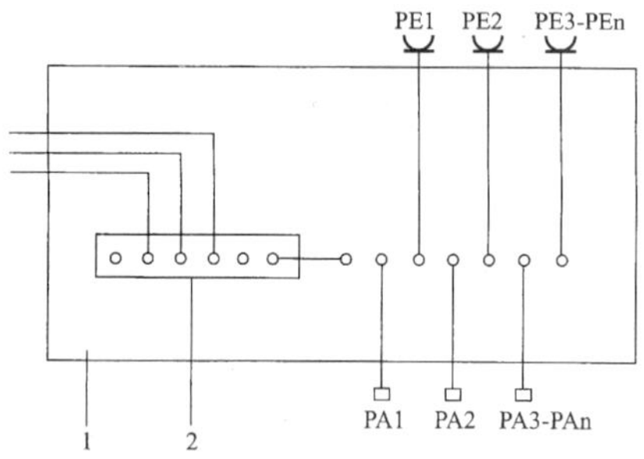

图 9　医用供应设备接线典型示意

1—医用供应设备；2—公共接地端子；
PE—主电源插座、插头连接；PA—等电位插座
注：不得有其余的可拆卸式的等电位电桥。

4　通信线与电源电缆布置要求见图 4～图 6。

5　本规定不适用于无负载电压且短路电流 RMS 值不超过 10kA 的元器件，如内部通信、声响、数据、视频元器件。测试距离应从终端中心至电气元器件最近的暴露部分。

4、5　对于医疗器械，应防止因电磁感应干扰和由电路火花引起的火灾风险。

D.1.18　照明光设备和变压器等会产生较高的温度，因此，在医用供应装置中，发热元器件不能靠近管道，否则需要采用隔断或隔热措施。

中华人民共和国国家标准

医药工程基本术语标准

Standard for fundamental terms of
pharmaceutical engineering

GB/T 50902-2013

主编部门：中 国 医 药 工 程 设 计 协 会
批准部门：中华人民共和国住房和城乡建设部
施行日期：2 0 1 4 年 6 月 1 日

中华人民共和国住房和城乡建设部公告

第235号

住房城乡建设部关于发布国家标准《医药工程基本术语标准》的公告

现批准《医药工程基本术语标准》为国家标准，编号为GB/T 50902—2013，自2014年6月1日起实施。

本标准由我部标准定额研究所组织中国计划出版社出版发行。

中华人民共和国住房和城乡建设部
2013年11月29日

6

前　言

本标准是根据住房城乡建设部《关于印发〈2008年工程建设标准规范制订、修订计划(第二批)〉的通知》(建标〔2008〕105号)的要求,由中石化上海工程有限公司会同有关单位共同编制而成。

本标准编制过程中,编制组进行了深入调查研究,认真总结了实践经验,参考了有关国际标准和国外先进标准,在广泛征求意见的基础上,制订了本标准。

本标准共分6章,主要内容包括:总则、医药生产工艺、医药生产管理、医药质量管理、医药工程设计、常用缩略语等。

本标准由住房城乡建设部负责管理,由中国医药工程设计协会负责日常管理,由中石化上海工程有限公司负责具体技术内容的解释。本标准在执行过程中如有意见或建议,请寄送中石化上海工程有限公司(地址:上海市张杨路769号,邮政编码:200120)。

本标准主编单位、参编单位、主要起草人和主要审查人:

主编单位:中石化上海工程有限公司

参编单位:中国医药集团武汉医药设计院
中国医药集团重庆医药设计院

主要起草人:杨　军　杨丽敏　缪　晡　蔡　炜　顾继红　杨一心　陈宇奇　姚益民　王　玲　华　锋　刘　元　谭建国

主要审查人:王晓东　甘长森　李旭华　许小球　伍雅欣　何正山　宋炎江　张长银　张栋梁　陈勇军　赵振利　程　宁　郝孝铭

目　次

6

1 总　　则

1.0.1 为统一医药工程的基本术语及其释义，实现专业术语的标准化，以利于医药工程技术交流，促进医药工程技术发展，制定本标准。

1.0.2 本标准适用于新建、改建、扩建的医药工程的规划、设计、施工、验收、质量检验和确认等方面。

1.0.3 医药工程基本术语除应符合本标准的规定外，尚应符合国家现行有关标准的规定。

2 医药生产工艺

2.1 生产分类

Ⅰ 原料药生产

2.1.1 原料药　active pharmaceutical ingredient，API

用于药品制造中的任何一种物质或物质的混合物，而且在用于制药时，成为药品的一种活性成分。此种物质在疾病的诊断、治疗、症状缓解、处理或疾病的预防中有药理活性或其他直接作用，或者能影响机体的功能或结构。

2.1.2 化学原料药　bulk pharmaceutical chemicals，BPC

通过一步或多步化学反应方法生产的具有药物活性的成分。

2.1.3 活性药物中间体　API intermediates

在药品合成过程中用于合成药品工艺过程中的一些化工原料或者化工产品，以达到最终合成药物的中间产品。

2.1.4 原料药起始物质　API starting materials

用于生产某种原料药并成为该原料药结构的重要组成部分的一种原料、中间体或原料药。原料药的起始物料可以是商品、以合同或商业协议形式购自一家或多家供应商，或为自行生产的物品。原料药的起始物料通常具有明确的化学性质和结构。

2.1.5 关键步骤　critical steps

因工艺失败或污染而导致无法得到具有预期性质和杂质含量的药物有效成分或能发挥药效的一个或数个步骤。

2.1.6 专用设施　dedicated facility

专门用于生产一种原料药或中间体的设施。

2.1.7 多用途设施　multi-use facility

可用于生产多种原料药或中间体的设施。但每一种药品或中间体均在特定的生产设备线上进行。

2.1.8 多功能设施　multi-purpose facility

拥有多条非专用的原料药生产设备线，可多品种同时或交替生产的设施。

2.1.9 危险化学品　dangerous chemicals

具有毒害、腐蚀、爆炸、燃烧、助燃等性质，对人体、设施、环境具有危害的剧毒化学品和其他化学品。

2.1.10 危险化学品重大危险源　major hazardous resources for dangerous chemicals

生产、储存、使用或者搬运危险化学品，且危险化学品的数量等于或者超过临界量的单元(包括场所和设施)。

2.1.11 危险化学品生产　dangerous chemicals production

列入《危险化学品目录》的最终产品或中间品的生产活动。

2.1.12 母液　mother liquid

结晶或分离后剩下的残留液。

Ⅱ 制剂生产

2.1.13 制剂　preparation，formulation

根据药典、药品标准或其他适当处方，将原料药物按一定的制剂工艺制成的具有相关规格的药剂。

2.1.14 液体制剂　liquid preparation

药物分散在液体介质中组成的内服或外用的液态药剂。

2.1.15 固体制剂　oral solid dosage，solid preparation

药物有效成分通过一定的制备工艺制得的固态状的药剂，如片剂、胶囊、颗粒剂、丸剂、膜剂等。

2.1.16 口服制剂　oral dosage

通过人体口服方式给药并经消化道吸收产生疗效的药剂。

2.1.17 外用制剂　external preparation

通过体表给药方式作用于人体，以产生局部或全身性作用的药物制剂。

2.1.18 注射剂　injection，parenteral dosage

药物与适宜的溶剂或分散介质制成的供注入体内的溶液、乳状液或混悬液及供临用前配制或稀释成溶液或混悬液的粉末或浓溶液的无菌制剂。包括注射液、注射用无菌粉末、注射用浓溶液。

2.1.19 大容量注射剂　large volume parenterals，LVPs

容量等于或大于50mL的注射剂，又称大输液。

2.1.20 大输液　large volume infusion

指大容量注射剂。

2.1.21 小容量注射剂　small volume parenterals，SVPs

容量小于50mL的注射剂。

2.1.22 水针　liquid injectables

指小容量注射剂。

2.1.23 注射用无菌粉末　aseptic powder for injection

药物制成的供临用前用适宜的无菌溶液配制成澄清溶液或均匀混悬液的无菌粉末或无菌块状物。可用溶剂结晶法、喷雾干燥法或冷冻干燥法等制得。

2.1.24 冻干粉针剂　lyophilized powder，freeze dried powder

采用冷冻干燥法制成的注射用无菌粉末制剂。

2.1.25 缓释制剂　sustained release preparation

在规定的释放介质中，按要求缓慢地非恒速释放药物，其与相应的普通制剂比较，给药频率比普通制剂减少一半或给药频率比普通制剂有所减少，且能显著增加患者的依从性的制剂。

2.1.26 控释制剂　controlled release preparation

在规定的释放介质中，按要求缓慢地恒速释放药物，其与相应的普通制剂比较，给药频率比普通制剂减少一半或给药频率比普通制剂有所减少，血药浓度比缓释制剂更加平稳，且能显著增加患者的依从性的制剂。

2.1.27 迟释制剂　delayed release preparation

在给药后不立即释放药物的制剂，包括肠溶制剂、结肠定位制剂和脉冲制剂等。

2.1.28 片剂 tablet

药物与适宜的辅料混匀压制而成的圆片状或异形片状的固体制剂。

2.1.29 胶囊剂 capsule

药物或加有辅料充填于空心胶囊或密封于软质囊材中的固体制剂。

2.1.30 软胶囊剂 soft capsule, soft gelatin capsule

将一定量的液体药物直接包封，或将固体药物溶解或分散在适宜的赋形剂中制备成溶液、混悬液、乳状液或半固体，密封于球形或椭圆形的软质囊材中的胶囊剂。

2.1.31 栓剂 suppository

药物与适宜基质制成的供腔道给药的固体制剂。

2.1.32 软膏剂 ointment

药物与油脂性或水溶性基质混合制成的均匀的半固体外用制剂。

2.1.33 乳膏剂 emulsion

药物溶解或分散于乳状液型基质中形成的均匀的半固体外用制剂。

2.1.34 糊剂 paste

大量的固体粉末(一般在25%以上)均匀地分散在适宜的基质中所组成的半固体外用制剂。

2.1.35 丸剂 pill

药物加适宜的黏合剂或其他辅料制成的球形或类球形制剂，分为蜜丸、水蜜丸、水丸、糊丸、蜡丸和浓缩丸等。

2.1.36 颗粒剂 granules, granular formulation

药物与适宜的辅料或饮片细粉制成的具有一定粒度的颗粒状制剂，分为可溶颗粒、混悬颗粒和泡腾颗粒。

2.1.37 滴丸剂 droplet

固体或液体药物与适宜的基质加热熔融后溶解、乳化或混悬于基质中，再滴入不相混溶、互不作用的冷凝介质中，由于表面张力的作用使液滴收缩成球状而制成的制剂，主要供口服使用。

2.1.38 植入剂 implanted medicine

药物与辅料制成的供植入人体内的无菌固体制剂。

2.1.39 散剂 powder

药物与适宜的辅料经粉碎、均匀混合制成的干燥粉末状制剂，分为内服散剂和外用散剂。

2.1.40 合剂 mixture

饮片用水或其他溶剂采用适宜的方法提取制成的口服液体制剂(单计量灌装者也可称"口服液")。

2.1.41 口服溶液(口服液) oral liquid dosage

药物溶解于适宜溶剂中制成供口服的澄清液体制剂。

2.1.42 口服混悬剂 suspension

难溶性固体药物分散在液体介质中制成供口服的混悬液体制剂，包括干混悬剂和浓混悬剂。

2.1.43 口服乳剂 emulsion

两种互不相溶的液相制成供口服的稳定的水包油型乳液制剂。

2.1.44 糖浆剂 syrups

含有药物的浓蔗糖水溶液。

2.1.45 酒剂 vinum

药物用蒸馏酒浸提制成的澄清液体制剂。

2.1.46 酊剂 tincture

药物用规定浓度的乙醇浸出或溶解而制成的澄清液体制剂，也可用流浸膏稀释制成，供口服和外用。

2.1.47 搽剂 liniment, embrocation

药物用乙醇、油或适宜的溶剂制成的溶液、乳状液或混悬液，供无破损皮肤揉擦用的液体制剂。其中以油为溶剂的又称油剂。

2.1.48 涂剂 lotion

含药物的水性或油性溶液、乳状液、混悬液，供临用前用消毒纱布或棉球等蘸取涂于皮肤或口腔与喉部黏膜的液体制剂。

2.1.49 涂膜剂 film lotion

药物溶解或分散于含成膜材料溶剂中，涂抹患处后形成薄膜的外用液体制剂。

2.1.50 膜剂 membranes

药物与适宜的成膜材料经加工制成的膜状制剂，供口服或黏膜使用。

2.1.51 洗剂 lotion

含药物的溶液、乳状液、混悬液，供清洗或涂抹无破损皮肤用的液体制剂。

2.1.52 冲洗剂 lotion

用于冲洗开放性伤口或腔体的无菌溶液。

2.1.53 灌肠剂 enema

灌注于直肠的水性、油性溶液或混悬液，以治疗、诊断或营养为目的的液体制剂。

2.1.54 贴剂 transdermal fomular

可粘贴在皮肤上，药物可产生全身性或局部作用的一种薄片状制剂。

2.1.55 贴膏剂 transdermal fomular

药物与适宜的基质和基材制成的供皮肤贴敷，可产生局部或全身性作用的一类片状外用制剂。

2.1.56 橡胶膏剂 rubber ointment

药物与橡胶等基质混合后涂布于背衬材料上制成的贴膏剂。

2.1.57 巴布膏剂 papua ointment, cataplasmata

药物与适宜的亲水性基质混匀后涂布于背衬材料上制成的贴膏剂。

2.1.58 膏药 plaster, medicinal plaster

药物、食用植物油与红丹(铅丹)或官粉(铅粉)炼制成膏料，摊涂于裱背材料上制成的供皮肤贴敷的外用制剂。

2.1.59 锭剂 pastille

药物细粉与适宜黏合剂(或利用药材本身的黏性)制成的不同形状的固体制剂。

2.1.60 露剂 distillate fomular

含挥发性成分的药物用水蒸气蒸馏法制成的芳香水剂。

2.1.61 流浸膏剂与浸膏剂 liquid extract

药物用适宜的溶剂提取，蒸去部分或全部溶剂，调整至规定浓度而成的制剂。

2.1.62 茶剂 medicinal tea

药物与茶叶或其他辅料混合制成的内服制剂，可分为块状茶剂、袋状茶剂和煎煮茶剂。

2.1.63 煎膏剂(膏滋) decoction, decocted extract, DA

饮片用水煎煮，取煎煮液浓缩，加炼蜜或糖(或转化糖)制成的半流体制剂(又称膏滋)。

2.1.64 凝胶剂 gels

药物与适宜基质制成的具凝胶特性的半固体或稠厚液体制剂。

2.1.65 胶剂 jello

动物皮、骨、甲或角用水煎取胶质，浓缩成稠胶状，经干燥后制成的固体块状内服制剂。

2.1.66 滴眼剂 eye drops

由药物与适宜辅料制成的供滴入眼内的无菌液体制剂。

2.1.67 洗眼剂 eye washes

由药物制成的无菌澄明水溶液，供冲洗眼部异物或分泌液、中和外来化学物质的眼用液体制剂。

2.1.68 眼膏剂 oculentum, eye ointments

由药物与适宜基质混合均匀制成的无菌溶液型或混悬型膏状

的眼用半固体制剂。

2.1.69 滴鼻剂　nose drops,naristillae

由药物与适宜辅料制成的澄明溶液、混悬液或乳状液，供滴入鼻腔用的鼻用液体制剂。

2.1.70 滴耳剂　ear drops

由药物与适宜的辅料制成的水溶液，或由甘油或其他适宜溶剂和分散介质制成的澄明溶液、混悬液或乳状液，供滴入外耳道用的液体制剂。

2.1.71 气雾剂　aerosol

含药溶液、乳状液或混悬液与适宜的抛射剂共同封装于具有特制阀门系统的耐压容器中，使用时借助抛射剂的压力将内容物呈雾状物喷出，用于肺部吸入或直接喷至腔道黏膜、皮肤及空间消毒的制剂。

2.1.72 喷雾剂　spray

含药溶液、乳状液或混悬液填充于适宜的装置中，使用时借助手动泵的压力、高压气体、超声振动或其他方法将内容物呈雾状物喷出，用于肺部吸入或直接喷至腔道黏膜、皮肤及空间消毒的制剂。

2.1.73 中药配方颗粒　herbal medicine granules

用传统中药饮片作为原料，经现代制药技术提取、浓缩、分离、干燥、制粒、包装精制而成的纯中药产品系列。其具有原中药饮片的全部疗效，不需煎煮，安全卫生，携带服用方便，适合工业化生产。

Ⅲ　中 药 生 产

2.1.74 中药材　traditional Chinese herbal medicine

传统中医理论中具有疾病治疗效果的天然动物、植物和矿物。

2.1.75 原药材　herbal medicinal material

未经前处理加工或未经炮制的中药材。

2.1.76 中药饮片　herbal medicine pieces

可直接用于中医临床或制剂生产使用的经炮制的中药材。

2.1.77 中药提取物　herbal medicine extract

采用物理方法从中药材中获取的有效成分。

2.1.78 浸膏　extract

中药材经提取、浓缩后所得到的产品。根据其含液量的不同，又分为流浸膏和干浸膏。

Ⅳ　生 物 发 酵

2.1.79 发酵生产　fermentation production

利用微生物在生命活动过程中分解有机物进行的工业化生产。

2.1.80 发酵单位　fermentation index

衡量发酵液中目的产物的含量高低的技术指标，一般用u/mL表示。

2.1.81 培养基　medium

供微生物、植物和动物组织生长和维持用的人工配制的养料，一般含碳水化合物、含氮物质、无机盐(包括微量元素)以及生长素和水等。

2.1.82 传统发酵　traditional fermentation

利用自然界存在的微生物或用传统方法(如辐照或化学诱变)改良的微生物来生产原料药的工艺。用其生产的原料药通常是小分子产品，如抗生素、氨基酸、维生素和糖类。

Ⅴ　其　他

2.1.83 生物制品　biological products

以微生物、细胞、动物或人源组织和体液等为原料，应用传统技术或现代生物技术制成的制品，用于人类疾病的预防、治疗和诊断。人用生物制品包括：细菌类疫苗(含类毒素)、病毒类疫苗、抗毒素及抗血清、血液制品、细胞因子、生长因子、酶、体内及体外诊断制品以及其他生物活性制剂，如毒素、抗原、变态反应原、单克隆抗体、抗原抗体复合物、免疫调节剂及微生态制剂等。

2.1.84 医疗器械　medical apparatus

具有预防、诊断、治疗、监护和缓解疾病作用，并能帮助人体恢复生理功能，直接作用于人体的仪器、设备、材料、器具及软件等。

2.1.85 诊断试剂　diagnostic reagent

医疗诊断上用来收集、处理、检查及分析检验的在试管内或仪器内发生反应而进行检测的试剂，分为体内诊断试剂和体外诊断试剂。

2.1.86 药用辅料　medicine auxiliaries

在制剂处方设计时，为解决制剂的成型性、有效性、稳定性、安全性加入处方中除主药以外的一切药用物料。

2.1.87 医用气体　medicinal gas

运用药理作用，以治疗、诊断或预防疾病为目的而给病人使用的，且作为医药产品的气体或混合气体。

2.1.88 医用氧　oxygen for medical use

供临床使用的符合中国药典质量标准的氧气。

2.1.89 放射性药品　medicine with radioactivity

用于临床诊断或者治疗的放射性核素制剂或者其标记化合物。

2.2　工 艺 过 程

2.2.1 接种　inoculation

按无菌操作技术要求将目的微生物移接到培养基质中的过程。

2.2.2 培养　cultivation

利用培养基使动植物细胞增殖的过程。

2.2.3 发酵　fermentation

有机物被生物体氧化降解成氧化产物并释放能量的过程。

2.2.4 分离　separation

对双组分或多组分溶质或溶剂、液-固、气-固、气-液及固体颗粒大小进行分级、分开的过程。

2.2.5 结晶　crystallization

使溶质从过饱和溶液中析出并形成晶体的过程。

2.2.6 离心　centrifugation

利用物质的密度等方面的差异，用旋转所产生的离心力使颗粒或溶质沉淀发生沉降而将其分离、浓缩、提纯和鉴定的一种方法。

2.2.7 过滤　filtration

利用多孔物质(筛板或滤膜等)阻截大的颗粒物质，而使小于孔隙的物质通过的一种分离方法。其主要用于悬浮液的分离。

2.2.8 微孔过滤　micro-filtration

以孔径为微米数量级的膜为过滤介质的过滤过程。

2.2.9 超微过滤　hyper-micro filtration

以孔径在微米与纳米数量级之间(0.005μm～1μm)的微孔膜为过滤介质的过滤过程。

2.2.10 纳米过滤　nanofiltration

以孔径为纳米数量级的微孔膜为过滤介质的过滤过程。

2.2.11 反渗透过滤　reverse osmosis,RO

以孔径不大于 1×10^{-10} m 的反渗透膜为过滤介质的过滤过程。

2.2.12 萃取　extraction

利用不同物质在选定溶剂中溶解度的不同，以分离混合物中的组分或提取分离固体物料中有效成分的过程。

2.2.13 提取　extraction

以一定的温度和压力、适宜的溶媒使物料中有效成分浸出的过程。

2.2.14 动态提取　dynamic extraction

通过搅拌装置(或其他机械手段)使物料处于运动状态的提取过程。

2.2.15 回流提取　reflux extraction

二次蒸汽经冷凝重新作为溶剂循环使用的提取过程。

2.2.16 连续逆流提取 continuous reflux extraction

溶媒逆流连续进入装有固体物料的多个料斗内，利用溶质的浓度差使药物中有效成分快速溶出的提取过程。

2.2.17 微波提取 microwave extraction

借助微波对浸泡在极性溶剂中的药材细胞的穿透性，使有效成分快速溶出的提取过程。

2.2.18 超声波提取 ultrasonic extraction

借助超声波对浸泡在极性溶剂中的药材产生的冲击力击碎细胞膜，使有效成分快速溶出的提取过程。

2.2.19 超临界提取 supercritical extraction

利用流体在超临界状态下(其温度和压力均超过其临界点)的特性，在临界点附近对物料进行提取的过程。

2.2.20 换热 heat exchange

利用流体间的温度差进行热量交换的过程。

2.2.21 蒸发 evaporation

通过加热使溶液中的部分溶剂汽化而被除去，溶液浓缩或溶质析出的过程。

2.2.22 升膜蒸发 rising film evaporation

溶液在加热管中受上升蒸汽带动，沿管壁呈膜状迅速上移进行蒸发的过程。

2.2.23 降膜蒸发 falling film evaporation

加热管中的溶液受重力作用，沿管壁呈膜状下降进行蒸发的过程。

2.2.24 多效蒸发 multi-effective evaporation

一次蒸发所产生的二次蒸汽，引入到下一蒸发器作为热源进行再蒸发的过程。

2.2.25 热泵蒸发 thermodynamic evaporation

二次蒸汽经泵压缩，吸收其低温热能将温度提升后作为热源供再蒸发的过程。

2.2.26 真空蒸发(浓缩) vacuum evaporation (concentration)

在真空(减压)状态下进行蒸发的过程。

2.2.27 蒸馏 distillation

利用液体混合物中各组分挥发度的不同进行组分分离的过程。

2.2.28 精馏 rectification

利用回流使液体混合物得到高纯度分离的蒸馏方法。

2.2.29 分子蒸馏 molecular distillation

在高度真空下被蒸馏组分自蒸发面逸出未经碰撞直接飞逸至冷凝面冷凝的蒸馏过程。

2.2.30 干燥 drying

利用热能或低温升华，使湿物料中的湿分(水分或其他溶剂)气化除去，从而获得干燥物料的过程。

2.2.31 对流干燥 convection drying

热气体以对流方式与其直接接触的湿物料间发生传质、传热作用而进行干燥的过程。

2.2.32 气流干燥 air stream drying

利用具备一定速度的干热气流，使湿物料悬浮其中，在气流输送过程中进行干燥的过程。

2.2.33 流化床干燥 fluid bed drying

将湿物料处于流态化状态下与载热气体进行热交换的干燥过程。

2.2.34 振动流化床干燥 vibrating fluid bed drying

振动和热气流共同作用使固体湿物料呈流态化干燥的过程。

2.2.35 闪蒸干燥 flashing drying

湿物料受热气流及搅拌的双重作用，被分散形成不规则的细小颗粒，与热气流进行充分的热交换迅速干燥的过程。

2.2.36 喷雾干燥 spraying drying

料液被雾化器喷成雾滴分散到热气流中，使湿组分迅速蒸发的对流干燥过程。

2.2.37 热风循环干燥 hot air circulation drying

载热气体连续不断地通过湿物料，从而使其中的水分蒸发的干燥过程。

2.2.38 隧道式干燥 tunnel drying

湿物料通过加热隧道，与载热空气逆流接触而发生传热传质的过程。

2.2.39 真空干燥 vacuum drying

湿物料被加热蒸发，其湿组分被真空系统排出的干燥过程。

2.2.40 带式干燥 belt drying

湿物料通过连续传动的链板(或履带)下的加热器加热，使水分蒸发的干燥过程。

2.2.41 回转干燥 rotation drying

湿物料置于带有加热夹套的容器中，通过容器的旋转运动使湿物料中水分不断蒸发的干燥过程。

2.2.42 冷冻干燥 freeze drying

物料被冷冻至冰点以下，高真空下水分由固态冰升华为水气而除去的干燥过程。

2.2.43 辐射干燥 radiation drying

电磁波入射到湿物料表面被其吸收转化为热能，将水分加热气化的干燥过程。

2.2.44 微波干燥 microwave drying

在波长为 1m～1mm 的微波电磁波的作用下，能量被物料吸收转化为热能，将水分加热汽化的干燥过程。

2.2.45 红外干燥 infrared drying

辐射波长在 0.72μm～2.5μm 区域的红外线电磁波的辐射干燥过程。

2.2.46 远红外干燥 far-infrared drying

辐射波长在 2.5μm～1000μm 区域的远红外线电磁波的辐射干燥过程。

2.2.47 粉碎 pulverization

对固体物料施加外部作用力，破坏其内部凝聚力，从而使其破碎的过程。

2.2.48 气流粉碎 airstream pulverization

用压缩空气产生的高速气流或热蒸汽对固体物料进行冲击，使物料相互间发生强烈的碰撞和摩擦作用而破碎的过程。

2.2.49 机械粉碎 mechanical pulverization

对固体物料施加外部机械作用力，使其破碎的过程。

2.2.50 过筛 sieving

将粉碎后的药物粉末通过一个具有一定孔径的网状筛网，以分离粗粉和细粉的操作过程。

2.2.51 制粒 granulation

将粉状物料与适宜的辅料黏合制成颗粒的过程。

2.2.52 湿法制粒 wet granulation

粉状物料与一定量的黏合剂(湿润剂)搅拌混合，并利用机械动作制成湿颗粒的过程。

2.2.53 湿法混合制粒 wet mixing granulation

粉状物料与定量黏合剂，通过搅拌器混合成湿润软材，经制粒刀切制成湿颗粒的过程。

2.2.54 干法制粒 dry granulation

干粉物料及适宜的辅料直接经挤压、破碎、整粒并制得所需干颗粒的过程。

2.2.55 离心造粒 centrifuging granulation

粉状物料受离心力、摩擦力和气体浮力的作用，与雾化后的黏合剂黏合聚集成湿颗粒的过程。

2.2.56 喷雾制粒 spray granulation

雾化成细微液滴的黏合剂喷洒在呈流态化的粉状物料上，使之黏合聚集成颗粒，同时湿组分在热气流中迅速蒸发而制成干颗粒的过程。

2.2.57 整粒 granule sieving

颗粒物料受转子、切刀的离心力及与筛筒间的剪切和挤压被粉碎，通过筛筒而获得均匀颗粒的过程。

2.2.58 混合 mixing

将两种或两种以上的粉体药物与适宜的辅料均匀混合的过程。

2.2.59 总混 blending

将不同批次物料混合均匀得到同一批号的混合过程。

2.2.60 多维运动混合 inhomogeneous mixing

混合容器沿对称轴做圆周运动的同时，又与其对称轴正交的水平轴做摇摆运动，在自转和摆动运动的联合作用下，物料得到充分和均匀混合的过程。

2.2.61 压片 tabletting

将符合一定要求的干性颗粒状或粉状物料通过上下运动和做圆周旋转的模具在压轮的作用下压制成片剂的过程。

2.2.62 包衣 coating

在药物芯片的表层包覆一层保护层，以掩盖药物的气味、隔绝空气、增加药物的稳定性的过程。

2.2.63 包糖衣 sugar coating

在药物素片的表层包覆一层由滑石粉、蔗糖、明胶等物质构成的糖衣薄膜的过程。

2.2.64 包薄膜衣 film coating

在片剂、丸剂的外表面包覆一层比较稳定的高分子聚合物衣膜的过程。

2.2.65 颗粒包衣 granule coating

在制粒的同时，对颗粒表面喷射包衣辅料，形成致密光滑膜层的过程。

2.2.66 胶囊充填 capsule filling

将药物或加适宜辅料制成的粉末、颗粒、小片或小丸等充填于空心胶囊内的过程。

2.2.67 胶囊抛光 capsule polishing

将已充填药物的胶囊表面粉末去除的过程。

2.2.68 滴制法制软胶囊 softgel by dropping

明胶液包裹药液后滴入不相混溶的冷却液中，凝成丸状软胶囊的过程。

2.2.69 压模法制软胶囊 softgel by pressing

将药液定量灌注于两层连续生成的明胶薄膜带之间，通过模具滚压制成软胶囊的过程。

2.2.70 洗丸 softgel washing

用溶媒将软胶囊制备过程中残留在软胶囊外表面影响外观的附着物清洗去除的过程。

2.2.71 超声波洗瓶 ultrasonic bottle washing

利用超声波的振荡作用将药用玻璃容器表面污染物去除的过程。

2.2.72 隧道烘干灭菌 tunnel drying and sterilization

物料通过链条连续地通过加热段并停留一定的时间，达到烘干和灭菌的过程。

2.2.73 灌装 filling

物料按照一定的装量装入药用包装容器的过程。

2.2.74 灌封 filling and sealing

物料按照一定的装量装入药用包装容器并立即密封的过程。通常指安瓿水针的灌装和封口。

2.2.75 分装 filling, powder filling

物料按照一定的装量要求装入药用包装容器的过程。通常指粉体物料的灌装。

2.2.76 压塞 rubber stoppering

在药品包装容器上压入胶塞并密封的过程。

2.2.77 半压塞 semi stoppering

在药品包装容器上压入胶塞但并不完全密封，而是留有空隙的加塞过程。主要用于冻干制品的生产，留出的空隙可作为容器中药液分子升华而逸出的通道。

2.2.78 轧盖 capping

在药品包装容器上加入铝盖并封口的过程。

2.2.79 灯检 lighting inspection

装有药物的透明包装容器在背光照射下，检查其性状、装量、外观是否符合预定质量标准并剔除不合格品的过程。

2.2.80 人工灯检 inspection by eyes

利用人工肉眼判断法对装有药物的透明包装容器进行灯检，以剔除不合格品的过程。

2.2.81 自动灯检 automatic inspection

利用光散射法通过分析被检测药品散射光能量，并与标准品对照，以自动分析判断被检测品是否符合质量标准的检查过程。

2.2.82 浓配 primary liquid preparation

根据处方量将各种原辅料按比例进行预溶解、混合、脱色、杂质过滤等的配制过程，是液体制剂初级配料过程。

2.2.83 稀配 final liquid preparation

将经过浓配后的物料按工艺要求和质量标准，加入溶剂(一般为制药工艺用水)进行精确的稀释配制，以使其含量达到处方要求的配制过程。又称"精配"。

2.2.84 无菌过滤 sterile filtration

将药液过滤以使其中的微生物含量达到药品标准的过程。

2.2.85 终端过滤 final filtration

药液装入其最终包装容器前的最后一道过滤过程。

2.2.86 脱色 de-coloring

采用物理方法将药液中的色泽去除的过程。

2.2.87 检漏 leak test

检测已装入药品并密封的包装容器是否泄漏的过程。

2.2.88 色水检漏 leak test by colored water

采用有颜色的水检测密封药品包装容器是否泄漏的过程。主要用于采用熔封法生产的安瓿水针的泄漏检查。

2.2.89 真空检漏 vacuum leak test

采用抽真空法检测已装入药品并密封的包装容器是否泄漏的过程。

2.2.90 灭菌 sterilization

杀灭微生物，使其存活概率达到无菌保证水平的过程。

2.2.91 灭菌周期 sterilization period

在灭菌器内所进行的各运行阶段的程序。

2.2.92 湿热灭菌 thermal sterilization

利用高压饱和蒸汽、过热水喷淋等手段使微生物菌体中的蛋白质、核酸发生变性而杀灭微生物的方法，适用于热稳定产品的灭菌。

2.2.93 干热灭菌 dry heating sterilization

利用干热空气达到杀灭微生物或消除热原物质的方法。

2.2.94 微波灭菌 microwave sterilization

以波长为 1m～1mm 的微波电磁波为灭菌源的灭菌方法。

2.2.95 辐射灭菌 radiation sterilization

采用放射性同位素 Co60 产生的 γ 射线杀灭微生物和芽孢的方法。

2.2.96 气体灭菌 gas sterilization

以化学消毒剂形成的气体杀灭微生物的方法。常用的化学消毒剂有环氧乙烷、臭氧、气态过氧化氢、甲醛等。

2.2.97 紫外线灭菌 ultra violet sterilization

以波长为 200nm～300nm 的紫外线为灭菌源的灭菌方法。

2.2.98 过滤除菌 bacteria removing by filtration

利用过滤方法去除微生物的过程，常用于气体、热不稳定的药品溶液或原液的除菌。

2.2.99 包装 packaging

待包装产品变成成品所需的所有操作步骤，包括分装、贴签等。

2.2.100 内包装　primary package materials

直接接触原料药或制剂的包装，包括任何适当的标签。

2.2.101 泡罩包装　blister packaging

以 PVC 薄膜和 PTP 铝箔为包装材料的药品泡罩包装方式，又称铝塑包装。

2.2.102 双铝包装　double aluminum packaging

全部以 PTP 铝箔为包装材料的泡罩包装形式。

2.2.103 外包装　secondary package

药品的外部包装，在流通过程中主要起保护药品、方便运输的作用。

2.2.104 炮制　processing

按照中医理论，根据药材自身性质以及调剂、制剂和临床应用的需要所采取的一项独特的制药技术。

3　医药生产管理

3.1　物　　料

3.1.1 物料　material

药品生产中所涉及的原料、辅料和包装材料等。

3.1.2 原辅料　raw and auxiliary material

除包装材料外，药品生产中所使用的物料。

3.1.3 中间产品　intermediate product

完成部分加工步骤的产品，尚需进一步加工方可称为待包装产品。

3.1.4 中间体　intermediate product

同"中间产品"，多指原料药生产中各单元操作/单元反应所形成的中间产品。

3.1.5 产品　product

药品生产过程中产生的物品，包括中间产品、待包装产品和成品。

3.1.6 待包装产品　bulk product

尚未进行包装，但已经完成了所有其他加工程序的产品。

3.1.7 成品　finished product

已完成所有药品生产操作步骤和最终包装的产品。

3.1.8 包装材料　package material

药品包装所用的材料，包括与药品直接接触的包装材料和容器、印刷包装材料，但不包括发运用的外包装材料。

3.1.9 印刷包装材料　printing packaging material

具有特定式样和印刷内容的包装材料，如印字铝箔、标签、说明书、纸盒等。

3.1.10 公用工程　utilities

药品生产所需的水、电、蒸汽、压缩空气、燃气、冷冻、冷却水等公用介质的总称。

3.2　工 艺 用 水

3.2.1 医药工艺用水　pharmaceutical process water

医药生产工艺过程中使用的水，包括生活饮用水、纯化水、注射用水。

3.2.2 原水　raw water

进入医药工艺用水生产装置或设备，并有待进一步处理的水。

3.2.3 生活饮用水　drinking water

符合国家饮用水卫生标准，供人们日常饮用、洗涤的水，简称饮用水。

3.2.4 纯化水　purified water

采用蒸馏法、离子交换法、反渗透法或其他适宜的方法制得的制药用水，不含任何添加剂，其质量应符合《中国药典》纯化水项下的规定。

3.2.5 注射用水　water for injection

由纯化水经蒸馏所得的水，其质量应符合《中国药典》注射用水项下的规定。

3.2.6 纯蒸汽　clean steam

纯化水经蒸汽发生器或多效蒸馏水机制得的蒸汽。

3.2.7 工艺用水分配系统　process water distribution system

从工艺用水产生或供应的地方到使用点配送工艺用水的整套系统。

3.2.8 卫生　hygienic/sanitary

无菌药品生产中特定的名词，指管道系统和设备等必须具备的基本要求，以防止微生物污染。

3.2.9 卫生配管　sanitary piping

符合卫生要求的管道系统，包括阀门、管道、连接件等。

3.2.10 死角　dead leg

设备或管道系统中因流体不易放尽形成滞留，从而导致产品可能被污染的区域。

3.2.11 电抛光　electronic polishing

利用电化学作用，使金属零件表面平整而有光泽的工艺。又称电解抛光。

3.2.12 总有机碳　total organic carbon，TOC

水中所有有机物的含碳量，是以含碳量表示的有机物浓度的一项综合指标。

3.2.13 臭氧消毒　ozone disinfection

利用臭氧的强氧化性杀灭微生物的消毒方法。

3.2.14 紫外线消毒　ultraviolet disinfection

用紫外线光照射灭活致病微生物的消毒方式。

3.3　生 产 管 理

3.3.1 批　batch

经一个或若干加工过程产生的、具有预期均一质量和特性的一定数量的原辅料、包装材料或成品。

3.3.2 批号　batch number

用于识别一个特定批的、具有唯一性的数字和(或)字母的组合。

3.3.3 批记录　batch records

用于记录每批药品生产、质量检验和放行审核的所有文件和记录，可追溯所有与成品质量有关的历史信息。

3.3.4 污染　contamination

在生产、取样、包装或重新包装、贮存或运输等操作过程中，原辅料、中间产品、待包装产品或成品受到具有化学或微生物特性的杂质或异物的不利影响。

3.3.5 交叉污染 cross contamination

不同原料、辅料、中间产品及成品之间发生的相互污染。

3.3.6 独立生产区 independent production area

生产场所、人物流向均分开且空调系统独立设置的生产区域。

3.3.7 共用生产区 sharing production area

生产场所、人物流向和空调系统部分或全部共用的生产区域。

3.3.8 阶段性生产方式 periodical production, batch production

在共用生产区内，一段时间内集中生产某一产品，再对相应的共用生产区、设施、设备、工器具等进行彻底清洁，并经验证不会对其他产品产生交叉污染的情况下，更换生产另一种产品的方式。

3.3.9 操作规程 standard operation procedure, SOP

经过批准用来指导设备操作、维护与清洁、验证、环境控制、取样和检验等药品生产活动的通用性文件，也称标准操作规程(SOP)。

3.3.10 中间控制 in-process control, IPC

为确保产品符合有关标准，生产中对工艺过程加以监控，以便在必要时进行调节而做的各项检查，也称过程控制。生产环境和设备控制也视作中间控制的一部分。

3.3.11 警戒限度 alert level

系统的关键参数超出正常范围，但未达到纠偏限度，需要引起警觉，可能需要采取纠正措施的限度标准。

3.3.12 纠偏限度 action level

系统的关键参数超出可接受标准，需要进行检查并采取措施纠正的限度标准。

3.3.13 待验 quarantine

原辅料、包装材料、中间产品、待包装产品或成品，采用物理手段或其他有效方式将其隔离或区分，在允许用于投料生产或上市销售之前贮存、等待作出放行决定的状态。

3.3.14 密封 seal

将容器或器具用适宜的方法封闭，以防止外部微生物的侵入。

3.3.15 参数放行 parametric release

符合 GMP 参数放行的要求，根据生产全过程中所收集的信息能够确保产品达到预定质量的放行系统。

3.3.16 冷链 cold chain

在药品生产、贮藏、运输、分销和零售，直到患者手中，其各个环节始终处于药品所必需的低温环境下，以保证药品质量安全，保持疗效、防止污染的特殊供应链系统。

3.3.17 清洗 cleaning

将物体上的细菌污染的数量降低到公共卫生规定的安全水平以下的过程。

3.3.18 消毒 disinfection

用化学性试剂杀灭致病微生物的过程。

3.3.19 在位清洗 clean in place, CIP

系统和设备在原安装位置不做任何移动条件下的清洗。

3.3.20 在位灭菌 sterilization in place, SIP

系统和设备在原安装位置不做任何移动条件下的灭菌。

3.3.21 清洁剂 detergent

用于移除设施和设备表面可能影响消毒剂效力和潜在微生物之残留物的介质。

3.3.22 消毒剂 desinfector

消毒时所用的化学试剂，其能使致病微生物数量在 5min～10min 内下降 99.999%(下降 5 个对数单位)，但不能杀灭孢子和所有的病毒。

3.3.23 工器具 production tools

药品生产过程中所使用的工具和器具的统称。

3.3.24 洁具 cleaning tools

药品生产结束，清洁场地所用的卫生器具的统称。

3.3.25 无菌 sterile

没有活体微生物存在。

3.3.26 无菌药品 sterile pharmaceutical product

法定药品标准中列有无菌检查的制剂和原料药。

3.3.27 非无菌药品 non-sterile pharmaceutical product

法定药品标准中未列有无菌检查的制剂和原料药。

3.3.28 无菌生产工艺 sterile processing, aseptic production

必须在无菌控制条件下生产无菌药品的方法。

3.3.29 最终灭菌 terminal sterilization

对产品进行灭菌处理，以使产品中微生物的存活概率(即无菌保证水平，SAL)不得高于 1×10^{-6} 的生产方式。通常采用湿热蒸汽灭菌方法的标准灭菌时间(F_0)值应大于 8min。流通蒸汽处理不属于最终灭菌。

3.3.30 最终灭菌产品 final sterilizing product

药品在装入其最后包装容器中之后，可采用热力学方法灭菌的产品。通常用于可耐高温的注射剂产品。

3.3.31 非最终灭菌产品 non-final sterilizing product

不耐高温，不能采用热力学方法进行灭菌，生产全过程必须控制微生物含量的产品。

3.3.32 标准灭菌时间 standard sterilization time, F_0

灭菌过程赋予被灭菌物品在 121℃下的灭菌时间。

3.3.33 无菌保证水平 sterility assurance level, SAL

物品灭菌后其所含微生物的存活概率。

3.3.34 无菌生产核心区 core area of sterile production, critical area of sterile production

无菌生产工艺过程中，药品和与药品直接接触的包装材料暴露于环境中从而需要特别保护的区域。

3.3.35 职业性有害因素 occupational hazards

在职业活动中产生和(或)存在的、可能对职业人群健康、安全和作业能力造成不良影响的因素或条件，又称职业病危害因素，包括化学、物理、生物等因素。

3.3.36 职业接触限值 occupational exposure limits, OELs

劳动者在职业活动过程中长期反复接触，对绝大多数接触者的健康不引起有害作用的允许接触水平，是职业性有害因素的接触限值量值。

3.4 确认与验证

3.4.1 用户需求书 user requirement specification, URS

是指使用方根据使用目的、环境、用途等具体要求，对药厂设备、厂房和设施等提出具体的书面要求，并指导后续的设备制造、厂房和设施等建造工作。又称用户需求说明。

3.4.2 确认 qualification

证明任何药厂厂房、系统和设备正确运行并实际上可导致预期结果的活动。

3.4.3 设计确认 design qualification, DQ

为确认设施、系统和设备的设计方案符合期望目标所做的各种查证及文件记录。

3.4.4 安装确认 installation qualification, IQ

为确认安装或改造后的设施、系统和设备符合已批准的设计及制造商建议所做的各种查证及文件记录。

3.4.5 运行确认 operation qualification, OQ

为确认已安装或改造后的设施、系统和设备能在预期的范围内正常运行而做的试车、查证及文件记录。

3.4.6 性能确认 performance qualification, PQ

为确认已安装连接的设施、系统和设备能够根据批准的生产方法和产品的技术要求有效稳定(重现性好)运行所做的试车、查证及文件记录。

3.4.7 验证 validation

根据GMP原则，证明任何程序/方法、生产工艺、设备、物料、行为或系统确实能导致预期结果的有文件证明的一系列活动。

3.4.8 验证方案 validation protocol，VP

规定了验证工作是如何进行的一个书面的计划，包括参数测试、产品特性、生产设备以及根据可预期的试验结果做出决定等。

3.4.9 验证报告 validation report，VR

关于验证活动、验证数据及所得出结论的书面报告。

3.4.10 验证主计划 validation master plan，VMP

验证工作最高层的文件，用以建立整个项目的验证方案，归纳总结适合企业整体健康发展的体系和步骤。验证主计划将提供具体的验证步骤，确定详细的验证工作及时间节点，规定验证计划的相关负责人。

3.4.11 变更控制 change control

一个由适当学科的人员用以对提议或事实上已作的变更进行评估的正式系统，这类变更可能影响设施、系统、设备或工艺的已验证状态。变更控制的目的是确定将系统保持在一个经验证的状态应采取的措施，及与此相关的文件记录。

3.4.12 清洁验证 cleaning validation

有文件和记录证明所批准的清洁规程肯定能使设备符合药品生产要求的试验及相关活动。

3.4.13 同步验证 concurrent validation

与正常生产同步进行且所得产品准备投放市场的验证活动。

3.4.14 工艺验证 process validation

为证明工艺在设定参数范围内能有效稳定地运行并生产出符合预定质量标准和质量特性的药品的验证活动。

3.4.15 前验证 prospective validation

在供应市场销售用药品常规生产前所进行的验证。

3.4.16 回顾性验证 retrospective validation

根据产品批的生产、检验和控制的积累数据资料，对一个已投放市场的产品工艺所做的验证。

3.4.17 再验证 re-validation

为确保按变更控制规程所作的工艺/设备的变更，对工艺特性和产品质量无不良影响而进行的重复性验证。

3.4.18 计算机验证 computer validation

建立文件来证明计算机系统的开发符合质量工程的原则，所记录的数据是正确可靠的，数据处理完全符合预先设定的参数需求。

3.5 风险管理

3.5.1 风险 risk

损害发生的概率和严重性的组合。

3.5.2 质量风险管理 quality risk management

在整个产品生命周期内，对药品质量风险评估、控制、沟通和审核的系统过程。

3.5.3 产品生命周期 product lifecycle

产品从研发开始，经上市至产品退市的整个周期。

3.5.4 风险接受 risk acceptance

接收风险的决定。

3.5.5 风险分析 risk analysis

对确定危害相关风险的评估。

3.5.6 风险评估 risk assessment

在一个风险管理过程中对支持风险决策的资料进行组织的系统过程，包括危害的确定以及对受害风险的分析与评估。

3.5.7 风险沟通 risk communication

在决策者和其他涉险人之间分享有关风险和风险管理的信息。

3.5.8 风险控制 risk control

执行风险管理决定的措施。

3.5.9 风险评价 risk evaluation

用定量或定性的方法将估计的风险与给定的风险标准相比较，以确定风险的重要性。

3.5.10 风险识别 risk identification

系统地使用信息寻找和识别所述风险疑问或问题的潜在根源。

3.5.11 风险管理 risk management

在风险的评估、控制、沟通和审核过程中，质量管理政策、程序和规范的系统应用。

3.5.12 风险降低 risk reduction

为降低损害发生的概率和严重性所采取的措施。

3.5.13 风险审核 risk review

根据风险相关的新的(适用时)知识和经验，对风险管理过程的结果进行审核或监控。

4 医药质量管理

4.0.1 中央化验室 central lab

为全厂生产提供质量控制和质量分析的部门。

4.0.2 实验建筑 building for scientific research

用于从事科学研究和实验工作的建筑，包括实验用房、辅助用房、公用设施等。

4.0.3 实验用房 building for lab

直接用于从事科学研究和实验工作的用房，包括通用实验室、专用实验室和研究工作室。

4.0.4 通用实验室 lab for public use

适用于多学科的以实验台规模进行经常性科学研究和实验工作的实验室。

4.0.5 专用实验室 dedicated lab

有特定环境要求(如恒温、恒湿、洁净、无菌、防振、防辐射、防电磁干扰等)或以精密、大型、特殊实验为主(如电子显微镜、高精度天平、频谱仪等)的实验室。

4.0.6 生物培养室 lab for bio incubation

在人工环境条件下进行生物培养的用房，包括微生物培养、组织培养、细胞培养等用房。其要求的环境条件包括温湿度、光照、空气、水分、酸碱度以及灭菌消毒措施等。

4.0.7 生物安全实验室 biosafety laboratory

通过防护屏障和管理措施，达到生物安全要求的微生物实验室和动物实验室，包括主实验室及其辅助用房。

4.0.8 微生物 microorganisms

能够复制或传递基因物质的细菌或非细菌的微小生物实体。

4.0.9 病原微生物 pathogenic microorganism

能够引起人或动物致病的微生物。

4.0.10 生物因子 biological agents

一切微生物和具有生物活性的物质。

4.0.11 病原体 pathogens

可使人、动物或植物致病的生物因子。

4.0.12 菌落 colony forming unit,CFU

单个或多个微生物细胞在固体培养基上生长后形成的肉眼可见的群体。

4.0.13 沉降菌 sedemental viable particles

洁净室内沉降在物体表面的菌落。

4.0.14 浮游菌 airbone viable particles

洁净室内悬浮在空气中的菌落。

4.0.15 表面菌 surface viable particles

洁净室内各物体表面存在的菌落。

4.0.16 内毒素 endotoxin

革兰氏阴性菌细胞壁上的一种脂多糖和蛋白的混合物。当细菌死亡或自溶后便会释放出内毒素,内毒素大量进入血液就会引起发热反应。

4.0.17 微生物污染水平 level of microbe contamination

存在于原料、原料药起始物料、中间体或原料药中的微生物的类型(例如是否属于应控制的微生物)及数量。微生物污染水平不应视作污染,除非微生物超标,或者检出应控制的微生物。又称生物负荷或生物负载。

4.0.18 无菌检查 sterility test

根据药典规定有无菌要求的药品、医疗器具、原料、辅料和其他品种,检查其是否无菌的一种方法,是作为批无菌产品放行的检验或监管部门对无菌产品质量监督的一个重要项目。

4.0.19 微生物检查 microbiology test

检查非规定灭菌制剂及其原药、辅料受微生物污染程度的方法。检查项目包括细菌数、霉菌数、酵母菌数及控制菌检查。

4.0.20 抗生素微生物检定法 microtest for potency of antibotics

在适宜条件下,根据量反应平行线原理设计,通过检测抗生素对微生物的抑制作用,计算抗生素活性(效价)的方法。

4.0.21 细菌内毒素检查法 endotoxin test

检测或量化由革兰阴性菌产生的细菌内毒素,以判断供试品中细菌内毒素的限量是否符合规定的一种方法。

4.0.22 阳性对照试验 positive control test

用于判断供无菌检查和微生物检查所用培养基是否有效的一种对照试验方法。

4.0.23 沉降法细菌浓度 depositing bacterial concentration

在洁净室内用直径 90mm 的培养皿在空气中暴露一定时间,并经培养后得出的菌落数(CFU),代表空气中可以沉降下来的细菌数(个/m^3),简称沉降菌浓度。

4.0.24 浮游法细菌浓度 airbone bacterial concentration

在洁净室空气中随机采样,对采样培养基经过培养得出的菌落数(CFU),代表空气中的浮游菌数(个/m^3),简称浮游菌浓度。

4.0.25 表面染菌密度 density of surface contaminated bacterial

用特定方法擦拭表面并按要求培养后得出的菌落数(CFU),代表该表面沾染的细菌数(个/m^3)。

4.0.26 生物安全 biosafety

避免危险生物因子扩散并对生物体和环境造成危害的综合措施。

4.0.27 实验动物 laboratory animal

经人工培育,对其携带微生物和寄生虫实行控制,遗传背景明确或者来源清楚,用于科学研究、教学、生产、检定以及其他科学实验的动物。

4.0.28 实验动物实验设施 experiment facility for laboratory animal

以研究,实验,教学,生物制品、药品及相关产品生产、质控等为目的而进行动物实验的建筑物和设备的总称。

4.0.29 实验动物生产设施 breeding facility for laboratory animal

用于实验动物生产的建筑物和设备的总称。

4.0.30 普通环境设施 conventional environment facility

符合普通环境要求,用于实验动物生产或动物实验的建筑物和设备的总称。

4.0.31 屏障环境设施 barrier environment facility

符合屏障环境要求,用于实验动物生产或动物实验的建筑物和设备的总称。

4.0.32 普通环境 conventional environment

符合动物居住的基本要求,控制人员和物品、动物出入,不能完全控制传染因子,但能控制野生动物进入的环境,适用于饲育基础级实验动物。

4.0.33 屏障环境 barrier environment

符合动物居住的基本要求,严格控制人员、物品和空气进出的环境,适用于饲育清洁实验动物及无特定病原体实验动物。

4.0.34 隔离环境 isolation environment

采用无菌隔离装置以保持装置内无菌状态或无外来污染物的环境,适用于饲育无特定病原体、悉生(gnotobiotic)及无菌(germ free)实验动物。

5 医药工程设计

5.0.1 医药工业园区 pharmaceutical works area

由多个医药工业企业和相关联企业组成的自成一体的区域。

5.0.2 医药工业园区布局规划 planning for pharmaceutical work area

在上位规划的指导下,根据医药工业园区的产业规划,将园区内的地块布置、交通组织、公用工程设施、竖向布置、环境保护、安全防灾等进行统筹安排的工作。

5.0.3 医药工业工厂规划 planning for pharmaceutical plant

在上位规划或医药工业园区规划的指导下,对医药工厂内的生产设施或装置、辅助生产设施、公用工程设施、仓库设施、运输设施、行政办公及生活服务设施进行统一安排,确定交通路线组织,制订厂区竖向标高的工作。

5.0.4 医药洁净室 pharmaceutical clean room

空气悬浮粒子和微生物浓度以及温度、湿度、压力等参数受控的医药生产房间或限定的空间。

5.0.5 人员净化用室 room for cleaning human body

人员在进入洁净区之前按一定程序进行净化的房间。

5.0.6 物料净化用室 room for cleaning material

物料在进入洁净区之前按一定程序进行净化的房间。

5.0.7 人流 people flow

生产操作人员在厂区或车间内行走的路径。

5.0.8 物流 material flow

生产所需的原辅材料、包装材料、半成品和成品在厂区或车间内运送的路径。

5.0.9 生物洁净室　biological clean room

洁净室空气中悬浮微生物控制在规定值内的限定空间。

5.0.10 空气吹淋室　air shower

利用高速洁净气流吹落并清除进入洁净区人员/物料表面附着粒子的小室。

5.0.11 缓冲间　buffer room

设置在两个不同洁净等级区域之间或同一洁净区不同房间之间的具有通风系统的密闭空间。

5.0.12 气锁(室)　airlock

在医药洁净室出入口，为了阻隔室外或邻室气流、控制压差而设置的房间。

5.0.13 正压气锁室　positive pressure airlock

气锁室内压力大于相邻区域的气锁室。

5.0.14 负压气锁室　negative pressure airlock

气锁室内压力小于相邻区域的气锁室。

5.0.15 传递柜(窗)　pass box

在隔墙上设置的两侧装有不能同时开启的门的箱柜，常用于两个洁净区之间或洁净区与非洁净区之间在不影响洁净等级的前提下传递物料和工器具。

5.0.16 气流组织　air distribution, space air diffusion

对室内空气的流动形态和分布进行合理组织，以满足空气调节房间对空气温度、湿度、流速、洁净度以及舒适感等方面的要求。

5.0.17 空气洁净度　air cleanliness

以单位体积空气中某粒径粒子和微生物的数量来区分的洁净程度。

5.0.18 含尘浓度　particle concentration

单位体积空气中悬浮粒子的数量。

5.0.19 含菌浓度　microorganisms concentration

单位体积空气中微生物的数量。

5.0.20 悬浮粒子　airborne particles

用于空气洁净度分级的空气中悬浮粒子尺寸范围在 0.5μm～5μm 的固体和液体粒子。

5.0.21 气流流型　air pattern

室内空气的流动形态和分布状态。

5.0.22 单向流　unidirectional airflow

沿单一方向呈平行流线并且横断面上风速一致的气流。

5.0.23 非单向流　non-unidirectional airflow

凡不符合单向流定义的气流。

5.0.24 混合流　mixed airflow

单向流和非单向流组合的气流。

5.0.25 垂直单向流　vertical unidirectional airflow

与水平面垂直的单向流。

5.0.26 水平单向流　horizontal unidirectional airflow

与水平面平行的单向流。

5.0.27 房间差压　room differtial pressure

不同房间压力的差值。

5.0.28 空态　as built

设施已经建成，所有动力接通并运行，但无生产设备、物料及人员。

5.0.29 静态　at rest

设施已经建成，生产设备已经安装，并按业主和供应商同意的状态运行，但无生产人员。

5.0.30 动态　in operation

设施以规定的状态运行，有规定的人员在场，并在商定的状态下工作。

5.0.31 自净(恢复)时间　room recovery period

洁净室被污染后，净化空调系统在规定的换气次数条件下开始运行，直至恢复到固有的静态室内洁净度的时间，以分钟表示。

5.0.32 隔离器　isolator

配备 B 级(ISO5 级)或更高洁净度级别的空气净化装置，并能使其内部环境始终与外部环境(如其所在的洁净室和操作人员)完全隔离的装置或系统。

5.0.33 限制接触屏障系统　restricted access barrier system, RABS

一个封闭的带有单向流送风装置、手套箱和隔断的系统，通过限制操作者与产品的直接接触并提供与外界有效隔离的操作环境，从而为产品提供可靠的保护。

5.0.34 开式屏障系统　opened restricted access barrier system, o-RABS

回风通过周边环境回到自身系统的限制接触屏障系统。

5.0.35 闭式屏障系统　closed restricted access barrier system, c-RABS

回风通过装置所附的回风通道回到自身系统的限制接触屏障系统。

5.0.36 手套箱　glove box

一个封闭的带有长手套的操作箱，可供操作者隔手套在箱内操作但没有与物料/部件直接接触。

5.0.37 洁净地漏　clean floor drain

具有水封、有盖，能有效隔离排水管道系统空气，防止洁净区受到下水道空气污染的特殊排水器具，是医药生产洁净区专用地漏。

5.0.38 水封　water seal

有一定高度的水柱，防止排水管中气体逸入室内的装置。

5.0.39 清净废水　non-polluted industrial wastewater

未受药品污染或受轻微污染的生产废水。

5.0.40 含菌废水　wastewater with active bacteria

生物制品生产过程中排出的具有生物活性的生产废水。该类废水需要经过物理或化学方法去除其生物活性(又称灭活)后，才能进入普通废水处理系统进行后续的降解处理。

5.0.41 活毒废水　wastewater of biohazard

被有害生物因子污染了的有害生产废水。

5.0.42 放射性废水　wastewater with radioactivity

放射性药品(包括诊断试剂)生产过程中产生的含有放射性物质的废水。

5.0.43 水针联动生产线　compact line for ampoule injectable production

由安瓿洗瓶机、隧道式灭菌干燥机与安瓿灌封机以及转盘与输送带等设备组成的联动设备。

5.0.44 大输液联动生产线　compact line for LVPs production

由玻璃输液瓶理瓶机、清洗机、灌装机、加塞封口机、轧盖机和辅助输送机等组成的大输液联动设备。

5.0.45 西林瓶联动生产线　compact line for vials injectables production

由西林瓶洗瓶机、隧道式灭菌干燥机、液体灌装(粉体分装)机、轧盖机和辅助输送机等组成的西林瓶联动设备。

5.0.46 洁净工作台　clean bench

能够保持操作空间所需洁净度的工作台。

5.0.47 生物安全柜　bio safety cabinet

一种负压过滤排风柜，用于防止操作者和环境暴露于试验过程中产生的生物气溶胶中。

6 常用缩略语

AAALAC　Association for Assessment and Accreditation of Laboratory Animal Care　国际实验动物评估和认可委员会

AHU　air handling unit　空调机组

A/L　air lock　气锁

ANSI　American National Standards Institute　美国国家标准学会

API　American Petrochemical Institute/active pharmaceutical ingredient　美国石油协会/原料药，活性药物组分

ASHRAE　American Society of Heating, Refrigerating and Air-Conditioning Engineers, Inc　美国采暖、制冷与空调工程师协会

ASME　American Society of Mechanical Engineers　美国机械工程师协会

ASME BPE　Bioprocessing Equipment Standard of American Society of Mechanical Engineers　美国机械工程师协会关于生物工程设备的标准

ASTM　American Society for Testing Material　美国试验材料协会

BAS　building automation system　建筑物自动化系统

BD　basic design　基础设计

BFS　blow-fill-seal　吹灌封

BL　bio-safe level　生物安全水平

BMS　building management system　楼宇控制系统

BOD_5　biochemical oxygen demand　5日生化需氧量

BP　British Pharmacopoeia　英国药典

BPC　bulk pharmaceutical chemicals　原料药

CAV　constant air volume　定风量

CFU　colony forming unit　菌落形成单位

CGMP　current GMP　现行药品生产质量管理规范

CIP　cleaning in place　在位清洗

CNC　controlled not classified　控制未分级

CODcr　chemical oxygen demand　化学需氧量

Ch. P.　Chinese Pharmacopoeia　中国药典

Ch. P. 2010　Chinese Pharmacopoeia 2010 Edition　中国药典2010版

DD　detail design　施工图设计，详细设计

DOP　dioctyl phthalate　邻苯二甲酸二辛酯

D/H　dry heating　干热

DP　different pressure　压差

DQ　design qualification　设计确认

EMEA　European Agency for the Evaluation of Medicinal Products　欧盟药品评价机构

EP　European Pharmacopoeia　欧洲药典

EPC　European Pharmacopoeia Commission　欧洲药典委员会

EPC　engineering/procurement/construction　设计/采购/施工

EPCM　engineering/procurement/construction/management　设计/采购/施工/管理

ERP　enterprises resource planning　企业资源计划

EXP　explosion proof　防爆

FAT　factory acceptance test　工厂验收测试

FEED　front end engineering design　前端工程设计

FFU　fan filter unit　风机过滤单元

FS　feasibility study　可行性研究

GAMP　good automatic manufacturing practice　自动化控制良好规范

GAP　good agriculture practice　中药材生产质量管理规范

GCP　good clinical practice　药品临床试验管理规范

GEP　good engineering practice　良好工程实践

GLP　good laboratory practice　药品非临床研究质量管理规范

GMP　good manufacturing practice　药品生产质量管理规范

GSP　good supplying practice　药品经营质量管理规范

GxP　GCP/GLP/GMP　药品临床试验原理规范、药品非临床研究质量原理规范和药品生产质量原理规范等三个规范的统称

HACCP　hazard analysis and critical control point　危害分析与关键控制点

HAZOP　hazard and operability analysis　危险与可操作性分析

HEPA　Filter high efficient particles air filter　高效空气过滤器

HSE　health, safety and environmental　健康、安全和环境

HVAC　heating ventilation & air conditioning　采暖通风与空气调节

ICH　International Conference on Harmonization of Technical Requirements for Registration of Pharmaceuticals for Human Use　人用药物注册技术要求国际协调会议

ICH Q1　stability　药品的稳定性

ICH Q2　analytical validation　分析验证

ICH Q3　impurities　杂质

ICH Q4　pharmacopoeias　药典

ICH Q5　quality of biotechnological products　生物技术产品质量

ICH Q6　specifications　规格

ICH Q7　good manufacturing practices (GMP)　药品生产质量管理规范

ICH Q7A　good manufacturing practice guide for active pharmaceutical ingredients　活性药物成分的GMP指南

ICH Q8　pharmaceutical development　药物研发

ICH Q9　quality risk management　质量风险管理

ICH Q10　pharmaceutical quality system　药物质量体系

IPC　in process control　工艺过程控制

IQ　installation qualification　安装确认

ISO　International Organization for Standardization　国际标准化组织

ISO 14644　Cleanrooms and Associated Controlled Environments　洁净室和相关受控环境标准

ISPE　International Society of Pharmaceutical Engineering　国际制药工程协会

JP　Japan Pharmacopoeia　日本药典

LEED　leadership in energy and environmental design　能源与环境设计认证

LEL　low explosion level　爆炸下限

LEV　local exhaust ventilation　局部排气通风

LF　laminar flow　层流

LVPs　large volume parenterials　大容量注射剂

MVP master validation protocol 验证主计划

OEL operator exposure level 操作人员暴露时限

OQ operation qualification 运行确认

OSD oral solid dosage 口服固体制剂

OSHA Occupational Safety and Health Administration 职业安全与健康管理局

OTC Drug over the counter drug 非处方药

PB pass box 传递窗

PD preliminary design 初步设计

PDA Parenteral Drug Association 国际注射剂协会

PFD process flow diagram 工艺物料流程图

PIC/S Pharmaceutical Inspection Convention/Pharmaceutical Inspection Cooperation Scheme 药品生产检查相互承认公约

P&ID piping & instrument diagram 管道和仪表图

PLC programmable logic controller 可编程逻辑控制器

PPE personnel protection equipment 个人防护设备

PQ performance qualification 性能确认

PW purified water 纯化水

QA quality assurance 质量保障

QbD quality by design 质量源于设计

QC quality control 质量管理

QRM quality risk management 质量风险管理

R&D research and development 研发

RABS restricted access barrier system 限制接触隔离系统

RO reverse osmosis 反渗透

SAT site acceptance test 现场验收测试

SCADA surveillance control and data acquisition 监测控制和数据采集

SFDA State Food & Drug Administration 国家食品药品监督管理局

SIP sterile in place 在线灭菌

SOP standard operating procedure 标准操作规程

SVPs small volume parenterials 小容量注射剂

TGA Therapeutic Goods Administration 澳大利亚药品管理局

Tri-C tri-clamp connection 卡箍连接

UDAF unidirectional air flow 单向气流

UFH unidirectional flow hood 单向气流罩

UPS uninterrupted power supply 不间断电源

US FDA US Food and Drug Administration 美国食品药品管理局

USP US Pharmacopoeia 美国药典

UV ultra violet 紫外线

VAV variable air volume 可变风量

VFD variable frequency drive 变频驱动

VHP vaporized hydrogen peroxide(H_2O_2) 汽相过氧化氢

VRV variable refrigerant volume 变制冷剂

WFI water for injection 注射用水

WHO World Health Organization 世界卫生组织

索　引

中文索引

6

英 文 索 引

6

6

中华人民共和国国家标准

急救中心建筑设计规范

Design code for first-aid station

GB/T 50939-2013

主编部门：中华人民共和国国家卫生和计划生育委员会
批准部门：中华人民共和国住房和城乡建设部
施行日期：2014年6月1日

中华人民共和国住房和城乡建设部公告

第202号

住房城乡建设部关于发布国家标准《急救中心建筑设计规范》的公告

现批准《急救中心建筑设计规范》为国家标准，编号为GB/T 50939—2013，自2014年6月1日起实施。

本规范由我部标准定额研究所组织中国计划出版社出版发行。

中华人民共和国住房和城乡建设部
2013年11月1日

7

前　言

本规范是根据原建设部《关于印发〈2005年工程建设国家标准规范制订、修订计划(第一批)〉的通知》(建标函〔2005〕84号)的要求,由上海建筑设计研究院有限公司会同有关单位共同编制完成的。

本规范在编制过程中,编制组进行了广泛、深入的调查研究,认真总结了多年来急救中心建筑设计的实践经验,积极采纳了先进的科研成果,参照了有关国际和国内的技术标准,并在广泛征求意见的基础上,最后经审查定稿。

本规范共分6章,主要技术内容包括:总则、术语、选址与总平面、建筑设计、防火与疏散、建筑设备。

本规范由住房城乡建设部负责管理,由国家卫生和计划生育委员会负责日常管理,由上海建筑设计研究院有限公司负责具体技术内容的解释。为提高规范质量,请各单位和个人在执行本规范的过程中,认真总结经验,积累资料,如发现需要修改或补充之处,请将意见和建议反馈给上海建筑设计研究院有限公司(地址:上海市石门二路258号,邮政编码:200041,传真:021-62464200),以供今后修订时参考。

本规范主编单位、参编单位、主要起草人和主要审查人:

主 编 单 位:上海建筑设计研究院有限公司

参 编 单 位:中国卫生经济学会医疗卫生建筑专业委员会
中国建筑科学研究院
中元国际工程设计研究院
上海市卫生局
上海市医疗急救中心
北京市卫生局
北京急救中心
天津市急救中心
成都市急救中心
沈阳市急救中心
甘肃省急救中心

主要起草人:张行健　万培浩　钱克文　邓　清　陈众励　沈家水　包子翰

主要审查人:李远建　李国庆　李今年　朱起东　牛天平　辛春华　杨炳生　林向阳　刘　颖　涂　路

目　次

7

1 总　　则

1.0.1 为使急救中心的建筑设计符合安全、卫生、节能、环保和使用功能等方面的基本要求，制定本规范。

1.0.2 本规范适用于新建、改建和扩建的独立院前型急救中心、分中心、急救站的建筑设计。

1.0.3 城市的急救网络分为急救中心、急救分中心和急救站三级，其设置应根据城市规模、区域卫生规划确定。

1.0.4 急救中心的建设应满足日常急救服务和在突发公共卫生事件时，统一调度指挥本地区的急救医疗机构承担紧急医疗救治任务的功能要求。

1.0.5 急救中心的建筑设计除应执行本规范外，还应符合国家现行有关标准的规定。

2 术　　语

2.0.1 急救网络　first-aid grid

急救网络是由急救中心、急救分中心和急救站组成的三级机构。

2.0.2 急救中心　first-aid center

直接和城市 120 相连的，满足城市救护呼叫要求，并肩负应对各类突发事件紧急医疗救援和重大活动医疗救援保障责任的场所，一般由指挥调度中心及相应配套用房组成。

2.0.3 急救分中心　first-aid branch center

和城市某区域 120 相连的，满足城市某区域救护呼叫的场所，一般由指挥调度室及相应配套用房组成。

2.0.4 急救站　first-aid station

在特定的服务半径内配备一定数量急救车，内设急救车库并配备急救车用品房间的急救网点。

3 选址与总平面

3.1 选　　址

3.1.1 急救中心、急救分中心选址，应符合当地城市规划和区域卫生规划的要求。

3.1.2 急救中心、急救分中心建设地点的选择应符合下列要求：

1 交通方便，宜面临两条道路。

2 环境安静，应远离易燃、易爆物品的生产和储存区，并应避免强电磁场干扰。

3 地形宜规整。

4 不应临近少年儿童活动密集场所。

5 不应污染、影响城市的其他区域。

3.1.3 急救中心下属的急救站宜设在被服务人口较为集中的地区。

3.2 总　平　面

3.2.1 总平面设计应符合下列要求：

1 总体布置应功能分区明确，布局紧凑，人、车、物品等各种流线组织应清晰、合理。

2 宜留有可持续发展的空间。

3 应保证急救车出车的顺畅和便捷，并应设有充足的回车场地。

4 应建地面停车场或地下停车库。

5 当建地下停车库时，应保证紧急出车顺畅和便捷，并宜设置一定数量的地面停车位。

3.2.2 急救中心基地内急救车出入口不应少于两处，并应设有环通的双车道。出入口应直接与城市道路连接。交通组织设计应符合国家现行标准的有关规定。

3.2.3 急救中心内的隔离用房应设在基地内常年主导风向的下风侧且靠近出入口，并应保持与周围建筑的间距。

4 建筑设计

4.1 一般规定

4.1.1 主体建筑的平面布置、结构形式和机电设计应为今后发展、改造和灵活分隔预留条件。

4.1.2 办公培训、后勤出入口宜单独设置。建筑物出入口应符合现行国家标准《无障碍设计规范》GB 50763 的有关规定。

4.1.3 急救中心的分区和各种用房应设置明显的导向标识。

4.1.4 各类用房的面积指标应符合国家现行有关标准的规定。

4.2 指挥调度用房

4.2.1 指挥调度用房宜设在建筑物的顶层，并确保通信畅通，室内环境安静。

4.2.2 指挥调度用房应设置调度大厅、多功能指挥会议室、程控交换机机房、配线室、暗室、投影室、机房等。

4.2.3 指挥调度用房根据规模和需要可设置更衣室、休息室、男女厕所、观摩台、资料室。

4.2.4 指挥调度用房应防静电、防干扰、防噪声。防噪声标准应符合现行国家标准《民用建筑隔声设计规范》GB 50118 的有关规定。

4.3 车库

4.3.1 车库宜邻近物资仓库。

4.3.2 车库内应设置车辆洗消间、车辆维修车间。

4.3.3 车库根据规模和需要可设置驾驶员更衣、休息室。

4.3.4 车库的净高宜大于 3.2m。地下车库的净高应大于急救车的高度(包括天线在内)。

4.4 隔离用房

4.4.1 急救中心内的隔离用房应设在基地的下风向。

4.4.2 隔离用房应设置医护人员消毒间、车辆消毒间、物品消毒间。

4.4.3 隔离用房根据规模和需要可设置物资仓库、设备维修车间、医护人员值班室、休息室、餐厅。

4.4.4 医护人员消毒间、车辆消毒间、物品消毒间应为污染区，物资仓库、设备维修车间、医护人员值班室、休息室、餐厅应为清洁区。以上两区之间应设缓冲区。

4.4.5 隔离用房的设计应符合国家现行有关标准的规定。

4.5 行政办公用房

4.5.1 行政办公用房应设置综合办公用房和专业办公用房。

4.5.2 行政办公用房根据规模和需要可设置其他办公用房。

4.6 后勤辅助用房

4.6.1 后勤辅助用房应设置各种物资仓库和中心供应消毒间、人员消毒间、设备维修车间、医疗垃圾存放间。

4.6.2 后勤辅助用房根据规模和需要可设置职工食堂或餐厅。

4.7 培训用房

4.7.1 培训用房应设置创伤、心肺复苏、危重症、气道管理示教室，大教室和电化设备控制室。

4.7.2 培训用房根据规模和需要可设置体能训练室、教员休息室、图书室、书库、期刊室、男女厕所、学员宿舍、餐厅。

4.8 急救站

4.8.1 急救站用房应设置车库、工作人员办公室、值班室、休息室。

4.8.2 急救站用房根据规模和需要可设置物资库。

5 防火与疏散

5.0.1 急救中心的防火设计应符合现行国家标准《高层民用建筑设计防火规范》GB 50045、《建筑设计防火规范》GB 50016 和《汽车库、修车库、停车场设计防火规范》GB 50067 等的有关规定。调度指挥中心等重要用房应采用耐火极限为 2h 的不燃烧体隔墙，其隔墙上的门应采用乙级防火门窗。

5.0.2 急救中心建筑耐火等级不应低于二级。

6 建筑设备

6.1 给水排水、污水处理和消防

6.1.1 急救中心新建、扩建和改建时，应对急救中心范围内的给水、排水、污水处理和消防工程进行统一规划设计。

6.1.2 给水、热水及饮水供应应符合下列要求：

1 急救中心生活给水水质应符合现行国家标准《生活饮用水卫生标准》GB 5749 的有关规定。

2 急救中心生活用水定额、车辆冲洗用水定额、热水用水定额应符合现行国家标准《建筑给水排水设计规范》GB 50015 的有关规定。

3 隔离用房内的洗涤池、洗手盆应采用非手动水龙头，小便器、大便器应采用非手动冲洗阀。

4 隔离区内的给水、热水干管、支管上的检修阀门宜设置在工作人员的清洁区内。

5 饮水供应可采用蒸汽开水炉、电开水器或瓶装水饮水机等。

6.1.3 排水和污水、污物处理应符合下列规定：

1 急救中心污水排放标准，应符合现行国家标准《医疗机构水污染物排放标准》GB 18466 的有关规定；隔离用房的污、废水应单独收集，经消毒处理后与其他污水合并处理；急救中心的污水处理应符合医院污水处理的有关规定。

2 急救中心污物处理应满足医疗机构污物处理管理的有关规定。

3 车辆停放处应设冲洗和消毒设施。

4 含油废水应设置隔油池处理，车辆冲洗废水应经隔油沉淀池处理。

5 卫生器具应采用节水型。

6.1.4 消防系统应符合国家现行有关标准的规定。

6.2 电 气

6.2.1 急救中心电气设计应符合下列规定：

1 电气设计应为急救中心提供可靠的电源、优质的照明、功能强大而又可靠的通信系统以及保护完善的防雷和接地系统。

2 电气系统应选用节能型设备。

6.2.2 急救中心的供电电源应符合下列规定：

1 急救中心的消防用电设备、通信指挥系统电源、保安系统电源、应急照明、值班照明、警卫照明、保证指挥系统正常工作的空调电源、隔离区的空调通风电源、污水处理、排污泵等应为一级负荷。其中直辖市、省会城市或规模大于或等于30辆救护车的急救中心，其通信指挥系统及应急照明电源、消防用电设备应为一级负荷中特别重要负荷。

2 一级负荷及一级负荷中特别重要负荷的供电电源应符合现行国家标准《供配电系统设计规范》GB 50052的有关规定。一级负荷中特别重要负荷的应急电源宜设置独立于正常电源的发电机组。

3 急救中心的通信指挥系统应设置不间断电源(UPS)应急电源系统，其持续供电时间不应小于12h。

6.2.3 急救中心的照明应符合下列规定：

1 急救中心的照明应符合现行国家标准《建筑照明设计标准》GB 50034的规定。

2 急救中心主要视觉工作场所的照度标准值宜符合表6.2.3-1的规定。

3 急救中心备用照明的设置应符合下列规定：

1)指挥调度用房、技术用房、后勤辅助用房、隔离用房、车库应设置备用照明；

2)备用照明平时宜作为正常照明的一部分；

3)指挥调度用房的备用照明应保证正常照明的照度，其余场所的备用照明应满足该场所继续进行工作所需的最低照度。

表6.2.3-1 急救中心主要视觉工作场所照度标准值

视觉工作场所	工作面照度(lx)	应 用 场 所
指挥调度用房	500	调度大厅、通信机房、配线室等
办公用房	300	综合办公用房，如行政、人事、财务、总务等办公用房；专业办公用房，如医疗、车管、通信等
后勤辅助用房	300	中心供应消毒间、人员消毒间、物资仓库、设备维修车间等
培训用房	300	示教室、大教室、电化设备控制室等

4 调度大厅等有电脑屏幕作为视觉显示终端的作业场所(VDT)的照明应符合下列规定：

1)房间内的水平照度不宜超过500lx；

2)水平照度的均匀度不宜小于0.7；

3)可采用直接照明或半间接照明的方式；

4)采用直接照明时灯具选用和布置宜符合表6.2.3-2的规定；

表6.2.3-2 采用直接照明时灯具选用和布置要求

电脑在室内安放位置的任意性	灯具亮度(cd/m^2)	灯具峰值的截止角(°)	采用灯具的形式
任意布置	≤50	55	双抛物面格栅
有一定限制	50～200	65	
规定布置	≤200	75	

5)采用半间接照明方式时，灯具发出直接分量的那部分出光口的亮度应符合直接照明方式中对灯具亮度的规定；

6)当室内有大屏幕时，灯具通过大屏幕上的反射光线不应落入人眼观察的范围，吊挂的灯具不应落在观察屏幕时的视场内；

7)调度大厅的照明宜采用可调光。

6.2.4 急救中心宜设置服务其建筑环境的智能化系统，包括建筑设备自动化系统、办公自动化系统、通信网络系统和综合布线系统，为急救指挥、调度及办公和物业管理提供支持，系统的设计应符合国家现行有关标准的规定。

6.2.5 急救中心应设置火灾自动报警系统，火灾自动报警系统的设计应符合国家现行有关标准的规定。

6.2.6 急救中心的防雷和接地应符合下列规定：

1 防雷设计应符合现行国家标准《建筑物防雷设计规范》GB 50057和《建筑物电子信息系统防雷技术规范》GB 50343的有关规定。

2 指挥调度系统的通信线路进户处及专用电源设备的输出端应设防雷保护装置。

3 指挥调度大厅应设置从总接地母排处专线引出的电子设备直流工作接地母排，且宜采用M型接地网络，该网络可经专用浪涌保护装置与其他接地网络连接。

4 指挥调度大厅、通信设备主机房应选用防静电地面材料，其对地静电电压绝对值不应大于200V并应符合下列规定：

1)静电地面的表层应采用静电耗散性材料，其表面电阻率或体积电阻率应满足静电耗散要求；

2)防静电地面应有导静电泄放措施和接地装置，其地面对地泄放电阻值应为$1.0\times10^5\Omega$～$1.0\times10^8\Omega$。

6.3 通信指挥调度系统

6.3.1 急救中心通信指挥调度系统设计应符合下列规定：

1 急救中心的通信指挥调度系统应实现功能完备、运行可靠的总体建设目标。

2 系统应采用开放式结构，在呼叫处理、信息管理、基础保障等功能单元的协调运作下，组成一个急救指挥调度系统。系统结构应与中心的管理和分布结构相适应，宜设置专用的分布式信息管理控制网络。

3 系统的总体功能应包括呼救受理、指挥调度、辅助决策、急救处置、跟踪监控、统计查询、环境监控等。

6.3.2 呼叫处理系统应符合下列规定：

1 应设置急救中心专用数字电话程控交换机，并应具备控制、管理模块和通信端口上的物理冗余，其工作电池容量应能保证系统12h以上的正常运行。

2 应设置急救中心呼救电话的数字录音、处理和维护系统，并应具备一年以上正常工作的录音记录容量和双机热备份工作方式。

3 应设置综合布线系统。每个受理功能单元宜设置两个或两个以上的信息点，其他功能用房和区域信息点的设计应按国家现行有关标准的规定执行。

4 应设置呼救受理系统，并具备一年以上正常工作的数据记录容量和冗余备份工作方式。系统应提供受理、本地管理、分中心管理、移动管理级别的功能单元和综合的管理设施，其系统动态响应能力应符合呼救电话受理服务的规定。

6.3.3 信息管理系统应符合下列规定：

1 应设置指挥调度系统，综合处理呼救受理系统、地理信息系统、辅助决策系统、查询统计系统的所有信息，并应为本地管理、移动管理提供管理平台。移动管理应具有双向数据通信功能。

2 应设置地理信息系统(GIS)，实现显示相应地理环境详图和概图的功能，做到地图处理信息与受理、指挥操作处理的信息互动。同时，系统应能与卫星定位系统(GPS)接口，使电子地图通过卫星定位系统(GPS)实现实时的目标定位功能。实时的目标定位响应时间，应为秒级。

3 应设置查询统计系统，统计结果应能够以数字、表格、直方图、拼图以及曲线等多种形式输出。数据库管理数据查询的响应时间，应满足与之相关操作的正常服务的响应要求。

4 宜设置辅助决策系统，并应具有实用急救专家预案系统。

6.3.4 基础保障系统应符合下列规定：

1 通信网络宜具备两路或以上路由的急救服务区域专用电信服务的通信接入，并宜配备一定数量的模拟线路备用。

2 应设置专用无线语音和数据通信系统。

3 应设置车辆卫星实时定位(GPS)监控系统。

4 应设置系统时间同步系统。

5 应设置基于计算机的数字化网络平台。

6 宜设置大屏幕显示系统。

7 应设置急救指挥中心专用计算机机房、指挥中心机房、数字程控交换机机房。

8 宜设置急救指挥中心上述各机房环境监控系统，并宜具备与急救中心建筑设备自动化系统的信息接口。

9 多功能指挥会议室应设置专用的电话、电视会议等系统和设备。

6.4 采暖、通风与空气调节

6.4.1 急救中心应根据所在地的气象条件及功能要求，设置全部或局部的采暖、通风、空调或净化工程。

6.4.2 隔离用房应采用独立的空调系统，送风量不宜小于每小时10次换气次数，新风量不宜小于每小时3次换气次数，并应能24h连续运行。隔离用房还应有独立排风系统，并应保持与其相邻、相通房间低10Pa的负压。

6.4.3 急救中心的采暖、通风与空气调节应符合国家现行有关标准的规定。

6.4.4 急救中心应按功能要求设置清洁区、半污染区及污染区。

6.4.5 隔离用房的送排风系统应按区域设置，机械送排风系统应使压力从清洁区、半污染区、污染区依次降低。清洁区应为正压或0，半污染区、污染区应为负压。

6.4.6 消毒区应设置独立送排风系统，并应保持负压，其各功能房间压力与通风应满足表6.4.6的要求：

表 6.4.6 消毒区各功能房间压力和通风要求

功能房间	相对于相邻区域压力关系	每小时最小换气次数(次/h)	每小时新风最小换气次数(次/h)
消毒间	负压	10	—
污物间或去污间	负压	6	2
消毒后存放间	正压(或0)	4	2

6.4.7 负压房间应设置压差传感器。

6.4.8 隔离用房的送风口应设置于房间的上部，采用顶送或侧上送，回(排)风口应设于房间一侧下部，回(排)风口下沿距地面不应小于100mm。回(排)风口宜设置低阻中效过滤器。

6.4.9 隔离用房等排风系统应设置高效过滤器及防倒流装置，其他用房排风系统应设置防倒流装置，并均应高空稀释排放。

6.4.10 过滤器的两端应设置压差检测报警装置。

6.4.11 新风采集口距所有排风口距离不应小于10m，且应在排风口上风侧无污染干扰源的清洁区域；新风采集口下端距地面的距离不应小于3m；当新风采集口设在屋顶时，其距屋顶面的距离不应小于1m。新风系统宜设置初、中效两级过滤器，隔离用房宜再设置亚高效过滤器。

6.4.12 隔离用房内空调冷凝水应集中收集，并应排放至废污水处理站。

中华人民共和国国家标准

急救中心建筑设计规范

GB/T 50939-2013

条 文 说 明

1 总 则

1.0.1 本条阐明了本规范的编制目的。

1.0.2 本条阐明了本规范适用的范围，即独立院前型急救中心、分中心、急救站。急救中心内均不设与病人有关的“院内”用房，如门急诊部、住院部、医技部等及相关附属用房。

1.0.3 本条阐明了我国城市急救网络的层级体系，即分为急救中心、急救分中心和急救站三级。急救网络层级的设置应根据城市规模确定，独立建制的急救分中心、急救站应按区域卫生规划确定。

1.0.4 本条阐明了急救中心的建设应达到的目标和应满足的功能。

1.0.5 本条强调了执行本规范与执行国家有关强制性标准、规范的规定以及其他有关标准、规范的关系。

3 选址与总平面

3.1 选　　址

3.1.1 本条阐明了急救中心的选址原则。

3.1.2、3.1.3 本条阐明了急救中心、分中心、急救站基地选择的要求。根据急救中心的特点，应使急救中心在日常急救服务、突发公共卫生事件时，具有快速应变、统一调度指挥本地区的医疗机构的能力，满足承担紧急转运医疗救治任务的功能要求。因而，特别强调了基地对交通和接收信号方面的要求。

3.2 总 平 面

3.2.1 本条阐明了急救中心总平面设计的要求。第1款、第2款对急救中心内流线组织的要求进行了具体化，利于避免人、车、物流线的交叉，并贯彻了可持续发展的思想。第4款、第5款，对停车场提出了具体要求，兼顾了急救中心的功能和各地的不同情况。

3.2.2 本条针对急救中心的特点，对出入口和环通道提出了要求。

3.2.3 本条对急救中心内隔离用房的位置提出了具体要求。

4 建筑设计

4.1 一般规定

4.1.1 根据现代医疗机构的发展趋势，在机电设计方面也应为今后发展、改造和灵活分隔创造条件，如管道井、设备层的位置，负荷计算等。

4.1.2 本条依据现行国家标准《无障碍设计规范》GB 50763 制订，强调了建筑物出入口的无障碍设计。

4.1.3 为保证急救中心高效率的运转，本条规定了急救中心的分区和各种用房应设置明显的导向标识。

4.1.4 为加强急救中心建设的指导性，在项目建设的前期阶段，各类用房的面积指标应符合国家现行标准的有关规定，以避免各地在建设中无序发展。

4.2 指挥调度用房

4.2.1 本条阐明了指挥调度用房在平面位置、内部布局等方面的要求。对于灾害多发区，指挥调度用房可设在受灾害影响较小的楼层。

4.2.2 本条根据指挥调度中心的特殊功能要求，对应设置的用房加以说明。

4.2.3 本条阐明了指挥调度用房可根据规模和需要设置的用房。

4.2.4 需要强调的是指挥调度室是急救中心的核心部位，它肩负着指挥调度本区内各级急救资源，开展伤病员的现场急救、转运和危重症病人途中监护的责任。通常，急救中心与公安(110)、消防(119)等应急系统联合行动，实施重大突发公共卫生事件的紧急救援。所以，为保证信息正常、及时地接收和传达，应在建筑设计、室内装修、设备配置等方面，充分考虑其功能要求。

4.3 车　　库

4.3.1 本条阐明了车库在平面位置方面的要求。急救车承担着现场急救、转运和危重症病人的途中监护等责任，所以车内物资配备必不可少，需要及时补充和更新，以与物资库相近为好。

4.3.2 本条阐明了车库应设置的用房。急救转运离不开急救车的作用，加之急救车本身价格高昂，所以车库和相关的附属用房在急救中心有着非同小可的地位。

4.3.3 本条阐明了车库可根据规模和需要设置的用房。

4.3.4 需要注意的是，随着现代医学科技和医疗技术的发展，急救车的外形和配备也在不断更新发展中，在设计车库时，需要不断更新知识，满足急救车存放和运行的要求。

4.4 隔离用房

4.4.1 本条阐明了隔离用房在总体布局中的位置要求。

4.4.2 由于在转运、急救、监护病人的过程中，不可避免会遇到传染病的病例，就需要按照传染病规定进行处置，分别对医护人员、车辆和物品进行消毒。本条阐明了隔离用房应设置的用房。

4.4.3 本条阐明了隔离用房可根据规模和需要设置的用房。

4.4.4 本条遵循传染病建筑设计的原则，规定了污染区、半污染区和清洁区，便于总体布局和设备工种的配合。

4.4.5 隔离用房的建筑设计应参照有关的传染病建筑设计规范和其他有关规范的规定。

4.5 行政办公用房

本节阐明了应设置的综合行政办公用房的组成。根据急救中心的不同规模和各地情况，可灵活设置行政办公科室。综合办公用房，一般有行政办公室、人事科、总务科、财务科等；专业办公用房，一般有通信指挥科、医疗科、车管科等。

4.6 后勤辅助用房

本节阐明了后勤辅助用房的组成。各种物资仓库包括医疗器械库房、药品库房、一次性卫生物品库房等。需要强调的是物品和人员的消毒设施，为避免交叉感染、传染病的扩散、保护医护人员，有必要对非一次性物品和接触病人的有关人员进行彻底有效的消毒。医疗垃圾存放间的设置基于同样的原因。

4.7 培训用房

急救中心还承担着培训和技术救助、开展急救医学的科研及学术交流的任务。所以，培训用房是急救中心一个重要组成部分。平时，需要对急救专业技术人员、特殊人群(包括警察、武警、驾驶员、从事有毒有害工种人员、旅游餐饮娱乐行业从业人员等)、公众等进行急救知识和技能的培训，所以应在建筑设计、设备配置等方面满足其功能要求。

4.8 急 救 站

急救站是急救中心下设的直属分支机构，配有急救车、相关用房和一定面积的急救车活动场地。急救站的设置和具体面积标准参照国家现行有关标准的规定。

5 防火与疏散

5.0.1 鉴于急救中心的重要性，它的防火和疏散不容忽视，应符合我国现行建筑设计防火规范的规定。

5.0.2 本条是关于急救中心耐火等级的规定。

6 建筑设备

6.1 给水排水、污水处理和消防

6.1.1 为使急救中心新建、扩建和改建时符合安全、卫生、节能、环境保护和使用功能等方面的要求，设计时要统一规划。

6.1.2 给水、热水及饮水供应的要求：

1 本款阐明了急救中心生活饮用、洗涤、沐浴水的水质要求。

2 急救中心办公、淋浴、职工食堂、洗车、绿化等用水定额，冷、热水用水定额均按照现行国家标准《建筑给水排水设计规范》GB 50015的有关规定确定。

3 为避免隔离用房内使用卫生器具而交叉感染提出的设施要求。

4 本款为对隔离用房管道检修操作的卫生安全性而制订。

5 本款阐明了急救中心饮水供应的方法。

6.1.3 排水和污水、污物处理的要求：

1 现行国家标准《医疗机构水污染物排放标准》GB 18466明确了医疗机构指从事疾病诊断、治疗活动的医院、卫生院、疗养院、门诊部、诊所、卫生急救站等，故急救中心污水排放标准应按现行国家标准《医疗机构水污染物排放标准》GB 18466执行。

隔离用房医务人员、车辆、物品消毒过程中产生的污、废水按传染病医疗机构消毒要求进行消毒。

2 急救中心在急救过程中产生的医疗废物处理应遵循《医疗废物处理管理条例》的规定。

3 本款规定救护车辆应进行冲洗和消毒的要求。

4 本款规定急救中心厨房的含油废水需经隔油池处理和车辆冲洗水应设隔油沉淀池处理。

5 选用节水型卫生器具，例如选用的便器应为构造本身适应在6L冲洗量的情况下能将大便器冲洗干净的便器；选用的红外感应自动冲洗装置应具有冲洗及时、节约用水和卫生的优越性等。

6.1.4 本条阐明急救中心消防设计应符合国家和地方的有关标准和规范。

6.2 电　　气

6.2.1 本条确定了急救中心电气设计的重点。

6.2.2 本条根据现行国家标准《供配电系统设计规范》GB 50052的相关规定制订。

本条第2款主要是强调应急电源宜来自独立于正常电源的发电机组，其原因是发电机组提供的电源更为可靠，且能保证足够的容量和供电时间。

6.2.3 VDT作业是指有电脑屏幕（不管大小）作为视觉显示终端的作业。

双抛物面格栅是一种采用抛物面作为两侧主反射面的荧光灯格栅灯具。灯具采用镜面板做反射材料，以嵌入式居多。灯具发出的在垂直于灯管轴线的平面上的光强分布，其显著特点是在过设定峰值角度后迅速降为零，即光线在该角度上截止。

6.2.4 急救中心设置的通信网络系统和综合布线系统主要为急救中心通信指挥调度系统提供基础保障，同时兼顾日常办公和物业管理的使用。急救中心设置的办公自动化系统，主要满足除急救中心通信指挥调度系统外的日常办公和物业管理用途。急救中心的建筑设备自动化系统将其建筑环境内的电力、照明、空调、给排水、防灾、保安等设备或系统，以集中监视、控制和管理为目的，构成综合系统；同时，具备与急救中心通信指挥调度系统通信的信息接口，为通信指挥调度系统提供支持。

6.2.5 本条规定急救中心火灾自动报警系统的设计按现行国家标准执行。

6.2.6 本条对指挥调度大厅防静电设计的规定引用了国家现行标准《通信机房静电防护通则》YD/T 754及《防静电工作区技术要求》GJB 3007中的相关规定。防静电地面材料包括活动地板、地毯、树脂涂料及其他具有防静电功能的材料。防静电地面工程的检测应符合现行行业标准《电子产品制造与应用系统防静电检测通用规范》SJ/T 10694的规定。

6.3 通信指挥调度系统

6.3.1 本条明确了急救中心通信指挥调度系统的设计要求。

急救中心的通信指挥调度系统是一个综合的实时信息控制和管理信息系统，在进行急救中心通信指挥调度系统的工程建设时，应符合国家信息、安全、管理相关的规范。

系统在呼叫处理系统、信息管理系统、基础保障系统等功能单元内应具备以下基本功能系统：

（1）呼叫处理系统，应包括数字程控电话交换机系统、数字语音处理系统、呼救受理系统。

（2）信息管理系统，应包括地理信息系统、辅助决策系统、查询统计系统、指挥调度系统。

（3）基础保障系统，应包括通信网络、数据网络、环境监控系统、大屏幕显示系统、呼救目标和救护车辆的GPS定位及时钟同步系统。

急救中心通信指挥调度系统功能结构图如图1。

6.3.2 本条是对呼叫处理系统的规定。

1 急救中心专用数字电话程控交换机应具备两套物理上独立的控制、管理模块和一定余量的通信端口模块。其配套的工作电源应能满足上述冗余设施投入工作的要求。

2 急救中心呼救电话数字录音及处理系统的录音容量应保证系统一年以上的正常工作，并具备备份、导出、查询和管理设施。系统设备应为一用一备，双机热备份方式。

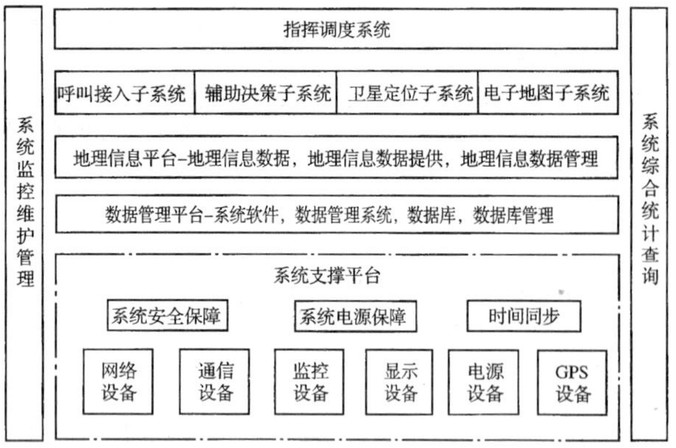

图1　急救中心通信指挥调度系统功能结构图

3　综合布线系统，为呼叫受理、调度、管理指挥提供语音和数据通信支持的网络。除受理功能单元外，还应根据功能要求设置其他信息点。

4　呼救受理系统的呼救受理功能单元宜采用双显示屏结构，分别显示反映交通运输状况或呼救目标位置的电子地图和受理工作操作界面，具有呼救受理、救护过程调度功能，个别受理台具有维护、统计等功能。

本地管理、分中心管理、移动管理应具有指挥、控制、统计与咨询功能；并具备在多种予定义预案模式中动态切换和调整定义的功能。

系统应自动显示呼救者主叫号码、位置及环境地图，文字标示呼救来源，并确定救护运输路径、救护上车地点。

系统应自动根据呼救者位置，产生最佳的救护运输路径，并通过派车单信息发送到相关医院、救护站和救护车辆，实现救护过程调度和监视。

系统受理等管理信息的存储容量应保证系统一年以上的正常工作。系统受理呼救案例的并发数量，应与呼救电话的同时接入话务量相适应，并具备冗余和模块化的扩展能力。

6.3.3　本条是信息管理系统的规定。

1　指挥调度系统应为移动管理提供管理平台。具备指挥功能的移动管理单元，应可作为领导指挥台，完成双向的数据通信，包括但不限于：①从一端向另一端发送数据和文件。②从一端向另一端进行数据库的读写操作（有口令和权限限制）。③从一端向另一端按照定义的代码集，进行目标的地图定位，实现指挥中心受理台与移动指挥台的地图信息联动。④通过受理台进行实时调度。

2　地理信息系统（GIS）在显示相应环境的地图时，系统应能提供丰富的地图操作手段（如图面无级缩放、任意移动、全图、焦点定位、测距、地理信息查询等）；通过与卫星定位系统（GPS）接口，使电子地图的定位功能中可对图形数据（如城市地图、建筑、街道等）及其相关信息（如电话信息等）等进行增、删、改；系统操作界面应简单直观；文字和地理位置信息查询方式灵活方便；电子地图层次丰富、数据详尽；并提供地图文件的动态更新功能。

3　查询统计系统应能将呼救处理信息实时记录，并自动存档，可靠保存；能根据指挥中心的需要生成相关数据库，以完成各种信息的查询与统计（如统计呼救类型、数量及其分布，调度员受理时间统计、调度员离席时间统计，出车情况统计，急救病种的概率统计及发病时间分布，送往救护地点统计以及重大事故的各项统计等）。

4　辅助决策系统通过实用急救专家预案系统，可进行病案记录以及后期病案查询。同时，通过辅助信息通告功能，指挥中心可向任意一个或多个中心、救护站及支持医院提供实时和非实时信息。

6.3.4　本条是基础保障系统的规定。

1　通信网络为特服电话和急救指挥调度提供语音和数据通信支持；同时，要为急救分中心子系统提供多种组网方式。故宜具备冗余路由的急救服务区域专用电信服务的通信接入。

系统应能支持多种类型的急救分中心系统和医院设置的指令接收设备。

根据需要在分中心、救护站和支持医院，设置专用电话（包括无线电话）、计算机、传真机或网络打印机（包括无线通信网络连接）。

2　对于省会（直辖市）级别的指挥中心，应切实保障无线语音和数据通信资源的专用。

3　车辆卫星实时定位（GPS）监控系统，利用GPS卫星向地面目标发射定位信息，经过卫星定位系统（GPS）处理后，将车辆位置及特征信息通过无线通信网络送到指定的控制中心（如采用无线通信网络），通过地理信息系统（GIS）将移动目标显示在相应显示设备上，同时控制中心也可以将相应的指挥、控制指令发送到移动终端的操作者，对救护车辆的运作进行远程指挥。系统指令传送的响应时间，应满足救护过程的服务响应要求。

5　基于计算机的数字化网络平台，其网络传输速率应能满足系统正常运行的要求，并具备冗余，包括信息量和响应时间两方面。

6　大屏幕显示系统，为指挥、调度和管理提供的信息显示手段，应保证显示内容能根据功能要求进行定义，并预置指挥、调度、受理等模式。

7　急救指挥中心专用计算机机房、指挥中心机房、数字程控交换机机房的环境监控系统，为指挥中心提供安全、可靠的运作环境，应包括空调、电源和UPS备用电源以及安全控制设施。

8　安全控制设施应与急救指挥中心的安保系统接口，完成监视、报警和人员、车辆出入口控制管理任务。同时，应有选择的获取急救指挥中心设置的建筑环境的设备控制、火灾报警及消防控制系统信息，以保证其支持对环境信息的监视。

9　指挥调度厅内的专用多功能指挥会议室（附有休息室），是突发事件发生时完成救援方案的场所，故应配置相应的电话、电视会议等系统和设备。

6.4　采暖、通风与空气调节

6.4.1　本条说明了急救中心以功能要求设置的采暖、通风与空气调节工程，应视所在地的气象条件及所在地经济发展水平，适当进行配置。

6.4.2　本条强调了隔离用房所采取的空调系统技术措施。

6.4.4　本条规定急救中心应按功能要求进行分区设置。

6.4.5　本条规定按压力分布设置送排风系统，正确的压力关系是控制空气中病毒传播的主要手段。

6.4.6　本条规定消毒区应设置独立送排风系统。消毒间消毒时可循环运行，待消毒结束后，可吸入室外清洁空气，稀释后高处排风。

6.4.7　本条规定为确保负压值，应设置压差传感器。

6.4.8　本条规定隔离用房为保障净化要求，宜在回风口设低阻中效过滤器。

6.4.9　本条区分了隔离用房与一般用房排风的处理方式，强调了设置防倒流装置，防止再污染。

6.4.10　本条规定为确保系统正常运行，应在过滤器两端设置压差报警装置，便于及时更换过滤器。

6.4.11　新风采集口的设置应保证所吸入空气为室外新鲜空气，新风采集口应远离建筑物排风口。

6.4.12　本条说明隔离用房内的空调冷凝水不可直接排放，需经处理后排放。

中华人民共和国行业标准

医疗建筑电气设计规范

Code for electrical design of medical buildings

JGJ 312－2013

批准部门：中华人民共和国住房和城乡建设部
施行日期：2 0 1 4 年 4 月 1 日

中华人民共和国住房和城乡建设部公告

第 175 号

住房城乡建设部关于发布行业标准《医疗建筑电气设计规范》的公告

现批准《医疗建筑电气设计规范》为行业标准，编号为 JGJ 312－2013，自 2014 年 4 月 1 日起实施。其中，第 7.1.2、9.3.1 条为强制性条文，必须严格执行。

本规范由我部标准定额研究所组织中国建筑工业出版社出版发行。

中华人民共和国住房和城乡建设部
2013年10月9日

前　言

根据住房和城乡建设部《关于印发〈2008年工程建设标准规范制订、修订计划（第一批）〉的通知》（建标〔2008〕102号）的要求，规范编制组经过广泛调查研究，认真总结实践经验，参考有关国际标准和国外先进标准，并在广泛征求意见的基础上，编制了本规范。

本规范的主要技术内容是：1. 总则；2. 术语和代号；3. 医疗场所分类；4. 供配电系统；5. 低压配电；6. 常用诊疗设备配电；7. 线路敷设；8. 电气照明；9. 防雷、接地及安全防护；10. 智能化集成系统；11. 信息设施系统；12. 建筑设备及诊疗设备监控系统；13. 公共安全系统；14. 呼叫信号系统。

本规范中以黑体字标志的条文为强制性条文，必须严格执行。

本规范由住房和城乡建设部负责管理和对强制性条文的解释，由中国建筑设计研究院负责具体技术内容的解释。执行过程中如有意见或建议，请寄送中国建筑设计研究院（地址：北京市车公庄大街19号，邮政编码：100044）。

本规范主编单位：中国建筑设计研究院

本规范参编单位：中国医院协会医院建筑系统研究分会
中国中元国际工程公司
清华大学建筑设计研究院有限公司
上海建筑设计研究院有限公司
中南建筑设计院股份有限公司
中国电子工程设计院
中国航空规划建设发展有限公司
中国建筑标准设计研究院
北京大学第一医院
上海银欣高新技术发展股份有限公司
施耐德电气（中国）有限公司
德国（上海）本德尔公司

本规范主要起草人员：欧阳东　陈　琪　贾京花　张文才
于　冬　王　漪　王　健　戴德慈
陈众励　汪　隽　钟景华　魏　旗
李立晓　张庆林　董怡新　唐　颖
周　贤　王　烈

本规范主要审查人员：王金元　王　勇　陈汉民　孙　兰
万　力　王素英　张　野　陈建飙
杜毅威　辛春华　肖　冰　周恒瑾

目　次

8

1 总　　则

1.0.1 为统一医疗建筑电气设计，贯彻执行国家技术经济政策，做到安全可靠、经济合理、节能环保、技术先进、维护管理方便，制定本规范。

1.0.2 本规范适用于新建、扩建和改建医疗建筑的电气设计。

1.0.3 医疗建筑电气设计应选择符合国家现行有关标准规定的技术和产品，严禁使用已被国家淘汰的技术和产品。

1.0.4 医疗建筑电气设计除应符合本规范外，尚应符合国家现行有关标准的规定。

2 术语和代号

2.1 术　　语

2.1.1 医疗系统　medical system

医疗本身的结构与功能。

2.1.2 接触部件　contact part

在正常使用中，需要或可能与患者有躯体上接触的医疗电气设备部件。

2.1.3 预期接触电压　prospective touch voltage

人或动物尚未接触到可导电部分时，躯体与可能触及的可导电部分之间的电压。

2.1.4 约定接触电压　conventional prospective touch voltage

在规定的外界影响条件下，允许无限定时间持续存在的预期接触电压。

2.2 代　　号

CCU　危症监护病房　critical care unit

CR　计算机X线摄影　computed radiography

CT　计算机化断层显像　computed tomography

DR　数字放射线照相技术　digital radiography

DSA　数字减影血管造影　digital subtraction angiography

ECT　电休克治疗　electroconvulsive therapy

ICU　重症监护病房　intensive care unit

MRI　磁共振成像　magnetic resonance imaging

NICU　新生儿重症监护室　neonatal intensive care unit

PET　正电子发射断层显像　positron emission tomography

SPECT　单光子发射计算机化断层显像　single-photon emission computed tomography

UPS　不间断电源装置　uninterrupted power supply

3 医疗场所分类

3.0.1 医疗场所应根据对电气安全防护的要求分为下列三类：

1 0类：不使用医疗电气设备接触部件的医疗场所；

2 1类：医疗电气设备接触部件需要与患者体表、体内（除2类医疗场所所述部位外）接触的医疗场所；

3 2类：医疗电气设备接触部件需要与患者体内接触、手术室以及电源中断或故障后将危及患者生命的医疗场所。

3.0.2 医疗场所的用电设备在工作电源中断或供电电压骤降10%及以上且持续时间超过3s时，备用电源应按表3.0.2规定的切换时间投入。医疗场所及设施的类别划分与要求自动恢复供电时间应符合表3.0.2的规定。

表3.0.2　医疗场所及设施的类别划分与要求自动恢复供电的时间

名称	医疗场所及设施	场所类别			要求自动恢复供电时间 t（s）		
		0	1	2	$t\leqslant$ 0.5s	0.5s$<t\leqslant$15s	$t>$15s
门诊部	门诊诊室	√	—	—	—	—	—
	门诊治疗	—	√	—	—	—	√
急诊部	急诊诊室	√	—	—	—	√	—
	急诊抢救室	—	—	√	√(a)	√	—
	急诊观察室、处置室	—	√	—	—	√	—
住院部	病房	—	√	—	—	—	√
	血液病房的净化室、产房、烧伤病房	—	√	—	√(a)	√	—
	婴儿室	—	√	—	—	√	—
	重症监护室、早产儿室	—	—	√	√(a)	√	—
	血液透析室	—	√	—	√(a)	√	—

续表3.0.2

名称	医疗场所及设施	场所类别			要求自动恢复供电时间 t(s)		
		0	1	2	$t\leqslant$ 0.5s	0.5s$<t\leqslant$15s	$t>$15s
手术部	手术室	—	—	√	√(a)	√	—
	术前准备室、术后复苏室、麻醉室	—	√	—	√(a)	√	—
	护士站、麻醉师办公室、石膏室、冰冻切片室、敷料制作室、消毒敷料室	√	—	—	—	√	—
功能检查	肺功能检查室、电生理检查室、超声检查室	—	√	—	—	√	—
内镜	内镜检查室	—	√(b)	—	—	√(b)	—
泌尿科	诊疗室	—	√(b)	—	—	√(b)	—
影像科	DR诊断室、CR诊断室、CT诊断室	—	√	—	—	√	—
	导管介入室	—	√	—	—	√	—
	心血管造影检查室	—	—	√	√(a)	√	—
	MRI扫描室	—	√	—	—	√	—
放射治疗	后装、钴60、直线加速器、γ刀、深部X线治疗	—	√	—	—	√	—
理疗科	物理治疗室	—	√	—	—	—	√
	水疗室	—	√	—	—	—	√
检验科	大型生化仪器	√	—	—	√	—	—
	一般仪器	√	—	—	—	√	—
核医学	ECT扫描室、PET扫描室、γ像机、服药、注射	—	√	—	—	√(a)	—
	试剂培制、储源室、分装室、功能测试室、实验室、计量室	√	—	—	—	√	—
高压氧	高压氧仓	—	√	—	—	√	—
输血科	贮血	√	—	—	—	√	—
	配血、发血	√	—	—	—	—	√
病理科	取材室、制片室、镜检室	√	—	—	—	√	—
	病理解剖	√	—	—	—	—	√
药剂科	贵重药品冷库	√	—	—	—	—	√
保障系统	医用气体供应系统	√	—	—	—	√	—
	中心(消毒)供应室、空气净化机组	√	—	—	—	—	√
	太平柜、焚烧炉、锅炉房	√	—	—	—	—	√

注：1 (a) 指的是涉及生命安全的电气设备及照明；
2 (b) 指的是不作为手术室时。

3.0.3 备用电源供电维持时间应符合下列规定：

1 要求恢复供电时间小于或等于0.5s时，自备备用电源供电维持时间不应小于3h。

2 其他备用电源供电维持时间不宜小于24h。

4 供配电系统

4.1 一般规定

4.1.1 医疗建筑的供配电系统应根据医疗场所的特点、对供电连续性和安全性的要求以及用电容量、当地的供电条件和发展规划等进行设计，并应安全可靠。

4.1.2 医疗场所供配电系统应具有对特别重要负荷从正常工作主电源自动转换到应急电源的功能。

4.2 负荷分级

4.2.1 医疗建筑用电负荷应根据负荷供电可靠性要求及中断供电对生命安全、人身安全、经济损失等所造成的影响程度进行分级，并应符合表4.2.1的规定。

表4.2.1 医疗建筑用电负荷分级

医疗建筑名称	用电负荷名称	负荷等级
三级、二级医院	急诊抢救室、血液病房的净化室、产房、烧伤病房、重症监护室、早产儿室、血液透析室、手术室、术前准备室、术后复苏室、麻醉室、心血管造影检查室等场所中涉及患者生命安全的设备及其照明用电； 大型生化仪器、重症呼吸道感染区的通风系统	一级负荷中特别重要的负荷
	急诊抢救室、血液病房的净化室、产房、烧伤病房、重症监护室、早产儿室、血液透析室、手术室、术前准备室、术后复苏室、麻醉室、心血管造影检查室等场所中的除一级负荷中特别重要负荷的其他用电设备； 下列场所的诊疗设备及照明用电：急诊诊室、急诊观察室及处置室、婴儿室、内镜检查室、影像科、放射治疗室、核医学室等； 高压氧仓、血库、培养箱、恒温箱； 病理科的取材室、制片室、镜检室的用电设备； 计算机网络系统用电； 门诊部、医技部及住院部30%的走道照明； 配电室照明用电	一级
三级、二级医院	电子显微镜、影像科诊断用电设备； 肢体伤残康复病房照明用电； 中心（消毒）供应室、空气净化机组； 贵重药品冷库、太平柜； 客梯、生活水泵、采暖锅炉及换热站等用电负荷	二级
一级医院	急诊室	
三级、二级、一级医院	一、二级负荷以外的其他负荷	三级

注：1 其他医疗机构用电负荷可按本表进行分级；
2 本表未包含的消防负荷分级按国家现行有关标准执行；
3 用电负荷的自动恢复供电时间按本规范表3.0.2执行。

4.2.2 医用气体供应系统中的真空泵、压缩机、制氧机等设备负荷等级及其控制与报警系统负荷等级应为一级。

4.2.3 医学实验用动物屏蔽环境的照明及其净化空调系统负荷等级不应低于二级。

4.3 配电系统

4.3.1 配电系统设计应符合下列规定：

1 当由双重电源供电，其中一路电源或变压器中断供电时，另一路电源或变压器应能承担全部一级负荷中的特别重要的负荷、一级负荷和二级负荷；

2 配变电所选址应深入或接近负荷中心，并不应与诊疗设备用房、电子信息系统机房、病房等相贴邻；

3 除消防负荷外的一级负荷的两路电源宜在末端配电箱处或用电设备处自动切换；

4 除消防负荷外的二级负荷的两路电源可在配变电所或总配电箱处切换。

4.3.2 正常运行情况下，用电设备受电端的电压允许偏差值应符合下列规定：

1 室内一般照明的电压允许偏差值应为±5%，视觉要求较高的场所的电压允许偏差值应为－2.5%～＋5%；

2 应满足诊疗设备对电压允许偏差值的要求。

4.3.3 当配电变压器不能达到设备对供电电压质量要求时，可配置有载调压变压器。

4.3.4 地震烈度为7度及以上地区电气设备应采取抗震措施。

4.4 应急电源

4.4.1 三级医院应设置应急柴油发电机组。二级医院宜设置应急柴油发电机组。

4.4.2 正常市电供电电源停电或故障时，应急电源的供电容量应保证一级负荷中特别重要的负荷用电，并宜保证一级负荷的用电。

4.4.3 应急电源应根据其容量、供电时间等因素选择相应的形式，并可采用独立于正常电源的柴油发电机组、蓄电池、干电池等。

4.4.4 柴油发电机房不宜与诊疗设备用房、住院部、电子信息系统机房等贴邻。当受条件限制而贴邻时，应采取机组消声及机房隔声等综合治理措施，治理后的环境噪声不应超过城市区域环境噪声1类标准的规定，且机组的排烟不应对诊疗构成影响。

4.4.5 柴油发电机组的选择应符合下列规定：

1 对于柴油发电机组的供油时间，三级医院应大于24h，二级医院宜大于12h，二级以下医院宜大于3h；

2 柴油发电机组应配有电压自动调整装置、快速自启动装置及电源自动切换装置，当正常供电电源中断供电时，应能自动启动，并应在15s内向规定的用电负载供电；当正常供电电源恢复供电后，应延时切换并停机。

4.4.6 要求中断供电时间小于或等于0.5s的一级负荷中特别重要的负荷，应设不间断电源装置（UPS），且宜为在线式。TN-S系统中的不间断电源装置（UPS）输出端为三相时，应加装三相隔离变压器并做重复接地。

4.4.7 应急电源为柴油发电机组时，不间断电源装置（UPS）应急供电时间不应小于15min。

4.5 电能管理系统

4.5.1 二级及以上医院的配变电所宜设置电能管理系统。两个及以上配变电所宜集中监测。

4.5.2 电能管理系统宜具备连续采集和处理配变电系统正常运行及故障情况下各种运行参数、运行状态的能力。

4.5.3 电能管理系统应由配变电所直接供电，且当设置遥控功能时，应按医院的最高负荷等级供电。

4.5.4 医院的独立经济核算部门，应单独设置电能计量装置。

4.5.5 电能管理系统应预留与建筑设备监控系统或智能化集成系统接口。

5 低压配电

5.1 一般规定

5.1.1 照明、电力、大型诊疗设备，宜由不同的配电回路供电。

5.1.2 负荷容量较大或重要用电设备，宜由配电室放射式配电。

5.1.3 负荷等级相同的设备且供电路由合理时，宜采用树干或混合式配电。

5.1.4 诊疗设备供电回路的操作开关，应设置在便于操作处。

5.1.5 放射科、核医学科、功能检查、检验科等科室诊疗设备的供电电源，其控制开关宜按科室相对集中设置。

5.2 手术部配电

5.2.1 手术部的供电电源应由配变电所或总配电间专用回路提供。

5.2.2 总配电柜应设在非洁净区。每个手术室应设有一个独立的专用配电箱，且配电箱应设在该手术室的清洁走道，不得设在手术室内。

5.2.3 手术室的空调设备应能在室内自动或手动控制，控制装置显示面板宜与手术室内墙面齐平，空调设备检修口应设在手术室外。

5.2.4 手术室内诊疗设备用插座，应至少设置3台插座箱，插座箱宜分墙面安装，插座箱上应设接地端子。

5.3 医疗场所配电

5.3.1 2类医疗场所的TN-S系统的每个终端配电回路均应设置短路和过负荷保护。

5.3.2 多功能医用线槽上的照明回路应加装剩余电流保护装置。

5.3.3 多功能医用线槽上的电源应与病房照明分回路供电。

5.3.4 大型诊疗设备的主机设备与其辅助设备应分别供电。

5.3.5 医疗配电装置不宜设置在公共场所，当不能避免时，应设有防止误操作的措施。

5.4 医疗场所局部IT系统

5.4.1 医疗场所局部IT系统隔离变压器的一次侧与二次侧应设置短路保护，不应设置动作于切断电源的过负荷保护。

5.4.2 医疗场所局部IT系统单相隔离变压器的二次侧应设置双极开关保护电器。

5.4.3 2类医疗场所的同一患者区域医疗场所局部IT系统的插座箱、插座组，应至少由专用的两回路供电，每回路应设置独立的短路保护，且宜设置独立的过负荷报警。医疗场所局部IT系统插座应有固定的明显标志。

5.4.4 2类医疗场所除手术台驱动机构、X射线设备、额定容量超过5kVA的设备、非生命支持系统的电气设备外，用于维持生命、外科手术、重症患者的实时监控和其他位于患者区域的医疗电气设备及系统的回路，均应采用医疗场所局部IT系统供电。

5.4.5 医疗用途相同且相邻的一个或几个房间内，至少应设置一个独立的医疗场所局部IT系统，除只有一台设备并由单台专用的医疗场所局部IT隔离变压器供电外，每个房间应配置绝缘故障监测装置，且应符合下列规定：

1 交流内阻不应小于100kΩ；

2 测量电压不应超过直流25V；

3 测试电流在故障条件下峰值不应大于1mA；

4 应设置绝缘故障报警，在绝缘电阻最迟降至50kΩ时应能报警、显示，并应配置试验设施。

5.4.6 用于2类医疗场所局部IT系统的隔离变压器应符合下列规定：

1 当隔离变压器以额定电压和额定频率供电时，空载时出线绕组测得的对地泄漏电流和外护物（外壳）的泄漏电流均不应超过 0.5mA；

2 应设置过负荷和超温监测装置；

3 为单相移动式或固定式设备供电的医疗 IT 系统，应采用单相隔离变压器，其额定输出容量最小应为 0.5kVA，但不应超过 10kVA；

4 当需通过 IT 系统为三相负荷供电时，应采用单独的三相隔离变压器供电，且隔离变压器二次侧输出线电压不应超过 250V。

5.4.7 三级医院的 ICU 病房内的医疗场所局部 IT 系统，宜设置绝缘故障监测的集成管理系统。

5.4.8 隔离变压器宜靠近医疗场所设置，并应设置明显标志，采取措施防止无关人员接触。

5.4.9 医疗场所局部 IT 系统，应能显示工作状态及故障类型，并应设置声光警报装置，且报警装置应安装在有专职人员值班的场所。

5.5 导体选择

5.5.1 医疗建筑二级及以上负荷的供电回路，控制、检测、信号回路，医疗建筑内腐蚀、易燃、易爆场所的设备供电回路，应采用铜芯线缆。

5.5.2 二级及以上医院应采用低烟、低毒阻燃类线缆，二级以下医院宜采用低烟、低毒阻燃类线缆。

5.5.3 消防设备供电线缆应符合国家现行有关标准的规定。

6 常用诊疗设备配电

6.1 一般规定

6.1.1 本章适用于医疗建筑中 1000V 及以下常用诊疗设备的配电设计。

6.1.2 大型诊疗设备应采用专用回路供电，且当诊疗设备容量较大或数量较多时，宜配置专用配电变压器。诊疗设备的电源系统应满足设备对电源内阻或线路允许压降的要求。

6.1.3 诊疗设备的配电应根据医疗工艺要求进行设计。

6.1.4 当诊疗设备需采用净化电源设备时，宜采用单元净化系统。

6.1.5 临床检验分析设备宜集中配置不间断电源装置。

6.1.6 医用 X 射线设备、医用高能射线、医用核素等涉及射线防护安全的诊疗设备配电箱，应设置在便于操作处，不得安装在射线防护墙上。

6.1.7 当医用 X 射线设备、医用核素等诊疗设备的控制柜随设备供货时，不应重复设置隔离及保护电器。

6.2 医用磁共振成像设备（MRI）

6.2.1 医用磁共振成像设备应按连续工作制负荷供电。

6.2.2 医用磁共振成像设备的主机、冷水机组应分别从配变电所引出专用回路供电，且主机宜采用两路供电，冷水机组应采用两路供电。

6.2.3 医用磁共振成像设备的扫描室应符合下列规定：

1 室内的电气管线、器具及其支持构件不得使用铁磁物质或铁磁制品；

2 进入室内的电源线路应进行滤波；

3 扫描室屏蔽体应可靠接地。

6.3 医用 X 射线设备

6.3.1 医用 X 射线设备应按其分类、用途、工作制式，由不同的供电回路供电。

6.3.2 医用 X 射线设备的隔离及保护电器应按设备瞬时负荷的 50%和持续负荷的 100%中较大值进行参数整定。

6.3.3 医用 X 射线设备的供电回路应符合下列规定：

1 X 射线设备不应与其他设备共用同一供电回路；

2 当 X 射线设备额定球管电流大于或等于 400mA 时，应从配变电所引出专用回路供电；

3 治疗用 CT 设备、数字减影血管造影设备应从配变电所引出专用的两路供电；

4 多台单相、两相的 X 射线设备，应接在电源不同的相序上。

6.3.4 医用 X 射线设备供电回路导体截面应符合下列规定：

1 单台设备专用回路，应满足设备对电源内阻或电压降的要求；

2 多台设备树干式供电时，其干线导体截面应按供电条件要求的内阻最小值或电压降最小值加大一级确定。

6.4 医用高能射线设备

6.4.1 医用高能射线设备应按其分类、用途，由不同的供电回路供电。

6.4.2 电子直线加速器、回旋加速器、中子治疗机、质子治疗机等诊疗设备的主机及冷水机组，应采用专用的两路供电。

6.4.3 在直线加速器、回旋加速器、中子治疗机、质子治疗机等需射线防护安全的治疗室、机房，应设置门、机联锁控制装置。

6.5 医用核素设备

6.5.1 医用核素设备应按其分类、用途、工作制式，由不同的供电回路供电，并应采用专用回路供电。

6.5.2 伽马刀（γ刀）、PET-CT 设备应采用专用的两路供电。

6.5.3 PET-CT 设备的隔离及保护电器应按设备瞬时负荷的 50%和持续负荷的 100%中较大值进行参数整定。

6.5.4 钴 60 治疗室及其他远距离放射性核素治疗室应设置门、机联锁控制装置。

7 线路敷设

7.1 一般规定

7.1.1 医疗建筑电气线路敷设应根据线路路径的电磁环境特点、线路性质和重要程度，分别采取有效的防护、屏蔽或隔离措施。

7.1.2 对于需进行射线防护的房间，其供电、通信的电缆沟或电气管线严禁造成射线泄漏；其他电气管线不得进入和穿过射线防护房间。

7.1.3 与2类医疗场所无关的电气线路，不应穿越2类医疗场所。

7.2 特殊场所的布线要求

7.2.1 病房等患者住院治疗场所宜采用多功能医用线槽布置照明、各种插座、接地端子等电气设施。

7.2.2 检验室、实验室宜采用槽盒布线，槽盒可敷设在地面、顶板、柱子表面或墙面上。

7.2.3 牙科诊室宜采用地面槽盒或地面穿管的布线方式。

7.2.4 设有射线防护的房间，应采用地面非直通电缆沟槽的布线方式，并应避免直接通向射线防护房间。

7.2.5 2类医疗场所局部IT系统的配电线缆宜采用塑料管敷设。

7.2.6 穿手术室隔墙和楼板的线缆应加保护管，管内应采用不燃材料密封。进入手术室内的线缆敷设后，管口应采用无腐蚀、不燃、弹性密封材料封堵。

7.2.7 洁净手术室、洁净辅助用房及各类无菌室内不应有明敷管线。

7.2.8 电气管线与医用气体管道之间的最小净距应符合表7.2.8的规定。

表7.2.8 电气管线与医用气体管道之间的最小净距（m）

管线	平行	交叉
绝缘导线或电缆	0.50	0.30
穿有导线的电线管	0.50	0.10

7.3 竖井及设备间

7.3.1 二级及以上医院应分别设置电气及通信竖井，并应根据工程需要设置相应的设备间。

7.3.2 竖井的位置及数量应根据建筑规模、供电半径、通信布线系统需求等因素确定，并应符合下列规定：

1 不应与电梯井、管道井共用同一竖井；

2 不宜贴邻烟道、热力管道、卫生间及其他散热量大或潮湿的场所，当无法避免时，应采取隔热、防潮措施；

3 电气和通信线路不应与医用气体管道敷设在同一竖井内，且竖井内不应有与电气无关的管道通过。

7.3.3 三级医院的通信网络设备间与其他通信间宜分别设置。

7.3.4 设备、管线安装完毕后，每层竖井内及周围墙壁孔洞应进行防火封堵。

8 电气照明

8.1 一般规定

8.1.1 医疗建筑照明设计应符合医疗场所的工艺要求，并应实现绿色照明。

8.1.2 医疗建筑照明设计应根据场所功能、视觉要求和建筑的空间特点，合理选择光源、灯具，确定适宜的照明方案，构建舒适的光环境。

8.1.3 医疗建筑照明设计除应符合本规范外，尚应符合现行国家标准《建筑照明设计标准》GB 50034的规定。

8.1.4 供残障人、老年人等使用的照明装置的设置应符合现行国家标准《无障碍设计规范》GB 50763的规定。

8.2 照度及照明质量

8.2.1 医疗建筑不同场所一般照明的照度标准值应符合表8.2.1的规定。

表8.2.1 医疗建筑不同场所一般照明的照度标准值

房间或场所	参考平面及其高度	照度标准值（lx）
门厅、挂号厅、候诊区、家属等候区	地面	200
服务台、X射线诊断等诊疗设备主机室、婴儿护理房、血库、药库、洗衣房	0.75 m水平面	200
挂号室、收费室、诊室、急诊室、磁共振室、加速器室、功能检查室（脑电、心电、超声波、视力等）、护士站、监护室、会议室、办公室	0.75m水平面	300
化验室、药房、病理实验及检验室、仪器室、专用诊疗设备的控制室、计算机网络机房	0.75m水平面	500
手术室	0.75m水平面	750
病房、急诊观察室	0.75m水平面	100
医护人员休息室、患者活动室、电梯厅、厕所、浴室、走道	地面	100

注：1 重症监护病房夜间值班用照明的照度宜大于5 lx；
2 对于手术室照明，在距地1.5m、直径300mm的手术范围内，由专用手术无影灯产生的照度应符合本规范第8.3.3条第5款的规定。

8.2.2 医疗建筑的一般照明的照度均匀度不应小于0.7。

8.2.3 医疗建筑照明光源颜色的色表特征宜为中间色，其相关色温宜为3300K～5300K。人工照明光源的色表特征宜与建筑色彩相适应。

8.2.4 诊室、检查室、手术室和病房宜采用高显色光源，且手术室光源显色指数（Ra）不应小于90，其他场所的光源显色指数（Ra）不应小于80。

8.2.5 医疗建筑照明应避免直接眩光对患者和有精细视觉医疗作业者的干扰。门厅、挂号厅、候诊区、等候区的统一眩光值（UGR）不应大于22，其他诊疗场所统一眩光值（UGR）不应大于19。

8.3 照明方式及种类

8.3.1 医疗建筑应按使用要求设置一般照明和局部照明。

8.3.2 一般照明设计除应符合本规范第8.2节的规定外，还应符合下列规定：

1 室内同一场所一般照明光源的色温、显色性宜一致；除配合治疗用的特殊照明外，其他一般照明不应采用彩色光，室内装饰照明不宜采用彩色光；

2 病房一般照明宜选用带罩灯具吸顶或嵌入安装，当选用荧光灯具时，宜选用无光泽白色反射体；除特别需要，不宜采用

8

反射式间接照明方式；

3　对于病房及通往手术室的走道，其照明灯具不宜居中布置，灯具造型及安装位置宜避免卧床患者视野内产生直射眩光；

4　手术室、无菌室、新生儿隔离病房、灼伤病房、洁净病房、病理实验屏障环境设施净化区等有洁净要求的场所，应采用不易积尘、易于擦拭的密闭洁净灯具，且照明灯具宜吸顶安装；当需要嵌入暗装时，其安装缝隙应有可靠的密封措施；

5　洗衣房、开水间、卫浴间、消毒室、病理解剖室等潮湿场所，宜采用防潮型灯具；

6　磁共振设备房间的灯具应采用铜、铝、工程塑料等非磁性材料；

7　灯具的材质和结构应便于清洁和更换光源，灯具的布置不应妨碍固定诊疗设备和器械的使用，且应便于维护；

8　精神病房照明宜设置在患者不易接触处，并应采用带保护罩的吸顶或嵌入式灯具。

8.3.3　局部照明设计应符合下列规定：

1　呼吸科、骨科等诊室工作台墙面、手术室面向主刀医生的墙面，宜设嵌入式观片照明；化验室、治疗室、口腔科、耳鼻喉科等诊室，应预留局部照明电源插座；

2　除精神病房外，病房内应按一床一灯设置床头局部照明，且配光应适宜，灯具及开关控制宜与多功能医用线槽结合；

3　除精神病房外，三级医院病房可按床位在多功能医用线槽上设置工作照明；

4　应选用安全型电源插座；

5　手术室应设手术专用无影灯，且无影灯设置高度宜为3.0m～3.2m；无影灯的照度应为20×10^3 lx～100×10^3lx，且胸外科手术专用无影灯的照度应为60×10^3lx～100×10^3lx；有影像要求的手术室应采用内置摄像机的无影灯；

6　口腔科无影灯的照度不应小于10×10^3lx。

8.3.4　病房内和病房走道宜设有夜间照明。病房内夜间照明宜设置在房门附近或卫生间内。在病床床头部位的夜间照明照度宜小于0.1 lx，儿科病房床头部位的夜间照明照度宜为1.0 lx。

8.3.5　候诊区、传染病诊室及病房、手术室、血库、洗消间、消毒供应室、太平间、垃圾处理站等场所，宜设紫外线消毒器或紫外线消毒灯。

8.3.6　候诊区、特殊治疗室、儿科诊室，可结合诊疗特定环境要求设置装饰照明。

8.3.7　病房楼（区）不宜设置城市夜景照明。

8.4　应急照明

8.4.1　下列场所除设置正常照明外，应设置应急照明：

1　手术室、抢救室应设置安全照明；

2　重症监护室、急诊通道、化验室、药房、产房、血库、病理实验与检验室等需确保医疗工作正常进行的场所，应设置备用照明；

3　消防控制室、自备电源室、配变电所、消防水泵房、防排烟机房、电话机房、电子信息机房等火灾时仍需坚持工作的场所，应设置备用照明；

4　疏散楼梯间、疏散走道、消防电梯间及其前室，门厅、挂号厅、候诊厅等人员密集场所安全疏散的出口和走道，应设置疏散照明。

8.4.2　2类场所中的手术室、抢救室安全照明的照度应为正常照明的照度值，其他2类场所中备用照明的照度不应低于一般照明照度值的50%。消防用应急照明应符合国家现行有关标准的规定；竖向疏散区域、人员密集疏散区域、地下疏散区域、需要救援人员协助疏散的场所，疏散照明的地面最低水平照度不应低于5.0 lx，其他疏散区域疏散照明的地面最低水平照度不应低于3.0 lx。

8.4.3　对于手术室、抢救室等涉及人身安全的场所的安全照明持续供电时间，三级医院应大于24h，二级医院宜大于12h，二级以下医院宜大于3h；消防用应急照明最少持续供电时间应符合国家现行有关标准的规定；其他场所应急照明的最少持续供电时间不应小于30min。

8.4.4　应急照明在市电停止供电后，应选择适宜的应急电源，其供电电源转换时间应符合本规范表3.0.2的规定，备用照明和疏散照明不应大于5s，疏散照明平时宜处于点亮状态。

8.4.5　安全照明、备用照明光源的色温、显色性宜与一般照明一致，灯具宜与一般照明协调布置，疏散照明的设置不应与医疗建筑的其他标识相互遮挡。

8.5　照明控制

8.5.1　一般场所照明开关的设置应符合下列规定：

1　门诊部、病房部的门厅、走道、楼梯、挂号厅、候诊区等公共场所的照明开关，宜在值班室、候诊服务台等处集中控制，并可根据自然采光和使用情况分组、分区控制；

2　挂号室、诊室、病房、监护室、办公室等，宜单灯设置照明开关；

3　药房、培训教室、会议室、食堂餐厅等，宜分区或分组设置照明开关。

8.5.2　特殊场所照明开关的设置应符合下列规定：

1　手术室无影灯和一般照明，应分别设置照明开关；

2　X线诊断设备、CT机、MRI机、DSA机、ECT机等诊疗设备工作室的照明开关，宜设置在控制室内或在工作室及控制室内设双控开关；

3　紫外线消毒灯的开关应区别于一般照明开关，且安装高度宜为底边距地1.8m；

4　洗衣房、开水间、卫浴间、消毒室、病理解剖室等潮湿场所，宜采用防潮型开关；

5　精神病房照明、空调开关，宜在护士站集中控制；

6　精神病房电源插座带电状态应在护士站集中控制；

7　夜间照明开关宜由护士站统一控制。

8.5.3　病房的走道照明宜采用分组、分时段或调光等控制方式。

8.5.4　公共场所一般照明可由建筑设备监控系统或智能照明控制系统控制。

8.5.5　医疗建筑内照明不宜采用声控开关。

8.6　医用标识照明

8.6.1　医疗建筑的引导标识、无障碍标识、安全警示标识等宜采取电光源照明。

8.6.2　标识照明应由照明配电箱内单独回路供电，且宜集中控制；仅夜间使用的标识照明，可采取时间或照度控制。

8.6.3　标识照明的设置应符合下列规定：

1　建筑楼层索引，可采取立地式或贴墙式；敞开空间内指示牌底边距地不应低于2.2m，贴墙式标识牌底边距地宜为1.7m～1.9m；

2　标识照明的外露可导电部分应可靠接地；

3　急诊、急诊通道应有标识照明；

4　医用高能射线、医用核素等诊疗设备的扫描室、治疗室等涉及射线防护安全的机房入口处，应设置红色工作标识灯，且标识灯的开关应设置在设备操纵台上。

8.6.4　室内标识照明的平均亮度应使人距标识1.5m处可清晰辨认标识的文字和内容。当标识照明面积小于或等于$0.5m^2$时，其平均亮度宜为$400cd/m^2$；当标识照明面积大于$0.5m^2$且小于或等于$2m^2$时，其平均亮度宜为$300cd/m^2$。

8.7　照明节能

8.7.1　医疗建筑室内外照明应选用节能型光源。

8.7.2　除医用磁共振成像设备室等有特殊需要的房间外，一般场所不应采用白炽灯。

8.7.3　除有特殊要求的医疗场所外，应选用效率高的灯具。

8.7.4 医疗建筑应采用功率损耗低、性能稳定的灯具附件。镇流器按光源需求配置，并应符合相应能效标准节能评价值。
8.7.5 在保证照明质量的前提下，应控制照明功率密度值。
8.7.6 气体放电灯具的线路功率因数不应低于0.9。采用电感镇流器的气体放电灯具，宜采用分散方式进行无功补偿。
8.7.7 医疗建筑的室内照明设计应利用自然光，照明控制宜与外窗平行。
8.7.8 室外照明宜采用时间及照度控制方式。
8.7.9 有条件的地区，室内照明可采用太阳能光伏照明。

9 防雷、接地及安全防护

9.1 一 般 规 定

9.1.1 医疗建筑的防雷接地设计应符合国家现行有关标准的规定。
9.1.2 医疗建筑的保护性接地和功能性接地宜采用共用接地装置，且接地电阻应按各类要求的最小值确定；建筑物内应作总等电位联结。

9.2 防　　雷

9.2.1 医疗建筑的防雷设计应符合现行国家标准《建筑物防雷设计规范》GB 50057 和《建筑物电子信息系统防雷技术规范》GB 50343 等的规定。
9.2.2 医疗建筑电子信息系统及医疗电子设备应设置雷击电磁脉冲防护，且防护等级应符合现行国家标准《建筑物电子信息系统防雷技术规范》GB 50343 的规定。
9.2.3 医疗建筑内医疗电子设备的安装位置宜远离建筑物外墙及防雷引下线。

9.3 接　　地

9.3.1 医疗场所配电系统的接地形式严禁采用 TN-C 系统。
9.3.2 医疗场所内由局部 IT 系统供电的设备金属外壳接地应与 TN-S 系统共用接地装置。
9.3.3 在1类及2类医疗场所的患者区域内，应做局部等电位联结，并应将下列设备及导体进行等电位联结：
　　1 PE 线；
　　2 外露可导电部分；
　　3 安装了抗电磁干扰场的屏蔽物；
　　4 防静电地板下的金属物；
　　5 隔离变压器的金属屏蔽层；
　　6 除设备要求与地绝缘外，固定安装的、可导电的非电气装置的患者支撑物。
9.3.4 在2类医疗场所内，电源插座的保护导体端子、固定设备的保护导体端子或任何外界可导电部分与等电位联结母线之间的导体的电阻（包括接头的电阻在内）不应超过0.2Ω。
9.3.5 采用人工接地体时，应采取有效的防腐措施。
9.3.6 医疗场所内的医疗电子设备应根据设备易受干扰的频率，选择 S 型、M 型或 SM 混合型等电位联结形式。
9.3.7 1类和2类医疗场所应选择安装 A 型或 B 型剩余电流保护器。

9.4 电 击 防 护

9.4.1 当1类和2类医疗场所使用安全特低电压时，标称供电电压不应超过交流 25V 和无纹波直流 60V，并应采取对带电部分加以绝缘的保护措施。
9.4.2 1类和2类医疗场所应设置防止接地故障（间接接触）电击的自动切断电源的保护装置，并应符合下列规定：
　　1 IT、TN、TT 系统的约定接触电压限值不应超过 25V；
　　2 TN 系统的最大切断时间，230V 应为 0.2s，400V 应为 0.05s。
9.4.3 在2类医疗场所区域内，TN 系统仅可在下列回路中采用不超过 30mA 的额定剩余电流，并具有过流保护的剩余电流动作保护器（RCD），且剩余电流动作保护器应采用电磁式：
　　1 手术台驱动机构供电回路；
　　2 X 射线设备供电回路；
　　3 额定功率大于 5kVA 的设备供电回路；
　　4 非生命支持系统的电气设备供电回路。
9.4.4 TT 系统应设置剩余电流动作保护器（RCD）。
9.4.5 手术室及抢救室应采用防静电地面，其表面电阻或体积电阻应在 $1.0\times10^4\Omega \sim 1.0\times10^9\Omega$ 之间。
9.4.6 医用局部等电位母排应安装在医疗场所的附近，且应靠近配电箱，联结应明显，并可独立断开。

9.5 电 磁 兼 容

9.5.1 生物电类检测设备、医疗影像等诊疗设备用房应设置电磁屏蔽或采取其他电磁泄漏防护措施。易受辐射干扰的诊疗设备用房不应与电磁干扰源用房贴邻。
9.5.2 当环境中的电磁干扰值不能满足诊疗设备要求时，应采取电磁屏蔽措施。
9.5.3 诊疗设备配电箱应根据配电级数和配电箱位置以及接地系统的要求等，设置不同类型的电涌保护器（SPD）保护。
9.5.4 有电磁防护要求的诊疗设备用房内，电气设备应满足电磁兼容要求，电气线路宜穿金属管保护且金属管两端应接地。
9.5.5 有电磁防护要求的诊疗设备用房应做局部等电位联结。
9.5.6 脑电图等对电磁屏蔽有专项要求的机房应进行电磁兼容专项设计。
9.5.7 医疗场所的无线传输设备应进行电磁兼容专项设计。

9.6 谐 波 防 治

9.6.1 医疗建筑供配电设计应进行谐波防治，当建筑物的谐波强度及其分布状况难以预计时，宜预留谐波防治装置的安装空间。
9.6.2 当采用无源滤波或电容器无功功率补偿装置时，应防止发生局部系统谐振。
9.6.3 医技部诊疗设备专用配电变压器宜装设谐波测量及记录装置。
9.6.4 当供配电系统中有较多谐波源时，除应在末端设置滤波装置外，相应回路的中性线导体截面应与相线导体截面相同。

9.6.5 谐波严重的X射线设备、CT机、磁共振成像等大型诊疗设备，宜相对集中供电，且应由配变电所或总配电间专用回路供电，并应满足该设备对电源阻抗的要求。

9.6.6 UPS不间断电源装置的输出功率因数应大于或等于0.8，谐波电压畸变率及输入谐波电流（3～39次THDi）畸变率应小于5%。

10 智能化集成系统

10.0.1 医疗建筑的智能化集成系统应按医疗建筑等级、管理水平、发展规划等进行设计，并应符合下列规定：

1 三级医院宜设置智能化集成系统；

2 二级及以上医院应预留智能化系统集成接口；

3 应预留与火灾自动报警系统的接口。

10.0.2 医疗建筑的智能化集成系统应包含信息设施系统、建筑设备及诊疗设备监控系统、公共安全系统及呼叫信号系统等。

10.0.3 医疗建筑的智能化集成系统应实现对智能化各系统的统一监视及管理。

10.0.4 医疗建筑的智能化集成系统的设计，应遵循集中管理、分散控制的原则，并应满足各系统的联动要求。

10.0.5 医疗建筑的集成系统应基于开放结构，且符合标准的通信协议和接口要求，并应为未来发展留有余地。

10.0.6 医疗建筑的智能化集成系统应符合下列规定：

1 应具有数据记录、存储和分析处理能力；

2 应提供中文操作及图形化界面；

3 软件宜能由用户根据实际需要进行必要的扩充。

11 信息设施系统

11.0.1 医疗建筑的信息设施系统应包括电话交换系统、计算机网络系统、综合布线系统、室内移动通信覆盖系统、医疗专用信息系统（HIS）、卫星通信系统、有线电视及卫星电视接收系统、公共广播系统、会议系统、信息发布系统、子母钟系统等。

11.0.2 当医疗建筑设置电话交换系统时，电话交换总机应具有呼叫保留、呼叫转移、热线电话及无线通信接口等专用功能，并应具有模拟中继、数字中继接口。

11.0.3 一级及以上医院应设置计算机网络系统，并应符合下列规定：

1 计算机网络设备应设置在专用的设备间内，并应满足设备工作环境要求；

2 医疗建筑的计算机网络系统宜设置内网和外网，并宜分别设置交换机和服务器；

3 三级医院核心交换机应采用1+1冗余设置，二级及以下医院核心交换机宜采用1+1冗余设置。

11.0.4 一级及以上医院应设置综合布线系统，并应符合下列规定：

1 对于二级及以上医院的综合布线系统，数据传输主干应采用光纤，水平线宜采用六类及以上的4对对绞电缆；手术室、影像科室、示教室等传输信息量较大的场所，宜采用光纤到桌面的布线形式；

2 对于一级医院的综合布线系统，数据传输主干宜采用光纤，水平线可采用六类及以上的4对对绞电缆；

3 病房内的信息点宜按床位设置在多功能医用线槽上；

4 信息点的设置应满足使用要求；

5 电信间设置应满足现行国家标准《综合布线系统工程设计规范》GB 50311的规定。

11.0.5 二级及以上医院应设置医疗专用信息系统，一级及以下医院宜设置医疗专用信息系统，并应符合下列规定：

1 医疗专用信息系统宜由医疗建筑管理系统（HMS）、临床信息系统（CIS）等组成；

2 医疗专用信息系统的建设应包括系统的运行保障和信息安全的建设；

3 医疗专用信息系统应设置操作权限并分类管理医疗建筑的管理信息和临床医疗信息，并应分级管理各科室的临床信息；

4 医疗专用信息系统应支持模块化方式；

5 医疗专用信息系统前端输入识别方式，宜采用一卡通；

6 宜建立医疗建筑信息管理系统（HIMS）。

11.0.6 二级及以上医院可根据远程医疗的需要设置卫星通信等系统，并宜预留卫星通信系统天线基础及相关条件。

11.0.7 一级及以上医院应设置有线电视系统，涉外病房、三级医院宜设置卫星电视接收系统。设置有线电视系统的，宜预留自办节目的接口，并应符合下列规定：

1 会议室、示教室、医疗康复中心等教学场所宜设置有线电视插座；

2 候诊室、输液室、休息室、活动室等公共场所宜设置有线电视插座；

3 除精神病房外，每间病房应设置一个或以上有线电视插座，多人病房，宜设有电视伴音输出装置；

4 带套间的单人病房的有线电视系统，宜具有视频点播功能。

11.0.8 一级及以上医院应设置公共广播系统，并应符合下列规定：

1 公共广播宜与应急广播合用扬声器，平时用于业务及背景音乐广播的应具备强制切换到应急广播的功能；

2　公共广播宜在有人值班的场所设置音量调节装置；

3　有独立音源及扬声器的场所宜留有应急广播接口，并应具备强制切换功能；也可专设应急广播扬声器，且火灾时应切除独立音源广播；

4　公共广播宜按防火分区并结合医疗功能分区，设置广播播出内容。

11.0.9　二级及以上医院宜设置会议系统、远程医疗系统，有教学要求的医疗建筑应设置手术室视频示教系统，并应符合下列规定：

1　会议系统可根据需要配置多媒体投影显示、数字会议、同声传译、会议扩声、视频会议、中央控制、场景控制、数码会议桌牌、电子会标、音像资料存档查询等；

2　远程医疗系统应具备远程诊断、专家会诊、信息服务、在线检查和远程交互功能；

3　手术室视频示教系统应能实现手术过程的实况观摩，并应具有双向音/视频传输、场景切换、影像录制、后期处理等功能；

4　手术室无影灯应内置摄像机或设置全景摄像机，也可配置全方位高清摄像机，并应预留1个～2个视频输入接口；

5　示教室内应设置大屏幕显示、音/视频切换控制、编辑存储等装置，并宜设置专用控制设备间。

11.0.10　二级及以上医院的门诊部、住院部的入口处，宜设置信息发布系统，并应符合下列规定：

1　系统可采用屏幕显示装置或触摸查询装置；

2　系统应支持主流媒体格式，实现对终端的独立管理、同步播放。

11.0.11　三级医院宜设置子母钟系统，并应符合下列规定：

1　子母钟系统源信号宜采用全球定位系统（GPS）接收装置；

2　子母钟系统母钟宜设置在一层值班室，门诊部、急诊部、医技部、手术部、住院部等处宜设置子钟。

11.0.12　在移动信号较弱的场所，应设置室内移动通信覆盖系统，并应符合下列规定：

1　应覆盖手机信号全频段；

2　应设置在不干扰诊疗设备正常工作的公共场所。

12　建筑设备及诊疗设备监控系统

12.1　建筑设备监控系统

12.1.1　二级及以上医院宜设置建筑设备监控系统。

12.1.2　对于设置建筑设备监控系统的医疗建筑，除应对建筑机电设备监控外，还宜对净化空调、医用气体、物流传输、医疗建筑污水处理、空气污染源区域通风等系统进行监控。

12.1.3　手术室应设置温度、湿度及微正压的检测装置，对于有正负压转化的手术室，应检测负压变化，检测数据应在手术室及空调控制室显示。

12.2　诊疗设备监控系统

12.2.1　三级医院宜设置诊疗设备监控系统。

12.2.2　诊疗设备监控系统应为医院专用系统，可由主服务器、管理控制器及检测传感器等设备组成。

12.2.3　当设置医疗专用信息系统（HIS）时，诊疗设备的检查、检验信息应能上传。

12.2.4　诊疗设备监控系统至少应监控下列设备：

1　B型超声设备；

2　计算机X线摄影设备（CR）和数字放射线照相（DR）设备；

3　CT设备、磁共振设备。

13　公共安全系统

13.0.1　医疗建筑宜设置公共安全系统。

13.0.2　医疗建筑公共安全系统除应符合本规范的规定外，还应符合现行国家标准《火灾自动报警系统设计规范》GB 50116、《安全防范工程技术规范》GB 50348的相关规定。

13.0.3　一级及以上医院宜设置视频安防监控系统，并宜在下列场所设置监控摄像机：

1　医疗建筑室外园区公共活动场所及园区出入口；

2　建筑各出入口、走道、电梯厅及轿厢等公共场所；

3　发药处、抢救室、病案室、血库、重要及贵重药品库、放射污染区、配餐处、财务室、收费处、信息机房等。

13.0.4　一级及以上医院宜设置入侵报警系统，并宜在下列场所设置入侵探测器：

1　病案室、血库、重要及贵重药品库等；

2　放射污染区；

3　封闭区周界；

4　财务室、收费处等。

13.0.5　一级及以上医院宜设置出入口控制系统，并应与火灾自动报警系统联动，宜与视频安防监控系统、入侵报警系统、电子巡查系统等联动。下列场所宜设置出入口控制装置：

1　护理单元出入口、手术部；

2　配餐、配药处；

3　病案室、血库、重要及贵重药品库；

4　放射污染区、诊疗设备用房；

5　收费、财务处、信息机房等。

13.0.6　二级及以上医院宜设置电子巡查系统，并可与出入口控制系统共用设备主机。

13.0.7 一级及以上医院宜设置停车库（场）管理系统。火灾及应急情况时，停车库（场）管理系统应能强制开启出入口。

13.0.8 三级医院宜设置特需患者及婴儿安全管理系统。

13.0.9 二级及以上医院宜设置应急响应系统。

14 呼叫信号系统

14.1 一般规定

14.1.1 医疗建筑的呼叫信号系统宜包括候诊呼叫信号系统、护理呼叫信号系统、病房探视系统。

14.1.2 医疗建筑的呼叫信号装置应使用50V及以下安全特低电压。

14.2 候诊呼叫信号系统

14.2.1 二级及以上医院应设置候诊呼叫信号系统，一级及以下医院宜设置候诊呼叫信号系统。

14.2.2 候诊呼叫信号系统应由护士站或分诊台主机、各诊室终端、呼叫扬声器、显示屏等组成。

14.2.3 候诊室、检验室、放射科、发药处、出入院手续办理处、门诊手术室、注射室等场所，宜设置候诊呼叫信号装置。

14.2.4 候诊呼叫信号系统应与医疗专用信息系统联网。

14.3 护理呼叫信号系统

14.3.1 二级及以上医院应设置护理呼叫信号系统，一级及以下医院宜设置护理呼叫信号系统。护理呼叫信号系统的功能应经济适用。

14.3.2 护理呼叫信号系统应由主机、对讲分机、卫生间紧急呼叫按钮（拉线报警器）、病房门灯和显示屏等组成。

14.3.3 护理呼叫信号系统应按护理单元设置，各护理单元的呼叫主机应设在本护理单元的护士站。

14.3.4 护理呼叫信号系统设备的安装应便于观察、操作。

14.4 病房探视系统

14.4.1 三级医院的重症监护室或隔离病房等场所，宜设置病房探视系统。二级及以下医院的重症监护室或隔离病房等场所，可设置病房探视系统。

14.4.2 病房探视系统宜由护士站终端、语音对讲、图像显示等组成，并宜采用网络传输技术，通过语音或视频实现隔离区探视双方的语音对讲或单、双向可视对讲。

14.4.3 探视请求应由医护人员进行管理，并宜设置探视室。探视室中有多个探视终端时，应保证相互之间的私密性。

中华人民共和国行业标准

医疗建筑电气设计规范

JGJ 312－2013

条 文 说 明

1 总　　则

1.0.2　本规范所称的医疗建筑主要包括两大类：一是医院建筑，包括三级医院、二级医院、一级医院；二是其他医疗机构建筑，包括专科疾病防治院（所、站）、妇幼保健院（所、站）、卫生院（其中含乡镇卫生院）、社区卫生服务中心（站）、诊所（医务室）、村卫生室。

3 医疗场所分类

3.0.2　电压骤降一般指电压下降幅度超过标称电压的10%。

本规范表3.0.2等同采用IEC标准。要求自动恢复供电时间可在15s以上，并不是可以无限制延长停电时间，各地区停电抢修时间不同，应尽快完成。尽管贵重药品冷库、太平柜自动恢复供电时间可以在15s以上，但长时间停电，储藏物易损坏，故应尽快恢复供电。

恢复供电时间在15s以上时，可以自动或手动切换。

医疗场所分类表是根据我国医疗建筑目前的现状，综合考虑的一个示意性分类，是目前综合医疗建筑中比较常规的分类。

IEC标准将恢复供电时间作为供电要求，强调结果，与以往的设计理念不同。

重症监护室包括各类CU病房（如ICU、CCU、NICU等），属于2类场所。

手术室按照净化等级分百、千、万级。对于医疗建筑的供电可靠性而言，停电危及生命的场所要考虑为2类场所。IEC等国际标准将手术室都划为停电危及生命的场所，也就是说标准提高了，与手术室进行什么手术无关。

MRI扫描室主要设备是医用磁共振成像设备的主机及冷水机组。MRI磁共振成像，这项技术曾被称为核磁共振成像，为了突出该检查技术不产生电磁辐射的优点，同时与使用放射性元素的核医学相区别，放射学家和设备制造商均同意把“核磁共振成像”简称为“磁共振成像”。

ECT指电休克治疗。

备用电源包括自备应急电源及另一路市电。应急电源的形式包括独立于正常电源的柴油发电机组、蓄电池、干电池。

3.0.3　本条文引自国家标准《建筑物电气装置第7-710部分：特殊装置或场所的要求　医疗场所》GB 16895.24—2005。

要求恢复供电时间不大于0.5s时，一般需UPS及柴油发电机组供电，且这些场所一般可以在3h内处理完工作。

4 供配电系统

4.2 负 荷 分 级

4.2.1　涉及患者生命安全的设备：如无影灯、呼吸机、心电监护仪等。重要手术室主要指要做危及生命安全手术的手术室。供配电系统设计时，按本规范表4.2.1及现行国家标准《供配电系统设计规范》GB 50052执行，并按本规范表3.0.2检查供配电系统自动恢复供电的时间是否满足要求。

4.3 配 电 系 统

4.3.1　第3款　两路是指由两台变压器分别供电。用电设备处自动切换是指设备自带电源切换装置。

第4款　总配电箱处是指建筑物无配变电所时，电源入户处的第一个配电箱。

4.3.2　第1款　视觉要求较高的场所一般指手术室、化验室等。

4.3.3　采用变压器有载调压方式可避免设备末端分别设置调压装置，这样可减少用地及费用。

4.3.4　电气设备抗震一般考虑下列措施：

(1) 变压器采取防止位移的措施；

(2) 高、低压柜固定安装，柜内装置固定安装，防止震脱；

(3) 在刚性母线和设备之间作柔性连接；

(4) 地震时有可能产生碰撞的器件，采用防震垫加强绝缘。

4.4 应 急 电 源

4.4.2　柴油发电机组集中设置时，机组总容量需同时考虑分区最大单体建筑物消防设施供电需求量。最大单体，一般指建筑群中面积最大且消防用电设施最多的单体建筑物。

4.4.4 根据现行国家标准《声环境质量标准》GB 3096 规定，按区域的使用功能特点和环境质量要求，0 类声环境功能区指康复疗养区等特别需要安静的区域，环境噪声等效声级限值：昼间 50dB(A)，夜间 40dB(A)；1 类声环境功能区指以居民住宅、医疗卫生、文化教育、科研设计、行政办公为主要功能，需要保持安静的区域，环境噪声等效声级限值：昼间 55dB(A)，夜间 45dB(A)。

4.4.5 第 1 款 医院的一般治疗过程及疏散所需时间通常为 3h～24h。当室内储油量不能满足要求时，需设置室外储油罐、预留供油口。当医疗建筑附近有加油站等设施，燃油来源可靠且运输方便时，可以预留供油口。当无燃油来源或运输不便时，最好是在建筑物主体外设置储油设施。

4.5 电能管理系统

4.5.2 电能管理系统是能源管理的一部分，可以考虑具备下列功能：

(1) 遥测功能，可以监测下列内容：

1) 高压进线的电流、电压、有功功率、无功功率、功率因数、频率及电能计量；出线的电流、电压、功率因数等；
2) 变压器的温度；
3) 低压进线的电流、电压、有功功率、无功功率、功率因数、频率、THDu、THDi 及电能计量；
4) 低压主要配出回路单相电流或三相电流、有功电度计量；
5) 低压主要诊疗设备配出回路单相电流或三相电流、THDu、THDi 及有功电度计量；
6) 柴油发电机工作状态、日用油箱油位；
7) UPS 工作状态，蓄电池的输入、输出电压，机柜温度；
8) 变压器低压出线处 0.4kV 中性线电流、谐波电流、功率因数补偿电流等。

(2) 遥信功能，可以具备下列功能：

1) 高压出线开关、联络开关的事件记录、装置故障报警与跳闸报警；
2) 变压器超温报警；
3) 低压进出线开关故障记录、故障告警与跳闸告警；
4) 柴油发电机故障报警、日用油箱油位超高、超低报警；
5) UPS 故障报警。

(3) 遥控功能，电能管理系统在对现场设备回送的数据信息进行采集、分类和存储等工作的同时，具有转达上位机对现场设备的各种控制命令的能力。

(4) 遥调功能，可以实现低压基本保护的修定。

5 低 压 配 电

5.1 一 般 规 定

5.1.3 混合式指放射与树干相结合的方式。

5.1.5 放射科、核医学科、功能检查室、检验科等科室诊疗设备的供电电源，在下班时需要全部关断，相对集中设置电源开关是为了集中控制，避免遗漏。大型诊疗设备的电源一般都是从配变电所放射式供电至主机房，为了相对集中设置电源开关，这些科室的其他一般诊疗设备的电源，可在主机房附近设置配电装置。电源切除时，需将两路电源都切除。

5.2 手术部配电

5.2.4 手术室内不允许采用移动接线板，每个插头都能直接连接到插座上。普通插座、IT 系统插座、安全特低电压插座及插头各自专用，安全特低电压插座不能有 PE 线插孔。

5.3 医疗场所配电

5.3.2 多功能医用线槽主要用于敷设医用气体管道以及病房内患者用照明及开关、电源插座、病房内信息点、呼叫分机等设施。

5.3.3 分回路供电指电源可以由同一个配电箱引来，但要求用不同的回路。

5.3.4 分别供电，指电源引自配变电所不同的低压出线回路，当无配变电所时，指电源引自建筑物第一个配电设备的不同出线回路。分别供电主要是因为负荷供电等级不同，大型诊疗设备的辅助设备包括洗片机等，不与主机设备同步工作，且负荷等级也不同，为了防止对主机设备的干扰，要求辅助设备与主机设备分别供电。主机设备专用的辅助设备冷水机组，其供电负荷等级有时与主机设备一致或比主机设备高，在供电负荷等级相同时，辅助设备可以与主机设备同回路供电，但由于冷水机组容量较大，故同样要求分别供电。

5.3.5 如果不能避免将医疗配电装置在公共场所时，为了避免无关人员误操作，医疗配电装置须加保护门、锁等保护措施及明显标志。

5.4 医疗场所局部 IT 系统

5.4.1 不设置动作于切断电源的过负荷保护装置，是为了维持供电的连续性，线路短时间过负荷并不会立即引起灾害，在某些情况下可让导体超过允许温度运行，即使使用寿命降低，也要保证重要负荷的不间断供电。

5.4.3 同一医疗场所局部 IT 系统的插座箱、插座组，至少由专用的两回路供电，不是指一个插座要接两个电源，而是在同一医疗场所的插座组，至少要有两回路供电，即同一医疗场所不能所有插座全部由一个回路供电。

5.4.5 本条文引自国家标准《建筑物电气装置第 7-710 部分：特殊装置或场所的要求 医疗场所》GB 16895.24—2005。

5.4.7 因这些场所需要设置多个绝缘故障监测装置，故宜集成为一个总的管理系统，而不是分散的独立设备。

5.4.9 报警装置中，一般用绿灯表示工作正常，用黄灯表示故障报警。故障解除前，声音报警可消除，灯光指示不允许消除，直至故障清除恢复正常后，黄色信号灯才可以熄灭。有条件时，还可以加装在线查找绝缘故障装置，这样寻找故障会更准确。专职人员主要是指在医疗场所内工作的人员。

6 常用诊疗设备配电

6.1 一 般 规 定

6.1.1 根据国家《医疗器械分类目录》，常用诊疗设备（医疗电气设备）分类细化如下：

(1)医用电子仪器设备，包括：用于心脏的治疗、急救装置；心电、脑电、肌电及其他生物电诊断仪器；电声诊断仪器；有创式电生理治疗监护仪器；无创监护仪器；呼吸、血象测定装置；生理研究实验仪器、光谱诊断设备、睡眠呼吸治疗系统。

(2)医用超声仪器设备，包括：超声手术及聚焦治疗设备、彩色超声成像设备及超声介入/腔内诊断设备；超声母婴监护设备、超声理疗设备。

(3)医用激光仪器设备，包括：激光手术和治疗设备、激光诊断仪器。

(4)医用高频仪器设备，包括：高频手术和电凝设备、微波治疗设备、射频治疗设备。

(5)物理治疗及康复设备，包括：高压氧治疗设备、电疗仪器、光谱辐射治疗仪器、高压电位治疗设备、理疗康复仪器、生物反馈仪、磁疗仪器、眼科康复治疗仪器。

(6)医用磁共振设备，包括：磁共振成像设备（MRI）、永磁型磁共振成像系统、常导型磁共振成像系统、超导型磁共振成像系统。

(7)医用X射线设备，包括：X射线治疗设备（X射线深部治疗机、X射线浅部治疗机、X射线接触治疗机、X射线介入治疗机）；X射线诊断设备［普通X射线诊断机、间接成像（CR）机、直接成像（DR）机］；CT（X射线头部CT机、全身CT机、螺旋CT机、螺旋扇扫CT机）。

(8)医用高能射线设备，包括：医用高能射线治疗设备（X-射线立体定向放射外科治疗系统、医用电子直线加速器、医用回旋加速器、医用中子治疗机、医用质子治疗机）；高能射线治疗定位设备（放射治疗模拟机）。

(9)医用核素设备，包括：放射性核素治疗设备（钴60治疗机、其他远距离放射性核素治疗装置、核素后装近距离治疗机、γ-刀）；放射性核素诊断设备［正电子发射断层扫描装置（PECT）、单光子发射断层扫描装置（SPECT）、PET-CT、放射性核素扫描仪、骨密度仪、伽马照相机、肾功能仪、甲状腺功能测定仪、核素听诊器、心功能仪、闪烁分层摄影仪、放射性核素透视机、γ射线探测仪］；核素标本测定装置；核素设备用准直装置。

(10)临床检验分析仪器，包括：血液分析系统、生化分析系统、免疫分析系统、细菌分析系统、尿液分析系统、生物分离系统、血气分析系统、基因和生命科学仪器、临床医学检验、辅助设备。

(11)医用化验和基础设备，包括：医用培养箱、医用离心机、病理分析前处理设备、血液化验设备。

(12)体外循环及血液处理设备，包括：人工心肺设备及辅助装置、血液净化设备及辅助装置、体液处理设备。

(13)手术室、急救室、诊疗室设备及器具，包括：手术及急救装置；呼吸设备；呼吸麻醉设备；婴儿保育设备；输液辅助装置；负压吸引装置；电动液压手术台；冲洗、通气、减压器具；手术灯。

(14)口腔科设备，包括：口腔综合治疗台（机）、牙钻机及配件、牙科椅、牙科手机、洁牙补牙设备、口腔灯、口腔技工设备。

(15)消毒、清洗和灭菌设备，包括：辐射灭菌设备、电蒸汽灭菌设备、干热灭菌设备、高压电离灭菌设备、超声专用消毒设备、煮沸消毒设备、高效清洗设备。

(16)医用冷疗、低温、冷藏设备及器具，包括：低温治疗仪器（氩氦刀等）；医用低温设备［医用低温箱（−20℃、−40℃、−60℃、−80℃）、低温生物降温仪］；医用冷藏设备（血液制品冷藏箱、脏器冷藏装置）；医用冷冻设备（冷冻干燥血浆机、真空冷冻干燥箱）。

6.1.2 根据医疗建筑的规模及大型诊疗设备的配置情况决定是否设置大型诊疗设备专用变压器。大型诊疗设备的定义一直比较模糊，通常是指瞬间冲击电流高的设备，如球管电流在400mA以上的X射线机；另外是指如直线、回旋加速器、MRI、DSA、CT、ECT等设备。“诊疗设备容量较大或数量较多”指诊疗设备容量达到可以单独设置630kVA及以上变压器时。采用专用变压器或专用回路，主要为减少对敏感电子设备的干扰。

6.1.4 净化电源设备可以提高电能质量，一般包括调压器、滤波器、电涌保护器、隔离变压器等。

6.1.5 临床检验分析设备包括大型自动血液、生化、免疫、细胞、尿液、生物、气血分析仪，中断供电将引起较严重的后果，故建议设置不间断电源，采用集中设置，可以节约投资，便于管理。

6.2 医用磁共振成像设备（MRI）

6.2.2 因医用磁共振成像磁体必须保证低温，因此主机停机时，水冷机组也要保证持续运行。

6.3 医用X射线设备

6.3.1 医用X射线设备分为下列三类：

(1)X射线治疗设备：X射线深部治疗机、X射线浅部治疗机、X射线接触治疗机、X射线介入治疗机；

(2)X射线诊断设备：普通X射线诊断机、CR机、DR机、DSA机；

(3)X射线计算机断层摄影设备（CT）。

医用X射线设备的工作制分为断续反复工作制、连续工作制。其中，断续反复工作制设备包括普通X射线诊断机、CR机、DR机、DSA机、CT机；连续工作制设备包括X射线深部治疗机、X射线浅部治疗机、X射线接触治疗机、X射线介入治疗机。

6.3.3 第4款 单相、两相设备接在不同的相序上，是为了三相平衡。

6.4 医用高能射线设备

6.4.1 医用高能射线设备分为下列三类：

(1)高能射线治疗设备：电子直线加速器、回旋加速器、中子治疗机、质子治疗机；

(2)高能射线定位设备：放射治疗模拟机。

医用高能射线设备的工作制分为断续反复工作制、连续工作制。其中，断续反复工作制设备为放射治疗模拟机；连续工作制设备包括电子直线加速器、回旋加速器、中子治疗机、质子治疗机。

6.4.2 高能射线发生器需要低温冷却保证，冷水机组为连续工作制，所以需要采用专用的两路供电。

6.4.3 对于需射线防护安全的治疗室、机房，当设备正在运行时，不允许开门，故需设置门、设备机组联锁控制，关机时才允许开门，开门时必须联锁自动关机。

6.5 医用核素设备

6.5.1 医用核素设备分为下列两类：

(1)放射性核素诊断设备，包括正电子发射断层扫描装置（PET）、单光子发射断层扫描装置（SPECT）、PET-CT。PET-CT是将PET、CT两个技术融合，实现了PET、CT图像的同机融合。使PET的功能显像与螺旋CT的精细结构显像两种显像技术融于一体，形成优势互补，一次成像既可获得PET图像，又可获得相应部位的CT图像，既可准确地对病灶进行定性，又能准确定位。

(2)放射性核素治疗设备，包括钴60治疗机、γ-刀、核素后装近距离治疗机。

医用核素设备的工作制分为断续反复工作制、连续工作制。其中，断续反复工作制设备为PET-CT；连续工作制设备包括钴60治疗机、γ-刀、PET、SPECT。

7 线路敷设

7.1 一般规定

7.1.2 射线是直线传播的，对人体有伤害作用。为了防止射线泄漏制订本条款。为射线防护房间供电、通信的电缆沟或电气管线，需要严格按设备的工艺要求进行设计和施工，防止射线泄漏。

7.2 特殊场所的布线要求

7.2.5 采用塑料管敷设，有利于降低医疗场所局部IT系统的容性漏电。

7.2.6 进入手术室内的线缆敷设后，管口采用弹性密封材料封堵，是为了满足管线在一定位移时，还能保证其密闭性。

7.3 竖井及设备间

7.3.3 三级医院通信网络设备间内网络设备较多，对环境温湿度要求较高，而一般通信间（竖井）要求温湿度达到标准比较困难，故在网络设备较多的情况下，建议通信网络设备间和其他通信间分别设置。

8 电气照明

8.2 照度及照明质量

8.2.3 如治疗室和病房的建筑色彩采用了配合治疗用的特定颜色，人工照明光源的色表特征要与建筑色彩相适应。

8.3 照明方式及种类

8.3.2 第8款 精神病房不设置壁灯，照明灯具嵌入式安装时，不能用格栅灯。

8.3.3 第2款 配光适宜，主要是指灯具的配光曲线采取窄光束，这样既满足病人阅读，又不影响邻床病人休息。

第3款 按床位设置工作照明，主要是为了医护人员在病房做一些治疗、处理的时候使用，一般为可伸缩的壁灯，二级及以下医院可以利用床头局部照明作工作照明。

第5款 采用内置摄像机的无影灯，是为开放手术和内窥镜手术提供清晰手术的视频图像。

8.3.5 根据《医疗机构消毒技术规范》WS/T 367，对物品表面的消毒照射，最好使用便携式紫外线消毒器近距离移动照射，也可采取紫外灯悬吊式照射，对小件物品可放紫外线消毒箱内照射。对室内空气的消毒可以采取的方法有：(1)间接照射法：首选高强度紫外线空气消毒器，不仅消毒效果可靠，而且可在室内有人活动时使用，一般开机消毒30min即可达到消毒合格。(2)直接照射法：在室内无人条件下，可采取紫外线灯悬吊式或移动式直接照射。采用室内悬吊式紫外线消毒时，室内安装紫外线消毒灯（30W紫外线灯，在1.0m处的强度大于$70\mu W/cm^2$）的数量为平均每立方米不少于1.5W，照射时间不少于30min。

8.3.6 结合诊疗需要设置装饰照明，能够营造轻松的诊疗环境，减轻患者心理压力，有益于患者恢复身心健康。

8.4 应急照明

8.4.3 这一规定是考虑二级及以上医院手术、抢救等一般12h内可以完成。二级以下医院手术、抢救等一般3h内可以完成。

9 防雷、接地及安全防护

9.1 一 般 规 定

9.1.2 保护性接地包括：防雷接地、防电击接地、防静电接地、屏蔽接地等；功能性接地包括：交流工作接地、直流工作接地、信号接地等。

9.2 防　　雷

9.2.3 空间电磁辐射的强度与距离的平方成反比关系，故要求医疗建筑内医疗电子设备的安装位置远离建筑物外墙及防雷引下线。

9.3 接　　地

9.3.1 当非故障状态下三相负荷不平衡或发生接地故障时，TN-C系统的保护中性导体（PEN）有电流通过，此电流会危及医疗场所的人身安全，因此，为了防止人员触电伤亡而制订本条文。

9.3.2 因仅局部采用IT系统，其余部位仍采用TN-S系统。若为局部IT系统单独设置接地极，在同一场所内将存在两个相对独立的接地装置，二者之间可能存在电位差，将造成危害。

9.3.3 局部等电位联结是为了使患者环境内所列装置达到等电位。固定安装的、可导电的非电气装置的患者支撑物，一般指手术台、理疗椅和牙科治疗椅等。

9.3.4 本条引自现行国家标准《建筑物电气装置第7-710部分：特殊装置或场所的要求　医疗场所》GB 16895.24 第710.413.1.6.2条。

9.3.5 人工接地体容易因土壤腐蚀而失效，失去接地作用，所以要采取防腐措施。

9.3.6 医疗电子设备的“信号地”可以是大地，也可以是接地母线、接地端子。根据国家现行有关标准和IEC标准，等电位联结网络的结构形式规定有S型和M型或两种结构形式的组合。S型适用于建筑物内工作频率较低，如30kHz以下的医疗电子设备；M型适用于建筑物内工作频率较高，如300kHz以上的医疗电子设备。SM混合型适用于建筑物内安装工作频率在30kHz～300kHz之间的医疗电子设备。

9.3.7 A型和B型剩余电流动作保护器（RCD）是针对传统的AC型RCD的，AC型是专对突然施加或缓慢上升的剩余正弦交流电流进行剩余电流保护的RCD，A型RCD是对突然施加或缓慢上升的剩余正弦交流电流和脉动直流（图1）进行保护，B型除了可以对突然施加或缓慢上升的剩余正弦交流电流和脉动直流进行剩余电流保护外，还可对直流进行保护。

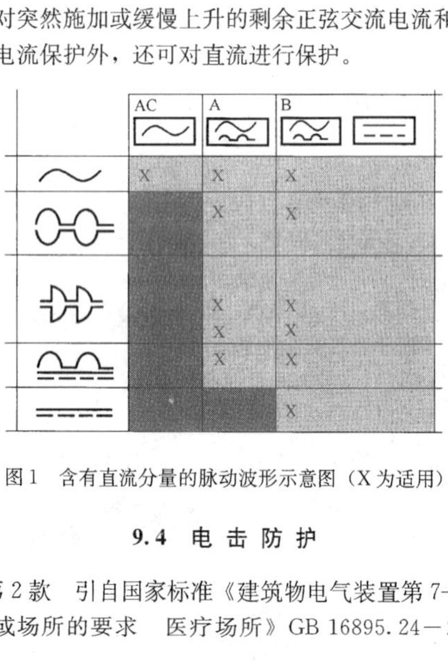

图1　含有直流分量的脉动波形示意图（X为适用）

9.4 电 击 防 护

9.4.2 第2款　引自国家标准《建筑物电气装置第7-710部分：特殊装置或场所的要求　医疗场所》GB 16895.24－2005的第710.413.1.1.1条及国家标准《建筑物电气装置第7-710部分：特殊装置或场所的要求　医疗场所》GB 16895.21－2004的第413.1.7.1条。

9.4.3 本条中的设备采用额定剩余电流不超过30mA的剩余电流动作保护器（RCD）即可保护人身安全，但需要注意的是，一个RCD保护的设备不应过多，以免RCD误动作。电磁式剩余电流动作保护器抗干扰能力强，且主回路失压不影响保护动作，而电子式剩余电流动作保护器，当主回路失压或控制回路故障或接触不良，都可能造成保护不动作。

9.5 电 磁 兼 容

9.5.1 生物电类检测设备包括心电图仪、脑电图仪、肌电诱发电位仪等；大型医疗影像诊断设备包括CT、MRI、PET-CT等。

9.6 谐 波 防 治

9.6.1 医疗建筑注入公共电网的谐波限制见现行国家标准《电能质量　公用电网谐波》GB/T 14549的有关规定。

9.6.5 本条的规定，既是为了有利于谐波治理，也是为了减少对其他设备的影响。

10 智能化集成系统

10.0.4 集中管理：可对各系统进行集中统一的监视和管理，将集成的信息统一存储、显示在一个平台上，并为其他信息系统提供数据访问接口，全面地反映各系统运行状态，并提供各系统综合运行报告。

分散控制：各系统分散式控制保持了各系统的相对独立性，分散风险。

11 信息设施系统

11.0.1 室内移动通信覆盖系统、医疗专用信息应用系统一般为专项设计。医疗专用信息系统为医疗建筑内部专用系统，系统为各部门提供患者诊疗信息和行政管理信息，包含信息的收集、存储、处理、提取和数据交换，满足所有授权用户的功能需求。医疗专用信息系统的通信协议和接口需符合相关技术标准，且支持语音、数据、图像、影像、多媒体视讯等应用。

11.0.3 第2款 内网为医疗专用信息应用网，服务于医疗建筑运营，只对医疗建筑内工作人员开放；外网主要用于网上挂号、预约门诊、信息公告、信息查询、远程医疗以及特需病房等。

11.0.4 第1款 数据传输主干可以包含院区主干及建筑物内竖向主干。

第4款 医疗建筑综合布线系统的信息点一般可按标准配置，当项目信息化要求较高或考虑发展时，可以按增强配置。信息点的标准配置和增强配置的具体要求可以按表1确定。

表1 医疗建筑综合布线系统信息点的标准配置和增强配置

部门	医疗场所	标准配置	增强配置
门诊部	单人诊室	1个语音 1个内网数据	1个语音 2个内网数据（其中一个数据可接入外网）
	双人诊室	1个语音 2个内网数据	2个语音 2个内网数据
	分诊台	1个语音 1个内网数据	1个语音 2个内网数据（其中一个数据用于呼叫显示）
	候诊区	2个语音（用于公用电话） 1个内网数据（用于信息发布）	—
挂号、收费及取药	挂号窗口 收费窗口 取药窗口	每个窗口设置1个内网数据，集中设置（1～2）个语音及（2～3）个外网数据	每个窗口设置2个数据（内、外网各1），1个语音
医技部	医疗检验、检查设备	每个设备设置1个内网数据	—
	检验工作台	1个语音 1个内网数据/每个工位	—
	检验、检查分诊台	1个语音 1个内网数据	1个语音 2个内网数据（其中一个数据用于呼叫显示）
	诊断报告工作台	每个工位设置1个语音，1个内网数据	—
	手术室	每间手术室设置2个内网数据	每间手术室设置8个内网数据，可分别安装在墙上和吊塔上
住院部	带套间的单人病房	内、外间、卫生间各设置1个语音（语音均使用一个分机号码） 内、外间各设置1个外网数据	内、外间、卫生间各设置1个语音（语音均使用一个分机号码） 内间设置2个外网数据 外间设置1个外网数据
	单人病房	病房、卫生间各设置1个语音（语音均使用一个分机号码） 病房设置1个外网数据	病房、卫生间各设置1个语音（语音均使用一个分机号码） 病房设置2个外网数据
	多人病房	1个语音 病房外网数据数量为病床的数量+1	—

续表1

部门	医疗场所	标准配置	增强配置
住院部	护士站	1个语音 3个内网数据	2个语音 6个内网数据
	主任办公室	1个语音 1个内网数据 1个外网数据	1个语音 2个内网数据 1个外网数据
	教授及护士长	1个语音 1个内网数据 1个外网数据	—
	医生办公室	每名医生配置： 1个语音 1个内网数据、1个外网数据	每名医生配置： 1个语音 2个内网数据、1个外网数据
	处置室、治疗室、倒班宿舍	1个语音	—
	示教室	1个语音 1个内网数据、2个外网数据	—
	病房区无线覆盖	—	在病房区设置无线上网
公共区域	—	设置部分语音用于公共电话	设置语音、外网数据，用于电话、信息公告及查询

11.0.5 第6款 医疗建筑信息管理系统一般可以包括下列内容：

1 门诊管理：身份登记、门诊挂号、门诊收费、门诊监控、病案流通、门诊医生站；

2 住院管理：住院登记与预约、病案编目、住院入出、转院、住院收费、护士工作站、医生工作站；

3 医务统计：价表管理、收费账目统计；

4 辅助科室管理：检查、检验、手术、麻醉、营养膳食等管理；

5 院长查询：由医疗管理、医疗经济管理方面的各个查询和统计模块构成；

6 药品管理：药品制剂、住院药品、门诊药品、药库等管理，药品统计查询、合理用药咨询。

11.0.6 目前卫星通信已成为远距离、全球通信的主要手段，卫星通信在远程医疗活动中有着广泛的应用及发展前景。利用卫星通信的远程医学网络，可以覆盖全球绝大部分地区。这一特性可以解决边远地区，高海拔地区和远离大陆的海岛等地区对开展远程医学活动的需要，与地面通信网络相比，卫星通信网络更加适合边远地区的远程医疗应用。

11.0.7 第3款 多人病房设置电视伴音输出装置可以满足不同病人的需求，避免相互影响。

11.0.9 会议系统是医疗建筑的重要组成部分，会议室应能满足办公会议及各种不同需要，条件许可时，最好能具备图文、视频显示，多媒体接入，会议发言、讨论等功能。会议系统包括综合会议信号处理、会议扩声、会议发言、讨论等。

第2款 远程医疗系统是网络科技与医疗技术结合的产物，以计算机和网络通信为基础，实现对医学资料和远程视频、音频信息的传输、存储、查询、比较、显示及共享。为了解决一些疑难急症需要多地专家会诊，传染性疾病不易就诊等问题，利用网络技术和通信技术，医生和患者可以通过视频进行安全、快速的交流，从而使医生更好地了解患者的病情发展状况和发病时的表现；病历和X光片等资料通过双向传输技术实现会诊时的实时传输；供多位专家对同一例病例进行远程会诊等。

11.0.11 子母钟系统主要为医疗建筑提供统一的准确时间，同时也为其他系统提供标准的时间源，为患者和医护人员提供准确的时间服务。

11.0.12 钢筋混凝土结构建筑内，电磁波信号损失严重，如电梯、地下停车库等区域，存在移动通信的盲区，在建筑物的高层，由于受基站天线的高度限制，无法正常覆盖，也存在移动通信的盲区；另外有些建筑物内，虽然手机能够正常通话，但是由于用户密度大，基站信道拥挤，手机上线困难，为了解决室内信号覆盖，提高网络覆盖质量，需要采用室内覆盖技术。

12 建筑设备及诊疗设备监控系统

12.1 建筑设备监控系统

12.1.1 目前我国二级及以上医院，建设规模呈扩大和上升趋势。医疗建筑在建筑设备的使用上较其他建筑更多，并且对环境的要求较高，是建筑耗能的大户，故有必要设置建筑设备监控系统，提高对机电设备的管理水平，达到节能降耗的目的。

12.1.2 常用医用气体包括氧气、氮气、真空吸引空气、压缩空气、笑气等，这些气体的使用、储存、制造等通常需要进行监控。对于医疗建筑污水处理系统，通常需要对其各项指标进行监视，并对其工艺流程进行控制和管理；对有空气污染源的区域的通风系统，通常需要进行监视和负压控制。

12.2 诊疗设备监控系统

12.2.1 三级医院承担着大量的检查、检验以及科研教学项目，其各种诊疗设备的数量达到百台以上，甚至更多，且使用频繁，有必要单独设置诊疗设备监控系统。

12.2.2 诊疗设备监控系统的主服务器通常安装有实时监控程序，具备独立的数据库，并与医疗专用信息系统（HIS）联网，以便提取患者诊疗检查的信息，并分配至相应诊疗设备的管理控制器。由于此系统为医疗系统，安全可靠程度要求较高，故应采用专用系统。管理控制器完成身份确认，核对缴费信息，判断是否有违规操作。检测传感器采集到的诊疗设备工作状态信息通过管理控制器传送到主服务器。

13 公共安全系统

13.0.1 公共安全系统通常包括火灾自动报警系统、视频安防监控系统、入侵报警系统、出入口控制系统、电子巡查系统、停车库管理系统、患者及婴儿安全管理系统及应急响应系统等。本条文推荐有条件时设置公共安全系统是鉴于国家现行有关防火标准中，火灾自动报警系统的设置有些场所“应”，有些场所“宜”，有些场所“可”，故此处笼统地要求“宜”设置公共安全系统，具体项目依据国家现行有关标准执行。

13.0.3 第1款　为了节约造价同时又为了监视的范围广，公共活动场所视频摄像机可以考虑摄像机带云台。

第3款　这些场所监控摄像机最好是设置为固定式的。

13.0.5 与火灾自动报警系统联动，主要是为了保证设有出入口控制的疏散出口在火灾时能自动开启。同时，推荐疏散出口采用内推门闩的门及设置声光报警装置。

13.0.8 特需患者主要指无识别身份能力的患者，婴儿主要指新生儿。安全管理系统即腕带信息识读系统，通过腕带信息识读器可预置巡查、用药记录，可以对患者的位置状态、身份信息实时监测。

14 呼叫信号系统

14.2 候诊呼叫信号系统

14.2.3 候诊呼叫信号系统与医疗专用信息应用系统联网是为实现挂号、候诊、交费、取药等一体化管理，信息统计和分析。候诊呼叫信号系统一般包含下列内容和功能：

(1)就诊排队应以挂号、初诊、复诊、指定医生就诊等分类录入，自动排序；

(2)随时接受医生呼叫，准确显示患者诊号及就诊诊室号；

(3)当多路同时呼叫时，逐一记录，并按录入排序、分类自动分诊；

(4)呼叫方式能保证有效提示和医疗环境的肃静；

(5)护士站或分诊台主机与各诊室终端可双向通话，护士站或分诊台主机可以进行语音提示，且音量可调；

(6)有特殊医疗工艺要求科室的候诊，最好能具备图像显示功能。

14.3 护理呼叫信号系统

14.3.1 护理呼叫信号系统一般设置在病房、输液处，也称为医护对讲系统。护理呼叫信号系统是实现患者与医护人员之间沟通的工具。通常可用于双向传呼、双向对讲、紧急呼叫优先等功能。护理呼叫信号系统一般包含下列内容和功能：

(1)采用总线式传输方式；

(2)接受患者呼叫，显示呼叫患者输液位置、床位号、房间号等；

(3)当患者呼叫时，护士站有明显的声、光提示，病房门口最好有光提示，走道设置提示显示屏；

（4）允许多路同时呼叫，并对呼叫者逐一记忆、显示，检索可查；

（5）特护患者有优先呼叫权；

（6）病房卫生间或公共卫生间厕位的呼叫，在主机处有紧急呼叫提示，敦促医护人员优先处理；

（7）对医护人员未作临床处置的患者呼叫，其提示信号应持续保留；

（8）具有护士随身携带的移动式呼叫显示处理装置；

（9）具有医护人员与患者双向通话功能的系统，限定最长通话时间，对通话内容宜录音、回放；

（10）具备故障自检功能。

14.3.4 病房护理呼叫信号系统设备安装一般考虑以下几个方面：

（1）主机在护士站内工作台上安装，当需要在墙面上安装时，安装高度为底边距地 1.3m～1.5m；

（2）对讲分机在病房的多功能医用线槽上安装；

（3）卫生间紧急呼叫按钮（拉线报警器）安装于卫生间内坐便器旁易于操作的位置，底边距地 600mm；

（4）病房门灯在门外侧上方 100mm～200mm 居中安装；

（5）显示屏在护理单元护士站两侧走道居中安装，安装高度可以根据吊顶高度适当调整，底部通常不低于 2.4m。

14.4 病房探视系统

14.4.2 病房探视系统一般包含下列内容和功能：

（1）在重症或隔离病房的护士站操作终端上，护士可以根据患者的休息与健康状况，以及探视者预约的情况，进行身份确认、探视许可、探视时间等的控制；

（2）当探视者呼叫时，主机显示探视分机的呼叫，可以接听或转接至病床分机，被呼叫患者病床分机应有声音提示；

（3）具有探视者与患者双向通话功能，宜具备单向或双向图像显示功能；

（4）能设定探视时间、显示探视时长；

（5）病床分机具有免提功能；

（6）具有探视信息自动记录。

综合医院建设标准

建标 110 — 2008

主编部门：中 华 人 民 共 和 国 卫 生 部
批准部门：中华人民共和国住房和城乡建设部
中华人民共和国国家发展和改革委员会
施行日期：2 0 0 8 年 1 2 月 1 日

住房和城乡建设部、国家发展和改革委员会关于批准发布《综合医院建设标准》的通知

建标〔2008〕164 号

国务院有关部门，各省、自治区、直辖市、计划单列市建设厅(委、局)、发展和改革委员会，新疆生产建设兵团建设局、发展和改革委员会：

根据原建设部《关于印发〈二〇〇二年工程项目建设标准编制项目计划〉的通知》(建标函〔2002〕345 号)的要求，由卫生部负责修订的《综合医院建设标准》，经有关部门会审，现批准发布，自 2008 年 12 月 1 日起施行。原《综合医院建设标准》同时废止。

在综合医院项目的审批、设计和建设过程中，要严格遵守国家关于严格控制建设标准的有关要求，认真执行本建设标准，坚决控制工程造价。

本建设标准的管理由住房和城乡建设部、国家发展和改革委员会负责，具体解释工作由卫生部负责。

中华人民共和国住房和城乡建设部
中华人民共和国国家发展和改革委员会
二〇〇八年九月五日

9

前　言

《综合医院建设标准》(以下简称"建设标准")是根据建设部、国家发展改革委《关于印发〈工程项目建设标准编制程序规定〉和〈工程项目建设标准编写规定〉的通知》(建标〔2007〕144号)的要求,按照建设部《关于印发〈二〇〇二年工程项目建设标准编制项目计划〉的通知》(建标函〔2002〕345号)的安排,由卫生部主编,具体由卫生部规划财务司组织北京市卫生局、中国中元国际工程公司、上海建筑设计研究院有限公司、中国建筑科学研究院、同济大学等单位共同修订。

在修订过程中,编制组进行了广泛深入的调查研究,收集了约30个省、自治区、直辖市300所不同规模综合医院的现状资料,认真总结了原建设部、国家计委1996年颁布的《综合医院建设标准》施行情况及多年来医院建设的经验教训,本着以人为本、方便患者的原则对建设标准进行了修订。编制组完成建设标准修订初稿后,广泛征求意见,并由我部召开了全国审查会,会同各有关部门审查定稿。

本标准的主要技术内容是:总则,建设规模与项目构成,建筑面积指标,规划布局与建设用地,建筑标准,医疗设备,相关指标等。

请各单位在执行建设标准的过程中,注意总结经验,积累资料,如发现需要修改和补充之处,请将意见和有关资料寄至卫生部规划财务司(地址:北京市西城区西直门外南路1号,邮政编码:100044),以便今后修订时参考。

主编单位: 卫生部规划财务司

参编单位: 北京市卫生局
中国中元国际工程公司
上海建筑设计研究院有限公司
中国建筑科学研究院
同济大学
解放军总后勤部建筑设计研究院
中国医学科学院北京协和医院
中国医学科学院肿瘤医院
北京大学第一医院
北京大学第三医院
北京积水潭医院
北京市海淀区妇幼保健院
公安部天津消防研究所

主要起草人: 刘富凯　于　冬　辛春华　于德志

主要参与人: 王　健　王铁林　王　漪　刘　强　许钟麟　沈晋明　张行健　黄晓家　刘　魁　吴翔天　梁建岚

专家组成员: (按姓氏笔画排序)
马　遂　刘大为　任武爱　朱秀安　李包罗　李　迟　郭大荣　郭　健　胡逸民　赵天卫　赵兰才　倪照鹏　黄云树　梅自力

目　　次

第一章 总 则

第一条 为适应社会主义市场经济体制下卫生事业发展的需要，加强和规范综合医院的建设，提高综合医院工程项目决策与建设的科学管理水平，正确掌握建设标准，充分发挥投资效益，制定本建设标准。

第二条 本建设标准是为综合医院建设项目科学决策、合理确定建设水平服务的全国统一标准，是审批、核准综合医院建设项目的依据，是有关部门审查项目设计和对工程项目建设全过程监督、检查的尺度。

第三条 本建设标准适用于建设规模在200～1000张病床的综合医院新建工程项目。一般情况下，不宜建设1000床以上的超大型医院。确需建设1000床以上医院时可参照执行。改建、扩建工程项目可参照执行。

第四条 综合医院的建设，必须遵守国家有关经济建设的法律、法规和国家发展卫生事业的技术经济政策，应适应项目所在地区社会、经济发展的状况，正确处理现状与发展、需要与可能的关系。

第五条 综合医院的建设应坚持以人为本、方便患者的原则，在满足各项功能需要的同时，注意改善患者的就医条件和员工的工作条件，做到功能完善、布局合理、流程科学、规模适宜、装备适度、运行经济、安全卫生。

第六条 综合医院的建设应符合所在地区城市总体规划、区域卫生规划和医疗机构设置规划的要求，充分利用现有卫生资源，避免重复或过于集中建设。

现有综合医院的改建、扩建，应合理利用原有设施，厉行节约，避免浪费。

第七条 综合医院的建设，应按照立足当前、考虑发展的原则，根据当地卫生事业发展规划的要求和建设单位的实际情况，切实做好项目论证等前期工作。

第八条 综合医院的建设，应对院区进行总体规划，经批准后，根据需要和投资可能，一次或分期实施。

第九条 综合医院的建设，除执行本建设标准外，尚应符合国家现行的有关标准、规范和定额、指标的规定。

第二章 建设规模与项目构成

第十条 综合医院的建设规模，按病床数量可分为200床、300床、400床、500床、600床、700床、800床、900床、1000床九种。

第十一条 新建综合医院的建设规模，应根据当地城市总体规划、区域卫生规划、医疗机构设置规划、拟建医院所在地区的经济发展水平、卫生资源和医疗保健服务的需求状况以及该地区现有医院的病床数量进行综合平衡后确定。

第十二条 综合医院的日门（急）诊量与编制床位数的比值宜为3∶1，也可按本地区相同规模医院前三年日门（急）诊量统计的平均数确定。

第十三条 综合医院建设项目，应由急诊部、门诊部、住院部、医技科室、保障系统、行政管理和院内生活用房七项设施构成。

承担医学科研和教学任务的综合医院，尚应包括相应的科研和教学设施。

第十四条 磁共振成像装置、X线计算机体层摄影装置、核医学、高压氧舱、血液透析机等大型医疗设备以及中、西药制剂室等设施，应按照地区卫生事业发展规划并根据医院的技术水平和实际需要合理设置，用房面积单独计算。

第十五条 综合医院配套设施的建设应坚持专业化协作和社会化服务的原则，充分利用城市公共设施或集中建设、统一供应。

第三章 建筑面积指标

第十六条 综合医院中急诊部、门诊部、住院部、医技科室、保障系统、行政管理和院内生活用房七项设施的床均建筑面积指标，应符合表1的规定。

表1 综合医院建筑面积指标(m^2/床)

建设规模	200～300床	400～500床	600～700床	800～900床	1000床
建筑面积指标	80	83	86	88	90

第十七条 综合医院各组成部分用房在总建筑面积中所占的比例，宜符合表2的规定。

表2 综合医院各类用房占总建筑面积的比例(%)

部 门	各类用房占总建筑面积的比例
急诊部	3
门诊部	15
住院部	39
医技科室	27
保障系统	8
行政管理	4
院内生活	4

注：各类用房占总建筑面积的比例可根据地区和医院的实际需要作适当调整。

第十八条 综合医院内预防保健用房的建筑面积，应按编制内每位预防保健工作人员$20m^2$增加建筑面积。

第十九条 承担医学科研任务的综合医院，应以副高及以上专业技术人员总数的70%为基数，按每人$32m^2$的标准增加科研用房，并应根据需要按有关规定配套建设适度规模的中间实验动物室。

第二十条 医学院校的附属医院、教学医院和实习医院的教学用房配置，应符合表3的规定。

表3 综合医院教学用房建筑面积指标（m^2/学生）

医院分类	附属医院	教学医院	实习医院
建筑面积指标	8～10	4	2.5

注：学生的数量按上级主管部门核定的临床教学班或实习的人数确定。

第二十一条 磁共振成像装置等单列项目的房屋建筑面积指标，可参照表4。

表4 综合医院单列项目房屋建筑面积指标（m^2）

项目名称		单列项目房屋建筑面积
医用磁共振成像装置（MRI）		310
正电子发射型电子计算机断层扫描仪（PET）		300
X线电子计算机断层扫描装置（CT）		260
数字减影血管造影X线机（DSA）		310
血液透析室（10床）		400
体外震波碎石机室		120
洁净病房（4床）		300
高压氧舱	小型（1～2人）	170
	中型（8～12人）	400
	大型（18～20人）	600
直线加速器		470
核医学（含ECT）		600
核医学治疗病房（6床）		230
钴60治疗机		710
矫形支具与假肢制作室		120
制剂室		按《医疗机构制剂配制质量管理规范》执行

注：1 本表所列大型设备机房均为单台面积指标（含辅助用房面积）。

2 本表未包括的大型医疗设备，可按实际需要确定面积。

第二十二条 新建综合医院应配套建设机动车和非机动车停车设施。停车的数量和停车设施的面积指标，按建设项目所在地区的有关规定执行。

第二十三条 根据建设项目所在地区的实际情况，需要配套建设采暖锅炉房（热力交换站）设施的，应按有关规范执行。

第二十四条 健康体检设施及其所需的面积指标，应根据实际需要报批。

第四章 规划布局与建设用地

第二十五条 综合医院的选址应满足医院功能与环境的要求，院址应选择在患者就医方便、环境安静、地形比较规整、工程水文地质条件较好的位置，并尽可能充分利用城市基础设施，应避开污染源和易燃易爆物的生产、贮存场所。

综合医院的选址尚应充分考虑医疗工作的特殊性质，按照公共卫生方面的有关要求，协调好与周边环境的关系。

第二十六条 综合医院的规划布局与平面布置，应符合下列规定：

一、建筑布局合理、节约用地。

二、满足基本功能需要，并适当考虑未来发展。

三、功能分区明确，科学地组织人流和物流，避免或减少交叉感染。

四、根据不同地区的气候条件，建筑物的朝向、间距、自然通风、采光和院区绿化应达到相关标准，提供良好的医疗和工作环境。

五、应充分利用地形地貌，在不影响使用功能和满足安全卫生要求的前提下，医院建筑可适当集中布置。

六、应配套建设机动车和非机动车停车设施。

第二十七条 综合医院的建设用地，包括急诊部、门诊部、住院部、医技科室、保障系统、行政管理和院内生活用房等七项设施的建设用地、道路用地、绿化用地、堆晒用地（用于燃煤堆放与洗涤物品的晾晒）和医疗废物与日产垃圾的存放、处置用地。

床均建设用地指标应符合表5的规定。

表5 综合医院建设用地指标（m^2/床）

建设规模	200～300床	400～500床	600～700床	800～900床	1000床
用地指标	117	115	113	111	109

注：当规定的指标确实不能满足需要时，可按不超过11m^2/床指标增加用地面积，用于预防保健、单列项目用房的建设和医院的发展用地。

第二十八条 承担医学科研任务的综合医院，应按副高及以上专业技术人员总数的70%为基数，按每人30m^2，承担教学任务的综合医院在床均用地面积指标以外，应按每位学生30m^2另行增加科研和教学设施的建设用地。

第二十九条 新建综合医院机动车和非机动车停车场的用地面积，应在床均用地面积指标以外，按当地的有关规定确定。

第三十条 新建综合医院的绿地率不应低于35%；改建、扩建综合医院的绿地率不应低于30%。

第五章　建筑标准

第三十一条　综合医院的建设应贯彻安全、适用、经济、在可能条件下注意美观的原则，建筑标准应根据不同地区的经济条件合理确定。

第三十二条　综合医院宜以多层建筑为主。

门急诊楼、医技楼、病房楼等主要建筑的结构形式，应考虑使用的灵活性和改造的可能性。

病房楼不宜设置阳台。

综合医院的各类用房及配套设施，应保证建筑结构的安全，应符合国家有关抗震规范的要求。

第三十三条　综合医院的建筑装修和环境设计，应有利于患者生理、心理健康，体现清新、典雅、朴素的行业特点。

综合医院建筑的色彩设计和室内照明，应符合卫生学要求。

第三十四条　综合医院的建设，应符合国家《城市道路和建筑物无障碍设计规范》JGJ 50 的要求，尚应考虑服务对象的特殊性，设置无性别卫生间。

第三十五条　综合医院的建筑物，应符合国家建筑节能的相关标准。综合医院的门(急)诊、病房、重症监护室、手术室、产房等部门的建筑设计应当符合医院感染预防与控制的基本原则。

第三十六条　急诊部、门诊部、住院部、医技科室和实验室等医疗业务用房的室内装修，应符合下列规定：

一、室内顶棚应便于清扫、防积尘；照明宜采用吸顶灯具。

二、内墙墙体不应使用易裂、易燃、易吸潮、易腐蚀、不耐碰撞、不易吊挂的材料；有推床(车)通过的门和墙面，应采取防碰撞措施。

三、除特殊要求外，有患者通行的楼地面应采用防滑材料铺装。

四、所有卫生洁具、洗涤池，应采用耐腐蚀、难沾污、易清洁的建筑配件。

五、不应使用易产生粉尘、微粒、纤维性物质的材料。

第三十七条　配餐、消毒、厕浴、污洗等使用蒸汽和易产生结露的房间，应采用牢固、耐用、难沾污、易清洁的材料装修到顶；并应采取有效措施，使蒸汽排放顺利，楼地面排水通畅，不出现渗漏。

第三十八条　综合医院的院区管网，应采用分区专线供应。主要建筑物内，应设置管道井并按需要设置设备层。主要管道沟应便于维修和通风，应采取防水措施。

第三十九条　综合医院的供电设施应安全可靠，保证不间断供电，并宜设置自备电源。

综合医院应采用双回路供电。

院区内应采用分回路供电方式。

第四十条　综合医院的建筑耐火等级和消防设施的配置应遵守国家有关建筑防火设计规范的规定。

第四十一条　综合医院的手术室、产房、放射科、功能检查科、检验科、有关实验室等用房应设置空调和通风设施。

洁净手术部空气净化设施应符合国家有关标准的规定。

第四十二条　综合医院应配置与其建设规模和业务技术、行政管理工作相适应的信息系统、通讯系统和安全技术防范系统。

第四十三条　综合医院应配置完善、清晰、醒目的标识系统。

第四十四条　综合医院应设置医用气体供应系统。

第四十五条　综合医院应建设污水、污物的处理设施，污水的排放和医疗废物与生活垃圾的分类、收集、存放与处置应按照《医疗废物管理条例》等国家有关法律、法规执行。

第六章　医疗设备

第四十六条　一般医疗设备的配置，应根据医院的不同功能、专科特长和所承担的医疗保健工作任务，参照有关基本医疗装备配置标准的规定执行。

第四十七条　大型医用设备的配置，应按卫生部、国家发展改革委、财政部《大型医用设备配置与使用管理办法》和卫生部、国家发展改革委《全国乙类大型医用设备配置规划指导意见》的规定执行。配置大型医用设备必须符合区域卫生规划的原则，充分兼顾技术的先进性、适宜性和可及性，实现区域卫生资源共享。

第七章　相关指标

第四十八条　综合医院的投资估算，应按国家现行有关规定编制。

第四十九条　综合医院工作人员的编制按卫生部有关组织编制规定确定。

第五十条　综合医院的经济评价，应按国家现行的建设项目经济评价方法与参数的规定执行。

附　件

综合医院建设标准

建标110－2008

条文说明

第一章　总　　则

第一条　1996年10月3日经原建设部和原国家计委批准发布，并于当年12月1日起施行的《综合医院建设标准》（以下简称“九六标准”）至今已有十余年时间。“九六标准”的发布施行使综合医院建设项目的可行性研究、项目批准、规划设计乃至项目建设的全过程有了较为科学的标准尺度，对全国综合医院的规划、设计与建设工作起到了重要的规范和指导作用。

“九六标准”施行的十余年，是我国社会主义市场经济发育成长和国民经济发展较快的时期，综合国力显著增强，人民生活水平大幅度提高。经济基础的增强，必然推动社会事业的发展。进入21世纪后，卫生事业如何适应社会主义现代化要求，更好地保障人民群众的身体健康；医疗机构如何发展建设，满足以人为本和不同人群、不同层次的要求；抗击SARS的经验教训更对医疗机构的建设提出了新的要求……这一切都使卫生事业的发展和医疗机构的建设面临新的挑战。所以，对“九六标准”进行修订是必要和及时的。

在总结“九六标准”的施行情况和对全国30个省、自治区、直辖市300所综合医院的现状进行调查的基础上，修订了《综合医院建设标准》（以下简称“本建设标准”），以指导今后综合医院建设工作。

本条阐明了本建设标准的编制目的。

第二条　本建设标准是依据有关规定，由住房和城乡建设部与国家发展和改革委员会审批发布的，是为项目科学决策和合理确定建设水平服务的国家标准，是工程项目决策和建设中有关政策、技术、经济的综合性宏观要求的依据。

本条规定了本建设标准的作用。

第三条　本建设标准主要适用于新建综合医院项目。现有综合医院的改建、扩建工程会受到原有条件的限制，故本建设标准制定了一些区别于新建项目的相应规定，目的在于增加可操作性。

一般情况下，不提倡建设1000床以上规模的超大型医院。这是对国内外综合医院建设和管理经验的总结，也符合我国的基本情况。但确需建设时可参照1000床的指标执行。

利用外资、中外合资、中外合作和非政府投资建设的综合医院，均应参照本建设标准的有关规定。

第四条　综合医院的建设必须与项目所在地区的社会、经济状况相适应，同时要根据当地的实际情况，处理好工作需要、未来发展与实际可能的关系。

综合医院的建设工作应依法进行，必须遵守国家有关经济建设的法律、法规和发展卫生事业的技术经济政策，增强科学性、避免盲目性、随意性。

第五条　本条规定了综合医院建设应达到的基本要求。综合医院是以诊治疾病，照护病人为主要目的的医疗机构，其工作对象主要是病人，对病人的生命和健康负有重大责任。因此，综合医院各项设施的建设应坚持以人为本、以患者为中心的原则。综合医院建设应满足各项功能的基本需求，并尽可能改善病人的就诊和住院条件。同时，要注意改善员工的工作条件，使其能够在较好的环境中为病人提供良好的服务。

第六条　在一个地区或一个城市的一个街区有多家医院同时存在，而在另一个地区或同一个城市的另一个街区却很少或没有像样的医院；为利用某块地皮或其他原因，在医院集中的地区又建一所医院；为了扩大业务范围，增加病床数量，同时存在于一个地区的多家医院又同时扩建、竞相扩大规模……上述情况在各地都不同程度地存在着。这种重复建设和过于集中的状况，有历史原因也有现实原因，有客观原因也有主观原因。事实上不仅造成卫生资源和建设资金的不合理使用，也导致交通不便、就诊时间和医疗费用的增加等社会问题，更不符合社会主义市场经济的要求。为此，在城市总体规划和社会事业发展规划中，应重视卫生资源的合理配置。根据我国的国情，目前综合医院建设重点应放在中小城市，大城市应坚持改扩建为主的方针。

综合医院在进行改建、扩建的时候，应将原有设施中能够利用的部分计入所定规模的总面积中，合理规划、充分利用。这应成为综合医院改建、扩建工程必须遵循的原则之一。

第七条　认真做好项目的前期准备工作，尤其是经过充分的调研和论证，编制好既符合客观规律又具有可操作性的可行性研究报告，是所有建设项目不可缺少的重要环节。而多年来这一点始终是医院建设的薄弱环节。以前是有多少钱干多少事，或者是用一定的投资总想干更多的事，可行性研究报告往往成为“可批报告”，结果与初衷相差甚多。而盲目性和急于求成则导致建设项目的先天不足，欲速则不达。

长期以来，不管是新建还是改建、扩建的医院建设项目，负责建设管理工作的部门多为临时抽调人员组成，或虽有常设部门也缺乏工程技术人员，无力完成可行性研究报告和设计任务书的编制工作，多请设计单位帮助。鉴于医院建筑流程复杂、工作周期长、投入产出比相对不高，在全国只有少数设计单位从事医院设计工作，缺乏专门的技术力量。而少数强于医院设计工作的设计单位也由于这项工作要投入大量人力、时间，又没有相应的费用可取，在极不情愿的情况下，勉力为之。

以上种种，必然造成医院建设项目在规模、功能、流程、投资等各方面都存在问题。对此，建设单位和上级各有关部门都应高度重视。应在前期费用中列出专项资金，委托有经验的中介机构或设计单位，切实做好可行性研究报告和设计任务书的论证、编制工作，为整个项目的建设工作打下坚实基础。

第八条　综合医院的建设，应按照科学性、实用性与前瞻性相结合的原则，根据所在地区和医院自身的发展情况，对院区进行一次性规划。经有关部门批准后，可根据实际需要和财力、物力等条件，一次或分期实施。这是总结50多年来医院建设的经验和教训而采取的一项扬长避短、效果明显的有利措施。其目的在于限制不循规划、随意建房、任意扩大医院规模等违反管理科学和综合医院自身发展规律的不正确做法。任意进行改建、扩建，必然导致整个医院功能区域设置不合理、流程混乱、洁污交叉、管线阻塞等弊端的产生。严格执行本条规定，按照规划进行建设，将使医院始终保持适度的规模、合理的布局、科学的流程和良好的环境。

第九条 本条明确了本建设标准与国家现行的有关工程建设强制性标准、规范、定额、指标的关系，随着国家标准化、规范化工作的进展，必将有更多的标准、规范、定额、指标陆续发布，凡与综合医院建设工作有关的，均应认真贯彻执行。

第二章 建设规模与项目构成

第十条 本建设标准按照病床数量的多少，将综合医院的建设规模划分为200床、300床、400床、500床、600床、700床、800床、900床、1000床九种。实践证明，100张病床的规模不可能构成一所完整的综合医院，而且床均面积大，投资成本高，综合效益较差。为此，本建设标准将200床作为综合医院建设规模的起点。

目前，全国范围内大于800床规模的各类医院有180所，而且有不少医院的新建、改建、扩建计划的规模定位也在800床以上。根据实际状况和未来的发展趋势，本建设标准将综合医院的建设规模从"九六标准"的7种增加到9种。200床的规模区间为150～249床，300床的规模区间为250～349床，依此类推至900床规模，1000床的规模区间为950～1049床。

在同一块建设用地上，尤其是用地面积不达标的情况下，医院规模过大，会产生诸如患者过于集中、设备重复购置、工作人员过多、管理幅度过大、环境质量不符合要求、综合效益较低等许多不利因素。所以本建设标准将综合医院建设规模的上限定在1000床。一般情况下，宜建设300～800床之间6种规模的综合医院，限制1000床以上规模超大型医院的建设。这是对国内外综合医院建设和管理经验的总结，也符合我国的基本情况。

一些专业技术力量很强、现有设施不能满足社会需求的医疗机构，宜采取异地建设分院的办法来适应社会经济的发展、人民的医疗保健需求和自身事业的发展需要。

第十一条 本条规定了确定综合医院规模的原则。

第十二条 日门(急)诊量与编制床位数(经有关部门审批后实际建设规模确定的病床数)之间的比值，是确定综合医院门(急)诊总量进而确定除住院部以外的门诊、医技科室及其他相关用房面积的重要依据。

经过20世纪80年代以来大规模的医院建设，看病难、住院难的矛盾得到一定程度的缓解，实践证明3∶1的诊床比基本符合实际。中心城市内有专科特色综合医院(特长专科门诊量占门诊总量的1/4以上)的诊床比要高于3∶1，应适当增加门诊和医技科室用房的面积。

由于不同地区、不同医院之间在经济条件、疾病种类、技术水平与医疗设备等方面均有差异，社区卫生服务体系的建立与不断完善也会使医院的门(急)诊量发生变化，为使诊床比更接近该地、该院的实际情况，有些新建医院尤其是改建、扩建的综合医院，可以按当地相同规模医院或本院前三年门(急)诊量与住院病人统计的平均数确定诊床比例，并按新的比值确定门诊、医技科室等用房的面积。

第十三条 根据综合医院所需要承担的医疗、教学、科研和预防保健四大任务，按照科学管理和实际工作的需要，本条规定了综合医院的建设项目由急诊部、门诊部、住院部、医技科室、保障系统、行政管理、院内生活、科研和教学设施等九个部分组成。其中前7项是综合医院建设的基本内容，这些项目建成后，一所医院就可以投入使用，正常运转；后2项则应根据承担科研和教学任务的具体情况确定。这样规定，使综合医院的建设项目更符合管理科学的要求和医院自身的客观实际，同时也有助于克服重视医疗业务用房、轻视保障系统用房、忽视行政管理和职工生活用房的现象。在前期准备工作中，应将7项基本内容和需要建设的科研、教学设施以及其他应该建设的项目同时立项，一次报批，使综合医院的建设配套进行，发挥应有的效益。

除本院一般急诊工作外，承担院前急救接诊任务的综合医院，应按接诊专业的不同适当增加急救用房的面积。

第十四条 医用磁共振成像设备、X线电子计算机断层扫描装置、核医学、高压氧舱等大型医疗设备具有以下特征：

一、设备本身购置成本高。

二、需要专门的技术人员。

三、需要建设专门的设备用房与必要的防护设施。

四、设备投入使用后，小范围内需要检查或治疗的患者数量达不到设备正常运转的工作量要求，必然造成设备闲置。不仅增加了运行成本，也浪费了卫生资源。

为此，本条规定，大型医疗设备应按照区域卫生规划的安排并根据医院的技术水平和实际需要合理设置，逐步向适当集中、资源共享的管理模式过渡。

本建设标准在第三章第二十一条的建筑面积指标中列出了制剂室的项目，但没有确定面积指标。医院确因业务工作需要或承担地区制剂中心的任务需要建设西药、中药制剂室时，应按国家食品药品监督管理局制定的《医疗机构制剂配制质量管理规范》执行。

第十五条 由于历史原因，"医院办社会"是我国各级各类医院尤其是大中型医院普遍存在的一个共性问题，它已经成为医院适应社会主义市场经济体制、发展医疗市场的制约因素之一。为此，本建设标准提倡综合医院内的一些配套设施向社会化发展，在可能的情况下，应尽量利用社会协作条件进行建设。

第三章　建筑面积指标

第十六条　本条规定了综合医院中以建设规模为基本参数确定的急诊部、门诊部、住院部、医技科室、保障系统、行政管理和院内生活用房7项基本建设内容的床均建筑面积指标。

“九六标准”的床均建筑面积指标是上限标准，原则上不准超标。这是根据当时的国情和医疗机构现状调查结果综合分析确定的。“九六标准”施行以来，我国的社会、经济、新的医疗技术与设备都有了很大发展，人民群众的生活水平和对健康的关注程度也有了很大提高。卫生事业尤其是医疗机构也应与时俱进、以人为本，最大限度地满足社会和人民群众在医疗保健方面不同层次的需求。

改善患者(包括大量的陪诊家属和健康检查与健康咨询者)的就诊、住院条件和员工的工作条件，配置先进的诊疗设备，更加严格的传染病筛查与消毒隔离设施，空调、通风与治安、消防等建筑配套设施等诸方面，都对综合医院的建筑空间提出了新的要求，需要在修订后的新标准中予以解决。

2003年对全国30个省、自治区、直辖市的300所综合医院的调查结果(2002年底数据，其中有效数据206所)是，床均建筑面积为78～106m^2，详见附表1。

附表1　综合医院建筑面积统计(m^2/床)

规模 名称	200床	300床	400床	500床	600床	700床	800床	900床	1000床
医院(所)	21	23	22	28	27	15	28	6	36
面积(m^2/床)	78.11	90.37	82.66	91.70	87.27	101.10	92.92	106.43	92.77

应如何评价和使用这项调查结果：

一、这项调查结果反映了目前我国综合医院房屋设施的现状情况(只限于量的方面)。

二、虽然这项调查结果显示的床均建筑面积超过了“九六标准”规定的指标，但各医院的用房却并未因此感到宽松，而只是达到实际需要的基本要求。

三、考虑到全国的平均水平，把这项调查结果作为确定新的床均面积指标的依据是适宜的。

根据以上调查结果和情况分析，汲取50多年来特别是“九六标准”施行以来医院建设和管理工作中的经验教训，并在全国征求了各有关方面意见的基础上，本建设标准修订了7项基本建设内容的床均建筑面积指标。对于1000床以上的综合医院，可参照1000床面积指标执行。

本建设标准中的门诊、医技科室等与门(急)诊量有关的房屋面积是按3∶1的诊床比计算的(见附表2)，当实际需要大于或小于这一比例时，这些用房的面积则应按百分比相应地增加或减少。

附表2　综合医院7项建设内容分科室建筑面积指标(m^2)

规模 部门	200床	300床	400床	500床	600床	700床	800床	900床	1000床
急诊部	480	720	996	1245	1548	1806	2112	2376	2700
门诊部	2400	3600	4980	6225	7740	9030	10560	11880	13500
医技科室	4320	6480	8964	11205	13932	16254	19008	21384	24300
住院部	6240	9360	12948	16185	20124	23478	27456	30888	35100
保障系统	1280	1920	2656	3320	4128	4816	5632	6336	7200
行政管理	640	960	1328	1660	2064	2408	2816	3168	3600
院内生活	640	960	1328	1660	2064	2408	2816	3168	3600
合计	16000	24000	33200	41500	51600	60200	70400	79200	90000
床均面积	80	80	83	83	86	86	88	88	90

注：保障系统中含医疗业务用蒸汽锅炉用房，采暖锅炉用房面积单列。

本次修订的7项基本建设内容与“九六标准”相比，床均建筑面积指标增加了16～28m^2。主要是为了保障在社会、经济发展到一定程度时人民群众对医疗保健的需求和科技进步带来的各种诊疗手段不断增加的需要。

新增加的建筑面积，有的是根据实际需要测算的，有的是根据专用的公式计算的，还有的是依据国家规定的标准、规范、规定等有关文件确定的。

本建设标准改变了“九六标准”中规模越大床均建筑面积越小的模式，采用随着医院规模的扩大床均建筑面积适当增加的模式。实践表明，规模较大的医院功能完善、科室齐全，承担急、难、险、重病人的救治任务也多，需要与之相应的房屋面积。同时，现状情况调查结果也是如此。

一般情况下，新建、改建、扩建综合医院的床均建筑面积指标，应符合本建设标准第十六条表1的规定。确因业务工作需要、建设资金又有保证，经审批部门批准，可适当增加床均建筑面积指标。

第十七条　本条确定了7项基本建设内容在综合医院总建筑面积中所占的比例。该比例是在对若干基础数据进行整理，并经过综合分析后确定的。使用过程中，各项比例可根据地区和医院的实际需要作适当调整。

第十八条　预防保健工作是综合医院的医、教、研、防四大任务之一。随着社会经济的发展、人口的增加以及人口日趋老龄化，人民群众的卫生观念和保健意识也日益增强。因此，医院中预防保健的工作量越来越大。但各医院内预防保健的工作用房都比较拥挤和简陋，不能满足实际工作的需要，工作质量也受到一定程度的影响。为此，本建设标准依据《中华人民共和国动物防疫法》的要求并结合医院的实际情况，明确规定了预防保健工作的用房面积。

预防保健工作的用房面积与医院建设规模的大小没有直接关系，而是以所承担的地段保健人口数量为基本参数，故将其单列出来，另给面积。“九六标准”规定，每位预防保健工作人员配备工作用房9m^2。在实际使用过程中，普遍反映面积指标偏紧，不能满足实际工作需要。通过对现状调查资料的分析研究，在修订时，将每位预防保健工作人员的人均工作用房面积增加到20m^2。

第十九条　本条所规定面积指标是根据原建设部和原国家计委批准发布的《科研建筑工程规划面积指标》(建标〔1991〕708号)有关规定，同时结合综合医院科研机构具体特点确定的，主要用于科研业务用房的建设。其公用配套和生活服务设施可与医院共用。

“九六标准”规定，设有研究所的综合医院，应按编制内的每位专职科研人员数量，另外增加科研用房的建筑面积。在我国，设在医院中的医学科研机构，多为“院办所”(也有所办院或院、所分立)形式，专门从事科研的工作人员数量不多，编制也少。但科研工作与临床之间的联系非常密切，且大多数临床高级人员均有科研项目并定期进行科研工作。在本次修订中本建设标准规定，承担科研任务的综合医院，应按副高以上专业技术人员总数的70%为基数另外增加科研用房的建筑面积。

“九六标准”规定，每位专职科研人员的用房面积按25m^2配置。随着医学科学发展与学科分类细化，科研用房的面积也需要增加。根据《科研建筑工程规划面积指标》的有关规定，本次修订将原来规定偏低的25m^2调整为32m^2，以保证实际工作需要。

在建设科研用房的同时，配套建设与之相适应的中间实验动物室，是医学科研工作的需要。因一般综合医院不设实验动物室，故本条规定的科研用房指标中不包括该项内容。需要时，可按卫生部发布的《医学实验动物管理实施细则》的有关规定执行。

第二十条　承担临床教学任务的综合医院有三种类型，即附属医院、教学医院和实习医院。本条教学用房的建筑面积是根据原国家教委、卫生部、国家中医药管理局发布的《普通高等医学院校临床教学基地管理暂行规定》确定的。

第二十一条　本条所列14个作为本建设标准的单列项目，供建设单位选择使用。其中有些虽属于7项基本建设内容的范围，但又不是所有综合医院都必须建设的非共性项目，所以予以单列。这些项目的建筑面积是在对综合医院的调查资料进行综合分析后确定的。各地在综合医院的建设中，可根据实际需要参照使用。

第二十二条 随着人民生活水平的日益提高和交通设施的不断改善，乘用各种车辆到医院就诊的患者、探视的家属和健康检查（咨询）者越来越多。在适当的位置（地上或地下）设置公共停车场已成为综合医院建设工作中所必须面对的问题。不少省、自治区、直辖市对此已有明文规定，并明确公安交通管理部门参与医院初步设计的审批工作。有关部门应按当地的规定，根据项目的建设规模，增加综合医院公共停车场的建筑面积指标。

第二十三条 随着社会经济的发展和气候的变化，冬季采暖已不仅限于寒冷地区，但也并非是全国所有综合医院都需要采暖设施。所以本次修订“九六标准”时，将采暖设施的配置要求单列一条，并且未明确具体面积指标。实际工作中，应根据项目所在地区的实际需要，按采暖方式的不同，根据国家有关规范设计，另行增加相应的建筑面积。

第二十四条 健康体检工作在不同规模的综合医院中都有承担，随着生活水平的提高，人们对健康的关注程度也在变化，健康体检的工作量逐年增加，必然需要一定的设施来承担这项工作。本建设标准没有确定具体的面积指标，建设单位可根据实际需要另行报批。

第四章　规划布局与建设用地

第二十五条 建设用地的选择对一所综合医院的建设和发展至关重要。它对建设投资的多少、工期的长短以及建成后效益的好坏，都有很大的制约作用，应该认真对待。本条规定了综合医院选址应遵循的原则。

综合医院的选址，除应考虑外界对医院环境的影响外，尚应考虑由于医院的特殊工作性质对周边环境的影响，二者要统筹兼顾。要按照公共卫生方面的有关要求，做好环境影响评估工作，协调好医院与周边环境的关系。

第二十六条 本条明确了综合医院建设规划应该遵循的几项主要原则。做好总体规划是综合医院建设工作中的一个不可缺少的重要环节，没有一个科学合理、符合城市总体规划与区域卫生规划要求和医院自身客观规律的总体建设规划，就不可能建好一所综合医院。

在实际工作中，几项主要原则应予全面贯彻，不可偏废。否则，不是造成土地的浪费就是制约了医院当前的建设和未来的发展，都会给国家和建设单位带来损失。

本条提出了在综合医院总平面布置中应采取的节约用地措施。实际工作中有关人员应把节约用地的原则贯穿于综合医院建设过程的始终，在不影响使用功能和安全卫生的前提下，尽可能科学合理地节约建设用地。

第二十七条 1989 年进行的全国卫生部门房屋建筑情况普查结果（1988 年底数据）显示，全国 2365 所 200 床及以上规模综合医院的床均用地面积为 117.99m^2。

2003 年调查结果显示，床均用地面积为 82.01m^2。

详细情况见附表 3。

附表 3　综合医院建设用地情况统计（m^2/床）

名称/规模	床均占地面积 1988 年	床均占地面积 2002 年	名称/规模	床均占地面积 1988 年	床均占地面积 2002 年
200 床	129.21	128.27	700 床	147.97	107.55
300 床	125.03	89.03	800 床	142.04	77.23
400 床	109.05	99.26	900 床	—	84.29
500 床	87.06	90.85	1000 床	—	65.12
600 床	90.84	81.82			

从附表 3 的统计可以看出，不同规模的综合医院之间床均用地面积的差距是比较大的。主要原因在于：

一、医院所处的位置不同。位于中心城市内的综合医院建设用地比较紧张，一般不能满足实际需要，所以床均用地面积就小。其他地区综合医院的建设用地相对宽松一些，床均用地面积也就随之增大。

二、从普查与抽查的结果看，某些规模医院的床均用地面积差距较大。一是由于普查与抽查样本的数量相差悬殊，二是因为 10 多年来很多医院都不同程度地在原址进行了改扩建，建设用地没有增加，床位规模扩大了，致使床均用地面积减少。

三、不合理扩大医院规模。有的医院尤其是一些城市医院，本来用地就很紧张。为了扩大规模又在原址扩建，使床均用地面积越来越小。这种做法既不符合医院自身的客观规律，不利于医院的长远发展，也会造成患者的就诊、住院环境与工作人员的工作环境和医院周边交通状况的日益恶化。

1988 年的调查数据表明，我国综合医院的建筑容积率大多在 0.5～0.7 之间；2002 年的调查数据表明，这项指标已增加到 0.6～1.4之间，医院的环境质量下降明显。为保证综合医院保持较好的环境质量，本建设标准通过对调研资料的综合分析，根据我国现阶段综合医院的现实情况和实际需要，以 0.7 的建筑容积率为基点规定了不同规模的综合医院中包括急诊部、门诊部、住院部、医技科室、保障系统、行政管理和院内生活用房 7 项设施的床均用地面积指标。并在指标以外确定了 11m^2/床的幅度面积，用于预防保健用房、单列项目用房的建设和医院的发展用地。这样，既可保证建设用地的实际需要，又使医院的发展用地得以保障，避免土地的浪费。

对于 1000 床以上的综合医院，可参照 1000 床用地指标执行。

第二十八条 在全国的综合医院中，设有科研机构和承担教学任务的只是少数医院，而且各自承担的科研和教学任务的多少差异很大。但随着科教兴院意识的增强，开展科研工作和承担不同规模、不同层次学生带教任务的医院在逐渐增加，配置适度规模的科研、教学用房是必要的，有利于医院的业务技术发展和科研、教学工作的正常进行。一般说来，科研和教学设施的用地面积与医院的床位规模之间没有直接的联系，所以本建设标准规定，在床均用地面积指标以外按科研工作人员和在院学生人数的多少另行增加建设用地。

承担教学任务的综合医院在床均用地面积指标以外，按每位学生 30m^2 增加建设教学设施的用地面积。

第二十九条 在综合医院的建设过程中，同步配套建设机动车和非机动车停车设施是必须的建设内容之一。对地下停车设施不能满足实际需要或不适宜建设地下停车设施的项目，有关部门应根据当地的相关规定，确定符合需要的用地面积。

第三十条 综合医院必须保证有足够的绿化用地，通过精心的设计、种植和管理，为病人和工作人员创造良好的医疗、康复和工作环境。同时，绿地对医院的功能分隔、卫生防护、空气净化、减少污染和改善医院建筑用地周围的小气候都具有十分重要的作用。

为了确保绿化用地的落实，就要科学合理地控制建筑密度。1993 年 11 月原建设部根据《城市绿化条例》第九条授权制定的《城市绿化规划建设指标的规定》（建城〔1993〕784 号）明确了医院的绿地率不低于 35%。根据这一规定并结合全国 62 所综合医院的现状调查结果，在广泛征求了有关方面专家和实际工作者的意见以后，本建设标准规定，在新建综合医院的用地范围内，绿地率应不低于35%。考虑到改建、扩建综合医院一般用地比较紧张的情况，所以将改建、扩建综合医院绿地率指标调整为不低于30%。

第五章　建筑标准

第三十一条　本条明确了确定综合医院建筑标准应遵循的基本原则。

第三十二条　20世纪80年代以来，我国医院建筑高层化的趋势日益明显。实践证明，这是不符合医院的工作特点和我国基本国情的。

综合医院的急诊部、门诊部、住院部、医技科室等医疗业务用房具有在就诊、探视高峰期的短时间内出现大量人流的特点。对于很多业务工作来说，水平联系较垂直联系有更多的优越性，尤其是在应对突发情况的时候，更是如此。所以医疗业务用房不宜建设高层建筑。为此，本建设标准规定，综合医院的各项设施宜以多层建筑为主。

随着科学技术的日益发展，新的科研成果应用于医疗实践的时间在不断缩短，医疗设备更新换代的速度也在不断加快。门诊和医技科室等用房的重新分隔、组合与改造工作在医院中常年不断，采用框架结构体系有利于医院的改造和发展。

调查表明，阳台在多数医院的病房中作用不大，反而增加了交叉感染的机会和建筑造价。所以本建设标准规定，病房楼不宜设置阳台。

医院是治病救人的场所，建筑结构的安全尤为重要。医院内各类房屋及其配套设施应符合国家有关抗震规范的要求。

第三十三条　本条规定了综合医院建筑装修和环境设计方面总的要求。

第三十四条　综合医院服务对象的特殊性，要求无障碍设施要更加完善、适用，保障残疾患者及其他到医院来的残疾人的需要。

第三十五条　本条规定了综合医院建筑装修方面的几项具体要求。

第三十六条　本条规定了综合医院医疗业务用房室内装修的要求。

第三十七条　本条所列的几类用房，在使用过程中常年遭受蒸汽和水的侵扰，屋顶和墙面潮湿不干、腐蚀严重，甚至发霉、破损、脱落，加之地漏安装不规范，使得地面长期积水且渗漏不止。不仅带来工作上的不便，而且会造成污染。为此，在建设过程中从设计开始就应采取有效措施，切实解决好室内的装修、蒸汽的排放和楼地面的排水与渗漏问题。

第三十八条　实践证明，对蒸汽、冷热水和冬季供暖采用分区专线供应的方法，既便于日常的维修与管理，又可以节约能源。

由于医院内的管道种类多、线路长，遇有较大故障就要凿墙断壁，甚为不便，适当加大下水管口径，采取有效的防堵塞措施并设置管道井和设备层，有利于日常的维修、保养与医院的改造和发展。

不少医院的室外管沟不但低矮狭窄，且由于没有采取防水措施，沟内积水严重，不仅腐蚀管线，也不利于维修。应采取有效措施，防止地下水渗入，并便于维修、改造和通风。

第三十九条　综合医院的工作特点要求具备安全可靠的不间断供电条件，应实行双路供电(来自不同变电站的两路电源)。不具备双路供电条件的医院，应设置自备电源。

院区以内应采用分路供电的方式，目的是为了保障设备的安全运转。

鉴于医院工作的特殊性，还应考虑设置突发供电故障时的备用电源。备用电源应保证医院一定范围内和一定时间段的用电需求。

第四十条　本条规定了综合医院的建筑防火和消防设施的要求。由于医院工作性质和工作对象的特殊性，防火和消防工作尤为重要。从医院的设计、建设到使用、管理，每个环节都应高度重视这项工作，并制定突发火灾时的紧急灭火和疏散方案，确保消防安全。

第四十一条　本条是关于综合医院部分用房设置空调与空气净化设施和建设洁净手术室的规定。

在项目的建设中，采取中央空调、区域空调还是分体空调，要根据所在地区的气候条件、实际需要和投资状况等酌情确定。

第四十二条　本条明确了综合医院应配置与其建设规模和实际工作需要的信息系统、通讯系统和安全技术防范系统的要求。

第四十三条　本条是关于综合医院标识系统的要求。医院标识要完善、简洁、清晰、内容明确，而且要有无障碍标识。有实际需求的，尚应设置中英文对照标识。

第四十四条　本条是关于综合医院医用气体供应设施的要求。

医院在建设液氧站或制氧机房以及架设管线时，要结合总体规划，留有未来发展需要的余地。

第四十五条　本条是关于综合医院污水、医疗废物和生活垃圾处理设施的规定。

这是一项很重要的配套设施，要与医疗用房同时设计、同时施工、同时使用，保证污水、医疗废物和生活垃圾得到及时有效处理。

第六章　医 疗 设 备

第四十六条　本条规定了综合医院一般医疗设备的装备标准。

第四十七条　本条规定了综合医院大型医用设备的装备原则。

第七章　相 关 指 标

第四十八条　本条确定了医院建筑投资估算编制原则。

第四十九条　本条确定了综合医院工作人员的编制。

第五十条　本条明确了综合医院应进行经济评价的规定。

传染病医院建设标准

建标 173—2016

主编部门：中华人民共和国国家卫生和计划生育委员会
批准部门：中华人民共和国住房和城乡建设部
中华人民共和国国家发展和改革委员会
施行日期：2016年9月1日

住房城乡建设部　国家发展改革委关于批准发布《传染病医院建设标准》的通知

建标〔2016〕131号

国务院有关部门，各省、自治区、直辖市、计划单列市住房城乡建设厅(委、局)、发展改革委，新疆生产建设兵团建设局、发展改革委：

根据原建设部《关于印发〈二〇〇三年工程项目建设标准、投资估算指标、建设项目评价方法与参数编制项目计划〉的通知》(建标函〔2004〕43号)要求，由国家卫生计生委组织编制的《传染病医院建设标准》已经有关部门会审，现批准发布，自2016年9月1日起施行。

在传染病医院建设项目的审批、核准、设计和建设过程中，要严格遵守国家相关规定，认真执行本建设标准，坚决控制工程造价。

本建设标准的管理由住房城乡建设部、国家发展改革委负责，具体解释工作由国家卫生计生委负责。

中华人民共和国住房和城乡建设部
中华人民共和国国家发展和改革委员会
2016年6月19日

前　　言

《传染病医院建设标准》(以下简称“本建设标准”)是根据《工程项目建设标准编制程序规定》和《工程项目建设标准编写规定》的要求，按照原建设部《关于印发〈二〇〇三年工程项目建设标准、投资估算指标、建设项目评价方法与参数编制项目计划〉的通知》(建标函〔2004〕43 号)的安排，由中国中元国际工程有限公司会同北京地坛医院、广州第八人民医院、中国建筑科学研究院有限公司等单位共同编制的。

在编制过程中，编制组进行了广泛深入的调查研究，认真分析了全国各级各类传染病医院现状情况，在总结我国传染病医院建设的经验教训、借鉴国外案例的基础上，本着以人为本的原则制定了本建设标准。

本建设标准共分六章，即：总则、建设规模与项目构成、建筑面积指标、选址与规划布局、建筑标准和设备配置、主要技术经济指标。

在执行本建设标准的过程中，请有关单位认真总结经验，积累资料，如发现需要修改或补充之处，请将意见和有关资料寄至中国中元国际工程有限公司(地址：北京市海淀区西三环北路 5 号。邮政编码：100089)，以供今后修订时参考。

主 编 单 位：中国中元国际工程有限公司

参 编 单 位：北京地坛医院
广州第八人民医院
中国建筑科学研究院有限公司
北京市卫生计生委
上海市卫生计生委
河南省卫生计生委

主要起草人：黄锡璆　辛春华　林向阳　涂　路　刘　颖
王　健　刘　强　吴翔天　曲怡然

主要审查人：黎定高　林　琳　秦咸悦　万　钧　陈立军
辛衍涛　金荣华

目　次

10

第一章　总　　则

第一条　为规范传染病医院建设，提高传染病医院工程项目决策与建设的科学管理水平，合理确定建设规模，正确掌握建设标准，满足传染病医院的基本功能需要，提高投资效益，制定本建设标准。

第二条　本建设标准是传染病医院建设项目投资的重要制度，是合理确定项目建设水平的全国统一标准，是编制、评估和审批传染病医院工程项目建议书、可行性研究报告的依据，也是有关部门审查初步设计和监督检查工程建设全过程建设的尺度。

第三条　本建设标准适用于传染病医院的新建工程项目。传染病医院的改建、扩建工程以及综合医院传染病区的建设可参照执行。

第四条　传染病医院的建设必须遵守国家有关法律、法规和有关卫生工作的政策，处理好现状与发展、需要与可能的关系，做到规模适宜、功能完善、流程科学、装备适度、经济合理、安全卫生。

第五条　传染病医院的建设应符合所在地区城乡总体建设规划、区域卫生规划和医疗机构设置规划等要求，充分利用现有卫生资源，避免重复建设或过度集中。

现有传染病医院的改扩建应合理利用原有设施，并应考虑新旧部分的有机组合以及改扩建中必要的卫生安全防护措施。

第六条　传染病医院的建设应根据需要与可能一次或分期建设。当分期建设时，应进行院区总体规划，并做好分期建设中的卫生安全防护。

第七条　传染病医院的建设，除应执行本建设标准外，尚应符合国家现行的有关标准、规范和定额、指标的规定。

第二章　建设规模与项目构成

第八条　新建传染病医院的建设规模应根据当地城乡总体规划、区域卫生规划、医疗机构设置规划、经济发展水平、卫生资源、传染病发病率和服务需求状况进行综合平衡后确定。

第九条　传染病医院的日门诊量与编制床位数的比例一般为0.5∶1，也可按本地区相同规模医院前三年日门（急）诊量统计的平均数确定。

第十条　传染病医院的建设规模分为250床以下、250床～399床和400床及以上。

第十一条　传染病医院建设项目由房屋建筑、建筑设备、医疗设备、附属设施和场地组成。房屋建筑主要包括急诊部、门诊部、住院部、医技科室、保障系统、行政管理和院内生活七项设施用房。建筑设备包括电梯、物流、暖通空调设备、给排水设备、电气设备、信息系统等。医疗设备包括医疗诊断、检查和治疗等设备。附属设施包括供水、供电、污水处理、太平间、垃圾收集等。场地包括道路、绿地、室外活动场地和停车场等。

承担医学科研和教学任务的传染病医院，还应设置相应的科研和教学培训用房和设施。

第三章　建筑面积指标

第十二条　传染病医院中急诊部、门诊部、住院部、医技科室、保障系统、行政管理和院内生活用房七项设施的床均建筑面积指标应符合表1的规定。

表1　传染病医院建筑面积指标

建设规模（床）	<250	250～399	≥400
建筑面积指标（m^2/床）	82	80	78

综合医院传染病区床均建筑面积指标参照现行行业标准《综合医院建设标准》建标110执行。

第十三条　传染病医院各组成部分用房在总建筑面积中所占的比例宜符合表2的规定。

表2　传染病医院各类用房占总建筑面积的比例（%）

急诊部	2
门诊部	12
住院部	45
医技科室	23
保障系统	10
行政管理	4
院内生活	4

注：各类用房占总建筑面积的比例可根据地区和医院的实际需要进行调整。

第十四条　传染病医院内预防保健用房的建筑面积应按编制内每位预防保健工作人员20m^2增加建筑面积。

第十五条　承担医学科研任务的传染病医院，应以副高及以上专业技术人员总数的70%为基数，按每人32m^2的标准另行增加科研用房，并应根据需要按有关规定配套建设适度规模的中间实验动物室。

第十六条　作为医学院校的附属医院、教学医院和临床实习医院的传染病医院，其教学用房应按表3另行增加建筑面积。

表3　传染病医院教学用房建筑面积指标（m^2/学生）

医院分类	附属医院	教学医院	临床实习医院
建筑面积指标	8～10	4	2.5

注：学生的数量按上级主管部门核定的临床教学班或实习的人数确定。

第十七条　磁共振成像装置等大型医用设备的房屋建筑面积可参照现行行业标准《综合医院建设标准》建标110确定。

第十八条　新建传染病医院应配套建设机动车和非机动车停车设施。停车的数量和停车设施的面积指标按建设项目所在地区有关规定执行。

第十九条　根据建设项目所在地区的实际情况，确定是否配置采暖供热系统，如配套建设采暖锅炉房（热力交换站）设施，应按有关相关标准和规范执行。

第四章 选址与规划布局

第二十条 传染病医院的选址应符合下列规定：

一、不宜设置在人口密集区域。

二、患者就医方便、交通便利地段。

三、地形比较规整，工程水文地质条件较好。

四、有比较完善的市政公用系统。

五、不应临近易燃、易爆及有害气体生产、贮存场所，不应临近水源地。

六、不应临近食品和饲料生产、加工、贮存，家禽、家畜饲养、产品加工等企业。

七、不应临近幼儿园、学校等人员密集的公共设施或场所。

在综合医院内设置独立传染病区时，传染病区与医院其他医疗用房的卫生间距应大于或等于20m。传染病区宜设有相对独立的出入口。

第二十一条 传染病医院的规划布局与平面布置应符合下列规定：

一、卫生安全、建筑布局合理、节约用地。

二、满足基本功能需要和应急需要，并适当考虑未来发展。

三、功能分区明确，科学组织人流物流，做到洁污分区、切断传染、避免感染。

四、主要建筑物有良好朝向，建筑物间距应满足卫生、日照、采光、通风、消防等要求。

五、充分利用地形地貌，在保证使用功能与传染病防护隔离卫生安全的前提下，建筑物应合理组合、适当集中。

六、应配套建设机动车和非机动车停车设施。

第二十二条 传染病医院的建设用地包括急诊部、门诊部、住院部、医技科室、保障系统、行政管理和院内生活用房七项设施的建设用地、道路用地、绿化用地及室外活动用地、停车用地、堆晒用地和医疗废物与生活垃圾的存放、处置用地等。

第二十三条 传染病医院应设置足够的急救车及小型汽车停车位。停车场内应按院外院内车辆分区布置停车位。传染病医院宜设置专门的汽车冲洗消毒站。

第二十四条 传染病医院单独新建时，建筑密度不宜超过35%，建设用地容积率宜为1～2。

第二十五条 新建传染病医院绿地率不宜低于35%。改建、扩建传染病医院绿地率不宜低于30%。

第五章 建筑标准和设备配置

第二十六条 传染病医院的建设应贯彻安全、卫生、适用、经济的原则。建筑标准应根据不同地区气候条件、不同规模等级以及当地经济条件合理确定。

第二十七条 传染病医院的建筑宜采用多层形式，用地特别紧张的医院可建高层。

第二十八条 传染病医院的各类用房及配套设施应保证建筑结构安全，符合国家有关抗震规范的要求。传染病医院的门急诊楼、医技楼等主要建筑的结构及系统配置应具备今后改造的灵活性。

第二十九条 传染病医院的建筑装修和环境设计应有利于医护人员和患者生理、心理健康，做到色彩明亮、线条简洁、防止积垢、便于清洁、有利消毒。

第三十条 传染病医院建筑物围护结构、屋面、外窗应使用气密性、防水构造良好的产品，门、墙角及走廊双侧及转角处应采取防碰撞措施。

第三十一条 传染病医院的建设应符合现行国家标准《无障碍设计规范》GB 50763及当地无障碍设施建设的有关规定。

第三十二条 传染病医院的建筑物应符合国家及地方建筑节能、绿色建筑的相关标准要求。

第三十三条 急诊部、门诊部、医技科室、住院部等用房室内装修应符合下列规定：

一、顶棚便于清扫，防积尘，照明应采用防眩光吸顶灯。

二、内墙墙面选用耐擦洗、难积污、易清洗、耐腐蚀的材料，墙体构造应牢固。

三、患者使用房间及通行的楼地面应采用防滑材料铺装。

四、负压隔离病房墙面、地面及天棚以及门窗应选择无缝隙、气密性好的产品材料。

五、卫生洁具、洗涤池等建筑配件应选用耐腐蚀、难沾污、易清洁的产品。

第三十四条 配餐、消毒、厕浴、污洗等使用蒸汽和易产生结露的房间应采用牢固、耐用、难沾污、易清洁的材料装修到顶，并应采取有效排汽措施，楼地面排水应通畅且不出现渗漏。

第三十五条 传染病医院的院区管网应采用分区专线布网。主要建筑物内应设置管道井并按需要设置设备层。主要管道沟应便于维修和通风，应采取防水措施。

第三十六条 传染病医院生活给水水质应符合现行国家标准的要求，冷热水系统设置应安全可靠。

第三十七条 传染病医院宜采用双重电源供电。院内部各种用电负荷应根据其负荷级别采用相应的供配电方式。

第三十八条 传染病医院的建筑耐火等级和消防设施的配置应遵守国家有关建筑防火设计规范的规定。

第三十九条 传染病医院应设置机械通风系统，根据用房需求确定换气次数、设置空调和通风设施，并保证各区域空气有序压力梯度。

第四十条 传染病医院应配置与其建设规模和业务技术、行政管理工作相适应的通信与信息网络、消防、安防及机电设备监控等智能化基础设施系统。

第四十一条 传染病医院的病房护理单元应设置视频监控系统，当兼作探视系统时，宜具有探视预约审批、身份核实、探视时长控制等功能，并可实现探视者与病人的语音和视频双向互动。

第四十二条 传染病医院应配置完善、清晰、醒目的标识系统。

第四十三条 传染病医院应设置医用气体供应系统。医用气体废气、废液应处理达标后方可排放。

第四十四条 传染病医院应建设医院污水、固体污物的处理设施，医院污水的排放和医疗废物与生活垃圾的分类、收集、存放与处置应按现行国家标准《医疗机构水污染物排放标准》GB 18466、《医疗废物管理条例》等国家有关法律、法规和标准执行。

第四十五条 传染病医院设备配置应符合以下原则：

一、应根据传染病医院功能定位、所承担的任务和服务对象需求进行合理配置。

二、设备装备水平应与传染病医院开展的业务范围、工作量及医疗人员的技术水平相适应。

三、设备配置要坚持成熟、实用、安全、可靠的原则。

第六章 主要技术经济指标

第四十六条 传染病医院的投资估算应按国家现行有关规定编制。急诊部、门诊部、住院部、医技科室等设施的平均建安工程造价可参照建设地区相同建筑等级标准和结构形式住宅平均建安造价的2倍～3倍确定。负压病房、重症监护室、手术室、放射检查室等有特殊功能要求的功能用房，其建安工程造价可按实际情况适当提高。

第四十七条 传染病医院的经济评价应按国家现行的建设项目经济评价方法与参数的规定执行。

附 件

传染病医院建设标准

建标 173 — 2016

条 文 说 明

第一章 总 则

第一条 近年来，各地均在开展传染病医院建设，进一步完善突发公共卫生事件医疗救治体系。由于没有全国统一的标准，建设中规模不统一，差别较大。因此，制定本标准，对于规范和指导传染病医院建设，确保决策科学、投资合理具有重要意义。

第二条 本建设标准是依据有关规定，根据我国传染病医院的实际状况，参照国外传染病医院，并广泛征求疾病预防控制中心、传染病医院以及建筑设计单位等多方面意见的基础上编制。本建设标准是为项目科学决策、合理确定建设水平服务的国家标准，也是项目建议书、可行性研究报告评估决策、初步设计审查以及工程建设的依据。

第三条 在我国，传染病医疗与防治的任务主要由两类机构承担。一类是专门的传染病医院，另一类是设在综合医院的传染病区。本建设标准的内容适应于传染病医院的新建项目。现有传染病医院的改建、扩建工程应综合考虑原有条件参照执行。综合医院传染病区的新建、改建、扩建工程可参照执行。

第四条 传染病医院的建设必须遵守国家有关经济建设的法律、法规和卫生事业发展的技术经济政策，并与项目所在地区的社会、经济状况相适应，增强科学性，避免盲目性和随意性。同时传染病医院建设应满足各项功能的基本需求，并尽可能改善病人的就诊和住院条件以及医护人员工作条件。

第五条 传染病医院的建设应当服从城乡建设与发展的全局，并与城镇已有卫生资源统一规划、统一调配，确保配置合理。

第六条 传染病医院的建设应坚持一次规划、分期建设的原则，避免见缝插针、盲目建设，提高科学合理性。对已有传染病医院进行改、扩建时也应事先对院区的建设条件，特别是周边环境条件包括环境安全、交通流线等进行必要的调研评估，做好项目前期策划。

第七条 本条明确了本建设标准与国家现行的有关工程建设强制性标准、规范、定额、指标的关系，随着国家标准化、规范化工作的进展，必将有更多的标准、规范、定额、指标陆续发布，凡与传染病医院建设工作有关的，均应认真贯彻执行。

第二章 建设规模与项目构成

第八条 本条明确了新建传染病医院规模的原则。

第九条 据统计国内传染病医院的日平均门诊量与急诊量较低，与编制床位的比例约为(0.5～1)∶1，这是因为综合医院内一般均设有传染病门诊，一些传染病病人在此初诊后再转诊至传染病医院。为提高传染病医院的利用率，提倡传染病医院兼负担周边居民的非传染病医疗服务任务，在此情况下日平均门诊量与床位编制的比例可放宽至1∶1。

第十条 传染病医院规模以床位为单位，并以此核定配置其基本医疗设备、建筑面积和医护人员数。综合医院内传染病区规模较小，相关配置按其规模核定。

第十一条 本条规定了传染病医院的建设项目构成。根据传染病医院所需要承担的医疗、教学、科研和预防四大任务，按照科学管理和实际工作的需要，本条规定了传染病医院的房屋建筑由急诊部、门诊部、住院部、医技科室、保障系统、行政管理、院内生活七个部分组成。科研和教学设施应根据承担科研和教学任务的具体情况确定。

第三章 建筑面积指标

第十二条 现有传染病医院的建筑面积差别较大。与综合医院相比较，传染病医院的门诊急诊部因日平均门诊量相对较小，门诊及医技科室面积比例亦相应小一些，但其住院部则因为洁污分区分流的要求，走道、缓冲前室等辅助面积相应增加，因而加大了住院部在医院总建筑面积中的比例。两者相比，传染病医院与综合医院的床均面积大体持平。本条亦提出了综合医院传染病区床均建筑面积的参照标准。

第十三条 本条确定了七项基本建设内容在传染病医院总建筑面积中所占的比例。该比例是在对现有传染病医院各部分面积占比数据进行调查整理，并经过综合分析后确定的。使用过程中，各项比例可根据地区和医院的实际需要作适当调整。

第十四条 通过对现状调查资料的分析研究，并参照现行行业标准《综合医院建设标准》建标110，确定预防保健工作人员的人均工作用房面积为$20m^2$。

第十五条 传染病医院中专门从事科研工作人员数量不多，编制也少，但科研工作与临床之间的联系非常密切，且大多数临床高级人员均有科研项目并定期进行科研工作。因此，本建设标准确定承担科研任务的传染病医院，参照现行行业标准《综合医院建设标准》建标110增加科研业务用房建筑面积，其公用配套和生活服务设施可与医院共用。在建设科研用房的同时，配套建设与之相适应的中间实验动物室是医学科研工作的需要，具体根据实际情况自行确定，建筑面积可另行增加。

第十六条 承担临床教学任务的传染病医院有三种类型，即附属医院、教学医院和临床实习医院，因此本建设标准参照现行行业标准《综合医院建设标准》建标110确定了教学用房建筑面积指标。

第十七条 传染病医院可根据实际需要配置大型医疗设备并参照现行行业标准《综合医院建设标准》建标110确定各单列项目的房屋建筑面积。

第十八条 随着人民生活水平的日益提高和交通设施的不断改善，乘用各种车辆到医院就诊的患者、探视的家属等越来越多。在适当的位置(地上或地下)设置公共停车场，应综合考虑合理安排，大部分地方对医院建设停车场亦作专门规定。

第十九条 目前，冬季采暖已不仅限于寒冷地区，但也并非所有医院都需要采暖设施。医院建设时应根据实际情况及采暖方式的不同，增加相应的建筑面积。

第四章 选址与规划布局

第二十条 传染病医院选址应特别注意环境保护要求，尤其要注重院区污、废水排放，医疗废弃物的处置等，保证周围环境的卫生安全。同时，还应考虑传染病医院内环境与院区周边环境的相互影响，以及是否方便病人就医、就近利用市政原有设施等综合因素。

第二十一条 传染病医院规划应坚持卫生安全、布局合理、节约用地的原则，并预留可扩展建设空间，该空间也可以提供作为发生紧急突发事件时搭建临时应急设施之用。后勤保障部门宜靠近使用负荷中心，缩短管线节约能耗。

传染病医院建筑与院区外建筑的卫生间距应大于或等于20m。综合医院传染病区建筑与医院其他建筑间的卫生间距应遵守同样规定，传染病区宜设有相对独立的出入口。

第二十二条 本条明确了传染病医院建设用地包含的内容。

第二十三条 为适应发展需要，各地城市规划交通部门相继制定了适应当地实际情况的医院停车位标准。无论是新建或改扩建传染病医院均需满足相关规定。为满足院区卫生防护要求，宜在院区设置汽车出入冲洗消毒场。

第二十四条 为保证传染病医院良好的环境质量，本建设标准通过对现有传染病医院调研资料的综合分析，结合我国现阶段实际需要和图例测算，确定了传染病医院建筑密度和建设用地容积率。

第二十五条 传染病医院要求有足够的绿化用地，为病人和工作人员提供良好的医疗、康复和工作环境。绿地空间对医院的功能分隔、卫生防护、空气净化、减少污染和营造微小气候，都具有重要作用。本条针对新建院区，改、扩建项目提出了绿地率要求。

第五章 建筑标准和设备配置

第二十六条 建筑标准应遵循经济适用、卫生安全、美观的原则。我国地域辽阔，地理气候包括项目建设地段条件情况各不相同，建筑方案与标准应针对项目所在不同地区的气候特点、承担医疗任务的不同规模等级、经济技术水平等区别对待合理确定。

第二十七条 传染病医院宜采用多层建筑，不仅可以节约投资，方便病患者户外活动，亦有利于应急时紧急疏散，如因用地紧张，采用高层方案时，需考虑应急措施。

第二十八条 传染病医院是治病救人的场所，其结构安全相当重要。医院内各类房屋及其配套设施应符合国家有关抗震设计规范的要求。医疗设备、医疗技术与装备更新速度很快，门诊、医技等功能用房的重新布置与改造几率较高，医院建筑结构及系统配置要具备改造的灵活性。

第二十九条 传染病医院的装修及构造节点设计，室内外环境设计应考虑医护人员和病人的生理、心理特点，运用色彩、图案、材质等形成优美空间，医疗构造节点要简洁、少缝，防止积垢，便于清洁，有利消毒。

第三十条 传染病医院建筑外围构造设计(包括屋面外墙、外门窗以及构造节点)应注意其热工及防水性能、节能与防渗漏。用水房间如厕所、浴室、备餐开水间等应注意防水防潮设计，医院中由于大量使用各种推床、轮椅、推车，转角处墙角、门角等应采用防碰撞构造节点。

第三十一条 传染病医院建设应按照无障碍设计的要求，在院区内患者活动区域范围内，包括出入通道、电梯、卫生设施等处设置专用入口坡道、走道扶手、卫生洁具助拉手、电梯低位按钮等无障碍设施。

第三十二条 医疗建筑能耗较高，系统设计及配置应严格遵守国家建筑节能标准，确保降低运行费用。

第三十三条 本条对传染病医院中各医疗功能用房的室内装修提出了包括易清洁、耐腐蚀等一般性要求。

负压病房、负压手术室为传染病医院中采取特殊气流控制的部门，由于气流组织有特殊要求，以上房间的门窗要求选用气密性好、构造严密的产品。墙面天棚应注意缝隙严密，避免透气漏风，影响负压效果。

第三十四条 本条所列的几类用房，在使用过程中常年遭受蒸汽和水的侵扰，屋顶和墙面潮湿不干、腐蚀严重，甚至发霉、破损、脱落，加之地漏安装不规范，使得地面长期积水发生渗漏，影响工作，造成污染。为此，本条明确提出要从设计施工阶段就应解决蒸汽排放和楼地面的排水与渗漏问题。

第三十五条 实践证明，对蒸汽、冷热水和冬季供暖采用分区专线布网供应，既便于日常的维修与管理，又可以节约能源。由于医院建筑内的管道种类多、线路长，遇有较大故障就要凿墙断壁，甚为不便，设置管道井和设备层有利于日常的维修、保养和今后改造。

不少医院的室外管沟不但低矮狭窄，且由于没有采取防水措施，沟内积水严重，不仅腐蚀管线，也不利于维修。应采取有效措施，防止地下水渗入，以便于维修、改造和通风。

第三十六条 传染病医院生活用水水质应达到国家标准的要求，以避免产生水质污染；冷、热水系统设置应合理，确保传染病医院生活用水安全可靠。

第三十七条 传染病医院的供电应参照综合医院设计标准，一般情况下引入双重市政电源供电，有特殊困难的地区或经技术经济比较更合理的地区也可以采用引入一路市政电源、自备一路电源(如柴油发电机)的方式供电。

第三十八条 由于传染病医院工作性质和工作对象的特殊性，防火和消防工作尤为重要。因此从设计、建设到使用、管理，每个环节都应高度重视消防工作，并应制订突发火灾时的紧急灭火和疏散方案，确保安全。

第三十九条 由于传染病医院多数功能房间都有通风换气量和区域压力梯度要求，必须设机械通风才能满足。

第四十条 本条明确了传染病医院智能化系统的配置应与其建设的规模和实际工作需要相一致，而通信与信息网络、消防、安防及机电设备监控则是必备的基础设施系统。

第四十一条 传染病医院的病房护理单元应设置视频监视系统，主要用于限制区的医护人员对隔离区的病人进行远程监护，并实时录像。当兼作探视系统时，可在护士站对探视预约、探视时长控制、探视人员与病人的身份确认等进行统一管理，并可实现探视语音和视频的双向互动。

第四十二条 医院标识要完善、简洁、清晰、内容明确，而且要有无障碍标识。

第四十三条 医院在建设液氧站或制氧机房以及架设管线时，要留有未来发展余地；负压吸引泵站、手术麻醉废气系统的废气、废液需应经过处理后方可排放。

第四十四条 医院污水、医疗废物和生活垃圾处理设施是传染病医院建设的重要内容，要做到与医疗用房建设三同时(同时设计、同时施工、同时使用)，保证医院污水、医疗废物和生活垃圾得到及时有效处理，确保医院安全。

第四十五条 本条规定了传染病医院设备配置的原则。

第六章 主要技术经济指标

第四十六条 传染病医院的投资估算按照国家现行有关规定编制。根据近期进行的传染病医院工程建设投资测算，其工程造价与同地区的一般民用住宅相比要高出1倍～2倍左右，主要原因是传染病医院建筑要求有严格的洁污分区与分流，交通面积增加，洗手盆池等卫生设施较多，在设有中央空调的传染病医院中，一些医疗用房如负压病房、ICU等，比综合医院有特殊之处，以上多种因素均相应增加了建设投资。

第四十七条 本条明确了传染病医院应进行经济评价的规定。

急救中心建设标准

建标 177—2016

主编部门：中华人民共和国国家卫生和计划生育委员会
批准部门：中华人民共和国住房和城乡建设部
中华人民共和国国家发展和改革委员会
施行日期：2017年3月1日

住房城乡建设部　国家发展改革委
关于批准发布《急救中心建设标准》的通知

建标〔2016〕268号

国务院有关部门，各省、自治区、直辖市、计划单列市住房城乡建设厅（建委、建设局）、发展改革委，新疆生产建设兵团建设局、发展改革委：

根据建设部工程项目建设标准编制项目计划和国家发展改革委下达建设部中央预算内投资计划安排，由国家卫生计生委组织编制的《急救中心建设标准》已经有关部门会审，现批准发布，自2017年3月1日起施行。

在急救中心建设项目的审批、核准、设计和建设过程中，要严格遵守国家关于严格控制建设标准、进一步降低工程造价的相关要求，认真执行本建设标准，坚决控制工程造价。

本建设标准的管理由住房城乡建设部、国家发展改革委负责，具体解释工作由国家卫生计生委负责。

中华人民共和国住房和城乡建设部
中华人民共和国国家发展和改革委员会
2016年11月18日

前　　言

《急救中心建设标准》(以下简称建设标准)是根据住房城乡建设部(原建设部)、国家发展改革委《关于印发〈工程项目建设标准编制程序规定〉和〈工程项目建设标准编写规定〉的通知》(建标〔2007〕144 号)的要求,按照原建设部《关于印发〈二〇〇三年工程项目建设标准、投资估算指标、建设项目评价方法与参数编制项目计划〉的通知》(建标函〔2004〕43 号)的安排,由国家卫生计生委主编,具体由国家卫生计生委规划与信息司组织上海建筑设计研究院有限公司、中国医院协会医院建筑系统研究分会、成都市急救中心、上海市医疗急救中心、北京急救中心、天津市急救中心、甘肃省急救中心、沈阳市急救中心等单位共同编制。

编制组在认真分析全国 100 多家不同规模急救中心现状资料的基础上,总结了近年来急救中心建设的经验教训,并参考国外一些急救中心建设资料,本着以人为本、方便群众的原则编制本建设标准。编制组完成本建设标准初稿后,广泛征求意见,并召开了全国审查会,会同各有关部门审查定稿。

本建设标准共分总则、建设规模与项目构成、建筑面积指标、规划布局与建设用地、建筑标准、建筑设备标准及救护车的配备和主要技术经济指标七章。

请各单位在执行建设标准过程中,注意总结经验,积累资料,如发现需要修改和补充之处,请将意见和有关资料寄至国家卫生计生委规划与信息司(地址:北京市西城区西直门外南路 1 号,邮政编码:100044),以便今后修订时参考。

主 编 单 位:国家卫生计生委规划与信息司
参 编 单 位:上海建筑设计研究院有限公司
中国医院协会医院建筑系统研究分会
成都市急救中心
上海市医疗急救中心
北京急救中心
天津市急救中心
甘肃省急救中心
沈阳市急救中心
主要起草人:包子翰　李远建　张行健　于德志　郭永钦
李国庆　李金年　牛天平　丁颖明　杨柄生
刘　魁　于　冬　吴翔天　曲怡然

目　次

11

第一章 总　　则

第一条　为规范急救中心建设，提高急救中心项目决策水平和工程建设管理水平，合理确定建设规模，正确掌握建设标准，满足急救中心基本功能需要，完善我国公共卫生服务体系，提高应对突发公共卫生事件的院前急救能力，适应经济社会发展，制定本建设标准。

第二条　本建设标准是急救中心建设项目科学决策、合理确定建设规模、服务全国的统一标准，是编制、评估以及审批核准急救中心项目建议书、可行性报告的重要依据，也是有关部门审查规划设计和对工程建设全过程监督检查的尺度。

第三条　本建设标准适用于急救中心新建、改建、扩建工程项目。

第四条　本建设标准所指急救中心包括独立建制的急救中心和急救站。非独立建制的急救分中心和急救站可参照执行。

第五条　急救中心建设应满足应对各类突发事件紧急医疗救援和重大活动医疗救援保障的能力。

第六条　急救中心的建设，必须遵守国家有关法律、法规和国家有关卫生工作的政策，正确处理需要与可能、现状与发展的关系，做到规模适宜、功能适用、装备适度、经济合理、安全卫生。

第七条　急救中心的建设，应符合区域卫生规划、医疗机构设置规划和城市总体规划要求，充分利用现有卫生资源和基础设施，避免重复建设。

第八条　急救中心的建设除应执行本建设标准外，尚应符合国家现行有关标准、规范和定额、指标的规定。

第二章 建设规模与项目构成

第九条　急救中心救护车辆规模应根据服务人口数量、当地经济发展水平、服务半径、地理位置等因素合理确定，每5万人～10万人配备1辆。

第十条　急救中心救护车辆规模分为5辆、10辆、20辆、30辆、40辆、50辆、60辆和60辆以上。

第十一条　急救中心项目构成包括房屋建筑、场地和附属设施。其中房屋建筑主要包括功能用房、业务用房、后勤保障用房等。场地包括绿地、道路和停车场等。附属设施包括供电、污水处理、垃圾收集等。

第十二条　直辖市、省会城市的急救中心宜具备培训功能，并应有相应的培训设施、设备，其他急救中心可根据实际情况确定。

第十三条　急救中心配套设施建设应坚持专业化协作和社会化服务的原则，充分利用城市公共设施和现有基础设施。

第三章 建筑面积指标

第十四条　急救中心建筑面积指标宜符合表1的规定。

表1　急救中心建筑面积指标(m^2)

车辆规模	5辆	10辆	20辆	30辆	40辆	50辆	60辆
建筑面积	850	1400	2150	2950	3700	4450	5200

注：1　中间规模的急救中心建筑面积指标可采用插入法计算。

2　60辆以上规模的急救中心建筑面积可按每增加10辆增加750m^2建筑面积计算。

3　本表不包括培训用房的建筑面积。

第十五条　急救中心的功能、业务、后勤保障用房单项面积宜符合下列规定：

一、功能用房包括指挥调度用房和车库、隔离用房。

（一）指挥调度用房主要包括调度室、会商室、信息机房等，面积可按每辆车10m^2计，最低建筑面积不小于200m^2。

（二）车库、隔离用房建筑面积可按表2计算，大于60辆部分可按每辆15m^2计算。

表2　车库、隔离用房建筑面积(m^2)

车辆规模	5辆	10辆	20辆	30辆	40辆	50辆	60辆
建筑面积(m^2)	400	700	950	1150	1300	1450	1600

二、业务用房主要包括值班室、行政办公用房、综合用房等，建筑面积可按每辆25m^2计算。

三、后勤保障用房包括各类物资库房、消毒间、车辆维护用房和其他服务用房等，建筑面积可按每辆25m^2计算。

第十六条　具有培训功能的急救中心，其培训用房建筑面积应根据培训规模、培训学员数量等确定。

第十七条　急救中心应配套建设机动车(非急救车辆)和非机动车停车设施。停车的数量和停车设施的面积指标按建设项目所在地区有关规定执行。

第四章　规划布局与建设用地

第十八条　急救中心和急救站的设置和布局，应根据所在地区的急救服务半径、服务人口、地理交通、经济水平以及需求量等综合条件确定。

第十九条　急救中心选址应满足功能与环境的要求，应选择在交通便利、环境安静、地形比较规整、工程和水文地质条件较好的位置，并尽可能充分利用城市基础设施，应避开污染源和易燃易爆物的生产、贮存场所。

急救中心的选址尚应充分考虑工作的特殊性质，按照公共卫生方面的有关要求，协调好与周边环境的关系。

第二十条　急救中心宜紧靠城市交通干道并直接连接，宜面临两条道路，出入口不应少于两处，便于车辆迅速出发。

第二十一条　急救中心的规划布局与平面布置应符合下列规定：

一、建筑布局合理、节约用地。

二、满足基本功能需要，并适当考虑未来发展。

三、功能分区合理，洁污流线清楚，避免交叉感染。

四、根据不同地区的气象条件，合理确定建筑物的朝向，充分利用自然通风与自然采光，提供良好的工作环境。

五、应充分利用地形地貌，在不影响使用功能和满足安全卫生要求的前提下，建筑宜适当集中布置，建筑的 K 值宜控制在大于65％。

六、建筑周边应设有环通的双车道。

第二十二条　急救中心的建设用地应符合当地规划部门要求，其容积率宜为 0.8～1.5，建筑密度宜为 40％。

第二十三条　急救中心绿地面积应符合当地城市有关规定。

第五章　建 筑 标 准

第二十四条　急救中心的建筑标准应按照当地经济水平和地域条件合理确定。

第二十五条　急救中心的建筑装修和环境设计应体现简捷、明快的特点。重要用房的室内装修材料均应采用燃烧性能等级为 A 级的材料。

第二十六条　急救中心建设应符合国家建筑节能、绿色环保的相关标准、要求。

第二十七条　急救中心宜采用钢筋混凝土结构。

第二十八条　要按照《建筑工程抗震设防分类标准》和《建筑抗震设计规范》进行设计，确保建筑安全。主要的车道和通道上不应有易倒塌的装饰物。

第二十九条　急救中心的供电设施应安全可靠，宜采用双路电源供电，确保不间断供电。不能保证持续供电的地区，可设自备电源。重要部位应有 UPS 应急电源系统。

第三十条　急救中心的建筑防火等级不应低于二级。一般用房应采用不燃烧体隔墙，其耐火极限为 1h。调度中心、库房等重要用房应采用耐火极限为 2h 的不燃烧体隔墙，其隔墙上的门窗应采用乙级防火门窗。车库应按汽车库消防设计规范有关条款执行。消防设施的配置应遵守国家有关建筑防火设计规范的规定。

第三十一条　急救中心必须设置完善的避雷设施。

第三十二条　救护车车库包括车道的室内净高宜大于 3.2m。

第三十三条　有条件的急救中心可设置直升机停机坪。

第六章　建筑设备标准及救护车的配备

第三十四条　急救中心宜配置与其功能和建设规模相适应的有线通信系统、无线集群系统、计算机系统、闭路电视监控系统、本区域电子地图和卫星定位系统以及 114 数据库信息系统等。

第三十五条　急救中心通信系统应包含以下内容：

一、有线、无线通信系统。

二、数字交换系统。

三、急救信息系统（包括三字段信息、地理信息系统）。

四、数字录音系统（应设双机热备份）。

五、UPS 应急电源系统。

有条件的还宜配置 GPS 车辆卫星定位系统（省会以上城市 GPS 系统应包括车辆定位和数字信息，省会以下城市 GPS 系统可以仅有导航定位功能）、LED 条屏显示系统、电子大屏幕投影系统和视频监控系统等。

第三十六条　急救中心救护车内的设备配置应按照救护车标准（WS/T 292）执行。

第七章　主要技术经济指标

第三十七条　急救中心的投资估算应按国家现行有关规定编制。在评估或审批可行性研究报告时，其建筑安装工程造价可按当地相同建筑等级标准和结构形式住宅的平均建筑安装工程造价的 1.6 倍～2 倍计算。

第三十八条　建设工期应按国家关于建筑安装工程工期有关定额执行。

附　件

急救中心建设标准

建标 177—2016

条 文 说 明

第一章　总　　则

第一条　本条为编制本建设标准的目的。急救中心是医疗救治体系的枢纽。近年来，中央和地方各级政府投入大量资金用于急救中心建设和设备配置，逐步完善公共卫生医疗救治体系。但是，在过去急救中心建设中，各地均不同程度地存在规模与需求、功能与使用、装备与技术等不相适宜的情况，造成了医疗卫生资源的浪费。因此，在总结过去急救中心建设经验的基础上，制定《急救中心建设标准》，对于提升急救中心工程项目决策水平和建设管理水平，提高投资效益，满足急救中心基本功能要求，具有重要意义。

第二条　本条为本建设标准的作用。本建设标准是为项目决策服务的统一标准，在技术、经济、管理上起宏观管理作用，具有很强的政策性、实用性，是编制、评估、审批急救中心工程建设可行性研究报告的重要依据，也是有关部门审查工程项目初步设计和监督检查项目实施的重要尺度。

第三条　本建设标准适用的范围是急救中心新建、改建、扩建项目。

第四条　本条是对本建设标准所称急救中心的说明。

第五条　急救中心是国家公共卫生医疗救治体系的重要组成部分，既要满足日常为人民群众提供急救医疗服务，也要承担各类突发事件、重要会议及活动的紧急医疗救援和应急保障任务。

第六条　急救中心是城市建设的重要部分，其主要功能是履行政府的公共卫生服务职责。随着我国社会经济快速发展，人民生活水平不断提高，一些突发疾病比例随之增加，急救医疗需求量相应加大。据有关资料统计，我国一些经济发达城市急救医疗量每年递增达 10%，急救医疗亟须发展，所以急救中心的建设必须统筹兼顾，既要与项目所在地区社会经济发展相适应，又要考虑将来的发展，处理好需要与可能、现状与发展的关系，力求使急救中心建设在规模、功能、装备、建设水平等方面达到比较合理的水平。

急救中心建设工作应依法进行，必须遵守国家有关经济建设的法律、法规和发展卫生事业的技术经济政策，增强科学性，避免盲目性、随意性。

第七条　本条明确了急救中心规划建设原则。

第八条　本条规定了本建设标准与国家现行有关标准、规范和定额、指标规定的关系。

第二章　建设规模与项目构成

第九条　本条为确定车辆规模的依据。急救中心车辆规模根据居民对急救中心的医疗服务需求确定，需求高低受诸多因素影响。其中，人口是决定性因素。在参考卫生部《发送〈关于加强城市急救工作的意见〉的通知》[（80）卫医字第 34 号]和《关于下发〈医疗机构基本标准（试行）〉的通知》（卫医发〔1994〕第 30 号）的基础上，综合考虑经济社会发展水平确定急救中心车辆配置标准。指标的上下限取值根据当地人口密度、经济水平、服务半径、地理交通以及车辆利用率等情况选定。

第十条　本条为车辆规模划分。独立建制的急救中心（站）车辆规模低于 5 辆，从资源配置和运行上看均不太经济，因此确定 5 辆救护车为急救中心的最小规模。60 辆救护车的配备应是 300 万人口以上的区域性特大城市，各地差异较大，从目前看区域性特大城市急救中心建设比较完善，所以确定急救中心车辆规模宜为 5 辆～60 辆。中间规模的急救中心采用插入法计算，本建设标准定义车辆不含备车。

第十一条　目前，我国急救中心主要分为院前急救型、院前加院内急救型、指挥调度型和依托型等类型。各地根据经济发展水平、现有医疗卫生资源状况等采用不同模式。为了更好体现急救中心公共卫生服务职能，鼓励急救中心采用院前急救型的模式，其他模式的急救中心宜逐步向院前急救型模式过渡和转变。院前急救型急救中心房屋建筑主要包括功能用房、业务用房和后勤保障用房等。

第十二条　院前急救行业技术要求高，从业人员必须得到专业培训。以省为单位，在省会城市急救中心设置培训功能既符合我国的行政区划管理，也便于相互交流。

第十三条　本建设标准定义的配套设施主要指为急救中心服务的

用房，如锅炉房、水泵房等。各地配套设施建设和急救中心所在地有关，难以统一规划，本建设标准中不含此类用房面积，由各地按实际情况自行建设。随着经济社会发展，行业分工更加社会化和专业化，鼓励利用城镇已有的设施或由城镇统一规划建设，有利于节约社会资源，创建节约型社会。

第三章　建筑面积指标

第十四条　本条为急救中心房屋建筑面积指标。建筑面积指标是根据功能要求，在对100多所急救中心现状资料分析和征求各有关方面意见的基础上，结合平面设计测算，参考《国务院办公厅关于转发发展改革委卫生部突发公共卫生事件医疗救治体系建设规划的通知》(国办发〔2003〕82号)确定的。一般情况下，新建、改建、扩建急救中心房屋建筑面积指标应符合本条规定。确因业务工作需要，建设资金又有保证，经审批部门批准，可适当增加房屋建筑面积。

第十五条　考虑各地具体情况有所不同，本建设标准对急救中心三大功能用房部分单独列出计算，各地可以按照实际情况进行调整。

第十六条　承担培训功能的急救中心培训用房面积，应依据其功能、培训规模和学员数量确定。

第十七条　各地经济发展不平衡，很难确定统一停车数量标准。本建设标准中急救中心用地和房屋建筑面积指标均不含普通停车，其用地和房屋建筑面积指标按照当地有关规定执行。

第四章　规划布局与建设用地

第十八条　合理的服务半径是院前急救快速反应的保证，因此急救中心、急救站的布局首先要满足服务半径的要求。急救中心、急救站的布局和服务半径、服务人口、交通条件、经济水平以及需求量等许多因素有关，各地应按实际情况规划设置。

第十九条　急救中心建设用地的选择对其建设和发展至关重要，尤其对建设投资多少、工期长短以及建成后能否发挥效益有很大的制约作用，应认真对待。

急救中心的选址，除应考虑外界对自身环境的影响外，尚应考虑由于急救中心的特殊工作性质对周边环境的影响，二者要统筹兼顾。要按照公共卫生方面的有关要求，做好环境影响评估工作，协调好其与周边环境的关系。

第二十条　本条阐述了布点的原则，以及和城市道路的关系。根据平均急救反应时间应小于15min的要求，急救站(点)位置应综合城市各种因素合理确定。

第二十一条　本条阐述了总体布局的原则，急救中心建设应在不影响使用功能和安全卫生的前提下，尽可能科学合理地节约建设用地。

第二十二条　急救中心用地面积指标是按急救中心建筑面积确定的，根据实际调查和平面设计测算结果，其容积率控制在0.8～1.5。急救中心车辆较多，应保持道路通畅，这样相对占地面积较大，因此急救中心容积率不宜大于1.5，建筑密度宜控制在40%。在条件允许的情况下，应尽可能采用较低的容积率，便于合理布局，同时也为将来发展预留空间。

第二十三条　本条为急救中心的绿地率要求。

第五章　建 筑 标 准

第二十四条　本条明确了急救中心建筑标准的基本原则。

第二十五条　本条规定了急救中心建筑装修和环境设计方面总的要求。为保证急救中心安全，特别规定室内装修材料均应采用A级装修材料，减少火灾隐患。

第二十六条　本条规定急救中心建设应符合国家节能、环保方面的要求。

第二十七条　本条规定是为了保证急救中心结构形式使用的灵活性和改造的可能性。

第二十八条　急救中心在发生灾难(包括地震)时，承担应急指挥、急救等功能，必须保证其建筑物本身的安全，还要保证车辆在任何时候都行驶畅通。

第二十九条　急救中心所有急救指挥调度均需在正常供电情况下进行，必须保证不间断供电。

第三十条　急救中心主要用房必须保证免受火灾，一般用房均采用1h的隔墙，重要用房采用2h的隔墙，一旦有火灾发生，可以防止火灾蔓延，保证急救中心仍能继续工作。

第三十一条　为保证急救中心建筑物本身的安全，应设置避雷设施，避免雷击。

第三十二条　由于救护车高于其他车辆，并设有天线和顶灯，普通监护型救护车辆高度一般在2.5m左右，而负压监护型救护车辆高度一般在3m左右，所以规定急救中心建筑物(不含车辆消洗用房)净高宜大于3.2m。

第三十三条　直升机在发达国家急救领域使用普遍，而我国处于发展阶段，直升机拥有量很少，仅在一些特殊范围内使用。但应考虑发展的需求，在条件允许的地方可以建造直升机停机坪，以备急需。

第六章　建筑设备标准及救护车的配备

第三十四条　随着科技的进步，先进的急救设备越来越多，本建设标准列举的是急救中心必须配置的基本设备。

第三十五条　急救中心通信系统的基本配置是按照卫生部相关要求设定的，其配置既满足大城市的需求，又兼顾中小城市的实际情况。

第三十六条　本条规定了救护车的装备标准。

第七章　主要技术经济指标

第三十七条　急救中心在建筑消防、建筑抗震、建筑层高等方面有较高要求，建造成本也随之提高，所以建安造价宜为当地相同建筑等级标准和结构形式住宅平均建安工程造价的1.6倍～2倍。

第三十八条　本条规定了确定急救中心建设工期的方法。

中国工程建设标准化协会标准

医院污水处理设计规范

Code for design of hospital sewage treatment

CECS 07：2004

主编单位：北 京 市 建 筑 设 计 研 究 院
北京市医院污水污物处理技术协会
批准单位：中 国 工 程 建 设 标 准 化 协 会
施行日期：2 0 0 4 年 5 月 1 日

前　言

本规范系根据中国工程建设标准化协会(2002)建标协字第20号文《关于印发中国工程建设标准化协会2002年第二批标准制、修订项目计划的通知》，对原规范CECS 07：88进行修订而成。

本规范是在吸收了医院污水处理多项研究成果，总结了数百项工程的设计、施工和运行管理方面的经验，并在吸取世界卫生组织提出的非典冠状病毒稳定性和耐受力有关报告以及广泛征求意见的基础上，完成修订的。

本规范的主要技术内容包括：污水量和污水水质，处理流程及构筑物，消毒剂和投加设备，放射性污水处理，污泥处理和处理站等。

根据国家计委计标〔1986〕1649号文《关于请中国工程建设标准化委员会负责组织推荐性工程建设标准试点工作的通知》的要求，现批准协会标准《医院污水处理设计规范》，编号为CECS 07：2004，推荐给工程建设设计单位采用。

本规范第1.0.3、1.0.4、4.0.1、4.0.5、5.0.3、5.0.4、6.0.1、7.0.1、7.0.7、8.0.8、8.0.9条，建议列入“工程建设标准强制性条文”。

本规范由中国工程建设标准化协会建筑给水排水专业委员会CECS/TC24归口管理，由北京市医院污水污物处理技术协会(北京市西城区南礼士路56号，邮编：100045)负责解释。在使用中如发现需要修改和补充之处，请将意见和资料径寄解释单位。

主 编 单 位： 北京市建筑设计研究院
北京市医院污水污物处理技术协会
参 编 单 位： 北京大学医学部
北京市环境保护监测中心
北京市双环建筑水处理技术开发公司
北京友谊医院
主要起草人： 萧正辉　夏葆真　张枢贤　谢凤君
萧　齐　范　珑　翟海峰　刘东江

12

目　次

12

1 总 则

1.0.1 为保证医院污水处理工程的设计质量，达到治理污染、保护环境、安全运行、技术先进、经济适用的目的，制订本规范。

1.0.2 本规范适用于现有、新建、改建、扩建的各类医院和其他医疗卫生机构中含有病菌、病毒及其他有毒有害物质的污水、污泥的处理工程设计。

1.0.3 当医院污水直接排入水体时，其水质必须进行处理，当各项水质指标均达到国家排放标准时才能排放。

1.0.4 对含有放射性物质、重金属及其他有毒、有害物质的污水，应分别进行预处理，当达到相应的排放标准后，方可排入医院污水处理站或城市下水道。

1.0.5 医院污水处理设施应满足处理效果好、运行安全、管理方便、占地面积小、造价合理、运行费用低、自动化程度高等要求，并不得对周围环境造成污染。

1.0.6 医院污水处理设施应采取防腐蚀、防渗漏和防冻等技术措施。各种构筑物均应加盖，密闭时应有通气装置。

1.0.7 医院污水处理设施应由有设计资质的单位设计，且必须与主体工程同时设计，同时施工，同时使用。

1.0.8 当发生传染病疫情时，对医院污水尚应采取下列紧急措施：

1 门诊、病房病人的排泄物、分泌物就地消毒处理后，方可排入污水处理站。

2 污水处理站可根据疫情发展情况，增加消毒剂的投加点或投加量。

1.0.9 医院污水处理工程设计除应执行本规范外，尚应遵守国家相关法令和国家现行有关标准的规定。

2 术 语

2.0.1 医院污水 hospital sewage

医院和医疗卫生机构排出的含有大量病菌、病毒和其他有毒有害物质的生活污水。按医院性质可分为传染病医院污水和综合医院污水；按污水成分可分为有放射性医院污水、废弃药物医院污水、含重金属离子医院污水。

2.0.2 医院污水处理 hospital sewage treatment

改变医院污水水质的过程。主要是杀灭污水中的致病微生物。为了提高消毒效果，在消毒前可对污水进行预处理，包括一级处理和二级处理。

2.0.3 消毒 disinfection

为消灭污水或污泥中的病原体或使之灭活而进行的处理过程。分为污水消毒和污泥消毒。

2.0.4 有害物质浓度 concentration of pollutant

单位体积空气或水中所含有害物质的量。其中有害物质的量可用质量来表示，单位为 mg/L、g/m^3；有害物质如为气体时也可用体积来表示，单位为 mL/m^3。mg/L 又可表示为百万分率，符号为 ppm。

2.0.5 消毒剂 disinfectant

具有实现消毒目的的性能的化学药剂。有氯及其化合物、溴、碘、臭氧、酚及其化合物、醇类以及各种酸和碱等。其中氯是最常用的水和污水的消毒剂。

2.0.6 接触时间 contact time

消毒剂与水混合后，在消毒接触池中的停留时间。

2.0.7 余氯 residual chlorine

在指定的接触时间终了或排至规定的场所时，污水或污泥中仍保留的剩余有效氯。

2.0.8 一级处理 primary treatment

采用机械方法对污水进行的初级处理过程，又称机械处理。系由格栅、格网、沉砂池、调节池、一次沉淀池和污泥处理设施等组成，主要去除污水中的漂浮物和悬浮物，可作为其他处理（如消毒、生物化学处理等）的预处理。

2.0.9 二级处理 secondary treatment

由一级处理和生物化学或化学处理组成的污水处理过程。除一级处理中包括的处理设施外，通常还包括生物化学处理设施（如活性污泥曝气池、接触曝气池、生物滤池等）、二次沉淀池和消毒系统等。

2.0.10 深度处理 tertiary treatment

经一级和二级处理的污水，为进一步减少其污染程度而进行的再处理过程。又称三级处理。包括比二级处理更进一步的物理处理、化学处理和生物化学处理。

2.0.11 消毒接触池 contact tank

为使消毒剂和污水有足够接触时间，以保证消毒效果而设置的水池，又称接触池。

2.0.12 水池导流墙（板） guide wall of reservior

贮水池内用以疏导水流而砌筑的隔墙（板）。目的是防止水流短路，满足污水与消毒剂的接触时间，保证消毒效果。导流墙多用砖或混凝土板砌筑，其顶部高于水池最高水位。

2.0.13 衰变池 decay pool

利用衰变法处理放射性污水的构筑物。污水在池中停留一定时间，待其放射性经自然衰变而降低到一定浓度后再行排放。

2.0.14 半衰期 half-life

在单一放射性衰变过程中放射性浓度降至其原有值的一半时所需要的时间，又称半寿期。是化学动力基本参数之一，符号为 $T_{1/2}$，单位为 s、min、h。该值可作为原子核不稳定性的度量标准，半衰期愈长，原子核愈稳定。各同位素的半衰期相差极大，短的只有几千万分之一秒，长的可达几亿万年。

2.0.15 污泥处理 sludge treatment

改善污泥性质的过程，主要是减少污泥中的细菌、病毒、寄生虫卵和其他有毒有害物质，使污泥便于运输和处置，减轻对环境的污染。其处理包括污泥调理、污泥浓缩、污泥稳定、污泥脱水、污泥消毒和污泥焚烧等。

3 污水量和污水水质

3.0.1 医院的分项生活用水定额和小时变化系数应按现行国家标准《建筑给水排水设计规范》GB 50015 确定。排水量宜为给水量的 85%～95%。

3.0.2 医院的综合耗水量、小时变化系数与医院性质、规模、设备完善程度有关，应根据实测确定。当无实测资料时，可按下列数据计算：

1 设备比较齐全的大型医院：日耗水量为 650L/(床·d)～800L/(床·d)；小时变化系数 $K=2.0\sim2.2$。

2 一般设备的中型医院：日耗水量为 500L/(床·d)～600L/(床·d)；小时变化系数 $K=2.2\sim2.5$。

3 小型医院：日耗水量为 350L/(床·d)～400L/(床·d)；小时变化系数 $K=2.5$。

3.0.3 医院每张病床每日污染物的排出量应根据实测确定。当无实测资料时，可按下列数值采用：

BOD_5：60g/(床·d)；

COD：100g/(床·d)～150g/(床·d)；

悬浮物：40g/(床·d)～50g/(床·d)。

注：污染物的排出量除以耗水量，称为有害物质污染浓度。

4 处理流程和构筑物

12

4.0.1 医院污水处理的流程应根据医院的类型、污水排向、排放标准的要求，按下列原则确定：

1 经处理后的医院污水排入有污水处理厂的市政排水系统时，应符合现行国家标准《污水综合排放标准》GB 8978 规定的三级标准和现行国家标准《医疗机构污水排放要求》GB 18466 的规定；

2 排入未设置污水处理厂的市政排水系统、地面水域时，应根据污水受纳水体对生物学指标和有关理化指标的要求，符合现行国家标准《污水综合排放标准》GB 8978 规定的一级或二级标准的要求。

4.0.2 医院污水处理流程及构筑物的设置位置宜充分利用地形，采用重力排放。

4.0.3 当采用一级处理流程时，医院污水应与职工生活区污水、雨水分流，仅对医院污水进行消毒处理；当采用二级或深度处理流程时，根据需要，职工生活区污水可与医院污水合流进行处理，但厨房污水必须设置隔油井(池)。

4.0.4 医院污水处理可选择下列流程：

1 一级处理工艺流程：

1)重力自排式：

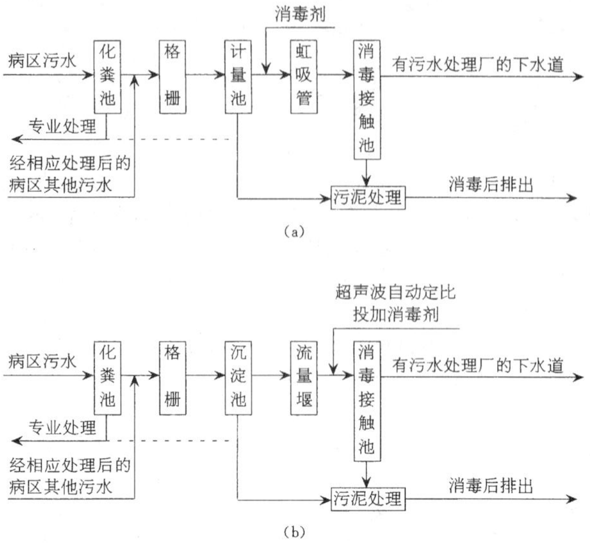

图 4.0.4-1 一级处理工艺流程(重力自排式)

2)提升式：

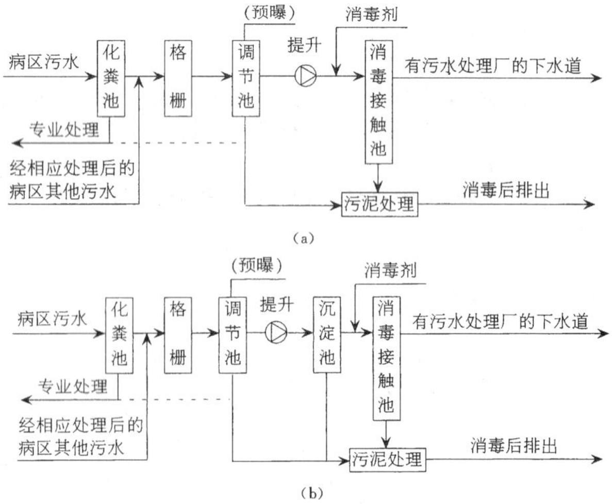

图 4.0.4-2 一级处理工艺流程(提升式)

2 二级处理工艺流程：

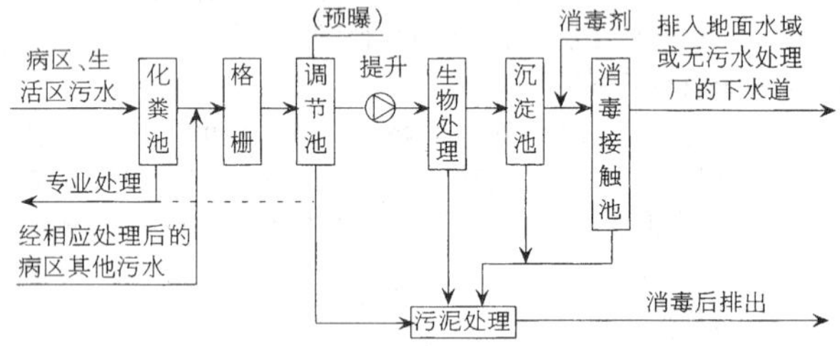

图 4.0.4-3 二级处理工艺流程

3 深度处理工艺流程：

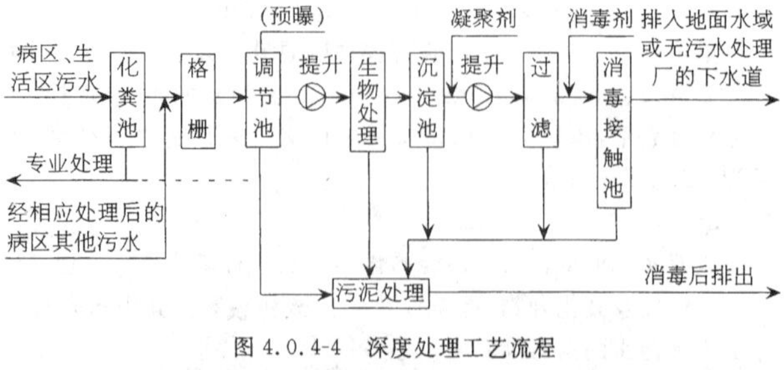

图 4.0.4-4 深度处理工艺流程

4.0.5 医院污水处理设施中应设置事故处置设备，其设计应

符合下列要求：

1 中型以上医疗卫生机构的医院污水处理构筑物（如调节池、生物处理构筑物、沉淀池、消毒接触池等）应分两组，每组按50%的负荷计算。

2 小型医疗卫生机构的医院污水处理设施，应设置事故超越管道或维修时采取的措施，且必须保证消毒效果。

4.0.6 污水在化粪池中的停留时间不宜少于36h。污泥清掏周期为1年。

4.0.7 提升式医院污水处理设施应设调节池，其有效容积宜为5～6h污水平均小时流量。

4.0.8 消毒接触池的容积应考虑最大小时水量和接触时间等因素，经计算确定。

1 以氯为消毒剂时，污水在消毒接触池中的接触时间和余氯量应按表4.0.8确定；

表 4.0.8 污水在消毒接触池中的接触时间和余氯量

医院类别	接触时间(h)			余氯量(mg/L)		
	一级标准	二级标准	三级标准	一级标准	二级标准	三级标准
医院、兽医院和医疗机构的含病原体污水	≥1.0	≥1.0	≥1.0	<0.5	>3	>2
传染病、结核病医院的污水	≥1.5	≥1.5	≥1.5	<0.5	>6.5	>5

2 当流程为重力自排式时，污水量应按最大小时污水量计算；

3 当流程中采用污水泵提升时，污水量应按水泵实际小时排水量计算。

4.0.9 以氯为消毒剂的消毒接触池的构造，应按下列要求设计：

1 消毒接触池应加设导流板。

2 消毒接触池的水流槽宽度和高度比不宜大于1∶1.2，长度和宽度比不宜小于20∶1。

3 消毒接触池出口处应设取样口。

5 消毒剂和投加设备

5.0.1 消毒剂的选择，应根据污水量、安全条件、消毒剂的供应情况、处理站与病房和居民区的距离、投资和运行费用、操作管理水平等因素，经技术经济比较后确定。宜采用液氯、商品次氯酸钠、现场制备次氯酸钠、二氧化氯、三氯异氰尿酸、漂粉精粉、漂粉精片作为消毒剂。

5.0.2 当污水采用氯化法消毒时，其设计加氯量可按下列数据确定：

1 一级处理设计加氯量宜为30～50mg/L。

2 二级处理设计加氯量宜为15～25mg/L。

3 传染病医院和结核病医院的污水应根据要求增加加氯量。

5.0.3 当用液氯消毒时，必须采用真空加氯机并设置必要的安全装置。加氯机宜设置两套，其中一套备用。

5.0.4 严禁将加氯设备设置在各类建筑物的地下室。

5.0.5 液氯容器宜采用容积为40L的氯瓶，氯瓶一次使用周期不得大于3个月。

5.0.6 加氯系统的管道材料应按下列规定选择：

1 输送氯气的管道应使用紫铜管、无缝钢管，严禁使用聚氯乙烯管；

2 输送氯溶液的管道宜采用硬质聚氯乙烯管、工程塑料管、聚四氟乙烯管，严禁使用铜、铁等不耐氯溶液腐蚀的金属管。

5.0.7 加氯系统的管道宜明装，埋地管道应设在管沟内，管道应有良好的支撑和足够的坡度。

5.0.8 当采用现场制备的次氯酸钠消毒时，应选用电能效率高，水耗、盐耗与电耗低，运行寿命长，操作方便和安全可靠的次氯酸钠发生器。

5.0.9 采用原盐做原料时，盐溶液进入次氯酸钠发生器前，应经沉淀、过滤处理。

5.0.10 接触次氯酸钠溶液的容器、管道、设备和配件应采用耐腐蚀的材料。

5.0.11 当采用二氧化氯发生器时，二氧化氯含量不得低于50%，且应保证运行安全、自动定比投配原料。

6 放射性污水处理

6.0.1 当医院总排出口污水中的放射性物质含量高于现行国家标准《辐射防护规定》GB 8703规定的浓度限值时，应进行处理。

6.0.2 当医院的放射性污水排入江河时，应符合下列要求：

1 经处理后的污水不得排入生活饮用水集中取水点上游1000m和下游100m范围的水体内，且取水区的放射性物质含量必须低于露天水源中的浓度限值。

2 排放口应避开经济鱼类产卵区和水生生物养殖场。

3 在设计和控制排放量时，应取10倍的安全系数。

6.0.3 放射性污水宜设衰变池处理，并应符合下列要求：

1 衰变池容积宜按该种核素10个半衰期的水量计算；

2 衰变池应坚固防渗，并耐酸、耐碱。

6.0.4 当污水中含有几种不同的放射性物质时，污水在衰变池中的停留时间应取其中最大值。医用放射性同位素的半衰期及其年摄入量限值可按表6.0.4确定。

表 6.0.4 医用放射性同位素的半衰期及其年摄入量限值

元素名称	放射性核素	半衰期	年摄入量限值 ALI(Bq)	
			食入	吸入
碘	^{131}I	8.040d	1×10^6	2×10^6
磷	^{32}P	14.260d	2×10^7	3×10^7
钼	^{99}Mo	2.750d	4×10^7	1×10^8
锝	$^{99}Tc^m$	6.020h	3×10^9	6×10^9
锡	^{113}Sn	115.200d	6×10^7	5×10^7
铟	$^{113}In^m$	1.658h	2×10^9	5×10^9
钠	^{124}Na	15.020h	1×10^8	2×10^8

12

续表 6.0.4

元素名称	放射性核素	半衰期	年摄入量限值 ALI(Bq)	
			食入	吸入
金	^{198}Au	2.696d	5×10^{7}	1×10^{8}
汞	^{203}Hg	46.760d	3×10^{7}	3×10^{7}
铬	^{51}Cr	27.720d	1×10^{9}	2×10^{9}
镱	^{189}Yb	32.000d	7×10^{7}	3×10^{7}

6.0.5 对注射或服用含 ^{131}I、^{32}P 放射性药物的住院病人，其排泄物、呕吐物应放置在具有防护辐射性能的容器内，贮留10个半衰期后排放。

6.0.6 对注射或服用长半衰期放射性药物的住院病人，其排泄物、呕吐物可在固化后按固体放射性废物处理。

6.0.7 对同时具有病原体和放射性核素的病人，其排泄物应单独收集，经杀菌消毒再经衰变后排放。

7 污泥处理

7.0.1 医院化粪池和处理构筑物内的污泥应由具有相应资质的单位或部门定期掏取。所有污泥必须经过有效的消毒处理，在符合有关标准的规定后，方可消纳。

7.0.2 污泥的处理和处置方法，应根据场地条件、投资与运行费用、操作管理和综合利用的可能性等因素综合考虑。

7.0.3 当污泥采用氯化法消毒时，加氯量应通过试验确定。当无相关资料时，可按单位体积污泥中有效氯投加量为2.5g/L设计。消毒时应充分搅拌混合均匀，并保证有不少于2h的接触时间。

7.0.4 当采用高温堆肥法处理污泥时，应符合下列要求：

(1)合理配料，就地取材；

(2)堆温保持在60℃以上且不应少于1d；

(3)保证堆肥的各部分都能达到有效消毒；

(4)采取防止污染人群的措施。

7.0.5 当采用石灰消毒污泥时，污泥的pH值不得小于12，并应存放7d以上。石灰的设计投加量可采用15g/L(以 $Ca(OH)_2$ 计)。

7.0.6 在有废热可予利用的场合可采用加热法消毒。此时应采取防止臭气扩散污染环境的措施。

7.0.7 经消毒处理后的污泥不得随意弃置，也不得用作根块作物的施肥。

8 污水处理站

8.0.1 医院污水处理站位置的选择，应根据医院总体规划、污水总排出口位置、环境卫生、安全要求、工程地质、维护管理和运输条件等因素确定。

8.0.2 医院污水处理站应独立设置，与病房、居民区建筑物的距离不宜小于10m，并设置隔离带；当无法满足上述条件时，应采取有效安全隔离措施；不得将污水处理站设于门诊或病房等建筑物的地下室。

8.0.3 医院污水处理工程的设计，应根据总体规划的要求进行，且对处理水量、构筑物容积等适当地留有余地。在加氯系统中应考虑应急措施，预留增加投氯量和投氯点的条件。

8.0.4 污水处理站内应有必要的报警、捕消(中和)、抢救、计量、监测等装置，并配备防毒面具等。

8.0.5 根据医院的规模和具体条件，污水处理站宜设加氯、贮氯、化验(值班)、修理和浴厕等房间。

8.0.6 加氯间和液氯贮藏室应设机械排风系统，换气次数宜为8～12次/h。加氯间和液氯贮藏室应与其他工作间隔开，并应有直接通向室外和向外开的门。

8.0.7 化验间、加氯间应设置计量和监测装置。在经济和技术条件许可时，宜实现自动监测。

8.0.8 当采用发生器制备的次氯酸钠作为消毒剂时，发生器必须设置排氢管，且必须在发生器间内设置排气管。

8.0.9 当采用化学法制备的二氧化氯作为消毒剂时，各种原料应分开贮备，不得与易燃、易爆物接触，并应建立原料的收、发制度和采取严防丢失的措施。

8.0.10 二氧化氯发生器应具有一定的安全、计量、投配、监测和自动控制等设施。机房内应有机械排风装置，室内二氧化氯的容积含量不得大于7%。

8.0.11 负责医院污水处理的管理人员必须接受培训，执证上岗。

8.0.12 污水处理站的电气开关均应设置在室外，并应有防爆措施。

中国工程建设标准化协会标准

医院污水处理设计规范

CECS 07：2004

条 文 说 明

1 总 则

1.0.2 本条文中“各类医院”包括传染病医院、结核病医院、综合医院，以及各类专业医院等。“其他医疗卫生机构”系指从事病原微生物实验、检验工作的机构和研究、生产生物制品的企业、科研单位、医学院校等。

1.0.4 “其他有毒、有害物质”系指医院常用的消毒酚以及对人体可能造成危害的废弃药品、检验和试验废弃物、病人的排泄物和呕吐物等。

1.0.7 医院污水的危害已经引起有关方面的重视，北京市建筑设计研究院于1978年接受前国家建委下达的“医院污水处理研究课题”，组织全国建筑设计、医疗卫生、大专院校等的100多位专家，历经两年多的试验、研究，在医院污水处理的设计数据、处理流程、消毒剂选择等方面，提出了一套符合我国国情的设计原则，并制定了有关的标准和措施。但是，目前仍有相当多的厂家通过销售设备来设计和承包土建和设备安装工程。由于他们没有掌握标准的规定，承包的工程运行后，不但处理效果有问题，还存在一定的危险性。故本条提出医院污水处理工程“应由有设计资质的单位设计”。

1.0.8 2003年“非典”传染病在世界很多国家暴发流行，由于发病急、传播快、病情重、死亡率高等特点，给社会造成了很大影响。据专家介绍，“非典”冠状病毒的传播主要以污水和飞沫为介质。“非典”的暴发流行给全世界提出一个严重警告：“要重视传染病的暴发流行”。由于有些致病微生物可通过变异改变属性，有的会大大增强耐氯性能，因此，医院的污水处理，尤其是传染病医院或综合医院传染病房的污水，必须强调对收治病人的排泄物和呕吐物进行预处理的重要性。在设计上必须考虑加大投氯量和增加投氯点的可能，以适应在任何情况下对污水彻底消毒的目的。

3 污水量和污水水质

3.0.2 医院的耗水量或排水量一直存在较大的争论。据北京市建筑设计研究院、北京市医院污水污物处理技术协会对北京市多家医院和武汉、济南等地医院的调查，其耗水量一般为1000L/床·d左右。本条文所提的综合耗水量，包括门诊、病房及化验、制剂等的耗水量，但不包括未被致病微生物污染的病人及职工厨房、锅炉房、冷却水等不进入污水处理站的污水量。条文中提到的：

1 “设备比较齐全的大型医院”，系指建筑物内设有水冲大便器、洗涤盆、沐浴设备和热水供应，病床数为300张以上的医院。

2 “一般设备的中型医院”，系指建筑物内设有水冲大便器、洗涤盆、沐浴设备，病床数为100～300张的医院。

3 “小型医院”，系指建筑物内有水冲大便器、洗涤器，但无沐浴设备，病床总数100张以下的医院。

根据北京市医院污水处理研究小组多年对医院耗水量调查的结果，耗水量大时，小时变化系数 K 值小；耗水量小时，小时变化系数 K 值大，小时最大耗水量约为全院日耗水量的1/7～1/10。故设备比较齐全的大型医院平均日污水量一般为：650～800L/(床·d)；$K=2.0\sim2.2$。一般设备的中型医院平均日污水量一般为：500～600L/(床·d)；$K=2.2\sim2.5$。小型医院平均日污水量一般为：350～400L/(床·d)，$K=2.5$。

3.0.3 医院每张病床污染物质每日的排出量，系北京市医院污水污物处理技术协会与北京市双环建筑水处理技术开发公司对北京市几十家医院污水进行测定，并与国内其他城市和国外资料进行综合比较后提出的数据。当无实测资料时，此数据可供二级处理工程设计时参考。

4 处理流程和构筑物

4.0.1 本条文为确定医院污水处理级别的原则。由于医院的耗水量相当于居民耗水量的4～6倍，因此，医院污水中理化指标比居民区排出污水的污染浓度要低得多。医院排出的污水与居民区排出的污水的最大的差异是生物性污染严重。故对排放到有集中污水处理厂的城市下水道的医院污水，以解决生物性污染为主，可以采用一级处理。如果医院污水是排入地面水域，或无污水处理厂的市政排水管道，则应根据《污水综合排放标准》GB 8978的要求，对污水的生物性污染、理化性污染及有毒有害物质进行全面处理，并据此决定其处理级别。

4.0.3 选定医院污水的处理级别，主要根据污水排向、受纳水体对排出污水水质的要求以及污水量和消毒剂的价格等因素确定。在一般情况下，污水排入设有污水处理厂的城市下水道，并采用廉价的消毒剂时，可采用一级处理流程。此时，处理医院污水应将生活区污水、雨水分流。如果污水排入地面水域，或未设置污水处理厂的下水道，生活污水的理化指标也会超过标准，须与医院污水同时进行处理，此时应采用二级或多级处理流程。因此生活污水应与医院污水合流，但与雨水分流。

4.0.4 本条根据我国几十年来医院污水处理的经验和数百项工程的验收监测资料，并参考国外资料，提出了排入市政管道的两种“一级处理工艺流程”。参考我国现行国家标准《建筑中水设计规范》GB 50336、《室外给水设计规范》GBJ 13、《室外排水设计规范》GBJ 14和工程实例及国外资料，提出了排入地面水域的“二级处理工艺流程”和“深度处理工艺流程”供设计人员参考。2003年5月4日世界卫生组织公布的有关引起非典型肺炎的冠状病毒稳定性和耐受力的第一份数据报告称：“一些普通的消毒剂(包括10%的次氯酸钠溶液)能在5min内杀死“非典”病毒，56℃以上高温在半小时内杀死病毒。”这说明我国多年采用的工艺流程，完全适用于包括“非典”在内的各种病菌、病毒。

各种构筑物的设计参数可按下列数值确定：

1 沉淀池：

1)沉淀时间：1.5～2.0h。

2)沉淀效率：BOD_5为10%～15%；SS为20%～30%。

3)沉淀池每人每日污泥量(干物质)，按14～27g/(床·d)计。污泥含水率按95%～97%计算。

4)污泥区容积按2d污泥量计算。采用机械排泥时，可按4h污泥量计算。

5)有效水深：2.5～3.5m。

6)表面水力负荷：1.0～2.0m^3/(m^2·h)。

7)对于斜板/管式沉淀池(逆向流时)

a.斜板/管垂直净距：80～100mm。

b.斜板/管斜长：1.0～1.2m。

c.斜板/管倾角：60°

d.表面负荷：2.5～3.5m^3/m^2·h。

e.斜板/管区上部水深：0.5～1.0m。

f.底部缓冲层高度：0.5～1.0m。

2 调节池：

调节池的功能是调节处理水量和水质的不均匀性。据北京市医院污水污物处理技术协会与北京市双环建筑水处理技术开发公司对多项工程进行的监测，医院的高峰负荷出现在每日的8时左右。其小时最大耗水量最高可达每日耗水量的1/7，且污水最高污染浓度往往在耗水量最高的时段出现，故在流程中设置调节池可大大降低处理设备的容量和电耗。

3 采用活性污泥法和生物膜法的生物处理池：

1)容积负荷：1.0～2.0kgBOD_5/(m^3·d)。

2)污泥负荷：0.2～0.5kgBOD_5/(kg·MLSS·d)。

3)水力停留时间：2～3h。

4 过滤罐/池：

1)滤速：8.0～10.0m/h。

2)滤料层厚：800～1000mm。

3)石英砂滤料粒径：0.5～1.2mm，不均匀系数$K_{80}<2.0$。

4)反冲洗强度：14～16L/(m^2·S)。

5)反冲洗时间：6～8min。

6)过滤周期：8～16h。

7)采用压力罐时，其直径不大于3.0m。

4.0.6 经北京市医院污水污物处理技术协会和北京市双环建筑水处理技术开发公司调查发现，病人新排出的粪便呈颗粒或块状，飘浮在化粪池水面上，一日以后则陆续沉入化粪池底。当粪便呈颗粒或块状时，对其投加消毒剂很难达到消毒的目的。为了使粪便在进入污水处理构筑物前进行沉淀和厌氧发酵以提高消毒效果，因此有必要在污水处理系统中设置化粪池。加长医院污水在化粪池中的停留时间，是为了使污水在化粪池中充分沉淀、腐化，以便于进一步处理。本条系根据《建筑给水排水设计规范》GB 50015—2003第4.8.13条而确定。

4.0.8 在设计传染病医院、结核病医院、综合医院等污水处理工程时，应注意杀灭各种病菌、病毒，尤其是各种肠道病毒、芽孢所需要的投氯量、余氯量和所需要的接触时间。本条摘自《污水综合排放标准》GB 8978—1996表4“第二类污染物最高允许排放浓度”。

4.0.9 本条是为了提高氯与污水的接触效果。据测定，消毒接触池在本条文推荐的尺寸比例下，污水在池中的流动接近于推移流状态。

5 消毒剂和投加设备

5.0.1 常用的消毒剂有液氯、商品次氯酸钠、现场制备的次氯酸钠、二氧化氯、三氯异氰尿酸、漂粉精片、漂粉精粉和臭氧等。由于臭氧的建筑费和运行费昂贵，有些发生器的质量差、效率低且管理不便，用于医院污水消毒国内很少有成功的经验，故本规范对臭氧未做推荐，而仅提出宜采用液氯、商品次氯酸钠、现场制备的次氯酸钠、二氧化氯、漂粉精片、漂粉精粉或三氯异氰尿酸作为医院污水的消毒剂。这几种消毒剂也各有特点，例如：液氯的价格便宜、设备简单、管理方便，但具有毒性，出现事故时会伤害人畜。商品次氯酸钠则管理方便、运行安全、价格不贵，但必须有供应厂家。现场制备的次氯酸钠和二氧化氯则价格较高，设备繁杂、投资大、管理不方便，但是比液氯安全。漂粉精片和三氯异氰尿酸则设备简单、管理方便，但运转费用高。北京市建筑设计研究院1989年总结英国资料，在1030个室内外公共游泳池中，采用液氯作为消毒剂的占87%，次氯酸钠占12%，三氯异氰尿酸占1%。在6000～6500个室内外学校游泳池中，液氯占10%，次氯酸钠占48%，氯异氰尿酸盐占40%，其他占2%。故消毒剂的选择应从多方面考虑，一般可按下列原则进行选择：

(1)凡处理站与病房、居住区保持一定距离，容易购得液氯或商品次氯酸钠的大型医院，可以采用液氯或商品次氯酸钠作为污水的消毒剂。

(2)凡处理站与病房、居住区较近，或无液氯供应的中型医院，可采用商品次氯酸钠、现场制备的次氯酸钠、二氧化氯作为消毒剂。

(3)小型医院或门诊部则可采用商品次氯酸钠或三氯异氰尿

12

酸、漂粉精片作为消毒剂。

(4)经过技术经济比较，大型、中型、小型医院都可采用商品次氯酸钠作为消毒剂。当一般城镇无化工厂生产次氯酸钠溶液时，可由一家医院或专业厂，集中生产次氯酸钠或二氧化氯溶液，供给本地区医院使用。贮存商品次氯酸钠时，有效氯将会逐渐消失。据厂家提供资料，每周消失的含氯量约为5%，一个月后剩余氯量约为81%。如原商品次氯酸钠有效氯含量为10%，则一个月后实际有效氯含量则为8.1%。

5.0.2 本条对一级和二级处理出水提出的设计加氯量可作为设计参考。由于一级和二级出水的水质不同，耗氯量也会出现差异，因此加氯量也有所区别，但运行时尚应根据污水余氯量对实际加氯量进行调整。对传染病医院，应根据污水水质和余氯量及杀灭病菌、病毒，尤其是肠道病毒和芽孢等对余氯的要求，通过实际运行提出相应的加氯量。

5.0.3 氯能溶于水，但必须通过一定的混合手段来实现。使用加氯机可以保证消毒系统安全运行，提高氯的混合浓度，且可显示加氯量。在目前，有些厂家将氯气直接通入贮氯槽。用这种方法通入槽中的氯气仅少量溶于水中，大部分的均逸入空气，不但对环境造成污染，会伤害人畜，且提高了运转费用。为此，本条提出必须采用真空加氯机作为氯与水混合的必要条件。

5.0.5 氯瓶使用周期过长时，氯瓶主阀锈蚀，会造成开关失灵，导致事故。采用氯瓶太大，贮氯太多，也会增加不安全因素。故本条规定氯瓶一次使用周期不应大于3个月。

5.0.6 本条对加氯系统的管材做了规定。当输送氯气的管道采用聚氯乙烯管道时，会发生粉碎性破裂。当输送氯溶液的管道采用金属管道时，会发生严重腐蚀。由于氯气不会对金属产生腐蚀，且管道尚需承受一定的压力，因此，输送氯气的管道一般采用紫铜管、无缝钢管。输送氯溶液的管道一般采用硬质聚氯乙烯或ABS管等耐腐蚀管道。

5.0.8 我国各厂家所生产的次氯酸钠发生器的电极不一致，有的电极为钌钛铱，有的为二氧化铅，也有的为石墨。由于电极材料不同，电极寿命也有很大的差异，最高可达25000h以上，最低却不到2000h。在耗盐和耗电方面也有较大出入。因此，在选用次氯酸钠发生器时，必须从电能效率高、耗盐与耗电低、运行寿命长、操作方便和安全可靠等方面进行综合分析。

5.0.9 国外的次氯酸钠发生器一般都有水质软化设备，原料为精盐，但国内的发生器还没有专用的软化设备。制备次氯酸钠又多半是用原盐，原盐内含有杂质较多，故规定盐溶液进入发生器以前应经沉淀、过滤处理。

5.0.11 由于我国的二氧化氯发生器有的工艺过于简单，自控、计量、安全条件较差，有的效率很低，还有的二氧化氯发生器制备的二氧化氯的含量不到10%。因此，本条对二氧化氯含量做了不少于50%的规定，目的是保证消毒效果。

6 放射性污水处理

6.0.1 本条的规定是根据国家标准《辐射防护规定》GB 8703 提出的。

6.0.2 本条规定了医院放射性污水排入江河时的具体条件。

6.0.3 本条对医院放射性污水衰变池处理的设计计算方法做了规定。

7 污泥处理

7.0.3 本条提出当污泥消毒采用氯化法时有效氯投加量为2.5g/L，系根据北京市第二传染病医院多年实践的经验数据。

7.0.4 本条提出的高温堆肥法是根据北京市医院污水污物处理技术协会与北京温泉结核病医院所做的试验，并参考国外资料中的数据，其温度与pH值变化曲线见图1。

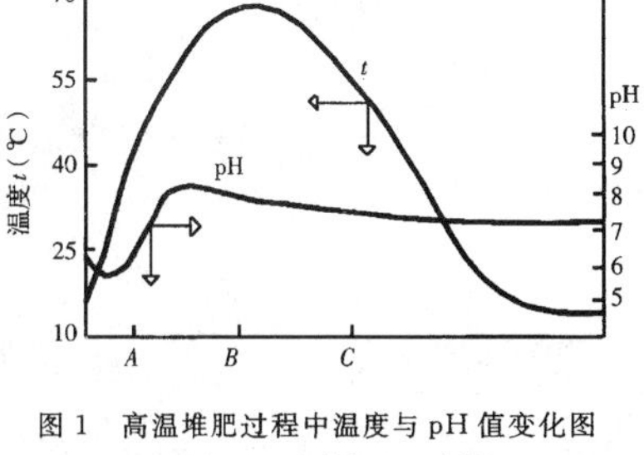

图1 高温堆肥过程中温度与pH值变化图

A—中性期；B—发热期；C—成熟区

7.0.5 采用石灰法消毒污泥时，石灰投加量、pH值及存放时间系根据沈阳军区后勤部军事医学研究所的试验结果并参照国外资料所得的综合数据。

8 污水处理站

8.0.2 本条提出污水处理站应独立设置，并要求与病房、居民区建筑之间的距离不小于10m，其主要原因是在污水处理过程中会散发臭味。在使用液氯作为消毒剂时如发生泄氯事故将伤害人、畜，故除保持一定距离外还应设置隔离带。

8.0.4 在污水处理站中设报警、捕消（中和）、抢救、计量、监测装置以及配备防毒面具等，是为了保证污水处理设备安全运行和管理人员的安全。

8.0.6 本条提出在加氯间和液氯贮藏室应设机械排风系统。但当排风口距公共场所或病房、居民区的外窗或人流集中处所较近时，须做无害化处理。要求在加氯间和液氯贮藏室有通向室外和向外开的门，系为了发生泄氯事故时管理人员能及时撤离。

8.0.7 本条强调在经济及技术条件许可时，可实现部分自动监测、自动控制的条件。例如，水泵自动启动、集水池水位显示、加氯量根据污水量定比投加、泄氯报警与排风机联动、接触池余氯量自动显示等。

8.0.8 为了防止氢气在排气管凸出的部位聚集，排气管底与天花板应相平。排气管直径应根据发生器的规格确定，宜为ϕ300～ϕ500mm。

8.0.9 化学法制备二氧化氯的原料氯酸钠、亚氯酸钠等，在一定的条件下会发生爆炸，因此，对上述原料应严加管理。

8.0.10 本条对二氧化氯发生器的运行安全做了规定。

8.0.11 本条强调了管理人员必须接受培训和持证上岗。

中国工程建设标准化协会标准

新型冠状病毒感染的肺炎传染病应急医疗设施设计标准

The design standard of infectious disease emergency medical facilities for novel coronavirus (2019-nCoV) infected pneumonia

T/CECS 661-2020

主编单位：中国中元国际工程有限公司
批准单位：中国工程建设标准化协会
施行日期：2020年2月6日

中国工程建设标准化协会公告

第551号

关于发布《新型冠状病毒感染的肺炎传染病应急医疗设施设计标准》的公告

为积极应对新型冠状病毒感染的肺炎疫情防治工作，规范新型冠状病毒感染的肺炎传染病应急医疗设施的设计与建设，促进对新型冠状病毒感染的肺炎疫情防控工作的科学指导，中国工程建设标准化协会批准中国中元国际工程有限公司等单位编制了《新型冠状病毒感染的肺炎传染病应急医疗设施设计标准》，经协会医疗建筑与设施专业委员会组织审查，现批准发布，编号为T/CECS 661—2020，自2020年2月6日起施行。

中国工程建设标准化协会
二〇二〇年二月六日

前　言

为积极应对新型冠状病毒感染的肺炎疫情防治工作，规范新型冠状病毒感染的肺炎传染病应急医疗设施的设计与建设，促进对新型冠状病毒感染的肺炎疫情防控工作的科学指导，中国工程建设标准化协会批准组织中国中元国际工程有限公司等单位，在广泛调查研究，认真总结近些年国内外传染病医疗设施实践经验的基础上，制订了《新型冠状病毒感染的肺炎传染病应急医疗设施设计标准》。

本标准共分 9 章，主要技术内容包括：总则、术语、基本规定、建筑、结构、给水排水、供暖通风及空调、电气及智能化和医用气体。

请注意本标准的某些内容可能直接或间接涉及专利，本标准的发布机构不承担识别这些专利的责任。

本标准由中国工程建设标准化协会医疗建筑与设施专业委员会归口管理，由中国中元国际工程有限公司负责具体技术内容的解释，执行过程中如有意见或建议，请寄送解释单位（地址：北京市海淀区西三环北路 5 号，邮政编码：100089）。

主 编 单 位： 中国中元国际工程有限公司

主要起草人： 黄锡璆　许海涛　李　辉　张同亿　黄晓家　林向阳　涂　路　刘　强　褚　波　陈　兴　李　亮　黄　中　陈兴忠　牛住元　唐　琼　周　超　吴汉福　李著萱　周佐辉　高　敬　廖耀青　胡剑辉　刘晓雷　黄友根　高　磊　马玉涛

主要审查人： 南在国　梁晓明　李传志　邓　斌　龚京蓓　徐　华　谭西平

13

目　次

1 总　　则

1.0.1　为应对新型冠状病毒感染的肺炎疫情，指导既有建筑改扩建或新建应急医疗设施，确保应急医疗设施快速建造和安全运行，制订本标准。

1.0.2　本标准适用于改扩建和新建的新型冠状病毒感染的肺炎传染病应急医疗设施工程的设计。

1.0.3　新型冠状病毒感染的肺炎传染病应急医疗设施工程的设计，除应符合本标准外，尚应符合国家现行有关标准的规定。

2 术　　语

2.0.1　应急医疗设施　emergency medical facility

为应对突发公共卫生事件、灾害或事故快速建设的能够有效收治其所产生患者的医疗设施。

2.0.2　生活区　living area

医护换班后的宿舍生活区，以及换岗后的医务人员须在该区域隔离两周，无状况后方可离开的临时居住区，卫生安全等级划分为清洁区。

2.0.3　限制区　restricted area

医务人员临时休息、应急指挥、物资供应的区域，卫生安全等级划分为半清洁区。

2.0.4　隔离区　quarantine area

医务人员直接或间接对患者进行诊疗和患者涉及的区域，卫生安全等级划分为半污染区和污染区。

2.0.5　清洁区　clean area

医务人员开展医疗工作前后居住、停留的宿舍区域。

2.0.6　半清洁区　semi-clean area

限制区的功能区域以及由限制区通向隔离区的医护主通道和配餐、库房、办公等辅助用房。

2.0.7　半污染区　semi-contaminated area

由医护主通道经过卫生通过后的医护工作区，包括办公、会诊、治疗准备间、护士站等用房。

2.0.8　污染区　contaminated area

医护人员穿上防护服后进入的直接对患者进行诊疗的区域，以及有患者进入有病毒污染的区域。

2.0.9　接诊区　check-in area

办理、接收来院患者、并对患者进行诊断的区域。

2.0.10　负压病房　negative pressure ward

采用空间分隔并配置通风系统控制气流流向，保证室内空气静压低于周边区域空气静压的病房。

2.0.11　负压隔离病房　negative pressure isolation ward

采用空间分隔并配置全新风直流空气调节系统控制气流流向，保证室内空气静压低于周边区域空气静压，并采取有效卫生安全措施防止交叉感染和传染的病房。

2.0.12　缓冲间　buffer room

半清洁区、半污染区、污染区等相邻空间之间的有组织气流并形成卫生安全屏障的间隔小室。

2.0.13　卫生通过　pass through

位于不同卫生安全等级之间，进行更衣、沐浴、换鞋、洗手等卫生处置的通过式空间。

3 基本规定

3.0.1　针对新型冠状病毒感染的肺炎传染病，改扩建和新建的应急医疗设施应结合当地资源、项目需求等具体情况，因地制宜，宜采用合理适宜的技术方案和相应的技术措施。

3.0.2　新型冠状病毒感染的肺炎传染病应急医疗设施的设计应执行医疗业务流程、医院感染控制以及各相关专业的有关要求，并应符合现行国家标准《传染病医院建筑设计规范》GB 50849、《综合医院建筑设计规范》GB 51039 和《医院负压隔离病房环境控制要求》GB/T 35428 的有关规定。

3.0.3　应急医疗设施宜选用耐久、免维护或少维护的产品和部件。

4 建　筑

4.0.1 新建应急医疗设施选址宜利用现有医疗设施的空地或邻近地块，并应符合下列条件：

1 地质条件应良好；

2 市政配套设施应齐备；

3 交通宜便利；

4 应急医疗设施周边应设置不小于20m的安全隔离区，且应远离人口密集场所和环境敏感地。

4.0.2 既有建筑改造为应急医疗设施时，应选择院区内相对独立的建筑或区域，并应符合下列要求：

1 应具备改造医疗流程的条件，并满足结构安全要求；

2 应能满足改造机电系统的要求；

3 在楼内局部改造时，应设置在建筑的尽端或独立的区域，有独立的出入口，且应符合现行国家标准《医院负压隔离病房环境控制要求》GB/T 35428的有关规定。

4.0.3 应急医疗设施建筑功能配置应合理，建筑布局及人流、物流组织应有序、安全、高效。

4.0.4 应急医疗设施建筑功能分区应包括接诊区、医技区、病房区，以及生活区和后勤保障区。

4.0.5 应急医疗设施应按传染病医疗流程进行布局，且应根据新型冠状病毒感染的肺炎传染病诊疗流程细化功能分区，基本分区应分为清洁区、限制区（半清洁区）、隔离区（半污染区和污染区），相邻区域之间应设置相应的卫生通过或缓冲间。

4.0.6 建筑设施和部件应与气流的组织有效结合，应控制空气按规定压力梯度，实现限制区、隔离区的空气流向由半清洁区向半污染区、污染区单向流动。

4.0.7 医务人员与患者的交通流线应严格划分，清洁物流和污染物流应分别设有专用路线，且不应交叉。

4.0.8 住院病房应为负压病房，负压隔离病房根据需要设置。

4.0.9 医护走廊与病房之间的物品传递应采用双门密闭联锁传递窗。

4.0.10 隔离区应设固体医疗废弃物暂存间，并应具备就地封装的空间；院区应设置专用医疗垃圾收集间。

4.0.11 患者转运路线应满足无障碍要求，无障碍道路宽度和坡度应满足转运患者配置的电瓶车和带有防护罩的推床的要求。

4.0.12 院区内应设置急救车、转运设备洗消的场所和设备。

4.0.13 应急医疗设施应优先采用装配式建筑，宜采用整体式、模块化结构，特殊功能区域和连接部位可采用轻质板材现场拼接。

4.0.14 建筑室内面层应选用耐擦洗、防腐蚀、防渗漏的建筑材料，建筑构造应采取防结露、防渗和密闭的技术措施。

4.0.15 机电专业设施设备的设计应与建筑功能及结构布置相匹配。

4.0.16 机电管道穿越房间墙处应采取密封措施。

5 结　构

5.0.1 应急医疗设施应根据改扩建、新建及使用时限、使用要求等确定结构可靠性目标及抗震设防标准。

5.0.2 结构形式选择应因地制宜，方便加工、运输及安装，应优先考虑装配式、轻型结构。轻型结构应采取抗风措施，构件连接应安全可靠。

5.0.3 应急医疗设施的结构主体应防渗、防漏及密闭。

5.0.4 采用多层轻质房屋时，大型医疗设备、库房等应布置在首层。首层地面为架空结构时，应验算其承载力及变形。

5.0.5 采用轻质房屋时，送、排风机等设备基础及支架宜与房屋结构脱开设置。

6 给水排水

6.0.1 当应急医疗设施采用既有建筑改造时，其建筑给水排水系统应根据现行国家标准《建筑与工业给水排水系统安全评价标准》GB/T 51188进行评价，并依据评价结果进行改造。

6.0.2 生活给水泵房和集中生活热水机房应设置在清洁区或半清洁区。

6.0.3 生活给水系统宜采用断流水箱供水方式供给，且供水系统宜采用断流水箱加水泵的给水系统。当改造项目采用断流水箱供水确有困难时，应依据现行国家标准《建筑给水排水设计标准》GB 50015的有关规定，分析供水系统产生回流污染的危险等级，并应符合下列规定：

1 当产生回流污染的风险较低，且供水压力满足要求时，供水系统应设置减压型倒流防止器；

2 当风险较高时，仍应采用断流水箱供水方式。

6.0.4 生活热水系统宜采用集中供应系统；当采用单元式电热水器时，有效容积应设计合理，使用水温稳定且便于调节。

6.0.5 排水系统应采取防止水封破坏的技术措施，并应符合下列规定：

1 排水立管的最大设计排水能力取值不应大于现行国家标准《建筑给水排水设计标准》GB 50015规定值的0.7倍；

2 地漏应采用水封补水措施，并宜采用洗手盆排水给地漏水封补水的措施。

6.0.6 应急医疗设施室外污水排水系统应采用无检查井的管道进行连接，通气管的间距不应大于50m，清扫口的间距应符合国家现行标准《室外排水设计规范》GB 50014的有关规定。

6.0.7　隔离区排水系统的通气管出口应设置高效过滤器过滤或采取消毒处理。

6.0.8　排水管道应进行闭水试验，且应采取防止排水管道内的污水外渗和泄漏的措施。

6.0.9　当改造项目污水处理无法满足现行国家标准《传染病医院建筑设计规范》GB 50849 二级生化处理的有关规定时，污水处理应采用强化消毒处理工艺，并符合下列规定：

1　污水处理应在化粪池前设置预消毒工艺，预消毒池的水力停留时间不宜小于 1h；污水处理站的二级消毒池水力停留时间不应小于 2h；

2　污水处理从预消毒池至二级消毒池的水力停留总时间不应小于 48h；

3　化粪池和污水处理后的污泥回流至化粪池后总的清掏周期不应小于 360d；

4　消毒剂的投加应根据具体情况确定，但 pH 值不应大于 6.5。

6.0.10　污水处理池应密闭，尾气应统一收集消毒处理后排放。

7　供暖通风及空调

7.0.1　应急医疗设施应设置机械通风系统。机械送、排风系统应按半清洁区、半污染区、污染区分区设置独立系统。空气静压应从半清洁区、半污染区、污染区依次降低。

7.0.2　半清洁区送风系统应采用粗效、中效不少于两级过滤；半污染区、污染区送风系统应采用粗效、中效、亚高效不少于三级过滤，排风系统应采用高效过滤。

7.0.3　负压病房送风口、排风口的位置应参照负压隔离病房的规定设置。

7.0.4　送风、排风系统的各级空气过滤器应设压差检测、报警装置。

7.0.5　隔离区的排风机应设置在室外。

7.0.6　隔离区的排风机应设在排风管路末端，排风系统的排出口不应临近人员活动区，排气宜高空排放，排风系统的排出口、污水通气管与送风系统取风口不宜设置在建筑同一侧，并应保持安全距离。

7.0.7　新风的加热或冷却宜采用独立直膨式风冷热泵机组，并应根据室温调节送风温度，严寒地区可设辅助电加热装置。

7.0.8　应急医疗设施根据当地气候条件及围护结构情况，隔离区可安装分体冷暖空调机，严寒、寒冷地区冬季可设置电暖器。分体空调机应符合下列规定：

1　送风应减小对室内气流方向的影响；

2　电源应集中管理。

7.0.9　CT 等大型医技设备机房应设置空调。

7.0.10　负压隔离病房设计应符合下列规定：

1　应采用全新风直流式空调系统。

2　送风应采用粗效、中效、亚高效过滤器等不小于三级处理，排风应采用高效过滤器过滤处理后排放。

3　排风的高效空气过滤器应安装在房间排风口部。

4　送风口应设在医护人员常规站位的顶棚处，排风口应设在与送风口相对的床头下侧。

5　负压隔离病房与其相邻相通的缓冲间、缓冲间与医护走廊的设计压差应不小于 5Pa 的负压差。门口宜安装可视化压差显示装置。

6　重症患者的负压隔离病房可根据需要设置加湿器。

7.0.11　应急医疗设施的手术室应按直流负压手术室设计，并应符合国家现行标准《医院洁净手术部建筑技术规范》GB 50333 的有关规定。

7.0.12　隔离区空调的冷凝水应集中收集，并应采用间接排水的方式排入医院污水排水系统统一处理。

7.0.13　系统运行维护应符合下列规定：

1　各区域排风机与送风机应联锁，半清洁区应先启动送风机，再启动排风机；隔离区应先启动排风机，再启动送风机；各区之间风机启动先后顺序应为半清洁区、半污染区、污染区；

2　管理人员应监视风机故障报警信号；

3　管理人员应监视送风、排风系统的各级空气过滤器的压差报警，并应及时更换堵塞的空气过滤器；

4　排风高效空气过滤器更换操作人员应做好自我防护，拆除的排风高效过滤器应当由专业人员进行原位消毒后，装入安全容器内进行消毒灭菌，并应随医疗废弃物一起处理。

8　电气及智能化

8.0.1　新建的应急医疗设施项目应由城市电网提供双重电源供电，并设置柴油发电机组；条件允许时，改造项目可由院区变电所（配电室、电气竖井）提供不同的低压母线（配电箱）引两路电源供电，其中一路应为应急电源。对于恢复供电时间要求 0.5s 以下的设备还应设置不间断电源装置。

8.0.2　应急医疗设施项目中，除生活区以外的医疗功能区及配套设置的真空吸引、污水处理设备、医用焚烧炉、太平间冰柜等均应为一级负荷中特别重要负荷。

8.0.3　通风系统和空调系统的电源应独立设置。

8.0.4　配电箱、配电主干路由等不应设置在隔离区。

8.0.5　照明设计宜采用 LED 光源，光源色温不宜大于 4000K，一般显色指数 Ra 应大于 80；应采取防止灯具对卧床患者产生眩光的措施。

8.0.6　病房、缓冲间、卫生间、洗消间、患者走廊及其他需要灭菌消毒的场所应设置固定式或移动式紫外线灯等消毒设施。

8.0.7　防雷和接地做法应符合现行国家标准《建筑防雷设计规范》GB 50057 的有关规定。

8.0.8　应急医疗设施应采取总等电位联结措施；负压病房、负压隔离病房、重症监护病房、手术室、抢救室、治疗室、淋浴间或有洗浴功能的卫生间等房间，应采取辅助等电位联结。

8.0.9　出入口控制系统应根据医疗流线设置，并应采用非接触型控制方式；门禁在紧急情况时应解除。

8.0.10　应急医疗设施应设置远程会诊系统、视频会议系统等信息化应用系统。

8.0.11 负压病房、负压隔离病房和重症监护室均应设置医护对讲系统、视频监视系统。

8.0.12 应急医疗设施可优先选用预装式变电站、箱式柴油发电机组、集装箱式数据机房、一体化建筑设备管理系统等成套设备。

9 医用气体

9.0.1 医用真空站房应设在隔离区内。医用真空汇排放气体应经消毒处理后方可排入大气，并应远离空调通风系统进风口和人群聚集区域。废液应集中收集并经消毒后处置。

9.0.2 医用空气、医用氧气和其他气体站房等不应设在隔离区内。医用空气、氧气、其他气体的供气管道进入隔离区前，应在总管上设置防回流装置。

9.0.3 每个床位的医用氧气终端宜设置2个，医用真空终端、医用空气终端不宜少于1个。

9.0.4 医用氧气设计流量宜按床位数同时使用率100%计算。

中国工程建设标准化协会标准

新型冠状病毒感染的肺炎传染病应急医疗设施设计标准

T/CECS 661-2020

条文说明

1 总　　则

1.0.1 从国家卫健委于2020年1月20日统计全国新型冠状病毒感染的肺炎统计数据以来，1月20日全国有4省市确诊病例291例，其中湖北270例，全国14省市疑似病例54例，922人接受医学观察；到2020年2月3日，全国有31个省市累计确诊病例20348例，疑似病例23214例，重症病例2788例，累计死亡人数425例，接受医学观察171329人，可见短短的十几天的时间，确诊病例增加了70倍，疑似病例增加了430倍，接受医学观察增加了173倍，可见这次新型冠状病毒感染的肺炎传染病的传播和蔓延来势凶猛，传播速度快、蔓延范围广，病患短时间增加量大，原有的医疗设施不足，必须应急建设专门的传染病应急医疗设施，为满足患者快速隔离、治疗的需求，要求建设速度快，同时又要确保应急医疗设施高效安全运行，因此制定本标准。

2003年SARS发病后，国家应急建设了小汤山医院等一批应急医院，并应急紧急启动了国家标准《传染病医院建筑设计规范》的编制工作，但因传染病技术规范复杂，致使规范于2014年颁布实施，但对于应急建设的规范仍然涉及不足，在目前新型冠状病毒感染的肺炎疫情蔓延期，各地紧急建设一批传染病应急医疗设施，建设过程中尽管有小汤山医院的经验，但仍然感到技术支撑的不足，因此编制一本适应于应急建设的传染病医院的技术标准成为当下之需和重要任务。按照党中央印发《关于加强党的领导、为打赢疫情防控阻击战提供坚强政治保证的通知》，打响了疫情防控的人民战争，打响了疫情防控的总体战；按照坚定信心、同舟共济、科学防治、精准施策的要求，尽快找差距、补短板，切实做好各项防控工作，同时间赛跑、与病魔较量，坚决遏制疫情蔓延势头，坚决打赢疫情防控阻击战。“疫情就是命令，防控就是责任”，按照控制传染源、切断传染链、隔离易感人群的防疫基本原则，各地科学合理的设置应急传染病医疗设施是打赢这场阻击战的最有效武器，而编制该标准是根基，因此标准编制是响应党中央号召，是打赢这场攻坚战，确保病患隔离救治的重要措施，具有重要意义。

本标准是编制组从2003年小汤山医院建设以来继续科研，多次攻克技术难题，总结国内外工程经验，吸收国际发达国家的先进技术和做法，提出了传染医院新的防控技术体系，具体如下：一是新的卫生安全等级划分体系，从原来仅一个病区或一栋建筑的体系划分卫生安全等级，到从应急医疗设施和传染病医院整体来划分卫生安全等级，以有效防止应急医疗设施内部的交叉感染和传播。清洁区为医务人员的宿舍、换岗休息隔离区等，半清洁区是以前规范的清洁区，半污染和污染区同以前规范一致，这样更加符合传染病医院切断传染链的要求，能有效防范院内感染，提高应急医疗设施的运转效率；二是根据新型冠状病毒感染的肺炎的治疗流程，提出了建筑设计的人流、物流流程，有效防止交叉感染；三是提出了防止维修风险的理念，强调设备、设施的选型和运行应减少维修带来的交叉感染的风险；四是明确了病房均为负压病房，建议疑似病房为单人间，确诊病房可双人间，而重症或多发症要负压隔离病房的有效防止交叉感染的病房设置原则；五是合理提出了医务人员从半清洁区到半污染区、从半污染区到污染区的通过空间的重要防护措施的设计，提高了防止感染的效率；六是根据小汤山医院污水处理经验和全国污水处理统计运行数据，提出了应急医疗设施在无法实施二级生化污水处理时，提出加强消毒处理工艺，提出了设计参数；七是提出了负压病房、负压隔离病房的空气流动技术参数和运行管理技术；八是提出了新型冠状病毒感染的肺炎应急医疗设施氧气供应系统的设计技术原则，确保患者得到及时有效治疗；九是提出应急医疗设施电气保障技术措施；十是提出了应急医疗设施快速建设技术路线和技术规定；十一是各专业提出以防止交叉感染的系列技术措施。

3 基本规定

3.0.1 本条给出了新型冠状病毒感染肺炎传染病应急医疗设施建设的原则性要求，是改造还是新建应结合当地的医疗资源和既有建筑情况确定，对于既有建筑还应看是否满足传染病医疗功能的需求等综合因素确定。

一旦确定了改扩建还是新建的建设方式，另外尚需根据当地的建筑材料和建筑资源情况，就地取材，采用适宜建造方案及建设技术，以满足应急医疗设施快速建造的时效性要求。

3.0.2 国家现行标准中已有的技术规定，本标准不再重复，现行国家标准《传染病医院建筑设计规范》GB 50849、《综合医院建筑设计规范》GB 51039 和《医院负压隔离病房环境控制要求》GB/T 35428 已有的技术规定应执行其有关规定，本标准仅是有针对性的提出满足新型冠状病毒感染的肺炎传染病应急医疗设施医疗业务流程、医院感染控制以及各相关专业需求的新技术规定和要求，以有效满足新型冠状病毒感染的肺炎传染病医院的生物安全，防止交叉感染和内部传染，提高应急设施的高效运转，保障人民生命和身体健康。各专业设计时，除执行本标准外，还应执行专业设计规范的要求。

3.0.3 传染病医疗设施大部分区域是隔离区，这个区域感染性强，设备维修多会导致维修人员的风险增加，同时加之维修人员要穿隔离服，在现场维修操作困难，因此强调要采用简单可靠的设计方案，选用可靠性高、高质量耐久性强，在设计生命周期内免维护和少维护产品，以减少维修人员风险，节省防护器材，同时也是提高应急医疗设施的高效运行。在工程设计中还应采取必要的措施，避免易损设备设置在污染区内，除必须设置在污染区内，其控制和维修部件应设置在非隔离区，如维修阀门和控制开关等宜设置在半清洁区和半污染区内。

4 建　　筑

4.0.1 新建应急医疗设施考虑快速建设、卫生安全隔离和降低环境影响，要求：

1 地质条件稳定，避免应急设施使用期间因地质情况变化导致新型冠状病毒对外界环境污染和传播。

2 传染病医院建设所需供电、供水、信息网络、医疗气体、污水排放等市政条件能够及时到位。

3 应急设施由专用救护车接送患者，选址便于救护车便捷到达。

4 设立安全隔离区以防止新型冠状病毒传播扩散到周边环境，污染周边环境。

4.0.2 国家卫健委《新型冠状病毒感染的肺炎诊疗方案（试行第四版）》2019年12月以来，湖北省武汉市陆续发现了多例新型冠状病毒感染的肺炎患者，随着疫情的蔓延，我国其他地区及境外也相继发现了此类病例。现已将该病纳入《中华人民共和国传染病防治法》规定的乙类传染病，并采取甲类传染病的预防、控制措施。流行病学特点：传染源，目前所见传染源主要是新型冠状病毒感染的肺炎患者。传播途径，经呼吸道飞沫传播是主要的传播途径，亦可通过接触传播。易感人群，人群普遍易感。老年人及有基础疾病者感染后病情较重，儿童及婴幼儿也有发病。因此认为主要传播途径是空气传播。

既有建筑改造选择独立建筑或既有建筑的端头，并设有独立的出入口，便于控制新型冠状病毒不向相邻建筑或其他区域传播扩散。应急医疗流程有特殊的建筑空间和设备设施要求，既有建筑改造应预先进行设施改造条件评判后确定。

4.0.3 应急医疗设施的建筑功能布局与医疗内容有明确的对应性，根据医疗功能设置相应的功能区域的规模和比例。

4.0.4 应急医疗设施由于位置相对比较独立，同时需要对医务人员进行卫生隔离观察，需配建换班宿舍和生活区。

4.0.5 应急医疗设施由于增加了医务人员的换班生活区，按卫生安全等级新增加半清洁区，指医务人员一般活动区和物资供应区。为防止病原沾染和传播，依据医疗操作规程设置相应的卫生通过和缓冲间。

4.0.6 新型冠状病毒主要传播途径为空气飞沫传播，也存在人传人、体液和排泄物传播的可能性，为防止污染区的污染空气倒流至半污染区和半清洁区，引发感染医务人员，建筑门、传递窗及其他建筑部件均需严格按照单向气流方向设置。

4.0.7 新型冠状病毒的传播途径包括接触传播，为防止病原在应急设施中由于活动场所和交通路线重叠引发感染，需对不同性质的人群区域，人流、物流做严格限定，相互避让。

4.0.8 为防止病毒对外界传播感染所有病房均为负压病房。疑似患者在确诊前不能判断是否感染，从保护安全角度出发，应单独处于一室避免相互感染，确诊患者已经确定带病毒，不存在相互感染问题，因此可以采用双人间。复杂病情患者、病情危重或具有超级传播特性的患者应单独处于单人负压隔离病房，增加换气次数避免干扰其他患者，降低感染医务人员的风险。

4.0.9 为防止病毒经接触传染医务人员，在患者可以自主活动时，为患者提供的餐食、药品等，经由双门密闭联动传递窗传递，避免接触和空气倒流。

4.0.10 沾染新型冠状病毒的医疗废弃物有较强的传播隐患，运输过程需保持密封。按疾控中心要求，统一处置。

4.0.11 应急医疗设施的建筑布局以单层为主，为防止空气传播适当拉大建筑间距，从而导致部分相关医疗功能距离较远。为照顾身体虚弱的患者接受医技检查或治疗，考虑利用电瓶车运送患者。为防止在患者转运时患者由口鼻处喷出的飞沫触及医务人员，转运推床上配置遮挡患者头部的防护罩。转运路线的道路的宽度和坡度应满足使用要求。

4.0.12 救护车及患者转运设施在接送患者时车身有可能沾染新型冠状病毒，为防止救护车等设施携带病毒传播、沾染医护人员，须在转运患者后进行洗消。

4.0.13 应急医疗设施可以通过装配式建造实现快速大规模建设，部分医技等特殊功能可选用适合的轻质建筑材料，以符合内部医疗流程要求。

4.0.14 为防止新型冠状病毒在建筑空间内表面粘留或渗入材料内部，引发接触感染或传播到相邻空间，有污染风险的建筑室内需经常消毒擦洗。

4.0.15 应急医疗设施首要考虑快速高效实现医疗功能，机电设施设备需根据设施所选用的建筑材料、建筑结构、建造方式及建筑空间格局作适应性调整，安装和布线满足实际使用的便利性、稳定性和安全性，其中安全性包括使用安全性、卫生安全性和消防安全等。

4.0.16 为防止新型冠状病毒从建筑室内密封不严的缝隙、孔洞经空气流动传播至相邻空间环境，需对各类机电管道与布线穿过建筑墙体、地面、顶板的部位进行密封处理。

5 结 构

5.0.1 应急医疗设施结构的可靠性目标及抗震设防标准应根据预期使用时限、改扩建还是新建、具体使用要求等确定。新建应急医疗设施一般为临时建筑，通常设计使用年限可为5年；抗震设防类别可为丙类；结构安全等级可为二级。应急医疗设施一般采用轻型结构，设计时风压取值重现期不应小于10年。

5.0.2 应急医疗设施建设周期很短，结构形式选择应因地制宜，方便加工、运输、安装，应优先采用装配式钢结构，如轻型模块化钢结构、钢框架和夹心彩钢板墙体钢结构等。

轻型结构应特别注意要进行抗风验算，尤其是应具有完善的节点连接构造和连接方式，以满足结构整体受力和变形。对于箱式结构，不同箱体竖向、水平向之间的连接应简洁可靠，确保整体受力性能及抗震抗风安全。

5.0.3 应急医疗设施的病房为负压病房，对于建筑及结构的密闭性能要求较高，因此结构主体应防渗、防漏及密闭。

5.0.4 采用多层轻质房屋时，大型医疗设备、库房等应在首层布置，可降低应急设施结构设计及施工难度。当轻质房屋首层地面为架空结构时，尚应根据实际荷载对其进行承载力及变形验算。

5.0.5 采用轻质房屋质量较小，送、排风机等设备设在屋面时，处理不当运行时容易导致振动及噪声超标，所以振动较大的风机宜设在地面，且基础及支架与房屋结构基础和构件脱开设置。当风机设置在屋面时，应采取减振措施。

6 给水排水

6.0.1 本条给出了既有建筑给水排水系统能否满足再使用的条件，应进行安全评价的规定，以确保系统的安全可靠。如何改造，应根据安全评估结果，全面体检后提出改造方案。安全评价应从基础安全、使用功能安全、水质安全、卫生安全、环境安全、工艺单元和设备安全、管道安全、操作安全8个方面展开，且应根据现行国家标准《建筑与工业给水排水系统安全评价标准》GB/T 51188进行评价，评价结果用于改造决策。

6.0.2 本条的目的是确保生活给水和生活热水的安全，传染病医院的隔离区含有大量的致病病毒和细菌，其传播感染能力强，为防止发生可能的细菌病毒污染生活给水和热水系统，规定泵站和机房应在清洁和半清洁区。给水水箱、泵站，以及生活热水换热站等是医务人员和患者重要的生活资源，严禁有任何污染，一旦污染会导致不可估量的损失，因此应设置在清洁区，严禁设置在隔离区。当设置在清洁区确有困难时，可设置在半清洁区，但应有严格的防护措施，如机房采用正压通风系统，防止污染生活给水设施。

6.0.3 本条给出了新型冠状病毒感染肺炎传染病医疗设施给水系统的原则。根据《中华人民共和国传染病防治法》第三条的规定，新型冠状病毒感染肺炎传染病为乙类传染病。国家卫健委《新型冠状病毒感染的肺炎诊疗方案(试行第四版)》2019年12月以来，湖北省武汉市陆续发现了多例新型冠状病毒感染的肺炎患者，随着疫情的蔓延，我国其他地区及境外也相继发现了此类病例。现已将该病纳入《中华人民共和国传染病防治法》规定的乙类传染病，并采取甲类传染病的预防、控制措施。新型冠状病毒因传播和蔓延能力较强，国家规定按照甲类进行防控，为保障公共供水的安全性，采用防回流污染能力比较强的断流水箱供水系统。

我国公共供水向建筑、居住小区或工厂供水有3种模式：城市公共供水系统直接向建筑物供水、设置防回流阀门和断流水箱供水。当城市供水管网突然压力下降，会产生建筑物给水管道内的水回流现象，从而有可能污染了城市公共供水管网，这种情况发生在城市管网突发事件的断裂或大量市政用水造成的市政管道压力降低，目前我国有少量的事件发生。现行国家标准《建筑给水排水设计规范》GB 50015—2003年版引入了防止污染市政给水的技术要求，要求设置倒流防止器、止回阀的技术要求，根据风险等级从高到低，要求采用设置减压型倒流防止器、低阻力倒流防止器、双止回阀倒流防止器、止回阀等。考虑到乙类传染病按甲类控制，若发生回流会有比较大损失，为此推荐采用断流水箱供水。断水水箱供水比减压型倒流防止器的防回流能力更强，通常在有严重的生物污染和化学污染的场所应用。

断流水箱供水要增加供水设备，运行成本较高，又没有有效利用市政自来水压力，浪费能源，在既有建筑改造时，若没有空间安装水箱和水泵房，当采用给水系统无自身回流的可能性，且城市供水安全可靠性高，发生突发事件几率低，根据现行国家规范《建筑给水排水设计规范》GB 50015和《建筑与工业给水排水系统安全评价标准》GB 51188判定该既有建筑的给水系统的回流风险较低时，可采用减压型倒流防止器的防回流污染的技术措施。

6.0.4 生活热水主要用于病房和医务人员用，当采用每个病房设置一个电热水器的局部热水供水系统时，设备多，安装和维修工作大，在医疗设施运行时，在隔离区的病房有致病病毒和细菌，其传播感染能力强，风险高，对于设备维修人员产生高风险；另外因为应急，设备多了安装工作量，需要更多的工期；为此多方考虑，规定生活热水系统宜采用集中供应系统。因是临时应急工程，从节约投资和节能出发，在夏热冬暖、夏热冬冷地区推荐空气源热泵，较电直接加热节能50%以上。

当建设集中生活热水供应系统在造价、机房有困难时，可以采用单元式电热水器，从减少维护管理风险出发，推荐使用高质量产品，同时有效容积应足够，并设有水温调节的功能，以减少维修和调试风险。同时要求淋浴器要求采用恒温阀，以防止随着使用热水的时间加长，水温变化等影响患者使用，而增加现场维修时间的风险。

6.0.5 香港淘大花园有4896户的大型居住小区，2003年SARS期间有321个SARS个案，经调查病毒有可能通过排泄物或废水传播。其原因是排水系统因水封破坏，导致含有SARS病毒的空气通过排水管道在楼内上下层传播，该小区共有19栋住宅，感染个案明显集中在E座，占累积总数的41%，记录第二多感染个案的是C座(15%)，第三位是B座(13%)，而第四位是D座(13%)，余下的个案(18%)则散布在其他11座。感染SARS的淘大花园E座居民有107人，当中大部分住在E座的7号和8号垂直排列的单位，从而证明排水管道竖向水封破坏，同时卫生间排风扇抽风，导致空气竖向传播，从而促成了因排水系统水封破坏而导致严重的传染病传播事件。为此规定排水系统确保水封不被破坏的技术措施。现行国家标准《传染病医院建筑设计规范》GB 50849已经规定了水封的高度在50mm至75mm之间，本标准不再规定。

大量的工程实践证明，高层建筑排水系统很容易产生负压，从而导致排水系统水封被破坏。排水系统水封被破坏的重要原因之一是排水立管的通水量过大，为确保排水立管不产生过大的负压破坏水封，规定高层建筑排水立管排水能力为现行国家标准《建筑给水排水设计标准》GB 50015规定值的0.7倍。

地漏内的水很容易因蒸发、或没有水给水封充水，导致地漏的水封破坏，国际上通行的原则是给地漏水封补水，中国中元国际工程有限公司于上世纪末本世纪初北京大学外科病房楼的工程实际中，采用洗脸盆的排水给卫生间地漏补水，取得了很好的工程效果，为此本标准推荐实施地漏补水技术，经济合理，效果好。

6.0.6 排水系统的检查井经常冒嗅味，有可能产生呼吸系统疾病的蔓延，为此提出室外污水排水管道的连接也可以采用非检查井的连接方式，为确保排水系统内通气的畅通，规定了应设置通气管的要求，通气管应沿墙敷设，并在屋面以上高空排放，同时为便于管道系统的堵塞清掏，规定设置清扫口，清扫口的间距符合国家现行标准《建筑给水排水设计标准》GB 50015的有关规定。

6.0.7 隔离区是患者居住的场所，其卫生间排水中含有致病病毒和致病菌，有着较高的风险，其排水系统的通气口会排出含有病毒的气溶胶，导致污染环境，为此应设置高效过滤器过滤和消毒处理，过滤器维修时应就地消毒后，并按医疗垃圾来处理；消毒处理通常采用紫外线或臭氧消毒。

6.0.8 室内架空管道渗漏有可能污染空气，导致病毒的可能蔓延，尽管这种可能性较低，但排水管道漏水的可能性还是时有发生，因此排水管道要求采用高质量产品和高质量施工，并做严格的闭水试验，以防止排水管道内的污水外渗和泄漏。室外排水管道应采用180°的素混凝土基础，以防止管道不均匀下沉，导致管道渗漏，同时管道要采用高质量产品和高质量施工，防止管道渗漏，产生不必要的环境污染。

6.0.9 2002年11月中旬我国广东省出现的一种新的传染病，随后爆发流行，在半年内蔓延30多个国家，世界卫生组织WHO公布数据显示，截止2003年8月5日，世界已报告的临床诊断病例为8422例，死亡916例，其中我国大陆累计出现病例5327例，死亡349人。

该病毒已在患者的血、尿、便、痰中测试出。SARS是一种呼吸道传染病，主要通过呼吸系统来传播。随着我国科技人员夜以继日的科技攻关，6月初我国已经查明了SARS病毒的传染力和灭活情况，具体如下：

研究评价结果表明几种化学制剂可有效杀灭SARS病毒，使用含氯消毒剂和过氧乙酸，按照卫生部推荐的浓度，在几分钟内，完全可以杀死粪便和尿液中的非典型肺炎病毒；应用紫外线照射的方法，在距离为80至90厘米、强度大于90微瓦/平方厘米条件下，30分钟可杀灭体外非典型肺炎病毒；模拟5月份北京地区上午10点晴天的自然条件，紫外线强度为4至5微瓦/平方厘米，3小时可杀灭体外非典型肺炎病毒。研究还表明，非典型肺炎病毒对温度敏感，随着温度的升高，病毒存活显著下降。无血清培养条件下，37℃可以存活4天，56℃加热90分钟、75℃加热30分钟能够灭活。

SARS冠状病毒的物理化学性质如下：冠状病毒在器物表面可存活3小时，室温下在粪便和尿液中至少可存活一天。腹泻患者粪便pH值升高，病毒的存活时间延长至4天。感染细胞培养上清中病毒在4℃和－80℃保存21天后仅有轻微的活性降低。即使在常温下48小时后病毒水平也仅降低，这说明病毒比其他冠状病毒有更强生命力。但是该病毒对热敏感，56℃即可使其灭活。对常用的消毒剂和固定液也很敏感，75%的酒精就能使病毒失去感染力。含氯的消毒剂可以灭活该病毒。

2019年的新型冠状病毒2019-nCoV与SARS-CoV是同一个类型的变种，其物理特性类似，国家卫健委《新型冠状病毒感染的肺炎诊疗方案(试行第四版)》规定，新型冠状病毒对热敏感，56℃ 30分钟灭活、75%酒精、含氯消毒剂、乙醚、过氧乙酸、氯仿和紫外线等均可有效杀灭。因此该种类型的传染病的污水污物的处理消毒就完全可以对其进行灭活，确保安全。

污水处理首先应满足现行国家标准《传染病医院建筑设计规范》GB 50849规定的二级生化处理工艺要求，但对于应急医院，其建设周期短，生化处理调试运行周期过长，考虑到实际应用与二级生化污水处理的初期运行特性，影响应急医院的运行，为此本条提出当无法实施二级生化处理工艺时，提出预消毒＋化粪池＋消毒的强化消毒处理工艺流程。预消毒的目的是使污水处理站后续运行安全，预消毒的接触时间不小于1h，考虑到该病毒在粪便和尿液中至少存活1d的数据，尽管预消毒后期活性为降低，但从安全性考虑，规定从预消毒到出口消毒的总的水力停留时间不小于2d，以确保系统出水的安全性。根据2003年SARS期间小汤山医院污水处理的经验，采用这种方案是可行的。

试验发现SARS在腹泻时，存活的时间比通常要长，其原因是pH值较高，因此规定消毒时pH值不应大于6.5，以提高消毒效果。

本标准没有给出两级消毒的药剂选择和投加量，应根据国家环保部或当地环保部门的技术导则来确定投加量，并适当提高。如国家生态环保部《关于做好新型冠状病毒感染的肺炎疫情医疗污水和城镇污水监管工作的通知》环办水体函〔2020〕52号文的要求，给出了消毒剂的投加量等。

近期武汉市市生态环境局、市卫生健康委、市水务局、市城管执法委联合发文《关于做好全市方舱医院医疗污水处理有关工作的紧急通知》对方舱医院产生的污水采取二次消毒法。所有方舱医院移动公厕使用后第一时间投放消毒片剂（过氧乙酸、次氯酸钠、漂白粉），进行第一次消毒杀菌。对于进入化粪池或临时污水处理设施的，分别在化粪池第一格或污水处理环节进行二次投药消毒处理。采用液氯、二氧化氯、次氯酸钠、漂白粉或漂白精等消毒剂实施消毒时，消毒接触池的接触时间不应低于1.5小时，余氯量大于6.5mg/L（以游离氯计），粪大肠菌群数少于100个/L，参考有效氯投加量为50mg/L。若难以达到前述接触时间要求，投氯量与余氯量还应适当加大。这说明强化二级消毒工艺，比普通的二级消毒工艺更进一步是增大了整体的水力停留时间，化粪池的沉淀效果更好，二级消毒会更有效，能满足杀灭新型冠状病毒，确保环境安全的要求。

6.0.10 污水处理池产生的尾气可能含有病毒，为此要求密闭，尾气统一收集消毒处理后排放。通常尾气收集后采用臭氧、紫外线消毒即可。

7 供暖通风及空调

7.0.1 为了控制整个应急医疗设施的空气流向，防止污染空气扩散，减小传染范围，应急设施应设置机械通风系统。为防止污染区域的空气通过通风管道污染较清洁区域的空气，要求送排风系统分区设置，并保证空气压力梯度，防止空气流入较清洁区域。清洁区是生活和后勤保障区，属于无污染区域，故不做特殊要求，下同。

7.0.2 半清洁区送风并维持正压以防止隔离区污染空气侵入，送风过滤参照国家标准《综合医院建筑设计规范》GB 51039—2014的要求，至少采用两级过滤，各地可根据本地区空气质量提高过滤要求。隔离区有新型冠状病毒污染，参照国标《医院负压隔离病房环境控制要求》GB/T 35428—2017"4.3.4 污染区排风应经过高效过滤器过滤后排放。"及北京市地标《医院感染性疾病科室内空气质量卫生要求》DB11/T 409—2016第5.2.5条通过空气或飞沫传播的甲类或甲类管理的乙类传染病隔离病房，应在排风管路入口设置高效过滤器的规定，要求排风设置高效过滤器，隔离污染物。为保护排风高效过滤器并改善患者环境，送风要求设置亚高效过滤。

7.0.3 从保护医护人员的角度，负压病房的送风应先流经医护人员常规站位区域，使医护人员呼吸区的空气相对清洁，排风应能快速排走病人呼出的污染空气，减少病房内污染空气的回流，故建议参照《医院负压隔离病房环境控制要求》GB 35428—2017第4.2.1条的要求设置送排风口。

7.0.4 过滤器堵塞将使风机风量不能保证，过滤器压差检测和报警可提醒维护人员及时发现问题并进行处理，保证通风系统正常运行。

7.0.5 半污染区、污染区的排风机因附近污染物较多，为运行维护安全要求设置在室外空旷处。

7.0.6 隔离区（半污染区、污染区）排风机设在排风管路末端可保证整个排风管为负压，防止排风中污染物从风管缝隙泄漏到风管外部污染环境或其他房间。排风系统的排出口、污水通气管与送风系统取风口的安全距离可参照现行国家标准《民用建筑供暖通风与空气调节设计规范》GB 50736—2012，第6.3.9条第6款关于事故通风排风口与进风口间距的要求。

7.0.7 应急医疗设施建设周期较短，采用空调水系统供热、制冷所需的施工及调试周期较长，因此建议采用独立制冷（热）方式。

7.0.8 由于应急医疗设施围护结构保温性能及密封性较差，冬夏季节室内温度较难保证，半清洁区应采用分体空调等独立空调保证室内舒适度要求，隔离区采用分体空调，独立房间使用，各房间互不干扰，不会使污染空气扩散到其他房间。严寒、寒冷地区冬季分体空调有可能不能正常启动，可以采用电暖器供暖。

1 污染区、半污染区房间设计有气流流向要求，分体空调机安装位置要考虑减小对房间气流的影响。

2 分体空调机电源统一管理。

7.0.9 CT等大型医技设备发热量大，对环境要求高，可根据其对室内温湿度要求采用分体空调、机房专用空调等。

7.0.10 负压隔离病房及ICU收治危重症及其他需要单独救治的患者，应对其病房室内环境及气流控制做更严格的要求。

3 排风高效空气过滤器要求安装在房间排风口部，在源头阻隔病毒，防止污染风管，引起扩散。

4 负压隔离病房送风口、排风口设置，室内应形成清洁送风首先流过医护人员区域，再流向患者，最后在患者床头下侧进入排风口。

5 在负压隔离病房门口目测高度安装微压差显示，并标示出安全压差范围，对医护人员进入病房有一个安全警示，也提示运维人员有关运行状况。

6 根据卫健委《新型冠状病毒感染的肺炎诊疗方案（试行第四版）》治疗措施，重症患者治疗手段包括氧疗、有创机械通气等，结合2015ASHRAE Handbook-HVAC Application：需要氧疗和气管切开手术的患者需要温暖湿润的空气。故空气考虑加湿，但应急设施在送风空调机加湿需设置加湿水管，引出水管防冻等问题，且空调机加湿方式增加了湿度控制环节，既不利于缩短调试时间，更有加湿过度的隐患，故建议根据治疗需求设置房间加湿器。

7.0.11 手术时患者散发病毒浓度大，建议采用负压直流净化空调系统，防止病毒对环境及医护人员侵害。

7.0.12 隔离区空气中的病毒细菌部分被阻隔在分体空调机换热盘管上并在冷凝水形成过程中能把致病菌和病毒带到冷凝水中，为此要对冷凝水进行统一消毒处理。

7.0.13 通风空调设备良好运转是防止空气传播的重要保证。

1～3 运行维护时要保证通风空调设备正常运转，保证系统风量，保证房间及区域压力梯度，注意设备启停顺序，随时关注设备故障及过滤器压差报警。

4 对半污染区、污染区过滤器更换尤其要注意安全，排风高效过滤器拦截大量的附着病毒的颗粒，更换操作人员必须做好自我防护。国家卫健委《新型冠状病毒实验室生物安全指南》（第二版）中明确"体积较大的固体废物如HEPA过滤器，应当由专业人士进行原位消毒后，装入安全容器内进行消毒灭菌。不能进行压力蒸汽灭菌的物品如电子设备可以采用环氧乙烷熏蒸消毒处理"。据此，本条文对排风高效过滤器废弃物的处理提出要求。

8 电气及智能化

8.0.1 对于新建应急医疗设施及改造项目的电源设置分别做了明确规定。

8.0.2 应急医疗设施内主要功能为呼吸道传染病区，内设手术室、负压病房、负压隔离病房、重症监护病房和其他的功能用房；医院还应配套建设真空吸引、污水处理设备、医用焚烧炉、太平冰柜等。因项目的设计及建设周期很短，所以本标准把呼吸道传染病区和以上必要设施确定为一级负荷中特别重要负荷，保证系统设置简单、可靠、快速。不间断电源装置供电范围为：手术室、重症监护病房、抢救室、计算机系统及网络设备等。

8.0.3 通风系统在应急设施中非常重要，是保证不交叉感染的重要手段，为减少其他负荷故障检修时对其影响，应在在变电所(配电室)处将通风、空调以及其他负荷分开供电。

8.0.4 配电箱及其主干路由设置在非隔离区域主要考虑是运行维护比较方便，不需要穿防护服就可以维护。但是，为负压病房及负压隔离病房配电的末端配电箱一般在病房设置，不受此限制。进出、穿越患者活动区域的线缆保护管口应采用不燃材料密封，防止气流乱窜引起交叉感染。

8.0.5 推荐采用 LED 光源及灯具，并明确了照明设计的原则。

8.0.6 固定式紫外线消毒灯等消毒设施的控制开关应独立设置且有明显标识，安装高度不应小于 1.8m，方便医护人员操作且防止其他人误操作。移动式紫外线消毒灯可用单相插座供电。

8.0.7 规定了防雷设计的原则要求。

8.0.8 规定了总等电位和辅助等电位联结设计的原则要求。

8.0.9 出入口控制系统应根据医疗流线进行设置，对负压病房和负压隔离病房的医患通道、手术部、重症监护室的污染区与洁净区域应进行医疗流线管理。

8.0.10 结合应急医疗设施的特点，推荐必要的信息化应用系统。有条件时可按相关设计标准设置其他智能化系统，本标准不再赘述。

8.0.11 因疾病的传染性强，强调负压病房、负压隔离病房及重症监护室应具备医护对讲系统、视频监视功能，减少医护人员和患者的直接、近距离接触，减少感染风险。

8.0.12 应急医疗设施一般要求快速建成，所以推荐优先采用预装式或成套设备。

9 医 用 气 体

9.0.1 医用真空泵房是集中传染源，应将泵房设在隔离区内，加强防护；医用真空汇排放气体经消毒处理后方可排放，排放口与周边空调通风进气口的间距不得小于 20m；废液集中消毒处理后排放；医用真空泵宜采用油润滑旋片式真空泵，更加安全可靠。

9.0.2 为了便于运行、维护以及气源安全，医用空气、医用氧气、其他气体站房不应设在隔离区内；医用空气、医用氧气站房可独立设置，改扩建项目也可利用原站房，利用原站房的应进行用气量核算应满足使用需求；应急医疗设施如需其他医用气体，可采用汇流排或其他方式供气，为了便于运行、维护以及气源安全，站房不应设在隔离区内；为防回流避免传染，供气管道上设置防回流装置。

9.0.3 新型冠状病毒感染肺炎患者在治疗过程中，可能会长时间不间断吸氧，因此每个床位宜设置 2 个医用氧气终端确保单一故障连续供氧。医用真空、医用空气也有必要设置，其他医用气体根据医疗需要设置。

9.0.4 新型冠状病毒感染肺炎传染病治疗时，根据病情会涉及大流量的用氧需求及各类呼吸设备的使用，设计时要考虑各种医用气体最大负荷的用量，特别是医用氧气。

中国工程建设标准化协会标准

医学生物安全二级实验室建筑技术标准

Architectural technical standard for BSL-2 laboratory in medical facilities

T/CECS 662-2020

主编单位：中国建筑科学研究院有限公司
　　　　　中国合格评定国家认可中心
批准单位：中国工程建设标准化协会
施行日期：2020年2月19日

中国工程建设标准化协会公告

第552号

关于发布《医学生物安全二级实验室建筑技术标准》的公告

为积极应对新型冠状病毒肺炎疫情防治工作，规范医学生物安全二级实验室的建设，促进对新型冠状病毒肺炎疫情防控工作的科学指导，中国工程建设标准化协会批准中国建筑科学研究院有限公司、中国合格评定国家认可中心等单位编制了《医学生物安全二级实验室建筑技术标准》，经协会组织审查，现批准发布，编号为T/CECS 662-2020，自2020年2月19日起施行。

中国工程建设标准化协会
二〇二〇年二月十九日

前　言

在抗击严重急性呼吸综合征(SARS)、人感染禽流感、中东呼吸综合征(MERS)、新型冠状病毒肺炎(COVID-19)等疫情防治工作中，生物安全二级实验室对于保护医学研究和检验人员的健康、保护样本完整性和环境安全发挥了至关重要的作用。目前我国大部分医学实验室依照生物安全二级建设，因此，为提供更为详细的技术标准，促进医学生物安全二级实验室规范化建设，中国工程建设标准化协会批准组织中国建筑科学研究院有限公司和中国合格评定国家认可中心等单位，在广泛调查研究、认真总结近年国内外医学生物安全实验设施实践经验的基础上，制定了《医学生物安全二级实验室建筑技术标准》。

本标准主要技术内容包括：总则，术语，技术指标，建筑、装修和结构，空调、通风和净化，给水排水和气体供应，电气，消防，施工，检测和验收。

请注意本标准的某些内容可能直接或间接涉及专利，本标准的发布机构不承担识别这些专利的责任。

本标准由中国工程建设标准化协会建筑环境与节能专业委员会归口管理，由中国建筑科学研究院有限公司负责具体技术内容的解释，执行过程中如有意见或建议，请寄送解释单位(地址：北京市朝阳区北三环东路30号，邮编：100013)。

本标准主编单位：中国建筑科学研究院有限公司
中国合格评定国家认可中心

本标准参编单位：江苏省疾病预防控制中心
军事科学院军事医学研究院
国家空调设备质量监督检验中心
中国医学科学院医学实验动物研究所
中国兽医药品监察所
军事科学院系统工程研究院卫勤保障技术研究所
江苏省临床检验中心
航空总医院
中国科学技术大学附属第一医院
广东省人民医院
北京市朝阳区疾病预防控制中心
首都医科大学附属北京地坛医院
北京市红十字血液中心
北京协和医院
南京大学医学院附属鼓楼医院
空军军医大学西京医院
同济大学附属东方医院
中南大学湘雅二医院

本标准主要起草人员：徐　伟　翟培军　张彦国　冯　昕　谢景欣
陆　兵　陈紫光　曹国庆　梁　磊　党　宇
汤亚军　朱晓姣　王　荣　周永运　胡冬梅
李沐洋　魏　强　赵启祖　祁建城　张宗兴
许　斌　曲　芬　沈佐君　侯铁英　张晓曦
王雅杰　葛红卫　梁智勇　叶　庆　李增山
吴文娟　胡　敏

本标准主要审查人员：尚　红　龚京蓓　赵四清　严建敏　胡继红
毛远丽　魏　军　王华梁　冯珍如　郝晓柯
孔令非　樊祥山　汪德清　赵赤鸿　张明霞

目　　次

1 总　　则

1.0.1 为规范医学生物安全二级实验室建筑的设计、施工以及验收，满足生物安全防护要求，制定本标准。

1.0.2 本标准适用于新建、改建和扩建医学生物安全二级实验室的设计、施工、检测与验收。其他相关实验设施也可按本标准执行。

1.0.3 医学生物安全二级实验室的设计、施工、检测与验收除应执行本标准的规定外，尚应符合国家现行有关标准的规定。

2 术　　语

2.0.1 生物安全二级实验室　biosafety level 2 laboratory

国家标准《实验室　生物安全通用要求》GB 19489—2008 所规定生物安全防护水平为二级的实验室。

2.0.2 医学生物安全二级实验室　biosafety level 2 laboratory in medical facilities

医学检验、实验和研究领域使用的符合国家标准《实验室　生物安全通用要求》GB 19489—2008 所规定生物安全防护水平为二级的实验室，简称医学 BSL-2 实验室。

2.0.3 加强型医学 BSL-2 实验室　enhanced biosafety level 2 laboratory

指在医学 BSL-2 实验室中，设置缓冲间、机械通风系统、排风高效过滤等措施且有明确负压或压力梯度要求的实验室。其余为普通型医学 BSL-2 实验室。

2.0.4 移动式实验室　mobile laboratory

可变换地点使用的实验室。

2.0.5 一级屏障　primary barrier

操作者和被操作对象之间的隔离，也称一级隔离。

2.0.6 二级屏障　secondary barrier

生物安全实验室和外部环境的隔离，也称二级隔离。

2.0.7 实验室防护区　laboratory containment area

实验室的物理分区，该区域内生物风险相对较大，需对实验室的平面设计、围护结构的密闭性、气流，以及人员进入、个体防护等进行控制的区域。

2.0.8 核心工作间　core area

指防护区中从事病原微生物及样本操作的高风险区域。

2.0.9 辅助工作区　non-contamination zone

指医学 BSL-2 实验室中除实验室防护区以外的区域。

2.0.10 工效学　ergonomics

研究人在工作环境中效率的学科，包括生物力学、劳动生理学、模拟人体学和人-机界面。

3 技术指标

3.0.1 医学 BSL-2 实验室应根据风险评估与实际需求识别并实施一级屏障和二级屏障。

3.0.2 医学 BSL-2 实验室主要技术要求和指标应符合表 3.0.2 的规定。

表 3.0.2　实验室主要技术要求和指标

类型	通风方式	缓冲间	核心工作间相对于相邻区域最小负压（Pa）	高效过滤排风	高效过滤送风	温度（℃）	相对湿度（%）	噪声[dB(A)]	核心工作间平均照度（lx）
普通型医学 BSL-2 实验室	应保证良好通风；可自然通风，宜设机械通风；可使用循环风	根据需要设置	—	—	—	18～26	—	≤60	≥300
加强型医学 BSL-2 实验室	机械通风，不应自然通风；且不宜使用循环风	应设置	不宜小于 −10	有	宜设置	18～26	宜 30～70	≤60	≥300

注：1　普通型 BSL-2 实验室采用自然通风时，应满足现行国家标准《民用建筑供暖通风与空气调节设计规范》GB 50736 的有关要求。
2　加强型医学 BSL-2 实验室核心工作间不应设可开启的外窗。
3　可根据操作人员穿着防护设备适当调节医学 BSL-2 实验室温度。
4　负压房间应在入口显著位置安装压力显示装置，并标识压力合格范围。
5　加强型医学 BSL-2 实验室核心工作间应对大气保持负压状态。
6　本表中的噪声不包括生物安全柜、通风柜等设备的噪声，当生物安全柜、通风柜等设备开启时，最大不应超过 68dB(A)。

3.0.3 当移动实验室在高原、沙漠和严寒等特殊环境下开展工作时，应能适应相应极端环境要求。

4 建筑、装修和结构

4.1 普通型医学 BSL-2 实验室

4.1.1 普通型医学 BSL-2 实验室的建筑应符合下列规定：

1 实验室的设计应保证对生物、化学、辐射和物理等危险源的防护水平控制在经过评估的可接受程度，为关联的办公区和邻近的公共空间提供安全的工作环境，防止危害环境。

2 实验室规模的评估与计算方法可按现行国家标准《临床实验室设计总则》GB/T 20469 的有关规定执行。

3 实验室应设可自动关闭的房门，除更衣室外的门体上应有可视窗。门锁及门的开启方向不应妨碍室内人员逃生。

4 实验室核心工作间入口宜设置缓冲间，缓冲间可兼做个体防护装备更换间。

5 实验室在入口处应有更衣的条件。

6 实验室防护区及辅助工作间的面积以及高度应满足实验室设备、生物安全柜等的安装、使用、维护以及清洁要求，保证工作流程顺畅并符合工效学的原则和要求，避免相互干扰、交叉污染，并不应妨碍逃生和急救。实验室应满足大型仪器设备搬运的需求，并为特殊需求设备设置局部隔离、防振、排热、排湿设施。

7 实验室应设计并明确标识紧急撤离路线，紧急出口应有明显的标识。标识应能在黑暗中清晰可辨。

8 实验室应设有防止节肢动物和啮齿动物进入措施，当设有可开启外窗时应设置防虫纱网。

9 实验室应配备对物体表面消毒的技术措施，并应符合国家现行标准《医院消毒卫生标准》GB 15982 和《医疗机构消毒技术规范》WS/T 367 的有关规定。

10 实验室入口应有标识，明确说明生物防护级别、操作的致病性生物因子、实验室负责人、紧急联系方式和国际通用的生物危险符号；适用时，应同时注明其他危险。

11 应在实验室所在建筑物内配备压力蒸汽灭菌器或其他适用的消毒灭菌设备。移动式实验室内应配备便携的消毒灭菌设备，需要时，应配置压力蒸汽灭菌器或其他适当消毒灭菌设备。

4.1.2 普通型医学 BSL-2 实验室的装修应符合下列规定：

1 实验室墙壁、顶板和地板应光滑、易清洁、防渗漏并耐化学品和消毒剂的腐蚀。地面应防滑，不应在实验室内铺设地毯及使用织物窗帘等装饰品。对使用液氮的实验室，地面尚应耐受低温。

2 实验室台(桌)柜和座椅等应稳固和坚固，边角应圆滑。实验台面应防水，并应耐受中等程度的热、有机溶剂、酸碱、消毒剂及其他化学剂。

3 实验室的地板、墙壁和天花板表面的贯穿件、墙体交接处-阴阳角应可靠密封。

4 实验室的灯具、风管和水管等内部设施附件的设置应便于清洁。

5 移动式实验室在移动时，应有可靠机制和措施固定仪器设备、实验器材和座椅等物品。

4.1.3 普通型医学 BSL-2 实验室的结构应符合下列规定：

1 实验室的结构设计应符合现行国家标准《建筑结构可靠性设计统一标准》GB 50068 的有关规定。

2 实验室的抗震设计应符合现行国家标准《建筑抗震设防分类标准》GB 50223 的有关规定。对于测序仪、荧光定量 PCR 仪、荧光显微镜等有特殊防震要求设备的实验室，应符合设备防震要求。

3 实验室的地基基础设计应符合现行国家标准《建筑地基基础设计规范》GB 50007 的有关规定。

4.1.4 移动实验室刚性结构(方舱)性能评价应符合下列规定：

1 围护结构应符合现行国家标准《军用方舱通用规范》GJB 6109 的有关规定，根据空间布局需要，可采用扩展舱结构，但应保证结构安全、可靠。

2 方舱舱体设计、制造应符合现行国家标准《移动实验室实验舱通用技术规范》GB/T 29477 的有关规定，在满足移动特性的基础上，合理布局，突出可操作性、可维护性，符合工效学原理。

3 方舱应具备可维修性，宜采用标准件、通用件，易损件应便于维修与更换。

4 方舱的外廓尺寸及质量限值应符合现行国家标准《汽车、挂车及汽车列车外廓尺寸、轴荷及质量限值》GB 1589 或《军用方舱通用规范》GJB 6109 的有关规定。

5 方舱应设置进舱和上舱顶的辅助设施，在承受 1.8kN 垂直向下静载荷时，应无塑性变形或损坏，应满足现行国家标准《军用方舱通用试验方法》GJB 2093A 的有关规定。

6 方舱应具备防雨密封性，在门、窗、孔口关闭，经强度为 5mm/min～7mm/min，方向与侧壁成 45°，历时 30min 的淋雨试验后，舱内顶篷与侧壁无渗漏现象，门窗、孔口处不应有漏水现象。

4.1.5 移动实验室柔性结构实验室性能评价应符合下列规定：

1 帐篷支撑结构应满足在负压环境下的刚度、强度及稳定性要求。

2 帐篷成型工艺应保证成型后的密封性能及连接面的力学性能满足现行行业标准《塑料薄膜包装袋热合强度试验方法》QB/T 2358的有关要求。

4.2 加强型医学 BSL-2 实验室

4.2.1 加强型医学 BSL-2 实验室除应符合本节规定外，适用时尚应符合本标准第 4.1 节的有关规定。

4.2.2 核心工作间不应设置可开启外窗。

4.2.3 加强型医学 BSL-2 实验室的核心工作间入口应设置缓冲间，当缓冲间的门设置互锁时，应在互锁门的附近设置紧急手动解除互锁开关。

4.2.4 加强型医学 BSL-2 实验室的围护结构应能承受送风机或排风机异常时导致的空气压力载荷。

4.2.5 加强型医学 BSL-2 实验室应在实验室内配备压力蒸汽灭菌器以及其他适用的消毒设备。

5 空调、通风和净化

5.1 普通型医学 BSL-2 实验室

5.1.1 普通型医学 BSL-2 实验室的空调、通风和净化系统应符合下列规定：

1 实验室通风空调方式的设置应根据实验室所处气候区域，操作对象的危害程度、平面布置、风险评估结果等情况经技术经济比较后确定，并应采取有效措施避免污染和交叉污染。通风空调方式的设置应有利于实验室消毒灭菌、自动控制系统的设置和节能运行。

2 实验室应依据风险评估、依据所操作病原微生物样本及材料的感染性及危害性选择自然通风或机械通风。有明确负压设计要求的房间应设置机械通风系统。当采用机械通风系统时，应避免气流流向导致的污染和避免污染气流在实验室之间或与其他区域之间串通而造成交叉污染。

3 有负压要求的实验室其机械通风系统应独立于所在建筑的通风系统，以防止空气传播的感染因子、气态污染物或气味向其他工作区扩散。

4 实验室应在操作病原微生物及样本的实验间内配备生物安全柜。应按产品的设计要求安装和使用生物安全柜。排风在室内循环的生物安全柜，室内应具备通风换气的条件；需要管道排风的生物安全柜，应通过独立于建筑物其他公共通风系统的管道排出。

5 当涉及使用有毒、刺激性、挥发性物质时，应配备排风柜（罩）。

6 实验室机械通风系统的设计应保障生物安全柜、排风柜（罩）等的正常使用条件。

7 移动实验室仪器设备应适应不同海拔低气压环境条件，按现行国家标准《移动实验室仪器设备通用技术规范》GB/T 29476要求至少应保证在气压值不低于 84kPa 环境中正常工作。

5.1.2 当医学 BSL-2 实验室设有机械通风系统时，送风系统新风口应符合下列规定：

1 新风口应采取有效的防雨措施。

2 新风口处应安装防鼠、防昆虫、防挡绒毛等的保护网，且易于拆装。

3 新风口应高于室外地面 2.5m 以上，且附近不应设置排风口和其他污染源。

5.1.3 医学 BSL-2 实验室应根据所使用生物安全柜的类型以及实验操作风险合理选择生物安全柜排风连接方式，当使用 IIA2 型生物安全柜时，宜通过排风罩连接至医学 BSL-2 实验室排风系统。

5.1.4 普通型医学 BSL-2 实验室内气流组织应符合下列规定：

1 应避免对生物安全柜等设备的窗口气流流向产生干扰。在生物安全柜操作面或其他有气溶胶产生地点应远离门窗、实验室人员活动区域和其他可能干扰气流组织或实验活动位置，其上方附近不应设送风口。

2 采用机械通风系统的实验室防护区内送风口和排风口的布置应符合定向气流的原则，减少房间内的涡流和气流死角。排风口应设在室内被污染风险最高的区域，其前方不应有障碍。采用上送下排方式时，排风口下边沿高地面不宜低于 0.1m，且不宜高于 0.15m。排风口排风速度不宜大于 1m/s。

5.1.5 普通型医学 BSL-2 实验室通风空调系统的部件与材料应符合下列规定：

1 实验室通风空调系统所使用送、排风过滤器均不应使用木制框架。

2 实验室通风空调系统中需要消毒的通风管道应采用耐腐蚀、耐老化、不吸水、易消毒灭菌的材料制作。

3 排风机外侧的排风管上室外排风口处应安装保护网和防雨罩。

5.1.6 普通型医学 BSL-2 实验室空调设备的选用应符合下列规定：

1 不应采用淋水式空气处理机组。当采用表面冷却器时，通过盘管所在截面的气流速度不宜大于 2.0m/s。

2 各级空气过滤器前后应安装压差计，测量接管应通畅，安装严密。

3 宜选用干蒸汽加湿器。

4 加湿设备与其后的过滤段之间应有足够的距离。

5 在空调机组内保持 1000Pa 的静压时，箱体漏风率不应大于 2%。

6 消声器或消声部件的材料应能耐腐蚀、不产尘和不易附着灰尘。

7 送、排风系统中的中效、高效过滤器不应重复使用。

5.2 加强型医学 BSL-2 实验室

5.2.1 加强型医学 BSL-2 实验室除应符合本节规定外，适用时尚应符合本标准第 5.1 节的有关规定。

5.2.2 加强型医学 BSL-2 实验室排风应经高效空气过滤器过滤后排出。

6 给水排水和气体供应

6.1 普通型医学 BSL-2 实验室

6.1.1 普通型医学 BSL-2 实验室的给水排水和气体供应系统应符合下列规定：

1 普通型医学 BSL-2 实验室应设洗手池，水嘴开关宜为非手动式并设置在靠近出口处。

2 普通型医学 BSL-2 实验室工作区应配备洗眼装置，风险较大时应设紧急喷淋装置。

3 实验室防护区内如果有下水系统，应与建筑物的下水系统完全隔离；下水应直接通向本实验室专用的污水处理系统。

4 给水排水干管、气体管道的干管，应敷设在技术夹层内。实验室防护区应少敷设管道，与本区域无关管道不应穿越。

5 进出实验室防护区的给水排水和气体管道系统不应渗漏，应耐压、耐温、耐腐蚀。

6 移动实验室仪器设备应适应不同海拔低气压环境条件，按现行国家标准《移动实验室仪器设备通用技术规范》GB/T 29476要求至少应保证在气压值不低于 84kPa 环境中正常工作。

6.1.2 普通型医学 BSL-2 实验室的给水系统室内给水管材宜采用不锈钢管、铜管或无毒塑料管等，管道应可靠连接。

6.1.3 普通型医学 BSL-2 实验室的排水系统应符合下列规定：

1 实验室防护区内水槽存水弯、地漏应保持畅通、装满水或适当消毒剂。存水弯的水封高度不得小于 50mm，且不得大于100mm。

2 实验室防护区排水系统的通气管口应单独设置，不应接入空调通风系统排风管道。

6.1.4 普通型医学 BSL-2 实验室的气体供应系统应符合下列规定：

1 实验室专用气体宜由高压气瓶供给，气瓶应有内容物的明确标识以及颜色等区分措施，气瓶宜设置于辅助工作区，应有固定措施，通过管道输送到各个用气点，并应对供气系统进行监测。

2 实验室用气点应根据工艺要求设置过滤器。

3 若使用高压气体和可燃气体，应有安全措施，应符合国家、地方的相关规定和要求。

6.2 加强型医学 BSL-2 实验室

6.2.1 加强型医学 BSL-2 实验室除应符合本节规定外，适用时尚应符合本标准第 6.1 节的有关规定。

6.2.2 加强型医学 BSL-2 实验室洗手池水嘴应为非手动式。

6.2.3 加强型医学 BSL-2 实验室防护区的给水管道应采取设置倒流防止器或其他有效的防止回流污染的装置，并且这些装置应设置在辅助工作区。

6.2.4 加强型医学 BSL-2 实验室的供气管穿越防护区处应安装防回流装置。

7 电　　气

7.1 普通型医学 BSL-2 实验室

7.1.1 普通型医学 BSL-2 实验室电气应符合下列规定：

1 实验室应保证用电的可靠性，设计用电负荷不宜低于二级。

2 实验室需要持续供电维持功能的温湿度监控设备、培养箱、生物安全柜、冰箱等应设置备用电源。长时间运行且无断电记忆的检测设备应设置不间断电源。

3 实验室应设专用配电箱，专用配电箱应设置于辅助工作区内。

4 实验室内应设置足够数量的固定电源插座，避免多台设备使用共同的电源插座。重要设备应单独回路配电，且应设置漏电保护装置。

5 移动实验室仪器设备应适应不同海拔低气压环境条件，按现行国家标准《移动实验室仪器设备通用技术规范》GB/T 29476要求至少应保证在气压值不低于 84kPa 环境中正常工作。

7.1.2 普通型医学 BSL-2 实验室照明应符合下列规定：

1 实验室内的采光或人工照明应保证室内人员安全工作，避免不必要的强光、反光和闪光。

2 实验室内应设应急照明装置，同时考虑合适的安装位置，以保证人员安全离开实验室。

7.1.3 普通型医学 BSL-2 实验室自动控制应符合下列规定：

1 当空调机组设置电加热装置时应设置送风机有风检测装置，并在电加热段设置监测温度的传感器，有风信号及温度信号应与电加热连锁。

2 空调通风系统未运行时，防护区送风、排风管上的风阀应处于常闭状态。

3 实验室有对温湿度敏感的设备时，应设置监测温湿度的传感器，温湿度信号应与空调控制系统连锁。

7.1.4 普通型医学 BSL-2 实验室安全防范应符合下列规定：

1 实验室的关键部位应设置监视器，需要时，可实时监视并录制实验室活动情况和实验室周围情况。监视设备应有足够的分辨率并保存影像数据。

2 实验室入口的门应有进入控制措施，进入实验室应仅限于获得授权的人员。正在检验高风险样本时应有进入限制。存放高风险样本、培养物、化学试剂或供应品还需采取可锁闭的门、可锁闭的冷冻箱、特殊人员的进入限制等其他的安全措施。应评估生物材料、样本、药品、化学品和机密资料被偷盗和被不正当使用的危险，并采取相应措施防范其发生。

7.1.5 普通型医学 BSL-2 实验室通信与信息化应符合下列规定：

1 实验室应配备适用的通信与信息化设备，保证实验数据、影像等资料安全传输。

2 实验室应配备适用的通讯设备，当安装对讲系统时，宜采用向内通话受控、向外通话非受控的选择性通话方式。

7.1.6 移动实验室方舱应配备漏电保护装置及接地装置，当环境温度 15℃～35℃，相对湿度 45％～75％时，电气回路间及对地的冷态绝缘电阻不应小于 2MΩ。

7.2 加强型医学 BSL-2 实验室

7.2.1 加强型医学 BSL-2 实验室除应符合本节规定外，适用时尚应符合本标准第 7.1 节的有关规定。

7.2.2 加强型医学 BSL-2 实验室空调净化自动控制系统应能保证实验室压力和压力梯度稳定，并可对异常情况报警。

7.2.3 加强型医学 BSL-2 实验室送排风系统应设置连锁，排风机先于送风机启动，后于送风机关闭。

8　消　　防

8.0.1　医学 BSL-2 实验室耐火等级应与所在建筑相同且不宜低于二级。

8.0.2　医学 BSL-2 实验室的所有疏散出口都应有消防疏散指示标志和消防应急照明措施。

8.0.3　医学 BSL-2 实验室应设置火灾自动报警装置和合适的灭火器材。

9　施　　工

9.1　普通型医学 BSL-2 实验室

9.1.1　普通型医学 BSL-2 实验室的施工应符合下列规定：

1　以生物安全防护为核心，编制施工方案。

2　各道施工程序均应进行记录，验收合格后方可进行下道工序施工。

3　施工安装完成后，应进行单机试运转和系统的联合试运转及调试，做好调试记录，并应编写调试报告。

9.1.2　普通型医学 BSL-2 实验室的建筑装修应符合下列规定：

1　医学 BSL-2 实验室中各种台、架、设备应采取防倾倒措施，相互之间应保持安全距离。当靠地靠墙放置时，应用密封胶将靠地靠墙的边缘密封。

2　移动式实验室固定设备、台柜、壁柜应坚固并与舱体可靠连接，连接处应圆滑，便于清洁。

9.1.3　普通型医学 BSL-2 实验室的空调、通风和净化系统应符合下列规定：

1　空调机组安装时应调平，并做减振处理。各检查门应平整，密封条应严密。表冷段的冷凝水排水管应设置水封和阀门。

2　送、排风管道的材料应符合设计要求，加工前应进行清洁处理，去掉表面油污和灰尘。

3　风管加工完毕后，应擦拭干净，并应采用薄膜把两端密封住，安装前不得去掉或损坏。

4　技术夹层里的任何管道和设备穿过防护区时，贯穿部位应可靠密封。灯具箱与吊顶之间的孔洞应密封不漏。

5　送、排风管道咬口连接的咬口缝均应用胶密封。

6　各类调节装置应严密，调节灵活，操作方便。

9.1.4　普通型医学 BSL-2 实验室的实验室设备安装应符合下列规定：

1　生物安全柜背面、侧面与墙的距离不宜小于 300mm，顶部与吊顶的距离不应小于 300mm。

2　传递窗、双扉压力蒸汽灭菌器等设施与实验室围护结构连接时，应保证箱体的严密性。

3　传递窗、双扉压力蒸汽灭菌器等设备与轻体墙连接时，应在连接部位采取加固措施。

4　具有消毒功能的传递窗和药液传递箱的内表面不宜使用有机材料。

5　医学 BSL-2 实验室内配备的试验台面应光滑、不透水、耐腐蚀、耐热和易于清洗。

6　医学 BSL-2 实验室的试验台、架、设备的边角应以圆弧过渡，不应有突出的尖角、锐边、沟槽。

9.2　加强型医学 BSL-2 实验室

9.2.1　加强型医学 BSL-2 实验室除应符合本节规定外，适用时尚应符合本标准第 9.1 节的有关规定。

9.2.2　加强型 BSL-2 实验室的排风高效过滤器应符合现行国家标准《高效空气过滤器》GB/T 13554 的有关规定。直到现场安装时方可打开包装。排风高效过滤器的室内侧应有保护高效过滤器的措施。

10　检测和验收

10.1　普通型医学 BSL-2 实验室

10.1.1　工程验收的内容应包括建设与设计文件、施工文件和必要的检测报告等。

10.1.2　普通型医学 BSL-2 实验室防护区宜采用目测方法对围护结构接缝、设施设备及管道穿越围护结构处、电气面板开关等的密封情况进行检查，应无可见泄漏。

10.1.3　工程验收应由具有资质的质检部门进行并出具工程验收报告，并应根据下列规定做出验收结论：

1　对于符合本标准要求的，判定为合格。

2　对于存在问题，但经过整改后能符合本标准要求的，判定为限期整改。

3　对于不符合本标准要求，又不具备整改条件的，判定为不合格。

10.2　加强型医学 BSL-2 实验室

10.2.1　加强型医学 BSL-2 实验室除应符合本节规定外，适用时尚应符合本标准第 10.1 节的有关规定。

10.2.2　加强型医学 BSL-2 实验室建设完成后应对室内环境控制参数进行检测，检测合格后方可投入使用。检测方法和要求宜按现行国家标准《洁净室施工及验收规范》GB 50591 的有关规定执行。

10.2.3　装备有生物安全柜、排风柜等对房间送、排风量平衡以及压力梯度有影响设备的加强型医学 BSL-2 实验室，应先进行生物安全柜等设备的现场检测，确认性能符合要求后方可进行性能检测。

10.2.4 加强型医学BSL-2实验室宜采用发烟法对围护结构接缝、设施设备及管道穿越围护结构处、电气面板开关等的密封严密性进行检查，所有缝隙应无可见泄漏。

10.2.5 当加强型医学BSL-2实验室有多个运行工况时，除应分别对每个工况进行工程检测，并验证工况转换时系统的安全性，尚应包括系统启停、备用机组切换、备用电源切换以及电气、自控和故障报警系统的可靠性验证。

中国工程建设标准化协会标准

医学生物安全二级实验室建筑技术标准

T/CECS 662-2020

条文说明

1 总 则

1.0.1 医学领域生物安全二级实验室的标准化建设为严重急性呼吸综合征(SARS)、人感染禽流感、中东呼吸综合征(MERS)、新型冠状病毒肺炎(COVID-19)等疫情防治工作具有重要意义。因此，如何参照国内外相关标准，结合先进经验和理论成果，指导我国医学领域生物安全二级实验室建设，做到安全、标准、经济、实用，是制定本标准的根本目的。

1.0.2 本标准所规定的医学生物安全二级实验室主要包括医学检验检疫实验室、病理实验室、血液实验室、生物治疗实验室、医学研究实验室等，不包括动物实验室。

1.0.3 实验室工程建筑条件较复杂、综合性强、涉及面广。由于国家有关部门对工程施工和验收制定了很多国家和行业标准，本标准难以包括全部规定。因此在进行实验室建设时，要将本标准和其他有关现行国家和行业标准配合使用。例如：国家现行标准《洁净室施工及验收规范》GB 50591、《大气污染物综合排放标准》GB 16297、《建筑工程施工质量验收统一标准》GB 50300、《建筑装饰装修工程质量验收标准》GB 50210、《洁净厂房设计规范》GB 50073、《公共建筑节能设计标准》GB 50189、《建筑节能工程施工质量验收标准》GB 50411、《医院洁净手术部建筑技术规范》GB 50333、《医院消毒卫生标准》GB 15982、《建筑结构可靠性设计统一标准》GB 50068、《建筑抗震设防分类标准》GB 50223、《建筑地基基础设计规范》GB 50007、《建筑给水排水设计标准》GB 50015、《建筑给水排水及采暖工程施工质量验收规范》GB 50242、《污水综合排放标准》GB 8978、《医院消毒卫生标准》GB 15982、《医疗机构水污染物排放要求》GB 18466、《压缩空气站设计规范》GB 50029、《通风与空调工程施工质量验收规范》GB 50243、《工业建筑供暖通风与空气调节设计规范》GB 50019、《民用建筑工程室内环境污染控制规范》GB 50325、《建筑电气工程施工质量验收规范》GB 50303、《供配电系统设计规范》GB 50052、《低压配电设计规范》GB 50054、《建筑照明设计标准》GB 50034、《智能建筑工程质量验收规范》GB 50339、《建筑内部装修设计防火规范》GB 50222、《建筑设计防火规范》GB 50016、《火灾自动报警系统设计规范》GB 50116、《建筑灭火器配置设计规范》GB 50140、《实验室 生物安全通用要求》GB 19489、《高效空气过滤器性能实验方法 效率和阻力》GB/T 6165、《高效空气过滤器》GB/T 13554、《空气过滤器》GB/T 14295、《民用建筑电气设计规范》JGJ 16、《医院中心吸引系统通用技术条件》YY/T 0186、《病原微生物实验室生物安全通用准则》WS 233、《医院医用气体系统运行管理》WS 435等。

2 术　　语

2.0.3 加强型医学 BSL-2 实验室核心工作间的送风口和排风口的布置应符合定向气流的原则，应有明确负压或压力梯度要求，核心工作间气压相对于相邻区域应为负压，压差宜不低于 10Pa，加强型生物安全二级实验室也称为 P2＋实验室。

2.0.7 防护区包括标本处理间、标本储存间、主实验室、主实验室的缓冲间等；辅助工作区包括自控室、洗消间、更衣间等。

2.0.8 本标准中的核心工作间等同于国家标准《实验室　生物安全通用要求》GB 19489—2008 所规定的核心工作间。

2.0.10 工效学也称人因工程学或人机工程学，用以研究人、机械、环境相互间合理关系，保证人员安全、健康、舒适地工作，并取得满意的工作效果的机械工程分支学科。

3 技术指标

3.0.2 本条对医学 BSL-2 实验室主要技术要求和指标做出了规定。

缓冲间功能是隔绝污染区域与清洁区域的直接空气交换，因此技术保障措施一是需要有通风条件，二是希望人员能至少驻留一段时间，目的是稀释因房门开启和人员走动带来的空气。

房间温度范围指夏季不应超过温度上限，冬季不应超过温度下限。然而据实践表明，实验室操作人员身着多层防护服、佩戴口罩护目镜时，即使室内温度低于 18℃，体感仍较舒适，因此建议设计施工时应根据操作人员着装情况调整，留有裕量，根据需要调整实验室温度。

表中相对湿度，因部分普通型医学 BSL-2 实验室为自然通风，因此不作硬性要求。加强型 BLS-2 实验室相对湿度建议在 30%～70%之间。

加强型实验室与相邻房间压差设计取值，考虑自控系统压力波动特性，避免因压力梯度波动而出现压力逆转，设计或调试时应考虑余量。

高效过滤送风，为保护实验室与生物安全柜高效排风过滤器，提高使用寿命、减少因频繁更换带来的生物安全风险，宜在加强型实验室设置高效送风装置。在有负压控制要求的房间入口的显著位置，安装压力显示装置（如数字式压差计等），目的是使人员在进入房间前确认房间之间的压差情况。

4 建筑、装修和结构

4.1 普通型医学 BSL-2 实验室

4.1.1 实验室防护区包括污染风险最高的核心工作区、缓冲区等。辅助工作区指生物安全实验室中防护区以外的区域，按照实验室功能划分，实验室包括实验和办公设施，样品、材料、试剂耗材等储存设施，员工设施以及样品采集设施等区域。

5 入口处设置更衣室或更衣柜是为了便于将个人服装和实验室工作服分开。

8 昆虫、鼠等动物身上极易沾染和携带致病因子，应采取防护措施，如窗户应设置纱窗，新风口、排风口处应设置保护网，门口处也应采取措施。实验室门上应有可视窗，不必进入室内便可方便地对实验进行观察。由于生物安全实验室非常封闭，风险大、安全性要求高，设置可视窗可便于外界随时了解室内各种情况，同时也有助于提高实验操作人员的心里安全感。

10 实验室的操作对象都不同程度地对人员和环境有危害性，因此根据国际相关标准，实验室入口处必须明确标示出国际通用生物危险符号。生物危险符号可参照图 1 绘制。在生物危险符号的下方应同时标明实验室级别、名称、操作的病原体、实验室负责人及联系电话，可参照图 2。

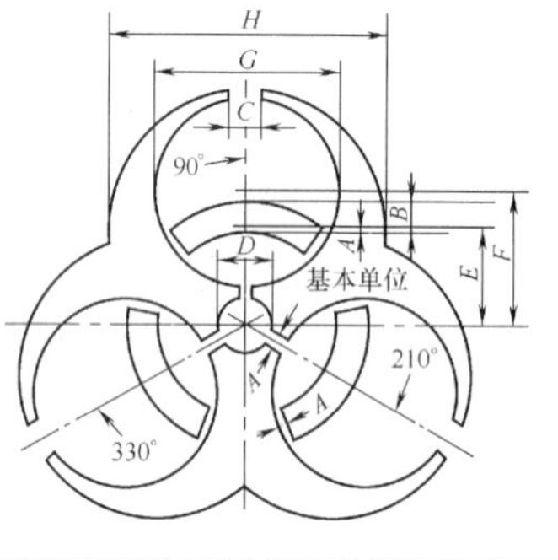

图中尺寸	A	B	C	D	E	F	G	H
以 A 为基准的长度	1	$3\frac{1}{2}$	4	6	11	15	21	30

图 1　生物危险符号的绘制方法

生物危险
非工作人员严禁入内

实验室名称			
操作致病性生物因子名称		实验室负责人	
生物危害等级		紧急联络方式	

图 2　生物危险符号及实验室相关信息

4.1.2 本条对普通型医学 BSL-2 实验室的装修进行了规定。

1 实验室墙面、顶棚常用的材料有彩钢板、钢板、铝板、各种非金属板等。为保证实验室地面防滑、无缝隙、耐压、易清洁，常用的材料有：橡胶卷材、环氧自流坪、水磨石现浇等。地面应采用无缝的防滑耐腐蚀材料，保证人员不被滑倒。踢脚宜与墙面齐平或略缩进，围护结构的相交位置采取圆弧处理，减少卫生死角，便于清洁和消毒处理。

5 固定方法包括安全带、挂钩、锁扣等。

4.1.3 本条对普通型医学 BSL-2 实验室的结构进行了规定。

2 根据现行国家标准《建筑抗震设防分类标准》GB 50223 的有关规定，研究、中试生产和存放剧毒生物制品和天然人工细菌与病毒的建筑，其抗震设防类别应按特殊设防类。

4.2 加强型医学 BSL-2 实验室

4.2.4 当送风系统出现故障时，如无避免实验室负压值过大的措施，实验室的负压值将显著增大，甚至会使围护结构开裂，破坏围护结构的完整性，因此需保证实验室围护结构承受异常时的负压程度。

5 空调、通风和净化

5.1 普通型医学 BSL-2 实验室

5.1.1 本条对普通型医学 BSL-2 实验室的空调、通风和净化系统进行了规定。

1 空调净化系统的划分要考虑多方面的因素，如实验对象的危害程度、自动控制系统的可靠性、系统的节能运行、防止各个房间交叉污染、实验室密闭消毒等问题。

2 实验室适用机械通风时要求运行可靠，空调净化系统在启动备用风机的过程中，应可保持实验室的压力梯度有序，不影响定向气流。

5.1.4 本条对普通型医学 BSL-2 实验室内气流组织进行了规定。

1 实验室内的“污染”空间，主要在生物安全柜、动物隔离设备等操作位置，而“清洁”空间主要在靠门一侧，一般把房间的排风口布置在生物安全柜及其他排风设备同一侧。

2 理论及实验研究结果均表明上送下排气流组织对污染物的控制远优于上送上排气流组织形式，因此在进行实验室防护区气流组织设计时仍应优先采用上送下排方式，当不具备条件时可采用上送上排。在进行通风空调系统设计时，对送风口和排风口的位置要精心布置，使室内气流合理，有利于室内可能被污染空气的排出。

5.1.5 本条对普通型 BSL-2 实验室通风空调系统的部件与材料进行了规定。

1 不允许用木框过滤器原因为防止腐朽与霉菌滋生。

2 排风管道是负压管道，有可能被致病因子污染，需要定期进行消毒处理，室内也要常消毒排风，因此需要具有耐腐蚀、耐老化、不吸水特性，对强度也应有一定要求。

5.1.6 本条对实验室空调设备的选用进行了规定。

1 淋水式空气处理因其有繁殖微生物的条件，不能用在生物洁净室系统，实验室更是如此。由于盘管表面有水滴，风速太大易使气流带水。

2 为了随时监测过滤器阻力，应设压差计。

3 从湿度控制和不给微生物创造孳生的条件方面考虑，如果有条件，推荐使用干蒸汽加湿装置加湿，如干蒸汽加湿器、电极式加湿器、电热式加湿器等。

4 为防止过滤器受潮滋生细菌、保证加湿效果，加湿设备应和过滤段保持足够距离。

7 由于清洗、再生会影响过滤器的阻力和过滤效率，所以对于实验室的空调通风系统送风用过滤器用完后不应清洗、再生和再用，而应按有关规定直接处理。对于北方地区，春天飞絮很多，考虑到实际的使用，对于新风口处设置的新风过滤网采用可清洗材料时除外。

6 给水排水和气体供应

6.1 普通型医学 BSL-2 实验室

6.1.1 本条对普通型医学 BSL-2 实验室的给水排水和气体供应系统进行了规定。

1 实验人员在离开实验室前应洗手，从合理布局的角度考虑，宜将洗手设施设置在实验室的出口处。如有条件尽可能采用流动水洗手，洗手装置应采用非手动开关，如感应式、肘开式或脚踏式，这样可使实验人员不和水嘴直接接触。

2 本条是考虑到实验室中有酸、苛性碱、腐蚀性、刺激性等危险化学品溅到眼中的可能性，如发生意外能就近、及时进行紧急救治，故在以上区域的实验室内应设紧急洗眼装置。

4 为了便于维护管理、检修，干管应敷设在上下技术夹层内，同时最大限度地减少防护区内管道。若实验室台柜较多，水平管道可敷设在实验台柜内，立管可暗装布置在墙板、管槽、壁柜或管道井内。暗装敷设管道可使实验室使用方便、清洁美观。

5 管道泄漏是实验室最可能发生的风险之一，需特别重视。管道材料可分为金属和非金属两类。常用的非金属管道包括无规共聚聚丙烯(PP-R)、耐冲击共聚聚丙烯(PP-B)、氯化聚氯乙烯树脂(CPVC)等，非金属管道一般可以耐消毒剂的腐蚀，但其耐热性不如金属管道。常用的金属管道包括 304 不锈钢管，316L 不锈钢管道等，304 不锈钢管不耐氯和腐蚀性消毒剂，316L 不锈钢的耐腐蚀能力较强。

6.1.2 本条对普通型医学 BSL-2 实验室的给水系统室内给水管的材质进行了规定：管道泄漏是实验室最可能出现的问题之一，应特别重视。管道材料可分为金属和非金属两类，设计时需要特别注意管材的壁厚、承压能力、工作温度、膨胀系数、耐腐蚀性等参数。从生物安全的角度考虑，对管道连接有更高的要求，除了要求连接方便，还应该要求连接的严密性和耐久性。

6.1.3 本条对普通型医学 BSL-2 实验室的排水系统进行了规定。

2 为防止排水系统和空调通风系统互相影响，排风系统的负压会破坏排水系统的水封，排水系统的气体也有可能污染排风系统。通气管应配备与排风高效过滤器相当的高效过滤器，且耐水性能好。高效过滤器可实现原位消毒，其设置位置应便于操作及检修，宜与管道垂直对接，便于冷凝液回流。

6.1.4 本条对普通型医学 BSL-2 实验室的气体供应系统进行了规定。

1 气瓶设置于辅助工作区便于维护管理，避免了放在防护区时搬出要消毒的麻烦。

6.2 加强型医学 BSL-2 实验室

6.2.3 本条是为了防止实验室在给水供应时可能对其他区域造成回流污染。防回流装置是在给水、热水、纯水供水系统中能自动防止因背压回流或虹吸回流而产生的不期望的水流倒流的装置。防回流污染产生的技术措施一般可采用空气隔断、倒流防止器、真空破坏器等措施和装置。

7 电　　气

7.1 普通型医学 BSL-2 实验室

7.1.1 本条对普通型医学 BSL-2 实验室电气进行了规定。

1 实验室保证用电的可靠性对防止致病因子的扩散具有至关重要的作用。本标准涉及实验室供电的情况较多，应根据实际情况确定用电负荷，本条未做太严格的要求。

3 配电箱是电力供应系统的关键节点，对保障电力供应的安全至关重要。实验室的配电箱应专用，应设置在实验室防护区外，其放置位置应考虑人员误操作的风险、恶意破坏的风险及受潮湿、水灾侵害等的风险，可参照国家标准《供配电系统设计规范》GB 50052—2009 的相关要求。

4 实验室内固定电源插座数量应多于使用设备，避免多台设备共用 1 个电源插座。

7.1.3 本条对普通型医学 BSL-2 实验室自动控制进行了规定。

1 本款要求是对使用电加热的双重保护，当送风机无风时或温度超出设定值时均应立即切断电加热电源，保证设备安全性。

2 未运行时要求密闭阀处于关闭状态时为了维持防护屏障的完整，防止室内空气可能的外泄、保持房间的洁净以及方便房间的消毒作业。

3 温湿度信号应与空调控制系统连锁，环境温湿度达不到设备温湿度要求时自动转入相应处理程序，保护实验设备。

7.1.4 本条对普通型医学 BSL-2 实验室安全防范进行了规定。

1 实验室活动的数据及影像资料是实验室的重要档案资料，实验室应及时转存、分析和整理录制的实验室活动的数据及影像资料，并归档报存。实验室关键部位一般包括核心工作间、样本存放间、实验室出入口，以及加强型 BSL-2 实验室压力蒸汽灭菌器操作位置等，监视设备的性能和数据存储容量应满足要求。实验档案保存时间可按我国《病原微生物实验室生物安全管理条例》规定的不得少于 20 年保存期。

7.1.5 本条对普通型医学 BSL-2 实验室通信与信息化进行了规定。

1 实验室应逐步推进信息化、智能化、检测自动化等，尽量避免人员进出及资料传递带来的潜在生物安全风险。

2 在实验室内从事的实验是一项复杂、精细、高风险和高压力的活动，需要工作人员高度集中精神，通常处于紧张状态。为尽量减少外部因素对实验室内工作人员的影响，监控室内的通话器宜为开关式。在实验间内宜采用免接触式通话器，使实验操作人员随时可方便地与监控室人员通话。

7.2 加强型医学 BSL-2 实验室

7.2.2 自动控制系统最根本的任务就是需要任何时刻均能自动调节以保证实验室关键参数的正确性，实验室进行的实验都有危险，因此无论控制系统采用何种设备，何种控制方式，前提是要保证实验环境不会威胁到实验人员，不会将病原微生物泄漏到外部环境中。

7.2.3 实验室出现正压和气流反向是严重的故障，将可能导致实验室内有害气溶胶的外溢，危害人员健康及环境。应合理安排送排风机启动和关闭时的顺序和时差，同时考虑生物安全柜等安全隔离装置及密闭阀的启、关顺序，有效避免实验室和安全隔离装置内出现正压和倒流的情况发生。为避免人员误操作，应建立自动连锁控制机制，尽量避免完全采取手动方式操作。

8 消　　防

8.0.1 实验室内的设备、仪器一般比较贵重，但实验室不仅仅是考虑仪器的问题，更重要的是保护实验人员免受感染和防止致病因子的外泄。本条根据实验室致病因子的危害程度，同时考虑实验设备的贵重程度，做出规定。

8.0.3 本条中所称的合适的灭火器材，是指对实验室不会造成大的损坏，不会导致致病因子扩散的灭火器材，如气体灭火装置等。

9 施　　工

9.1 普通型医学 BSL-2 实验室

9.1.1 本条对普通型医学 BSL-2 实验室的施工进行了规定。

1 实验室施工应根据不同的专业编制详细的施工方案，特别注意生物安全的特殊要求，如高压灭菌锅、排风高效过滤器等涉及生物安全的施工方案。

2 各道施工程序均进行记录并验收合格后再进行下道工序施工，可有效地保证整体工程的质量。如出现问题，也便于查找原因。

3 实验室高压灭菌锅、排风高效过滤器等设备的特殊性决定了各种设备单机试运转和系统的联合试运转及调试的重要性。

9.1.2 本条对普通型医学 BSL-2 实验室的建筑装修进行了规定。

1 靠地靠墙放置时，用密封胶将靠地靠墙的边缝密封可有效防止边缝处不能清洁消毒。

2 应以严密、易于清洁为主要目的。采用水磨石现浇地面时，应按国家标准《洁净室施工及验收规范》GB 50591—2010 中的施工规定执行。

9.1.3 本条对普通型医学 BSL-2 实验室的空调、通风和净化进行了规定。

1 基础对地面的高度最低要不低于 200mm，以保证冷凝水管所需要的存水弯高度，防止空调机组内空气泄漏；正压段的门宜向内开，负压段的门宜向外开，压差越大，严密性越好。表冷段的冷凝水排水管上设置水封和阀门，夏季用水封密封，冬季阀门关闭，保证空调机组内空气不泄漏。

4 管道穿过顶棚和灯具箱与吊顶之间的缝隙是容易产生泄漏的地方，对负压房间，泄漏是对保持负压的重大威胁，在此加以强调。

9.1.4 本条对普通型医学 BSL-2 实验室的实验室设备安装进行了规定。

1 生物安全柜背面、侧面与墙体表面之间应有一定的检修距离，顶部与吊顶之间也应有检测和检修空间，这样也有利于卫生清洁工作。

2 传递窗、双扉压力蒸汽灭菌器等设施应按照厂家提供的安装方法操作。不宜在设备箱体上钻孔等破坏箱体结构的操作，当必须进行钻孔等操作时，对操作的部位应采取可靠的措施进行密封。

3 传递窗、双扉压力蒸汽灭菌器等设备与轻体墙连接时，在轻体墙上开洞较大，一般可采用加方钢或加铝型材等措施。

4 具有熏蒸消毒功能的传递窗和药液传递箱的内表面，经常要接触消毒剂，这些消毒剂会加快有机密封材料的老化，因此传递窗的内表面宜尽量避免使用有机材料。

10 检测和验收

10.1 普通型医学 BSL-2 实验室

10.1.1 工程验收涉及的内容广泛，应包括各个专业，综合性能的检测仅是其中的一部分内容，此外还包括工程前期、施工过程中的相关文件和过程的审核验收。

10.2 加强型医学 BSL-2 实验室

10.2.2 实验室在投入使用之前，应进行综合性能全面检测和评定，并由建设方组织委托，施工方配合。检测前，施工方应提供合格的竣工调试报告。

10.2.3 生物安全柜、排风柜等设备是保证生物安全的一级屏障，其安全作用高于实验室建筑的二级屏障，应首先检测，严格对待。另外其运行状态也会影响实验室通风系统，因此应首先确认其运行状态符合要求后，再进行实验室系统的检测。

10.2.5 实验室为节能可采用分区运行、值班风机、生物安全柜分时运行等方式，除在各个运行方式下应保证系统运行符合要求外，还应最大限度地保证各工况切换过程中防护区房间不出现正压，房间气流流向无逆转。

装配式建筑标准

中华人民共和国国家标准

装配式混凝土建筑技术标准

Technical standard for assembled buildings
with concrete structure

GB/T 51231－2016

主编部门：中华人民共和国住房和城乡建设部
批准部门：中华人民共和国住房和城乡建设部
施行日期：2 0 1 7 年 6 月 1 日

中华人民共和国住房和城乡建设部
公　　告

第1419号

住房城乡建设部关于发布国家标准《装配式混凝土建筑技术标准》的公告

现批准《装配式混凝土建筑技术标准》为国家标准，编号为GB/T 51231－2016，自2017年6月1日起实施。

本标准由我部标准定额研究所组织中国建筑工业出版社出版发行。

中华人民共和国住房和城乡建设部
2017年1月10日

前　　言

根据《住房城乡建设部办公厅关于开展装配式混凝土结构建筑技术规范等3项标准规范编制工作的函》（建办标函〔2016〕909号）要求，标准编制组经广泛调查研究，认真总结实践经验，参考有关国际标准和国外先进标准，并在广泛征求意见的基础上，编制了本标准。

本标准的主要技术内容是：1. 总则；2. 术语和符号；3. 基本规定；4. 建筑集成设计；5. 结构系统设计；6. 外围护系统设计；7. 设备与管线系统设计；8. 内装系统设计；9. 生产运输；10. 施工安装；11. 质量验收。

本标准由住房和城乡建设部负责管理，由中国建筑标准设计研究院有限公司负责具体技术内容的解释。执行过程中如有意见或建议，请寄送：中国建筑标准设计研究院有限公司（地址：北京市海淀区首体南路9号主语国际2号楼，邮政编码：100048，邮箱：pccode2016@163.com）。

本标准主编单位：中国建筑标准设计研究院有限公司

本标准参编单位：中国建筑科学研究院
住房和城乡建设部标准定额研究所
中建科技集团有限公司
同济大学
北京预制建筑工程研究院有限公司
东南大学
北京市建筑设计研究院有限公司
中国建筑设计院有限公司
北京市燕通建筑构件有限公司
重庆市设计院
中国中建设计集团有限公司
华东建筑设计研究院有限公司
安徽海龙建筑工业有限公司
福建省建筑设计研究院
清华大学
湖南大学
广东省建筑科学研究院集团股份有限公司
华阳国际设计集团
北京市建筑工程研究院有限责任公司
四川省建筑科学研究院
安徽省建筑设计研究院有限责任公司
武汉理工大学
西安建筑科技大学
沈阳建筑大学
安徽建筑大学
中建一局集团建设发展有限公司
中国建筑第八工程局有限公司
宝业集团股份有限公司
中国建筑股份有限公司
上海建工集团股份有限公司
中国建筑西北设计研究院有限公司
南京长江都市建筑设计股份有限公司
上海市建筑科学研究院（集团）有限公司
上海市建筑建材业市场管理总站
山东省建筑科学研究院
江苏中南建筑产业集团有限责任公司
北京和能人居科技有限公司
湖南省建筑设计院
万科企业股份有限公司
中建三局集团有限公司
吉林建筑大学
河北建筑设计研究院有限责任公司
北京市住房和城乡建设科技促进中心
中国二十二冶集团有限公司
重庆市建设工程质量监督总站
河南省建筑工程质量监督总站
山西八建集团有限公司
陕西建工集团总公司
浙江工业大学工程设计集团有限公司
浙江兆弟控股有限公司
中国建筑第七工程局有限公司
河北工程建设监理有限公司
长沙远大住宅工业集团股份有限公司
北京榆构有限公司
北京市保障性住房建设投资中心
云南省建设投资控股集团有限公司

本标准主要起草人员：刘东卫　郁银泉
（以下按姓氏笔画排序）
卜凡杰　马　洪　马　涛　马荣全
王　岩　王　蕴　王　赞　王开飞
王宏业　王晓锋　邓　烜　邓小华
卢　旦　叶浩文　田　炜　田春雨
白树杨　冯　健　冯海悦　师前进
朱　茜　朱兆晴　伍止超　伍孝波
任　彧　任　禄　刘　昊　刘　晗
刘　霄　刘西宝　刘治国　刘建飞
刘树茂　刘晓星　刘海成　江　嵩
许清风　孙海龙　杜志杰　李　宁
李　浩　李凤武　李文峰　李立晓
李战赠　李晓明　李晓峰　李晨光
杨　勇　杨思忠　肖　明　吴　江
吴　洁　何晓微　谷　军　谷　倩
沈小璞　张　剑　张　瑶　张　瀑
张宗军　张建斌　张贵祥　陈长林
苗启松　易伟建　周　冲　周兆弟
周祥茵　单玉川　孟凡林　赵　勇
赵　钿　赵中宇　赵晓龙　郝　伟
胡　翔　姚　涛　贾　璐　钱承浩
钱稼茹　徐其功　高志强　郭　宁
郭正兴　郭海山　黄小坤　黄凌洁
崔士起　崔晓强　康　敏　梁　琳
彭玉斌　蒋航军　蒋勤俭　焦安亮
鲁兆红　曾繁娜　楼跃清　樊　骅
樊则森　薛伟辰　魏素巍

本标准主要审查人员：赵冠谦　薛　峰　娄　宇　杨健康
周静敏　朱显泽　王冠军　孙成群
徐玲献　王智超　徐有邻　吕西林
金伟良　傅剑平　周建龙　左　江
郑文忠　韩林海　陈　红　华建民
葛兴杰　周文连　杨仕超　李爱群
卢　求　费毕刚

目　次

15

1 总　　则

1.0.1 为规范我国装配式混凝土建筑的建设，按照适用、经济、安全、绿色、美观的要求，全面提高装配式混凝土建筑的环境效益、社会效益和经济效益，制定本标准。

1.0.2 本标准适用于抗震设防烈度为8度及8度以下地区装配式混凝土建筑的设计、生产运输、施工安装和质量验收。

1.0.3 装配式混凝土建筑应遵循建筑全寿命期的可持续性原则，并应标准化设计、工厂化生产、装配化施工、一体化装修、信息化管理和智能化应用。

1.0.4 装配式混凝土建筑应将结构系统、外围护系统、设备与管线系统、内装系统集成，实现建筑功能完整、性能优良。

1.0.5 装配式混凝土建筑的设计、生产运输、施工安装、质量验收除应执行本标准外，尚应符合国家现行有关标准的规定。

2 术语和符号

2.1 术　　语

2.1.1 装配式建筑　assembled building

结构系统、外围护系统、设备与管线系统、内装系统的主要部分采用预制部品部件集成的建筑。

2.1.2 装配式混凝土建筑　assembled building with concrete structure

建筑的结构系统由混凝土部件（预制构件）构成的装配式建筑。

2.1.3 建筑系统集成　integration of building systems

以装配化建造方式为基础，统筹策划、设计、生产和施工等，实现建筑结构系统、外围护系统、设备与管线系统、内装系统一体化的过程。

2.1.4 集成设计　integrated design

建筑结构系统、外围护系统、设备与管线系统、内装系统一体化的设计。

2.1.5 协同设计　collaborative design

装配式建筑设计中通过建筑、结构、设备、装修等专业相互配合，并运用信息化技术手段满足建筑设计、生产运输、施工安装等要求的一体化设计。

2.1.6 结构系统　structure system

由结构构件通过可靠的连接方式装配而成，以承受或传递荷载作用的整体。

2.1.7 外围护系统　envelope system

由建筑外墙、屋面、外门窗及其他部品部件等组合而成，用于分隔建筑室内外环境的部品部件的整体。

2.1.8 设备与管线系统　facility and pipeline system

由给水排水、供暖通风空调、电气和智能化、燃气等设备与管线组合而成，满足建筑使用功能的整体。

2.1.9 内装系统　interior decoration system

由楼地面、墙面、轻质隔墙、吊顶、内门窗、厨房和卫生间等组合而成，满足建筑空间使用要求的整体。

2.1.10 部件　component

在工厂或现场预先生产制作完成，构成建筑结构系统的结构构件及其他构件的统称。

2.1.11 部品　part

由工厂生产，构成外围护系统、设备与管线系统、内装系统的建筑单一产品或复合产品组装而成的功能单元的统称。

2.1.12 全装修　decorated

所有功能空间的固定面装修和设备设施全部安装完成，达到建筑使用功能和建筑性能的状态。

2.1.13 装配式装修　assembled decoration

采用干式工法，将工厂生产的内装部品在现场进行组合安装的装修方式。

2.1.14 干式工法　non-wet construction

采用干作业施工的建造方法。

2.1.15 模块　module

建筑中相对独立，具有特定功能，能够通用互换的单元。

2.1.16 标准化接口　standardized interface

具有统一的尺寸规格与参数，并满足公差配合及模数协调的接口。

2.1.17 集成式厨房　integrated kitchen

由工厂生产的楼地面、吊顶、墙面、橱柜和厨房设备及管线等集成并主要采用干式工法装配而成的厨房。

2.1.18 集成式卫生间　integrated bathroom

由工厂生产的楼地面、墙面（板）、吊顶和洁具设备及管线等集成并主要采用干式工法装配而成的卫生间。

2.1.19 整体收纳　system cabinet

由工厂生产、现场装配、满足储藏需求的模块化部品。

2.1.20 装配式隔墙、吊顶和楼地面　assembled partition wall, ceiling and floor

由工厂生产的，具有隔声、防火、防潮等性能，且满足空间功能和美学要求的部品集成，并主要采用干式工法装配而成的隔墙、吊顶和楼地面。

2.1.21 管线分离　pipe & wire detached from structure system

将设备与管线设置在结构系统之外的方式。

2.1.22 同层排水　same-floor drainage

在建筑排水系统中，器具排水管及排水支管不穿越本层结构楼板到下层空间、与卫生器具同层敷设并接入排水立管的排水方式。

2.1.23 预制混凝土构件　precast concrete component

在工厂或现场预先生产制作的混凝土构件，简称预制构件。

2.1.24 装配式混凝土结构　precast concrete structure

由预制混凝土构件通过可靠的连接方式装配而成的混凝土结构。

2.1.25 装配整体式混凝土结构　monolithic precast concrete structure

由预制混凝土构件通过可靠的连接方式进行连接并与现场后浇混凝土、水泥基灌浆料形成整体的装配式混凝土结构，简称装配整体式结构。

2.1.26 多层装配式墙板结构　multi-story precast concrete wall panel structure

全部或部分墙体采用预制墙板构建成的多层装配式混凝土结构。

2.1.27 混凝土叠合受弯构件　concrete composite flexural component

预制混凝土梁、板顶部在现场后浇混凝土而形成的整体受弯构件，简称叠合梁、叠合板。

2.1.28 预制外挂墙板 precast concrete facade panel

安装在主体结构上，起围护、装饰作用的非承重预制混凝土外墙板，简称外挂墙板。

2.1.29 钢筋套筒灌浆连接 grout sleeve splicing of rebars

在金属套筒中插入单根带肋钢筋并注入灌浆料拌合物，通过拌合物硬化形成整体并实现传力的钢筋对接连接方式。

2.1.30 钢筋浆锚搭接连接 rebar lapping in grout-filled hole

在预制混凝土构件中预留孔道，在孔道中插入需搭接的钢筋，并灌注水泥基灌浆料而实现的钢筋搭接连接方式。

2.1.31 水平锚环灌浆连接 connection between precast panel by post-cast area and horizontal anchor loop

同一楼层预制墙板拼接处设置后浇段，预制墙板侧边甩出钢筋锚环并在后浇段内相互交叠而实现的预制墙板竖缝连接方式。

2.2 符 号

2.2.1 材料性能

f_c ——混凝土轴心抗压强度设计值；

f_t ——混凝土轴心抗拉强度设计值；

f_y、f'_y ——普通钢筋抗拉、抗压强度设计值；

f_{yv} ——横向钢筋抗拉强度设计值。

2.2.2 作用和作用效应

N ——轴向力设计值；

V ——剪力设计值；

V_{jd} ——持久设计状况和短暂设计状况下接缝剪力设计值；

V_{jdE} ——地震设计状况下接缝剪力设计值；

V_{mua} ——被连接构件端部按实配钢筋面积计算的斜截面受剪承载力设计值；

V_u ——持久设计状况下接缝受剪承载力设计值；

V_{uE} ——地震设计状况下接缝受剪承载力设计值；

q_{Ek} ——垂直于外挂墙板平面的分布水平地震作用标准值；

G_k ——外挂墙板的重力荷载标准值。

2.2.3 计算系数及其他

α_{max} ——水平地震影响系数最大值；

γ_{RE} ——承载力抗震调整系数；

γ_0 ——结构重要性系数；

η_j ——接缝受剪承载力增大系数；

ψ_w ——风荷载组合系数；

β_E ——动力放大系数；

Δu_e ——弹性层间位移；

$[\theta_e]$ ——弹性层间位移角限值；

Δu_p ——弹塑性层间位移；

$[\theta_p]$ ——弹塑性层间位移角限值；

ϕ ——表示钢筋直径的符号，ϕ20 表示直径为 20mm 的钢筋。

3 基 本 规 定

3.0.1 装配式混凝土建筑应采用系统集成的方法统筹设计、生产运输、施工安装，实现全过程的协同。

3.0.2 装配式混凝土建筑设计应按照通用化、模数化、标准化的要求，以少规格、多组合的原则，实现建筑及部品部件的系列化和多样化。

3.0.3 部品部件的工厂化生产应建立完善的生产质量管理体系，设置产品标识，提高生产精度，保障产品质量。

3.0.4 装配式混凝土建筑应综合协调建筑、结构、设备和内装等专业，制定相互协同的施工组织方案，并应采用装配式施工，保证工程质量，提高劳动效率。

3.0.5 装配式混凝土建筑应实现全装修，内装系统应与结构系统、外围护系统、设备与管线系统一体化设计建造。

3.0.6 装配式混凝土建筑宜采用建筑信息模型（BIM）技术，实现全专业、全过程的信息化管理。

3.0.7 装配式混凝土建筑宜采用智能化技术，提升建筑使用的安全、便利、舒适和环保等性能。

3.0.8 装配式混凝土建筑应进行技术策划，对技术选型、技术经济可行性和可建造性进行评估，并应科学合理地确定建造目标与技术实施方案。

3.0.9 装配式混凝土建筑应满足适用性能、环境性能、经济性能、安全性能、耐久性能等要求，并应采用绿色建材和性能优良的部品部件。

4 建筑集成设计

4.1 一 般 规 定

4.1.1 装配式混凝土建筑应模数协调，采用模块组合的标准化设计，将结构系统、外围护系统、设备与管线系统和内装系统进行集成。

4.1.2 装配式混凝土建筑应按照集成设计原则，将建筑、结构、给水排水、暖通空调、电气、智能化和燃气等专业之间进行协同设计。

4.1.3 装配式混凝土建筑设计宜建立信息化协同平台，采用标准化的功能模块、部品部件等信息库，统一编码、统一规则，全专业共享数据信息，实现建设全过程的管理和控制。

4.1.4 装配式混凝土建筑应满足建筑全寿命期的使用维护要求，宜采用管线分离的方式。

4.1.5 装配式混凝土建筑应满足国家现行标准有关防火、防水、保温、隔热及隔声等要求。

4.2 模 数 协 调

4.2.1 装配式混凝土建筑设计应符合现行国家标准《建筑模数协调标准》GB/T 50002 的有关规定。

4.2.2 装配式混凝土建筑的开间与柱距、进深与跨度、门窗洞口宽度等宜采用水平扩大模数数列 2nM、3nM（n 为自然数）。

4.2.3 装配式混凝土建筑的层高和门窗洞口高度等宜采用竖向扩大模数数列 nM。

4.2.4 梁、柱、墙等部件的截面尺寸宜采用竖向扩大模数数列 nM。

4.2.5 构造节点和部件的接口尺寸宜采用分模数数列 nM/2、

$nM/5$、$nM/10$。

4.2.6 装配式混凝土建筑的开间、进深、层高、洞口等优先尺寸应根据建筑类型、使用功能、部品部件生产与装配要求等确定。

4.2.7 装配式混凝土建筑的定位宜采用中心定位法与界面定位法相结合的方法。对于部件的水平定位宜采用中心定位法，部件的竖向定位和部品的定位宜采用界面定位法。

4.2.8 部品部件尺寸及安装位置的公差协调应根据生产装配要求、主体结构层间变形、密封材料变形能力、材料干缩、温差变形、施工误差等确定。

4.3 标准化设计

4.3.1 装配式混凝土建筑应采用模块及模块组合的设计方法，遵循少规格、多组合的原则。

4.3.2 公共建筑应采用楼电梯、公共卫生间、公共管井、基本单元等模块进行组合设计。

4.3.3 住宅建筑应采用楼电梯、公共管井、集成式厨房、集成式卫生间等模块进行组合设计。

4.3.4 装配式混凝土建筑的部品部件应采用标准化接口。

4.3.5 装配式混凝土建筑平面设计应符合下列规定：

1 应采用大开间大进深、空间灵活可变的布置方式；

2 平面布置应规则，承重构件布置应上下对齐贯通，外墙洞口宜规整有序；

3 设备与管线宜集中设置，并应进行管线综合设计。

4.3.6 装配式混凝土建筑立面设计应符合下列规定：

1 外墙、阳台板、空调板、外窗、遮阳设施及装饰等部品部件宜进行标准化设计；

2 装配式混凝土建筑宜通过建筑体量、材质肌理、色彩等变化，形成丰富多样的立面效果；

3 预制混凝土外墙的装饰面层宜采用清水混凝土、装饰混凝土、免抹灰涂料和反打面砖等耐久性强的建筑材料。

4.3.7 装配式混凝土建筑应根据建筑功能、主体结构、设备管线及装修等要求，确定合理的层高及净高尺寸。

4.4 集成设计

4.4.1 装配式混凝土建筑的结构系统、外围护系统、设备与管线系统和内装系统均应进行集成设计，提高集成度、施工精度和效率。

4.4.2 各系统设计应统筹考虑材料性能、加工工艺、运输限制、吊装能力等要求。

4.4.3 结构系统的集成设计应符合下列规定：

1 宜采用功能复合度高的部件进行集成设计，优化部件规格；

2 应满足部件加工、运输、堆放、安装的尺寸和重量要求。

4.4.4 外围护系统的集成设计应符合下列规定：

1 应对外墙板、幕墙、外门窗、阳台板、空调板及遮阳部件等进行集成设计；

2 应采用提高建筑性能的构造连接措施；

3 宜采用单元式装配外墙系统。

4.4.5 设备与管线系统的集成设计应符合下列规定：

1 给水排水、暖通空调、电气智能化、燃气等设备与管线应综合设计；

2 宜选用模块化产品，接口应标准化，并应预留扩展条件。

4.4.6 内装系统的集成设计应符合下列规定：

1 内装设计应与建筑设计、设备与管线设计同步进行；

2 宜采用装配式楼地面、墙面、吊顶等部品系统；

3 住宅建筑宜采用集成式厨房、集成式卫生间及整体收纳等部品系统。

4.4.7 接口及构造设计应符合下列规定：

1 结构系统部件、内装部品部件和设备管线之间的连接方式应满足安全性和耐久性要求；

2 结构系统与外围护系统宜采用干式工法连接，其接缝宽度应满足结构变形和温度变形的要求；

3 部品部件的构造连接应安全可靠，接口及构造设计应满足施工安装与使用维护的要求；

4 应确定适宜的制作公差和安装公差设计值；

5 设备管线接口应避开预制构件受力较大部位和节点连接区域。

5 结构系统设计

5.1 一般规定

5.1.1 装配式混凝土结构设计，本章未作规定的，应按现行行业标准《装配式混凝土结构技术规程》JGJ 1的有关规定执行。

5.1.2 装配整体式框架结构、装配整体式剪力墙结构、装配整体式框架-现浇剪力墙结构、装配整体式框架-现浇核心筒结构、装配整体式部分框支剪力墙结构的房屋最大适用高度应满足表5.1.2的要求，并应符合下列规定：

1 当结构中竖向构件全部为现浇且楼盖采用叠合梁板时，房屋的最大适用高度可按现行行业标准《高层建筑混凝土结构技术规程》JGJ 3中的规定采用。

2 装配整体式剪力墙结构和装配整体式部分框支剪力墙结构，在规定的水平力作用下，当预制剪力墙构件底部承担的总剪力大于该层总剪力的50%时，其最大适用高度应适当降低；当预制剪力墙构件底部承担的总剪力大于该层总剪力的80%时，最大适用高度应取表5.1.2中括号内的数值。

3 装配整体式剪力墙结构和装配整体式部分框支剪力墙结构，当剪力墙边缘构件竖向钢筋采用浆锚搭接连接时，房屋最大适用高度应比表中数值降低10m。

4 超过表内高度的房屋，应进行专门研究和论证，采取有效的加强措施。

表5.1.2 装配整体式混凝土结构房屋的最大适用高度（m）

结构类型	抗震设防烈度			
	6度	7度	8度（0.20g）	8度（0.30g）
装配整体式框架结构	60	50	40	30

续表 5.1.2

结构类型	抗震设防烈度			
	6 度	7 度	8 度(0.20g)	8 度(0.30g)
装配整体式框架-现浇剪力墙结构	130	120	100	80
装配整体式框架-现浇核心筒结构	150	130	100	90
装配整体式剪力墙结构	130 (120)	110 (100)	90 (80)	70 (60)
装配整体式部分框支剪力墙结构	110 (100)	90 (80)	70 (60)	40 (30)

注：1 房屋高度指室外地面到主要屋面的高度，不包括局部突出屋顶的部分；
2 部分框支剪力墙结构指地面以上有部分框支剪力墙的剪力墙结构，不包括仅个别框支墙的情况。

5.1.3 高层装配整体式混凝土结构的高宽比不宜超过表 5.1.3 的数值。

表 5.1.3 高层装配整体式混凝土结构适用的最大高宽比

结构类型	抗震设防烈度	
	6 度、7 度	8 度
装配整体式框架结构	4	3
装配整体式框架-现浇剪力墙结构	6	5
装配整体式剪力墙结构	6	5
装配整体式框架-现浇核心筒结构	7	6

5.1.4 装配整体式混凝土结构构件的抗震设计，应根据设防类别、烈度、结构类型和房屋高度采用不同的抗震等级，并应符合相应的计算和构造措施要求。丙类装配整体式混凝土结构的抗震等级应按表 5.1.4 确定。其他抗震设防类别和特殊场地类别下的建筑应符合国家现行标准《建筑抗震设计规范》GB 50011、《装配式混凝土结构技术规程》JGJ 1、《高层建筑混凝土结构技术规程》JGJ 3 中对抗震措施进行调整的规定。

表 5.1.4 丙类建筑装配整体式混凝土结构的抗震等级

<table>
<tr><td colspan="2" rowspan="2">结构类型</td><td colspan="10">抗震设防烈度</td></tr>
<tr><td colspan="2">6 度</td><td colspan="4">7 度</td><td colspan="4">8 度</td></tr>
<tr><td rowspan="3">装配整体式框架结构</td><td>高度（m）</td><td>≤24</td><td>>24</td><td colspan="2">≤24</td><td colspan="2">>24</td><td colspan="2">≤24</td><td colspan="2">>24</td></tr>
<tr><td>框架</td><td>四</td><td>三</td><td colspan="2">三</td><td colspan="2">二</td><td colspan="2">二</td><td colspan="2">一</td></tr>
<tr><td>大跨度框架</td><td colspan="2">三</td><td colspan="4">二</td><td colspan="4">一</td></tr>
<tr><td rowspan="3">装配整体式框架-现浇剪力墙结构</td><td>高度（m）</td><td>≤60</td><td>>60</td><td>≤24</td><td colspan="2">>24 且 ≤60</td><td>>60</td><td>≤24</td><td colspan="2">>24 且 ≤60</td><td>>60</td></tr>
<tr><td>框架</td><td>四</td><td>三</td><td>四</td><td colspan="2">三</td><td>二</td><td>三</td><td colspan="2">二</td><td>一</td></tr>
<tr><td>剪力墙</td><td>三</td><td>三</td><td>三</td><td colspan="2">二</td><td>二</td><td>二</td><td colspan="2">一</td><td>一</td></tr>
<tr><td rowspan="2">装配整体式框架-现浇核心筒结构</td><td>框架</td><td colspan="2">三</td><td colspan="4">二</td><td colspan="4">一</td></tr>
<tr><td>核心筒</td><td colspan="2">二</td><td colspan="4">二</td><td colspan="4">一</td></tr>
<tr><td rowspan="2">装配整体式剪力墙结构</td><td>高度（m）</td><td>≤70</td><td>>70</td><td>≤24</td><td colspan="2">>24 且 ≤70</td><td>>70</td><td>≤24</td><td colspan="2">>24 且 ≤70</td><td>>70</td></tr>
<tr><td>剪力墙</td><td>四</td><td>三</td><td>四</td><td colspan="2">三</td><td>二</td><td>三</td><td colspan="2">二</td><td>一</td></tr>
<tr><td rowspan="4">装配整体式部分框支剪力墙结构</td><td>高度</td><td>≤70</td><td>>70</td><td>≤24</td><td colspan="2">>24 且 ≤70</td><td>>70</td><td>≤24</td><td colspan="2">>24 且 ≤70</td><td rowspan="4"></td></tr>
<tr><td>现浇框支框架</td><td>二</td><td>二</td><td>二</td><td colspan="2">二</td><td>一</td><td>一</td><td colspan="2">一</td></tr>
<tr><td>底部加强部位剪力墙</td><td>三</td><td>二</td><td>三</td><td colspan="2">二</td><td>一</td><td>二</td><td colspan="2">一</td></tr>
<tr><td>其他区域剪力墙</td><td>四</td><td>三</td><td>四</td><td colspan="2">三</td><td>二</td><td>三</td><td colspan="2">二</td></tr>
</table>

注：1 大跨度框架指跨度不小于 18m 的框架；
2 高度不超过 60m 的装配整体式框架-现浇核心筒结构按装配整体式框架-现浇剪力墙的要求设计时，应按表中装配整体式框架-现浇剪力墙结构的规定确定其抗震等级。

5.1.5 高层装配整体式混凝土结构，当其房屋高度、规则性等不符合本标准的规定或者抗震设防标准有特殊要求时，可按国家现行标准《建筑抗震设计规范》GB 50011 和《高层建筑混凝土结构技术规程》JGJ 3 的有关规定进行结构抗震性能化设计。当采用本标准未规定的结构类型时，可采用试验方法对结构整体或者局部构件的承载能力极限状态和正常使用极限状态进行复核，并应进行专项论证。

5.1.6 装配式混凝土结构应采取措施保证结构的整体性。安全等级为一级的高层装配式混凝土结构尚应按现行行业标准《高层建筑混凝土结构技术规程》JGJ 3 的有关规定进行抗连续倒塌概念设计。

5.1.7 高层建筑装配整体式混凝土结构应符合下列规定：

1 当设置地下室时，宜采用现浇混凝土；

2 剪力墙结构和部分框支剪力墙结构底部加强部位宜采用现浇混凝土；

3 框架结构的首层柱宜采用现浇混凝土；

4 当底部加强部位的剪力墙、框架结构的首层柱采用预制混凝土时，应采取可靠技术措施。

5.2 结构材料

5.2.1 混凝土、钢筋、钢材和连接材料的性能要求应符合国家现行标准《混凝土结构设计规范》GB 50010、《钢结构设计规范》GB 50017 和《装配式混凝土结构技术规程》JGJ 1 等的有关规定。

5.2.2 用于钢筋浆锚搭接连接的镀锌金属波纹管应符合现行行业标准《预应力混凝土用金属波纹管》JG 225 的有关规定。镀锌金属波纹管的钢带厚度不宜小于 0.3mm，波纹高度不应小于 2.5mm。

5.2.3 用于钢筋机械连接的挤压套筒，其原材料及实测力学性能应符合现行行业标准《钢筋机械连接用套筒》JG/T 163 的有关规定。

5.2.4 用于水平钢筋锚环灌浆连接的水泥基灌浆材料应符合现行国家标准《水泥基灌浆材料应用技术规范》GB/T 50448 的有关规定。

5.3 结构分析和变形验算

5.3.1 装配式混凝土结构弹性分析时，节点和接缝的模拟应符合下列规定：

1 当预制构件之间采用后浇带连接且接缝构造及承载力满足本标准中的相应要求时，可按现浇混凝土结构进行模拟；

2 对于本标准中未包含的连接节点及接缝形式，应按照实际情况模拟。

5.3.2 进行抗震性能化设计时，结构在设防烈度地震及罕遇地震作用下的内力及变形分析，可根据结构受力状态采用弹性分析方法或弹塑性分析方法。弹塑性分析时，宜根据节点和接缝在受力全过程中的特性进行节点和接缝的模拟。材料的非线性行为可根据现行国家标准《混凝土结构设计规范》GB 50010 确定，节点和接缝的非线性行为可根据试验研究确定。

5.3.3 内力和变形计算时，应计入填充墙对结构刚度的影响。当采用轻质墙板填充墙时，可采用周期折减的方法考虑其对结构刚度的影响；对于框架结构，周期折减系数可取 0.7～0.9；对于剪力墙结构，周期折减系数可取 0.8～1.0。

5.3.4 在风荷载或多遇地震作用下，结构楼层内最大的弹性层间位移应符合下式规定：

$$\Delta u_e \leqslant [\theta_e] h \tag{5.3.4}$$

式中：Δu_e ——楼层内最大弹性层间位移；

$[\theta_e]$ ——弹性层间位移角限值，应按表 5.3.4 采用；

h ——层高。

表 5.3.4 弹性层间位移角限值

结构类型	$[\theta_e]$
装配整体式框架结构	1/550
装配整体式框架-现浇剪力墙结构、装配整体式框架-现浇核心筒结构	1/800
装配式整体式剪力墙结构、装配整体式部分框支剪力墙结构	1/1000

15

5.3.5 在罕遇地震作用下，结构薄弱层（部位）弹塑性层间位移应符合下式规定：

$$\Delta u_p \leqslant [\theta_p]h \tag{5.3.5}$$

式中：Δu_p ——弹塑性层间位移；

$[\theta_p]$ ——弹塑性层间位移角限值，应按表 5.3.5 采用；

h ——层高。

表 5.3.5 弹塑性层间位移角限值

结 构 类 别	$[\theta_p]$
装配整体式框架结构	1/50
装配整体式框架-现浇剪力墙结构、装配整体式框架-现浇核心筒结构	1/100
装配式整体式剪力墙结构、装配整体式部分框支剪力墙结构	1/120

5.4 构件与连接设计

5.4.1 预制构件设计应符合下列规定：

1 预制构件的设计应满足标准化的要求，宜采用建筑信息化模型（BIM）技术进行一体化设计，确保预制构件的钢筋与预留洞口、预埋件等相协调，简化预制构件连接节点施工；

2 预制构件的形状、尺寸、重量等应满足制作、运输、安装各环节的要求；

3 预制构件的配筋设计应便于工厂化生产和现场连接。

5.4.2 装配整体式混凝土结构中，接缝的正截面承载力应符合现行国家标准《混凝土结构设计规范》GB 50010 的规定。接缝的受剪承载力应符合下列规定：

1 持久设计状况、短暂设计状况：

$$\gamma_0 V_{jd} \leqslant V_u \tag{5.4.2-1}$$

2 地震设计状况：

$$V_{jdE} \leqslant V_{uE}/\gamma_{RE} \tag{5.4.2-2}$$

在梁、柱端部箍筋加密区及剪力墙底部加强部位，尚应符合下式要求：

$$\eta_j V_{mua} \leqslant V_{uE} \tag{5.4.2-3}$$

式中：γ_0 ——结构重要性系数，安全等级为一级时不应小于 1.1，安全等级为二级时不应小于 1.0；

V_{jd} ——持久设计状况和短暂设计状况下接缝剪力设计值（N）；

V_{jdE} ——地震设计状况下接缝剪力设计值（N）；

V_u ——持久设计状况和短暂设计状况下梁端、柱端、剪力墙底部接缝受剪承载力设计值（N）；

V_{uE} ——地震设计状况下梁端、柱端、剪力墙底部接缝受剪承载力设计值（N）；

V_{mua} ——被连接构件端部按实配钢筋面积计算的斜截面受剪承载力设计值（N）；

γ_{RE} ——接缝受剪承载力抗震调整系数，取 0.85；

η_j ——接缝受剪承载力增大系数，抗震等级为一、二级取 1.2，抗震等级为三、四级取 1.1。

5.4.3 预制构件的拼接应符合下列规定：

1 预制构件拼接部位的混凝土强度等级不应低于预制构件的混凝土强度等级；

2 预制构件的拼接位置宜设置在受力较小部位；

3 预制构件的拼接应考虑温度作用和混凝土收缩徐变的不利影响，宜适当增加构造配筋。

5.4.4 装配式混凝土结构中，节点及接缝处的纵向钢筋连接宜根据接头受力、施工工艺等要求选用套筒灌浆连接、机械连接、浆锚搭接连接、焊接连接、绑扎搭接连接等连接方式。直径大于 20mm 的钢筋不宜采用浆锚搭接连接，直接承受动力荷载的构件纵向钢筋不应采用浆锚搭接连接。当采用套筒灌浆连接时，应符合现行行业标准《钢筋套筒灌浆连接应用技术规程》JGJ 355 的规定；当采用机械连接时，应符合现行行业标准《钢筋机械连接技术规程》JGJ 107 的规定；当采用焊接连接时，应符合现行行业标准《钢筋焊接及验收规程》JGJ 18 的规定。

5.4.5 纵向钢筋采用挤压套筒连接时应符合下列规定：

1 连接框架柱、框架梁、剪力墙边缘构件纵向钢筋的挤压套筒接头应满足Ⅰ级接头的要求，连接剪力墙竖向分布钢筋、楼板分布钢筋的挤压套筒接头应满足Ⅰ级接头抗拉强度的要求；

2 被连接的预制构件之间应预留后浇段，后浇段的高度或长度应根据挤压套筒接头安装工艺确定，应采取措施保证后浇段的混凝土浇筑密实；

3 预制柱底、预制剪力墙底宜设置支腿，支腿应能承受不小于 2 倍被支承预制构件的自重。

5.5 楼 盖 设 计

5.5.1 装配整体式混凝土结构的楼盖宜采用叠合楼盖，叠合板设计应符合现行国家标准《混凝土结构设计规范》GB 50010 的有关规定。

5.5.2 高层装配整体式混凝土结构中，楼盖应符合下列规定：

1 结构转换层和作为上部结构嵌固部位的楼层宜采用现浇楼盖；

2 屋面层和平面受力复杂的楼层宜采用现浇楼盖，当采用叠合楼盖时，楼板的后浇混凝土叠合层厚度不应小于 100mm，且后浇层内应采用双向通长配筋，钢筋直径不宜小于 8mm，间距不宜大于 200mm。

5.5.3 当桁架钢筋混凝土叠合板的后浇混凝土叠合层厚度不小于 100mm 且不小于预制板厚度的 1.5 倍时，支承端预制板内纵向受力钢筋可采用间接搭接方式锚入支承梁或墙的后浇混凝土中（图 5.5.3），并应符合下列规定：

1 附加钢筋的面积应通过计算确定，且不应少于受力方向跨中板底钢筋面积的 1/3；

2 附加钢筋直径不宜小于 8mm，间距不宜大于 250mm；

3 当附加钢筋为构造钢筋时，伸入楼板的长度不应小于与板底钢筋的受压搭接长度，伸入支座的长度不应小于 15d（d 为附加钢筋直径）且宜伸过支座中心线；当附加钢筋承受拉力时，伸入楼板的长度不应小于与板底钢筋的受拉搭接长度，伸入支座的长度不应小于受拉钢筋锚固长度；

4 垂直于附加钢筋的方向应布置横向分布钢筋，在搭接范围内不宜少于 3 根，且钢筋直径不宜小于 6mm，间距不宜大于 250mm。

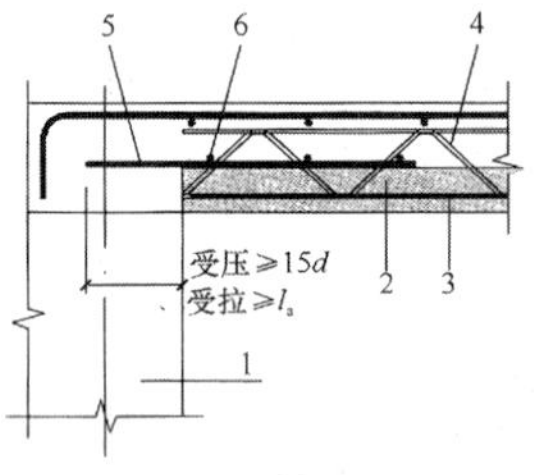

图 5.5.3 桁架钢筋混凝土叠合板板端构造示意

1—支承梁或墙；2—预制板；3—板底钢筋；4—桁架钢筋；5—附加钢筋；6—横向分布钢筋

5.5.4 双向叠合板板侧的整体式接缝宜设置在叠合板的次要受力方向且宜避开最大弯矩截面。接缝可采用后浇带形式（图 5.5.4），并应符合下列规定：

1 后浇带宽度不宜小于 200mm。

2 后浇带两侧板底纵向受力钢筋可在后浇带中焊接、搭接、弯折锚固、机械连接。

3 当后浇带两侧板底纵向受力钢筋在后浇带中搭接连接时，应符合下列规定：

1）预制板板底外伸钢筋为直线形［图 5.5.4（a）］时，钢筋搭接长度应符合现行国家标准《混凝土结构设计规范》GB 50010 的有关规定；

2）预制板板底外伸钢筋端部为90°或135°弯钩［图5.5.4（b）、（c）］时，钢筋搭接长度应符合现行国家标准《混凝土结构设计规范》GB 50010有关钢筋锚固长度的规定，90°和135°弯钩钢筋弯后直段长度分别为12d和5d（d为钢筋直径）。

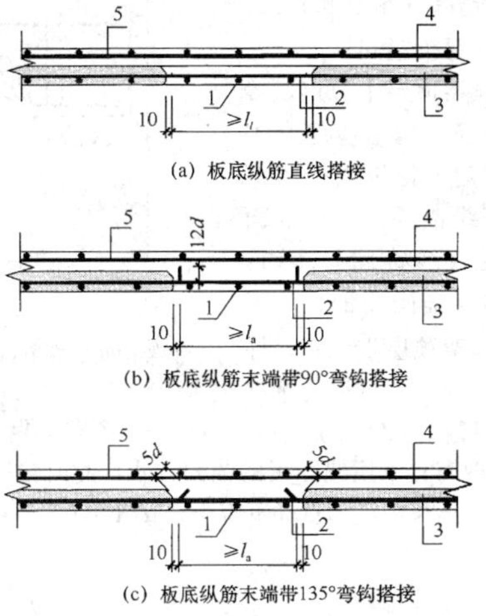

（a）板底纵筋直线搭接

（b）板底纵筋末端带90°弯钩搭接

（c）板底纵筋末端带135°弯钩搭接

图5.5.4　双向叠合板整体式接缝构造示意

1—通长钢筋；2—纵向受力钢筋；3—预制板；4—后浇混凝土叠合层；5—后浇层内钢筋

4　当有可靠依据时，后浇带内的钢筋也可采用其他连接方式。

5.5.5　次梁与主梁宜采用铰接连接，也可采用刚接连接。当采用刚接连接并采用后浇段连接的形式时，应符合现行行业标准《装配式混凝土结构技术规程》JGJ 1的有关规定。当采用铰接连接时，可采用企口连接或钢企口连接形式；采用企口连接时，应符合国家现行标准的有关规定；当次梁不直接承受动力荷载且跨度不大于9m时，可采用钢企口连接（图5.5.5-1），并应符合下列规定：

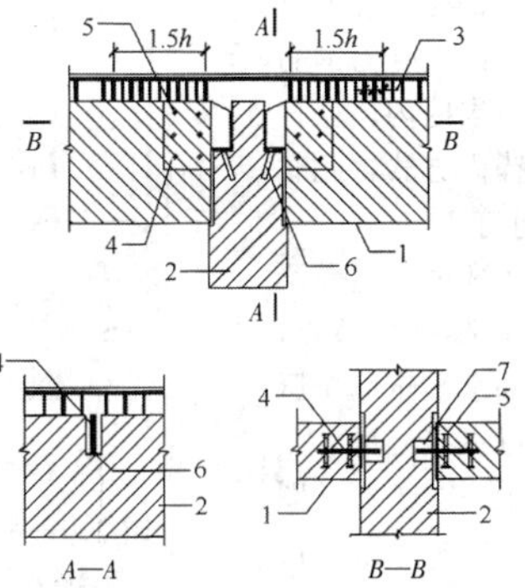

图5.5.5-1　钢企口接头示意

1—预制次梁；2—预制主梁；3—次梁端部加密箍筋；4—钢板；5—栓钉；6—预埋件；7—灌浆料

1　钢企口两侧应对称布置抗剪栓钉，钢板厚度不应小于栓钉直径的0.6倍；预制主梁与钢企口连接处应设置预埋件；次梁端部1.5倍梁高范围内，箍筋间距不应大于100mm。

2　钢企口接头的承载力验算（图5.5.5-2），除应符合现行国家标准《混凝土结构设计规范》GB 50010、《钢结构设计规范》GB 50017的有关规定外，尚应符合下列规定：

1）钢企口接头应能够承受施工及使用阶段的荷载；

2）应验算钢企口截面A处在施工及使用阶段的抗弯、抗剪强度；

3）应验算钢企口截面B处在施工及使用阶段的抗弯强度；

4）凹槽内灌浆料未达到设计强度前，应验算钢企口外挑部分的稳定性；

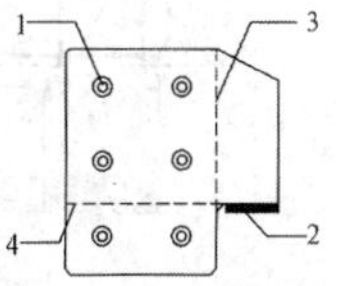

图5.5.5-2　钢企口示意

1—栓钉；2—预埋件；3—截面A；4—截面B

5）应验算栓钉的抗剪强度；

6）应验算钢企口搁置处的局部受压承载力。

3　抗剪栓钉的布置，应符合下列规定：

1）栓钉杆直径不宜大于19mm，单侧抗剪栓钉排数及列数均不应小于2；

2）栓钉间距不应小于杆径的6倍且不宜大于300mm；

3）栓钉至钢板边缘的距离不宜小于50mm，至混凝土构件边缘的距离不应小于200mm；

4）栓钉钉头内表面至连接钢板的净距不宜小于30mm；

5）栓钉顶面的保护层厚度不应小于25mm。

4　主梁与钢企口连接处应设置附加横向钢筋，相关计算及构造要求应符合现行国家标准《混凝土结构设计规范》GB 50010的有关规定。

5.6　装配整体式框架结构

5.6.1　装配整体式框架梁柱节点核心区抗震受剪承载力验算和构造应符合现行国家标准《混凝土结构设计规范》GB 50010和《建筑抗震设计规范》GB 50011中的有关规定；混凝土叠合梁端竖向接缝受剪承载力设计值和预制柱底水平接缝受剪承载力设计值应符合现行行业标准《装配式混凝土结构技术规程》JGJ 1中的有关规定。

5.6.2　叠合梁的箍筋配置应符合下列规定：

1　抗震等级为一、二级的叠合框架梁的梁端箍筋加密区宜采用整体封闭箍筋；当叠合梁受扭时宜采用整体封闭箍筋，且整体封闭箍筋的搭接部分宜设置在预制部分［图5.6.2(a)］。

2　当采用组合封闭箍筋［图5.6.2(b)］时，开口箍筋上方两端应做成135°弯钩，对框架梁弯钩平直段长度不应小于10d（d为箍筋直径），次梁弯钩平直段长度不应小于5d。现场应采用箍筋帽封闭开口箍，箍筋帽宜两端做成135°弯钩，也可做成一端135°另一端90°弯钩，但135°弯钩和90°弯钩应沿纵向受力钢筋方向交错设置，框架梁弯钩平直段长度不应小于10d（d为箍筋直径），次梁135°弯钩平直段长度不应小于5d，90°弯钩平直段长度不应小于10d。

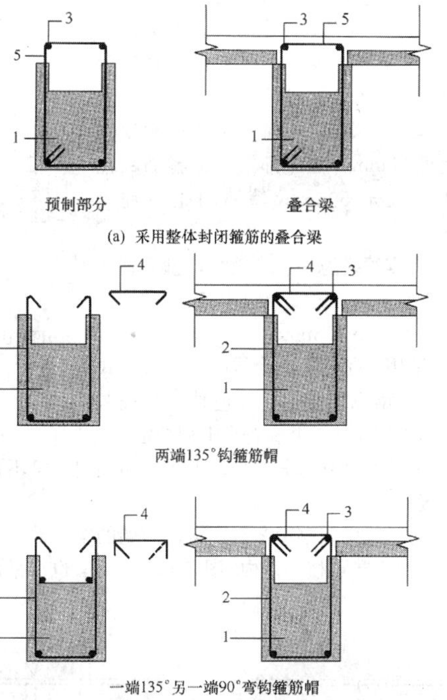

预制部分　叠合梁

（a）采用整体封闭箍筋的叠合梁

两端135°钩箍筋帽

一端135°另一端90°弯钩箍筋帽

（b）采用组合封闭箍筋的叠合梁

图5.6.2　叠合梁箍筋构造示意

1—预制梁；2—开口箍筋；3—上部纵向钢筋；4—箍筋帽；5—封闭箍筋

3　框架梁箍筋加密区长度内的箍筋肢距：一级抗震等级，

不宜大于 200mm 和 20 倍箍筋直径的较大值，且不应大于 300mm；二、三级抗震等级，不宜大于 250mm 和 20 倍箍筋直径的较大值，且不应大于 350mm；四级抗震等级，不宜大于 300mm，且不应大于 400mm。

5.6.3 预制柱的设计应满足现行国家标准《混凝土结构设计规范》GB 50010 的要求，并应符合下列规定：

1 矩形柱截面边长不宜小于 400mm，圆形截面柱直径不宜小于 450mm，且不宜小于同方向梁宽的 1.5 倍。

2 柱纵向受力钢筋在柱底连接时，柱箍筋加密区长度不应小于纵向受力钢筋连接区域长度与 500mm 之和；当采用套筒灌浆连接或浆锚搭接连接等方式时，套筒或搭接段上端第一道箍筋距离套筒或搭接段顶部不应大于 50mm（图 5.6.3-1）。

3 柱纵向受力钢筋直径不宜小于 20mm，纵向受力钢筋的间距不宜大于 200mm 且不应大于 400mm。柱的纵向受力钢筋可集中于四角配置且宜对称布置。柱中可设置纵向辅助钢筋且直径不宜小于 12mm 和箍筋直径；当正截面承载力计算不计入纵向辅助钢筋时，纵向辅助钢筋可不伸入框架节点（图 5.6.3-2）。

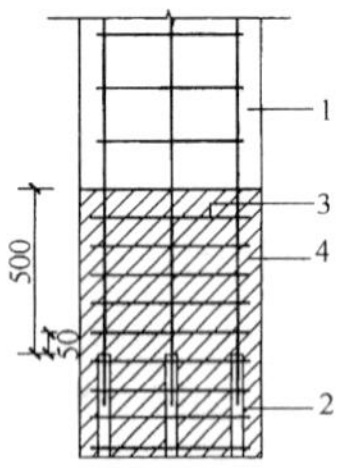

图 5.6.3-1 柱底箍筋加密区域构造示意
1—预制柱；2—连接接头（或钢筋连接区域）；3—加密区箍筋；4—箍筋加密区（阴影区域）

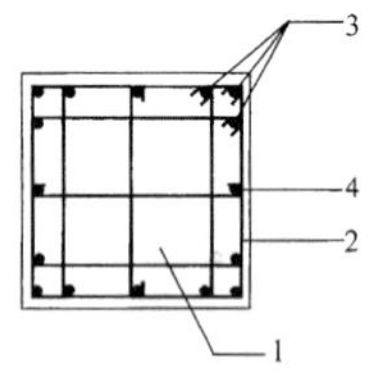

图 5.6.3-2 柱集中配筋构造平面示意
1—预制柱；2—箍筋；3—纵向受力钢筋；4—纵向辅助钢筋

4 预制柱箍筋可采用连续复合箍筋。

5.6.4 上、下层相邻预制柱纵向受力钢筋采用挤压套筒连接时（图 5.6.4），柱底后浇段的箍筋应满足下列要求：

1 套筒上端第一道箍筋距离套筒顶部不应大于 20mm，柱底部第一道箍筋距柱底面不应大于 50mm，箍筋间距不宜大于 75mm；

2 抗震等级为一、二级时，箍筋直径不应小于 10mm，抗震等级为三、四级时，箍筋直径不应小于 8mm。

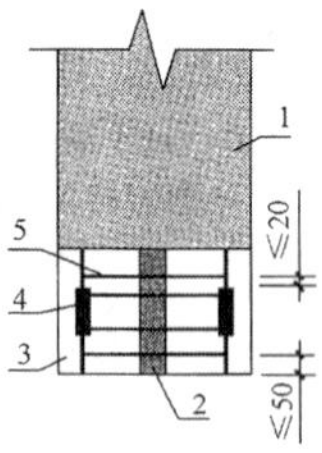

图 5.6.4 柱底后浇段箍筋配置示意
1—预制柱；2—支腿；3—柱底后浇段；4—挤压套筒；5—箍筋

5.6.5 采用预制柱及叠合梁的装配整体式框架节点，梁纵向受力钢筋应伸入后浇节点区内锚固或连接，并应符合下列规定：

1 框架梁预制部分的腰筋不承受扭矩时，可不伸入梁柱节点核心区。

2 对框架中间层中节点，节点两侧的梁下部纵向受力钢筋宜锚固在后浇节点核心区内［图 5.6.5-1(a)］，也可采用机械连接或焊接的方式连接［图 5.6.5-1(b)］；梁的上部纵向受力钢筋应贯穿后浇节点核心区。

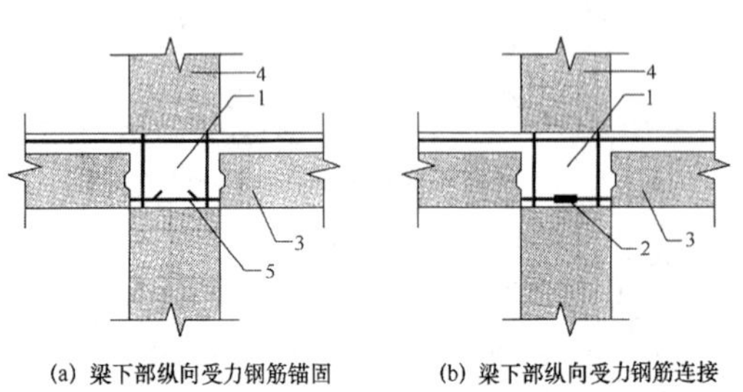

(a) 梁下部纵向受力钢筋锚固　　(b) 梁下部纵向受力钢筋连接

图 5.6.5-1 预制柱及叠合梁框架中间层中节点构造示意
1—后浇区；2—梁下部纵向受力钢筋连接；3—预制梁；4—预制柱；5—梁下部纵向受力钢筋锚固

3 对框架中间层端节点，当柱截面尺寸不满足梁纵向受力钢筋的直线锚固要求时，宜采用锚固板锚固（图 5.6.5-2），也可采用 90°弯折锚固。

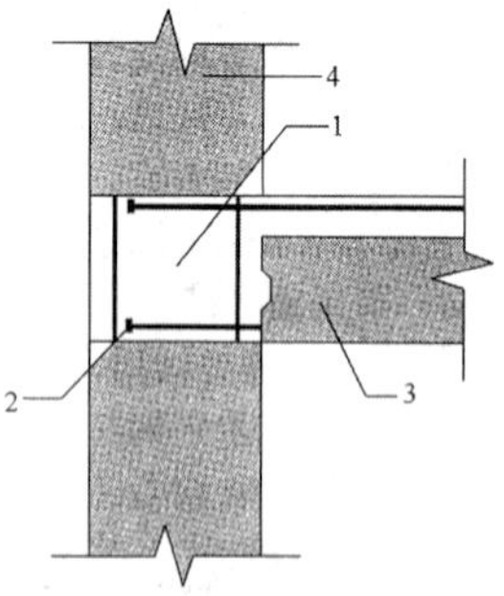

图 5.6.5-2 预制柱及叠合梁框架中间层端节点构造示意
1—后浇区；2—梁纵向钢筋锚固；3—预制梁；4—预制柱

4 对框架顶层中节点，梁纵向受力钢筋的构造应符合本条第 2 款规定。柱纵向受力钢筋宜采用直线锚固；当梁截面尺寸不满足直线锚固要求时，宜采用锚固板锚固（图 5.6.5-3）。

5 对框架顶层端节点，柱宜伸出屋面并将柱纵向受力钢筋锚固在伸出段内（图 5.6.5-4），柱纵向受力钢筋宜采用锚固板的锚固方式，此时锚固长度不应小于 $0.6l_{abE}$。伸出段内箍筋直径不应小于 $d/4$（d 为柱纵向受力钢筋的最大直径），伸出段内箍筋间距不应大于 $5d$（d 为柱纵向受力钢筋的最小直径）且不应大于 100mm；梁纵向受力钢筋应锚固在后浇节点区内，且宜采用锚固板的锚固方式，此时锚固长度不应小于 $0.6l_{abE}$。

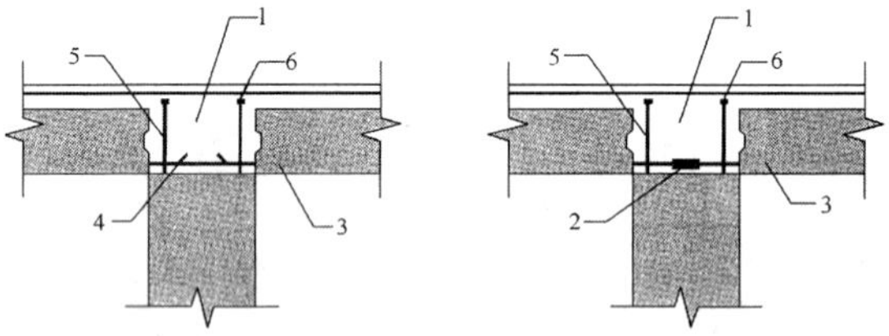

(a) 梁下部纵向受力钢筋锚固　　(b) 梁下部纵向受力钢筋机械连接

图 5.6.5-3 预制柱及叠合梁框架顶层中节点构造示意
1—后浇区；2—梁下部纵向受力钢筋连接；3—预制梁；4—梁下部纵向受力钢筋锚固；5—柱纵向受力钢筋；6—锚固板

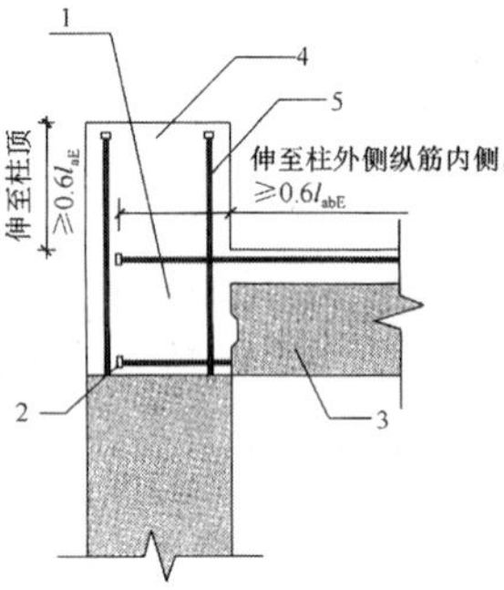

图 5.6.5-4 预制柱及叠合梁框架顶层端节点构造示意
1—后浇区；2—梁下部纵向受力钢筋锚固；3—预制梁；4—柱延伸段；5—柱纵向受力钢筋

5.6.6 采用预制柱及叠合梁的装配整体式框架结构节点，两侧叠合梁底部水平钢筋挤压套筒连接时，可在核心区外一侧梁端后浇段内连接（图 5.6.6-1），也可在核心区外两侧梁端后浇段内连接（图 5.6.6-2），连接接头距柱边不小于 $0.5h_b$（h_b 为叠合梁截面高度）且不小于 300mm，叠合梁后浇叠合层顶部的水平钢筋应贯穿后浇核心区。梁端后浇段的箍筋尚应满足下列要求：

1 箍筋间距不宜大于 75mm；

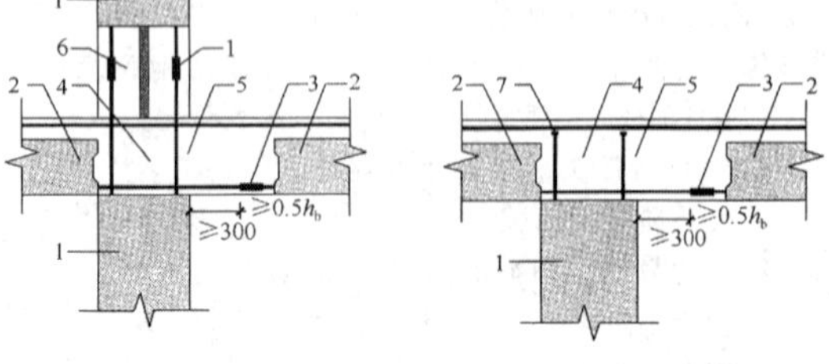

(a) 中间层　　(b) 顶层

图 5.6.6-1 框架节点叠合梁底部水平钢筋在一侧梁端后浇段内采用挤压套筒连接示意

2　抗震等级为一、二级时，箍筋直径不应小于 10mm，抗震等级为三、四级时，箍筋直径不应小于 8mm。

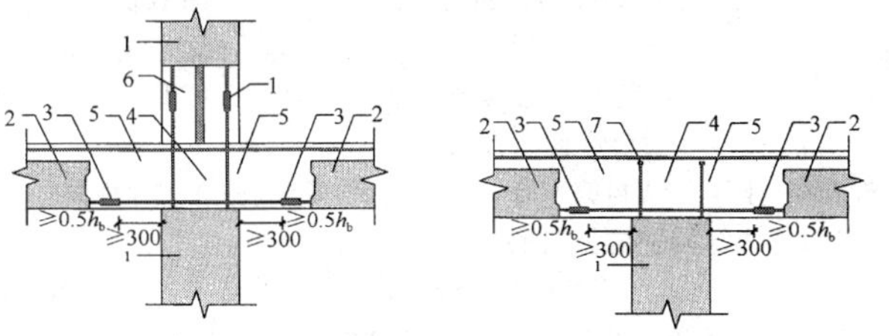

(a) 中间层　　(b) 顶层

图 5.6.6-2　框架节点叠合梁底部水平钢筋在两侧梁端后浇段内采用挤压套筒连接示意

1—预制柱；2—叠合梁预制部分；3—挤压套筒；4—后浇区；5—梁端后浇段；6—柱底后浇段；7—锚固板

5.6.7　装配整体式框架采用后张预应力叠合梁时，应符合现行行业标准《预应力混凝土结构设计规范》JGJ 369、《预应力混凝土结构抗震设计规程》JGJ 140 及《无粘结预应力混凝土结构技术规程》JGJ 92 的有关规定。

5.7　装配整体式剪力墙结构

Ⅰ　一 般 规 定

5.7.1　除本标准另有规定外，装配整体式剪力墙结构应符合国家现行标准《混凝土结构设计规范》GB 50010、《建筑抗震设计规范》GB 50011、《装配式混凝土结构技术规程》JGJ 1 和《高层建筑混凝土结构技术规程》JGJ 3 的有关规定。双面叠合剪力墙的设计尚应符合本标准附录 A 的规定。

5.7.2　对同一层内既有现浇墙肢也有预制墙肢的装配整体式剪力墙结构，现浇墙肢水平地震作用弯矩、剪力宜乘以不小于 1.1 的增大系数。

5.7.3　装配整体式剪力墙结构的布置应满足下列要求：

1　应沿两个方向布置剪力墙；

2　剪力墙平面布置宜简单、规则，自下而上宜连续布置，避免层间侧向刚度突变；

3　剪力墙门窗洞口宜上下对齐、成列布置，形成明确的墙肢和连梁；抗震等级为一、二、三级的剪力墙底部加强部位不应采用错洞墙，结构全高均不应采用叠合错洞墙。

Ⅱ　预制剪力墙设计

5.7.4　预制剪力墙竖向钢筋采用套筒灌浆连接时，自套筒底部至套筒顶部并向上延伸 300mm 范围内，预制剪力墙的水平分布钢筋应加密（图 5.7.4），加密区水平分布钢筋的最大间距及最小直径应符合表 5.7.4 的规定，套筒上端第一道水平分布钢筋距离套筒顶部不应大于 50mm。

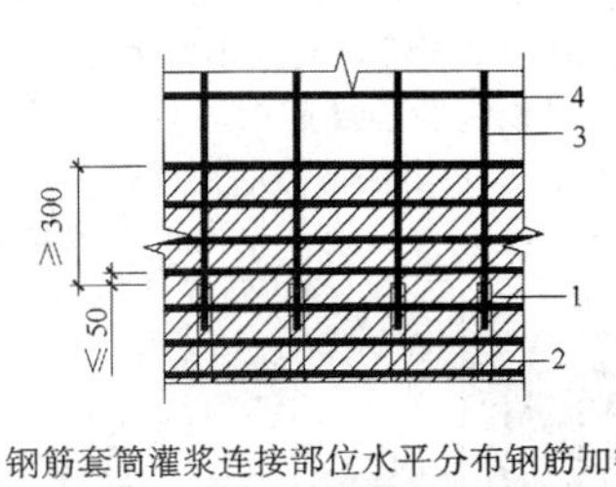

图 5.7.4　钢筋套筒灌浆连接部位水平分布钢筋加密构造示意

1—灌浆套筒；2—水平分布钢筋加密区域（阴影区域）；3—竖向钢筋；4—水平分布钢筋

表 5.7.4　加密区水平分布钢筋的要求

抗震等级	最大间距（mm）	最小直径（mm）
一、二级	100	8
三、四级	150	8

5.7.5　预制剪力墙竖向钢筋采用浆锚搭接连接时，应符合下列规定：

1　墙体底部预留灌浆孔道直线段长度应大于下层预制剪力墙连接钢筋伸入孔道内的长度 30mm，孔道上部应根据灌浆要求设置合理弧度。孔道直径不宜小于 40mm 和 2.5d（d 为伸入孔道的连接钢筋直径）的较大值，孔道之间的水平净间距不宜小于 50mm；孔道外壁至剪力墙外表面的净间距不宜小于 30mm。当采用预埋金属波纹管成孔时，金属波纹管的钢带厚度及波纹高度应符合本标准第 5.2.2 条的规定；当采用其他成孔方式时，应对不同预留成孔工艺、孔道形状、孔道内壁的粗糙度或花纹深度及间距等形成的连接接头进行力学性能以及适用性的试验验证。

2　竖向钢筋连接长度范围内的水平分布钢筋应加密，加密范围自剪力墙底部至预留灌浆孔道顶部（图 5.7.5-1），且不应小于 300mm。加密区水平分布钢筋的最大间距及最小直径应符合本标准表 5.7.4 的规定，最下层水平分布钢筋距离墙身底部不应大于 50mm。剪力墙竖向分布钢筋连接长度范围内未采取有效横向约束措施时，水平分布钢筋加密范围内的拉筋应加密；拉筋沿竖向的间距不宜大于 300mm 且不少于 2 排；拉筋沿水平方向的间距不宜大于竖向分布钢筋间距，直径不应小于 6mm；拉筋应紧靠被连接钢筋，并钩住最外层分布钢筋。

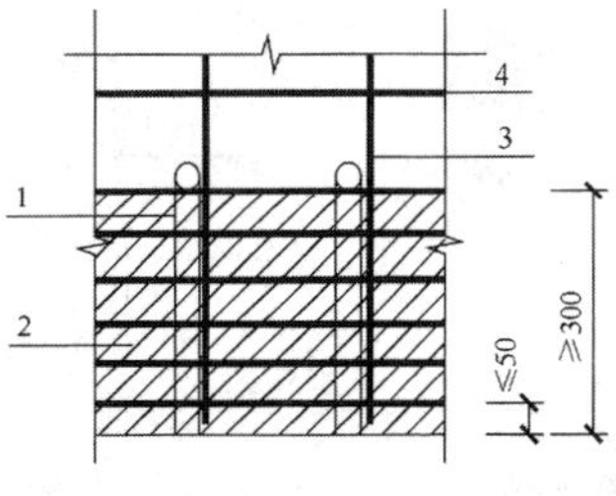

图 5.7.5-1　钢筋浆锚搭接连接部位水平分布钢筋加密构造示意

1—预留灌浆孔道；2—水平分布钢筋加密区域（阴影区域）；3—竖向钢筋；4—水平分布钢筋

3　边缘构件竖向钢筋连接长度范围内应采取加密水平封闭箍筋的横向约束措施或其他可靠措施。当采用加密水平封闭箍筋约束时，应沿预留孔道直线段全高加密。箍筋沿竖向的间距，一级不应大于 75mm，二、三级不应大于 100mm，四级不应大于 150mm；箍筋沿水平方向的肢距不应大于竖向钢筋间距，且不宜大于 200mm；箍筋直径一、二级不应小于 10mm，三、四级不应小于 8mm，宜采用焊接封闭箍筋（图 5.7.5-2）。

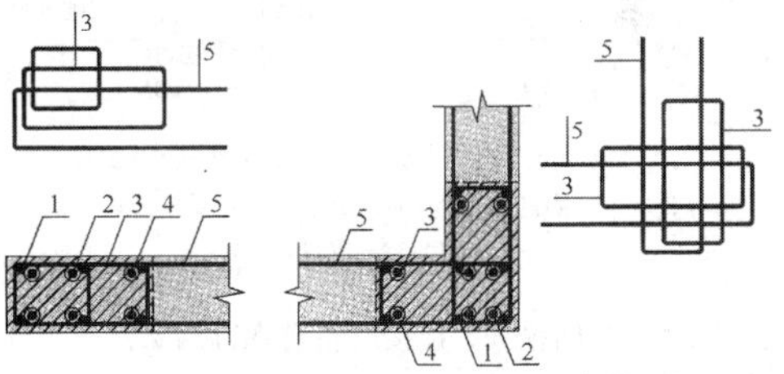

(a) 暗柱　　(b) 转角墙

图 5.7.5-2　钢筋浆锚搭接连接长度范围内加密水平封闭箍筋约束构造示意

1—上层预制剪力墙边缘构件竖向钢筋；2—下层剪力墙边缘构件竖向钢筋；3—封闭箍筋；4—预留灌浆孔道；5—水平分布钢筋

Ⅲ　连 接 设 计

5.7.6　楼层内相邻预制剪力墙之间应采用整体式接缝连接，且应符合下列规定：

1　当接缝位于纵横墙交接处的约束边缘构件区域时，约束边缘构件的阴影区域（图 5.7.6-1）宜全部采用后浇混凝土，并应在后浇段内设置封闭箍筋。

2　当接缝位于纵横墙交接处的构造边缘构件区域时，构造边缘构件宜全部采用后浇混凝土（图 5.7.6-2），当仅在一面墙上设置后浇段时，后浇段的长度不宜小于 300mm（图 5.7.6-3）。

3　边缘构件内的配筋及构造要求应符合现行国家标准《建筑抗震设计规范》GB 50011 的有关规定；预制剪力墙的水平分

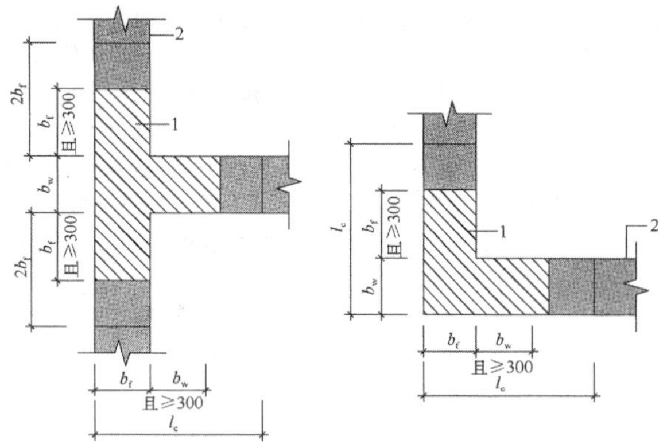

(a) 有翼墙 (b) 转角墙

图 5.7.6-1 约束边缘构件阴影区域全部后浇构造示意
（阴影区域为斜线填充范围）
1—后浇段；2—预制剪力墙

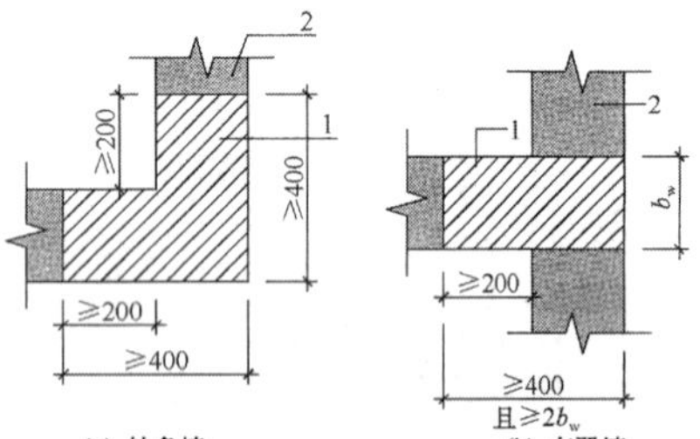

(a) 转角墙 (b) 有翼墙

图 5.7.6-2 构造边缘构件全部后浇构造示意
（阴影区域为构造边缘构件范围）
1—后浇段；2—预制剪力墙

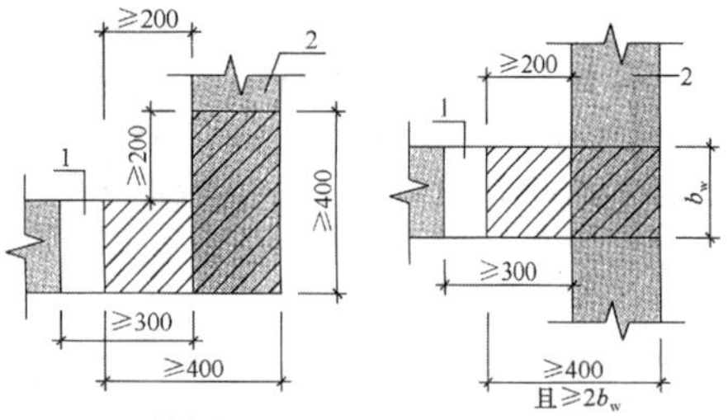

(a) 转角墙 (b) 有翼墙

图 5.7.6-3 构造边缘构件部分后浇构造示意
（阴影区域为构造边缘构件范围）
1—后浇段；2—预制剪力墙

布钢筋在后浇段内的锚固、连接应符合现行国家标准《混凝土结构设计规范》GB 50010 的有关规定。

4 非边缘构件位置，相邻预制剪力墙之间应设置后浇段，后浇段的宽度不应小于墙厚且不宜小于 200mm；后浇段内应设置不少于 4 根竖向钢筋，钢筋直径不应小于墙体竖向分布钢筋直径且不应小于 8mm；两侧墙体的水平分布钢筋在后浇段内的连接应符合现行国家标准《混凝土结构设计规范》GB 50010 的有关规定。

5.7.7 当采用套筒灌浆连接或浆锚搭接连接时，预制剪力墙底部接缝宜设置在楼面标高处。接缝高度不宜小于 20mm，宜采用灌浆料填实，接缝处后浇混凝土上表面应设置粗糙面。

5.7.8 在地震设计状况下，剪力墙水平接缝的受剪承载力设计值应按下式计算：

$$V_{uE} = 0.6 f_y A_{sd} + 0.8N \tag{5.7.8}$$

式中：V_{uE}——剪力墙水平接缝受剪承载力设计值（N）；

f_y——垂直穿过结合面的竖向钢筋抗拉强度设计值（N/mm^2）；

A_{sd}——垂直穿过结合面的竖向钢筋面积（mm^2）；

N——与剪力设计值 V 相应的垂直于结合面的轴向力设计值（N），压力时取正值，拉力时取负值；当大于 $0.6f_cbh_0$ 时，取为 $0.6f_cbh_0$；此处 f_c 为混凝土轴心抗压强度设计值，b 为剪力墙厚度，h_0 为剪力墙截面有效高度。

5.7.9 上下层预制剪力墙的竖向钢筋连接应符合下列规定：

1 边缘构件的竖向钢筋应逐根连接。

2 预制剪力墙的竖向分布钢筋宜采用双排连接，当采用“梅花形”部分连接时，应符合本标准第 5.7.10 条～第 5.7.12 条的规定。

3 除下列情况外，墙体厚度不大于 200mm 的丙类建筑预制剪力墙的竖向分布钢筋可采用单排连接，采用单排连接时，应符合本标准第 5.7.10 条、第 5.7.12 条的规定，且在计算分析时不应考虑剪力墙平面外刚度及承载力。

1）抗震等级为一级的剪力墙；

2）轴压比大于 0.3 的抗震等级为二、三、四级的剪力墙；

3）一侧无楼板的剪力墙；

4）一字形剪力墙、一端有翼墙连接但剪力墙非边缘构件区长度大于 3m 的剪力墙以及两端有翼墙连接但剪力墙非边缘构件区长度大于 6m 的剪力墙。

4 抗震等级为一级的剪力墙以及二、三级底部加强部位的剪力墙，剪力墙的边缘构件竖向钢筋宜采用套筒灌浆连接。

5.7.10 当上下层预制剪力墙竖向钢筋采用套筒灌浆连接时，应符合下列规定：

1 当竖向分布钢筋采用“梅花形”部分连接时（图 5.7.10-1），连接钢筋的配筋率不应小于现行国家标准《建筑抗震设计规范》GB 50011 规定的剪力墙竖向分布钢筋最小配筋率要求，连接钢筋的直径不应小于 12mm，同侧间距不应大于 600mm，且在剪力墙构件承载力设计和分布钢筋配筋率计算中不得计入未连接的分布钢筋；未连接的竖向分布钢筋直径不应小于 6mm。

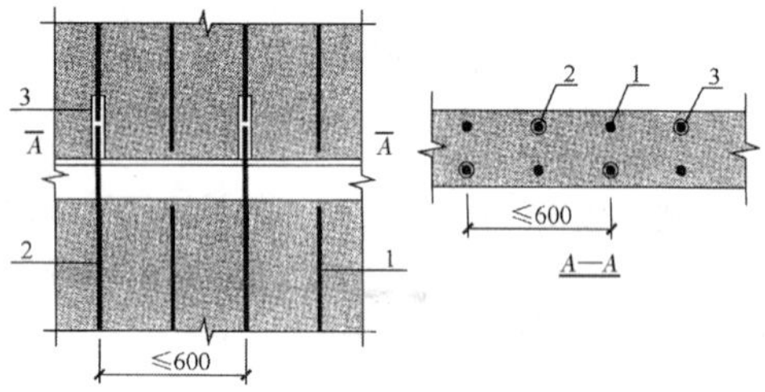

图 5.7.10-1 竖向分布钢筋“梅花形”套筒灌浆连接构造示意
1—未连接的竖向分布钢筋；2—连接的竖向分布钢筋；3—灌浆套筒

2 当竖向分布钢筋采用单排连接时（图 5.7.10-2），应符合本标准第 5.4.2 条的规定；剪力墙两侧竖向分布钢筋与配置于墙体厚度中部的连接钢筋搭接连接，连接钢筋位于内、外侧被连接钢筋的中间；连接钢筋受拉承载力不应小于上下层被连接钢筋受拉承载力较大值的 1.1 倍，间距不宜大于 300mm。下层剪力墙连接钢筋自下层预制墙顶算起的埋置长度不应小于 $1.2l_{aE}+b_w/2$（b_w 为墙体厚度），上层剪力墙连接钢筋自套筒顶面算起的埋置长度不应小于 l_{aE}，上层连接钢筋顶部至套筒底部的长度尚

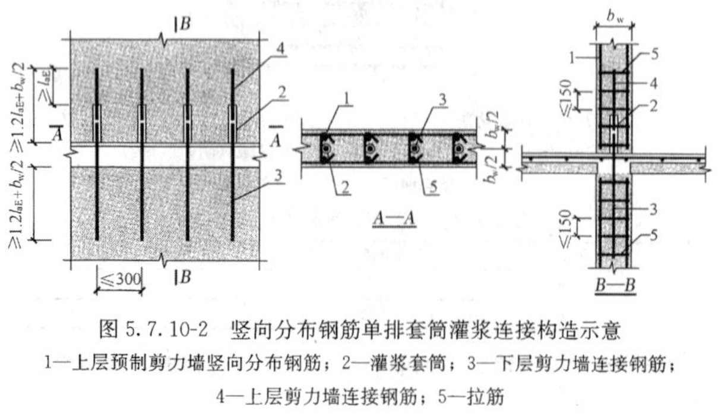

图 5.7.10-2 竖向分布钢筋单排套筒灌浆连接构造示意
1—上层预制剪力墙竖向分布钢筋；2—灌浆套筒；3—下层剪力墙连接钢筋；
4—上层剪力墙连接钢筋；5—拉筋

不应小于 $1.2l_{aE}+b_w/2$，l_{aE}按连接钢筋直径计算。钢筋连接长度范围内应配置拉筋，同一连接接头内的拉筋配筋面积不应小于连接钢筋的面积；拉筋沿竖向的间距不应大于水平分布钢筋间距，且不宜大于 150mm；拉筋沿水平方向的间距不应大于竖向分布钢筋间距，直径不应小于 6mm；拉筋应紧靠连接钢筋，并钩住最外层分布钢筋。

5.7.11 当上下层预制剪力墙竖向钢筋采用挤压套筒连接时，应符合下列规定：

1 预制剪力墙底后浇段内的水平钢筋直径不应小于 10mm 和预制剪力墙水平分布钢筋直径的较大值，间距不宜大于 100mm；楼板顶面以上第一道水平钢筋距楼板顶面不宜大于 50mm，套筒上端第一道水平钢筋距套筒顶部不宜大于 20mm（图 5.7.11-1）。

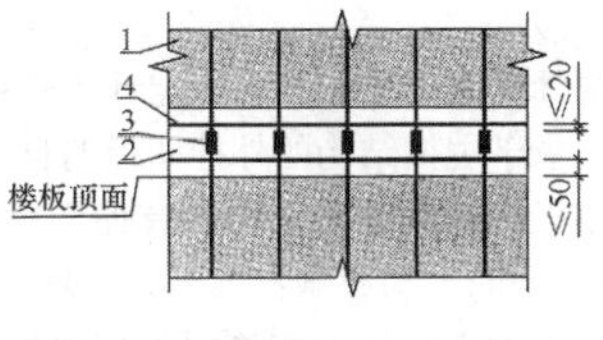

图 5.7.11-1 预制剪力墙底后浇段水平钢筋配置示意
1—预制剪力墙；2—墙底后浇段；3—挤压套筒；4—水平钢筋

2 当竖向分布钢筋采用"梅花形"部分连接时（图 5.7.11-2），应符合本标准第 5.7.10 条第 1 款的规定。

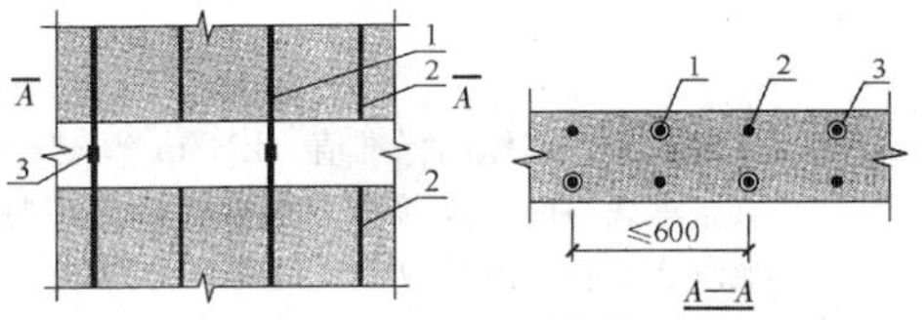

图 5.7.11-2 竖向分布钢筋"梅花形"挤压套筒连接构造示意
1—连接的竖向分布钢筋；2—未连接的竖向分布钢筋；3—挤压套筒

5.7.12 当上下层预制剪力墙竖向钢筋采用浆锚搭接连接时，应符合下列规定：

1 当竖向钢筋非单排连接时，下层预制剪力墙连接钢筋伸入预留灌浆孔道内的长度不应小于 $1.2l_{aE}$（图 5.7.12-1）。

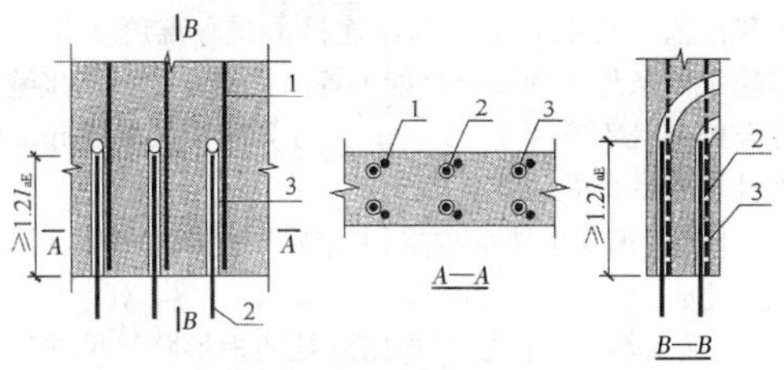

图 5.7.12-1 竖向钢筋浆锚搭接连接构造示意
1—上层预制剪力墙竖向钢筋；2—下层剪力墙竖向钢筋；
3—预留灌浆孔道

2 当竖向分布钢筋采用"梅花形"部分连接时（图 5.7.12-2），应符合本标准第 5.7.10 条第 1 款的规定。

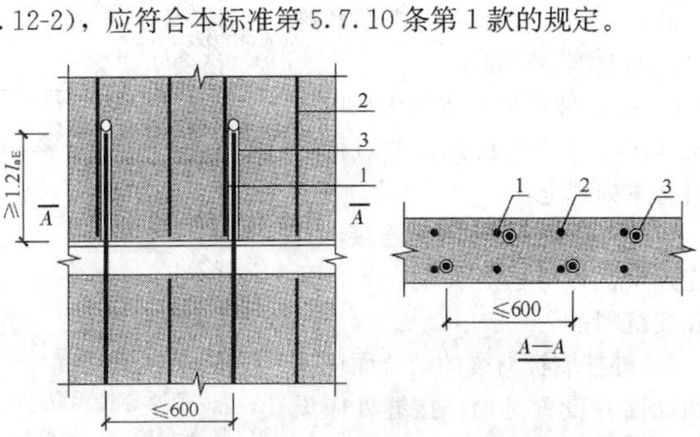

图 5.7.12-2 竖向分布钢筋"梅花形"浆锚搭接连接构造示意
1—连接的竖向分布钢筋；2—未连接的竖向分布钢筋；3—预留灌浆孔道

3 当竖向分布钢筋采用单排连接时（图 5.7.12-3），竖向分布钢筋应符合本标准第 5.4.2 条的规定；剪力墙两侧竖向分布钢筋与配置于墙体厚度中部的连接钢筋搭接连接，连接钢筋位于内、外侧被连接钢筋的中间；连接钢筋受拉承载力不应小于上下层被连接钢筋受拉承载力较大值的 1.1 倍，间距不宜大于 300mm。连接钢筋自下层剪力墙顶算起的埋置长度不应小于 $1.2l_{aE}+b_w/2$（b_w 为墙体厚度），自上层预制墙体底部伸入预留灌浆孔道内的长度不应小于 $1.2l_{aE}+b_w/2$，l_{aE}按连接钢筋直径计算。钢筋连接长度范围内应配置拉筋，同一连接接头内的拉筋配筋面积不应小于连接钢筋的面积；拉筋沿竖向的间距不应大于水平分布钢筋间距，且不宜大于 150mm；拉筋沿水平方向的肢距不应大于竖向分布钢筋间距，直径不应小于 6mm；拉筋应紧靠连接钢筋，并钩住最外层分布钢筋。

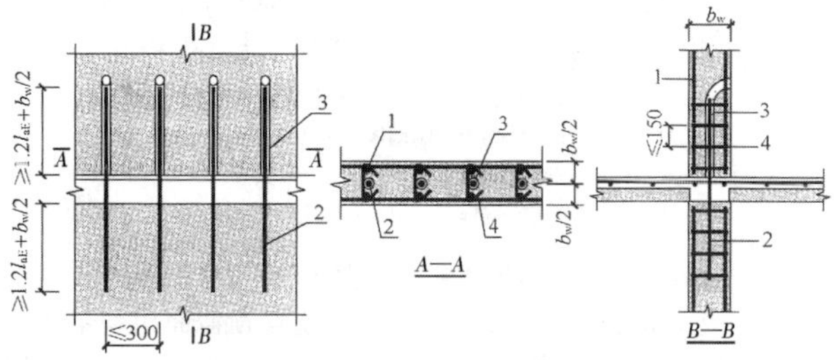

图 5.7.12-3 竖向分布钢筋单排浆锚搭接连接构造示意
1—上层预制剪力墙竖向钢筋；2—下层剪力墙连接钢筋；
3—预留灌浆孔道；4—拉筋

5.8 多层装配式墙板结构

5.8.1 本节适用于抗震设防类别为丙类的多层装配式墙板住宅结构设计，本章未作规定的，应符合现行行业标准《装配式混凝土结构技术规程》JGJ 1 中多层剪力墙结构设计章节的有关规定。

5.8.2 多层装配式墙板结构的最大适用层数和最大适用高度应符合表 5.8.2 的规定。

表 5.8.2 多层装配式墙板结构的最大适用层数和最大适用高度

设防烈度	6 度	7 度	8 度（0.2g）
最大适用层数	9	8	7
最大适用高度（m）	28	24	21

5.8.3 多层装配式墙板结构的高宽比不宜超过表 5.8.3 的数值。

表 5.8.3 多层装配式墙板结构适用的最大高宽比

设防烈度	6 度	7 度	8 度（0.2g）
最大高宽比	3.5	3.0	2.5

5.8.4 多层装配式墙板结构设计应符合下列规定：

1 结构抗震等级在设防烈度为 8 度时取三级，设防烈度 6、7 度时取四级；

2 预制墙板厚度不宜小于 140mm，且不宜小于层高的 1/25；

3 预制墙板的轴压比，三级时不应大于 0.15，四级时不应大于 0.2；轴压比计算时，墙体混凝土强度等级超过 C40，按 C40 计算。

5.8.5 多层装配式墙板结构的计算应符合下列规定：

1 可采用弹性方法进行结构分析，并应按结构实际情况建立分析模型；在计算中应考虑接缝连接方式的影响。

2 采用水平锚环灌浆连接墙体可作为整体构件考虑，结构刚度宜乘以 0.85～0.95 的折减系数。

3 墙肢底部的水平接缝可按照整体式接缝进行设计，并取墙肢底部的剪力进行水平接缝的受剪承载力验算。

4 在风荷载或多遇地震作用下，按弹性方法计算的楼层层间最大水平位移与层高之比 $\Delta u_e/h$ 不宜大于 1/1200。

5.8.6 多层装配式墙板结构纵横墙板交接处及楼层内相邻承重

墙板之间可采用水平钢筋锚环灌浆连接（图 5.8.6），并应符合下列规定：

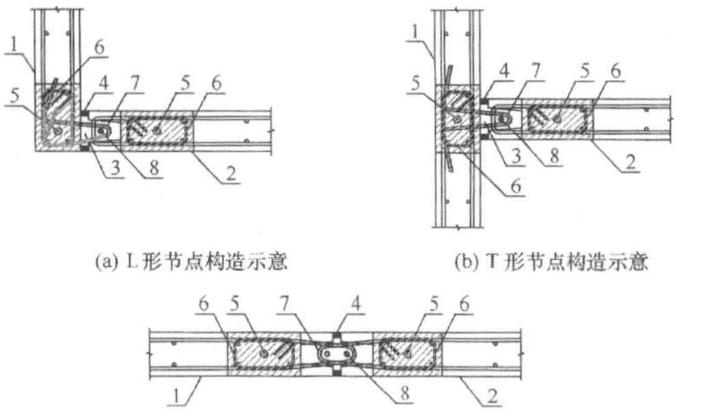

(a) L形节点构造示意 (b) T形节点构造示意

(c) 一字形节点构造示意

图 5.8.6 水平钢筋锚环灌浆连接构造示意

1—纵向预制墙体；2—横向预制墙体；3—后浇段；4—密封条；5—边缘构件纵向受力钢筋；6—边缘构件箍筋；7—预留水平钢筋锚环；8—节点后插纵筋

1 应在交接处的预制墙板边缘设置构造边缘构件。

2 竖向接缝处应设置后浇段，后浇段横截面面积不宜小于 $0.01m^2$，且截面边长不宜小于 80mm；后浇段应采用水泥基灌浆料灌实，水泥基灌浆料强度不应低于预制墙板混凝土强度等级。

3 预制墙板侧边应预留水平钢筋锚环，锚环钢筋直径不应小于预制墙板水平分布筋直径，锚环间距不应大于预制墙板水平分布筋间距；同一竖向接缝左右两侧预制墙板预留水平钢筋锚环的竖向间距不宜大于 $4d$，且不应大于 50mm（d 为水平钢筋锚环的直径）；水平钢筋锚环在墙板内的锚固长度应满足现行国家标准《混凝土结构设计规范》GB 50010 的有关规定；竖向接缝内应配置截面面积不小于 $200mm^2$ 的节点后插纵筋，且应插入墙板侧边的钢筋锚环内；上下层节点后插筋可不连接。

5.8.7 预制墙板应在水平或竖向尺寸大于 800mm 的洞边、一字墙墙体端部、纵横墙交接处设置构造边缘构件，并应满足下列要求：

1 采用配置钢筋的构造边缘构件时，应符合下列规定：

1）构造边缘构件截面高度不宜小于墙厚，且不宜小于 200mm，截面宽度同墙厚。

2）构造边缘构件内应配置纵向受力钢筋、箍筋、箍筋架立筋，构造边缘构件的纵向钢筋除应满足设计要求外，尚应满足表 5.8.7 的要求。

3）上下层构造边缘构件纵向受力钢筋应直接连接，可采用灌浆套筒连接、浆锚搭接连接、焊接连接或型钢连接件连接；箍筋架立筋可不伸出预制墙板表面。

2 采用配置型钢的构造边缘构件时，应符合下列规定：

1）可由计算和构造要求得到钢筋面积并按等强度计算相应的型钢截面。

2）型钢应在水平缝位置采用焊接或螺栓连接等方式可靠连接。

3）型钢为一字形或开口截面时，应设置箍筋和箍筋架立筋，配筋量应满足表 5.8.7 的要求。

4）当型钢为钢管时，钢管内应设置竖向钢筋并采用灌浆料填实。

表 5.8.7 构造边缘构件的构造配筋要求

抗震等级	底层				其他层			
	纵筋最小量	箍筋架立筋最小量	箍筋（mm）		纵筋最小量	箍筋架立筋最小量	箍筋（mm）	
			最小直径	最大间距			最小直径	最大间距
三级	1ϕ25	4ϕ10	6	150	1ϕ22	4ϕ8	6	200
四级	1ϕ22	4ϕ8	6	200	1ϕ20	4ϕ8	6	250

5.9 外挂墙板设计

5.9.1 在正常使用状态下，外挂墙板应具有良好的工作性能。外挂墙板在多遇地震作用下应能正常使用；在设防烈度地震作用下经修理后应仍可使用；在预估的罕遇地震作用下不应整体脱落。

5.9.2 外挂墙板与主体结构的连接节点应具有足够的承载力和适应主体结构变形的能力。外挂墙板和连接节点的结构分析、承载力计算和构造要求应符合国家现行标准《混凝土结构设计规范》GB 50010 和《装配式混凝土结构技术规程》JGJ 1 的有关规定。

5.9.3 抗震设计时，外挂墙板与主体结构的连接节点在墙板平面内应具有不小于主体结构在设防烈度地震作用下弹性层间位移角 3 倍的变形能力。

5.9.4 主体结构计算时，应按下列规定计入外挂墙板的影响：

1 应计入支承于主体结构的外挂墙板的自重；

2 当外挂墙板相对于其支承构件有偏心时，应计入外挂墙板重力荷载偏心产生的不利影响；

3 采用点支承与主体结构相连的外挂墙板，连接节点具有适应主体结构变形的能力时，可不计入其刚度影响；

4 采用线支承与主体结构相连的外挂墙板，应根据刚度等代原则计入其刚度影响，但不得考虑外挂墙板的有利影响。

5.9.5 计算外挂墙板的地震作用标准值时，可采用等效侧力法，并应按下式计算：

$$q_{Ek} = \beta_E \alpha_{max} G_k / A \tag{5.9.5}$$

式中：q_{Ek}——分布水平地震作用标准值（kN/m^2），当验算连接节点承载力时，连接节点地震作用效应标准值应乘以 2.0 的增大系数；

β_E——动力放大系数，不应小于 5.0；

α_{max}——水平多遇地震影响系数最大值，应符合现行国家标准《建筑抗震设计规范》GB 50011 的有关规定；

G_k——外挂墙板的重力荷载标准值（kN）；

A——外挂墙板的平面面积（m^2）。

5.9.6 外挂墙板的形式和尺寸应根据建筑立面造型、主体结构层间位移限值、楼层高度、节点连接形式、温度变化、接缝构造、运输限制条件和现场起吊能力等因素确定；板间接缝宽度应根据计算确定且不宜小于 10mm；当计算缝宽大于 30mm 时，宜调整外挂墙板的形式或连接方式。

5.9.7 外挂墙板与主体结构采用点支承连接时，节点构造应符合下列规定：

1 连接点数量和位置应根据外挂墙板形状、尺寸确定，连接点不应少于 4 个，承重连接点不应多于 2 个；

2 在外力作用下，外挂墙板相对主体结构在墙板平面内应能水平滑动或转动；

3 连接件的滑动孔尺寸应根据穿孔螺栓直径、变形能力需求和施工允许偏差等因素确定。

5.9.8 外挂墙板与主体结构采用线支承连接时（图 5.9.8），节点构造应符合下列规定：

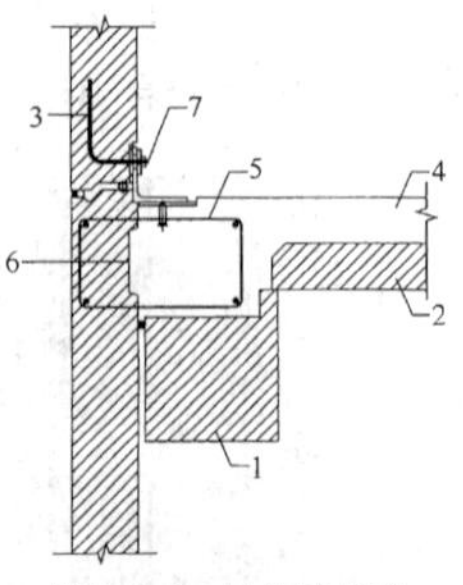

图 5.9.8 外挂墙板线支承连接示意

1—预制梁；2—预制板；3—预制外挂墙板；4—后浇混凝土；5—连接钢筋；6—剪力键槽；7—面外限位连接件

1 外挂墙板顶部与梁连接，且固定连接区段应避开梁端 1.5 倍梁高长度范围；

2 外挂墙板与梁的结合面应采用粗糙面并设置键槽；接缝处应设置连接钢筋，连接钢筋数量应经过计算确定且钢筋直径不宜小于 10mm，间距不宜大于 200mm；连接钢筋在外挂墙板和楼面梁后浇混凝土中的锚固应符合现行国家标准《混凝土结构设计规范》GB 50010的有关规定；

3 外挂墙板的底端应设置不少于2个仅对墙板有平面外约束的连接节点；

4 外挂墙板的侧边不应与主体结构连接。

5.9.9 外挂墙板不应跨越主体结构的变形缝。主体结构变形缝两侧的外挂墙板的构造缝应能适应主体结构的变形要求，宜采用柔性连接设计或滑动型连接设计，并采取易于修复的构造措施。

6 外围护系统设计

6.1 一般规定

6.1.1 装配式混凝土建筑应合理确定外围护系统的设计使用年限，住宅建筑的外围护系统的设计使用年限应与主体结构相协调。

6.1.2 外围护系统的立面设计应综合装配式混凝土建筑的构成条件、装饰颜色与材料质感等设计要求。

6.1.3 外围护系统的设计应符合模数化、标准化的要求，并满足建筑立面效果、制作工艺、运输及施工安装的条件。

6.1.4 外围护系统设计应包括下列内容：

1 外围护系统的性能要求；

2 外墙板及屋面板的模数协调要求；

3 屋面结构支承构造节点；

4 外墙板连接、接缝及外门窗洞口等构造节点；

5 阳台、空调板、装饰件等连接构造节点。

6.1.5 外围护系统应根据装配式混凝土建筑所在地区的气候条件、使用功能等综合确定抗风性能、抗震性能、耐撞击性能、防火性能、水密性能、气密性能、隔声性能、热工性能和耐久性能要求，屋面系统尚应满足结构性能要求。

6.1.6 外墙系统应根据不同的建筑类型及结构形式选择适宜的系统类型；外墙系统中外墙板可采用内嵌式、外挂式、嵌挂结合等形式，并宜分层悬挂或承托。外墙系统可选用预制外墙、现场组装骨架外墙、建筑幕墙等类型。

6.1.7 外墙系统中外挂墙板应符合本标准第5.9节的规定，其他类型的外墙板应符合下列规定：

1 当主体结构承受50年重现期风荷载或多遇地震作用时，外墙板不得因层间位移而发生塑性变形、板面开裂、零件脱落等损坏；

2 在罕遇地震作用下，外墙板不得掉落。

6.1.8 外墙板与主体结构的连接应符合下列规定：

1 连接节点在保证主体结构整体受力的前提下，应牢固可靠、受力明确、传力简捷、构造合理。

2 连接节点应具有足够的承载力。承载能力极限状态下，连接节点不应发生破坏；当单个连接节点失效时，外墙板不应掉落。

3 连接部位应采用柔性连接方式，连接节点应具有适应主体结构变形的能力。

4 节点设计应便于工厂加工、现场安装就位和调整。

5 连接件的耐久性应满足使用年限要求。

6.1.9 外墙板接缝应符合下列规定：

1 接缝处应根据当地气候条件合理选用构造防水、材料防水相结合的防排水设计；

2 接缝宽度及接缝材料应根据外墙板材料、立面分格、结构层间位移、温度变形等因素综合确定；所选用的接缝材料及构造应满足防水、防渗、抗裂、耐久等要求；接缝材料应与外墙板具有相容性；外墙板在正常使用下，接缝处的弹性密封材料不应破坏；

3 接缝处以及与主体结构的连接处应设置防止形成热桥的构造措施。

6.2 预制外墙

6.2.1 预制外墙用材料应符合下列规定：

1 预制混凝土外墙板用材料应符合现行行业标准《装配式混凝土结构技术规程》JGJ 1的规定；

2 拼装大板用材料包括龙骨、基板、面板、保温材料、密封材料、连接固定材料等，各类材料应符合国家现行相关标准的规定；

3 整体预制条板和复合夹芯条板应符合国家现行相关标准的规定。

6.2.2 露明的金属支撑件及外墙板内侧与主体结构的调整间隙，应采用燃烧性能等级为A级的材料进行封堵，封堵构造的耐火极限不得低于墙体的耐火极限，封堵材料在耐火极限内不得开裂、脱落。

6.2.3 防火性能应按非承重外墙的要求执行，当夹芯保温材料的燃烧性能等级为B_1或B_2级时，内、外叶墙板应采用不燃材料且厚度均不应小于50mm。

6.2.4 块材饰面应采用耐久性好、不易污染的材料；当采用面砖时，应采用反打工艺在工厂内完成，面砖应选择背面设有粘结后防止脱落措施的材料。

6.2.5 预制外墙接缝应符合下列规定：

1 接缝位置宜与建筑立面分格相对应；

2 竖缝宜采用平口或槽口构造，水平缝宜采用企口构造；

3 当板缝空腔需设置导水管排水时，板缝内侧应增设密封构造；

4 宜避免接缝跨越防火分区；当接缝跨越防火分区时，接缝室内侧应采用耐火材料封堵。

6.2.6 蒸压加气混凝土外墙板的性能、连接构造、板缝构造、内外面层做法等要求应符合现行行业标准《蒸压加气混凝土建筑应用技术规程》JGJ/T 17的相关规定，并符合下列规定：

1 可采用拼装大板、横条板、竖条板的构造形式；

2 当外围护系统需同时满足保温、隔热要求时，板厚应满足保温或隔热要求的较大值；

3 可根据技术条件选择钩头螺栓法、滑动螺栓法、内置锚法、摇摆型工法等安装方式；

4 外墙室外侧板面及有防潮要求的外墙室内侧板面应用专用防水界面剂进行封闭处理。

6.3 现场组装骨架外墙

6.3.1 骨架应具有足够的承载能力、刚度和稳定性，并应与主体结构有可靠连接；骨架应进行整体及连接节点验算。

6.3.2 墙内敷设电气线路时，应对其进行穿管保护。

6.3.3 现场组装骨架外墙宜根据基层墙板特点及形式进行墙面整体防水。

6.3.4 金属骨架组合外墙应符合下列规定：

1 金属骨架应设置有效的防腐蚀措施；

2 骨架外部、中部和内部可分别设置防护层、隔离层、保温隔汽层和内饰层，并根据使用条件设置防水透气材料、空气间层、反射材料、结构蒙皮材料和隔汽材料等。

6.3.5 木骨架组合外墙应符合下列规定：

1 材料种类、连接构造、板缝构造、内外面层做法等要求应符合现行国家标准《木骨架组合墙体技术规范》GB/T 50361 的相关规定；

2 木骨架组合外墙与主体结构之间应采用金属连接件进行连接；

3 内侧墙面材料宜采用普通型、耐火型或防潮型纸面石膏板，外侧墙面材料宜采用防潮型纸面石膏板或水泥纤维板材等材料；

4 保温隔热材料宜采用岩棉或玻璃棉等；

5 隔声吸声材料宜采用岩棉、玻璃棉或石膏板材等；

6 填充材料的燃烧性能等级应为A级。

6.4 建筑幕墙

6.4.1 装配式混凝土建筑应根据建筑物的使用要求、建筑造型，合理选择幕墙形式，宜采用单元式幕墙系统。

6.4.2 幕墙应根据面板材料的不同，选择相应的幕墙结构、配套材料和构造方式等。

6.4.3 幕墙与主体结构的连接设计应符合下列规定：

1 应具有适应主体结构层间变形的能力；

2 主体结构中连接幕墙的预埋件、锚固件应能承受幕墙传递的荷载和作用，连接件与主体结构的锚固承载力设计值应大于连接件本身的承载力设计值。

6.4.4 玻璃幕墙的设计应符合现行行业标准《玻璃幕墙工程技术规范》JGJ 102 的相关规定。

6.4.5 金属与石材幕墙的设计应符合现行行业标准《金属与石材幕墙工程技术规范》JGJ 133 的相关规定。

6.4.6 人造板材幕墙的设计应符合现行行业标准《人造板材幕墙工程技术规范》JGJ 336 的相关规定。

6.5 外门窗

6.5.1 外门窗应采用在工厂生产的标准化系列部品，并应采用带有批水板等的外门窗配套系列部品。

6.5.2 外门窗应可靠连接，门窗洞口与外门窗框接缝处的气密性能、水密性能和保温性能不应低于外门窗的有关性能。

6.5.3 预制外墙中外门窗宜采用企口或预埋件等方法固定，外门窗可采用预装法或后装法设计，并满足下列要求：

1 采用预装法时，外门窗框应在工厂与预制外墙整体成型；

2 采用后装法时，预制外墙的门窗洞口应设置预埋件。

6.5.4 铝合金门窗的设计应符合现行行业标准《铝合金门窗工程技术规范》JGJ 214 的相关规定。

6.5.5 塑料门窗的设计应符合现行行业标准《塑料门窗工程技术规程》JGJ 103 的相关规定。

6.6 屋面

6.6.1 屋面应根据现行国家标准《屋面工程技术规范》GB 50345 中规定的屋面防水等级进行防水设防，并应具有良好的排水功能，宜设置有组织排水系统。

6.6.2 太阳能系统应与屋面进行一体化设计，电气性能应满足国家现行标准《民用建筑太阳能热水系统应用技术规范》GB 50364、《民用建筑太阳能光伏系统应用技术规范》JGJ 203 的相关规定。

6.6.3 采光顶与金属屋面的设计应符合现行行业标准《采光顶与金属屋面技术规程》JGJ 255 的相关规定。

7 设备与管线系统设计

7.1 一般规定

7.1.1 装配式混凝土建筑的设备与管线宜与主体结构相分离，应方便维修更换，且不应影响主体结构安全。

7.1.2 装配式混凝土建筑的设备与管线宜采用集成化技术，标准化设计，当采用集成化新技术、新产品时应有可靠依据。

7.1.3 装配式混凝土建筑的设备与管线应合理选型，准确定位。

7.1.4 装配式混凝土建筑的设备和管线设计应与建筑设计同步进行，预留预埋应满足结构专业相关要求，不得在安装完成后的预制构件上剔凿沟槽、打孔开洞等。穿越楼板管线较多且集中的区域可采用现浇楼板。

7.1.5 装配式混凝土建筑的设备与管线设计宜采用建筑信息模型（BIM）技术，当进行碰撞检查时，应明确被检测模型的精细度、碰撞检测范围及规则。

7.1.6 装配式混凝土建筑的部品与配管连接、配管与主管道连接及部品间连接应采用标准化接口，且应方便安装使用维护。

7.1.7 装配式混凝土建筑的设备与管线宜在架空层或吊顶内设置。

7.1.8 公共管线、阀门、检修口、计量仪表、电表箱、配电箱、智能化配线箱等，应统一集中设置在公共区域。

7.1.9 装配式混凝土建筑的设备与管线穿越楼板和墙体时，应采取防水、防火、隔声、密封等措施，防火封堵应符合现行国家标准《建筑设计防火规范》GB 50016 的有关规定。

7.1.10 装配式混凝土建筑的设备与管线的抗震设计应符合现行国家标准《建筑机电工程抗震设计规范》GB 50981 的有关规定。

7.2 给 水 排 水

7.2.1 装配式混凝土建筑冲厕宜采用非传统水源，水质应符合现行国家标准《城市污水再生利用　城市杂用水水质》GB/T 18920 的有关规定。

7.2.2 装配式混凝土建筑的给水系统设计应符合下列规定：

1 给水系统配水管道与部品的接口形式及位置应便于检修更换，并应采取措施避免结构或温度变形对给水管道接口产生影响；

2 给水分水器与用水器具的管道接口应一对一连接，在架空层或吊顶内敷设时，中间不得有连接配件，分水器设置位置应便于检修，并宜有排水措施；

3 宜采用装配式的管线及其配件连接；

4 敷设在吊顶或楼地面架空层的给水管道应采取防腐蚀、隔声减噪和防结露等措施。

7.2.3 装配式混凝土建筑的排水系统宜采用同层排水技术，同层排水管道敷设在架空层时，宜设积水排出措施。

7.2.4 装配式混凝土建筑的太阳能热水系统应与建筑一体化设计。

7.2.5 装配式混凝土建筑应选用耐腐蚀、使用寿命长、降噪性能好、便于安装及维修的管材、管件，以及连接可靠、密封性能好的管道阀门设备。

7.3 供暖、通风、空调及燃气

7.3.1 装配式混凝土建筑的室内通风设计应符合国家现行标准《民用建筑供暖通风与空气调节设计规范》GB 50736 和《建筑通风效果测试与评价标准》JGJ/T 309 的有关规定。

7.3.2 装配式混凝土建筑应采用适宜的节能技术，维持良好的热舒适性，降低建筑能耗，减少环境污染，并充分利用自然通风。

7.3.3 装配式混凝土建筑的通风、供暖和空调等设备均应选用能效比高的节能型产品，以降低能耗。

7.3.4 供暖系统宜采用适宜于干式工法施工的低温地板辐射供暖产品。

7.3.5 当墙板或楼板上安装供暖与空调设备时，其连接处应采取加强措施。

7.3.6 采用集成式卫生间或采用同层排水架空地板时，不宜采用低温地板辐射供暖系统。

7.3.7 装配式混凝土建筑的暖通空调、防排烟设备及管线系统应协同设计，并应可靠连接。

7.3.8 装配式混凝土建筑的燃气系统设计应符合现行国家标准《城镇燃气设计规范》GB 50028 的有关规定。

7.4 电气和智能化

7.4.1 装配式混凝土建筑的电气和智能化设备与管线的设计，应满足预制构件工厂化生产、施工安装及使用维护的要求。

7.4.2 装配式混凝土建筑的电气和智能化设备与管线设置及安装应符合下列规定：

1 电气和智能化系统的竖向主干线应在公共区域的电气竖井内设置；

2 配电箱、智能化配线箱不宜安装在预制构件上；

3 当大型灯具、桥架、母线、配电设备等安装在预制构件上时，应采用预留预埋件固定；

4 设置在预制构件上的接线盒、连接管等应做预留，出线口和接线盒应准确定位；

5 不应在预制构件受力部位和节点连接区域设置孔洞及接线盒，隔墙两侧的电气和智能化设备不应直接连通设置。

7.4.3 装配式混凝土建筑的防雷设计应符合下列规定：

1 当利用预制剪力墙、预制柱内的部分钢筋作为防雷引下线时，预制构件内作为防雷引下线的钢筋，应在构件接缝处作可靠的电气连接，并在构件接缝处预留施工空间及条件，连接部位应有永久性明显标记；

2 建筑外墙上的金属管道、栏杆、门窗等金属物需要与防雷装置连接时，应与相关预制构件内部的金属件连接成电气通路；

3 设置等电位连接的场所，各构件内的钢筋应作可靠的电气连接，并与等电位连接箱连通。

8 内装系统设计

8.1 一 般 规 定

8.1.1 装配式混凝土建筑的内装设计应遵循标准化设计和模数协调的原则，宜采用建筑信息模型（BIM）技术与结构系统、外围护系统、设备管线系统进行一体化设计。

8.1.2 装配式混凝土建筑的内装设计应满足内装部品的连接、检修更换和设备及管线使用年限的要求，宜采用管线分离。

8.1.3 装配式混凝土建筑宜采用工业化生产的集成化部品进行装配式装修。

8.1.4 装配式混凝土建筑的内装部品与室内管线应与预制构件的深化设计紧密配合，预留接口位置应准确到位。

8.1.5 装配式混凝土建筑应在内装设计阶段对部品进行统一编号，在生产、安装阶段按编号实施。

8.1.6 装配式混凝土建筑的内装设计应符合国家现行标准《建筑内部装修设计防火规范》GB 50222、《民用建筑工程室内环境污染控制规范》GB 50325、《民用建筑隔声设计规范》GB 50118 和《住宅室内装饰装修设计规范》JGJ 367 等的相关规定。

8.2 内装部品设计选型

8.2.1 装配式混凝土建筑应在建筑设计阶段对轻质隔墙系统、吊顶系统、楼地面系统、墙面系统、集成式厨房、集成式卫生间、内门窗等进行部品设计选型。

8.2.2 内装部品应与室内管线进行集成设计，并应满足干式工法的要求。

8.2.3 内装部品应具有通用性和互换性。

8.2.4 轻质隔墙系统设计应符合下列规定：

1 宜结合室内管线的敷设进行构造设计，避免管线安装和维修更换对墙体造成破坏；

2 应满足不同功能房间的隔声要求；

3 应在吊挂空调、画框等部位设置加强板或采取其他可靠加固措施。

8.2.5 吊顶系统设计应满足室内净高的需求，并应符合下列规定：

1 宜在预制楼板（梁）内预留吊顶、桥架、管线等安装所需预埋件；

2 应在吊顶内设备管线集中部位设置检修口。

8.2.6 楼地面系统宜选用集成化部品系统，并符合下列规定：

1 楼地面系统的承载力应满足房间使用要求；

2 架空地板系统宜设置减振构造；

3 架空地板系统的架空高度应根据管径尺寸、敷设路径、设置坡度等确定，并应设置检修口。

8.2.7 墙面系统宜选用具有高差调平作用的部品，并应与室内管线进行集成设计。

8.2.8 集成式厨房设计应符合下列规定：

1 应合理设置洗涤池、灶具、操作台、排油烟机等设施，并预留厨房电气设施的位置和接口；

2 应预留燃气热水器及排烟管道的安装及留孔条件；

3 给水排水、燃气管线等应集中设置、合理定位，并在连接处设置检修口。

8.2.9 集成式卫生间设计应符合下列规定：

1 宜采用干湿分离的布置方式；

2 应综合考虑洗衣机、排气扇（管）、暖风机等的设置；

3 应在给水排水、电气管线等连接处设置检修口；

4 应做等电位连接。

8.3 接口与连接

8.3.1 装配式混凝土建筑的内装部品、室内设备管线与主体结构的连接应符合下列规定：

1 在设计阶段宜明确主体结构的开洞尺寸及准确定位；

2 宜采用预留预埋的安装方式；当采用其他安装固定方法时，不应影响预制构件的完整性与结构安全。

8.3.2 内装部品接口应做到位置固定，连接合理，拆装方便，使用可靠。

8.3.3 轻质隔墙系统的墙板接缝处应进行密封处理；隔墙端部与结构系统应有可靠连接。

8.3.4 门窗部品收口部位宜采用工厂化门窗套。

8.3.5 集成式卫生间采用防水底盘时，防水底盘的固定安装不应破坏结构防水层；防水底盘与壁板、壁板与壁板之间应有可靠连接设计，并保证水密性。

9 生产运输

9.1 一般规定

9.1.1 生产单位应具备保证产品质量要求的生产工艺设施、试验检测条件，建立完善的质量管理体系和制度，并宜建立质量可追溯的信息化管理系统。

9.1.2 预制构件生产前，应由建设单位组织设计、生产、施工单位进行设计文件交底和会审。必要时，应根据批准的设计文件、拟定的生产工艺、运输方案、吊装方案等编制加工详图。

9.1.3 预制构件生产前应编制生产方案，生产方案宜包括生产计划及生产工艺、模具方案及计划、技术质量控制措施、成品存放、运输和保护方案等。

9.1.4 生产单位的检测、试验、张拉、计量等设备及仪器仪表均应检定合格，并应在有效期内使用。不具备试验能力的检验项目，应委托第三方检测机构进行试验。

9.1.5 预制构件生产宜建立首件验收制度。

9.1.6 预制构件的原材料质量、钢筋加工和连接的力学性能、混凝土强度、构件结构性能、装饰材料、保温材料及拉结件的质量等均应根据国家现行有关标准进行检查和检验，并应具有生产操作规程和质量检验记录。

9.1.7 预制构件生产的质量检验应按模具、钢筋、混凝土、预应力、预制构件等检验进行。预制构件的质量评定应根据钢筋、混凝土、预应力、预制构件的试验、检验资料等项目进行。当上述各检验项目的质量均合格时，方可评定为合格产品。

9.1.8 预制构件和部品生产中采用新技术、新工艺、新材料、新设备时，生产单位应制定专门的生产方案；必要时进行样品试制，经检验合格后方可实施。

9.1.9 预制构件和部品经检查合格后，宜设置表面标识。预制构件和部品出厂时，应出具质量证明文件。

9.2 原材料及配件

9.2.1 原材料及配件应按照国家现行有关标准、设计文件及合同约定进行进厂检验。检验批划分应符合下列规定：

1 预制构件生产单位将采购的同一厂家同批次材料、配件及半成品用于生产不同工程的预制构件时，可统一划分检验批；

2 获得认证的或来源稳定且连续三批均一次检验合格的原材料及配件，进场检验时检验批的容量可按本标准的有关规定扩大一倍，且检验批容量仅可扩大一倍。扩大检验批后的检验中，出现不合格情况时，应按扩大前的检验批容量重新验收，且该种原材料或配件不得再次扩大检验批容量。

9.2.2 钢筋进厂时，应全数检查外观质量，并应按国家现行有关标准的规定抽取试件做屈服强度、抗拉强度、伸长率、弯曲性能和重量偏差检验，检验结果应符合相关标准的规定，检查数量应按进厂批次和产品的抽样检验方案确定。

9.2.3 成型钢筋进厂检验应符合下列规定：

1 同一厂家、同一类型且同一钢筋来源的成型钢筋，不超过30t为一批，每批中每种钢筋牌号、规格均应至少抽取1个钢筋试件，总数不应少于3个，进行屈服强度、抗拉强度、伸长率、外观质量、尺寸偏差和重量偏差检验，检验结果应符合国家现行有关标准的规定；

2 对由热轧钢筋组成的成型钢筋，当有企业或监理单位的代表驻厂监督加工过程并能提供原材料力学性能检验报告时，可仅进行重量偏差检验；

3 成型钢筋尺寸允许偏差应符合本标准第9.4.3条的规定。

9.2.4 预应力筋进厂时，应全数检查外观质量，并应按国家现行相关标准的规定抽取试件做抗拉强度、伸长率检验，其检验结果应符合相关标准的规定，检查数量应按进厂的批次和产品的抽样检验方案确定。

9.2.5 预应力筋锚具、夹具和连接器进厂检验应符合下列规定：

1 同一厂家、同一型号、同一规格且同一批号的锚具不超过2000套为一批，夹具和连接器不超过500套为一批；

2 每批随机抽取2%的锚具（夹具或连接器）且不少于10套进行外观质量和尺寸偏差检验，每批随机抽取3%的锚具（夹具或连接器）且不少于5套对有硬度要求的零件进行硬度检验，经上述两项检验合格后，应从同批锚具中随机抽取6套锚具（夹具或连接器）组成3个预应力锚具组装件，进行静载锚固性能试验；

3 对于锚具用量较少的一般工程，如锚具供应商提供了有效的锚具静载锚固性能试验合格的证明文件，可仅进行外观检查和硬度检验；

4 检验结果应符合现行行业标准《预应力筋用锚具、夹具和连接器应用技术规程》JGJ 85的有关规定。

9.2.6 水泥进厂检验应符合下列规定：

1 同一厂家、同一品种、同一代号、同一强度等级且连续进厂的硅酸盐水泥，袋装水泥不超过200t为一批，散装水泥不超过500t为一批；按批抽取试样进行水泥强度、安定性和凝结时间检验，设计有其他要求时，尚应对相应的性能进行试验，检验结果应符合现行国家标准《通用硅酸盐水泥》GB 175的有关规定；

2 同一厂家、同一强度等级、同白度且连续进厂的白色硅酸盐水泥，不超过50t为一批；按批抽取试样进行水泥强度、安定性和凝结时间检验，设计有其他要求时，尚应对相应的性能进行试验，检验结果应符合现行国家标准《白色硅酸盐水泥》GB/T 2015的有关规定。

9.2.7 矿物掺合料进厂检验应符合下列规定：

1 同一厂家、同一品种、同一技术指标的矿物掺合料，粉煤灰和粒化高炉矿渣粉不超过200t为一批，硅灰不超过30t为一批；

2 按批抽取试样进行细度（比表面积）、需水量比（流动度比）和烧失量（活性指数）试验；设计有其他要求时，尚应对相应的性能进行试验；检验结果应分别符合现行国家标准《用于水泥和混凝土中的粉煤灰》GB/T 1596、《用于水泥和混凝土中的粒化高炉矿渣粉》GB/T 18046和《砂浆和混凝土用硅灰》GB/T 27690的有关规定。

9.2.8 减水剂进厂检验应符合下列规定：

1 同一厂家、同一品种的减水剂，掺量大于1%（含1%）的产品不超过100t为一批，掺量小于1%的产品不超过50t为一批；

2 按批抽取试样进行减水率、1d抗压强度比、固体含量、含水率、pH值和密度试验；

3 检验结果应符合国家现行标准《混凝土外加剂》GB 8076、《混凝土外加剂应用技术规范》GB 50119和《聚羧酸系高性能减水剂》JG/T 223的有关规定。

9.2.9 骨料进厂检验应符合下列规定：

1 同一厂家（产地）且同一规格的骨料，不超过400m^3或600t为一批；

2 天然细骨料按批抽取试样进行颗粒级配、细度模数含泥量和泥块含量试验；机制砂和混合砂应进行石粉含量（含亚甲蓝）试验；再生细骨料还应进行微粉含量、再生胶砂需水量比和表观密度试验；

3 天然粗骨料按批抽取试样进行颗粒级配、含泥量、泥块含量和针片状颗粒含量试验，压碎指标可根据工程需要进行检验；再生粗骨料应增加微粉含量、吸水率、压碎指标和表观密度试验；

4 检验结果应符合国家现行标准《普通混凝土用砂、石质量及检验方法标准》JGJ 52、《混凝土用再生粗骨料》GB/T 25177和《混凝土和砂浆用再生细骨料》GB/T 25176的有关规定。

9.2.10 轻集料进厂检验应符合下列规定：

1 同一类别、同一规格且同密度等级，不超过200m^3为一批；

2 轻细集料按批抽取试样进行细度模数和堆积密度试验，高强轻细集料还应进行强度标号试验；

3 轻粗集料按批抽取试样进行颗粒级配、堆积密度、粒形系数、筒压强度和吸水率试验，高强轻粗集料还应进行强度标号试验；

4 检验结果应符合现行国家标准《轻集料及其试验方法 第1部分：轻集料》GB/T 17431.1的有关规定。

9.2.11 混凝土拌制及养护用水应符合现行行业标准《混凝土用水标准》JGJ 63的有关规定，并应符合下列规定：

1 采用饮用水时，可不检验；

2 采用中水、搅拌站清洗水或回收水时，应对其成分进行检验，同一水源每年至少检验一次。

9.2.12 钢纤维和有机合成纤维应符合设计要求，进厂检验应符合下列规定：

1 用于同一工程的相同品种且相同规格的钢纤维，不超过20t为一批，按批抽取试样进行抗拉强度、弯折性能、尺寸偏差和杂质含量试验；

2 用于同一工程的相同品种且相同规格的合成纤维，不超过50t为一批，按批抽取试样进行纤维抗拉强度、初始模量、断裂伸长率、耐碱性能、分散性相对误差和混凝土抗压强度比试验，增韧纤维还应进行韧性指数和抗冲击次数比试验；

3 检验结果应符合现行行业标准《纤维混凝土应用技术规程》JGJ/T 221的有关规定。

9.2.13 脱模剂应符合下列规定：

1 脱模剂应无毒、无刺激性气味，不应影响混凝土性能和预制构件表面装饰效果；

2 脱模剂应按照使用品种，选用前及正常使用后每年进行一次匀质性和施工性能试验；

3 检验结果应符合现行行业标准《混凝土制品用脱模剂》JC/T 949的有关规定。

9.2.14 保温材料进厂检验应符合下列规定：

1 同一厂家、同一品种且同一规格，不超过5000m^2为一批；

2 按批抽取试样进行导热系数、密度、压缩强度、吸水率和燃烧性能试验；

3 检验结果应符合设计要求和国家现行相关标准的有关规定。

9.2.15 预埋吊件进厂检验应符合下列规定：

1 同一厂家、同一类别、同一规格预埋吊件，不超过10000件为一批；

2 按批抽取试样进行外观尺寸、材料性能、抗拉拔性能等试验；

3 检验结果应符合设计要求。

9.2.16 内外叶墙体拉结件进厂检验应符合下列规定：

1 同一厂家、同一类别、同一规格产品，不超过10000件为一批；

2 按批抽取试样进行外观尺寸、材料性能、力学性能检验，检验结果应符合设计要求。

9.2.17 灌浆套筒和灌浆料进厂检验应符合现行行业标准《钢筋套筒灌浆连接应用技术规程》JGJ 355的有关规定。

9.2.18 钢筋浆锚连接用镀锌金属波纹管进厂检验应符合下列规定：

1 应全数检查外观质量，其外观应清洁，内外表面应无锈蚀、油污、附着物、孔洞，不应有不规则褶皱，咬口应无开裂、脱扣；

2 应进行径向刚度和抗渗漏性能检验，检查数量应按进场的批次和产品的抽样检验方案确定；

3 检验结果应符合现行行业标准《预应力混凝土用金属波纹管》JG 225的规定。

9.3 模 具

9.3.1 预制构件生产应根据生产工艺、产品类型等制定模具方案，应建立健全模具验收、使用制度。

9.3.2 模具应具有足够的强度、刚度和整体稳固性，并应符合下列规定：

1 模具应装拆方便，并应满足预制构件质量、生产工艺和周转次数等要求；

2 结构造型复杂、外型有特殊要求的模具应制作样板，经检验合格后方可批量制作；

3 模具各部件之间应连接牢固，接缝应紧密，附带的埋件或工装应定位准确，安装牢固；

4 用作底模的台座、胎模、地坪及铺设的底板等应平整光洁，不得有下沉、裂缝、起砂和起鼓；

5 模具应保持清洁，涂刷脱模剂、表面缓凝剂时应均匀、无漏刷、无堆积，且不得沾污钢筋，不得影响预制构件外观效果；

6 应定期检查侧模、预埋件和预留孔洞定位措施的有效性；应采取防止模具变形和锈蚀的措施；重新启用的模具应检验合格后方可使用；

7 模具与平模台间的螺栓、定位销、磁盒等固定方式应可靠，防止混凝土振捣成型时造成模具偏移和漏浆。

9.3.3 除设计有特殊要求外，预制构件模具尺寸偏差和检验方法应符合表9.3.3的规定。

表9.3.3 预制构件模具尺寸允许偏差和检验方法

项次	检验项目、内容		允许偏差（mm）	检验方法
1	长度	≤6m	1，−2	用尺量平行构件高度方向，取其中偏差绝对值较大处
		>6m且≤12m	2，−4	
		>12m	3，−5	
2	宽度、高（厚）度	墙板	1，−2	用尺测量两端或中部，取其中偏差绝对值较大处
3		其他构件	2，−4	
4	底模表面平整度		2	用2m靠尺和塞尺量
5	对角线差		3	用尺量对角线
6	侧向弯曲		$L/1500$ 且≤5	拉线，用钢尺量测侧向弯曲最大处
7	翘曲		$L/1500$	对角拉线测量交点间距离值的两倍
8	组装缝隙		1	用塞片或塞尺量测，取最大值
9	端模与侧模高低差		1	用钢尺量

注：L 为模具与混凝土接触面中最长边的尺寸。

9.3.4 构件上的预埋件和预留孔洞宜通过模具进行定位，并安装牢固，其安装偏差应符合表9.3.4的规定。

表9.3.4 模具上预埋件、预留孔洞安装允许偏差

项次	检验项目		允许偏差（mm）	检验方法
1	预埋钢板、建筑幕墙用槽式预埋组件	中心线位置	3	用尺量测纵横两个方向的中心线位置，取其中较大值
		平面高差	±2	钢直尺和塞尺检查
2	预埋管、电线盒、电线管水平和垂直方向的中心线位置偏移、预留孔、浆锚搭接预留孔（或波纹管）		2	用尺量测纵横两个方向的中心线位置，取其中较大值
3	插筋	中心线位置	3	用尺量测纵横两个方向的中心线位置，取其中较大值
		外露长度	+10，0	用尺量测

续表 9.3.4

项次	检验项目		允许偏差（mm）	检验方法
4	吊环	中心线位置	3	用尺量测纵横两个方向的中心线位置，取其中较大值
		外露长度	0，−5	用尺量测
5	预埋螺栓	中心线位置	2	用尺量测纵横两个方向的中心线位置，取其中较大值
		外露长度	+5，0	用尺量测
6	预埋螺母	中心线位置	2	用尺量测纵横两个方向的中心线位置，取其中较大值
		平面高差	±1	钢直尺和塞尺检查
7	预留洞	中心线位置	3	用尺量测纵横两个方向的中心线位置，取其中较大值
		尺寸	+3，0	用尺量测纵横两个方向尺寸，取其中较大值
8	灌浆套筒及连接钢筋	灌浆套筒中心线位置	1	用尺量测纵横两个方向的中心线位置，取其中较大值
		连接钢筋中心线位置	1	用尺量测纵横两个方向的中心线位置，取其中较大值
		连接钢筋外露长度	+5，0	用尺量测

9.3.5 预制构件中预埋门窗框时，应在模具上设置限位装置进行固定，并应逐件检验。门窗框安装偏差和检验方法应符合表9.3.5的规定。

表9.3.5 门窗框安装允许偏差和检验方法

项目		允许偏差（mm）	检验方法
锚固脚片	中心线位置	5	钢尺检查
	外露长度	+5，0	钢尺检查
门窗框位置		2	钢尺检查
门窗框高、宽		±2	钢尺检查
门窗框对角线		±2	钢尺检查
门窗框的平整度		2	靠尺检查

9.4 钢筋及预埋件

9.4.1 钢筋宜采用自动化机械设备加工，并应符合现行国家标准《混凝土结构工程施工规范》GB 50666的有关规定。

9.4.2 钢筋连接除应符合现行国家标准《混凝土结构工程施工规范》GB 50666的有关规定外，尚应符合下列规定：

1 钢筋接头的方式、位置、同一截面受力钢筋的接头百分率、钢筋的搭接长度及锚固长度等应符合设计要求或国家现行有关标准的规定；

2 钢筋焊接接头、机械连接接头和套筒灌浆连接接头均应进行工艺检验，试验结果合格后方可进行预制构件生产；

3 螺纹接头和半灌浆套筒连接接头应使用专用扭力扳手拧紧至规定扭力值；

4 钢筋焊接接头和机械连接接头应全数检查外观质量；

5 焊接接头、钢筋机械连接接头、钢筋套筒灌浆连接接头力学性能应符合现行行业标准《钢筋焊接及验收规程》JGJ 18、《钢筋机械连接技术规程》JGJ 107和《钢筋套筒灌浆连接应用技术规程》JGJ 355的有关规定。

9.4.3 钢筋半成品、钢筋网片、钢筋骨架和钢筋桁架应检查合格后方可进行安装，并应符合下列规定：

1 钢筋表面不得有油污，不应严重锈蚀。

2 钢筋网片和钢筋骨架宜采用专用吊架进行吊运。

3 混凝土保护层厚度应满足设计要求。保护层垫块宜与钢筋骨架或网片绑扎牢固，按梅花状布置，间距满足钢筋限位及控制变形要求，钢筋绑扎丝甩扣应弯向构件内侧。

4 钢筋成品的尺寸偏差应符合表 9.4.3-1 的规定，钢筋桁架的尺寸偏差应符合表 9.4.3-2 的规定。

表 9.4.3-1 钢筋成品的允许偏差和检验方法

项目			允许偏差（mm）	检验方法
钢筋网片	长、宽		±5	钢尺检查
	网眼尺寸		±10	钢尺量连续三挡，取最大值
	对角线		5	钢尺检查
	端头不齐		5	钢尺检查
钢筋骨架	长		0，−5	钢尺检查
	宽		±5	钢尺检查
	高（厚）		±5	钢尺检查
	主筋间距		±10	钢尺量两端、中间各一点，取最大值
	主筋排距		±5	钢尺量两端、中间各一点，取最大值
	箍筋间距		±10	钢尺量连续三挡，取最大值
	弯起点位置		15	钢尺检查
	端头不齐		5	钢尺检查
	保护层	柱、梁	±5	钢尺检查
		板、墙	±3	钢尺检查

表 9.4.3-2 钢筋桁架尺寸允许偏差

项次	检验项目	允许偏差（mm）
1	长度	总长度的±0.3%，且不超过±10
2	高度	+1，−3
3	宽度	±5
4	扭翘	≤5

9.4.4 预埋件用钢材及焊条的性能应符合设计要求。预埋件加工偏差应符合表 9.4.4 的规定。

表 9.4.4 预埋件加工允许偏差

项次	检验项目		允许偏差（mm）	检验方法
1	预埋件锚板的边长		0，−5	用钢尺量测
2	预埋件锚板的平整度		1	用直尺和塞尺量测
3	锚筋	长度	10，−5	用钢尺量测
		间距偏差	±10	用钢尺量测

9.5 预应力构件

9.5.1 预制预应力构件生产应编制专项方案，并应符合现行国家标准《混凝土结构工程施工规范》GB 50666 的有关规定。

9.5.2 预应力张拉台座应进行专项施工设计，并应具有足够的承载力、刚度及整体稳固性，应能满足各阶段施工荷载和施工工艺的要求。

9.5.3 预应力筋下料应符合下列规定：

1 预应力筋的下料长度应根据台座的长度、锚夹具长度等经过计算确定；

2 预应力筋应使用砂轮锯或切断机等机械方法切断，不得采用电弧或气焊切断。

9.5.4 钢丝镦头及下料长度偏差应符合下列规定：

1 镦头的头型直径不宜小于钢丝直径的 1.5 倍，高度不宜小于钢丝直径；

2 镦头不应出现横向裂纹；

3 当钢丝束两端均采用镦头锚具时，同一束中各根钢丝长度的极差不应大于钢丝长度的 1/5000，且不应大于 5mm；当成组张拉长度不大于 10m 的钢丝时，同组钢丝长度的极差不得大于 2mm。

9.5.5 预应力筋的安装、定位和保护层厚度应符合设计要求。模外张拉工艺的预应力筋保护层厚度可用梳筋条槽口深度或端头垫板厚度控制。

9.5.6 预应力筋张拉设备及压力表应定期维护和标定，并应符合下列规定：

1 张拉设备和压力表应配套标定和使用，标定期限不应超过半年；当使用过程中出现反常现象或张拉设备检修后，应重新标定；

2 压力表的量程应大于张拉工作压力读值，压力表的精确度等级不应低于 1.6 级；

3 标定张拉设备用的试验机或测力计的测力示值不确定度不应大于 1.0%；

4 张拉设备标定时，千斤顶活塞的运行方向应与实际张拉工作状态一致。

9.5.7 预应力筋的张拉控制应力应符合设计及专项方案的要求。当需要超张拉时，调整后的张拉控制应力 σ_{con} 应符合下列规定：

1 消除应力钢丝、钢绞线 $\sigma_{con} \leqslant 0.80 f_{ptk}$

2 中强度预应力钢丝 $\sigma_{con} \leqslant 0.75 f_{ptk}$

3 预应力螺纹钢筋 $\sigma_{con} \leqslant 0.90 f_{pyk}$

式中：σ_{con}——预应力筋张拉控制应力；

f_{ptk}——预应力筋极限强度标准值；

f_{pyk}——预应力螺纹钢筋屈服强度标准值。

9.5.8 采用应力控制方法张拉时，应校核最大张拉力下预应力筋伸长值。实测伸长值与计算伸长值的偏差应控制在±6%之内，否则应查明原因并采取措施后再张拉。

9.5.9 预应力筋的张拉应符合设计要求，并应符合下列规定：

1 应根据预制构件受力特点、施工方便及操作安全等因素确定张拉顺序；

2 宜采用多根预应力筋整体张拉；单根张拉时应采取对称和分级方式，按照校准的张拉力控制张拉精度，以预应力筋的伸长值作为校核；

3 对预制屋架等平卧叠浇构件，应从上而下逐榀张拉；

4 预应力筋张拉时，应从零拉力加载至初拉力后，量测伸长值初读数，再以均匀速率加载至张拉控制力；

5 张拉过程中应避免预应力筋断裂或滑脱；

6 预应力筋张拉锚固后，应对实际建立的预应力值与设计给定值的偏差进行控制；应以每工作班为一批，抽查预应力筋总数的 1%，且不少于 3 根。

9.5.10 预应力筋放张应符合设计要求，并应符合下列规定：

1 预应力筋放张时，混凝土强度应符合设计要求，且同条件养护的混凝土立方体抗压强度不应低于设计混凝土强度等级值的 75%；采用消除应力钢丝或钢绞线作为预应力筋的先张法构件，尚不应低于 30MPa；

2 放张前，应将限制构件变形的模具拆除；

3 宜采取缓慢放张工艺进行整体放张；

4 对受弯或偏心受压的预应力构件，应先同时放张预压应力较小区域的预应力筋，再同时放张预压应力较大区域的预应力筋；

5 单根放张时，应分阶段、对称且相互交错放张；

6 放张后，预应力筋的切断顺序，宜从放张端开始逐次切向另一端。

9.6 成型、养护及脱模

9.6.1 浇筑混凝土前应进行钢筋、预应力的隐蔽工程检查。隐蔽工程检查项目应包括：

1 钢筋的牌号、规格、数量、位置和间距；

2 纵向受力钢筋的连接方式、接头位置、接头质量、接头面积百分率、搭接长度、锚固方式及锚固长度；

3 箍筋弯钩的弯折角度及平直段长度；

4 钢筋的混凝土保护层厚度；

5 预埋件、吊环、插筋、灌浆套筒、预留孔洞、金属波纹管的规格、数量、位置及固定措施；

6 预埋线盒和管线的规格、数量、位置及固定措施；

7 夹芯外墙板的保温层位置和厚度，拉结件的规格、数量和位置；

8 预应力筋及其锚具、连接器和锚垫板的品种、规格、数量、位置；

9 预留孔道的规格、数量、位置，灌浆孔、排气孔、锚固区局部加强构造。

9.6.2 混凝土工作性能指标应根据预制构件产品特点和生产工艺确定，混凝土配合比设计应符合国家现行标准《普通混凝土配合比设计规程》JGJ 55 和《混凝土结构工程施工规范》GB 50666 的有关规定。

9.6.3 混凝土应采用有自动计量装置的强制式搅拌机搅拌，并具有生产数据逐盘记录和实时查询功能。混凝土应按照混凝土配合比通知单进行生产，原材料每盘称量的允许偏差应符合表 9.6.3 的规定。

表 9.6.3 混凝土原材料每盘称量的允许偏差

项次	材料名称	允许偏差
1	胶凝材料	±2%
2	粗、细骨料	±3%
3	水、外加剂	±1%

9.6.4 混凝土应进行抗压强度检验，并应符合下列规定：

1 混凝土检验试件应在浇筑地点取样制作。

2 每拌制 100 盘且不超过 100m^3 的同一配合比混凝土，每工作班拌制的同一配合比的混凝土不足 100 盘为一批。

3 每批制作强度检验试块不少于 3 组、随机抽取 1 组进行同条件转标准养护后进行强度检验，其余可作为同条件试件在预制构件脱模和出厂时控制其混凝土强度；还可根据预制构件吊装、张拉和放张等要求，留置足够数量的同条件混凝土试块进行强度检验。

4 蒸汽养护的预制构件，其强度评定混凝土试块应随同构件蒸养后，再转入标准条件养护。构件脱模起吊、预应力张拉或放张的混凝土同条件试块，其养护条件应与构件生产中采用的养护条件相同。

5 除设计有要求外，预制构件出厂时的混凝土强度不宜低于设计混凝土强度等级值的 75%。

9.6.5 带面砖或石材饰面的预制构件宜采用反打一次成型工艺制作，并应符合下列规定：

1 应根据设计要求选择面砖的大小、图案、颜色，背面应设置燕尾槽或确保连接性能可靠的构造；

2 面砖入模铺设前，宜根据设计排板图将单块面砖制成面砖套件，套件的长度不宜大于 600mm，宽度不宜大于 300mm；

3 石材入模铺设前，宜根据设计排板图的要求进行配板和加工，并应提前在石材背面安装不锈钢锚固拉钩和涂刷防泛碱处理剂；

4 应使用柔韧性好、收缩小、具有抗裂性能且不污染饰面的材料嵌填面砖或石材间的接缝，并应采取防止面砖或石材在安装钢筋及浇筑混凝土等工序中出现位移的措施。

9.6.6 带保温材料的预制构件宜采用水平浇筑方式成型。夹芯保温墙板成型尚应符合下列规定：

1 拉结件的数量和位置应满足设计要求；

2 应采取可靠措施保证拉结件位置、保护层厚度，保证拉结件在混凝土中可靠锚固；

3 应保证保温材料间拼缝严密或使用粘结材料密封处理；

4 在上层混凝土浇筑完成之前，下层混凝土不得初凝。

9.6.7 混凝土浇筑应符合下列规定：

1 混凝土浇筑前，预埋件及预留钢筋的外露部分宜采取防止污染的措施；

2 混凝土倾落高度不宜大于 600mm，并应均匀摊铺；

3 混凝土浇筑应连续进行；

4 混凝土从出机到浇筑完毕的延续时间，气温高于 25℃时不宜超过 60min，气温不高于 25℃时不宜超过 90min。

9.6.8 混凝土振捣应符合下列规定：

1 混凝土宜采用机械振捣方式成型。振捣设备应根据混凝土的品种、工作性、预制构件的规格和形状等因素确定，应制定振捣成型操作规程。

2 当采用振捣棒时，混凝土振捣过程中不应碰触钢筋骨架、面砖和预埋件。

3 混凝土振捣过程中应随时检查模具有无漏浆、变形或预埋件有无移位等现象。

9.6.9 预制构件粗糙面成型应符合下列规定：

1 可采用模板面预涂缓凝剂工艺，脱模后采用高压水冲洗露出骨料；

2 叠合面粗糙面可在混凝土初凝前进行拉毛处理。

9.6.10 预制构件养护应符合下列规定：

1 应根据预制构件特点和生产任务量选择自然养护、自然养护加养护剂或加热养护方式。

2 混凝土浇筑完毕或压面工序完成后应及时覆盖保湿，脱模前不得揭开。

3 涂刷养护剂应在混凝土终凝后进行。

4 加热养护可选择蒸汽加热、电加热或模具加热等方式。

5 加热养护制度应通过试验确定，宜采用加热养护温度自动控制装置。宜在常温下预养护 2h～6h，升、降温速度不宜超过 20℃/h，最高养护温度不宜超过 70℃。预制构件脱模时的表面温度与环境温度的差值不宜超过 25℃。

6 夹芯保温外墙板最高养护温度不宜大于 60℃。

9.6.11 预制构件脱模起吊时的混凝土强度应计算确定，且不宜小于 15MPa。

9.7 预制构件检验

9.7.1 预制构件生产时应采取措施避免出现外观质量缺陷。外观质量缺陷根据其影响结构性能、安装和使用功能的严重程度，可按表 9.7.1 规定划分为严重缺陷和一般缺陷。

表 9.7.1 构件外观质量缺陷分类

名称	现象	严重缺陷	一般缺陷
露筋	构件内钢筋未被混凝土包裹而外露	纵向受力钢筋有露筋	其他钢筋有少量露筋
蜂窝	混凝土表面缺少水泥砂浆而形成石子外露	构件主要受力部位有蜂窝	其他部位有少量蜂窝
孔洞	混凝土中孔穴深度和长度均超过保护层厚度	构件主要受力部位有孔洞	其他部位有少量孔洞
夹渣	混凝土中夹有杂物且深度超过保护层厚度	构件主要受力部位有夹渣	其他部位有少量夹渣
疏松	混凝土中局部不密实	构件主要受力部位有疏松	其他部位有少量疏松
裂缝	缝隙从混凝土表面延伸至混凝土内部	构件主要受力部位有影响结构性能或使用功能的裂缝	其他部位有少量不影响结构性能或使用功能的裂缝
连接部位缺陷	构件连接处混凝土缺陷及连接钢筋、连结件松动，插筋严重锈蚀、弯曲，灌浆套筒堵塞、偏位，灌浆孔洞堵塞、偏位、破损等缺陷	连接部位有影响结构传力性能的缺陷	连接部位有基本不影响结构传力性能的缺陷

续表 9.7.1

名称	现象	严重缺陷	一般缺陷
外形缺陷	缺棱掉角、棱角不直、翘曲不平、飞出凸肋等，装饰面砖粘结不牢、表面不平、砖缝不顺直等	清水或具有装饰的混凝土构件内有影响使用功能或装饰效果的外形缺陷	其他混凝土构件有不影响使用功能的外形缺陷
外表缺陷	构件表面麻面、掉皮、起砂、沾污等	具有重要装饰效果的清水混凝土构件有外表缺陷	其他混凝土构件有不影响使用功能的外表缺陷

9.7.2 预制构件出模后应及时对其外观质量进行全数目测检查。预制构件外观质量不应有缺陷，对已经出现的严重缺陷应制定技术处理方案进行处理并重新检验，对出现的一般缺陷应进行修整并达到合格。

9.7.3 预制构件不应有影响结构性能、安装和使用功能的尺寸偏差。对超过尺寸允许偏差且影响结构性能和安装、使用功能的部位应经原设计单位认可，制定技术处理方案进行处理，并重新检查验收。

9.7.4 预制构件尺寸偏差及预留孔、预留洞、预埋件、预留插筋、键槽的位置和检验方法应符合表 9.7.4-1～表 9.7.4-4 的规定。预制构件有粗糙面时，与预制构件粗糙面相关的尺寸允许偏差可放宽 1.5 倍。

表 9.7.4-1 预制楼板类构件外形尺寸允许偏差及检验方法

项次	检查项目			允许偏差（mm）	检验方法
1	规格尺寸	长度	<12m	±5	用尺量两端及中间部，取其中偏差绝对值较大值
			≥12m 且<18m	±10	
			≥18m	±20	
2		宽度		±5	用尺量两端及中间部，取其中偏差绝对值较大值
3		厚度		±5	用尺量板四角和四边中部位置共 8 处，取其中偏差绝对值较大值
4	对角线差			6	在构件表面，用尺量测两对角线的长度，取其绝对值的差值
5	外形	表面平整度	内表面	4	用 2m 靠尺安放在构件表面上，用楔形塞尺量测靠尺与表面之间的最大缝隙
			外表面	3	
6		楼板侧向弯曲		$L/750$ 且≤20mm	拉线，钢尺量最大弯曲处
7		扭翘		$L/750$	四对角拉两条线，量测两线交点之间的距离，其值的 2 倍为扭翘值
8	预埋部件	预埋钢板	中心线位置偏差	5	用尺量测纵横两个方向的中心线位置，取其中较大值
			平面高差	0，−5	用尺紧靠在预埋件上，用楔形塞尺量测预埋件平面与混凝土面的最大缝隙
9		预埋螺栓	中心线位置偏移	2	用尺量测纵横两个方向的中心线位置，取其中较大值
			外露长度	+10，−5	用尺量
10		预埋线盒、电盒	在构件平面的水平方向中心位置偏差	10	用尺量
			与构件表面混凝土高差	0，−5	用尺量

续表 9.7.4-1

项次	检查项目		允许偏差（mm）	检验方法
11	预留孔	中心线位置偏移	5	用尺量测纵横两个方向的中心线位置，取其中较大值
		孔尺寸	±5	用尺量测纵横两个方向尺寸，取其最大值
12	预留洞	中心线位置偏移	5	用尺量测纵横两个方向的中心线位置，取其中较大值
		洞口尺寸、深度	±5	用尺量测纵横两个方向尺寸，取其最大值
13	预留插筋	中心线位置偏移	3	用尺量测纵横两个方向的中心线位置，取其中较大值
		外露长度	±5	用尺量
14	吊环、木砖	中心线位置偏移	10	用尺量测纵横两个方向的中心线位置，取其中较大值
		留出高度	0，−10	用尺量
15	桁架钢筋高度		+5，0	用尺量

表 9.7.4-2 预制墙板类构件外形尺寸允许偏差及检验方法

项次	检查项目			允许偏差（mm）	检验方法
1	规格尺寸	高度		±4	用尺量两端及中间部，取其中偏差绝对值较大值
2		宽度		±4	用尺量两端及中间部，取其中偏差绝对值较大值
3		厚度		±3	用尺量板四角和四边中部位置共 8 处，取其中偏差绝对值较大值
4	对角线差			5	在构件表面，用尺量测两对角线的长度，取其绝对值的差值
5	外形	表面平整度	内表面	4	用 2m 靠尺安放在构件表面上，用楔形塞尺量测靠尺与表面之间的最大缝隙
			外表面	3	
6		侧向弯曲		$L/1000$ 且≤20mm	拉线，钢尺量最大弯曲处
7		扭翘		$L/1000$	四对角拉两条线，量测两线交点之间的距离，其值的 2 倍为扭翘值
8	预埋部件	预埋钢板	中心线位置偏移	5	用尺量测纵横两个方向的中心线位置，取其中较大值
			平面高差	0，−5	用尺紧靠在预埋件上，用楔形塞尺量测预埋件平面与混凝土面的最大缝隙
9		预埋螺栓	中心线位置偏移	2	用尺量测纵横两个方向的中心线位置，取其中较大值
			外露长度	+10，−5	用尺量
10		预埋套筒、螺母	中心线位置偏移	2	用尺量测纵横两个方向的中心线位置，取其中较大值
			平面高差	0，−5	用尺紧靠在预埋件上，用楔形塞尺量测预埋件平面与混凝土面的最大缝隙
11	预留孔	中心线位置偏移		5	用尺量测纵横两个方向的中心线位置，取其中较大值
		孔尺寸		±5	用尺量测纵横两个方向尺寸，取其最大值

续表 9.7.4-2

项次	检查项目		允许偏差（mm）	检验方法
12	预留洞	中心线位置偏移	5	用尺量测纵横两个方向的中心线位置，取其中较大值
		洞口尺寸、深度	±5	用尺量测纵横两个方向尺寸，取其最大值
13	预留插筋	中心线位置偏移	3	用尺量测纵横两个方向的中心线位置，取其中较大值
		外露长度	±5	用尺量
14	吊环、木砖	中心线位置偏移	10	用尺量测纵横两个方向的中心线位置，取其中较大值
		与构件表面混凝土高差	0，−10	用尺量
15	键槽	中心线位置偏移	5	用尺量测纵横两个方向的中心线位置，取其中较大值
		长度、宽度	±5	用尺量
		深度	±5	用尺量
16	灌浆套筒及连接钢筋	灌浆套筒中心线位置	2	用尺量测纵横两个方向的中心线位置，取其中较大值
		连接钢筋中心线位置	2	用尺量测纵横两个方向的中心线位置，取其中较大值
		连接钢筋外露长度	+10，0	用尺量

表 9.7.4-3 预制梁柱桁架类构件外形尺寸允许偏差及检验方法

项次	检查项目			允许偏差（mm）	检验方法
1	规格尺寸	长度	<12m	±5	用尺量两端及中间部，取其中偏差绝对值较大值
			≥12m且<18m	±10	
			≥18m	±20	
2	规格尺寸	宽度		±5	用尺量两端及中间部，取其中偏差绝对值较大值
3		高度		±5	用尺量板四角和四边中部位置共8处，取其中偏差绝对值较大值
4	表面平整度			4	用2m靠尺安放在构件表面上，用楔形塞尺量测靠尺与表面之间的最大缝隙
5	侧向弯曲		梁柱	$L/750$且≤20mm	拉线，钢尺量最大弯曲处
			桁架	$L/1000$且≤20mm	
6	预埋部件	预埋钢板	中心线位置偏移	5	用尺量测纵横两个方向的中心线位置，取其中较大值
			平面高差	0，−5	用尺紧靠在预埋件上，用楔形塞尺量测预埋件平面与混凝土面的最大缝隙
7		预埋螺栓	中心线位置偏移	2	用尺量测纵横两个方向的中心线位置，取其中较大值
			外露长度	+10，−5	用尺量
8	预留孔	中心线位置偏移		5	用尺量测纵横两个方向的中心线位置，取其中较大值
		孔尺寸		±5	用尺量测纵横两个方向尺寸，取其最大值

续表 9.7.4-3

项次	检查项目		允许偏差（mm）	检验方法
9	预留洞	中心线位置偏移	5	用尺量测纵横两个方向的中心线位置，取其中较大值
		洞口尺寸、深度	±5	用尺量测纵横两个方向尺寸，取其最大值
10	预留插筋	中心线位置偏移	3	用尺量测纵横两个方向的中心线位置，取其中较大值
		外露长度	±5	用尺量
11	吊环	中心线位置偏移	10	用尺量测纵横两个方向的中心线位置，取其中较大值
		留出高度	0，−10	用尺量
12	键槽	中心线位置偏移	5	用尺量测纵横两个方向的中心线位置，取其中较大值
		长度、宽度	±5	用尺量
		深度	±5	用尺量
13	灌浆套筒及连接钢筋	灌浆套筒中心线位置	2	用尺量测纵横两个方向的中心线位置，取其中较大值
		连接钢筋中心线位置	2	用尺量测纵横两个方向的中心线位置，取其中较大值
		连接钢筋外露长度	+10，0	用尺量测

表 9.7.4-4 装饰构件外观尺寸允许偏差及检验方法

项次	装饰种类	检查项目	允许偏差（mm）	检验方法
1	通用	表面平整度	2	2m靠尺或塞尺检查
2	面砖、石材	阳角方正	2	用托线板检查
3		上口平直	2	拉通线用钢尺检查
4		接缝平直	3	用钢尺或塞尺检查
5		接缝深度	±5	用钢尺或塞尺检查
6		接缝宽度	±2	用钢尺检查

9.7.5 预制构件的预埋件、插筋、预留孔的规格、数量应满足设计要求。

检查数量：全数检验。

检验方法：观察和量测。

9.7.6 预制构件的粗糙面或键槽成型质量应满足设计要求。

检查数量：全数检验。

检验方法：观察和量测。

9.7.7 面砖与混凝土的粘结强度应符合现行行业标准《建筑工程饰面砖粘结强度检验标准》JGJ 110和《外墙饰面砖工程施工及验收规程》JGJ 126的有关规定。

检查数量：按同一工程、同一工艺的预制构件分批抽样检验。

检验方法：检查试验报告单。

9.7.8 预制构件采用钢筋套筒灌浆连接时，在构件生产前应检查套筒型式检验报告是否合格，应进行钢筋套筒灌浆连接接头的抗拉强度试验，并应符合现行行业标准《钢筋套筒灌浆连接应用技术规程》JGJ 355的有关规定。

检查数量：按同一工程、同一工艺的预制构件分批抽样检验。同一批号、同一类型、同一规格的灌浆套筒，不超过1000个为一批，每批随机抽取3个灌浆套筒制作对中连接接头试件。

检验方法：检查试验报告单、质量证明文件。

9.7.9 夹芯外墙板的内外叶墙板之间的拉结件类别、数量、使用位置及性能应符合设计要求。

检查数量：按同一工程、同一工艺的预制构件分批抽样检验。

检验方法：检查试验报告单、质量证明文件及隐蔽工程检查记录。

9.7.10 夹芯保温外墙板用的保温材料类别、厚度、位置及性能应满足设计要求。

检查数量：按批检查。

检验方法：观察、量测，检查保温材料质量证明文件及检验报告。

9.7.11 混凝土强度应符合设计文件及国家现行有关标准的规定。

检查数量：按构件生产批次在混凝土浇筑地点随机抽取标准养护试件，取样频率应符合本标准规定。

检验方法：应符合现行国家标准《混凝土强度检验评定标准》GB/T 50107 的有关规定。

9.8 存放、吊运及防护

9.8.1 预制构件吊运应符合下列规定：

1 应根据预制构件的形状、尺寸、重量和作业半径等要求选择吊具和起重设备，所采用的吊具和起重设备及其操作，应符合国家现行有关标准及产品应用技术手册的规定；

2 吊点数量、位置应经计算确定，应保证吊具连接可靠，应采取保证起重设备的主钩位置、吊具及构件重心在竖直方向上重合的措施；

3 吊索水平夹角不宜小于 60°，不应小于 45°；

4 应采用慢起、稳升、缓放的操作方式，吊运过程，应保持稳定，不得偏斜、摇摆和扭转，严禁吊装构件长时间悬停在空中；

5 吊装大型构件、薄壁构件或形状复杂的构件时，应使用分配梁或分配桁架类吊具，并应采取避免构件变形和损伤的临时加固措施。

9.8.2 预制构件存放应符合下列规定：

1 存放场地应平整、坚实，并应有排水措施；

2 存放库区宜实行分区管理和信息化台账管理；

3 应按照产品品种、规格型号、检验状态分类存放，产品标识应明确、耐久，预埋吊件应朝上，标识应向外；

4 应合理设置垫块支点位置，确保预制构件存放稳定，支点宜与起吊点位置一致；

5 与清水混凝土面接触的垫块应采取防污染措施；

6 预制构件多层叠放时，每层构件间的垫块应上下对齐；预制楼板、叠合板、阳台板和空调板等构件宜平放，叠放层数不宜超过 6 层；长期存放时，应采取措施控制预应力构件起拱值和叠合板翘曲变形；

7 预制柱、梁等细长构件宜平放且用两条垫木支撑；

8 预制内外墙板、挂板宜采用专用支架直立存放，支架应有足够的强度和刚度，薄弱构件、构件薄弱部位和门窗洞口应采取防止变形开裂的临时加固措施。

9.8.3 预制构件成品保护应符合下列规定：

1 预制构件成品外露保温板应采取防止开裂措施，外露钢筋应采取防弯折措施，外露预埋件和连结件等外露金属件应按不同环境类别进行防护或防腐、防锈；

2 宜采取保证吊装前预埋螺栓孔清洁的措施；

3 钢筋连接套筒、预埋孔洞应采取防止堵塞的临时封堵措施；

4 露骨料粗糙面冲洗完成后应对灌浆套筒的灌浆孔和出浆孔进行透光检查，并清理灌浆套筒内的杂物；

5 冬期生产和存放的预制构件的非贯穿孔洞应采取措施防止雨雪水进入发生冻胀损坏。

9.8.4 预制构件在运输过程中应做好安全和成品防护，并应符合下列规定：

1 应根据预制构件种类采取可靠的固定措施。

2 对于超高、超宽、形状特殊的大型预制构件的运输和存放应制定专门的质量安全保证措施。

3 运输时宜采取如下防护措施：

1）设置柔性垫片避免预制构件边角部位或链索接触处的混凝土损伤。

2）用塑料薄膜包裹垫块避免预制构件外观污染。

3）墙板门窗框、装饰表面和棱角采用塑料贴膜或其他措施防护。

4）竖向薄壁构件设置临时防护支架。

5）装箱运输时，箱内四周采用木材或柔性垫片填实，支撑牢固。

4 应根据构件特点采用不同的运输方式，托架、靠放架、插放架应进行专门设计，进行强度、稳定性和刚度验算：

1）外墙板宜采用立式运输，外饰面层应朝外，梁、板、楼梯、阳台宜采用水平运输。

2）采用靠放架立式运输时，构件与地面倾斜角度宜大于 80°，构件应对称靠放，每侧不大于 2 层，构件层间上部采用木垫块隔离。

3）采用插放架直立运输时，应采取防止构件倾倒措施，构件之间应设置隔离垫块。

4）水平运输时，预制梁、柱构件叠放不宜超过 3 层，板类构件叠放不宜超过 6 层。

9.9 资料及交付

9.9.1 预制构件的资料应与产品生产同步形成、收集和整理，归档资料宜包括以下内容：

1 预制混凝土构件加工合同；

2 预制混凝土构件加工图纸、设计文件、设计洽商、变更或交底文件；

3 生产方案和质量计划等文件；

4 原材料质量证明文件、复试试验记录和试验报告；

5 混凝土试配资料；

6 混凝土配合比通知单；

7 混凝土开盘鉴定；

8 混凝土强度报告；

9 钢筋检验资料、钢筋接头的试验报告；

10 模具检验资料；

11 预应力施工记录；

12 混凝土浇筑记录；

13 混凝土养护记录；

14 构件检验记录；

15 构件性能检测报告；

16 构件出厂合格证；

17 质量事故分析和处理资料；

18 其他与预制混凝土构件生产和质量有关的重要文件资料。

9.9.2 预制构件交付的产品质量证明文件应包括以下内容：

1 出厂合格证；

2 混凝土强度检验报告；

3 钢筋套筒等其他构件钢筋连接类型的工艺检验报告；

4 合同要求的其他质量证明文件。

9.10 部品生产

9.10.1 部品原材料应使用节能环保的材料，并应符合现行国家标准《民用建筑工程室内环境污染控制规范》GB 50325、《建筑材料放射性核素限量》GB 6566 和室内建筑装饰材料有害物质限量的相关规定。

9.10.2 部品原材料应有质量合格证明并完成抽样复试，没有复试或者复试不合格的不能使用。

9.10.3 部品生产应成套供应，并满足加工精度的要求。

9.10.4 部品生产时，应对尺寸偏差和外观质量进行控制。

9.10.5 预制外墙部品生产时，应符合下列规定：

1 外门窗的预埋件设置应在工厂完成；

2 不同金属的接触面应避免电化学腐蚀；

3 预制混凝土外挂墙板生产应符合现行行业标准《装配式混凝土结构技术规程》JGJ 1 的规定；

4 蒸压加气混凝土板的生产应符合现行行业标准《蒸压加气混凝土建筑应用技术规程》JGJ/T 17 的规定。

9.10.6 现场组装骨架外墙的骨架、基层墙板、填充材料应在工厂完成生产。

9.10.7 建筑幕墙的加工制作应按现行行业标准《玻璃幕墙工程技术规范》JGJ 102、《金属与石材幕墙工程技术规范》JGJ 133 及《人造板材幕墙工程技术规范》JGJ 336 的规定执行。

9.10.8 合格部品应具有唯一编码和生产信息，并在包装的明显位置标注部品编码、生产单位、生产日期、检验员代码等。

9.10.9 部品包装的尺寸和重量应考虑到现场运输条件，便于搬运与组装；并注明卸货方式和明细清单。

9.10.10 应制定部品的成品保护、堆放和运输专项方案，其内容应包括运输时间、次序、堆放场地、运输路线、固定要求、堆放支垫及成品保护措施等。对于超高、超宽、形状特殊的部品的运输和堆放应有专门的质量安全保护措施。

10 施 工 安 装

10.1 一 般 规 定

10.1.1 装配式混凝土建筑应结合设计、生产、装配一体化的原则整体策划，协同建筑、结构、机电、装饰装修等专业要求，制定施工组织设计。

10.1.2 施工单位应根据装配式混凝土建筑工程特点配置组织的机构和人员。施工作业人员应具备岗位需要的基础知识和技能，施工单位应对管理人员、施工作业人员进行质量安全技术交底。

10.1.3 装配式混凝土建筑施工宜采用工具化、标准化的工装系统。

10.1.4 装配式混凝土建筑施工宜采用建筑信息模型技术对施工全过程及关键工艺进行信息化模拟。

10.1.5 装配式混凝土建筑施工前，宜选择有代表性的单元进行预制构件试安装，并应根据试安装结果及时调整施工工艺、完善施工方案。

10.1.6 装配式混凝土建筑施工中采用的新技术、新工艺、新材料、新设备，应按有关规定进行评审、备案。施工前，应对新的或首次采用的施工工艺进行评价，并应制定专门的施工方案。施工方案经监理单位审核批准后实施。

10.1.7 装配式混凝土建筑施工过程中应采取安全措施，并应符合国家现行有关标准的规定。

10.2 施 工 准 备

10.2.1 装配式混凝土结构施工应制定专项方案。专项施工方案宜包括工程概况、编制依据、进度计划、施工场地布置、预制构件运输与存放、安装与连接施工、绿色施工、安全管理、质量管理、信息化管理、应急预案等内容。

10.2.2 预制构件、安装用材料及配件等应符合国家现行有关标准及产品应用技术手册的规定，并应按照国家现行相关标准的规定进行进场验收。

10.2.3 施工现场应根据施工平面规划设置运输通道和存放场地，并应符合下列规定：

1 现场运输道路和存放场地应坚实平整，并应有排水措施；

2 施工现场内道路应按照构件运输车辆的要求合理设置转弯半径及道路坡度；

3 预制构件运送到施工现场后，应按规格、品种、使用部位、吊装顺序分别设置存放场地。存放场地应设置在吊装设备的有效起重范围内，且应在堆垛之间设置通道；

4 构件的存放架应具有足够的抗倾覆性能；

5 构件运输和存放对已完成结构、基坑有影响时，应经计算复核。

10.2.4 安装施工前，应进行测量放线、设置构件安装定位标识。测量放线应符合现行国家标准《工程测量规范》GB 50026 的有关规定。

10.2.5 安装施工前，应核对已施工完成结构、基础的外观质量和尺寸偏差，确认混凝土强度和预留预埋符合设计要求，并应核对预制构件的混凝土强度及预制构件和配件的型号、规格、数量等符合设计要求。

10.2.6 安装施工前，应复核吊装设备的吊装能力。应按现行行业标准《建筑机械使用安全技术规程》JGJ 33 的有关规定，检查复核吊装设备及吊具处于安全操作状态，并核实现场环境、天气、道路状况等满足吊装施工要求。防护系统应按照施工方案进行搭设、验收，并应符合下列规定：

1 工具式外防护架应试组装并全面检查，附着在构件上的防护系统应复核其与吊装系统的协调；

2 防护架应经计算确定；

3 高处作业人员应正确使用安全防护用品，宜采用工具式操作架进行安装作业。

10.3 预制构件安装

10.3.1 预制构件吊装除应符合本标准 9.8.1 条的有关规定外，尚应符合下列规定：

1 应根据当天的作业内容进行班前技术安全交底；

2 预制构件应按照吊装顺序预先编号，吊装时严格按编号顺序起吊；

3 预制构件在吊装过程中，宜设置缆风绳控制构件转动。

10.3.2 预制构件吊装就位后，应及时校准并采取临时固定措施。预制构件就位校核与调整应符合下列规定：

1 预制墙板、预制柱等竖向构件安装后，应对安装位置、安装标高、垂直度进行校核与调整；

2 叠合构件、预制梁等水平构件安装后应对安装位置、安装标高进行校核与调整；

3 水平构件安装后，应对相邻预制构件平整度、高低差、拼缝尺寸进行校核与调整；

4 装饰类构件应对装饰面的完整性进行校核与调整；

5 临时固定措施、临时支撑系统应具有足够的强度、刚度和整体稳固性，应按现行国家标准《混凝土结构工程施工规范》GB 50666 的有关规定进行验算。

10.3.3 预制构件与吊具的分离应在校准定位及临时支撑安装完成后进行。

10.3.4 竖向预制构件安装采用临时支撑时，应符合下列规定：

1 预制构件的临时支撑不宜少于 2 道；

2 对预制柱、墙板构件的上部斜支撑，其支撑点距离板底的距离不宜小于构件高度的 2/3，且不应小于构件高度的 1/2；斜支撑应与构件可靠连接；

3 构件安装就位后，可通过临时支撑对构件的位置和垂直度进行微调。

10.3.5 水平预制构件安装采用临时支撑时，应符合下列规定：

1 首层支撑架体的地基应平整坚实，宜采取硬化措施；

2 临时支撑的间距及其与墙、柱、梁边的净距应经设计计算确定，竖向连续支撑层数不宜少于2层且上下层支撑宜对准；

3 叠合板预制底板下部支架宜选用定型独立钢支柱，竖向支撑间距应经计算确定。

10.3.6 预制柱安装应符合下列规定：

1 宜按照角柱、边柱、中柱顺序进行安装，与现浇部分连接的柱宜先行吊装；

2 预制柱的就位以轴线和外轮廓线为控制线，对于边柱和角柱，应以外轮廓线控制为准；

3 就位前应设置柱底调平装置，控制柱安装标高；

4 预制柱安装就位后应在两个方向设置可调节临时固定措施，并应进行垂直度、扭转调整；

5 采用灌浆套筒连接的预制柱调整就位后，柱脚连接部位宜采用模板封堵。

10.3.7 预制剪力墙板安装应符合下列规定：

1 与现浇部分连接的墙板宜先行吊装，其他宜按照外墙先行吊装的原则进行吊装；

2 就位前，应在墙板底部设置调平装置；

3 采用灌浆套筒连接、浆锚搭接连接的夹芯保温外墙板应在保温材料部位采用弹性密封材料进行封堵；

4 采用灌浆套筒连接、浆锚搭接连接的墙板需要分仓灌浆时，应采用座浆料进行分仓；多层剪力墙采用座浆时应均匀铺设座浆料；座浆料强度应满足设计要求；

5 墙板以轴线和轮廓线为控制线，外墙应以轴线和外轮廓线双控制；

6 安装就位后应设置可调斜撑临时固定，测量预制墙板的水平位置、垂直度、高度等，通过墙底垫片、临时斜支撑进行调整；

7 预制墙板调整就位后，墙底部连接部位宜采用模板封堵；

8 叠合墙板安装就位后进行叠合墙板拼缝处附加钢筋安装，附加钢筋应与现浇段钢筋网交叉点全部绑扎牢固。

10.3.8 预制梁或叠合梁安装应符合下列规定：

1 安装顺序宜遵循先主梁后次梁、先低后高的原则；

2 安装前，应测量并修正临时支撑标高，确保与梁底标高一致，并在柱上弹出梁边控制线；安装后根据控制线进行精密调整；

3 安装前，应复核柱钢筋与梁钢筋位置、尺寸，对梁钢筋与柱钢筋位置有冲突的，应按经设计单位确认的技术方案调整；

4 安装时梁伸入支座的长度与搁置长度应符合设计要求；

5 安装就位后应对水平度、安装位置、标高进行检查；

6 叠合梁的临时支撑，应在后浇混凝土强度达到设计要求后方可拆除。

10.3.9 叠合板预制底板安装应符合下列规定：

1 预制底板吊装完后应对板底接缝高差进行校核；当叠合板板底接缝高差不满足设计要求时，应将构件重新起吊，通过可调托座进行调节；

2 预制底板的接缝宽度应满足设计要求；

3 临时支撑应在后浇混凝土强度达到设计要求后方可拆除。

10.3.10 预制楼梯安装应符合下列规定：

1 安装前，应检查楼梯构件平面定位及标高，并宜设置调平装置；

2 就位后，应及时调整并固定。

10.3.11 预制阳台板、空调板安装应符合下列规定：

1 安装前，应检查支座顶面标高及支撑面的平整度；

2 临时支撑应在后浇混凝土强度达到设计要求后方可拆除。

10.4 预制构件连接

10.4.1 模板工程、钢筋工程、预应力工程、混凝土工程除满足本节规定外，尚应符合国家现行标准《混凝土结构工程施工规范》GB 50666、《钢筋套筒灌浆连接应用技术规程》JGJ 355等的有关规定。当采用自密实混凝土时，尚应符合现行行业标准《自密实混凝土应用技术规程》JGJ/T 283的有关规定。

10.4.2 采用钢筋套筒灌浆连接、钢筋浆锚搭接连接的预制构件施工，应符合下列规定：

1 现浇混凝土中伸出的钢筋应采用专用模具进行定位，并应采用可靠的固定措施控制连接钢筋的中心位置及外露长度满足设计要求。

2 构件安装前应检查预制构件上套筒、预留孔的规格、位置、数量和深度；当套筒、预留孔内有杂物时，应清理干净。

3 应检查被连接钢筋的规格、数量、位置和长度。当连接钢筋倾斜时，应进行校直；连接钢筋偏离套筒或孔洞中心线不宜超过3mm。连接钢筋中心位置存在严重偏差影响预制构件安装时，应会同设计单位制定专项处理方案，严禁随意切割、强行调整定位钢筋。

10.4.3 钢筋套筒灌浆连接接头应按检验批划分要求及时灌浆，灌浆作业应符合现行行业标准《钢筋套筒灌浆连接应用技术规程》JGJ 355的有关规定。

10.4.4 钢筋机械连接的施工应符合现行行业标准《钢筋机械连接技术规程》JGJ 107的有关规定。

10.4.5 焊接或螺栓连接的施工应符合国家现行标准《钢结构焊接规范》GB 50661、《钢结构工程施工规范》GB 50755、《钢筋焊接及验收规程》JGJ 18的有关规定。采用焊接连接时，应采取避免损伤已施工完成的结构、预制构件及配件的措施。

10.4.6 预应力工程施工应符合国家现行标准《混凝土结构工程施工规范》GB 50666、《预应力混凝土结构设计规范》JGJ 369和《无粘结预应力混凝土结构技术规程》JGJ 92的有关规定。

10.4.7 装配式混凝土结构后浇混凝土部分的模板与支架应符合下列规定：

1 装配式混凝土结构宜采用工具式支架和定型模板；

2 模板应保证后浇混凝土部分形状、尺寸和位置准确；

3 模板与预制构件接缝处应采取防止漏浆的措施，可粘贴密封条。

10.4.8 装配式混凝土结构的后浇混凝土部位在浇筑前应按本标准第11.1.5条进行隐蔽工程验收。

10.4.9 后浇混凝土的施工应符合下列规定：

1 预制构件结合面疏松部分的混凝土应剔除并清理干净；

2 混凝土分层浇筑高度应符合国家现行有关标准的规定，应在底层混凝土初凝前将上一层混凝土浇筑完毕；

3 浇筑时应采取保证混凝土或砂浆浇筑密实的措施；

4 预制梁、柱混凝土强度等级不同时，预制梁柱节点区混凝土强度等级应符合设计要求；

5 混凝土浇筑应布料均衡，浇筑和振捣时，应对模板及支架进行观察和维护，发生异常情况应及时处理；构件接缝混凝土浇筑和振捣应采取措施防止模板、相连接构件、钢筋、预埋件及其定位件移位。

10.4.10 构件连接部位后浇混凝土及灌浆料的强度达到设计要求后，方可拆除临时支撑系统。拆模时的混凝土强度应符合现行国家标准《混凝土结构工程施工规范》GB 50666的有关规定和设计要求。

10.4.11 外墙板接缝防水施工应符合下列规定：

1 防水施工前，应将板缝空腔清理干净；

2 应按设计要求填塞背衬材料；

3 密封材料嵌填应饱满、密实、均匀、顺直、表面平滑，其厚度应满足设计要求。

10.4.12 装配式混凝土结构的尺寸偏差及检验方法应符合表10.4.12的规定。

表 10.4.12　预制构件安装尺寸的允许偏差及检验方法

项目			允许偏差（mm）	检验方法
构件中心线对轴线位置	基础		15	经纬仪及尺量
	竖向构件（柱、墙、桁架）		8	
	水平构件（梁、板）		5	
构件标高	梁、柱、墙、板底面或顶面		±5	水准仪或拉线、尺量
构件垂直度	柱、墙	≤6m	5	经纬仪或吊线、尺量
		>6m	10	
构件倾斜度	梁、桁架		5	经纬仪或吊线、尺量
相邻构件平整度	板端面		5	2m靠尺和塞尺量测
	梁、板底面	外露	3	
		不外露	5	
	柱墙侧面	外露	5	
		不外露	8	
构件搁置长度	梁、板		±10	尺量
支座、支垫中心位置	板、梁、柱、墙、桁架		10	尺量
墙板接缝	宽度		±5	尺量

10.5　部 品 安 装

10.5.1　装配式混凝土建筑的部品安装宜与主体结构同步进行，可在安装部位的主体结构验收合格后进行，并应符合国家现行有关标准的规定。

10.5.2　安装前的准备工作应符合下列规定：

1　应编制施工组织设计和专项施工方案，包括安全、质量、环境保护方案及施工进度计划等内容；

2　应对所有进场部品、零配件及辅助材料按设计规定的品种、规格、尺寸和外观要求进行检查；

3　应进行技术交底；

4　现场应具备安装条件，安装部位应清理干净；

5　装配安装前应进行测量放线工作。

10.5.3　严禁擅自改动主体结构或改变房间的主要使用功能，严禁擅自拆改燃气、暖通、电气等配套设施。

10.5.4　部品吊装应采用专用吊具，起吊和就位应平稳，避免磕碰。

10.5.5　预制外墙安装应符合下列规定：

1　墙板应设置临时固定和调整装置；

2　墙板应在轴线、标高和垂直度调校合格后方可永久固定；

3　当条板采用双层墙板安装时，内、外层墙板的拼缝宜错开；

4　蒸压加气混凝土板施工应符合现行行业标准《蒸压加气混凝土建筑应用技术规程》JGJ/T 17 的规定。

10.5.6　现场组合骨架外墙安装应符合下列规定：

1　竖向龙骨安装应平直，不得扭曲，间距应满足设计要求；

2　空腔内的保温材料应连续、密实，并应在隐蔽验收合格后方可进行面板安装；

3　面板安装方向及拼缝位置应满足设计要求，内外侧接缝不宜在同一根竖向龙骨上；

4　木骨架组合墙体施工应符合现行国家标准《木骨架组合墙体技术规范》GB/T 50361 的规定。

10.5.7　幕墙安装应符合下列规定：

1　玻璃幕墙安装应符合现行行业标准《玻璃幕墙工程技术规范》JGJ 102 的规定；

2　金属与石材幕墙安装应符合现行行业标准《金属与石材幕墙工程技术规范》JGJ 133 的规定；

3　人造板材幕墙安装应符合现行行业标准《人造板材幕墙工程技术规范》JGJ 336 的规定。

10.5.8　外门窗安装应符合下列规定：

1　铝合金门窗安装应符合现行行业标准《铝合金门窗工程技术规范》JGJ 214 的规定；

2　塑料门窗安装应符合现行行业标准《塑料门窗工程技术规程》JGJ 103 的规定。

10.5.9　轻质隔墙部品的安装应符合下列规定：

1　条板隔墙的安装应符合现行行业标准《建筑轻质条板隔墙技术规程》JGJ/T 157 的有关规定。

2　龙骨隔墙安装应符合下列规定：

1）龙骨骨架应与主体结构连接牢固，并应垂直、平整、位置准确；

2）龙骨的间距应满足设计要求；

3）门、窗洞口等位置应采用双排竖向龙骨；

4）壁挂设备、装饰物等的安装位置应设置加固措施；

5）隔墙饰面板安装前，隔墙板内管线应进行隐蔽工程验收；

6）面板拼缝应错缝设置，当采用双层面板安装时，上下层板的接缝应错开。

10.5.10　吊顶部品的安装应符合下列规定：

1　装配式吊顶龙骨应与主体结构固定牢靠；

2　超过 3kg 的灯具、电扇及其他设备应设置独立吊挂结构；

3　饰面板安装前应完成吊顶内管道、管线施工，并经隐蔽验收合格。

10.5.11　架空地板部品的安装应符合下列规定：

1　安装前应完成架空层内管线敷设，且应经隐蔽验收合格；

2　地板辐射供暖系统应对地暖加热管进行水压试验并隐蔽验收合格后铺设面层。

10.6　设备与管线安装

10.6.1　设备与管线施工质量应符合设计文件和现行国家标准《建筑给水排水及采暖工程施工质量验收规范》GB 50242、《通风与空调工程施工质量验收规范》GB 50243、《智能建筑工程施工规范》GB 50606、《智能建筑工程质量验收规范》GB 50339、《建筑电气工程施工质量验收规范》GB 50303 和《火灾自动报警系统施工及验收规范》GB 50166 的规定。

10.6.2　设备与管线需要与结构构件连接时宜采用预留埋件的连接方式。当采用其他连接方法时，不得影响混凝土构件的完整性与结构的安全性。

10.6.3　设备与管线施工前应按设计文件核对设备及管线参数，并应对结构构件预埋套管及预留孔洞的尺寸、位置进行复核，合格后方可施工。

10.6.4　室内架空地板内排水管道支（托）架及管座（墩）的安装应按排水坡度排列整齐，支（托）架与管道接触紧密，非金属排水管道采用金属支架时，应在与管外径接触处设置橡胶垫片。

10.6.5　隐蔽在装饰墙体内的管道，其安装应牢固可靠。管道安装部位的装饰结构应采取方便更换、维修的措施。

10.6.6　当管线需埋置在桁架钢筋混凝土叠合板后浇混凝土中时，应设置在桁架上弦钢筋下方，管线之间不宜交叉。

10.6.7　防雷引下线、防侧击雷、等电位连接施工应与预制构件安装配合。利用预制柱、预制梁、预制墙板内钢筋作为防雷引下线、接地线时，应按设计要求进行预埋和跨接，并进行引下线导通性试验，保证连接的可靠性。

10.7　成 品 保 护

10.7.1　交叉作业时，应做好工序交接，不得对已完成工序的成品、半成品造成破坏。

10.7.2　在装配式混凝土建筑施工全过程中，应采取防止预制构件、部品及预制构件上的建筑附件、预埋件、预埋吊件等损伤或污染的保护措施。

10.7.3 预制构件饰面砖、石材、涂刷、门窗等处宜采用贴膜保护或其他专业材料保护。安装完成后，门窗框应采用槽型木框保护。

10.7.4 连接止水条、高低口、墙体转角等薄弱部位，应采用定型保护垫块或专用式套件作加强保护。

10.7.5 预制楼梯饰面应采用铺设木板或其他覆盖形式的成品保护措施。楼梯安装后，踏步口宜铺设木条或其他覆盖形式保护。

10.7.6 遇有大风、大雨、大雪等恶劣天气时，应采取有效措施对存放预制构件成品进行保护。

10.7.7 装配式混凝土建筑的预制构件和部品在安装施工过程、施工完成后，不应受到施工机具碰撞。

10.7.8 施工梯架、工程用的物料等不得支撑、顶压或斜靠在部品上。

10.7.9 当进行混凝土地面等施工时，应防止物料污染、损坏预制构件和部品表面。

10.8 施工安全与环境保护

10.8.1 装配式混凝土建筑施工应执行国家、地方、行业和企业的安全生产法规和规章制度，落实各级各类人员的安全生产责任制。

10.8.2 施工单位应根据工程施工特点对重大危险源进行分析并予以公示，并制定相对应的安全生产应急预案。

10.8.3 施工单位应对从事预制构件吊装作业及相关人员进行安全培训与交底，识别预制构件进场、卸车、存放、吊装、就位各环节的作业风险，并制定防控措施。

10.8.4 安装作业开始前，应对安装作业区进行围护并做出明显的标识，拉警戒线，根据危险源级别安排旁站，严禁与安装作业无关的人员进入。

10.8.5 施工作业使用的专用吊具、吊索、定型工具式支撑、支架等，应进行安全验算，使用中进行定期、不定期检查，确保其安全状态。

10.8.6 吊装作业安全应符合下列规定：

1 预制构件起吊后，应先将预制构件提升 300mm 左右后，停稳构件，检查钢丝绳、吊具和预制构件状态，确认吊具安全且构件平稳后，方可缓慢提升构件；

2 吊机吊装区域内，非作业人员严禁进入；吊运预制构件时，构件下方严禁站人，应待预制构件降落至距地面 1m 以内方准作业人员靠近，就位固定后方可脱钩；

3 高空应通过揽风绳改变预制构件方向，严禁高空直接用手扶预制构件；

4 遇到雨、雪、雾天气，或者风力大于 5 级时，不得进行吊装作业。

10.8.7 夹芯保温外墙板后浇混凝土连接节点区域的钢筋连接施工时，不得采用焊接连接。

10.8.8 预制构件安装施工期间，噪声控制应符合现行国家标准《建筑施工场界环境噪声排放标准》GB 12523 的规定。

10.8.9 施工现场应加强对废水、污水的管理，现场应设置污水池和排水沟。废水、废弃涂料、胶料应统一处理，严禁未经处理直接排入下水管道。

10.8.10 夜间施工时，应防止光污染对周边居民的影响。

10.8.11 预制构件运输过程中，应保持车辆整洁，防止对场内道路的污染，并减少扬尘。

10.8.12 预制构件安装过程中废弃物等应进行分类回收。施工中产生的胶粘剂、稀释剂等易燃易爆废弃物应及时收集送至指定储存器内并按规定回收，严禁丢弃未经处理的废弃物。

11 质量验收

11.1 一般规定

11.1.1 装配式混凝土建筑施工应按现行国家标准《建筑工程施工质量验收统一标准》GB 50300 的有关规定进行单位工程、分部工程、分项工程和检验批的划分和质量验收。

11.1.2 装配式混凝土建筑的装饰装修、机电安装等分部工程应按国家现行有关标准进行质量验收。

11.1.3 装配式混凝土结构工程应按混凝土结构子分部工程进行验收，装配式混凝土结构部分应按混凝土结构子分部工程的分项工程验收，混凝土结构子分部中其他分项工程应符合现行国家标准《混凝土结构工程施工质量验收规范》GB 50204 的有关规定。

11.1.4 装配式混凝土结构工程施工用的原材料、部品、构配件均应按检验批进行进场验收。

11.1.5 装配式混凝土结构连接节点及叠合构件浇筑混凝土前，应进行隐蔽工程验收。隐蔽工程验收应包括下列主要内容：

1 混凝土粗糙面的质量，键槽的尺寸、数量、位置；

2 钢筋的牌号、规格、数量、位置、间距，箍筋弯钩的弯折角度及平直段长度；

3 钢筋的连接方式、接头位置、接头数量、接头面积百分率、搭接长度、锚固方式及锚固长度；

4 预埋件、预留管线的规格、数量、位置；

5 预制混凝土构件接缝处防水、防火等构造做法；

6 保温及其节点施工；

7 其他隐蔽项目。

11.1.6 混凝土结构子分部工程验收时，除应符合现行国家标准《混凝土结构工程施工质量验收规范》GB 50204 的有关规定提供文件和记录外，尚应提供下列文件和记录：

1 工程设计文件、预制构件安装施工图和加工制作详图；

2 预制构件、主要材料及配件的质量证明文件、进场验收记录、抽样复验报告；

3 预制构件安装施工记录；

4 钢筋套筒灌浆型式检验报告、工艺检验报告和施工检验记录，浆锚搭接连接的施工检验记录；

5 后浇混凝土部位的隐蔽工程检查验收文件；

6 后浇混凝土、灌浆料、座浆材料强度检测报告；

7 外墙防水施工质量检验记录；

8 装配式结构分项工程质量验收文件；

9 装配式工程的重大质量问题的处理方案和验收记录；

10 装配式工程的其他文件和记录。

11.2 预制构件

Ⅰ 主控项目

11.2.1 专业企业生产的预制构件，进场时应检查质量证明文件。

检查数量：全数检查。

检验方法：检查质量证明文件或质量验收记录。

11.2.2 专业企业生产的预制构件进场时，预制构件结构性能检验应符合下列规定：

1 梁板类简支受弯预制构件进场时应进行结构性能检验，并应符合下列规定：

1）结构性能检验应符合国家现行有关标准的有关规定及设计的要求，检验要求和试验方法应符合现行国家标准《混凝土结构工程施工质量验收规范》GB 50204 的有关规定。

2）钢筋混凝土构件和允许出现裂缝的预应力混凝土构件

15

应进行承载力、挠度和裂缝宽度检验；不允许出现裂缝的预应力混凝土构件应进行承载力、挠度和抗裂检验。

3）对大型构件及有可靠应用经验的构件，可只进行裂缝宽度、抗裂和挠度检验。

4）对使用数量较少的构件，当能提供可靠依据时，可不进行结构性能检验。

5）对多个工程共同使用的同类型预制构件，结构性能检验可共同委托，其结果对多个工程共同有效。

2 对于不可单独使用的叠合板预制底板，可不进行结构性能检验。对叠合梁构件，是否进行结构性能检验、结构性能检验的方式应根据设计要求确定。

3 对本条第1、2款之外的其他预制构件，除设计有专门要求外，进场时可不做结构性能检验。

4 本条第1、2、3款规定中不做结构性能检验的预制构件，应采取下列措施：

1）施工单位或监理单位代表应驻厂监督生产过程。

2）当无驻厂监督时，预制构件进场时应对其主要受力钢筋数量、规格、间距、保护层厚度及混凝土强度等进行实体检验。

检验数量：同一类型预制构件不超过1000个为一批，每批随机抽取1个构件进行结构性能检验。

检验方法：检查结构性能检验报告或实体检验报告。

注："同类型"是指同一钢种、同一混凝土强度等级、同一生产工艺和同一结构形式。抽取预制构件时，宜从设计荷载最大、受力最不利或生产数量最多的预制构件中抽取。

11.2.3 预制构件的混凝土外观质量不应有严重缺陷，且不应有影响结构性能和安装、使用功能的尺寸偏差。

检查数量：全数检查。

检验方法：观察、尺量；检查处理记录。

11.2.4 预制构件表面预贴饰面砖、石材等饰面与混凝土的粘结性能应符合设计和国家现行有关标准的规定。

检查数量：按批检查。

检验方法：检查拉拔强度检验报告。

Ⅱ 一 般 项 目

11.2.5 预制构件外观质量不应有一般缺陷，对出现的一般缺陷应要求构件生产单位按技术处理方案进行处理，并重新检查验收。

检查数量：全数检查。

检验方法：观察，检查技术处理方案和处理记录。

11.2.6 预制构件粗糙面的外观质量、键槽的外观质量和数量应符合设计要求。

检查数量：全数检查。

检验方法：观察，量测。

11.2.7 预制构件表面预贴饰面砖、石材等饰面及装饰混凝土饰面的外观质量应符合设计要求或国家现行有关标准的规定。

检查数量：按批检查。

检验方法：观察或轻击检查；与样板比对。

11.2.8 预制构件上的预埋件、预留插筋、预留孔洞、预埋管线等规格型号、数量应符合设计要求。

检查数量：按批检查。

检验方法：观察、尺量；检查产品合格证。

11.2.9 预制板类、墙板类、梁柱类构件外形尺寸偏差和检验方法应分别符合本标准表9.7.4-1～表9.7.4-3的规定。

检查数量：按照进场检验批，同一规格（品种）的构件每次抽检数量不应少于该规格（品种）数量的5%且不少于3件。

11.2.10 装饰构件的装饰外观尺寸偏差和检验方法应符合设计要求；当设计无具体要求时，应符合本标准表9.7.4-4的规定。

检查数量：按照进场检验批，同一规格（品种）的构件每次抽检数量不应少于该规格（品种）数量的10%且不少于5件。

11.3 预制构件安装与连接

Ⅰ 主 控 项 目

11.3.1 预制构件临时固定措施应符合设计、专项施工方案要求及国家现行有关标准的规定。

检查数量：全数检查。

检验方法：观察检查，检查施工方案、施工记录或设计文件。

11.3.2 装配式结构采用后浇混凝土连接时，构件连接处后浇混凝土的强度应符合设计要求。

检查数量：按批检验。

检验方法：应符合现行国家标准《混凝土强度检验评定标准》GB/T 50107的有关规定。

11.3.3 钢筋采用套筒灌浆连接、浆锚搭接连接时，灌浆应饱满、密实，所有出口均应出浆。

检查数量：全数检查。

检验方法：检查灌浆施工质量检查记录、有关检验报告。

11.3.4 钢筋套筒灌浆连接及浆锚搭接连接用的灌浆料强度应符合国家现行有关标准的规定及设计要求。

检查数量：按批检验，以每层为一检验批；每工作班应制作1组且每层不应少于3组40mm×40mm×160mm的长方体试件，标准养护28d后进行抗压强度试验。

检验方法：检查灌浆料强度试验报告及评定记录。

11.3.5 预制构件底部接缝座浆强度应满足设计要求。

检查数量：按批检验，以每层为一检验批；每工作班同一配合比应制作1组且每层不应少于3组边长为70.7mm的立方体试件，标准养护28d后进行抗压强度试验。

检验方法：检查座浆材料强度试验报告及评定记录。

11.3.6 钢筋采用机械连接时，其接头质量应符合现行行业标准《钢筋机械连接技术规程》JGJ 107的有关规定。

检查数量：应符合现行行业标准《钢筋机械连接技术规程》JGJ 107的有关规定。

检验方法：检查钢筋机械连接施工记录及平行试件的强度试验报告。

11.3.7 钢筋采用焊接连接时，其焊缝的接头质量应满足设计要求，并应符合现行行业标准《钢筋焊接及验收规程》JGJ 18的有关规定。

检查数量：应符合现行行业标准《钢筋焊接及验收规程》JGJ 18的有关规定。

检验方法：检查钢筋焊接接头检验批质量验收记录。

11.3.8 预制构件采用型钢焊接连接时，型钢焊缝的接头质量应满足设计要求，并应符合现行国家标准《钢结构焊接规范》GB 50661和《钢结构工程施工质量验收规范》GB 50205的有关规定。

检查数量：全数检查。

检验方法：应符合现行国家标准《钢结构工程施工质量验收规范》GB 50205的有关规定。

11.3.9 预制构件采用螺栓连接时，螺栓的材质、规格、拧紧力矩应符合设计要求及现行国家标准《钢结构设计规范》GB 50017和《钢结构工程施工质量验收规范》GB 50205的有关规定。

检查数量：全数检查。

检验方法：应符合现行国家标准《钢结构工程施工质量验收规范》GB 50205的有关规定。

11.3.10 装配式结构分项工程的外观质量不应有严重缺陷，且不得有影响结构性能和使用功能的尺寸偏差。

检查数量：全数检查。

检验方法：观察、量测；检查处理记录。

11.3.11 外墙板接缝的防水性能应符合设计要求。

检验数量：按批检验。每 $1000m^2$ 外墙（含窗）面积应划分为一个检验批，不足 $1000m^2$ 时也应划分为一个检验批；每个检验批应至少抽查一处，抽查部位应为相邻两层 4 块墙板形成的水平和竖向十字接缝区域，面积不得少于 $10m^2$。

检验方法：检查现场淋水试验报告。

Ⅱ 一 般 项 目

11.3.12 装配式结构分项工程的施工尺寸偏差及检验方法应符合设计要求；当设计无要求时，应符合本标准表 10.4.12 的规定。

检查数量：按楼层、结构缝或施工段划分检验批。同一检验批内，对梁、柱，应抽查构件数量的 10%，且不少于 3 件；对墙和板，应按有代表性的自然间抽查 10%，且不少 3 间；对大空间结构，墙可按相邻轴线间高度 5m 左右划分检查面，板可按纵、横轴线划分检查面，抽查 10%，且均不少于 3 面。

11.3.13 装配式混凝土建筑的饰面外观质量应符合设计要求，并应符合现行国家标准《建筑装饰装修工程质量验收规范》GB 50210 的有关规定。

检查数量：全数检查。

检验方法：观察、对比量测。

11.4 部 品 安 装

11.4.1 装配式混凝土建筑的部品验收应分层分阶段开展。

11.4.2 部品质量验收应根据工程实际情况检查下列文件和记录：

1 施工图或竣工图、性能试验报告、设计说明及其他设计文件；

2 部品和配套材料的出厂合格证、进场验收记录；

3 施工安装记录；

4 隐蔽工程验收记录；

5 施工过程中重大技术问题的处理文件、工作记录和工程变更记录。

11.4.3 部品验收分部分项划分应满足国家现行相关标准要求，检验批划分应符合下列规定：

1 相同材料、工艺和施工条件的外围护部品每 $1000m^2$ 应划分为一个检验批，不足 $1000m^2$ 也应划分为一个检验批；每个检验批每 $100m^2$ 应至少抽查一处，每处不得小于 $10m^2$；

2 住宅建筑装配式内装工程应进行分户验收，划分为一个检验批；

3 公共建筑装配式内装工程应按照功能区间进行分段验收，划分为一个检验批；

4 对于异形、多专业综合或有特殊要求的部品，国家现行相关标准未作出规定时，检验批的划分可根据部品的结构、工艺特点及工程规模，由建设单位组织监理单位和施工单位协商确定。

11.4.4 外围护部品应在验收前完成下列性能的试验和测试：

1 抗风压性能、层间变形性能、耐撞击性能、耐火极限等实验室检测；

2 连接件材性、锚栓拉拔强度等现场检测。

11.4.5 外围护部品验收根据工程实际情况进行下列现场试验和测试：

1 饰面砖（板）的粘结强度测试；

2 板接缝及外门窗安装部位的现场淋水试验；

3 现场隔声测试；

4 现场传热系数测试。

11.4.6 外围护部品应完成下列隐蔽项目的现场验收：

1 预埋件；

2 与主体结构的连接节点；

3 与主体结构之间的封堵构造节点；

4 变形缝及墙面转角处的构造节点；

5 防雷装置；

6 防火构造。

11.4.7 屋面应按现行国家标准《屋面工程质量验收规范》GB 50207 的规定进行验收。

11.4.8 外围护系统的保温和隔热工程质量验收应按现行国家标准《建筑节能工程施工质量验收规范》GB 50411 的规定执行。

11.4.9 幕墙应按现行行业标准《玻璃幕墙工程技术规范》JGJ 102、《金属与石材幕墙工程技术规范》JGJ 133 和《人造板材幕墙工程技术规范》JGJ 336 的规定进行验收。

11.4.10 外围护系统的门窗工程、涂饰工程应按现行国家标准《建筑装饰装修工程质量验收规范》GB 50210 的规定进行验收。

11.4.11 木骨架组合外墙系统应按现行国家标准《木骨架组合墙体技术规范》GB/T 50361 的规定进行验收。

11.4.12 蒸压加气混凝土外墙板应按现行行业标准《蒸压加气混凝土建筑应用技术规程》JGJ/T 17 的规定进行验收。

11.4.13 内装工程应按国家现行标准《建筑装饰装修工程质量验收规范》GB 50210、《建筑轻质条板隔墙技术规程》JGJ/T 157 和《公共建筑吊顶工程技术规程》JGJ 345 的有关规定进行验收。

11.4.14 室内环境的质量验收应在内装工程完成后进行，并应符合现行国家标准《民用建筑工程室内环境污染控制规范》GB 50325 的有关规定。

11.5 设备与管线安装

11.5.1 装配式混凝土建筑中涉及建筑给水排水及供暖、通风与空调、建筑电气、智能建筑、建筑节能、电梯等安装的施工质量验收应按其对应的分部工程进行验收。

11.5.2 给水排水及采暖工程的分部工程、分项工程、检验批质量验收等应符合现行国家标准《建筑给水排水及采暖工程施工质量验收规范》GB 50242 的有关规定。

11.5.3 电气工程的分部工程、分项工程、检验批质量验收等应符合现行国家标准《建筑电气工程施工质量验收规范》GB 50303 及《火灾自动报警系统施工及验收规范》GB 50166 的有关规定。

11.5.4 通风与空调工程的分部工程、分项工程、检验批质量验收等应符合现行国家标准《通风与空调工程施工质量验收规范》GB 50243 的有关规定。

11.5.5 智能建筑的分部工程、分项工程、检验批质量验收等除应符合本标准外，尚应符合现行国家标准《智能建筑工程质量验收规范》GB 50339 的有关规定。

11.5.6 电梯工程的分部工程、分项工程、检验批质量验收等应符合现行国家标准《电梯工程施工质量验收规范》GB 50310 的有关规定。

11.5.7 建筑节能工程的分部工程、分项工程、检验批质量验收等应符合现行国家标准《建筑节能工程施工质量验收规范》GB 50411 的有关规定。

附录A　双面叠合剪力墙设计

A.0.1　本附录适用的双面叠合剪力墙房屋的最大适用高度应符合表A.0.1的规定。

表A.0.1　双面叠合剪力墙房屋的最大适用高度（m）

结构类型	抗震设防烈度			
	6度	7度	8度(0.20g)	8度(0.30g)
双面叠合剪力墙结构	90	80	60	50

注：房屋高度指室外地面到主要屋面的高度，不包括局部突出屋顶部分。

A.0.2　双面叠合剪力墙空腔内宜浇筑自密实混凝土，自密实混凝土应符合现行行业标准《自密实混凝土应用技术规程》JGJ/T 283的规定；当采用普通混凝土时，混凝土粗骨料的最大粒径不宜大于20mm，并应采取保证后浇混凝土浇筑质量的措施。

A.0.3　双面叠合剪力墙的墙肢厚度不宜小于200mm，单叶预制墙板厚度不宜小于50mm，空腔净距不宜小于100mm。预制墙板内外叶内表面应设置粗糙面，粗糙面凹凸深度不应小于4mm。

A.0.4　双面叠合剪力墙结构宜采用预制混凝土叠合连梁（图A.0.4），也可采用现浇混凝土连梁。连梁配筋及构造应符合国家现行标准《混凝土结构设计规范》GB 50010和《装配式混凝土结构技术规程》JGJ 1的有关规定。

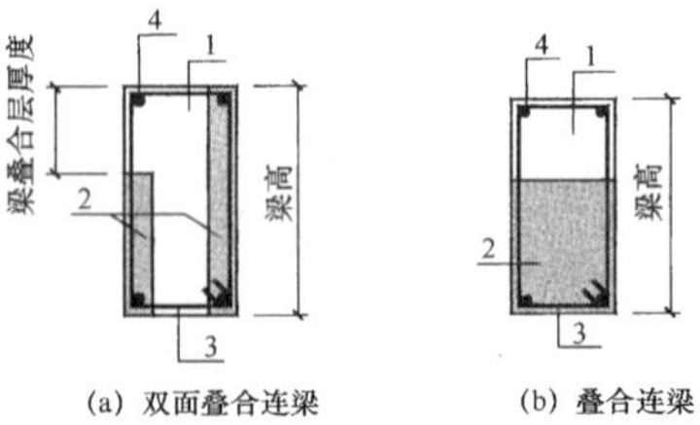

图A.0.4　预制叠合连梁示意图

1—后浇部分；2—预制部分；3—连梁箍筋；4—连梁纵筋

A.0.5　除本标准另有规定外，双面叠合剪力墙结构的截面设计应符合现行行业标准《高层建筑混凝土结构技术规程》JGJ 3的有关规定，其中剪力墙厚度b_w取双面叠合剪力墙的全截面厚度。

A.0.6　双面叠合剪力墙结构底部加强部位的剪力墙宜采用现浇混凝土。楼层内相邻双面叠合剪力墙之间应采用整体式接缝连接；后浇混凝土与预制墙板应通过水平连接钢筋连接，水平连接钢筋的间距宜与预制墙板中水平分布钢筋的间距相同，且不宜大于200mm；水平连接钢筋的直径不应小于叠合剪力墙预制板中水平分布钢筋的直径。

A.0.7　双面叠合剪力墙结构约束边缘构件内的配筋及构造要求应符合国家现行标准《建筑抗震设计规范》GB 50011和《高层建筑混凝土结构技术规程》JGJ 3的有关规定，并应符合下列规定：

1　约束边缘构件（图A.0.7）阴影区域宜全部采用后浇混凝土，并在后浇段内设置封闭箍筋；其中暗柱阴影区域可采用叠合暗柱或现浇暗柱；

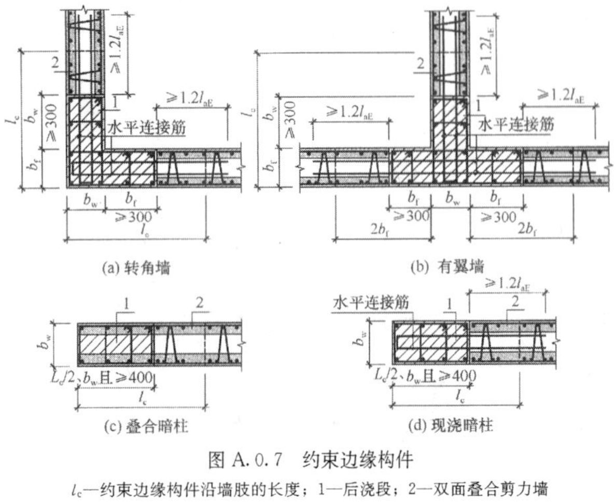

图A.0.7　约束边缘构件

l_c—约束边缘构件沿墙肢的长度；1—后浇段；2—双面叠合剪力墙

2　约束边缘构件非阴影区的拉筋可由叠合墙板内的桁架钢筋代替，桁架钢筋的面积、直径、间距应满足拉筋的相关规定。

A.0.8　预制双面叠合剪力墙构造边缘构件内的配筋及构造要求应符合国家现行标准《建筑抗震设计规范》GB 50011和《高层建筑混凝土结构技术规程》JGJ 3的有关规定。构造边缘构件（图A.0.8）宜全部采用后浇混凝土，并在后浇段内设置封闭箍筋；其中暗柱可采用叠合暗柱或现浇暗柱。

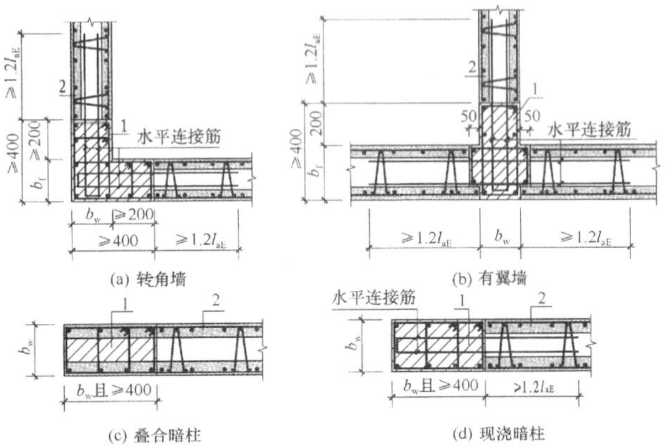

图A.0.8　构造边缘构件

1—后浇段；2—双面叠合剪力墙

A.0.9　双面叠合剪力墙的钢筋桁架应满足运输、吊装和现浇混凝土施工的要求，并应符合下列规定：

1　钢筋桁架宜竖向设置，单片预制叠合剪力墙墙肢不应少于2榀；

2　钢筋桁架中心间距不宜大于400mm，且不宜大于竖向分布筋间距的2倍；钢筋桁架距叠合剪力墙预制墙板边的水平距离不宜大于150mm（图A.0.9）；

3　钢筋桁架的上弦钢筋直径不宜小于10mm，下弦钢筋及腹杆钢筋直径不宜小于6mm；

4　钢筋桁架应与两层分布筋网片可靠连接，连接方式可采用焊接。

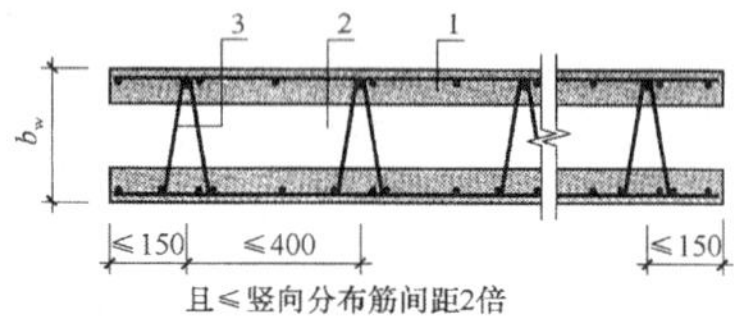

图A.0.9　双面叠合剪力墙中钢筋桁架的预制布置要求

1—预制部分；2—现浇部分；3—钢筋桁架

A.0.10　双面叠合剪力墙水平接缝高度不宜小于50mm，接缝处现浇混凝土应浇筑密实。水平接缝处应设置竖向连接钢筋，连接钢筋应通过计算确定，并应符合下列规定：

1　连接钢筋在上下层墙板中的锚固长度不应小于$1.2l_{aE}$（图A.0.10）；

2　竖向连接钢筋的间距不应大于叠合剪力墙预制墙板中竖向分布钢筋的间距，且不宜大于200mm；竖向连接钢筋的直径不应小于叠合剪力墙预制墙板中竖向分布钢筋的直径。

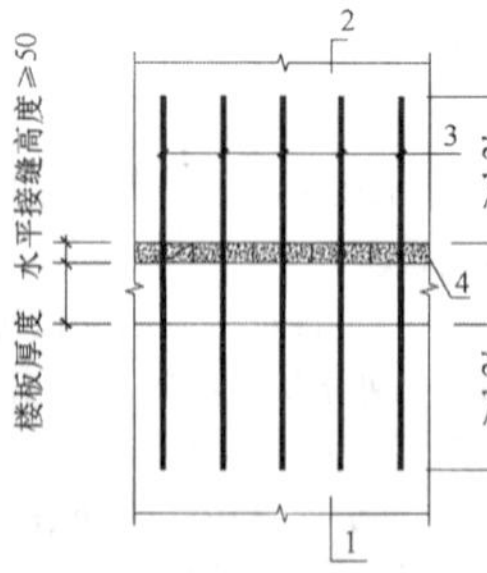

图A.0.10　竖向连接钢筋搭接构造

1—下层叠合剪力墙；2—上层叠合剪力墙；3—竖向连接钢筋；4—楼层水平接缝

A.0.11　非边缘构件位置，相邻双面叠合剪力墙之间应设置后浇段，后浇段的宽度不应小于墙厚且不宜小于200mm，后浇段内应设置不少于4根竖向钢筋，钢筋直径不应小于墙体竖向分布筋直径且不应小于8mm；两侧墙体与后浇段之间应采用水平连接钢筋连接，水平连接钢筋应符合下列规定：

1 水平连接钢筋在双面叠合剪力墙中的锚固长度不应小于1.2l_{aE}（图A.0.11）；

2 水平连接钢筋的间距宜与叠合剪力墙预制墙板中水平分布钢筋的间距相同，且不宜大于200mm；水平连接钢筋的直径不应小于叠合剪力墙预制墙板中水平分布钢筋的直径。

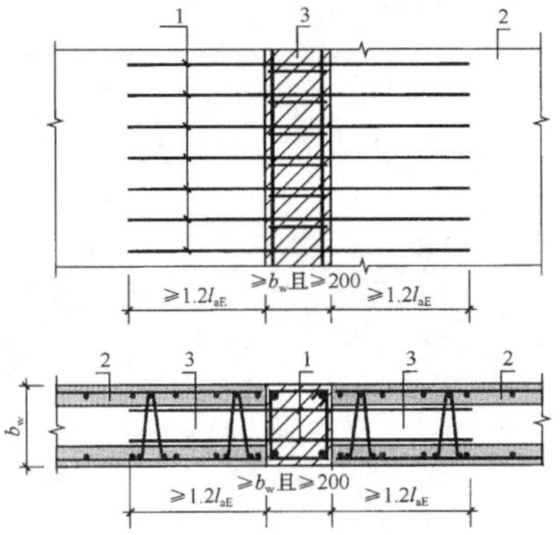

图A.0.11 水平连接钢筋搭接构造

1—连接钢筋；2—预制部分；3—现浇部分

中华人民共和国国家标准

装配式混凝土建筑技术标准

GB/T 51231-2016

条 文 说 明

1 总 则

1.0.1 《中共中央国务院关于进一步加强城市规划建设管理工作的若干意见》、国务院办公厅《关于大力发展装配式建筑的指导意见》（国办发〔2016〕71号）明确提出发展装配式建筑，装配式建筑进入快速发展阶段。但总体看，我国装配式建筑应用规模小，技术集成度较低。为推进装配式建筑健康发展，亟需一本标准来规范装配式混凝土建筑的建设，按照适用、经济、安全、绿色、美观的要求，全面提高装配式混凝土建筑的环境效益、社会效益和经济效益。

1.0.2 本标准中的装配式混凝土建筑包含住宅和公共建筑，以住宅、宿舍、教学楼、酒店、办公楼、公寓、商业、医院病房等为主，不含重型厂房。

1.0.3 本条阐述了装配式建筑建设的基本原则，强调了可持续发展的绿色建筑全寿命期基本理念。除应满足标准化设计、工厂化生产、装配化施工、一体化装修、信息化管理和智能化应用等全产业链工业化生产的要求外，还应满足建筑全寿命期运营、维护、改造等方面的要求。

1.0.4 本条强调了构成装配式建筑的系统以及系统的集成，突出装配式建筑是一个建筑的概念，装配式钢结构建筑、装配式混凝土建筑、装配式木结构建筑对于装配式建筑来说只是结构系统的不同。同时，强调建筑的使用功能与性能，提升建筑性能与品质是装配式建筑设计的基本要求，提高质量、节约资源、节约造价是我国推行绿色建筑、节能环保的要求。

2 术语和符号

2.1 术 语

2.1.1 装配式建筑是一个系统工程，由结构系统、外围护系统、设备与管线系统、内装系统四大系统组成，是将预制部品部件通过模数协调、模块组合、接口连接、节点构造和施工工法等集成装配而成的，在工地高效、可靠装配并做到主体结构、建筑围护、机电装修一体化的建筑。它有几个方面的特点：

（1）以完整的建筑产品为对象，以系统集成为方法，体现加工和装配需要的标准化设计；

（2）以工厂精益化生产为主的部品部件；

（3）以装配和干式工法为主的工地现场；

（4）以提升建筑工程质量安全水平、提高劳动生产效率、节约资源能源、减少施工污染和建筑的可持续发展为目标；

（5）基于BIM技术的全链条信息化管理，实现设计、生产、施工、装修和运维的协同。

2.1.3 装配式建筑由结构系统、外围护系统、设备与管线系统以及内装系统组成。装配式建筑强调这四个系统之间的集成，以及各系统内部的集成过程。

2.1.4 在系统集成的基础上，装配式建筑强调集成设计，突出在设计的过程中，应将结构系统、外围护系统、设备与管线系统以及内装系统进行综合考虑，一体化设计。

2.1.5 装配式建筑的协同设计工作是工厂化生产和装配化施工建造的前提。装配式建筑设计应统筹规划设计、生产运输、施工安装和使用维护，进行建筑、结构、设备、室内装修等专业一体化的设计，同时要运用建筑信息模型技术，建立信息协同平台，加强设计、生产、运输、施工各方之间的关系协同，并应加强建筑、结构、设备、装修等专业之间的配合。

2.1.7 在建筑物中，围护结构指建筑物及房间各面的围挡物。本标准从建筑物的各系统应用出发，将外围护结构及其他部品部件统一归纳为外围护系统，提出了“外围护系统”的概念。

2.1.12 全装修强调了作为建筑的功能和性能的完备性。党中央国务院对于“装配式建筑”的提法和定义非常明确，装配式建筑首先要落脚到“建筑”。建筑的最基本属性是其功能性。因此，装配式建筑的最低要求应该定位在具备完整功能的成品形态，不能割裂结构、装修，底线是交付成品建筑。推进全装修，有利于提升装修集约化水平，提高建筑性能和消费者生活质量，带动相关产业发展。全装修是房地产市场成熟的重要标志，是与国际接轨的必然发展趋势，也是推进我国建筑产业健康发展的重要路径。

2.1.13 装配式装修以工业化生产方式为基础，采用工厂制造的内装部品，部品安装采用干式工法。推行装配式装修是推动装配式建筑发展的重要方向。采用装配式装修的设计建造方式具有五个方面优势：

（1）部品在工厂制作，现场采用干式作业，可以最大限度保证产品质量和性能；

（2）提高劳动生产率，节省大量人工和管理费用，大大缩短建设周期，综合效益明显，从而降低生产成本；

（3）节能环保，减少原材料的浪费，施工现场大部分为干式工法，减少噪声、粉尘和建筑垃圾等污染；

（4）便于维护，降低了后期运营维护的难度，为部品更换创造了可能；

（5）工业化生产的方式有效解决了施工生产的尺寸误差和模数接口问题。

2.1.14 现场采用干作业施工工艺的干式工法是装配式建筑的核心内容。我国传统现场具有湿作业多、施工精度差、工序复杂、建造周期长、依赖现场工人水平和施工质量难以保证等问题，干式工法作业可实现高精度、高效率和高品质。

2.1.15 模块是标准化设计中的基本单元，首先应具有一定的功能，具有通用性；同时，在接口标准化的基础上，同类模块也具有互换性。

2.1.16 在装配式建筑中接口主要是两个独立系统、模块或者部品部件之间的共享边界。接口的标准化，可以实现通用性以及互换性。

2.1.17、2.1.18 集成式厨房多指居住建筑中的厨房，本条强调了厨房的“集成性”和“功能性”。集成式卫生间充分考虑了卫生间空间的多样组合或分隔，包括多器具的集成卫生间产品和仅有洗面、洗浴或便溺等单一功能模块的集成卫生间产品。

集成式厨房、集成式卫生间是装配式建筑装饰装修的重要组成部分，其设计应按照标准化、系列化原则，并符合干式工法施工的要求，在制作和加工阶段全部实现装配化。

2.1.19 整体收纳是工厂生产、现场装配的、模块化集成收纳产品的统称，为装配式住宅建筑内装系统中的一部分，属于模块化部品。配置门扇、五金件和隔板等。通常设置在入户门厅、起居室、卧室、厨房、卫生间和阳台等功能空间部位。

2.1.20 发展装配式隔墙、吊顶和楼地面部品技术，是我国装配化装修和内装产业化发展的主要内容。以轻钢龙骨石膏板体系的装配式隔墙、吊顶为例，其主要特点如下：干式工法，实现建造周期缩短60%以上；减少室内墙体占用面积，提高建筑的得房率；防火、保温、隔声、环保及安全性能全面提升；资源再生，利用率在90%以上；空间重新分割方便；健康环保性能提高，可有效调整湿度增加舒适感。

2.1.21 在传统的建筑设计与施工中，一般均将室内装修用设备管线预埋在混凝土楼板和墙体等建筑结构系统中。在后期长时期的使用维护阶段，大量的建筑虽然结构系统仍可满足使用要求，但预埋在结构系统中的设备管线等早已老化无法改造更新，后期装修剔凿主体结构的问题大量出现，也极大地影响了建筑使用寿命。因此，装配式建筑鼓励采用设备管线与建筑结构系统的分离技术，使建筑具备结构耐久性、室内空间灵活性及可更新性等特点，同时兼备低能耗、高品质和长寿命的可持续建筑产品优势。

3 基本规定

3.0.1 系统性和集成性是装配式建筑的基本特征，装配式建筑是以完整的建筑产品为对象，提供性能优良的完整建筑产品，通过系统集成的方法，实现设计、生产运输、施工安装和使用维护全过程的一体化。

3.0.2 装配式建筑的建筑设计应进行模数协调，以满足建造装配化与部品部件标准化、通用化的要求。标准化设计是实施装配式建筑的有效手段，没有标准化就不可能实现结构系统、外围护系统、设备与管线系统以及内装系统的一体化集成，而模数和模数协调是实现装配式建筑标准化设计的重要基础，涉及装配式建筑产业链上的各个环节。少规格、多组合是装配式建筑设计的重要原则，减少部品部件的规格种类及提高部品部件模板的重复使用率，有利于部品部件的生产制造与施工，有利于提高生产速度和工人的劳动效率，从而降低造价。

3.0.6 建筑信息模型技术是装配式建筑建造过程的重要手段。通过信息数据平台管理系统将设计、生产、施工、物流和运营等各环节联系为一体化管理，对提高工程建设各阶段及各专业之间协同配合的效率，以及一体化管理水平具有重要作用。

3.0.8 在建筑设计前期，应结合当地的政策法规、用地条件、项目定位进行技术策划。技术策划应包括设计策划、部品部件生产与运输策划、施工安装策划和经济成本策划。

设计策划应结合总图概念方案或建筑概念方案，对建筑平面、结构系统、外围护系统、设备与管线系统、内装系统等进行标准化设计策划，并结合成本估算，选择相应的技术配置。

部品部件生产策划根据供应商的技术水平、生产能力和质量管理水平，确定供应商范围；部品部件运输策划应根据供应商生产基地与项目用地之间的距离、道路状况、交通管理及场地放置等条件，选择稳定可靠的运输方案。

施工安装策划应根据建筑概念方案，确定施工组织方案、关键施工技术方案、机具设备的选择方案、质量保障方案等。

经济成本策划要确定项目的成本目标，并对装配式建筑实施重要环节的成本优化提出具体指标和控制要求。

3.0.9 装配式建筑强调性能要求，提高建筑质量和品质。因此外围护系统、设备与管线系统以及内装系统应遵循绿色建筑全寿命期的理念，结合地域特点和地方优势，优先采用节能环保的技术、工艺、材料和设备，实现节约资源、保护环境和减少污染的目标，为人们提供健康舒适的居住环境。

4 建筑集成设计

4.1 一 般 规 定

4.1.1 装配式混凝土建筑设计应符合现行国家标准《建筑模数协调标准》GB/T 50002的有关规定。模数协调是建筑部品部件实现通用性和互换性的基本原则，使规格化、通用化的部品部件适用于常规的各类建筑，满足各种要求。大量的规格化、定型化部品部件的生产可稳定质量，降低成本。通用化部件所具有的互换能力，可促进市场的竞争和生产水平的提高。

装配式建筑采用建筑通用体系是实现建筑工业化的前提，标准化、模块化设计是满足部品部件工业化生产的必要条件，以实现批量化的生产和建造。装配式建筑应以少规格多组合的原则进行设计，结构构件和内装部品减少种类，既可经济合理地确保质量，也利于组织生产与施工安装。建筑平面和外立面可通过组合方式、立面材料色彩搭配等方式实现多样化。

4.1.2 本条是从结构系统、外围护系统、设备与管线系统、内装系统对装配式建筑全专业提出要求。装配式建筑是一个完整的具有一定功能的建筑产品，是一个系统工程。过去那种只提供结构和建筑围护的“毛坯房”，或者只有主体结构预制装配，没有内装一体化集成的建筑，都不能称为真正意义上的“装配式建筑”。

4.2 模 数 协 调

4.2.1 装配式混凝土建筑设计应采用模数来协调结构构件、内装部品、设备与管线之间的尺寸关系，做到部品部件设计、生产和安装等相互间尺寸协调，减少和优化各部品部件的种类和尺寸。

4.2.2～4.2.5 结构构件采用扩大模数系列，可优化和减少预制构件种类。形成通用性强、系列化尺寸的开间、进深和层高等结构构件尺寸。装配式混凝土建筑内装系统中的装配式隔墙、整体收纳空间和管道井等单元模块化部品宜采用基本模数，也可插入分模数数列 nM/2 或 nM/5 进行调整。

4.2.6 住宅建筑应选用下列常用优选尺寸，见表1～表4。

表1 集成式厨房的优选尺寸（mm）

厨房家具布置形式	厨房最小净宽度	厨房最小净长度
单排型	1500（1600）/2000	3000
双排型	2200/2700	2700
L形	1600/2700	2700
U形	1900/2100	2700
壁柜型	700	2100

表2 集成式卫生间的优选尺寸（mm）

卫生间平面布置形式	卫生间最小净宽度	卫生间最小净长度
单设便器卫生间	900	1600
设便器、洗面器两件洁具	1500	1550
设便器、洗浴器两件洁具	1600	1800
设三件洁具（喷淋）	1650	2050
设三件洁具（浴缸）	1750	2450
设三件洁具无障碍卫生间	1950	2550

表3 楼梯的优选尺寸（mm）

楼梯类别	踏步最小宽度	踏步最大高度
共用楼梯	260	175
服务楼梯，住宅套内楼梯	220	200

表4 门窗洞口的优选尺寸（mm）

类别	最小洞宽	最小洞高	最大洞宽	最大洞高
门洞口	700	1500	2400	23（22）00
窗洞口	600	600	2400	23（22）00

4.2.7 对于框架结构体系，宜采用中心定位法。框架结构柱子间设置的分户墙和分室隔墙，一般宜采用中心定位法；当隔墙的一侧或两侧要求模数空间时宜采用界面定位法。

住宅建筑集成式厨房和集成式卫生间的内装部品（厨具橱柜、洁具、固定家具等）、公共建筑的集成式隔断空间、模块化吊顶空间等，宜采用界面定位方式，以净尺寸控制模数化空间；其他空间的部品可采用中心定位来控制。

门窗、栏杆、百叶等外围护部品，应采用模数化的工业产品，并与门窗洞口、预埋节点等的模数规则相协调，宜采用界面定位方式。

4.2.8 装配式建筑应严格控制预制构件、预制与现浇构件之间的建筑公差。接缝的宽度应满足主体结构层间变形、密封材料变形能力、施工误差、温差引起变形等的要求，防止接缝漏水等质量事故发生。

实施模数协调的工作是一个渐进的过程，对重要的部件，以及影响面较大的部位可先期运行，如门窗、厨房、卫生间等。重要的部件和组合件应优先推行规格化、通用化。

4.3 标准化设计

4.3.1～4.3.4 模块化是标准化设计的一种方法。模块化设计应满足模数协调的要求，通过模数化和模块化的设计为工厂化生产和装配化施工创造条件。模块应进行精细化、系列化设计，关联模块间应具备一定的逻辑及衍生关系，并预留统一的接口，模块之间可采用刚性连接或柔性连接。

（1）刚性连接模块的连接边或连接面的几何尺寸、开口应吻合，采用相同的材料和部品部件进行直接连接；

（2）无法进行直接连接的模块可采用柔性连接方式进行间接相连，柔性连接的部分应牢固可靠，并需要对连接方式、节点进行详细设计。

4.3.5 装配式建筑设计应重视其平面、立面和剖面的规则性，宜优先选用规则的形体，同时便于工厂化、集约化生产加工，提高工程质量，并降低工程造价。

一般设计使用年限为50年，国外已经出现了百年住宅，因此为使用提供适当的灵活性，满足居住需求的变化尤为重要。已有的经验是采用大空间的平面，合理布置承重墙及管井位置。在装配式住宅建筑中采用这种平面布局方式不但有利于结构布置，而且可减少预制楼板的类型。但设计时也应适当考虑实际的构件运输及吊装能力，以免构件尺寸过大导致运输及吊装困难。

4.3.6 装配式建筑外墙可通过预制装饰混凝土反打面砖、装饰构件、清水混凝土、彩色混凝土等多种形式使建筑立面多样化，也可通过单元组合、色彩搭配、阳台交错设置等做法丰富外立面。

4.4 集成设计

4.4.4 门窗洞口尺寸规整既有利于门窗的标准化加工生产，又有利于墙板的尺寸统一和减少规格。宜采用单元化、一体化的装配式外墙系统，如具有装饰、保温、防水、采光等功能的集成式单元墙体。

4.4.5 墙板应结合内装要求，对设置在预制部件上的电气开关、插座、接线盒、连接管线等进行预留，这个过程用集成设计的方法有利于系统化和工厂化。

5 结构系统设计

5.1 一般规定

5.1.2 装配整体式框架结构、装配整体式框架-现浇剪力墙结构、装配整体式剪力墙结构、装配整体式部分框支剪力墙结构的最大适用高度与现行行业标准《装配式混凝土结构技术规程》JGJ 1一致。

新增加“装配整体式框架-现浇核心筒结构”的最大适用高度要求。装配整体式框架-现浇核心筒结构中，混凝土核心筒采用现浇结构，框架的性能与现浇框架等同，整体结构的适用高度与现浇的框架-核心筒结构相同。

装配整体式剪力墙结构与装配整体式部分框支剪力墙结构的最大适用高度与现行行业标准《装配式混凝土结构技术规程》JGJ 1一致。在计算预制剪力墙构件底部承担的总剪力与该层总剪力比值时，可选取结构竖向构件主要采用预制剪力墙的起始层；如结构各层竖向构件均采用预制剪力墙，则计算底层的剪力比值；如底部2层竖向构件采用现浇剪力墙，其他层采用预制剪力墙，则计算第3层的剪力比值。

近年来，国内的科研单位及企业对浆锚搭接连接技术进行了系列的理论和试验研究工作，已有了一定的技术基础和工程实践应用。但考虑到浆锚搭接连接技术在工程实践中的应用经验相对有限，因此本标准对剪力墙边缘构件竖向钢筋应用浆锚搭接连接技术采取偏于安全的方式，最大适用高度在现有装配整体式剪力墙结构的基础上降低10m。

5.1.4 装配整体式框架结构、装配整体式框架-现浇剪力墙结构、装配整体式剪力墙结构、装配整体式部分框支剪力墙结构的抗震等级与现行行业标准《装配式混凝土结构技术规程》JGJ 1保持一致。

新增加“装配整体式框架-现浇核心筒结构”的抗震等级规定。装配整体式框架-现浇核心筒结构的抗震等级参照国家现行标准《建筑抗震设计规范》GB 50011和《高层建筑混凝土结构技术规程》JGJ 3中的现浇框架-核心筒结构选取，高度不超过60m时，其抗震等级允许按框架-现浇剪力墙结构的规定采用。

5.1.5 装配式混凝土结构的规则性要求参照现行行业标准《装配式混凝土结构技术规程》JGJ 1的规定。结构抗震性能目标、性能水准的设定和划分，可按现行行业标准《高层建筑混凝土结构技术规程》JGJ 3执行。当装配式混凝土结构采用本标准未规定的结构类型时，应进行专项论证。在进行专项论证时，应根据实际结构类型、节点连接形式和预制构件形式及构造等，选取合理的结构计算模型，并采取相应的加强措施。必要时，应采取试验方法对结构性能进行补充研究。

5.1.6 装配整体式结构应具有良好的整体性，其目的是保证结构在偶然作用发生时具有适宜的抗连续倒塌能力。

5.1.7 震害调查表明，有地下室的高层建筑破坏比较轻，而且有地下室对提高地基的承载力有利；高层建筑设置地下室，可以提高其在风、地震作用下的抗倾覆能力。因此高层建筑装配整体式混凝土结构宜按照现行行业标准《高层建筑混凝土结构技术规程》JGJ 1的有关规定设置地下室。地下室顶板作为上部结构的嵌固部位时，宜采用现浇混凝土以保证其嵌固作用。对嵌固作用没有直接影响的地下室结构构件，当有可靠依据时，也可采用预制混凝土。

高层建筑装配整体式剪力墙结构和部分框支剪力墙结构的底部加强部位是结构抵抗罕遇地震的关键部位。弹塑性分析和实际震害均表明，底部墙肢的损伤往往较上部墙肢严重，因此对底部墙肢的延性和耗能能力的要求较上部墙肢高。目前，高层建筑装配整体式剪力墙结构和部分框支剪力墙结构的预制剪力墙竖向钢筋连接接头面积百分率通常为100%，其抗震性能尚无实际震害经验，对其抗震性能的研究以构件试验为主，整体结构试验研究偏少，剪力墙墙肢的主要塑性发展区域采用现浇混凝土有利于保证结构整体抗震能力。因此，高层建筑剪力墙结构和部分框支剪力墙结构的底部加强部位的竖向构件宜采用现浇混凝土。

高层建筑装配整体式框架结构，首层的剪切变形远大于其他各层；震害表明，首层柱底出现塑性铰的框架结构，其倒塌的可能性大。试验研究表明，预制柱底的塑性铰与现浇柱底的塑性铰有一定的差别。在目前设计和施工经验尚不充分的情况下，高层建筑框架结构的首层柱宜采用现浇柱，以保证结构的抗地震倒塌能力。

当高层建筑装配整体式剪力墙结构和部分框支剪力墙结构的底部加强部位及框架结构首层柱采用预制混凝土时，应进行专门研究和论证，采取特别的加强措施，严格控制构件加工和现场施工质量。在研究和论证过程中，应重点提高连接接头性能、优化结构布置和构造措施，提高关键构件和部位的承载能力，尤其是柱底接缝与剪力墙水平接缝的承载能力，确保实现“强柱弱梁”的目标，并对大震作用下首层柱和剪力墙底部加强部位的塑性发展程度进行控制。必要时应进行试验验证。

5.2 结构材料

5.2.3 挤压套筒是混凝土结构钢筋机械连接采用的一种套筒，现行行业标准《钢筋机械连接用套筒》JG/T 163对挤压套筒的实测力学性能作了规定。挤压套筒连接钢筋是通过钢筋与套筒的机械咬合作用将一根钢筋的力传递到另一根钢筋，因此适用于热轧带肋钢筋的连接。

5.3 结构分析和变形验算

5.3.1 装配式混凝土结构中，存在等同现浇的湿式连接节点，也存在非等同现浇的湿式或者干式连接节点。对于本标准中列入的各种现浇连接接缝构造，如框架节点梁端接缝、预制剪力墙竖向接缝等，已经有了很充分的试验研究，当其构造及承载力满足本标准中的相应要求时，均能够实现等同现浇的要求；因此弹性分析模型可按照等同于连续现浇的混凝土结构来模拟。多层装配式墙板结构节点与接缝的模拟应符合第5.8节的规定。

对于本标准中未列入的节点及接缝构造，当有充足的试验依据表明其能够满足等同现浇的要求时，可按照连续的混凝土结构进行模拟，不考虑接缝对结构刚度的影响。所谓充足的试验依据，是指连接构造及采用此构造连接的构件，在常用参数（如构件尺寸、配筋率等）、各种受力状态下（如弯、剪、扭或复合受力、静力及地震作用）的受力性能均进行过试验研究，试验结果能够证明其与同样尺寸的现浇构件具有基本相同的承载力、刚度、变形能力、延性、耗能能力等方面的性能水平。

对于干式连接节点，一般应根据其实际受力状况模拟为刚接、铰接或者半刚接节点。如梁、柱之间采用牛腿、企口搭接，其钢筋不连接时，则模拟为铰接节点；如梁柱之间采用后张预应力压紧连接或螺栓压紧连接，一般应模拟为半刚性节点。计算模型中应包含连接节点，并准确计算出节点内力，以进行节点连接件及预埋件的承载力复核。连接的实际刚度可通过试验或者有限元分析获得。

5.3.2 装配式混凝土结构进行弹塑性分析时，构件及节点均可能进入塑性状态。构件的模拟与现浇混凝土结构相同，而节点及接缝的全过程非线性行为的模拟是否准确，是决定分析结果是否准确的关键因素。试验结果证明，受力全过程能够实现等同现浇的湿式连接节点，可按照连续的混凝土结构模拟，忽略接缝的影响。对于其他类型的节点及接缝，应根据试验结果或精细有限元分析结果，总结节点及接缝的特性，如弯矩-转角关系、剪力-滑移关系等，并反映在计算模型中。

5.3.3 非承重外围护墙、内隔墙的刚度对结构的整体刚度、地震力的分布、相邻构件的破坏模式等都有影响，影响大小与围护墙及隔墙的数量、刚度、与主体结构连接的刚度直接相关。

外围护墙采用外挂墙板时，与主体结构一般采用柔性连接，其对主体结构的影响及处理方式在本标准第5.9节中有专门规定。

非承重隔墙的做法有砌块抹灰、轻质复合墙板、条板内隔墙、预制混凝土内隔墙等。轻质复合墙板、条板内隔墙等一般是在主体结构完工后二次施工，与主体结构之间存在拼缝，参考现浇混凝土结构的处理方式，采用周期折减的方法考虑其对结构刚度的影响。周期折减系数根据实际情况及经验，由设计人员确定。当轻质隔墙板刚度较小且结构刚度较大时，如在剪力墙结构中采用轻质复合隔墙板，周期折减系数可较大，取0.8～1.0；当轻质隔墙板刚度较大且结构刚度较小时，如框架结构中，周期折减系数较小，如取0.7～0.9。

非承重墙体为砌块隔墙时，周期折减系数的取值可参照《高层建筑混凝土结构技术规程》JGJ 3的有关规定。

5.3.4、5.3.5 装配整体式混凝土结构的性能与现浇结构类似，其弹性和弹塑性层间位移角限值均与现浇结构相同。对非等同现浇的装配式混凝土结构，应根据其变形模式、破坏模式和抗震性能目标要求，确定其整体侧向变形限值。

5.4 构件与连接设计

5.4.1 预制构件设计应符合国家现行标准《混凝土结构设计规范》GB 50010、《装配式混凝土结构技术规程》JGJ 1和《混凝土结构工程施工规范》GB 50666等的有关规定。

预制构件的标准化指在结构设计时，应尽量减少梁板墙柱等预制结构构件的种类，保证模板能够多次重复使用，以降低造价。

构件在安装过程中，钢筋对位直接制约构件的连接效率，故宜采用大直径、大间距的配筋方式，以便于现场钢筋的对位和连接。

5.4.5 挤压套筒用于装配式混凝土结构时，具有连接可靠、施工方便、少用人工、施工质量现场可检查等优点。施工现场采用机具对套筒进行挤压实现钢筋连接时，需要有足够大的操作空间，因此，预制构件之间应预留足够的后浇段。

挤压套筒应用前应将套筒与钢筋装配成接头进行型式检验，确定满足接头抗拉强度和变形性能的要求后方可用于工程实践。

5.5 楼盖设计

5.5.2 叠合楼盖包括桁架钢筋混凝土叠合板、预制平板底板混凝土叠合板、预制带肋底板混凝土叠合板、叠合空心楼板等。本节中主要对常规叠合楼盖的设计方法及构造要求进行了规定，其他形式的叠合楼盖的设计方法可参考现行行业相关规程。结构转换层、平面复杂或开洞较大的楼层、作为上部结构嵌固部位的地下室楼层对整体性及传递水平力的要求较高，宜采用现浇楼盖。

平面复杂或开洞较大的情况参见国家现行标准《建筑抗震设计规范》GB 50011和《高层建筑混凝土结构技术规程》JGJ 3的有关规定。

当顶层楼板采用叠合楼板时，为增强顶层楼板的整体性，需提高后浇混凝土叠合层的厚度和配筋要求，同时叠合楼板应设置桁架钢筋。

5.5.3 当后浇混凝土叠合层厚度不小于100mm且不小于预制层厚度的1.5倍时，预制板板底钢筋可采用分离式搭接锚固，预制板板底钢筋伸到预制板板端，在现浇层内设置附加钢筋伸入支座锚固。板底钢筋采用分离式搭接锚固有利于预制板加工及方便施工。

当预制板板底钢筋采用其他锚固形式时，应满足现行行业标准《装配式混凝土结构技术规程》JGJ 1的有关规定。

5.5.4 当预制板接缝可实现钢筋与混凝土的连续受力时，即形成"整体式接缝"时，可按照整体双向板进行设计。整体式接缝一般采用后浇带的形式，后浇带应有一定的宽度以保证钢筋在后浇带中的搭接或锚固，并保证后浇混凝土与预制板的整体性。后浇带两侧的板底受力钢筋需要可靠连接，比如焊接、机械连接、搭接等。

接缝应该避开双向板的主要受力方向和跨中弯矩最大位置。在设计时，如果接缝位于主要受力位置，应加强钢筋连接和锚固措施。

双向叠合板板侧也可采用密拼整体式接缝形式，但需采用合理计算模型分析。

5.5.5 考虑到混凝土次梁与主梁连接节点的实际构造特点，在实际工程中很难完全实现理想的铰接连接节点，在次梁铰接端的端部实际受到部分约束，存在一定的负弯矩作用。为避免次梁端部产生负弯矩裂缝，需在次梁端部配置足够的上部纵向钢筋。

5.6 装配整体式框架结构

5.6.1 节点核心区的验算要求同现浇混凝土框架结构，参照现行国家标准《混凝土结构设计规范》GB 50010和《建筑抗震设计规范》GB 50011的有关规定，四级抗震等级的框架梁柱节点可不进行受剪承载力验算，仅需满足抗震构造措施的要求。

5.6.2 采用叠合梁时，在施工条件允许的情况下，箍筋宜采用整体封闭箍筋。当采用整体封闭箍筋无法安装上部纵筋时，可采用组合封闭箍筋，即开口箍筋加箍筋帽的形式。根据中国建筑科学研究院、同济大学等单位的研究，当箍筋帽两端均做成135°弯钩时，叠合梁的性能与采用封闭箍筋的叠合梁一致。当箍筋帽做成一端135°另一端90°弯钩，但135°和90°弯钩交错放置时，在静力弯、剪及复合作用下，叠合梁的刚度、承载力等性能与采用封闭箍筋的叠合梁一致，在扭矩作用下，承载力略有降低。因此，规定在受扭的叠合梁中不宜采用此种形式。

对于受往复荷载作用且采用组合封闭箍筋的叠合梁，当构件发生破坏时箍筋对混凝土及纵筋的约束作用略弱于整体封闭箍筋，因此在叠合框架梁梁端加密区中不建议采用组合封闭箍。本条第3款中，对现行国家标准《混凝土结构设计规范》GB

15

50010 中的梁箍筋肢距要求进行补充规定。当叠合梁的纵筋间距及箍筋肢距较小导致安装困难时，可以适当增大钢筋直径并增加纵筋间距和箍筋肢距，本款中给出了最低要求。当梁纵筋直径较大且间距较大时，应注意控制梁的裂缝宽度。

5.6.3 采用较大直径钢筋及较大的柱截面，可减少钢筋根数，增大间距，便于柱钢筋连接及节点区钢筋布置。要求柱截面宽度大于同方向梁宽的 1.5 倍，有利于避免节点区梁钢筋和柱纵向钢筋的位置冲突，便于安装施工。

中国建筑科学研究院、同济大学等单位的试验研究表明，套筒连接区域柱截面刚度及承载力较大，柱的塑性铰区可能会上移至套筒连接区域以上，因此需将套筒连接区域以上至少 500mm 高度范围内的柱箍筋加密。

现行国家标准《建筑抗震设计规范》GB 50011 和《混凝土结构设计规范》GB 50010 中规定：框架柱的纵向受力钢筋间距不宜大于 200mm。但在日本、美国等规范中，并无类似规定。中国建筑科学研究院进行了采用较大间距纵筋的框架柱抗震性能试验，以及装配式框架梁柱节点的试验。试验结果表明，当柱纵向钢筋面积相同时，纵向钢筋间距 480mm 和 160mm 的柱，其承载力和延性基本一致，均可采用现行规范中的方法进行设计。因此，为了提高装配式框架梁柱节点的安装效率和施工质量，当梁的纵筋和柱的纵筋在节点区位置有冲突时，柱可采用较大的纵筋间距，并将钢筋集中在角部布置。当纵筋间距较大导致箍筋肢距不满足现行规范要求时，可在受力纵筋之间设置辅助纵筋，并设置箍筋箍住辅助纵筋，可采用拉筋、菱形箍筋等形式。为了保证对混凝土的约束作用，纵向辅助钢筋直径不宜过小。辅助纵筋可不伸入节点。为了保证柱的延性，建议采用复合箍筋。

5.6.4 预制柱底设置支腿，目的是方便施工安装。支腿的高度可根据挤压套筒施工工艺确定。支腿可采用方钢管混凝土，其截面尺寸可根据施工安装确定。柱底后浇段的箍筋应满足柱端箍筋加密区的构造要求及配箍特征值的要求，还应符合本条的规定。

5.6.5 在预制柱叠合梁框架节点中，梁钢筋在节点中锚固及连接方式是决定施工可行性以及节点受力性能的关键。梁、柱构件尽量采用较粗直径、较大间距的钢筋布置方式，节点区的主梁钢筋较少，有利于节点的装配施工，保证施工质量。设计过程中，应充分考虑到施工装配的可行性，合理确定梁、柱截面尺寸及钢筋的数量、间距及位置等。在十字形节点中，两侧梁的钢筋在节点区内锚固时，位置可能冲突，可采用弯折避让的方式，弯折角度不宜大于 1∶6。节点区施工时，应注意合理安排节点区箍筋、预制梁、梁上部钢筋的安装顺序，控制节点区箍筋的间距满足要求。

中国建筑科学研究院及万科公司的低周反复荷载试验研究表明，在保证构造措施与施工质量时，该形式节点均具有良好的抗震性能，与现浇节点基本等同。

叠合梁预制部分的腰筋用于控制梁的收缩裂缝，有时用于受扭。当主要用于控制收缩裂缝时，由于预制构件的收缩在安装时已经基本完成，因此腰筋不用锚入节点，可简化安装。但腰筋用于受扭矩时，应按照受拉钢筋的要求锚入后浇节点区。

叠合梁的下部纵筋，当承载力计算不需要时，可按照现行国家标准《混凝土结构设计规范》GB 50010 中的相关规定进行截断，减少伸入节点区内的钢筋数量，方便安装。

5.6.6 叠合梁底部水平钢筋在梁端后浇段采用挤压套筒连接的预制柱-叠合梁装配整体式框架中节点试件拟静力试验表明，可以按试验设计要求实现梁端弯曲破坏和核心区剪切破坏，承载力试验值大于规范公式计算值，极限位移角大于 1/30；梁端后浇段内，箍筋宜适当加密。

5.6.7 抗震设计中，为保证后张预应力混凝土框架结构的延性要求，梁端塑性铰应具有足够的塑性转动能力。国内外研究表明，将后张预应力混凝土叠合梁设计为部分预应力混凝土，即采用预应力筋与非预应力筋混合配筋的方式，对于保证后张预应力装配整体式混凝土框架结构的延性具有良好的作用。

5.7 装配整体式剪力墙结构

Ⅰ 一 般 规 定

5.7.2 预制剪力墙的接缝对其抗侧刚度有一定的削弱作用，应考虑对弹性计算的内力进行调整，适当放大现浇墙肢在水平地震作用下的剪力和弯矩；预制剪力墙的剪力及弯矩不减小，偏于安全。放大系数宜根据现浇墙肢与预制墙肢弹性剪力的比例确定。

5.7.3 本条对装配整体式剪力墙结构的规则性提出要求，在建筑方案设计中，应注意结构的规则性。如某些楼层出现扭转不规则及侧向刚度不规则与承载力突变，宜采用现浇混凝土结构。

具有不规则洞口布置的错洞墙，可按弹性平面有限元方法进行应力分析，不考虑混凝土的抗拉作用，按应力进行截面配筋设计或校核，并加强构造措施。

Ⅱ 预制剪力墙设计

5.7.4 试验研究结果表明，剪力墙底部竖向钢筋连接区域，裂缝较多且较为集中，因此，对该区域的水平分布筋应加强，以提高墙板的抗剪能力和变形能力，并使该区域的塑性铰可以充分发展，提高墙板的抗震性能。

5.7.5 钢筋浆锚搭接连接方法主要适用于钢筋直径 18mm 及以下的装配整体式剪力墙结构竖向钢筋连接。编制组对该连接技术开展了多项试验研究和细部构造改进，并已在多个高层装配式剪力墙住宅工程中应用。本条的规定是在总结相关试验研究成果及工程应用经验的基础上进行整理编写。

预制剪力墙中预留灌浆孔道的构造规定是参照现行国家标准《混凝土结构设计规范》GB 50010 中后张法预应力构件中预留孔道的构造给出的。

对钢筋浆锚搭接连接长度范围内施加横向约束措施有助于改善连接区域的受力性能。目前有效的横向约束措施主要为加密水平封闭箍筋的方式。当采用其他约束措施时，应有理论、试验依据或经工程实践验证。

预制剪力墙竖向钢筋采用浆锚搭接连接的试验研究结果表明，加强预制剪力墙边缘构件部位底部浆锚搭接连接区的混凝土约束是提高剪力墙及整体结构抗震性能的关键。对比试验结果证明，通过加密钢筋浆锚搭接连接区域的封闭箍筋，可有效增强对边缘构件混凝土的约束，进而提高浆锚搭接连接钢筋的传力效果，保证预制剪力墙具有与现浇剪力墙相近的抗震性能。预制剪力墙边缘构件区域加密水平箍筋约束措施的具体构造要求主要根据试验研究确定。

预制剪力墙竖向分布钢筋采用浆锚搭接连接时，可采用在墙身水平分布钢筋加密区域增设拉筋的方式进行加强。拉筋应紧靠被连接钢筋，并钩住最外层分布钢筋。

Ⅲ 连 接 设 计

5.7.6 确定剪力墙竖向接缝位置的主要原则是便于标准化生产、吊装、运输和就位，并尽量避免接缝对结构整体性能产生不良影响。

对于一字形约束边缘构件，位于墙肢端部的通常与墙板一起预制；纵横墙交接部位一般存在接缝，图 5.7.6-1 中阴影区域宜全部后浇，纵向钢筋主要配置在后浇段内，且在后浇段内应配置封闭箍筋及拉筋，预制墙板中的水平分布筋在后浇段内锚固。预制约束边缘构件的配筋构造要求与现浇结构一致。

墙肢端部的构造边缘构件通常全部预制；当采用 L 形、T 形或者 U 形墙板时，拐角处的构造边缘构件也可全部在预制剪力墙中。当采用一字形构件时，纵横墙交接处的构造边缘构件可全部后浇；为了满足构件的设计要求或施工方便也可部分后浇部分预制。当构造边缘构件部分后浇部分预制时，需要合理布置预制构件及后浇段中的钢筋，使边缘构件内形成封闭箍筋。

5.7.7 预制剪力墙竖向钢筋连接时，宜采用灌浆料将水平接缝同时灌满。灌浆料强度较高且流动性好，有利于保证接缝承载力。

5.7.8 预制剪力墙水平接缝受剪承载力设计值的计算公式，主要采用剪摩擦的原理，考虑了钢筋和轴力的共同作用。

进行预制剪力墙底部水平接缝受剪承载力计算时，计算单元的选取分以下三种情况：

（1）不开洞或者开小洞口整体墙，作为一个计算单元；

（2）小开口整体墙可作为一个计算单元，各墙肢联合抗剪；

（3）开口较大的双肢及多肢墙，各墙肢作为单独的计算单元。

5.7.9 边缘构件是保证剪力墙抗震性能的重要构件，且钢筋较粗，每根钢筋应逐根连接。剪力墙的分布钢筋直径小且数量多，全部连接会导致施工烦琐且造价较高，连接接头数量太多对剪力墙的抗震性能也有不利影响。参照现行行业标准《装配式混凝土结构技术规程》JGJ 1 的有关规定允许剪力墙非边缘构件内的竖向分布钢筋采用"梅花形"部分连接。

墙身分布钢筋采用单排连接时，属于间接连接，根据国内外所做的试验研究成果和相关规范规定，钢筋间接连接的传力效果取决于连接钢筋与被连接钢筋的间距以及横向约束情况。

考虑到地震作用的复杂性，在没有充分依据的情况下，剪力墙塑性发展集中和延性要求较高的部位墙身分布钢筋不宜采用单排连接。在墙身竖向分布钢筋采用单排连接时，为提高墙肢的稳定性，对墙肢侧向楼板支撑和约束情况提出了要求。对无翼墙或翼墙间距太大的墙肢，限制墙身分布钢筋采用单排连接。

5.7.10 套筒灌浆连接方式在日本、欧美等国家已有长期、大量的实践经验，国内也已有充分的试验研究和相关的规程，可以用于剪力墙竖向钢筋的连接。

当墙身分布钢筋采用单排连接时，为控制连接钢筋和被连接钢筋之间的间距，限定只能采用一根连接钢筋与两根被连接钢筋进行连接，且连接钢筋应位于内、外侧被连接钢筋的中间位置。为增强连接区域的横向约束，对连接区域的水平分布钢筋进行加密，并增设横向拉筋，拉筋应同时满足间距、直径和配筋面积要求。

5.7.11 预制剪力墙底部后浇段的混凝土现场浇筑质量是挤压套筒连接的关键，实际工程应用时应采取有效的施工措施。考虑到挤压套筒连接作为预制剪力墙竖向钢筋连接的一种新技术，其应用经验有限，因此其墙身竖向分布钢筋仅采用逐根连接和"梅花形"部分连接两种形式，不建议采用单排连接形式。

5.7.12 结合现行行业标准《高层建筑混凝土结构技术规程》JGJ 3 的有关规定，以及相关实验研究成果，本条对浆锚连接接头的长度进行了规定。预制剪力墙竖向分布钢筋浆锚连接接头采用单排连接形式时，为增强连接区域的横向约束，对其连接构造提出了相关要求。

5.8 多层装配式墙板结构

5.8.1 多层装配式墙板结构章节仅针对我国中小城镇建设中的多层住宅建筑。本节从提高工效的角度出发，结合相关研究成果对多层装配式墙板结构进行了规定。

5.8.2 为控制地震作用、降低震害程度，本条提出了多层装配式墙板结构房屋的最大适用层数和适用高度。

5.8.3 为避免出现房屋外墙轮廓平面尺寸过小，对多层装配式墙板结构房屋的高宽比进行了规定。

5.8.4 综合考虑墙体稳定性、预制墙板生产运输及安装需求，提出了预制墙板截面厚度的要求；由于多层装配式墙板结构的预制墙板厚度一般较小，为了保证墙肢的抗震性能，提出了预制墙板的轴压比限值。

5.8.6 楼层内相邻承重墙板之间的拼缝采用锚环连接时，可不设置构造边缘构件。箍筋架立筋用于架立箍筋，并用于对边缘构件的混凝土进行侧向约束，为非纵向受力钢筋。

5.9 外挂墙板设计

5.9.1 外挂墙板是由混凝土板和门窗等围护构件组成的完整结构体系，主要承受自重以及直接作用于其上的风荷载、地震作用、温度作用等。同时，外挂墙板也是建筑物的外围护结构，其本身不分担主体结构承受的荷载和地震作用。作为建筑物的外围护结构，绝大多数外挂墙板均附着于主体结构，必须具备适应主体结构变形的能力。外挂墙板适应变形的能力，可以通过多种可靠的构造措施来保证，比如足够的胶缝宽度、构件之间的活动连接等。

外挂墙板本身必须具有足够的承载能力和变形能力，避免在风荷载作用下破碎或脱落。我国沿海地区经常受到台风的袭击，设计中应引起足够的重视。除个别台风引起的灾害外，在风荷载作用下，外挂墙板与主体结构之间的连接件发生拔出、拉断等严重破坏的情况相对较少见，主要问题是保证墙板系统自身的变形能力和适应外界变形的能力，避免因主体结构过大的变形而产生破坏。

在地震作用下，墙板构件会受到强烈的动力作用，相对更容易发生破坏。防止或减轻地震危害的主要途径，是在保证墙板本身有足够的承载能力的前提下，加强抗震构造措施。在多遇地震作用下，墙板一般不应产生破坏，或虽有微小损坏但不需修理仍可正常使用；在设防烈度地震作用下，墙板可能有损坏（如个别面板破损等），但不应有严重破坏，经一般修理后仍然可以使用；在预估的罕遇地震作用下，墙板自身可能产生比较严重的破坏，但墙板整体不应脱落、倒塌。这与我国现行国家标准《建筑抗震设计规范》GB 50011 的指导思想是一致的。外挂墙板的设计和抗震构造措施，应保证上述设计目标的实现。

5.9.2 建筑外挂墙板支承在主体结构上，主体结构在荷载、地震作用、温度作用下会产生变形（如水平位移和竖向位移等），这些变形可能会对外墙挂板产生不良影响，应尽量避免。因此，外挂墙板必须具有适应主体结构变形的能力。除了结构计算外，构造设计措施是保证外挂墙板变形能力的重要手段，如必要的胶缝宽度、构件之间的弹性或活动连接等。

5.9.3 外挂墙板平面内变形，是由于建筑物受风荷载或地震作用时层间发生相对位移产生的。由于计算主体结构的变形时，所采用的风荷载、地震作用计算方法不同，因此，外挂墙板平面内变形要求应区分是否为抗震设计。地震作用时，本标准规定可近似取主体结构在设防地震作用下弹性层间位移限值的 3 倍为控制指标，大致相当于罕遇地震作用下的层间位移。

5.9.5 多遇地震作用下，外挂墙板构件应基本处于弹性工作状态，其地震作用可采用简化的等效静力方法计算。水平地震影响系数最大值取自现行国家标准《建筑抗震设计规范》GB 50011 的规定。

地震中外挂墙板振动频率高，容易受到放大的地震作用。为使设防烈度下外挂墙板不产生破损，减低其脱落后的伤人事故，多遇地震作用计算时考虑动力放大系数 β_E。按照现行国家标准《建筑抗震设计规范》GB 50011 的有关非结构构件的地震作用计算规定，外挂墙板结构的地震作用动力放大系数可表示为：

$$\beta_E = \gamma\eta\xi_1\xi_2 \tag{1}$$

式中：γ——非结构构件功能系数，可取 1.4；

η——非结构构件类别系数，可取 0.9；

ξ_1——体系或构件的状态系数，可取 2.0；

ξ_2——位置系数，可取 2.0。

按照式（1）计算，外挂墙板结构地震作用动力放大系数 β_E 约为 5.0。该系数适用于外挂墙板的地震作用计算。

相对传统的幕墙系统，预制混凝土外挂墙板的自重较大。外挂墙板与主体结构的连接往往超静定次数低，也缺乏良好的耗能机制，其破坏模式通常属于脆性破坏。连接破坏一旦发生，会造成外挂墙板整体坠落，产生十分严重的后果。因此，需要对连接节点承载力进行必要的提高。对于地震作用来说，在多遇地震作用计算的基础上将作用效应放大 2.0，接近达到"中震弹性"的要求。

5.9.6 由于预制生产和现场安装的需要，外挂墙板系统必须分割成各自独立承受荷载的板片。同时应合理确定板缝宽度，确保各种工况下各板片间不会产生挤压和碰撞。主体结构变形引起的板片位移是确定板缝宽度的控制性因素。为保证外挂墙板的工作性能，根据日本和我国台湾地区的经验，在层间位移角1/300的情况下，板缝宽度变化不应造成填缝材料的损坏；在层间位移角 1/100 的情况下，墙板本体的性能保持正常，仅填缝材料需进行修补；在层间位移角 1/100 的情况下，应确保板片间不发生碰撞。

5.9.7 目前，美国、日本和我国台湾地区，外挂墙板与主体结构的连接节点主要采用柔性连接的点支承方式。

点支承的外挂墙板可区分为平移式外挂墙板［图 1(a)］和旋转式外挂墙板［图 1(b)］两种形式。它们与主体结构的连接节点，又可以分为承重节点和非承重节点两类。

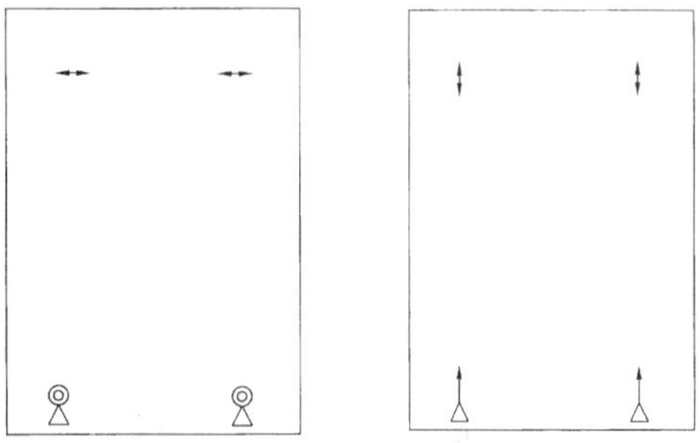

(a) 平移式外挂墙板　　(b) 旋转式外挂墙板

图 1　点支承式外挂墙板及其连接节点形式示意

—可水平滑动；—承重铰支点；—可竖向滑动；—承重可向上滑动

一般情况下，外挂墙板与主体结构的连接宜设置 4 个支承点：当下部两个为承重节点时，上部两个宜为非承重节点；相反，当上部两个为承重节点时，下部两个宜为非承重节点。应注意，平移式外挂墙板与旋转式外挂墙板的承重节点和非承重节点的受力状态和构造要求是不同的，因此设计要求也是不同的。

根据日本和我国台湾地区的工程实践经验，点支承的连接节点一般采用在连接件和预埋件之间设置带有长圆孔的滑移垫片，形成平面内可滑移的支座。当外挂墙板相对于主体结构可能产生转动时，长圆孔宜按垂直方向设置；当外挂墙板相对于主体结构可能产生平动时，长圆孔宜按水平方向设置。

6　外围护系统设计

6.1　一 般 规 定

本章仅对除外挂墙板以外的外墙系统进行技术规定，外挂墙板的有关规定见本标准第 5.9 节。

6.1.1 外围护系统的设计使用年限是确定外围护系统性能要求、构造、连接的关键，设计时应明确。住宅建筑中外围护系统的设计使用年限应与主体结构相协调，主要是指住宅建筑中外围护系统的基层板、骨架系统、连接配件的设计使用年限应与建筑物主体结构一致；为满足使用要求，外围护系统应定期维护，接缝胶、涂装层、保温材料应根据材料特性，明确使用年限，并应注明维护要求。

6.1.2 装配式混凝土建筑的构成条件，主要指建筑物的主体结构类型、建筑使用功能等。

6.1.4 针对目前我国装配式混凝土建筑中外围护系统的设计指标要求不明确，对外围护系统中部品设计、生产、安装的指导性不强，本条规定了在设计中应包含的主要内容：

1　外围护系统性能要求，主要为安全性、功能性和耐久性等；

2　外墙板及屋面板的模数协调包括：尺寸规格、轴线分布、门窗位置和洞口尺寸等，设计应标准化，兼顾其经济性，同时还应考虑外墙板及屋面板的制作工艺、运输及施工安装的可行性；

3　屋面围护系统与主体结构、屋架与屋面板的支承要求，以及屋面上放置重物的加强措施；

4　外墙围护系统的连接、接缝及系统中外门窗洞口等部位的构造节点是影响外墙围护系统整体性能的关键点；

5　空调室外及室内机、遮阳装置、空调板太阳能设施、雨水收集装置及绿化设施等重要附属设施的连接节点。

6.1.5 外围护系统的材料种类多种多样，施工工艺和节点构造也不尽相同，在集成设计时，外围护系统应根据不同材料特性、施工工艺和节点构造特点明确具体的性能要求。性能要求主要包括安全性、功能性和耐久性等，同时屋面系统还应增加结构性能要求。

（1）安全性能要求是指关系到人身安全的关键性能指标，对于装配式混凝土建筑外围护体系而言，应符合基本的承载力要求以及防火要求，具体可以分为抗风性能、抗震性能、耐撞击性能以及防火性能四个方面。外墙板应采用弹性方法确定承载力与变形，并明确荷载及作用效应组合；在荷载及作用的标准组合作用下，墙板的最大挠度不应大于板跨度的 1/200，且不应出现裂缝；计算外墙板与结构连接节点承载力时，荷载设计值应该乘以 1.2 的放大系数。当主体结构承受 50 年重现期风荷载或多遇地震作用标准值时，外墙板不得因层间变形而发生开裂、起鼓、零件脱落等损坏；当遭受相当于本地区抗震设防烈度的地震作用时，外墙板不应发生掉落。

抗风性能中风荷载标准值应符合现行国家标准《建筑结构荷载规范》GB 50009 中有关外围护系统风荷载的规定，并可参照现行国家标准《建筑幕墙》GB/T 21086 的相关规定，w_k 不应小于 $1kN/m^2$，同时应考虑偶遇阵风情况下的荷载效应。

抗震性能应满足现行行业标准《非结构构件抗震设计规范》JGJ 339 中的相关规定。

耐撞击性能应根据外围护系统的构成确定。对于幕墙体系，可参照现行国家标准《建筑幕墙》GB/T 21086 中的相关规定，撞击能量最高为 900J，降落高度最高为 2m，试验次数不小于 10 次，同时试件的跨度及边界条件必须与实际工程相符。除幕墙体系外的外围护系统，应提高耐撞击的性能要求。外围护系统的室内外两侧装饰面，尤其是类似薄抹灰做法的外墙保温饰面层，还应明确抗冲击性能要求。

防火性能应符合现行国家标准《建筑设计防火规范》GB 50016中的相关规定，试验检测应符合现行国家标准《建筑构件耐火试验方法　第1部分：通用要求》GB/T 9978.1、《建筑构件耐火试验方法　第8部分：非承重垂直分隔构件的特殊要求》GB/T 9978.8的相关规定。

（2）功能性要求是指作为外围护体系应该满足居住使用功能的基本要求。具体包括水密性能、气密性能、隔声性能、热工性能四个方面。

水密性能包括外围护系统中基层板的不透水性以及基层板、外墙板或屋面板接缝处的止水、排水性能。对于建筑幕墙系统，应参照现行国家标准《建筑幕墙》GB/T 21086中的相关规定。

气密性能主要为基层板、外墙板或屋面板接缝处的空气渗透性能。对于建筑幕墙系统，应参照现行国家标准《建筑幕墙》GB/T 21086中的相关规定。

隔声性能应符合现行国家标准《民用建筑隔声设计规范》GB 50118的相关规定。

热工性能应符合国家现行标准《公共建筑节能设计标准》GB 50189、《严寒和寒冷地区居住建筑节能设计标准》JGJ 26、《夏热冬冷地区居住建筑节能设计标准》JGJ 134、《夏热冬暖地区居住建筑节能设计标准》JGJ 75的相关规定。

（3）耐久性要求直接影响到外围护系统使用寿命和维护保养时限。不同的材料，对耐久性的性能指标要求也不尽相同。经耐久性试验后，还需对相关力学性能进行复测，以保证使用的稳定性。对于以水泥基类板材作为基层板的外墙板，应符合现行行业标准《外墙用非承重纤维增强水泥板》JG/T 396的相关规定，满足抗冻性、耐热雨性能、耐热水性能以及耐干湿性能的要求。

（4）结构性能应包括可能承受的风荷载、积水荷载、雪荷载、冰荷载、遮阳装置及照明装置荷载、活荷载及其他荷载，并按现行国家标准《建筑结构荷载规范》GB 50009和《建筑抗震设计规范》GB 50011的规定对承受的各种荷载和作用以垂直于屋面的方向进行组合，并取最不利工况下的组合荷载标准值为结构性能指标。

6.1.6　不同类型的外墙围护系统具有不同的特点，按照外墙围护系统在施工现场有无骨架组装的情况，分为：预制外墙类、现场组装骨架外墙类、建筑幕墙类。

预制外墙类外墙围护系统在施工现场无骨架组装工序，根据外墙板的建筑立面特征又细分为：整间板体系、条板体系。现场组装骨架外墙类外墙围护系统在施工现场有骨架组装工序，根据骨架的构造形式和材料特点又细分为：金属骨架组合外墙体系、木骨架组合外墙体系。建筑幕墙类外墙围护系统在施工现场可包含骨架组装工序，也可不包含骨架组装工序，根据主要支承结构形式又细分为：构件式幕墙、点支承幕墙、单元式幕墙。

整间板体系包括：预制混凝土外墙板、拼装大板。预制混凝土外墙板按照混凝土的体积密度分为普通型和轻质型。普通型多以预制混凝土夹芯保温外挂墙板为主，中间夹有保温层，室外侧表面自带涂装或饰面做法；轻质型多以蒸压加气混凝土板为主。拼装大板中支承骨架的加工与组装、面板布置、保温层设置均在工厂完成生产，施工现场仅需连接、安装即可。

条板体系包括：预制整体条板、复合夹芯条板。条板可采用横条板或竖条板的安装方式。预制整体条板按主要材料分为含增强材料的混凝土类和复合类，混凝土类预制整体条板又可按照混凝土的表观密度细分为普通型和轻质型。普通型混凝土类预制外墙板中混凝土多以硅酸盐水泥、普通硅酸盐水泥、硫铝酸盐水泥等生产，轻质型混凝土类预制外墙板多以蒸压加气混凝土板为主，也可采用轻集料混凝土；增强材料可采用金属骨架、钢筋或钢丝（含网片形式）、玻璃纤维、无机矿物纤维、有机合成纤维、纤维素纤维等，蒸压加气混凝土板是由蒸压加气混凝土制成，根据构造要求，内配置经防腐处理的不同数量钢筋网片；断面构造形式可为实心或空心；可采用平板模具生产，也可采用挤塑成型的加工工艺生产。复合类预制整体条板多以阻燃木塑、石塑等为主要材料，多以采用挤塑成型的加工工艺生产，外墙板内部腔体中可填充保温绝热材料。复合夹芯条板是由面板和保温夹芯层构成。

建筑幕墙类中无论采用构件式幕墙、点支承幕墙或单元式幕墙哪一种，非透明部位一般宜设置外围护基层墙板。

编制组在调研国外的外围护系统时，也发现了性能优异的干法施工砌块类材料，主要为干法工艺砌筑的蒸压加气混凝土砌块墙，以及普通砌块在工厂中完成砌块墙的生产进而在施工现场整体施工安装的整体砌块墙做法。针对我国国内现状，也可采用上述做法进行建造施工。

6.1.8　本条规定了外墙板与主体结构连接中应注意的主要问题。

1　连接节点的设置不应使主体结构产生集中偏心受力，应使外墙板实现静定受力。

2　承载力极限状态下，连接节点最基本的要求是不发生破坏，这就要求连接节点处的承载力安全度储备应满足外墙板的使用要求。

3　外墙板可采用平动或转动的方式与主体结构产生相对变形。外墙板应与周边主体结构可靠连接并能适应主体结构不同方向的层间位移，必要时应做验证性试验。采用柔性连接的方式，以保证外墙板应能适应主体结构的层间位移，连接节点尚需具有一定的延性，避免承载能力极限状态和正常施工极限状态下应力集中或产生过大的约束应力。

4　宜减少采用现场焊接形式和湿作业连接形式。

5　连接件除不锈钢及耐候钢外，其他钢材应进行表面热浸镀锌处理、富锌涂料处理或采取其他有效的防腐防锈措施。

6.1.9　外墙板接缝是外围护系统设计的重点环节，设计的合理性和适用性，直接关系到外围护系统的性能。

6.2　预制外墙

6.2.2　露明的金属支撑件及外墙板内侧与梁、柱及楼板间的调整间隙，是防火安全的薄弱环节。露明的金属支撑件应设置构造措施，避免在遇火或高温下导致支撑件失效，进而导致外墙板掉落；外墙板内侧与梁、柱及楼板间的调整间隙，也是窜火的主要部位，应设置构造措施，防止火灾蔓延。

6.2.5　本条规定了预制外墙类外墙板在接缝处的特殊要求。

跨越防火分区的接缝是防火安全的薄弱环节，应在跨越防火分区的接缝室内侧填塞耐火材料，以提高外围护系统的防火性能。

6.2.6　本条规定了蒸压加气混凝土外墙板的设计要求。

1　蒸压加气混凝土外墙板的安装方式存在多种情况，应根据具体情况选用。现阶段，国内工程钩头螺栓法应用普遍，其特点是施工方便、造价低，缺点是损伤板材，连接节点不属于真正意义上的柔性节点，属于半刚性连接节点，应用多层建筑外墙是可行的；对高层建筑外墙宜选用内置锚法、摇摆型工法。

2　蒸压加气混凝土外墙板是一种带孔隙的碱性材料，吸水后强度降低，外表面防水涂膜是其保证结构正常特性的保障，防水封闭是保证加气混凝土板耐久性（防渗漏、防冻融）的关键技术措施。通常情况下，室外侧板面宜采用性能匹配的柔性涂料饰面。

6.3　现场组装骨架外墙

6.3.1　骨架是现场组装骨架外墙中承载并传递荷载作用的主要材料，与主体结构有可靠、正确的连接，才能保证墙体正常、安全地工作。骨架整体验算及连接节点是保证现场组装骨架外墙安全性的重点环节。

6.3.3　当设置外墙防水时，应符合现行行业标准《建筑外墙防水工程技术规程》JGJ/T 235的规定。

6.3.4　以厚度为0.8mm～1.5mm的镀锌轻钢龙骨为骨架，由外面层、填充层和内面层所组成的复合墙体，是北美、澳洲等地多高层建筑的主流外墙之一。一般是在现场安装密肋布置的龙骨后安装各层次，也有在工厂预制成条板或大板后在现场整体装配的案例。该体系的技术要点如下：

(1)龙骨与主体结构为弹性连接，以适应结构变形；

(2)外面层经常性选项是：砌筑有拉结措施的烧结砖，砌筑有拉结措施的薄型砌块，钉定向结构刨花板或水泥纤维板后做滑移型挂网抹灰，钉水泥纤维板（可鱼鳞状布置），钉乙烯条板，钉金属面板等；

(3)内面层经常性选项是：钉定向结构刨花板，钉石膏板；

(4)填充层经常性选项是：铝箔玻璃棉毡，岩棉，喷聚苯颗粒，石膏砂浆等；

(5)根据不同的气候条件，常在不同的位置设置功能膜材料，如防水膜、防水透汽膜、反射膜、隔汽膜等，寒冷或严寒地区为减少热桥效应和避免发生冷凝，还应采取隔离措施，如选用断桥龙骨，在特定部位绝缘隔离等。

6.3.5 本条规定了木骨架组合外墙的设计要求。

1 当采用规格材制作木骨架时，由于是通过设计确定木骨架的尺寸，故不限制使用规格材的等级。规格材的含水率不应大于20%，与现行国家标准《木结构设计规范》GB 50005 规定的规格材含水率一致。

2 木骨架组合外墙与主体结构之间的连接应有足够的耐久性和可靠性，所采用的连接件和紧固件应符合国家现行标准及符合设计要求。木骨架组合外墙经常受自然环境不利因素的影响，因此要求连接材料应具备防腐功能以保证连接材料的耐久性。

4～6 岩棉、玻璃棉具有导热系数小、自重轻、防火性能好等优点，而且石膏板、岩棉和玻璃棉吸声系数高，适用于木骨架外墙的填充材料和覆面材料，使外墙达到国家现行标准规定的保温、隔热、隔声和防火要求。

6.5 外 门 窗

6.5.1 采用在工厂生产的外门窗配套系列部品可以有效避免施工误差，提高安装的精度，保证外围护系统具有良好的气密性能和水密性能要求。

6.5.2 门窗洞口与外门窗框接缝是节能及防渗漏的薄弱环节，接缝处的气密性能、水密性能和保温性能直接影响到外围护系统的性能要求，明确此部位的性能是为了提高外围护系统的功能性指标。

6.5.3 门窗与洞口之间的不匹配导致门窗施工质量控制困难，容易造成门窗处漏水。门窗与墙体在工厂同步完成的预制混凝土外墙，在加工过程中能够更好地保证门窗洞口与框之间的密闭性，避免形成热桥。质量控制有保障，较好地解决了外门窗的渗漏水问题，改善了建筑的性能，提升了建筑的品质。

6.6 屋 面

6.6.2 我国幅员辽阔，太阳能资源丰富，根据各地区气候特点及日照分析结果，有条件的地区可以在装配式建筑设计中充分利用太阳能，设置在屋面上的太阳能系统管路和管线应遵循安全美观、规则有序、便于安装和维护的原则，与建筑其他管线统筹设计，做到太阳能系统与建筑一体化。

7 设备与管线系统设计

7.1 一 般 规 定

7.1.1 目前建筑设计，尤其是住宅建筑的设计，一般均将设备管线埋在楼板现浇混凝土或墙体中，把使用年限不同的主体结构和管线设备混在一起建造。若干年后，大量的建筑虽然主体结构尚可，但装修和设备等早已老化，改造更新困难，甚至不得不拆除重建，缩短了建筑使用寿命。因此提倡采用主体结构构件、内装修部品和设备管线三部分装配化集成技术，实现室内装修、设备管线与主体结构的分离。

7.1.2 竖向管线宜集中设于管道井中，且布置在现浇楼板处。

7.1.3 在结构深化设计以前，可以采用包含BIM在内的多种技术手段开展三维管线综合设计，对各专业管线在预制构件上预留的套管、开孔、开槽位置尺寸进行综合及优化，形成标准化方案，并做好精细设计以及定位，避免错漏碰缺，降低生产及施工成本，减少现场返工。不得在安装完成后的预制构件上剔凿沟槽、打孔开洞。穿越楼板管线较多且集中的区域可采用现浇楼板。

7.1.4 预制构件上为管线、设备及其吊挂配件预留的孔洞、沟槽宜选择对构件受力影响最小的部位，并应确保受力钢筋不受破坏，当条件受限无法满足上述要求时，建筑和结构专业应采取相应的处理措施。设计过程中设备专业应与建筑和结构专业密切沟通，防止遗漏，以避免后期对预制构件凿剔。

7.1.7 当受条件所限必须暗埋或穿越时，横向布置的设备及管线可结合建筑垫层进行设计，也可在预制墙、楼板内预留孔洞或套管；竖向布置的设备及管线需在预制墙、楼板中预留沟槽、孔洞或套管。

7.2 给 水 排 水

7.2.1 当市政中水条件不完善时，居住建筑冲厕用水可采用模块化户内中水集成系统，同时应做好防水处理。

7.2.2 为便于日后管道维修拆卸，给水系统的给水立管与部品配水管道的接口宜设置内螺纹活接连接。实际工程中由于未采用活接头，在遇到有拆卸管路要求的检修时，只能采取断管措施，增加了不必要的施工量。

7.2.3 当采用排水集水器时，应设置在套内架空地板处，同时应方便检修。排水集水器管径规格由计算确定。积水的排出宜设置独立的排水系统或采用间接排水方式。

7.3 供暖、通风、空调及燃气

7.3.5 当采用散热器供暖系统时，散热器安装应牢固可靠，安装在轻钢龙骨隔墙上时，应采用隐蔽支架固定在结构受力件上；安装在预制复合墙体上时，其挂件应预埋在实体结构上，挂件应满足刚度要求；当采用预留孔洞安装散热器挂件时，预留孔洞的深度应不小于120mm。

7.3.6 集成式卫浴和同层排水的架空地板下面有很多给水和排水管道，为了方便检修，不建议采用地板辐射供暖方式。而有外窗的卫生间冬季有一定的外围护结构耗热量，而只采用临时加热的浴霸等设备不利于节能，宜采用散热器供暖。

7.4 电气和智能化

7.4.1 电气和智能化设备、管线的设计应充分考虑预制构件的标准化设计，减少预制构件的种类，以适应工厂化生产和施工现场装配安装的要求，提高生产效率。

8 内装系统设计

8.1 一 般 规 定

8.1.1 从目前建筑行业的工作模式来说，都是先建筑各专业的设计之后再进行内装设计。这种模式使得后期的内装设计经常要对建筑设计的图纸进行修改和调整，造成施工时的拆改和浪费，因此，本条强调内装设计应与建筑各专业进行协同设计。

8.1.2 从实现建筑长寿化和可持续发展理念出发，采用内装与主体结构、设备管线分离是为了将长寿命的结构与短寿命的内装、机电管线之间取得协调，避免设备管线和内装的更换维修对长寿命的主体结构造成破坏，影响结构的耐久性。

8.2 内装部品设计选型

8.2.1 装配式建筑的内装设计与传统内装设计的区别之一就是部品选型的概念，部品是装配式建筑的组成基本单元，具有标准化、系列化、通用化的特点。装配式建筑的内装设计更注重通过对标准化、系列化的内装部品选型来实现内装的功能和效果。

8.2.2 采用管线分离时，室内管线的敷设通常是设置在墙、地面架空层、吊顶或轻质隔墙空腔内，将内装部品与室内管线进行集成设计，会提高部品集成度和安装效率，责任划分也更加明确。

8.2.6 架空地板系统的设置主要是为了实现管线分离。在住宅建筑中，应考虑设置架空地板对住宅层高的影响。

8.2.9 采用标准化集成卫生间是住宅全装修的发展趋势；较大卫生间可采用干湿分离设计方法，湿区采用标准化整体卫浴产品。

8.3 接口与连接

8.3.2 装配式混凝土建筑的内装部品应具有通用性和互换性。采用标准化接口的内装部品，可有效避免出现不同内装部品系列接口的非兼容性；在内装部品的设计上，应严格遵守标准化、模数化的相关要求，提高部品之间的兼容性。

9 生 产 运 输

9.1 一 般 规 定

9.1.1 完善的质量管理体系和制度是质量管理的前提条件和企业质量管理水平的体现；质量管理体系中应建立并保持与质量管理有关的文件形成和控制工作程序，该程序应包括文件的编制（获取）、审核、批准、发放、变更和保存等。

文件可存在各种载体上，与质量管理有关的文件包括：

（1）法律法规和规范性文件；

（2）技术标准；

（3）企业制定的质量手册、程序文件和规章制度等质量体系文件；

（4）与预制构件产品有关的设计文件和资料；

（5）与预制构件产品有关的技术指导书和质量管理控制文件；

（6）其他相关文件。

生产单位宜采用现代化的信息管理系统，并建立统一的编码规则和标识系统。信息化管理系统应与生产单位的生产工艺流程相匹配，贯穿整个生产过程，并应与构件BIM信息模型有接口，有利于在生产全过程中控制构件生产质量，精确算量，并形成生产全过程记录文件及影像。预制构件表面预埋带无线射频芯片的标识卡（RFID卡）有利于实现装配式建筑质量全过程控制和追溯，芯片中应存入生产过程及质量控制全部相关信息。

9.1.2 当原设计文件深度不够，不足以指导生产时，需要生产单位或专业公司另行制作加工详图，如加工详图与设计文件意图不同时，应经原设计单位认可。

加工详图包括：预制构件模具图、配筋图；满足建筑、结构和机电设备等专业要求和构件制作、运输、安装等环节要求的预埋件布置图；面砖或石材的排板图，夹芯保温外墙板内外叶墙拉结件布置图和保温板排板图等。

9.1.3 生产方案具体内容包括：生产工艺、生产计划、模具方案、模具计划、技术质量控制措施、成品保护、存放及运输方案等内容，必要时，应对预制构件脱模、吊运、码放、翻转及运输等工况进行计算。

冬期生产时，可参照现行行业标准《建筑工程冬期施工规程》JGJ/T 104的有关规定编制生产方案。

9.1.4 在预制构件生产质量控制中需要进行有关钢筋、混凝土和构件成品等的日常试验和检测，预制构件企业应配备开展日常试验检测工作的试验室。通常是生产单位试验室应满足产品生产用原材料必试项目的试验检测要求，其他试验检测项目可委托有资质的检测机构进行。

9.1.5 首件验收制度是指结构较复杂的预制构件或新型构件首次生产或间隔较长时间重新生产时，生产单位需会同建设单位、设计单位、施工单位、监理单位共同进行首件验收，重点检查模具、构件、预埋件、混凝土浇筑成型中存在的问题，确认该批预制构件生产工艺是否合理，质量能否得到保障，共同验收合格之后方可批量生产。

9.1.7 检验时对新制或改制后的模具应按件检验，对重复使用的定型模具、钢筋半成品和成品应分批随机抽样检验，对混凝土性能应按批检验。

模具、钢筋、混凝土、预制构件制作、预应力施工等质量，均应在生产班组自检、互检和交接检的基础上，由专职检验员进行检验。

9.1.8 采用新技术、新工艺、新材料、新设备时，应制定可行的技术措施。设计文件中规定使用新技术、新工艺、新材料时，生产单位应依据设计要求进行生产。生产单位欲使用新技术、新工艺、新材料时，可能会影响到产品的质量，必要时应试制样品，并经建设、设计、施工和监理单位核准后方可实施。本条的

"新工艺"系指以前未在任何工程中应用的生产工艺。

9.1.9 预制构件和部品检查合格后，应在明显位置设置表面标识。预制构件的表面标识宜包括构件编号、制作日期、合格状态、生产单位等信息。

除合同另有要求外，预制构件交付时应按照本标准第9.9.2条的规定提供质量证明文件。

目前，有些地方的预制构件生产实行了监理驻厂监造制度，应根据各地方技术发展水平细化预制构件生产全过程监测制度，驻厂监理应在出厂质量证明文件上签字。

9.2 原材料及配件

9.2.1 预制构件用原材料的种类较多，在组织生产前应充分了解图纸设计要求，并通过试验进行合理选用材料，以满足预制构件的各项性能要求。

预制构件生产单位应要求原材料供货方提供满足要求的技术证明文件，证明文件包括出厂合格证和检验报告等，有特殊性能要求的原材料应由双方在采购合同中给予明确说明。

原材料质量的优劣对预制构件的质量起着决定性作用，生产单位应认真做好原材料的进货验收工作。首批或连续跨年进货时应核查供货方提供的型式检验报告，生产单位还应对其质量证明文件的真实性负责。如果存档的质量证明文件是伪造或不真实的，根据有关标准的规定生产单位也应承担相应的责任。质量证明文件的复印件存档时，还需加盖原件存放单位的公章，并由存放单位经办人签字。

预制构件生产单位将采购的同一厂家同批次材料、配件及半成品用于生产不同工程的预制构件，可统一划分检验批。预制构件生产单位同期生产的预制构件使用于不同工程时，加盖公章（或检验章）的复印件具有法律效力。

为适当减少有关产品的检验工作量，对符合限定条件的产品进场检验作了适当调整。对来源稳定且连续检验合格，或经产品认证符合要求的产品，进厂时可按本标准的有关规定放宽检验。"经产品认证符合要求的产品"系指经产品认证机构认证，认证结论为符合认证要求的产品。产品认证机构应经国家认证认可监督管理部门批准。放宽检验系指扩大检验批量，不是放宽检验指标。

"原材料批次要求"指以下条款中提到的批次要求，如同一厂家、同一品种、同一代号、同一强度等级且连续进厂的硅酸盐水泥，袋装水泥不超过200t为一批，散装水泥不超过500t为一批。

9.2.2 钢筋对混凝土结构的承载能力至关重要，对其质量应从严要求。

与热轧光圆钢筋、热轧带肋钢筋、余热处理钢筋性能及检验相关的国家现行标准有：《钢筋混凝土用钢 第1部分：热轧光圆钢筋》GB/T 1499.1、《钢筋混凝土用钢 第2部分：热轧带肋钢筋》GB/T 1499.2和《钢筋混凝土用余热处理钢筋》GB/T 13014等。与冷加工钢筋性能及检验相关的国家现行标准有：《冷轧带肋钢筋》GB/T 13788、《高延性冷轧带肋钢筋》YB/T 4260、《冷轧带肋钢筋混凝土结构技术规程》JGJ 95和《冷拔低碳钢丝应用技术规程》JGJ 19等。

钢筋进厂时，应检查质量证明文件，并按有关标准的规定进行抽样检验。由于生产量、运输条件和各种钢筋的用量等的差异，很难对钢筋进厂的批量大小作出统一规定。实际验收时，若有关标准中对进厂检验作了具体规定，应遵照执行；若有关标准中只有对产品出厂检验的规定，则在进厂检验时，批量应按下列情况确定：

(1)对同一厂家、同一牌号、同一规格的钢筋，当一次进厂的数量大于该产品的出厂检验批量时，应划分为若干个出厂检验批，并按出厂检验的抽样方案执行。

(2)对同一厂家、同一牌号、同一规格的钢筋，当一次进厂的数量小于或等于该产品的出厂检验批量时，应作为一个检验批，并按出厂检验的抽样方案执行。

(3)对不同时间进厂的同批钢筋，当确有可靠依据时，可按一次进厂的钢筋处理。

质量证明文件包括产品合格证、出厂检验报告，有时产品合格证、出厂检验报告可以合并；当用户有特别要求时，还应列出某些专门检验数据。进厂抽样检验的结果是钢筋材料能否在预制构件中应用的判断依据。

对于每批钢筋的检验数量，应按相关产品标准执行。国家标准《钢筋混凝土用钢 第1部分：热轧光圆钢筋》GB/T 1499.1—2008和《钢筋混凝土用钢 第2部分：热轧带肋钢筋》GB/T 1499.2—2007中规定热轧钢筋每批抽取5个试件，先进行重量偏差检验，再取其中2个试件进行拉伸试验检验屈服强度、抗拉强度、伸长率，另取其中2个试件进行弯曲性能检验。对于钢筋伸长率，牌号带"E"的钢筋必须检验最大力下总伸长率。

9.2.3 专业钢筋加工厂家多采用自动化钢筋加工设备，经过合理的工艺流程，在固定的加工场所将钢筋加工成为工程所需成型钢筋制品即成型钢筋，其产品具有规模化、质量控制水平高等优点。目前，较多中小型预制构件生产单位的钢筋桁架和钢筋网片由专业钢筋加工厂家提供，因此，本条对成型钢筋进厂检验作出规定。

标准所规定的同类型指钢筋品种、型号和加工后的形式完全相同；同一钢筋来源指成型钢筋加工所用钢筋为同一钢筋企业生产。成型钢筋的质量证明文件主要为产品合格证和出厂检验报告。为鼓励成型钢筋产品的认证和先进加工模式的推广应用，规定此种情况可放大检验批量。

对采用热轧钢筋为原材料的成型钢筋，加工过程中一般对钢筋的性能改变较小，当有监理方的代表驻厂监督加工过程并能提交该批成型钢筋的原材料见证检验报告的情况下，可以减少部分检验项目，可只进行重量偏差检验。

外购的成型钢筋按照本条进行进厂检验，不包括预制构件生产单位自购原材料加工的产品。

9.2.4 预应力筋外表面不应有裂纹、小刺、机械损伤、氧化铁皮和油污等，展开后应平顺、不应有弯折。

常用的预应力筋有钢丝、钢绞线、精轧螺纹钢筋等。不同的预应力筋产品，其质量标准及检验批容量均由相关产品标准作了明确的规定，制定产品抽样检验方案时应按不同产品标准的具体规定执行。目前常用预应力筋的相应产品标准有：《预应力混凝土用钢绞线》GB/T 5224、《预应力混凝土用钢丝》GB/T 5223、《预应力混凝土用螺纹钢筋》GB/T 20065和《无粘结预应力钢绞线》JG 161等。

预应力筋应根据进厂批次和产品的抽样检验方案确定检验批进行抽样检验。由于各厂家提供的预应力筋产品合格证内容与格式不尽相同，为统一及明确有关内容，要求厂家除了提供产品合格证外，还应提供反映预应力筋主要性能的出厂检验报告，两者也可合并提供。抽样检验可仅作预应力筋抗拉强度与伸长率试验；松弛率试验由于时间较长，成本较高，同时目前产品质量比较稳定，一般不需要进行该项检验，当工程确有需要时，可进行检验。

9.2.5 与预应力筋用锚具相关的国家现行标准有：《预应力筋用锚具、夹具和连接器》GB/T 14370和《预应力筋用锚具、夹具和连接器应用技术规程》JGJ 85。前者系产品标准，主要是生产厂家生产、质量检验的依据，后者是锚夹具产品工程应用的依据，包括设计选用、进场检验、工程施工等内容。

9.2.6 国家大力推广散装水泥，散装水泥批号是在水泥装车时计算机自动编制的，水泥厂每发出2000t水泥自动换批号，经常出现预制构件生产单位连续进场的水泥批号不一致，大大增加检验批次。目前，全国水泥质量大幅度提高，规定按照"同一厂家、同一品种、同一代号、同一强度等级且连续进厂的水泥"进行检验，完全能够保证质量。

强度、安定性是水泥的重要性能指标，与现行国家标准《混凝土结构工程施工质量验收规范》GB 50204 规定一致，进厂时应复验。

装配式构件中装饰构件会越来越多，白水泥将逐渐成为构件厂的采用水泥之一，规定其进厂检验批量很有必要。本标准将白水泥的进厂检验批量定为 50t，主要是考虑白水泥总用量较小，批量过大容易过期失效。同时也参考了《白色硅酸盐水泥》GB/T 2015－2005 第 8.1 节，编号及取样的规定：“水泥出厂前按同标号、同白度编号取样。每一编号为一取样单位。水泥编号按水泥厂年产量规定。5 万吨以上，不超过 200 吨为一编号；1～5 万吨，不超过 150 吨为一编号；1 万吨以下，不超过 50 吨或不超过三天产量为一编号”。

9.2.7 本条只列出预制构件生产常用的粉煤灰、粒化高炉矿渣粉和硅灰等三种矿物掺合料的进厂检验规定。其他矿物掺合料的使用和检测应符合设计要求和现行有关标准的规定。

9.2.8 本条只列出预制构件生产常用的减水剂进厂检验规定，其他外加剂的使用和检测应符合设计要求和现行有关标准的规定。混凝土减水剂是装配式预制构件生产采用的主要混凝土外加剂品种，而且宜采用早强型聚羧酸系高性能减水剂。如果预制构件企业根据实际情况需要添加缓凝剂、引气剂等其他品种外加剂时，其产品质量也应符合现行国家标准《混凝土外加剂》GB 8076 和《混凝土外加剂应用技术规范》GB 50119 的规定。

9.2.9 除本条的检验项目外，骨料的坚固性、有害物质含量和氯离子含量等其他质量指标可在选择骨料时根据需要进行检验，一般情况下应由厂家提供的型式检验报告列出全套质量指标的检测结果。

9.2.11 回收水是指搅拌机和运输车等清洗用水经过沉淀、过滤、回收后再次加以利用的水。从节约水资源角度出发，鼓励回收水再利用，但回收水中因含有水泥、外加剂等原材料及其反应后的残留物，这些残留成分可能影响混凝土的使用性能，应经过试验方可确定能否使用。部分或全部回收水作为混凝土拌合用水的质量均应符合现行行业标准《混凝土用水标准》JGJ 63 要求。用高压水冲洗预涂缓凝剂形成粗糙面的回收水，未经处理和未经检验合格，不得用作混凝土搅拌用水。

9.2.13 大多数预制构件在室内生产，应选择对人身无害的环保型产品。脱模剂的使用效果与预制构件生产工艺、生产季节、涂刷方式有很大关系，应经过试验确定最佳脱模效果。

9.2.14 预制构件中常用的保温材料有挤塑聚苯板、硬泡聚氨酯板、真空绝热板等其导热系数随时间逐步衰减，尤其是刚生产出来的保温材料的导热系数衰减很快，需要严格按照标准规定取样进行检测。当使用标准或规范无规定的保温材料时，应有充足的技术依据，并应在使用前进行试验验证。

9.2.16 拉结件是保证装配整体式夹芯保温剪力墙板和夹芯保温外挂墙板内、外叶墙可靠连接的重要部件，应保证其在混凝土中的锚固可靠性。

9.2.17 灌浆料是灌浆套筒进货前进行的钢筋套筒连接工艺检验必不可少的材料。但由于生产单位用量极少，因此可以使用施工现场采购的同厂家、同品种、同型号产品。如果施工单位尚未开始进货，预制构件生产单位可以自购一批，检验合格后用于工艺检验。

9.3 模　　具

9.3.2 模具是专门用来生产预制构件的各种模板系统，可采用固定在生产场地的固定模具，也可采用移动模具。对于形状复杂、数量少的构件也可采用木模或其他材料制作。清水混凝土预制构件建议采用精度较高的模具制作。流水线平台上的各种边模可采用玻璃钢、铝合金、高品质复合板等轻质材料制作。

在模台上用磁盒固定边模具有简单方便的优势，能够更好地满足流水线生产节拍需要。虽然磁盒在模台上的吸力很大，但是振动状态下抗剪切能力不足，容易造成偏移，影响几何尺寸，用磁盒生产高精度几何尺寸预制构件时，需要采取辅助定位措施。

9.4 钢筋及预埋件

9.4.1 使用自动化机械设备进行钢筋加工与制作，可减少钢筋损耗且有利于质量控制，有条件时应尽量采用。自动化机械设备进行钢筋调直、切割和弯折，其性能应符合现行行业标准《混凝土结构用成型钢筋》JG/T 226 的有关规定。

9.4.2 钢筋连接质量好坏关系到结构安全，本条提出了钢筋连接必须进行工艺检验的要求，在施工过程中重点检查。尤其是钢筋螺纹接头以及半灌浆套筒连接接头机械连接端安装时，可根据安装需要采用管钳、扭力扳手等工具，安装后应使用专用扭力扳手校核拧紧力矩，安装用扭力扳手和校核用扭力扳手应区分使用，二者的精度、校准要求均有所不同。

9.4.3 本条规定了钢筋半成品、钢筋网片、钢筋骨架安装的尺寸偏差和检测方法。安装后还应及时检查钢筋的品种、级别、规格、数量。

当钢筋网片或钢筋骨架中钢筋作为连接钢筋时，如与灌浆套筒连接，该部分钢筋定位应协调考虑连接的精度要求。

9.5 预应力构件

9.5.1 预制预应力构件施工方案宜包括：生产顺序和工艺流程、生产质量要求，资源配备和质量保证措施以及生产安全要求和保证措施等。

9.5.2 先张法预应力构件张拉台座受力巨大，为保证安全施工应由设计或有经验单位、部门进行专门设计计算。

9.5.3 由于预应力筋过度受热会降低力学性能，因此规定了其切断方式。

9.5.4 钢丝束采用镦头锚具时，锚具的效率系数主要取决于镦头的强度，而镦头强度与采用的工艺及钢丝的直径有关。冷镦时由于冷作硬化，镦头的强度提高，但脆性增加，且容易出现裂纹，影响强度发挥，因此需事先确认钢丝的可镦性，以确保镦头质量。另外，钢丝下料长度的控制主要是为保证钢丝的两端均采用镦头锚具时钢丝的受力均匀性。

9.5.8 张拉预应力筋的目的是建立设计希望的预应力，而伸长值校核是为了判断张拉质量是否达到设计规定的要求。如果各项参数都与设计相符，一般情况下张拉力值的偏差在±5%范围内是合理的，考虑到实际工程的测量精度及预应力筋材料参数的偏差等因素，适当放松了对伸长值偏差的限值，将其最大偏差放宽到±6%。

9.5.9 预应力筋的张拉顺序应使混凝土不产生超应力、构件不扭转与侧弯，因此，对称张拉是一个重要原则，对张拉比较敏感的结构构件，若不能对称张拉，也应尽量做到逐步渐进的施加预应力。

一般情况下，同一束有粘结预应力筋应采取整束张拉，使各根预应力筋建立的应力均匀。只有在能够确保预应力筋张拉没有叠压影响时，才允许采用逐根张拉工艺。

预应力工程的重要目的是通过配置的预应力筋建立设计希望的准确的预应力值。然而，张拉阶段出现预应力筋的断裂，可能意味着，其材料、加工制作、安装及张拉等一系列环节中出现了问题。同时，由于预应力筋断裂或滑脱对结构构件的受力性能影响极大，因此，规定应严格限制其断裂或滑脱的数量。先张法预应力构件中的预应力筋不允许出现断裂或滑脱，若在浇筑混凝土前出现断裂或滑脱，相应的预应力筋应予以更换。本条控制的不仅是张拉质量，同时也是对材料、制作、安装等工序的质量要求。

9.5.10 先张法构件的预应力是靠粘结力传递的，过低的混凝土强度相应的粘结强度也较低，造成预应力传递长度增加，因此本条规定了放张时的混凝土最低强度值。

9.6 成型、养护及脱模

9.6.1 本条规定了混凝土浇筑前应进行的隐检内容，是保证预制构件满足结构性能的关键质量控制环节，应严格执行。

9.6.5 本条规定了预制外墙类构件表面预贴面砖或石材的技术要求，除了要满足安全耐久性外，还需保证装饰效果。对于饰面材料分隔缝的处理，砖缝可采用发泡塑料条成型，石材可采用弹性材料填充。

9.6.6 夹芯保温墙板内外叶墙体拉结件的品种、数量、位置对于保证外叶墙结构安全、避免墙体开裂极为重要，其安装必须符合设计要求和产品技术手册。控制内外页墙体混凝土浇筑间隔是为了保证拉结件与混凝土的连接质量。

9.6.10 条件允许的情况下，预制构件优先推荐自然养护。采用加热养护时，按照合理的养护制度进行温控可避免预制构件出现温差裂缝。

对于夹芯外墙板的养护，控制养护温度不大于 60℃是因为有机保温材料在较高温度下会产生热变形，影响产品质量。

9.6.11 平模工艺生产的大型墙板、挂板类预制构件宜采用翻板机翻转直立后再行起吊。对于设有门洞、窗洞等较大洞口的墙板，脱膜起吊时应进行加固，防止扭曲变形造成的开裂。

9.9 资料及交付

9.9.1 预制构件产品资料归档应包括产品质量形成过程中的有关依据和记录，具体归档资料还应满足不同工程对其资料归档的具体要求。

9.9.2 当设计有要求或合同约定时，还应提供混凝土抗渗、抗冻等约定性能的试验报告。

预制构件出厂合格证可参考如下范本（表 5）。

表 5 预制构件出厂合格证（范本）

预制混凝土构件出厂合格证			资料编号		
工程名称及使用部位			合格证编号		
构件名称		型号规格		供应数量	
制造厂家			企业等级证		
标准图号或设计图纸号			混凝土设计强度等级		
混凝土浇筑日期	至		构件出厂日期		
性能检验评定结果	混凝土抗压强度		主筋		
	试验编号	达到设计强度（%）	试验编号	力学性能	工艺性能
	外观		面层装饰材料		
	质量状况	规格尺寸	试验编号		试验结论
	保温材料		保温连接件		
	试验编号	试验结论	试验编号		试验结论
	钢筋连接套筒		结构性能		
	试验编号	试验结论	试验编号		试验结论
备注					结论：
供应单位技术负责人			填表人		供应单位名称（盖章）
填表日期：					

9.10 部品生产

9.10.3 目前装配式混凝土建筑有多种类型，部品作为标准化、系列化的产品，应考虑与不同主体结构形式连接时的连接方法与配套组件，并成套供应。

10 施工安装

10.1 一般规定

10.1.1 装配式混凝土施工应制定以装配为主的施工组织设计文件，应根据建筑、结构、机电、内装一体化，设计、加工、装配一体化的原则，制定施工组织设计。施工组织设计应体现管理组织方式吻合装配工法的特点，以发挥装配技术优势为原则。

10.1.2 装配式混凝土结构施工具有其固有特性，应设立与装配施工技术相匹配的项目部机构和人员，装配施工对不同岗位的技能和知识要求区别于以往的传统施工方式要求，需要配置满足装配施工要求的专业人员。且在施工前应对相关作业人员进行培训和技术、安全、质量交底，培训和交底对象包括一线管理人员和作业人员、监理人员等。

10.1.3 工装系统是指装配式混凝土建筑吊装、安装过程中所用的工具化、标准化吊具、支撑架体等产品，包括标准化堆放架、模数化通用吊梁、框式吊梁、起吊装置、吊钩吊具、预制墙板斜支撑、叠合板独立支撑、支撑体系、模架体系、外围护体系、系列操作工具等产品。工装系统的定型产品及施工操作均应符合国家现行有关标准及产品应用技术手册的有关规定，在使用前应进行必要的施工验算。

10.1.4 施工安装宜采用 BIM 组织施工方案，用 BIM 模型指导和模拟施工，制定合理的施工工序并精确算量，从而提高施工管理水平和施工效率，减少浪费。

10.1.5 为避免由于设计或施工缺乏经验造成工程实施障碍或损失，保证装配式混凝土结构施工质量，并不断摸索和积累经验，特提出应通过试生产和试安装进行验证性试验。装配式混凝土结构施工前的试安装，对于没有经验的承包商非常必要，不但可以验证设计和施工方案存在的缺陷，还可以培训人员，调试设备，完善方案。另一方面对于没有实践经验的新的结构体系，应在施工前进行典型单元的安装试验，验证并完善方案实施的可行性，这对于体系的定型和推广使用，是十分重要的。

10.1.6 采用新技术、新工艺、新材料、新设备时，应经过试验和技术鉴定，并应制定可行的技术措施。设计文件中制定使用的新技术、新工艺、新材料时，施工单位应依据设计要求进行施工。施工单位欲使用新技术、新工艺、新材料时，应经监理单位核准，并按相关规定办理。本条的“新的施工工艺”系指以前未在任何工程中应用的施工工艺，“首次采用的施工工艺”系指施工单位以前未实施过的施工工艺。

10.1.7 装配式混凝土建筑施工中，应建立健全安全管理保障体系和管理制度，对危险性较大分部分项工程应经专家论证通过后进行施工。应结合装配施工特点，针对构件吊装、安装施工安全要求，制定系列安全专项方案。国家现行有关标准包括《建筑施工高处作业安全技术规范》JGJ 80、《建筑机械使用安全技术规程》JGJ 33、《建筑施工起重吊装工程安全技术规范》JGJ 276 和《施工现场临时用电安全技术规范》JGJ 46 等。

10.2 施工准备

10.2.1 装配式混凝土结构施工方案应全面系统，且应结合装配式建筑特点和一体化建造的具体要求，本着资源节省、人工减少、质量提高、工期缩短的原则制定装配方案。进度计划应结合协同构件生产计划和运输计划等；预制构件运输方案包括车辆型号及数量、运输路线、发货安排、现场装卸方法等；施工场地布置包括场内循环通道、吊装设备布设、构件码放场地等；安装与连接施工包括测量方法、吊装顺序和方法、构件安装方法、节点施工方法、防水施工方法、后浇混凝土施工方法、全过程的成品保护及修补措施等；安全管理包括吊装安全措施、专项施工安全措施等；质量管理包括构件安装的专项施工质量管理，渗漏、裂缝等质量缺陷防治措施；预制构件安装应结合构件连接装配方法和特点，合理制定施工工序。

10.2.2 预制构件、安装用材料及配件进场验收应符合本标准第11章、现行国家标准《混凝土结构工程施工质量验收规范》GB 50204及产品应用技术手册等的有关规定。确保预制构件、安装用材料及配件进场的产品品质。

10.2.3 施工现场应根据装配化建造方式布置施工总平面，宜规划主体装配区、构件堆放区、材料堆放区和运输通道。各个区域宜统筹规划布置，满足高效吊装、安装的要求，通道宜满足构件运输车辆平稳、高效、节能的行驶要求。竖向构件宜采用专用存放架进行存放，专用存放架应根据需要设置安全操作平台。

10.2.4 安装施工前，应制定安装定位标识方案，根据安装连接的精细化要求，控制合理误差。安装定位标识方案应按照一定顺序进行编制，标识点应清晰明确，定位顺序应便于查询标识。

10.2.5 安装施工前，应结合深化设计图纸核对已施工完成结构或基础的外观质量、尺寸偏差、混凝土强度和预留预埋等条件是否具备上层构件的安装，并应核对待安装预制构件的混凝土强度及预制构件和配件的型号、规格、数量等是否符合设计要求。

10.2.6 吊装设备应根据构件吊装需求进行匹配性选型，安装施工前，应再次复核吊装设备的吊装能力、吊装器具和吊装环境，满足安全、高效的吊装要求。

防护系统包括三角挂架、SCP型施工升降平台、液压自爬升防护屏、工具化附着升降架、折叠式升降脚手架等。三角挂架由方钢、槽钢、钢管等焊接而成，通过穿墙螺栓与预制墙板连接实现防护功能。SCP型施工升降平台由驱动机构、钢结构平台节组成的单级或多级工作平台，标准节组成的导轨架、附墙及安全装置等组成。液压自爬升防护屏通过液压油缸的伸缩，连续顶升防护屏架体实现防护屏架体的整体提升。工具化附着升降架是由横梁、斜杆、导轨、立杆组成的空间桁架体系，折叠式升降脚手架自带驱动升降系统，可自爬升；模块化单元组装便捷可周转；液压爬升，速度快且稳定；具备防坠功能。

10.3 预制构件安装

10.3.2 预制构件安装就位后应对安装位置、标高、垂直度进行调整，并应考虑安装偏差的累积影响，安装偏差应严于装配式混凝土结构分项工程验收的施工尺寸偏差。装饰类预制构件安装完成后，应结合相邻构件对装饰面的完整性进行校核和调整，保证整体装饰效果满足设计要求。

10.3.4 竖向预制构件主要包括预制墙板、预制柱，对于预制墙板，临时斜撑一般安放在其背面，且一般不宜少于2道。当墙板底没有水平约束时，墙板的每道临时支撑包括上部斜撑和下部支撑，下部支撑可做成水平支撑或斜向支撑。对于预制柱，由于其底部纵向钢筋可以起到水平约束的作用，故一般仅设置上部斜撑。柱子的斜撑不应少于2道，且应设置在两个相邻的侧面上，水平投影相互垂直。临时斜撑与预制构件一般做成铰接并通过预埋件进行连接。考虑到临时斜撑主要承受的是水平荷载，为充分发挥其作用，对上部的斜撑，其支撑点距离板底的距离不宜小于板高的2/3，且不应小于板高的1/2。斜支撑与地面或楼面连接应可靠，不得出现连接松动引起竖向预制构件倾覆等。

10.3.6 可通过千斤顶调整预制柱平面位置，通过在柱脚位置的预埋螺栓，使用专门调整工具进行微调，调整垂直度；预制柱完成垂直度调整后，应在柱子四角缝隙处加塞刚性垫片。柱脚连接部位宜采用工具式模板对柱脚四周进行封堵，封堵应确保密闭连接牢固有效，满足压力要求。

10.3.7 对于不带夹芯保温的各类外墙板，外侧宜采用工具式模板封堵。

10.3.8 临时支撑可为工具式支撑，也可为在预制柱上的牛腿。安装时梁伸入支座的长度应符合设计要求；梁搁置在临时支撑上的长度也应符合设计要求。

10.3.9 预制底板吊至梁、墙上方300mm～500mm后，应调整板位置使板锚固筋与梁箍筋错开，根据板边线和板端控制线，准确就位。板就位后调节支撑立杆，确保所有立杆共同均匀受力。

10.3.10 预制楼梯的安装方式应结合预制楼梯的设计要求进行确定。

10.4 预制构件连接

10.4.1 结合部位或接缝处混凝土施工，由于操作面的限制，不便于混凝土的振捣密实时，宜采用自密实混凝土，并应符合国家现行有关标准的规定。

10.4.2 本条用于伸入预制构件内灌浆套筒、浆锚预留孔中的预留钢筋的精准控制和预制构件的安全、高效连接。宜采用与预留钢筋匹配的专用模具进行精准定位，起到安装前预留钢筋位置的预检和控制，提高安装效率，也可通过设计诱导钢筋进行预制构件的快速对位和安装。

10.4.3 钢筋套筒灌浆作业应符合现行行业标准《钢筋套筒灌浆连接应用技术规程》JGJ 355及施工方案的要求。

灌浆作业是装配整体式结构工程施工质量控制的关键环节之一。对作业人员应进行培训考核，并持证上岗，同时要求有专职检验人员在灌浆操作全过程监督。套筒灌浆连接接头的质量保证措施：

（1）采用经验证的钢筋套筒和灌浆料配套产品；

（2）施工人员是经培训合格的专业人员，严格按技术操作要求执行；

（3）操作施工时，应做好灌浆作业的视频资料，质量检验人员进行全程施工质量检查，能提供可追溯的全过程灌浆质量检查记录；

（4）检验批验收时，如对套筒灌浆连接接头质量有疑问，可委托第三方独立检测机构进行非破损检测。

当施工环境温度低于5℃时，可采取加热保温措施，使结构构件灌浆套筒内的温度达到产品使用说明书要求；有可靠经验时也可采用低温灌浆料。

10.4.4 钢筋采用冷挤压套筒连接时，其施工同样应符合现行行业标准《钢筋机械连接技术规程》JGJ 107的有关规定。

10.4.6 后张预应力筋连接也是一种预制构件连接形式，其张拉、放张、封锚等均与预应力混凝土结构施工基本相同，应按国家现行有关标准的规定执行。

10.4.7 工具式模板与支架宜具有标准化、模块化、可周转、易于组合、便于安装、通用性强、造价低等特点。定型模板与预制构件之间应粘贴密封封条，在混凝土浇筑时节点处模板不应产生变形和漏浆。

10.4.10 临时支撑系统拆除时，要检查支撑对象即预制构件经过安装后的连接情况，确认其已与主体结构形成稳定的受力体系后，方可拆除临时支撑系统。

10.4.12 预制构件安装完成后尺寸偏差应符合表中要求，安装过程中，宜采取相应措施从严控制，方可保证完成后的尺寸偏差要求。

当预制构件中用于连接的外伸钢筋定位精度有特别要求时，如与灌浆套筒连接的钢筋，预制构件安装尺寸偏差尚应与连接钢筋的定位要求相协调。

10.5 部品安装

10.5.3 改动建筑主体、承重结构或改变房间的主要使用功能，擅自拆改燃气、暖气、电气等配套设施，有时会危及整个建筑的安全，应严格禁止。

10.6 设备与管线安装

10.6.7 需等电位连接的部件与局部等电位端子箱的接地端子可用导线直接连接，保证连接的可靠性。

10.7 成品保护

10.7.1 交叉作业时，应做好工序交接，做好已完部位移交单，各工种之间明确责任主体。

10.7.3 饰面砖保护应选用无褪色或污染的材料，以防揭膜后，饰面砖表面被污染。

10.8 施工安全与环境保护

10.8.2 施工企业应对危险源进行辨识、分析，提出应对处理措施，制定应急预案，并根据应急预案进行演练。

10.8.4 构件吊运时，吊机回转半径范围内，为非作业人员禁止入内区域，以防坠物伤人。

10.8.5 装配式构件或体系选用的支撑应经计算符合受力要求，架身组合后，经验收、挂牌后使用。

10.8.7 钢筋焊接作业时产生的火花极易引燃或损坏夹芯保温外墙板中的保温层。

10.8.8 《中华人民共和国环境噪声污染防治法》指出：在城市市区范围内周围生活环境排放建筑施工噪声的，应当符合国家规定的建筑施工场界环境噪声排放标准。

10.8.9 严禁施工现场产生的废水、污水不经处理排放，影响正常生产、生活以及生态系统平衡的现象。

10.8.10 预制构件安装过程中常见的光污染主要是可见光、夜间现场照明灯光、汽车前照灯光、电焊产生的强光等。可见光的亮度过高或过低，对比过强或过弱时，都有损人体健康。

11 质量验收

11.1 一般规定

11.1.3 当装配式混凝土结构工程存在现浇混凝土施工段时，应按现行国家标准《混凝土结构工程施工质量验收规范》GB 50204 的有关规定进行其他分项工程和检验批的验收。

11.1.5 本条规定的验收内容涉及采用后浇混凝土连接及采用叠合构件的装配整体式结构，隐蔽工程反映钢筋、现浇结构分项工程施工的综合质量，后浇混凝土处的钢筋既包括预制构件外伸的钢筋，也包括后浇混凝土中设置的纵向钢筋和箍筋。在浇筑混凝土之前进行隐蔽工程验收是为了确保其连接构造性能满足设计要求。

11.2 预制构件

Ⅰ 主控项目

11.2.1 对专业企业生产的预制构件，质量证明文件包括产品合格证明书、混凝土强度检验报告及其他重要检验报告等；预制构件的钢筋、混凝土原材料、预应力材料、预埋件等均应参照本标准及国家现行有关标准的有关规定进行检验，其检验报告在预制构件进场时可不提供，但应在构件生产单位存档保留，以便需要时查阅。按本标准第11.2.2条的有关规定，对于进场时不做结构性能检验的预制构件，质量证明文件尚应包括预制构件生产过程的关键验收记录。

对总承包单位制作的预制构件，没有“进场”的验收环节，其材料和制作质量应按本标准各章的规定进行验收。对构件的验收方式为检查构件制作中的质量验收记录。

11.2.2 本条规定了专业企业生产预制构件进场时的结构性能检验要求。结构性能检验通常应在构件进场时进行，但考虑检验方便，工程中多在各方参与下在预制构件生产场地进行。

考虑构件特点及加载检验条件，本条仅提出了梁板类非叠合简支受弯预制构件的结构性能检验要求。本条还对非叠合简支梁板类受弯预制构件提出了结构性能检验的简化条件：大型构件一般指跨度大于18m的构件；可靠应用经验指该单位生产的标准构件在其他工程已多次应用，如预制楼梯、预制空心板、预制双T板等；使用数量较少一般指数量在50件以内，近期完成的合格结构性能检验报告可作为可靠依据。不做结构性能检验时，尚应符合本条第4款的规定。

本条第2款的“不单独使用的叠合预制底板”主要包括桁架钢筋叠合底板和各类预应力叠合楼板用薄板、带肋板。由于此类构件刚度较小，且板类构件强度与混凝土强度相关性不大，很难通过加载方式对结构受力性能进行检验，故本条规定可不进行结构性能检验。对于可单独使用、也可作为叠合楼板使用的预应力空心板、双T板，按本条第1款的规定对构件进行结构性能检验，检验时不浇后浇层，仅检验预制构件。对叠合梁构件，由于情况复杂，本条规定是否进行结构性能检验、结构性能检验的方式由设计确定。

根据本条第1、2款的规定，工程中需要做结构性能检验的构件主要有预制梁、预制楼梯、预应力空心板、预应力双T板等简支受弯构件。其他预制构件除设计有专门要求外，进场时可不做结构性能检验。

国家标准《混凝土结构工程施工质量验收规范》GB 50204－2015附录B给出了受弯预制构件的抗裂、变形及承载力性能的检验要求和检验方法。

对所有进场时不做结构性能检验的预制构件，可通过施工单位或监理单位代表驻厂监督生产的方式进行质量控制，此时构件进场的质量证明文件应经监督代表确认。当无驻厂监督，进场时应对预制构件主要受力钢筋数量、规格、间距及混凝土强度、混凝土保护层厚度等进行实体检验，具体可按以下原则执行：

1 实体检验宜采用非破损方法，也可采用破损方法，非破损方法应采用专业仪器并符合国家现行有关标准的有关规定。

2 检查数量可根据工程情况由各方商定。一般情况下，可以不超过1000个同类型预制构件为一批，每批抽取构件数量的2%且不少于5个构件。

3 检查方法可参考国家标准《混凝土结构工程施工质量验收规范》GB 50204－2015附录D、附录E的有关规定。

对所有进场时不做结构性能检验的预制构件，进场时的质量证明文件宜增加构件生产过程检查文件，如钢筋隐蔽工程验收记录、预应力筋张拉记录等。

11.2.3 对于出现的外观质量严重缺陷、影响结构性能和安装、使用功能的尺寸偏差，以及拉结件类别、数量和位置有不符合设计要求的情形应作退场处理。如经设计同意可以进行修理使用，则应制定处理方案并获得监理确认后，预制构件生产单位应按技术处理方案处理，修理后应重新验收。

11.2.4 预制构件外贴材料等应在进场时按设计要求对预制构件产品全数检查，合格后方可使用，避免在构件安装时发现问题造成不必要的损失。

Ⅱ 一般项目

11.2.7 预制构件的装饰外观质量应在进场时按设计要求对预制构件产品全数检查，合格后方可使用。如果出现偏差情况，应和设计协商相应处理方案，如设计不同意处理应作退场报废处理。

11.2.8 预制构件的预留、预埋件等应在进场时按设计要求对每件预制构件产品全数检查，合格后方可使用，避免在构件安装时发现问题造成不必要的损失。

对于预埋件和预留孔洞等项目验收出现问题时，应和设计协商相应处理方案，如设计不同意处理应作退场报废处理。

检查数量：按照进场检验批，同一规格（品种）的构件每次抽检数量不应少于该规格（品种）数量的5%，且不少于3件。

11.2.9、**11.2.10** 预制构件的一般项目验收应在预制工厂出厂检验的基础上进行，现场验收时应按规定填写检验记录。对于部分项目不满足标准规定时，可以允许厂家按要求进行修理，但应责令预制构件生产单位制定产品出厂质量管理的预防纠正措施。

预制构件的外观质量一般缺陷应按产品标准规定全数检验；当构件没有产品标准或现场制作时，应按现浇结构构件的外观质量要求检查和处理。

预制构件尺寸偏差和预制构件上的预留孔、预留洞、预埋件、预留插筋、键槽位置偏差等基本要求应进行抽样检验。如根据具体工程要求提出高于标准规定时，应按设计要求或合同规定执行。

装配整体式结构中预制构件与后浇混凝土结合的界面统称为结合面，结合面的表面一般要求在预制构件上设置粗糙面或键槽，同时还需要配置抗剪或抗拉钢筋等以确保结构连接构造的整体性设计要求。

构件尺寸偏差设计有专门规定的，尚应符合设计要求。预制构件有粗糙面时，与粗糙面相关的尺寸允许偏差可适当放宽。

11.3 预制构件安装与连接

Ⅰ 主 控 项 目

11.3.1 临时固定措施是装配式混凝土结构安装过程中承受施工荷载、保证构件定位、确保施工安全的有效措施。临时支撑是常用的临时固定措施，包括水平构件下方的临时竖向支撑、水平构件两端支撑构件上设置的临时牛腿、竖向构件的临时斜撑等。

11.3.2 装配整体式混凝土结构节点区的后浇混凝土质量控制非常重要，不但要求其与预制构件的结合面紧密结合，还要求其自身浇筑密实，更重要的是要控制混凝土强度指标。

当后浇混凝土和现浇结构采用相同强度等级混凝土浇筑时，此时可以采用现浇结构的混凝土试块强度进行评定；对有特殊要求的后浇混凝土应单独制作试块进行检验评定。

11.3.3、**11.3.4** 钢筋套筒灌浆连接和浆锚搭接连接是装配式混凝土结构的重要连接方式，灌浆质量的好坏对结构的整体性影响非常大，应采取措施保证孔道的灌浆密实。

钢筋采用套筒灌浆连接或浆锚搭接连接时，连接接头的质量及传力性能是影响装配式混凝土结构受力性能的关键，应严格控制。

套筒灌浆连接前应按现行行业标准《钢筋套筒灌浆连接应用技术规程》JGJ 355的有关规定进行钢筋套筒灌浆连接接头工艺试验，试验合格后方可进行灌浆作业。

11.3.5 接缝采用座浆连接时，如果希望座浆满足竖向传力要求，则应对座浆的强度提出明确的设计要求。对于不需要传力的填缝砂浆可以按构造要求规定其强度指标。施工时应采取措施确保座浆在接缝部位饱满密实，并加强养护。

11.3.6～11.3.9 在装配式混凝土结构中，常会采用钢筋或钢板焊接连接。当钢筋或型钢采用焊接连接时，钢筋或型钢的焊接质量是保证结构传力的关键主控项目，应由具备资格的焊工进行操作，并应按国家现行标准《钢结构工程施工质量验收规范》GB 50205和《钢筋焊接及验收规程》JGJ 18的有关规定进行验收。

考虑到装配式混凝土结构中钢筋或型钢焊接连接的特殊性，很难做到连接试件原位截取，故要求制作平行加工试件。平行加工试件应与实际钢筋连接接头的施工环境相似，并宜在工程结构附近制作。

钢筋采用机械连接时，应按现行行业标准《钢筋机械连接技术规程》JGJ 107的有关规定进行验收。平行加工试件应与实际钢筋连接接头的施工环境相似，并宜在工程结构附近制作。对于直螺纹机械连接接头，应按有关标准规定检验螺纹接头拧紧扭矩和挤压接头压痕直径。对于冷挤压套筒机械连接接头，其接头质量也应符合国家现行有关标准的规定。

装配式混凝土结构采用螺栓连接时，螺栓、螺母、垫片等材料的进场验收应符合现行国家标准《钢结构工程施工质量验收规范》GB 50205的有关规定。施工时应分批逐个检查螺栓的拧紧力矩，并做好施工记录。

11.3.10 装配式混凝土结构的外观质量除设计有专门的规定外，尚应符合现行国家标准《混凝土结构工程施工质量验收规范》GB 50204中关于现浇混凝土结构的有关规定。

对于出现的严重缺陷及影响结构性能和安装、使用功能的尺寸偏差，处理方式应按现行国家标准《混凝土结构工程施工质量验收规范》GB 50204的有关规定执行。对于出现的一般缺陷，处理方式同上述方式。

11.3.11 装配式混凝土结构的接缝防水施工是非常关键的质量检验内容，是保证装配式外墙防水性能的关键，施工时应按设计要求进行选材和施工，并采取严格的检验验证措施。考虑到此项验收内容与结构施工密切相关，应按设计及有关防水施工要求进行验收。

外墙板接缝的现场淋水试验应在精装修进场前完成，并应满足下列要求：淋水量应控制在3L/(m^2·min)以上，持续淋水时间为24h。某处淋水试验结束后，若背水面存在渗漏现象，应对该检验批的全部外墙板接缝进行淋水试验，并对所有渗漏点进行整改处理，并在整改完成后重新对渗漏的部位进行淋水试验，直至不再出现渗漏点为止。

附录A 双面叠合剪力墙设计

A.0.1 双面叠合墙板通过全自动进口流水线进行生产，自动化程度高，具有非常高的生产效率和加工精度，同时具有整体性好，防水性能优等特点。随着桁架钢筋技术的发展，双面叠合剪力墙结构体系在欧洲，尤其在德国，自20世纪70年代开始得到了广泛的应用。自2005年德国预制混凝土公司（西伟德公司）在合肥投建第一条叠合体系流水线起，叠合体系慢慢引入中国市场。在双面叠合剪力墙结构体系这种新型的混凝土结构体系引入中国的十多年时间里，结合我国国情，各大高校、科研机构及企业针对双面叠合剪力墙结构体系进行了一系列的试验研究。

南京工业大学对轴压比0.2下的4片钢筋混凝土无洞叠合剪力墙和2片钢筋混凝土普通剪力墙分别进行了低周反复荷载试验，同时进行了ABAQUS有限元分析及承载力理论计算。合肥工业大学设计了两种不同边缘约束措施的4个叠合剪力墙和2个普通剪力墙模型，进行了低周反复荷载下的对比试验研究，分析了结构的破坏形态、变形能力、承载力、延性、滞回特性等。宝业集团、同济大学、华东建筑集团股份有限公司、上海交通大学开展了一系列的课题合作和试验研究，从平面内和平面外对预制双面叠合剪力墙的受力性能和抗震性能进行了试验研究；并且对三层预制夹芯叠合板式剪力墙结构模型进行模拟地震振动台试验，研究结构的延性、刚度、耗能以及承载力。试验结果均表明双面叠合剪力墙具有与现浇剪力墙接近的抗震性能和耗能能力，可参考现浇结构计算方法进行结构计算。

安徽、浙江两省已根据地区试验成果编制叠合剪力墙的地方标准，如安徽省地方标准《叠合板式混凝土剪力墙结构技术规程》DB 34/810－2008、《叠合板式混凝土剪力墙结构施工及验收规范》DB 34/T 1468—2011，浙江地方标准《叠合板式混凝土剪力墙结构技术规程》DB 33/T 1120—2016。近些年来，预制双面叠合体系在装配式住宅项目中有了广泛的应用，从多层到高层建筑，已实现建筑面积 500 万 m^2 的建造规模。

根据以上的研究和工程实践，提出了双面叠合剪力墙结构房屋适用的最大高度。

A. 0. 2 为保证双面叠合剪力墙空腔内后浇混凝土的浇筑质量，在后浇混凝土浇筑之前，墙板内表面及楼板表面应用水充分湿润，用规定等级及相应坍落度的混凝土均匀地按水平方向分层浇筑，并用内置振动棒仔细振捣密实。

自密实混凝土具有高流动度而不离析、不泌水和高均匀性的特点，能在不经振捣或少振捣的情况下自流平充满空腔达到充分密实。采用普通混凝土时，应符合现行国家标准《混凝土结构工程施工质量验收规范》GB 50204 的有关规定，应注意加强普通混凝土浇筑后的密实度检测。

A. 0. 3 双面叠合剪力墙预制板厚度小于 50mm 时，单侧板刚度较差，预制构件承载力较低，在构件制作、运输和施工中易产生裂缝造成损坏，不能保证双面叠合剪力墙的工程质量；同时根据单叶预制墙板内钢筋的构造要求，单叶墙板内配置剪力墙水平钢筋、纵向钢筋、桁架钢筋，单叶墙板厚度过小会导致桁架钢筋距墙板内边距离过小，在混凝土浇筑过程中容易被拉出，难以抵抗混凝土浇筑过程中产生的侧向力，根据力学计算及国内外工程经验总结，单叶预制墙板厚度不宜小于 50mm。当双面叠合剪力墙墙肢厚度小于 200mm 时，两侧单叶墙板厚度不小于 50mm，则墙板间空腔净距小于 100mm，此时会增加现场墙板安装、水平钢筋放置、混凝土浇筑的施工难度。叠合墙板内表面做成凹凸不小于 4mm 的人工粗糙面能有效增加预制剪力墙板和现浇混凝土骨料之间的咬合作用，提高预制双面叠合剪力墙的整体性，粗糙面的处理方式可通过物理和化学方式实现。

A. 0. 4 根据双面叠合剪力墙的制作特点，双面叠合剪力墙结构的连梁可采用双面叠合连梁或普通叠合连梁，也可采用现浇混凝土连梁。当双面叠合双肢剪力墙与连梁整体制作时，连梁宜采用双面叠合连梁的形式，工厂预制连梁两侧混凝土，待墙板运送至现场安装完成之后，在中间空腔浇筑混凝土形成连梁，叠合连梁的纵向钢筋应与现浇混凝土暗柱、边缘构件进行可靠连接，钢筋的锚固长度及要求应符合国家现行标准的有关规定。

A. 0. 5 同济大学对一组轴压比为 0.5 和 0.2 的平面内典型部位双面叠合剪力墙构件足尺模型进行低周反复荷载静力推覆试验，试验结果表明双面叠合剪力墙试件的正截面抗弯承载力、斜截面受剪承载力和接缝受剪承载力均具有较大的安全度。其承载能力设计可以参照现浇混凝土剪力墙的相关规定进行。同济大学对一组轴压比为 0.2 的双面叠合剪力墙构件足尺模型进行平面外低周反复荷载静力推覆试验，重点研究叠合剪力墙及其现浇对比试件在剪力墙平面外方向的破坏形态与破坏机制、承载力、延性、耗能能力等抗震性能指标，试验结果表明：叠合剪力墙平面外受弯承载能力与现浇构件承载力接近，并具有良好的延性和耗能能力，可参照现浇混凝土剪力墙的相关规定进行设计。

基于试验研究结果，双面叠合剪力墙偏心受压正截面受压承载力、偏心受拉正截面受拉承载力、偏心受压和偏心受拉斜截面受剪承载力等构件承载力计算中双面叠合剪力墙的宽度取 b_w。

A. 0. 9 双面叠合剪力墙中内外叶预制墙板通过钢筋桁架连接形成整体，增强了预制构件的刚度，避免运输和安装期间墙板产生较大变形和开裂。现场在空腔内浇筑混凝土时，钢筋桁架应能承受施工荷载以及混凝土的侧压力产生的作用。钢筋桁架代替拉筋作用，保证其与两层分布钢筋可靠连接。

A. 0. 10 双面叠合剪力墙的水平接缝宜设置在楼层处，为保证接缝处后浇混凝土浇筑密实，水平接缝高度不宜小于 50mm。同时为保证两块双面叠合墙板外叶墙板内跨楼层处水平钢筋竖向间距符合设计要求，水平接缝高度不宜大于 100mm（下层叠合墙板外叶板端部钢筋中心到外叶墙板顶面的距离为 50mm，上层叠合墙板外叶墙板内端部钢筋中心到墙板底面的距离为 50mm）。

在轴压比为 0.5 和 0.2 时，对底部接缝处插筋采用 100%搭接和 50%搭接的双面叠合剪力墙试验构件进行低周反复荷载试验，得到以下结论：双面叠合剪力墙具有较高的承载能力，其承载能力设计可以参照现浇混凝土剪力墙的相关规定进行；此外试验结果还表明低、高轴压比下，插筋搭接长度的增加对试件的正反向承载能力影响均不大。双面叠合剪力墙的竖向钢筋可在同一截面连接。

为了保证水平接缝处竖向连接钢筋的构造，在现场施工过程中，应采取必要的施工方法和措施保证竖向插筋沿剪力墙截面高度方向的钢筋间距，具体可采取制作定位筋的方式进行竖向连接钢筋的定位。

双面叠合剪力墙水平接缝处典型竖向连接节点如图 2 所示。

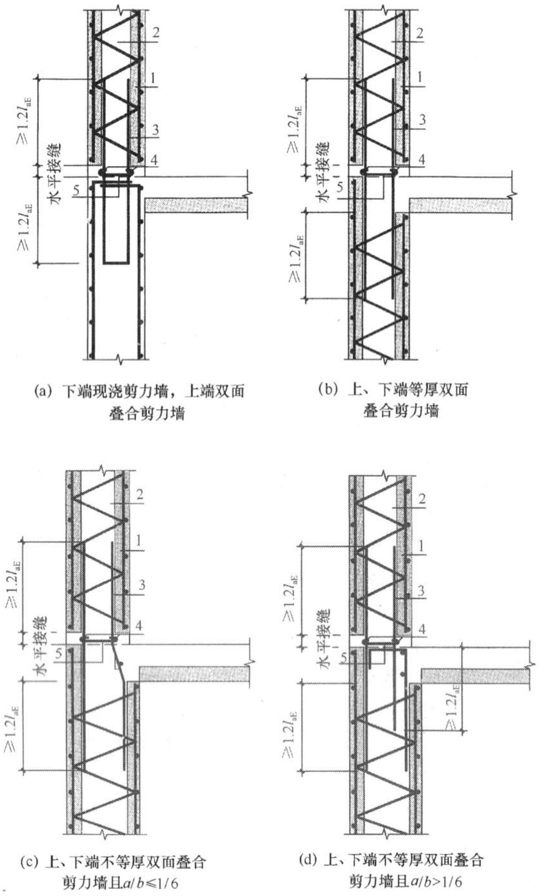

(a) 下端现浇剪力墙，上端双面叠合剪力墙

(b) 上、下端等厚双面叠合剪力墙

(c) 上、下端不等厚双面叠合剪力墙且 $a/b \leq 1/6$

(d) 上、下端不等厚双面叠合剪力墙且 $a/b > 1/6$

图 2 双面叠合剪力墙典型竖向连接节点

1—预制部分；2—现浇部分；3—竖向连接钢筋；4—附加水平筋；5—附加拉筋

中华人民共和国国家标准

装配式钢结构建筑技术标准

Technical standard for assembled buildings with steel-structure

GB/T 51232－2016

主编部门：中华人民共和国住房和城乡建设部
批准部门：中华人民共和国住房和城乡建设部
施行日期：2 0 1 7 年 6 月 1 日

中华人民共和国住房和城乡建设部公告

第 1418 号

住房城乡建设部关于发布国家标准
《装配式钢结构建筑技术标准》的公告

16

现批准《装配式钢结构建筑技术标准》为国家标准，编号为 GB/T 51232－2016，自 2017 年 6 月 1 日起实施。

本标准由我部标准定额研究所组织中国建筑工业出版社出版发行。

中华人民共和国住房和城乡建设部
2017 年 1 月 10 日

前　言

根据《住房城乡建设部办公厅关于开展装配式混凝土结构建筑技术规范等3项标准规范编制工作的函》（建办标函〔2016〕909号）的要求，标准编制组经广泛调查研究，认真总结实践经验，参考有关国际标准和国外先进标准，并在广泛征求意见的基础上，编制了本标准。

本标准的主要技术内容包括：1. 总则；2. 术语；3. 基本规定；4. 建筑设计；5. 集成设计；6. 生产运输；7. 施工安装；8. 质量验收；9. 使用维护。

本标准由住房和城乡建设部负责管理，由中国建筑标准设计研究院有限公司负责具体技术内容的解释。执行过程中如有意见或建议，请寄送中国建筑标准设计研究院有限公司（地址：北京市海淀区首体南路9号主语国际2号楼，邮政编码：100048）。

本标准主编单位：中国建筑标准设计研究院有限公司

本标准参编单位：浙江东南网架股份有限公司
住房和城乡建设部标准定额研究所
宝钢建筑系统集成有限公司
浙江大学
浙江绿筑集成科技有限公司
清华大学
中建钢构有限公司
安徽鸿路钢结构（集团）股份有限公司
中建科技集团有限公司
中冶建筑研究总院有限公司
北京和能人居科技有限公司
中国建筑金属结构协会
北京市建筑设计研究院有限公司
华东建筑设计研究院有限公司
中冶京诚工程技术有限公司
南京旭建新型建材股份有限公司
浙江精工钢构集团有限公司
杭萧钢构股份有限公司
东南大学
同济大学
天津大学
哈尔滨工业大学
西安建筑科技大学
北京建筑大学
上海市建筑建材业市场管理总站
远大可建科技有限公司
卓达房地产集团有限公司
广东松本绿色新材股份有限公司
北京恒通创新赛木科技股份有限公司
汉尔姆建筑科技有限公司
北京建谊投资发展（集团）有限公司
上海市机械施工集团有限公司
上海建工集团股份有限公司
上海城建物资有限公司
上海市房地产科学研究院
唐山冀东发展集成房屋有限公司
中建三局集团有限公司

本标准主要起草人员：刘东卫　郁银泉（以下按姓氏笔画排序）
王　力　王　琼　王　喆　王平山
王立军　王官胜　王晓冬　韦焕用
叶浩文　师前进　朱　茜　朱忠义
伍止超　向以川　刘　锋　刘　霄
许　奇　阮海燕　孙志强　孙晓曦
孙绪东　苏明周　杜志杰　李立晓
李利民　李国强　李晓峰　杨强跃
何晓微　张　鸣　张　跃　张　瑶
陈　飞　陈志华　陈雨嘉　陈振明
周观根　周祥茵　周雄亮　郑　云
赵虎军　郝　伟　侯兆新　施　刚
祝　磊　姚　涛　贾　璐　党保卫
徐国军　郭小农　郭阴生　曹正罡
梁　琳　董庆园　蒋　路　舒赣平
童根树　温　静　路志浩　魏素巍

本标准主要审查人员：聂建国　刘晓钟　任庆英　张　宏
薛　峰　周静敏　朱显泽　王冠军
孙成群　徐玲献　王智超　齐五辉
陈禄如　徐厚军　贺贤娟　华建民
韩林海　孟祥武　高继领

目　次

16

管线组合而成，满足建筑使用功能的整体。

1 总　则

1.0.1 为规范我国装配式钢结构建筑的建设，按照适用、经济、安全、绿色、美观的要求，全面提高装配式钢结构建筑的环境效益、社会效益和经济效益，制定本标准。

1.0.2 本标准适用于抗震设防烈度为6度到9度的装配式钢结构建筑的设计、生产运输、施工安装、质量验收与使用维护。

1.0.3 装配式钢结构建筑应遵循建筑全寿命期的可持续性原则，并应标准化设计、工厂化生产、装配化施工、一体化装修、信息化管理和智能化应用。

1.0.4 装配式钢结构建筑应将结构系统、外围护系统、设备与管线系统、内装系统集成，实现建筑功能完整、性能优良。

1.0.5 装配式钢结构建筑的设计、生产运输、施工安装、质量验收与使用维护，除应执行本标准外，尚应符合国家现行有关标准的规定。

2 术　语

2.0.1 装配式建筑　assembled building

结构系统、外围护系统、设备与管线系统、内装系统的主要部分采用预制部品部件集成的建筑。

2.0.2 装配式钢结构建筑　assembled building with steel-structure

建筑的结构系统由钢部（构）件构成的装配式建筑。

2.0.3 建筑系统集成　integration of building systems

以装配化建造方式为基础，统筹策划、设计、生产和施工等，实现建筑结构系统、外围护系统、设备与管线系统、内装系统一体化的过程。

2.0.4 集成设计　integrated design

建筑结构系统、外围护系统、设备与管线系统、内装系统一体化的设计。

2.0.5 协同设计　collaborative design

装配式建筑设计中通过建筑、结构、设备、装修等专业相互配合，运用信息化技术手段满足建筑设计、生产运输、施工安装等要求的一体化设计。

2.0.6 结构系统　structure system

由结构构件通过可靠的连接方式装配而成，以承受或传递荷载作用的整体。

2.0.7 外围护系统　building envelope system

由建筑外墙、屋面、外门窗及其他部品部件等组合而成，用于分隔建筑室内外环境的部品部件的整体。

2.0.8 设备与管线系统　facility and pipeline system

由给水排水、供暖通风空调、电气和智能化、燃气等设备与管线组合而成，满足建筑使用功能的整体。

2.0.9 内装系统　interior decoration system

由楼地面、墙面、轻质隔墙、吊顶、内门窗、厨房和卫生间等组合而成，满足建筑空间使用要求的整体。

2.0.10 部件　component

在工厂或现场预先生产制作完成，构成建筑结构系统的结构构件及其他构件的统称。

2.0.11 部品　part

由工厂生产，构成外围护系统、设备与管线系统、内装系统的建筑单一产品或复合产品组装而成的功能单元的统称。

2.0.12 全装修　decorated

所有功能空间的固定面装修和设备设施全部安装完成，达到建筑使用功能和建筑性能的状态。

2.0.13 装配式装修　assembled decoration

采用干式工法，将工厂生产的内装部品在现场进行组合安装的装修方式。

2.0.14 干式工法　non-wet construction

采用干作业施工的建造方法。

2.0.15 模块　module

建筑中相对独立，具有特定功能，能够通用互换的单元。

2.0.16 标准化接口　standardized interface

具有统一的尺寸规格与参数，并满足公差配合及模数协调的接口。

2.0.17 集成式厨房　integrated kitchen

由工厂生产的楼地面、吊顶、墙面、橱柜和厨房设备及管线等集成并主要采用干式工法装配而成的厨房。

2.0.18 集成式卫生间　integrated bathroom

由工厂生产的楼地面、墙面（板）、吊顶和洁具设备及管线等集成并主要采用干式工法装配而成的卫生间。

2.0.19 整体收纳　system cabinet

由工厂生产、现场装配、满足储藏需求的模块化部品。

2.0.20 装配式隔墙、吊顶和楼地面　assembled partition wall, ceiling and floor

由工厂生产的，具有隔声、防火、防潮等性能，且满足空间功能和美学要求的部品集成，并主要采用干式工法装配而成的隔墙、吊顶和楼地面。

2.0.21 管线分离　pipe & wire detached from structure system

将设备与管线设置在结构系统之外的方式。

2.0.22 同层排水　same-floor drainage

在建筑排水系统中，器具排水管及排水支管不穿越本层结构楼板到下层空间、与卫生器具同层敷设并接入排水立管的排水方式。

2.0.23 钢框架结构　steel frame structure

以钢梁和钢柱或钢管混凝土柱刚接连接，具有抗剪和抗弯能力的结构。

2.0.24 钢框架-支撑结构　steel braced frame structure

由钢框架和钢支撑构件组成，能共同承受竖向、水平作用的结构，钢支撑分中心支撑、偏心支撑和屈曲约束支撑等。

2.0.25 钢框架-延性墙板结构　steel frame structure with refined ductility shear wall

由钢框架和延性墙板构件组成，能共同承受竖向、水平作用的结构，延性墙板有带加劲肋的钢板剪力墙、带竖缝混凝土剪力墙等。

2.0.26 交错桁架结构　staggered truss framing structure

在建筑物横向的每个轴线上，平面桁架各层设置，而在相邻轴线上交错布置的结构。

2.0.27 钢筋桁架楼承板组合楼板　composite slabs with steel bar truss deck

钢筋桁架楼承板上浇筑混凝土形成的组合楼板。

2.0.28 压型钢板组合楼板　composite slabs with profiled

steel sheet

压型钢板上浇筑混凝土形成的组合楼板。

2.0.29 门式刚架结构 light-weight building with gabled frames

承重结构采用变截面或等截面实腹刚架的单层房屋结构。

2.0.30 低层冷弯薄壁型钢结构 low-rise cold-formed thin-walled steel buildings

以冷弯薄壁型钢为主要承重构件，不大于3层，檐口高度不大于12m的低层房屋结构。

3 基本规定

3.0.1 装配式钢结构建筑应采用系统集成的方法统筹设计、生产运输、施工安装和使用维护，实现全过程的协同。

3.0.2 装配式钢结构建筑应按照通用化、模数化、标准化的要求，以少规格、多组合的原则，实现建筑及部品部件的系列化和多样化。

3.0.3 部品部件的工厂化生产应建立完善的生产质量管理体系，设置产品标识，提高生产精度，保障产品质量。

3.0.4 装配式钢结构建筑应综合协调建筑、结构、设备和内装等专业，制定相互协同的施工组织方案，并应采用装配式施工，保证工程质量，提高劳动效率。

3.0.5 装配式钢结构建筑应实现全装修，内装系统应与结构系统、外围护系统、设备与管线系统一体化设计建造。

3.0.6 装配式钢结构建筑宜采用建筑信息模型（BIM）技术，实现全专业、全过程的信息化管理。

3.0.7 装配式钢结构建筑宜采用智能化技术，提升建筑使用的安全、便利、舒适和环保等性能。

3.0.8 装配式钢结构建筑应进行技术策划，对技术选型、技术经济可行性和可建造性进行评估，并应科学合理地确定建造目标与技术实施方案。

3.0.9 装配式钢结构建筑应采用绿色建材和性能优良的部品部件，提升建筑整体性能和品质。

3.0.10 装配式钢结构建筑防火、防腐应符合国家现行相关标准的规定，满足可靠性、安全性和耐久性的要求。

4 建筑设计

4.1 一般规定

4.1.1 装配式钢结构建筑应模数协调，采用模块化、标准化设计，将结构系统、外围护系统、设备与管线系统和内装系统进行集成。

4.1.2 装配式钢结构建筑应按照集成设计原则，将建筑、结构、给水排水、暖通空调、电气、智能化和燃气等专业之间进行协同设计。

4.1.3 装配式钢结构建筑设计宜建立信息化协同平台，共享数据信息，实现建设全过程的管理和控制。

4.1.4 装配式钢结构建筑应满足建筑全寿命期的使用维护要求，宜采用管线分离的方式。

4.2 建筑性能

4.2.1 装配式钢结构建筑应符合国家现行标准对建筑适用性能、安全性能、环境性能、经济性能、耐久性能等综合规定。

4.2.2 装配式钢结构建筑的耐火等级应符合现行国家标准《建筑设计防火规范》GB 50016的有关规定。

4.2.3 钢构件应根据环境条件、材质、部位、结构性能、使用要求、施工条件和维护管理条件等进行防腐蚀设计，并应符合现行行业标准《建筑钢结构防腐蚀技术规程》JGJ/T 251的有关规定。

4.2.4 装配式钢结构建筑应根据功能部位、使用要求等进行隔声设计，在易形成声桥的部位应采用柔性连接或间接连接等措施，并应符合现行国家标准《民用建筑隔声设计规范》GB 50118的有关规定。

4.2.5 装配式钢结构建筑的热工性能应符合国家现行标准《民用建筑热工设计规范》GB 50176、《公共建筑节能设计标准》GB 50189、《严寒和寒冷地区居住建筑节能设计标准》JGJ 26、《夏热冬冷地区居住建筑节能设计标准》JGJ 134和《夏热冬暖地区居住建筑节能设计标准》JGJ 75的有关规定。

4.2.6 装配式钢结构建筑应满足楼盖舒适度的要求，并应按本标准第5.2.18条执行。

4.3 模数协调

4.3.1 装配式钢结构建筑设计应符合现行国家标准《建筑模数协调标准》GB/T 50002的有关规定。

4.3.2 装配式钢结构建筑的开间与柱距、进深与跨度、门窗洞口宽度等宜采用水平扩大模数数列2*n*M、3*n*M（*n*为自然数）。

4.3.3 装配式钢结构建筑的层高和门窗洞口高度等宜采用竖向扩大模数数列*n*M。

4.3.4 梁、柱、墙、板等部件的截面尺寸宜采用竖向扩大模数数列*n*M。

4.3.5 构造节点和部品部件的接口尺寸宜采用分模数数列*n*M/2、*n*M/5、*n*M/10。

4.3.6 装配式钢结构建筑的开间、进深、层高、洞口等的优先尺寸应根据建筑类型、使用功能、部品部件生产与装配要求等确定。

4.3.7 部品部件尺寸及安装位置的公差协调应根据生产装配要求、主体结构层间变形、密封材料变形能力、材料干缩、温差变形、施工误差等确定。

4.4 标准化设计

4.4.1 装配式钢结构建筑应在模数协调的基础上，采用标准化设计，提高部品部件的通用性。

4.4.2 装配式钢结构建筑应采用模块及模块组合的设计方法，

遵循少规格、多组合的原则。

4.4.3 公共建筑应采用楼电梯、公共卫生间、公共管井、基本单元等模块进行组合设计。

4.4.4 住宅建筑应采用楼电梯、公共管井、集成式厨房、集成式卫生间等模块进行组合设计。

4.4.5 装配式钢结构建筑的部品部件应采用标准化接口。

4.5 建筑平面与空间

4.5.1 装配式钢结构建筑平面与空间的设计应满足结构构件布置、立面基本元素组合及可实施性等要求。

4.5.2 装配式钢结构建筑应采用大开间大进深、空间灵活可变的结构布置方式。

4.5.3 装配式钢结构建筑平面设计应符合下列规定：

1 结构柱网布置、抗侧力构件布置、次梁布置应与功能空间布局及门窗洞口协调。

2 平面几何形状宜规则平整，并宜以连续柱跨为基础布置，柱距尺寸应按模数统一。

3 设备管井宜与楼电梯结合，集中设置。

4.5.4 装配式钢结构建筑立面设计应符合下列规定：

1 外墙、阳台板、空调板、外窗、遮阳设施及装饰等部品部件宜进行标准化设计；

2 宜通过建筑体量、材质机理、色彩等变化，形成丰富多样的立面效果。

4.5.5 装配式钢结构建筑应根据建筑功能、主体结构、设备管线及装修等要求，确定合理的层高及净高尺寸。

5 集成设计

5.1 一般规定

5.1.1 建筑的结构系统、外围护系统、设备与管线系统和内装系统均应进行集成设计，提高集成度、施工精度和效率。

5.1.2 各系统设计应统筹考虑材料性能、加工工艺、运输限制、吊装能力的要求。

5.1.3 装配式钢结构建筑的结构系统应按传力可靠、构造简单、施工方便和确保耐久性的原则进行设计。

5.1.4 装配式钢结构建筑的外围护系统宜采用轻质材料，并宜采用干式工法。

5.1.5 装配式钢结构建筑的设备与管线系统应方便检查、维修、更换，维修更换时不应影响结构安全性。

5.1.6 装配式钢结构建筑的内装系统应采用装配式装修，并宜选用具有通用性和互换性的内装部品。

5.2 结构系统

5.2.1 装配式钢结构建筑的结构设计应符合下列规定：

1 装配式钢结构建筑的结构设计应符合现行国家标准《工程结构可靠性设计统一标准》GB 50153 的规定，结构的设计使用年限不应少于 50 年，其安全等级不应低于二级。

2 装配式钢结构建筑荷载和效应的标准值、荷载分项系数、荷载效应组合、组合值系数应符合现行国家标准《建筑结构荷载规范》GB 50009 的规定。

3 装配式钢结构建筑应按现行国家标准《建筑工程抗震设防分类标准》GB 50223 的规定确定其抗震设防类别，并应按现行国家标准《建筑抗震设计规范》GB 50011 进行抗震设计。

4 装配式钢结构的结构构件设计应符合现行国家标准《钢结构设计规范》GB 50017 和《冷弯薄壁型钢结构技术规范》GB 50018 的规定。

5.2.2 钢材牌号、质量等级及其性能要求应根据构件重要性和荷载特征、结构形式和连接方法、应力状态、工作环境以及钢材品种和板件厚度等因素确定，并应在设计文件中完整注明钢材的技术要求。钢材性能应符合现行国家标准《钢结构设计规范》GB 50017 及其他有关标准的规定。有条件时，可采用耐候钢、耐火钢、高强钢等高性能钢材。

5.2.3 装配式钢结构建筑的结构体系应符合下列规定：

1 应具有明确的计算简图和合理的传力路径。

2 应具有适宜的承载能力、刚度及耗能能力。

3 应避免因部分结构或构件的破坏而导致整个结构丧失承受重力荷载、风荷载和地震作用的能力。

4 对薄弱部位应采取有效的加强措施。

5.2.4 装配式钢结构建筑的结构布置应符合下列规定：

1 结构平面布置宜规则、对称。

2 结构竖向布置宜保持刚度、质量变化均匀。

3 结构布置应考虑温度作用、地震作用或不均匀沉降等效应的不利影响，当设置伸缩缝、防震缝或沉降缝时，应满足相应的功能要求。

5.2.5 装配式钢结构建筑可根据建筑功能、建筑高度以及抗震设防烈度等选择下列结构体系：

1 钢框架结构。

2 钢框架-支撑结构。

3 钢框架-延性墙板结构。

4 筒体结构。

5 巨型结构。

6 交错桁架结构。

7 门式刚架结构。

8 低层冷弯薄壁型钢结构。

当有可靠依据，通过相关论证，也可采用其他结构体系，包括新型构件和节点。

5.2.6 重点设防类和标准设防类多高层装配式钢结构建筑适用的最大高度应符合表 5.2.6 的规定。

表 5.2.6 多高层装配式钢结构适用的最大高度（m）

结构体系	6度	7度		8度		9度
	(0.05g)	(0.10g)	(0.15g)	(0.20g)	(0.30g)	(0.40g)
钢框架结构	110	110	90	90	70	50
钢框架-中心支撑结构	220	220	200	180	150	120
钢框架-偏心支撑结构 钢框架-屈曲约束支撑结构 钢框架-延性墙板结构	240	240	220	200	180	160
筒体（框筒、筒中筒、桁架筒、束筒）结构 巨型结构	300	300	280	260	240	180
交错桁架结构	90	60	60	40	40	—

注：1 房屋高度指室外地面到主要屋面板板顶的高度（不包括局部突出屋顶部分）；

2 超过表内高度的房屋，应进行专门研究和论证，采取有效的加强措施；

3 交错桁架结构不得用于 9 度区；

4 柱子可采用钢柱或钢管混凝土柱；

5 特殊设防类，6、7、8 度时宜按本地区抗震设防烈度提高一度后符合本表要求，9 度时应做专门研究。

5.2.7 多高层装配式钢结构建筑的高宽比不宜大于表 5.2.7 的规定。

表 5.2.7 多高层装配式钢结构建筑适用的最大高宽比

6度	7度	8度	9度
6.5	6.5	6.0	5.5

注：1 计算高宽比的高度从室外地面算起；

2 当塔形建筑底部有大底盘时，计算高宽比的高度从大底盘顶部算起。

5.2.8 在风荷载或多遇地震标准值作用下，弹性层间位移角不宜大于1/250（采用钢管混凝土柱时不宜大于1/300）。装配式钢结构住宅在风荷载标准值作用下的弹性层间位移角尚不应大于1/300，屋顶水平位移与建筑高度之比不宜大于1/450。

5.2.9 高度不小于80m的装配式钢结构住宅以及高度不小于150m的其他装配式钢结构建筑应进行风振舒适度验算。在现行国家标准《建筑结构荷载规范》GB 50009规定的10年一遇的风荷载标准值作用下，结构顶点的顺风向和横风向振动最大加速度计算值不应大于表5.2.9中的限值。结构顶点的顺风向和横风向振动最大加速度，可按现行国家标准《建筑结构荷载规范》GB 50009的有关规定计算，也可通过风洞试验结果确定。计算时钢结构阻尼比宜取0.01～0.015。

表 5.2.9 结构顶点的顺风向和横风向风振加速度限值

使用功能	$a_{\lim}$
住宅、公寓	0.20m/s²
办公、旅馆	0.28m/s²

5.2.10 多高层装配式钢结构建筑的整体稳定性应符合下列规定：

1 框架结构应符合下式规定：

$$D_i \geqslant 5\sum_{j=i}^{n} G_j / h_i (i=1,2,\cdots,n) \qquad (5.2.10\text{-}1)$$

2 框架-支撑结构、框架-延性墙板结构、筒体结构、巨型结构和交错桁架结构应符合下式规定：

$$EJ_{\mathrm{d}} \geqslant 0.7H^2 \sum_{i=1}^{n} G_i \qquad (5.2.10\text{-}2)$$

式中：D_i——第i楼层的抗侧刚度（kN/mm）；可取该层剪力与层间位移的比值；

h_i——第i楼层层高（mm）；

G_i，G_j——分别为第i，j楼层重力荷载设计值（kN），取1.2倍的永久荷载标准值与1.4倍的楼面可变荷载标准值的组合值；

H——房屋高度（mm）；

EJ_{d}——结构一个主轴方向的弹性等效侧向刚度（kN·mm²），可按倒三角形分布荷载作用下结构顶点位移相等的原则，将结构的侧向刚度折算为竖向悬臂受弯构件的等效侧向刚度，当延性墙板采用混凝土墙板时，刚度应适当折减。

5.2.11 门式刚架结构的设计、制作、安装和验收应符合现行国家标准《门式刚架轻型房屋钢结构技术规范》GB 51022的规定。

5.2.12 冷弯薄壁型钢结构的设计、制作、安装和验收应符合现行行业标准《低层冷弯薄壁型钢房屋建筑技术规程》JGJ 227的规定。

5.2.13 钢框架结构的设计应符合下列规定：

1 钢框架结构设计应符合国家现行有关标准的规定，高层装配式钢结构建筑尚应符合现行行业标准《高层民用建筑钢结构技术规程》JGJ 99的规定。

2 梁柱连接可采用带悬臂梁段、翼缘焊接腹板栓接或全焊接连接形式［图5.2.13-1(a)～图5.2.13-1(d)］；抗震等级为一、二级时，梁与柱的连接宜采用加强型连接［图5.2.13-1(c)～图5.2.13-1(d)］；当有可靠依据时，也可采用端板螺栓连接的形式［图5.2.13-1(e)］。

3 钢柱的拼接可采用焊接或螺栓连接的形式（图5.2.13-2、图5.2.13-3）。

4 在可能出现塑性铰处，梁的上下翼缘均应设侧向支撑（图5.2.13-4），当钢梁上铺设装配整体式或整体式楼板且进行可靠连接时，上翼缘可不设侧向支撑。

5 框架柱截面可采用异型组合截面，其设计要求应符合国家现行标准的规定。

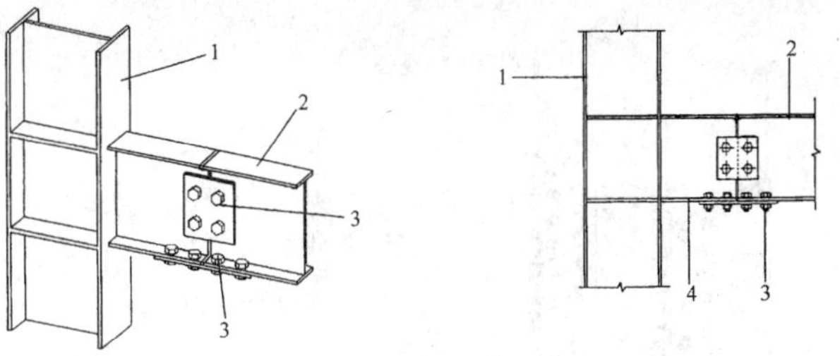

(a) 带悬臂梁端的栓焊连接

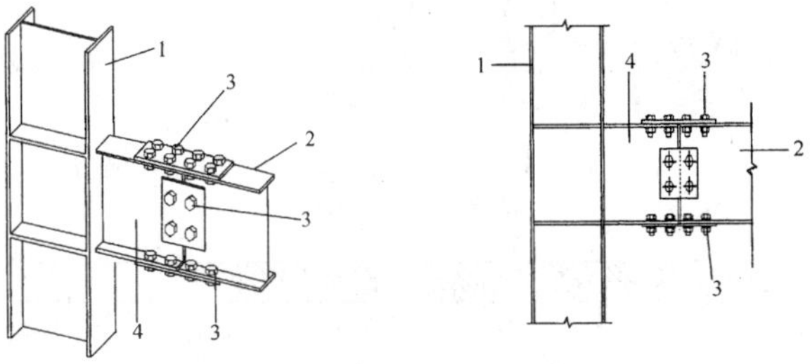

(b) 带悬臂梁段的螺栓连接

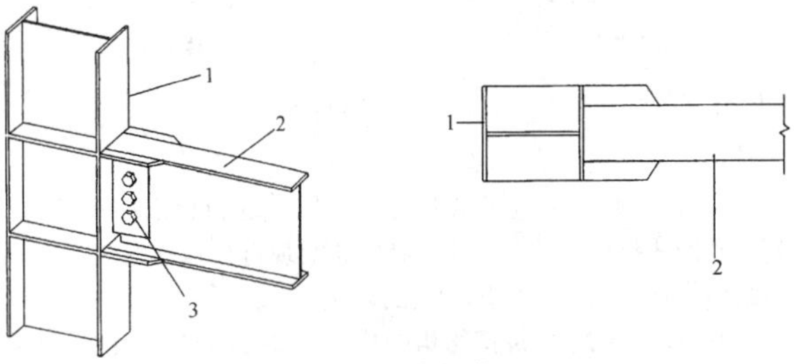

(c) 梁翼缘局部加宽式连接

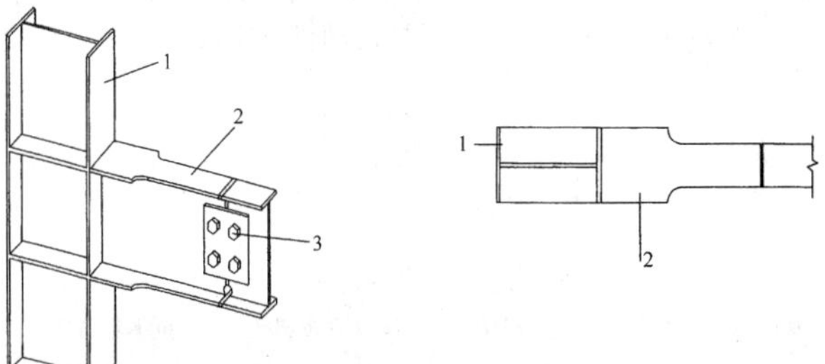

(d) 梁翼缘扩翼式连接

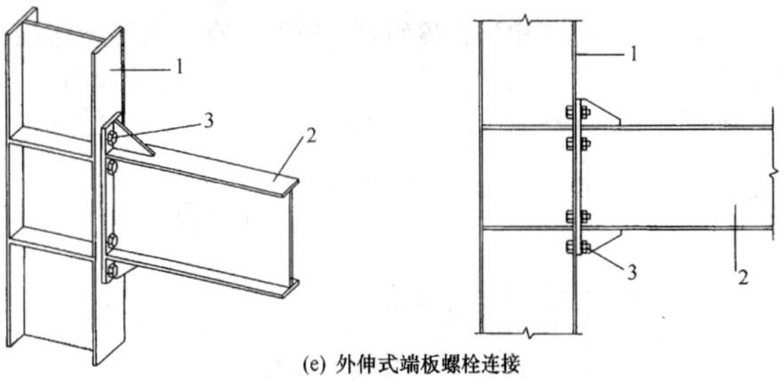

(e) 外伸式端板螺栓连接

图5.2.13-1 梁柱连接节点

1—柱；2—梁；3—高强度螺栓；4—悬臂段

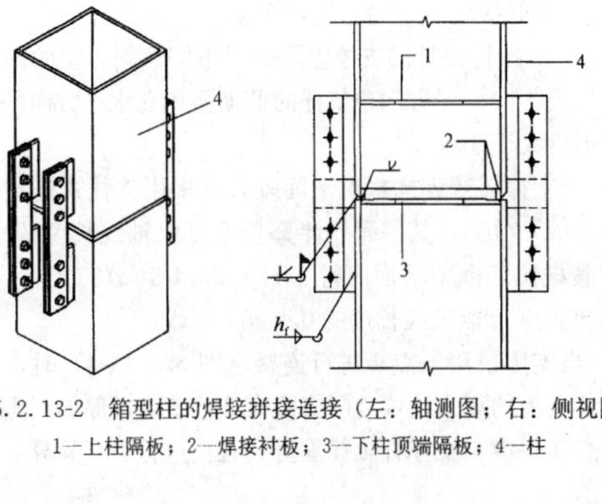

图5.2.13-2 箱型柱的焊接拼接连接（左：轴测图；右：侧视图）

1—上柱隔板；2—焊接衬板；3—下柱顶端隔板；4—柱

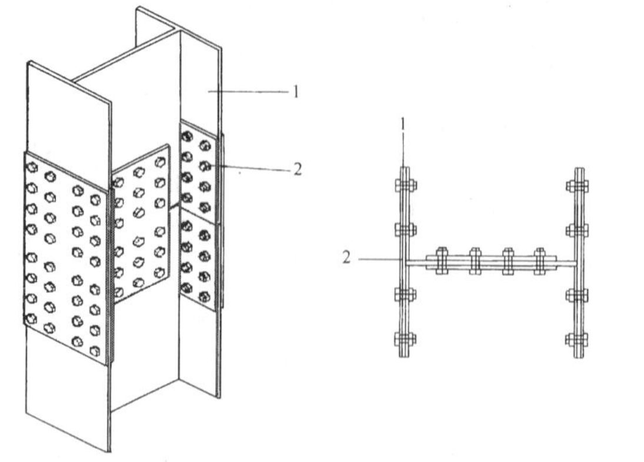

图 5.2.13-3　H 型柱的螺栓拼接连接（左：轴测图；右：俯视图）
1—柱；2—高强度螺栓

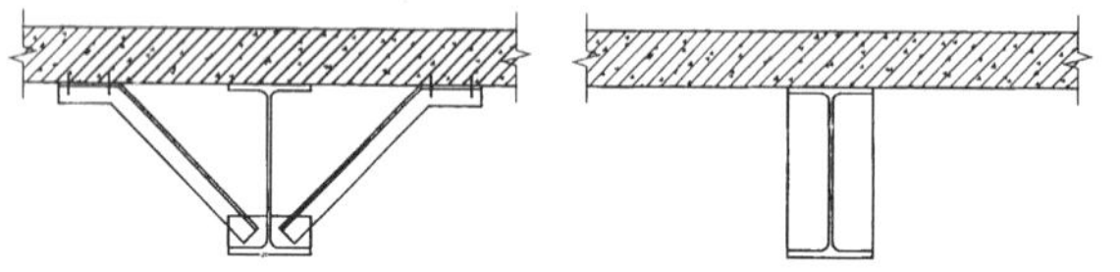

(a) 侧向支撑为隅撑　　(b) 侧向支撑为加劲肋

图 5.2.13-4　梁下翼缘侧向支撑

5.2.14　钢框架-支撑结构的设计应符合下列规定：

1　钢框架-支撑结构设计应符合国家现行标准的有关规定，高层装配式钢结构建筑的设计尚应符合现行行业标准《高层民用建筑钢结构技术规程》JGJ 99 的规定。

2　高层民用建筑钢结构的中心支撑宜采用：十字交叉斜杆［图 5.2.14-1(a)］，单斜杆［图 5.2.14-1(b)］，人字形斜杆［图 5.2.14-1(c)］或 V 形斜杆体系；不得采用 K 形斜杆体系［图 5.2.14-1(d)］；中心支撑斜杆的轴线应交汇于框架梁柱的轴线上。

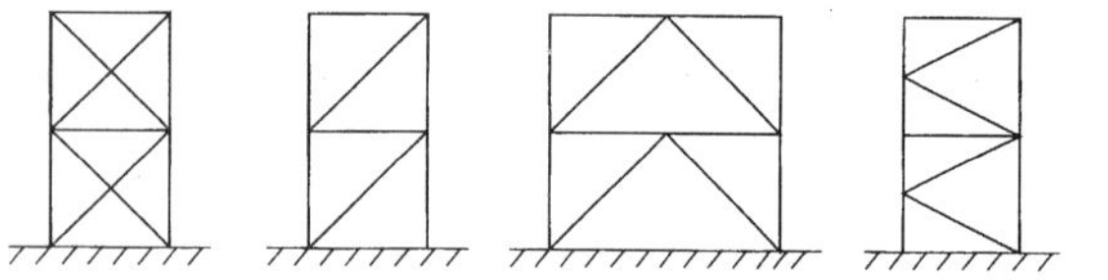

(a) 十字交叉斜杆　(b) 单斜杆　(c) 人字形斜杆　(d) K形斜杆

图 5.2.14-1　中心支撑类型

3　偏心支撑框架中的支撑斜杆，应至少有一端与梁连接，并在支撑与梁交点和柱之间，或支撑同一跨内的另一支撑与梁交点之间形成消能梁段（图 5.2.14-2）。

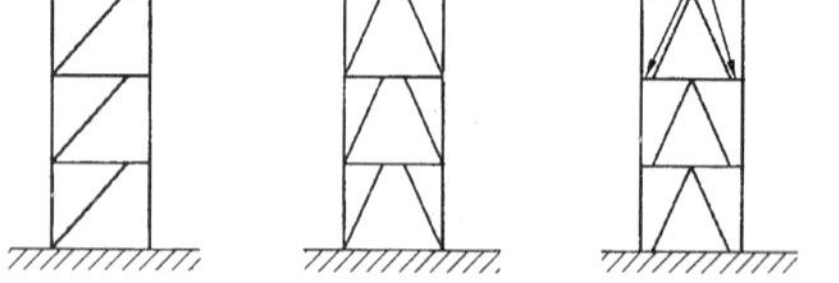

图 5.2.14-2　偏心支撑框架立面图
1—消能梁段

4　抗震等级为四级时，支撑可采用拉杆设计，其长细比不应大于 180；拉杆设计的支撑应同时设不同倾斜方向的两组单斜杆，且每层不同倾斜方向单斜杆的截面面积在水平方向的投影面积之差不得大于 10%。

5　当支撑翼缘朝向框架平面外，且采用支托式连接时［图 5.2.14-3(a)、(b)］，其平面外计算长度可取轴线长度的 0.7 倍；当支撑腹板位于框架平面内时［图 5.2.14-3(c)、(d)］，其平面外计算长度可取轴线长度的 0.9 倍。

6　当支撑采用节点板进行连接（图 5.2.14-4）时，在支撑端部与节点板约束点连线之间应留有 2 倍节点板厚的间隙，节点板约束点连线应与支撑杆轴线垂直，且应进行下列验算：

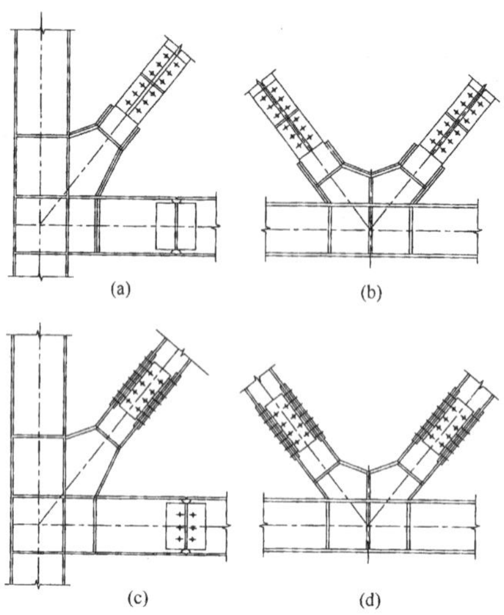

图 5.2.14-3　支撑与框架的连接

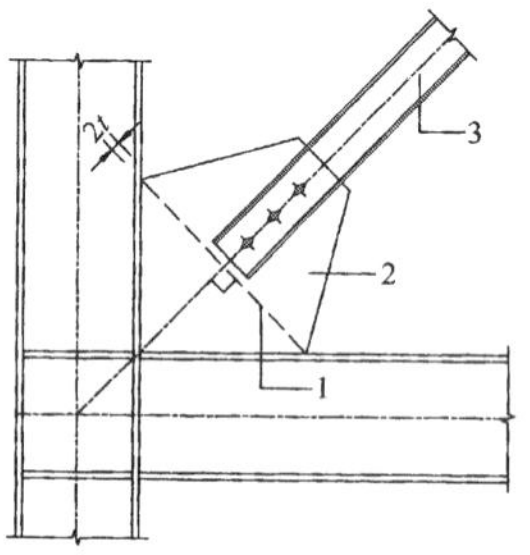

图 5.2.14-4　组合支撑杆件端部与单壁节点板的连接
1—约束点连线；2—单壁节点板；3—支撑杆；t—节点板的厚度

1) 支撑与节点板间的连接强度验算；

2) 节点板自身的强度和稳定验算；

3) 连接板与梁柱间焊缝的强度验算。

7　对于装配式钢结构建筑，当消能梁段与支撑连接的下翼缘处无法设置侧向支撑时，应采取其他可靠措施保证连接处能够承受不小于梁段下翼缘轴向极限承载力 6% 的侧向集中力。

5.2.15　钢框架-延性墙板结构的设计应符合下列规定：

1　钢板剪力墙和钢板组合剪力墙设计应符合现行行业标准《高层民用建筑钢结构技术规程》JGJ 99 和《钢板剪力墙技术规程》JGJ/T 380 的规定。

2　内嵌竖缝混凝土剪力墙设计应符合现行行业标准《高层民用建筑钢结构技术规程》JGJ 99 的规定。

3　当采用钢板剪力墙时，应计入竖向荷载对钢板剪力墙性能的不利影响。当采用竖缝钢板剪力墙且房屋层数不超过 18 层时，可不计入竖向荷载对竖缝钢板剪力墙性能的不利影响。

5.2.16　交错桁架结构的设计应符合下列规定：

1　交错桁架钢结构的设计应符合现行行业标准《交错桁架钢结构设计规程》JGJ/T 329 的规定。

2　当横向框架为奇数榀时，应控制层间刚度比；当横向框架设置为偶数榀时，应控制水平荷载作用下的偏心影响。

3　桁架可采用混合桁架［图 5.2.16-1(a)］和空腹桁架［图 5.2.16-1(b)］两种形式，设置走廊处可不设斜杆。

(a) 混合桁架　　(b) 空腹桁架

图 5.2.16-1　桁架形式

4　当底层局部无落地桁架时，应在底层对应轴线及相邻两侧设横向支撑（图 5.2.16-2），横向支撑不宜承受竖向荷载。

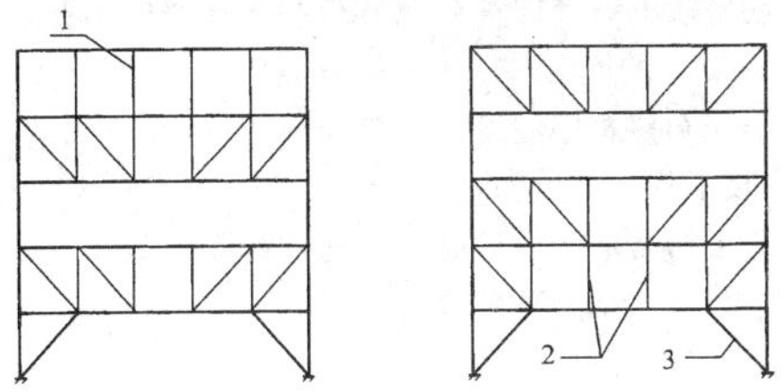

(a) 第二层设桁架时支撑做法　　(b) 第三层设桁架时支撑做法

图 5.2.16-2　支撑、吊杆、立柱
1—顶层立柱；2—二层吊杆；3—横向支撑

5　交错桁架的纵向可采用钢框架结构、钢框架-支撑结构、钢框架-延性墙板结构或其他可靠的结构形式。

5.2.17　装配式钢结构建筑构件之间的连接设计应符合下列规定：

1　抗震设计时，连接设计应符合构造要求，并应按弹塑性设计，连接的极限承载力应大于构件的全塑性承载力。

2　装配式钢结构建筑构件的连接宜采用螺栓连接，也可采用焊接。

3　有可靠依据时，梁柱可采用全螺栓的半刚性连接，此时结构计算应计入节点转动对刚度的影响。

5.2.18　装配式钢结构建筑的楼板应符合下列规定：

1　楼板可选用工业化程度高的压型钢板组合楼板、钢筋桁架楼承板组合楼板、预制混凝土叠合楼板及预制预应力空心楼板等。

2　楼板应与主体结构可靠连接，保证楼盖的整体牢固性。

3　抗震设防烈度为 6、7 度且房屋高度不超过 50m 时，可采用装配式楼板（全预制楼板）或其他轻型楼盖，但应采取下列措施之一保证楼板的整体性：

1）设置水平支撑；

2）采取有效措施保证预制板之间的可靠连接。

4　装配式钢结构建筑可采用装配整体式楼板，但应适当降低表 5.2.6 中的最大高度。

5　楼盖舒适度应符合现行行业标准《高层民用建筑钢结构技术规程》JGJ 99 的规定。

5.2.19　装配式钢结构建筑的楼梯应符合下列规定：

1　宜采用装配式混凝土楼梯或钢楼梯。

2　楼梯与主体结构宜采用不传递水平作用的连接形式。

5.2.20　地下室和基础应符合下列规定：

1　当建筑高度超过 50m 时，宜设置地下室；当采用天然地基时，其基础埋置深度不宜小于房屋总高度的 1/15；当采用桩基时，桩承台埋深不宜小于房屋总高度的 1/20。

2　设置地下室时，竖向连续布置的支撑、延性墙板等抗侧力构件应延伸至基础。

3　当地下室不少于两层，且嵌固端在地下室顶板时，延伸至地下室底板的钢柱脚可采用铰接或刚接。

5.2.21　当抗震设防烈度为 8 度及以上时，装配式钢结构建筑可采用隔震或消能减震结构，并应按国家现行标准《建筑抗震设计规范》GB 50011 和《建筑消能减震技术规程》JGJ 297 的规定执行。

5.2.22　钢结构应进行防火和防腐设计，并应按国家现行标准《建筑设计防火规范》GB 50016 及《建筑钢结构防腐蚀技术规程》JGJ/T 251 的规定执行。

5.3　外围护系统

5.3.1　装配式钢结构建筑应合理确定外围护系统的设计使用年限，住宅建筑的外围护系统的设计使用年限应与主体结构相协调。

5.3.2　外围护系统的立面设计应综合装配式钢结构建筑的构成条件、装饰颜色与材料质感等设计要求。

5.3.3　外围护系统的设计应符合模数协调和标准化要求，并应满足建筑立面效果、制作工艺、运输及施工安装的条件。

5.3.4　外围护系统设计应包括下列内容：

1　外围护系统的性能要求。

2　外墙板及屋面板的模数协调要求。

3　屋面结构支承构造节点。

4　外墙板连接、接缝及外门窗洞口等构造节点。

5　阳台、空调板、装饰件等连接构造节点。

5.3.5　外围护系统应根据建筑所在地区的气候条件、使用功能等综合确定抗风性能、抗震性能、耐撞击性能、防火性能、水密性能、气密性能、隔声性能、热工性能和耐久性能等要求，屋面系统还应满足结构性能要求。

5.3.6　外围护系统选型应根据不同的建筑类型及结构形式而定；外墙系统与结构系统的连接形式可采用内嵌式、外挂式、嵌挂结合式等，并宜分层悬挂或承托；并可选用预制外墙、现场组装骨架外墙、建筑幕墙等类型。

5.3.7　在 50 年重现期的风荷载或多遇地震作用下，外墙板不得因主体结构的弹性层间位移而发生塑性变形、板面开裂、零件脱落等损坏；当主体结构的层间位移角达到 1/100 时，外墙板不得掉落。

5.3.8　外墙板与主体结构的连接应符合下列规定：

1　连接节点在保证主体结构整体受力的前提下，应牢固可靠、受力明确、传力简捷、构造合理。

2　连接节点应具有足够的承载力。承载能力极限状态下，连接节点不应发生破坏；当单个连接节点失效时，外墙板不应掉落。

3　连接部位应采用柔性连接方式，连接节点应具有适应主体结构变形的能力。

4　节点设计应便于工厂加工、现场安装就位和调整。

5　连接件的耐久性应满足设计使用年限的要求。

5.3.9　外墙板接缝应符合下列规定：

1　接缝处应根据当地气候条件合理选用构造防水、材料防水相结合的防排水措施。

2　接缝宽度及接缝材料应根据外墙板材料、立面分格、结构层间位移、温度变形等综合因素确定；所选用的接缝材料及构造应满足防水、防渗、抗裂、耐久等要求；接缝材料应与外墙板具有相容性；外墙板在正常使用状况下，接缝处的弹性密封材料不应破坏。

3　与主体结构的连接处应设置防止形成热桥的构造措施。

5.3.10　外围护系统中的外门窗应符合下列规定：

1　应采用在工厂生产的标准化系列部品，并应采用带有批水板的外门窗配套系列部品。

2　外门窗应与墙体可靠连接，门窗洞口与外门窗框接缝处的气密性能、水密性能和保温性能不应低于外门窗的相关性能。

3　预制外墙中的外门窗宜采用企口或预埋件等方法固定，外门窗可采用预装法或后装法施工；采用预装法时，外门窗框应在工厂与预制外墙整体成型；采用后装法时，预制外墙的门窗洞口应设置预埋件。

4　铝合金门窗的设计应符合现行行业标准《铝合金门窗工程技术规范》JGJ 214 的规定。

5　塑料门窗的设计应符合现行行业标准《塑料门窗工程技术规程》JGJ 103 的规定。

5.3.11　预制外墙应符合下列规定：

1　预制外墙用材料应符合下列规定：

1）预制混凝土外墙板用材料应符合现行行业标准《装配式混凝土结构技术规程》JGJ 1 的规定；

2）拼装大板用材料包括龙骨、基板、面板、保温材料、密封材料、连接固定材料等，各类材料应符合国家现行有关标准的规定；

3）整体预制条板和复合夹芯条板应符合国家现行相关标

准的规定。

2 露明的金属支撑件及外墙板内侧与主体结构的调整间隙，应采用燃烧性能等级为A级的材料进行封堵，封堵构造的耐火极限不得低于墙体的耐火极限，封堵材料在耐火极限内不得开裂、脱落。

3 防火性能应按非承重外墙的要求执行，当夹芯保温材料的燃烧性能等级为B_1或B_2级时，内、外叶墙板应采用不燃材料且厚度均不应小于50mm。

4 块材饰面应采用耐久性好、不易污染的材料；当采用面砖时，应采用反打工艺在工厂内完成，面砖应选择背面设有粘结后防止脱落措施的材料。

5 预制外墙板接缝应符合下列规定：

1）接缝位置宜与建筑立面分格相对应；

2）竖缝宜采用平口或槽口构造，水平缝宜采用企口构造；

3）当板缝空腔需设置导水管排水时，板缝内侧应增设密封构造；

4）宜避免接缝跨越防火分区；当接缝跨越防火分区时，接缝室内侧应采用耐火材料封堵。

6 蒸压加气混凝土外墙板的性能、连接构造、板缝构造、内外面层做法等应符合现行行业标准《蒸压加气混凝土建筑应用技术规程》JGJ/T 17的有关规定，并符合下列规定：

1）可采用拼装大板、横条板、竖条板的构造形式；

2）当外围护系统需同时满足保温、隔热要求时，板厚应满足保温或隔热要求的较大值；

3）可根据技术条件选择钩头螺栓法、滑动螺栓法、内置锚法、摇摆型工法等安装方式；

4）外墙室外侧板面及有防潮要求的外墙室内侧板面应用专用防水界面剂进行封闭处理。

5.3.12 现场组装骨架外墙应符合下列规定：

1 骨架应具有足够的承载力、刚度和稳定性，并应与主体结构可靠连接；骨架应进行整体及连接节点验算。

2 墙内敷设电气线路时，应对其进行穿管保护。

3 宜根据基层墙板特点及形式进行墙面整体防水。

4 金属骨架组合外墙应符合下列规定：

1）金属骨架应设置有效的防腐蚀措施；

2）骨架外部、中部和内部可分别设置防护层、隔离层、保温隔汽层和内饰层，并根据使用条件设置防水透汽材料、空气间层、反射材料、结构蒙皮材料和隔汽材料等。

5 木骨架组合墙体应符合下列规定：

1）材料种类、连接构造、板缝构造、内外面层做法等应符合现行国家标准《木骨架组合墙体技术规范》GB/T 50361的规定；

2）木骨架组合外墙与主体结构之间应采用金属连接件进行连接；

3）内侧墙面材料宜采用普通型、耐火型或防潮型纸面石膏板，外侧墙面材料宜采用防潮型纸面石膏板或水泥纤维板材等材料；

4）保温隔热材料宜采用岩棉或玻璃棉等；

5）隔声吸声材料宜采用岩棉、玻璃棉或石膏板材等；

6）填充材料的燃烧性能等级应为A级。

5.3.13 建筑幕墙应符合下列规定：

1 应根据建筑物的使用要求、建筑造型，合理选择幕墙形式，宜采用单元式幕墙系统。

2 应根据不同的面板材料，选择相应的幕墙结构、配套材料和构造方式等。

3 应具有适应主体结构层间变形的能力；主体结构中连接幕墙的预埋件、锚固件应能承受幕墙传递的荷载和作用，连接件与主体结构的锚固极限承载力应大于连接件本身的全塑性承载力。

4 玻璃幕墙的设计应符合现行行业标准《玻璃幕墙工程技术规范》JGJ 102的规定。

5 金属与石材幕墙的设计应符合现行行业标准《金属与石材幕墙工程技术规范》JGJ 133的规定。

6 人造板材幕墙的设计应符合现行行业标准《人造板材幕墙工程技术规范》JGJ 336的规定。

5.3.14 建筑屋面应符合下列规定：

1 应根据现行国家标准《屋面工程技术规范》GB 50345中规定的屋面防水等级进行防水设防，并应具有良好的排水功能，宜设置有组织排水系统。

2 太阳能系统应与屋面进行一体化设计，电气性能应满足国家现行标准《民用建筑太阳能热水系统应用技术规范》GB 50364和《民用建筑太阳能光伏系统应用技术规范》JGJ 203的规定。

3 采光顶与金属屋面的设计应符合现行行业标准《采光顶与金属屋面技术规程》JGJ 255的规定。

5.4 设备与管线系统

5.4.1 装配式钢结构建筑的设备与管线设计应符合下列规定：

1 装配式钢结构建筑的设备与管线宜采用集成化技术，标准化设计，当采用集成化新技术、新产品时应有可靠依据。

2 各类设备与管线应综合设计、减少平面交叉，合理利用空间。

3 设备与管线应合理选型、准确定位。

4 设备与管线宜在架空层或吊顶内设置。

5 设备与管线安装应满足结构专业相关要求，不应在预制构件安装后凿剔沟槽、开孔、开洞等。

6 公共管线、阀门、检修配件、计量仪表、电表箱、配电箱、智能化配线箱等应设置在公共区域。

7 设备与管线穿越楼板和墙体时，应采取防水、防火、隔声、密封等措施，防火封堵应符合现行国家标准《建筑设计防火规范》GB 50016的规定。

8 设备与管线的抗震设计应符合现行国家标准《建筑机电工程抗震设计规范》GB 50981的有关规定。

5.4.2 给水排水设计应符合下列规定：

1 冲厕宜采用非传统水源，水质应符合现行国家标准《城市污水再生利用　城市杂用水水质》GB/T 18920的规定。

2 集成式厨房、卫生间应预留相应的给水、热水、排水管道接口，给水系统配水管道接口的形式和位置应便于检修。

3 给水分水器与用水器具的管道应一对一连接，管道中间不得有连接配件；宜采用装配式的管线及其配件连接；给水分水器位置应便于检修。

4 敷设在吊顶或楼地面架空层内的给水排水设备管线应采取防腐蚀、隔声减噪和防结露等措施。

5 当建筑配置太阳能热水系统时，集热器、储水罐等的布置应与主体结构、外围护系统、内装系统相协调，做好预留预埋。

6 排水管道宜采用同层排水技术。

7 应选用耐腐蚀、使用寿命长、降噪性能好、便于安装及更换、连接可靠、密封性能好的管材、管件以及阀门设备。

5.4.3 建筑供暖、通风、空调及燃气设计应符合下列规定：

1 室内供暖系统采用低温地板辐射供暖时，宜采用干法施工。

2 室内供暖系统采用散热器供暖时，安装散热器的墙板构件应采取加强措施。

3 采用集成式卫生间或采用同层排水架空地板时，不宜采用地板辐射供暖系统。

4 冷热水管道固定于梁柱等钢构件上时，应采用绝热支架。

5 供暖、通风、空气调节及防排烟系统的设备及管道系统宜结合建筑方案整体设计，并预留接口位置；设备基础和构件应连接牢固，并按设备技术文件的要求预留地脚螺栓孔洞。

6 供暖、通风和空气调节设备均应选用节能型产品。

7 燃气系统管线设计应符合现行国家标准《城镇燃气设计规范》GB 50028 的规定。

5.4.4 电气和智能化设计应符合下列规定：

1 电气和智能化的设备与管线宜采用管线分离的方式。

2 电气和智能化系统的竖向主干线应在公共区域的电气竖井内设置。

3 当大型灯具、桥架、母线、配电设备等安装在预制构件上时，应采用预留预埋件固定。

4 设置在预制部（构）件上的出线口、接线盒等的孔洞均应准确定位。隔墙两侧的电气和智能化设备不应直接连通设置。

5 防雷引下线和共用接地装置应充分利用钢结构自身作为防雷接地装置。构件连接部位应有永久性明显标记，其预留防雷装置的端头应可靠连接。

6 钢结构基础应作为自然接地体，当接地电阻不满足要求时，应设人工接地体。

7 接地端子应与建筑物本身的钢结构金属物连接。

5.5 内装系统

5.5.1 内装部品设计与选型应符合国家现行有关抗震、防火、防水、防潮和隔声等标准的规定，并满足生产、运输和安装等要求。

5.5.2 内装部品的设计与选型应满足绿色环保的要求，室内污染物限制应符合现行国家标准《民用建筑工程室内环境污染控制规范》GB 50325 的有关规定。

5.5.3 内装系统设计应满足内装部品的连接、检修更换、物权归属和设备及管线使用年限的要求，内装系统设计宜采用管线分离的方式。

5.5.4 梁柱包覆应与防火防腐构造结合，实现防火防腐包覆与内装系统的一体化，并应符合下列规定：

1 内装部品安装不应破坏防火构造。

2 宜采用防腐防火复合涂料。

3 使用膨胀型防火涂料应预留膨胀空间。

4 设备与管线穿越防火保护层时，应按钢构件原耐火极限进行有效封堵。

5.5.5 隔墙设计应采用装配式部品，并应符合下列规定：

1 可选龙骨类、轻质水泥基板类或轻质复合板类隔墙。

2 龙骨类隔墙宜在空腔内敷设管线及接线盒等。

3 当隔墙上需要固定电器、橱柜、洁具等较重设备或其他物品时，应采取加强措施，其承载力应满足相关要求。

5.5.6 外墙内表面及分户墙表面宜采用满足干式工法施工要求的部品，墙面宜设置空腔层，并应与室内设备管线进行集成设计。

5.5.7 吊顶设计宜采用装配式部品，并应符合下列规定：

1 当采用压型钢板组合楼板或钢筋桁架楼承板组合楼板时，应设置吊顶。

2 当采用开口型压型钢板组合楼板或带肋混凝土楼盖时，宜利用楼板底部肋侧空间进行管线布置，并设置吊顶。

3 厨房、卫生间的吊顶在管线集中部位应设有检修口。

5.5.8 装配式楼地面设计宜采用装配式部品，并应符合下列规定：

1 架空地板系统的架空层内宜敷设给水排水和供暖等管道。

2 架空地板高度应根据管线的管径、长度、坡度以及管线交叉情况进行计算，并宜采取减振措施。

3 当楼地面系统架空层内敷设管线时，应设置检修口。

5.5.9 集成式厨房应符合下列规定：

1 应满足厨房设备设施点位预留的要求。

2 给水排水、燃气管道等应集中设置、合理定位，并应设置管道检修口。

3 宜采用排油烟管道同层直排的方式。

5.5.10 集成式卫生间应符合下列规定：

1 宜采用干湿区分离的布置方式，并应满足设备设施点位预留的要求。

2 应满足同层排水的要求，给水排水、通风和电气等管线的连接均应在设计预留的空间内安装完成，并应设置检修口。

3 当采用防水底盘时，防水底盘与墙板之间应有可靠连接设计。

5.5.11 住宅建筑宜选用标准化系列化的整体收纳。

5.5.12 装配式钢结构建筑内装系统设计宜采用建筑信息模型（BIM）技术，与结构系统、外围护系统、设备与管线系统进行一体化设计，预留洞口、预埋件、连接件、接口设计应准确到位。

5.5.13 部品接口设计应符合部品与管线之间、部品之间连接的通用性要求，并应符合下列规定：

1 接口应做到位置固定、连接合理、拆装方便及使用可靠。

2 各类接口尺寸应符合公差协调要求。

5.5.14 装配式钢结构建筑的部品与钢构件的连接和接缝宜采用柔性设计，其缝隙变形能力应与结构弹性阶段的层间位移角相适应。

6 生产运输

6.1 一般规定

6.1.1 建筑部品部件生产企业应有固定的生产车间和自动化生产线设备，应有专门的生产、技术管理团队和产业工人，并应建立技术标准体系及安全、质量、环境管理体系。

6.1.2 建筑部品部件应在工厂生产，生产过程及管理宜应用信息管理技术，生产工序宜形成流水作业。

6.1.3 建筑部品部件生产前，应根据设计要求和生产条件编制生产工艺方案，对构造复杂的部品或构件宜进行工艺性试验。

6.1.4 建筑部品部件生产前，应有经批准的构件深化设计图或产品设计图，设计深度应满足生产、运输和安装等技术要求。

6.1.5 生产过程质量检验控制应符合下列规定：

1 首批（件）产品加工应进行自检、互检、专检，产品经检验合格形成检验记录，方可进行批量生产。

2 首批（件）产品检验合格后，应对产品生产加工工序，特别是重要工序控制进行巡回检验。

3 产品生产加工完成后，应由专业检验人员根据图纸资料、施工单等对生产产品按批次进行检查，做好产品检验记录。并应对检验中发现的不合格产品做好记录，同时应增加抽样检测样本数量或频次。

4 检验人员应严格按照图样及工艺技术要求的外观质量、规格尺寸等进行出厂检验，做好各项检查记录，签署产品合格证后方可入库，无合格证产品不得入库。

6.1.6 建筑部品部件生产应按下列规定进行质量过程控制：

1 凡涉及安全、功能的原材料，应按现行国家标准规定进行复验，见证取样、送样。

2 各工序应按生产工艺要求进行质量控制，实行工序检验。

3 相关专业工种之间应进行交接检验。

4 隐蔽工程在封闭前应进行质量验收。

6.1.7 建筑部品部件生产检验合格后，生产企业应提供出厂产品质量检验合格证。建筑部品应符合设计和国家现行有关标准的规定，并应提供执行产品标准的说明、出厂检验合格证明文件、质量保证书和使用说明书。

6.1.8 建筑部品部件的运输方式应根据部品部件特点、工程要求等确定。建筑部品或构件出厂时，应有部品或构件重量、重心位置、吊点位置、能否倒置等标志。

6.1.9 生产单位宜建立质量可追溯的信息化管理系统和编码标识系统。

6.2 结构构件生产

6.2.1 钢构件加工制作工艺和质量应符合现行国家标准《钢结构工程施工规范》GB 50755和《钢结构工程施工质量验收规范》GB 50205的规定。

6.2.2 钢构件和装配式楼板深化设计图应根据设计图和其他有关技术文件进行编制，其内容包括设计说明、构件清单、布置图、加工详图、安装节点详图等。

6.2.3 钢构件宜采用自动化生产线进行加工制作，减少手工作业。

6.2.4 钢构件与墙板、内装部品的连接件宜在工厂与钢构件一起加工制作。

6.2.5 钢构件焊接宜采用自动焊接或半自动焊接，并应按评定合格的工艺进行焊接。焊缝质量应符合现行国家标准《钢结构工程施工质量验收规范》GB 50205和《钢结构焊接规范》GB 50661的规定。

6.2.6 高强度螺栓孔宜采用数控钻床制孔和套模制孔，制孔质量应符合现行国家标准《钢结构工程施工质量验收规范》GB 50205的规定。

6.2.7 钢构件除锈宜在室内进行，除锈方法及等级应符合设计要求，当设计无要求时，宜选用喷砂或抛丸除锈方法，除锈等级应不低于Sa2.5级。

6.2.8 钢构件防腐涂装应符合下列规定：

1 宜在室内进行防腐涂装。

2 防腐涂装应按设计文件的规定执行，当设计文件未规定时，应依据建筑不同部位对应环境要求进行防腐涂装系统设计。

3 涂装作业应按现行国家标准《钢结构工程施工规范》GB 50755的规定执行。

6.2.9 必要时，钢构件宜在出厂前进行预拼装，构件预拼装可采用实体预拼装或数字模拟预拼装。

6.2.10 预制楼板生产应符合下列规定：

1 压型钢板应采用成型机加工，成型后基板不应有裂纹。

2 钢筋桁架楼承板应采用专用设备加工。

3 钢筋混凝土预制楼板加工应符合现行行业标准《装配式混凝土结构技术规程》JGJ 1的规定。

6.3 外围护部品生产

6.3.1 外围护部品应采用节能环保的材料，材料应符合现行国家标准《民用建筑工程室内环境污染控制规范》GB 50325和《建筑材料放射性核素限量》GB 6566的规定，外围护部品室内侧材料尚应满足室内建筑装饰材料有害物质限量的要求。

6.3.2 外围护部品生产，应对尺寸偏差和外观质量进行控制。

6.3.3 预制外墙部品生产时，应符合下列规定：

1 外门窗的预埋件设置应在工厂完成。

2 不同金属的接触面应避免电化学腐蚀。

3 蒸压加气混凝土板的生产应符合现行行业标准《蒸压加气混凝土建筑应用技术规程》JGJ/T 17的规定。

6.3.4 现场组装骨架外墙的骨架、基层墙板、填充材料应在工厂完成生产。

6.3.5 建筑幕墙的加工制作应按现行行业标准《玻璃幕墙工程技术规范》JGJ 102、《金属与石材幕墙工程技术规范》JGJ 133和《人造板材幕墙工程技术规范》JGJ 336的规定执行。

6.4 内装部品生产

6.4.1 内装部品的生产加工应包括深化设计、制造或组装、检测及验收，并应符合下列规定：

1 内装部品生产前应复核相应结构系统及外围护系统上预留洞口的位置、规格等。

2 生产厂家应对出厂部品中每个部品进行编码，并宜采用信息化技术对部品进行质量追溯。

3 在生产时宜适度预留公差，并应进行标识，标识系统应包含部品编码、使用位置、生产规格、材质、颜色等信息。

6.4.2 部品生产应使用节能环保的材料，并应符合现行国家标准《民用建筑工程室内环境污染控制规范》GB 50325的有关规定。

6.4.3 内装部品生产加工要求应根据设计图纸进行深化，满足性能指标要求。

6.5 包装、运输与堆放

6.5.1 部品部件出厂前应进行包装，保障部品部件在运输及堆放过程中不破损、不变形。

6.5.2 对超高、超宽、形状特殊的大型构件的运输和堆放应制定专门的方案。

6.5.3 选用的运输车辆应满足部品部件的尺寸、重量等要求，装卸与运输时应符合下列规定：

1 装卸时应采取保证车体平衡的措施。

2 应采取防止构件移动、倾倒、变形等的固定措施。

3 运输时应采取防止部品部件损坏的措施，对构件边角部或链索接触处宜设置保护衬垫。

6.5.4 部品部件堆放应符合下列规定：

1 堆放场地应平整、坚实，并按部品部件的保管技术要求采用相应的防雨、防潮、防暴晒、防污染和排水等措施。

2 构件支垫应坚实，垫块在构件下的位置宜与脱模、吊装时的起吊位置一致。

3 重叠堆放构件时，每层构件间的垫块应上下对齐，堆垛层数应根据构件、垫块的承载力确定，并应根据需要采取防止堆垛倾覆的措施。

6.5.5 墙板运输与堆放尚应符合下列规定：

1 当采用靠放架堆放或运输时，靠放架应具有足够的承载力和刚度，与地面倾斜角度宜大于80°；墙板宜对称放置且外饰面朝外，墙板上部宜采用木垫块隔开；运输时应固定牢固。

2 当采用插放架直立堆放或运输时，宜采取直立方式运输；插放架应有足够的承载力和刚度，并应支垫稳固。

3 采用叠层平放的方式堆放或运输时，应采取防止产生损坏的措施。

7 施工安装

7.1 一般规定

7.1.1 装配式钢结构建筑施工单位应建立完善的安全、质量、环境和职业健康管理体系。

7.1.2 施工前，施工单位应编制下列技术文件，并按规定进行审批和论证：

1 施工组织设计及配套的专项施工方案。

2 安全专项方案。

3 环境保护专项方案。

7.1.3 施工单位应根据装配式钢结构建筑的特点，选择合适的施工方法，制定合理的施工顺序，并应尽量减少现场支模和脚手架用量，提高施工效率。

7.1.4 施工用的设备、机具、工具和计量器具，应满足施工要求，并应在合格检定有效期内。

7.1.5 装配式钢结构建筑宜采用信息化技术，对安全、质量、技术、施工进度等进行全过程的信息化协同管理。宜采用建筑信息模型（BIM）技术对结构构件、建筑部品和设备管线等进行虚拟建造。

7.1.6 装配式钢结构建筑应遵守国家环境保护的法规和标准，采取有效措施减少各种粉尘、废弃物、噪声等对周围环境造成的污染和危害；并应采取可靠有效的防火等安全措施。

7.1.7 施工单位应对装配式钢结构建筑的现场施工人员进行相应专业的培训。

7.1.8 施工单位应对进场的部品部件进行检查，合格后方可使用。

7.2 结构系统施工安装

7.2.1 钢结构施工应符合现行国家标准《钢结构工程施工规范》GB 50755 和《钢结构工程施工质量验收规范》GB 50205 的规定。

7.2.2 钢结构施工前应进行施工阶段设计，选用的设计指标应符合设计文件和现行国家标准《钢结构设计规范》GB 50017 等的规定。施工阶段结构分析的荷载效应组合和荷载分项系数取值，应符合现行国家标准《建筑结构荷载规范》GB 50009 和《钢结构工程施工规范》GB 50755 的规定。

7.2.3 钢结构应根据结构特点选择合理顺序进行安装，并应形成稳固的空间单元，必要时应增加临时支撑或临时措施。

7.2.4 高层钢结构安装时应计入竖向压缩变形对结构的影响，并应根据结构特点和影响程度采取预调安装标高、设置后连接构件等措施。

7.2.5 钢结构施工期间，应对结构变形、环境变化等进行过程监测，监测方法、内容及部位应根据设计或结构特点确定。

7.2.6 钢结构现场焊接工艺和质量应符合现行国家标准《钢结构焊接规范》GB 50661 和《钢结构工程施工质量验收规范》GB 50205 的规定。

7.2.7 钢结构紧固件连接工艺和质量应符合国家现行标准《钢结构工程施工规范》GB 50755、《钢结构工程施工质量验收规范》GB 50205 和《钢结构高强度螺栓连接技术规程》JGJ 82 的规定。

7.2.8 钢结构现场涂装应符合下列规定：

1 构件在运输、存放和安装过程中损坏的涂层以及安装连接部位的涂层应进行现场补漆，并应符合原涂装工艺要求。

2 构件表面的涂装系统应相互兼容。

3 防火涂料应符合国家现行有关标准的规定。

4 现场防腐和防火涂装应符合现行国家标准《钢结构工程施工规范》GB 50755 和《钢结构工程施工质量验收规范》GB 50205 的规定。

7.2.9 钢管内的混凝土浇筑应符合现行国家标准《钢管混凝土结构技术规范》GB 50936 和《钢-混凝土组合结构施工规范》GB 50901 的规定。

7.2.10 压型钢板组合楼板和钢筋桁架楼承板组合楼板的施工应按现行国家标准《钢-混凝土组合结构施工规范》GB 50901 执行。

7.2.11 混凝土叠合板施工应符合下列规定：

1 应根据设计要求或施工方案设置临时支撑。

2 施工荷载应均匀布置，且不超过设计规定。

3 端部的搁置长度应符合设计或国家现行有关标准的规定。

4 叠合层混凝土浇筑前，应按设计要求检查结合面的粗糙度及外露钢筋。

7.2.12 预制混凝土楼梯的安装应符合国家现行标准《混凝土结构工程施工规范》GB 50666 和《装配式混凝土结构技术规程》JGJ 1 的规定。

7.2.13 钢结构工程测量应符合下列规定：

1 钢结构安装前应设置施工控制网；施工测量前，应根据设计图和安装方案，编制测量专项方案。

2 施工阶段的测量应包括平面控制、高程控制和细部测量。

7.3 外围护系统安装

7.3.1 外围护部品安装宜与主体结构同步进行，可在安装部位的主体结构验收合格后进行。

7.3.2 安装前的准备工作应符合下列规定：

1 对所有进场部品、零配件及辅助材料应按设计规定的品种、规格、尺寸和外观要求进行检查，并应有合格证和性能检测报告。

2 应进行技术交底。

3 应将部品连接面清理干净，并对预埋件和连接件进行清理和防护。

4 应按部品排板图进行测量放线。

7.3.3 部品吊装应采用专用吊具，起吊和就位应平稳，防止磕碰。

7.3.4 预制外墙安装应符合下列规定：

1 墙板应设置临时固定和调整装置。

2 墙板应在轴线、标高和垂直度调校合格后方可永久固定。

3 当条板采用双层墙板安装时，内、外层墙板的拼缝宜错开。

4 蒸压加气混凝土板施工应符合现行行业标准《蒸压加气混凝土建筑应用技术规程》JGJ/T 17 的规定。

7.3.5 现场组合骨架外墙安装应符合下列规定：

1 竖向龙骨安装应平直，不得扭曲，间距应符合设计要求。

2 空腔内的保温材料应连续、密实，并应在隐蔽验收合格后方可进行面板安装。

3 面板安装方向及拼缝位置应符合设计要求，内外侧接缝不宜在同一根竖向龙骨上。

4 木骨架组合墙体施工应符合现行国家标准《木骨架组合墙体技术规范》GB/T 50361 的规定。

7.3.6 幕墙施工应符合下列规定：

1 玻璃幕墙施工应符合现行行业标准《玻璃幕墙工程技术规范》JGJ 102 的规定。

2 金属与石材幕墙施工应符合现行行业标准《金属与石材幕墙工程技术规范》JGJ 133 的规定。

3 人造板材幕墙施工应符合现行行业标准《人造板材幕墙工程技术规范》JGJ 336 的规定。

7.3.7 门窗安装应符合下列规定：

1 铝合金门窗安装应符合现行行业标准《铝合金门窗工程技术规范》JGJ 214 的规定。

2　塑料门窗安装应符合现行行业标准《塑料门窗工程技术规程》JGJ 103 的规定。

7.3.8　安装完成后应及时清理并做好成品保护。

7.4　设备与管线系统安装

7.4.1　设备与管线施工前应按设计文件核对设备及管线参数，并应对结构构件预埋套管及预留孔洞的尺寸、位置进行复核，合格后方可施工。

7.4.2　设备与管线需要与钢结构构件连接时，宜采用预留埋件的连接方式。当采用其他连接方法时，不得影响钢结构构件的完整性与结构的安全性。

7.4.3　应按管道的定位、标高等绘制预留套管图，在工厂完成套管预留及质量验收。

7.4.4　在有防腐防火保护层的钢结构上安装管道或设备支（吊）架时，宜采用非焊接方式固定；采用焊接时应对被损坏的防腐防火保护层进行修补。

7.4.5　管道波纹补偿器、法兰及焊接接口不应设置在钢梁或钢柱的预留孔中。

7.4.6　设备与管线施工质量应符合设计文件和现行国家标准《建筑给水排水及采暖工程施工质量验收规范》GB 50242、《通风与空调工程施工质量验收规范》GB 50243、《智能建筑工程施工规范》GB 50606、《智能建筑工程质量验收规范》GB 50339、《建筑电气工程施工质量验收规范》GB 50303 和《火灾自动报警系统施工及验收规范》GB 50166 的规定。

7.4.7　在架空地板内敷设给水排水管道时应设置管道支（托）架，并与结构可靠连接。

7.4.8　室内供暖管道敷设在墙板或地面架空层内时，阀门部位应设检修口。

7.4.9　空调风管及冷热水管道与支（吊）架之间，应有绝热衬垫，其厚度不应小于绝热层厚度，宽度应不小于支（吊）架支承面的宽度。

7.4.10　防雷引下线、防侧击雷等电位联结施工应与钢构件安装做好施工配合。

7.4.11　设备与管线施工应做好成品保护。

7.5　内装系统安装

7.5.1　装配式钢结构建筑的内装系统安装应在主体结构工程质量验收合格后进行。

7.5.2　装配式钢结构建筑内装系统安装应符合现行国家标准《建筑装饰装修工程质量验收规范》GB 50210 和《住宅装饰装修工程施工规范》GB 50327 等的规定，并应满足绿色施工要求。

7.5.3　内装部品施工前，应做好下列准备工作：

1　安装前应进行设计交底。

2　应对进场部品进行检查，其品种、规格、性能应满足设计要求和符合国家现行标准的有关规定，主要部品应提供产品合格证书或性能检测报告。

3　在全面施工前应先施工样板间，样板间应经设计、建设及监理单位确认。

7.5.4　安装过程中应进行隐蔽工程检查和分段（分户）验收，并形成检验记录。

7.5.5　对钢梁、钢柱的防火板包覆施工应符合下列规定：

1　支撑件应固定牢固，防火板安装应牢固稳定，封闭良好。

2　防火板表面应洁净平整。

3　分层包覆时，应分层固定，相互压缝。

4　防火板接缝应严密、顺直，边缘整齐。

5　采用复合防火保护时，填充的防火材料应为不燃材料，且不得有空鼓、外露。

7.5.6　装配式隔墙部品安装应符合下列规定：

1　条板隔墙安装应符合现行行业标准《建筑轻质条板隔墙技术规程》JGJ/T 157 的有关规定。

2　龙骨隔墙系统安装应符合下列规定：

1）龙骨骨架与主体结构连接应采用柔性连接，并应竖直、平整、位置准确，龙骨的间距应符合设计要求。

2）面板安装前，隔墙内管线、填充材料应进行隐蔽工程验收。

3）面板拼缝应错缝设置，当采用双层面板安装时，上下层板的接缝应错开。

7.5.7　装配式吊顶部品安装应符合下列规定：

1　吊顶龙骨与主体结构应固定牢靠。

2　超过 3kg 的灯具、电扇及其他设备应设置独立吊挂结构。

3　饰面板安装前应完成吊顶内管道管线施工，并应经隐蔽验收合格。

7.5.8　架空地板部品安装应符合下列规定：

1　安装前应完成架空层内管线敷设，并应经隐蔽验收合格。

2　当采用地板辐射供暖系统时，应对地暖加热管进行水压试验并隐蔽验收合格后铺设面层。

7.5.9　集成式卫生间部品安装前应先进行地面基层和墙面防水处理，并做闭水试验。

7.5.10　集成式厨房部品安装应符合下列规定：

1　橱柜安装应牢固，地脚调整应从地面水平最高点向最低点，或从转角向两侧调整。

2　采用油烟同层直排设备时，风帽应安装牢固，与外墙之间的缝隙应密封。

8　质量验收

8.1　一般规定

8.1.1　装配式钢结构建筑的验收应符合现行国家标准《建筑工程施工质量验收统一标准》GB 50300 及相关标准的规定。当国家现行标准对工程中的验收项目未作具体规定时，应由建设单位组织设计、施工、监理等相关单位制定验收要求。

8.1.2　同一厂家生产的同批材料、部品，用于同期施工且属于同一工程项目的多个单位工程，可合并进行进场验收。

8.1.3　部品部件应符合国家现行有关标准的规定，并应具有产品标准、出厂检验合格证、质量保证书和使用说明文件书。

8.2　结构系统验收

8.2.1　钢结构、组合结构的施工质量要求和验收标准应按现行国家标准《钢结构工程施工质量验收规范》GB 50205、《钢管混凝土工程施工质量验收规范》GB 50628 和《混凝土结构工程施工质量验收规范》GB 50204 的有关规定执行。

8.2.2　钢结构主体工程焊接工程验收应按现行国家标准《钢结构工程施工质量验收规范》GB 50205 的有关规定，在焊前检验、焊中检验和焊后检验基础上按设计文件和现行国家标准《钢结构焊接规范》GB 50661 的规定执行。

8.2.3　钢结构主体工程紧固件连接工程应按现行国家标准《钢结构工程施工质量验收规范》GB 50205 规定的质量验收方法和质量验收项目执行，同时尚应符合现行行业标准《钢结构高强度螺栓连接技术规程》JGJ 82 的规定。

8.2.4　钢结构防腐蚀涂装工程应按国家现行标准《钢结构工程

施工质量验收规范》GB 50205、《建筑防腐蚀工程施工规范》GB 50212、《建筑防腐蚀工程施工质量验收规范》GB 50224和《建筑钢结构防腐蚀技术规程》JGJ/T 251的规定进行验收；金属热喷涂防腐和热镀锌防腐工程，应按现行国家标准《热喷涂 金属和其他无机覆盖层 锌、铝及其合金》GB/T 9793和《热喷涂金属件表面预处理通则》GB 11373等有关规定进行质量验收。

8.2.5 钢结构防火涂料的粘结强度、抗压强度应符合现行国家标准《钢结构工程施工质量验收规范》GB 50205的规定，试验方法应符合现行国家标准《建筑构件耐火试验方法》GB/T 9978的规定；防火板及其他防火包覆材料的厚度应符合现行国家标准《建筑设计防火规范》GB 50016关于耐火极限的设计要求。

8.2.6 装配式钢结构建筑的楼板及屋面板应按下列标准进行验收：

1 压型钢板组合楼板和钢筋桁架楼承板组合楼板应按现行国家标准《钢结构工程施工质量验收规范》GB 50205和《混凝土结构工程施工质量验收规范》GB 50204的有关规定进行验收。

2 预制带肋底板混凝土叠合楼板应按现行行业标准《预制带肋底板混凝土叠合楼板技术规程》JGJ/T 258的规定进行验收。

3 预制预应力空心板叠合楼板应按现行国家标准《预应力混凝土空心板》GB/T 14040和《混凝土结构工程施工质量验收规范》GB 50204的规定进行验收。

4 混凝土叠合楼板应按国家现行标准《混凝土结构工程施工质量验收规范》GB 50204和《装配式混凝土结构技术规程》JGJ 1的规定进行验收。

8.2.7 钢楼梯应按现行国家标准《钢结构工程施工质量验收规范》GB 50205的规定进行验收，预制混凝土楼梯应按国家现行标准《混凝土结构工程施工质量验收规范》GB 50204和《装配式混凝土结构技术规程》JGJ 1的规定进行验收。

8.2.8 安装工程可按楼层或施工段等划分为一个或若干个检验批。地下钢结构可按不同地下层划分检验批。钢结构安装检验批应在进场验收和焊接连接、紧固件连接、制作等分项工程验收合格的基础上进行验收。

8.3 外围护系统验收

8.3.1 外围护系统质量验收应根据工程实际情况检查下列文件和记录：

1 施工图或竣工图、性能试验报告、设计说明及其他设计文件。

2 外围护部品和配套材料的出厂合格证、进场验收记录。

3 施工安装记录。

4 隐蔽工程验收记录。

5 施工过程中重大技术问题的处理文件、工作记录和工程变更记录。

8.3.2 外围护系统应在验收前完成下列性能的试验和测试：

1 抗压性能、层间变形性能、耐撞击性能、耐火极限等实验室检测。

2 连接件材性、锚栓拉拔强度等检测。

8.3.3 外围护系统应根据工程实际情况进行下列现场试验和测试：

1 饰面砖（板）的粘结强度测试。

2 墙板接缝及外门窗安装部位的现场淋水试验。

3 现场隔声测试。

4 现场传热系数测试。

8.3.4 外围护部品应完成下列隐蔽项目的现场验收：

1 预埋件。

2 与主体结构的连接节点。

3 与主体结构之间的封堵构造节点。

4 变形缝及墙面转角处的构造节点。

5 防雷装置。

6 防火构造。

8.3.5 外围护系统的分部分项划分应满足国家现行标准的相关要求，检验批划分应符合下列规定：

1 相同材料、工艺和施工条件的外围护部品每$1000m^2$应划分为一个检验批，不足$1000m^2$也应划分为一个检验批。

2 每个检验批每$100m^2$应至少抽查一处，每处不得小于$10m^2$。

3 对于异型、多专业综合或有特殊要求的外围护部品，国家现行相关标准未作出规定时，检验批的划分可根据外围护部品的结构、工艺特点及外围护部品的工程规模，由建设单位组织监理单位和施工单位协商确定。

8.3.6 当外围护部品与主体结构采用焊接或螺栓连接时，连接部位验收可按现行国家标准《钢结构工程施工质量验收规范》GB 50205和《钢结构焊接规范》GB 50661的规定执行。

8.3.7 外围护系统的保温和隔热工程质量验收应按现行国家标准《建筑节能工程施工质量验收规范》GB 50411的规定执行。

8.3.8 外围护系统的门窗工程、涂饰工程质量验收应按现行国家标准《建筑装饰装修工程质量验收规范》GB 50210的规定执行。

8.3.9 蒸压加气混凝土外墙板质量验收应按现行行业标准《蒸压加气混凝土建筑应用技术规程》JGJ/T 17的规定执行。

8.3.10 木骨架组合外墙系统质量验收应按现行国家标准《木骨架组合墙体技术规范》GB/T 50361的规定执行。

8.3.11 幕墙工程质量验收应按现行行业标准《玻璃幕墙工程技术规范》JGJ 102、《金属与石材幕墙工程技术规范》JGJ 133和《人造板材幕墙工程技术规范》JGJ 336的规定执行。

8.3.12 屋面工程质量验收应按现行国家标准《屋面工程质量验收规范》GB 50207的规定执行。

8.4 设备与管线系统验收

8.4.1 建筑给水排水及采暖工程的施工质量要求和验收标准应按现行国家标准《建筑给水排水及采暖工程施工质量验收规范》GB 50242的规定执行。

8.4.2 自动喷水灭火系统的施工质量要求和验收标准应按现行国家标准《自动喷水灭火系统施工及验收规范》GB 50261的规定执行。

8.4.3 消防给水系统及室内消火栓系统的施工质量要求和验收标准应按现行国家标准《消防给水及消火栓系统技术规范》GB 50974的规定执行。

8.4.4 通风与空调工程的施工质量要求和验收标准应按现行国家标准《通风与空调工程施工质量验收规范》GB 50243的规定执行。

8.4.5 建筑电气工程的施工质量要求和验收标准应按现行国家标准《建筑电气工程施工质量验收规范》GB 50303的规定执行。

8.4.6 火灾自动报警系统的施工质量要求和验收标准应按现行国家标准《火灾自动报警系统施工及验收规范》GB 50166的规定执行。

8.4.7 智能化系统的施工质量要求和验收标准应按现行国家标准《智能建筑工程质量验收规范》GB 50339的规定执行。

8.4.8 暗敷在轻质墙体、楼板和吊顶中的管线、设备应在验收合格并形成记录后方可隐蔽。

8.4.9 管道穿过钢梁时的开孔位置、尺寸和补强措施，应满足设计图纸要求并应符合现行行业标准《高层民用建筑钢结构技术规程》JGJ 99的规定。

8.5 内装系统验收

8.5.1 装配式钢结构建筑内装系统工程宜与结构系统工程同步施工，分层分阶段验收。

8.5.2 内装工程验收应符合下列规定：

1 对住宅建筑内装工程应进行分户质量验收、分段竣工验收。

2 对公共建筑内装工程应按照功能区间进行分段质量验收。

8.5.3 装配式内装系统质量验收应符合国家现行标准《建筑装饰装修工程质量验收规范》GB 50210、《建筑轻质条板隔墙技术规程》JGJ/T 157 和《公共建筑吊顶工程技术规程》JGJ 345 等的有关规定。

8.5.4 室内环境的验收应在内装工程完成后进行，并应符合现行国家标准《民用建筑工程室内环境污染控制规范》GB 50325 的有关规定。

8.6 竣工验收

8.6.1 单位工程质量验收应按现行国家标准《建筑工程施工质量验收统一标准》GB 50300 的规定执行，单位（子单位）工程质量验收合格应符合下列规定：

1 所含分部（子分部）工程的质量均应验收合格。

2 质量控制资料应完整。

3 所含分部工程中有关安全、节能、环境保护和主要使用功能的检验资料应完整。

4 主要使用功能的抽查结果应符合相关专业验收规范的规定。

5 观感质量应符合要求。

8.6.2 竣工验收的步骤可按验前准备、竣工预验收和正式验收三个环节进行。单位工程完工后，施工单位应组织有关人员进行自检。总监理工程师应组织各专业监理工程师对工程质量进行竣工预验收。建设单位收到工程竣工验收报告后，应由建设单位项目负责人组织监理、施工、设计、勘察等单位项目负责人进行单位工程验收。

8.6.3 施工单位应在交付使用前与建设单位签署质量保修书，并提供使用、保养、维护说明书。

8.6.4 建设单位应当在竣工验收合格后，按《建设工程质量管理条例》的规定向备案机关备案，并提供相应的文件。

9 使用维护

9.1 一般规定

9.1.1 装配式钢结构建筑的设计文件应注明其设计条件、使用性质及使用环境。

9.1.2 装配式钢结构建筑的建设单位在交付物业时，应按国家有关规定的要求，提供《建筑质量保证书》和《建筑使用说明书》。

9.1.3 《建筑质量保证书》除应按现行有关规定执行外，尚应注明相关部品部件的保修期限与保修承诺。

9.1.4 《建筑使用说明书》除应按现行有关规定执行外，尚应包含以下内容：

1 二次装修、改造的注意事项，应包含允许业主或使用者自行变更的部分与禁止部分。

2 建筑部品部件生产厂、供应商提供的产品使用维护说明书，主要部品部件宜注明合理的检查与使用维护年限。

9.1.5 建设单位应当在交付销售物业之前，制定临时管理规约，除应满足相关法律法规要求外，尚应满足设计文件和《建筑使用说明书》的有关要求。

9.1.6 建设单位移交相关资料后，业主与物业服务企业应按法律法规要求共同制定物业管理规约，并宜制定《检查与维护更新计划》。

9.1.7 使用与维护宜采用信息化手段，建立建筑、设备与管线等的管理档案。当遇地震、火灾等灾害时，灾后应对建筑进行检查，并视破损程度进行维修。

9.2 结构系统使用维护

9.2.1 《建筑使用说明书》应包含主体结构设计使用年限、结构体系、承重结构位置、使用荷载、装修荷载、使用要求、检查与维护等。

9.2.2 物业服务企业应根据《建筑使用说明书》，在《检查与维护更新计划》中建立对主体结构的检查与维护制度，明确检查时间与部位。检查与维护的重点应包括主体结构损伤、建筑渗水、钢结构锈蚀、钢结构防火保护损坏等可能影响主体结构安全性和耐久性的内容。

9.2.3 业主或使用者不应改变原设计文件规定的建筑使用条件、使用性质及使用环境。

9.2.4 装配式钢结构建筑的室内二次装修、改造和使用中，不应损伤主体结构。

9.2.5 建筑的二次装修、改造和使用中发生下述行为之一者，应经原设计单位或具有相应资质的设计单位提出设计方案，并按设计规定的技术要求进行施工及验收。

1 超过设计文件规定的楼面装修或使用荷载。

2 改变或损坏钢结构防火、防腐蚀的相关保护及构造措施。

3 改变或损坏建筑节能保温、外墙及屋面防水相关的构造措施。

9.2.6 二次装修、改造中改动卫生间、厨房、阳台防水层的，应按现行相关防水标准制定设计、施工技术方案，并进行闭水试验。

9.3 外围护系统使用与维护

9.3.1 《建筑使用说明书》中有关外围护系统的部分，宜包含下列内容：

1 外围护系统基层墙体和连接件的使用年限及维护周期。

2 外围护系统外饰面、防水层、保温以及密封材料的使用年限及维护周期。

3 外墙可进行吊挂的部位、方法及吊挂力。

4 日常与定期的检查与维护要求。

9.3.2 物业服务企业应依据《建筑使用说明书》，在《检查与维护更新计划》中规定对外围护系统的检查与维护制度，检查与维护的重点应包括外围护部品外观、连接件锈蚀、墙屋面裂缝及渗水、保温层破坏、密封材料的完好性等，并形成检查记录。

9.3.3 当遇地震、火灾后，应对外围护系统进行检查，并视破损程度进行维修。

9.3.4 业主与物业服务企业应根据《建筑质量保证书》和《建筑使用说明书》中建筑外围护部品及配件的设计使用年限资料，对接近或超出使用年限的进行安全性评估。

9.4 设备与管线系统使用维护

9.4.1 《建筑使用说明书》应包含设备与管线的系统组成、特性规格、部品寿命、维护要求、使用说明等。物业服务企业应在《检查与维护更新计划》中规定对设备与管线的检查与维护制度，保证设备与管线系统的安全使用。

9.4.2 公共部位及其公共设施设备与管线的维护重点包括水泵房、消防泵房、电机房、电梯、电梯机房、中控室、锅炉房、管道设备间、配电间（室）等，应按《检查与维护更新计划》进行定期巡检和维护。

9.4.3 装修改造时，不应破坏主体结构、外围护系统。

9.4.4 智能化系统的维护应符合国家现行标准的规定，物业服务企业应建立智能化系统的管理和维护方案。

9.5 内装系统使用维护

9.5.1 《建筑使用说明书》应包含内装系统做法、部品寿命、维护要求、使用说明等。

9.5.2 内装维护和更新时所采用的部品和材料，应满足《建筑使用说明书》中相应的要求。

9.5.3 正常使用条件下，装配式钢结构住宅建筑的内装工程项目质量保修期限不应低于2年，有防水要求的厨房、卫生间等的防渗漏不应低于5年。

9.5.4 内装工程项目应建立易损部品部件备用库，保证使用维护的有效性及时效性。

中华人民共和国国家标准

装配式钢结构建筑技术标准

GB/T 51232－2016

条 文 说 明

1 总 则

1.0.1 《中共中央国务院关于进一步加强城市规划建设管理工作的若干意见》、国务院办公厅《关于大力发展装配式建筑的指导意见》（国办发〔2016〕71号）明确提出发展装配式建筑，装配式建筑进入快速发展阶段。但总体看，我国装配式建筑应用规模小，技术集成度较低。近年来，我国钢材产量已稳居世界第一，在国家经济调整过程中，产能严重过剩的问题日益突出。2015年我国钢结构建筑占新建建筑不到5%，相比发达国家发展潜力巨大。发展装配式钢结构建筑可以在一定程度上化解钢铁产能、促进产业的转型升级。装配式钢结构建筑是装配式建筑的重要组成部分，在实际推进过程中亟须规范装配式钢结构建筑的建设，按照适用、经济、安全、绿色、美观的要求，全面提高装配式钢结构建筑的环境效益、社会效益和经济效益。

1.0.2 装配式钢结构建筑一般包括多高层钢结构建筑、门式刚架钢结构建筑、冷弯薄壁型钢结构建筑、大跨度空间钢结构建筑等。本标准主要针对多高层钢结构建筑、门式刚架钢结构建筑和冷弯薄壁型钢结构建筑，大跨度空间钢结构建筑可按现行行业标准《空间网格结构技术规程》JGJ 7和《索结构技术规程》JGJ 257的规定执行。

1.0.3 本条阐述了装配式建筑建设的基本原则，强调了可持续发展的绿色建筑全寿命期基本理念。除应满足标准化设计、工厂化生产、装配化施工、一体化装修、信息化管理和智能化应用等全产业链工业化生产的要求外，还应满足建筑全寿命期运营、维护、改造等方面的要求。

1.0.4 本条强调了构成装配式建筑的系统以及系统的集成，突出装配式建筑是一个建筑的概念，装配式钢结构建筑、装配式混凝土建筑、装配式木结构建筑对于装配式建筑来说只是结构系统的不同。同时，强调建筑的使用功能与性能，提升建筑性能与品质是装配式建筑建设的基本要求。

2 术 语

2.0.1 装配式建筑是一个系统工程，由结构系统、外围护系统、设备与管线系统、内装系统四大系统组成，是将预制部品部件通过模数协调、模块组合、接口连接、节点构造和施工工法等集成装配而成的，在工地高效、可靠装配并做到主体结构、建筑围护、机电装修一体化的建筑。它有几个方面的特点：

(1)以完整的建筑产品为对象，以系统集成为方法，体现加工和装配需要的标准化设计。

(2)以工厂精益化生产为主的部品部件。

(3)以装配和干式工法为主的工地现场。

(4)以提升建筑工程质量安全水平、提高劳动生产效率、节约资源能源、减少施工污染和建筑的可持续发展为目标。

(5)基于BIM技术的全链条信息化管理，实现设计、生产、施工、装修、运维的一体化。

2.0.3 装配式建筑由结构系统、外围护系统、设备与管线系统以及内装系统组成。装配式建筑强调这四个系统之间的集成，以及各系统内部的集成过程。

2.0.4 在系统集成的基础上，装配式建筑强调集成设计，突出在设计的过程中，应将结构系统、外围护系统、设备与管线系统以及内装系统进行综合考虑，一体化设计。

2.0.5 装配式建筑的协同设计工作是工厂化生产和装配化施工建造的前提。装配式建筑设计应统筹规划设计、生产运输、施工安装和使用维护，进行建筑、结构、建筑设备、室内装修等专业一体化的设计，同时要运用建筑信息模型技术，建立信息协同平台，加强设计、生产运输、施工各方之间的关系协同，并应加强建筑、结构、设备、装修等专业之间的配合。

2.0.7 在建筑物中，围护结构指建筑物及房间各面的围挡物。本标准从建筑物的各系统应用出发，将外围护结构及其他部品部件统一归纳为外围护系统，提出了“外围护系统”的概念。

2.0.12 全装修强调了作为建筑的功能和性能的完备性。党中央国务院对于“装配式建筑”的提法和定义非常明确，装配式建筑首先要落脚到“建筑”。建筑的最基本属性是其功能性。因此，装配式建筑的最低要求应该定位在具备完整功能的成品形态，不能割裂结构、装修，底线是交付成品建筑。推进全装修，有利于提升装修集约化水平，提高建筑性能和消费者生活质量，带动相关产业发展。全装修是房地产市场成熟的重要标志，是与国际接轨的必然发展趋势，也是推进我国建筑产业健康发展的重要路径。

2.0.13 装配式装修以工业化生产方式为基础，采用工厂制造的内装部品，并采用干式工法。推行装配式装修是推动装配式建筑发展的重要方向。采用装配式装修的设计建造方式具有五个方面优势：一、部品在工厂制作，现场采用干式作业，可以最大限度保证产品质量和性能；二、提高劳动生产率，节省大量人工和管理费用，大大缩短建设周期，综合效益明显，从而降低生产成本；三、节能环保，减少原材料的浪费，减少噪声粉尘和建筑垃圾等污染；四、便于维护，降低了后期的运营维护难度，为部品更换创造了可能；五、工业化生产的方式有效解决了施工生产的尺寸误差和模数接口问题。

2.0.14 现场采用干作业施工的干式工法是装配式建筑的核心内容。我国传统现场有湿作业多、施工精度差、工序复杂、建造周期长、依赖现场工人水平和施工质量难以保证等问题，干式工法作业可实现高精度、高效率和高品质。

2.0.15 模块是标准化设计中的基本单元，首先应具有一定的功能，具有通用性；同时，在接口标准化的基础上，同类模块也具有互换性。

2.0.16 在装配式建筑中接口主要是两个独立系统、模块或者部品部件之间的共享边界，接口的标准化，可以实现通用性以及互换性。

2.0.17、2.0.18 集成式厨房多指居住建筑中的厨房，本条强调了厨房的“集成性”和“功能性”。集成式卫生间充分考虑了卫生间空间的多样组合或分隔，包括多器具的集成卫生间产品和仅有洗面、洗浴或便溺等单一功能模块的集成卫生间产品。

集成式厨房、集成式卫生间是装配式建筑装饰装修的重要组成部分，其设计应按照标准化、系列化原则，并符合干式工法施工的要求，在制作和加工阶段全部实现装配化。

2.0.19 整体收纳是工厂生产、现场装配模块化集成收纳产品的统称，为装配式住宅建筑内装系统中的一部分，属于模块化部品。配置门扇、五金件和隔板等。通常设置在入户门厅、起居室、卧室、厨房、卫生间和阳台等功能空间部位。

2.0.20 发展装配式隔墙、吊顶和楼地面部品技术，是我国装配化装修和内装产业化发展的主要内容。以轻钢龙骨石膏板体系的装配式隔墙、吊顶为例，其主要特点如下：干式工法，实现建造周期缩短60%以上；减少室内墙体占用面积，提高建筑的得房率；防火、保温、隔声、环保及安全性能全面提升；资源再生，利用率在90%以上；空间重新分割方便；健康环保性能提高，可有效调整湿度增加舒适感。

2.0.21 在传统的建筑设计与施工中，一般均将室内装修用设备管线预埋在混凝土楼板和墙体等建筑结构系统中。在后期长时期的使用维护阶段，大量的建筑虽然结构系统仍可满足使用要求，但预埋在结构系统中的设备管线等早已老化无法改造更新，后期装修剔凿主体结构的问题大量出现，也极大地影响了建筑使用寿命。因此，装配式建筑鼓励采用设备管线与建筑结构系统的分离技术，使建筑具备结构耐久性、室内空间灵活性及可更新性等特点，同时兼备低能耗、高品质和长寿命的可持续建筑产品优势。

2.0.25 延性墙板指的是具有良好延性和抗震性能的墙板，本标准包括：钢板剪力墙、组合钢板剪力墙、钢框架内填竖缝混凝土剪力墙等。

3 基本规定

3.0.1 系统性和集成性是装配式建筑的基本特征，装配式建筑是以完整的建筑产品为对象，提供性能优良的完整建筑产品，通过系统集成的方法，实现设计、生产运输、施工安装和使用维护全过程一体化。

3.0.2 装配式建筑的建筑设计应进行模数协调，以满足建造装配化与部品部件标准化、通用化的要求。标准化设计是实施装配式建筑的有效手段，而模数和模数协调是实现装配式建筑标准化设计的重要基础，涉及装配式建筑产业链上的各个环节。少规格、多组合是装配式建筑设计的重要原则，减少部品部件的规格种类及提高部品部件模板的重复使用率，有利于部品部件的生产制造与施工，有利于提高生产速度和工人的劳动效率，从而降低造价。

3.0.6 建筑信息模型技术是装配式建筑建造过程的重要手段。通过信息数据平台管理系统将设计、生产、施工、物流和运营等各环节联系为一体化管理，对提高工程建设各阶段及各专业之间协同配合的效率，以及一体化管理水平具有重要作用。

3.0.8 在建筑设计前期，应结合当地的政策法规、用地条件、项目定位进行技术策划。技术策划应包括设计策划、部品部件生产与运输策划、施工安装策划和经济成本策划。

设计策划应结合总图概念方案或建筑概念方案，对建筑平面、结构系统、外围护系统、内装系统、设备与管线系统等进行标准化设计策划，并结合成本估算，选择相应的技术配置。

部品部件生产策划根据供应商的技术水平、生产能力和质量管理水平，确定供应商范围；部品部件运输策划应根据供应商生产基地与项目用地之间的距离、道路状况、交通管理及场地放置等条件，选择稳定可靠的运输方案。

施工安装策划应根据建筑概念方案，确定施工组织方案、关键施工技术方案、机具设备的选择方案、质量保障方案等。

经济成本策划要确定项目的成本目标，并对装配式建筑实施重要环节的成本优化提出具体指标和控制要求。

3.0.9 装配式建筑强调性能要求，提高建筑质量和品质。装配式钢结构建筑的结构系统本身就是绿色建造技术，是国家重点推广的内容，符合可持续发展战略。因此外围护系统、设备与管线系统以及内装系统也应遵循绿色建筑全寿命期的理念，结合地域特点和地方优势，优先采用节能环保的技术、工艺、材料和设备，实现节约资源、保护环境和减少污染的目标，为人们提供健康舒适的居住环境。

3.0.10 防火、防腐对装配式钢结构建筑来说是非常重要的性能，除必须满足国家现行标准中的相关规定外，在装配式钢结构的设计、生产运输、施工安装以及使用维护过程中均要考虑可靠性、安全性和耐久性的要求。

4 建筑设计

4.1 一般规定

4.1.1 装配式钢结构建筑设计应符合现行国家标准《建筑模数协调标准》GB/T 50002 的有关规定。模数协调是建筑部品部件实现通用性和互换性的基本原则，使规格化、通用化的部件适用于常规的各类建筑，满足各种要求。大量的规格化、定型化部品部件的生产可稳定质量，降低成本。通用化部品部件所具有的互换能力，可促进市场的竞争和生产水平的提高。

装配式建筑采用建筑通用体系是实现建筑工业化的前提，标准化、模块化设计是满足部品部件工业化生产的必要条件，以实现批量化的生产和建造。装配式建筑应以少规格多组合的原则进行设计，结构构件和内装部品减少种类，既可经济合理地确保质量，也利于组织生产与施工安装。建筑平面和外立面可通过组合方式、立面材料色彩搭配等方式实现多样化。

4.1.2 本条是从结构系统、外围护系统、设备与管线系统、内装系统对装配式建筑全专业提出要求。装配式建筑是一个完整的具有一定功能的建筑产品，是一个系统工程。过去那种只提供结构和建筑围护的“毛坯房”，没有内装一体化集成的建筑，都不能称为真正意义上的“装配式建筑”。

4.3 模数协调

4.3.1 装配式钢结构建筑设计应采用模数来协调结构构件、内装部品设备与管线之间的尺寸关系，做到部品部件设计、生产和安装等相互间尺寸协调，减少和优化各部品部件的种类和尺寸。

4.3.2～4.3.5 结构构件采用扩大模数系列，可优化和减少预制构件种类。形成通用性强、系列化尺寸的开间、进深和层高等结构构件尺寸。装配式钢结构建筑内装系统中的装配式隔墙、整体收纳空间和管道井等单元模块化部品宜采用基本模数，也可插入分模数数列 $nM/2$ 或 $nM/5$ 进行调整。

4.3.6 住宅建筑应选用下列常用优选尺寸如表 1 所示：

表 1 集成式厨房的优选尺寸（mm）

厨房家具布置形式	厨房最小净宽度	厨房最小净长度
单排型	1500（1600）/2000	3000
双排型	2200/2700	2700
L 形	1600/2700	2700
U 形	1900/2100	2700
壁柜型	700	2100

表 2 集成式卫生间的优选尺寸（mm）

卫生间平面布置形式	卫生间最小净宽度	卫生间最小净长度
单设便器卫生间	900	1600
设便器，洗面器两件洁具	1500	1550
设便器，洗浴器两件洁具	1600	1800
设三件洁具（喷淋）	1650	2050
设三件洁具（浴缸）	1750	2450
设三件洁具无障碍卫生间	1950	2550

表 3 楼梯的优选尺寸（mm）

楼梯类别	踏步最小宽度	踏步最大高度
共用楼梯	260	175
服务楼梯，住宅套内楼梯	220	200

表 4 门窗洞口的优选尺寸（mm）

类别	最小洞宽	最小洞高	最大洞宽	最大洞高
门洞口	700	1500	2400	23(22)00
窗洞口	600	600	2400	23(22)00

4.3.7 装配式建筑应严格控制钢构件与其他部品部件之间的建筑公差。接缝的宽度应满足主体结构层间变形、密封材料变形能力、施工误差、温差引起变形等的要求，防止接缝漏水等质量事故发生。

4.4 标准化设计

4.4.1 装配式建筑既要符合建筑设计功能、技术性能（安全、防火、节能、防水、隔声、采光等）的要求，又要重点突出装配式建筑的标准化；通过采用模块化、标准化的设计方法，实现尺寸模数化、部品部件标准化、设备集成化、装修一体化。装配式建筑只有通过标准化设计、批量化生产，才能真正进入市场竞争。

4.4.2～4.4.4 模块化是标准化设计的一种方法。模块化设计应满足模数协调的要求，通过模数化和模块化的设计为工厂化生产和装配化施工创造条件。模块应进行精细化、系列化设计，关联模块间应具备一定的逻辑及衍生关系，并预留统一的接口。模块之间可采用刚性连接或柔性连接：

（1）刚性连接模块的连接边或连接面的几何尺寸、开口应吻合，采用相同的材料和部品部件进行直接连接。

（2）无法进行直接连接的模块可采用柔性连接方式进行间接相连，柔性连接的部分应牢固可靠，并需要对连接方式、节点进行详细设计。

4.5 建筑平面与空间

4.5.1 装配式钢结构建筑平面设计与空间应尽量做到标准化、模块化，但考虑到建筑平面功能的不同，应当允许适当的个性化设计，并且做好个性化设计的部分与标准化模块部分的合理衔接。一般情况下，重复性空间采用模块化设计，反映建筑设计理念及形象部分的功能空间可进行个性化设计。

4.5.2～4.5.4 装配式建筑设计应重视其平面、立面和剖面的规则性，宜优先选用规则的形体，同时便于工厂化、集约化生产加工，提高工程质量，并降低工程造价。

5 集成设计

5.1 一般规定

5.1.1 集成设计应考虑不同系统、不同专业之间的影响，包括：在结构构件和围护部品上预埋或预先焊接连接件；在结构构件上为设备管线留孔洞；围护部品预留、预埋的设备管线；结构构件与内装部品的接口条件；围护部品为内装部品需要吊挂处的加强等方面。要完成集成设计，应做到下列要求：

（1）采用通用化、模数化、标准化设计方式，宜采用建筑 BIM 技术。

（2）各项建筑功能及细节构造应在生产制造和施工前确定。

（3）主体结构、围护结构、设备与管线及内装等各模块之间的协同设计，应贯穿设计全过程。

（4）应按照建筑全寿命期的要求，落实从部品部件生产、施工到后期运营维护全过程的绿色体系。

5.1.6 工业化生产方式的装配式装修是推动我国装配式建筑内装产业发展的重要方向，装配式建筑应采用装配式装修建造方法。装配式装修应遵循集成化、通用化、一体化的原则：

（1）集成化原则：部品体系宜实现以集成化为特征的成套供应及规模生产，实现内装部品、厨卫部品和设备部品等的产业化集成。

（2）通用化原则：内装部品体系应符合模数化的工艺设计，执行优化参数、公差配合和接口技术等有关规定，以提高其互换性和通用性。

（3）一体化原则：应遵循建筑、内装、部品一体化的设计原则，推行内装设计标准化。

5.2 结 构 系 统

5.2.1 本条采用直接引用的方法，规定了装配式钢结构建筑的结构设计必须遵守的规范，保证结构安全可靠。

5.2.2 工程经验表明，钢结构对钢材的品种、质量和性能有着更高的要求，同时也要求在设计选材时要做好优化比选工作。本条依据相关设计规范和工程经验，结合装配式钢结构建筑的用钢特点，提出了选材时应综合考虑的诸要素。其中应力状态指弹性或塑性工作状态和附加应力（约束应力、残余应力）情况；工作环境指高温、低温或露天等环境条件；钢材品种指轧制钢材、冷弯钢材或铸钢件；钢材厚度主要指厚板、厚壁钢材。为了保证结构构件的承载力、延性和韧性并防止脆断断裂，工程设计中应综合考虑上述要素，正确合理地选用钢材牌号、质量等级和性能。同时由于装配式钢结构建筑中钢材费用约占到工程总费用的30%，故选材还应充分地考虑到工程的经济性，选用性价比较高的钢材。此外作为工程重要依据，在设计文件中应完整的注明对钢材和连接材料的技术要求，包括牌号、型号、质量等级、力学性能和化学成分、附加保证性能和复验要求，以及应遵循的技术标准等。

5.2.3、5.2.4 无论采用何种结构体系，结构的平面和竖向布置都应使结构具有合理的刚度、质量和承载力分布，避免因局部突变和扭转效应而形成薄弱部位；对可能出现的薄弱部位，在设计中应采取有效措施，增强其抗震能力；结构宜具有多道防线，避免因部分结构或构件的破坏而导致整个结构丧失承受水平风荷载，地震作用和重力荷载的能力。

5.2.5 装配式钢结构建筑应根据房屋高度和高宽比、抗震设防类别、抗震设防烈度、场地类别和施工技术条件等因素考虑其适宜的钢结构体系。除此之外，建筑类型也对结构体系的选型至关重要。钢框架结构、钢框架-支撑结构、钢框架-延性墙板结构适用于多高层钢结构住宅及公建；筒体结构、巨型结构适用于高层或超高层建筑；交错桁架结构适合带有中间走廊的宿舍、酒店或公寓；门式刚架结构适用于单层超市及生产或存储非强腐蚀介质的厂房或库房。低层冷弯薄壁型钢结构适用于以冷弯薄壁型钢为主要承重构件，层数不大于3层的低层房屋。

这里所说的钢框架是具有抗弯能力的钢框架，框架柱可采用钢柱或钢管混凝土柱；钢框架-支撑结构中的支撑在设计中可采用中心支撑、偏心支撑和屈曲约束支撑；钢框架-延性墙板结构中的延性墙板主要指钢板剪力墙、钢板组合剪力墙、钢框架内填竖缝混凝土剪力墙等；筒体体系包括框筒、筒中筒、桁架筒、束筒；巨型结构主要包括巨型框架和巨型桁架结构。

当有理论研究基础，其他新型构件和节点，及新型结构体系也可通过论证的方法来推广试点采用。

5.2.6 钢框架结构一般来讲比较经济的高度为30m以下，大于30m的建筑应增设支撑来提高经济性。

将钢框架-偏心支撑（延性墙板）单列，有利于促进该结构的推广应用。筒体和巨型框架以及钢框架-偏心支撑的最大适用高度，与国内现有建筑已达到的高度相比是保守的。AISC抗震规程对C级（大致相当于我国0.10g以下）的结构，不要求执行规定的抗震构造措施，明显放宽。

另外，如果选取了全螺栓连接的半刚接节点或其他新型节点，所适用的最大高度也应该相应降低。

5.2.7 装配式钢结构建筑的高宽比，是对结构刚度、整体稳定、承载能力和经济合理性的宏观控制；在结构设计满足规定的承载力、稳定、抗倾覆、变形和舒适度等基本要求后，仅从结构安全角度讲高宽比限值不是必须满足的，高宽比限值主要影响结构设计的经济性。

5.2.8 住宅建筑对舒适度的要求比较高，因此对于在风荷载作用下的层间位移角要有所控制，规定了1/300的限值。并且为了避免风荷载下较高楼层的位移过大，规定了水平位移和建筑高度之比的限值。

5.2.9 对照国外的研究成果和有关标准，要求装配式钢结构建筑应具有良好的使用条件，满足舒适度的要求。按现行国家标准《建筑结构荷载规范》GB 50009规定的10年一遇的风荷载取值计算或进行风洞试验确定的结构顶点最大加速度不应超过本标准表5.2.9中的限值。计算舒适度时结构阻尼比的取值影响较大，一般情况下，对房屋高度为80m～100m的钢结构阻尼比取0.015，对房屋高度大于100m的钢结构阻尼比取0.01。

5.2.13 对钢框架结构的设计作如下说明：

2 梁翼缘加强型节点塑性铰外移的设计原理如图1所示。通过在梁上下翼缘局部焊接钢板或加大截面，达到提高节点延性，在罕遇地震作用下获得在远离梁柱节点处梁截面塑性发展的设计目标。

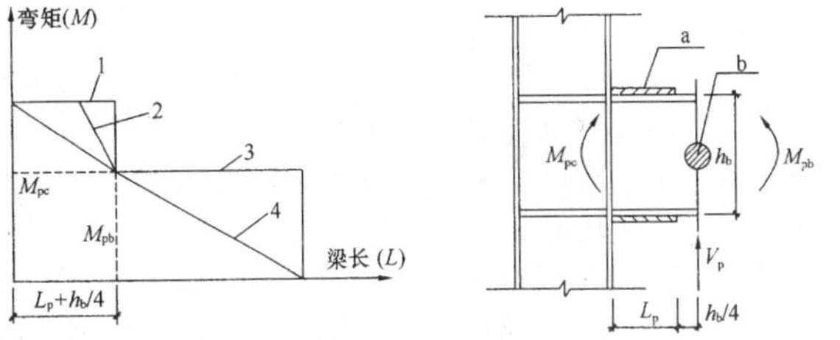

(a) 梁加强式节点设计原理　　(b) 柱翼缘表面弯矩计算原理

图1 梁翼缘加强型节点塑性铰外移设计原理

1—翼缘板（盖板）抗弯承载力；2—侧板（扩翼式）抗弯承载力；3—钢梁抗弯承载力；4—外荷载产生弯矩；a—加强板；b—塑性铰

4 框架梁在预估的罕遇地震作用下，在可能出现塑性铰的截面（为梁端和集中力作用处）附近均应设置侧向支撑，可以采用增设次梁、隅撑或加劲肋的方式实现侧向支撑。在住宅建筑中，为避免影响使用功能，优先选用增设加劲肋的方式，此时加劲肋所抵抗的侧向力应按照现行行业标准《高层民用建筑钢结构技术规程》JGJ 99来确定。由于地震作用方向变化，塑性铰弯矩的方向也随之发生变化，故要求梁的上下翼缘均应设侧向支撑。如梁上翼缘整体稳定性有保证，可仅在下翼缘设支撑。

5 装配式钢结构建筑框架柱可选用异型组合截面，并应满足国家现行标准的规定；当没有规定时，应进行专项审查，通过后，方可采用。常见的异型组合截面如图2所示。

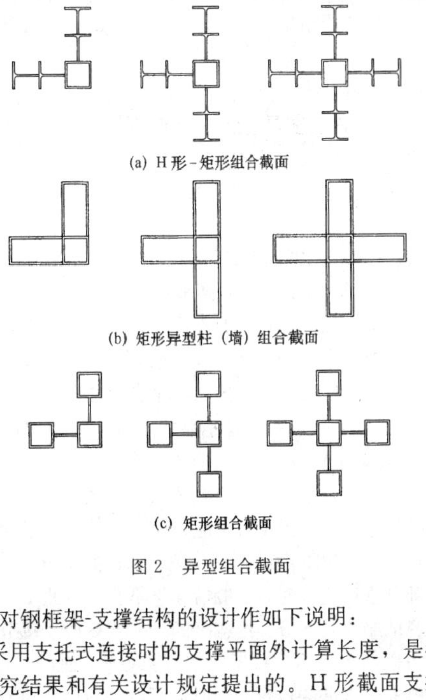

(a) H形-矩形组合截面

(b) 矩形异型柱（墙）组合截面

(c) 矩形组合截面

图2 异型组合截面

5.2.14 对钢框架-支撑结构的设计作如下说明：

5 采用支托式连接时的支撑平面外计算长度，是参考日本的试验研究结果和有关设计规定提出的。H形截面支撑腹板位于框架平面内时的计算长度系数，是根据主梁上翼缘有混凝土楼板、下翼缘有隅撑等情况提出来的。

6 参考美国 AISC 341 中的规定，在支撑端部与节点板约束点连线之间应留有 2 倍节点板厚的间隙，这是为了防止支撑屈曲后对节点板的承载力有影响。

7 现行行业标准《高层民用建筑钢结构技术规程》JGJ 99 规定消能梁段两端应设置侧向支撑，以便承受平面外扭转作用。但实际住宅建筑中，由于使用功能的要求很多位置不能设置侧向支撑，因此要采用其他加强措施来保证这个位置的梁不发生平面外失稳。

5.2.15 为了减小竖向荷载对钢板剪力墙受力性能的影响，可以在整体结构的楼板浇筑完成之后，再进行钢板剪力墙的安装。当钢板剪力墙与主体结构同步安装，宜考虑后期施工对钢板剪力墙受力性能产生的不利影响，可在结构计算中将墙板厚度 t_w 折减为 φt_w 来考虑二者同步施工的影响。折减系数可按式（1）和式（2）计算：

$$\varphi = 1 - \chi \tag{1}$$

$$\chi = 100\Delta / H \tag{2}$$

式中：χ——主体结构在钢板剪力墙所在楼层的层间竖向压缩变形平均值 Δ 与层高 H 比值的 100 倍。

上述计算公式依据对不同厚度的非加劲钢板剪力墙的数值分析结果拟合得到。对于高层混凝土结构和钢结构，宜符合下式规定：

$$\Delta / H \leqslant 0.2\% \tag{3}$$

开缝钢板剪力墙不与框架柱而仅与框架梁通过螺栓连接，螺栓一般在主体结构施工完成后再予拧紧，从而使钢板剪力墙在实际使用中仅承受少量装修荷载和活荷载；根据宝钢与同济大学的实验研究，开缝钢板剪力墙具有较大的竖向荷载承受能力，完全可以承受 18 层建筑所累积的装修荷载和活荷载。

5.2.16 交错桁架钢结构体系宜用于横向跨度大、纵向狭长带中间走廊的建筑类型，平面布置宜采用矩形，也可布置成 L 形，T 形、环形平面。由于桁架交错布置，标准层可提供两跨面宽、一跨进深的大空间，但上下层大空间为交错布置，建筑设计应结合此特点进行设计。在顶层无桁架的轴线上需设立柱支承屋面结构，顶层不宜布置大空间功能。

底层需布置超大空间时，可不设置落地桁架，但因为柱子的抗侧移能力不足，底层对应部位应设横向斜撑抵抗层间剪力，且二层无桁架轴线需设吊杆支承楼面。横向支撑承受竖向荷载后会导致截面比较大，影响建筑美观；横向支撑的主要作用是抵抗水平荷载，可以在二层桁架上下弦杆处楼板施工完成后再安装横向支撑。

5.2.17 构件之间的连接作如下说明：

1 钢框架的连接主要包括：梁与柱的连接、支撑与框架的连接、柱脚的连接以及构件拼接。连接的高强度螺栓数和焊缝长度（截面）宜在构件选择截面时预估。按照《建筑抗震设计规范》GB 50011—2010（2016 年版）的要求，构件的连接需符合“强连接弱构件”的原则，当梁与柱采用刚性连接时，连接的极限承载力应大于梁的全截面塑性承载力。此条主要针对采用梁柱刚性连接时的完全强度连接（即连接的设计强度不小于梁的设计强度）提出。对于全螺栓连接节点，如外伸式端板连接节点，当按照刚性连接设计时，可以设计为完全强度连接或部分强度连接（即连接的设计强度仅满足设计承载需求而小于梁的设计强度）。当外伸式端板连接节点设计为完全强度连接时，应满足此条文要求，即螺栓连接的极限承载力应大于梁的全截面塑性承载力，此时高强度螺栓连接的极限承载力应参考《高层民用建筑钢结构技术规程》JGJ 99—2015 中的表 4.2.5 计算。当外伸式端板连接节点设计为部分强度连接时，一般情况下不能满足此条要求；但根据已有研究的结果，部分强度连接的外伸式端板连接节点在达到节点承载力之后，虽然一般不能实现梁截面屈服形成塑性铰耗能，但通过充分发展端板弯曲变形仍可以得到较大的节点转角并实现较为充分的能量耗散，同样可以得到较好的抗震性能；因此，对于采用部分强度连接的外伸式端板连接节点可不满足此条要求，而按照“强连接弱板件”的原则进行设计，即控制螺栓连接的设计承载力大于端板屈服的设计承载力，并保证螺栓连接的极限承载力大于端板全截面屈服对应的承载力。

2 连接构造应体现装配化的特点，尽可能做到人工少、安装快。现场施工中，优先选用螺栓连接，少采用现场焊接及湿作业量大的连接。比如在满足承载力和构造要求的前提下，优先选用外露式的钢柱脚，钢柱脚可采用预埋锚栓与柱脚板连接的外露式做法。

3 在有可靠依据时，梁柱的连接可采用半刚性连接，但必须满足承载力和延性的要求，一般要求连接的极限转角达到 0.02rad 时，节点抗弯承载力下降不超过 15%。

5.2.18 整体式楼板包括普通现浇楼板、压型钢板组合楼板、钢筋桁架楼承板组合楼板等；装配整体式楼板包括钢筋桁架混凝土叠合楼板、预制混凝土叠合楼板；装配式楼板包括预制预应力空心板叠合楼板（SP 板）、预制蒸压加气混凝土楼板等。

无论采用何种楼板，均应该保证楼板的整体牢固性，保证楼板与钢结构的可靠连接，具体可以采取在楼板与钢梁之间设置抗剪连接件，将楼板预埋件与钢梁焊接等措施来实现。全预制的装配式楼板的整体性能较差，因此需要采取更强的措施来保证楼盖的整体性。对于装配整体式的叠合板，一般当现浇的叠合层厚度大于 80mm 时，其整体性与整体式楼板的差别不大，因此可以适用于更高的高度。

5.2.19 钢结构抗侧刚度较小，而楼梯的刚度比较大，楼梯参与抗侧力会对结构带来附加偏心等方面的问题，因此楼梯与主体结构宜采用不传递水平力的连接形式，具体措施可以通过连接螺栓开长圆孔、设置聚四氟乙烯板等方式实现。

5.2.20 多高层装配式钢结构建筑的地下室和基础作如下说明：

1 规定基础最小埋置深度，目的是使基础有足够大的抗倾覆能力。抗震设防烈度高时埋置深度应取较大值。

2 一般情况下，支撑、延性墙板等抗侧力构件应连续布置，宜避免抗侧力结构的侧向刚度和承载力突变，原则上支撑、延性墙板等抗侧力构件需延伸至基础。当地下室对于局部抗侧力构件的设置有影响时，可移动至邻近位置，并应采取加强措施，保证水平力的可靠传递，地下室顶板宜为嵌固端。

3 柱上的最大弯矩出现在地下室顶板的嵌固端位置，当地下室层数不小于两层时，柱脚的弯矩将明显减小，因此柱脚可设置为铰接，但应注意节点构造应满足铰接节点的相关要求。

5.3 外围护系统

5.3.1 外围护系统的设计使用年限是确定外围护系统性能要求、构造、连接的关键，设计时应明确。住宅建筑中外围护系统的设计使用年限应与主体结构相协调，主要是指住宅建筑中外围护系统的基层板、骨架系统、连接配件的设计使用年限应与建筑物主体结构一致；为满足使用要求，外围护系统应定期维护，接缝胶、涂装层、保温材料应根据材料特性，明确使用年限，并应注明维护要求。

5.3.2 装配式钢结构建筑的构成条件，主要指建筑物的主体结构类型、建筑使用功能等。

5.3.4 针对目前我国装配式钢结构建筑中外围护系统的设计指标要求不明确，对外围护系统中部品设计、生产、安装的指导性不强，本条规定了在设计中应包含的主要内容：

1 外围护系统性能要求，主要为安全性、功能性和耐久性等。

2 外墙板及屋面板的模数协调包括：尺寸规格、轴线分布、门窗位置和洞口尺寸等，设计应标准化，兼顾其经济性，同时还应考虑外墙板及屋面板的制作工艺、运输及施工安装的可行性。

3 屋面围护系统与主体结构、屋架与屋面板的支承要求，以及屋面上放置重物的加强措施。

4 外墙围护系统的连接、接缝及系统中外门窗洞口等部位的构造节点是影响外墙围护系统整体性能的关键点。

5 空调室外及室内机、遮阳装置、空调板太阳能设施、雨水收集装置及绿化设施等重要附属设施的连接节点。

5.3.5 外围护系统的材料种类多种多样，施工工艺和节点构造也不尽相同，在集成设计时，外围护系统应根据不同材料特性、施工工艺和节点构造特点明确具体的性能要求。性能要求主要包括安全性、功能性和耐久性等，同时屋面系统还应增加结构性能要求。

（1）安全性能要求是指关系到人身安全的关键性能指标，对于装配式钢结构建筑外围护体系而言，应符合基本的承载力要求以及防火要求，具体可以分为抗风压性能、抗震性能、耐撞击性能以及防火性能四个方面。外墙板应采用弹性方法确定承载力与变形，并明确荷载及作用效应组合；在荷载及作用的标准组合作用下，墙板的最大挠度不应大于板跨度的1/200，且不应出现裂缝；计算外墙板与结构连接节点承载力时，荷载设计值应该乘以1.2的放大系数。在50年重现期风荷载或多遇地震作用下，外墙板不得因主体结构的弹性层间变形而发生开裂、起鼓、零件脱落等损坏；当遭受相当于本地区抗震设防烈度的地震作用时，外墙板不应发生掉落。

抗风性能中风荷载标准值应符合现行国家标准《建筑结构荷载规范》GB 50009中有关外围护系统风荷载的规定，并可参照现行国家标准《建筑幕墙》GB/T 21086的相关规定，w_k不应小于1kN/m^2，同时应考虑偶遇阵风情况下的荷载效应。

抗震性能应满足现行行业标准《非结构构件抗震设计规范》JGJ 339中的相关规定。

耐撞击性能应根据外围护系统的构成确定。对于幕墙体系，可参照现行国家标准《建筑幕墙》GB/T 21086中的相关规定，撞击能量最高为900J，降落高度最高为2m，试验次数不小于10次，同时试件的跨度及边界条件必须与实际工程相符。除幕墙体系外的外围护系统，应提高耐撞击的性能要求。外围护系统的室内外两侧装饰面，尤其是类似薄抹灰做法的外墙保温饰面层，还应明确抗冲击性能要求。

防火性能应符合现行国家标准《建筑设计防火规范》GB 50016中的相关规定，试验检测应符合现行国家标准《建筑构件耐火试验方法　第1部分：通用要求》GB/T 9978.1和《建筑构件耐火试验方法　第8部分：非承重垂直分隔构件的特殊要求》GB/T 9978.8的相关规定。

（2）功能性要求是指作为外围护体系应该满足居住使用功能的基本要求。具体包括水密性能、气密性能、隔声性能、热工性能四个方面。

水密性能包括外围护系统中基层板的不透水性以及基层板、外墙板或屋面板接缝处的止水、排水性能。对于建筑幕墙系统，应参照现行国家标准《建筑幕墙》GB/T 21086中的相关规定。

气密性能主要为基层板、外墙板或屋面板接缝处的空气渗透性能。对于建筑幕墙系统，应参照现行国家标准《建筑幕墙》GB/T 21086中的相关规定。

隔声性能应符合现行国家标准《民用建筑隔声设计规范》GB 50118的相关规定。

热工性能应符合国家现行标准《公共建筑节能设计标准》GB 50189、《严寒和寒冷地区居住建筑节能设计标准》JGJ 26、《夏热冬冷地区居住建筑节能设计标准》JGJ 134和《夏热冬暖地区居住建筑节能设计标准》JGJ 75的相关规定。

（3）耐久性要求直接影响到外围护系统使用寿命和维护保养时限。不同的材料，对耐久性的性能指标要求也不尽相同。经耐久性试验后，还需对相关力学性能进行复测，以保证使用的稳定性。对于以水泥基类板材作为基层板的外墙板，应符合现行行业标准《外墙用非承重纤维增强水泥板》JG/T 396的相关规定，满足抗冻性、耐热雨性能、耐热水性能以及耐干湿性能的要求。

（4）结构性能应包括可能承受的风荷载、积水荷载、雪荷载、冰荷载、遮阳装置及照明装置荷载、活荷载及其他荷载，并按现行国家标准《建筑结构荷载规范》GB 50009和《建筑抗震设计规范》GB 50011的规定对承受的各种荷载和作用以垂直于屋面的方向进行组合，并取最不利工况下的组合荷载标准值为结构性能指标。

5.3.6 不同类型的外墙围护系统具有不同的特点，按照外墙围护系统在施工现场有无骨架组装的情况，分为：预制外墙类、现场组装骨架外墙类、建筑幕墙类。

预制外墙类外墙围护系统在施工现场无骨架组装工序，根据外墙板的建筑立面特征又细分为：整间板体系、条板体系。现场组装骨架外墙类外墙围护系统在施工现场有骨架组装工序，根据骨架的构造形式和材料特点又细分为：金属骨架组合外墙体系、木骨架组合外墙体系。建筑幕墙类外墙围护系统在施工现场可包含骨架组装工序，也可不包含骨架组装工序，根据主要支承结构形式又细分为：构件式幕墙、点支承幕墙、单元式幕墙。

整间板体系包括：预制混凝土外墙板、拼装大板。预制混凝土外墙板按照混凝土的体积密度分为普通型和轻质型。普通型多以预制混凝土夹芯保温外挂墙板为主，中间夹有保温层，室外侧表面自带涂装或饰面做法；轻质型多以蒸压加气混凝土板为主。拼装大板中支承骨架的加工与组装、面板布置、保温层设置均在工厂完成生产，施工现场仅需连接、安装即可。

条板体系包括：预制整体条板、复合夹芯条板。条板可采用横条板或竖条板的安装方式。预制整体条板按主要材料分为含增强材料的混凝土类和复合类，混凝土类预制整体条板又可按照混凝土的体积密度细分为普通型和轻质型。普通型混凝土类预制外墙板中混凝土多以硅酸盐水泥、普通硅酸盐水泥、硫铝酸盐水泥等生产，轻质型混凝土类预制外墙板多以蒸压加气混凝土板为主，也可采用轻集料混凝土；增强材料可采用金属骨架、钢筋或钢丝（含网片形式）、玻璃纤维、无机矿物纤维、有机合成纤维、纤维素纤维等，蒸压加气混凝土板是由蒸压加气混凝土制成，根据构造要求，内配置经防腐处理的不同数量钢筋网片；断面构造形式可为实心或空心；可采用平板模具生产，也可采用挤塑成型的加工工艺生产。复合类预制整体条板多以阻燃木塑、石塑等为主要材料，多以采用挤塑成型的加工工艺生产，外墙板内部腔体中可填充保温绝热材料。复合夹芯条板是由面板和保温夹芯层构成。

建筑幕墙类中无论采用构件式幕墙、点支承幕墙或单元式幕墙哪一种，非透明部位一般宜设置外围护基层墙板。

5.3.8 本条规定了外墙板与主体结构连接中应注意的主要问题。

（1）连接节点的设置不应使主体结构产生集中偏心受力，应使外墙板实现静定受力。

（2）承载力极限状态下，连接节点最基本的要求是不发生破坏，这就要求连接节点处的承载力安全度储备应满足外墙板的使用要求。

（3）外墙板可采用平动或转动的方式与主体结构产生相对变形。外墙板应与周边主体结构可靠连接并能适应主体结构不同方向的层间位移，必要时应做验证性试验。采用柔性连接的方式，以保证外墙板应能适应主体结构的层间位移，连接节点尚需具有一定的延性，避免承载能力极限状态和正常施工极限状态下应力集中或产生过大的约束应力。

（4）宜减少采用现场焊接形式和湿作业连接形式。

（5）连接件除不锈钢及耐候钢外，其他钢材应进行表面热浸镀锌处理、富锌涂料处理或采取其他有效的防腐防锈措施。

5.3.9 外墙板接缝是外围护系统设计的重点环节，设计的合理性和适用性，直接关系到外围护系统的性能。

5.3.10 本条规定了外围护系统中外门窗的设计要求。

1 采用在工厂生产的外门窗配套系列部品可以有效避免施工误差，提高安装的精度，保证外围护系统具有良好的气密性能和水密性能要求。

2 门窗洞口与外门窗框接缝是节能及防渗漏的薄弱环节，接缝处的气密性能、水密性能和保温性能直接影响到外围护系统的性能要求，明确此部位的性能是为了提高外围护系统的功能性指标。

3　门窗与洞口之间的不匹配导致门窗施工质量控制困难，容易造成门窗处漏水。门窗与墙体在工厂同步完成的预制混凝土外墙，在加工过程中能够更好地保证门窗洞口与框之间的密闭性，避免形成热桥，质量控制有保障，较好地解决了外门窗的渗漏水问题，改善了建筑的性能，提升了建筑的品质。

5.3.11　本条规定了预制外墙的设计要求：

2　露明的金属支撑件及外墙板内侧与梁、柱及楼板间的调整间隙，是防火安全的薄弱环节。露明的金属支撑件应设置构造措施，避免在遇火或高温下导致支撑件失效，进而导致外墙板掉落；外墙板内侧与梁、柱及楼板间的调整间隙，也是蹿火的主要部位，应设置构造措施，防止火灾蔓延。

5　跨越防火分区的接缝是防火安全的薄弱环节，应在跨越防火分区的接缝室内侧填塞耐火材料，以提高外围护系统的防火性能。

6　蒸压加气混凝土外墙板是预制外墙中常用的部品。

蒸压加气混凝土外墙板的安装方式存在多种情况，应根据具体情况选用。现阶段，国内工程钩头螺栓法应用普遍，其特点是施工方便、造价低，缺点是损伤板材，连接节点不属于真正意义上的柔性节点，属于半刚性连接节点，应用多层建筑外墙是可行的；对高层建筑外墙宜选用内置锚法、摇摆型工法。

蒸压加气混凝土外墙板是一种带孔隙的碱性材料，吸水后强度降低，外表面防水涂膜是其保证结构正常特性的保障，防水封闭是保证加气混凝土板耐久性（防渗漏、防冻融）的关键技术措施。通常情况下，室外侧板面宜采用性能匹配的柔性涂料饰面。

5.3.12　本条规定了现场组装骨架外墙的设计要求。

1　骨架是现场组装骨架外墙中承载并传递荷载作用的主要材料，与主体结构有可靠、正确的连接，才能保证墙体正常、安全地工作。骨架整体验算及连接节点是保证现场组装骨架外墙安全性的重点环节。

3　当设置外墙防水时，应符合现行行业标准《建筑外墙防水工程技术规程》JGJ/T 235 的规定。

4　以厚度为 0.8mm～1.5mm 的镀锌轻钢龙骨为骨架，由外面层、填充层和内面层所组成的复合墙体，是北美、澳洲等地多高层建筑的主流外墙之一。一般是在现场安装密肋布置的龙骨后安装各层次，也有在工厂预制成条板或大板后在现场整体装配的案例。该体系的技术要点如下：

(1)龙骨与主体结构为弹性连接，以适应结构变形；(2)外面层经常性选项是：砌筑有拉结措施的烧结砖，砌筑有拉结措施的薄型砌块，钉定向结构刨花板或水泥纤维板后做滑移型挂网抹灰，钉水泥纤维板（可鱼鳞状布置），钉乙烯条板，钉金属面板等；(3)内面层经常性选项是：钉定向结构刨花板，钉石膏板；(4)填充层经常性选项是：铝箔玻璃棉毡，岩棉，喷聚苯颗粒，石膏砂浆等；(5)根据不同的气候条件，常在不同的位置设置功能膜材料，如防水膜、防水透汽膜、反射膜、隔汽膜等，寒冷或严寒地区为减少热桥效应和避免发生冷凝，还应采取隔离措施，如选用断桥龙骨，在特定部位绝缘隔离等。

5　本款规定了木骨架组合外墙的设计要求。

当采用规格材制作木骨架时，由于是通过设计确定木骨架的尺寸，故不限制使用规格材的等级。规格材的含水率不应大于20%，与现行国家标准《木结构设计规范》GB 50005 规定的规格材含水率一致。

木骨架组合外墙与主体结构之间的连接应有足够的耐久性和可靠性，所采用的连接件和紧固件应符合国家现行标准及符合设计要求。木骨架组合外墙经常受自然环境不利因素的影响，因此要求连接材料应具备防腐功能以保证连接材料的耐久性。

岩棉、玻璃棉具有导热系数小、自重轻、防火性能好等优点，而且石膏板、岩棉和玻璃棉吸声系数高，适用于木骨架外墙的填充材料和覆面材料，使外墙达到国家标准规定的保温、隔热、隔声和防火要求。

5.3.14　我国幅员辽阔，太阳能资源丰富，根据各地区气候特点及日照分析结果，有条件的地区可以在装配式建筑设计中充分利用太阳能，设置在屋面上的太阳能系统管路和管线应遵循安全美观、规则有序、便于安装和维护的原则，与建筑其他管线统筹设计，做到太阳能系统与建筑一体化。

5.4　设备与管线系统

5.4.1　对设备与管线设计的要求，作如下说明。

2　可以采用包含 BIM 技术在内的多种技术手段开展三维管线综合设计，对各专业管线在钢构件上预留的套管、开孔、开槽位置尺寸进行综合及优化，形成标准化方案，并做好精细设计以及定位，避免错漏碰缺，降低生产及施工成本，减少现场返工。

5　设备与管线应方便检查、维修、更换，且在维修更换时不影响主体结构。竖向管线宜集中布置于管井中。钢构件上为管线、设备及其吊挂配件预留的孔洞、沟槽宜选择对构件受力影响最小的部位，当条件受限无法满足上述要求时，建筑和结构专业应采取相应的处理措施。设计过程中设备专业应与建筑和结构专业密切沟通，防止遗漏。

7　设备管道与钢结构构件上的预留孔洞空隙处采用不燃柔性材料填充。

5.4.2　对给水排水设计的要求，作如下说明。

1　居住建筑冲厕用水可采用模块化户内中水集成系统，并应做好防水处理。

2　为便于日后管道维修更换，给水系统的给水立管与部品配水管道的接口宜设置内螺纹活接连接。实际工程中由于未采用活接头，在遇到有拆卸管路要求的检修时只能采取断管措施，增加了不必要的施工量。

3　采用装配式的管线及其配件连接，可减少现场焊接、热熔工作。

6　卫生间架空层积水排除可设置独立的排水系统或采用间接排水方式。

5.4.3　对建筑供暖、通风、空调及燃气设计的要求，作如下说明。

2　当采用散热器供暖系统时，散热器安装应牢固可靠，安装在轻钢龙骨隔墙上时，应采用隐蔽支架固定在结构受力件上；安装在预制复合墙体上时，其挂件应预埋在实体结构上，挂件应满足刚度要求；当采用预留孔洞安装散热器挂件时，预留孔洞的深度应不小于 120mm。

3　集成式卫生间和同层排水的架空地板下面有很多给水和排水管道，为了方便检修，不建议采用地板辐射供暖方式。而有外窗的卫生间冬季有一定的外围护结构耗热量，而只采用临时加热的浴霸等设备不利于节能，应采用散热器供暖。

4　管道和支架之间，应采用防止“冷桥”和“热桥”的措施。经过冷热处理的管道应遵循相关规范的要求做好防结露及绝热措施，应遵照现行国家标准《设备及管道绝热设计导则》GB/T 8175、《公共建筑节能设计标准》GB 50189 中的有关规定。

5.4.4　所有需与钢结构做电气连接的部位，宜在工厂内预制连接件，施工现场不宜在钢结构主体上直接焊接。

5.5　内装系统

5.5.3　装配式钢结构建筑应考虑内装部品的后期运维及其物权归属问题，根据不同材料、设备、设施具有不同的使用年限，内装部品设计应符合使用维护和维修改造要求。装配式建筑的部品连接与设计应遵循以下原则：第一，应以专用部品的维修与更换不影响共用部品为原则；第二，应以使用年限较短部品的维修和更换不破坏使用年限较长部品为原则；第三，应以专用部品的维修和更换不影响其他住户为原则。

装配式钢结构建筑内装设计，应考虑后期改造更新时不影响建筑主体结构的结构安全性，因此采用管线分离的方式，方便了内装系统及设备管线的维修更换，保证了建筑的长期使用价值。

5.5.5 装配式建筑采用装配式轻质隔墙，既可利用轻质隔墙的空腔敷设管线有利于工业化建造施工与管理，也有利于后期空间的灵活改造和使用维护。装配式隔墙应预先确定固定点的位置、形式和荷载，并应通过调整龙骨间距、增设龙骨横撑和预埋木方等措施为外挂安装提供条件。采用轻质内隔墙是建筑内装工业化的基本措施之一，隔墙集成程度（隔墙骨架与饰面层的集成）、施工是否便捷、高效是内装工业化水平的主要标志。

5.5.6 外墙内表面及分户墙表面可以采用适宜干式工法要求的集成化部品，设置墙面架空层，在架空层内可敷设管道管线，因此内装设计时与室内设备和管线要进行一体化的集成设计。

5.5.8 地面部品从建筑工业化角度出发，其做法宜采用可敷设管线的架空地板系统等集成化部品。架空地板系统，在地板下面采用树脂或金属地脚螺栓支撑，架空空间内敷设给水排水管道，在安装分水器的地板处设置地面检修口，以方便管道检查和修理使用。

5.5.11 收纳系统对不同物品的归类收放既要合理存放，又不要浪费空间。在收纳系统的设计中，应充分考虑人的尺寸、人的收取物品的习惯、人的视线、人群特征等各方面的因素，使收纳具有更好的舒适性、便捷性和高效性。

5.5.13 装配式建筑内装部品采用体系集成化成套供应、标准化接口，主要是为减少不同部品系列接口的非兼容性。

6 生 产 运 输

6.1 一 般 规 定

6.1.1 本条规定了建筑部品部件生产企业的基本要求。从企业有固定的车间、技术生产管理人员及专业的产业操作工人等方面进行了规定，同时要求企业建立产品标准或产品标准图集等技术标准体系，也规定了安全、质量和环境管理体系的要求。

6.1.2 本条从标准化设计和机械化生产的角度，提出对建筑部品部件实行生产线作业和信息化管理的要求，以保证产品加工质量稳定。

6.2 结构构件生产

6.2.7 钢构件表面的除锈质量在现行国家标准《涂覆涂料前钢材表面处理　表面清洁度的目视评定　第1部分：未涂覆过的钢材表面和全面清除原有涂层后的钢材表面的锈蚀等级和处理等级》GB/T 8923.1、《涂覆涂料前钢材表面处理　表面清洁度的目视评定　第2部分：已涂覆过的钢材表面局部清除原有涂层后的处理等级》GB/T 8923.2、《涂覆涂料前钢材表面处理　表面清洁度的目视评定　第3部分：焊缝、边缘和其他区域的表面缺陷的处理等级》GB/T 8923.3 和《涂覆涂料前钢材表面处理　表面清洁度的目视评定　第4部分：与高压水喷射处理有关的初始表面状态、处理等级和闪锈等级》GB/T 8923.4 等标准中有规定，设计和施工单位可以参考选用。

6.4 内装部品生产

6.4.1 对本条作如下说明：

1 内装部品生产前应对已经预留的预埋件和预留孔洞进行采集、核验，对于已经形成的偏差，在部品生产时尽可能予以调整，实现建筑、装修、设备管线协同，测量和生产数据均以 mm 为单位。

2 对内装部品进行编码，是对装修作业质量控制的产业升级，便于运营和维护。编码可通过信息技术附着于部品，包含部品的各环节信息，实现部品的质量追溯，推进部品质量的提升和安装技术的进步。

3 部品生产时宜适度预留公差，有利于调剂装配现场的偏差范围与规模化生产效率。部品应进行标识并包含详细信息，有利于装配工人快速识别并准确应用，既提高装配效率又避免部品污染与损耗。

6.5 包装、运输与堆放

6.5.3 本条规定的建筑部品部件的运输尺寸包括外形尺寸和外包装尺寸，运输时长度、宽度、高度和重量不得超过公路、铁路或海运的有关规定。

7 施 工 安 装

7.1 一 般 规 定

7.1.1 本条规定了从事装配式钢结构建筑工程各专业施工单位的管理体系要求，以规范市场准入制度。

7.1.2 本条规定了装配式钢结构建筑工程施工前应完成施工组织设计、专项施工方案、安全专项方案、环境保护专项方案等技术文件的编制，并按规定审批论证，以规范项目管理，确保安全施工、文明施工。

施工组织设计一般包括编制依据、工程概况、资源配置、进度计划、施工总平面布置、主要施工方案、施工质量保证措施、安全保证措施及应急预案、文明施工及环境保护措施、季节性施工措施、夜间施工措施等内容，也可以根据工程项目的具体情况对施工组织设计的编制内容进行取舍。

编制专门的施工安全专项方案，以减少现场安全事故，规定现场安全生产要求。现场安全主要包括结构安全、设备安全、人员安全和用火用电安全等。可参照的标准有《建筑机械使用安全技术规程》JGJ 33、《施工现场临时用电安全技术规范》JGJ 46、《建筑施工安全检查标准》JGJ 59、《建设工程施工现场环境与卫生标准》JGJ 146 等。

7.1.3 本条规定装配式钢结构建筑的施工应根据部品部件工厂化生产、现场装配化施工的特点，采用合适的安装工法，并合理安排协调好各专业工种的交叉作业，提高施工效率。

7.1.4 装配式钢结构建筑工程施工期间，使用的机具和工具必须进行定期检验，保证达到使用要求的性能及各项指标。

7.1.5 本条规定鼓励在项目管理的各个环节充分利用信息化技术，结合施工方案，进行虚拟建造、施工进度模拟，不仅可以提高施工效率，确保施工质量，而且可为施工单位精确制定人物料计划提供有效支撑，减少资源、物流、仓储等环节的浪费。

7.1.6 本条规定了安全、文明、绿色施工的要求。

施工扬尘是最主要的大气污染源之一。施工中应采取降尘措施，降低大气总悬浮颗粒物浓度。施工中的降尘措施包括对易飞扬物质的洒水、覆盖、遮挡，对出入车辆的清洗、封闭，对易产生扬尘施工工艺的降尘措施等。

建筑施工废弃物对环境产生较大影响，同时建筑施工废弃物的产出，也意味着资源的浪费。因此减少建筑施工废弃物的产生，涉及节地、节能、节材和保护环境这一可持续发展的综合性问题。废弃物控制应在材料采购、材料管理、施工管理的全过程实施，应分类收集、集中堆放，尽量回收和再利用。

施工噪声是影响周边居民生活的主要因素之一。现行国家标准《建筑施工场界环境噪声排放标准》GB 12523 是施工噪声排放管理的依据。应采取降低噪声和噪声传播的有效措施，包括采用低噪声设备，运用吸声、消声、隔声、隔振等降噪措施，降低施工机械噪声影响。

7.1.7 装配式钢结构建筑施工应配备相关专业技术人员，施工前应对相关人员进行专业培训和技术交底。

7.2 结构系统施工安装

7.2.3 本条规定的合理顺序需考虑到平面运输、结构体系转换、测量校正、精度调整及系统构成等因素。安装阶段的结构稳定性对保证施工安全和安装精度非常重要，构件在安装就位后，应利用其他相邻构件或采用临时措施进行固定。临时支撑或临时措施应能承受结构自重、施工荷载、风荷载、雪荷载、吊装产生的冲击荷载等荷载的作用，并且不使结构产生永久变形。

7.2.4 高层钢结构安装时，随着楼层升高结构承受的荷载将不断增加，这对已安装完成的竖向结构将产生竖向压缩变形，同时也对局部构件（如伸臂桁架杆件）产生附加应力和弯矩。在编制安装方案时，应根据设计文件的要求，并结合结构特点以及竖向变形对结构的影响程度，考虑是否需要采取预调安装标高、设置后连接构件固定等措施。

7.2.5 钢结构工程施工监测内容主要包括结构变形监测、环境变化监测（如温差、日照、风荷载等外界环境因素对结构的影响）等。不同的钢结构工程，监测内容和方法不尽相同。一般情况下，监测点宜布置在监测对象的关键部位以便布设少量的监测点，仍可获得客观准确监测结果。

7.2.8 本条主要规定现场涂装要求。

1 构件在运输、安装过程中涂层碰损、焊接烧伤等，应根据原涂装规定进行补漆；表面涂有工程底漆的构件，因焊接、火焰校正、暴晒和擦伤等造成重新锈蚀或附有白锌盐时，应经表面处理后再按原涂装规定进行补漆。

2 条款中的兼容性是指构件表面防腐油漆的底层漆、中间漆和面层漆之间的搭配相互兼容，以及防腐油漆与防火涂料相互兼容，以保证涂装系统的质量。整个涂装体系的产品应尽量来自于同一厂家，以保证涂装质量的可追溯性。

7.2.11 混凝土叠合板施工应考虑两阶段受力特点，施工时应采取质量保证措施避免产生裂缝。

7.3 外围护系统安装

7.3.1 外围护系统可在一个流水段主体结构分项工程验收合格后，与主体结构同步施工，但应采取可靠防护措施，避免施工过程中损坏已安装墙体及保证作业人员安全。

7.3.2 本条主要对施工安装前的准备工作作相应要求。

1 围护部品零配件及辅助材料的品种、规格、尺寸和外观要求应在设计文件中明确规定，安装时应按设计要求执行。对进场部品、辅材、保温材料、密封材料等应按相关规范、标准及设计文件进行质量检查和验收，不得使用不合格和过期材料。

4 应根据控制线，结合图纸放线，在底板上弹出水平位置控制线；并将控制线引到钢梁、钢柱上。

7.3.3 围护部品起吊和就位时，对吊点应进行复核，对于尺寸较大的构件，宜采用分配梁等措施，起吊过程应保持平稳，确保吊装准确、可靠安全。

7.3.4 预制外墙吊装就位后，应通过临时固定和调整装置，调整墙体轴线位置、标高、垂直度，接缝宽度等，经测量校核合格后，才能永久固定。为确保施工安全，墙板永久固定前，吊机不得松钩。

7.4 设备与管线系统安装

7.4.1 在结构构件加工制作阶段，应将各专业、各工种所需的预留孔洞、预埋件等设置完成，避免在施工现场进行剔凿、切割，伤及构件，影响质量及观感。

7.4.4 施工时应考虑工序穿插协调，在钢结构防腐防火涂料施工前应进行连接支（吊）架焊接固定。如不具备此条件，因安装支（吊）架而损坏的防护涂层应及时修补。

7.5 内装系统安装

7.5.3 本条规定了内装部品安装前的施工准备工作。在全面施工前，先进行样板间的施工，样板间施工中采用的材料、施工工艺以及达到的装饰效果应经过设计、建设及监理单位确认。

7.5.7 超过 3kg 的灯具及电扇等有动荷载的物件，均应采用独立吊杆固定，严禁安装在吊顶龙骨上。吊顶板内的管线、设备在饰面板安装之前应作为隐蔽项目，调试验收完应作记录。

7.5.8 对本条作如下说明：

1 架空层内的给水、中水、供暖管道及电路配管，应严格按照设计路由及放线位置敷设，以避免架空地板的支撑脚与已敷设完毕的管道打架。同时便于后期检修及维护。

2 宜在地暖加热管保持水压的情况下铺设面层，以及时发现铺设面层时对已隐蔽验收合格的管道产生破坏。

7.5.9 集成卫生间安装前，应先进行地面基层和墙面的防水处理，防水处理施工及质量控制可按照现行国家标准《住宅装饰装修工程施工规范》GB 50327 中防水工程的规定执行。

7.5.10 对本条作如下说明：

2 当采用油烟同层直排设备时，风帽管道应与排烟管道有效连接。风帽不应直接固定于外墙面，以避免破坏外墙保温系统。

8 质量验收

8.1 一般规定

8.1.3 许多部品部件的生产来自多种行业，应分别符合机械、建筑、建材、电工、林产、化工、家具、家电等行业标准，有的还应取得技术质量监督局的认定，或第三方认证。组成建筑系统后某些性能和安装状态还要同时满足有关建筑标准，所以在验收时对这样的部品部件还要查验有关产品文件。

8.2 结构系统验收

8.2.1 除纯钢结构外，装配式钢结构建筑中还可能会用到钢管混凝土柱或者钢-混凝土组合梁、压型钢板组合楼板等，因此也要做好这些构件的验收。

8.3 外围护系统验收

8.3.2 进行连接件材性试验时，应现场取样后送实验室检测；锚栓拉拔强度应进行现场检测。

8.4 设备与管线系统验收

8.4.1～8.4.7 各机电系统分部工程和分项工程的划分、验收方法均应按照相关的专业验收规范执行。

8.5 内装系统验收

8.5.2 对本条作如下说明：

1 分户质量验收，即"一户一验"，是指住宅工程在按照国家有关规范、标准要求进行工程竣工验收时，对每一户住宅及单位工程公共部位进行专门验收；住宅建筑分段竣工验收是指按照施工部位，某几层划分为一个阶段，对这一个阶段进行单独验收。

2 公共建筑分段质量验收是指按照施工部位，某几层或某几个功能区间划分为一个阶段，对这一个阶段进行单独验收。

9 使用维护

9.1 一般规定

9.1.1 建筑的设计条件、使用性质及使用环境，是建筑设计、施工、验收、使用与维护的基本前提，尤其是建筑装饰装修荷载和使用荷载的改变，对建筑结构的安全性有直接影响。相关内容也是《建筑使用说明书》的编制基础。

9.1.2 当建筑使用性质为住宅时，即为《住宅质量保证书》和《住宅使用说明书》，此时建设单位即为房地产开发企业。

按原建设部《商品住宅实行住宅质量保证书和住宅使用说明书制度的规定》，房地产开发企业应当在商品房交付使用时向购买人提供《住宅质量保证书》和《住宅使用说明书》。

《住宅质量保证书》是房地产开发企业对所售商品房承担质量责任的法律文件，其中应当列明工程质量监督单位核验的质量等级、保修范围、保修期和保修单位等内容，房地产开发企业应按《住宅质量保证书》的约定，承担保修责任。

《住宅使用说明书》是指住宅出售单位在交付住宅时提供给业主的，告知住宅安全、合理、方便使用及相关事项的文本，应当载明房屋建筑的基本情况、设计使用寿命、性能指标、承重结构位置、管线布置、附属设备、配套设施及使用维护保养要求、禁止事项等。住宅中配置的设备、设施，生产厂家另有使用说明书的，应附于《住宅使用说明书》中。

《物业管理条例》同时要求，在办理物业承接验收手续时，建设单位应当向物业服务企业移交物业质量保修文件和物业使用说明文件、竣工图等竣工验收资料、设施设备的安装、使用与维护保养等技术资料。

国内部分省市已经明确将实行住宅质量保证书和住宅使用说明书制度的范围扩展到所有房屋建筑工程。鉴于装配式钢结构建筑使用与维护的特殊性，有条件时，也应执行建筑质量保证书和使用说明书制度，向业主和物业服务企业提供。

9.1.3 《建设工程质量管理条例》等对建筑工程最低保修期限作出了规定。另外，针对装配式钢结构建筑的特点，提出了相应部品部件的质量要求。

9.1.4 本条内容主要是为保证装配式钢结构建筑功能性、安全性和耐久性，为业主或使用者提供方便的要求。

根据《住宅室内装饰装修管理办法》的规定，室内装饰装修活动严禁：未经原设计单位或者具有相应资质等级的设计单位提出设计方案，变动建筑主体和承重结构；将没有防水要求的房间或者阳台改为卫生间、厨房间；扩大承重墙上原有的门窗尺寸，拆除连接阳台的砖、混凝土墙体；损坏房屋原有节能设施，降低节能效果；其他影响建筑结构和使用安全的行为。

装配式钢结构建筑在使用过程中的二次装修、改造，应严格执行相应规定。

9.1.5 根据《物业管理条例》的规定，建设单位应当在销售物业之前，制定临时管理规约，对有关物业的使用、维护、管理，业主的共同利益，业主应当履行的义务，违反管理规约应当承担的责任等事项依法作出约定。

9.1.6 制定《检查与维护更新计划》进行物业的维护和管理，在发达国家已逐步成为建筑法规的明文规定。有条件时，应在建筑的使用与维护中执行这一要求。

9.1.7 本条是在条件允许时将建筑信息化手段用于建筑全寿命期使用与维护的要求。地震或火灾后，应对建筑进行全面检查，必要时应提交房屋质量检测机构进行评估，并采取相应的措施。强台风灾害后，也宜进行外围护系统的检查。

9.2 结构系统使用维护

9.2.3 建筑使用条件、使用性质及使用环境与主体结构设计使用年限内的安全性、适用性和耐久性密切相关，不得擅自改变。如确因实际需要作出改变时，应按有关规定对建筑进行评估。

9.2.4 为确保主体结构的可靠性，在建筑二次装修、改造和整个建筑的使用过程中，不应对钢结构采取焊接、切割、开孔等损伤主体结构的行为。

9.2.5 国内外钢结构建筑的使用经验表明，在正常维护和室内环境下，主体结构在设计使用年限内一般不存在耐久性问题。但是，破坏建筑保温、外围护防水等导致的钢结构结露、渗水受潮，以及改变和损坏防火、防腐保护等，将加剧钢结构的腐蚀。

9.3 外围护系统使用与维护

9.3.2 外围护系统的检查与维护，既是保证围护系统本身和建筑功能的需要，也是防止围护系统破坏引起钢结构腐蚀问题的要求。物业服务企业发现围护系统有渗水现象时，应及时修理，并确保修理后原位置的水密性能符合相关要求。密封材料如密封胶等的耐久性问题，应尤其关注。

在建筑室内装饰装修和使用中，严禁对围护系统的切割、开槽、开洞等损伤行为，不得破坏其保温和防水做法，在外围护系统的检查与维护中应重点关注。

9.3.3 地震或火灾后，对外围护系统应进行全面检查，必要时应提交房屋质量检测机构进行评估，并采取相应的措施。有台风灾害的地区，当强台风灾害后，也应进行外围护系统检查。

9.4 设备与管线系统使用维护

9.4.1 设备与管线分为公共部位和业主（或使用者）自用部位两部分，物业服务企业应在《检查与维护更新计划》中覆盖公共部位以及自用部分对建筑功能性、安全性和耐久性带来影响的设备及管线。

业主（或使用者）自用部位设备及管线的使用和维护，应在《建筑使用说明书》的指导下进行。有需要时，可委托物业服务企业，或通过物业服务企业联系部品生产厂家进行维护。

9.4.3 自行装修的管线敷设宜采用与主体结构和围护系统分离的模式，尽量避免墙体的开槽、切割。

9.5 内装系统使用维护

9.5.1 装配式钢结构建筑全装修交付时，《建筑使用说明书》应包括内装的使用和维护内容。装配式钢结构建筑的内装分为公共部位和业主（或使用者）自用部位，物业服务企业应在《检查与维护更新计划》中覆盖公共部位以及自用部位中影响整体建筑的内装。

业主（或使用者）自用部位内装的使用和维护，应遵照《建筑使用说明书》，也可根据需要求助于物业服务企业，或通过物业服务企业联系部品生产厂家进行维护。

9.5.2 本条是保证建筑内装在维护和更新后，其防火、防水、保温、隔声和健康舒适性等性能不至下降太多。

9.5.3 中华人民共和国建设部令第110号《住宅室内装饰装修管理办法》中对住宅室内装饰装修工程质量的保修期有规定，“在正常使用条件下，住宅室内装饰装修工程的最低保修期限为两年，有防水要求的厨房、卫生间和外墙面的防渗漏为五年。保修期自工程竣工验收合格之日起计算”。建设单位可视情况在此基础上提高保修期限的要求，提升装配式钢结构建筑的品质。

中华人民共和国行业标准

轻型模块化钢结构组合房屋
技 术 标 准

Technical standard for light steel modular building

JGJ/T 466－2019

批准部门：中华人民共和国住房和城乡建设部
施行日期：2 0 1 9 年 1 2 月 1 日

中华人民共和国住房和城乡建设部公告

2019 年　第 115 号

住房和城乡建设部关于发布行业标准《轻型模块化钢结构组合房屋技术标准》的公告

现批准《轻型模块化钢结构组合房屋技术标准》为行业标准，编号为 JGJ/T 466－2019，自 2019 年 12 月 1 日起实施。

本标准在住房和城乡建设部门户网站（www.mohurd.gov.cn）公开，并由住房和城乡建设部标准定额研究所组织中国建筑工业出版社出版发行。

中华人民共和国住房和城乡建设部
2019 年 5 月 17 日

17

前　言

根据住房和城乡建设部《关于印发〈2015年工程建设标准规范制订、修订计划〉的通知》（建标〔2014〕189号）的要求，标准编制组经广泛调查研究，认真总结实践经验，参考有关国际标准和国外先进标准，并在广泛征求意见的基础上，编制了本标准。

本标准的主要技术内容是：1. 总则；2. 术语；3. 建筑设计；4. 模块单元；5. 结构体系与结构计算；6. 建筑设备与建筑防护；7. 制作、运输和安装；8. 验收和运营维护。

本标准由住房和城乡建设部负责管理，由中冶建筑研究总院有限公司负责具体技术内容的解释。执行过程中如有意见或建议，请寄送中冶建筑研究总院有限公司（地址：北京市海淀区西土城路33号，邮编：100088）。

本标准主编单位：中冶建筑研究总院有限公司
天津大学

本标准参编单位：国家钢结构工程技术研究中心
同济大学
清华大学
天津市建筑设计院
中国人民解放军海军工程设计研究院
中国建筑科学研究院有限公司
中冶天工（天津）装备制造有限公司
北京建筑大学
常熟雅致模块化建筑有限公司
中建钢构武汉有限公司
上海通璞建筑科技有限公司
上海铂实建筑科技发展股份有限公司
多维联合集团有限公司
山东万事达建筑钢品股份有限公司
天津市建工工程总承包有限公司
深圳市建筑设计研究总院有限公司
北京津西赛博思建筑设计有限公司
北京浩石集成房屋有限公司
中冶建筑研究总院（深圳）有限公司
中国京冶工程技术有限公司
北方赤晓组合房屋（廊坊）有限公司

本标准主要起草人员：侯兆新　陈志华　李国强　施　刚
陈敖宜　王建平　张爱林　陈　琛
孙　超　王月栋　王立伟　周建锋
郑　云　常正非　郭　东　刘佳迪
余玉洁　文双玲　林　莉　郑国荣
郑礼刚　蔡玉春　卞宗舒　何　亮
王启文　陈　瑜　朱　晨　焦守团
崔　萌　刘　曙　甘华松　贺东哲
张艳霞　黄　波　周　婷　龚　超
刘晓刚

本标准主要审查人员：陈禄如　郁银泉　贺明玄　王　湛
狄　谨　王玉银　张跃峰　尹伯悦
于敬海　余　流　严洪丽　田国英
刘喻石

17

目　次

17

1 总　　则

1.0.1 为在轻型模块化钢结构组合房屋设计和施工应用中贯彻执行国家的经济技术政策，做到技术先进、经济合理、安全适用、确保质量，制定本标准。

1.0.2 本标准适用于抗震设防烈度8度及以下，房屋高度不超过24m的轻型模块化钢结构民用建筑的设计、制作、运输、安装、验收及运营维护等。

1.0.3 轻型模块化钢结构组合房屋设计，应合理选择建筑模块和组合形式，满足在运输、安装及使用过程中的功能和安全要求。

1.0.4 轻型模块化钢结构组合房屋的设计、制作、安装、验收及维护，除应符合本标准外，尚应符合国家现行有关标准的规定。

2 术　　语

2.0.1 轻型模块化钢结构组合房屋　light steel modular building

在工厂内制作完成，或在现场拼装完成且具有使用功能的轻型钢结构建筑模块单元，通过装配连接而成的单、多层轻型模块化钢结构建筑。简称模块化组合房屋。

2.0.2 建筑模块单元　modular unit

模块化组合房屋在空间上所划分成的若干种六面体箱形房间单元，由模块地板、顶板以及墙板组成。

2.0.3 柱承重模块单元　corner supported module

主要靠角柱形成角点支撑，并支撑全部边梁重量，龙骨和墙板均不考虑承受荷载的模块单元。

2.0.4 墙承重模块单元　continuously supported module

正常使用时，主要通过长边方向墙体承担荷载的模块单元。

2.0.5 模块地板（楼板）　bottom plate of modular unit

模块单元的地板，是模块单元的组成部分。通常采用轻钢结构组合（复合）楼板、压型钢板组合楼板、工厂预制钢筋混凝土楼板、预制钢筋混凝土圆孔板等，其上铺设复合板材组成，可以直接当建筑地面使用。

2.0.6 模块顶板　top plate and ceiling of modular unit

模块单元的顶板，是模块单元的组成部分。通常采用轻钢龙骨吊顶、夹芯板吊顶或单层或双层钢板复合板吊顶等轻质板材形式。

2.0.7 模块墙板　wall plate of modular unit

指模块单元外立面的围挡物，如墙、门、窗等。墙体通常采用波纹板、衬板、盒式面板、复合板、干挂瓷砖、轻质混凝土板或者木板等材料。

2.0.8 叠箱结构体系　structure by piled modules

由多个模块单元叠置，并相互连接组成的单、多层箱体结构。

2.0.9 叠箱-框架混合结构体系　hybrid structure with piled modules and frames

叠箱结构与框架混合而成的结构体系。

2.0.10 嵌入式模块框架结构体系　recessed module supported by frames

模块单元由一个结构框架支撑或者被放置在结构楼面上而形成的结构体系。通常模块可以被放置在主要结构构件之间。

2.0.11 名义轴网　nominal gridline

指模块建筑平面图中由名义轴线组成的轴网。对于布置在建筑平面中部的模块单元，采用相邻两模块间隙的中线作为定位轴线；对于布置在模块建筑平面尽端的模块单元，采用其外墙的外边线为定位轴线。

3 建筑设计

3.1 一般规定

3.1.1 模块化组合房屋设计应符合现行国家标准《民用建筑设计统一标准》GB 50352及国家现行有关标准的规定。

3.1.2 建筑设计应统筹建筑全寿命周期的规划设计、生产运输、制作安装和运营维护等。

3.1.3 模块建筑设计应按一体化设计原则，给水、排水、供暖、通风、空调、燃气、电气、智能化、装饰等专业协同设计，确保模块建筑设计的系统性和完整性。模块单元设计应集成结构系统、外围护系统、内装系统、设备和管线系统。

3.1.4 建筑设计阶段应考虑建筑选型和平面布置的要求，评估模块化组合房屋的优势和效益。

3.1.5 建筑功能的设计指标应符合下列规定：

1　使用功能合理，空间组织便捷；

2　采光、通风、隔声、保温、隔热、防水和卫生等要求；

3　防火、疏散、防护、抗震、抗风、防雷击等防灾与安全性设计要求。

3.1.6 建筑设计应统筹考虑模数要求与原材料基材的规格，应选用标准化、系列化的尺寸，提高材料利用率，减少材料损耗。

3.1.7 模块化组合房屋的设计、生产和装配中的模数数列应根据功能性和经济性原则确定，并应符合现行国家标准《建筑模数协调标准》GB/T 50002的规定。

3.1.8 建筑设计应考虑模块单元的特点，采用名义轴网（图3.1.8）。

3.1.9 模块单元竖向直接叠置时，宜取模块单元高度与模块单元间间隙之和（$h+h'$）为建筑层高（图3.1.9）；当有连接垫件

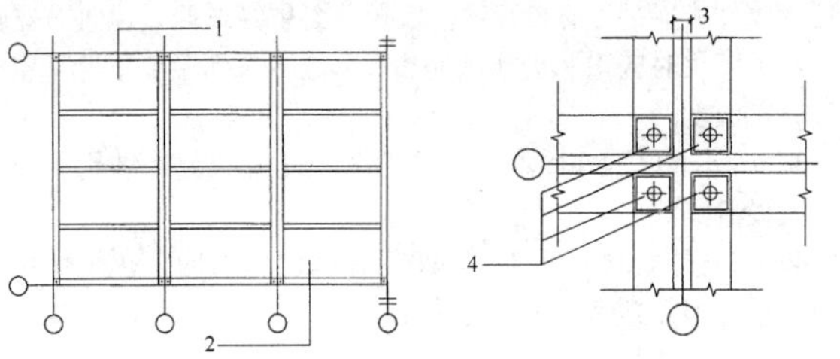

图 3.1.8　模块化组合房屋的名义轴网

1—尽端单元；2—中部单元；3—模块间隙；4—模块角柱

时，h' 应为连接垫件的高度。

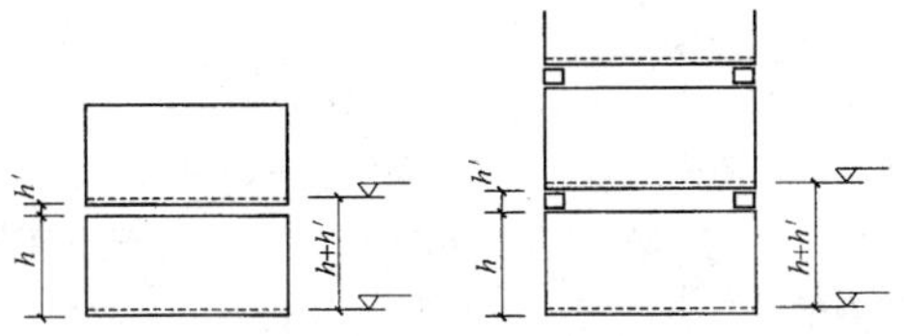

图 3.1.9　模块单元竖向布置及建筑层高

h—模块单元高度；h'—模块单元间垫件高度；虚线为铺装后的地（楼）面位置

3.1.10　隔声性能应符合现行国家标准《民用建筑隔声设计规范》GB 50118 的规定，模块单元内部品部件、模块单元间的连接节点应采取隔声、隔振措施，对可能形成声桥的部位，应采用隔声材料或重质材料填充或包覆，使相邻空间隔声达到设计要求。

3.1.11　模块化组合房屋应采用热工性能较好的围护结构体系并应选择先进、适用的供热、供冷系统和运行方法。建筑物应根据所处气候分区的不同要求，对墙体采用相应的保温、隔热措施，并应满足建筑使用功能和建筑节能的需求。

3.2　模块选择与布置

3.2.1　模块化组合房屋模数宜采用下列尺寸：

1　平面图中，相邻模块单元间间隙距离宜为 5mm、10mm；

2　立面图中，上、下模块单元间间隙距离宜为 20mm、30mm；

3　模块外墙厚度宜采用 50mm 模数；

4　模块内隔墙厚度宜采用 100mm 基础上 15mm 模数；

5　模块间分户双墙厚度宜采用 175mm 基础上 30mm 模数。

3.2.2　模块单元的尺寸模数应符合下列规定：

1　模块单元平面尺寸应符合建筑功能与人居环境要求，单个模块单元进深不宜超过 10m，单个模块单元的宽度不宜超过 4m；

2　楼梯间模块宜采用 2.4m、2.7m 开间，走廊宽度宜采用 1.8m、2.4m；

3　模块高度应符合国家有关建筑标准和模数规定，室内可居住房间净高不应小于 2.4m，厨房、卫浴、走廊、通道等房间净高不应小于 2.1m；

4　模块单元的模数尚应考虑道路运输条件和现场吊装条件的限制。

3.2.3　建筑平面设计应符合下列规定：

1　平面的功能区应通过标准模块的尺寸组合进行布置，其布置宜规则、对称；

2　在同一功能区中布置的模块数量应尽量少，减少拼缝；

3　一个功能区由多个模块覆盖时，功能区内的管线、设备、墙壁、门窗宜保持整体性；

4　楼梯间、电梯间、卫生间、厨房等功能特殊、管线密集的区域，宜采用单个模块单元；

5　建筑平面设计时应考虑相邻模块单元的连接关系。

3.2.4　建筑平面设计中，楼梯间、电梯间、卫生间和走廊等区域结合模块建筑抗侧力结构布置要求，综合优化布置并应满足其使用功能，并应符合人流、物流通行以及安全疏散等建筑要求。

3.2.5　建筑平面设计应采用标准模块不同堆叠形式，来实现多样化的建筑功能需求。可通过在平面和立面上偏移模块单元、阳台和屋面模块单元附件的使用等技术提高建筑美观效果（图 3.2.5）。

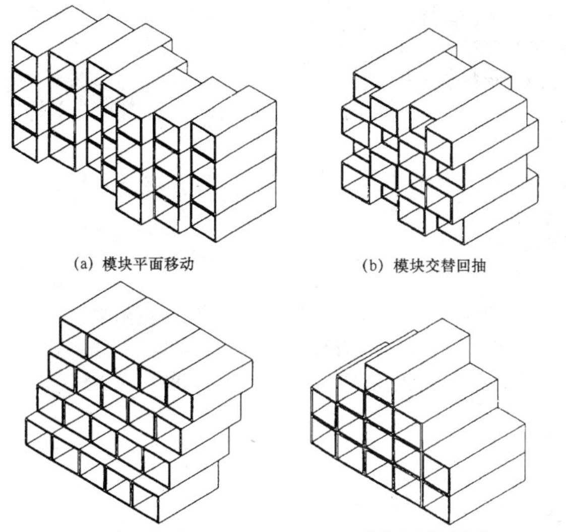

(a) 模块平面移动　(b) 模块交替回抽

(c) 模块阶梯悬臂布置　(d) 模块金字塔形堆叠

图 3.2.5　模块单元的不同堆叠形式

3.2.6　模块布置应考虑与结构支撑、剪力墙等布置的协调。当室内布局需要较大尺寸空间时，可采用模块与框架结构、框架支撑结构等形成混合结构体系的方式实现（图 3.2.6）。

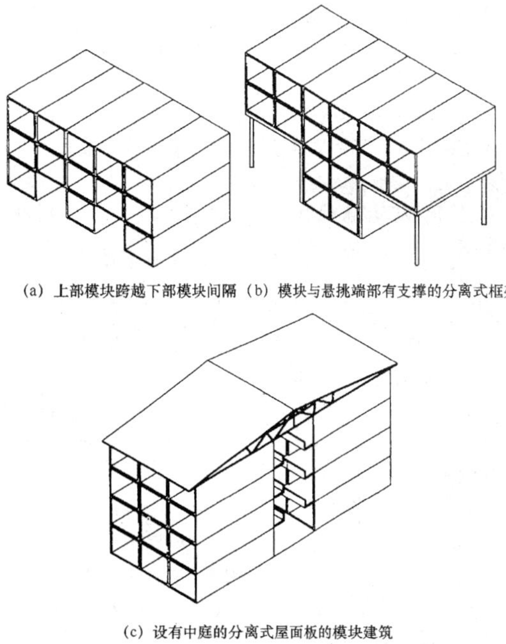

(a) 上部模块跨越下部模块间隔　(b) 模块与悬挑端部有支撑的分离式框架

(c) 设有中庭的分离式屋面板的模块建筑

图 3.2.6　建筑悬挑和中庭的模块单元布置

3.2.7　建筑体型、窗墙比应符合国家现行标准《公共建筑节能设计标准》GB 50189、《夏热冬冷地区居住建筑节能设计标准》JGJ 134、《夏热冬暖地区居住建筑节能设计标准》JGJ 75、《严寒和寒冷地区居住建筑节能设计标准》JGJ 26 关于建筑功能和建筑节能的规定。

3.2.8　建筑立面设计应符合规划要求，外立面分割尺寸合理，流线简洁，符合环境要求。

3.2.9　建筑布局应有利于室内自然通风。对于单朝向和无法满足自然通风的模块化居住建筑，应采取措施改善室内环境。

3.3 模块地板

3.3.1 模块地板可采用轻钢结构楼板、压型钢板组合楼板、工厂预制钢筋混凝土楼板、预制钢筋混凝土圆孔板、装配整体式楼板等。

3.3.2 轻钢结构楼板宜采用主次龙骨或轻钢龙骨桁架结构，其上铺设复合板材组成。

3.3.3 复合板材可采用增强纤维硅酸钙板、定向刨花板等，不得采用不配钢筋的纤维水泥类板材和水泥加气发泡类板材。

3.3.4 预制钢筋混凝土楼板在工厂内宜采用轻质混凝土现浇制成，楼板钢筋应与模块四周边梁可靠连接，楼板和模块之间应增设连接件有效连接。

3.3.5 对于预制混凝土圆孔板或装配整体式楼板，板与梁、板与板之间应有效连接。

3.4 模块顶板

3.4.1 模块顶板宜采用轻钢龙骨吊顶、夹芯板吊顶、单层或双层钢板复合板吊顶等轻质板材形式，并应符合现行国家标准《建筑设计防火规范》GB 50016 的规定。不同的吊顶板材应符合下列规定：

1 夹芯板宜选择热镀锌钢板，双面镀锌含量不应小于 $180g/m^2$，厚度可选用 0.5mm 及以上的板材，其连接方式可采用搭接方式；

2 夹芯板的板芯材料可采用岩棉板材，其密度不应小于 $100kg/m^3$；也可选用挤塑型聚苯板；

3 单层钢板复合板可采用钢板下铺带铝箔防潮层的玻璃棉毡；必要时在底部设置钢丝网或玻璃纤维布加强，以承托保温材料；

4 双层钢板复合板可采用双层压型钢板内填充玻璃棉毡、挤塑板等保温材料，加工成板材。

3.4.2 模块顶板宜设置对角拉撑，增加平面内刚度，防止发生变形。

3.4.3 模块顶板的支撑构件可选用 C 形钢檩条，也可在工厂制作钢筋小桁架檩条，间距应经计算确定，檩条应与框架梁可靠连接。檩条下应铺设吊顶的龙骨。

3.4.4 模块顶板应包含保温层和防潮层；顶棚各层、各构件间应安装紧密，以确保模块建筑的气密性。

3.5 模块墙板

3.5.1 模块墙板应根据功能要求分为外墙、内隔墙等，不同功能墙体宜采用同类材料、不同尺寸和构造。

3.5.2 墙体结构宜采取次结构框架进行支撑，并进行有效隔断，以避免产生冷桥，墙体可采用波纹板、衬板、盒式面板、复合板或者轻质混凝土板、木板等材料围护。

3.5.3 墙体保温、隔热材料宜采用轻质、可装配的板材。

3.5.4 外墙构造应符合墙体节能的有关规定，宜采用含有重质材料和轻质高效保温隔热材料组合的复合材料。当采用无机材料复合保温板时，可按现行行业标准《建筑结构保温复合板》JG/T 432 的规定执行。

3.5.5 外墙应与所在地区的气候条件相适应，并通过采取下列技术措施，满足室内基本的热环境要求和国家现行标准《公共建筑节能设计标准》GB 50189、《民用建筑热工设计规范》GB 50176、《夏热冬冷地区居住建筑节能设计标准》JGJ 134、《夏热冬暖地区居住建筑节能设计标准》JGJ 75 和《严寒和寒冷地区居住建筑节能设计标准》JGJ 26 的规定：

1 模块化组合房屋外墙应满足所在地的节能要求，宜采用外保温隔热构造。

2 有保温要求的地区，墙体应满足国家现行本类别建筑节能设计标准所规定的传热系数限值要求。供暖地区的墙体应尽量避免金属件或连接件直接穿透保温层；必须穿透时，应进行露点验算，不满足时应采取措施保证热桥部位内表面温度不低于室内空气露点温度。

3 严寒地区、寒冷地区、夏热冬冷地区的围护结构保温层内侧宜设置隔汽层。

4 有防热要求的地区，当采用轻质墙体结构且热惰性指标不满足要求时，应采取遮阳、通风空气间层、反射构造等综合措施。

3.5.6 当外墙为内保温隔热时，宜选用薄型轻质高效保温材料，并应符合现行国家标准《建筑设计防火规范》GB 50016 的规定。

3.5.7 以隔热为主的钢结构模块化建筑房屋，可采用带有可流动空气层的幕墙做法，以增强外墙的隔热性能。

3.5.8 当外墙保温隔热构造允许时，宜设置空气隔层、铝箔反射层、防水层；当保温隔热材料有受潮风险时，宜采用防水透气膜或覆铝的防水透气膜外包，使保温隔热材料保持干燥。

3.5.9 墙体中的空气隔层应密封良好，可作为空气屏障来增强外墙的保温隔热性能。

3.5.10 采用墙体空腔中填充纤维类保温材料时，热阻计算应考虑结构构件、连接件等热桥构件的影响，保温材料的宽度应等于或略大于立柱间距，厚度不宜小于立柱截面高度。

3.5.11 模块外墙的轻钢龙骨宜采用小截面方钢管桁架结构。采用冷弯薄壁 C 形钢龙骨时，应双排交错布置形成断桥。当钢构件外侧保温材料厚度受限时，应进行露点验算。

3.5.12 可通过设置空腔、安装多层材料、使用隔声性能好的材料等方式提高建筑墙体的隔声性能。外墙厚度不宜小于 150mm。

3.5.13 内隔墙应符合下列功能要求：

1 隔墙应有良好的隔声、防火、气密和保温性能，且应具备足够强度和刚度抵抗室内冲击荷载，确保装修、设备、管线的正常工作；

2 隔墙应满足吊挂要求，厨房、卫生间的隔墙应满足防水要求或者应有防水措施；

3 隔墙与隔墙、外墙、地板、顶棚、模块单元钢骨架应有可靠的、可以保证隔墙与其他结构不分离、脱落的连接；

4 当内隔墙用作分户墙时宜采用双层隔墙，隔墙之间应留有 10mm 隔空间隙，且应布置保温和隔汽层；

5 隔墙宜采用轻钢龙骨非金属面板隔墙或夹芯板隔墙，并按国家现行有关隔声、保温和防火标准进行设计；

6 内隔墙与钢结构模块单元的骨架之间应设置变形空间，用轻质防火材料填充，内隔墙上需要设置电器开关或插座时，必须做好隔声处理；内隔墙两侧均需要设置电器开关或插座时，两者应错位设置。

3.6 屋面

3.6.1 根据建筑的使用环境和建筑效果需要，屋面可采用平屋面或坡屋面的形式。采用坡屋面时，应设置桁架及跨越侧墙之间的檩条支撑屋面板，并应符合下列规定：

1 桁架由采用螺栓连接的 C 形钢组成时，布置间隔不宜大于 600mm；

2 檩条通常采用独立的 C 形钢或 Z 形钢，檩条上方布置衬板或盖板用来支撑屋面其他部件。

3.6.2 屋面应设置防水措施，应根据建筑的重要程度及使用功能，结合工程特点及地区自然条件等按不同等级进行设防。

3.6.3 屋面构造应符合下列规定：

1 屋面系统及材料应满足现行国家标准《建筑设计防火规范》GB 50016 和《住宅建筑规范》GB 50368 的规定；

2 屋面保温材料可采用沿坡屋面斜铺或在顶层吊顶上方平铺的方式布置；宜在屋面吊顶内设置空气隔层，以增强屋面的保温性能；当采用保温材料在顶层吊顶上方平铺的方式时，在顶层墙体顶端和墙体与屋面系统连接处，应确保保温材料、隔汽层的连续性、密闭性和整体性；

3　对于居住使用的屋顶空间，保温材料宜设置在屋面构件的外层，屋面覆盖材料和板条用紧固件应穿过保温层，并固定于屋面构件，形成保温屋顶；

4　在强风、台风地区的金属屋面应进行抗风揭验算或试验验证，采取固定加强措施；

5　当采用架空隔热层屋面时，架空隔热层的高度应根据屋面的宽度或坡度确定，架空层不得堵塞；当屋面宽度大于10m时，应设置通风屋脊；架空隔热层底部宜铺设保温材料；

6　严寒及寒冷地区的坡屋面、檐口部位应采取措施，防止冰雪融化下坠和冰坝的形成；

7　天沟、天窗、檐沟、檐口、水落管、泛水、变形缝和伸出屋面管道等处应采取与工程特点相适应的防水加强构造措施。

3.7　门　窗

3.7.1　门框、窗框与墙体结构连接应可靠、牢固、耐久性好，并符合高效的工厂标准化施工的特点。

3.7.2　门窗安装时应避免跨越相邻的模块。如必须设置跨越模块的门窗，该门窗应在现场安装。安装应可靠、方便，且不得破坏已经安装完成的设备和管线。

3.7.3　外墙应协调门（窗）宽度与外墙框架的结构空间关系，并应设置洞口加强型钢，设计合理的泛水构造。

3.8　建筑构造

3.8.1　模块单元的结构骨架、地板、顶板和墙体之间应可靠连接，保证其整体性，并应符合保温、隔热、防水、防火和隔声的要求。

3.8.2　在钢构件可能形成声桥的部位，应采用隔声材料或重质材料填充或包覆，使相邻空间隔声指标达到设计标准的要求。外墙与楼板端面间的缝隙应以隔声材料填塞。当门窗固定在钢构件上时，连接件应具有弹性且应在连接处设置软填料填缝。

3.8.3　模块化组合房屋应进行隔振设计。对冲击导致传声、传振的部位应采取隔声、隔振的构造措施；对设备运转导致传声、传振的部位应分别采取隔声、吸声、消声和隔振的构造措施，其中隔振材料与构件应根据振动的固有频率选用。

3.8.4　应对模块安装就位后最外侧模块之间的缝隙进行有效封堵，阻止外部冷空气、雨水及其他异物进入到模块之间的空腔中，以防其最终渗入到模块内。封堵构造应采用柔性材料完成，以适应模块之间可能产生的相对位移。

3.8.5　模块单元间隔声构造可根据使用功能采用不同的方案（图3.8.5）。

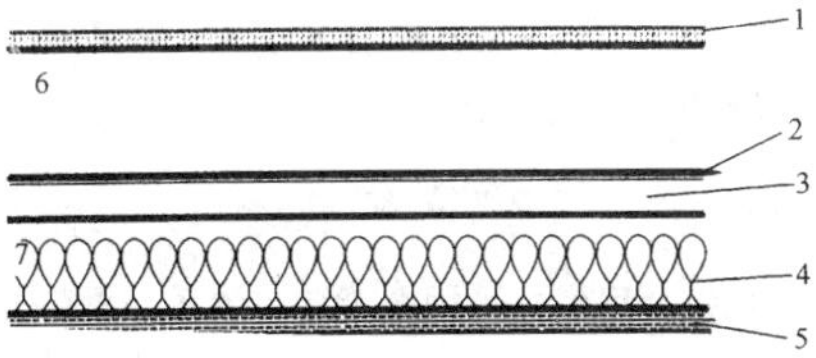

(a) 楼板隔声构造

1—楼板面层板材；2—楼板下封板；3—模块单元间空隙；4—顶棚龙骨间填充保温材料；5—顶棚（双层构造）；6—楼板托梁；7—顶棚龙骨

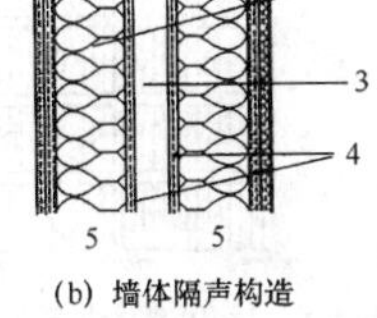

(b) 墙体隔声构造

1—墙体面板（双层构造）；2—墙体龙骨间填充保材料；3—模块单元间空隙；4—模块墙板外护板；5—墙龙骨

图3.8.5　模块单元间隔声构造

4　模块单元

4.1　一般规定

4.1.1　模块单元中受力构件钢材应根据结构及其构件的重要性、荷载特征、应力状态、连接构造、环境温度、钢材厚度以及构件所在的部位，选择其牌号和材质。

4.1.2　模块单元应为几何不变体，并应能够承担自身的重力荷载以及整体结构的效应。

4.1.3　模块单元可采用墙承重模块单元和柱承重模块单元。墙承重模块单元不宜用于3层以上的建筑。墙承重模块单元中的墙体若不能直接传力，应在墙体对应位置的楼板空间内设置梯形桁架以实现竖向荷载的传递。

4.1.4　楼板和承重墙可采用70mm～100mm高，1.5mm～6.0mm厚的卷边C形钢按400mm或600mm间距沿墙竖直布置。荷载较大时，可按600mm的间距成对布置，并应进行墙体稳定性验算。

4.1.5　模块墙板可采用水泥刨花板、防水胶合板、定向刨花板和防水石膏板以及其他合适的板材，并应与墙体构件有效连接，螺钉应按不小于300mm的间距布置在板中。

4.1.6　模块楼板采用压型钢板组合楼板时，压型钢板与钢骨架应有可靠的结构连接；采用复合板或轻钢龙骨楼板时，应增加次梁数量，或设置楼板内水平支撑。

4.1.7　轻钢龙骨楼板可采用150mm～200mm高、1.2mm～1.5mm厚的C形钢，按400mm间距布置，其上翼缘应与板可靠连接。

4.1.8　模块顶板为非承重板，当有其他使用荷载作用时应进行验算补强；当作为承重屋面使用时，应于其上另行布置有檩轻型屋盖。

4.1.9　模块单元壁板应避免有过大的开孔，所有开孔部位均应补强加固。补强构件应采用小截面钢管或型材。当壁板有较大开孔时，其开孔部位承载的底梁宜按实际有效截面进行强度和挠度的验算。

4.1.10　模块单元在结构设计时，应进行吊装阶段的强度和刚度验算，提升部位应依据具体情况进行补强。

4.2　模块单元设计

4.2.1　墙承重模块单元承重墙中的C形钢构件应按现行国家标准《冷弯薄壁型钢结构技术规范》GB 50018的规定进行设计。

4.2.2　柱承重模块单元的边梁可采用热轧槽钢或冷弯型钢截面，或其他特定的截面形状。

4.2.3　模块边梁在所支承楼板自重下的跨中挠度不应大于5mm。

4.2.4　角柱可采用方钢管、角钢或者其他开口截面。

4.2.5　角柱设计宜考虑的影响因素包括：由相邻墙体提供的侧向约束、来自上部模块的荷载偏心以及上下模块之间的连接。

4.2.6　在重力荷载作用下，角柱的柱端弯矩可按安装和制造的偏心误差限值加上由每层边梁传递的荷载引起的力矩来计算。

4.2.7　模块单元内部可根据需要设置支撑。支撑形式可采用X形或K形，X形支撑应设计为仅受拉，门窗附近等有空间限制的地方宜采用K形支撑，可采用C形钢并作为墙体的一部分，且应设计为可承受拉力和压力。

4.2.8　进行结构纵向的抗侧验算时，可考虑K形支撑、X形支撑、蒙皮效应以及刚性框架效应。

4.3　连接设计与节点构造

4.3.1　连接可分为三种：模块单元内部构件间连接、模块单元间结构连接、模块单元与外部支承结构的连接。

4.3.2 模块单元间的连接可分为竖直方向上相邻模块间的连接和水平方向上相邻模块间的连接。模块单元间的连接应做到强度高、可靠性好、便于施工安装和检测。

4.3.3 连接节点应构造合理，传力可靠并方便施工；同时，节点构造应具有必要的延性，不宜产生应力集中和过大的焊接约束应力，并应按节点连接强于构件的原则设计。节点与连接的计算和构造应符合现行国家标准《钢结构设计标准》GB 50017 和《建筑抗震设计规范》GB 50011 的规定。

4.3.4 重要构件或节点连接的熔透焊缝不应低于二级质量等级要求；角焊缝质量应符合外观检查二级焊缝的要求。

4.3.5 模块单元的现场连接构造应有施拧或施焊的作业空间和便于调整的安装定位措施。

4.3.6 模块单元内部的边梁和角柱间可采用焊接或螺栓连接，节点宜按现行国家标准《钢结构设计标准》GB 50017 和《冷弯薄壁型钢结构技术规范》GB 50018 的规定进行加强，应保证模块内梁和柱的刚性连接在受力过程中交角不变。

4.3.7 梁、柱、支撑的主要节点构造和位置，应与建筑设计相协调。在不影响建筑设计的情况下，可在地板梁顶面或顶棚梁底面的梁端处加腋。

4.3.8 梁、柱、支撑等构件的拼接接头，应与构件等强度设计。

4.3.9 结构构件和节点应做到强节点、强连接和防止脆性破坏。应加强模块整体框架和支撑体系的整体性，并增强相邻模块梁间、柱间的连接。

4.3.10 模块单元间的连接宜采用角件相互连接的构造，其节点连接应保证有可靠的抗剪、抗压与抗拔承载力。

4.3.11 框架与模块间的水平连接宜采用连接件与模块角件连接的构造，其节点连接应为仅考虑水平力传递的构造。

4.3.12 模块单元间的连接宜考虑下列规定：

1 模块建筑结构、设备、管道线路、保温层、内外装修的完成度，并确保现场为焊接、螺栓连接、铆接施工提供足够的施工空间、安全保护。

2 连接完成后结构节点的封闭、保护、检修、更换等操作空间。

4.3.13 模块单元应在其四个角部进行水平和竖直连接，可采用盖板螺栓连接、平板扦销连接、模块预应力连接三类节点构造，并应根据整体结构抗侧刚度需要选择铰接或刚接节点。

4.3.14 模块单元角柱为角钢或者其他开口截面时，可通过连接板和单个螺栓在模块顶部和底部进行竖直连接，同时水平连接可采用盖板螺栓连接。模块中的角柱为方钢管时，应在方钢管中预留直径不小于 50mm 的检查孔。

5 结构体系与结构计算

5.1 一 般 规 定

5.1.1 模块化组合房屋的安全等级和设计使用年限应符合现行国家标准《建筑结构可靠性设计统一标准》GB 50068 和《工程结构可靠性设计统一标准》GB 50153 的规定。结构设计使用年限为 50 年和 25 年时，其相应的结构重要性系数分别不应小于 1.0 和 0.95。

5.1.2 结构设计应按承载力极限状态进行计算和正常使用极限状态进行验算。结构的计算应符合现行国家标准《钢结构设计标准》GB 50017、《冷弯薄壁型钢结构技术规范》GB 50018 和《建筑抗震设计规范》GB 50011 的规定。

5.1.3 设计应明确提出防火和防腐蚀的技术要求与防护措施。

5.1.4 薄壁钢材的性能要求和强度设计值应符合现行国家标准《冷弯薄壁型钢结构技术规范》GB 50018 的规定；普通钢材的性能要求和强度设计值及普通螺栓、高强度螺栓、栓钉与焊条等连接材料的性能要求和强度设计值，均应符合现行国家标准《钢结构设计标准》GB 50017 的规定。

5.1.5 结构设计应符合模块单元生产线制作和现场吊装的要求。

5.1.6 荷载应符合下列规定：

1 荷载的标准值、荷载分项系数、荷载组合值系数、动力荷载的动力系数等，应按现行国家标准《建筑结构荷载规范》GB 50009 的规定采用；地震作用应根据现行国家标准《建筑抗震设计规范》GB 50011 确定；

2 当考虑温度变化影响时，温度变化范围可根据地点、环境、结构类型及使用功能等实际情况确定；

3 对于直接承受动力荷载的结构：在计算强度和稳定性时，动力荷载设计值应乘以动力系数；在计算疲劳和变形时，动力荷载标准值不宜乘以动力系数。

5.1.7 模块单元制作、吊装、连接时，作用在模块单元顶板上的施工荷载应按实际考虑，并宜采取合理的吊装方法减小施工荷载，当不具备必要的施工条件时，施工荷载取值不宜小于 1.0kN。楼面二次装修荷载应按实际考虑，不宜小于 $0.8kN/m^2$。

5.1.8 支撑布置应与建筑门窗布置相协调，且支撑外边缘尺寸不应超过梁外边缘，当楼层大于 4 层时，应根据实际设计加入局部侧向支撑。

5.1.9 模块墙壁有开孔并引起整体刚度有较大削弱时，宜采用有孔模块与无孔模块错列对称布置等措施。模块采用悬挑布置时，悬挑长度不应过大，且悬挑部分不应有开孔。

5.2 结 构 体 系

5.2.1 模块化组合房屋可采用叠箱结构体系、叠箱-框架（底层框架、剪力墙/核心筒等）混合结构体系以及嵌入式模块化结构体系（图 5.2.1）。模块组合布置应形成稳定的几何不变体系，结构连接和节点构造应便于安装。

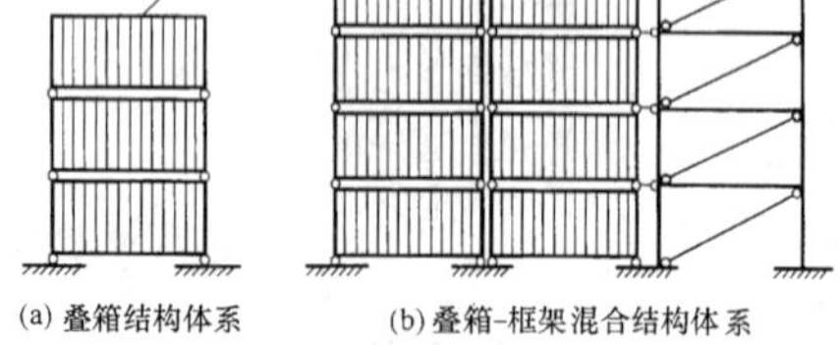

(a) 叠箱结构体系　　(b) 叠箱-框架混合结构体系

图 5.2.1 模块化组合房屋结构体系（一）

1—箱体；2—支撑框架

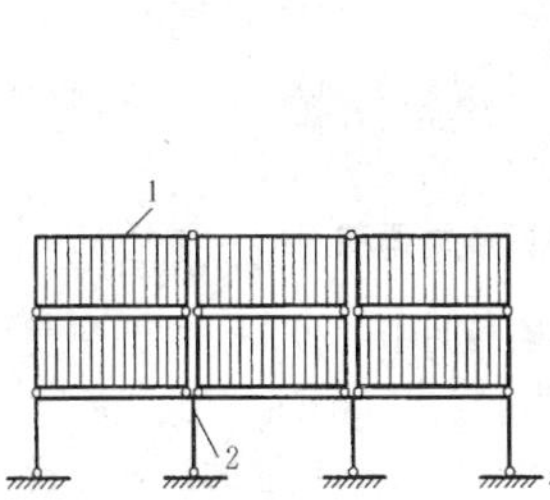

(c) 叠箱-底层框架混合结构体系

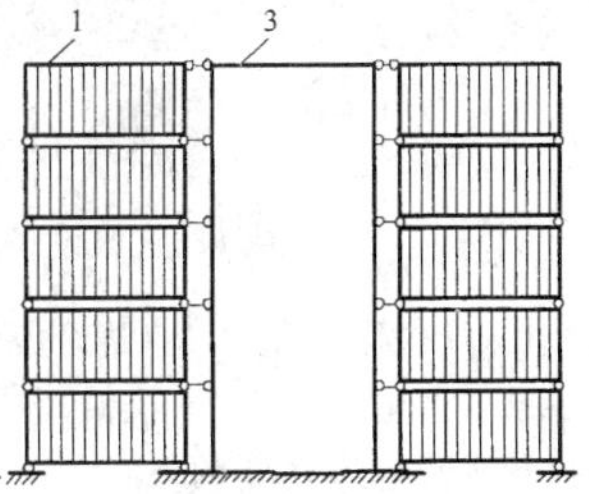

(d) 叠箱-剪力墙/核心筒混合结构体系

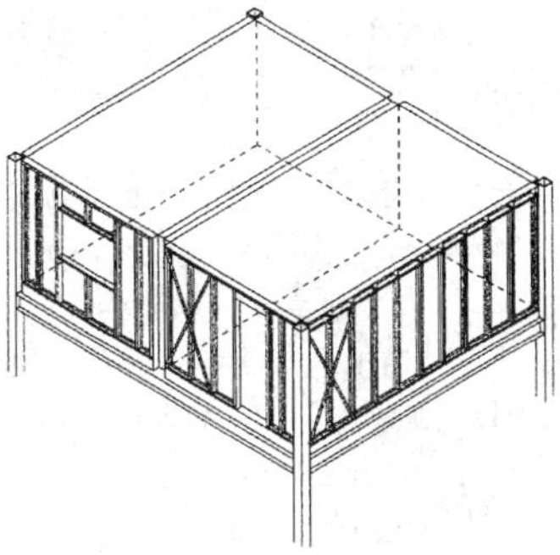

(e) 嵌入式模块化结构体系

图 5.2.1 模块化组合房屋结构体系（二）

1—箱体；2—底层框架；3—剪力墙/核心筒

5.2.2 模块化组合房屋最大适用高度和层数应符合下列规定：

1 叠箱结构体系层数不宜超过 3 层；

2 叠箱-底层框架混合结构体系应用于抗震设防烈度为 8 度（0.2g）及以下的地区，总层数不应超过 4 层，总高度不应超过 13m；

3 叠箱-剪力墙/核心筒混合结构体系和嵌入式模块化结构体系总层数不宜超过 8 层，且总高度不应超过 24m。

5.2.3 抗震设防的结构布置应遵循下列原则：

1 结构和抗侧力构件的平面布置宜规则对称，质量、刚度分布宜均匀；

2 结构竖向布置宜规则、连续，侧向刚度宜均匀变化；

3 除外装阳台模块外，不宜外挑构造；必须进行模块外挑时，宜在模块长边方向上外挑，且外挑距离不应大于模块长边总长的 1/4；外挑构造的所有挑出的模块应在对应基础首层边柱位置设置中柱以及必要的支撑；未出挑模块一端的角柱应与下部模块的角柱对应，形成连续的竖向角柱支撑系统；

4 上下楼层的质量比不宜大于 1.5。

5.3 结构计算

5.3.1 叠箱-框架（剪力墙/核心筒）混合结构体系宜按双重抗侧力体系计算，任一层叠箱部分承担的地震剪力不应小于结构底部总地震剪力的 20%。

5.3.2 当采用压型钢板组合楼板，且组合楼板与模块单元钢骨架间有可靠连接时，楼板可按刚性平面进行计算，但在模块边缘交接处楼板应为不连续；采用轻质楼板的模块建筑，其楼板计算结构模型应为由地板主梁和次梁以及下层模块的顶棚主梁和次梁组成的空间钢结构。

5.3.3 当结构布置不规则或局部刚度有较大削弱时，宜按空间模型进行结构计算，此时屋盖或楼盖的连接构造应符合平面刚性铺板的要求。

5.3.4 计算结构和构件的强度、稳定性以及连接强度时，应采用荷载设计值，并应采用承载力极限状态进行验算。计算疲劳时，应采用荷载标准值。

5.3.5 多层模块化结构层间最大水平位移与层高之比，在风荷载作用下不应超过 1/300；在多遇地震作用下不应超过 1/300。

5.3.6 垂直放置的模块组合在结构计算时，由于定位和加工而在每一层引起的水平误差最大累积值可按下式计算：

$$\delta_H = 12(n-1)^{0.5} \quad (5.3.6)$$

式中：δ_H ——水平误差最大累积值；

n——所在层数。

5.3.7 单柱的水平误差允许值 δ_H 可取柱高的 1/200，当考虑多层的平均值时，平均 δ_H 不应大于柱高的 1/300。当水平方向有多个柱组合时，整个结构水平误差允许值应减小。

5.3.8 由于定位和加工中的水平误差引起的荷载偏心作用应和风荷载同时考虑（图 5.3.8）。

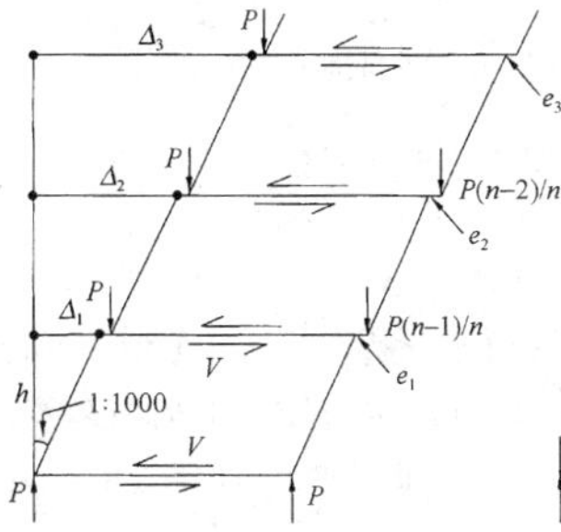

(a) 由于四边形模块的偏心加载，在端墙处引起的剪力偏心荷载的传递

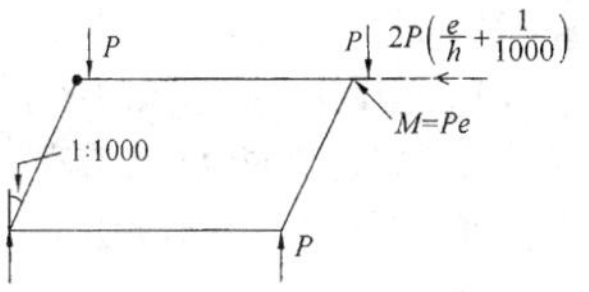

(b) 角部支承模块的稳定体系中

图 5.3.8 水平误差引起的偏心作用

5.3.9 偏心距可转换为施加于每个楼层的名义水平力，名义水平力至少应取作用于每个模块的垂直荷载的 1%，并用作评估结构的整体稳定性的最小水平载荷。

5.4 抗震与抗倒塌设计

5.4.1 抗震设计应遵循加强空间整体性、强节点区域、强锚固、防止脆性破坏、加强模块间连接的抗震概念设计基本原则。

5.4.2 在进行多遇地震作用下的抗震计算时，阻尼比可取 0.04。

5.4.3 应重视非结构构件和设备的抗震措施，并应考虑围护结构对结构抗震的不利影响。

5.4.4 应在结构的某一层和直接相邻的上层进行抗倒塌设计，建筑物有倒塌风险的部分不应超过该层面积的 15% 且不超过 70m^2。

5.4.5 某个竖向承重构件失效将导致有倒塌风险的面积超过本标准第 5.4.4 条的规定值时，应将该构件设计为关键构件。墙体作为关键构件时，墙体的承载力和刚度应足以水平跨越损坏区域，墙体受拉时，单元间除应竖向连接外，水平向也应进行连接。

5.4.6 采用砌体外饰墙时，应采取措施确保砌体围护结构不发生连续倒塌。

5.5 地基基础

5.5.1 地基基础设计应符合现行国家标准《建筑地基基础设计规范》GB 50007 的规定。

5.5.2 模块化组合房屋基础可选条形基础、筏板基础、桩基础和独立基础等形式（图 5.5.2）。

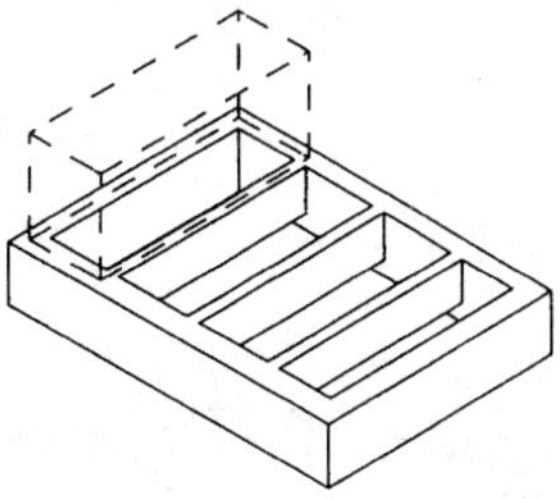

(a) 条形基础

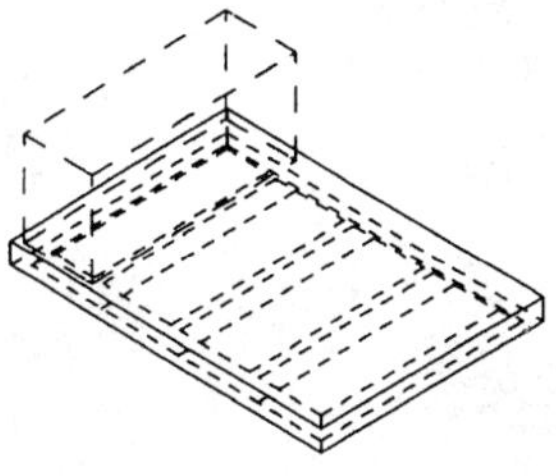

(b) 带十字梁的筏板基础

图 5.5.2 模块化组合房屋可选择的基础类型（一）

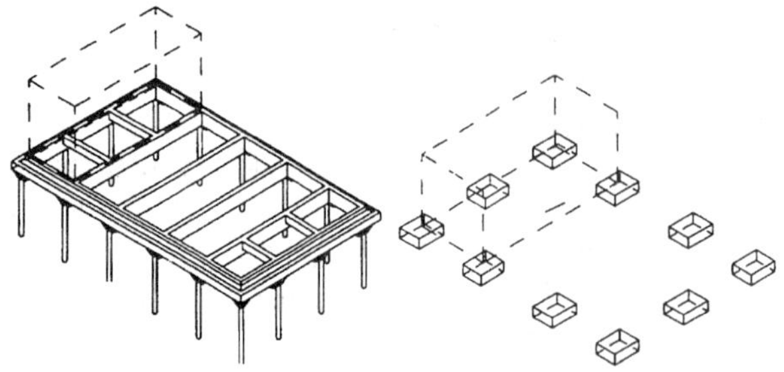

(c) 带桩帽、边梁和连系梁的桩基础　　(d) 独立基础

图 5.5.2　模块化组合房屋可选择的基础类型（二）

5.5.3　当3层及其以下房屋结构的地基土承载力小于60kPa或3层以上多层房屋结构的地基土承载力小于100kPa，以及地基土为软土等不良地基时，应进行地基处理。

5.5.4　单层模块化房屋的地基土满足承载力要求且无地表水滞留时，可将模块底地基土夯实、找平后，以素混凝土基墩支承模块。多个模块叠置荷载较大时，模块底部四角可用角件底座与基础连接。

5.5.5　基础或基墩均应高出地面，地板应架空，模块以下沿模块周边应以砌体封堵。

5.5.6　在地基和基础设计时，应考虑相邻建筑间的相互影响，宜进行地基加固，加强基础的整体性、刚度和其他抗震性能。

5.5.7　基础应有足够的埋深，且周边应有良好的嵌固约束，在地质均匀条件下，基底平面形心宜与上部结构竖向永久荷载中心重合。当不能重合时，偏心距离 e 应符合下式要求：

$$e \leqslant \frac{0.1W}{A} \tag{5.5.7}$$

式中：e——基底平面形心与上部结构在永久荷载与楼（屋）面可变荷载准永久组合下的重心偏心距；

W——与偏心方向一致的基础底面抵抗矩；

A——基础底面面积。

5.5.8　对于超出重心偏心距限值的模块化组合房屋，宜对基础进行区域划分，使得每片基础区域的重心偏心距符合现行国家标准《建筑地基基础设计规范》GB 50007的规定。各区域之间的基础应独立沉降，上部建筑间应设沉降缝。

5.5.9　当保证基础或者地梁的水准时，可对基础或模块单元的底部竖向进行20mm内的调整。

6　建筑设备与建筑防护

6.1　建筑设备设施与电气

6.1.1　模块化组合房屋建筑设备设施与电气设计应符合国家现行标准《通用用电设备配电设计规范》GB 50055、《民用建筑电气设计规范》JGJ 16的规定。当房屋中含有独立的设备、设施系统时，其设计、工厂制作标准不应低于现行国家标准《机械设备安装工程施工及验收通用规范》GB 50231的规定。管线的预埋应根据建筑模数标准化设计，宜定型、定长、定位，以便工厂预制。

6.1.2　模块化组合房屋内的建筑设备设施与电气有关各专业应与建筑、结构专业同步开展一体化综合设计，有条件的项目可增加智能化设计内容。

6.1.3　系统配置应符合当地气候条件，符合当地建筑设计节能规定。有条件的项目宜采用太阳能、风能或地热等可再生能源。

6.1.4　给水排水设计应符合下列规定：

1　当建筑规模较大达到3000m²时，冲厕宜采用可再生水源，水质应符合现行国家标准《城市污水再生利用　城市杂用水水质》GB/T 18920的规定，并应有防止误饮误用的安全措施；

2　宜采用预制的集成式厨房与集成式卫浴，设备及管道应在安装完成后进行水压试验，并应预留相应的给水、热水、排水管道接口，给水系统配水管道接口的形式和设置位置应便于检修；

3　模块单元内设置给水分水器时，分水器与用水器具的管道应一对一连接，管道中间不应出现机械式接口，并宜采用装配式的管线及其配件连接；给水分水器设置位置应有排水措施，并便于检修；

4　太阳能热水系统集热器、储水罐等的安装应与其他专业集成设计，应预留预埋；

5　排水系统设计应根据建筑层高、楼板跨度、卫生部品及管道长度、坡度等因素确定；排水管道宜采用不降板同层排水技术，给水、供暖水平管线宜暗敷于本层地面下的垫层中，同层排水管道敷设在架空层时，宜设置积水排除装置；

6　应选用耐腐蚀、使用寿命长、降噪性能好、便于安装及更换、连接可靠、密封性能好的管材、管件以及阀门设备；

7　敷设在墙体或吊顶内的设备及管道应有防腐、隔声、降噪和防结露等措施。

6.1.5　供暖、通风、空调及燃气应符合下列规定：

1　采用低温热水地板辐射供暖系统时，宜采用干法施工工艺技术；

2　模块单元内供暖系统采用散热器供暖时，墙板与散热器的连接处应采取加强措施；暗敷管道不应出现机械式接口，必须设连接口处，应结合建筑设计预留检查口；

3　供暖管道固定在梁柱等钢构件上时，应采用绝热支架；

4　采用集成卫生间或同层排水架空地板时，不宜采用地板辐射供暖系统；

5　供暖、通风、空气调节及防排烟系统的设备宜结合建筑方案整体设计，并预留相关设备基础、吊挂支撑及孔洞位置；设备基础和构件应连接牢固，并按设备技术文件的要求预留地脚螺栓孔洞；

6　模块化组合房屋作为居住建筑使用时，应在外墙预留燃气热水器烟气排放口、厨房烟气排放口和空调冷媒冷凝管穿墙口的孔洞。当作为公共建筑使用时，应为公共厨房、卫浴预留通风设备风道穿墙孔和油烟净化设备安装基础，并应采取措施避免设备噪声和振动。

6.1.6　电气及智能化设计应符合下列规定：

1　电气设备易产生高温发热部位靠近钢结构构件时，应采取隔热、散热等防护措施；

2 低压配电系统及智能化系统的主干线应在公共区域的电气竖井内设置；功能单元内终端线路较多时，宜采用金属槽盒敷设，较少时可统一预埋在预制板内或装饰墙面内，墙板内竖向电气和智能化管线布置应保持安全间距；

3 固定在模块单元构件上较重的大型灯具、桥架、母线、配电设备等，应预留预埋件进行固定；

4 暗装的电气及智能化设备的出线口、接线盒等的孔洞均应准确定位；隔墙两侧暗装电气与智能化设备应错位设置；开关、电源插座、信息插座及其必要的接线盒、连接管等应结合内装设计进行预留和预埋，其背后的墙体保温层应连续布置；

5 电气与智能化设备接地宜与防雷接地系统共用接地网，防雷引下线和共用接地装置应充分利用钢结构自身作为防雷接地装置，构件连接部位应有永久性明显标记，其预留端头应方便防雷装置的可靠连接；

6 在完成线路铺设及安装工程时，应用绝缘电阻等仪器测试电器器具，合格后应通电试运行并按质量要求进行检查。

6.1.7 设备管线的布置应符合下列规定：

1 模块单元在工厂进行预制时，模块内的空调及暖通、给水排水、电气设备与管线等宜在工厂内完成预制且与内装一体化综合设计、集中设置、减少平面交叉；

2 管线宜采用同层布置，且宜利用公共区域的空间布置管线；空调水平管线宜布置在本层顶板内，电气水平管线宜暗敷于结构楼板叠合层中，也可布置在本层顶板内；

3 竖向管线宜集中布置在供上下层、多系统管线连接的管道井内，应减少上下模块间的管线竖向连接，并按国家现行有关标准要求设计隔断和保护；

4 水平管线宜利用上下层模块间的结构空隙空间进行布置，但应对管线采取保护措施；

5 应尽量减少模块之间管线的水平连接；无法避免时，应进行柔性连接，以适应模块单元之间的相对移动；

6 预装于模块外侧的管线，应采取相应的防水、防腐、防结露和防撞击的防护措施；

7 模块化房屋设备与管线穿越楼板和墙体时，应根据需要采取相应的防水、防火、隔声、密封等措施，防火封堵应符合现行国家标准《建筑设计防火规范》GB 50016 的规定。

6.1.8 公共管线、阀门、检修配件、计量仪表、电表箱、配电箱、弱电箱等应设置在公共区域（图 6.1.8）。

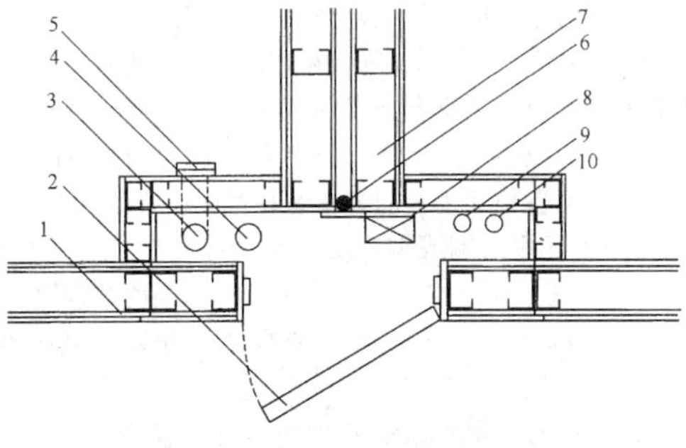

图 6.1.8 模块建筑典型设备管道布置示意

1—现场安装填充板；2—检修门；3—排风管；4—浴室排风扇；5—排污管道；6—密封条；7—相邻模块单元的墙体；8—电气线槽；9—热水管；10—冷水管

6.1.9 配电系统应利用钢结构进行总等电位连接。防雷接地应与交流工作接地、安全保护接地等共用钢结构作为自然接地体。此时应按一定布置将基础预埋件与基础主筋连系焊接，达不到接地电阻值时应从钢模块结构构件另外引出接地极。

6.1.10 水电暖设备以及管线的安装和测试都应在连接成一个整体后进行。抗震设防地区模块化组合房屋结构与管线的连接点应采用牢固、耐震的柔性连接。

6.2 防火设计

6.2.1 防火与消防设计应符合现行国家标准《建筑设计防火规范》GB 50016 的规定。

6.2.2 在建筑设计文件中，应注明建筑危险性类别、防火分类、防火分区、耐火等级，构件的设计耐火极限、所需要的防火保护措施及其防火保护材料的性能要求。

6.2.3 防火保护措施及其构造应根据工程实际，按安全可靠、经济合理的原则确定。

6.2.4 连接节点处的防火措施不应低于相邻构件所采用的防火措施。

6.2.5 采用防火涂料进行防火保护时，构件表面应按规定进行除锈与涂装，同时根据钢结构构件的耐火极限等要求，确定防火涂层的形式、性能及厚度。

6.2.6 采用防火板材进行防火保护时，应根据构件形状和所处部位进行包覆构造设计，还应考虑防火板安装的牢固和稳定。

6.2.7 采用柔性毡状隔热材料进行防火防护时，应保证所处部位不易受损、受潮，且应采用一定的构造措施对毡状材料进行保护。

6.2.8 对于轻型组合墙体和轻型组合楼板，应采用耐火板材进行防火保护。

6.2.9 不封闭的外廊和阳台、室外疏散钢楼梯等室外部件可不做防火处理。

6.2.10 施工过程中，模块与模块之间、模块与核心筒、模块内部等部位的接缝处，应用岩棉等不燃材料进行防火处理，接缝处的防火构造应满足有关规定。

6.2.11 需要设置防火分区的模块化组合房屋应设置防火墙，防火墙宜由模块间的双层墙体构成。防火墙上不宜开设门、窗、洞口，需开设时，应设置不可开启或火灾时能自动关闭的甲级防火门、窗。

6.2.12 模块单元设置防火墙时，其与周边模块间的空腔内应设置屏障或挡火物（图 6.2.12）。

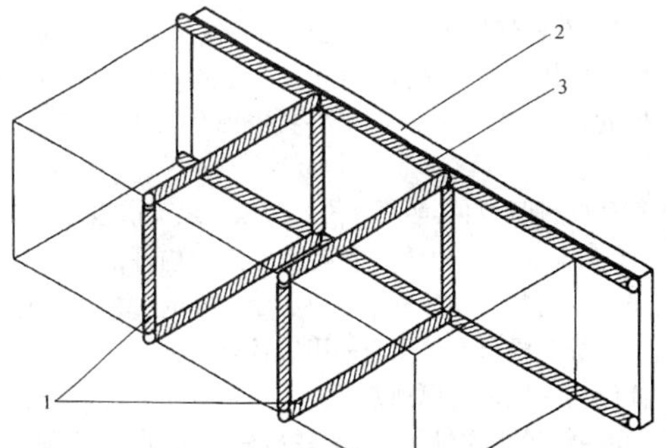

图 6.2.12 模块间的空腔防火隔断布置示意

1—防火分区之间的空腔隔断；2—外围护；3—模块与外围护空腔隔断

6.2.13 当建筑管道穿越楼层、防火墙、管道井井壁时，应根据建筑物性质、管径、设置条件及穿越部位防火等级要求设置阻火装置；模块间管线的衔接不应减弱墙体或楼板的耐火性能。

6.2.14 模块化组合房屋应合理布置用于安全逃生的疏散通道，疏散通道的布置应符合现行国家标准《建筑设计防火规范》GB 50016 的规定。

6.2.15 模块化组合房屋的防排烟设计应按现行国家标准《建筑设计防火规范》GB 50016 的规定，结合建筑设计综合考虑。

6.3 防腐蚀

6.3.1 模块化组合房屋应根据环境条件、材质、结构形式、使用要求、施工条件和维护管理条件等进行防腐蚀设计，且应符合现行行业标准《建筑钢结构防腐蚀技术规程》JGJ/T 251 的规定。

6.3.2 钢结构构件应遵循安全可靠、经济合理的原则，按下列要求进行防腐蚀设计：

1 防腐蚀设计应考虑环保节能的要求；

2 除必须采取防腐蚀措施外，不宜使不同材料构件间产生电化学腐蚀；

3 防腐蚀设计中应考虑钢结构构件设计使用年限内的检查、维护和大修。

6.3.3 钢结构构件应根据环境条件、材质、结构形式、使用要求、施工条件和维护管理条件等因素，因地制宜，从下列方案中综合选择防腐蚀方案或其组合：

1 防腐蚀涂料；

2 各种工艺形成的锌、铝等金属保护层；

3 阴极保护措施；

4 使用耐候钢。

6.3.4 钢结构构件使用年限应与建筑设计年限一致，辅助构件防腐蚀设计年限划分为5年、10年、15年、25年和30年以上5种情况。

6.3.5 钢结构构件的防腐蚀设计应符合下列规定：

1 轻型钢结构构件宜选用不易锈蚀且便于涂装和维护的截面及构造形式；

2 腐蚀性等级为Ⅳ级、Ⅴ级、Ⅵ级时，支撑、柱、主梁等重要受力构件不应采用格构式构件和冷弯薄壁型钢；杆件截面不应采用由双角钢组成的T形截面或由双槽钢组成的工形截面；杆件应采用实腹式或闭口截面，闭口截面端部应进行封闭；对封闭截面进行热镀浸锌时，应采取开孔防爆措施；

3 对于处于Ⅳ级环境中难以检查维护位置的主要受力构件，不宜采用壁厚小于3mm的封闭截面构件或壁厚小于5mm的非封闭截面构件，节点板厚度不宜小于6mm，且构件截面应考虑腐蚀裕量；

4 宜采用易于涂装和维护的实腹式或闭口构件截面形式，闭口截面应进行封闭；当采用组合截面的杆件时，型钢间的空隙宽度应满足涂装施工和维护的要求；

5 采用热浸镀锌等防护措施的连接件及构件，其防腐蚀要求应不低于主体结构，安装后宜采用与主体结构相同的防腐蚀措施；连接处的缝隙，处于不低于弱侵蚀环境时，应采取封闭措施；

6 不同金属材料接触的部位，应采用隔离措施；

7 焊条、螺栓、垫圈、节点板等连接构件的耐腐蚀性能，不应低于主材材料；螺栓直径不应小于12mm，垫圈禁止采用弹簧垫圈，螺栓、螺母和垫圈应采用镀锌等方法防护，安装后再采用与主体结构相同的防腐蚀方案；

8 腐蚀性等级为Ⅵ级时，重要构件宜选用耐候钢制作；

9 不应出现难于检查、清理和涂漆之处，以及能积留湿气和大量灰尘的死角或凹槽；闭口截面构件应沿全长和端部焊接封闭；

10 基础连接节点采用钢结构预埋件时，其在地面以下的部分宜采用C20的混凝土包裹，并宜使包裹的混凝土高出地面不小于150mm。当预埋件底面在地面以上时，预埋件底面宜高出地面不小于100mm。

6.3.6 建筑结构在涂装之前必须进行表面预处理，钢材在涂装前的除锈等级标准应符合现行国家标准《涂覆涂料前钢材表面处理　表面清洁度的目视评定　第1部分：未涂覆过的钢材表面和全面清除原有涂层后的钢材表面的锈蚀等级和处理等级》GB/T 8923.1的规定。不同涂料表面除锈等级的最低等级要求尚应符合表6.3.6的规定。

表6.3.6 不同涂料表面除锈等级的最低等级要求

项　目	最低除锈等级
富锌底涂料	Sa2 $\frac{1}{2}$
乙烯磷化底涂料	
环氧或乙烯基酯玻璃鳞片底涂料	Sa2
氯化橡胶、聚氨酯、环氧、聚氯乙烯萤丹、高氯化聚乙烯、氯磺化聚乙烯、醇酸、丙烯酸环氧、丙烯酸聚氨酯等底涂料	Sa2或St3
环氧沥青、聚氨酯沥青底涂料	St2
喷铝及其合金	Sa3
喷锌及其合金	Sa2 $\frac{1}{2}$

7 制作、运输和安装

7.1 制　　作

7.1.1 模块化组合房屋原材料应符合下列规定：

1 所有原材料应具有质量证明书，并应符合设计要求和现行国家标准《钢结构设计标准》GB 50017的规定；按有关规定需要复验的材料应在抽样复试合格后方可使用；

2 模块单元框架主要由矩形方钢管柱和热轧H型钢梁组成，其质量标准应分别符合国家现行标准《建筑结构用冷弯矩形钢管》JG/T 178和《热轧H型钢和部分T型钢》GB/T 11263的规定，同一工程相互接长的方钢管柱截面应一致；

3 模块单元中带钢或钢板应满足现行国家标准《碳素结构钢》GB/T 700规定的Q235钢和《低合金高强度结构钢》GB/T 1591规定的Q355钢，当有可靠依据时，可采用其他牌号的钢材；

4 模块单元中薄壁钢材的性能要求和强度设计值应符合现行国家标准《冷弯薄壁型钢结构技术规范》GB 50018的规定；

5 普通螺栓应符合现行国家标准《六角头螺栓C级》GB/T 5780的规定，其机械性能应符合现行国家标准《紧固件机械性能　螺栓、螺钉和螺柱》GB/T 3098.1的规定，高强度螺栓应符合现行国家标准《钢结构用高强度大六角头螺栓》GB/T 1228、《钢结构用高强度大六角螺母》GB/T 1229、《钢结构用高强度垫圈》GB/T 1230、《钢结构用高强度大六角头螺栓、大六角螺母、垫圈技术条件》GB/T 1231和《钢结构用扭剪型高强度螺栓连接副》GB/T 3632的规定，连接薄钢板或其他金属板采用的自攻螺钉应符合现行国家标准《自钻自攻螺钉》GB/T

15856.1～GB/T 15856.5 的规定；

6 焊接材料应按现行国家标准《钢结构工程施工质量验收标准》GB 50205 的规定进行检查和验收；但采用其他焊接材料替代设计选用的材料时，必须经原设计单位同意；

7 焊条、焊丝等焊接材料应根据材质、种类、规格分别堆放在干燥的焊材储藏室；焊条不得有锈蚀、破损、脏污，焊丝不得有锈蚀、油污，焊条应按焊条产品说明书要求烘干；

8 钢材应按种类、材质、规格等分类堆放，并做好标记，堆放场地应有排水设施。

7.1.2 模块单元组成部件、构件及连接件应在工厂制作，模块单元部件、构件制作尺寸偏差应符合表 7.1.2 的规定，且应符合现行国家标准《钢结构工程施工质量验收标准》GB 50205 的规定。

表 7.1.2 模块单元部件、构件制作尺寸偏差

项目			允许偏差（mm）
模块地板	外形尺寸偏差	≥3600mm	0，−5
		<3600mm	0，−4
	对角线		≤4
	边框梁外腹面平面度		≤4，且≤L/1000
	相邻楼板高低差		2.0±1
	底部六点支撑状态下，楼板平面度		≤3，且≤L/1000
	自由状态下，次梁下表面平面度		≤3，且≤L/1000
模块顶板	外形尺寸偏差	≥3600mm	0，−5
		<3600mm	0，−4
	对角线		≤4
	边框梁外腹面平面度		≤4，且≤L/1000
	自由状态下，吊顶板平面度		≤3，且≤L/1000
	吊顶板差接缝间隙		≤1.5
	装配式吊顶板接缝直线度		≤2
	长度		0，−2
	宽度		0，−2
	厚度		±1
	对角线		≤3
	表面平整度		≤1
门窗	门窗框对角线		≤3
	门窗框正、侧面垂直度		≤2
	门窗框水平度		≤3
柱承重单元角柱	长度		0，−2
	截面尺寸		±1
	两端板与角柱侧面的垂直度		≤1.5
	两端连接板平行度		≤1.5°
	立柱连接孔间距		±1

注：L 为模块单元结构梁长。

7.1.3 模块单元的组装宜在工厂进行，考虑到运输因素，可在工地组装，组装场地应达到混凝土地面的硬化要求，模块单元尺寸偏差应符合表 7.1.3 的规定。

表 7.1.3 模块单元尺寸偏差

项目		允许偏差（mm）
模块单元（箱体）外形尺寸	≥3600mm	0，−5
	<3600mm	0，−4
	端面对角线	≤4
	侧面对角线	≤5
模块单元（箱体）垂直度		≤3，且≤H/1000
模块单元（箱体）墙体平面度	表面平整度	≤2
	与楼面垂直度	≤3
	接缝间隙	≤1.5
	接缝直线度	≤2
模块单元顶板（顶棚）挠度		≤10，且≤L/1500
模块单元地板（楼板）挠度		≤10，且≤L/1500
梁、柱截面扭曲		±2
门窗	长度	≤1.5
	宽度	≤1.5
	对角线	≤3
踢脚线、阴角线、顶角线	拼缝间隙	≤1
	与墙板和顶棚的贴合度	良好

注：L 为模块单元水平方向尺寸，H 为模块化组合房屋竖直方向尺寸。

7.1.4 模块结构制作完成后，模块成品应满足下列规定后方可出厂：

1 应对构配件的内在质量、外观质量和尺寸精度进行验收，形成验收记录，出具出厂合格证、质量保证书和检验报告；

2 宜根据施工详图进行相邻模块间的预拼装，发现问题及时修改，合格后在角柱分别标记定位轴线及水平标高线作为下道工序制作安装基准线；

3 所有内部可移动部件应有可靠固定和保护措施；

4 模块门、窗洞口的位置应有临时密封措施；

5 模块顶部有运输和储存过程中的临时防水措施；

6 模块内部应整洁、干净，装饰装修应无划痕和损坏。

7.2 涂装、防护

7.2.1 组成模块单元的构件和零件宜采用热镀锌防护；当采用涂装防护时，应在组装前进行除锈，以达到设计要求的除锈等级，并在规定的时间内喷涂防锈底漆，焊口附近 50mm 和高强螺栓摩擦面等区域暂不涂装，组装焊接完成且经检验合格后，按原涂装要求进行补涂。

7.2.2 涂装油漆前，钢材表面除锈应符合设计要求和现行国家标准《涂覆涂料前钢材表面处理　表面清洁度的目视评定　第 1 部分：未涂覆过的钢材表面和全面清除原有涂层后的钢材表面的锈蚀等级和处理等级》GB/T 8923.1 的规定。处理后的钢材表面不应有焊渣、灰尘、油污、水和毛刺等。

7.2.3 涂料涂装遍数、涂层厚度均应符合设计要求。涂装完成后，构件的标志、标记和编号应清晰完整。

7.2.4 涂装工程完成并检验合格后，应按设计要求及现行国家标准《钢结构防火涂料》GB 14907 的规定进行防火涂料的喷涂。

7.2.5 钢结构防火涂料的品种和技术性能应符合设计文件和现行国家标准《钢结构防火涂料》GB 14907 及其他有关标准的规定。

7.2.6 薄涂型防火涂料的涂层厚度应符合有关耐火极限的设计要求。厚涂型防火涂层的厚度，80%及以上面积应符合有关耐火极限的设计要求，且最薄处不应低于设计要求的 85%。

7.2.7 模块单元应妥善采取防水耐候的包装，可采用密闭防水的重型塑料进行覆盖，并对模块间的连接节点、走廊等细部采取适当的防水措施，确保在整个施工过程中模块不致受潮和污损。

7.3 运输、堆放

7.3.1 模块单元的运输不得违反当地交通管理部门的规定。

7.3.2 运输应考虑道路沿线路况和限制条件。模块单元的宽度及高度宜符合大件运输的限值规定。

7.3.3 模块单元在运输过程中应固定牢固，设置必要的垫木防止运输过程中造成模块单元损坏。必要时，模块单元应进行运输过程中的强度和刚度验算，设置专门的防振措施。

7.3.4 堆放场地应为平整的硬地面，对现场堆放的模块单元，应采取防止模块变形及表面污染的保护措施。

7.3.5 模块单元应按组装顺序有序堆放，相互之间留有一定的间隙，当为多层模块堆放时，应加设临时固定的安全措施。

7.3.6 对开洞口后刚度削弱的模块单元，应在运输、吊装中采取临时加固与防护措施，防止模块、门窗和外设零部件碰撞损伤。

7.3.7 模块单元的起吊点严禁随意更改。确需变动时，必须经设计单位复核通过并出具书面变更手续。

7.4 安 装

7.4.1 模块化组合房屋安装前，应对施工工况下结构的强度和挠度进行分析验算。荷载除应符合现行国家标准《钢结构工程施工规范》GB 50755外，尚应符合下列规定：

1 起重设备和其他设备荷载标准值应按设备产品说明书取值；

2 模块的重量应在施工详图中计算列出。

7.4.2 模块化组合房屋安装前应进行下列工作：

1 对建筑物的定位轴线、基础轴线和标高等进行复测，并应办理交接验收；

2 模块生产厂家应对进场模块进行材料、尺寸、外观质量的检查，保证运至现场的模块单元符合设计要求方可使用；

3 现场施工人员应熟悉施工图纸、安装顺序及有关技术文件的要求，检查安装用的零部件的材质、规格、外观、尺寸、数量等均应符合设计要求；

4 应对模块单元在样板间进行试安装，经检验符合设计要求及本标准第7.1.3条要求。

7.4.3 模块单元吊装时，宜从单元的顶部进行起吊，吊点位置到端部的距离宜为模块单元长度的20%〔图7.4.3(a)〕。实际吊装中可使用角部起吊的方式，为保证起重设备主钩位置、吊具及模块单元重心在竖向重合，应采取下列构造措施：

1 通过单独的横梁进行提升〔图7.4.3(b)〕。

2 通过独立的二级框架进行提升〔图7.4.3(c)〕。

3 通过等尺寸的重型框架进行提升（图7.4.3d）。

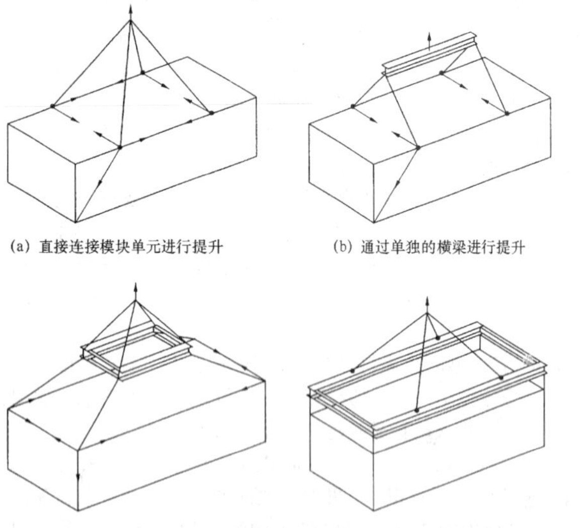

(a) 直接连接模块单元进行提升　(b) 通过单独的横梁进行提升

(c) 通过独立的二级框架进行提升　(d) 通过等尺寸的重型框架进行提升

图7.4.3 模块单元的吊装方法

7.4.4 宜在模块单元构件上设置专门的吊装耳板或吊装孔。若需去除耳板，可采用气割或碳弧气刨方式在离母材3mm～5mm位置切除，严禁采用锤击方式去除。

7.4.5 模块化组合房屋安装宜采用汽车吊、叉车等起重设备，吊装设备及吊装操作尚应符合下列规定：

1 吊装使用的钢丝绳、卸扣、吊钩等吊具应通过计算确定，不得超过额定荷载；

2 专用机具和工具应满足施工要求，经检验合格后方可使用；

3 根据模块形状、尺寸及重量要求选择合适的吊具，吊索水平夹角不宜大于60°，不应小于45°；

4 模块单元开洞面积大可能引起吊装变形时，宜优先采用专用吊装架，并应对模块单元进行局部加强；

5 房间单元较大时，宜拆分为小的模块单元组成；吊装时应在开敞面布置额外的临时支撑，以保证结构的稳定性。

7.4.6 模块化组合房屋安装可符合下列要求：

1 宜按建筑物的平面形状、结构形式、安装机械的规格、数量、现场施工条件等因素，划分吊装流水段，确定安装顺序；

2 安装时，平面上宜由端部向一侧顺序扩展；应先调整标高，再调整中心水平位移，最后调整垂直偏差；

3 吊装与安装应按合理顺序进行，必要时应加设临时支承或采取临时加固措施；

4 不得利用已安装就位的模块结构作为起吊其他重物的吊点或支撑点，不得在主要受力部位加焊其他物件；

5 当采用螺栓连接时，相邻模块单元之间应通过压板和连接螺栓固定；

6 安装过程出现损伤应立即矫正修补，对无法矫正修补的模块不得予以使用。

7.4.7 模块化组合房屋安装允许偏差应符合现行国家标准《钢结构工程施工质量验收标准》GB 50205的规定；安装偏差的检测，应在结构形成空间刚度单元并连接固定后进行。

7.4.8 建筑设备安装质量宜符合现行国家标准《建筑给水排水及采暖工程施工质量验收规范》GB 50242、《通风与空调工程施工质量验收规范》GB 50243和《建筑电气工程施工质量验收规范》GB 50303的规定。

7.4.9 卫生间、厨房地面排水应通畅，无积水；管道穿越楼板部位不得渗漏。

7.4.10 厨房设置的排气装置管道接口应严密，排气通畅。

7.4.11 空调设备安装位置应准确，支架安装应牢固。

7.4.12 电线、电缆敷设应符合下列规定：

1 电缆进入电缆沟、配电房时，出入口应密封；

2 电线、电缆敷设后应进行绝缘电阻测试，绝缘电阻值应满足设计要求；

3 室内电器线路应采用阻燃材料管暗敷，布线应整齐；

4 线路不得有绝缘老化及接长使用的情况；

5 插座间的接地线不得串联连接。

7.4.13 接地装置应符合下列规定：

1 连接应采用搭接焊，焊接应牢固可靠，焊缝不应有咬口、夹渣、裂纹、气孔等缺陷；

2 圆钢与圆钢、圆钢与扁钢连接时，焊接长度应为圆钢直径的6倍，并应双面施焊；扁钢与扁钢连接时，焊接长度应为扁钢宽度的2倍，且不得少于3面施焊；

3 当采用人工接地极时，垂直接地体应与地面垂直；当有2个以上接地极时，其间距应大于5m；

4 接地电阻应符合设计要求。

7.4.14 钢结构施工质量控制应按现行国家标准《钢结构工程施工质量验收标准》GB 50205的规定执行；模块化组合房屋叠箱结构安装的允许偏差应符合表7.4.14的规定。

表7.4.14 模块化组合房屋叠箱结构安装的允许偏差

项　目	允许偏差（mm）	图　例
地板中心线对定位轴线的偏移Δ	±5.0	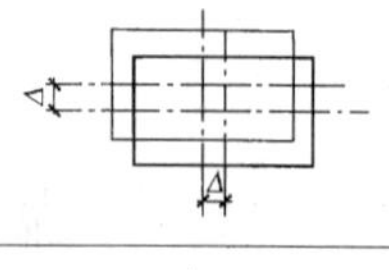
整体垂直度Δ	≤30.0，且≤$H/1000+10$	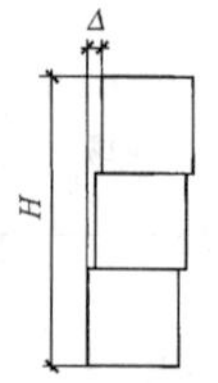

续表 7.4.14

项 目	允许偏差（mm）	图 例
单层箱体垂直度 Δ	±5.0	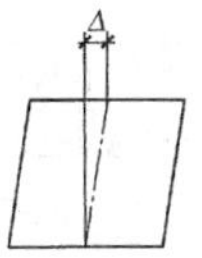
箱体顶部标高 Δ	±5.0	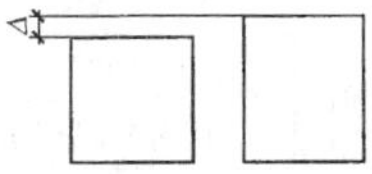
房屋的平面弯曲	≤20.0，且≤L/1200	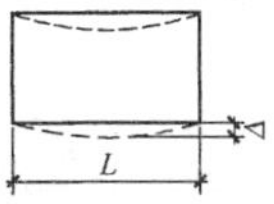

注：L 为模块单元水平方向尺寸，H 为模块化组合房屋竖直方向尺寸。

8 验收和运营维护

8.1 验 收

8.1.1 模块化组合房屋质量验收应符合现行国家标准《钢结构工程施工质量验收标准》GB 50205 的规定，可划分为单位（子单位）工程、分部（子分部）工程、分项工程和检验批，其划分原则应根据现行国家标准《建筑工程施工质量验收统一标准》GB 50300 的规定执行。分项工程的划分应按工厂和现场两部分进行，分别为模块单元部件、构件加工；模块单元组装；模块化组合房屋叠箱结构安装。

8.1.2 原材料及成品应执行进场验收制度，应核对材料的牌号、规格、批号、质量证明文件、中文标识和型式检验报告，并检查外观质量、包装等；对涉及安全与功能的原材料或半成品，应进行复验，并应经监理工程师（建设单位技术负责人）见证取样、送样。

8.1.3 针对模块单元的结构、机电、给水排水、供暖中的隐蔽工程，在吊装前应进行质量验收。

8.1.4 模块单元的顶板底部与立柱之间应连接紧密，所有紧固件都应连接到位，不得有遗漏或松动。

8.1.5 模块梁、柱部位不应有缺损，连接件应完整并连接可靠。

8.1.6 卫浴间、厨房的地面防水应在现场进行 24h 蓄水试验，并出具蓄水试验报告。其排水坡度、通风装置、安装及检修用管道空间、地面防水层均应符合设计要求。

8.1.7 在模块单元组装完毕后，应按施工详图的要求，对成品进行检查验收，检验内容包括：焊接质量、涂装质量、箱体尺寸、室内给水排水检验、电气检验、防水抗渗等。以上检验内容应符合设计要求及本标准的有关规定。

8.1.8 出厂时，制作单位除应提交质量证明文件外，尚应提交下列技术资料：

1 模块单元施工详图；

2 制作中对问题处理的协议文件；

3 模块单元发运清单；

4 工序交接单。

8.1.9 模块单元部件、构件及模块单元的质量验收记录可采用本标准附录 A 的格式。

8.1.10 分部工程质量验收时，应按国家现行有关施工质量验收标准提供有关文件和记录。

8.1.11 单位工程完工后，施工单位应自行组织有关人员进行检查评定，并向建设单位提交工程验收报告。

8.1.12 建设单位收到工程验收报告后，应由建设单位（项目）负责人组织施工（含分包）、设计、监理等单位（项目）负责人进行单位（子单位）工程验收。

8.1.13 单位工程质量验收合格后，建设单位应在规定时间内报备工程竣工验收报告和有关文件。

8.1.14 当建筑工程质量不符合要求时，应按下列规定进行处理：

1 经返工重做或更换器具、设备的检验批，应重新进行验收；

2 经有资质的检测单位检测鉴定能够达到设计要求的检验批，应予以验收；

3 经有资质的检测单位鉴定达不到设计要求、但经原设计单位核算认可能够满足结构安全和功能的检验批，可予以验收；

4 经返修加固处理的分项、分部工程，虽然改变外形尺寸但仍能满足安全使用要求，可按技术处理方案和协商文件进行验收；

5 经返修或加固处理仍不满足安全或重要使用要求的分部工程及单位工程，严禁验收。

8.1.15 验收合格交付使用时，应提供房屋使用说明书，说明书应包含使用注意事项和维护管理要求。

8.2 运营、维护

8.2.1 设计文件应注明设计条件、使用性质及使用环境。

8.2.2 建设单位在向用户交付时，应按国家有关规定的要求，提供建筑质量保证书和建筑使用说明书。

8.2.3 建筑质量保证书除应按现行有关规定执行外，尚应注明相关部品构件的保修期限与保修承诺。

8.2.4 建筑使用说明书除应按现行有关规定执行外，尚应包括下列内容：

1 结构体系类型及相关使用、维护要求；

2 装饰装修注意事项，应包含允许业主或使用者自行变更的部分与相关禁止行为；

3 生产厂商提供的部品、部件、产品使用维护说明书，宜注明合理的检查与使用维护年限；

4 主体结构设计使用年限、结构体系、承重结构位置、使用荷载和装修荷载等；

5 围护系统基层墙体和连接件的使用及维护年限，围护系统外饰面、防水层、保温以及密封材料的使用及维护年限，墙体可进行室内吊挂的部位、方法及吊挂力，以及围护结构日常与定期的检查与维护要求；

6 设备与管线的系统组成、特性规格、部品寿命、维护要求、使用说明等；

7 内装做法、部品寿命、使用说明以及内装维护和更新时所采用的部品和材料等。

8.2.5 建设单位应向业主移交建筑使用说明书和检查与维护更新计划，检查与维护更新计划应包括下列内容：

1 对主体结构的检查与维护制度，包括主体结构损伤、建筑渗水、钢结构锈蚀、钢结构防火保护损坏等可能影响主体结构安全性和耐久性的事项；

2 对围护系统的检查与维护制度，包括围护部品外观、连接件锈蚀、墙屋面裂缝及渗水、保温层破坏、密封材料的完好性等，并形成检查记录；

3 对设备与管线的检查与维护制度，保证设备与管线系统的安全使用；

4 对公共部位及其公共设施的设备与管线的检查与维护制度，包括水泵房、消防泵房、电机房、电梯、电梯机房、中控室、锅炉房、管道设备间、配电间（室）等，并定期巡检和维护；

5 对内装的检查与维护制度。

8.2.6 电梯维护应按国家现行有关电梯安全管理标准、电梯维护保养标准等的要求，由取得相关许可证的维保单位进行，维保人员应具备相应的专业技能并经考核合格持证作业，并保留维护保养记录。

8.2.7 消防设施的维护，应按现行国家标准《建筑消防设施的维护管理》GB 25201 的规定执行。消防控制室的管理，尚应满足国家、行业和地方的有关规定。

8.2.8 防雷装置的维护，应按现行国家标准《建筑物电子信息系统防雷技术规范》GB 50343 的规定执行，由专人负责管理。

8.2.9 智能化系统的维护，应按现行国家标准《智能建筑设计标准》GB 50314 的规定执行，物业服务企业应建立智能化系统的管理和维护方案。

8.2.10 拆除工程宜根据模块单元主体结构与其他构件的关系制定专项的拆除方案，以便对模块单元及其他构件进行回收和再次利用。

附录 A 验收记录表

A.0.1 模块单元部件、构件验收应按表 A.0.1 的规定执行。

表 A.0.1 模块单元部件、构件验收

编号： 单位：mm

工程名称：								
安装地点：			层数面积					
模块地板（楼板）	外形尺寸偏差	≥3600	0，−5					
		<3600	0，−4					
	对角线		≤4					
	边框梁外腹面平面度		≤4，且≤L/1000					
	相邻楼板高低差		2.0±1					
	底部六点支撑状态下，楼板平面度		≤3，且≤L/1000					
	自由状态下，次梁下表面平面度		≤3，且≤L/1000					
模块顶板（顶棚）	外形尺寸偏差	≥3600	0，−5					
		<3600	0，−4					
	对角线		≤4					
	边框梁外腹面平面度		≤4，且≤L/1000					
	自由状态下，吊顶板平面度		≤3，且≤L/1000					
	吊顶板差接缝间隙		≤1.5					
	装配式吊顶板接缝直线度		≤2					
模块墙板	长度		0，−2					
	宽度		0，−2					
	厚度		±1					
	对角线		≤3					
	表面平整度		≤1					

续表 A.0.1

工程名称：							
安装地点：		层数面积					
门窗	门窗框对角线	≤3					
	门窗框正、侧面垂直度	≤2					
	门窗框水平度	≤3					
柱承重单元角柱	长度	0，−2					
	截面尺寸	±1					
	两端板与角柱侧面的垂直度	≤1.5					
	两端连接板平行度	≤1.5°					
	立柱连接孔间距	±1					
综合验收结果： 年 月 日							
安装单位			负责人				
监理单位			负责人				
建设单位			负责人				

注：L 为模块单元结构梁长。

A.0.2 模块单元验收应按表 A.0.2 的规定执行。

表 A.0.2 模块单元验收

编号： 单位：mm

工程名称：							
安装地点：		层数面积					
模块单元（箱体）外形尺寸	≥3600	0，−5					
	<3600	0，−4					
	端面对角线	≤4					
	侧面对角线	≤5					
模块单元（箱体）垂直度		≤3，且≤H/1000					
模块单元（箱体）墙体平面度	表面平整度	≤2					
	与楼面垂直度	≤3					
	接缝间隙	≤1.5					
	接缝直线度	≤2					
模块单元顶板（顶棚）挠度		≤10，且≤L/1500					
模块单元地板（楼板）挠度		≤10，且≤L/1500					
梁、柱截面扭曲		±2					
门窗	长度	≤1.5					
	宽度	≤1.5					
	对角线	≤3					
踢脚线、阴角线、顶角线	拼缝间隙	≤1					
	与墙板和顶棚的贴合度	良好					
综合验收结果： 年 月 日							
安装单位			负责人				
建立单位			负责人				
使用单位			负责人				

注：L 为模块单元水平方向尺寸，H 为模块化组合房屋竖直方向尺寸。

A. 0. 3 模块化组合房屋叠箱结构安装质量验收应按表 A. 0. 3 的规定执行。

表 A. 0. 3 模块化组合房屋叠箱结构安装质量验收

编号： 单位：mm

工程名称：						
安装地点：	层数面积					
地板中心线对定位轴线的偏移 Δ	±5.0					
整体垂直度 Δ	≤30.0，且≤H/1000+10					
单层箱体垂直度 Δ	±5.0					
箱体顶部标高 Δ	±5.0					
房屋的平面弯曲	≤20.0，且≤L/1200					
综合验收结果： 年 月 日						
安装单位		负责人				
监理单位		负责人				
建设单位		负责人				

注：L 为模块单元水平方向尺寸，H 为模块化组合房屋竖直方向尺寸。

中华人民共和国行业标准

轻型模块化钢结构组合房屋 技术标准

JGJ/T 466－2019

条文说明

1 总 则

1. 0. 1 模块化建筑是绿色建筑和建筑工业化的发展方向之一，钢结构建筑最易采用模块化建造方式，轻型钢结构房屋特别是箱式房屋已经在多层公共建筑、别墅建筑以及单、多层临时性建筑中广泛应用，但在国内尚无相应标准参考，本标准的制定可作为轻型模块化钢结构组合房屋设计、制作、安装、验收及维护的依据，对规范、推广其应用有积极的指导作用。

1. 0. 2 模块化建筑是指把一个或多个建筑单元作为预制构件单位，在工厂预制后运到工地进行安装的建筑形式。模块化单元可以用来形成完整的房间，或者作为大房间的一部分，也可以用来制作一些专用服务单元，例如电梯、厨卫等。这种通过多个模块单元形成的多层建筑一般采用自承重体系，高层建筑则一般会依赖于一个独立的结构体系或者添加辅助的抗侧力结构体系。模块化建筑可以适用于包含住宅、商业、医院、学校、酒店等多种建筑类型。

应注意将模块化建筑与临时建筑或可移动建筑区分开来。尽管两者在三维概念上比较相似，但是在质量、构造设计、围护材料和性能标准等方面均有很大的不同。

模块化施工作为一项新兴技术，主要通过现场装配预制的模块单元，完成住宅或商业建筑中部分或全部内容的施工，通常这种轻钢龙骨单元在送至现场之前已在工厂完成大部分的加工并装配完毕。

轻型模块化钢结构组合房屋采用轻钢结构体系，模块单元的顶板、地板、墙板通常采用轻质材料，考虑消防安全和轻型模块单元承载能力的影响，将适用范围控制在抗震设防烈度 8 度及以下，建筑高度不应超过 24m。

2 术 语

本标准涉及建筑和结构等不同的专业，为便于标准的理解和应用，本节对一些重要的术语定义作了规定。

2. 0. 1 本条是对轻型模块化钢结构组合房屋的定义。

模块化建筑的结构体系所使用的材料往往由一个公司在涉入模块化建筑领域前生产的产品类型所决定。生产重型钢结构的企业倾向采用热轧型钢作为其模块的骨架材料。而专注轻钢结构体系的公司倾向采用冷弯型钢作为模块的骨架材料，之所以这么做，是因为他们需要一种质量可靠、能高效制作和安装的材料，轻钢结构体系正好能满足他们的需求。

轻型模块化钢结构组合房屋使用的构件主要为 1.0mm～10.0mm 的镀锌钢带通过冷弯成型的薄壁截面或热轧型钢，截面形式主要为 C 形、Z 形或□形以及它们的变体截面。各种类型的冷弯薄壁截面如图 1 所示。通常选用 C 形龙骨作为模块化单元结构支撑构件，然后将轧制好的 C 形龙骨切割成所需长度，通

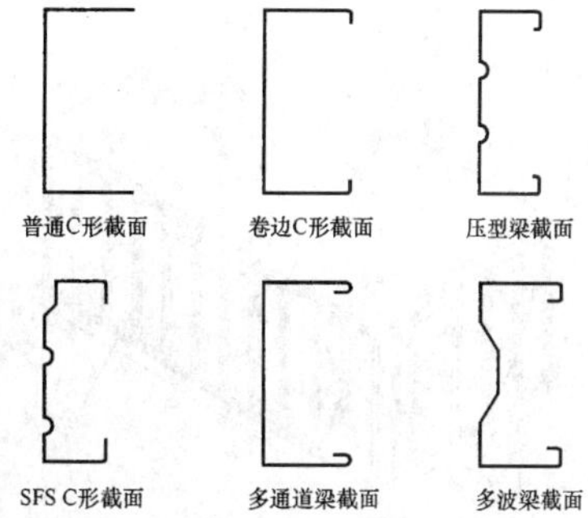

图 1 模块建筑中使用的冷弯薄壁构件截面（一）

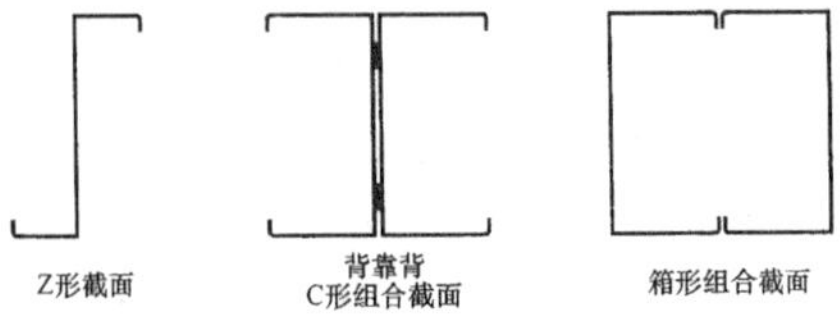

图 1　模块建筑中使用的冷弯薄壁构件截面（二）

过合适的连接方式将其组合成模块化单元的框架，单元的吊装点和边角处可使用热轧型钢（通常为空心型钢）进行加固。

另外，模块单元的围护材料(顶板、地板、墙板）也应是轻质的。

模块单元应该在吊装就位前组装形成，考虑运输因素，并不强调一定是在工厂车间内完成。

2.0.2　模块单元是模块化组合房屋的基本单元。模块单元原则上是一个六面体。模块单元也可以通过组合来形成较大的房间。在这种情况下，模块单元的长度取决于较大房间的楼面或屋面的构件跨度。单元的“未封闭”面需要进行必要的支撑或补强，以加强其在吊装和运输的过程中的刚度和稳定性。对外形较为复杂的建筑，局部区域可能会划分为二维模块单元，及整体式外装饰墙板、屋面等。

使用单个模块来形成房间和使用多个模块来形成较大房间的模块建筑的构成形式如图 2 所示。

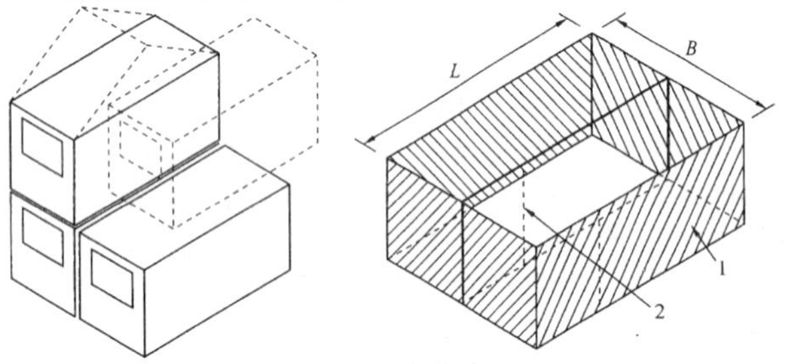

(a) 模块单元堆叠形成蜂窝状房屋　　(b) 多个模块单元组成较大空间

图 2　模块建筑的构成形式

1—模块单元侧面；2—内柱

2.0.3　柱承重模块单元主要靠边梁、角柱支撑，竖向龙骨和填充墙均不承受荷载，如图 3 所示。

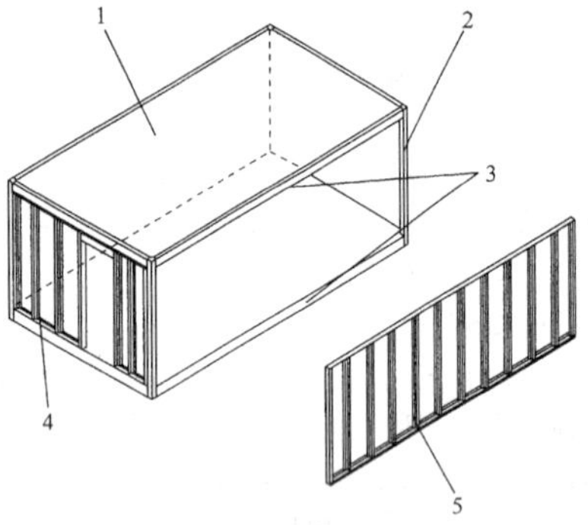

图 3　柱承重模块单元示意

1—装饰板；2—角柱；3—边梁；4—开洞填充墙；5—非承重龙骨

2.0.4　墙承重模块单元的面支撑仅用于运输和吊装，荷载主要通过长边方向墙体承担，如图 4 所示。

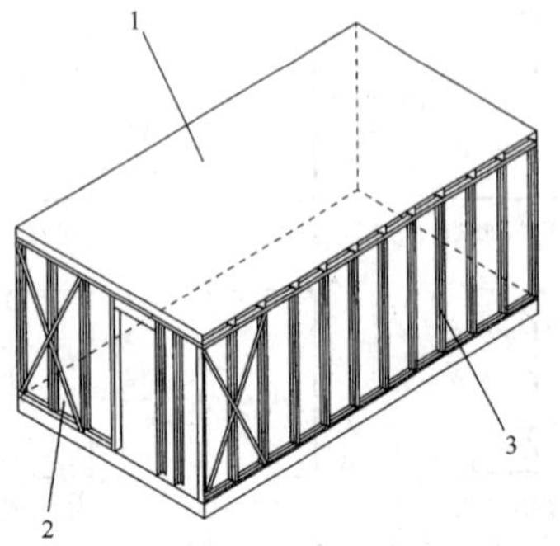

图 4　墙承重模块单元示意

1—装饰板；2—加支撑的开洞填充墙；3—承重墙龙骨

2.0.5、2.0.6　模块单元的地板（楼板）和顶板（顶棚）为双层构造，详见图 5 和图 6，其厚度由跨度决定。通常情况下，楼板厚度约为 150mm～200mm，顶棚厚度约为 100mm～150mm，但是对于半开启式模块，由于边梁需要横跨模块整个开启面，屋顶或楼板厚度可达 500mm。结果导致楼板厚度比常规施工做法大，但建筑的隔声性能也相应地提高很多。

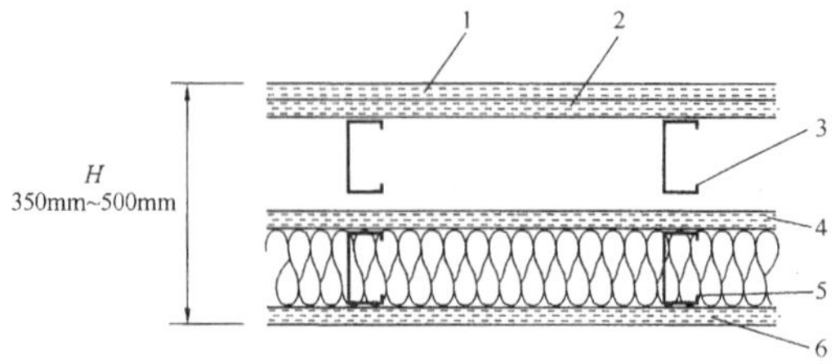

图 5　模块单元地板为双层构造示意

1—楼板完成面；2—石膏板；3—楼板钢托梁；4—纤维板；5—顶板钢托梁；6—石膏板

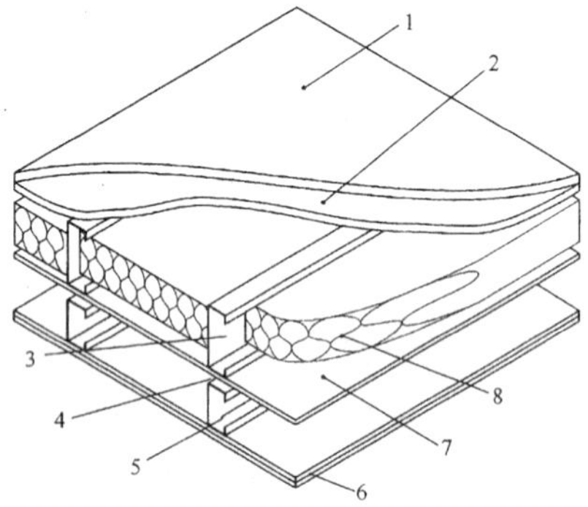

图 6　模块单元顶板为双层构造示意

1—刨花板；2—石膏板；3—轻钢楼板托梁；4—楼板与顶板间空腔；5—独立于上部楼板的轻钢顶板托梁；6—双层石膏板；7—纤维板；8—玻璃棉

2.0.7　模块单元墙体通常采用波纹板、衬板、盒式面板、复合板、干挂瓷砖、轻质混凝土板、木板等材料。一般来说，这些围护组件都需要二级框架进行支撑。围护组件与框架是隔断的，以避免产生冷桥。模块单元墙体典型构造如图 7 所示。

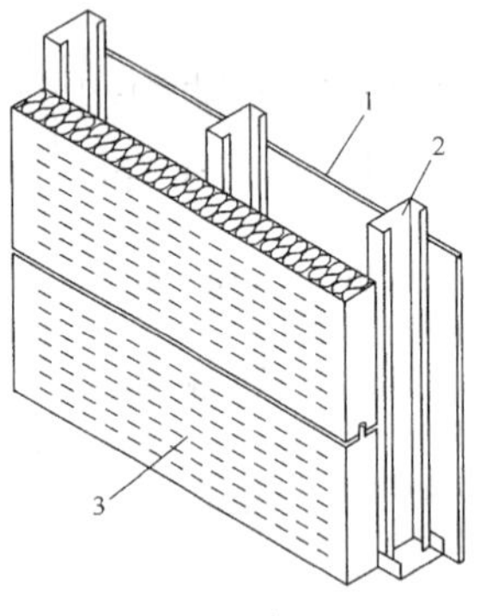

图 7　模块单元墙体典型构造示意

1—装饰板；2—檩条；3—保温层

2.0.8　叠箱结构体系建筑一般控制在 3 层及以下单、低层建筑。

2.0.9　叠箱-框架混合结构体系建筑，根据抗侧力结构的情况，可以实现多层，就轻型钢结构体系来说，建筑高度控制在 8 层或 24m 比较合适。

2.0.10　嵌入式模块框架结构体系的层数和建筑高度取决于框架结构，因此，建筑层数和高度理论上没有限制，但从经济角度上考虑，多层为宜。

3 建筑设计

3.1 一般规定

3.1.2 由于组成模块化组合房屋的部品构件都是工厂生产、工厂集成、现场安装，因此在设计阶段不仅要对部品构件进行深化设计，而且要对相对独立的主体结构、围护系统、内装系统以及设备管线系统等进行协同设计，从而避免工厂集成装不上，或者没有在一个系统内综合考虑所涉及的多专业技术问题而影响建筑的正常适用。比如建筑设计没有考虑结构体系的特点，没有考虑外围护系统的类型和特点，结构设计没有考虑设备管线系统的孔洞预留，内装系统没有结合设备管线系统的布置等。特别是还应充分考虑后期的运输、吊装和运营维护要求对于模块化组合房屋设计的影响。以深化设计和协同设计为特征的集成设计不同于我们目前设计院按专业划分进行设计的模式，传统设计适合传统建造方式，集成设计适合模块化组合房屋。

3.1.3 设备管线会与结构主体、围护系统发生位置关系，而模块化组合房屋的结构主体、围护系统、设备管线都是以模块单元为单位在工厂进行预制安装，因此设备管线应进行精细化的多专业管线综合设计，为了减少人为的错误，管线综合设计可借助建筑信息化模型技术。

3.1.4 由于模块化的优势是通过预制来实现的，因此初期的空间规划、随后的详细设计，以及服务的整合和协调是极为重要的。在后期对于空间、材料和结构的调整余地非常小，因此设计必须在制造开始前全部完成。为了最大程度地发挥模块施工的优势并产生可观的经济效益，应在项目概念设计阶段对使用模块化组合房屋可能产生的结果予以考虑，这个阶段所做的决策对整个项目的成功和模块化组合房屋施工技术的可行性至关重要。一方面可以通过相应的分析确定建筑的哪些部分可以使用装配结构，而哪些部分用常规方法建造会更好；另一方面在设计阶段可以发掘出模块化组合房屋施工的各种特点，并总结出对建筑模块的要求以及模块单元与其他组成部分的连接方式等。

3.1.5 由于模块化建筑使用的各类密封胶、填充材料较多，所选用的材料在满足建筑功能的前提下也应满足环保要求。

3.1.6 模块化组合房屋相比传统建筑具有更加精良的工艺，对品质的控制、切割的准确性、材料的节省方面有更高的要求，因此需要充分考虑部品构件的模数化、标准化、定型化、通用化，以及标准模块和标准构件的互换。前期从根本上节省材料和人工，体现模块化组合房屋低成本、快速建造的特点，还应考虑后期维护的便利性。

3.2 模块选择与布置

3.2.2 《住宅设计规范》GB 50096—2011 规定：卧室、起居室（厅）的室内净高不应低于 2.40m，局部净高不应低于 2.10m，厨房、卫生间净高不应低于 2.20m。但部分模块化组合房屋考虑到应用标准集装箱渠道进行长距离运输，常见的 20 尺柜和 40 尺柜集装箱内尺寸为 5.69m×2.13m×2.18m 和 11.8m×2.13m×2.18m，高度不足 2.20m，所以此处净高放宽为 2.10m，且只能用于厨房、卫生间、通道等部位。

3.2.3 相邻模块单元连接包括单元构件和设备管线连接。

3.2.5、3.2.6 图 3.2.5、图 3.2.6 给出了一些将模块单元作为主要构件的堆叠形式和布置方式。在平面和立面上偏移模块单元、阳台和屋面模块单元附件的使用等技术均可用于提高建筑美观效果。独立的钢结构框架起到局部支撑的作用，比如对阳台的支撑，或作为通道起到连接各模块的作用。

场外预制阳台、楼梯、垂直电梯的使用增加了模块单元在建筑物中的使用范围。在传统框架结构建筑物中，预制卫生间等功能性房间的使用比较广泛。

图 3.2.5 给出了多种不影响结构设计的模块单元排布方式，图 3.2.6 给出了几种模块化组合房屋悬臂梁和中庭的布置方式，可将中庭的布置原则扩展为各种布置方式的变体，中庭部位四周应设有独立的雨篷。

还有些没特别说明的模块单元技术，包括放射状定向模块、部分开口模块，这类模块造价可以较灵活的控制，但是在不同楼层对承重墙进行偏移比较受限。

3.2.8 本条规定了外立面应符合城市市容市貌整体规划，与周围环境相协调，外立面通过变形缝进行尺寸分割，变形缝应能适应温度变化引起的外墙变形。同时应采用建筑体量、材质肌理、色彩变化等方式来实现不同的建筑立面效果。尽量避免采用专用的装饰构件来完成建筑外立面，以免降低建筑模块的生产效率，并给模块的运输和安装带来不利的影响。

3.3 模块地板

3.3.1～3.3.5 为了给模块单元水平设备管线提供空间，走廊楼板最好采用无梁的设计，图 8 给出设计示例，当采用有梁设计时，宜选用空腹梁，以便管线通过。

3.4 模块顶板

3.4.1 考虑到下层模块顶板及吊顶受到上层模块楼板保护，通过构造措施可满足吊顶的防潮保温性能。吊顶不宜过重，否则可能增加梁截面高度，安全性较差。岩棉等纤维材料易游离在空气中，应保证岩棉材料处于密闭空间，防止人吸入肺中，影响健康。

1 钢板一般宽度为 1000mm、1200mm。

3 当采用分块的保温材料填充模块顶板时，若保温材料有掉落的可能，则可采用在保温材料底部增设钢丝网或玻璃纤维布的方式加强保温材料的整体性。

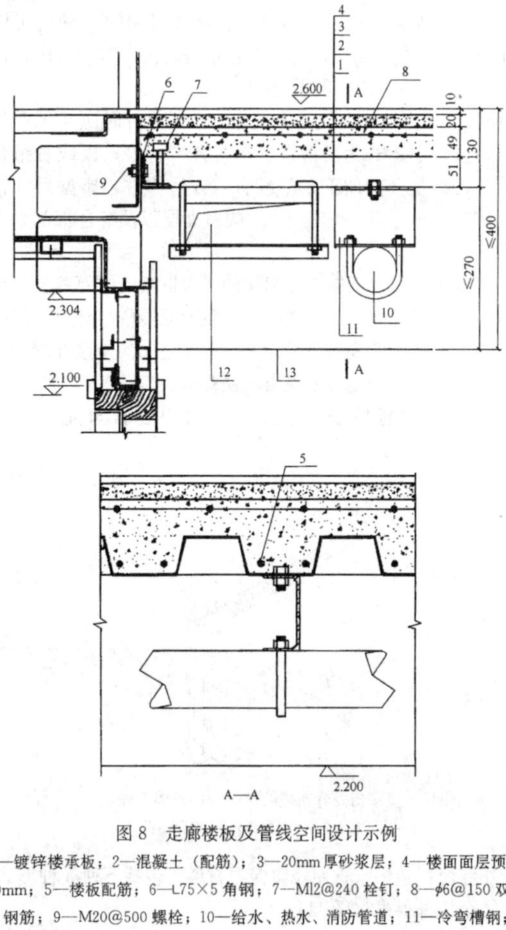

图 8 走廊楼板及管线空间设计示例

1—镀锌楼承板；2—混凝土（配筋）；3—20mm 厚砂浆层；4—楼面面层预留 10mm；5—楼板配筋；6—∟75×5 角钢；7—M12@240 栓钉；8—ϕ6@150 双向钢筋；9—M20@500 螺栓；10—给水、热水、消防管道；11—冷弯槽钢；12—电气线槽；13—自选吊顶

3.5 模块墙板

3.5.1 墙体挂板的目的是提供耐候性和外观需要。模块建筑的挂板可以为自身提供垂直支撑，由模块结构提供水平支撑，也可以选择由模块结构提供全部支撑。

外部挂板和模块结构之间的空腔必须包含隔层，起到阻挡烟和火焰扩散的作用，所有独立住宅或者防火分区都要求有空腔隔层，通常使用矿物棉。

对于建筑外立面，可考虑采用由模块结构直接提供支撑的抹灰挂板，其呈现出多种多样的颜色和完成面效果，可以是仿砖砌效果或者十分光滑的完成面，可以有不同颜色和纹理。

抹灰挂板尤其适用于模块施工，因为在工厂可控环境中方便安装挂板，模块单元装好后可在现场进行接缝施工。抹灰形式包括下列 2 种：

1）采用传统水泥基或沙基抹灰（厚度一般为 20mm～25mm），需要坚固的基层或固定在木板条上可延展的不锈钢网作为常规围护；

2）采用新型高分子聚合物加强抹灰（厚度一般为 5mm～10mm），围护要求可适当降低（图 9）。

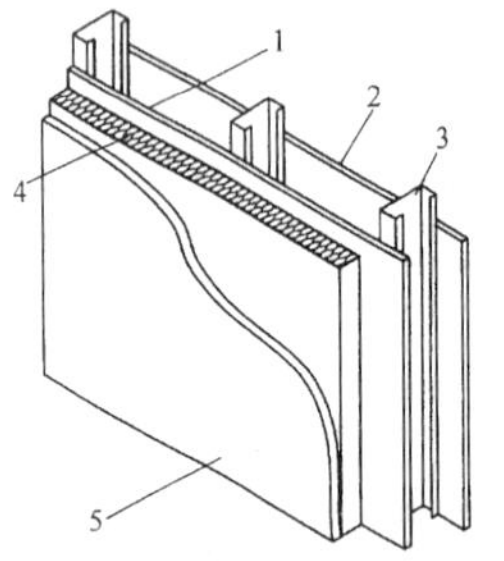

图 9　抹灰挂板围护体系的界面做法

1—隔热盖板；2—石膏板；3—轻钢龙骨；4—刚性泡沫隔板；5—聚合物基抹灰挂板

国外的模块化建筑中，也有采用砖砌体作为外墙围护体系的做法，侧向支撑可以采用连接砌体和轻钢结构的做法，即通过类似于木结构中使用的“人”字形的连接来实现，或者通过在原本隔断的钢龙骨上安装垂直轨道来实现。这些垂直轨道应按 1.2 m 的间距进行布置，也就是说每 5 块～6 块砖砌体进行一次连接。

但是，由于现场砌筑砖砌体是比较耗费时间的一种施工作业，而且需要单独的基础，因此，为保证符合国内对于装配式建筑的要求，不优先考虑砖砌体作为外墙。

3.5.2 轻质挂板由模块单元提供支撑，单元设计时应考虑额外荷载。轻质挂板的形式为压型板、内衬夹层、盒式板或者组合板。如果盒式板是分离的正方形或者长方形构件，典型尺寸在 600mm～1200mm 之间，则压型板、内衬夹层以及组合板都是内衬构件。

很多情况下，需要钢制或者铝制的二次框架支撑那些挂板构件，外墙围护材料独立于支撑结构以避免形成冷桥。部分轻质挂板可在工厂内直接固定到模块单元上，单元之间的连接在现场密封。这对设计和施工的精确度提出较高要求。

典型的轻型挂板围护构造是直接将组合板与龙骨连接（图 10）。

图 10　直接与龙骨连接的组合板围护体系做法

1—石膏板；2—轻钢龙骨；3—组合墙板

3.5.3 外保温构造中宜选用轻质保温材料，包括下列 3 种形式：

(1)复合板外保温（图 11）；

(2)钢龙骨、保温填充、面层（图 12）；

(3)喷涂型保温材料加外部防护层。

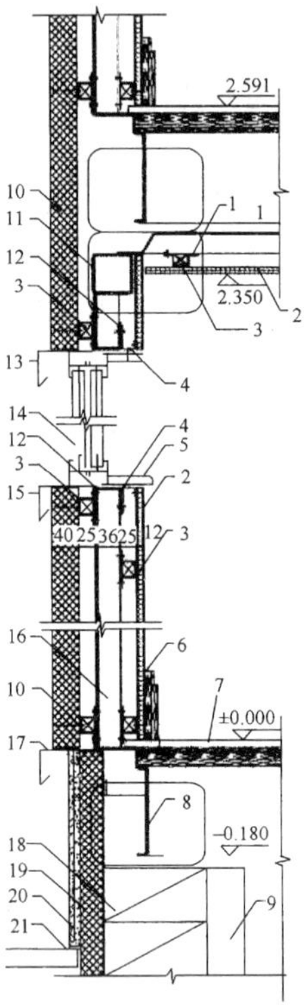

图 11　外墙保温为复合板构造

1—抽芯铆钉；2—石膏板；3—龙骨及调平垫块；4—镀锌钢龙骨；5—窗台板；6—踢脚；7—铺装地板；8—底侧梁；9—钢筋混凝土独立基础或条形基础；10—保温装饰板；11—顶侧梁；12—洞口加强角钢；13—窗（门）上泛水；14—窗（门）；15—窗（门）下泛水；16—箱侧板；17—泛水；18—砌块勒脚；19—保温板；20—挂网抹灰层；21—散水

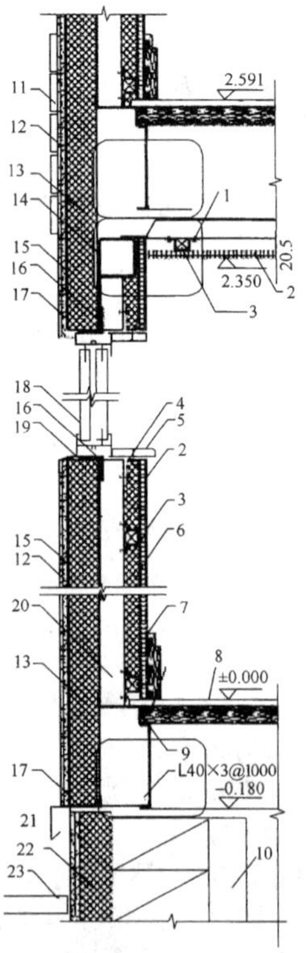

图 12　外墙保温为钢龙骨、保温填充、面层构造

1—抽芯铆钉；2—石膏板；3—龙骨及调平垫块；4—镀锌钢龙骨；5—窗台板；6—保温材料（可选项）；7—踢脚；8—铺装地板；9—底侧梁；10—钢筋混凝土独立基础或条形基础；11—面砖（可选项）；12—镀锌钢丝网抗裂砂浆；13—龙骨及保温材料；14—顶侧梁；15—防水透气膜；16—洞口加强角钢；17—沿底龙骨；18—窗（门）；19—密封膏；20—箱侧板；21—泛水；22—保温材料；23—散水

常用保温、隔热材料的热工与燃烧性能可按表 1 确定。

表 1　常用保温、隔热材料的热工与燃烧性能

类别	材料名称	表观密度（kg/m^2）	导热系数［W/(m·K)］	燃烧性能
常用材料	膨胀聚苯乙烯泡沫板(EPS)	18～22	≤0.041	B1、B2
	挤塑聚苯乙烯泡沫(XPS)	≥25	≤0.030	B1、B2
	硬质聚氨酯泡沫(PU)	35～65	≤0.025	B1、B2
	酚醛树脂泡沫(PF)	50～80	≤0.025	B1
	矿棉、岩棉	80～200	0.045	A
	玻璃棉毡	≥16	0.050	A
	木材	500～700	0.170～0.30	B2
	石膏板	1050	0.330	B1
	水泥纤维板	1000	0.340	B、B1
	石灰水泥砂浆	1700	0.87	A
	保温砂浆	800	0.29	—
	封闭空气层	—	0.024	—
构造措施	铝箔反射材料	辐射反射率≥85%		
	通风双层屋面、墙面	表面温度可增加 10℃～15℃		

3.5.4　外墙保温装饰一体板是由保温装饰一体板、胶粘剂、锚固件、密封胶、界面砂浆等与建筑物外围护结构层组成的系统；保温装饰一体板是由工厂预制成型用于外墙保温装饰的板状制品，由饰面板、黏结层和保温层复合而成。

玻纤增强无机板是以耐碱玻璃纤维为主要增强材料、硫铝酸盐水泥或硅酸盐水泥为胶凝材料，以砂、植物纤维或固体废弃物为集料，以粉煤灰、硅灰、矿渣等为掺合料，加入其他外加剂，在工厂预制成型的板材。外墙构造做法如图 13 所示。

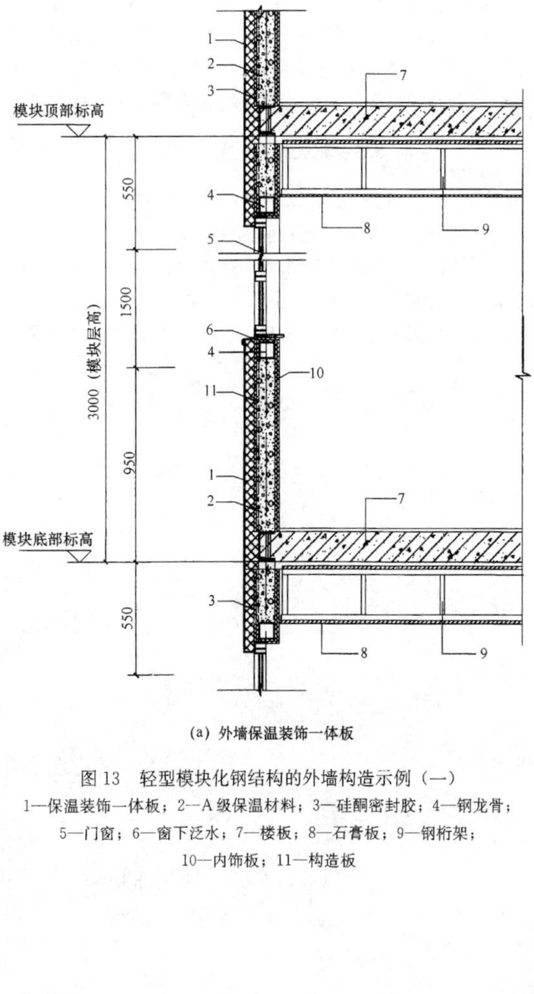

(a) 外墙保温装饰一体板

图 13　轻型模块化钢结构的外墙构造示例（一）

1—保温装饰一体板；2—A 级保温材料；3—硅酮密封胶；4—钢龙骨；5—门窗；6—窗下泛水；7—楼板；8—石膏板；9—钢桁架；10—内饰板；11—构造板

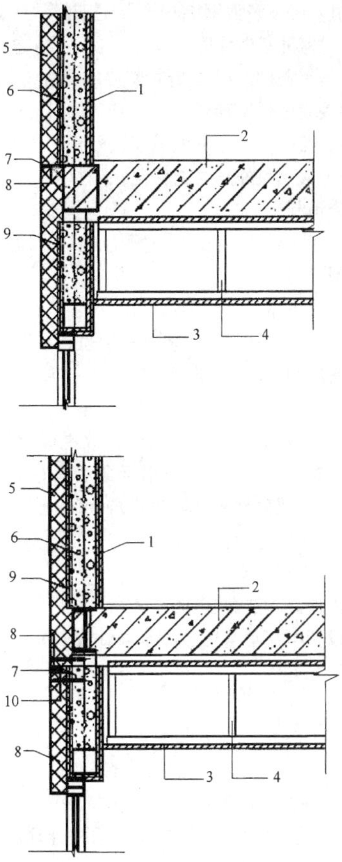

(b) 模块外墙体水平缝构造

图 13　轻型模块化钢结构的外墙构造示例（二）

1—内饰板；2—楼板；3—石膏板；4—钢桁架；5—保温装饰一体板；6—A 级保温材料；7—胶条；8—硅酮密封胶；9—构造板；10—泡沫棒

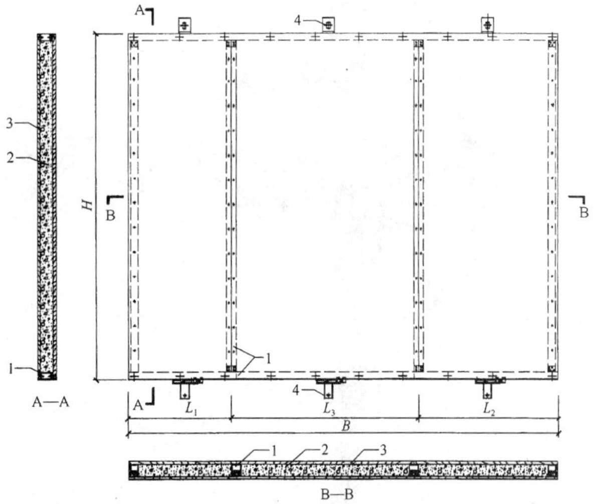

(c) 钢骨架组合墙体单元组装

1—钢骨架；2—复合墙板；3—玻纤增强无机板；4—连接件

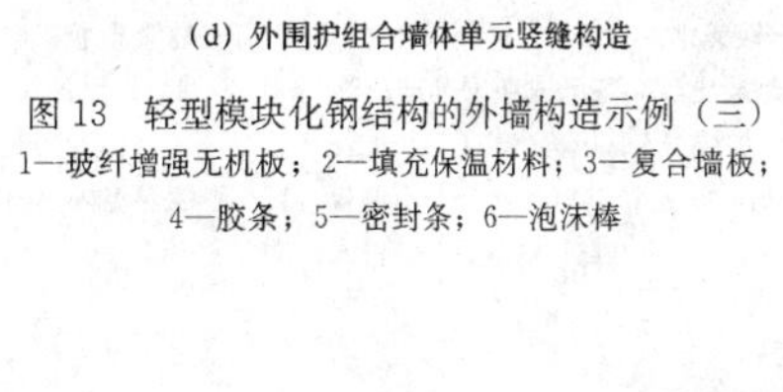

(d) 外围护组合墙体单元竖缝构造

图 13　轻型模块化钢结构的外墙构造示例（三）

1—玻纤增强无机板；2—填充保温材料；3—复合墙板；4—胶条；5—密封条；6—泡沫棒

3.5.5 模块化组合房屋多为钢结构金属框架模块，如在外部环境中直接暴露，对保证室内环境和节能不利，故围护结构设计为外保温（隔热）是有益的。但预制的模块单元外部保温（隔热）构件成品保护和接缝处理比较复杂，故有条件时外围护作业宜在现场完成；有特殊需要时，也可做成模块外露的内保温（隔热）。下列情况适用于做成模块外露的内保温（隔热）：

(1)房屋充分预制；

(2)非严寒、寒冷地区，且结合遮阳、通风手段；

(3)独立使用的房屋；

(4)移动使用的房屋；

(5)造型需要箱体外露，规模较小的项目；

(6)季节性使用的房屋。

轻质复合围护结构的热惰性（D 值）很难满足有关标准的要求，热稳定性差、夏热地区尤为突出，故更应加强构造措施，除加强通风、设置遮阳外，还应利用复合墙具有中空空间的特点，在中空层中铺设反射材料（如铝膜），可降低辐射热的影响。同理，外围护表面涂浅色的反射涂膜，门窗采用热反射玻璃等措施，均可提高实际隔热效果。

3.5.6 典型的内保温构造做法如图 14 所示。

3.5.7 典型的设置可流动空气层的幕墙做法如图 15 所示。

3.6 屋 面

3.6.2 本条规定了屋面工程防水设防标准。屋面工程应按国家现行标准《屋面工程技术规范》GB 50345、《坡屋面工程技术规范》GB 50693、《种植屋面工程技术规程》JGJ 155、《压型金属板工程应用技术规范》GB 50896 中相应条款合理确定屋面工程防水设防标准。

3.6.3 本条规定了屋面构造应满足的设计要求。

4 由于金属屋面在地震或强风作用下容易脱落，产生安全隐患，必须采取加固措施。

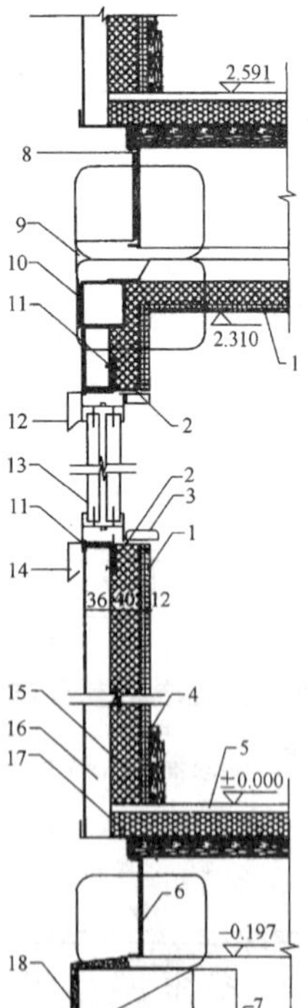

图 14 内保温隔热墙体示例

1—石膏板；2—镀锌钢龙骨；3—窗台板；4—踢脚；5—铺装地板；6—底侧梁；7—钢筋混凝土独立基础或条形基础；8—密封膏；9—泛水；10—顶侧梁；11—洞口加强角钢；12—窗（门）上泛水；13—窗（门）；14—窗（门）下泛水；15—保温隔热材料；16—箱侧板；17—刚性保温隔热材料；18—抹灰；19—散水

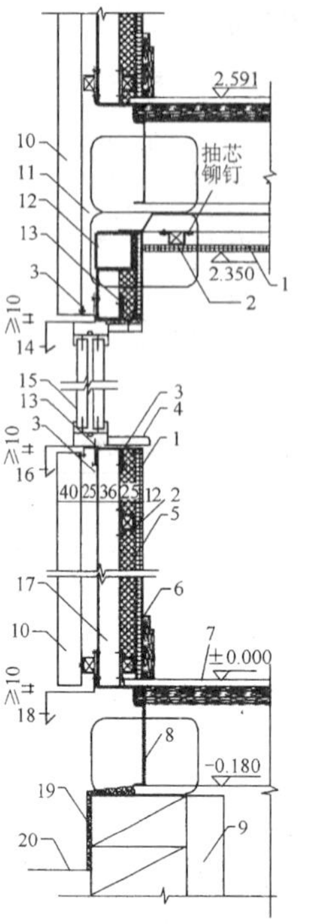

图 15 带有可流动空气层的幕墙做法

1—石膏板；2—龙骨及调平垫块；3—镀锌钢龙骨；4—窗台板；5—隔热材料（可选项）；6—踢脚；7—铺装地板；8—底侧梁；9—钢筋混凝土独立基础或条形基础；10—彩钢压型板；11—可通风的空气层；12—顶侧梁；13—洞口加强角钢；14—窗（门）上泛水；15—窗（门）；16—窗（门）下泛水；17—箱侧板；18—泛水；19—抹灰；20—散水

6 严寒和寒冷地区冬季屋顶积雪较大，当气温升高时，屋顶的冰雪下部融化，大片的冰雪会沿屋顶坡度方向下坠，易造成安全事故。因此应采取相应的安全措施，如在临近檐口的屋面上增设挡雪栅栏或加宽檐沟等措施。

7 金属坡屋面渗水的原因包括：搭接、波高及下游滞水、毛细现象、制品精度与缺陷等造成渗漏，故对屋面配套构件及其安装均要做好防水措施，亦可采用整幅板和适宜的波形做平屋面，也可避免由上述原因导致的渗漏，国外有不少这样的实例。

3.8 建筑构造

3.8.1 模块建筑需要在现场由模块单元搭建而成，模块单元作为建筑的独立构成组件，需要有较强的整体性和完整性。除了对模块的墙体、楼板、顶棚提出要求外，还需要对各部分之间的连接节点的做法进行详细的设计，保证模块单元整体的保温、隔热、防水、防火和隔声性能可以满足实现建筑使用功能的需求。

4 模块单元

4.1 一般规定

4.1.1 本条提出了轻型模块化钢结构组合房屋合理选用钢材应综合考虑的基本要素。荷载特征即静荷载、直接动荷载或地震作用；应力状态要考虑是否存在疲劳应力、残余应力；连接构造要考虑焊接还是螺栓连接；钢材厚度对于其强度、韧性、抗层状撕裂性能均有较大的影响；工作环境包括温度、湿度及环境腐蚀性能。

4.1.3 墙承重模块由楼板、墙体、顶棚组成，每一种板体都是由轻钢截面制造而成。按设计要求，2片纵墙承担包括顶棚托梁和上部竖向所有模块的重力载荷，模块将直接安放在另一个模块顶部，重力荷载可通过每一片纵墙直接传到下面的模块。除了4块外墙，也可采用非承重隔墙，用于划分内部空间。柱承重模块类似于传统的钢框架结构，在角柱间布置梁高较高的纵向边梁，竖向荷载全部由模块的4根角柱承担。根据结构的不同形式和功能需求，还可采用框架-剪力墙模块、双梁双柱模块等不同形式的模块。构造示意如图16所示。

4.1.4 楼板和墙体中使用的薄钢构件一般为C形钢，可根据设计要求，按一定间距以单个或成对（即“背靠背”C形钢）形式布置。

4.1.5 一个模块的无开孔的纵墙的蒙皮效应比同等的X形支撑提供的面内抗剪承载力更大。上述各种类型的板（面积为2.4m²）的试验表明，水泥刨花板（CPB）能抵抗大小约10kN（或沿墙长度方向4kN/m）的水平剪力，在试验中这是由允许挠度（模块高度的1/500，或者大约5mm）控制的。类似的对于定向刨花板（OSB）则为沿墙长度方向3kN/m。另外，外部墙板还能在临时条件下提供建筑防风雨性能。

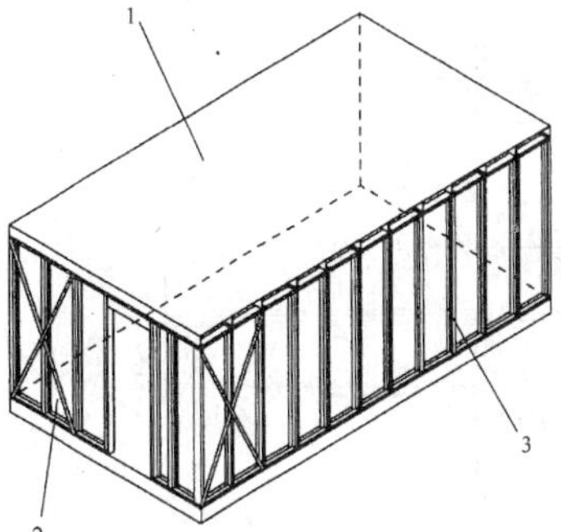

(a) 墙体承重模块

1—轻钢龙骨板；2—填充墙（含支撑、门洞或窗洞）；
3—带支撑的轻型承重立柱墙（提供上部模块的连续支承和稳定性）

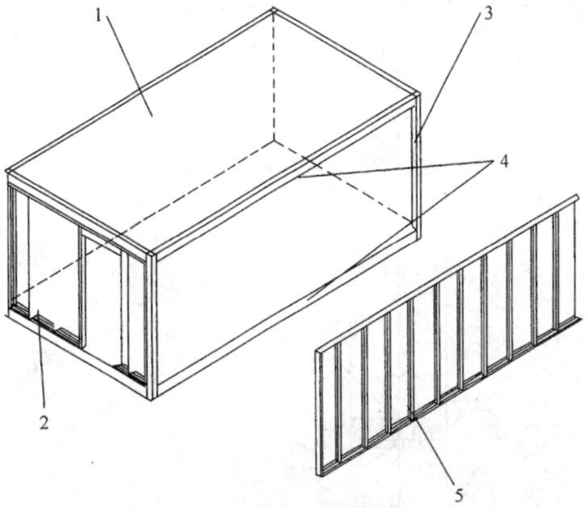

(b) 角柱承重模块

1—轻钢龙骨板；2—带门洞或窗洞的填充墙；3—角柱（与上下边梁刚性/半刚性连接以形成框架，角柱可采用箱形截面、工字形截面或角钢组成的十字形截面）；
4—角柱之间的边梁；5—非承重立柱墙

图16 模块单元类型（一）

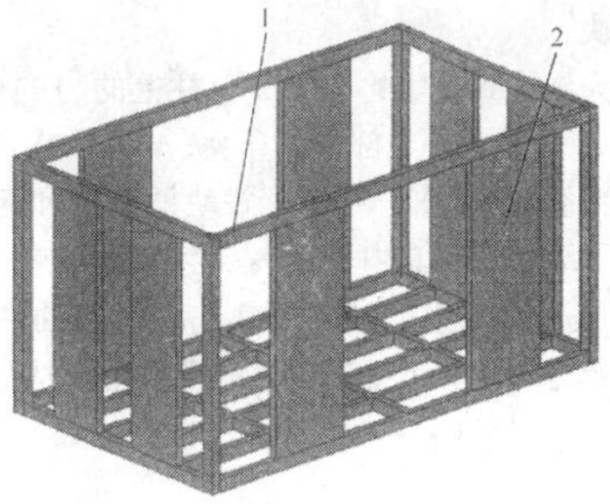

(c) 框架-剪力墙模块

1—钢框架；2—双层钢板

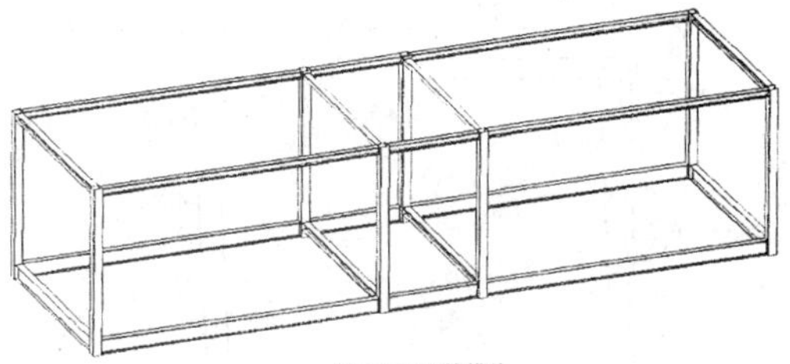

(d) 双梁双柱模块

图16 模块单元类型（二）

4.1.6 轻型模块化钢结构组合房屋中一般不采用混凝土楼板，而是采用平面内刚度较小的轻质板。因此应采取相应措施以保证楼板的平面内刚度。

4.1.7 地板中的C形钢的设计通常由挠度或可感知的振动控制，而不是它们的抗弯强度。其上翼缘与板可靠连接是为了防止侧向失稳。

4.1.8 在轻型模块化钢结构中，由于模块顶板一般不直接承受荷载，所以通常不采用承重板。当作为顶层模块需承受屋面荷载和其他荷载时，应单独进行验算补强。

4.1.9 模块壁板开孔、特别是较大孔洞时，会显著削弱模块结构的刚度与强度，故应由建筑设计与结构设计慎重、妥善地确定其位置与尺寸，同时，应控制开孔率不应大于60%，所有开孔部位应按结构强度和刚度要求与门窗框设置要求进行加固、补强。除洞口局部补强外，对较大开孔情况尚宜采取加设暗柱、斜撑、箱底支座等补强方式。在模块单元纵向侧墙体上进行开孔时，应在墙体的角部和中间部位添加支柱并对楼板的边梁做连续刚性的设计。开孔的宽度受楼板边梁的刚度和抗弯能力所限制，当进行更大的开孔时，应设置附加边梁。

4.1.10 模块单元在升降操作过程中的受力将产生与通常情况不同的内部应力。特别是当所提升位置存在局部的受力集中，需要加强相邻的构件以及它们之间的连接来抵抗这些受力。通常这些位置可采用热轧型钢，而其他地方多采用轻钢构件。

4.2 模块单元设计

4.2.1 当受到石膏板和墙板的约束作用时，墙体内的C形钢不会发生侧向扭转屈曲。因此，其弯曲失稳承载力可取C形钢其主轴方向上的弹性弯曲稳定承载力，不考虑短轴方向的屈曲。C形钢构件的结构性能可用于确定模块中承重墙的承载能力。

4.2.2 高300mm～400mm，厚3mm～4mm的冷弯型钢也可用于地板和顶棚边梁，但是这将导致地板和顶棚组合厚度相对较大（典型地，750mm～900mm）。在进行边梁设计时，应根据实际情况和设计要求来选择截面。

4.2.3 通常根据模块宽度，300mm高的槽钢跨度可达7.2m。冷弯型截面和截面高度为430mm的槽钢截面可能会应用于更大跨度。为了保证边梁的正常使用性能，跨度与截面高度的比值宜在18～24的范围内。

4.2.4 对于一个部分开敞式模块，角钢受压相对不稳定，不宜用于3层以上的建筑。而方钢管角柱能提供较高的稳定性，可用于全开敞式模块。

4.2.6 图17为施加到模块的墙壁或角柱上的力的偏心示意图。n表示层数；$p_{\max}$表示模块底部最大压力；e表示作用在角柱上的轴向载荷的总偏心；b和h分别表示模块的宽度和高度。角柱柱端弯矩$M_{柱}=M_W+M_e$，其中M_W表示由边梁传递的荷载引起的柱端弯矩，M_e表示角柱上的轴向荷载偏心引起的柱端弯矩。考虑角柱的压弯组合作用，可得到角柱的承载力，从而计算得到允许的楼层数。

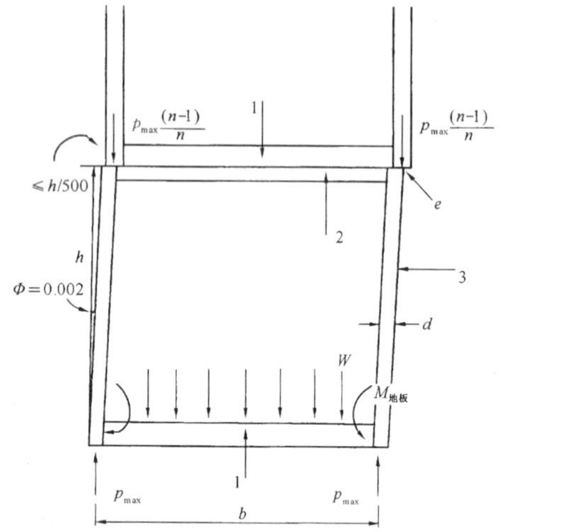

图17 角柱的柱端弯矩

1—地板；2—顶棚；3—模块墙板

4.2.7 K形支撑可抵抗的水平剪力相对较小，因此在中高层（6层～8层）建筑中宜采用X形支撑。

4.2.8 K形支撑是指C形钢呈对角形式固定在墙内的竖向龙骨上，对角支撑构件应有效连接到竖向龙骨上以确保拉力和压力的传递。X形支撑是指交叉的钢带固定在墙骨的外表面；这些钢带仅在张力下起作用，并且可在安装期间进行预拉伸。蒙皮效应是指通过使用合适的板材实现有效的蒙皮效应（石膏板或其他更坚固的板），通过自钻自攻螺钉或其他方式固定在轻钢墙骨上，最大间距为300mm，在面板的边缘通常需要150mm的间距。刚性框架效应是指墙骨构件和地板托梁之间的连续接头，形成刚性框架和门式刚架效应，可提高模块的总体扭转刚度。

4.3 连接设计与节点构造

4.3.1～4.3.5 根据有关标准的规定，并结合轻型模块化钢结构组合房屋模块和结构的特点，对节点的基本分类、节点设计构造的原则、连接计算要求和焊缝质量等级要求等作出了规定。模块单元内部构件的节点连接在工厂内完成，要求精度高、强度大、耐久性能好。模块单元之间的节点连接在工地现场完成，要求安全可靠、耐久性能好、有容错空间、便于现场快速可靠地施工。

4.3.6 边梁和角柱间的连接，可采用板件焊接在角柱上，然后用螺栓和梁连接。对于更深的边梁，这种连接可提供抗弯强度，并且能在低层建筑的开敞式模块中提供稳定性。模块单元一般为工厂内由型钢焊接而成的空间框架。模块单元内部钢结构构件的连接应满足交通运输、现场安装以及使用过程中的受力要求。为了防止焊缝和螺栓等连接部位开裂引起节点失效，或节点变形过大造成结构内力重分配，应加强模块内部构件间的连接，并使结构受力符合计算简图中的刚接假定，节点传力应顺畅，尽量做到相邻构件的轴线交汇于一点。

4.3.7 本条说明节点构造应与建筑设计相协调，且可通过节点加强措施保证梁端节点不发生破坏。

4.3.9 加强模块整体框架和支撑体系的整体性，增加相邻模块梁间、柱间的连接，是为了防止结构失稳和倾覆。

4.3.10 角件连接构造可参考《集装箱模块化组合房屋技术规程》CECS 334：2013第10.2.1条。

4.3.12 本条说明模块单元间的连接除了满足受力要求以外，还应考虑建筑使用要求，如室内环境、建筑设备、环保与节能、建筑防火与防腐等；以及现场安装和维护检修的简单便捷；防止积水、积尘，采取有效的防腐、防火措施。

4.3.13 盖板螺栓连接是目前比较常见的一种模块单元间节点连接方式，连接位置一般为模块间相邻的梁间、柱间或单元角部汇集处，如图18（a）所示，其连接方式即在上下模块单元角柱端板上预留孔，中间设置连接板，组装后通过角柱上预留的操作孔，采用高强度螺栓进行连接，使上下角柱连接成为一个整体。平板扦销连接，如图18（b）所示，做法为在连接板上下设置凸椽，然后将连接板放置在下模块单元顶部，再将上模块单元坐落安装，整体组装后，再进行上下模块单元相邻的框架梁螺栓连接。模块预应力连接，如图18（c）所示，为天津市建筑设计院所研发的模块化建筑节点连接形式，适用于层数较低的模块化建筑。其做法

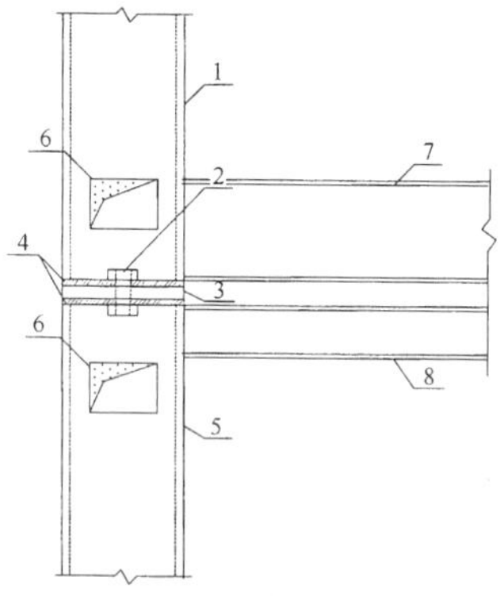

（a）盖板螺栓连接节点

1—上模块柱；2—螺栓；3—连接板；4—角柱端板；5—下模块柱；6—操作孔；7—上模块梁；8—下模块梁

图18 模块单元间的连接构造（一）

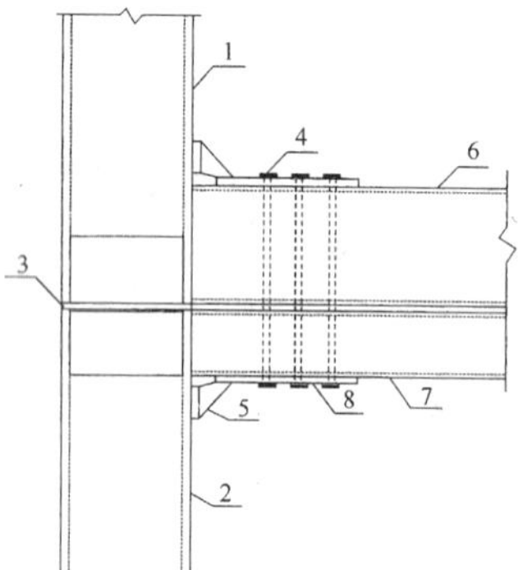

（b）平板扦销连接节点

1—上模块柱；2—下模块柱；3—平板扦销连接块；4—对拉螺栓；5—肋板；6—底梁；7—顶梁；8—盖板

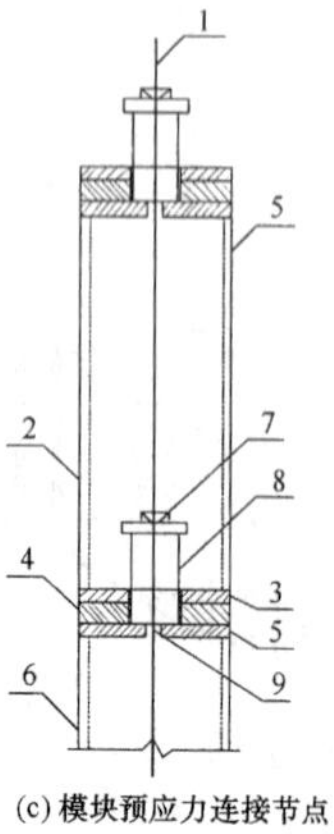

（c）模块预应力连接节点

1—预应力钢绞线；2—上模块柱；3—上模块柱底板；4—连接板；5—下模块柱顶板；6—下模块柱；7—连接器；8—抗剪键；9—穿筋孔

图18 模块单元间的连接构造（二）

为在上下模块单元框架柱端板及之间的连接板上预留穿筋圆孔，并在下模块单元顶板上设置小型钢管作为抗剪键，上模块单元安装后，将钢绞线从上模块单元往下插入连接器，以使与下部钢绞线形成整体，再在上模块单元顶部进行张拉，施加预压力。

4.3.14 角钢相对来说比较简单，可采用冷弯型钢或热轧型钢，典型地，如 100mm×100mm×10mm 的厚角钢。一般来说，模块的底部和顶部均有连接，通过连接板和单个螺栓连在一起，如图 19（a）所示。或者，角钢可用侧板连接，如图 19（b）所示，在角钢表面焊接一个螺母，使连接可在一侧进行。若模块中的角柱为方钢管，可将螺栓通过检查孔插入端板进行模块间的连接，如图 19（c）所示。

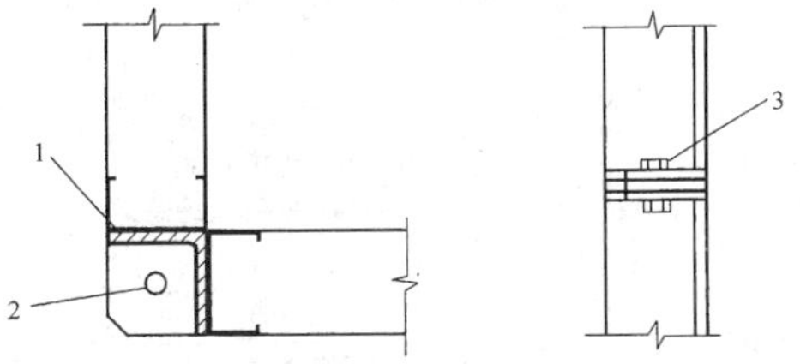

(a) 端板螺栓角部连接

1—角钢 100mm×100mm×10mm；2—螺栓孔；3—螺栓和连接板

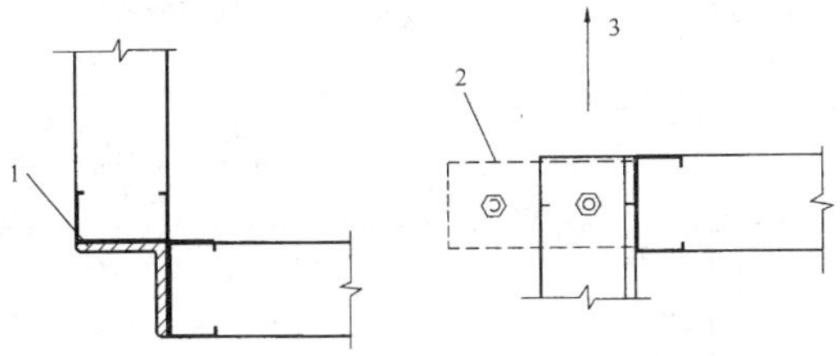

(b) 带有焊接螺母的角部连接

1—角钢 100mm×100mm×10mm；2—连接板；3—提升点

图 19 盖板螺栓连接构造（一）

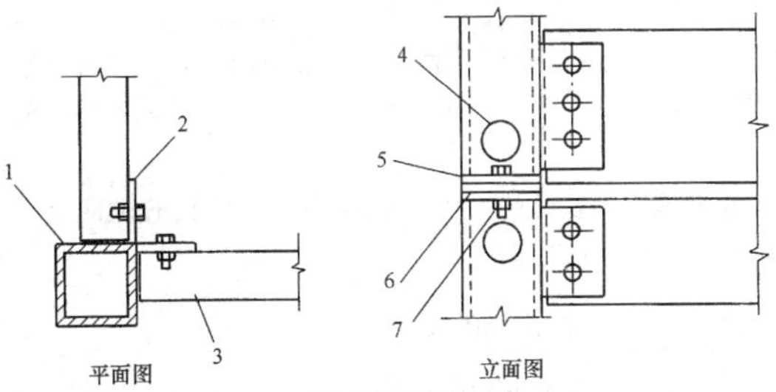

(c) 采用方钢管截面的角柱

1—方钢管 100mm×100mm×10mm；2—焊接的端板或角钢；3—C 形钢；4—直径 50mm 的检修孔；5—端板；6—连接板；7—连接螺栓

图 19 盖板螺栓连接构造（二）

5 结构体系与结构计算

5.1 一 般 规 定

5.1.1 本标准的设计原则是根据现行国家标准《建筑结构可靠性设计统一标准》GB 50068 和《工程结构可靠性设计统一标准》GB 50153 的原则制订的。考虑到既有模块化组合房屋建造灵活、便于迁建的特点，同时，模块可能经过使用或修复等情况，补充提出了构件设计使用年限可为 25 年的有关规定。

5.1.2 轻型模块化钢结构组合房屋沿用现行国家标准《钢结构设计标准》GB 50017 中以概率理论为基础的极限状态设计方法。承载能力极限状态包括：构件或连接的强度破坏、脆性断裂，因过度变形而不适用于继续承载，结构和构件丧失稳定，结构转变为机动体系和结构倾覆。正常使用极限状态包括：影响结构、构件或非结构构件正常使用或外观的变形，影响结构正常使用的振动，影响正常使用或耐久性能的局部损坏。轻型模块化钢结构组合房屋结构的计算与构造应符合国家现行标准的有关规定。

5.1.3 本条特别明确地提出了轻型模块化钢结构组合房屋设计文件应包括防火和防腐的内容，包括防火等级与防火构造措施、防腐蚀年限和表面处理及涂装构造技术要求以及使用维护要求等。

5.1.5 由于模块构件在工厂中预制生产，应满足流水线作业的有关要求，以提高生产效率。

5.1.6 本条说明了轻型模块化钢结构组合房屋的荷载取值和计算的基本要求。

5.1.7 对于轻型模块化钢结构组合房屋，吊装荷载应按实际情况进行验算。由于模块安装引起的模块单元顶棚上的施工荷载应按实际验算，且为保证安全，荷载不宜小于本条中规定的限值。模块安装完毕之后需进行二次装修，引起的楼面荷载也应按实际考虑，且不宜小于本条中规定的限值。

5.1.8 本条说明了轻型模块化钢结构组合房屋的支撑布置不应影响建筑的使用功能。

5.1.9 因建筑使用要求，模块常需在单侧板壁上开孔，这样不仅使模块单侧刚度削弱，还会在受水平力作用时产生模块结构扭转的附加内力与变形。故应用开孔模块时，宜采用平面多箱布置，而在其中保留若干个无孔模块，并对称布置，可在整体结构体系中有均匀的抗剪刚度。此时模块间的连接应牢固，以保证平面整体传力，同时，单侧板壁开孔的模块宜呈对称布置，以减小刚度不对称的扭转效应。

5.2 结 构 体 系

5.2.1 目前轻型模块化钢结构组合房屋采用的结构形式主要包括：叠箱体系、叠箱-框架（底层框架、剪力墙/核心筒等）混合结构体系以及嵌入式模块化结构体系。叠箱体系全部由预制的模块单元通过安装、堆叠而成，其中包括房间模块、走廊模块等。为提高模块化建筑的结构性能与使用性能，需要将模块化建筑与其他建筑形式进行复合。叠箱-框架混合结构体系将传统框架作为建筑的外部支撑框架，以提高结构整体的抗侧性能。而叠箱-底层框架混合结构体系的主要方式为建造一个框架平台当作上部模块化建筑的基础，并在此框架平台上部进行模块单元的堆叠和安装。另外，为促进多高层轻型模块化钢结构组合房屋的发展，使结构满足受力要求，还可采用模块单元与剪力墙或核心筒进行结合构成混合结构体系：由于多高层模块化建筑的设计受到结构性能、使用性能、防火性能等多方面的影响，对于模块单元的布局，通常可考虑将模块单元与钢结构或混凝土结构的剪力墙或核心筒组合进行平面布置。嵌入式模块化结构体系以传统框架作为建筑的外骨架，在其内部安装模块单元，主框架可按传统方式进行建造，随着主框架完成一层的施工，模块也相应进行该层的安装。

5.2.2 本条对模块化组合房屋最大适用高度和层数作出了要求。

1 与《集装箱模块化组合房屋技术规程》CECS 334：2013 的有关规定一致。

2 与《建筑抗震设计规范》GB 50011—2010（2016 年版）第 7.1.2 条一致。

3 本标准高度范围为 24m 以下。

5.2.3 由于模块之间连接受力复杂，在抗震设防建筑中，应尽量避免模块的竖向不规则布置或刚度、质量突变，以防地震作用下局部不规则位置模块间的连接因受力过大而失效。当有模块外挑时，外挑距离不应过大。另外，还应通过设置中柱或支撑保证角柱的连续性、结构的整体性以及结构的竖向传力路径。

5.3 结 构 计 算

5.3.1 参考《建筑抗震设计规范》GB 50011—2010（2016 年版）第 6.2.13 条和第 6.7.1 条。

5.3.2 在轻型模块化钢结构组合房屋中，当组合楼板和模块单元的钢骨架可靠连接时，楼板的平面内刚度可由楼板和钢骨架共同提供，因此可按刚性平面进行计算；当不符合刚性楼板假定，计算平面内楼板刚度时，应同时考虑本层楼板和下层顶棚的协同作用。

5.3.3 当结构布置不规则或局部刚度有较大削弱时，为保证计算的准确性，不宜按平面模型简化计算，而优选整体结构的空间模型进行计算。

17

5.3.5 《钢结构设计标准》GB 50017—2017 附录 B.2.2 条规定层间位移角限值为 1/250，由于层间位移对模块化钢结构的影响较大，限值应偏于严格，建议取 1/300。

5.3.6 本条假设定位和加工的任何偏差在相同的方向上起作用，从模块的顶部至其下方模块的顶部，允许几何误差为 12mm，对于下一个模块，总的水平误差允许值为 17mm，因此下一对模块的公差增量只有 5mm。这意味着在建筑物高度上更正了安装错误。另外，更高的模块化建筑需要更严格的安装和加工控制。

5.3.7 一组柱的结果往往是 $\delta_H \leqslant$ 柱高 $h/420$，当水平方向有 m 个柱组合，整个结构水平误差允许值应为单柱的值乘以系数 $\left[0.5\left(1+\frac{1}{m}\right)\right]^{0.5}$。

5.3.8 偏心加载将引起附加弯矩，模块的墙壁不能抵抗较大的弯矩，因此平衡所需的等效水平力作为剪切力在模块的顶棚、地板和端墙中传递。作用在底层模块上的附加力矩可以由有效偏心 Δ_{eff} 表示：

$$
\begin{aligned}
M_{add} &= P_{wall}\Delta_{eff} \\
&= P_{wall}\left[\frac{(n-1)}{n}\times 12\times 1^{0.5}+\frac{(n-2)}{n}\right. \\
&\quad \left.\times 12\times 2^{0.5}+\cdots+\frac{12(n-1)^{0.5}}{n}\right]
\end{aligned}
$$

式中：P_{wall} ——底层模块底部的压力；

Δ_{eff} ——垂直模块组合的有效偏心距；

n——模块的数量。

当 $n<12$ 层时，用于确定建筑物底部的倾覆力矩的有效偏心距 $\Delta_{eff}=3\,n^{1.5}$mm。

5.3.9 对于一个楼面面积为 $25m^2$，荷载为 $8kN/m^2$ 的模块，作用于模块的任一方向的名义水平力为 2kN。对于 10 个模块的垂直组合，每个模块组合的底部剪切力为 20kN。该力可以由模块沿力方向上的两个墙壁承担。当水平组合中有 7 个以上的模块时，名义水平力的组合效应可能会超过端部山墙上的风力。

5.4 抗震与抗倒塌设计

5.4.1 本条对轻型模块化钢结构组合房屋抗震设计的基本要求和设计原则作出了规定。

5.4.2 本条遵循《建筑抗震设计规范》GB 50011—2010（2016 年版）第 8.2.2 条的规定。由于目前轻型模块化钢结构组合房屋的高度一般不超过 50m，故在多遇地震下的计算，阻尼比可取 0.04。

5.4.3 非结构构件包括建筑非结构构件和建筑附属机电设备，自身及其与结构主体的连接；非结构构件的地震破坏会影响安全和使用功能，需引起重视，应进行抗震设计。考虑围护结构的不利影响，是《建筑抗震设计规范》GB 50011—2010（2016 年版）中的强制性条文要求。强调围护墙、隔墙等非结构构件是否合理设置对主体结构的影响，以加强其抗震安全性。

5.4.5 当结构损坏时，应通过结构中的构件之间的充分的连接作用来提供替代的载荷路径。假设移除一个模块某个角部的约束，应确保这种损坏对于此模块的影响是局部的，如图 20 所示，这种由于约束失效引起的力由模块之间的连接力来抵抗。可以假

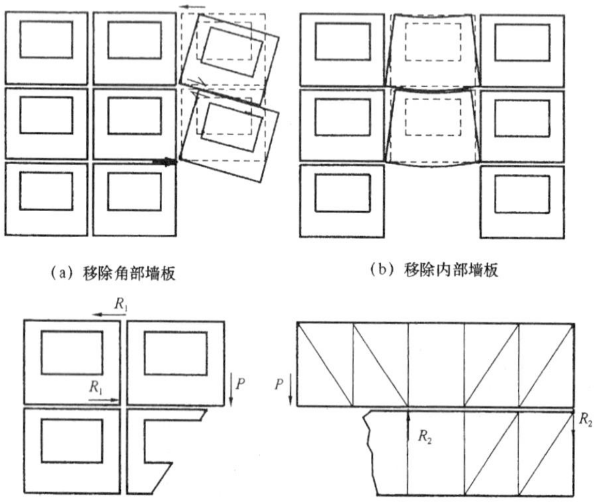

(a) 移除角部墙板　(b) 移除内部墙板

(c) 相邻墙板间连接的悬臂效应　(d) 上部墙板的悬臂效应

图 20 模块建筑倒塌模式和分析

设每个模块的连接用于抵抗施加到该模块的荷载。就加工而言，模块本身具有鲁棒性，并且由于移除一个支撑而产生的力可以被墙壁中的平面内力所抵抗，这些墙壁含有支撑或者附有各种类型的板。

5.4.6 一般来说，模块化结构只提供砌体围护结构的横向支承力，砌体的自重直接传至基础。

5.5 地 基 基 础

5.5.1 本条说明了轻型模块化钢结构组合房屋的地基基础设计的基本原则。

5.5.3 6 层以下房屋一般采用天然地基是经济合理的做法，但地基软弱时，应进行必要的处理，以满足承载力的要求。

5.5.4 本条提出了单层模块化房屋基础的简便做法，对处理过的固结场地，有可靠经验时，也可用于 3 层及其以下的轻型模块化钢结构组合房屋的基础。

5.5.5 由于防腐蚀要求，轻型模块化钢结构组合房屋应架空设置，建议将底层箱体周边封堵是避免模块底部进杂物或动物集聚，架空模块底部空间的围护构造可参见《集装箱模块化组合房屋技术规程》CECS 334：2013 第 5.4.1 条。

5.5.6 在某范围内，相邻建筑物的基础对地基的承载能力会互相产生影响。这种影响，因基础间的距离和埋置深度的不同，可能有利于这一个基础而不利于另一个基础，也可能两者都产生危害，因此在地基和基础设计时，应予以重视。

5.5.7、5.5.8 这两条遵循《建筑地基基础设计规范》GB 50007—2011 中对于偏心距的规定。

6 建筑设备与建筑防护

6.1 建筑设备设施与电气

6.1.1 本条规定了模块化组合房屋设备基本要求。同时可以采用包含 BIM 技术在内的多种技术手段开展三维管线综合设计，对各专业管线在预制构件上预留的套管、开孔、开槽位置尺寸进行综合设计及优化，形成标准化方案，并做好精细设计以及准确定位，避免错漏碰缺，降低生产及施工成本，减少现场返工。

6.1.2 模块单元可以单独使用，也可以和其他模块组合使用，因此具有组合方式多样化的特点。设计时各个专业要进行一体化综合设计，尽可能满足组合后的房屋在建筑种类和功能布局上的变化需求。

6.1.3 模块化组合房屋应遵循节能设计原则，在太阳能、风能和地热资源丰富的地区，例如我国的西部、西北部地区，设计时要充分考虑当地可再生资源的利用。

6.1.4 本条规定了模块化组合房屋给水排水设计的基本要求。

1 居住建筑冲厕用水可采用模块化分户中水系统，同时应做好防水处理。

2 集成式厨房与集成式卫浴应符合现行行业标准《住宅整体卫浴间》JG/T 183 和《住宅整体厨房》JG/T 184 的要求。为便于日后管道维修拆卸，给水系统的给水立管与部品配水管道的接口宜设置内螺纹活接连接。

3 采用装配式的管线及其配件连接，可减少工厂集成安装时的焊接、热熔工作。

5 卫生间采用地漏中设置降板积水排除器或者立管上设置回填层积水排除装置等方式排除垫层积水。

6.1.5 模块建筑供暖、通风和空气调节设备均应选用节能型产品。

6.1.6 所有需与钢结构做电气连接的部位，宜在工厂内预制连接件，施工现场不应在钢结构主体上直接焊接。

6.1.7 本条规定了设备管线的布置要求。

2 当受条件所限必须暗埋或穿越时，竖向布置的设备及管线需在模块单元的墙体、楼板中预留沟、槽、孔洞或套管。

3 竖向管线宜集中布置于管井中。

4 可利用建筑模块内地板或顶棚区域布置管线，若必须穿过钢梁构件时，其开孔位置、开孔直径和补强措施应满足国家现行有关标准的要求。预制构件上为管线、设备及其吊挂配件预留的孔洞、沟槽宜选择对构件受力影响最小的部位，当条件受限无法满足上述要求时，建筑和结构专业应采取相应的处理措施。设计过程中设备专业应与建筑和结构专业密切沟通，防止遗漏，以避免后期制作过程中对预制构件凿剔。

5 当受条件所限必须进行模块之间的连接时，横向布置的设备及管线应结合建筑模块侧墙进行设计，也可在模块墙、楼板内预留孔洞或套管。由于模块之间可能出现相对位移，因此模块之间的管线连接节点应有一定的适应变形能力。

7 管道宜采用预埋件或管卡等予以固定。设备管道与钢结构构件上的预留孔洞空隙处采用不燃柔性材料填充。

6.1.8 将模块化组合房屋公共设备及管线布置在公共区域，便于安装与管理。

6.1.9 本条规定了模块化钢结构组合房屋的配电系统基本要求。

6.1.10 抗震设防烈度为 6 度及 6 度以上地区的建筑机电工程应按现行国家标准《建筑机电工程抗震设计规范》GB 50981 进行建筑机电抗震设计。

6.2 防 火 设 计

6.2.1 本条规定了模块化组合房屋结构构件的设计耐火极限要求。

6.2.2 本条规定了模块化组合房屋结构构件的设计耐火极限要求。为方便使用，表 2 给出了《建筑设计防火规范》GB 50016—2014（2018 年版）对各类结构构件耐火极限的规定，并增加了柱间支撑、楼面支撑、屋面支撑等的规定，住宅建筑构件的耐火极限和燃烧性能可按现行国家标准《住宅建筑规范》GB 50368 的规定执行。

表 2 构件的耐火极限要求

构件名称		耐火等级（h）			
		一级	二级	三级	四级
墙	防火墙	不燃性 3.00	不燃性 3.00	不燃性 3.00	不燃性 3.00
	承重墙	不燃性 3.00	不燃性 2.50	不燃性 2.00	难燃性 0.50
	非承重外墙	不燃性 1.00	不燃性 1.00	不燃性 0.50	可燃性
	楼梯间和前室的墙 电梯井的墙 住宅建筑单元之间的墙和分户墙	不燃性 2.00	不燃性 2.00	不燃性 1.50	难燃性 0.50
	疏散走道两侧的隔墙	不燃性 1.00	不燃性 1.00	不燃性 0.50	难燃性 0.25
	房间隔墙	不燃性 0.75	不燃性 0.50	不燃性 0.50	难燃性 0.25
柱、柱间支撑		不燃性 3.00	不燃性 2.50	不燃性 2.00	难燃性 0.50
楼面梁、桁架		不燃性 2.00	不燃性 1.50	不燃性 1.00	难燃性 0.50
楼板、楼面支撑		不燃性 1.50	不燃性 1.00	不燃性 0.50	可燃性
屋顶承重构件、屋面支撑		不燃性 1.50	不燃性 1.00	可燃性 0.50	可燃性
疏散楼梯		不燃性 1.50	不燃性 1.00	不燃性 0.50	可燃性
吊顶（包括吊顶格栅）		不燃性 0.25	难燃性 0.25	难燃性 0.15	可燃性

6.2.3 钢结构构件常用的防火保护措施：外包混凝土或砌筑砌体；涂敷防火涂料；防火板包覆；柔性毡状隔热材料包覆。必要时，还应采取复合防火保护，即在钢结构表面涂敷防火涂料或采用柔性毡状隔热材料包覆，再用轻质防火板作饰面板。

对于模块化轻型钢结构房屋，为符合装配化建筑的施工要求，不宜采用混凝土或砌筑砌体作防火保护。选择不同的防护措施时，应根据项目的具体情况，综合考虑造价、防火性能要求、施工便利性等因素。

6.2.5 钢结构可以采用防火涂料进行结构构件的防火保护。防火涂料施工前，钢结构构件应进行除锈，并进行防锈底漆涂装。底漆漆膜厚度不应小于 50μm，当处于中等侵蚀环境和室外环境时底漆厚度不应小于 75μm。底漆不应与防火涂料产生化学反应，并能结合良好。

受振动作用的梁等钢结构构件，应对防火厚型涂层或外包构造采取必要的构造补强措施。

6.2.6 钢结构可采用低密度防火板、中密度防火板和高密度防火板等板材进行防火保护。

防火板本身应满足下列要求：①应为不燃性材料；②受火时不炸裂，不产生穿透裂纹；③生产厂家应提供产品的热传导系数或等效热传导系数、密度和比热容等参数，均应有国家检测机构的检测认定或满足国家现行有关标准的规定。

采用板材外包防火构造时钢结构构件应进行除锈，并进行涂装保护。固定和稳定防火板的龙骨胶黏剂应为不燃材料。龙骨材料应便于构件、防火板连接。防火板的接缝构造和接缝材料均应具有不低于防火板的防火性能。胶黏剂在高温下应能保持一定的强度，保证结构的稳定和完整。

6.2.7 柔性毡状隔热材料防火保护仅适用于平时不易受损且不受水湿的部位。柔性毡状隔热材料包覆构造的外层应设金属保护壳。金属保护壳应固定在支撑构件上，支撑构件应固定在钢构件上。支撑构件应为不燃材料。在材料自重作用下，毡状材料不应发生体积压缩不均的现象。

6.2.9 模块化组合房屋的外部构件形状比较复杂，防火处理困难，且构件多为不燃材料且火灾危险性较低，一般可不考虑防火围护。当国家现行有关标准有特殊规定需采取防火防护时，应对露天用防火涂料提出耐候性能等要求。

6.2.10 任何接缝都不应削弱相邻部位建筑的耐火性能，并符合现行国家标准《建筑设计防火规范》GB 50016 的要求。模块在外墙面的连接处应采用难燃或不燃材料封堵，其耐火极限应与外墙墙体相同。

6.2.11 模块化组合房屋可以利用保留了一定间距的相邻两模块的侧板采用相应的防火材料组成防火墙。防火墙应直接设置在建筑的基础或框架、梁等承重构件上，承重构件的耐火极限不应低于防火墙的耐火极限。

当防火墙的布置确有困难时，可采用防火卷帘等防火分隔设施分隔。采用防火卷帘时，其耐火极限不应低于所设置部位墙体的耐火极限要求。

防火墙做法可参考图 21。

6.2.12 在形成防火分区的情况下，通常在进行模块拼装时，墙面和楼板模块可拼装成一个带有空腔的单元，然后在内外两侧安装耐火石膏板，从而在设置防火墙的模块单元与周边模块之间形成空腔屏障。

空腔屏障的目的在于阻止隐蔽空间的烟雾和火焰蔓延，因此

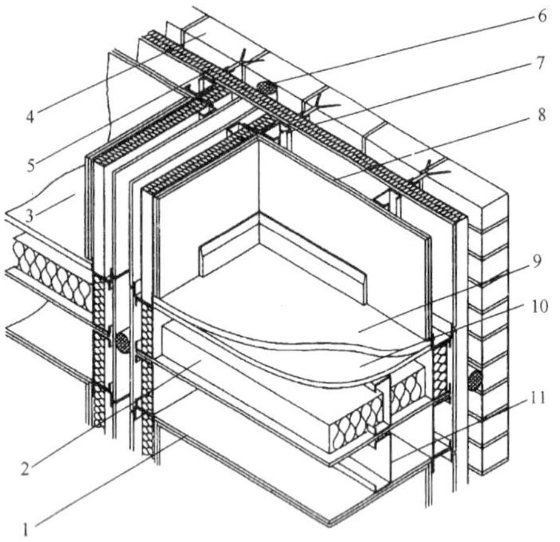

图 21 隔层楼板、隔墙、外墙防火分区做法示意

1—两层石膏板错缝布置总厚度不小于 30mm；2—楼板托梁间填充玻璃棉；3—水泥刨花板作为替代地板；4—外部砖砌体，通过专用不锈钢紧固件与模块进行连接；5—保温材料；6—空腔防火屏障；7—轻钢龙骨；8—两层石膏板，总厚 25mm；9—楼面板；10—19mm 石膏板；11—轻钢吊顶龙骨，根据跨度中心尺寸不小于 600mm

防火墙两侧的空腔应完全阻断，例如采用 50mm 增强矿物棉嵌在空腔内部。空腔内侧围护结构材料的选择，应确保空腔屏障和围护结构在火灾环境中仍能保持良好工作性能。

当采用外挂墙板饰面体系形成防火墙时，应检查在外挂墙板的空腔中每层应有水平岩棉带等不燃材料进行防火封堵处理。

6.2.13 为进一步满足防火和消防的要求，需要阻断烟雾或者火焰的传播通道，特别是在单元之间、沿走廊、管道通过部位等位置。在关键位置可以使用特制的防火阀和膨胀密封件，以降低火灾蔓延的风险。例如，浴室、厨房和卫生间的垂直排风管应采取防回流措施或在支管上设置防火阀。

为了保证管道穿越模块单元时不影响建筑的防火性能，在模块内管道穿过楼板、模块外墙时，应采用防火封堵材料将空隙紧密填实。

6.2.14 适当的逃生通道应作为模块化组合房屋的一部分，模块单元间固有分隔为火灾蔓延提供了有效屏障，因此相邻模块单元间的建筑空间，如走廊等公共通道，可设计成满足消防要求的逃生通道。为确保模块建筑中安全出口、疏散门、疏散楼梯间的形式、数量以及规格均能满足消防要求，应在方案设计阶段即对疏散和消防通道予以考虑。

6.3 防 腐 蚀

6.3.2 本条规定了模块化组合房屋的钢结构构件防腐蚀设计应遵循的原则。

1 防腐蚀设计与环保节能有关的内容主要有：防腐蚀材料的挥发性有机物含量；重金属、有毒溶剂等危害健康的物质含量；防腐蚀材料生产和运输的能耗；防腐蚀施工过程的能耗等。

2 加速腐蚀的不良设计是指容易导致水积聚，或者不能使水正常干燥的凹槽、死角、焊缝缝隙等。水的存在会加速钢铁腐蚀。

3 由于钢结构防腐蚀设计年限一般低于房屋建筑设计使用年限，为延长钢结构防腐蚀方案的实际使用年限，应对钢结构防腐蚀方案进行定期检查，并根据检查结果进行合适的维修。对在构造上难于检查、清刷和涂漆之处，以及能积留湿气和大量灰尘的死角、凹槽或有特殊要求的部位，宜在设计时留有适当的腐蚀余量。钢结构防腐蚀方案在正确定期维护下，可有效地延长大修间隔期。因此，设计中应考虑设计使用年限内的检查、维护和大修，宜制定维护计划。一种通行的做法是当检查中发现锈蚀比例高于 1%（*Assessment of degree of rusting* ISO 4628-3）时，有必要进行大修。

6.3.3 本条列出了常用的防腐蚀方案，其中防腐蚀涂料是最常用的防腐蚀方案，各种工艺形成的锌、铝等金属保护层包括热喷锌、热喷铝、热喷锌铝合金、热浸锌、电镀锌、冷喷铝、冷喷锌等。

6.3.5 本条规定了防腐蚀设计的基本要求。

2 钢结构构件和杆件形式，对结构或杆件的腐蚀速度有重大影响。按材料集中原则的观点，截面的周长与面积之比愈小，则抗腐蚀性能愈高。薄壁型钢壁较薄，稍有腐蚀对承载力影响较大；格构式结构杆件的截面较小，加上缀条、缀板较多，表面积大，不利于防腐。

闭口截面杆件端部封闭是防腐蚀要求。闭口截面的杆件采用热镀浸锌工艺防护时，杆件端部不应封闭，应采取开孔防爆措施，以保证安全。若端部封闭后再进行热浸镀锌处理，则可能会因高温引起爆炸。

3 本款是保证结构安全的重要措施。当重要构件的防腐维护有充分保障时，可不受限制。中等侵蚀环境中的柱间支撑节点板及支撑桁架的弦杆、端斜杆等重要构件及节点板的厚度，连接焊缝厚度，尚应提出更高的要求。

4 对双角钢、双槽钢等肢背相靠缀合截面的杆件形式，不利于涂装和检查维护，在不低于中等侵蚀环境中应避免采用。

5 应采用热浸镀锌连接件、紧固件及构件，对于板材，其镀锌量不应小于 $220g/m^2$（双面）；必要时，细薄的紧固件可采用不锈钢制作，不宜采用电镀锌紧固件及构件。

当热浸镀锌连接件、紧固件及构件需进行防火防腐面层涂装保护时，镀锌面应先涂刷磷化底漆，以保证外涂层与镀锌层良好的附着力。

6 不同金属材料接触时会发生接触反应，腐蚀严重，故要在接触部位采取隔离措施。如采用硅橡胶垫做隔离层并加密封措施。

7 构件的连接材料，如焊条、螺栓、节点板等，其耐腐蚀

性能（包括防护措施）应不低于主体材料，以保证结构的整体性。弹簧垫圈在一般机械产品的承力和非承力结构中应用广泛，其特点是成本低廉、安装方便，适用于装拆频繁的部位。但是弹簧垫圈的防松能力很低，尤其在目前欧美各国要求高可靠性产品中采用率极低，特别是重要的结构连接部位早已不再使用。我国在军工方面还有部分应用，但已改进为不锈钢材料。由于“涨圈”和氢脆两个原因采用弹簧垫圈是很不安全的。

8　耐候钢即耐大气腐蚀钢，是在钢中加入少量的合金元素，如铜、铬、镍等，使其在工业大气中形成致密的氧化层，即金属基体的保护层，以提高钢材的耐候性能，同时保持钢材具有良好的焊接性能。在大气环境下，耐候钢表面也需要采用涂料防腐。耐候钢表面的钝化层增强了与涂料的附着力。另外，耐候钢的锈层结构致密，不易脱落，腐蚀速度减缓。故涂装后的耐候钢与普通钢材相比，有优越的耐蚀性，适宜室外环境使用。

6.3.6　本条规定了涂装前钢结构表面的锈蚀等级和除锈等级。涂层与基体金属的结合力主要依靠涂料极性基团与金属表面极性分子之间的相互吸引，粗糙度的增加，可显著加大金属的表面积，从而提高了涂膜的附着力。但粗糙度过大也会带来不利的影响，当涂料厚度不足时，轮廓峰顶处常会成为早期腐蚀的起点。因此，规定在一般情况下表面粗糙度值不宜超过涂装系统总干膜厚度的1/3。

防腐蚀涂层的有效使用寿命有多种影响因素，如涂装前钢材表面预处理质量、涂料的品种、组成、涂膜的厚度、涂装道数、施工环境条件及涂装工艺等。

涂料作为防腐蚀方案，通常由几种涂料产品组成配套方案。底漆通常具有化学防腐蚀或者电化学防腐蚀的功能、中间漆通常具有隔离水气的功能、面漆通常具有保光保色等耐候性能，因此需要结合工程实际，根据环境腐蚀条件、防腐蚀设计年限、施工和维修条件等要求进行配套设计。

7　制作、运输和安装

7.3　运输、堆放

7.3.4　为保证模块单元在场地临时堆放期间的安全，对堆放场地提出要求：一是场地应为平整的硬地面，若为软土地面，应提前进行硬化处理；二是场地承载力较差时，应进行受力复核，必要时应进行地基加固处理或堆放高度限制。

7.3.5　模块单元应按组装顺序进行有序堆放，尽可能减少一个模块需多次起吊转运的现象发生。

7.4　安　　装

7.4.2　本条对正式组装前的准备工作提出具体要求。做好组装人员的技术安全交底，必要时应进行考核；组装时所需的工具、材料应进行检查验收；强调应进行样板间试安装，通过样板间的安装进一步明确安装工艺和具体要求。

7.4.4　在构件上设置吊装耳板或吊装孔可降低钢丝绳绑扎难度，提高施工效率，保证施工安全。在不影响主体结构的强度和建筑外观及使用功能的前提下，保留吊装耳板和吊装孔可避免在除去此类措施时对结构母材造成损伤。

7.4.5　吊装用钢丝绳、吊装带、卸扣、吊钩等吊具，在使用过程中可能存在局部的磨耗、损坏等缺陷，使用时间越长存在缺陷的可能性越大，因此应对吊具进行全数检查，以保证质量合格要求，防止安全事故发生。并要求在额定许用荷载的范围内进行作业，以保证吊装安全。

8　验收和运营维护

8.1　验　　收

8.1.2～8.1.5　由于模块化组合房屋不同于传统建筑，模块单元具有产品属性。所以在模块单元吊装前需要对其结构、机电、给水排水、供暖中的隐蔽工程提前进行验收。否则，待组装之后隐蔽工程将无法验收。

8.1.6、8.1.7　模块单元中卫浴间、厨房的地面防水要进行蓄水试验，并满足现行国家标准《建筑地面工程施工质量验收规范》GB 50209的要求。

模块单元在出厂前的检验内容中，箱体尺寸、涂装质量、焊接质量应符合设计要求及现行国家标准《钢结构工程施工质量验收规范》GB 50205的要求，室内给水排水检验、防水抗渗、电气检验应符合设计要求和国家现行有关标准要求。

模块单元的样本应从批量部件中随机抽取1%，且不少于1个。模块单元根据可拆装式与整体式等不同类型，其组装后的验收在现场或工厂内进行。

8.1.12　本条规定单位工程质量验收应由建设单位负责人或项目负责人组织，由于设计、施工、监理单位都是责任主体，因此设计、施工单位负责人或项目负责人及施工单位的技术、质量负责人和监理单位的总监理工程师均应参加验收（勘察单位虽然亦是责任主体，但已经参加了地基验收，故单位工程验收时，可以不参加）。

在一个单位工程中，对满足生产要求或具备使用条件、施工单位已预验、监理工程师已初验通过的子单位工程，建设单位可组织进行验收。由几个施工单位负责施工的单位工程，当其中的施工单位所负责的子单位工程已按设计完成，并经自行检验，也可按规定的程序组织正式验收，办理交工手续。在整个单位工程进行全部验收时，已验收的子单位工程验收资料应作为单位工程验收的附件。

8.1.13　建设工程竣工验收备案制度是加强政府监督管理，防止不合格工程流向社会的一个重要手段。建设单位应依据《建设工程质量管理条例》和住建部有关规定，到县级以上人民政府建设行政主管部门或其他有关部门备案。否则，不允许投入使用。

8.1.14　本条给出了当质量不符合要求时的处理办法。一般情况下，不合格现象在最基层的验收单位检验批时就应发现并及时处理，否则将影响后续检验批和有关的分项工程、分部工程的验收。因此所有质量隐患必须尽快消灭在萌芽状态，这也是本标准以强化验收促进过程控制原则的体现。非正常情况的处理分下列4种情况：

第一种情况，是指在检验批验收时，其主控项目不能满足验收标准规定或一般项目超过偏差限值的子项不符合检验规定的要求时，应及时进行处理的检验批。其中，严重的缺陷推倒重来；一般的缺陷通过翻修或更换器具、设备予以解决，应允许施工单位在采取相应的措施后重新验收。如能够符合相应的专业工程质量验收标准，则应认为该检验批合格。

第二种情况，是指个别检验批发现试块强度等不满足要求等问题，难以确定是否验收时，应请具有资质的法定检测单位检测。当鉴定结果能够达到设计要求时，该检验批仍应认为通过验收。

第三种情况，如经检测鉴定达不到设计要求，但经原设计单位核算，仍能满足结构安全和使用功能的情况，该检验批可以予以验收。一般情况下，标准给出了满足安全和功能的最低限度要求，而设计往往在此基础上留有一些余量。不满足设计要求和符合相应标准的要求，两者并不矛盾。

第四种情况，更为严重的缺陷或者超过检验批的更大范围内的缺陷，可能影响结构的安全性和使用功能。若经法定检测单位检测鉴定以后认为达不到国家现行有关标准的相应要求，即不能满足最低限度的安全储备和使用功能，则必须按一定的技术方案进行加固处理，使之能保证其满足安全使用的基本要求。这样会造成一些永久性的缺陷，如改变结构外形尺寸，影响一些次要的使用功能等。为了避免社会财富更大的损失，在不影响安全主要使用功能条件下可按处理技术方案和协商文件进行验收，责任方应承担经济责任，但不能作为轻视质量而回避责任的一种出路，这是应该特别注意的。

中国工程建设协会标准

集装箱模块化组合房屋
技术规程

Technical specification for modular freight container building

CECS 334：2013

主编单位：中国钢结构协会
中国国际海运集装箱（集团）股份有限公司
批准单位：中国工程建设标准化协会
施行日期：2013年6月1日

中国工程建设标准化协会公告

第130号

关于发布《集装箱模块化组合房屋技术规程》的公告

根据中国工程建设标准化协会《关于印发〈2010年第二批工程建设协会标准制订、修订计划〉的通知》（建标协字〔2010〕91号）的要求，由中国钢结构协会、中国国际海运集装箱（集团）股份有限公司等单位编制的《集装箱模块化组合房屋技术规程》，经本协会冶金分会组织审查，现批准发布，编号为CECS 334：2013，自2013年6月1日起施行。

中国工程建设标准化协会
二〇一三年二月二十七日

前　言

根据中国工程建设标准化协会《关于印发〈2010年第二批工程建设协会标准制订、修订计划〉的通知》（建标协字〔2010〕91号）的要求，规程编制组经过广泛调查研究，认真总结实践经验，参考有关国内外技术标准，并在广泛征求意见的基础上，制定本规程。

近年来集装箱的用量随着物流业蓬勃发展而大大增加，同时，作为其应用的一个分支，集装箱组合房屋也在国内外有了一定的应用，特别是经一定年限使用后的既有集装箱再回收用作箱房，更符合资源再利用和低碳经济的要求。此外，由于集装箱耐用性好并具有通用模块和便捷组合等特点，适用于快速建造的多种用途低(多)层房屋。本规程的编制符合当前工程建设的需要和技术政策要求，对指导和推广集装箱组合房屋的应用有着积极的推动作用。

本规程的主要内容包括总则、术语、建筑设计基本规定、模块化设计、外围护结构构造、内部构造和内装修、建筑防火和防腐蚀、结构设计基本规定、结构设计、结构节点设计、地基基础、施工及验收等。

根据原国家计委计标〔1986〕1649号文《关于请中国工程建设标准化委员会负责组织推荐性工程建设标准试点工作的通知》的要求，现推荐给工程建设设计、施工、监理等使用单位及工程技术人员采用。

本规程由中国工程建设标准化协会冶金分会归口管理，由中国钢结构协会负责解释（地址：北京市海淀区西土城路33号，邮政编码：100088）。在使用过程中如发现需要修改和补充之处，请将意见和资料径寄解释单位。

主 编 单 位： 中国钢结构协会
中国国际海运集装箱（集团）股份有限公司

参 编 单 位： 中冶建筑研究总院有限公司
北京赛博思建筑设计有限公司
中国建筑科学研究院
同济大学
中建钢构有限公司
国家钢结构工程技术研究中心
扬州通利冷藏集装箱有限公司
新会中集集装箱有限公司
哈尔滨工业大学深圳研究生院

主要起草人： 柴　昶　贺明玄　肖　俭　卞宗舒　王明贵
刘迎春　李元齐　李春田　刘万忠　张王丽
杨保同　姚　谷　何思东　查晓雄

主要审查人： 陈禄如　郁银泉　鲍广鉴　朱　茜　陈志华
刘琼祥　叶　俊

目　次

1 总　　则

1.0.1　为在集装箱模块化组合房屋工程中贯彻执行国家的方针政策，做到安全适用、经济合理、技术先进、确保质量，制定本规程。

1.0.2　本规程适用于低层和多层集装箱模块化组合房屋工程的设计、施工与验收。按本规程建造的集装箱组合房屋，适用于非地震区或抗震设防烈度为8度及以下的地区，其层数不宜超过6层，高度不超过24m。

1.0.3　本规程中有关设计、施工和选材的原则与基本规定，是依据现行国家标准《民用建筑设计通则》GB 50352、《住宅建筑规范》GB 50368、《住宅设计规范》GB 50096、《钢结构设计规范》GB 50017、《建筑抗震计设规范》GB 50011和《钢质通用集装箱修理技术要求》GB/T 12418等制定的。集装箱模块化组合房屋工程的设计与建造应符合通用化、模块化、工业化和优化集成的原则，并保证完善的使用功能。

1.0.4　集装箱模块化组合房屋的设计、施工与验收除应符合本规程外，尚应符合现行国家有关标准的规定。

2 术　　语

2.0.1　集装箱模块化组合房屋　modular freight container building

以具有建筑使用功能的集装箱箱体作为一个建筑单元模块，组合构成的房屋。简称集装箱组合房屋。

2.0.2　建筑体形系数　building shape coefficient

与室外大气接触的建筑物外表面积与其所包围体积的比值。

2.0.3　既有集装箱　existing freight container

经过一定使用周期后仍具有建筑使用功能的集装箱。

2.0.4　设计使用年限　design working life

设计规定的结构或结构构件不需进行大修即可按预定目的使用的年限。

2.0.5　叠箱结构体系　structure system composite by piled containers

由多个集装箱叠置并在角件处相互连接组成的多层箱体结构。

2.0.6　箱框结构体系　structure system composite with containers and frame

集装箱箱体与框架组合而成的结构体系。

2.0.7　箱体结构　container structure

由侧梁、端梁、角柱与壁板等部件组成的集装箱整体结构的总称。

2.0.8　角柱　corner post

箱体四角连接顶角件和底角件的立柱，是箱体结构传递竖向荷载的重要部件。

2.0.9　角件　corner fittings

与箱体四角角柱顶部及底部连接的方形铸钢件，具有支承、堆码、吊运和紧固集装箱的重要作用。

3 建筑设计基本规定

3.1 一 般 规 定

3.1.1　集装箱组合房屋宜用于以集装箱自然开间为主要功能间的低层和多层建筑，其建筑设计应符合模块集成性、组合多样性和功能实用性的原则，有效地利用空间和便于建造施工。当符合工程技术经济合理性要求时，箱体宜采用既有集装箱。

3.1.2　集装箱组合房屋的建造场地与环境条件应符合环境保护相关规定的要求。

3.1.3　集装箱组合房屋应满足下列使用要求，各项功能的设计指标应符合国家现行有关标准的规定。

1　使用功能合理，空间组织便捷。

2　满足采光、照明、通风、隔声、保温、隔热、防水和卫生等功能要求。

3　满足防火、疏散、防护等使用安全要求。

4　满足节能与环保的要求。

5　具有环境艺术效果。

3.1.4　集装箱组合房屋的建筑设计，应与结构设计相协调，壁板开孔或箱体的大悬臂布置，应符合结构安全性的要求。

3.2 模 数 协 调

3.2.1　集装箱组合房屋设计应以集装箱的基本尺寸作为设定模数的依据。集装箱分类，尺寸和额定质量应符合现行国家标准《系列1集装箱　分类、尺寸和额定质量》GB/T 1413的规定。

3.2.2　集装箱组合房屋宜选用通用型集装箱（图3.2.2-1、图3.2.2-2），其主要尺寸和额定质量应符合表3.2.2的规定。

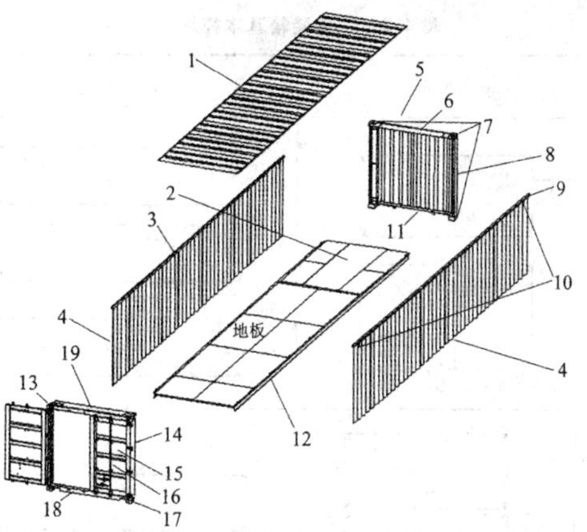

图 3.2.2-1 通用型集装箱结构分解图

1—顶板；2—鹅颈槽；3—顶侧梁；4—侧板；5—前墙板；6—前楣；7—角件；8—前角柱；9—顶侧梁；10—通风器；11—前槛；12—底侧梁；13—角件；14—后角柱；15—门(门封胶条)；16—锁杆；17—角件；18—门槛；19—门楣

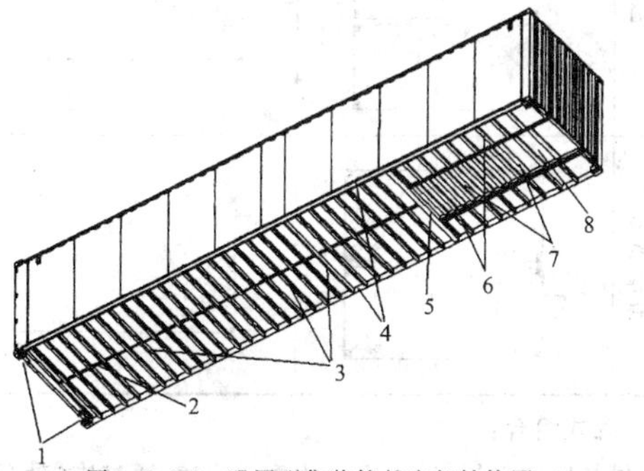

图 3.2.2-2 通用型集装箱的底部结构图

1—防撞槽；2—地板中梁；3—底横梁；4—底侧梁；5—鹅主梁；6—短底横梁；7—鹅背梁；8—鹅盖板

表 3.2.2 通用型集装箱箱型主要尺寸和额定质量

箱型	外部尺寸						最小内部尺寸			额定质量(kg)
	高度(mm)		宽度(mm)		长度(mm)		高度(mm)	宽度(mm)	长度(mm)	
	尺寸	极限偏差	尺寸	极限偏差	尺寸	极限偏差				
IAA	2591	0 −5	2438	0 −5	12192	0 −10	2393	2352	12032	3640
ICC	2591	0 −5	2438	0 −5	6058	0 −6	2393	2352	5898	2180

3.2.3 集装箱组合房屋设计轴线定位宜符合下列规定：

1 投影立面为单列箱时，宜以箱外皮作为轴线[图 3.2.3(a)]。

2 投影立面为多列箱时，宜以含连接构造的中线作为轴线[图 3.2.3(b)]。

3 角件错位时，宜以角件中心作为轴线；当利用角件孔连接时为孔中心线[图 3.2.3(c)]。

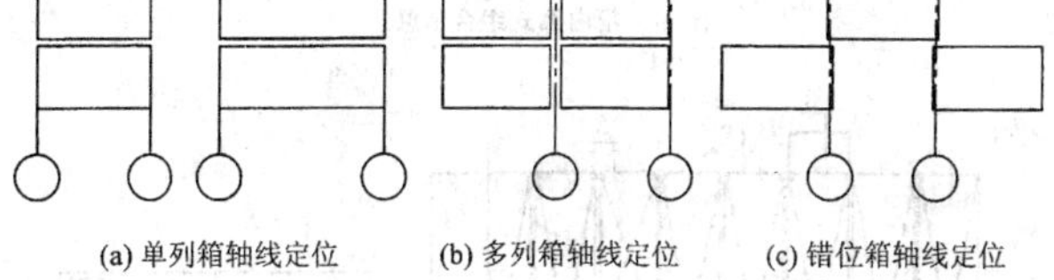

(a) 单列箱轴线定位　(b) 多列箱轴线定位　(c) 错位箱轴线定位

图 3.2.3 集装箱组合房屋轴线定位

3.2.4 箱体竖向直接叠置时，宜取箱高为层高[图 3.2.4(a)]；当有连接垫件时，宜取箱高与垫件高度之和为层高[图 3.2.4(b)]。

3.2.5 集装箱组合房屋设计宜采用模数网格法，其中箱模块组成网格宜采用图 3.2.3 所示轴线为网格线；箱内平面网格宜采用自定义网格轴对称布置，并对大、小网格间非模数区进行协调处理。

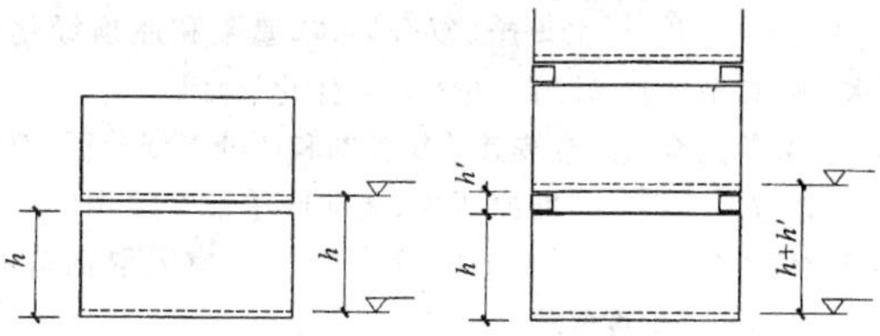

(a) 无垫件时的竖向布置　(b) 有垫件时的竖向布置

图 3.2.4 集装箱组合房屋竖向布置

h—箱高度；h'—箱间垫件高度，虚线为铺装后的地(楼)面位置

3.3 平面与空间设计

3.3.1 使用通用型集装箱的房屋空间净高不应小于 2.3m(整体式卫浴间除外)，地(楼)面和吊顶宜采用紧凑型做法。

3.3.2 集装箱组合房屋的门窗可通过切去箱壁板设置，室内有大空间需要时，可通过切去相邻两箱部分壁板扩大开间，切除壁板的范围及补强措施，应满足结构设计的有关规定。

3.3.3 当室内布局需要较大尺寸空间时，可采用集装箱与框架组合的方式实现。

3.4 室内环境

3.4.1 集装箱组合房屋围护结构的热工设计应结合箱体特点，采取本规程第 5 章规定的有关技术措施。

3.4.2 集装箱组合房屋的空气声隔声设计应充分利用双层钢板分隔的既有条件，采取适宜的构造措施满足功能空间的隔声要求。

3.4.3 集装箱组合房屋应进行隔振设计。对可能由冲击导致传声、传振的部位，如门、楼梯、厨房操作台等，应采取隔声、隔振的构造措施；对可能由设备运转导致传声、传振的部位，如空调室外机、电梯、风机、水泵及外延管道等，应分别采取隔声、吸声、消声和隔振的构造措施，其中隔振材料与元件应根据震动的固有频率选用。

3.4.4 当室内净空较低时，不宜使用深型吸顶灯具。采用 IAA 型集装箱做大进深设计，而侧面采光系数最低值不满足标准要求时，应采用人工照明补充，但总照明度不宜超过原等级规定照度标准值的 1.5 倍。

3.5 建筑设备

3.5.1 集装箱组合房屋各设备专业设计应符合现行国家标准的规定，设备及其系统的选用和配置应符合节能和节水的要求。

3.5.2 设备、管线宜利用金属箱体吊挂与固定，集装箱模块内部的设备和管线宜连同装修工程预设预装，并在现场完成系统连接；预装于箱体外侧的管线，应采取防水、防腐和防撞击的防护措施。

3.5.3 集装箱组合房屋的平面、空间布置及其构造，应满足管线设置和维修的要求。

3.5.4 设备立管需要穿过集装箱顶板、底板时，应预先定位开孔，孔径应考虑安装误差，封口应满足防火、防水和隔声的有关要求。

3.5.5 集装箱组合房屋配电系统应利用组合后的钢结构进行总等电位连接。小型集装箱房屋供电的外线接口宜采用专用的插座，并符合该插口所规定的额定电流。

3.5.6 工作接地、PEN 重复接地、防雷接地及弱电设备接地等接地系统宜采用"共用接地系统"，并宜采用自身钢构件和基础钢筋作为联合自然接地体，接地电阻不应大于 1Ω，对个别有特殊接地要求的设备可设置独立人工接地体。

3.6 环保与节能

3.6.1 集装箱组合房屋建造全过程中，用材、设计和施工各环节均应遵循环保、节能的原则，设计文件中应包含环保、节能的专项内容。

3.6.2 集装箱组合房屋的设计宜合理地采用新能源、节能灯具、集中供热、分户计量、中水设施、复合墙体、遮阳和屋顶绿化等节能、节水、节材、节地技术措施，并实现一体化设计。

3.6.3 集装箱组合房屋应按其使用类别和所处气候分区，符合现行国家与地方节能设计标准的要求；流动或季节性使用的集装箱房屋，当建筑体形系数不符合节能设计要求时，宜采取构造措施，降低能耗并满足舒适度要求。

3.6.4 既有集装箱被拆解的材料（钢材、木材）应合理地回收利用。

4 模块化设计

4.1 一般规定

4.1.1 集装箱组合房屋的基本模块为单箱模块或组合箱模块，并应符合下列要求：

1 集装箱组合房屋的主要功能空间宜使用基本模块。

2 同一使用功能的基本模块宜具有通用性和互换性。

3 模块化组合宜体现建筑构成的多样性和丰富性。

4 模块与其他构件组合后，应形成合理的结构体系。

5 模块组合后，建筑设备的配置应具有系统性。

4.1.2 基本模块在工厂完成的内部装修和设备配置，宜采用标准化设计。

4.1.3 基本模块以外的构件宜设计为标准化或模块化的组件，与箱模块配套使用。

4.1.4 设备使用集中的功能空间，如公共卫生间、淋浴间、盥洗间、洗衣间、变配电间、水泵间、厨房操作间、电梯机房等宜设在集装箱模块内。

4.2 模块组合

4.2.1 集装箱房屋模块应在箱体尺寸范围内，按使用功能要求合理地进行空间设计，其基本模块单元可按表 4.2.1 采用，集装箱居住、办公模块设计可按附录 B 的示例确定。

4.2.2 集装箱模块组合可采用下列典型布置方式：

1 独立使用或简单组合：

单个集装箱独立使用或简单组合，具有功能独立性，可用于营地式单层房屋（表 4.2.1）。

表 4.2.1 集装箱基本模块

类别		20 英尺箱	40 英尺箱
单箱模块		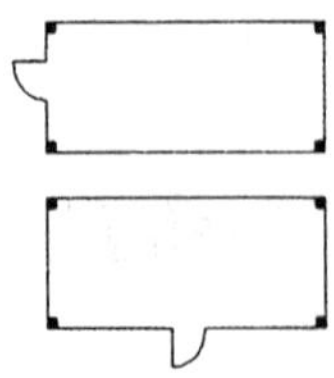	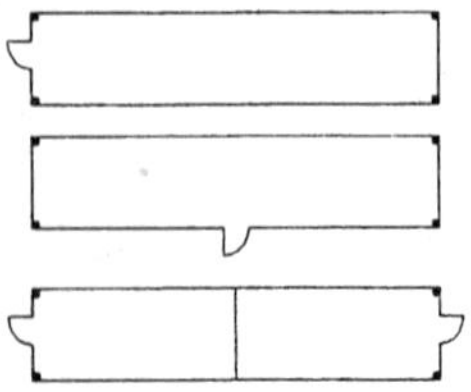
组合箱模块	局部或断续连通	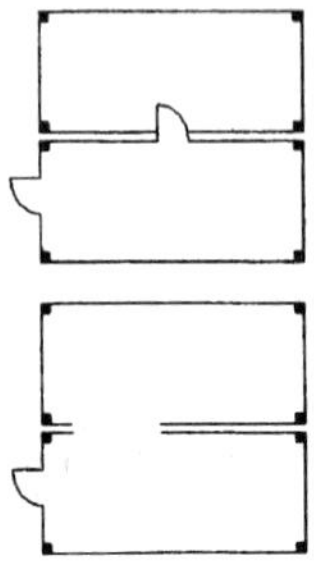	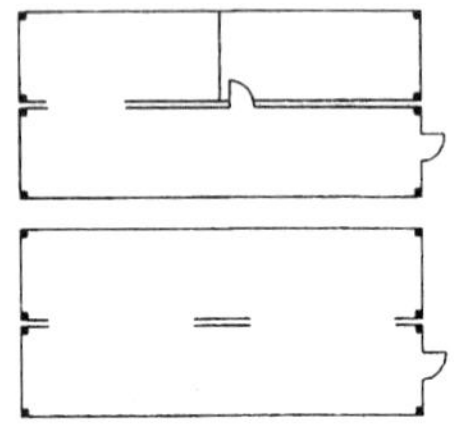
	连续连通	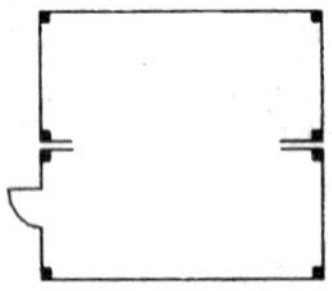	

2 廊式组合：

箱模块竖向叠置，平面组合为廊式房屋，通过内（外）廊连接成为整体，并配置设备系统。可用于宿舍、旅馆、住宅、办公等多层建筑（图 4.2.2-1）。

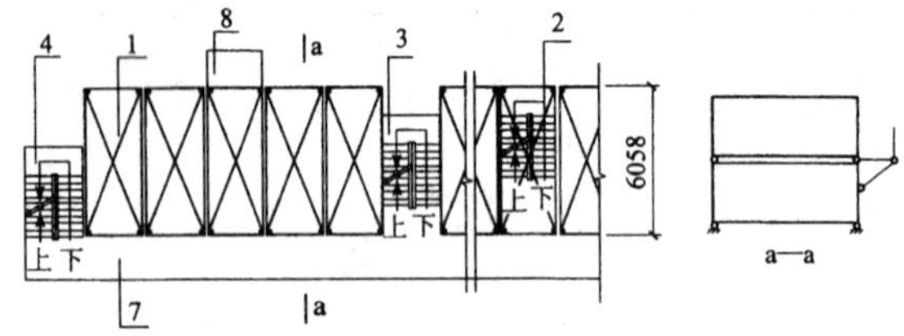

(a) ICC箱外廊式组合示意

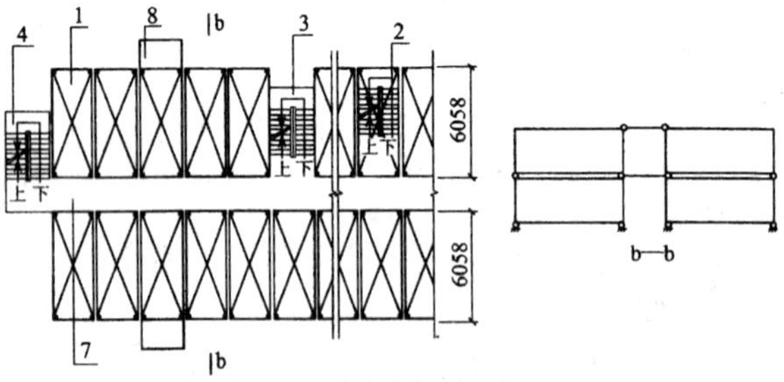

(b) ICC箱内廊式组合示意

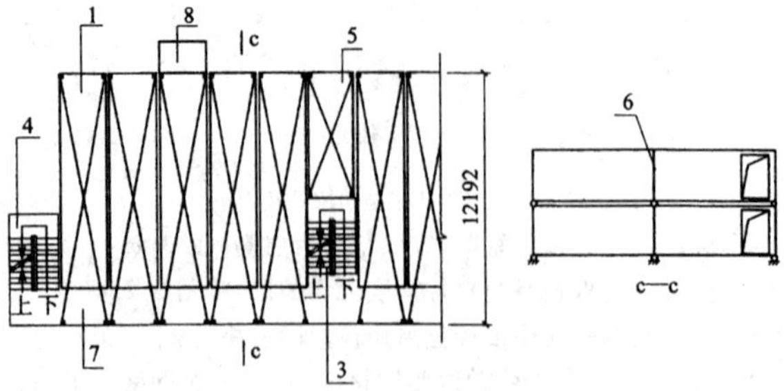

(c) IAA箱外廊式组合示意

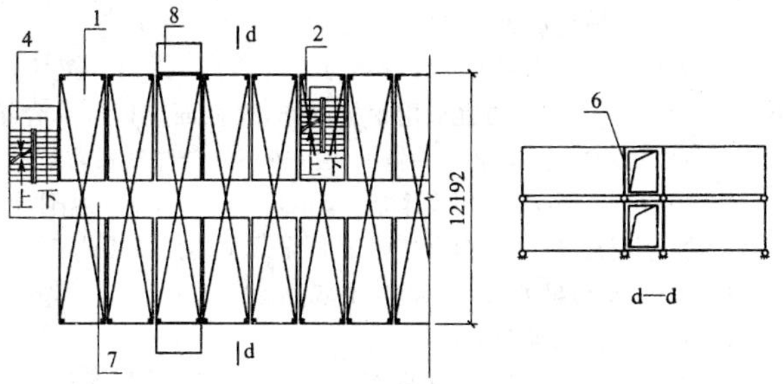

(d) IAA箱内廊式组合示意

图 4.2.2-1 集装箱廊式组合示意

1—基本模块；2—箱内预制楼梯；3—构件组装楼梯；4—外装钢楼梯；
5—调整箱 ICC；6—暗柱（必要时设）；7—走廊；8—阳台

3 局部大空间组合：

当集装箱房屋首层或局部有较大空间需要时，可采用集装箱模块与框架组合（图 4.2.2-2）。

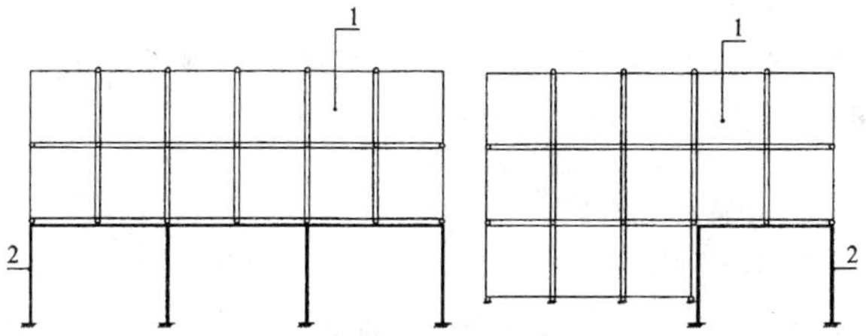

(a) 首层框架与上部箱叠置组合　　(b) 首层局部框架与叠置箱组合

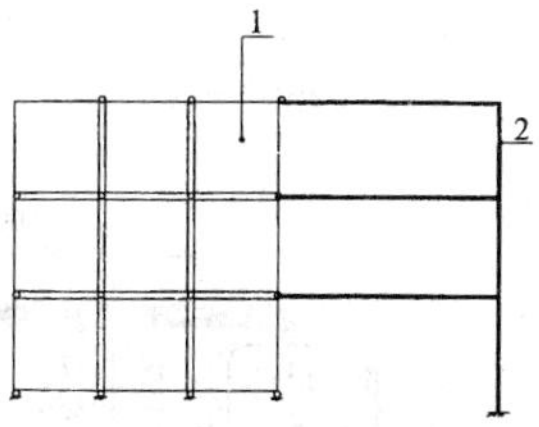

(c) 局部框架与叠置箱组合

图 4.2.2-2 箱模块与框架组合示意

1—基本模块；2—框架

4 错位组合：

集装箱竖向错位组合，可取得部分较大空间并节省用箱（图 4.2.2-3）。

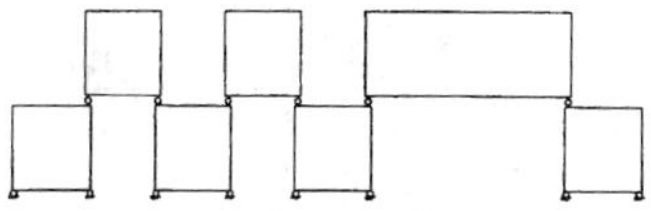

图 4.2.2-3 集装箱错位组合示意

5 不同箱型组合：

当箱源类型不一致或有其他设计创意时，可采用不完全对角的组合（图 4.2.2-4）。

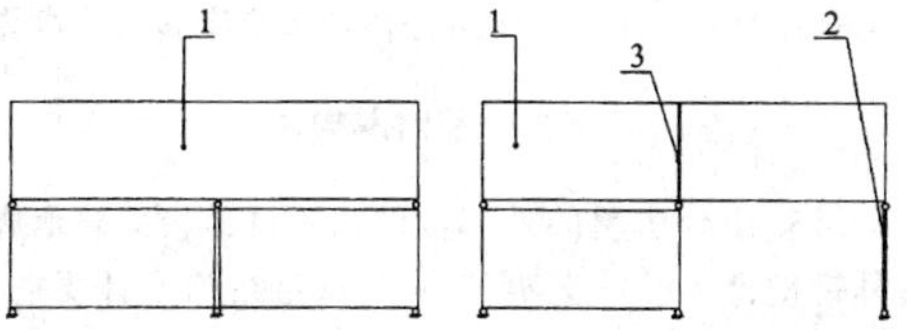

(a) 不同箱型竖向叠置　　(b) 附加构件不同箱型竖向叠置

图 4.2.2-4 不同箱型组合示意

1—集装箱模块；2—单片框架或框架支撑；3—暗柱（必要时设）

6 局部悬挑：

因造型或使用需要，部分集装箱可从组合中挑出，但应满足本规程第 8.1.5 条的要求（图 4.2.2-5）。

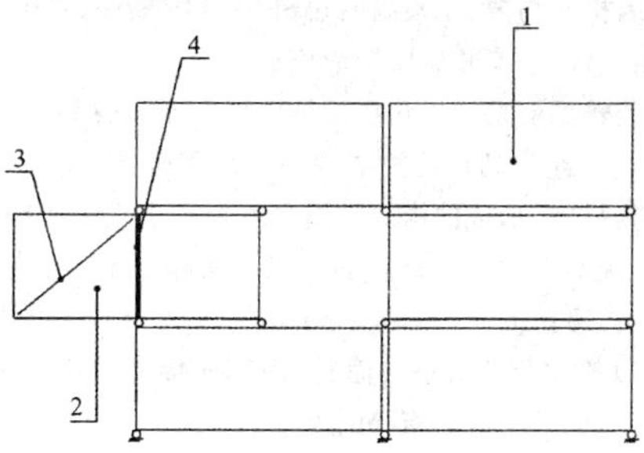

图 4.2.2-5 集装箱的挑出示意

1—集装箱模块；2—挑出的集装箱模块；3—支撑（必要时设）；
4—暗柱（必要时设）

7 支撑体组合：

以箱体为支撑体的组合布置，可以取得较大空间（图 4.2.2-6），可用于厂房、库房、餐厅、活动场馆等类建筑。

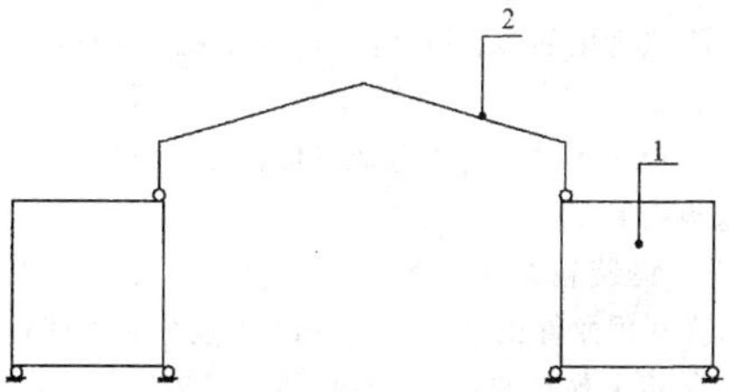

图 4.2.2-6 集装箱为支撑体的房屋示意

1—集装箱模块；2—屋架或门式刚架

5 外围护结构构造

5.1 一般规定

5.1.1 集装箱组合房屋的围护结构应与所在地区的气候条件相适应，并通过采取下列技术措施，满足室内基本的热环境要求和国家现行节能设计标准规定的要求：

1 严寒地区、寒冷地区应满足冬季保温的要求，部分寒冷地区需兼顾夏季防热时，围护结构宜设计为外保温（隔热）构造；

2 夏热冬冷地区应满足夏季防热的要求，适当兼顾冬季保温，围护结构宜设计为外隔热（保温）或外部隔热、内保温构造；

3 夏热冬暖地区应充分满足夏季防热的要求，其北区可适当兼顾冬季保温，围护结构宜设计外部遮阳；

4 温和地区 A 区应考虑冬季保温，A、B 区可不考虑夏季防热；

5 有保温要求的地区，围护结构各部分应满足本类别建筑节能设计标准所规定的传热系数限值要求。采暖地区的围护结构有金属件连通或设计有外伸金属构件时，应进行露点验算，不满足时应采取措施；

6 有防热要求的地区，当采用轻质围护结构，D 值不满足要求时，应采取遮阳、通风空气间层、反射构造等综合措施；

7 某些建筑类型，当采用箱体结构外露的建筑方案时，可设计为内保温（隔热），所用集装箱的外表面应完好无损，涂装完整。

5.1.2 当集装箱组合房屋以箱模块预制、现场组装时，应满足下列构造要求：

1 围护构造不得妨碍箱结构的运输、吊装与安装，并应满足运输、开箱检查（出口项目）、堆放和吊装各阶段对变形、防水、防损和安全防护的要求；

2　围护单元的接缝构造应使围护功能具有连续性；

3　预制箱模块因开口不能满足吊装、运输和堆码要求时，应设有临时性或永久性的加固措施；

4　对因拼装需要，在预制时已外装连接板件、水电管线和接口器件的箱模块，应有相应保护措施；

5　集装箱原有的通气孔在运输阶段应予以保留。

5.1.3　集装箱组合房屋围护结构中宜采用轻质、高效、预制装配的保温、隔热材料，形成的构造应满足本规程表7.1.1中相应的建筑物耐火等级对构件耐火极限的要求。常用保温、隔热材料的热工与燃烧特性可按附录D确定。

5.1.4　当以箱壁板为外墙表面时，内部连接应采用焊接、栓钉焊接和粘接等紧固件不穿透箱壁的做法。

5.1.5　当采用集装箱与底层框架或者局部框架的组合房屋时，非箱部分外围护的构造与功能要求应与箱体围护结构相协调，并满足现行国家有关标准的要求。

5.2　外墙与外门窗

5.2.1　采暖地区的集装箱组合房屋宜采用外保温做法，构造中宜选用轻质保温材料，具体做法可按表D-1、表D-2采用。

5.2.2　以隔热为主的集装箱组合房屋，可采用带有可流动空气层的幕墙做法（图D-4）。

5.2.3　集装箱箱体壁板宜作为墙体材料的支撑体，且可作为隔汽层使用，壁板内侧空腔宜设透气口。

5.2.4　既有集装箱组合房屋外侧壁板，当其平面变形不大于15mm时，宜利用龙骨找平；大于15mm时应修理整平。

5.2.5　集装箱上预装的外门窗与箱体洞口构件间宜设变形缝，其变形量应满足运输、吊装的要求，对门窗玻璃应采取保护措施。

5.2.6　门窗框口宜选用带有外泛水和滴水构造的框料，框料厚度宜与墙厚相匹配。

5.2.7　外门应设置减振构造（图5.2.7），外门的保温、隔热、防盗、防腐等功能应依据使用条件选用，并符合国家现行有关标准的规定。

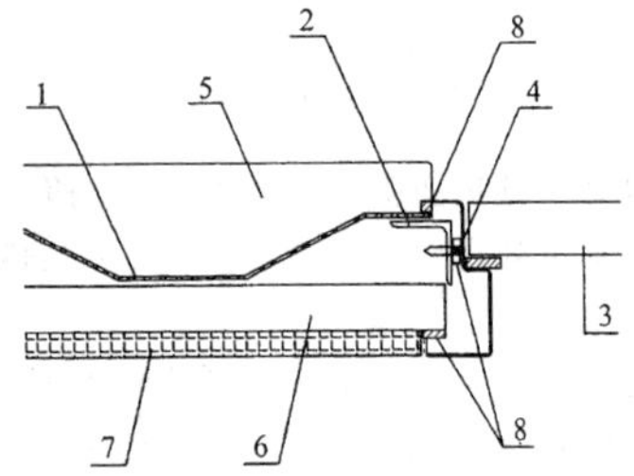

图5.2.7　外门框口做法示意

1—石膏板；2—龙骨；3—箱壁板；4—外部做法；5—洞口加强角钢；6—门扇；7—外门框口；8—橡胶条

5.2.8　采用箱壁外露方案时，门窗两侧被切割壁板宜对称位置（图5.2.8）。

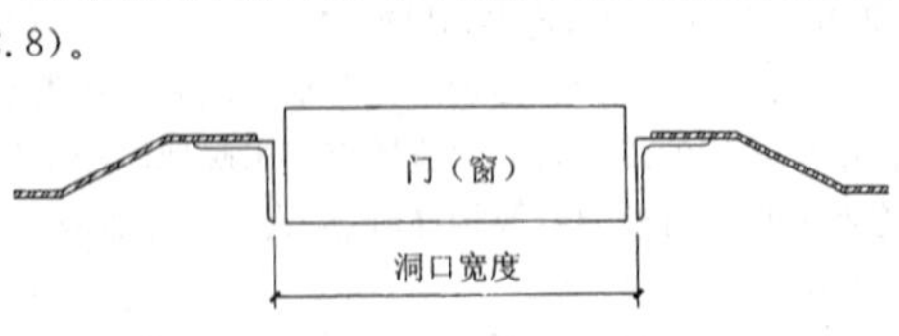

图5.2.8　箱壁开洞示意

5.3　屋　　顶

5.3.1　集装箱顶板不应直接作为承重屋面使用，其上宜采用有檩屋面压型钢板的轻型屋面构造，其防水、隔声、抗风等要求应符合国家现行有关标准的规定和下列要求：

1　压型钢板宜选用咬边型彩涂压型钢板，其性能和材质应符合现行国家标准《建筑用压型钢板》GB/T 12755的规定；

2　压型钢板的连接宜采用隐藏式连接，在屋面负风压较大部位，其连接应采取加强措施；

3　坡屋面坡度应大于5%；

4　溢水天沟采用彩涂钢板制作时，应牢固连接，其厚度不应小于0.8mm；非溢水天沟宜采用钢板制作，其截面应按泄水容量和承重条件计算决定，表面的除锈涂装应按室外条件加强防护；

5　檩条（或椽条）宜采用镀锌冷弯型钢，并牢固地固定在箱体上。

5.3.2　当采用瓦坡屋顶时，可按附录D采用下列分层构造：

1　型瓦，符合防水、防雷、检修要求；

2　檩条或椽条加望板；

3　梁或支架，防雷引下连接要求，采暖地区其下部连接构造应采用断桥方法；

4　中空层；

5　保温（隔热）层，设有铝箔时铝箔表面向上；

6　保温（隔热）层宜采用玻璃丝棉或岩棉等不燃材料，设有铝箔时铝箔表面向上；

7　连接构造应防止热桥和电化学腐蚀的发生。

5.3.3　小型集装箱房屋当采用轻型金属瓦平屋面时应采用长尺度整板，设置不小于1%的排水坡度，并在低端设置滴水构造（图D-7、图D-8）。

5.3.4　当采用卷材（不上人）平屋面时，屋顶可按附录D图D-9、图D-10，采用下列分层构造：

1　机械固定或粘铺卷材；

2　望板及支撑结构；

3　保温（隔热）填充。

5.4　架空地板

5.4.1　当设备管线设计为下部接口，有安装和检修需要时，架空地板下方净空不应小于0.6m，若不能满足可另行设置安装、检修沟；架空地板下方空间宜为通风层，当有实体勒脚时，宜开设通气口，空腔中的地面宜硬化处理并作好找坡、排水（图5.4.1）。

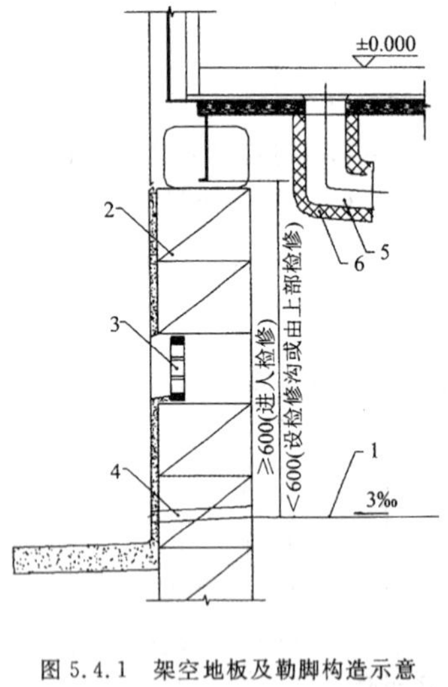

图5.4.1　架空地板及勒脚构造示意

1—硬化地面；2—砌体勒脚；3—铸铁或铝合金通气口；4—排水孔；5—排水管；6—保温层

5.4.2　架空地板层的保温层应与墙体、屋顶的保温位置一致。

5.4.3　当采用保温地板时，保温材料与构造应满足防潮要求。

5.5　外部附属构件

5.5.1　集装箱组合房屋的外部构件如屋顶、阳台、外走廊、雨篷、遮阳、室外钢楼梯和设备支架等，除应满足结构设计要求外，还应满足防腐、防雷、隔热、隔振和外观的要求。

5.5.2　当利用集装箱门打开后下方铺板设置阳台时，箱门与立柱应有可靠连接，不得利用门铰链承重。

6 内部构造和内装修

6.1 一 般 规 定

6.1.1 集装箱组合房屋内部设计应考虑集装箱在运输、吊装过程中产生的变形影响，连续的装修平面和装修转折面宜设置明缝或软接缝，必要时应采取临时加固措施。

6.1.2 在需要防白蚁的地区，装饰材料应避免使用木料，当使用人造板时，应采用防蚁饰面严密封闭。

6.1.3 箱体六面的内装修宜薄型化，以利取得最大净空。

6.2 内 墙

6.2.1 由箱壁板（单层或双层）组成的内墙，宜利用壁板为骨架进行装修；当为分户墙时，应满足隔声要求；当为防火墙时，应满足本规程第 7.1.7 条的要求。

6.2.2 箱内隔墙宜采用龙骨面板类隔墙或非脆性整装板。

6.2.3 设备管线宜设置在内墙中空层。

6.2.4 内门窗框应与墙体构造匹配，与壁板连接处应设有缓冲材料，避免形成声桥。

6.2.5 内门应设置减震构造（图 6.2.5），在相邻两箱壁板上开孔安装内门窗时，门窗框宜固定在一侧壁板上。

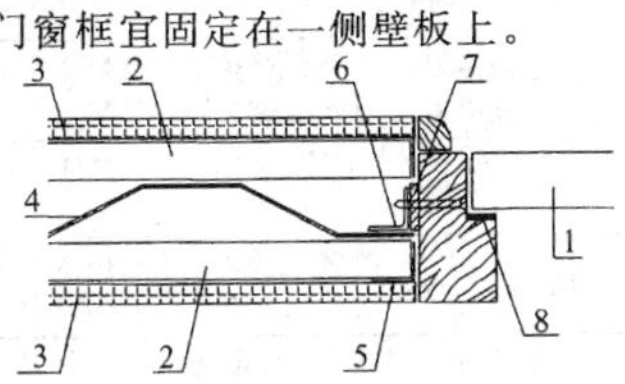

(a) 单层壁板内门框口示意

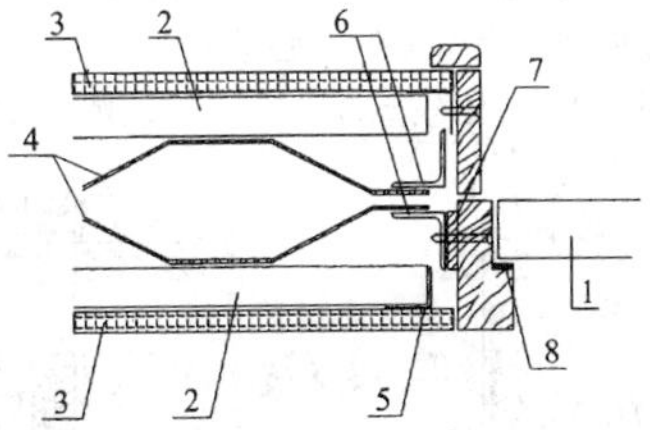

(b) 集装箱竖向隔离并与框架组合示意

图 6.2.5 内门框构造示意

1—内门；2—龙骨；3—石膏板；4—箱壁板；5—龙骨边条；6—洞口加强角钢；7—减振橡胶条；8—密封橡胶条

6.3 楼（地）板和吊顶

6.3.1 既有集装箱原装木地板经修复可用时，宜作为楼（地）板基层使用。

6.3.2 室内预装的设备管线，除排水管外，宜设置在底梁空间（图6.3.2），并延伸至波纹墙板槽内；严寒、寒冷地区采用内保温围护时宜采用整体卫浴间，给排水管线宜设置在室内。

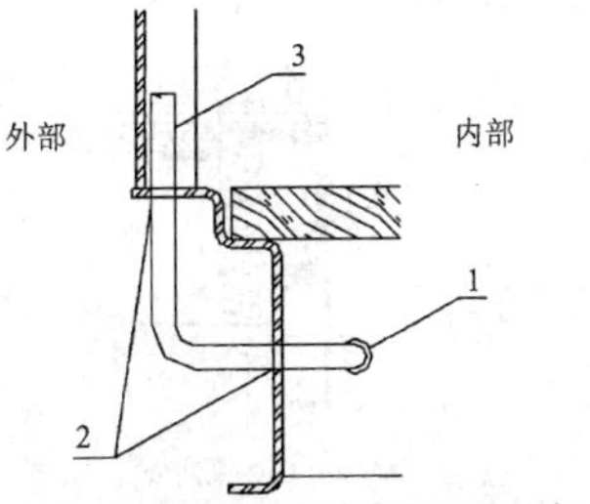

图 6.3.2 设备管线在箱底部的设置示意

1—底横梁开孔；2—底侧梁开孔；3—设备管线

6.3.3 当集装箱角件处的结构连接需在室内操作，或有管线连接操作要求时，楼（地）板应设置活动盖板或局部留置现场完成。

6.3.4 吊顶构件宜采用轻质板材并利用箱顶板吊挂，其上方需检修时，应设置检修孔。

6.3.5 集装箱组合房屋楼（地）面做法可按附录 D 表 D-1、D-2 执行。

6.4 卫 浴 间

6.4.1 集装箱组合房屋内小型卫生间宜采用整体卫浴间，其布置应符合下列要求：

1 整体卫浴宜优先采用侧排水方案。当采用侧排水方案时，应设置可安装、检修的管道空间；当整体卫浴采用下方排水方案时，下部箱顶板应开设检修人孔。

2 整体卫浴采用无外窗方案时，应设置通风装置；当采用有外窗方案时，宜设置通风装置。

6.4.2 非整体的卫浴间应设置地面防水层，并宜采用柔性防水层，有淋浴的卫浴间地面防水层应上延至墙面 1.8mm 高处。连续焊接的金属板地面、墙面可作为防水层使用。

6.5 管 线 空 间

6.5.1 多层集装箱组合房屋的竖向和水平设备干管，宜设在箱外的室内空间或外廊处（寒冷和严寒地区水暖干管除外），避免或减少干管连续穿箱，竖向干管宜设管井或设置在适宜位置，布置方法可按图 6.5.1 采用。

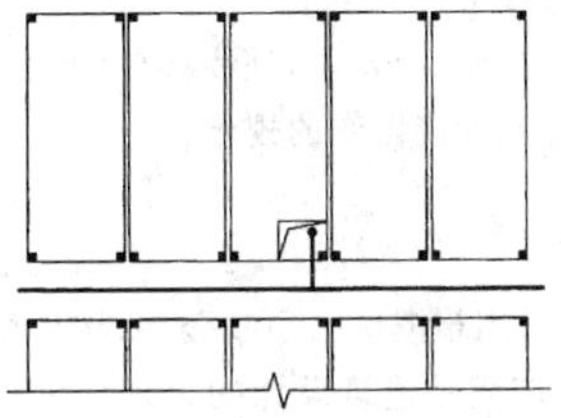

(a) 管井设在箱内示意

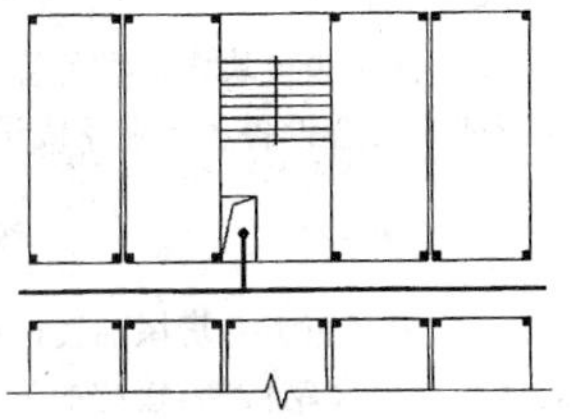

(b) 管井设在楼梯间示意

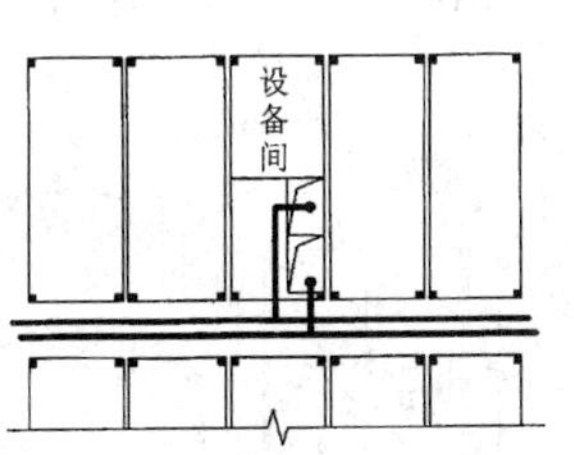

(c) 设备间与管井组合示意

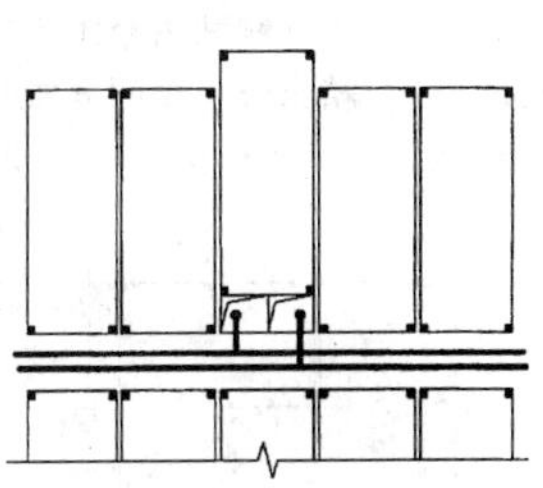

(d) 管井设在箱外示意

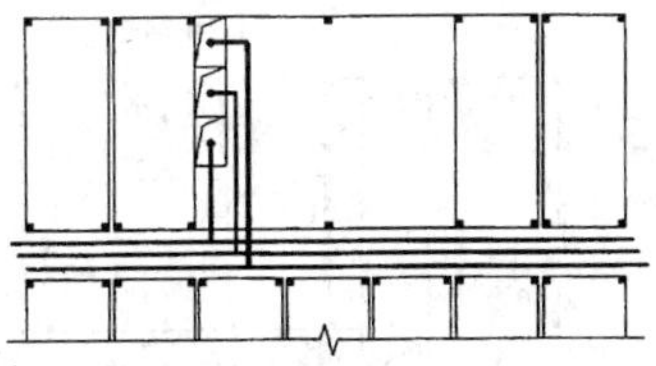

(e) 管井设在框架部分示意

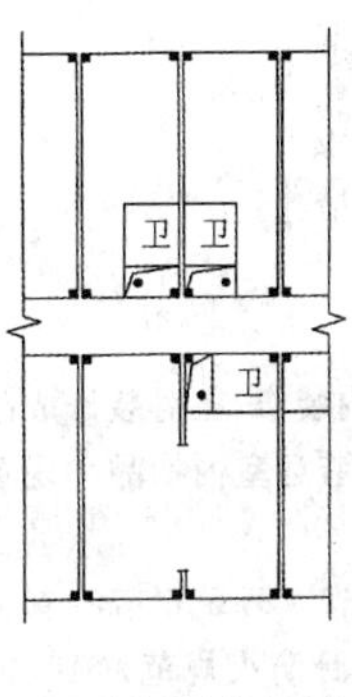

(f) 卫浴管井设在箱内示意

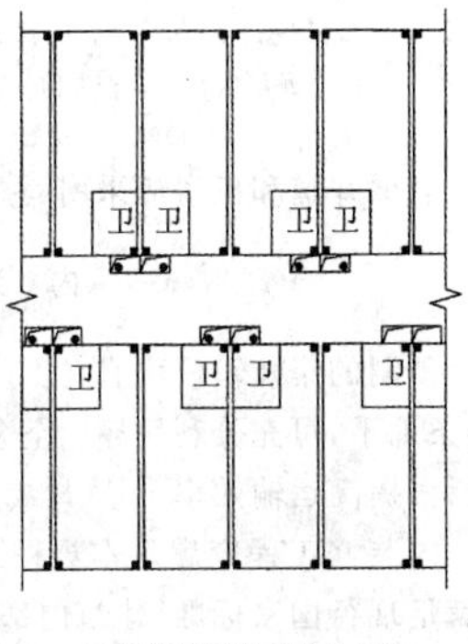

(g) 卫浴管井设在箱外示意

图 6.5.1 管线-管井布置示意

6.5.2 集装箱组合房屋采用竖向箱间隔离垫件加高或设有屋顶夹层时，水平设备管线可设置在夹层内(图 6.5.2)，其净空应满足安装和检修操作的要求。

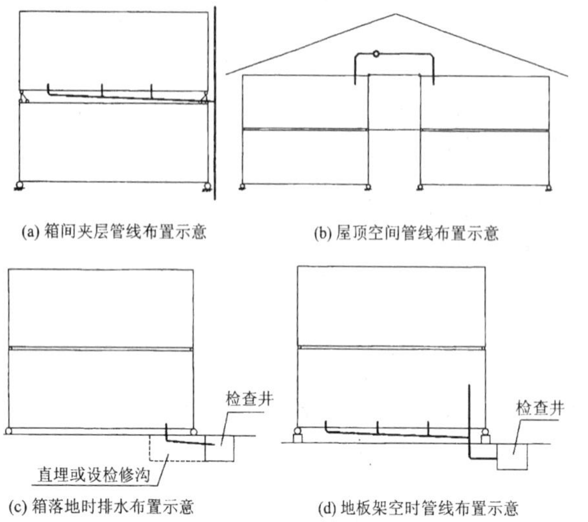

图 6.5.2 水平管线设置示意

6.5.3 当设备管线外径不大于 110mm 时，经结构专业确定位置，可在集装箱底盘梁腹板处开孔穿过，必要时采取补强措施。

6.5.4 气候条件允许时，给排水管线可设置在室外。

6.5.5 预制箱模块内的设备管线应完成预装，与外线接口的位置与形式应符合设备各专业系统设计和连接操作的规定。

6.6 楼梯、电梯

6.6.1 集装箱组合房屋的楼梯可采用箱模块内预制楼梯、构件组装楼梯或外装钢楼梯，楼梯的形式应满足建筑设计的合理性和现行国家标准《民用建筑设计通则》GB 50352 的有关规定。

6.6.2 楼梯构件宜利用箱体结构承载，减少竖向附加支承构件。

6.6.3 集装箱组合房屋的电梯可采用箱单元内预制电梯井、独立预制电梯井或构件组装电梯井(图 6.6.3)。

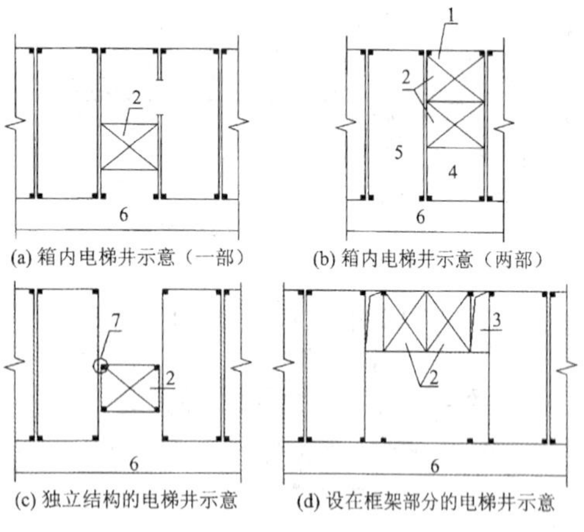

图 6.6.3 电梯井布置示意

1—预制电梯井；2—电梯井；3—管井；4—设备间；5—前室；6—走廊；7—弹性连接

6.6.4 电梯井道和机房应采用隔振、隔声措施。

6.7 内 装 修

6.7.1 预制的集装箱模块宜在工厂完成内装修，在对装修成品有保护的条件下，可充分利用箱内空余容积，装运室内物品和现场使用的材料，提高运输效率。

6.7.2 内装修工程应满足本规程第 6.1 节～第 6.6 节的有关要求，并满足现行国家标准《建筑内部装修设计防火规范》GB 50222 的要求。

7 建筑防火和防腐蚀

7.1 建 筑 防 火

7.1.1 集装箱组合房屋各部位结构构件的燃烧性能和耐火极限应按表 7.1.1 确定。

表 7.1.1 集装箱结构构件的燃烧性能和耐火极限 (h)

构件类别			耐火等级			
箱体结构	非箱体结构		一	二	三	四
前角柱、后角柱及角件	柱		不燃烧体 3.00	不燃烧体 2.50	不燃烧体 2.00	难燃烧体 0.50 (1.0)
底侧梁、前槛、门槛及角件	梁		不燃烧体 2.00	不燃烧体 1.50	不燃烧体 1.00	难燃烧体 0.50 (1.0)
底横梁、地板中梁、鹅背梁、地板	(组合)楼板		不燃烧体 1.50	不燃烧体 1.00	不燃烧体 0.50	燃烧体 (0.5)
侧板、前墙板、门	墙	非承重外墙	不燃烧体 1.00	不燃烧体 1.00	不燃烧体 0.50 (0.75)	燃烧体 (0.75)
		楼梯间墙、电梯井墙、住宅单元间墙、住宅分户墙	不燃烧体 2.00	不燃烧体 2.00	不燃烧体 1.50	难燃烧体 0.50 (1.0)
		疏散走道两侧隔墙	不燃烧体 1.00	不燃烧体 1.00	不燃烧体 0.50	难燃烧体 0.25
		房间隔墙	不燃烧体 0.75	不燃烧体 0.50	难燃烧体 0.50	难燃烧体 0.25
两箱侧板中间防火填充	防火墙		不燃烧体 3.00	不燃烧体 3.00	不燃烧体 3.00	不燃烧体 3.00

注：括号中的数字适用于住宅类房屋，符合现行国家标准《住宅建筑规范》GB 50368 的要求。

7.1.2 当集装箱组合形成的空间已使部分构件被隔离时，应按实际情况对火源方向进行封堵，并补足保护不足的部分，使构件达到规定的耐火极限。其防火构造如图 7.1.2-1、图 7.1.2-2 所示。

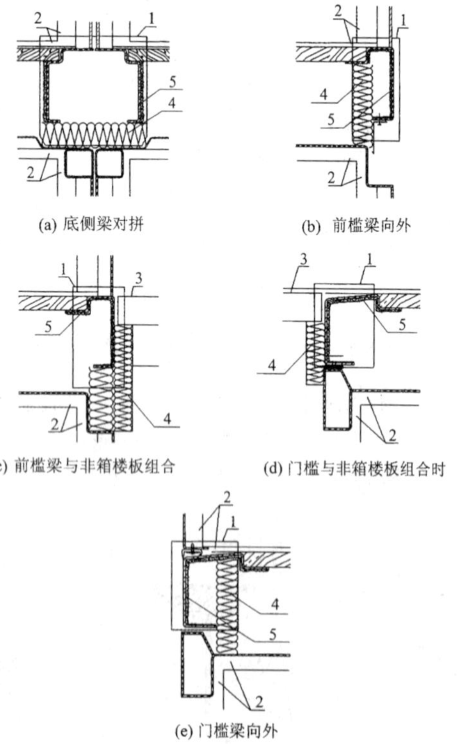

图 7.1.2-1 梁的防火构造示意

1—梁(框线表示梁的范围)；2—外部保护材料；3—走廊楼板；4—岩棉；5—防火涂料

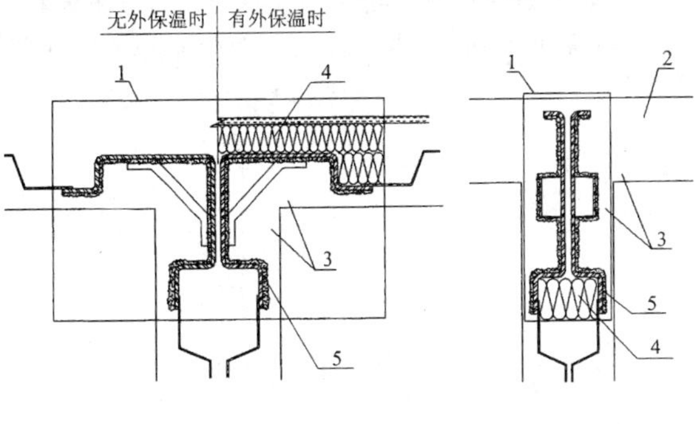

(f) 前角柱对拼　　　　(g) 后角柱对拼

图 7.1.2-2　柱的防火构造示意

1—柱(框线表示柱的范围);2—墙体;3—内部材料;
4—岩棉;5—防火涂料

7.1.3　当楼面有防火保护层,耐火极限达到 1h 条件时,其下部底横梁(次梁)可不做防火处理。

7.1.4　以集装箱侧板、前墙板和门为外墙面时,其外部可不做防火处理。

7.1.5　预制集装箱房屋梁、柱构件需要做防火处理的,其非暴露面宜预涂防火涂料,现场部分宜以防火板、岩棉等耐火材料封堵并兼顾隔声的要求。

7.1.6　集装箱组合房屋的室外构件,如不封闭的外廊、不封闭的阳台、室外疏散钢梯等,可不做防火处理。

7.1.7　需要设置防火分区的集装箱组合房屋应设置防火墙,并满足现行国家标准《建筑设计防火规范》GB 50016 的有关要求。防火墙宜利用箱间缝填充防火材料构成(图 7.1.7)。

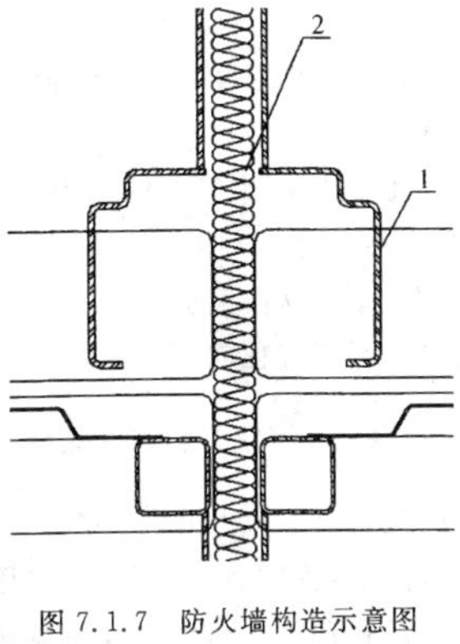

图 7.1.7　防火墙构造示意图

1—底侧梁;2—填充岩棉、矿棉/硅酸铝纤维棉

7.2　建筑防腐蚀

7.2.1　设计文件中应有除锈涂装设计的专项内容,包括侵蚀作用分类、除锈质量等级和涂层构造等,其技术要求应符合现行国家标准《钢结构设计规范》GB 50017、《冷弯薄壁型钢结构技术规范》GB 50Q18 和《工业建筑防腐蚀设计规范》GB 50046 的要求。

7.2.2　集装箱箱体表面应有完整的涂层防护;既有集装箱表面涂层有损伤时应进行局部整修,并以长效涂层涂装防护。

7.2.3　进行箱体表面局部整修和新构件的除锈涂装时,其除锈等级不应低于 Sa2½或 St3 级,涂层宜选用富锌底漆配套的复合涂层,设计使用年限不应少于 15 年。

7.2.4　集装箱组合房屋部分使用新制箱时,其涂装应符合现行行业标准《集装箱涂料》JT/T 810 的有关规定。

7.2.5　钢构件涂装工艺应符合本规程第 12.3 节的要求。

8　结构设计基本规定

8.1　一 般 规 定

8.1.1　集装箱组合房屋结构设计的基本原则应符合现行国家标准《工程结构可靠性设计统一标准》GB 50153 的规定。结构设计使用年限为 50 年或 25 年时,其相应的结构重要性系数分别不应小于 1.0 或 0.95。

8.1.2　结构的荷载计算应符合现行国家标准《建筑结构荷载规范》GB 50009 的规定。当设计使用年限为 25 年时,其风荷载和雪荷载标准值可按 50 年重现期的取值乘以 0.9 计算。

8.1.3　结构的计算与构造应符合现行国家标准《钢结构设计规范》GB 50017、《冷弯薄壁型钢结构技术规范》GB 50018 和《建筑抗震设计规范》GB 50011 的规定。

8.1.4　集装箱组合房屋结构宜规则布置,其抗侧力构件的平面布置宜规则对称,侧向刚度沿竖向宜均匀变化。按抗震设计的不规则多层集装箱房屋结构应采取必要的加强措施。

8.1.5　箱体板壁有开孔并引起箱体刚度有较大削弱时,宜采用有孔箱与无孔箱错列对称布置等措施。集装箱采用悬挑布置时,悬挑长度不应过大,且悬挑部分不应有开孔。

8.1.6　集装箱组合房屋结构应选用合理的结构体系,保证在使用、运输和安装过程中的强度与刚度;结构连接和节点构造应便于安装。

8.1.7　箱体顶板为非承重板,当有其他使用荷载作用时应进行验算补强;当作为承重屋面使用时应于其上另行布置有檩轻型屋盖。

8.1.8　集装箱组合房屋结构的设计文件应明确提出防火和防腐蚀的技术要求与防护措施。

8.2　结构材料和设计指标

8.2.1　集装箱组合房屋采用既有集装箱时,该箱体应为按现行国家标准《钢质通用集装箱修理技术要求》GB/T 12418 检修合格的集装箱。箱体梁、柱部位不应有缺损,角件应完整并连接可靠。所有进场集装箱应有质量证明书或检修合格证明书。

8.2.2　箱体结构钢材的质量与性能应符合现行国家标准《耐候结构钢》GB/T 4171 中焊接耐候钢的相关规定。

8.2.3　集装箱组合房屋结构中非箱体构件(框架、连梁)宜采用符合现行国家标准《碳素结构钢》GB/T 700 或《低合金高强度结构钢》GB/T 1591 的 Q235B 级钢或 Q345A、B 级钢。

8.2.4　箱体结构薄壁钢材的性能要求和强度设计值应符合现行国家标准《冷弯薄壁型钢结构技术规范》GB 50018 的规定;非箱体构件钢材的性能要求和强度设计值及普通螺栓、高强度螺栓、栓钉与焊条等连接材料的性能要求和强度设计值,均应符合现行国家标准《钢结构设计规范》GB 50017 的规定。

8.2.5　集装箱角件应有良好的焊接性能,其材质和性能应符合现行国家标准《系列 1　集装箱　角件》GB/T 1835 的规定。其抗拉、抗压和抗弯强度设计值可取为 $180N/mm^2$;抗剪强度设计值可取为 $105N/mm^2$。

9 结构设计

9.1 结构计算

9.1.1 集装箱组合房屋结构的布置和组合应形成稳定的结构体系。箱体叠置的低层房屋结构可组成叠箱结构体系[图 9.1.1(a)]，其层数不宜超过 3 层；箱体与框架组合的多层房屋结构可组成箱框结构体系[图 9.1.1(b)、(c)]，层数不宜超过 6 层，其框架可采用纯框架或中心支撑框架。

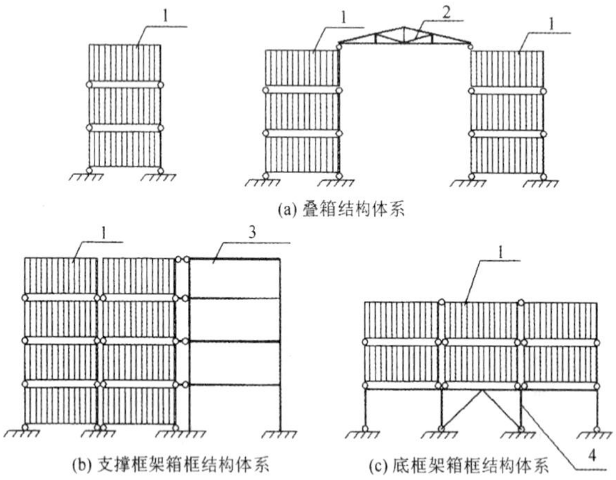

图 9.1.1 结构体系简图

1—箱体；2—连系桁架；3—框架；4—底层框架

9.1.2 叠箱结构体系的计算应符合下列要求：

1 不超过 3 层的叠置箱体房屋，当箱体无开孔、无悬挑且箱间连接可靠时，可不进行叠箱结构整体承载力与变形的验算。

2 叠箱结构在竖向荷载作用下可以箱体结构角柱的作用力进行角件间连接的计算，此作用力应计入箱体结构因倾覆作用而产生的角柱附加轴向压力或拉力。

3 进行叠箱结构体系抗震计算时，可按底部剪力法计算层间剪力，并以此剪力验算箱体的连接和层间位移。

9.1.3 多层箱框结构体系应按箱体和框架整体结构进行内力计算，箱体结构和框架结构所承受的地震作用层间剪力应按各自的抗侧力刚度进行分配。当为叠箱与底框架组合结构体系时，底框架的地震作用效应应乘以增大系数 1.2。

9.1.4 叠箱结构或箱框结构布置不规则或局部刚度有较大削弱时，宜按空间模型进行结构计算，此时屋盖或楼盖的连接构造应符合平面刚性铺板的要求。

9.1.5 进行多遇地震作用下集装箱房屋结构的抗震计算时，阻尼比可取 0.04。

9.1.6 多层箱框结构层间最大水平位移与层高之比，在风荷载作用下不宜超过 1/400；在多遇地震作用下不应超过 1/300。

9.2 箱体结构的强度与刚度

9.2.1 进行结构计算时，6m 和 12m 无孔箱箱体结构的整体纵向抗侧刚度可按 120kN/mm 取值；当箱体顶梁经加强，顶盖结构平面刚度可视为无限大时，6m 和 12m 箱体整体纵向抗侧刚度可分别按式(9.2.1-1)和式(9.2.1-2)进行计算。

6m 集装箱 $k = 440 - 450\alpha$ (9.2.1-1)

12m 集装箱 $k = 700 - 650\alpha$ (9.2.1-2)

式中：k——无孔箱箱体结构的整体纵向抗侧刚度(KN/mm)；

α——集装箱开孔率，$\alpha = a/L$，且不大于 0.6；a 为洞口宽度，L 为集装箱长度。

9.2.2 箱体侧壁有开孔时，其整体纵向抗侧刚度可按下列规定计算：

1 当在壁板中部对称于中线开孔(图 9.2.2)，且开孔率不大于 60%时，6m 箱和 12m 箱的整体纵向抗侧刚度可按式(9.2.2-1)进行计算。

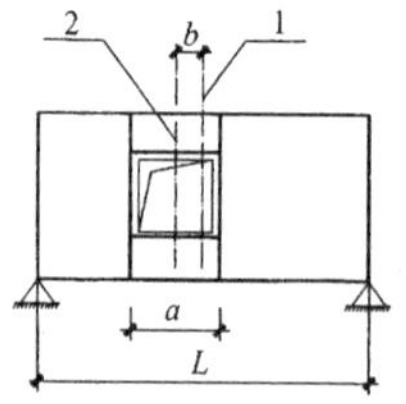

图 9.2.2 开孔箱体计算简图

1—集装箱中心线；2—洞口中心线

$$k = k_0 \cdot \eta \quad (9.2.2\text{-}1)$$

式中：k_0——未开孔箱体纵向刚度，对 6m 和 12m 集装箱，k_0 取 120kN/mm；

η——刚度折减系数，对 6m 和 12m 集装箱，可分别按式(9.2.2-2)和式(9.2.2-3)计算：

6m 集装箱：

$$\left.\begin{aligned} \eta &= 1 - \alpha - \frac{0.6\alpha\beta}{0.3 - 0.5\alpha}, \quad \alpha < 0.2 \\ \eta &= 1 - \alpha - 0.6\beta, \quad 0.2 \leqslant \alpha \leqslant 0.6 \end{aligned}\right\} \quad (9.2.2\text{-}2)$$

12m 集装箱：

$$\left.\begin{aligned} \eta &= 1 + 0.5\alpha - \frac{4\alpha\beta}{0.4 - 0.5\alpha} \leqslant 1.0, \quad \alpha < 0.1 \\ \eta &= 1.13 - 0.8\alpha - \frac{(0.43 - 0.3\alpha)\beta}{0.4 - 0.5\alpha}, \quad 0.1 \leqslant \alpha \leqslant 0.6 \end{aligned}\right\} \quad (9.2.2\text{-}3)$$

式中：β——洞口偏移率，$\beta = b/L$；

b——洞口中线到集装箱中线的距离。

2 当箱体两侧壁板开孔率不同或一侧开孔一侧未开孔时，箱体整体纵向抗侧刚度可取两侧开洞率所得抗侧刚度的平均值。

9.2.3 沿箱体纵向在箱顶承受水平力的承载力设计值，可按下列规定取值：

1 对无孔及开孔率不大于 40%的 6m 箱体结构，承载力设计值可取为 600kN；开孔率大于 40%并小于 60%时可取为 450kN；

2 对无孔及开孔率不大于 60%的 12m 箱体结构，承载力设计值可统一取为 600kN。

9.2.4 在本规程规定的层高、使用荷载和地震设防烈度等条件下，无开孔的集装箱可不进行箱体结构承载力和层间位移的验算。

9.3 箱壁开孔与加固

9.3.1 箱体壁板应避免有过大的开孔，所有开孔部位均应补强加固。补强构件应采用小截面钢管或型材，少占用室内空间。当壁板有较大开孔时，其开孔部位承载的底梁宜按实际有效截面进行强度和挠度的验算。

9.3.2 任一立面开孔不应损伤角柱，并宜保留与角柱相连的板壁宽度不少于一个波距，其开孔尺寸与位置应符合图 9.2.1 的要求。当洞口开至柱边时，可对角柱进行补强[图 9.3.2(a)、(b)]。

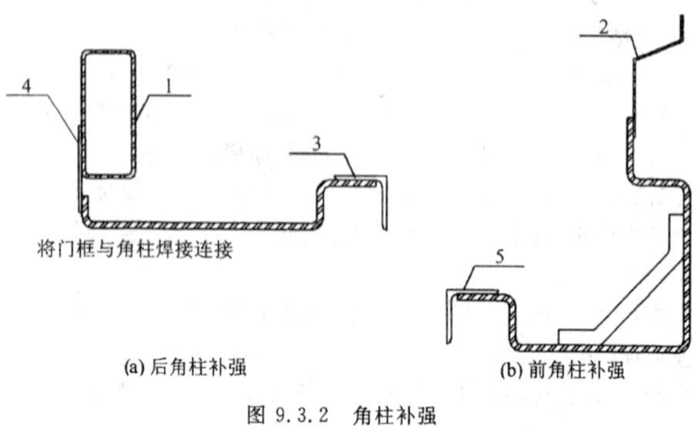

图 9.3.2 角柱补强

1—门框；2—保留壁板一侧；3—镶边角钢补强；4—新加连接板；5—镶边角钢补强

9.3.3 箱体侧壁开孔时，波纹壁板切割处应以洞口镶边构件补强（图 9.3.3），补强构件应伸过洞口一定距离再切断。

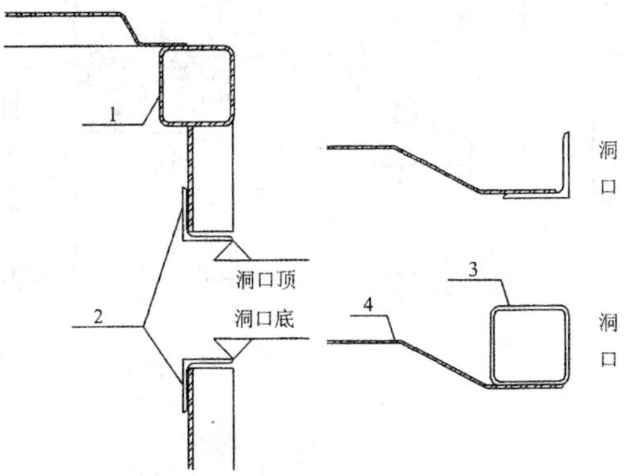

(a) 上下洞口补强　　(b) 侧板竖边缘补强

图 9.3.3　洞口补强

1—顶侧梁；2—镶边角钢补强；3—镶边钢管补强；4—壁板

9.3.4 箱体端壁需开孔时，宜先选在原有门扇的侧壁开孔；当利用一侧门或两侧门时，应将所保留门的边框与箱体角柱以缀板连接（图 9.3.4），板厚不应小于 4mm，间距不应大于 300mm。

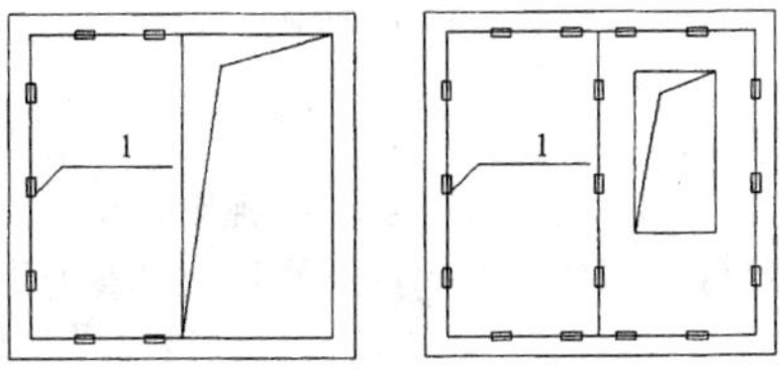

(a) 侧门开孔　　(b) 门扇局部开孔

图 9.3.4　门扇侧壁的补强

1—缀板

9.3.5 多箱布置时，相邻箱体的梁、柱构件或镶边构件应以缀板构造连接（图 9.3.5），板厚不应小于 4mm，间距不应大于 300mm。

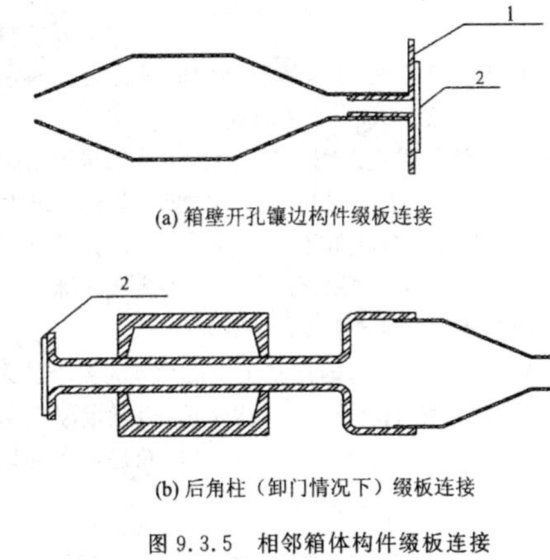

(a) 箱壁开孔镶边构件缀板连接

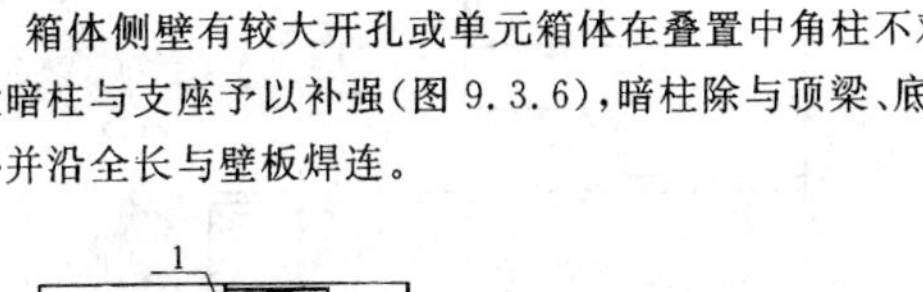

(b) 后角柱（卸门情况下）缀板连接

图 9.3.5　相邻箱体构件缀板连接

1—加强角钢；2—缀板

9.3.6 箱体侧壁有较大开孔或单元箱体在叠置中角柱不对位时，可加设暗柱与支座予以补强（图 9.3.6），暗柱除与顶梁、底梁焊接连接外并沿全长与壁板焊连。

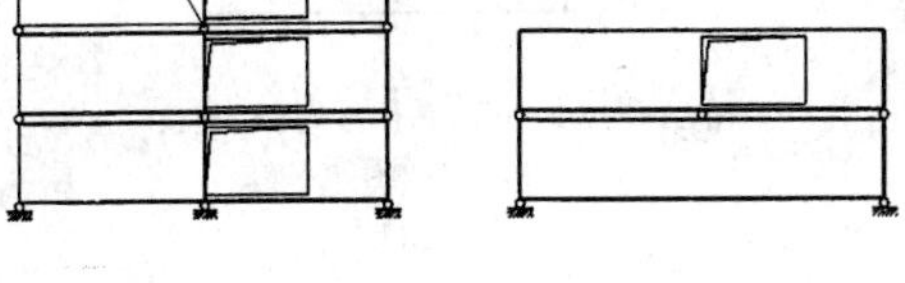

(a) 暗柱设置　　(b) 孔边暗柱设置

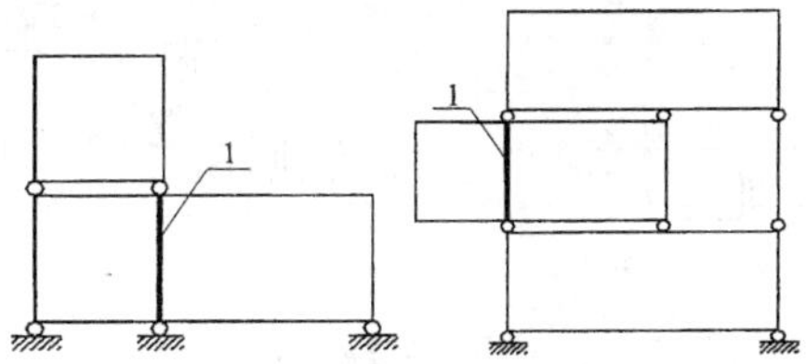

(c) 正交时暗柱设置　　(b) 悬挑时暗柱布置

图 9.3.6　箱体叠置时暗柱补强布置

1—暗柱；2—连接件

10　结构节点设计

10.1　一般规定

10.1.1 集装箱组合房屋结构的连接节点应合理构造，传力可靠并方便施工；节点与连接的计算和构造应符合现行国家标准《钢结构设计规范》GB 50017 及《建筑抗震设计规范》GB 50011 的规定。

10.1.2 箱体之间的连接宜采用角件相互连接的构造，其节点连接应保证有可靠的抗剪、抗压与抗拔承载力；框架与箱体间的水平连接宜用连接件与箱体角件连接的构造，其节点连接应为仅考虑水平力传递的构造。

10.1.3 重要构件或节点连接的熔透焊缝不应低于二级质量等级要求；角焊缝质量应符合外观检查二级焊缝的要求。

10.1.4 箱体的现场连接构造应有施拧施焊的作业空间与便于调整的安装定位措施。

10.2　节点构造

10.2.1 箱体角件间的连接应保证角件对齐并与连接件间紧密接触。其节点可采用角件连接构造（图 10.2.1-1）或垫件连接构造（图 10.2.1-2）。

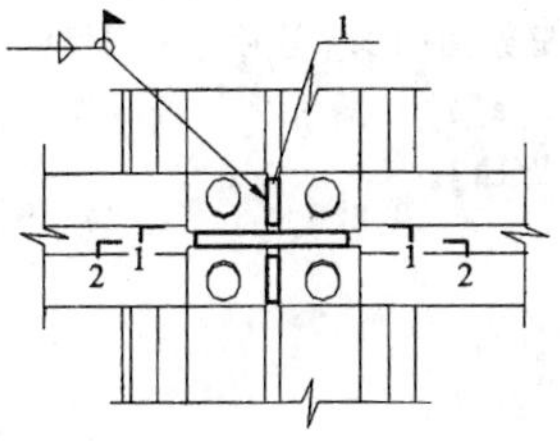

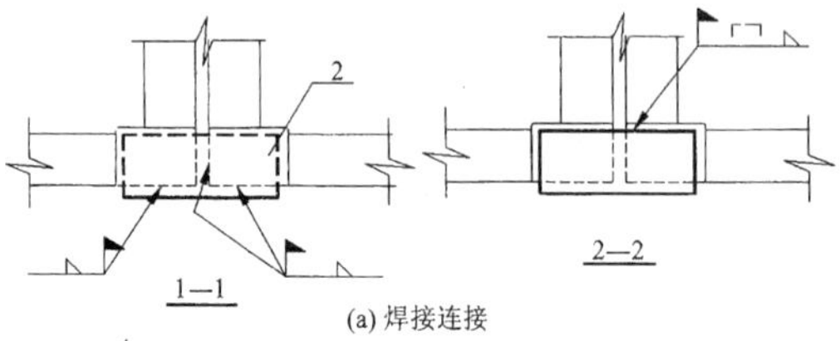

(a) 焊接连接

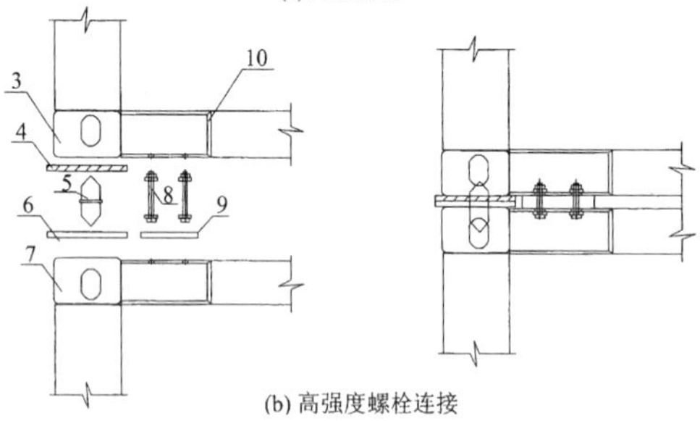

(b) 高强度螺栓连接

图 10.2.1-1　角件连接节点

1—竖垫板突出角件 10mm；2—连接垫板；3—上箱底角件；4—隔音胶垫；
5—双头锥；6—连接钢板；7—下箱顶角件；8—高强度螺栓；
9—现场调整垫板；10—连接盒

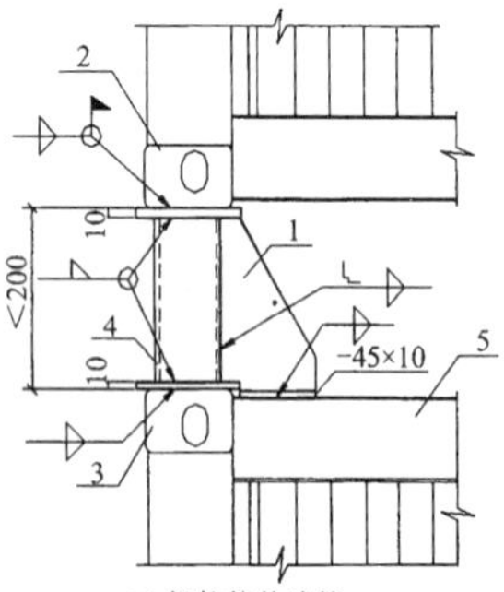

(a) 短柱垫件连接

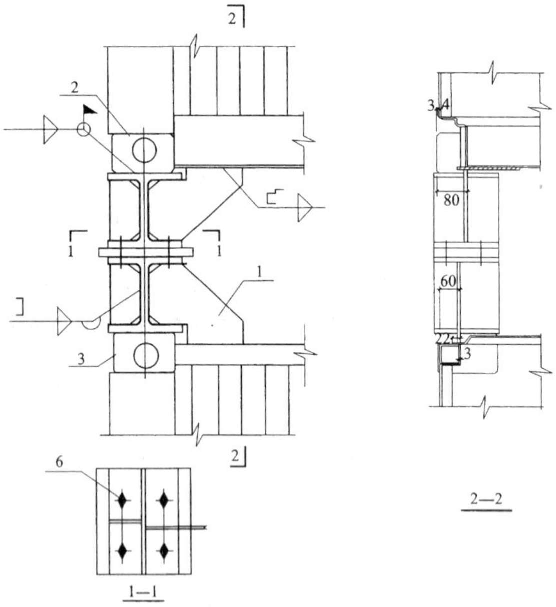

(b) H型钢垫件连接

图 10.2.1-2　垫件连接节点

1—加劲板；2—底角件；3—顶角件；4—方管短柱；
5—方管顶梁；6—高强螺栓

10.2.2　箱体与框架间的水平连接宜采用仅传递水平荷载的连接板构造[图 10.2.2(a)、(b)]。箱体与底框架的连接可采用支承节点连接[图 10.2.2(c)]。

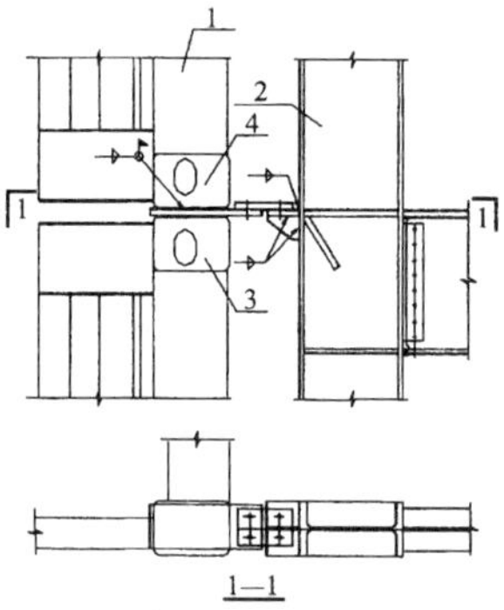

(a) 箱体角件与框架柱连接

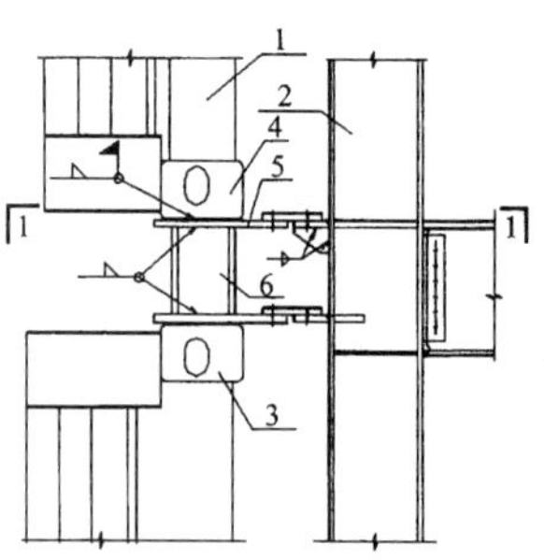

(b) 垫件与框架柱连接

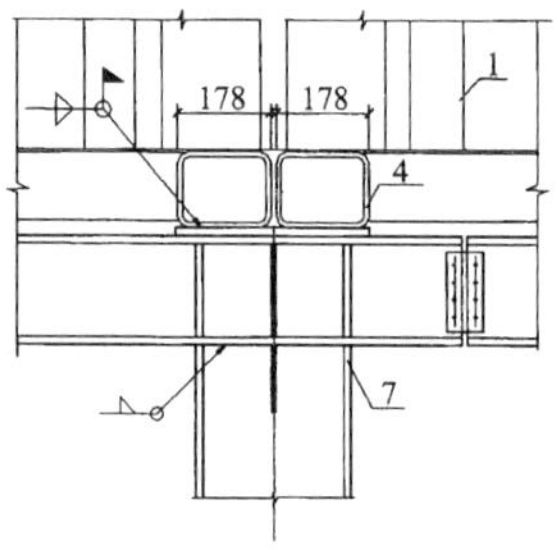

(c) 箱体与底框架连接

图 10.2.2　箱体与框架连接节点

1—箱体；2—框架柱；3—下箱顶角件；4—上箱底角件；
5—垫件顶板；6—刚性短柱；7—底框架刚架柱

10.2.3　相邻箱体的梁、柱间应以缀板连接，缀板厚度不宜小于 6mm，间距不宜小于 400mm。所有外露角件侧孔均应以 6mm 钢板焊盖封堵。

11　地基基础

11.0.1　集装箱组合房屋的地基基础设计应符合现行国家标准《建筑地基基础设计规范》GB 50007 的规定。

11.0.2　集装箱组合房屋宜采用天然地基，当低层房屋结构的地基土承载力小于 60kPa 或多层房屋结构的地基土承载力小于 100kPa 时，以及地基土为软土等不良地基时，应进行地基处理。

11.0.3　基础形式宜采用扩展基础，其埋深不应小于冰冻线深度或 0.5m，底面应有素混凝土垫层。

11.0.4　单层集装箱组合房屋的地基土满足承载力要求且无地表水滞留时，可将集装箱底地基土夯实、找平后，以素混凝土基墩支承箱体(图 11.0.4-1)。多箱叠置荷载较大时，箱底四角可以角件底座与基础连接(图 11.0.4-2)。

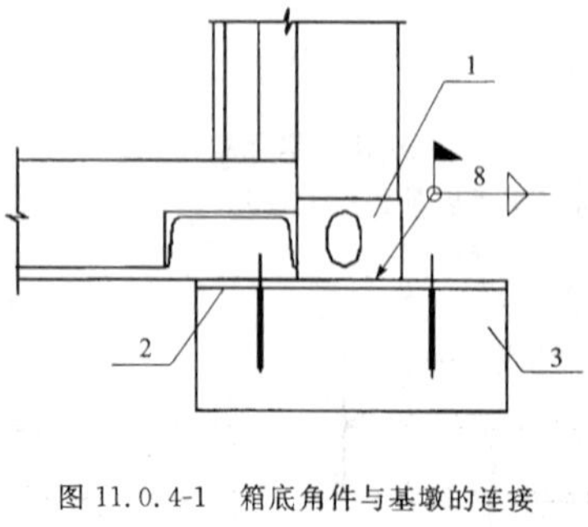

图 11.0.4-1　箱底角件与基墩的连接

1—底角件；2—预埋件；3—基墩

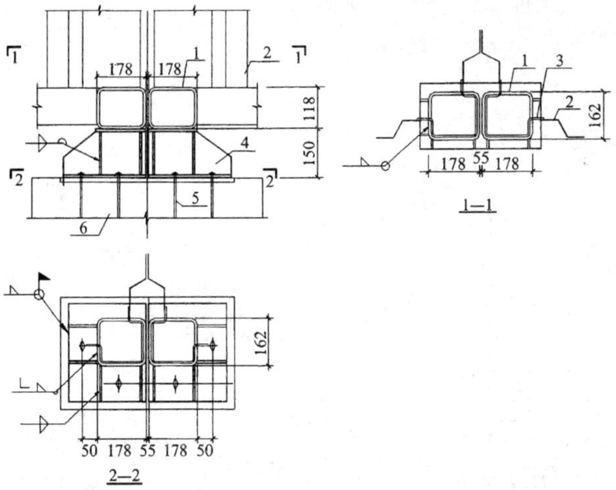

图 11.0.4-2　箱底角件底座与基础的连接

1—底角件；2—壁板；3—角柱；4—箱底基座；5—锚栓；6—基础

11.0.5　箱底基础或基墩均应高出地面，以满足架空地板的构造要求，同时，箱底以下沿箱体周边应以砌体封堵。

12　施工及验收

12.1　一 般 规 定

12.1.1　集装箱组合房屋的钢结构制作、安装和验收应符合现行国家标准《钢结构工程施工规范》GB 50755、《钢结构工程施工质量验收规范》GB 50205、《钢结构焊接规范》GB 50661 及本规程的规定。

12.1.2　集装箱组合房屋的箱体改造、安装与钢结构工程应为一个分部工程，并划分为箱体改造、钢结构制作、安装、连接、涂装等若干个分项工程，每个分项工程应包含一个或若干个检验批。

12.1.3　集装箱组合房屋的制作与安装应建立项目质量保证体系，并应编制施工组织设计组织实施。

12.1.4　集装箱组合房屋安装前，应进行样板间试安装，经检验符合设计要求和本规程相关要求后，方能进行正式的组合安装工作。

12.1.5　集装箱箱体、构件场内堆放、二次运输应符合下列要求：

1　堆放场地应为平整的硬地面，箱体应按组装顺序有序堆放，相互间应留有一定的间隙，当为多层箱体堆放时应加设临时固定安全措施。

2　对开洞口后刚度削弱的箱体，应在运输、吊装中采取临时加固与防护措施，防止箱体、门窗和外设零配件碰撞损伤。

12.1.6　原材料及成品应执行进场验收制度，应核对材料的牌号、规格、批号、质量合格证明文件、中文标志和检验报告，并检查表面质量、包装等；对涉及安全与承载功能的原材料或半成品，应按国家现行有关标准的规定进行复验。对箱体成品的现场检查验收，应对所有箱体成品进行外观质量和几何尺寸的检查验收。

12.2　现场安装和允许偏差

12.2.1　集装箱组合房屋的安装应合理选择起重吊装设备。选用非定型产品作为起重设备时，应编制专项技术方案，并应经评审后再组织实施。对于有较大开孔后刚度削弱的箱体，应采用专用吊装架吊装。

12.2.2　吊装用钢丝绳、卸扣、吊钩等吊具不得超出其额定许用荷载，专用机具和工具应满足施工要求，并经检验合格。

12.2.3　集装箱组合房屋的安装作业应符合下列要求：

1　构件宜划分成吊装流水段安装，流水区段可按建筑物的平面形状、结构形式、安装机械规格和现场施工条件等因素划分；

2　箱体吊装与安装过程中应保证整体结构形成稳定的结构体系，必要时应增加临时支撑结构等措施；

3　不得利用已安装就位的箱体构件起吊其他重物。不得在主要受力部位加焊其他物件；

4　箱体安装前应先对连接角件之间的距离、孔边距等相关尺寸进行测量，并在安装过程中进行调校。若采用加垫块调整偏差尺寸时，可采用不多于一块的整体垫块，并在定位后与角件焊接牢固。

12.2.4　集装箱组合房屋基础顶面标高与地脚螺栓（锚栓）的允许偏差应符合表 12.2.4 的要求。

表 12.2.4　基础顶面与地脚螺栓(锚栓)的允许偏差

项　目		允许偏差(mm)
基础顶面(支撑面)	标高	±3.0
	水平度	$L/1000$
地脚螺栓(锚栓)	螺栓中心偏移	5.0
	螺栓露出长度	+30,0
	螺纹长度	+30,0
预留孔中心偏移		10.0

12.2.5　集装箱组合房屋主体安装的允许偏差应符合表 12.2.5 的规定；梁与框架等构件的允许偏差应符合现行国家标准《钢结构工程施工质量验收规范》GB 50205 的规定。

表 12.2.5　主体安装的允许偏差

项　目	允许偏差(mm)	图　例
箱体底座中心线对定位轴线的偏移 Δ	8.0	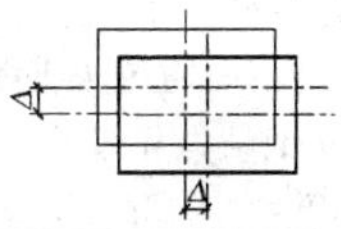
多层箱体整体垂直度 Δ	≤H/800+10 并≤35.0	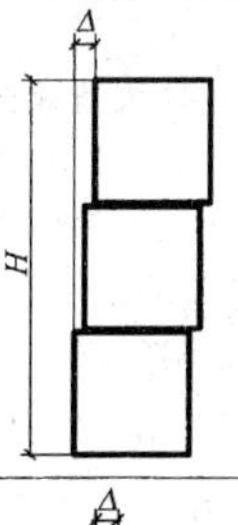
单层箱体垂直度 Δ	10.0	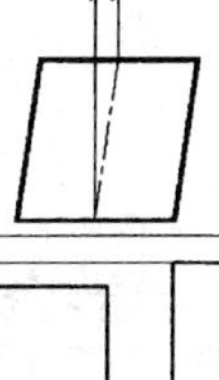
箱顶标高 Δ	±8.0	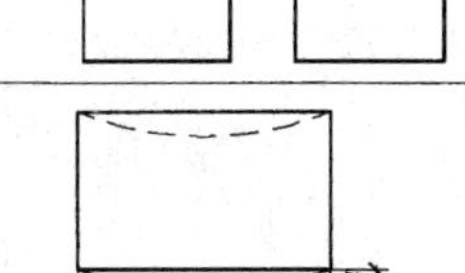
建筑物的平面弯曲 a	≤L/1200 并≤20.0	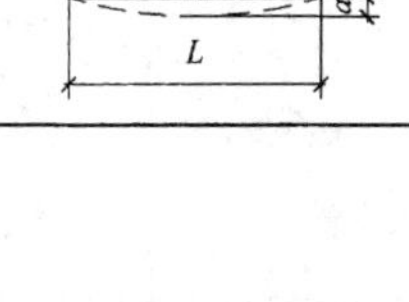

12.3 除锈和涂装

12.3.1 箱体与钢构件除锈应符合设计要求和现行国家标准《建筑防腐蚀工程施工及验收规范》GB 50212 和《钢结构工程施工规范》GB 50755 的规定。当设计文件未作规定时，工厂制作应选用喷砂或抛丸除锈方法，并应达到 Sa2½ 级除锈等级；工地小范围采用手工和动力工具除锈时，应达到 St3 等级要求。对室内或室外构件，涂装涂层应分别不少于 4 道或 5 道；干膜总厚度应分别不小于 200μm 或 240μm。

12.3.2 现场焊接部位应仔细清除焊渣和污垢后重新进行涂装。

12.3.3 除锈后的钢材表面不应有可见的返锈、结露和再次污染，并宜在 4h 内进行底漆涂装，在车间内作业或湿度较低的晴天不应超过 12h。涂装后 4h 内不得雨淋或置于潮湿环境中。

12.3.4 钢结构防腐涂装完成后，构件的标志、标记和编号应清晰完整。

12.3.5 钢结构的防火应严格按设计要求和国家现行有关标准的规定进行涂装防护，并符合下列要求：

1 构件钢材表面的防火涂层的施工应严格按照现行协会标准《钢结构防火涂料应用技术规范》CECS 24 的规定进行。

2 钢结构防火涂料涂装施工应在钢结构安装工程和防腐涂装工程检验批施工质量验收合格后进行。

3 防火涂料的选择应符合设计要求和国家现行有关标准的规定，不同厂家的底漆、防火涂料、面漆配套使用时应进行兼容性测试。

4 涂装施工中，应经常检测涂层厚度，直到干膜厚度符合设计要求和国家现行有关标准的规定。钢构件连接处的缝隙应采用防火涂料或其他防火材料填堵防护。

12.4 工 程 验 收

12.4.1 集装箱组合房屋施工质量的验收应符合现行国家标准《钢结构工程施工质量验收规范》GB 50205 的规定，在施工单位自检合格的基础上，按照检验批、分项工程、分部工程进行。

集装箱组合房屋钢结构工程和箱体安装的施工质量验收应作为主体结构分部工程验收。

12.4.2 钢结构分部工程的合格应在各分项工程均合格的基础上，进行质量控制资料检查、材料性能复验资料检查、观感质量现场检查。

12.4.3 箱体改造和安装分部工程中应包含外墙、内墙、地面、屋面和门窗等若干分项工程。

12.4.4 分项工程合格质量应符合下列要求：

1 各检验批质量验收文件应齐全，施工质量验收合格；

2 观感质量验收合格；

3 有关结构性能或承载功能的进场材料检验资料齐全，并符合质量要求。

12.4.5 检验批合格质量应符合下列要求：

1 主控项目质量应符合合格标准的要求。

2 对一般项目，其检验结果应有 80% 及以上的检验点符合合格质量标准的要求，且最大值不应超过其允许值的 1.2 倍。

3 质量检查记录、质量证明文件等资料应完整。

12.4.6 集装箱组合房屋验收合格交付使用时，应提供房屋使用说明书，说明书应包含使用注意事项和维护管理要求等。

附录 A 通用型集装箱构造图

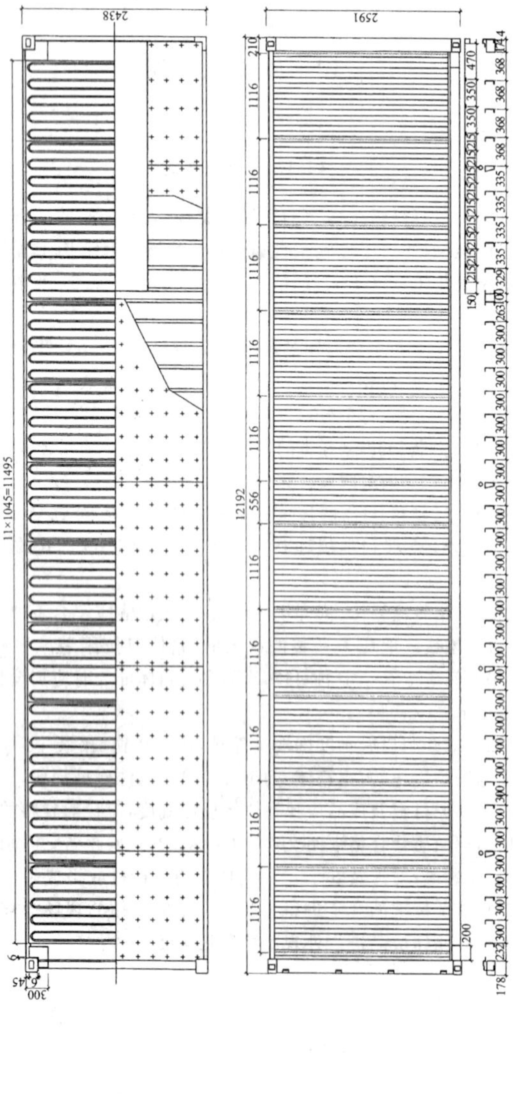

图 A-1 IAA 集装箱地板图、侧板图

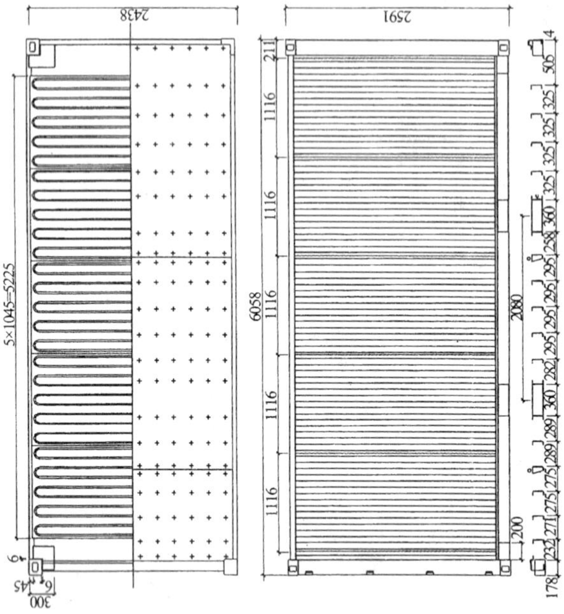

图 A-2 ICC 集装箱地板图、侧板图

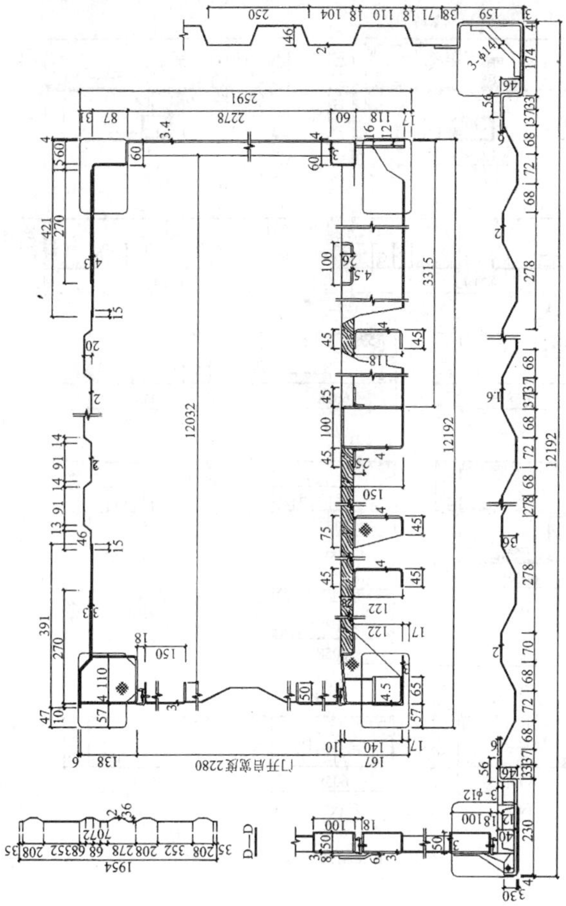

图 A-6 IAA 集装箱纵向水平、竖向剖面图

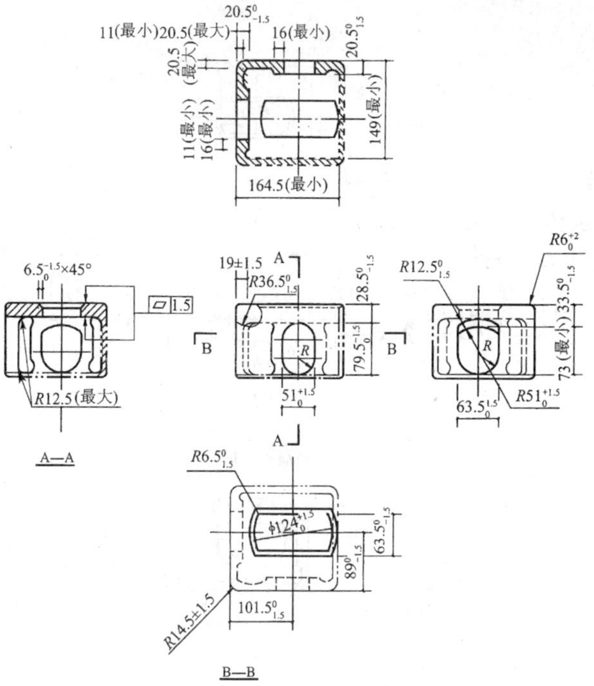

图 A-8 右顶角件尺寸

注：1 实线和虚线（——和－－－）表示应实际的构成的角件表面及外形；

2 双点画线（—··—）表示角件的可变壁面。

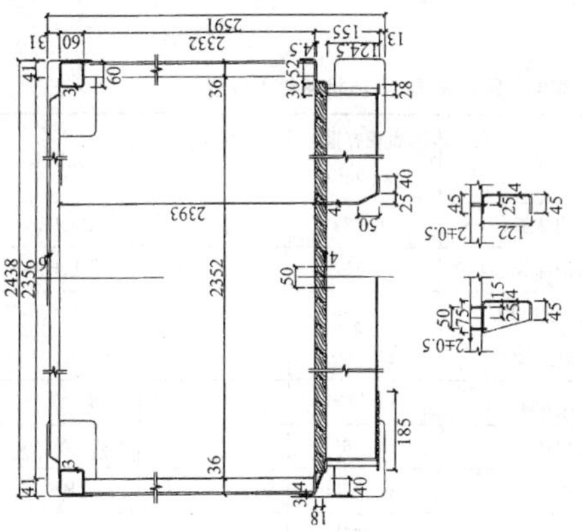

图 A-5 IAA、ICC 集装箱横向剖面图

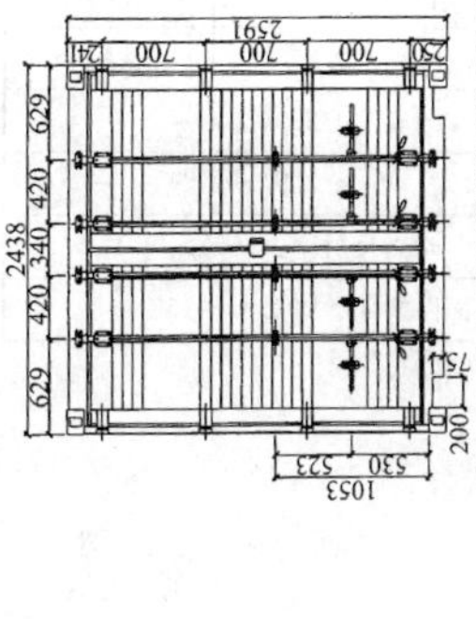

图 A-3 IAA、ICC 集装箱后端（门）图

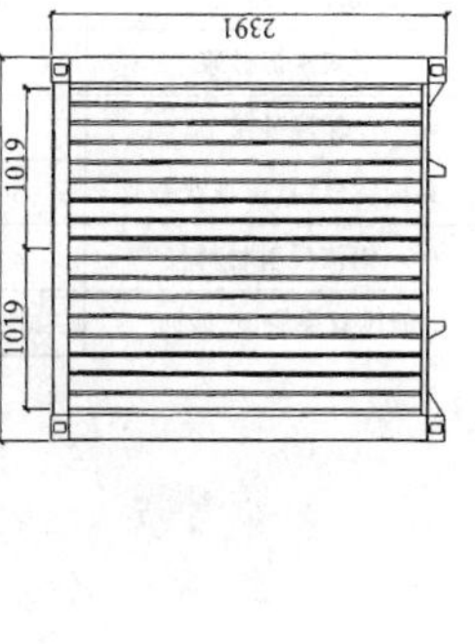

图 A-4 IAA、ICC 集装箱前端图

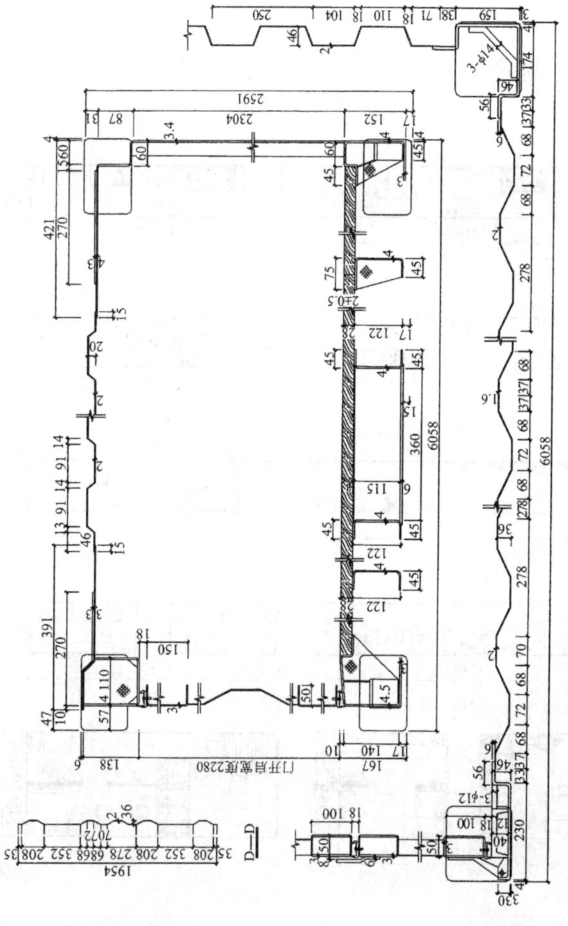

图 A-7 ICC 集装箱纵向水平、竖向剖面图

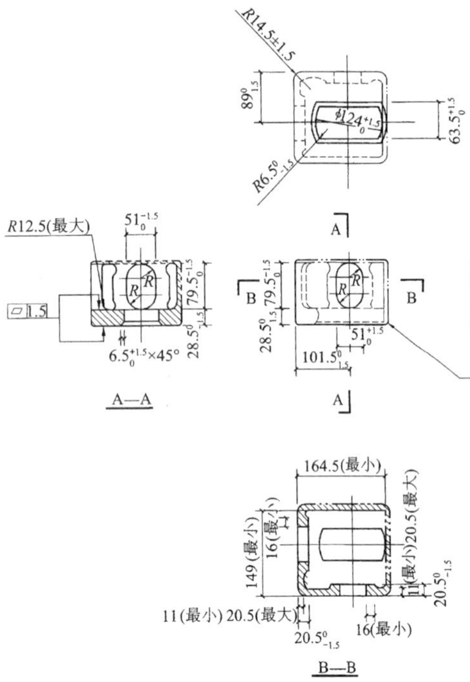

图 A-9 右底角件尺寸

附录 B 集装箱居住、办公模块设计示例

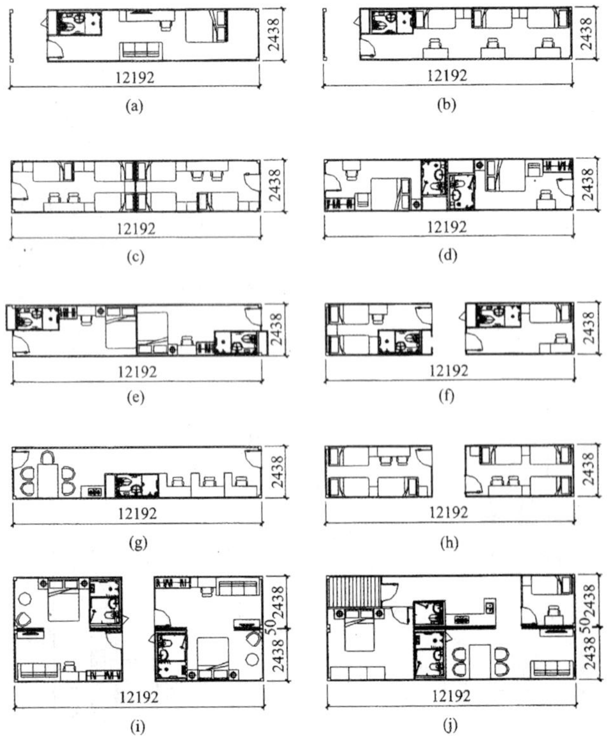

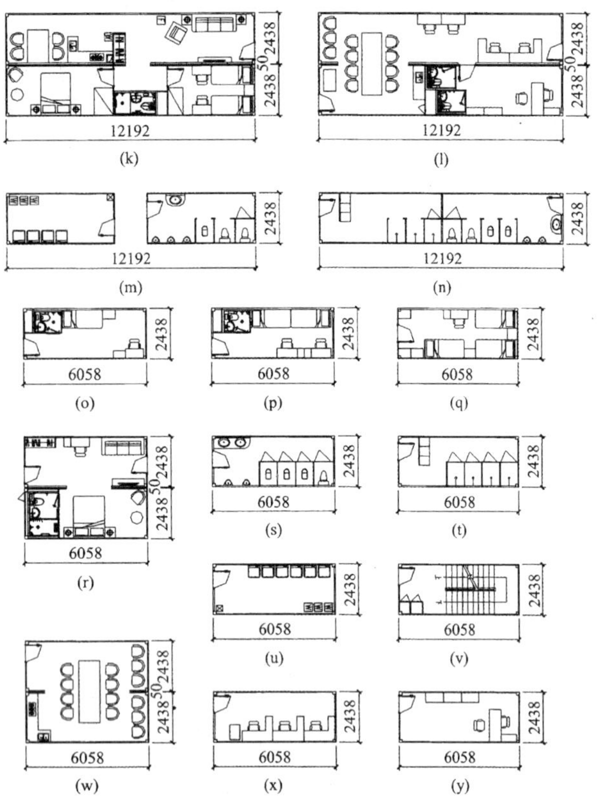

图 B 集装箱房屋基本模块示例图

附录 C 常用保温、隔热材料的热工与燃烧特性

表 C 常用保温、隔热材料热工性能

类别	材料名称	表观容重 (kg/m^2)	导热系数 $(W/m\cdot K)$	燃烧性能
常用材料	膨胀聚苯乙烯泡沫板(EPS)	18～22	≤0.041	B1、B2
	挤塑聚苯乙烯泡沫板(XPS)	≥25	≤0.030	B1、B2
	硬质聚氨酯泡沫(PU)	35～65	≤0.025	B1、B2
	酚醛树脂泡沫(PF)	50～80	≤0.025	B1
	矿棉、岩棉板	80～200	0.045	A
	玻璃棉毡	≥16	0.050	A
	木材	500～700	0.170～0.30	B2
	石膏板	1050	0.330	B1
	水泥纤维板	1000	0.34	A、B1
	石灰水泥砂浆	1700	0.87	A
	保温砂浆	800	0.29	—
	封闭空气层(标准状态)	—	0.024	—
构造措施	铝箔反射材料	辐射反射率≥85%		
	通风双层屋面、墙面	表面温差可增加 10℃～15℃		

附录D 建筑构造参考做法

表 D-1 楼(地)板基层构造做法

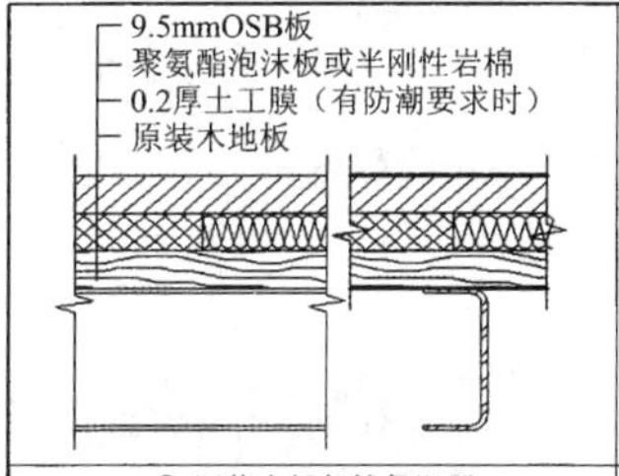

① 原装木板复铺保温层

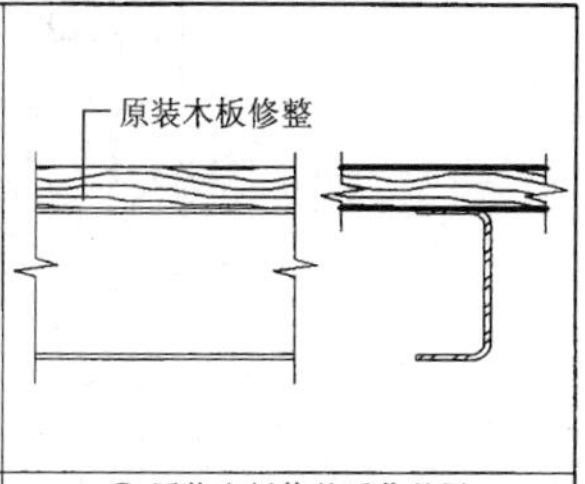

② 原装木板修整后作基层

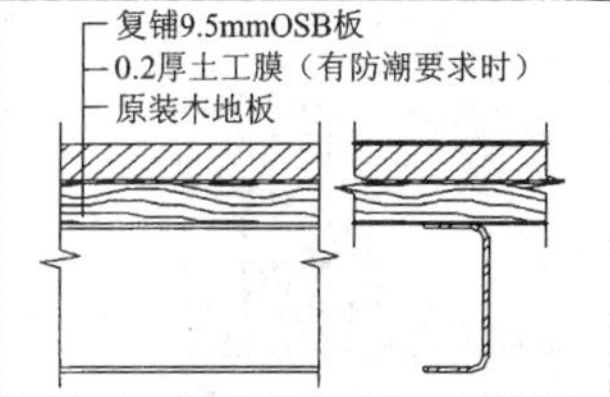

③ 原装木板破损严重复铺 OSB 板

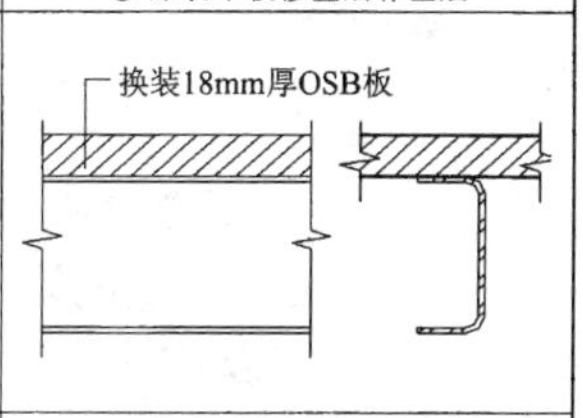

④ 以 OSB 板为基层

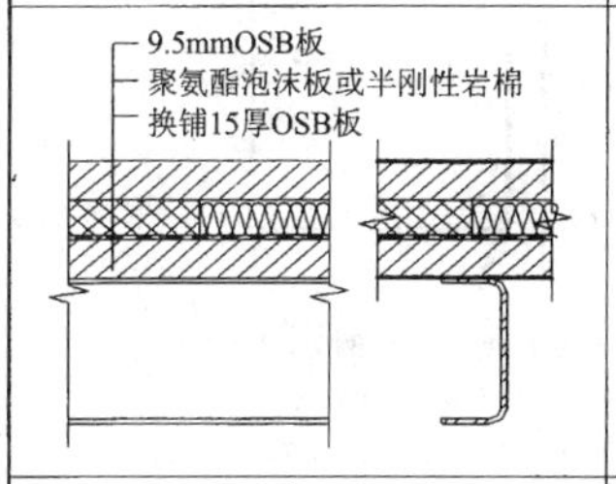

⑤ OSB 板保温夹心基层

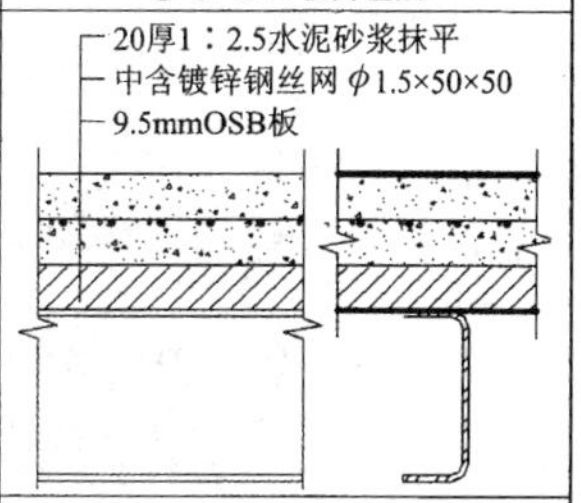

⑥ OSB 板为模板的配筋砂浆基层

续表 D-1

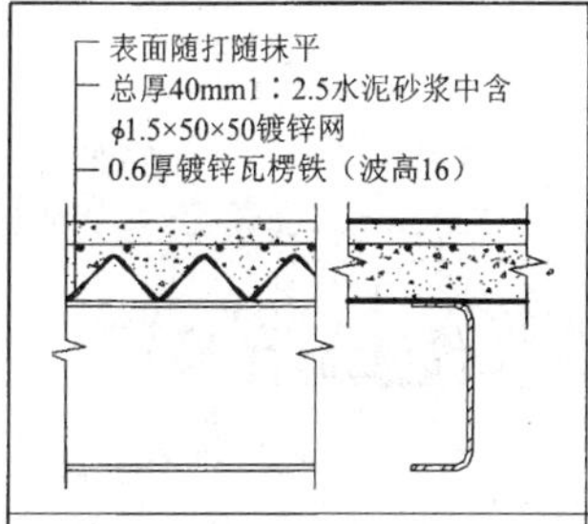

⑦ 镀锌瓦楞铁配筋砂浆基层 φ

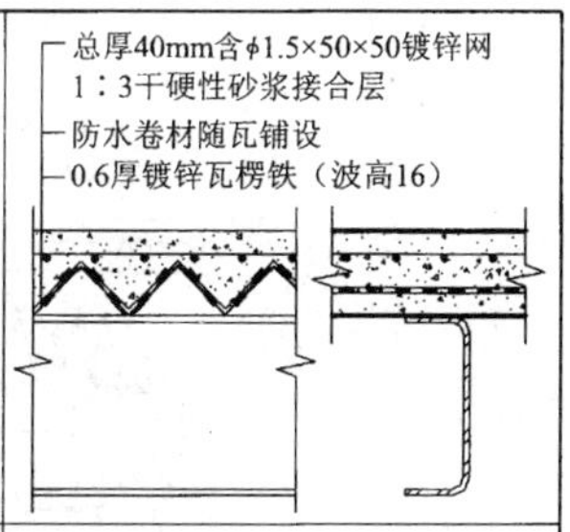

⑧镀锌瓦楞铁承板防水层铺底基层

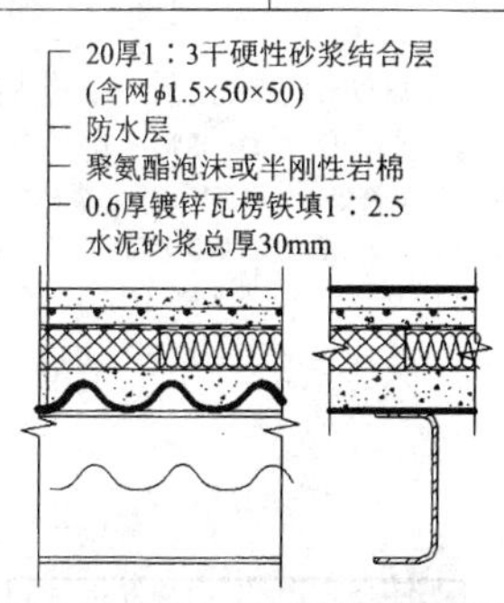

⑨ 镀锌瓦楞铁承板保温防水基层

表 D-2 楼(地)板面层参考做法

名称		适用基层	技术措施
铺地毯		①～⑦	—
铺实木地板或复合木地板		①～⑦	—
粘铺石塑或 PVC 地板		①～⑦	平整度 2mm
PVC 防水地板		①～⑦	整幅铺装四周卷起
地砖地面	胶粘	⑥、⑦	地砖专用胶
	浆粘	⑥～⑨	20 厚 1：3 干硬性砂浆粘结层，素水泥浆
OSB 板地面		—	板面刷地板清漆
钢板防水地面(无基层)		—	3mm 花纹钢板拼焊并卷起，与底梁点焊
钢板防水地面(有基层)		①～⑦	1.0mm～1.5mm 钢板或不锈钢板拼焊，并卷起

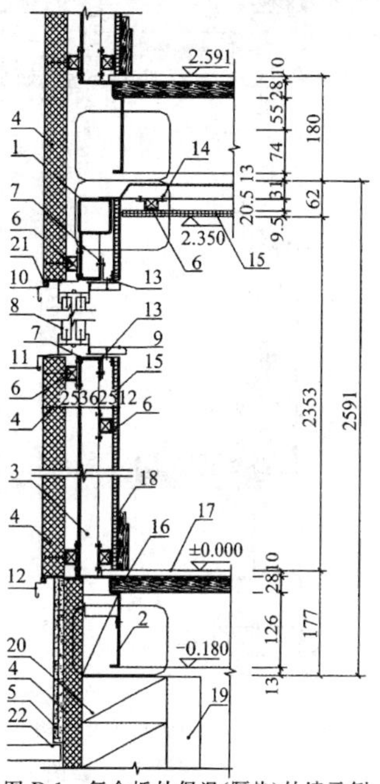

图 D-1 复合板外保温(隔热)外墙示例

1—顶侧梁；2—底侧梁；3—箱侧板；
4—带有耐候饰面的保温装饰板(厚度按热工计算)；5—挂网抹灰层；
6—龙骨和调平垫块；7—洞口加强角钢；8—窗(门)；9—窗台板；
10—窗(门)上泛水；11—窗(门)下泛水；12—泛水；13—镀锌钢龙骨；
14—抽芯铆钉；15—石膏板；16—原装木板；17—铺装地板；18—踢脚；
19—钢筋混凝土独立基础或条形基础；20—砌块勒脚；21—密封材料；22—散水

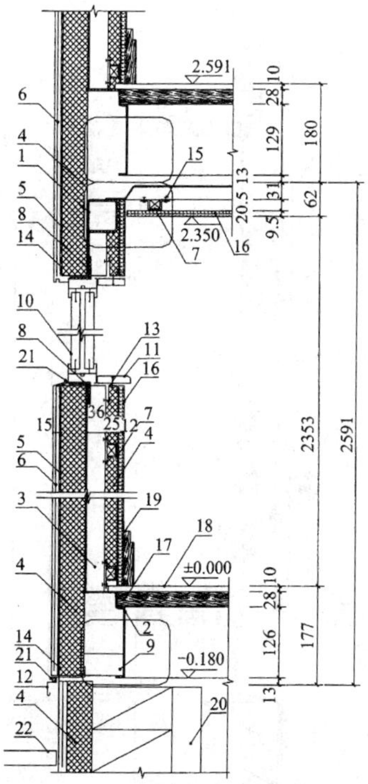

图 D-2 外保温(隔热)＋内保温外墙示例

1—顶侧梁；2—底侧梁；3—箱侧板；
4—龙骨及保温材料；5—防水透气膜；
6—装饰面板或镀锌钢丝网抗裂砂浆；7—龙骨和调平垫块；
8—洞口加强角钢；9—联系角钢；10—窗(门)；
11—窗台板；12—泛水；13—镀锌钢龙骨；14—沿底龙骨；15—抽芯铆钉；
16—石膏板；17—原装木板；18—铺装地板；19—踢脚；
20—钢筋混凝土独立基础或条形基础；21—密封材料；22—散水

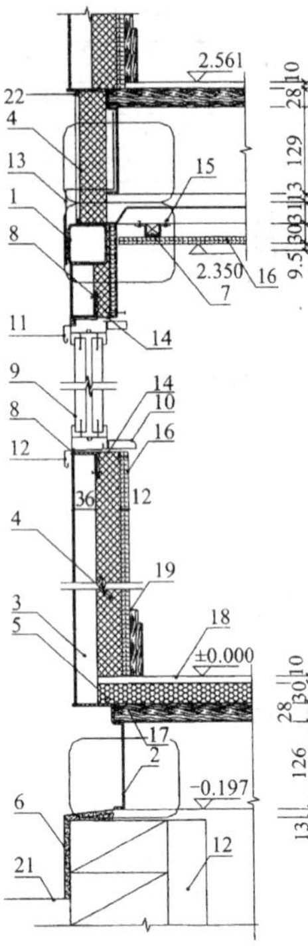

图 D-3　内保温(隔热)外墙示例

1—顶侧梁；2—底侧梁；3—箱侧板；
4—带有防水表面的保温(隔热)材料；
5—刚性保温隔热材料；6—抹灰；7—龙骨和调平垫块；
8—洞口加强角钢；9—窗(门)；10—窗台板；
11—窗(门)上泛水；12—窗(门)下泛水；13—泛水；14—镀锌钢龙骨；
15—抽芯铆钉；16—石膏板；17—原装或替换的木板；18—铺装地板；
19—踢脚；20—钢筋混凝土独立基础或条形基础；21—散水；22—密封材料

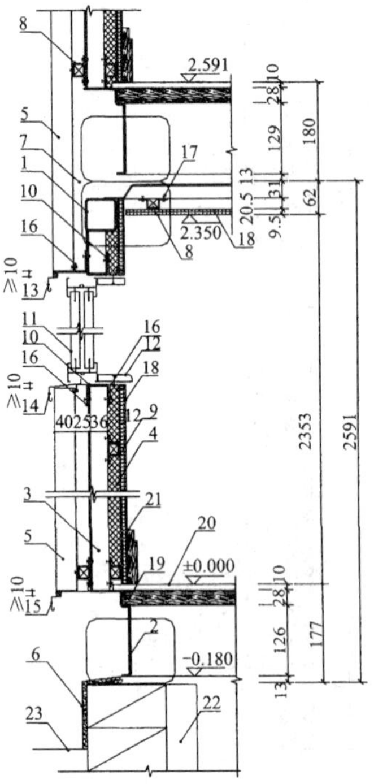

图 D-4　外空气夹层-内隔热外墙示例

1—顶侧梁；2—底侧梁；3—箱侧板；
4—隔热材料；5—彩涂压型钢板；6—抹灰；
7—可通风的空气层；8—钢龙骨和调平垫块；9—龙骨和调平垫块；
10—洞口加强角钢；11—窗(门)；12—窗台板；
13—窗(门)上泛水；14—窗(门)下泛水；15—泛水；
16—镀锌钢龙骨；17—抽芯铆钉；18—石膏板；19—原装木板；
20—铺装地板；21—踢脚；22—钢筋混凝土独立基础或条形基础；23—散水

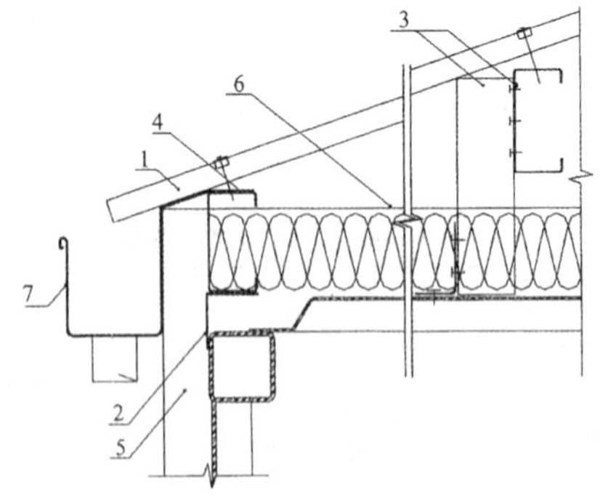

图 D-5　坡屋顶-无挑檐构造示例

1—彩板压型板；2—角钢托座；3—镀锌钢檩条和支托；
4—镀锌钢檩条；5—外墙做法；6—玻璃棉毡；7—天沟及落水管

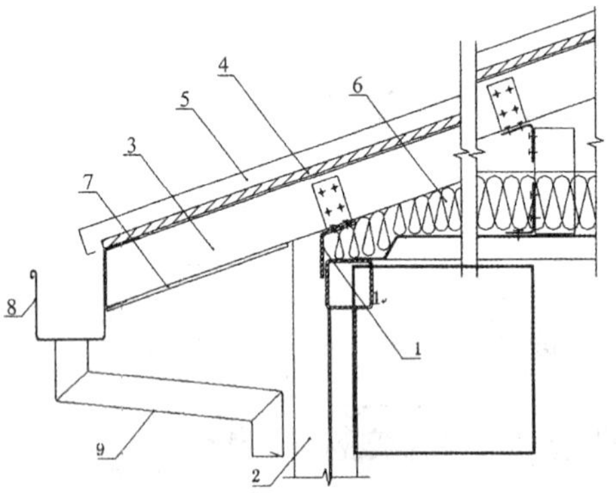

图 D-6　坡屋顶-有挑檐构造示例

1—玻璃棉毡；2—檐底板；3—镀锌钢骨檩条和支柱；
4—望板；5—瓦屋面和防水层自选；6—异形角钢；
7—外墙做法；8—天沟；9—落水管

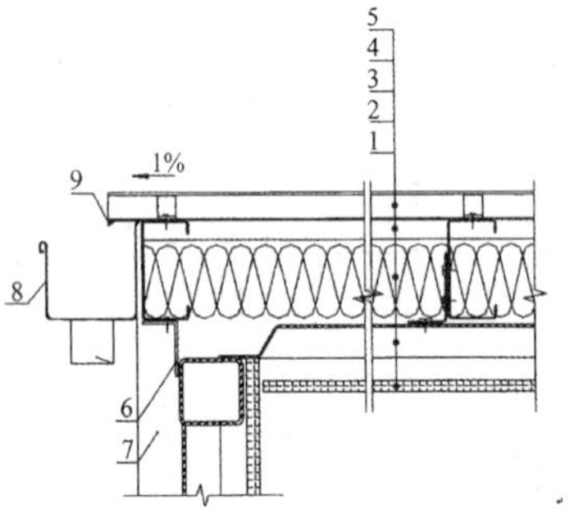

图 D-7　金属板平屋顶-排水向箱侧构造示例
(适用小进深，整幅板)

1—轻钢龙骨石膏板；2—箱顶板；3—铝箔玻璃棉毡；
4—空气层、镀锌钢檩条；5—直立缝(咬口)或高波彩涂屋面板(整板)；
6—角钢托座；7—外墙做法；8—天沟；9—滴水

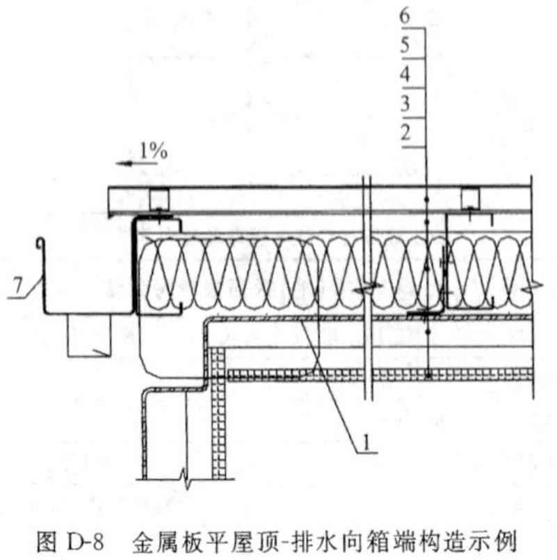

图 D-8　金属板平屋顶-排水向箱端构造示例

1—前楣；2—轻钢龙骨石膏板；3—箱顶板；4—铝箔玻璃棉毡；
5—空气层、镀锌钢檩条；6—直立缝(咬口)或高波彩涂屋面板(整板)；7—天沟

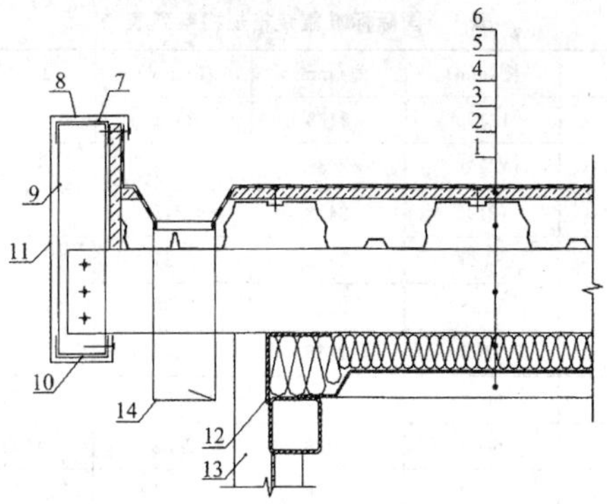

图 D-9　卷材平屋顶-有檐口构造示例

1—箱顶板；2—铝箔玻璃棉毡；3—型钢梁（或镀锌钢骨）；
4—镀锌楼承板；5—OSB 板（定向刨花板）；6—粘铺（或干铺）防水卷材；
7—镀锌沿顶钢骨；8—彩板（或铝塑板）檐口；9—钢骨立杆；
10—镀锌沿底钢骨；11—外包金属板；12—钢梁支座；
13—外墙做法；14—雨水管

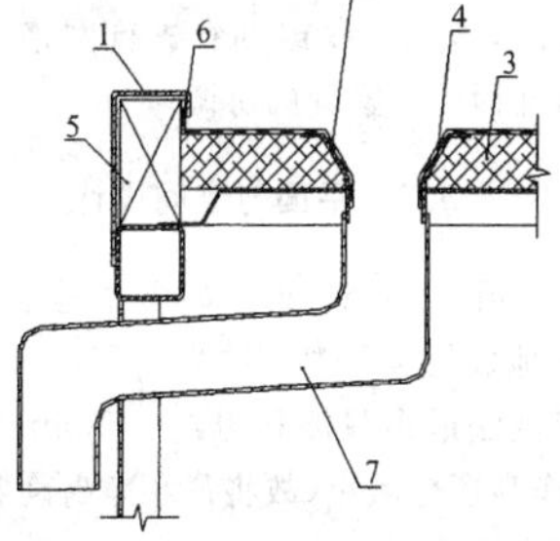

图 D-10　卷材平屋顶-平檐口构造示例

1—金属压边环形布置；2—钢制喇叭口；3—刚性隔热材料；
4—PVC 或三元乙丙卷材；5—木方；6—密封材料；7—雨水管侧排或底排

中国工程建设协会标准

集装箱模块化组合房屋
技 术 规 程

CECS 334：2013

条 文 说 明

1　总　　则

1.0.1　近年来，集装箱组合房屋因其建造灵活和可利用再生资源等特点，在国内外已有一定规模的应用，但在国内尚无相应标准可供遵循，本规程的制定可作为集装箱组合房屋设计、施工和验收的依据，对规范、推广其应用和保证工程质量有重要的指导作用。

1.0.2　根据国内外集装箱组合房屋的建造和使用经验，其适用范围以低层和多层公用性房屋为宜。如经济型酒店、汽车旅馆、旅游区度假房屋、小型公寓及工地办公、生活用房等。近年来中国国际海运集装箱公司已在国内外建成珠海学生宿舍（2 层）、青岛便捷酒店（3 层）、斗门工人宿舍（3 层）、辽宁度假村（3 层）、坝上草原汽车旅馆（3 层）、张北滑雪场别墅房（2 层）、伦敦快捷酒店（7 层箱框结构）等多个工程项目，最近还在俄罗斯 9 度地震区建成了 6 层叠箱结构的快捷酒店，积累了较多的工程实践经验。本条根据国内外应用经验提出了集装箱房屋适用高度与层数的规定。

2　术　　语

本规程涉及集装箱和建筑钢结构不同的专业，为便于规程的理解和应用，本节对一些重要的术语定义作了规定。

3 建筑设计基本规定

3.1 一般规定

3.1.1 国内外应用经验表明，经合理布置、组合，集装箱组合房屋仍可适用于各类低、多层居住与公用建筑中，如低、多层住宅，公寓，经济型酒店，办公，营地房屋等。本条提出了集装箱组合房屋建筑设计的基本原则。同时考虑到再生资源的利用和低碳经济的政策要求，当符合技术经济条件时，在工程中采用既有集装箱较为合理。既有集装箱主要指不能再承担运输任务，但经修理仍可作为建筑结构使用的集装箱，也包括某一次使用后因空箱返运不经济的可用集装箱。使用既有集装箱符合循环经济和低碳经济的技术政策并有较好的社会效益和经济效益，故宜优先采用。此外，在集装箱房屋的设计、建造与使用中，还应注意体现以下优势：

(1)利用既有集装箱，体现资源的节约与持续利用。

(2)集装箱模块单元的室内装修与设施在工厂预制安装，减少现场劳动，提高产业化水平。

(3)利用模块化特性，使箱单元具有互换性和重组性，便于预制、建造、搬迁和再利用。

(4)保持集装箱的运输特征，提高运输效率。

3.1.3 集装箱房屋的建筑设计应符合下列主要相关的现行国家标准或行业标准的规定。

(1)通用标准：

《民用建筑设计通则》GB 50352

《建筑设计防火规范》GB 50016

《城市道路和建筑物无障碍设计规范》JGJ 50

(2)房屋类别建筑设计标准：

《住宅建筑规范》GB 50368

《住宅设计规范》GB 50096

《钢结构住宅设计规范》CECS 261

《宿舍建筑设计规范》JGJ 36

《旅馆建筑设计规范》JGJ 62

《办公建筑设计规范》JGJ 67

《商店建筑设计规范》JGJ 48

《饮食建筑设计规范》JGJ 64

(3)建筑环境：

《民用建筑热工设计规范》GB 50176

《民用建筑隔声设计规范》GB 50118

《建筑采光设计标准》GB/T 50033

《建筑照明设计标准》GB 50034

《民用建筑工程室内环境污染控制规范》GB 50325

(4)建筑节能：

《公共建筑节能设计标准》GB 50189

《严寒和寒冷地区居住建筑节能设计标准》JGJ 26

《夏热冬暖地区居住建筑节能设计标准》JGJ 75

《夏热冬冷地区居住建筑节能设计标准》JGJ 134

《民用建筑太阳能热水系统应用技术规范》GB 50364

为境外设计建造的集装箱组合房屋，尚应符合当地相关标准的规定。

3.2 模数协调

3.2.2 国际标准化组织 ISO/TC104 技术委员会确定的国际标准集装箱共 13 种(表 1)，本条列入的是目前海运中经常用的 IAA 型和 ICC 型，称为通用型。IAA 型也称 40 英尺通用型集装箱，ICC 型也称 20 英尺通用型集装箱。

表 1 国际标准集装箱规格系列表

箱型	长(mm)	宽(mm)	高(mm)	总重量(kg)
IAA	12192	2438	2591	30480
IA	12192	2438	2438	30480
IAX	12192	2438	<2438	30480
IBB	9125	2438	2591	25400
IB	9125	2438	2438	25400
IBX	9125	2438	<2438	25400
ICC	6058	2438	2591	24000
IC	6058	2438	2438	24000
ICX	6058	2438	<2438	24000
ID	2991	2438	2438	10160
IDX	2991	2438	2438	10160
IAAA	12192	2438	2896	30480
IBBB	9125	2438	2996	25400

3.2.5 通用型集装箱的内部平面尺寸(IAA 型 2352×12032，ICC 型 2352×5898)为模数 300 或 600 倍数的接近数，产品化的集装箱房屋平面设计时，若以 300 或 600 进行网格化设计(边沿为零数)，将有利于内部构件和家具的协调。

3.3 平面与空间设计

3.3.1 通用集装箱 IAA 型、ICC 型含木地板的实际内净高为 2393mm，不含木地板的实际内高约为 2421mm[图 1(a)]，一般情况下即便是紧凑做法最多只能取得约 2350mm 净高(图 D-1)，有内保温做法时，净高还会减小，故将最小净高确定为 2.3m，此高度虽不符合现行国家标准《住宅设计规范》GB 50096 中室内净高不应低于 2.4m 的规定，但这是通用型集装箱构造条件所限定的。在集装箱房屋常用的类型，如学生公寓、经济型酒店、工地营房等，2.3m 净高也能满足基本使用要求。

在个别情况下，如要取得 2.4m 净高，可对集装箱地板(含梁)进行改造，同时吊顶可采用更加紧凑的做法[图 1(b)]。

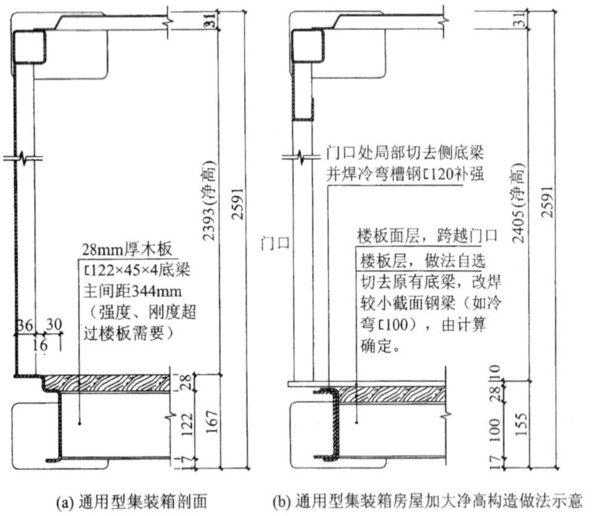

(a) 通用型集装箱剖面　　(b) 通用型集装箱房屋加大净高构造做法示意

图 1 集装箱组合房屋内部构造示意

3.4 室内环境

3.4.2 集装箱组合房屋的隔墙、分户墙因既有双层各自独立的钢壁板，空气隔声较易满足，但拼箱所形成的空气通道仍可传声，当隔声要求较高时，应注意这些空隙的封堵，可在堆箱过程中同步处理。

3.4.3 由于集装箱组合房屋的金属构件都是连通的，撞击声具有刚性通道，因此在振源部位有必要做隔声、隔振处理，某些金属连接件可设计为弹性、减震的构造形式。

3.5 建筑设备

3.5.2 当以箱为单位(箱单元)预制时,箱内的水、电等管线及子系统将在工厂完成,现场组合为房屋时,子系统将按设计接入总系统,其接口需具备操作条件并满足有关标准的要求。现在已有生产厂为箱式房屋设计生产了专用的接口器件,可以选用。

3.6 环保与节能

3.6.3 当利用集装箱堆积性进行有创意的建筑造型设计时,建筑体形系数往往偏高,除气候适宜或季节性使用外,一般应避免大量使用。

4 模块化设计

4.1 一般规定

4.1.1 集装箱组合房屋的模块化设计,就是以具有通用性的集装箱为载体,设计特定功能的子模块,再经过组合、添加和系统化,可以组合出多种不同功能或相同功能、不同性能的系列组合房屋产品,这种设计方法可以推动定型设计、产品系列化和高度预制化,快速应对市场需要;另一方面,房屋产品可以方便地重用、维修、拆卸和回收,是一种绿色设计方法。集装箱在物流中已经是模块的形态,利用既有集装箱为载体设计、建造房屋是对集装箱模块特性很好的再利用,对非集装箱的装配式建筑产品开发也会有一定的启示。

4.1.3 基本模块以外的构件包括:参加组合的钢框架构件,基本模块的连接构件及附加构件如阳台、设备支架等,箱态或非箱态的楼梯、电梯构件。这些构件及其组合,可依据基本模块组合中取用的模数尺寸实行某种标准化的设计,有条件的也可设计为箱式模块,如箱型的预制楼梯间单元、箱内包含电梯井道的单元等。

4.1.4 技术设备比较集中的功能空间,如公共卫生间、淋浴间、盥洗间、洗衣间、变配电间、水泵间、操作间、电梯机房等功能间中,设备多、管线复杂,现场安装时劳务和技工的消耗较大,如能实现在箱内集成预装,将大大减少现场作业量,并提高劳动生产率。

4.2 模块组合

4.2.1 国外的集装箱组合房屋制造已经成为一个行业,积累了许多经验,附录B给出了一些基本模块的示例,可供参考。

4.2.2 集装箱模块组合方法可以有多种,这给建筑师创作提供了很大空间。本条参考了国内外多个工程实例,给出一些典型的集装箱房屋组合示例图,这些案例适用于比较规则的建筑。

单个箱模块独立使用,多用于营地、会展、零售等分散使用或移动使用的情况,也可简单排列或组合。

角件竖向对位是为了保证竖向传力并便于结构分析,但当有特殊需要发生角件下部支撑缺失时,也可通过暗柱或其他柱构件向下传力并形成合理的结构体系。

在组合中,除单层房屋外,应避免双列箱组合(即出现平面田字形),这种情况会妨碍箱体连接作业。

集装箱与其他构件或结构的组合有以下情况:

(1)构件为不参与结构体系受力的附加件,如屋顶构件、外挑阳台、楼梯、支架等;

(2)构件为结构体系中的系杆,传递轴力、剪力,如内走廊简支板(梁)、集装箱竖向隔离件等;

(3)补充集装箱组合中缺失的局部竖向支撑,如设钢柱或支架等;

(4)底层或局部为钢框架(或钢筋混凝土框架,框架中也可设置抗侧力构件),常用于底层或局部为大空间,如多层酒店等项目;

(5)以分离的集装箱或集装箱组合为支撑体,支撑屋顶构件形成中部大空间,但结构竖向承载和抗侧力主要靠集装箱,常用于厂房、仓库、食堂(餐厅)、展厅和居住,是一种比较经济的方法。

5 外围护结构构造

5.1 一般规定

5.1.1 集装箱为金属箱体,如在外部环境中直接暴露,对保证室内环境和节能不利,故围护结构设计为外保温(隔热)是有益的。但预制的集装箱房屋单元外部保温(隔热)构件成品保护和接缝处理比较复杂,故有条件时外围护作业宜在现场完成;有特殊需要时,也可做成箱体外露的内保温(隔热)。下列情况适用于做成箱体外露的内保温(隔热):

(1)房屋充分预制;

(2)非严寒、寒冷地区,且结合遮阳、通风手段;

(3)独立使用的房屋;

(4)移动使用的房屋;

(5)造型需要箱体外露,规模较小的项目;

(6)季节性使用的房屋。

轻质复合围护结构的热惰性(D值)很难满足有关标准的要求,热稳定性差、夏热地区尤为突出,故更应加强构造措施,除加强通风、设置遮阳外,还应利用复合墙具有中空空间的特点,在中空层中铺设反射材料(如铝箔),可降低辐射热的影响。同理,外围护表面涂浅色的反射涂膜,门窗采用热反射玻璃等措施,均可提高实际隔热效果。

5.2 外墙与外门窗

外墙构造对建筑物热工性能有重要影响,其设计应符合墙体节能的有关规定。本节给出了部分典型外墙构造的示例供设计参考。集装箱组合房屋当采用箱壁外露方案时,外侧不平齐,且洞口竖边所遇波位可能是随机的，故应协调门(窗)宽度与波位关系，并设置洞口加强型钢，设计合理的泛水构造；有条件时，可开发具有自泛水功能的门窗框料，配合使用。

5.3 屋　顶

5.3.2 集装箱的箱顶板能够保证箱体的空间受力特性，但顶板本身刚度、强度较弱，不应作为建筑屋顶使用，而应另设承重屋盖。目前，多用压型钢板有檩屋面作为承重屋盖，其耐用性良好、色彩美观、建造便捷，也很适于集装箱组合房屋的屋面配套应用。

5.3.3 压型钢板坡屋面限定坡度的原因包括：搭接、波高及下游滞水、毛细现象、制品精度与缺陷等造成渗漏，但小型房屋选坡屋面会带来复杂的封檐，如采用整幅板和适宜的波形做平屋面，也可避免由上述原因导致的渗漏，国外有不少这样的实例。

5.4 架空地板

5.4.1～5.4.3 集装箱的底板与小梁均为冷弯薄壁型钢构件，不允许落置于地面，故其地板应为架空构造。

5.5 外部附属构件

5.5.1、5.5.2 外部附属构件一般栓接或焊接在箱体上，产生热桥与声桥，故当采用外保温时应减少此类构件，或采取隔离措施，连接设计也应避免较大截面的金属构件连通；在实际工程中，空调室外机传声相当严重，故应在支架的设备支座处设置隔振构造；在防雷设计中，金属箱体可以作为接闪器和引下线，当构件无法连通时，各种外部金属的附属构件与主体箱应有金属导线连接。

条件允许时，外部构件可采用木构件或钢木结合构件。

6 内部构造和内装修

6.3 楼(地)板和吊顶

集装箱原装木地板作为既有资源，宜再利用，地板需要更换时宜使用不燃材料，提高建筑构件耐火极限。当使用木质板材为基层时，宜在面层使用不燃材料保护，考虑到上层箱楼板受到下层箱顶板、吊顶保护，通过构造措施仍可使楼板耐火极限达到1h。

集装箱底横梁为密肋布置，楼板可做薄，减少占用空间。附录D给出楼(地)板参考做法，可供参考。

为了给内廊式集装箱房屋水平设备管线提供空间，走廊楼板最好采用无梁的设计，图2给出设计示例，当采用有梁设计时，宜选用空腹梁，以便管线通过。

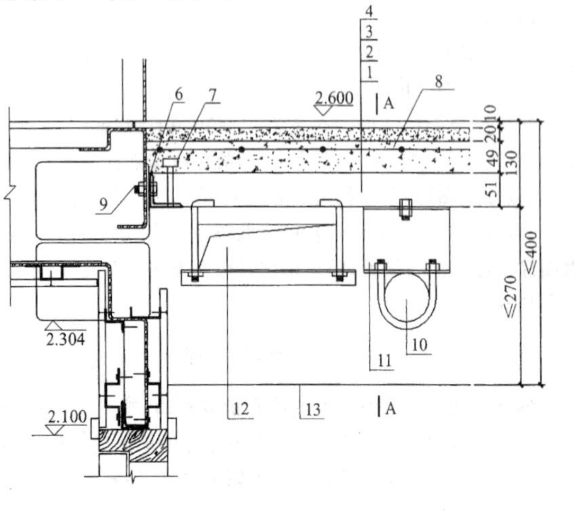

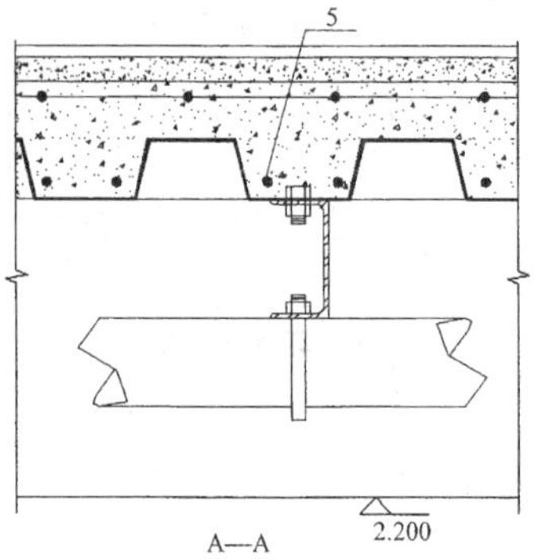

图2　走廊楼板及管线空间设计示例

1—51×720×1.0镀锌楼承板；2—100mm厚C25混凝土(配筋)；3—20mm厚砂浆层；4—楼面面层预留10mm；5—楼板配筋；6—L75×5；7—M12@240栓钉；8—ϕ6@150双向；9—M20@500；10—给水、热水、消防管道；11—冷弯槽钢；12—电气线槽；13—吊顶自选

6.4 卫　浴　间

6.4.1 采用SMC树脂为原料生产的整体卫浴间，具有防水可靠、组装方便、强度高、重量轻、美观大方等特点，特别适合集装箱房屋使用，目前国内已经能够批量生产供应，其中某些型号与集装箱内部尺寸也可较好地匹配，表2列出了整体卫浴间常用规格。使用时应注意下列几项：

(1)用于居住类建筑时，整体卫浴间应满足现行行业标准《住宅整体卫浴间》JG/T 183的有关要求；

(2)设计时应留有管线安装和检修空间；

(3)卫浴间底盘梁宜与集装箱底横梁正交布置；

(4)水、电、通风应按产品接口条件设计。

表2　整体卫浴间常用规格

规格型号	浴室内尺寸(mm)	平面外形占用空间尺寸(mm)
1014型	1000×1400	1150×1550
1020型	1000×2000	1150×2150
1116型	1100×1600	1250×1750
1214型	1200×1400	1350×1550
1216型	1200×1600	1350×1750
1217型	1200×1700	1350×1850
1316型	1310×1610	1460×1760
1420型	1400×2000	1550×2150
1616型	1600×1600	1750×1750
1618型	1600×1800	1750×1950
1620(a)型	1600×2000	1750×2150
1620(b)型	1600×2000	1750×2150

6.5 管线空间

6.5.1 多层集装箱组合房屋当在箱内设竖向管线，如在箱顶板、地板上开孔，不利于成品保护，安装作业也较困难，故有条件时宜在箱外设置立管、管井。水平设备干管，常见有消防、空调、强电、弱电等，宜集中布置在交通空间，并紧凑地安排(图2)。

6.5.2 集装箱不同堆积方式所形成的空间，应加以合理利用；有时，为了取得管线空间，也可改变集装箱叠置方式。

6.6 楼梯、电梯

6.6.1 集装箱组合房屋的楼梯间，若采用箱式预制楼梯，因顶板开口，很难对装修进行保护；以相邻两箱为支撑的构件式楼梯，无需钢柱，较简单、经济。

6.6.3 电梯井最好采用独立结构，减少与主体结构的刚性联系，保证隔声与隔振的效果。

6.7 内 装 修

6.7.1 箱体在运输、堆放和吊装阶段产生变形导致装修破坏，一般由以下情况引起：

(1)由汽车运输或放置时支座不平整引起的扭转；

(2)由于箱体改造时有可能被削弱，吊装时产生较大挠度。

为减少装修破坏，可在装修面转折处设置明缝，此外较长的墙面和门窗框口处可设置一些软接缝，以吸收变形。

预制集装箱房屋可能要经历海运、公路运输、装卸、开箱检查和现场安装等多个环节，故应进行封闭，实现保护。

7 建筑防火和防腐蚀

7.1 建 筑 防 火

7.1.1 现行国家标准《建筑设计防火规范》GB 50016 中将典型结构体系中的构件分为承重墙、柱、梁板等，并规定了不同建筑耐火等级建筑物构件的燃烧性能和耐火极限(h)，但形成建筑结构的集装箱组合是含梁、含柱的蒙皮结构，而且在组合中被叠置，显然对全部钢部件防火是不经济、不必要的，因此在对集装箱组合时各部构件的空间状况和承载作用进行分解后，将静力工况下保证结构承载力的主要部位分别定义为柱、梁、楼板，并与该规范中相关条文对应，给出表 7.1.1。

在工厂预制时，封闭在不燃材料保护层内的难燃烧型泡沫材料，其构件的燃烧性能与耐火极限的确定，可按现行国家标准《建筑设计防火规范》GB 50016 中有关内容确定。

7.1.2 集装箱在组合中，形成了一些特定空间，在火源方向上构件往往被相邻的板件(以及其装修)所阻隔，因此图 7.1.2 对拼箱后实际空间情况示例了一些保护方法。当一次保护能使构件达到规定的耐火极限时，没有必要在构件本体上再保护；当一次保护不足时，应当对构件本体另行保护。

7.1.3 集装箱底横梁为密肋布置的次梁，其下方集装箱顶板及顶棚装修已经阻隔了下方火源，在楼板面层有一定厚度不燃材料保护的条件下，可以达到 1h 的耐火极限。

7.1.4 本条主要考虑室外的金属蒙皮在火灾条件下升温相对缓慢，故作此规定。

7.1.5 在运输过程中不会被触及的构件部位可在工厂预喷(涂)防火涂料，但在现场堆箱时，其余部位已不具备防火涂料涂装操作条件，故可用岩棉等半硬质材料在构件周围封堵，形成完整的防火保护。

7.1.6 集装箱房屋的外部构件形状复杂，防火处理困难，考虑到这些构件为不燃材料且火灾危险性较低，故作此项规定。

7.1.7 利用保留一定间距的相邻两箱侧板，填塞岩棉板可组成防火墙，施工也很方便，这种做法可参见现行国家标准《防火卷帘》GB 14102。

8 结构设计基本规定

8.1 一 般 规 定

8.1.1 考虑到既有集装箱组合房屋建造灵活、便于迁建的特点，同时，箱体可能经过使用或修复等情况，补充提出了设计使用年限可为 25 年的有关规定。

8.1.5 因建筑使用要求，箱体常需在单侧箱壁上开孔，这样不仅使箱体单侧刚度削弱，还会在受水平力作用时产生箱体扭转的附加内力与变形。故应用开孔箱时，宜采用平面多箱布置，而在其中保留若干个无孔箱体，并对称布置，可在整体结构体系中有均匀的抗剪刚度。此时箱体角件间的连接应牢固，以保证平面整体传力，同时，单侧板壁开孔的箱体宜成对对称布置，以减小刚度不对称的扭转效应。

8.1.8 本条特别明确地提出了集装箱组合房屋设计文件应包括防火和防腐的内容，包括防火等级与防火构造措施、防腐蚀年限和表面处理及涂装构造技术要求以及使用维护要求等。

8.2 结构材料和设计指标

8.2.1 在现行国家标准《钢质通用集装箱修理技术要求》GB/T 12418 中，对既有集装箱重复作运输使用时，需进行维护修理的要求有详细的规定。用于组合房屋时，其检修修复要求原则上仍应遵循该标准的规定。但在具体执行中，对建筑结构功能使用无影响的缺陷(如壁板较小的局部变形、无用机械零部件的缺损等)可以放宽。同时还应注意作为工程验收的重要依据，所有进入建筑场地应用的集装箱，均应有由相应资质单位出具的质量证明书或检修合格证书。

8.2.2 为满足远洋运输环境中箱体耐候性要求，集装箱体梁、柱与壁板均采用耐候钢制作。按我国现行国家标准《耐候结构钢》GB/T 4171 生产的焊接耐候钢，其质量性能均与国外同类产品相当，除具有良好的耐候性外，还具有较高的强度和良好的韧性和焊接性能，故设计中，要求箱体结构材料的力学性能符合耐候钢产品标准的规定。

8.2.4 集装箱箱体结构由顶梁、底梁、角柱与壁板组成，其梁柱截面均为冷弯薄壁异形开口型钢或方钢管。当进行箱体结构计算而又缺乏设计指标时，可近似偏安全地参照现行国家标准《冷弯薄壁型钢结构设计规范》GB 50018 按 Q235 钢取值。

8.2.5 根据《系列 1 集装箱 角件》GB/T 1835 的规定，角件为铸钢件，其屈服强度不小于 230N/mm，抗拉强度为 $430N/mm^2 \sim 600N/mm^2$，延伸率不小于 25%，断面收缩率不小于 40%；化学元素含量(%)C≤0.23，S≤0.035，P≤0.035，Mn 为 0.9～1.5，Si≤0.5，其材质性能与我国现行国家标准《焊接结构用铸钢件》GB/T 7659 规定的牌号 ZG230-450H 焊接铸钢基本相同，故参照现行国家标准《钢结构设计规范》GB 50017 规定的铸钢件抗力分项系数取值，提出了角件的强度设计值。

9 结构设计

9.1 结构计算

9.1.1 根据集装箱组合房屋组合构造的不同，本条提出了叠箱结构体系和箱框结构体系作为结构计算的基本体系。

9.1.2 集装箱结构设计制造的首要技术要求是在恶劣海运条件下受到振动、抗击和巨大惯性力作用时要确保箱体结构必要的强度、刚度和可靠的承载力，同时产品在出厂时还要模拟上述恶劣条件工况进行严格的箱体实物荷载整体检测，故实际上箱体整体结构具有很强的抗压、抗弯、抗剪承载力和整体刚度，完全可满足居住或办公用房的承载要求且有相当裕量。故无孔无悬臂时，可不必进行承载力验算，但当箱壁开有较大孔洞时，其洞口下的底梁，因截面单薄可能会发生强度、挠度不足的情况，故需作验算。

整体箱体结构在受水平荷载作用时，会因整体有倾覆效应而在两边侧角柱产生附加成对的轴压力与轴拉力，计算四角角件及其连接的竖向作用力时应计入此附加轴力的不利影响。

9.1.3 对底框架上直接有多层叠箱的箱框结构体系，其底层结构刚度相对较弱，会因高振型影响而增大其地震作用效应，故应参照现行国家标准《建筑抗震设计规范》GB 50011 的相关规定乘以增大系数；并且使用条件许可时，宜布置为中心支撑框架，以适当增大底部结构的抗侧刚度。

9.2 箱体结构的强度与刚度

9.2.1 在集装箱组合房屋结构计算中，箱体的抗侧力刚度是不可或缺的重要设计指标，但又无现成数据可供引用。为此，进行了专题数值模拟分析研究，采用 ANSIS 和 SAP2000 两个不同软件并按弹性和弹塑性条件，对 6m 和 12m 箱体结构在有无开孔情况下抗侧刚度的变化规律、极限荷载和屈服荷载与位移的相关关系，以及顶板结构刚度变化和开孔位置变化对箱体抗侧力刚度的影响等进行了详尽的计算分析，并提出了可为工程实际应用的技术参数和计算公式。本节即依据该报告提出了有关箱体结构刚度和承载力等设计指标与计算公式。

计算分析表明，通用集装箱顶梁、顶板结构较单薄，纵向刚度较弱，当在箱顶一侧作用水平力时，由于顶梁传力的有效长度较小，以致只有近加载端一侧的部分纵向箱体壁板参与抗剪提供抗侧刚度。而当顶梁截面加大加强或与箱底梁以盖板连接为整体工作，顶板顶梁平面刚度可视为无限刚时，则可显著加大顶梁传力的有效长度，增大箱体刚度，此时即可按式(9.2.1-1)和式(9.2.1-2)计算箱体刚度。此外，若同时在箱顶两端作用水平力时箱体刚度也可按此二式计算。

9.2.2 对开孔箱体，依据计算分析报告提出了不同开孔率和开孔位置时的刚度计算公式。实际工程设计时，箱体开孔尺寸与位置应符合图 9.2.2 的要求，并在孔周边应有镶边构件(截面不小于 60×60×3 方管)构造加强。

9.2.3 相关设计规范规定多层钢结构的层间位移限值为 $h/400$ 或 $h/300$，本条对箱顶水平力的承载力设计值是按计算分析报告中对应于箱体层间位移 $h/300$ 的相关值而提出的。

9.2.4 通用集装箱需满足海上运输抗风浪、抗震动、耐低温等诸多恶劣工况的使用要求，产品出厂时又需经过耐冲击与超重加载等严格的试验，因而不开孔的箱体具有很强的整体刚度与强度，在房屋建筑使用条件下，一般可不必再进行验算。

9.3 箱壁开孔与加固

9.3.1～9.3.6 箱体壁板开孔特别是较大孔洞时，会显著削弱箱体结构的刚度与强度，故应由建筑设计与结构设计慎重、妥善的确定其位置与尺寸，同时，应控制开孔率不应大于 60%，所有开孔部位应按结构强度和刚度要求与门窗框设置要求进行加固、补强。除洞口局部补强外，对较大开孔情况尚宜采取加设暗柱、斜撑、箱底支座等补强方式。条文对控制箱体开孔的原则和补强要求作出了规定，并给出了部分开孔补强的构造图，可供设计参考。

10 结构节点设计

10.1 一 般 规 定

10.1.1～10.1.4 本节根据相关标准的规定，并结合集装箱组合房屋箱体和结构的特点，对节点设计构造的原则、节点的基本分类、连接计算要求和焊缝质量等级要求等作出了规定。

10.2 节 点 构 造

10.2.1 本条借鉴工程经验，提出了角件连接和垫件连接两种箱体节点构造的参考做法。前者又分为角件间加垫板焊接连接与角件间加锥形定位器的高强螺栓连接两种构造，焊接连接加工安装较简便，但现场焊接工作量稍大，安装时应采取临时定位、调整措施；高强螺栓连接需加工双头锥，并局部改造加设螺栓盒，设计时需注意螺栓孔边距应满足受力要求并有施拧可行的空间。

当箱体间需留出安装管线空间时，可采用加垫件连接的节点构造，此时，由于承受箱间水平力时垫件受弯，垫件及其连接应有足够的强度和刚度。

10.2.2 箱体与框架的连接均宜连接在角件处，并仅传递水平力而不应约束各自的竖向变形。本条给出了箱框连接节点的参考构造。

11 地 基 基 础

11.0.2 6层以下房屋一般采用天然地基是经济合理的做法，但地基软弱时，应进行必要的处理，以满足承载力的要求。

11.0.4 本条提出的单层集装箱基础简便做法，对处理过的固结场地，有可靠经验时，也可用于3层以下的集装箱组合房屋的基础。

11.0.5 由于防腐蚀要求，集装箱房屋底板应架空设置，建议将底层箱体周边封堵是避免箱底进杂物或动物集聚，架空箱底空间的围护构造参见本规程第5.4.1条。

12 施工及验收

12.1 一 般 规 定

12.1.2 集装箱组合房屋的箱体安装与钢结构制作、安装工程应为按照主体结构分部工程验收。

12.1.4 由于集装箱组合房屋多为通用性或标准化模块，在正式安装前，进行样板间试安装与确认，有利于保证工程质量。

12.2 现场安装和允许偏差

12.2.3 进行集装箱叠合安装时，其箱体安装的顺序是单层平面上从一端开始进行第一排箱体侧与侧扩展组合，再进行第二排箱体的侧与侧扩展同时和第一排端与端扩展组合，以此类推，待第一层组合完成后，按照相同的方式在第一层的基础上向上组合第二层，最后再组合第三层。

12.2.4、12.2.5 条文依据现行国家标准《钢结构施工质量与验收规范》GB 50205和工程经验，并针对集装箱组合房屋自身的特点提出了安装允许偏差。

12.3 除锈和涂装

12.3.1 为保证集装箱组合房屋防腐蚀要求，当设计文件未作规定时应严格按本条规定进行除锈与涂装。

12.3.3 除锈后的钢材表面要求在4h内进行底漆涂装，主要是防止钢材表面再度生锈，影响底层漆膜的涂装质量；涂装后4h内不得雨淋，是因为一般情况下漆膜表面尚未固化，被雨淋后会造成损坏。

医药卫生标准

中华人民共和国国家标准

医院消毒卫生标准

Hygienic standard for disinfection in hospitals

GB 15982-2012

前　言

本标准的全部技术内容为强制性。

本标准代替GB 15982—1995《医院消毒卫生标准》。本标准与GB 15982—1995比较，主要变化如下：

——修改了标准的适用范围(见第1章，1995年版的第1章)；

——修改了规范性引用文件(见第2章，1995年版的第2章)；

——修改了术语，增加了消毒产品，医疗器材和高度、中度、低度危险性器材，灭菌和高水平、中水平、低水平消毒，多重耐药菌的定义(见第3章，1995年版的第3章)；

——修改了各类环境空气、物体表面、医护人员手卫生标准(见4.1和4.2，1995年版的4.1)；

——修改了医疗用品卫生标准(见4.3，1995年版的4.2)；

——修改了使用中消毒液卫生标准(见4.6，1995年版的4.3)；

——删除了无菌器械保存液卫生标准(见1995年版的4.3.2)；

——增加了治疗用水、防护用品、消毒剂和消毒器械、疫点(区)消毒的卫生要求(见4.4、4.5、4.6、4.7和4.9)；

——修改了污物处理卫生标准和污水排放标准(见4.8，1995年版的4.4和4.5)；

——增加了医院消毒管理要求(见第5章)；

——修改了原附录A"采样及检查方法"(见附录A，1995年版的附录A)；

——修改了空气采样及检查方法(见A.2，1995年版的A.1)；

——修改了医疗用品采样及检查方法(见A.5，1995年版的A.5)；

——增加了治疗用水、紫外线灯、消毒器械、医院污水检查方法、疫点(区)消毒效果检测方法和大肠菌群检查方法(见A.7、A.8、A.9、A.10、A.11、A.12)；

——删除了原附录B"本标准用词说明"(见1995年版的附录B)；

——增加了新附录B"试剂和培养基"(见附录B)。

本标准由中华人民共和国卫生部提出并归口。

本标准起草单位：浙江省疾病预防控制中心、北京市疾病预防控制中心、中国疾病预防控制中心、北京大学第一医院、北京长江脉医药科技有限公司、杭州朗索医用消毒剂有限公司、上海利康消毒高科技有限公司、强生(上海)医疗器材有限公司、上海九誉生物科技有限公司、北京创新世纪生化科技发展有限公司、卫生部卫生监督中心、上海市疾病预防控制中心、江苏省疾病预防控制中心、武汉市疾病预防控制中心、福建省疾病预防控制中心、浙江兴昌风机有限公司。

本标准主要起草人：胡国庆、邓小虹、张流波、李六亿、乔宏、戴彦臻、孙建生、卞雪莲、谷京宇、沈伟、徐燕、梁建生、林立旺、陈楚晖、任银萍、王志、张一鸣。

本标准所代替标准的历次版本发布情况为：

——GB 15982—1995。

目　次

19

医院消毒卫生标准

1 范　　围

本标准规定了医院消毒卫生标准、医院消毒管理要求以及检查方法。

本标准适用于各级各类医疗机构。各级疾病预防控制机构和采供血机构按照执行。

2 规范性引用文件

下列文件对于本标准的应用是必不可少的。凡是注日期的引用文件，仅注日期的版本适用于本文件。凡是不注日期的引用文件，其最新版本（包括所有的修改单）适用于本文件。

GB 4789.3　食品微生物学检验　大肠菌群计数

GB 4789.4　食品微生物学检验　沙门氏菌检验

GB/T 4789.11　食品卫生微生物学检验　溶血性链球菌检验

GB 5749　生活饮用水卫生标准

GB 7918.4　化妆品微生物标准检验方法　绿脓杆菌

GB 7918.5　化妆品微生物标准检验方法　金黄色葡萄球菌

GB 18466　医疗机构水污染物排放标准

GB 19082　医用一次性防护服技术要求

GB 19083　医用防护口罩技术要求

GB 19193　疫源地消毒总则

GB 19258　紫外线杀菌灯

GB 50333　医院洁净手术部建筑技术规范

WS 310.1　医院消毒供应中心　第1部分：管理规范

WS 310.2　医院消毒供应中心　第2部分：清洗消毒及灭菌技术操作规范

WS 310.3　医院消毒供应中心　第3部分：清洗消毒及灭菌效果监测标准

WS/T 311　医院隔离技术规范

WS/T 313　医务人员手卫生规范

YY 0469　医用外科口罩技术要求

YY 0572　血液透析和相关治疗用水

消毒技术规范　卫生部

医院污水处理技术指南　国家环境保护总局

中华人民共和国药典　卫生部

医疗卫生机构医疗废物管理办法　卫生部

3 术语和定义

下列术语和定义适用于本文件。

3.1 消毒产品　disinfection product

纳入卫生部《消毒产品分类目录》，用于医院消毒的消毒剂、消毒器械和卫生用品。

3.2 医疗器材　medical device/health care product

用于诊断、治疗、护理、支持、替代的器械、器具和物品的总称。根据使用中造成感染的危险程度，分高度危险性医疗器材、中度危险性医疗器材和低度危险性医疗器材。

3.2.1

高度危险性医疗器材　critical device/items

进入正常无菌组织、脉管系统或有无菌体液（如血液）流过，一旦被微生物污染将导致极高感染危险的器材。

3.2.2

中度危险性医疗器材　semi-critical device/items

直接或间接接触黏膜的器材。

3.2.3

低度危险性医疗器材　no-critical device/items

仅与完整皮肤接触而不与黏膜接触的器材。

3.3 灭菌　sterilization

杀灭或清除医疗器材上一切微生物的处理。灭菌的无菌保证水平应达到10^{-6}。

3.4 高水平消毒 high-level disinfection

杀灭各种细菌繁殖体、病毒、真菌及其孢子和绝大多数细菌芽孢的消毒处理。

3.5 中水平消毒 intermediate-level disinfection

杀灭除细菌芽孢以外的各种病原微生物的消毒处理。

3.6 低水平消毒 low-level disinfection

仅能杀灭细菌繁殖体(分枝杆菌除外)和亲脂性病毒的消毒处理。

3.7 多重耐药菌 multidrug-resistant organism;MDRO

对临床使用的三类或三类以上抗菌药物同时呈现耐药的细菌。常见多重耐药菌包括耐甲氧西林金黄色葡萄球菌(MRSA)、耐万古霉素肠球菌(VRE)、产超广谱β-内酰胺酶(ESBLs)细菌、耐碳青霉烯类抗菌药物肠杆菌科细菌(CRE)(如产Ⅰ型新德里金属β-内酰胺酶[NDM-1]或产碳青霉烯酶[KPC]的肠杆菌科细菌)、耐碳青霉烯类抗菌药物鲍曼不动杆菌(CR-AB)、多重耐药/泛耐药铜绿假单胞菌(MDR/PDR-PA)和多重耐药结核分枝杆菌等。

4 医院消毒卫生要求

4.1 各类环境空气、物体表面

4.1.1 菌落总数应符合表1要求。

Ⅰ类环境为采用空气洁净技术的诊疗场所，分洁净手术部和其他洁净场所。Ⅱ类环境为非洁净手术部(室)；产房；导管室；血液病病区、烧伤病区等保护性隔离病区；重症监护病区；新生儿室等。Ⅲ类环境为母婴同室；消毒供应中心的检查包装灭菌区和无菌物品存放区；血液透析中心(室)；其他普通住院病区等。Ⅳ类环境为普通门(急)诊及其检查、治疗室；感染性疾病科门诊和病区。

表1 各类环境空气、物体表面菌落总数卫生标准

环境类别		空气平均菌落数[a]		物体表面平均菌落数
		CFU/皿	CFU/m^3	CFU/cm^2
Ⅰ类环境	洁净手术部	符合GB 50333要求	≤150	≤5.0
	其他洁净场所	≤4.0(30min)[b]		
Ⅱ类环境		≤4.0(15min)	—	≤5.0
Ⅲ类环境		≤4.0(5min)	—	≤10.0
Ⅳ类环境		≤4.0(5min)	—	≤10.0

[a] CFU/皿为平板暴露法，CFU/m^3 为空气采样器法。

[b] 平板暴露法检测时的平板暴露时间。

4.1.2 怀疑医院感染暴发或疑似暴发与医院环境有关时，应进行目标微生物检测。

4.2 医务人员手

4.2.1 卫生手消毒后医务人员手表面的菌落总数应≤$10CFU/cm^2$。

4.2.2 外科手消毒后医务人员手表面的菌落总数应≤$5CFU/cm^2$。

4.3 医疗器材

4.3.1 高度危险性医疗器材应无菌。

4.3.2 中度危险性医疗器材的菌落总数应≤20CFU/件(CFU/g或$CFU/100cm^2$)，不得检出致病性微生物。

4.3.3 低度危险性医疗器材的菌落总数应≤200CFU/件(CFU/g或$CFU/100cm^2$)，不得检出致病性微生物。

4.4 治疗用水

血液透析相关治疗用水应符合YY 0572要求；其他治疗用水应符合相应卫生标准。

4.5 防护用品

医用防护口罩、外科口罩和一次性防护服等防护用品应符合GB 19083、YY 0469和GB 19082要求。

4.6 消毒剂

4.6.1 灭菌剂、皮肤黏膜消毒剂应使用符合《中华人民共和国药典》的纯化水或无菌水配制，其他消毒剂的配制用水应符合GB 5749要求。

4.6.2 使用中消毒液的有效浓度应符合使用要求；连续使用的消毒液每天使用前应进行有效浓度的监测。

4.6.3 灭菌用消毒液的菌落总数应为0CFU/mL；皮肤黏膜消毒液的菌落总数应符合相应标准要求；其他使用中消毒液的菌落总数应≤100CFU/mL，不得检出致病性微生物。

4.7 消毒器械

4.7.1 使用中消毒器械的杀菌因子强度应符合使用要求。紫外线灯应符合GB 19258要求，使用中紫外线灯(30W)的辐射照度值应≥$70\mu W/cm^2$。

4.7.2 工作环境中消毒器械产生的有害物浓度(强度)应符合相关规定。产生臭氧的消毒器械的工作环境的臭氧浓度应<$0.16mg/m^3$。环氧乙烷灭菌器工作环境的环氧乙烷浓度应<$2mg/m^3$。

4.8 污水处理

污水排放应符合GB 18466要求。

4.9 疫点(区)消毒

消毒效果应符合GB 19193要求。

5 医院消毒管理要求

5.1 建筑布局和消毒隔离设施

5.1.1 建筑设计和工作流程应符合传染病防控和医院感染控制需要，消毒隔离设施配置应符合 WS/T 311 和《消毒技术规范》有关规定。

5.1.2 感染性疾病科、消毒供应中心(室)、手术部(室)、重症监护病区、血液透析中心(室)、新生儿室、内镜中心(室)和口腔科等重点部门的建筑布局和消毒隔离应符合相关规定。

5.1.3 洁净场所的设计、验收参照 GB 50333 要求，竣工全性能监测应由有资质的第三方单位完成。

5.1.4 Ⅱ类环境和门(急)诊、病区等诊疗场所应按 WS/T 313 要求，配置合适的手卫生设施，提供满足需要的洗手清洁剂、手消毒剂以及干手设施等。

5.2 消毒产品使用管理

5.2.1 使用的消毒产品应符合国家有关法规、标准和规范等管理规定，并按照批准或规定的范围和方法使用。

5.2.2 含氯消毒液、过氧化氢消毒液等易挥发的消毒剂应现配现用；过氧乙酸、二氧化氯等二元、多元包装的消毒液活化后应立即使用。采用化学消毒、灭菌的医疗器材，使用前应用无菌水(高水平消毒的内镜可使用经过滤的生活饮用水)充分冲洗以去除残留。不应使用过期、失效的消毒剂。不应采用甲醛自然熏蒸方法消毒医疗器材。不应采用戊二醛熏蒸方法消毒、灭菌管腔类医疗器材。

5.2.3 灭菌器如需进行灭菌效果验证，应由省级以上卫生行政部门认定的消毒鉴定实验室进行检测。灭菌物品的无菌检查应按《中华人民共和国药典》“无菌检查法”要求进行。使用消毒器械灭菌的消毒员应经培训合格后方可上岗。

5.3 重复使用医疗器材的清洗

清洗程序应按 WS3 10.2 执行。有特殊要求的传染病病原体污染的医疗器材应先消毒再清洗。

5.4 消毒灭菌方法选择原则

5.4.1 高度危险性医疗器材使用前应灭菌。中度危险性医疗器材使用前应选择高水平消毒或中水平消毒。低度危险性器材使用前可选择中、低水平消毒或保持清洁。

5.4.2 耐湿、耐热的医疗器材应首选压力蒸汽灭菌；带管腔和(或)带阀门的器材应采用经灭菌过程验证装置(PCD)确认的灭菌程序或外来器械供应商提供的灭菌方法。

5.4.3 玻璃器材、油剂和干粉类物品等应首选干热灭菌；其他方法应符合《消毒技术规范》规定。

5.4.4 不耐热、不耐湿的医疗器材应选择经国家卫生行政部门批准的低温灭菌方法。

5.4.5 重复使用的氧气湿化瓶、吸引瓶、婴儿暖箱水瓶以及加温加湿罐等宜采用高水平消毒。

5.5 环境、物体表面消毒

5.5.1 环境、物体表面应保持清洁；当受到肉眼可见污染时应及时清洁、消毒。

5.5.2 对治疗车、床栏、床头柜、门把手、灯开关、水龙头等频繁接触的物体表面应每天清洁、消毒。

5.5.3 被病人血液、呕吐物、排泄物或病原微生物污染时，应根据具体情况，选择中水平以上消毒方法。对于少量(＜10mL)的溅污，可先清洁再消毒；对于大量(＞10mL)血液或体液的溅污，应先用吸湿材料去除可见的污染，然后再清洁和消毒。

5.5.4 人员流动频繁、拥挤的诊疗场所应每天在工作结束后进行清洁、消毒。感染性疾病科、重症监护病区、保护性隔离病区(如血液病病区、烧伤病区)、耐药菌及多重耐药菌污染的诊疗场所应做好随时消毒和终末消毒。

5.5.5 拖布(头)和抹布宜清洗、消毒，干燥后备用。推荐使用脱卸式拖头。

5.6 通风换气和空气消毒

5.6.1 应采用自然通风和(或)机械通风保证诊疗场所的空气流通和换气次数；采用机械通风时，重症监护病房等重点部门宜采用“顶送风、下侧回风”，建立合理的气流组织。

5.6.2 呼吸道发热门诊及其隔离留观病室(区)、呼吸道传染病收治病区如采用集中空调通风系统的，应在通风系统安装空气消毒装置。未采用空气洁净技术的手术室、重症监护病区、保护性隔离病区(如血液病病区、烧伤病区)等场所宜在通风系统安装空气消毒装置。

5.6.3 空气消毒方法应遵循《消毒技术规范》规定。不宜常规采用化学喷雾进行空气消毒。

5.7 消毒供应中心(室)的管理

消毒供应中心(室)的建筑布局以及清洗、消毒灭菌和效果监测应执行 WS 310 要求。

5.8 污水污物处理

5.8.1 医院污水处理设施的设计、建设和管理应符合 GB 18466 和《医院污水处理技术指南》要求。

5.8.2 医疗废物的管理应符合《医疗废物管理条例》《医疗卫生机构医疗废物管理办法》的要求。

5.9 疫点(区)消毒

应符合 GB 19193 要求。

附　录　A
（规范性附录）
采样及检查方法

A.1　采样和检查原则

A.1.1　采样后应尽快对样品进行相应指标的检测，送检时间不得超过4h；若样品保存于0℃～4℃时，送检时间不得超过24h。

A.1.2　不推荐医院常规开展灭菌物品的无菌检查，当流行病学调查怀疑医院感染事件与灭菌物品有关时，进行相应物品的无菌检查。常规监督检查可不进行致病性微生物检测，涉及疑似医院感染暴发、医院感染暴发调查或工作中怀疑微生物污染时，应进行目标微生物的检测。

A.1.3　可使用经验证的现场快速检测仪器进行环境、物体表面等微生物污染情况和医疗器材清洁度的监督筛查；也可用于医院清洗效果检查和清洗程序的评价和验证。

A.2　空气微生物污染检查方法

A.2.1　采样时间

Ⅰ类环境在洁净系统自净后与从事医疗活动前采样；Ⅱ、Ⅲ、Ⅳ类环境在消毒或规定的通风换气后与从事医疗活动前采样。

A.2.2　检测方法

A.2.2.1　Ⅰ类环境可选择平板暴露法和空气采样器法，参照GB 50333《医院洁净手术部建筑技术规范》要求进行检测。空气采样器法可选择六级撞击式空气采样器或其他经验证的空气采样器。检测时将采样器置于室内中央0.8m～1.5m高度，按采样器使用说明书操作，每次采样时间不应超过30min。房间大于10m^{2}者，每增加10m^{2}增设一个采样点。

A.2.2.2　Ⅱ、Ⅲ、Ⅳ类环境采用平板暴露法。室内面积≤30m^2，设内、中、外对角线3点，内、外点应距墙壁1m处；室内面积>30m^2，设4角及中央5点，4角的布点部位应距墙壁1m处。将普通营养琼脂平皿（ϕ90mm）放置各采样点，采样高度为距地面0.8m～1.5m；采样时将平皿盖打开，扣放于平皿旁，暴露规定时间（Ⅱ类环境暴露15min，Ⅲ、Ⅳ类环境暴露5min）后盖上平皿盖及时送检。

A.2.2.3　将送检平皿置36℃±10℃恒温箱培养48h，计数菌落数，必要时分离致病性微生物。

A.2.3　结果计算

A.2.3.1　平板暴露法按平均每皿的菌落数报告：CFU/（皿·暴露时间）。

A.2.3.2　式（1）为空气采样器法计算公式：

$$\text{空气中菌落总数(CFU/m}^3\text{)}=\frac{\text{采样器各平皿菌落数之和(CFU)}}{\text{采样速率(L/min)}\times\text{采样时间(min)}}\times1000 \quad (A.1)$$

A.3　物体表面微生物污染检查方法

A.3.1　采样时间

潜在污染区、污染区消毒后采样。清洁区根据现场情况确定。

A.3.2　采样面积

被采表面<100cm^2，取全部表面；被采表面≥100cm^2，取100cm^2。

A.3.3　采样方法

用5cm×5cm灭菌规格板放在被检物体表面，用浸有无菌0.03mol/L磷酸盐缓冲液或生理盐水采样液的棉拭子1支，在规格板内横竖往返各涂抹5次，并随之转动棉拭子，连续采样1个～4个规格板面积，剪去手接触部分，将棉拭子放入装有10mL采样液的试管中送检。门把手等小型物体则采用棉拭子直接涂抹物体采样。若采样物体表面有消毒剂残留时，采样液应含相应中和剂。

A.3.4　检测方法

把采样管充分振荡后，取不同稀释倍数的洗脱液1.0mL接种平皿，将冷至40℃～45℃的熔化营养琼脂培养基每皿倾注15mL～20mL，36℃±1℃恒温箱培养48h，计数菌落数，必要时分离致病性微生物。

A.3.5　结果计算[如式（A.2）]

$$\text{物体表面菌落总数(CFU/cm}^2\text{)}=\frac{\text{平均每皿菌落数}\times\text{采样液稀释倍数}}{\text{采样面积(cm}^2\text{)}} \quad (A.2)$$

A.4　医务人员手卫生检查方法

A.4.1　采样时间

采取手卫生后，在接触病人或从事医疗活动前采样。

A.4.2　采样方法

将浸有无菌0.03mol/L磷酸盐缓冲液或生理盐水采样液的棉拭子一支在双手指曲面从指跟到指端来回涂擦各两次（一只手涂擦面积约30cm^2），并随之转动采样棉拭子，剪去手接触部位，将棉拭子放入装有10mL采样液的试管内送检。采样面积按平方厘米（cm^2）计算。若采样时手上有消毒剂残留，采样液应含相应中和剂。

A.4.3　检测方法

把采样管充分振荡后，取不同稀释倍数的洗脱液1.0mL接种平皿，将冷至40℃～45℃的熔化营养琼脂培养基每皿倾注15mL～20mL，36℃±1℃恒温箱培养48h，计数菌落数，必要时分离致病性微生物。

A.4.4　结果计算[如式（A.3）]

$$\text{医务人员手菌落总数(CFU/m}^2\text{)}=\frac{\text{平均每皿菌落数}\times\text{采集液稀释倍数}}{30\times2} \quad (A.3)$$

A.5　医疗器材检查方法

A.5.1　采样时间

在消毒或灭菌处理后，存放有效期内采样。

A.5.2　灭菌医疗器材的检查方法

A.5.2.1　可用破坏性方法取样的，如一次性输液（血）器、注射器和注射针等按照《中华人民共和国药典》中"无菌检查法"进行。对不能用破坏性方法取样的医疗器材，应在环境洁净度10000级下的局部洁净度100级的单向流空气区域内或隔离系统中，用浸有无菌生理盐水采样液的棉拭子在被检物体表面涂抹，采样取全部表面或不少于100cm^2；然后将除去手接触部分的棉拭子进行无菌检查。

A.5.2.2　牙科手机：应在环境洁净度10000级下的局部洁净度100级的单向流空气区域内或隔离系统中，将每支手机分别置于含20mL～25mL采样液的无菌大试管（内径

25mm)中，液面高度应大于4.0cm，于旋涡混合器上洗涤震荡30s以上，取洗脱液进行无菌检查。

A.5.3 消毒医疗器材的检查方法

A.5.3.1 可整件放入无菌试管的，用洗脱液浸没后震荡30s以上，取洗脱液1.0mL接种平皿，将冷却至40℃～45℃的熔化营养琼脂培养基每皿倾注15mL～20mL，36℃±1℃恒温箱培养48h，计数菌落数(CFU/件)，必要时分离致病性微生物。

A.5.3.2 可用破坏性方法取样的，在100级超净工作台称取1g～10g样品，放入装有10mL采样液的试管内进行洗脱，取洗脱液1.0mL接种平皿，计数菌落数(CFU/g)，必要时分离致病性微生物。对不能用破坏性方法取样的医疗器材，在100级超净工作台，用浸有无菌生理盐水采样液的棉拭子在被检物体表面涂抹采样，被采表面＜$100cm^2$，取全部表面，被采表面≥$100cm^2$，取$100cm^2$，然后将除去手接触部分的棉拭子进行洗脱，取洗脱液1.0mL接种平皿，将冷却至40℃～45℃的熔化营养琼脂培养基每皿倾注15mL～20mL，36℃±1℃恒温箱培养48h，计数菌落数(CFU/cm^2)，必要时分离致病性微生物。

A.5.3.3 消毒后内镜：取清洗消毒后内镜，采用无菌注射器抽取50mL含相应中和剂的洗脱液，从活检口注入冲洗内镜管路，并全量收集(可使用蠕动泵)送检。将洗脱液充分混匀，取洗脱液1.0mL接种平皿，将冷却至40℃～45℃的熔化营养琼脂培养基每皿倾注15mL～20mL，36℃±1℃恒温箱培养48h，计数菌落数(CFU/件)。将剩余洗脱液在无菌条件下采用滤膜(0.45μm)过滤浓缩，将滤膜接种于凝固的营养琼脂平板上(注意不要产生气泡)，置36℃±1℃温箱培养48h，计数菌落数。

当滤膜法不可计数时：

$$菌落总数(CFU/件)=m(CFU/平板)\times 50 \quad (A.4)$$

式中：

m——两平行平板的平均菌落数。

当滤膜法可计数时：

$$菌落总数(CFU/件)=m(CFU/平板)+m_f(CFU/滤膜) \quad (A.5)$$

式中：

m——两平行平板的平均菌落数；

m_f——滤膜上菌落数。

A.6 消毒剂检查方法

A.6.1 消毒剂采样

采样分库存消毒剂和使用中消毒液。

A.6.2 消毒剂有效成分含量检查方法

库存消毒剂的有效成分含量应依照《消毒技术规范》或产品企业标准进行检测；使用中消毒液的有效浓度测定可用前述方法，也可使用经国家卫生行政部门批准的消毒剂浓度试纸(卡)进行监测。

A.6.3 使用中消毒液染菌量检查方法

A.6.3.1 用无菌吸管按无菌操作方法吸取1.0mL被检消毒液，加入9mL中和剂中混匀。醇类与酚类消毒剂用普通营养肉汤中和，含氯消毒剂、含碘消毒剂和过氧化物消毒剂用含0.1%硫代硫酸钠中和剂，洗必泰、季铵盐类消毒剂用含0.3%吐温80和0.3%卵磷脂中和剂，醛类消毒剂用含0.3%甘氨酸中和剂，含有表面活性剂的各种复方消毒剂可在中和剂中加入吐温80至3%；也可使用该消毒剂消毒效果检测的中和剂鉴定试验确定的中和剂。

A.6.3.2 用无菌吸管吸取一定稀释比例的中和后混合液1.0mL接种平皿，将冷至40℃～45℃的熔化营养琼脂培养基每皿倾注15mL～20mL，36℃±1℃恒温箱培养72h，计数菌落数；必要时分离致病性微生物。

$$消毒液染菌量(CFU/mL)=平均每皿菌落数\times 10\times 稀释倍数 \quad (A.6)$$

A.7 治疗用水检查方法

血液透析相关治疗用水按YY 0572进行检测。其他治疗用水按照相关标准执行。

A.8 紫外线灯检查方法

A.8.1 紫外线灯采样

采样分库存紫外线灯和使用中紫外线灯。

A.8.2 库存(新启用)紫外线灯辐射照度值检查方法

按照GB 19258进行。

A.8.3 使用中紫外线灯辐射照度值检查方法

A.8.3.1 仪器法。开启紫外线灯5min后，将测定波长为253.7nm的紫外线辐照计探头置于被检紫外线灯下垂直距离1m的中央处，待仪表稳定后，所示数据即为该紫外线灯的辐射照度值。

A.8.3.2 指示卡法。开启紫外线灯5min后，将指示卡置紫外灯下垂直距离1m处，有图案一面朝上，照射1min，观察指示卡色块的颜色，将其与标准色块比较。

A.8.4 注意事项

紫外线辐照计应在计量部门检定的有效期内使用；紫外线监测指示卡应取得国家卫生行政部门的许可批件，并在产品有效期内使用。

A.9 消毒器械检查方法

A.9.1 杀菌因子强度测定：按《消毒技术规范》或企业标准规定的方法进行检测。

A.9.2 工作环境有害物浓度(强度)测定：按《消毒技术规范》或相关标准规定的方法进行检测。

A.10 医院污水检查方法

按GB 18466规定进行检测。

A.11 疫点(区)消毒效果检测方法

按GB 19193规定进行检测。

A.12 大肠菌群检查方法

按照GB 4789.3进行检测。

A.13 沙门菌检查方法

按照GB 4789.4进行检测。

A.14 乙型溶血性链球菌检查方法

按照GB/T 4789.11进行检测。

A.15 铜绿假单胞菌检查方法

按照GB 7918.4进行检测。

A.16 金黄色葡萄球菌检查方法

按照 GB 7918.5 进行检测。

A.17 其他目标微生物检查方法

按照相关检测方法进行。

附 录 B
(规范性附录)
试剂和培养基

B.1 0.03mol/L 磷酸盐缓冲液(0.03mol/L PBS)

称取磷酸氢二钠 2.84g,磷酸二氢钾 1.36g,加入到 1000mL 蒸馏水中,待完全溶解后,调 pH 至 7.2～7.4,于 121℃压力蒸汽灭菌 20min。

B.2 洗 脱 液

称取蛋白胨 10.00g,氯化钠 8.50g,吐温-80 1.0mL,加入到 1000mL 0.03mol/L 磷酸盐缓冲液中,加热溶解后调 pH 至 7.2～7.4,于 121℃压力蒸汽灭菌 20min。

B.3 生 理 盐 水

称取氯化钠 8.50g,溶解于 1000mL 蒸馏水中,于 121℃压力蒸汽灭菌 20min。

B.4 革兰染色液及染色方法

B.4.1 结晶紫染色液:称取结晶紫 1.00g,溶解于 20mL 95%酒精中,然后与 80mL 1%草酸铵水溶液混合。

B.4.2 革兰碘液:称取碘 1.00g,碘化钾 2.00g,混合后加入蒸馏水少许,充分振摇,待完全溶解后,再加蒸馏水至 300mL,混匀。

B.4.3 沙黄复染液:称取沙黄 0.25g,溶解于 10mL 95%酒精溶液中,然后加入 90mL 蒸馏水,混匀。

B.4.4 染色方法如下:

a)将涂片在火焰上固定。

b)滴加结晶紫染色液,作用 1min,水洗。

c)滴加革兰碘液,作用 1min,水洗。

d)酒精脱色 30s;或将酒精滴满整个涂片,立即倾去,再用酒精滴满整个涂片,脱色 10s。

e)水洗,滴沙黄复染液,作用 1min,水洗。

f)待干镜检。

B.5 人(兔)血浆

取灭菌 3.8%柠檬酸钠 1 份,加人(兔)全血 4 份,混匀静置,3000r/min 离心 5min,取上清,弃血球。

B.6 普通营养琼脂培养基

B.6.1 成分:蛋白胨 10g、牛肉膏 5g、氯化钠 5g、琼脂 15g、蒸馏水 1000mL。

B.6.2 制作方法:除琼脂外其他成分溶解于蒸馏水中,调 pH 至 7.2～7.4,加入琼脂,加热溶解,分装于 121℃压力蒸汽灭菌 20min。

B.7 血琼脂培养基

B.7.1 成分:营养琼脂 100mL、脱纤维羊血(或兔血)10mL。

B.7.2 制作方法:将营养琼脂加热熔化待冷至 50℃左右,以无菌操作将 10mL 脱纤维血加入后摇匀,倾注平皿,置冰箱备用。

B.8 需-厌氧菌培养基

B.8.1 成分:酪胨(胰酶水解)15g、牛肉膏 3g、葡萄糖 5g、氯化钠 2.5g、L-胱氨酸 0.5g、硫乙醇酸钠 0.5g、酵母浸出粉 5g、新鲜配制的 0.1%刃天青溶液 1.0mL 或新配制的 0.2%亚甲蓝溶液 0.5mL、琼脂 0.5g～0.7g、蒸馏水 1000mL。

B.8.2 制作方法:除葡萄糖和刃天青溶液外,取上述成分加入蒸馏水中,微温溶解后,调 pH 至弱碱性,煮沸,滤清,加入葡萄糖和刃天青溶液,摇匀,调 pH 至 6.9～7.3,分装后 115℃压力蒸汽灭菌 30min。

B.9 SCDLP 液体培养基

B.9.1 成分:酪蛋白胨 17g、大豆蛋白胨 3g、葡萄糖 2.5g、氯化钠 5g、磷酸氢二钾 2.5g、卵磷脂 1g、吐温-80 7g、蒸馏水 1000mL。

B.9.2 制作方法:将各种成分混合(如无酪蛋白胨和大豆蛋白胨可用日本多胨代替),加热溶解后,调 pH 至 7.2～7.3,分装于 121℃压力蒸汽灭菌 20min,摇匀,冷至 25℃使用。

B.10 伊红美蓝培养基

B.10.1 成分:蛋白胨 10g、乳糖 10g、磷酸二氢钾 2g、2%伊红溶液 2mL、0.65%美蓝溶液 1mL、琼脂 17g、蒸馏水 1000mL。

B.10.2 制作方法:将蛋白胨、磷酸盐和琼脂溶解于蒸馏水中,调 pH 至 7.1,分装后 121℃压力蒸汽灭菌 20min。临用时,以无菌操作加入乳糖并加热溶化琼脂,冷至 50℃时,加入伊红和美蓝溶液摇匀，倾注平皿，置4℃冰箱备用。

B.11 0.5%葡萄糖肉汤培养基

B.11.1 成分：胨10g、氯化钠5g、葡萄糖5g、肉浸液1000mL。

B.11.2 制作方法：取胨与氯化钠加入肉浸液内，微温溶解后，调pH至弱碱性，煮沸，加入葡萄糖溶解后，摇匀，滤清，调pH至7.0～7.4，分装，于115℃压力蒸汽灭菌30min。

B.12 甘露醇培养基

B.12.1 成分：蛋白胨10g、牛肉膏5g、氯化钠5g、甘露醇10g、0.2%溴麝香草酚蓝溶液12mL、蒸馏水1000mL。

B.12.2 将蛋白胨、氯化钠、牛肉膏加入蒸馏水中，加热溶解，调pH至7.4，加入甘露醇和溴麝香草酚蓝混匀后，分装，于115℃压力蒸汽灭菌20min。

B.13 乳糖胆盐发酵管

B.13.1 成分：蛋白胨20g、猪胆盐（或牛，羊胆盐）5g、乳糖10g、0.04%溴甲酚紫水溶液25mL、蒸馏水1000mL。

B.13.2 制作方法：将蛋白胨、胆盐及乳糖溶解于蒸馏水中，调pH至7.4，加入0.04%溴甲酚紫水溶液，分装（每管10mL），并放入一个发酵管，于115℃压力蒸汽灭菌15min。

B.14 乳糖发酵管

B.14.1 成分：蛋白胨20g、乳糖10g、0.04%溴甲酚紫水溶液25mL、蒸馏水1000mL。

B.14.2 制作方法：将蛋白胨及乳糖溶解于蒸馏水中，调pH至7.4，加入0.04%溴甲酚紫水溶液，分装（每管10mL），并放入一个发酵管，于115℃压力蒸汽灭菌15min。

B.15 溴甲酚紫葡萄糖蛋白胨水培养基

B.15.1 成分：蛋白胨10g、葡萄糖5g、2%溴甲酚紫酒精溶液0.6mL、蒸馏水1000mL。

B.15.2 制作方法：将蛋白胨、葡萄糖溶解于蒸馏水中，调pH至7.0～7.2，加入2%溴甲酚紫酒精溶液，摇匀后，分装（每管5mL），并放入一个发酵管，于115℃压力蒸汽灭菌30min。置4℃冰箱备用。

B.16 绿脓菌素测定用培养基

B.16.1 胨20g、氯化镁（无水）1.4g、硫酸钾10g、甘油10mL、琼脂18g～20g、蒸馏水1000mL。

B.16.2 制作方法：取胨、氯化镁、硫酸钾加入水中，微温使溶解，调节pH使灭菌后为7.2～7.4，分装于小试管，灭菌。

B.17 明胶培养基

B.17.1 胨5g、明胶120g、牛肉浸出粉3g、蒸馏水1000mL。

B.17.2 取上述各成分加入水中，浸泡约20min，随时搅拌，加热使溶解，调节pH值使灭菌后为7.2～7.4，分装于小试管，灭菌。

B.18 注 意 事 项

B.18.1 双料乳糖胆盐发酵管除蒸馏水外，其他成分为乳糖胆盐发酵管的2倍；3倍浓缩乳糖胆盐发酵管除蒸馏水外，其他成分为乳糖胆盐发酵管的3倍。

B.18.2 培养基用的试管口和三角烧瓶口应用棉塞或硅胶制成的塞子，再用牛皮纸包好。

B.18.3 试剂与培养基配制好后应置清洁处保存，常温下不超过1个月。培养基推荐4℃冷藏保存。

中华人民共和国国家标准

医院洁净室及相关受控环境应用规范　第1部分：总则

Application specification for hospital cleanrooms and associated controlled environment—Part 1: General guidelines

GB/T 33556.1-2017

20

前　言

GB/T 33556《医院洁净室及相关受控环境应用规范》分为以下4个部分：

——第1部分：总则；

——第2部分：手术室、造血干细胞移植病房、烧伤病房等；

——第3部分：生殖中心、细胞治疗等微操作环境；

——第4部分：其他。

本部分为GB/T 33556的第1部分。

本部分按照GB/T 1.1—2009给出的规则起草。

本部分由全国洁净室及相关受控环境标准化技术委员会(SAC/TC 319)提出并归口。

本部分起草单位：中天道成(苏州)洁净技术有限公司、天津市龙川净化工程有限公司、中国标准化协会、解放军总医院、空军总医院、北京大学第三医院、中国医学科学院北京协和医院、中国中元国际工程有限公司、联和承造工程有限公司、军事医学科学院卫生装备研究所、北京天智航医疗科技股份有限公司、深圳市丽风净化技术有限公司、烟台宝源净化有限公司、江苏苏净科技有限公司、防化研究院、广州科玛空气净化有限公司、深圳吉隆洁净技术有限公司、北京北方天宇建筑装饰责任公司、无锡汉佳医疗科技有限公司、深圳市威大医疗系统工程有限公司、北京华亿神州科技有限公司。

本部分主要起草人：杨子强、祁建城、曹晋桂、殷晓冬、徐火炬、姜伟康、张立海、赵阿萌、黄吉辉、于自强、涂有、林向阳、何丽、郭莉、周恒谨、马东、李志平、杨小兵、陈汉清、张晓东、郦绍同、潘学刚、姜皓遐、童广才、侯斌。

目　次

20

引　言

医院洁净室是控制医院感染的辅助措施之一。1961年，被誉为“髋关节置换外科之父”的英国莱廷顿医院（Wrightington Hospital）的约翰·查恩理爵士（Sir John Charnley，1911—1982）开创了用净化空气方法改善手术室环境，以降低手术感染率的尝试。而具有医学临床统计意义，并被广泛引用的空气环境与手术感染率关系的文献是1987年利德维尔（Lidwell OM）等人所发表的“超净空气和抗生素用于防止术后感染的8052例关节置换手术的多元研究”，该项研究在一定程度上认可超净空气的作用。

在国际上，对医院洁净室及相关受控环境在降低感染率方面所发挥的作用，医学界和洁净室及相关受控环境工程人员有各自的看法。医学界长期以来对洁净手术室的有效性的质疑声不断。近年来国际医学界根据多年来大量临床病例实践的统计分析，对层流洁净手术室降低手术感染率的有效性，提出更具体的怀疑。由俄罗斯“微污染控制工程师协会”编写的俄罗斯联邦标准GOSTR 52539—2006《医院中的空气洁净度一般要求》的引言中明确指出：洁净室内部的通风和空调系统及设备不能替代医院内传统的细菌控制措施，只能作为其补充。

人类对医疗感染的认知仍处于探索过程中。在空气中依附于尘埃的微生物（在国内外相关资料中，尚未查找到尘埃与微生物数量确切关系的有关文献。显然，动植物散发脱落的细小尘屑含有微生物的可能性更高，如：花粉、体屑等）已被国内外认同是防范对象之一，净化医疗空间的空气成为预防医疗感染的一项措施。

等同采用ISO 14644系列国际标准的我国GB/T 25915《洁净室及相关受控环境》系列国家标准，借鉴了国际同行将检测、设计、建造、启动运行等各个环节系统化的理念。要充分发挥医院洁净室的作用，达到使用要求，运行中的每个细节都不容忽视。

同等面积的洁净室及相关受控环境空调通风的能耗是高档酒店的5倍～10倍。合理的确定功能、要求、洁净度等级、总体布局、室内设施、作业空间的匹配，是运行环节节能、降低费用的必要条件。医院洁净室及相关受控环境的布局、设计、建造是应用的基础条件，其合理性直接影响应用效果。对医院洁净室及相关受控环境的综合评价是非常重要环节。

医院洁净室及相关受控环境应用规范 第1部分：总则

1 范 围

GB/T 33556 的本部分给出了医院洁净室及相关受控环境的验证、运行管理与维护等规范。

本部分适用于医院洁净室及相关受控环境，如洁净手术室，造血干细胞移植病房，生殖中心，烧伤病房、ICU 病房、静脉输液配制中心等。

2 规范性引用文件

下列文件对于本文件的应用是必不可少的。凡是注日期的引用文件，仅注日期的版本适用于本文件。凡是不注日期的引用文件，其最新版本（包括所有的修改单）适用于本文件。

GB 15982 医院消毒卫生标准

GB 19083—2010 医用防护口罩技术要求

GB/T 25915.2—2010 洁净室及相关受控环境 第2部分：证明持续符合 GB/T 25915.1 的检测与监测技术条件

GB/T 25915.3—2010 洁净室及相关受控环境 第3部分：检测方法

GB/T 25915.4 洁净室及相关受控环境 第4部分：设计、建造、启动

GB/T 25916.1 洁净室及相关受控环境 生物污染控制 第1部分：一般原理和方法

GB/T 25916.2 洁净室及相关受控环境 生物污染控制 第2部分：生物污染数据的评估与分析

GB/T 29469—2012 洁净室及相关受控环境 性能及合理性评价

GB 50333—2013 医院洁净手术部建筑技术规范

WS/T 368 医院空气净化管理规范

3 术语和定义

下列术语和定义适用于本文件。

3.1 医院洁净室 hospital clean room

采用技术手段和管理措施有效控制可能造成感染或影响医疗效果的病原性微生物、悬浮粒子、有害气体及温湿度和气压的环境。

3.2 空气悬浮粒子 airborne particle

悬浮在空气中的粒径从1纳米到100微米的、活性的或非活性的、固态的或液态的物质。

[GB/T 25915.3—2010，定义 3.2.2]

3.3 洁净度等级 classification of cleanliness

以 ISO N 级表示的洁净室或洁净区内悬浮粒子洁净度的水平（或规定与确定水平的方法），它说明指定粒径的粒子的最大允许浓度（表示为每立方米空气中的粒子数量）。

3.4 空态 as-built

设施已建成并运行，但无医疗设备、材料和人员的状态。

[GB/T 25915.1—2010，定义 2.4.1]

3.5 静态 at-rest

设施已建成并运行，医疗设备已安装并可运行，但无人员的状态。

[GB 50333—2013，定义 2.0.13]

3.6 动态 operational

设施以规定的状态运行，有规定的人员在场，并在商定的状态下进行工作。

3.7 工程验收 installation acceptance inspection

设施已建成，在空态条件下确认洁净室与相关受控环境设施的性能参数是否符合设计要求。

3.8 静态验收 function acceptance inspection

在静态条件下，确认洁净室设施与相关受控环境设施的性能是否满足（持续符合）设计要求。

3.9 动态考评 operational evaluation

在规定的动态条件下，确认洁净室与相关受控环境设施性能参数的符合性。

4 要　求

4.1 评价、验收与动态考评

4.1.1 评价

4.1.1.1 设计含有洁净室及相关受控环境的医院新建筑时，宜对受控环境的要求、总体布局等进行合理性评价后再进行。

4.1.1.2 在已有建筑内建洁净室及相关受控环境前，宜对受控环境的功能、要求、洁净度等级、总体布局、室内设施、作业空间的匹配等进行合理性评价，参照 GB/T 29469—2012。

4.1.2 验收

4.1.2.1 工程验收

在空态条件下，按照 GB 50333—2013 的规定执行。

4.1.2.2 静态验收

在静态条件下，按照 GB/T 25915.4、GB 50333—2013，以判定设施的性能是否达到要求。检测项目至少应包括：

a)静压差、压力梯度；

b)风速、换气次数、气流组织；

c)温度与相对湿度；

d)沉降菌与表面微生物，代表性回风处的微生物浓度；

e)回风口空气中微生物等级；

f)气态污染物；

g)照明、噪声，新风量。

若有必要，证实并记录气流组织情况和换气次数。

4.1.3 动态考评

为保证和提高运行水平、质量，宜定期对动态情况下环境考评技术指标进行，考评的主要技术参数：

a)核心工作区域的洁净度和微生物；

b)物表微生物含量；

c)洁净区有序的压力梯度；

d)温度和相对湿度的维持能力；

e)回风口微生物含量和粒子浓度。

4.2 运行文件

应建立一套含有(不限于)以下列项的运行文件，规范运行的各个环节：

a)人员；

b)医用洁净服；

c)物品；

d)清洁和消毒；

e)通风换气和环境参数；

f)监测、纠正和通风系统设施维护；

g)安全；

h)资料汇总。

4.3 人　员

4.3.1 洁净室及相关受控环境内人员是主要污染源之一，主要是不断脱落的毛发、皮屑和不恰当的行动。

4.3.2 对相关人员进行针对性培训，以防止人员受到危害，尽量减少行为产生污染的风险。

4.3.3 严格控制工作人员数量。

4.3.4 进入受控环境的人员应按 4.2.2 的要求更换洁净服。

4.3.5 穿着洁净服不应离开洁净区域；必须离开再进入时，应按要求更换洁净服。

4.4 医用洁净服

4.4.1 能遮挡住毛发、口鼻和身体其他部位的毛、皮屑。

4.4.2 低发尘、有一定透气性、穿着无不适感。

4.4.3 如使用口罩，应符合 GB 19083—2010 的要求，且有良好的透气性。

4.4.4 非一次性使用的，每次换下后应清洗、消毒，并无尘、密闭保存。

4.4.5 尽量使用连体式制服。

4.5 物　品

4.5.1 医疗器械

4.5.1.1 医疗器械进入前需根据使用目的进行清洁、消毒或灭菌。

4.5.1.2 安装、维修、保养医疗器械时，应尽量减少对洁净度的影响。

4.5.1.3 污染的医疗器械应及时进行清洁与消毒处理或及时转运到消毒供应中心(CSSD)进行规范化处理。

4.5.1.4 一次性使用的医疗器械不应重复使用。

4.5.1.5 报废或不用的医疗器械应及时移出。

4.5.2 其他物品

4.5.2.1 应保证运入的其他物品及包装不影响洁净度。

4.5.2.2 其他物品的消毒、存贮、回收过程应不影响洁净度。

注：其他物品含医疗垃圾。

4.6 清洁和消毒

4.6.1 清洁

4.6.1.1 应指定负责清洁作业的人员和区域。

4.6.1.2 应定期按规范进行清洁，以确保受控环境的洁净度水平。

4.6.1.3 应适时对清洁过程是否对医疗活动造成风险进行评估，必要时，在清洁前，移走或覆盖相关设施和材料。

4.6.1.4 应制定应急的清洁规程及方法，应对突发事件或系统故障所造成的污染，避免医疗风险。

4.6.2 消毒

应达到 GB 15982 和 WS/T 368 的要求。

4.7 通风换气和环境参数

应保证室内人员普遍无不适感。持续维持各项指标在允许范围内，满足室内人员工作需要。

4.8 监测和维护

4.8.1 影响受控环境的运行或环境质量的风险因素有：

a)环境污染因素(微生物、气流、空气悬浮粒子、有害气体、噪声、静电等)；

b)人流和物流；

c)服务、维护、修理；

d)清洁及消毒方法；

e)紧急停机和计划内停机；

f)设施扩建和改造。

4.8.2 宜由受过相关培训且有实际经验的专业人员负责。

4.8.3 应制定一套针对人员、清洁和其他运行系统的常规监测计划和方案。进行综合性监测应有足够的频度，及时检测出实际存在的或正在显现的不良情况。宜建立受控参数的在线智能监控系统（参见附录A）。

4.8.4 当被监测的参数不符合要求时，应迅速做出反应，其中包括更换配件、调查和采取应对措施及预防措施。粒子监测可参照GB/T 25915.2—2010和GB/T 25915.3—2010。微生物监测可参照GB/T 25916.1和GB/T 25916.2。

4.8.5 设备运行的日常维护。

4.8.6 定期检查、清洁通风管路。

4.8.7 确定最长检测周期。

GB/T 25915.2—2010给出持续达到规定的ISO等级所用的检测方法和最长检测周期，见表1。各种洁净度等级对照表可参见附录B。

表1 证实持续符合粒子浓度限值的检测周期

等级	最长周期	检测方法
≤ISO 5级	6个月	GB/T 25915.2—2010
＞ISO 5级	12个月	GB/T 25915.2—2010
注：一般是按规定的ISO等级在动态下进行粒子计数检测，但也可在静态下进行。		

4.9 安全

应遵守相关安全方面的法律法规的规定，且包括下述内容（不限于）：

a）随时可供查阅的安全说明；

b）疏散计划和疏散实地演练；

c）事故报告机制；

d）人员建议反馈机制；

e）对可能的危害状况或危害物的监控；

f）应急预案；

g）持续改进。

4.10 资料汇总

各种相关资料应汇编成册以备随时查阅，其中至少包括：

a）相关图纸、工程中采用的相关产品资料；

b）供方的检测文件；

c）所用仪器的校准证书；

d）符合技术要求的客观验证；

e）维护记录；

f）培训记录。

4.11 节能

4.11.1 设计时应考虑能源的综合利用，尽量采用能效等级较高的设施。

4.11.2 在保证运行要求的前提下，在实践的基础上，应用、管理、维护和相关人员讨论并得出一致意见后，可采取相应的节能措施。

附录A
（资料性附录）
医院受控环境数据的智能监测系统

医院受控环境数据的智能监测系统基本功能如下：

a）主要机组设备运行参数的实时分析；

b）平均数据采样频率不低于12次/min；

c）实时焓湿图分析的功能；

d）实时的能耗分析功能；

e）通过多重静态分析扫描，每间隔5s时间对采集参数进行检测分析比对，以证明系统运行满足要求；

f）数据传输速度应保证需求；

g）应对死循环和停机导致潜在威胁通过模型检测方法彻底排除；

h）保证信息网络系统的安全；

i）具备数据链整合能力。

附 录 B
（资料性附录）
各种洁净度等级对照表

各种洁净度等级对照可参见表B.1。

表B.1 各种洁净度等级与ISO对照表

洁净度等级			大于或等于表中所示的粒子最大浓度限值（公制：个/m³；英制：个/ft³）															
			0.1μm			0.2μm			0.3μm			0.5μm			1.0μm	5.0μm		
FS 209E		ISO	FS 209E		ISO	FS 209E		ISO	FS 209E		ISO	FS 209E		ISO	ISO	FS 209E		ISO
公制	英制	公制	个/m³	个/ft³	个/m³	个/m³	个/ft³	个/m³	个/m³	个/ft³	个/m³	个/m³	个/ft³	个/m³	个/m³	个/m³	个/ft³	个/m³
		1级			10			2										
		2级			100			24			10			4				
M1			350	9.91		75.7	2.14		30.9	0.875		10.0	0.283					
M1.5	一级	3级	1240	35.0	1000	265	7.50	237	106	3.00	102	35.3	1.00	35	8			
M2			3500	99.1		757	21.4		309	8.75		100	2.83					
M2.5	十级	4级	12400	350	10000	2650	75.0	2370	1060	30.0	1020	353	10.0	352	83			
M3			35000	991		7570	214		3090	87.5		1000	28.3					
M3.5	百级	5级			100000	26500	750	23700	10600	300	10200	3530	100	3520	832			29
M4						75700	2140		30900	875		10000	283					
M4.5	千级	6级			1000000			237000			102000	35300	1000	35200	8320	247	7.00	293
M5												100000	2830			618	17.5	
M5.5	万级	7级										353000	10000	352000	83200	2470	70.0	2930
M6												1000000	28300			6180	175	
M6.5	十万级	8级										3530000	100000	3520000	832000	24700	700	29300
M7												10000000	283000			61800	1750	
		9级												35200000	8320000			293000

注：FED-STD-209 E为洁净室和洁净区的环境控制要求。

中华人民共和国国家标准

医院负压隔离病房环境控制要求

Requirements of environmental control for hospital negative pressure isolation ward

GB/T 35428-2017

21

前　言

本标准按照 GB/T 1.1—2009 给出的规则起草。

本标准由全国洁净室及相关受控环境标准化技术委员会(SAC/TC 319)提出并归口。

本标准起草单位:江苏苏净科技有限公司、天津市龙川净化工程有限公司、中天道成(苏州)洁净技术有限公司、解放军总医院、空军总医院、北京佑安医院、中国标准化协会、中国医学科学院北京协和医院、中国中元国际工程有限公司、中国联和健康产业有限公司、军事医学科学院卫生装备研究所、防化研究院、上海德威净化设备工程有限公司、深圳市丽风净化技术有限公司、北京天智航医疗科技股份有限公司、烟台宝源净化有限公司、武汉吉隆过滤技术有限公司、北京北方天宇建筑装饰责任公司、无锡汉佳医疗科技有限公司。

本标准主要起草人:姜伟康、邴绍同、杨子强、祁建城、曹晋桂、殷晓冬、曲正、张立海、徐火炬、陈江浩、赵阿萌、黄吉辉、于自强、涂有、何丽、郭莉、周恒谨、林向阳、李锡、周恒谨、童志富、马东、杨小兵、陈汉清、张晓东、潘学刚、姜皓遐。

目　次

医院负压隔离病房环境控制要求

1 范　　围

本标准规定了医院用于隔离通过和可能通过空气传播的疑似或传染病患者的负压隔离病房环境控制的技术要求。

本标准适用于综合医院负压隔离病房。

21

2 规范性引用文件

下列文件对于本文件的应用是必不可少的。凡是注日期的引用文件，仅注日期的版本适用于本文件。凡是不注日期的引用文件，其最新版本(包括所有的修改单)适用于本文件。

GB/T 16294—2010　医药工业洁净室(区)沉降菌的测试方法

GB 50346　生物安全实验室建筑技术规范

GB 50686—2011　传染病医院建筑施工及验收规范

WS/T 368—2012　医院空气净化管理规范

3 术语和定义

下列术语和定义适用于本文件。

3.1　空气传播　airborne transmission

带有病原微生物的微粒子通过空气流动导致的疾病传播。

注：改写 WS/T 311—2009，定义 3.5。

3.2　隔离　isolation

采用各种方法、技术，防止病原体从患者及携带者传播给他人的措施。

[WS/T 311—2009，定义 3.10]

3.3　负压隔离病房　negative pressure isolation ward

用于隔离通过和可能通过空气传播的传染病患者或疑似患者的病房。采用通风方式，使病房区域空气由清洁区向污染区定向流动，并使病房空气静压低于周边相邻相通区域空气静压，以防止病原微生物向外扩散。

注：改写 WS/T 311—2009，定义 3.16。

3.4　清洁区　clean area

病区中不应受到传染病患者和疑似患者的病原微生物污染及传染病患者不应进入的区域。

注：改写 WS/T 311—2009，定义 3.11。

3.5　污染区　contaminated area

病区中传染病患者和疑似患者直接接受隔离和诊疗的区域。

注：改写 WS/T 311—2009，定义 3.13。

3.6　潜在污染区　potentially contaminated area

毗连污染区，存有潜在病原微生物污染可能的区域。

注：改写 WS/T 311—2009，定义 3.12。

3.7　缓冲间　buffer room

设置在清洁区与潜在污染区之间、潜在污染区与污染区之间的具有送机械通风措施的密闭室，双侧开门，其门具有互锁功能，不能同时处于开启状态。

注：改写 WS/T 311—2009，定义 3.15。

3.8　新风　fresh air

经空调系统处理后送入室内的室外空气。

3.9　新风量　fresh air rate

由空调通风系统送入室内的新鲜空气的体积空气量。

注：改写 GB/T 25915.3—2010，定义 3.4.5。

3.10　换气次数　air exchange rate

单位时间的通风换气值，以单位时间送入或排出房间的空气体积除以房间的体积计算，常用单位为 AC/h 或AC/min。

注：改写 GB/T 25915.3—2010，定义 3.4.1。

4 要　　求

4.1 建筑布局与隔离

4.1.1 应设在相对独立的区域，既可独成一体，也可集中设置于建筑的一端。

4.1.2 内部分为清洁区、潜在污染区和污染区，各区应相对集中布置，并有能阻隔空气传播的物理屏障和明显的警示标志。

4.1.3 地面、墙壁、屋顶等应平整、光滑、耐腐蚀，接缝处应密封，且便于清洁和消毒。

4.1.4 负压隔离病房污染区内围护结构的所有缝隙和贯穿处的接缝都应可靠密封。

4.1.5 区域之间应设置缓冲间，缓冲间宜便于医用推车和普通医疗设施的进出。

4.1.6 宜采用单人间设计。

4.1.7 房间面积应考虑医疗及患者的生活需要。

4.1.8 室内净高度不应小于 2.6m，如无特殊要求，高度也不宜大于 3.0m。

4.1.9 病房通过缓冲间与潜在污染区（走廊）连接，缓冲间的门应具有互锁功能并有应急解锁功能。

4.1.10 缓冲间污染区侧的互锁门关闭 1min 后才允许开启清洁区侧的互锁门。

4.1.11 负压隔离病房应在与其相邻的走廊的潜在污染区的墙上设置内外侧窗门互锁的传递窗，传递窗结构应密闭。

4.1.12 每间病房内应设置独立的卫生间。

4.1.13 通向外界的门应向外开启，内门应向静压大的一侧开启。

4.1.14 负压隔离病房宜设不可开启的密闭窗并加装窗帘等遮挡装置。

4.1.15 隔离病房内宜设置内外通话系统、视频监控系统。

4.1.16 隔离病房应增设门禁系统，限制患者的活动范围。

4.2 气流组织与压差控制

4.2.1 负压隔离病房的送风口与排风口布置应符合定向气流组织原则，送风口应设置在房间上部，排风口应设置在病床床头附近，应利于污染空气就近尽快排出。

4.2.2 不同污染等级区域压力梯度的设置应符合定向气流组织原则，应保证气流从清洁区→潜在污染区→污染区方向流动。

4.2.3 相邻相通不同污染等级房间的压差（负压）不小于5Pa，负压程度由高到低依次为病房卫生间、病房房间、缓冲间与潜在污染走廊（见图 1）。清洁区气压相对室外大气压应保持正压。

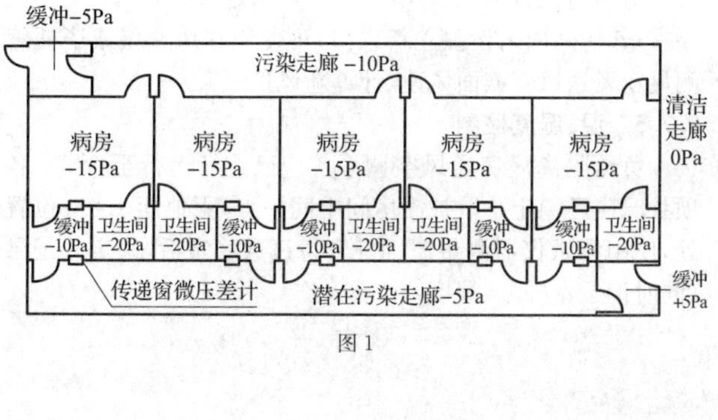

图 1

如采用不同于图 1 的单走廊设计，宜加注明"如需要可在病房与内走廊相对的另一侧设置污物走廊，该走廊相对于室外气压维持－5Pa～－10Pa"。

4.2.4 有压差的区域，应在外侧人员目视区域设置微压差计，并标志明显的安全压差范围指示。

4.2.5 对设置的微压差计应定期检查校正并记录。

4.3 通风空调系统

4.3.1 通风空调送风系统应按清洁区与污染区（含潜在污染区）分别独立设置。

4.3.2 宜采用全新风直流式空调系统，如采用部分回风的空调系统，应在回风段末端设置高效空气过滤器，系统并可在需要时、切换为全新风直流式空调运行。

4.3.3 送、排风系统中，每间病房的送、排风支管上应设置电动或气动密闭阀，并可单独关断。

4.3.4 污染区排风应经过高效过滤器过滤后排放。应可以在原位对排风高效过滤器进行检漏和消毒灭菌，确保过滤器安装无泄漏，更换过滤器应先消毒，由专业人员操作，并有适当的保护措施。

4.3.5 送、排风机应能够根据风管内压力变频调节。宜在送、排风系统上设置测量风量的装置。

4.3.6 送、排风系统的过滤器宜设压差监测装置。

4.3.7 排风机位置的设置应确保在建筑内的排风管道内保持负压。排风机吸入口应设置与风机联动的电动或气动密闭阀。

4.3.8 负压隔离病房通风系统的送风机与排风机应联锁控制，启动通风系统时，应先启动系统排风机，后启动送风机；关停时，应先关闭系统送风机，后关闭系统排风机。

4.3.9 排风口应远离进风口和人员活动区域，并设在高于半径 15m 范围内建筑物高度 3m 以上的地方，应满足距离最近的建筑物的门、窗、通风采集口等的最小距离不少于 20m。

4.3.10 室外排风口应有防风、防雨、防鼠、防虫设计，使排出的空气能迅速被大气稀释，但不应影响气体向上空排放。

4.4 给　排　水

4.4.1 符合 GB 50686—2011 第 5 章的要求。

4.4.2 热水宜集中供应，热水管布置及施工符合 GB 50686—2011 第 5 章的要求。

4.4.3 污染区（含潜在污染区）的排水通气立管宜安装高效过滤器，通气立排气口远离。进风口和人员活动区域。

4.5 电　　气

符合 GB 50686—2011 第 7 章的要求。

4.6 卫生和环境参数

4.6.1 空气细菌菌落总数应符合 WS/T 368—2012 中 4.2.3 的要求。

4.6.2 物体表面微生物应≤$10CFU/cm^2$。

4.6.3 负压隔离病房污染区和潜在污染区的换气次数宜为 10 次/h～15 次/h，人均新风量不应少于 $40m^3/h$；负压隔离病房清洁区的换气次数宜为 6 次/h～10 次/h。

4.6.4 负压隔离病房的温度宜控制在 20℃～26℃范围内。

4.6.5 负压隔离病房的相对湿度宜控制在 30%～70%范

围内。

4.6.6 负压隔离器病房的噪声应不大于50dB(A)。

4.6.7 负压隔离器病房的照度应不小于50lx。

5 检验方法

5.1 目测观察

采用目测对4.1.1～4.1.8、4.1.12～4.1.16、4.2.4、4.2.5、4.3.1、4.3.3～4.3.7、4.3.9、4.3.10等进行检查。

5.2 发烟法

5.2.1 密闭性

房间门、传递窗等均处于关闭状态，同时在传递窗的接缝、门缝隙、视窗与门体连接处、穿线处及与墙的连接处等发烟，如烟雾呈自然的自由扩散状，则被检查部位基本严密；如果烟雾出现定向流动现象，则存在漏点。漏点在烟雾流向的反方向。测试结果是否符合4.1.11的要求。

5.2.2 气流流向

负压隔离病房通风空调系统已正常运行，房间门、传递窗等均处于关闭状态，待系统参数稳定后开始。采用人工烟源在送风口下方、医务人员工作区域及病床上方发烟，发烟量应可造成可视化流场。通过目测观察烟雾在病房内流动的方向，判断病房内的气流流向。测试结果是否符合4.2.1、4.2.2的要求。

5.3 压差控制检测

5.3.1 通风空调系统应已正常运行，房间门、传递窗等均处于关闭状态，待系统参数稳定后开始测试。

5.3.2 结合被检测负压隔离病房平面布局特点，宜采用固有的压力测试点，确定不同区域之间的测点位置，测点应远离可能影响测点局部压力的送风口、回风口、门缝等位置。使用具有压差测试功能的仪器测量负压隔离病房各房间之间的相对压差值。测试结果是否符合4.2.3的要求。

5.4 通风空调系统检测

5.4.1 排风高效过滤器原位检漏

采用效率检测法或扫描检测法，按照GB 50346规定的相关方法进行。测试结果是否符合4.3.4的要求。

5.4.2 送、排风机联锁可靠性检测

启动和关停通风空调系统时，观察送、排风机启停顺序，观察负压隔离病房各房间压差变化情况，观察是否出现正压及压差逆转等异常情况。测试结果是否符合4.3.8的要求。

5.5 给排水检测

按照GB 50686—2011中5.4进行。

5.6 电气检测

按照GB 50686—2011中7.4进行。

5.7 卫生与环境参数检测

5.7.1 空气细菌菌落总数检测

按照GB/T 16294—2010规定的相关方法进行。

5.7.2 物体表面微生物检测

采用$25cm^2$的接触皿在与被测物体表面接触，轻压10s，然后放入培养箱中按规定的温度培养48h，测算细菌菌落总数。

5.7.3 换气次数检测

5.7.3.1 在负压隔离病房通风空调系统正常运行的条件下进行。测量风口风量或风速时，风口上的任何配件应保持原样。

5.7.3.2 采用风量罩直接测试送风口的风量，用风罩口完全罩住送风口，风罩面积应与风口面积相适应，风罩边与接触面应严密无泄漏。当送风口面积超过风罩面积时，可将送风口分成若干区域，使用风罩分别对其测量后求和。

5.7.3.3 使用风速仪测量送风口平均风速乘以截面积计算出送风口风量，通过总的送风量除以房间容积计算出换气次数。

注：采用风速计测量送风量时，按送风口形状和面积大小分成若干个相等的小截面，每个小截面宜接近正方形，边长最好不大于200mm，测点设于小截面中心，风口上测点数不宜少于6个。风口上有孔板、百叶等配件时，测定面距其约50mm。

5.7.4 新风量检测

房间内设有独立新风口，其风量测定参照5.7.3的相关要求；若房间内未设独立新风口，可使用热风速仪或毕托管测量新风送风管截面风速，计算新风量。

5.7.5 温、湿度检测

负压隔离病房通风空调系统应已连续运行至少8h，各项状况应已稳定。取被测房间中间一点，距地面1.0m位置处，使用测试仪器测量温、湿度，待读数稳定后，确定并记录(同时记录室外温、湿度)。

5.7.6 噪声检测

5.7.6.1 通风空调系统已正常运行，并确认房间静压差已达到4.2.3要求。

5.7.6.2 测点距地面高1.0m。面积在15m^2以下的房间，可只测室中心1点，15m^2以上的房间除中心1点外，应再测对角4点，距侧墙各1m，测点朝向各角。

5.7.6.3 使用声级计测量房间的噪声

5.7.7 照度检测

5.7.7.1 室内照度应在室温趋于稳定后进行，并且荧光灯已有100h以上的使用期，检测前已点燃15min以上，白炽灯已有10h以上的使用期，检测前已点燃5min以上。测点距地面高0.8m，按1m～2m间距布点，30m^2以内的房间测点距墙面0.5m，超过30m^2的房间，测点离墙1m。

5.7.7.2 使用照度计测量房间的照度。

中华人民共和国卫生行业标准

医院隔离技术规范

Technique standard for isolation in hospitals

WS/T 311-2009

前言

根据《中华人民共和国传染病防治法》《医院感染管理办法》和《消毒管理办法》制定本标准。

本标准的附录A、附录B、附录C、附录D为规范性附录，附录E、附录F和附录G为资料性附录。

本标准由卫生部医院感染控制标准专业委员会提出。

本标准起草单位：北京大学第一医院、首都医科大学附属北京天坛医院、卫生部医院管理研究所、首都医科大学宣武医院、中南大学湘雅医院、复旦大学附属中山医院、解放军301医院、山东省立医院。

本标准起草人：李六亿、邵丽丽、刘玉村、巩玉秀、王力红、吴安华、胡必杰、魏华、李卫光、贾会学、张桂花、曹红谊。

目　次

医院隔离技术规范

1 范　围

本标准规定了医院隔离的管理要求、建筑布局与隔离要求、医务人员防护用品的使用和不同传播途径疾病的隔离与预防。

本标准适用于各级各类医院。

其他医疗机构参照执行。

2 规范性引用文件

下列文件中的条款通过本标准的引用而成为本标准的条款。凡是标注日期的引用文件，其随后所有的修改(不包括勘误内容)或修订版均不适用于本标准，然而，鼓励根据本标准达成协议的各方研究是否可使用这些文件的最新版本。凡是不注明日期的引用文件，其最新版本适用于本标准。

GB 19082　医用一次性防护服技术要求

WS/T 313　医务人员手卫生规范

消毒技术规范　卫生部

3 术语和定义

下列术语和定义适用于本标准。

3.1 感染源　source of infection

病原体自然生存、繁殖并排出的宿主或场所。

3.2 传播途径　modes of transmission

病原体从感染源传播到易感者的途径。

3.3 易感人群　susceptible hosts

对某种疾病或传染病缺乏免疫力的人群。

3.4 标准预防　standard precaution

针对医院所有患者和医务人员采取的一组预防感染措施。包括手卫生，根据预期可能的暴露选用手套、隔离衣、口罩、护目镜或防护面屏，以及安全注射。也包括穿戴合适的防护用品处理患者环境中污染的物品与医疗器械。

标准预防基于患者的血液、体液、分泌物(不包括汗液)、非完整皮肤和黏膜均可能含有感染性因子的原则。

3.5 空气传播　airborne transmission

带有病原微生物的微粒子(≤5μm)通过空气流动导致的疾病传播。

3.6 飞沫传播　droplet transmission

带有病原微生物的飞沫核(>5μm)，在空气中短距离(1m内)移动到易感人群的口、鼻黏膜或眼结膜等导致的传播。

3.7 接触传播　contact transmission

病原体通过手、媒介物直接或间接接触导致的传播。

3.8 感染链　infection chain

感染在医院内传播的三个环节，即感染源、传播途径和易感人群。

3.9 个人防护用品　personal protective equipment, PPE

用于保护医务人员避免接触感染性因子的各种屏障用品。包括口罩、手套、护目镜、防护面罩、防水围裙、隔离衣、防护服等。

3.9.1 纱布口罩　mask

保护呼吸道免受有害粉尘、气溶胶、微生物及灰尘伤害的防护用品。

3.9.2 外科口罩　surgical mask

能阻止血液、体液和飞溅物传播的，医护人员在有创操作过程中佩带的口罩。

3.9.3 医用防护口罩　respirator

能阻止经空气传播的直径≤5μm感染因子或近距离(<1m)接触经飞沫传播的疾病而发生感染的口罩。医用防护口罩的使用包括密合性测试、培训、型号的选择、医学处理和维护。

3.9.4 护目镜 protective glass

防止患者的血液、体液等具有感染性物质溅入人体眼部的用品。

3.9.5 防护面罩(防护面屏) face shield

防止患者的血液、体液等具有感染性物质溅到人体面部的用品。

3.9.6 手套 gloves

防止病原体通过医务人员的手传播疾病和污染环境的用品。

3.9.7 隔离衣 isolation gowns

用于保护医务人员避免受到血液、体液和其他感染性物质污染,或用于保护患者避免感染的防护用品。根据与患者接触的方式包括接触感染性物质的情况和隔离衣阻隔血液和体液的可能性选择是否穿隔离衣和选择其型号。

3.9.8 防护服 disposable gowns

临床医务人员在接触甲类或按甲类传染病管理的传染病患者时所穿的一次性防护用品。应具有良好的防水、抗静电、过滤效率和无皮肤刺激性,穿脱方便,结合部严密,袖口、脚踝口应为弹性收口。

3.10 隔离 isolation

采用各种方法、技术,防止病原体从患者及携带者传播给他人的措施。

3.11 清洁区 clean area

进行呼吸道传染病诊治的病区中不易受到患者血液、体液和病原微生物等物质污染及传染病患者不应进入的区域。包括医务人员的值班室、卫生间、男女更衣室、浴室以及储物间、配餐间等。

3.12 潜在污染区 potentially contaminated area

进行呼吸道传染病诊治的病区中位于清洁区与污染区之间,有可能被患者血液、体液和病原微生物等物质污染的区域。包括医务人员的办公室、治疗室、护士站、患者用后的物品、医疗器械等的处理室、内走廊等。

3.13 污染区 contaminated area

进行呼吸道传染病诊治的病区中传染病患者和疑似传染病患者接受诊疗的区域,包括被其血液、体液、分泌物、排泄物污染物品暂存和处理的场所。包括病室、处置室、污物间以及患者入院、出院处理室等。

3.14 两通道 two passages

进行呼吸道传染病诊治的病区中的医务人员通道和患者通道。医务人员通道、出入口设在清洁区一端,患者通道、出入口设在污染区一端。

3.15 缓冲间 buffer room

进行呼吸道传染病诊治的病区中清洁区与潜在污染区之间、潜在污染区与污染区之间设立的两侧均有门的小室,为医务人员的准备间。

3.16 负压病区(房) negative pressure ward(room)

通过特殊通风装置,使病区(病房)的空气按照由清洁区向污染区流动,使病区(病房)内的压力低于室外压力。负压病区(房)排出的空气需经处理,确保对环境无害。

3.17 床单位消毒 bed unit disinfection

对患者住院期间、出院、转院、死亡后所用的床及床周围物体表面进行的清洁与消毒。

3.18 终末消毒 terminal disinfection

传染源离开疫源地后,对疫源地进行的一次彻底的消毒。如传染病患者出院、转院或死亡后,对病室进行的最后一次消毒。

4 隔离的管理要求

4.1 在新建、改建与扩建时,建筑布局应符合医院卫生学要求,并应具备隔离预防的功能,区域划分应明确、标识清楚。

4.2 应根据国家的有关法规,结合本医院的实际情况,制定隔离预防制度并实施。

4.3 隔离的实施应遵循“标准预防”和“基于疾病传播途径的预防”的原则。

4.4 应加强传染病患者的管理,包括隔离患者,严格执行探视制度。

4.5 应采取有效措施,管理感染源、切断传播途径和保护易感人群。

4.6 应加强医务人员隔离与防护知识的培训,为其提供合适、必要的防护用品,正确掌握常见传染病的传播途径、隔离方式和防护技术,熟练掌握操作规程。

4.7 医务人员的手卫生应符合 WS/T 313。

4.8 隔离区域的消毒应符合国家有关规定。

5 建筑布局与隔离要求

5.1 建筑分区与隔离要求

5.1.1 医院建筑区域划分 根据患者获得感染危险性的程度，应将医院分为4个区域。

5.1.1.1 低危险区域 包括行政管理区、教学区、图书馆、生活服务区等。

5.1.1.2 中等危险区域 包括普通门诊、普通病房等。

5.1.1.3 高危险区域 包括感染疾病科(门诊、病房)等。

5.1.1.4 极高危险区域 包括手术室、重症监护病房、器官移植病房等。

5.1.2 隔离要求

5.1.2.1 应明确服务流程，保证洁、污分开，防止因人员流程、物品流程交叉导致污染。

5.1.2.2 根据建筑分区的要求，同一等级分区的科室宜相对集中，高危险区的科室宜相对独立，宜与普通病区和生活区分开。

5.1.2.3 通风系统应区域化，防止区域间空气交叉污染。

5.1.2.4 应按照 WS/T 313 的要求，配备合适的手卫生设施。

5.2 呼吸道传染病病区的建筑布局与隔离要求

5.2.1 适用于经呼吸道传播疾病患者的隔离。

5.2.2 建筑布局 应设在医院相对独立的区域，分为清洁区、潜在污染区和污染区，设立两通道和三区之间的缓冲间。缓冲间两侧的门不应同时开启，以减少区域之间空气流通。经空气传播疾病的隔离病区，应设置负压病室，病室的气压宜为－30Pa，缓冲间的气压宜为－15Pa。

5.2.3 隔离要求

5.2.3.1 应严格服务流程和三区的管理。各区之间界线清楚，标识明显。

5.2.3.2 病室内应有良好的通风设施。

5.2.3.3 各区应安装适量的非手触式开关的流动水洗手池。

5.2.3.4 不同种类传染病患者应分室安置。

5.2.3.5 疑似患者应单独安置。

5.2.3.6 受条件限制的医院，同种疾病患者可安置于一室，两病床之间距离不少于1.1m。

5.3 负压病室的建筑布局与隔离要求

5.3.1 适用于经空气传播疾病患者的隔离。

5.3.2 建筑布局 应设病室及缓冲间，通过缓冲间与病区走廊相连。病室采用负压通风，上送风、下排风；病室内送风口应远离排风口，排风口应置于病床床头附近，排风口下缘靠近地面但应高于地面10cm。门窗应保持关闭。

5.3.2.1 病室送风和排风管道上宜设置压力开关型的定风量阀，使病室的送风量、排风量不受风管压力波动的影响。

5.3.2.2 负压病室内应设置独立卫生间，有流动水洗手和卫浴设施。配备室内对讲设备。

5.3.3 隔离要求

5.3.3.1 送风应经过初、中效过滤，排风应经过高效过滤处理，每小时换气6次以上。

5.3.3.2 应设置压差传感器，用来检测负压值，或用来自动调节不设定风量阀的通风系统的送、排风量。病室的气压宜为－30Pa，缓冲间的气压宜为－15Pa。

5.3.3.3 应保障通风系统正常运转，做好设备日常保养。

5.3.3.4 一间负压病室宜安排一个患者，无条件时可安排同种呼吸道感染疾病患者，并限制患者到本病室外活动。

5.3.3.5 患者出院所带物品应消毒处理。

5.4 感染性疾病病区的建筑布局与隔离要求

5.4.1 适用于主要经接触传播疾病患者的隔离。

5.4.2 建筑布局 应设在医院相对独立的区域，远离儿科病房、重症监护病房和生活区。设单独入、出口和入、出院处理室。

5.4.3 中小型医院可在建筑物的一端设立感染性疾病病区。

5.4.4 隔离要求

5.4.4.1 应分区明确，标识清楚。

5.4.4.2 不同种类的感染性疾病患者应分室安置；每间病室不应超过4人，病床间距应不少于1.1m。

5.4.4.3 病房应通风良好，自然通风或安装通风设施，以保证病房内空气清新。

5.4.4.4 应配备适量非手触式开关的流动水洗手设施。

5.5 普通病区的建筑布局与隔离要求

5.5.1 建筑布局 在病区的末端，应设一间或多间隔离病室。

5.5.2 隔离要求

5.5.2.1 感染性疾病患者与非感染性疾病患者宜分室安置。

5.5.2.2 受条件限制的医院，同种感染性疾病、同种病原体感染患者可安置于一室，病床间距宜大于0.8m。

5.5.2.3 病情较重的患者宜单人间安置。

5.5.2.4 病室床位数单排不应超过3床；双排不应超过6床。

5.6 门诊的建筑布局与隔离要求

5.6.1 建筑布局

5.6.1.1 普通门诊应单独设立出入口，设置问讯、预检分诊、挂号、候诊、诊断、检查、治疗、交费、取药等区域，流程清楚，路径便捷。

5.6.1.2 儿科门诊应自成一区，出入方便；并设预检分诊、隔离诊查室等。

5.6.1.3 感染疾病科门诊应符合国家有关规定。

5.6.2 隔离要求

5.6.2.1 普通门诊、儿科门诊、感染疾病科门诊宜分开挂号、候诊。

5.6.2.2 诊室应通风良好，应配备适量的流动水洗手设施和/或配备速干手消毒剂。

5.6.2.3 建立预检分诊制度，发现传染病患者或疑似传染病患者，应到专用隔离诊室或引导至感染疾病科门诊诊治，可能污染的区域应及时消毒。

5.7 急诊科(室)的建筑布局与隔离要求

5.7.1 建筑布局

5.7.1.1 应设单独出入口、预检分诊、诊查室、隔离诊查室、抢救室、治疗室、观察室等。
5.7.1.2 有条件的医院宜设挂号、收费、取药、化验、X线检查、手术室等。
5.7.1.3 急诊观察室床间距应不小于1.2m。
5.7.2 隔离要求
5.7.2.1 应严格预检分诊制度，及时发现传染病患者及疑似患者，及时采取隔离措施。
5.7.2.2 各诊室内应配备非手触式开关的流动水洗手设施和/或配备速干手消毒剂。
5.7.2.3 急诊观察室应按病房要求进行管理。

6 医务人员防护用品的使用

6.1

防护用品应符合国家相关标准，在有效期内使用。

6.2 口罩的使用

6.2.1 应根据不同的操作要求选用不同种类的口罩。
6.2.2 一般诊疗活动，可佩戴纱布口罩或外科口罩；手术室工作或护理免疫功能低下患者、进行体腔穿刺等操作时应戴外科口罩；接触经空气传播或近距离接触经飞沫传播的呼吸道传染病患者时，应戴医用防护口罩。
6.2.3 纱布口罩应保持清洁，每天更换、清洁与消毒，遇污染时及时更换。
6.2.4 应正确佩戴口罩，具体方法及注意事项见附录A。

6.3 护目镜、防护面罩的使用

6.3.1 下列情况应使用护目镜或防护面罩：

a)在进行诊疗、护理操作，可能发生患者血液、体液、分泌物等喷溅时。

b)近距离接触经飞沫传播的传染病患者时。

c)为呼吸道传染病患者进行气管切开、气管插管等近距离操作，可能发生患者血液、体液、分泌物喷溅时，应使用全面型防护面罩。

6.3.2 佩戴前应检查有无破损，佩戴装置有无松懈。每次使用后应清洁与消毒。
6.3.3 护目镜、防护面罩的戴摘方法见附录B。

6.4 手套的使用

6.4.1 应根据不同操作的需要，选择合适种类和规格的手套。
6.4.1.1 接触患者的血液、体液、分泌物、排泄物、呕吐物及污染物品时，应戴清洁手套。
6.4.1.2 进行手术等无菌操作、接触患者破损皮肤、黏膜时，应戴无菌手套。
6.4.2 应正确戴脱无菌手套，具体方法及注意事项见附录C。
6.4.3 一次性手套应一次性使用。

6.5 隔离衣与防护服的使用

6.5.1 应根据诊疗工作的需要，选用隔离衣或防护服。防护服应符合GB 19082的规定。隔离衣应后开口，能遮盖住全部衣服和外露的皮肤。
6.5.2 下列情况应穿隔离衣：

a)接触经接触传播的感染性疾病患者如传染病患者、多重耐药菌感染患者等时。

b)对患者实行保护性隔离时，如大面积烧伤患者、骨髓移植患者等患者的诊疗、护理时。

c)可能受到患者血液、体液、分泌物、排泄物喷溅时。

6.5.3 下列情况应穿防护服：

a)临床医务人员在接触甲类或按甲类传染病管理的传染病患者时。

b)接触经空气传播或飞沫传播的传染病患者，可能受到患者血液、体液、分泌物、排泄物喷溅时。

6.5.4 应正确穿脱隔离衣和防护服，具体方法及注意事项见附录D。

6.6 鞋套的使用

6.6.1 鞋套应具有良好的防水性能，并一次性应用。
6.6.2 从潜在污染区进入污染区时和从缓冲间进入负压病室时应穿鞋套。
6.6.3 应在规定区域内穿鞋套，离开该区域时应及时脱掉。发现破损应及时更换。

6.7 防水围裙的使用

6.7.1 分为重复使用的围裙和一次性使用的围裙。
6.7.2 可能受到患者的血液、体液、分泌物及其他污染物质喷溅、进行复用医疗器械的清洗时，应穿防水围裙。
6.7.3 重复使用的围裙，每班使用后应及时清洗与消毒。遇有破损或渗透时，应及时更换。
6.7.4 一次性使用围裙应一次性使用，受到明显污染时应及时更换。

6.8 帽子的使用

6.8.1 分为布制帽子和一次性帽子。
6.8.2 进入污染区和洁净环境前、进行无菌操作等时应戴帽子。
6.8.3 被患者血液、体液污染时，应立即更换。
6.8.4 布制帽子应保持清洁，每次或每天更换与清洁。
6.8.5 一次性帽子应一次性使用。

7 不同传播途径疾病的隔离与预防

7.1 隔 离 原 则

7.1.1 在标准预防的基础上，医院应根据病疾病的传播途径(接触传播、飞沫传播、空气传播和其他途径传播)，结合本院的实际情况，制定相应的隔离与预防措施。

7.1.2 一种疾病可能有多种传播途径时，应在标准预防的基础上，采取相应传播途径的隔离与预防。

7.1.3 隔离病室应有隔离标志，并限制人员的出入。黄色为空气传播的隔离，粉色为飞沫传播的隔离，蓝色为接触传播的隔离。

7.1.4 传染病患者或可疑传染病患者应安置在单人隔离房间。

7.1.5 受条件限制的医院，同种病原体感染的患者可安置于一室。

7.1.6 建筑布局符合第5章中相应的规定。

7.2 接触传播的隔离与预防

接触经接触传播疾病如肠道感染、多重耐药菌感染、皮肤感染等的患者，在标准预防的基础上，还应采用接触传播的隔离与预防。

7.2.1 患者的隔离

7.2.1.1 应限制患者的活动范围。

7.2.1.2 应减少转运；如需要转运时，应采取有效措施，减少对其他患者、医务人员和环境表面的污染。

7.2.2 医务人员的防护

7.2.2.1 接触隔离患者的血液、体液、分泌物、排泄物等物质时，应戴手套；离开隔离病室前，接触污染物品后应摘除手套，洗手和/或手消毒。手上有伤口时应戴双层手套。

7.2.2.2 进入隔离病室，从事可能污染工作服的操作时，应穿隔离衣；离开病室前，脱下隔离衣，按要求悬挂，每天更换清洗与消毒；或使用一次性隔离衣，用后按医疗废物管理要求进行处置。接触甲类传染病应按要求穿脱防护服，离开病室前，脱去防护服，防护服按医疗废物管理要求进行处置。

7.3 空气传播的隔离与预防

接触经空气传播的疾病，如肺结核、水痘等，在标准预防的基础上，还应采用空气传播的隔离与预防。

7.3.1 患者的隔离

7.3.1.1 无条件收治时，应尽快转送至有条件收治呼吸道传染病的医疗机构进行收治，并注意转运过程中医务人员的防护。

7.3.1.2 当患者病情容许时，应戴外科口罩，定期更换；并限制其活动范围。

7.3.1.3 应严格空气消毒。

7.3.2 医务人员的防护

7.3.2.1 应严格按照区域流程，在不同的区域，穿戴不同的防护用品，离开时按要求摘脱，并正确处理使用后物品。具体流程与操作见7.9.2.3。

7.3.2.2 进入确诊或可疑传染病患者房间时，应戴帽子、医用防护口罩；进行可能产生喷溅的诊疗操作时，应戴护目镜或防护面罩，穿防护服；当接触患者及其血液、体液、分泌物、排泄物等物质时应戴手套。

7.3.2.3 防护用品使用的具体要求应遵循第6章的规定。

7.4 飞沫传播的隔离与预防

接触经飞沫传播的疾病，如百日咳、白喉、流行性感冒、病毒性腮腺炎、流行性脑脊髓膜炎等，在标准预防的基础上，还应采用飞沫传播的隔离预防。

7.4.1 患者的隔离

7.4.1.1 遵循7.1的要求对患者进行隔离与预防。

7.4.1.2 应减少转运；当需要转运时，医务人员应注意防护。

7.4.1.3 患者病情容许时，应戴外科口罩，并定期更换。应限制患者的活动范围。

7.4.1.4 患者之间、患者与探视者之间相隔距离在1m以上，探视者应戴外科口罩。

7.4.1.5 加强通风，或进行空气的消毒。

7.4.2 医务人员的防护

7.4.2.1 应严格按照区域流程，在不同的区城，穿戴不同的防护用品，离开时按要求摘脱，并正确处理使用后物品。具体流程与操作见7.9.2.3。

7.4.2.2 与患者近距离(1m以内)接触，应戴帽子、医用防护口罩；进行可能产生喷溅的诊疗操作时，应戴护目镜或防护面罩，穿防护服；当接触患者及其血液、体液、分泌物、排泄物等物质时应戴手套。防护用品使用的具体要求应遵循第6章的规定。

7.5 其他传播途径疾病的隔离与预防

应根据疾病的特性，采取相应的隔离与防护措施。

7.6

常见传染病传播途径、隔离与预防要求，参见附录E。

7.7

常见传染病潜伏期、隔离期和观察期，参见附录F。

7.8 常见多重耐药菌感染患者的隔离

应按照7.2采取有效的隔离措施，常见多重耐药菌感染患者的隔离要求，参见附录G。

7.9

急性传染性非典型肺炎、人感染高致病性禽流感的隔离。

7.9.1 患者的隔离

7.9.1.1 将患者安置于有效通风的隔离病房或隔离区域内，必要时置于负压病房隔离。

7.9.1.2 严格限制探视者；如需探视，探视者应正确穿戴个人防护用品，并遵守手卫生规定。

7.9.1.3 限制患者活动范围，离开隔离病房或隔离区域时，应戴外科口罩。

7.9.1.4 应减少转运；当需要转运时，医务人员应注意防护。

7.9.2 医务人员防护

7.9.2.1 医务人员应经过专门的培训，掌握正确的防护技术，方可进入隔离病区工作。

7.9.2.2 应严格按防护规定着装。不同区域应穿不同服装，且服装颜色应有区别或有明显标志。

7.9.2.3 医务人员防护用品穿脱程序

7.9.2.3.1 穿戴防护用品应遵循的程序：

a)清洁区进入潜在污染区：洗手→戴帽子→戴医用防护口罩→穿工作衣裤→换工作鞋后→进入潜在污染区。手部皮肤破损的戴乳胶手套。

b)潜在污染区进入污染区：穿隔离衣或防护服→戴护目镜/防护面罩→戴手套→穿鞋套→进入污染区。

c)为患者进行吸痰、气管切开、气管插管等操作，可能被患者的分泌物及体内物质喷溅的诊疗护理工作前，应戴防护面罩或全面型呼吸防护器。

7.9.2.3.2 **脱防护用品应遵循的程序：**

a)医务人员离开污染区进入潜在污染区前：摘手套、消毒双手→摘护目镜/防护面屏→脱隔离衣或防护服→脱鞋套→洗手和/或手消毒→进入潜在污染区，洗手或手消毒。

用后物品分别放置于专用污物容器内。

b)从潜在污染区进入清洁区前：洗手和/或手消毒→脱工作服→摘医用防护口罩→摘帽子→洗手和/或手消毒后，进入清洁区。

c)离开清洁区：沐浴、更衣→离开清洁区。

7.9.2.4 穿脱防护用品的注意事项

7.9.2.4.1 医用防护口罩的效能持续应用6h～8h，遇污染或潮湿，应及时更换。

7.9.2.4.2 离开隔离区前应对佩戴的眼镜进行消毒。

7.9.2.4.3 医务人员接触多个同类传染病患者时，防护服可连续应用。

7.9.2.4.4 接触疑似患者，防护服应每个患者之间进行更换。

7.9.2.4.5 防护服被患者血液、体液、污物污染时，应及时更换。

7.9.2.4.6 戴医用防护口罩或全面型呼吸防护器应进行面部密合性试验。

7.9.3 隔离区工作的医务人员应每日监测体温两次，体温超过37.5℃及时就诊。

7.9.4 医务人员应严格执行区域划分的流程，按程序做好个人防护，方可进入病区，下班前应沐浴、更衣后，方可离开隔离区。

7.9.5 空气与物体表面的消毒应遵循《消毒技术规范》。

附 录 A
(规范性附录)
口罩的佩戴方法

A.1 外科口罩的佩戴方法

A.1.1 将口罩罩住鼻、口及下巴，口罩下方带系于颈后，上方带系于头顶中部，如图A.1所示。

图A.1

A.1.2 将双手指尖放在鼻夹上，从中间位置开始，用手指向内按压，并逐步向两侧移动，根据鼻梁形状塑造鼻夹。

A.1.3 调整系带的松紧度。

A.2 医用防护口罩的佩戴方法

A.2.1 一手托住防护口罩，有鼻夹的一面背向外，如图A.2所示。

图A.2

A.2.2 将防护口罩罩住鼻、口及下巴，鼻夹部位向上紧贴面部，如图A.3所示。

A.2.3 用另一只手将下方系带拉过头顶，放在颈后双耳下，如图A.4所示。

A.2.4 再将上方系带拉至头顶中部，如图A.5所示。

A.2.5 将双手指尖放在金属鼻夹上，从中间位置开始，用手指向内按鼻夹，并分别向两侧移动和按压，根据鼻梁的形状塑造鼻夹，如图A.6所示。

图A.3

图A.4

图A.5

图A.6

A.3 注 意 事 项

A.3.1 不应一只手捏鼻夹。

A.3.2 医用外科口罩只能一次性使用。

A.3.3 口罩潮湿后、受到患者血液、体液污染后，应及时更换。

A.3.4 每次佩戴医用防护口罩进入工作区域之前，应进行密合性检查。检查方法：将双手完全盖住防护口罩，快速的呼气，若鼻夹附近有漏气应按 A.2.5 调整鼻夹，若漏气位于四周，应调整到不漏气为止。

A.4 摘口罩方法

A.4.1 不要接触口罩前面(污染面)。

A.4.2 先解开下面的系带，再解开上面的系带，如图 A.7 所示。

A.4.3 用手仅捏住口罩的系带丢至医疗废物容器内，如图 A.8 所示。

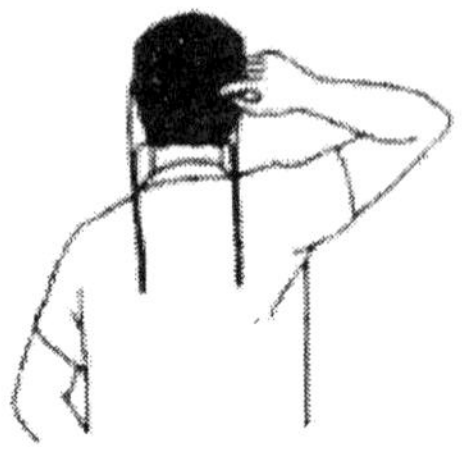

图 A.7

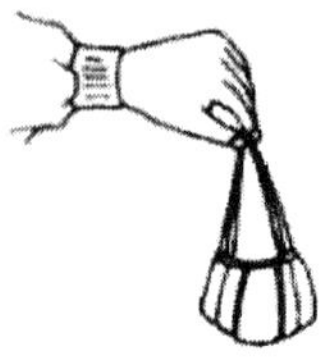

图 A.8

附 录 B
(规范性附录)
护目镜或防护面罩的戴摘方法

B.1 戴护目镜或防护面罩的方法

戴上护目镜或防护面罩，调节舒适度，如图 B.1 所示。

图 B.1

B.2 摘护目镜或面罩的方法

捏住靠近头部或耳朵的一边摘掉，放入回收或医疗废物容器内，如图 B.2 所示。

图 B.2

附 录 C
(规范性附录)
无菌手套戴脱方法

C.1 戴无菌手套方法

C.1.1 打开手套包，一手掀起口袋的开口处，如图 C.1 所示。

C.1.2 另一手捏住手套翻折部分(手套内面)取出手套，对准五指戴上，如图 C.2 所示。

C.1.3 掀起另一只袋口，以戴着无菌手套的手指插入另一只手套的翻边内面，将手套戴好。然后将手套的翻转处套在工作衣袖外面，如图 C.3、图 C.4 所示。

图 C.1

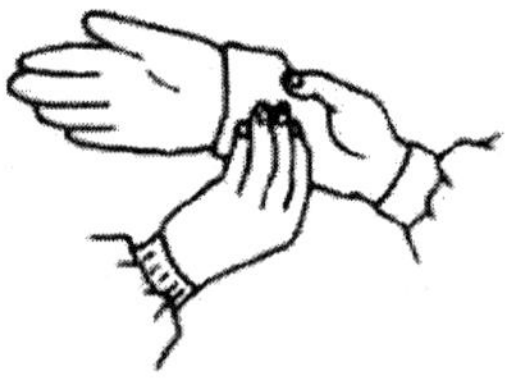

图 C.2

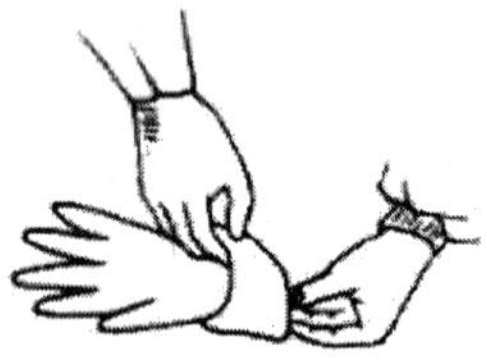

图 C.3

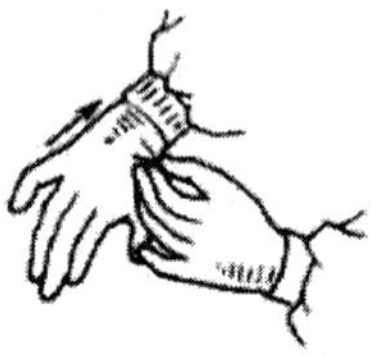

图 C.4

C.2 脱手套的方法

C.2.1 用戴着手套的手捏住另一只手套污染面的边缘将手套脱下，如图 C.5 所示。

C.2.2 戴着手套的手握住脱下的手套，用脱下手套的手捏住另一只手套清洁面(内面)的边缘，将手套脱下，如图 C.6 所示。

C.2.3 用手捏住手套的里面丢至医疗废物容器内，如图 C.7所示。

图 C.5

图 C.6

图 C.7

C.3 注 意 事 项

C.3.1 诊疗护理不同的患者之间应更换手套。

C.3.2 操作完成后脱去手套，应按规定程序与方法洗手，戴手套不能替代洗手，必要时进行手消毒。

C.3.3 操作时发现手套破损时，应及时更换。

C.3.4 戴无菌手套时，应防止手套污染。

附　录　D
（规范性附录）
隔离衣与防护服穿脱方法

D.1　隔离衣穿脱方法

D.1.1　穿隔离衣方法

D.1.1.1　右手提衣领，左手伸入袖内，右手将衣领向上拉，露出左手，如图 D.1 所示。

D.1.1.2　换左手持衣领，右手伸入袖内，露出右手，勿触及面部，如图 D.2 所示。

图 D.1

图 D.2

D.1.1.3　两手持衣领，由领子中央顺着边缘向后系好颈带，如图 D.3 所示。

D.1.1.4　再扎好袖口，如图 D.4 所示。

图 D.3

图 D.4

D.1.1.5　将隔离衣一边（约在腰下 5cm）处渐向前拉，见到边缘捏住，如图 D.5 所示。

D.1.1.6　同法捏住另一侧边缘，如图 D.6 所示。

图 D.5

图 D.6

D.1.1.7　双手在背后将衣边对齐，如图 D.7 所示。

D.1.1.8　向一侧折叠，一手按住折叠处，另一手将腰带拉至背后折叠处，如图 D.8 所示。

图 D.7

图 D.8

D.1.1.9　将腰带在背后交叉，回到前面将带子系好如图 D.9所示。

D.1.2　脱隔离衣方法

D.1.2.1　解开腰带，在前面打一活结，如图 D.10 所示。

图 D.9

图 D.10

D.1.2.2　解开袖带，塞入袖袢内，充分暴露双手，进行手消毒，如图 D.11 所示。

D.1.2.3　解开颈后带子，如图 D.12 所示。

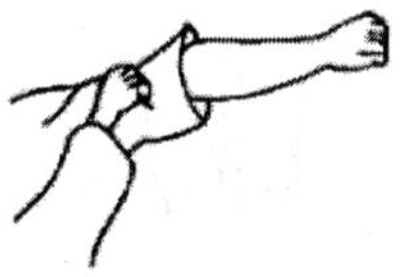

图 D.11

图 D.12

D.1.2.4　右手伸入左手腕部袖内，拉下袖子过手，如图 D.13 所示。

D.1.2.5　用遮盖着的左手握住右手隔离衣袖子的外面，拉下右侧袖子，如图 D.14 所示。

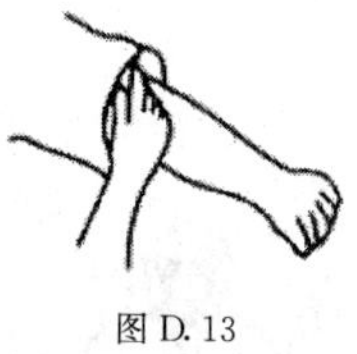

图 D.13

图 D.14

D.1.2.6　双手转换逐渐从袖管中退出，脱下隔离衣，如图 D.15 所示。

D.1.2.7　左手握住领子，右手将隔离衣两边对齐，污染面向外悬挂污染区；如果悬挂污染区外，则污染面向里。

D.1.2.8　不再使用时，将脱下的隔离衣，污染面向内，卷成包裹状，丢至医疗废物容器内或放入回收袋中，如图 D.16 所示。

图 D.15

图 D.16

D.2 防护服穿脱方法

D.2.1 穿防护服 联体或分体防护服，应遵循先穿下衣，再穿上衣，然后戴好帽子，最后拉上拉锁的顺序。

D.2.2 脱防护服

D.2.2.1 脱分体防护服时应先将拉链拉开(图 D.17)。向上提拉帽子，使帽子脱离头部(图 D.18)。脱袖子、上衣，将污染面向里放入医疗废物袋(图 D.19)。脱下衣，由上向下边脱边卷，污染面向里，脱下后置于医疗废物袋(图 D.20、图 D.21)。

D.2.2.2 脱联体防护服时，先将拉链拉到底(图 D.22)。向上提拉帽子，使帽子脱离头部，脱袖子(图 D.23、图 D.24)；由上向下边脱边卷(图 D.25)，污染面向里直至全部脱下后放入医疗废物袋内(图 D.26)。

图 D.17

图 D.18

图 D.19

图 D.20

图 D.21

图 D.22

图 D.23

图 D.24

图 D.25

图 D.26

D.3 注 意 事 项

D.3.1 隔离衣和防护服只限在规定区域内穿脱。

D.3.2 穿前应检查隔离衣和防护服有无破损；穿时勿使衣袖触及面部及衣领。发现有渗漏或破损应及时更换；脱时应注意避免污染。

D.3.3 隔离衣使用一次后即更换的穿脱方法

D.3.3.1 穿法 同 D.1.1。

D.3.3.2 脱法 按 D.1.2.1 和 D.1.2.2 的操作后，消毒双手，解开颈后带子，双手持带将隔离衣从胸前向下拉。右手捏住左衣领内侧清洁面脱去左袖。左手捏住右侧衣领内侧下拉脱下右袖，将隔离衣污染面向里，衣领及衣边卷至中央，放入污衣袋清洗消毒后备用。

D.3.4 隔离衣每天更换、清洗与消毒，遇污染随时更换。

附 录 E
（资料性附录）
常见传染病传染源、传播途径及隔离预防

疾病名称		传染源	传播途径				隔离预防						
			空气	飞沫	接触	生物媒介	口罩	帽子	手套	防护镜	隔离衣	防护服	鞋套
病毒性肝炎	甲型、戊型	潜伏期末期和急性期患者			+		±	±	+		+		
	乙型、丙型、丁型	急性和慢性病人及病毒携带者			#		±	±	+				
麻疹		麻疹患者	+	++	+		+	+	+		+		
流行性腮腺炎		早期患者和隐性感染者		+			+	+			+		
脊髓灰质炎		患者和病毒携带者		+	++	苍蝇、蟑螂	+	+	+		+		
流行性出血热		啮齿类动物、猫、猪、狗、家兔	++		+		+	+	+	±	±		
狂犬病		患病或隐性感染的犬、猫、家畜和野兽			+		+	+	+	±	+		
伤寒、副伤寒		患者和带菌者			+		±	±	+		+		
细菌性痢疾		患者和带菌者			+			±	+		+		
霍乱		患者和带菌者			+		+	+	+		+		+
猩红热		患者和带菌者		++	+		+	+	+		+		
白喉		患者、恢复期或健康带菌者		++	+		+	+	+		+		
百日咳		患者		+			+	+	±		+		
流行性脑脊髓膜炎		流脑患者和脑膜炎双球菌携带者		++	+		+	+	+	±	+		
鼠疫	肺鼠疫	感染了鼠疫杆菌的啮齿类动物和患者		++	+	鼠蚤	+	+	+	±	+		
	腺鼠疫	感染了鼠疫杆菌的啮齿类动物和患者			+	鼠蚤	±	±	+	±	+		
炭疽		患病的食草类动物和患者		+	+		+	+	+	±	+		
流行性感冒		患者和隐性感染者		+	+		+	+	+				
肺结核		开放性肺结核患者	+	++			+	+	+	±	+		
SARS		患者		++	+		+	+	+	±		+	+
HIV		患者和病毒携带者			●				+		+		
手足口病		患者和隐性感染者		+	+		+	+	+	±	+		
梅毒		梅毒螺旋体感染者			●				+		+		
淋病		淋球菌感染者			■				+		+		
人感染高致病性禽流感		病禽、健康带毒的禽		+	+		+	+	+	±		+	+

注 1：在传播途径一列中，“+”：其中传播途径之一；“++”：主要传播途径。

2：在隔离预防一列中，“+”：应采取的防护措施；“±”：工作需要可采取的防护措施；“#”：为接触患者的血液、体液而传播；“●”：为性接触或接触患者的血液、体液而传播；“■”：为性接触或接触患者分泌物污染的物品而传播。

附 录 F
（资料性附录）
常见传染病潜伏期、隔离期和观察期

疾病名称		潜伏期(d)		隔离时间	密切接触者观察
		常见	最短～最长		
病毒性肝炎	甲型	30	15～45	自发病日起隔离 4 周	甲、戊型，急性乙、丙型肝炎密切接触者医学观察 6 周
	乙型	70	30～180	隔离至肝功能正常，并且 HBV DNA、HCV RNA、HDV RNA 转阴	
	丙型	8 周	2 周～26 周		
	丁型	6 周～12 周	3 周～12 周		
	戊型	40	15～75	自发病日起隔离 4 周	
麻疹		10	6～21	自发病日起至出疹后 5d，伴呼吸道并发症者应延长到出诊后 10d	医学观察 21d
流行性腮腺炎		14～21	8～30	自发病日起至腮腺消肿为止	医学观察 21d
脊髓灰质炎		5～14	3～35	自发病日起至少隔离 40d，第 1 周呼吸、消化道隔离，1 周后消化道隔离	医学观察 20d
流行性出血热		7～14	4～46	至症状消失	—
狂犬病		1 月～3 月	5d～19 年	至症状消失	—
伤寒		7～14	3～60	体温正常后 15d 或症状消失后 5d、10d 便培养 2 次阴性	医学观察 21d
副伤寒		8～10	2～15		
细菌性痢疾		1～4	数 h～7d	症状消失后隔日一次便培养，连续 2 次阴性	医学观察 7d
霍乱		1～3	数 h～7d	症状消失后 6d 并隔日一次便培养，连续 3 次阴性	医学观察 5d，便培养 3 次阴性并服药预防
猩红热		2～5	1～7	自治疗日起不少于 7d，且咽拭子培养 3 次阴性	医学观察 7d
白喉		2～4	1～7	症状消失后咽拭子培养 2 次(隔日 1 次)阴性，并至少症状消失后 7d	医学观察 7d
百日咳		7～10	2～21	自发病起 40d 或痉咳后 30d	医学观察 21d
流行性脑脊髓膜炎		2～3	1～10	症状消失后 3d，不少于病后 7d	医学观察 7d
鼠疫	肺鼠疫	1～3	数 h～12d	症状消失后痰培养 6 次阴性	接触者医学观察 9d，预防接种者观察 12d
	腺鼠疫	2～5	1～8	淋巴肿大完全消散后再观察 7d	
炭疽		1～5	0.5～14	症状消失，溃疡愈合，分泌物或排泄物培养 2 次(间隔 5d)阴性	医学观察 8d～12d
流行性感冒		1～3	数 h～4d	体温正常 2d 或病后 7d	医学观察 4d
肺结核		14～70	隐性感染可持续终生	症状消失后连续 3 次痰培养结核菌阴性	医学观察 70d
SARS		4～5	2～14	症状消失后 5d～7d	医学观察 14d
HIV		2d～10 年	数月～15 年	终生采取血液隔离	医学观察 6 个月
手足口病		2～7	—	治愈	医学观察 7d
梅毒		2d～3 周	10～90	完全治愈	医学观察 90d，90d 内有过性接触的予以青霉素治疗
淋病		2～5	1～14	感染的新生儿、青春期前儿童隔离至有效抗生素治疗后 24h；成人治愈	医学观察 14d
人感染高致病性禽流感		3～4	3～7	目前尚无人传染人	医学观察 21d

附　录　G
（资料性附录）
常见多重耐药菌感染患者的隔离措施

	耐甲氧西林/苯唑西林的金黄色葡萄球菌	耐万古霉素的金黄色葡萄球菌	其他多重耐药菌
患者安置	单间或同种病原同室隔离	单间隔离	单间或同种病原同室隔离
人员限制	限制，减少人员出入	严格限制，医护人员相对固定，专人诊疗护理	限制，减少人员出入
手部卫生	遵循 WS/T 313	严格遵循 WS/T 313	遵循 WS/T 313
眼、口、鼻防护	近距离操作如吸痰、插管等戴防护镜	近距离操作如吸痰、插管等戴防护镜	近距离操作如吸痰、插管等戴防护镜
隔离衣	可能污染工作服时穿隔离衣	应穿一次性隔离衣	可能污染工作服时穿隔离衣
仪器设备	用后应清洁、消毒和/或灭菌	专用，用后应清洗与灭菌	用后应清洁、消毒和/或灭菌
物体表面	每天定期擦拭消毒，擦拭用抹布用后消毒	每天定期擦拭消毒，抹布专用，擦拭用抹布用后消毒	每天定期擦拭消毒，擦拭用抹布用后消毒
终末消毒	床单位消毒	终末消毒	床单位消毒
标本运送	密闭容器运送	密闭容器运送	密闭容器运送
生活物品	无特殊处理	清洁、消毒后，方可带出	无特殊处理
医疗废物	防渗漏密闭容器运送，利器放入利器盒	双层医疗废物袋，防渗漏密闭容器运送，利器放入利器盒	防渗漏密闭容器运送，利器放入利器盒
解除隔离	临床症状好转或治愈	临床症状好转或治愈，连续两次培养阴性	临床症状好转或治愈

23

中华人民共和国卫生行业标准

医疗机构消毒技术规范

Regulation of disinfection technique in healthcare settings

WS/T 367-2012

前　言

本标准按照GB/T 1.1—2009给出的规则起草。

根据《中华人民共和国传染病防治法》制定本标准。

本标准由卫生部医院感染控制标准专业委员会提出。

本标准起草单位：北京大学第一医院、中国疾病预防控制中心、军事医学科学院疾病预防控制所、湖北省卫生厅卫生监督局、浙江省疾病预防控制中心、卫生部医院管理研究所、浙江大学医学院附属第二医院、上海瑞金医院、首都医科大学附属北京朝阳医院、厦门大学附属第一医院。

本标准主要起草人：李六亿、张流波、姚楚水、陈顺兰、班海群、胡国庆、张宇、丁炎明、陆群、钱黎明、刘坤、邢淑霞、任伍爱、黄靖雄、贾会学、要慧、黄辉萍。

目　次

医疗机构消毒技术规范

1 范　　围

本标准规定了医疗机构消毒的管理要求；消毒与灭菌的基本原则；清洗与清洁、消毒与灭菌方法；清洁、消毒与灭菌的效果监测等。

本标准适用于各级各类医疗机构。

2 规范性引用文件

下列文件对于本文件的应用是必不可少的。凡是注日期的引用文件，仅注日期的版本适用于本文件。凡是不注明日期的引用文件。其最新版本(包括所有的修改单)适用于本文件。

GB/T 16886.7　医疗器械生物学评价　第7部分：环氧乙烷灭菌残留量

GB 19258　紫外线杀菌灯

GB/T 19633　最终灭菌医疗器械的包装

GB 50333　医院洁净手术部建筑技术规范

WS 310.1　医院消毒供应中心　第1部分：管理规范

WS 310.2　医院消毒供应中心　第2部分：清洗消毒及灭菌技术操作规范

WS 310.3　医院消毒供应中心　第3部分：清洗消毒及灭菌效果监测标准

WS/T 311　医院隔离技术规范

WS/T 313　医务人员手卫生规范

YY/T 0506.1　病人、医护人员和器械用手术单、手术衣和洁净服　第1部分：制造厂、处理厂和产品的通用要求

YY/T 0698.2　最终灭菌医疗器械包装材料　第2部分：灭菌包裹材料　要求和试验方法

YY/T 0698.4　最终灭菌医疗器械包装材料　第4部分：纸袋　要求和试验方法

YY/T 0698.5　最终灭菌医疗器械包装材料　第5部分：透气材料与塑料膜组成的可密封组合袋和卷材　要求和试验方法

YY/T 0698.8　最终灭菌医疗器械包装材料　第8部分：蒸汽灭菌器用重复性使用灭菌容器　要求和试验方法

3 术语和定义

下列术语和定义适用于本文件。

3.1　清洁　cleaning

去除物体表面有机物、无机物和可见污染物的过程。

3.2　清洗　washing

去除诊疗器械、器具和物品上污物的全过程，流程包括冲洗、洗涤、漂洗和终末漂洗。

3.3　清洁剂　detergent

洗涤过程中帮助去除被处理物品上有机物、无机物和微生物的制剂。

3.4　消毒　disinfection

清除或杀灭传播媒介上病原微生物，使其达到无害化的处理。

3.5　消毒剂　disinfectant

能杀灭传播媒介上的微生物并达到消毒要求的制剂。

3.6　高效消毒剂　high-efficacy disinfectant

能杀灭一切细菌繁殖体(包括分枝杆菌)、病毒、真菌及其孢子等，对细菌芽孢也有一定杀灭作用的消毒制剂。

3.7　中效消毒剂　intermediate-efficacy disinfectant

能杀灭分枝杆菌、真菌、病毒及细菌繁殖体等微生物的消毒制剂。

3.8　低效消毒剂　low-efficacy disinfectant

能杀灭细菌繁殖体和亲脂病毒的消毒制剂。

3.9　灭菌　sterilization

杀灭或清除医疗器械、器具和物品上一切微生物的处理。

3.10　灭菌剂　sterilant

能杀灭一切微生物(包括细菌芽孢)，并达到灭菌要求的制剂。

3.11　无菌保证水平　sterility assurance level，SAL

灭菌处理后单位产品上存在活微生物的概率。SAL通常表示为10^{-n}。医学灭菌一般设定SAL为10^{-6}，即经灭菌处理后在一百万件物品中最多只允许一件物品存在活微生物。

3.12　斯伯尔丁分类法　E. H. Spaulding classification

1968年E. H. Spaulding根据医疗器械污染后使用所致感染的危险性大小及在患者使用之间的消毒或灭菌要求，将医疗器械分为三类，即高度危险性物品(critical items)、中度危险性物品(semi-critical items)和低度危险性物品(non-critical items)。

3.13　高度危险性物品　critical items

进入人体无菌组织、器官，脉管系统，或有无菌体液从中流过的物品或接触破损皮肤、破损黏膜的物品，一旦被微生物污染，具有极高感染风险，如手术器械、穿刺针、腹腔镜、活检钳、心脏导管、植入物等。

3.14　中度危险性物品　semi-critical items

与完整黏膜相接触，而不进入人体无菌组织、器官和血流，也不接触破损皮肤、破损黏膜的物品，如胃肠道内镜、气管镜、喉镜、肛表、口表、呼吸机管道、麻醉机管道、压舌板、肛门直肠压力测量导管等。

3.15 低度危险性物品 non-critical items

与完整皮肤接触而不与黏膜接触的器材，如听诊器、血压计袖带等；病床围栏、床面以及床头柜、被褥；墙面、地面；痰盂（杯）和便器等。

3.16 灭菌水平 sterilization level

杀灭一切微生物包括细菌芽孢，达到无菌保证水平。达到灭菌水平常用的方法包括热力灭菌、辐射灭菌等物理灭菌方法，以及采用环氧乙烷、过氧化氢、甲醛、戊二醛、过氧乙酸等化学灭菌剂在规定条件下，以合适的浓度和有效的作用时间进行灭菌的方法。

3.17 高水平消毒 high level disinfection

杀灭一切细菌繁殖体包括分枝杆菌、病毒、真菌及其孢子和绝大多数细菌芽孢。达到高水平消毒常用的方法包括采用含氯制剂、二氧化氯、邻苯二甲醛、过氧乙酸、过氧化氢、臭氧、碘酊等以及能达到灭菌效果的化学消毒剂在规定的条件下，以合适的浓度和有效的作用时间进行消毒的方法。

3.18 中水平消毒 middle level disinfection

杀灭除细菌芽孢以外的各种病原微生物包括分枝杆菌。达到中水平消毒常用的方法包括采用碘类消毒剂（碘伏、氯己定碘等）、醇类和氯己定的复方、醇类和季铵盐类化合物的复方、酚类等消毒剂，在规定条件下，以合适的浓度和有效的作用时间进行消毒的方法。

3.19 低水平消毒 low level disinfection

能杀灭细菌繁殖体（分枝杆菌除外）和亲脂病毒的化学消毒方法以及通风换气、冲洗等机械除菌法。如采用季铵盐类消毒剂（苯扎溴铵等）、双胍类消毒剂（氯己定）等，在规定的条件下，以合适的浓度和有效的作用时间进行消毒的方法。

3.20 有效氯 available chlorine

与含氯消毒剂氧化能力相当的氯量，其含量用 mg/L 或%（g/100mL）浓度表示。

3.21 生物指示物 biological indicator

含有活微生物，对特定灭菌过程提供特定的抗力的测试系统。

3.22 中和剂 neutralizer

在微生物杀灭试验中，用以消除试验微生物与消毒剂的混悬液中和微生物表面上残留的消毒剂，使其失去对微生物抑制和杀灭作用的试剂。

3.23 终末消毒 terminal disinfection

感染源离开疫源地后进行的彻底消毒。

3.24 暴露时间 exposure time

消毒或灭菌物品接触消毒或灭菌因子的作用时间。

3.25 存活时间 survival time, ST

在进行生物指示物抗力鉴定时，受试指示物样本经杀菌因子作用不同时间，全部样本培养均有菌生长的最长作用时间（min）。

3.26 杀灭时间 killing time, KT

在进行生物指示物抗力鉴定时，受试指示物样本经杀菌因子作用不同时间，全部样本培养均无菌生长的最短作用时间（min）。

3.27 D值 D value

在设定的条件下，灭活 90%的试验菌所需时间（min）。

3.28 消毒产品 disinfection product

包括消毒剂、消毒器械（含生物指示物、化学指示物和灭菌物品包装物）和卫生用品。

3.29 卫生用品 sanitary products

为达到人体生理卫生或卫生保健目的，直接或间接与人体接触的日常生活用品。

3.30 菌落形成单位 colony-forming unit, CFU

在活菌培养计数时，由单个菌体或聚焦成团的多个菌体在固体培养基上生长繁殖所形成的集落，称为菌落形成单位，以其表达活菌的数量。

4 管理要求

4.1 医疗机构应根据本规范的要求，结合本单位实际情况，制定科学、可操作的消毒、灭菌制度与标准操作程序，并具体落实。

4.2 医疗机构应加强对医务人员及消毒、灭菌工作人员的培训。培训内容应包括消毒、灭菌工作对预防和控制医院感染的意义、相关法律法规的要求、消毒与灭菌的基本原则与知识、消毒与灭菌工作中的职业防护等。

4.3 医疗机构使用的诊疗器械、器具与物品，应符合以下要求：

a）进入人体无菌组织、器官、腔隙，或接触人体破损皮肤、破损黏膜、组织的诊疗器械、器具和物品应进行灭菌；

b）接触完整皮肤、完整黏膜的诊疗器械、器具和物品应进行消毒。

4.4 医疗机构使用的消毒产品应符合国家有关规定，并应对消毒产品的相关证明进行审核，存档备案。

4.5 医疗机构应保持诊疗环境表面的清洁与干燥，遇污染应及时进行有效的消毒；对感染高风险的部门应定期进行消毒。

4.6 医疗机构应结合本单位消毒灭菌工作实际，为从事诊疗器械、器具和物品清洗、消毒与灭菌的工作人员提供相应的防护用品，保障医务人员的职业安全。

4.7 医疗机构应定期对消毒工作进行检查与监测，及时总结分析与反馈，如发现问题应及时纠正。

4.8 医务人员应掌握消毒与灭菌的基本知识和职业防护技能。

4.9 医疗机构从事清洁、消毒、灭菌效果监测的人员应经过专业培训，掌握相关消毒灭菌知识，熟悉消毒产品性能，具备熟练的检验技能；按标准和规范规定的方法进行采样、检测和评价。清洁、消毒与灭菌的效果监测应遵照附录 A 的规定，消毒试验用试剂和培养基配方见附录 B。

5 消毒、灭菌基本原则

5.1 基本要求

5.1.1 重复使用的诊疗器械、器具和物品，使用后应先清洁，再进行消毒或灭菌。

5.1.2 被朊病毒、气性坏疽及突发不明原因的传染病病原体污染的诊疗器械、器具和物品，应执行本规范第十一章的规定。

5.1.3 耐热、耐湿的手术器械，应首选压力蒸汽灭菌，不应采用化学消毒剂浸泡灭菌。

5.1.4 环境与物体表面，一般情况下先清洁，再消毒；当受到患者的血液、体液等污染时，先去除污染物，再清洁与消毒。

5.1.5 医疗机构消毒工作中使用的消毒产品应经卫生行政部门批准或符合相应标准技术规范，并应遵循批准使用的范围、方法和注意事项。

5.2 消毒、灭菌方法的选择原则

5.2.1 根据物品污染后导致感染的风险高低选择相应的消毒或灭菌方法：

a)高度危险性物品，应采用灭菌方法处理；

b)中度危险性物品，应采用达到中水平消毒以上效果的消毒方法；

c)低度危险性物品，宜采用低水平消毒方法，或做清洁处理；遇有病原微生物污染时，针对所污染病原微生物的种类选择有效的消毒方法。

5.2.2 根据物品上污染微生物的种类、数量选择消毒或灭菌方法：

a)对受到致病菌芽孢、真菌孢子、分枝杆菌和经血传播病原体（乙型肝炎病毒、丙型肝类病毒、艾滋病病毒等）污染的物品，应采用高水平消毒或灭菌；

b)对受到真菌、亲水病毒、螺旋体、支原体、衣原体等病原微生物污染的物品，应采用中水平以上的消毒方法；

c)对受到一般细菌和亲脂病毒等污染的物品，应采用达到中水平或低水平的消毒方法；

d)杀灭被有机物保护的微生物时，应加大消毒剂的使用剂量和(或)延长消毒时间；

e)消毒物品上微生物污染特别严重时，应加大消毒剂的使用剂量和(或)延长消毒时间。

5.2.3 根据消毒物品的性质选择消毒或灭菌方法：

a)耐热、耐湿的诊疗器械、器具和物品，应首选压力蒸汽灭菌；耐热的油剂类和干粉类等应采用干热灭菌；

b)不耐热、不耐湿的物品，宜采用低温灭菌方法如环氧乙烷灭菌、过氧化氢低温等离子体灭菌或低温甲醛蒸汽灭菌等；

c)物体表面消毒，宜考虑表面性质，光滑表面宜选择合适的消毒剂擦拭或紫外线消毒器近距离照射；多孔材料表面宜采用浸泡或喷雾消毒法。

5.3 职业防护

5.3.1 应根据不同的消毒与灭菌方法，采取适宜的职业防护措施。

5.3.2 在污染诊疗器械、器具和物品的回收、清洗等过程中应预防发生医务人员职业暴露。

5.3.3 处理锐利器械和用具，应采取有效防护措施，避免或减少利器伤的发生。

5.3.4 不同消毒、灭菌方法的防护如下：

a)热力消毒、灭菌：操作人员接触高温物品和设备时应使用防烫的棉手套、着长袖工装；排除压力蒸汽灭菌器蒸汽泄露故障时应进行防护，防止皮肤的灼伤。

b)紫外线消毒：应避免对人体的直接照射，必要时戴防护镜和穿防护服进行保护。

c)气体化学消毒、灭菌：应预防有毒有害消毒气体对人体的危害，使用环境应通风良好。对环氧乙烷灭菌应严防发生燃烧和爆炸。环氧乙烷、甲醛气体灭菌和臭氧消毒的工作场所，应定期检测空气中的浓度，并达到国家规定的要求。

d)液体化学消毒、灭菌：应防止过敏及对皮肤、黏膜的损伤。

6 清洗与清洁

6.1 适用范围

清洗适用于所有耐湿的诊疗器械、器具和物品；清洁适用于各类物体表面。

6.2 清洗与清洁方法

6.2.1 清洗 重复使用的诊疗器械、器具和物品应由消毒供应中心(CSSD)及时回收后，进行分类、清洗、干燥和检查保养。手工清洗适用于复杂器械、有特殊要求的医疗器械、有机物污染较重器械的初步处理以及无机械清洗设备的情况等；机械清洗适用于大部分常规器械的清洗。具体清洗方法及注意事项遵循 WS 310.2 的要求。

6.2.2 清洁 治疗车、诊疗工作台、仪器设备台面、床头柜、新生儿暖箱等物体表面使用清洁布巾或消毒布巾擦拭，擦拭不同患者单元的物品之间应更换布巾。各种擦拭布巾及保洁手套应分区域使用，用后统一清洗消毒，干燥备用。

6.3 注意事项

6.3.1 有管腔和表面不光滑的物品，应用清洁剂浸泡后手工仔细刷洗或超声清洗，能拆卸的复杂物品应拆开后清洗。

6.3.2 清洗用水、清洁剂等的要求遵循 WS 310.1 的规定。

6.3.3 手工清洗工具如毛刷等每天使用后，应进行清洁、消毒。

6.3.4 内镜、口腔器械的清洗应遵循国家的有关规定。

6.3.5 对于含有小量血液或体液等物质的溅污，可先清洁再进行消毒；对于大量的溅污，应先用吸湿材料去除可见的污染物，然后再清洁和消毒。

6.3.6 用于清洁物体表面的布巾应每次使用后进行清洗消毒，干燥备用。

7 常用消毒与灭菌方法

常用消毒与灭菌方法应遵照附录C的规定，对使用产品应查验相关证件。

8 高度危险性物品的灭菌

8.1 手术器械、器具和物品的灭菌

8.1.1 灭菌前准备

清洗、包装、装载遵循WS 310.2的要求。

8.1.2 灭菌方法

8.1.2.1 耐热、耐湿手术器械 应首选压力蒸汽灭菌。

8.1.2.2 不耐热、不耐湿手术器械 应采用低温灭菌方法。

8.1.2.3 不耐热、耐湿手术器械 应首选低温灭菌方法，无条件的医疗机构可采用灭菌剂浸泡灭菌。

8.1.2.4 耐热、不耐湿手术器械 可采用干热灭菌方法。

8.1.2.5 外来医疗器械 医疗机构应要求器械公司提供器械清洗、包装、灭菌方法和灭菌循环参数，并遵循其灭菌方法和灭菌循环参数的要求进行灭菌。

8.1.2.6 植入物 医疗机构应要求器械公司提供植入物的材质、清洗、包装、灭菌方法和灭菌循环参数，并遵循其灭菌方法和灭菌循环参数的要求进行灭菌；植入物灭菌应在生物监测结果合格后放行；紧急情况下植入物的灭菌，应遵循WS 310.3的要求。

8.1.2.7 动力工具 分气动式和电动式，一般由钻头、锯片、主机、输气连接线、电池等组成。应按照使用说明的要求对各部件进行清洗、包装与灭菌。

8.2 手术敷料的灭菌

8.2.1 灭菌前的准备

8.2.1.1 手术敷料灭菌前应存放于温度为18℃～22℃，相对湿度35%～70%的环境。

8.2.1.2 棉布类敷料可采用符合YY/T 0698.2要求的棉布包装；棉纱类敷料可选用符合YY/T 0698.2、YY/T 0698.4、YY/T 0698.5要求的医用纸袋、非织造布、皱纹纸或复合包装袋，采用小包装或单包装。

8.2.2 灭菌方法

8.2.2.1 棉布类敷料和棉纱类敷料应首选压力蒸汽灭菌。

8.2.2.2 符合YY/T 0506.1要求的手术敷料，应根据材质不同选择相应的灭菌方法。

8.3 手术缝线的灭菌

8.3.1 手术缝线分类 分为可吸收缝线和非吸收缝线，可吸收缝线包括普通肠线、铬肠线、人工合成可吸收缝线等。非吸收缝线包括医用丝线、聚丙烯缝线、聚酯缝线、尼龙线、金属线等。

8.3.2 灭菌方法 根据不同材质选择相应的灭菌方法。

8.3.3 注意事项 所有缝线不应重复灭菌使用。

8.4 其他高度危险性物品的灭菌

应根据被灭菌物品的材质，采用适宜的灭菌方法。

9 中度危险性物品的消毒

9.1 消毒方法

9.1.1 中度危险性物品如口腔护理用具等耐热、耐湿物品，应首选压力蒸汽灭菌，不耐热的物品如体温计(肛表或口表)、氧气面罩、麻醉面罩应采用高水平消毒或中水平消毒。

9.1.2 通过管道间接与浅表体腔黏膜接触的器具如氧气湿化瓶、胃肠减压器、吸引器、引流瓶等的消毒方法如下：

a)耐高温、耐湿的管道与引流瓶应首选湿热消毒；

b)不耐高温的部分可采用中效或高效消毒剂如含氯消毒剂等以上的消毒剂浸泡消毒；

c)呼吸机和麻醉机的螺纹管及配件宜采用清洗消毒机进行清洗与消毒；

d)无条件的医院，呼吸机和麻醉机的螺纹管及配件可采用高效消毒剂如含氯消毒剂等以上的消毒剂浸泡消毒。

9.2 注意事项

9.2.1 待消毒物品在消毒灭菌前应充分清洗干净。

9.2.2 管道中有血迹等有机物污染时，应采用超声波和医用清洗剂浸泡清洗。清洗后的物品应及时进行消毒。

9.2.3 使用中的消毒剂应监测其浓度，在有效期内使用。

10 低度危险性物品的消毒

10.1 诊疗用品的清洁与消毒

诊疗用品如血压计袖带、听诊器等，保持清洁，遇到污染应及时先清洁，后采用中、低效的消毒剂进行消毒。

10.2 患者生活卫生用品的清洁与消毒

患者生活卫生用品如毛巾、面盆、痰盂（杯）、便器、餐饮具等，保持清洁，个人专用，定期消毒；患者出院、转院或死亡进行终末消毒。消毒方法可采用中、低效的消毒剂消毒；便器可使用冲洗消毒器进行清洗消毒。

10.3 患者床单元的清洁与消毒

10.3.1 医疗机构应保持床单元的清洁。

10.3.2 医疗机构应对床单元（含床栏、床头柜等）的表面进行定期清洁和（或）消毒，遇污染应及时清洁与消毒；患者出院时应进行终末消毒。消毒方法应采用合法、有效的消毒剂如复合季铵盐消毒液、含氯消毒剂擦拭消毒，或采用合法、有效的床单元消毒器进行清洗和（或）消毒，消毒剂或消毒器使用方法与注意事项等应遵循产品的使用说明。

10.3.3 直接接触患者的床上用品如床单、被套、枕套等，应一人一更换；患者住院时间长时，应每周更换；遇污染应及时更换。更换后的用品应及时清洗与消毒。消毒方法应合法、有效。

10.3.4 间接接触患者的被芯、枕芯、褥子、病床隔帘、床垫等，应定期清洗与消毒；遇污染应及时更换、清洗与消毒。甲类及按甲类管理的乙类传染病患者、不明原因病原体感染患者等使用后的上述物品应进行终末消毒，消毒方法应合法、有效，其使用方法与注意事项等遵循产品的使用说明，或按医疗废物处置。

11 朊病毒、气性坏疽和突发不明原因传染病的病原体污染物品和环境的消毒

11.1 朊 病 毒

11.1.1 消毒方法

11.1.1.1 感染朊病毒患者或疑似感染朊病毒患者宜选用一次性使用诊疗器械、器具和物品，使用后应进行双层密闭封装焚烧处理。

11.1.1.2 可重复使用的被感染朊病毒患者或疑似感染朊病毒患者的高度危险组织（大脑、硬脑膜、垂体、眼、脊髓等组织）污染的中度和高度危险性物品，可选以下方法之一进行消毒灭菌，且灭菌的严格程度逐步递增：

a）将使用后的物品浸泡于1mol/L氢氧化钠溶液内作用60min，然后按WS 310.2中的方法进行清洗、消毒与灭菌，压力蒸汽灭菌应采用134℃～138℃，18min，或132℃，30min，或121℃，60min；

b）将使用后的物品采用清洗消毒机（宜选用具有杀朊病毒活性的清洗剂）或其他安全的方法去除可见污染物，然后浸泡于1mol/L氢氧化钠溶液内作用60min，并置于压力蒸汽灭菌121℃，30min；然后清洗，并按照一般程序灭菌；

c）将使用后的物品浸泡于1mol/L氢氧化钠溶液内作用60min，去除可见污染物，清水漂洗，置于开口盘内，下排气压力蒸汽灭菌器内121℃灭菌60min或预排气压力蒸汽灭菌器134℃灭菌50min。然后清洗，并按照一般程序灭菌。

11.1.1.3 被感染朊病毒患者或疑似感染朊病毒患者高度危险组织污染的低度危险物品和一般物体表面应用清洁剂清洗，根据待消毒物品的材质采用10000mg/L的含氯消毒剂或1mol/L氢氧化钠溶液擦拭或浸泡消毒，至少作用15min，并确保所有污染表面均接触到消毒剂。

11.1.1.4 被感染朊病毒患者或疑似感染朊病毒患者高度危险组织污染的环境表面应用清洁剂清洗。采用10000mg/L的含氯消毒剂消毒，至少作用15min。为防止环境和一般物体表面污染，宜采用一次性塑料薄膜覆盖操作台，操作完成后按特殊医疗废物焚烧处理。

11.1.1.5 被感染朊病毒患者或疑似感染朊病毒患者低度危险组织（脑脊液、肾、肝、脾、肺、淋巴结、胎盘等组织）污染的中度和高度危险物品，传播朊病毒的风险还不清楚，可参照上述措施处理。

11.1.1.6 被感染朊病毒患者或疑似感染朊病毒患者低度危险组织污染的低度危险物品、一般物体表面和环境表面可只采取相应常规消毒方法处理。

11.1.1.7 被感染朊病毒患者或疑似感染朊病毒患者其他无危险组织污染的中度和高度危险物品，采取以下措施处理：

a）清洗并按常规高水平消毒和灭菌程序处理；

b）除接触中枢神经系统的神经外科内镜外，其他内镜按照国家有关内镜清洗消毒技术规范处理；

c）采用标准消毒方法处理低度危险性物品和环境表面，可采用500mg/L～1000mg/L的含氯消毒剂或相当剂量的其他消毒剂处理。

11.1.2 注意事项

11.1.2.1 当确诊患者感染朊病毒时，应告知医院感染管理及诊疗涉及的相关临床科室。培训相关人员朊病毒相关医院感染、消毒处理等知识。

11.1.2.2 感染朊病毒患者或疑似感染朊病毒患者高度危险组织污染的中度和高度危险物品，使用后应立即处理，防止干燥；不应使用快速灭菌程序；没有按正确方法消毒灭菌处理的物品应召回重新按规定处理。

11.1.2.3 感染朊病毒患者或疑似感染朊病毒患者高度危险组织

污染的中度和高度危险物品，不能清洗和只能低温灭菌的，宜按特殊医疗废物处理。

11.1.2.4 使用的清洁剂、消毒剂应每次更换。

11.1.2.5 每次处理工作结束后，应立即消毒清洗器具，更换个人防护用品，进行手的清洁与消毒。

11.2 气性坏疽病原体

11.2.1 消毒方法

11.2.1.1 伤口的消毒 采用3%过氧化氢溶液冲洗，伤口周围皮肤可选择碘伏原液擦拭消毒。

11.2.1.2 诊疗器械的消毒 应先消毒，后清洗，再灭菌。消毒可采用含氯消毒剂 1000mg/L～2000mg/L 浸泡消毒 30min～45min，有明显污染物时应采用含氯 5000mg/L～10000mg/L 浸泡消毒≥60min。然后按规定清洗，灭菌。

11.2.1.3 物体表面的消毒 手术部(室)或换药室，每例感染患者之间应及时进行物体表面消毒，采用 0.5%过氧乙酸或 500mg/L 含氯消毒剂擦拭。

11.2.1.4 环境表面的消毒 手术部(室)、换药室、病房环境表面有明显污染时，随时消毒，采用 0.5%过氧乙酸或 1000mg/L 含氯消毒剂擦拭。

11.2.1.5 终末消毒 手术结束、患者出院、转院或死亡后应进行终末消毒。终末消毒可采用3%过氧化氢或过氧乙酸熏蒸，3%过氧化氢按照 $20mL/m^3$气溶胶喷雾，过氧乙酸按照 $1g/m^3$加热熏蒸，湿度 70%～90%，密闭 24h；5%过氧乙酸溶液按照 $2.5mL/m^3$气溶胶喷雾，湿度为 20%～40%。

11.2.1.6 织物 患者用过的床单、被罩、衣物等单独收集，需重复使用时应专包密封，标识清晰，压力蒸汽灭菌后再清洗。

11.2.2 注意事项

11.2.2.1 患者宜使用一次性诊疗器械、器具和物品。

11.2.2.2 医务人员应做好职业防护，防护和隔离应遵循 WS/T 311 的要求；接触患者时应戴一次性手套，手卫生应遵循 WS/T 313 的要求。

11.2.2.3 接触患者创口分泌物的纱布、纱垫等敷料、一次性医疗用品、切除的组织如坏死肢体等双层封装，按医疗废物处理。医疗废物应遵循《医疗废物管理条例》的要求进行处置。

11.3 突发不明原因传染病的病原体

突发不明原因的传染病病原体污染的诊疗器械、器具与物品的处理应符合国家届时发布的规定要求。没有要求时，其消毒的原则为：在传播途径不明时，应按照多种传播途径，确定消毒的范围和物品；按病原体所属微生物类别中抵抗力最强的微生物，确定消毒的剂量(可按杀芽孢的剂量确定)；医务人员应做好职业防护。

12 皮肤与黏膜的消毒

12.1 皮 肤 消 毒

12.1.1 穿刺部位的皮肤消毒

12.1.1.1 消毒方法

12.1.1.1.1 用浸有碘伏消毒液原液的无菌棉球或其他替代物品局部擦拭 2 遍，作用时间遵循产品的使用说明。

12.1.1.1.2 使用碘酊原液直接涂擦皮肤表面 2 遍以上，作用时间 1min～3min，待稍干后再用 70%～80%乙醇(体积分数)脱碘。

12.1.1.1.3 使用有效含量≥2g/L 氯己定-乙醇(70%，体积分数)溶液局部擦拭 2～3 遍，作用时间遵循产品的使用说明。

12.1.1.1.4 使用 70%～80%(体积分数)乙醇溶液擦拭消毒 2 遍，作用 3min。

12.1.1.1.5 使用复方季铵盐消毒剂原液皮肤擦拭消毒，作用时间 3min～5min。

12.1.1.1.6 其他合法、有效的皮肤消毒产品，按照产品的使用说明书操作。

12.1.1.2 消毒范围

肌肉、皮下及静脉注射、针灸部位、各种诊疗性穿刺等消毒方法主要是涂擦，以注射或穿刺部位为中心，由内向外缓慢旋转，逐步涂擦，共 2 次，消毒皮肤面积应≥5cm×5cm。中心静脉导管如短期中心静脉导管、PICC、植入式血管通路的消毒范围直径应＞15cm，至少应大于敷料面积(10cm×12cm)。

12.1.2 手术切口部位的皮肤消毒

12.1.2.1 清洁皮肤

手术部位的皮肤应先清洁；对于器官移植手术和处于重度免疫抑制状态的患者，术前可用抗菌或抑菌皂液或 20000mg/L 葡萄糖酸氯己定擦拭洗净全身皮肤。

12.1.2.2 消毒方法

12.1.2.2.1 使用浸有碘伏消毒液原液的无菌棉球或其他替代物品局部擦拭 2 遍，作用≥2min。

12.1.2.2.2 使用碘酊原液直接涂擦皮肤表面，待稍干后再用 70%～80%乙醇(体积分数)脱碘。

12.1.2.2.3 使用有效含量≥2g/L 氯己定-乙醇(70%，体积分数)溶液局部擦拭 2～3 遍，作用时间遵循产品的使用说明。

12.1.2.2.4 其他合法，有效的手术切口皮肤消毒产品，按照产品使用说明书操作。

12.1.2.3 消毒范围

应在手术野及其外扩展≥15cm 部位由内向外擦拭。

12.1.3 病原微生物污染皮肤的消毒

12.1.3.1 彻底冲洗。

12.1.3.2 消毒 采用碘伏原液擦拭作用 3min～5min，或用乙醇、异丙醇与氯己定配制成的消毒液等擦拭消毒，作用 3min～5min。

12.2 黏膜、伤口创面消毒

12.2.1 擦拭法

12.2.1.1 使用含有效碘 1000mg/L～2000mg/L 的碘伏擦拭，作用到规定时间。

12.2.1.2 使用有效含量≥2g/L 氯己定-乙醇(70%，体积分数)溶液局部擦拭 2～3 遍，作用时间遵循产品的使用说明。

12.2.1.3 采用 1000mg/L～2000mg/L 季铵盐，作用到规定时间。

12.2.2 冲洗法

12.2.2.1 使用有效含量≥2g/L 氯己定水溶液冲洗或漱洗，至冲洗液或漱洗液变清为止。

12.2.2.2 采用 3%(30g/L)过氧化氢冲洗伤口、口腔含漱，作用到规定时间。

12.2.2.3 使用含有效碘 500mg/L 的消毒液冲洗，作用到规定时间。

12.2.3 注意事项

12.2.3.1 其他合法、有效的黏膜、伤口创面消毒产品，按照产品使用说明书进行操作。

12.2.3.2 如消毒液注明不能用于孕妇，则不可用于怀孕妇女的会阴部及阴道手术部位的消毒。

13 地面和物体表面的清洁与消毒

13.1 清洁和消毒方法

13.1.1 地面的清洁与消毒 地面无明显污染时，采用湿式清洁。当地面受到患者血液、体液等明显污染时，先用吸湿材料去除可见的污染物，再清洁和消毒。

13.1.2 物体表面的清洁与消毒 室内用品如桌子、椅子、凳子、床头柜等的表面无明显污染时，采用湿式清洁。当受到明显污染时，先用吸湿材料去除可见的污染物，然后再清洁和消毒。

13.1.3 感染高风险的部门其地面和物体表面的清洁与消毒 感染高风险的部门如手术部(室)、产房、导管室、洁净病房、骨髓移植病房、器官移植病房、重症监护病房、新生儿室、血液透析病房、烧伤病房、感染疾病科、口腔科、检验科、急诊等病房与部门的地面与物体表面，应保持清洁、干燥，每天进行消毒，遇明显污染随时去污、清洁与消毒。地面消毒采用400mg/L～700mg/L有效氯的含氯消毒液擦拭，作用30min。物体表面消毒方法同地面或采用1000mg/L～2000mg/L季铵盐类消毒液擦拭。

13.2 注意事项

地面和物体表面应保持清洁，当遇到明显污染时，应及时进行消毒处理，所用消毒剂应符合国家相关要求。

14 清洁用品的消毒

14.1 手工清洗与消毒

14.1.1 擦拭布巾 清洗干净，在250mg/L有效氯消毒剂(或其他有效消毒剂)中浸泡30min，冲净消毒液，干燥备用。

14.1.2 地巾 清洗干净，在500mg/L有效氯消毒剂中浸泡30min，冲净消毒液，干燥备用。

14.2 自动清洗与消毒

使用后的布巾、地巾等物品放入清洗机内，按照清洗器产品的使用说明进行清洗与消毒，一般程序包括水洗、洗涤剂洗、清洗、消毒、烘干、取出备用。

14.3 注意事项

布巾、地巾应分区使用。

附录A
(规范性附录)
清洁、消毒与灭菌的效果监测

A.1 清洗与清洁效果监测

A.1.1 诊疗器械、器具和物品清洗的效果监测

A.1.1.1 日常监测 在检查包装时进行，应目测和(或)借助带光源放大镜检查。清洗后的器械表面及其关节、齿牙应光洁、无血渍、污渍、水垢等残留物质和锈斑。

A.1.1.2 定期抽查 每月应随机至少抽查3个待灭菌包内全部物品的清洗效果，检查的方法与内容同日常监测，并记录监测结果。

A.1.1.3 可采用蛋白残留测定、ATP生物荧光测定等监测清洗与清洁效果的方法及其灵敏度的要求，定期测定诊疗器械、器具和物品的蛋白残留或其清洗或清洁的效果。

A.1.2 清洗消毒器及其效果的监测

A.1.2.1 日常监测

应每批次监测清洗消毒器的物理参数及运转情况，并记录。

A.1.2.2 定期监测

A.1.2.2.1 对清洗消毒器的清洗效果可每年采用清洗效果测试指示物进行监测。当清洗物品或清洗程序发生改变时，也可采用清洗效果测试指示物进行清洗效果的监测。

A.1.2.2.2 监测方法应遵循生产厂家的使用说明或指导手册；监测结果不符合要求，清洗消毒器应停止使用。清洗效果测试指示物应符合有关标准的要求。

A.1.2.2.3 清洗消毒器新安装、更新、大修、更换清洗剂、消毒方法、改变装载方法等时，应遵循生产厂家的使用说明或指导手册进行检测，清洗消毒效果检测合格后，清洗消毒器方可使用。

A.2 灭菌效果的监测

A.2.1 压力蒸汽灭菌效果的监测

A.2.1.1 压力蒸汽灭菌效果的监测包括物理监测法、化学监测法、生物监测法和B-D测试，应遵循WS 310.3的要求。

A.2.1.2 标准生物测试包的制作方法如下：

a)标准指示菌株：嗜热脂肪杆菌芽孢，菌片含菌及抗力符合国家有关标准；

b)标准测试包的制作：由16条41cm×66cm的全棉手术巾制成。制成方法：将每条手术巾的长边先折成3层，短边折成2层，然后叠放，制成23cm×23cm×15cm的测试包；

c)标准生物测试包或生物PCD的制作方法：将至少一个标准指示菌片装入灭菌小纸袋内或至少一个自含式生物指示剂，置于标准试验包的中心部位即完成标准生物测试包或生物PCD的制作；

d)培养方法：经一个灭菌周期后，在无菌条件下取出标准试验包的指示菌片，投入溴甲酚紫葡萄糖蛋白胨水培养基中，经56℃±1℃培养7d(自含式生物指示物按产品说明书执行)，观察培养结果；

e)结果判定 阳性对照组培养阳性，阴性对照组培养阴性，试验组培养阴性，判定为灭菌合格。阳性对照组培养阳性，阴性对照组培养阴性，试验组培养阳性，则灭菌不合格；同时应进一步鉴定试验组阳性的细菌是否为指示菌或是污染所致。自含式生物指示物不需要做阴性对照；

f)小型压力蒸汽灭菌器因一般无标准生物监测包，应选择灭菌器常用的、有代表性的灭菌包制作生物测试包或生物PCD，置于灭菌器最难灭菌的部位，且灭菌器应处于满载状态。生物测试包或生物PCD应侧放，体积大时可平放；

g)采用快速压力蒸汽灭菌程序灭菌时，应直接将一支生物指示物，置于空载的灭菌器内，经一个灭菌周期后取出，规定条件下培养，观察结果；

h)可使用一次性标准生物测试包，对灭菌器的灭菌质量进行生物监测；

i)注意事项：

1)监测所用菌片或自含式菌管应取得卫生部消毒产品卫生许可批件，并在有效期内使用；

2)如果1d内进行多次生物监测，且生物指示剂为同一批号，则只设一次阳性对照即可。

A.2.1.3 B-D测试方法如下：

a)B-D测试包的制作方法 B-D测试包由100%脱脂纯棉布或100%全棉手术巾折叠成长30cm±2cm、宽25cm±2cm、高25cm～28cm大小的布包；将专用B-D测试纸，放入上述布包的中间；制成的B-D测试包的重量要求为4kg±0.2kg。或采用一次性使用或反复使用的B-D测试包。

b)B-D测试方法 测试前先预热灭菌器，将B-D测试包水平放于灭菌柜内灭菌车的前底层，靠近柜门与排气口底前方；柜内除测试包外无任何物品；在134℃温度下，时间不超过3.5min，取出测试包，观察B-D测试纸颜色变化。

c)结果判定 B-D测试纸均匀一致变色，说明B-D试验通过，灭菌器可以使用；变色不均说明B-D试验失败，可再重复一次B-D测试，合格，灭菌器可以使用；不合格，需检查B-D测试失败原因，直至B-D测试通过后该灭菌器方能使用。

A.2.2 干热灭菌的效果监测

A.2.2.1 干热灭菌效果的物理监测法、化学监测法和生物监测法，应遵循WS 310.3的要求。

A.2.2.2 标准生物测试管的制作方法如下：

a)标准指示菌株；枯草杆菌黑色变种芽孢，菌片含菌及抗力符合国家有关标准；

b)标准生物测试管的制作方法：将标准指示菌片分别装入灭菌中试管内(1片/管)；

c)监测方法：将标准生物测试管，置于灭菌器最难灭菌的部位，即灭菌器与每层门把手对角线内、外角处放置2个含菌片的试管，试管帽置于试管旁，关好柜门，经一个灭菌周期后，待温度降至80℃时，加盖试管帽后取出试管。并设阳性对照和阴性对照；

d)培养方法：在无菌条件下，加入普通营养肉汤培养基(5mL/管)，36℃±1℃培养48h，观察初步结果，无菌生长管继续培养至第7d；

e)结果判定：阳性对照组培养阳性，阴性对照组培养阴性，若每个指示菌片接种的肉汤管均澄清，判为灭菌合格；若阳性对照组培养阳性，阴性对照组培养阴性，而指示菌片之一接种的肉汤管混浊，判为不合格；对难以判定的肉汤管，取0.1mL接种于营养琼脂平板，用灭菌L棒或接种环涂匀，置36℃±1℃培养48h，观察菌落形态，并做涂片染色镜检，判断是否有指示菌生长，若有指示菌生长，判为灭菌不合格；若无指示菌生长，判为灭菌合格；

f)注意事项：监测所用菌片应取得卫生部消毒产品卫生许可批件，并在有效期内使用。

A.2.3 过氧化氢低温等离子灭菌和低温甲醛蒸汽灭菌的效果监测

过氧化氢低温等离子灭菌和低温甲醛蒸汽灭菌的效果监测应遵循WS 310.3的要求。

A.2.4 环氧乙烷气体灭菌的效果监测

A.2.4.1 环氧乙烷气体灭菌的物理监测法、化学监测法和生物监测法，应遵循WS 310.3的要求。

A.2.4.2 常规生物测试包的制作方法如下：

a)标准指示菌株：枯草杆菌黑色变种芽孢，菌片含菌及抗力符合国家有关标准；

b)常规生物测试包的制作方法：取一个20mL无菌注射器，去掉针头，拔出针栓，将标准生物指示菌放入针筒内，带孔的塑料帽应朝向针头处，再将注射器的针栓插回针筒(注意不要碰及生物指示物)，之后用一条全棉小毛巾两层包裹，置于纸塑包装袋中，封装；

c)监测方法：将常规生物测试包放在灭菌器最难灭菌的部位(整个装载灭菌包的中心部位)。灭菌周期完成后应立即取出指示菌片接种于含有复方中和剂的0.5%的葡萄糖肉汤培养基管中，36℃±1℃培养7d(自含式生物指示物应遵循产品说明)，观察培养基颜色变化，同时设阳性对照；

d)结果判定：阳性对照组培养阳性，试验组培养阴性，判定为灭菌合格。阳性对照组培养阳性，试验组培养阳性，则灭菌不合格；同时应进一步鉴定试验组阳性的细菌是否为指示菌或是污染所致；

e)注意事项：监测所用菌片应取得卫生部消毒产品卫生许可批件，并在有效期内使用。

A.3 紫外线消毒的效果监测

A.3.1 紫外线灯辐照度值的测定

A.3.1.1 监测方法

A.3.1.1.1 紫外线辐照计测定法

开启紫外线灯5min后，将测定波长为253.7nm的紫外线辐照计探头置于被检紫外线灯下垂直距离1m的中央处，特殊紫外线灯在推荐使用的距离处测定，待仪表稳定后，所示数据即为该紫外线灯的辐照度值。

A.3.1.1.2 紫外线强度照射指示卡监测法

开启紫外线灯5min后，将指示卡置于紫外灯下垂直距离1m处，有图案一面朝上，照射1min，紫外线照射后，观察指示卡色块的颜色，将其与标准色块比较，读出照射强度。

A.3.1.2 结果判定

普通30W直管型紫外线灯，新灯管的辐照强度应符合GB 19258要求；使用中紫外线灯辐照强度≥70μW/cm² 为合格；30W高强度紫外线新灯的辐照强度≥180μW/cm² 为合格。

A.3.1.3 注意事项

测定时电压220V±5V，温度20℃～25℃，相对湿度<60%，紫外线辐照计应在计量部门检定的有效期内使用；指示卡应获得卫生部消毒产品卫生许可批件，并在有效期内使用。

A.3.2 生物监测法

空气消毒的效果监测 按A.6的要求执行。

A.3.3 注意事项

A.3.3.1 紫外线灯在投放市场之前应按照卫生部有关规定进行产品卫生安全评价。

A.3.3.2 紫外线消毒效果监测时，采样液（平板）中不加中和剂。

23

A.4 手和皮肤消毒效果监测

A.4.1 手的消毒效果监测

应遵循WS/T 313的要求。

A.4.2 皮肤的消毒效果监测

A.4.2.1 采样时间

按照产品使用说明规定的作用时间，达到消毒效果后及时采样。

A.4.2.2 采样方法

用5cm×5cm的灭菌规格板，放在被检皮肤处，用浸有含相应中和剂的无菌洗脱液的棉拭子1支，在规格板内横竖往返均匀涂擦各5次，并随之转动棉拭子，剪去手接触部位后，将棉拭子投入10mL含相应中和剂的无菌洗脱液的试管内，及时送检。不规则的皮肤可用棉拭子直接涂擦采样。

A.4.2.3 检测方法

将采样管在混匀器上振荡20s或用力振打80次，用无菌吸管吸取1.0mL待检样品按种于灭菌平皿，每一样本接种2个平皿，平皿内加入已溶化的45℃～48℃的营养琼脂15mL～18mL，边倾注边摇匀，待琼脂凝固，置36℃±1℃温箱培养48h，计数菌落数。

细菌菌落总数计算方法见式（A.1）：

$$细菌菌落总数(CFU/cm^2)=\frac{平板上菌落数\times稀释倍数}{采样面积(cm^2)} \qquad (A.1)$$

A.4.2.4 结果判定

皮肤消毒效果的判定标准遵循WS/T 313中外科手消毒卫生标准。

A.4.2.5 注意事项

采样皮肤表面不足5cm×5cm，可用相应面积的规格板采样。

A.5 物体表面的消毒效果监测

A.5.1 采样时间

在消毒处理后或怀疑与医院感染暴发有关时进行采样。

A.5.2 采样方法

用5cm×5cm灭菌规格板放在被检物体表面，用浸有无菌0.03mol/L磷酸盐缓冲液（PBS）或生理盐水采样液的棉拭子1支，在规格板内横竖往返各涂抹5次，并随之转动棉拭子，连续采样4个规格板面积，被采表面<100cm²，取全部表面；被采表面≥100cm²，取100cm²。剪去手接触部分，将棉拭子放入装有10mL无菌检验用洗脱液的试管中送检。门把手等小型物体则采用棉拭子直接涂抹物体表面采样，采样物体表面有消毒剂残留时，采样液应含相应中和剂。

A.5.3 检测方法

充分振荡采样管后，取不同稀释倍数的洗脱液1.0mL接种平皿，将冷至40℃～45℃的熔化营养琼脂培养基每皿倾注15mL～20mL，36℃±1℃恒温箱培养48h，计数菌落数。怀疑与医院感染暴发有关时，进行目标微生物的检测。

A.5.4 结果计算

A.5.4.1 规则物体表面

物体表面菌落总数计算方法见式（A.2）：

$$物体表面菌落总数(CFU/cm^2)=\frac{平均每皿菌落数\times洗脱液稀释倍数}{采样面积(cm^2)} \qquad (A.2)$$

A.5.4.2 小型物体表面的结果计算，用CFU/件表示。

A.5.5 结果判定

A.5.5.1 洁净手术部、其他洁净场所，非洁净手术部（室）、非洁净骨髓移植病房、产房、导管室、新生儿室、器官移植病房、烧伤病房、重症监护病房、血液病病区等；物体表面细菌菌落总数≤5CFU/cm²。

A.5.5.2 儿科病房、母婴同室、妇产科检查室、人流室、治疗室、注射室、换药室、输血科、消毒供应中心，血液透析中心（室）、急诊室、化验室、各类普通病室、感染疾病科门诊及其病房等；物体表面细菌菌落总数≤10CFU/cm²。

A.6 空气的消毒效果监测

A.6.1 采样时间

采用洁净技术净化空气的房间在洁净系统自净后与从事医疗活动前采样；未采用洁净技术净化空气的房间在消毒或规定的通风换气后与从事医疗活动前采样；或怀疑与医院感染暴发有关时采样。

A.6.2 监测方法

A.6.2.1 洁净手术部（室）及其他洁净用房可选择沉降法或浮游菌法，参照GB 50333要求进行监测。浮游菌法可选择六级撞击式空气采样器或其他经验证的空气采样器。监测时将采样器置于室内中央0.8m～1.5m高度，按采样器使用说明书操作，每次采样时间不应超过30min。房间面积>10m²者，每增加10m²增设一个采样点。

A.6.2.2 未采用洁净技术净化空气的房间采用沉降法：室内面积≤30m²，设内、中、外对角线三点，内、外点应距墙壁1m处；室内面积>30m²，设四角及中央五点，四角的布点位置应距墙壁1m处。将普通营养琼脂平皿（ϕ90mm）放置各采样点，采样高度为距地面0.8m～1.5m；采样时将平皿盖打开，扣放于平皿旁，暴露规定时间后盖上平皿盖及时送检。

A.6.2.3 将送检平皿置36℃±1℃恒温箱培养48h，计数菌落数。若怀疑与医院感染暴发有关时，进行目标微生物的检测。

A.6.3 结果计算

A.6.3.1 沉降法按平均每皿的菌落数报告：CFU/（皿·暴露时间）。

A.6.3.2 浮游菌法计算公式见式（A.3）：

$$空气中菌落总数(CFU/m^3)=\frac{采样器各平皿菌落数之和(CFU)}{采样速率(L/min)\times采样时间(min)}\times1000 \qquad (A.3)$$

A.6.4 结果判定

A.6.4.1 洁净手术部（室）和其他洁净场所，空气中的细菌菌落总数要求应遵循GB 50333。

A.6.4.2 非洁净手术部（室）、非洁净骨髓移植病房、产房、导管室、新生儿室、器官移植病房、烧伤病房、重症监护病房、血液病病区空气中的细菌菌落总数≤4CFU/（15min·直径9cm平皿）。

A.6.4.3 儿科病房、母婴同室、妇产科检查室、人流室、治疗室、注射室、换药室、输血科、消毒供应中心、血液透析中心（室）、急诊室、化验室、各类普通病室、感染疾病科门诊及其病房空气中的细菌菌落总数≤4CFU/（5min·直径9cm平皿）。

A.6.5 注意事项

采样前，关闭门、窗，在无人走动的情况下，静止10min后采样。

A.7 消毒液的监测

A.7.1 常用消毒液有效成分含量测定

库存消毒剂的有效成分含量依照产品企业标准进行检测；使用中消毒液的有效浓度测定可用上述方法，也可使用经国家卫生行政部门批准的消毒剂浓度试纸（卡）进行监测。

A.7.2 使用中消毒液染菌量测定

A.7.2.1 监测方法

A.7.2.1.1 用无菌吸管按无菌操作方法吸取1.0mL被检消毒液，加入9mL中和剂中混匀，醇类与酚类消毒剂用普通营养肉汤中和，含氯消毒剂、含碘消毒剂和过氧化物消毒剂用含0.1%硫代硫酸钠中和剂,洗必泰、季铵盐类消毒剂用含0.3%吐温80和0.3%卵磷脂中和剂,醛类消毒剂用含0.3%甘氨酸中和剂,含有表面活性剂的各种复方消毒剂可在中和剂中加入吐温80至3%;也可使用该消毒剂消毒效果检测的中和剂鉴定试验确定的中和剂。

A.7.2.1.2 用无菌吸管吸取一定稀释比例的中和后混合液1.0mL接种平皿,将冷至40℃～45℃的熔化营养琼脂培养基每皿倾注15mL～20mL,36℃±1℃恒温箱培养72h,计数菌落数;怀疑与医院感染暴发有关时,进行目标微生物的检测。消毒液染菌量计算见式(A.4):

$$\text{消毒液染菌量(CFU/mL)} = \text{平均每皿菌落数} \times 10 \times \text{稀释倍数} \tag{A.4}$$

A.7.2.2 结果判断

使用中灭菌用消毒液:无菌生长;使用中皮肤黏膜消毒液染菌量:≤10CFU/mL,其他使用中消毒液染菌量≤100CFU/mL。

A.7.3 注意事项

采样后4h内检测。

A.8 清洁用品的消毒效果监测

A.8.1 采样时间 消毒后、使用前进行采样。

A.8.2 采样方法 布巾、地巾等物品可用无菌的方法剪取1cm×3cm,直接投入5mL含相应中和剂的无菌生理盐水中,及时送检。

A.8.3 检测方法 将采样管在混匀器上振荡20s或用力振打80次,取采样液检测致病菌。

A.8.4 结果判定 未检出致病菌为消毒合格。

A.9 致病菌的检测

当怀疑被某致病菌污染时,或怀疑医院感染与某致病菌有关时,致病菌的检测依据污染情况进行相应指标菌的检测。检测方法参考相关标准。

附 录 B
(资料性附录)
消毒试验用试剂和培养基配方

B.1 磷酸盐缓冲液(PBS.0.03mol/L.pH7.2)

无水磷酸氢二钠	2.83g
磷酸二氢钾	1.36g
蒸馏水加至	1000mL

将各成分加入到1000mL蒸馏水中,待完全溶解后,调pH至7.2～7.4,于121℃压力蒸汽灭菌20min备用。

B.2 无菌检验用洗脱液

吐温－80	1g
蛋白胨	10g
氯化钠	8.5g
蒸馏水	1000mL

将各成分加入到1000mL 0.03mol/L PBS液中,加热溶解后调pH至7.2～7.4,于121℃压力蒸汽灭菌20min备用。

B.3 营养琼脂培养基

蛋白胨	10g
牛肉膏	5g
氯化钠	5g
琼脂	15g
蒸馏水	1000mL

除琼脂外其他成分溶解于蒸馏水中,调pH至7.2～7.4,加入琼脂,加热溶解,分装,于121℃压力蒸汽灭菌20min备用。

B.4 溴甲酚紫蛋白胨培养液

蛋白胨	10g
葡萄糖	5g
可溶性淀粉	1g
溴甲酚紫乙醇溶液	10mL
蒸馏水	1000mL

将蛋白胨、葡萄糖溶解于蒸馏水中,调pH至7.0～7.2,加入1%溴甲酚紫酒精溶液,摇匀后,分装,每管5mL,于115℃压力蒸汽灭菌30min,置4℃冰箱备用。

B.5 营养肉汤培养基

蛋白胨	10g
牛肉膏	5g
氯化钠	5g
蒸馏水	1000mL

将各成分溶解于蒸馏水中,调pH至7.2～7.4,分装,于121℃压力蒸汽灭菌20min备用。

B.6 嗜热脂肪杆菌恢复琼脂培养基

蛋白胨	10g
牛肉膏	3g
可溶性淀粉	1g
葡萄糖	1g
琼脂	20g
蒸馏水	1000mL

以上各成分蒸馏水溶解,调pH至7.0～7.2,装瓶,经115℃压力蒸汽灭菌30min后使用。

B.7 0.5%葡萄糖肉汤培养基

蛋白胨	10g
氯化钠	5g
葡萄糖	5g
肉浸液	1000mL

取蛋白胨与氯化钠加入肉浸液内,微温溶解后,调pH至弱碱性,煮沸、加入葡萄糖溶解后,摇匀、滤清,调pH至7.0～7.4,分装,于115℃压力蒸汽灭菌30min。

B.8 稀释液:胰蛋白胨生理盐水溶液(TPS)

胰蛋白胨	1.0g
氯化钠	8.5g

先用900mL以上蒸馏水溶解,并调节pH值在7.0±0.2(20℃),最终用蒸馏水加至1000mL,分装后,经121℃压力蒸汽灭菌后使用。

B.9 需氧-厌氧菌琼脂培养基

酪胨(胰酶水解)	15g
牛肉膏	3g
葡萄糖	5g
氯化钠	2.5g
L-胱氨酸	0.5g
硫乙醇酸钠	0.5g
酵母浸出粉	5g
新鲜配制的0.1%刃天青溶液	1.0mL
(或新配制的0.2%亚甲蓝溶液)	0.5mL
琼脂	0.5g～0.7g
蒸馏水	1000mL

除葡萄糖和刃天青溶液外,取上述成分加入蒸馏水中,微温溶解后,调pH至弱碱性,煮沸、滤清,加入葡萄糖和刃天青溶液,摇匀,调pH至6.9～7.3,分装于115℃压力蒸汽灭菌30min。

B.10 无菌试验用真菌培养基

磷酸二氢钾(KH_2PO_4)	1g
硫酸镁($MgSO_4 \cdot 7H_2O$)	0.5g
蛋白胨	5g
葡萄糖	10g
蒸馏水	1000mL

除葡萄糖外,上述各成分加入蒸馏水内,微温溶解后,调节 pH 约 6.8,煮沸,加葡萄糖溶解后,摇匀滤清,调 pH 使灭菌后为 6.4±0.2,分装,115℃压力蒸汽灭菌 20min 备用。

B.11 血琼脂培养基

营养琼脂	100mL
脱纤维羊血(或兔血)	10mL

将营养琼脂加热熔化待冷至 50℃左右,以无菌操作将 10mL 脱纤维血加入后摇匀,倒平皿置冰箱备用。

B.12 注 意 事 项

配置培养基注意事项如下:

a)配制培养基的容器不宜用铜锅或铁锅,以免影响细菌生长;

b)培养基用的试管口和锥形瓶口应用普通棉花制成的棉塞,再用牛皮纸包好;

c)试剂与培养基配制好后应置清洁处保存,常温下不超过 1 个月。

附 录 C
(规范性附录)
常用消毒与灭菌方法

C.1 压力蒸汽灭菌

C.1.1 适用范围

适用于耐热、耐湿诊疗器械、器具和物品的灭菌。下排气压力蒸汽灭菌还适用于液体的灭菌;快速压力蒸汽灭菌适用于裸露的耐热、耐湿诊疗器械、器具和物品的灭菌。压力蒸汽灭菌不适用于油类和粉剂的灭菌。

C.1.2 分类

根据排放冷空气的方式和程度不同,分为下排气式压力蒸汽灭菌器和预排气压力蒸汽灭菌器两大类。根据灭菌时间的长短,压力蒸汽灭菌程序包括常规压力蒸汽灭菌程序和快速压力蒸汽灭菌程序。

C.1.3 灭菌方法

C.1.3.1 下排气压力蒸汽灭菌

下排气压力蒸汽灭菌器包括手提式压力蒸汽灭菌器和卧式压力蒸汽灭菌器等,灭菌程序一般包括前排气、灭菌、后排气和干燥等过程,具体操作方法遵循生产厂家的使用说明或指导手册。灭菌器的灭菌参数一般为温度 121℃,压力 102.9kPa,器械灭菌时间 20min,敷料灭菌时间 30min。

C.1.3.2 预排气压力蒸汽灭菌

灭菌器的灭菌程序一般包括 3 次以上的预真空和充气等脉动排气、灭菌、后排气和干燥等过程,具体操作方法遵循生产厂家的使用说明或指导手册。灭菌器的灭菌参数一般为温度 132℃~134℃,压力 205.8kPa,灭菌时间 4min。

C.1.3.3 快速压力蒸汽灭菌

快速压力蒸汽灭菌包括下排气、正压排气和预排气压力蒸汽灭菌。其灭菌参数如时间和温度由灭菌器性质、灭菌物品材料性质(带孔和不带孔)、是否裸露而定,见表 C.1。具体操作方法遵循生产厂家的使用说明或指导手册。

表 C.1 快速压力蒸汽灭菌(132℃~134℃)所需最短时间

物品种类	下排气		正压排气		预排气	
	灭菌温度 ℃	灭菌时间 min	灭菌温度 ℃	灭菌时间 min	灭菌温度 ℃	灭菌时间 min
不带孔物品	132	3	134	3.5	132	3
带孔物品	132	10	134	3.5	132	4
不带孔+带孔物品	132	10	134	3.5	132	4

C.1.4 注意事项

C.1.4.1 每天设备运行前应进行安全检查,检查内容包括:

a)灭菌器柜门密封圈平整无损坏,柜门安全锁扣灵活、安全有效;

b)灭菌器压力表处在"0"的位置;

c)由柜室排气口倒入 500mL 水,检查有无阻塞;

d)关闭灭菌器柜门,通蒸汽检查有无泄漏;

e)检查蒸汽调节阀是否灵活、准确,压力表与温度计的标示是否吻合,排气口温度计是否完好;

f)记录打印装置处于备用状态;

g)电源、水源、蒸汽、压缩空气等运行条件符合设备要求。

C.1.4.2 灭菌前应进行灭菌器的预热。

C.1.4.3 检查安全阀是否在蒸汽压力达到规定的安全限度时被冲开。

C.1.4.4 灭菌包重量要求:器械包重量不宜超过 7kg,敷料包重量不宜超过 5kg。

C.1.4.5 灭菌包体积要求:下排气压力蒸汽灭菌器不宜超过 30cm×30cm×25cm;预排气压力蒸汽灭菌器不宜超过 30cm×30cm×50cm。

C.1.4.6 灭菌结束后,压力表在蒸汽排尽时应在"0"位。

C.1.4.7 手提式和卧式压力蒸汽灭菌器主体与顶盖应无裂缝和变形;不应使用无排气软管或软管锈蚀的手提式压力蒸汽灭菌器。

C.1.4.8 卧式压力蒸汽灭菌器输入蒸汽的压力不宜过高,夹层的温度不能高于灭菌室的温度。

C.1.4.9 预排气压力蒸汽灭菌器应在每日开始灭菌运行前空载进行 B-D 试验,检测其空气排除效果。具体方法遵循 A.2.1.3。

C.1.4.10 下排气、预排气压力蒸汽灭菌器的具体操作步骤、常规保养和检查措施,应遵循生产厂家的使用说明或指导手册。

C.1.4.11 快速灭菌程序不应作为物品的常规灭菌程序。应急情况下使用时,只适用于灭菌裸露物品,使用卡式盒或专用灭菌容器盛放。灭菌后的物品应尽快使用,不应储存,无有效期。

C.1.5 压力蒸汽灭菌操作程序

包括灭菌前物品的准备、灭菌物品装载、灭菌操作、无菌物品卸载和灭菌效果的监测等步骤。具体要求遵循 WS 310.2 的要求。

C.2 干 热 灭 菌

C.2.1 适用范围

适用于耐热、不耐湿、蒸汽或气体不能穿透物品的灭菌,如玻璃、金属等医疗用品和油类、粉剂等制品的灭菌。

C.2.2 灭菌方法

采用干热灭菌器进行灭菌,灭菌参数一般为:150℃,150min;160℃,120min;170℃,60min;180℃,30min。

C.2.3 注意事项

C.2.3.1 灭菌时灭菌物品不应与灭菌器内腔底部及四壁接触,灭菌后温度降到 40℃以下再开启灭菌器柜门。

C.2.3.2 灭菌物品包体积不应超过 10cm×10cm×20cm,油剂、粉剂的厚度不应超过 0.6cm,凡士林纱布条厚度不应超过 1.3cm,装载高度不应超过灭菌器内腔高度的 2/3,物品间应留有空隙。

C.2.3.3 设置灭菌温度应充分考虑灭菌物品对温度的耐受力;灭

菌有机物品或用纸质包装的物品时,温度应≤170℃。

C.2.3.4 灭菌温度达到要求时,应打开柜体的排风装置。

C.2.3.5 灭菌操作应遵循生产厂家的使用说明或指导手册。

C.3 环氧乙烷气体灭菌

C.3.1 适用范围

适用于不耐热、不耐湿的诊疗器械、器具和物品的灭菌,如电子仪器、光学仪器、纸质制品、化纤制品、塑料制品、陶瓷及金属制品等诊疗用品。不适用于食品、液体、油脂类、粉剂类等灭菌。

C.3.2 灭菌方法

C.3.2.1 灭菌程序包括预热、预湿、抽真空、通入气化环氧乙烷达到预定浓度、维持灭菌时间、清除灭菌柜内环氧乙烷气体、解析灭菌物品内环氧乙烷的残留等过程。

C.3.2.2 灭菌时应采用100%纯环氧乙烷或环氧乙烷和二氧化碳混合气体,不应使用氟利昂。

C.3.2.3 应按照环氧乙烷灭菌器生产厂家的操作使用说明或指导手册,根据灭菌物品种类、包装、装载量与方式不同,选择合适的温度、浓度和时间等灭菌参数。采用新的灭菌程序、新类型诊疗器械、新包装材料使用环氧乙烷气体灭菌前,应验证灭菌效果。

C.3.2.4 除金属和玻璃材质以外的灭菌物品,灭菌后应经过解析,解析时间:50℃,12h;60℃,8h;残留环氧乙烷应符合GB/T 16886.7的要求。解析过程应在环氧乙烷灭菌柜内继续进行,输入的空气应经过高效过滤(滤除≥0.3μm粒子99.6%以上),或放入专门的通风柜内,不应采用自然通风法进行解析。

C.3.3 灭菌前物品准备与包装

C.3.3.1 灭菌物品应彻底清洗干净。

C.3.3.2 包装应采用专用的包装材料,包括纸、包装袋(纸袋、纸塑袋等)、非织造布、硬质容器。包装材料应分别符合YY/T 0698.2、YY/T 0698.4、YY/T 0698.5和YY/T 0698.8的要求,新型包装材料应符合GB/T 19633的有关规定。包装操作要求应符合WS 310.2的要求。

C.3.4 灭菌物品装载

C.3.4.1 灭菌柜内装载物品周围应留有空隙,物品应放于金属网状篮筐内或金属网架上;纸塑包装应侧放。

C.3.4.2 物品装载量不应超过柜内总体积的80%。

C.3.5 注意事项

C.3.5.1 灭菌器安装应符合要求,包括通风良好,远离火源,灭菌器各侧(包括上方)应预留51cm空间。应安装专门的排气管道,且与大楼其他排气管道完全隔离。

C.3.5.2 应有专门的排气管道系统,排气管应为不通透环氧乙烷的材料如铜管等制成,垂直部分长度超过3m时应加装集水器。排气管应导至室外,并于出口处反转向下;距排气口7.6m范围内不应有易燃易爆物和建筑物的入风口如门或窗;排气管不应有凹陷或回圈。

C.3.5.3 环氧乙烷灭菌气瓶或气罐应远离火源和静电,通风良好,无日晒,存放温度低于40℃,不应置于冰箱中。应严格按照国家制定的有关易燃易爆物品储存要求进行处理。

C.3.5.4 每年对工作环境中环氧乙烷浓度进行监测并记录。在每日8h工作中,环氧乙烷浓度TWA(时间加权平均浓度)应不超过$1.82mg/m^3$(1ppm)。

C.3.5.5 消毒员应经专业知识和紧急事故处理的培训。过度接触环氧乙烷后,迅速将其移离中毒现场,立即吸入新鲜空气;皮肤接触后,用水冲洗接触处至少15min。同时脱去脏衣服;眼睛接触液态环氧乙烷或高浓度环氧乙烷气体至少冲洗眼10min,并均应尽快就诊。

C.3.5.6 应在环氧乙烷灭菌器内进行,灭菌器应取得卫生部消毒产品卫生许可批件。

C.4 过氧化氢低温等离子体灭菌

C.4.1 适用范围

适用于不耐热、不耐湿的诊疗器械的灭菌,如电子仪器、光学仪器等诊疗器械的灭菌。不适用于布类、纸类、水、油类、粉剂等材质的灭菌。

C.4.2 灭菌方法

C.4.2.1 应在专用的过氧化氢低温等离子体灭菌器内进行,一次灭菌过程包含若干个循环周期,每个循环周期包括抽真空、过氧化氢注入、扩散、等离子化、通风五个步骤。

C.4.2.2 应遵循过氧化氢低温等离子体灭菌生产厂家的操作使用说明书,根据灭菌物品种类、包装、装载量与方式不同,选择合适的灭菌程序,每种程序应满足相对应的温度、过氧化氢浓度和用量、灭菌时间等灭菌参数。

C.4.3 注意事项

C.4.3.1 灭菌物品应清洗干净、干燥。

C.4.3.2 灭菌物品的包装材料应符合YY/T 0698.2的非织造布和YY/T 0698.5复合型组合袋的要求。

C.4.3.3 灭菌包不应叠放,不应接触灭菌腔内壁。

C.4.3.4 灭菌器应取得卫生部消毒产品卫生许可批件。

C.5 低温甲醛蒸汽灭菌

C.5.1 适用范围

适用于不耐湿、热的诊疗器械、器具和物品的灭菌,如电子仪器、光学仪器、管腔器械、金属器械、玻璃器皿、合成材料物品等。

C.5.2 灭菌方法

C.5.2.1 低温甲醛蒸汽灭菌程序应包括:预热,预真空、排气,蒸汽注入、湿化、升温,反复甲醛蒸发、注入,甲醛穿透,灭菌(在预设的压力、温度下持续一定时间),反复蒸汽冲洗灭菌腔内甲醛,反复空气冲洗、干燥、冷却,恢复灭菌舱内正常压力。

C.5.2.2 根据低温甲醛蒸汽灭菌器的要求,采用2%复方甲醛溶液或福尔马林溶液(35%~40%甲醛)进行灭菌,每个循环的2%复方甲醛溶液或福尔马林溶液(35%~40%甲醛)用量根据装载量不同而异。灭菌参数为:温度55℃~80℃,灭菌维持时间为30min~60min。

C.5.3 注意事项

C.5.3.1 应采用取得卫生部消毒产品卫生许可批件的低温甲醛蒸汽灭菌器,并使用专用灭菌溶液进行灭菌,不应采用自然挥发或熏蒸的灭菌方法。

C.5.3.2 低温甲醛蒸汽灭菌器操作者应培训上岗,并具有相应的职业防护知识和技能。

C.5.3.3 低温甲醛蒸汽灭菌器的安装及使用应遵循生产厂家使用说明书或指导手册,必要时应设置专用的排气系统。

C.5.3.4 运行时的周围环境甲醛浓度应$<0.5mg/m^3$,排水内的甲醛浓度应符合国家有关规定。灭菌物品上的甲醛残留均值$\leq 4.5\mu g/cm^2$。在灭菌器内经过甲醛残留处理的灭菌物品,取出后可直接使用。

C.5.3.5 灭菌包装材料应使用与压力蒸汽灭菌法相同或专用的纸塑包装、无纺布、硬质容器,不应使用可吸附甲醛或甲醛不易穿透的材料如布类、普通纸类、聚乙烯膜、玻璃纸等。

C.5.3.6 装载时,灭菌物品应摊开放置,中间留有一定的缝隙,物品表面应尽量暴露。使用纸塑包装材料时,包装应竖立,纸面对塑面依序排放。

C.5.3.7 消毒后,应去除残留甲醛气体,采用抽气通风或用氨水中和法。

C.6 紫外线消毒

C.6.1 适用范围

适用于室内空气和物体表面的消毒。

C.6.2 紫外线消毒灯要求

C.6.2.1 紫外线消毒灯在电压为220V、环境相对湿度为60%、温度为20℃时,辐射的253.7nm紫外线强度(使用中的强度)应不低于$70\mu W/cm^2$。

C.6.2.2 应定期监测消毒紫外线的辐照强度,当辐照强度降低到要求值以下时，应及时更换。

C.6.2.3 紫外线消毒灯的使用寿命，即由新灯的强度降低到 $70\mu W/cm^2$ 的时间（功率≥30W），或降低到原来新灯强度的70%（功率<30W）的时间，应不低于1000h。紫外线灯生产单位应提供实际使用寿命。

C.6.3 使用方法

C.6.3.1 在室内无人状态下，采用紫外线灯悬吊式或移动式直接照射消毒。灯管吊装高度距离地面1.8m～2.2m。安装紫外线灯的数量为平均≥1.5W/m²，照射时间≥30min。

C.6.3.2 采用紫外线消毒器对空气及物体表面进行消毒。其消毒方法及注意事项应遵循生产厂家的使用说明。

C.6.3.3 消毒时对环境的要求 紫外线直接照射消毒空气时，关闭门窗，保持消毒空间内环境清洁、干燥。消毒空气的适宜温度20℃～40℃，相对湿度低于80%。

C.6.4 注意事项

C.6.4.1 应保持紫外线灯表面清洁，每周用酒精布巾擦拭一次，发现灯管表面有灰尘、油污等时，应随时擦拭。

C.6.4.2 用紫外线灯消毒室内空气时，房间内应保持清洁干燥。当温度低于20℃或高于40℃，相对湿度大于60%时，应适当延长照射时间。

C.6.4.3 采用紫外线消毒物体表面时，应使消毒物品表面充分暴露于紫外线。

C.6.4.4 采用紫外线消毒纸张、织物等粗糙表面时，应适当延长照射时间，且两面均应受到照射。

C.6.4.5 采用紫外线杀灭被有机物保护的微生物及空气中悬浮粒子多时，应加大照射剂量。

C.6.4.6 不应使紫外线光源直接照射到人。

C.6.4.7 不应在易燃、易爆的场所使用。

C.6.4.8 紫外线强度计每年至少标定一次。

C.7 臭氧

C.7.1 适用范围

适用于无人状态下病房、口腔科等场所的空气消毒和物体表面的消毒。

C.7.2 使用方法

C.7.2.1 空气消毒 在封闭空间内、无人状态下，采用20mg/m³浓度的臭氧，作用30min，对自然菌的杀灭率达到90%以上。消毒后应开窗通风≥30min，人员方可进入室内。

C.7.2.2 物体表面消毒 在密闭空间内，相对湿度≥70%，采用60mg/m³浓度的臭氧，作用60min～120min。

C.7.3 注意事项

C.7.3.1 有人情况下室内空气中允许臭氧浓度为0.16mg/m³。

C.7.3.2 臭氧为强氧化剂，使用时对多种物品有损坏，包括使铜片出现绿色锈斑，橡胶老化、变色、弹性降低，织物漂白褪色等。

C.7.3.3 臭氧的杀菌作用受多种因素包括温度、相对湿度和有机物等的影响。

C.8 醛类

C.8.1 戊二醛

C.8.1.1 适用范围

适用于不耐热诊疗器械、器具与物品的浸泡消毒与灭菌。

C.8.1.2 使用方法

C.8.1.2.1 诊疗器械、器具与物品的消毒与灭菌 将洗净、干燥的诊疗器械、器具与物品放入2%的碱性戊二醛溶液中完全浸没，并应去除器械表面的气泡、容器加盖，温度20℃～25℃，消毒作用到产品使用说明的规定时间，灭菌作用10h。无菌方式取出后用无菌水反复冲洗干净，再用无菌纱布等擦干后使用。其他戊二醛制剂的用法遵循卫生行政部门或国家相关规定进行。

C.8.1.2.2 用于内镜的消毒或灭菌应遵循国家有关要求。

C.8.1.3 注意事项

C.8.1.3.1 诊疗器械、器具与物品在消毒前应彻底清洗、干燥。新启用的诊疗器械、器具与物品先除去油污及保护膜，再用清洁剂清洗去除油脂，干燥后及时消毒或灭菌。

C.8.1.3.2 戊二醛对人有毒性，应在通风良好的环境中使用。对皮肤和黏膜有刺激性，使用时应注意个人防护。不慎接触，应立即用清水连续冲洗干净，必要时就医。

C.8.1.3.3 戊二醛不应用于物体表面的擦拭或喷雾消毒、室内空气消毒、手和皮肤黏膜的消毒。

C.8.1.3.4 强化酸性戊二醛使用前应先加入pH调节剂（碳酸氢钠），再加防锈剂（亚硝酸钠）充分混匀。

C.8.1.3.5 用于浸泡灭菌的容器，应洁净、密闭，使用前应先经灭菌处理。

C.8.1.3.6 在20℃～25℃温度条件下，加入pH调节剂和亚硝酸钠后的戊二醛溶液连续使用时间应≤14d。

C.8.1.3.7 应确保使用中戊二醛浓度符合产品使用说明的要求。

C.8.1.3.8 戊二醛应密封，避光，置于阴凉、干燥、通风的环境中保存。

C.8.2 邻苯二甲醛

C.8.2.1 适用范围

适用于不耐热诊疗器械、器具与物品的浸泡消毒。

C.8.2.2 使用方法

C.8.2.2.1 将待消毒的诊疗器械、器具与物品完全淹没于含量为5.5g/L、pH为7.0～8.0、温度20℃～25℃的邻苯二甲醛溶液中浸泡，消毒容器加盖，作用5min～12min。

C.8.2.2.2 用于内镜的消毒应遵循国家有关要求。

C.8.2.3 注意事项

C.8.2.3.1 诊疗器械、器具与物品消毒前应彻底清洗、干燥。新启用的诊疗器械、器具与物品先除去油污及保护膜，再用清洁剂清洗去除油脂，干燥后及时消毒。

C.8.2.3.2 使用时应注意通风，直接接触到本品会引起眼睛、皮肤、消化道、呼吸道黏膜损伤。接触皮肤、黏膜会导致着色，处理时应谨慎、戴手套；当溅入眼内时应及时用水冲洗，必要时就诊。

C.8.2.3.3 配制使用应采用专用塑料容器。

C.8.2.3.4 消毒液连续使用应≤14d。

C.8.2.3.5 应确保使用中的浓度符合产品使用说明的要求。

C.8.2.3.6 邻苯二甲醛应密封，避光，置于阴凉、干燥、通风的环境中保存。

C.9 过氧化物类

C.9.1 过氧乙酸

C.9.1.1 适用范围

适用于耐腐蚀物品、环境、室内空气等的消毒。专用机械消毒设备适用于内镜的灭菌。

C.9.1.2 使用方法

C.9.1.2.1 消毒液配制

对二元包装的过氧乙酸，使用前按产品使用说明书要求将A液、B液混合并放置所需时间。根据有效成分含量按容量稀释公式 $c_1 \times V_1 = c_2 \times V_2$，$c_1$ 和 V_1 为过氧乙酸原液的浓度和毫升数，c_2 和 V_2 为配制过氧乙酸使用液的浓度和体积，用蒸馏水将过氧乙酸稀释成所需浓度。计算方法及配制步骤为：

a)计算所需过氧乙酸原液的体积（V_1）：$V_1 = (c_2 \times V_2)/c_1$；

b)计算所需蒸馏水的体积（V_3）：$V_3 = V_2 - V_1$；

c)取过氧乙酸原液 V_1（mL），加入蒸馏水 V_3（mL），混匀。

C.9.1.2.2 消毒方法

C.9.1.2.2.1 浸泡法 将待消毒的物品浸没于装有过氧乙酸的容器中，加盖。对一般物体表面，用0.1%～0.2%（1000mg/L～2000mg/L）过氧乙酸溶液浸泡30min。对耐腐蚀医疗器械的高水平消毒，采用0.5%（5000mg/L）过氧乙酸冲洗作用10min。用无菌方法取出后采用无菌水冲洗干净，无菌巾擦干后使用。

C.9.1.2.2.2 擦拭法 大件物品或其他不能用浸泡法消毒的物品

用擦拭法消毒。消毒使用的浓度和作用时间同浸泡法。

C.9.1.2.2.3 喷洒法 用于环境消毒时，用0.2%～0.4%（2000mg/L～4000mg/L）过氧乙酸溶液喷洒，作用30min～60min。

C.9.1.2.2.4 喷雾法 采用电动超低容量喷雾器，使用5000mg/L过氧乙酸溶液，按照20mL/m^3～30mL/m^3的用量进行喷雾消毒，作用60min。

C.9.1.2.2.5 熏蒸法 使用15%过氧乙酸（7mL/m^3）加热蒸发，相对湿度60%～80%，室温熏蒸2h。

C.9.1.2.2.6 使用以过氧乙酸为灭菌剂的专用机械消毒设备灭菌内镜时，应遵循卫生部消毒产品卫生许可批件的适用范围及操作方法。

C.9.1.3 注意事项

C.9.1.3.1 过氧乙酸不稳定，应贮存于通风阴凉处，远离可燃物质。用前应测定有效含量，原液浓度低于12%时不应使用。

C.9.1.3.2 稀释液应现用现配，使用时限≤24h。

C.9.1.3.3 过氧乙酸对多种金属和织物有很强的腐蚀和漂白作用，金属制品与织物经浸泡消毒后，及时用符合要求的水冲洗干净。

C.9.1.3.4 接触过氧乙酸时，应采取防护措施；不慎溅入眼中或皮肤上，应立即用大量清水冲洗。

C.9.1.3.5 空气熏蒸消毒时，室内不应有人。

C.9.2 过氧化氢

C.9.2.1 适用范围

适用于外科伤口、皮肤黏膜冲洗消毒，室内空气的消毒。

C.9.2.2 消毒方法

C.9.2.2.1 伤口、皮肤黏膜消毒 采用3%（30g/L）过氧化氢冲洗、擦拭，作用3min～5min。

C.9.2.2.2 室内空气消毒 使用气溶胶喷雾器，采用3%（30g/L）过氧化氢溶液按照20mL/m^3～30mL/m^3的用量喷雾消毒，作用60min。

C.9.2.3 注意事项

C.9.2.3.1 过氧化氢应避光、避热，室温下储存。

C.9.2.3.2 过氧化氢对金属有腐蚀性，对织物有漂白作用。

C.9.2.3.3 喷雾时应采取防护措施；谨防溅入眼内或皮肤黏膜上，一旦溅上及时用清水冲洗。

C.9.3 二氧化氯

C.9.3.1 适用范围

适用于物品、环境、物体表面及空气的消毒。

C.9.3.2 使用方法

C.9.3.2.1 消毒液配制

二元包装消毒液，使用前需在二氧化氯稳定液中加入活化剂；一元包装的粉剂及片剂，应加入蒸馏水溶解，放置所需时间。根据有效含量按稀释定律，用蒸馏水将二氧化氯稀释成所需浓度。具体计算方法及配制步骤按C.9.1.2.1进行。

C.9.3.2.2 消毒方法

C.9.3.2.2.1 浸泡法 将待消毒物品浸没于装有二氧化氯溶液的容器中，加盖，对细菌繁殖体污染物品的消毒，用100mg/L～250mg/L二氧化氯溶液浸泡30min；对肝炎病毒和结核分枝杆菌污染物品的消毒，用500mg/L二氧化氯浸泡30min；对细菌芽孢污染物品的消毒，用1000mg/L二氧化氯浸泡30min。

C.9.3.2.2.2 擦拭法 大件物品或其他不能用浸泡法消毒的物品用擦拭法消毒。消毒使用的浓度和作用时间同浸泡法。

C.9.3.2.2.3 喷洒法 对细菌繁殖体污染的表面，用500mg/L二氧化氯均匀喷洒，作用30min；对肝炎病毒和结核杆菌污染的表面，用1000mg/L二氧化氯均匀喷洒，作用60min。

C.9.3.2.2.4 室内空气消毒 使用气溶胶喷雾器，采用500mg/L二氧化氯溶液按照20mL/m^3～30mL/m^3的用量喷雾消毒，作用30min～60min；或采用二氧化氯（10mg/m^3～20mg/m^3）加热蒸发或加激活剂熏蒸消毒。消毒剂用量、消毒时间、操作方法和注意事项等应遵循产品的使用说明。

C.9.3.3 注意事项

C.9.3.3.1 置于干燥、通风处保存。

C.9.3.3.2 稀释液应现配现用，使用时限≤24h。

C.9.3.3.3 对碳钢、铝有中度腐蚀性，对铜、不锈钢有轻度腐蚀性。金属制品经二氧化氯消毒后，应及时用符合要求的水冲洗干净、干燥。

C.10 含氯消毒剂

C.10.1 适用范围

适用于物品、物体表面、分泌物、排泄物等的消毒。

C.10.2 使用方法

C.10.2.1 消毒液配制

根据产品有效氯含量，按稀释定律，用蒸馏水稀释成所需浓度。具体计算方法及配制步骤按C.9.1.2.1进行。

C.10.2.2 消毒方法

C.10.2.2.1 浸泡法 将待消毒的物品浸没于装有含氯消毒剂溶液的容器中，加盖。对细菌繁殖体污染物品的消毒，用含有效氯500mg/L的消毒液浸泡>10min，对经血传播病原体、分枝杆菌、细菌芽孢污染物品的消毒，用含有效氯2000mg/L～5000mg/L消毒液，浸泡>30min。

C.10.2.2.2 擦拭法 大件物品或其他不能用浸泡消毒的物品用擦拭消毒，消毒所用的浓度和作用时间同浸泡法。

C.10.2.2.3 喷洒法 对一般污染的物品表面，用含有效氯400mg/L～700mg/L的消毒液均匀喷洒，作用10min～30min；对经血传播病原体、结核杆菌等污染表面的消毒，用含有效氯2000mg/L的消毒液均匀喷洒，作用>60min，喷洒后有强烈的刺激性气味，人员应离开现场。

C.10.2.2.4 干粉消毒法 对分泌物、排泄物的消毒，用含氯消毒剂干粉加入分泌物、排泄物中，使有效氯含量达到10000mg/L，搅拌后作用>2h；对医院污水的消毒，用干粉按有效氯50mg/L用量加入污水中，并搅拌均匀，作用2h后排放。

C.10.3 注意事项

C.10.3.1 粉剂应于阴凉处避光、防潮、密封保存，水剂应于阴凉处避光、密封保存。使用液应现配现用，使用时限≤24h。

C.10.3.2 配制漂白粉等粉剂溶液时，应戴口罩、手套。

C.10.3.3 未加防锈剂的含氯消毒剂对金属有腐蚀性，不应用于金属器械的消毒。加防锈剂的含氯消毒剂对金属器械消毒后，应用无菌蒸馏水冲洗干净，干燥后使用。

C.10.3.4 对织物有腐蚀和漂白作用，不应用于有色织物的消毒。

C.11 醇类消毒剂（含乙醇、异丙醇、正丙醇，或两种成分的复方制剂）

C.11.1 适用范围

适用于手、皮肤、物体表面及诊疗器具的消毒。

C.11.2 使用方法

C.11.2.1 手消毒 使用符合国家有关规定的含醇类手消毒剂，手消毒方法遵循WS/T 313的要求。

C.11.2.2 皮肤消毒 使用70%～80%（体积比）乙醇溶液擦拭皮肤2遍，作用3min。

C.11.2.3 物体表面的消毒 使用70%～80%（体积比）乙醇溶液擦拭物体表面2遍，作用3min。

C.11.2.4 诊疗器具的消毒 将待消毒的物品浸没于装有70%～80%（体积比）的乙醇溶液中消毒≥30min，加盖；或进行表面擦拭消毒。

C.11.3 注意事项

C.11.3.1 醇类易燃，不应有明火。

C.11.3.2 不应用于被血、脓、粪便等有机物严重污染表面的消毒。

C.11.3.3 用后应盖紧，密闭，置于阴凉处保存。

C.11.3.4 醇类过敏者慎用。

C.12 含碘类消毒剂

C.12.1 碘伏

C.12.1.1　适用范围

适用于手、皮肤、黏膜及伤口的消毒。

C.12.1.2　使用方法

C.12.1.2.1　消毒液配制

冲洗黏膜时，根据有效碘含量用灭菌蒸馏水或纯化水，按照稀释定律，将碘伏稀释成所需浓度。具体计算方法及配制步骤按C.9.1.2.1进行。

C.12.1.2.2　消毒方法

C.12.1.2.2.1　擦拭法　皮肤、黏膜擦拭消毒，用浸有碘伏消毒液原液的无菌棉球或其他替代物品擦拭被消毒部位。外科手消毒用碘伏消毒液原液擦拭揉搓作用至少3min。手术部位的皮肤消毒。用碘伏消毒液原液局部擦拭2～3遍，作用至少2min。注射部位的皮肤消毒，用碘伏消毒液原液局部擦拭2遍，作用时间遵循产品的使用说明。口腔黏膜及创面消毒，用含有效碘1000mg/L～2000mg/L的碘伏擦拭，作用3min～5min。

C.12.1.2.2.2　冲洗法　对阴道黏膜及创面的消毒，用含有效碘500mg/L的碘伏冲洗，作用到使用产品的规定时间。

C.12.1.3　注意事项

C.12.1.3.1　应置于阴凉处避光、防潮、密封保存。

C.12.1.3.2　含乙醇的碘制剂消毒液不应用于黏膜和伤口的消毒。

C.12.1.3.3　碘伏对二价金属制品有腐蚀性，不应做相应金属制品的消毒。

C.12.1.3.4　碘过敏者慎用。

C.12.2　碘酊

C.12.2.1　适用范围

适用于注射及手术部位皮肤的消毒。

C.12.2.2　使用方法

使用碘酊原液直接涂擦注射及手术部位皮肤2遍以上，作用时间1min～3min，待稍干后再用70%～80%(体积比)乙醇脱碘。

C.12.2.3　注意事项

C.12.2.3.1　不应用于破损皮肤、眼及口腔黏膜的消毒。

C.12.2.3.2　不应用于碘酊过敏者；过敏体质者慎用。

C.12.2.3.3　应置于阴凉处避光、防潮、密封保存。

C.12.3　复方碘伏消毒液

C.12.3.1　适用范围

主要适用于医务人员的手、皮肤消毒，有些可用于黏膜消毒。应遵循卫生部消毒产品卫生许可批件规定的使用范围。

C.12.3.2　使用方法

C.12.3.2.1　含有乙醇或异丙醇的复方碘伏消毒剂可用于手、皮肤消毒，原液擦拭1～2遍，作用1min～2min不可用于黏膜消毒。

C.12.3.2.2　含有氯己定的复方碘伏消毒剂，用途同普通碘伏消毒剂，应遵循该消毒剂卫生许可批件的使用说明，慎用于腹腔冲洗消毒。

C.12.3.3　注意事项

同碘伏，使用中应注意复方物质的毒副作用。

C.13　氯　己　定

C.13.1　适用范围

适用于手、皮肤、黏膜的消毒。

C.13.2　使用方法

C.13.2.1　消毒液的配制

根据有效含量用灭菌蒸馏水或纯化水将消毒液稀释成所需浓度。具体计算方法及配制步骤按C.9.1.2.1进行，一般原液使用。

C.13.2.2　消毒方法

C.13.2.2.1　擦拭法　手术部位及注射部位皮肤和伤口创面消毒，用有效含量≥2g/L氯己定-乙醇(70%，体积比)溶液局部擦拭2～3遍，作用时间遵循产品的使用说明；外科手消毒用有效含量≥2g/L氯己定-乙醇(70%，体积比)溶液，使用方法及作用时间应遵循产品使用说明。

C.13.2.2.2　冲洗法　对口腔、阴道或伤口创面的消毒，用有效含量≥2g/L氯己定水溶液冲洗，作用时间遵循产品的使用说明。

C.13.3　注意事项

不应与肥皂、洗衣粉等阴性离子表面活性剂混合使用或前后使用。

C.14　季　铵　盐　类

C.14.1　适用范围

适用于环境、物体表面、皮肤与黏膜的消毒。

C.14.2　使用方法

C.14.2.1　环境、物体表面消毒一般用1000mg/L～2000mg/L消毒液，浸泡或擦拭消毒，作用时间15min～30min。

C.14.2.2　皮肤消毒　复方季铵盐消毒剂原液皮肤擦拭消毒，作用时间3min～5min。

C.14.2.3　黏膜消毒　采用1000mg/L～2000mg/L季铵盐消毒液，作用到产品使用说明的规定时间。

C.14.3　注意事项

不宜与阴离子表面活性剂如肥皂、洗衣粉等合用。

C.15　酸性氧化电位水

C.15.1　适用范围

适用于消毒供应中心手工清洗后不锈钢和其他非金属材质器械、器具和物品灭菌前的消毒、物体表面、内镜等的消毒。

C.15.2　使用方法

C.15.2.1　主要有效成分指标要求，有效氯含量60mg/L±10mg/L，pH值范围2.0～3.0，氧化还原电位(ORP)≥1100mV，残留氯离子≤1000mg/L。

C.15.2.2　消毒供应中心手工清洗器械灭菌前的消毒　手工清洗后的器械、器具和物品，用酸性氧化电位水流动冲洗浸泡消毒2min，净水冲洗30s，取出干燥，具体方法应遵循WS 310.2的要求。

C.15.2.3　物体表面的消毒　洗净待消毒物体，采用酸性氧化电位水流动冲洗浸泡消毒，作用3min～5min；或反复擦洗消毒5min。

C.15.2.4　内镜的消毒　严格遵循国家有关规定的要求。

C.15.2.5　其他方面的消毒　遵循国家有关规定及卫生部消毒产品卫生许可批件的使用说明。

C.15.3　注意事项

C.15.3.1　应先彻底清除待消毒物品上的有机物，再进行消毒处理。

C.15.3.2　酸性氧化电位水对光敏感，有效氯浓度随时间延长而下降，生成后原则上应尽早使用，最好现制备现用。

C.15.3.3　储存应选用避光、密闭、硬质聚氯乙烯材质制成的容器。室温下贮存不超过3d。

C.15.3.4　每次使用前，应在使用现场酸性氧化电位水出水口处，分别检测pH值、氧化还原电位和有效氯浓度。检测数值应符合指标要求。

C.15.3.5　对铜、铝等非不锈钢的金属器械、器具和物品有一定的腐蚀作用，应慎用。

C.15.3.6　酸性氧化电位水长时间排放可造成排水管路的腐蚀，故应每次排放后再排放少量碱性还原电位水或自来水。

C.16　煮　沸　消　毒

C.16.1　适用范围

适用于金属、玻璃制品、餐饮具、织物或其他耐热、耐湿物品的消毒。

C.16.2　使用方法

将待消毒物品完全浸没水中，加热水沸腾后维持≥15min。

C.16.3　注意事项

C.16.3.1　从水沸腾时开始计消毒时间，中途加入物品应重新计时。

C.16.3.2　消毒物品应保持清洁，所消毒的物品应全部浸没于水中，可拆卸物品应拆开。

C.16.3.3　高海拔地区，应适当延长煮沸时间。

C.16.3.4　煮沸消毒用水宜使用软水。

C.17　流动蒸汽消毒

C.17.1　适用范围

适用于医疗器械、器具和物品手工清洗后的初步消毒，餐饮具和部分卫生用品等耐热、耐湿物品的消毒。

C.17.2 使用方法

通过流动蒸汽发生器、蒸锅等，当水沸腾所产生水蒸汽，蒸汽温度为100℃，相对湿度80%～100%时，作用时间15min～30min。

C.17.3 注意事项

C.17.3.1 消毒作用时间，应从水沸腾后有蒸汽冒出时算起。

C.17.3.2 消毒物品应清洁干燥、垂直放置，物品之间留有一定空隙。

C.17.3.3 高海拔地区，应适当延长消毒时间。

C.18 其他消毒灭菌方法

C.18.1 过滤除菌

过滤除菌是将待消毒的介质，通过规定孔径的过滤材料，以物理阻留等原理，去除气体或液体中的微生物，但不能将微生物杀灭，可用于医疗机构低度危险性物品和中度危险性物品的消毒，主要用于空气净化，以及不适用于压力蒸汽灭菌的液体过滤除菌。

C.18.2 微波消毒

微波是一种频率高、波长短、穿透性强的电磁波，一般使用的频率为2450MHz，可杀灭包括芽孢在内的所有微生物，微波可用于医疗机构低度危险性物品和中度危险性物品的消毒如餐饮具的消毒。微波消毒的物品应浸入水中或用湿布包裹。

C.18.3 其他合法、有效的消毒产品

其使用方法与注意事项等应根据产品的使用说明或指导手册。

中华人民共和国卫生行业标准

医院空气净化管理规范

Management specification of air cleaning technique in hospitals

WS/T 368-2012

前　言

本标准按照 GB/T 1.1—2009 给出的规则起草。

根据《中华人民共和国传染病防治法》制定本标准。

本标准由卫生部医院感染控制标准专业委员会提出。

本标准起草单位：北京大学第一医院、山东省立医院、卫生部医院管理研究所、首都医科大学宣武医院、中南大学湘雅医院、复旦大学附属中山医院、解放军总医院、北京天坛医院。

本标准主要起草人：李六亿、李卫光、巩玉秀、王力红、吴安华、胡必杰、魏华、邵丽丽、贾会学。

目　次

医院空气净化管理规范

1 范　　围

24

本标准规定了医院空气净化的管理及卫生学要求、空气净化方法和空气净化效果的监测。

本标准适用于各级各类医院。其他医疗机构可参照执行。

2 规范性引用文件

下列文件对于本文件的应用是必不可少的。凡是注日期的引用文件，仅注日期的版本适用于本文件。凡是不注日期的引用文件，其最新版本（包括所有的修改单）适用于本文件。

GB 15982　医院消毒卫生标准

GB 50333　医院洁净手术部建筑技术规范

公共场所集中空调通风系统卫生规范　卫生部

公共场所集中空调通风系统卫生学评价规范　卫生部

公共场所集中空调通风系统清洗规范　卫生部

3 术语和定义

下列术语和定义适用于本文件。

3.1 空气净化　air cleaning

降低室内空气中的微生物、颗粒物等使其达到无害化的技术或方法。

3.2 洁净手术部(室)　clean operating department(room)

采取一定空气洁净技术，使空气菌落数和尘埃粒子数等指标达到相应洁净度等级标准的手术部(室)。

3.3 自然通风　natural ventilation

利用建筑物内外空气的密度差引起的热压或风压，促使空气流动而进行的通风换气。

3.4 集中空调通风系统　central air-conditioning ventilation system

为使房间或封闭空间空气温度、湿度、洁净度和气流速度等参数达到设定的要求，而对空气进行集中处理、输送、分配的所有设备、管道及附件、仪器仪表的总和。

3.5 空气净化消毒装置　air cleaning and disinfection device

去除集中空调通风系统送风中微生物、颗粒物和气态污染物的装置。

4 管理及卫生学要求

4.1 空气净化管理要求

4.1.1 医院应根据空气净化与消毒相关法律、法规和标准的规定，结合医院实际情况，制定相应的空气净化管理制度，并组织实施。

4.1.2 医院应对空气净化与消毒设施的使用和管理人员、医务人员进行空气净化与消毒相关法律、法规和标准等知识的培训，明确各自的职责和任务，确保空气净化设施的正常运行。

4.1.3 医院应根据临床科室的感染风险评估，采取适宜的空气净化措施，使其室内空气质量符合国家相应标准的要求。

4.1.4 医院应对全院有关临床科室的空气质量进行检查和指导。

4.2 空气净化卫生要求

4.2.1 洁净手术部(室)和其他洁净场所(如洁净骨髓移植病房)，新建与改建验收时、更换高效过滤器后、日常监测时，空气中的细菌菌落总数应符合 GB 50333 的要求。

4.2.2 非洁净手术部(室)、非洁净骨髓移植病房、产房、导管室、新生儿室、器官移植病房、烧伤病房、重症监护病房、血液病病区空气中的细菌菌落总数≤4CFU/(15min・直径 9cm 平皿)。

4.2.3 儿科病房、母婴同室、妇产科检查室、人流室、治疗室、注射室、换药室、输血科、消毒供应中心、血液透析中心(室)、急诊室、化验室、各类普通病室、感染疾病科门诊及其病房空气中的细菌菌落总数≤4CFU/(5min・直径 9cm 平皿)。

5 空气净化方法

5.1 通 风

5.1.1 自然通风

应根据季节、室外风力和气温，适时进行通风。

5.1.2 机械通风

5.1.2.1 工作原理

通过安装通风设备，利用风机、排风扇等运转产生的动力，使空气流动。

5.1.2.2 通风方式

5.1.2.2.1 机械送风与自然排风 适用于污染源分散及室内空气污染不严重的场所。机械送风口宜远离门窗。

5.1.2.2.2 自然送风与机械排风 适用于室内空气污染较重的场所。室内排风口宜远离门，宜安置于门对侧墙面上。

5.1.2.2.3 机械送风与机械排风 适用于卫生条件要求较高的场所。根据通风的需要设定换气次数或保持室内的正压或负压。

5.1.3 注意事项

5.1.3.1 应充分考虑房间的功能要求、相邻房间的卫生条件和室内外的环境因素，选择通风方式及室内的正负压。

5.1.3.2 应定期对机械通风设备进行清洁，遇污染及时清洁与消毒。

5.2 集中空调通风系统

5.2.1 集中空调通风系统应加强卫生管理，并符合国家有关规定。

5.2.2 集中空调通风系统的卫生要求及检测方法应符合《公共场所集中空调通风系统卫生规范》的规定。

5.2.3 集中空调通风系统的卫生学评价应符合《公共场所集中空调通风系统卫生学评价规范》的规定。

5.2.4 集中空调通风系统的清洗应符合《公共场所集中空调通风系统清洗规范》的规定。

5.3 空气洁净技术

5.3.1 设计要求

洁净手术部(室)和其他洁净场所的设计应遵循 GB 50333 的要求。

5.3.2 维护与保养要求

5.3.2.1 空气处理机组、新风机组应定期检查，保持清洁。

5.3.2.2 新风机组粗效滤网宜每 2d 清洁一次；粗效过滤器宜 1 月～2 月更换一次；中效过滤器宜每周检查，3 个月更换一次；亚高效过滤器宜每年更换。发现污染和堵塞及时更换。

5.3.2.3 末端高效过滤器宜每年检查一次，当阻力超过设计初阻力 160Pa 或已经使用 3 年以上时宜更换。

5.3.2.4 排风机组中的中效过滤器宜每年更换，发现污染和堵塞及时更换。

5.3.2.5 定期检查回风口过滤网，宜每周清洁一次，每年更换一次。如遇特殊污染，及时更换，并用消毒剂擦拭回风口内表面。

5.3.2.6 设专门维护管理人员，遵循设备的使用说明进行保养与维护；并制定运行手册，有检查和记录。

5.4 紫外线消毒

5.4.1 适用范围

适用于无人状态下室内空气的消毒。

5.4.2 消毒方法

紫外线灯采取悬吊式或移动式直接照射。安装时紫外线灯(30W 紫外线灯，在 1.0m 处的强度>$70\mu W/cm^2$)应≥$1.5W/m^3$，照射时间≥30min。

5.4.3 注意事项

5.4.3.1 应保持紫外线灯表面清洁，每周用 70%～80%(体积比)乙醇棉球擦拭一次。发现灯管表面有灰尘、油污时，应及时擦拭。

5.4.3.2 紫外线灯消毒室内空气时，房间内应保持清洁干燥，减少尘埃和水雾。温度<20℃或>40℃时，或相对湿度>60%时，应适当延长照射时间。

5.4.3.3 室内有人时不应使用紫外线灯照射消毒。

5.5 循环风紫外线空气消毒器

5.5.1 适用范围

适用于有人状态下的室内空气消毒。

5.5.2 消毒原理

消毒器由高强度紫外线灯和过滤系统组成，可以有效杀灭进入消毒器空气中的微生物，并有效地滤除空气中的尘埃粒子。

5.5.3 使用方法

应遵循卫生部消毒产品卫生许可批件批准的产品使用说明，在规定的空间内正确安装使用。

5.5.4 注意事项

5.5.4.1 消毒时应关闭门窗。

5.5.4.2 进风口、出风口不应有物品覆盖或遮挡。

5.5.4.3 用湿布清洁机器时，须先切断电源。

5.5.4.4 消毒器的检修与维护应遵循产品的使用说明。

5.5.4.5 消毒器应取得卫生部消毒产品卫生许可批件。

5.6 静电吸附式空气消毒器

5.6.1 适用范围

适用于有人状态下室内空气的净化。

5.6.2 消毒原理

采用静电吸附和过滤材料，消除空气中的尘埃和微生物。

5.6.3 使用方法

应遵循卫生部消毒产品卫生许可批件批准的产品使用说明，在规定的空间内正确安装使用。

5.6.4 注意事项

5.6.4.1 消毒时应关闭门窗。

5.6.4.2 进风口、出风口不应有物品覆盖或遮挡。

5.6.4.3 消毒器的循环风量(m^3/h)应大于房间体积的 8 倍以上。

5.6.4.4 消毒器应取得卫生部消毒产品卫生许可批件。

5.6.4.5 消毒器的检修与维护遵循产品的使用说明。

5.7 化学消毒法

5.7.1 超低容量喷雾法

5.7.1.1 适用范围

适用于无人状态下的室内空气消毒。

5.7.1.2 消毒原理

将消毒液雾化成 $20\mu m$ 以下的微小粒子，在空气中均匀喷雾，使之与空气中微生物颗粒充分接触，以杀灭空气中的微生物。

5.7.1.3 消毒方法

采用 3%过氧化氢、5000mg/L 过氧乙酸、500mg/L 二氧化氯等消毒液，按照 $20mL/m^3$～$30mL/m^3$ 的用量加入到电动超低容量喷雾器中，接通电源，即可进行喷雾消毒。消毒前关好门窗，喷雾时按先上后下、先左后右、由里向外，先表面后空间，循序渐进的顺序依次均匀喷雾。作用时间：过氧化氢、二氧化氯为 30min～60min，过氧乙酸为 1h。消毒完毕，打开门窗彻底通风。

5.7.1.4 注意事项

5.7.1.4.1 喷雾时消毒人员应作好个人防护，佩戴防护手套、口罩，必要时戴防毒面罩，穿防护服。

5.7.1.4.2 喷雾前应将室内易腐蚀的仪器设备，如监护仪、显示器等物品盖好。

5.7.2 熏蒸法

5.7.2.1 适用范围

适用于无人状态下的室内空气消毒。

5.7.2.2 消毒原理

利用化学消毒剂具有的挥发性，在一定空间内通过加热或其他方法使其挥发达到空气消毒。

5.7.2.3 消毒方法

采用0.5%～1.0%（5000mg/L～10000mg/L）过氧乙酸水溶液（$1g/m^3$）或二氧化氯（$10mg/m^3$～$20mg/m^3$），加热蒸发或加激活剂；或采用臭氧（$20mg/m^3$）熏蒸消毒。消毒剂用量、消毒时间、操作方法和注意事项等应遵循产品的使用说明。消毒前应关闭门窗，消毒完毕，打开门窗彻底通风。

5.7.2.4 注意事项

5.7.2.4.1 消毒时房间的温度和湿度应适宜。

5.7.2.4.2 盛放消毒液的容器应耐腐蚀，大小适宜。

6 不同部门空气净化方法

6.1 手术部（室）可选用下列方法净化空气：

a）安装空气净化消毒装置的集中空调通风系统；

b）空气洁净技术；

c）循环风紫外线空气消毒器或静电吸附式空气消毒器或其他获得卫生部消毒产品卫生许可批件的空气消毒器；

d）紫外线灯照射消毒；

e）能使消毒后空气中的细菌总数≤4CFU/（15min·直径9cm平皿）、获得卫生部消毒产品卫生许可批件的其他空气消毒产品。

6.2 产房、导管室、新生儿室、器官移植病房、烧伤病房、重症监护病房、血液病病区等，可选用下列方法净化空气：

a）通风；

b）安装空气净化消毒装置的集中空调通风系统；

c）空气洁净技术；

d）循环风紫外线空气消毒器或静电吸附式空气消毒器或其他获得卫生部消毒产品卫生许可批件的空气消毒器；

e）紫外线灯照射消毒；

f）能使消毒后空气中的细菌总数≤4CFU/（15min·直径9cm平皿）、获得卫生部消毒产品卫生许可批件的其他空气消毒产品。

6.3 儿科病房、母婴同室、妇产科检查室、人流室、注射室、治疗室、换药室、输血科、消毒供应中心、血液透析中心（室）、急诊室、化验室、各类普通病室、感染疾病科门诊及其病房等可选用下列方法净化空气：

a）通风；

b）集中空调通风系统；

c）循环风紫外线空气消毒器或静电吸附式空气消毒器或其他获得卫生部消毒产品卫生许可批件的空气消毒器；

d）紫外线灯照射消毒；

e）化学消毒；

f）能使消毒后空气中的细菌总数≤4CFU/（5min·直径9cm平皿）、获得卫生部消毒产品卫生许可批件的其他空气消毒产品。

7 不同情况下空气净化方法

7.1 有人情况下可选用下列方法：

a）普通病房首选自然通风；自然通风不良，宜采取机械通风；

b）集中空调通风系统；

c）循环风紫外线空气消毒器或静电吸附式空气消毒器或其他获得卫生部消毒产品卫生许可批件的空气消毒器；

d）空气洁净技术；

e）获得卫生部消毒产品卫生许可批件、对人体健康无损害的其他空气消毒产品。

7.2 无人情况下可采用以下方法：

a）可选用7.1的空气净化方法；

b）紫外线灯照射消毒；

c）化学消毒；

d）其他获得卫生部消毒产品卫生许可批件、适宜于超低容量喷雾消毒的消毒剂进行喷雾消毒，其使用方法、注意事项等遵循产品的使用说明。

7.3 呼吸道传染病患者所处场所可选用以下方法：

a）受客观条件限制的医院可采用通风，包括自然通风和机械通风，宜采用机械排风；

b）负压隔离病房；

c）安装空气净化消毒装置的集中空调通风系统；

d）使用获得卫生部消毒产品卫生许可批件的空气净化设备，其操作方法、注意事项等应遵循产品的使用说明。

7.4 普通患者出院或死亡后病室可选用以下方法：

a）通风；

b）紫外线灯照射消毒；

c）使用获得卫生部消毒产品卫生许可批件的空气净化设备，其操作方法、注意事项等应遵循产品的使用说明。

7.5 呼吸道传染病患者出院或死亡后病室可选用以下方法：

a)紫外线灯照射消毒；

b)化学消毒；

c)使用获得卫生部消毒产品卫生许可批件的空气净化设备，操作方法、注意事项等应遵循产品的使用说明。

8 空气净化效果的监测

8.1 监测部门

医院应对感染高风险部门如手术部(室)、产房、导管室、层流洁净病房、骨髓移植病房、器官移植病房、重症监护病房、新生儿室、母婴同室、血液透析中心(室)、烧伤病房的空气净化与消毒质量进行监测。

8.2 监测要求

8.2.1 监测频度

医院应对感染高风险部门每季度进行监测；洁净手术部(室)及其他洁净场所，新建与改建验收时以及更换高效过滤器后应进行监测；遇医院感染暴发怀疑与空气污染有关时随时进行监测，并进行相应致病微生物的检测。

8.2.2 监测方法及结果判定

8.2.2.1 洁净手术部(室)及其他洁净场所，根据洁净房间总数，合理安排每次监测的房间数量，保证每个洁净房间能每年至少监测一次，其监测方法及结果的判定应符合 GB 50333 的要求。

8.2.2.2 未采用洁净技术净化空气的部门，其监测方法及结果的判定应符合 GB 15982 的要求。

中华人民共和国卫生行业标准

医院中央空调系统运行管理

Operational management of central air conditioning systems for hospitals

WS 488-2016

前　言

本标准 4.5.2、5.4.5、6.1、6.2.3 为推荐性条款，其余为强制性条款。

本标准按照 GB/T 1.1—2009 给出的规则起草。

本标准起草单位：四川大学华西医院、广东省人民医院、成都市第三人民医院、新疆维吾尔自治区人民医院、新疆医科大学第一附属医院、成都市第一人民医院。

本标准起草人：杜栩、郭淞含、田美蓉、庄明轩、夏云雷、郭涛、王晓蓉、刘翠玲、张栋良、黄世清、唐昭斌、刘建、杨扬、宋文洁、王育珊、叶枫、焦修奎、焦修文、谢磊、孙麟、袁向东、于爱平、刘志连、何斌、许家穗、叶久勤、周政、刘明健、张伟。

目　　次

医院中央空调系统运行管理

1 范 围

本标准规定了医院中央空调系统竣工验收合格并交付使用后，医院中央空调系统运行管理的基本要求和中央空调系统从业人员在主要设备运行操作、维护保养、应急处理等方面的行为准则。

本标准适用于各级各类医院的中央空调系统运行管理，有类似空调系统的其他医疗机构可参照执行。

本标准不适用于洁净室及相关受控环境。

2 规范性引用文件

下列文件对于本文件的应用是必不可少的。凡是注日期的引用文件，仅注日期的版本适用于本文件。凡是不注日期的引用文件，其最新版本(包括所有的修改单)适用于本文件。

GB 5749 生活饮用水卫生标准

GB 15982 医院消毒卫生标准

GB/T 17094 室内空气中二氧化碳卫生标准

GB 19210 空调通风系统清洗规范

GB 50050 工业循环冷却水处理设计规范

GB 50365 空调通风系统运行管理规范

WS 394 公共场所集中空调通风系统卫生规范

WS/T 396 公共场所集中空调通风系统清洗消毒规范

3 术语和定义

GB 50365、GB 15982、GB/T 17094、GB 19210 界定的以及下列术语和定义适用于本文件。

3.1 舒适性中央空调系统 comfort of central air conditioning system

采用空气调节和通风技术，对空气进行处理、输送、分配，并控制其参数的所有设备、管道及附件、仪器仪表的总和，也称舒适性集中空调系统(本标准简称中央空调系统)。

3.2 洁净室及相关受控环境 clean room and associated controlled environment

洁净室及附属的、辅助的、相联系的开放或封闭的内部或周边空间，该空间的悬浮微粒浓度等参数也受到符合相关标准的控制。

3.3 冷热源主机 central air-conditioning heat and cold sources

为空气调节系统提供所需冷量，用以抵消室内环境的热负荷；以及为空气调节系统提供用以抵消室内环境的冷负荷所需热量。

3.4 水路管道及附属设备 waterways pipelines and ancillary equipment

为了满足室内环境温度需要，将所需的冷热源输送到受控空间的设备。包括冷却塔、水泵、过滤器、阀门、水路管道等。

3.5 末端设备 terminal equipment

通过处理和输配空气，控制空间的空气温度、湿度、洁净度和气流速度等参数，达到给定要求的技术的设备。包括风机盘管、新风机组、组合式空调机组、加湿器、空气消毒装置、风管等。

3.6 生物污染物 biological contaminans

细菌、真菌(霉菌)、病毒、动物皮屑、昆虫、花粉和其他生物性物质，以及这些物质的衍生物。

4 基本要求

4.1 一般原则

4.1.1 医院应根据自身的医疗需求，配置符合医院需求的空调系统。

4.1.2 医院在新建或改扩建时，应将医院科室、部门的布局，以及所评估的医疗部门医院交叉感染的风险和对空气洁净的特别需求，与中央空调设计人员、施工人员说明沟通，对不符合医院感染管理要求和医疗服务规程的提出修改意见。

4.1.3 中央空调系统运行管理及操作人员在从事本项工作前，应经过消防安全的培训，掌握防火、灭火的基本技能；还应掌握中央空调的管理知识和技能；应接受医院感染控制、消毒知识的培训，掌握防止空气生物污染物传播和空调系统二次污染的基本知识与技能；经考核合格后上岗。

4.1.4 中央空调系统运行管理人员应熟悉中央空调系统的工作原理和运行特点，具有安全意识、节能意识和应急指挥能力。

4.1.5 中央空调系统运行操作人员应具备《中华人民共和国特种作业操作证》。

4.2 管理部门

4.2.1 医院应明确中央空调系统的主管院领导。

4.2.2 医院应根据中央空调系统运行要求，设置相应的管理部门及负责人。

4.3 管理职责

4.3.1 医院应明确中央空调系统主管院领导、运行管理部门负责人及运行操作人员的主要职责。

4.3.2 主管院领导应履行下列职责：

a)对中央空调系统运行管理负有领导责任；

b)组织制定中央空调系统运行管理和规章制度；

c)负责中央空调系统运行管理所需资源，包括管理人员、运行操作人员与相关检测设备的配置。

4.3.3 运行管理部门负责人应履行下列职责：

a)对本单位的中央空调系统运行工作全面负责，保障本单位中央空调系统运行符合相关规定，掌握本单位中央空调系统运行情况；

b)确定逐级安全责任，落实管理制度和安全操作规程；

c)组织安全检查，督促整改中央空调系统运行中发现的隐患，及时处理涉及安全的重大问题；

d)针对本单位的实际情况，组织制定应急预案，并定期实施演练。

4.3.4 运行操作人员应履行下列职责：

a)熟悉和掌握医院中央空调设施的功能和操作规程；

b)按照制度规定对中央空调设施进行巡视、检查、维护和保养，保证其设施处于正常运行状态；

c)发现故障应在确认后按相关操作规程及时排除，不能确定、不能及时排除的应立即向部门主管人员报告；

d)做好维护保养记录和设备运行记录。

4.4 管理制度

4.4.1 医院应结合本单位中央空调系统的特点，建立健全各项规章制度。

4.4.2 医院中央空调运行管理应具备以下制度，a)～o)项制度内容应在空调主机房张贴：

a)岗位职责；

b)机房管理制度；

c)机房消防管理制度；

d)安全管理制度；

e)动火管理制度；

f)设备巡视检查制度；

g)设备维修保养制度；

h)应急管理制度；

i)值班制度；

j)交接班制度；

k)设备安全操作规程；

l)高危作业操作规程；

m)设备检修规程；

n)开、关机操作规程；

o)空调系统卫生检测评价制度；

p)中央空调系统制冷、采暖转换规程；

q)仪表、工器具管理制度；

r)储备零部件管理制度；

s)防止二次污染制度；

t)空调系统清洗、消毒制度；

u)各级空气过滤器阻力记录、过滤器更换制度；

v)人员培训制度。

4.5 档案管理

4.5.1 内容

4.5.1.1 档案资料应详实，全面反映中央空调系统运行基本情况和安全管理情况，附有必要的图表，并根据变化及时更新。

4.5.1.2 技术资料应存放整齐，便于查找、核对，并应分门别类建立资料清册。

4.5.1.3 管理性档案应包括下列内容：

a)设备维修、维护保养管理；

b)配件及耗材使用管理；

c)人员培训；

d)安全管理；

e)应急管理；

f)承包商管理。

4.5.1.4 技术性档案应包括下列内容：

a)各楼宇中央空调系统图、平面图(竣工图)；

b)空调机房系统图、平面图(竣工图)；

c)设备出厂合格证及检验报告；

d)中央空调系统设备维护手册、操作使用说明书。

4.5.1.5 运行记录档案应包括下列内容：

a)值班记录；

b)报修服务记录；

c)安全检查记录；

d)设备运行记录；

e)设备维修保养记录；

f)空调系统清洗、消毒记录；

g)空调末端房间温度、湿度、二氧化碳浓度记录；

h)空气过滤器阻力、过滤器清洗、消毒、更换记录；

i)空调系统事故分析处理记录；

j)外来人员进出登记；

k)培训考核记录；

l)应急预案演练记录。

4.5.2 保管部门

医院可根据本单位的实际，在中央空调管理部门设专人保管；也可由医院档案管理部门统一保管。

4.5.3 保存时间

4.5.3.1 管理性档案与技术性档案应与在用中央空调系统同期保存。中央空调系统废止后原技术性档案应继续保存≥5年，原管理性档案保存≥2年。

4.5.3.2 所有运行记录档案应保存≥2年。

5 主要设备运行管理要求

5.1 基 本 要 求

5.1.1 中央空调系统运行管理人员应按照医院的需求及生产厂家特别提供的常规巡检要求，制定中央空调设备的巡检时间、路线、检查内容，安排人员进行巡视检查，发现故障和隐患及时处理，并如实填写相关记录。

5.1.2 除常规巡检外，还应按照生产厂家技术说明书制定中央空调系统维护保养计划，包括维护保养的流程、周期、工作负责人、记录要求等。中央空调系统应该按照计划进行设备维护保养；并应按照生产厂家推荐的频率安排系统的大修。

5.1.3 应按照生产厂家的推荐，确保足够的备用品。

5.1.4 应按国家相关的法律法规规定，对中央空调系统进行安全检验，包括安全阀、压力表、温度计、集水器、分水器、空调主机蒸发器、空调主机冷凝器等安全附件。安全检验应由具有国家认可资质的机构进行。

5.1.5 中央空调系统运行操作人员在中央空调系统运行和事故处理中，应严格执行管理制度和操作规程。

5.1.6 中央空调系统发生异常或故障时，值班人员应立即停机，向上级汇报。

5.1.7 如果发生人身触电、设备爆炸起火等事故，值班人员应先切断电源、抢救处理，并立即向部门主管汇报。

5.1.8 机房出现制冷剂大量泄漏，值班人员应该立即开启通风设备，并撤离和远离，在主机房门外设立警示标识，并向上级汇报。

5.1.9 应对空调通风系统清洁程度进行检查，检查时间间隔和范围应符合 GB 19210 及 GB 50365 的规定。

5.1.10 应依据 GB 19210、GB 50365 及 WS 394 的要求对中央空调系统进行清洗。清洗的范围和方法应符合 WS/T 396 的要求。

5.1.11 医院中央空调系统的卫生检测应每年≥1 次，空调系统卫生质量应符合 GB 15982 及 GB 50365 的规定，其他卫生指标应符合 WS 394 的规定。

5.1.12 当空调通风系统被生物污染物污染时，应对其进行消毒。消毒方法应按 WS/T 396 的要求进行。

5.2 冷热源主机

5.2.1 中央空调系统停止运行超过一周时，应按照 GB 50365 和生产厂家技术说明书进行空调冷热源主机安全性能检测。空调冷热源主机性能正常方可开机运行。

5.2.2 冷热源主机正常运行期间，主机运行记录应每 2h 1 次。

5.2.3 医院应根据实际情况，按冷、热源主机技术要求有计划地进行定期维护保养，维护保养内容应符合 GB 50365 的规定，并满足生产厂家技术说明书中相关要求。

5.2.4 对于安装于地下层或通风不良位置的空调冷热源主机，应在空调冷热源主机机房安装制冷剂泄漏探测自动报警装置，以确保运行人员和公共区域人员的人身安全。

5.2.5 废弃的制冷剂不能直接排入大气，应提交给生产厂家或制冷剂制造厂家进行回收。

5.3 水路管道及附属设备

5.3.1 医院应根据所使用中央空调系统的特性，制定相应空调管网水处理计划。

5.3.2 初次启用或者次年度再次使用时，中央空调系统运行操作人员应按 GB 50050、GB 50365 及 WS/T 396 的规定对冷却塔、冷却水管路以及冷冻水（含采暖热水）管路进行清洗消毒；然后抽取管网水及冷凝水送至有检测资质的机构进行检测。检测结果符合 GB 50050 的要求，同时符合 GB 50365 及 WS 394 的卫生指标规定方可投入运行。

5.3.3 系统运行期间，应按 GB 50050、GB 50365 及 WS/T 396 的规定对冷却水持续进行过滤、缓蚀、阻垢、杀菌和灭藻等水处理操作，还应对冷冻水（含采暖热水）持续进行过滤器的清洗操作。

5.3.4 机组运行期间，运行操作人员巡检管道及附属设备应每天≥2 次。

5.3.5 常规维护保养应包括下列内容：

a)水泵、冷却塔运转正常，紧急停机开关工作正常；

b)水泵、冷却塔应保持清洁；

c)过滤器性能良好；

d)管道及阀门无跑、冒、滴、漏、堵现象，无明显锈蚀，保温层无脱落和破损。

5.4 末 端 设 备

5.4.1 应制定末端设备定期的维护保养计划。

5.4.2 医院中央空调系统使用期间应每 2 个月对空气处理设备的空气消毒装置、过滤器、换热器盘管、凝结水盘以及设备的箱体内壁表面进行生物污染物污染状况检测。检测结果应达到 GB 50365 规定的物体表面卫生标准。当空调通风系统中有生物污染物时，应在空调通风系统停止运行的状态下对其进行消毒。消毒方法应按 WS/T 396 的要求进行。

5.4.3 医院中央空调系统清洗、消毒后 7 日内应对空气处理设备的空气消毒装置、过滤器、换热器盘管、凝结水盘以及设备的箱体内壁表面再次进行卫生检测。检测结果应达到 WS/T 396 的清洗、消毒效果要求。

5.4.4 医院应根据当地环境状况及使用频率制定自身的空气过滤器的检查、清洗消毒及更换周期。

5.4.5 空气过滤器的检查周期、评价指标及管理要求宜按表 1 所示进行。

表 1 空气过滤器检查周期、评价指标及管理要求

过滤器种类	检查周期	评价指标	管理要求
新风入口过滤器	7d （多风沙地区宜更短）	网眼被堵塞＞50％	清洗并消毒
重复使用型 粗效过滤器	20d	网眼被堵塞＞50％	清洗并消毒
一次性使用型 粗效过滤器	≤2 个月	阻力高于额定 初阻力 50Pa	更换
中效过滤器	≤4 个月	阻力高于额定 初阻力 60Pa	更换

5.4.6 末端设备停用时间＞3 个月，应按照 GB 50365 及生产厂家技术说明书的要求维修、保养，对末端设备进行全面检查，依据检查结果进行清洗、消毒或更换。

5.4.7 末端设备的维护保养方法与周期，应按照 GB 50365 及生产厂家技术说明书的要求进行。常规维护保养内容应包括：风机叶轮及轴承、风机皮带必要时的更换；加湿设备水源符合 GB 5749 的规定；加湿设备与除湿设备无结垢、积尘和霉斑。

5.4.8 医院中央空调系统运行的新风量、二氧化碳浓度、生物污染物、可吸入颗粒物、积尘量等指标，应符合 GB 15982、GB 50365 及 WS 394 的规定。

5.4.9 对空调末端房间的温度、湿度、二氧化碳浓度的抽检应每天≥1 次，温度、湿度、二氧化碳浓度应符合 GB 50365 及 GB/T 17094 的规定。抽检空调末端房间数量占空调末端房间总数比例应≥1％。

5.4.10 医院感染管理部门每季度应对非洁净手术部（室）；产房；导管室；血液病病区、烧伤病区等保护性隔离病区；重症监护病区；新生儿室等重点部门进行空气细菌菌落数监测，每次检查房间的数量与重点部门房间总数量的比例应≥10％。

5.4.11 怀疑医院感染暴发或疑似暴发与医院环境有关时，应进行目标微生物检测，并根据医院感染暴发的具体情况规定抽查监测的频率和抽检房间的覆盖比例，其监测方法及结果的判定应符合 GB 15982 的规定。如果细菌菌落超过 GB 15982 规定的标准值，应立即关闭该区域中央空调系统，并对其采取检查、清洗、消毒等整改措施，然后重新检测，菌落总数符合 GB 15982 规定的标准值后方可再次投入使用。

5.4.12 中央空调系统卫生状况检测结果中，风管内表面积尘量超过 GB 19210、GB 50365 及 WS 394 的规定时，应自行(应具有相关清洗资质)或委托专业清洗机构对中央空调通风系统按照 GB 19210、GB 50365 及 WS/T 396 的要求进行清洗，使其符合 GB 19210、GB 50365 及 WS 394 的规定。

5.4.13 医院建筑物某区域内发现可能通过中央空调通风系统扩散的传染病人或者疑似传染病人、有毒有害气体、粉尘等时，运行操作人员应立即关闭该区域全部风口或立即停止该区域中央空调末端设备。

6 能源管理

6.1 计　　量

医院宜根据自身情况，对中央空调系统的耗电量、用水量进行分表计量统计。

6.2 节　　能

6.2.1 节能的目标应以整个楼宇的中央空调系统的能耗下降和楼宇的空调系统的运行效能的提升为衡量标准。医院应根据自身条件制定适合本医院的节能措施。

6.2.2 办公室在冬夏季使用空调期间应避免开窗，空调温度夏季≥26℃，冬季≤20℃。

6.2.3 对温度有特殊要求的科室宜采用专用空调或分体空调。

6.2.4 中央空调系统运行管理人员应按照 GB 50365 的规定制定节能运行管理规程。

6.2.5 应定期将中央空调系统运行的实际状况和能源消耗报告医院主管领导。

7 应急管理

7.1 医院应根据实际情况，制定空气传播性疾病预防的应急预案及中央空调系统安全应急预案。

7.2 应急预案应每年至少演练 1 次，详细记录演练过程，发现问题应及时改进，并再次进行应急演练。

7.3 中央空调系统应急预案应包括以下内容：

a)应急组织及其构成，指挥协调部门；

b)应急物资的准备和存放地点；

c)应急现场的负责人、组成人员及各自的职责；

d)通信联络、应急处理流程；

e)安全防护和人员的组织，调度和保障措施。

7.4 应急处理流程应包括以下内容：

a)事件的报告程序和预案启动程序；

b)采取的行动；

c)与其他人员或部门联系的办法和程序；

d)呼叫承包商；

e)应急事件的详细记录。

7.5 紧急情况下的联系应包括以下内容：

a)紧急情况的性质；

b)空调系统备用品的详细说明；

c)紧急情况可能持续的时间；

d)采取的补救行动；

e)联系人通讯录及联系顺序；

f)与使用部门联系人的情况联系。

7.6 应急事件发生后，应对其进行后续评估，并立即采取适当措施以防止再发生；应急事件紧急处置后对相关指标应再次检测，指标符合相关规定后方可重新投入使用。

8 承包商管理

8.1 建立索证制度，对承包商为医院提供的产品应向承包商索取产品检验报告及合格证；其服务应符合国家相关法律法规及规范要求。

8.2 与承包商所签订的合同中应规定，其所从事的一切工作都应获得医院的许可。

8.3 承包商应确保派出参与维修工作的人员都为接受过相关培训的合格人员。

8.4 在合同中应明确承包商在处理影响中央空调系统运行的紧急事件时从接到最初电话到达现场的时间及其他相关要求。

8.5 承包商为医院提供的所有产品或服务应在合同中予以详细和明确的规定。

8.6 医院中央空调系统运行管理人员应监督承包商的工作，确保合同能执行。

中华人民共和国卫生行业标准

医院医用织物洗涤消毒技术规范

Regulation for washing and disinfection technique of medical textiles in healthcare facilities

WS/T 508-2016

前　言

根据《中华人民共和国传染病防治法》、《消毒管理办法》、《医院感染管理办法》制定本标准。

本标准按照 GB/T 1.1—2009 给出的规则起草。

本标准主要起草单位：武汉市疾病预防控制中心、华中科技大学同济医学院附属协和医院、卫生部医院管理研究所、中国疾病预防控制中心、北京大学人民医院、山西大医院、山东省疾病预防控制中心、重庆市卫生和计划生育委员会卫生监督局、湖北省卫生和计划生育委员会卫生监督局、华中科技大学同济医学院附属同济医院、湖北省十堰市太和医院。

本标准主要起草人：梁建生、邓敏、沈瑾、武迎宏、杨芸、崔树玉、余书、巩玉秀、吴兵武、徐敏、谢多双、邓兵、莫雄勋、曹平、涂宣程、许慧琼、周彬、邹俊杰。

目　录

医院医用织物洗涤消毒技术规范

1 范　　围

本标准规定了医院医用织物洗涤消毒的基本要求，分类收集、运送与储存操作要求，洗涤、消毒的原则与方法，清洁织物卫生质量要求，资料管理与保存要求。

本标准适用于医院和提供医用织物洗涤服务的社会化洗涤服务机构。

其他医疗机构可参照执行。

2 规范性引用文件

下列文件对于本文件的应用是必不可少的。凡是注日期的引用文件，仅注日期的版本适用于本文件。凡是不注日期的引用文件，其最新版本(包括所有的修改单)适用于本文件。

GB 5749　生活饮用水卫生标准

GB/T 7573　纺织品　水萃取液 pH 值的测定

GB 7918.5　化妆品微生物标准检验方法　金黄色葡萄球菌

GB 15979　一次性使用卫生用品卫生标准

GB 15982　医院消毒卫生标准

GB 19193　疫源地消毒总则

WS/T 311　医院隔离技术规范

WS/T 313　医务人员手卫生规范

WS/T 367　医疗机构消毒技术规范

WS/T 368　医院空气净化管理规范

SB/T 10989　衣物洗涤质量要求

3 术语和定义

下列术语和定义适用于本文件。

3.1　医用织物　medical textiles

医院内可重复使用的纺织品，包括患者使用的衣物、床单、被罩、枕套；工作人员使用的工作服、帽；手术衣、手术铺单；病床隔帘、窗帘以及环境清洁使用的布巾、地巾等。

3.2　感染性织物　infected textiles

医院内被隔离的感染性疾病(包括传染病、多重耐药菌感染/定植)患者使用后，或者被患者血液、体液、分泌物(不包括汗液)和排泄物等污染，具有潜在生物污染风险的医用织物。

3.3　脏污织物　soiled and foul textiles

医院内除感染性织物以外的其他所有使用后的医用织物。

3.4　清洁织物　clean textiles

经洗涤消毒等处理后，外观洁净、干燥的医用织物。

3.5　洗涤　washing

利用洗涤设备、洗涤剂(粉)，在介质(水或有机溶剂)中对使用后医用织物进行清洗的过程。

3.6　分拣　sorting

在洗涤消毒作业场所的污染区内，对脏污织物按使用对象及洗涤消毒工艺需求进行人工清点分类的操作过程。

3.7　洗衣房　laundry

医院内专门洗涤消毒医用织物的场所。

3.8　织物周转库房　textiles turnover warehouse

选择社会化洗涤服务机构的医院所设置的，洁污分开，用于接收使用后医用织物和发放洗涤消毒后医用织物的场所。

3.9　清洁区　clean area

洗衣房内用于经洗涤消毒后医用织物的暂存、整理、烘干、熨烫、储存、发放的区域，以及织物周转库房内用于清洁织物的储存、发放的区域。

3.10　污染区　contaminated area

洗衣房内用于使用后未经洗涤消毒处理医用织物的接收、分拣、洗涤、消毒的区域，以及织物周转库房内用于脏污或感染性织物的接收、暂存的区域。

3.11　卫生隔离式洗涤烘干设备
health isolated mode washing or drying equipment

利用隔离技术，将双门卧式洗衣机或烘干机安装在污染区与清洁区之间，使洗涤物由位于污染区一侧的舱门装入，洗涤完毕后从位于清洁区一侧的舱门取出的专用洗涤设备。

3.12　完全隔离屏障　complete isolated barrier

洗衣房污染区与清洁区之间设置的全封闭式、实质性隔断，除分别开设通道门供人员进出和物品由污到洁运送外，两区之间空气不能对流。

3.13 部分隔离屏障 partial isolated barrier

在医用织物洗涤消毒作业场所清洁区内设置的半封闭式隔断，其高度与宽度适应操作需要，空间空气可以对流。

3.14 水溶性包装袋 water soluble bag

以高分子、多聚糖等为原材料，具有防透水和在特定温度水中自行分裂、溶解特性，用于盛装感染性织物，具有双层加强结构，并印有生物危害警告标志的一次性塑料包装袋。

4 管理要求

4.1 管理要求

4.1.1 医院管理

4.1.1.1 应明确负责洗衣房管理工作的职能部门。

4.1.1.2 应将洗衣房医用织物洗涤消毒工作纳入医院质量管理，制定和完善洗衣房医院感染管理和医用织物洗涤消毒的各项规章制度并认真落实。

4.1.1.3 应有专人从事医用织物洗涤消毒工作，从业人员数量应满足工作需要。

4.1.1.4 如选择社会化洗涤服务机构，应对其资质（包括工商营业执照，并符合商务、环保等有关部门管理规定）、管理制度（含突发事件的应急预案）及医用织物运送、洗涤消毒操作流程等进行审核。

4.1.1.5 对社会化洗涤服务机构进行风险评估，签订协议书，明确双方的职责。风险评估主要包括下列内容：

a)识别可能存在的生物污染风险，如与感染性织物混洗等；

b)确立、评估与生物污染风险相关的关键控制点，如医用织物分类收集、运送、洗涤（温度与时间）环节和相关洗涤设备、人员、环境，以及清洁织物质量标准等；

c)对生物污染风险识别和控制过程中存在的问题进行反馈，并提出可持续改进措施。

4.1.1.6 应与社会化洗涤服务机构建立医用织物交接与质量验收制度。

4.1.2 洗衣房管理

4.1.2.1 应建立医用织物洗涤消毒工作流程、分类收集、洗涤消毒、卫生质量监测检查、清洁织物储存管理、安全操作、设备与环境卫生保洁以及从业人员岗位职责、职业防护等制度。

4.1.2.2 应对工作人员进行岗前培训，使其熟练掌握洗涤、消毒技能；并了解洗涤和烘干等相关设备、设施及消毒隔离与感染控制基础知识、常用消毒剂使用方法等。

4.1.2.3 应有质量管理负责人和专（兼）职质检员，负责开展各工序的自检、抽检工作。

4.1.2.4 污染废物处置与管理应符合《医疗废物管理条例》、《医疗卫生机构医疗废物管理办法》的规定。

4.2 人员防护要求

4.2.1 在污染区和清洁区穿戴的个人防护用品不应交叉使用。

4.2.2 在污染区应遵循“标准预防”的原则，按照 WS/T 311 的隔离要求，穿戴工作服（包括衣裤）、帽、口罩、手套、防水围裙和胶鞋，并按 WS/T 313 要求进行手卫生。

4.2.3 在污染区根据实际工作需要可选穿隔离衣。

4.2.4 在清洁区应穿工作服、工作鞋，并保持手卫生。

4.2.5 在清洁区可根据实际工作需要戴帽和手套。

4.3 建筑布局要求

4.3.1 洗衣房

4.3.1.1 应设有办公区域（包括办公室、卫生间等）和工作区域。

4.3.1.2 工作区域的建筑布局应符合下列要求：

a)应独立设置，远离诊疗区域；周围环境卫生、整洁。

b)应设有工作人员、医用织物接收与发放的专用通道。

c)工作流程应由污到洁，不交叉、不逆行。

d)分别设有污染区和清洁区，两区之间应有完全隔离屏障。清洁区内可设置部分隔离屏障。

e)污染区应设医用织物接收与分拣间、洗涤消毒间、污车存放处和更衣（缓冲）间等；清洁区应设烘干间，熨烫、修补、折叠间，储存与发放间、洁车存放处及更衣（缓冲）间等。

f)有条件的可在清洁区内设置质检室。

g)各区域及功能用房标识明确，通风、采光良好。

h)污染区及各更衣（缓冲）间设洗手设施，宜采用非手触式水龙头开关。

i)污染区应安装空气消毒设施。

j)清洁区应清洁干燥。

k)室内地面、墙面和工作台面应坚固平整、不起尘，便于清洁，装饰材料防水、耐腐蚀。

l)排水设施完善；有防蝇、防鼠等有害生物防制设施。

4.3.2 织物周转库房

4.3.2.1 选择社会化洗涤服务机构的医院应设置织物周转库房。

4.3.2.2 应分别设有不交叉、相对独立的使用后医用织物接收区域和清洁织物储存发放区域，标识应明确。

4.3.2.3 室内应通风、干燥、清洁；地面、墙面应平整；有防尘、防蝇、防鼠等设施。

4.4 洗涤用水、设备及用品要求

4.4.1 医用织物洗涤、消毒、烘干、熨烫等用品与设备应满足工作需要。

4.4.2 洗涤用水的卫生质量应符合 GB 5749 要求。

4.4.3 洗涤和烘干设备应选用经国家检测合格、有加热功能的专用洗涤和烘干设备。

4.4.4 宜选择卫生隔离式洗涤烘干设备。

4.4.5 社会化洗涤服务机构宜装备隧道式洗涤机组。

4.4.6 洗涤剂、消毒剂及消毒器械应符合国家有关规定。

5 医用织物分类收集、运送与储存操作要求

5.1 分类收集

5.1.1 应按本标准对脏污织物和感染性织物进行分类收集。收集时应减少抖动。

5.1.2 确认的感染性织物应在患者床边密闭收集。

5.1.3 盛装感染性织物的收集袋(箱)宜为橘红色,有“感染性织物”标识;有条件的医院可使用专用水溶性包装袋。

5.1.4 专用水溶性包装袋的装载量不应超过包装袋的三分之二,并应在洗涤、消毒前持续保持密封状态。

5.1.5 脏污织物宜采用可重复使用的专用布袋或包装箱(桶)收集,也可用一次性专用塑料包装袋盛装;其包装袋和包装箱(桶)应有文字或颜色标识。

5.1.6 盛装使用后医用织物的包装袋应扎带封口,包装箱(桶)应加盖密闭。

5.1.7 用于盛装使用后医用织物的专用布袋和包装箱(桶)应一用一清洗消毒;医用织物周转库房或病区暂存场所内使用的专用存放容器应至少一周清洗一次,如遇污染应随时进行消毒处理;消毒方法参照 WS/T 367 执行。使用后的一次性专用塑料包装袋应按医疗废物处理。

5.2 运送

5.2.1 医院洗衣房应分别配置运送使用后医用织物和清洁织物的专用运输工具,不应交叉使用。专用运输工具应根据污染情况定期清洗消毒;运输工具运送感染性织物后应一用一清洗消毒,消毒方法参照 WS/T 367 执行。

5.2.2 社会化洗涤服务机构应分别配置运送使用后医用织物和清洁织物的专用车辆和容器,采取封闭方式运送,不应与非医用织物混装混运;对运送车辆和容器的清洗消毒要求按 5.2.1 执行。

5.3 储存

5.3.1 使用后医用织物和清洁织物应分别存放于使用后医用织物接收区(间)和清洁织物储存发放区(间)的专用盛装容器、柜架内,并有明显标识;清洁织物存放架或柜应距地面高度 20cm~25cm,离墙 5cm~10cm,距天花板≥50cm。

5.3.2 使用后医用织物的暂存时间不应超过 48h;清洁织物存放时间过久,如发现有污渍、异味等感官问题应重新洗涤。

5.3.3 使用后医用织物每次移交后,应对其接收区(间)环境表面、地面进行清洁,并根据工作需要进行物表、空气消毒。

5.3.4 清洁织物储存发放区(间)环境受到污染时应进行清洁、消毒。

6 洗涤、消毒的原则与方法

6.1 医用织物洗涤、消毒的原则与方法

6.1.1 脏污织物

6.1.1.1 应遵循先洗涤后消毒原则。

6.1.1.2 根据医用织物使用对象和污渍性质、程度不同,应分机或分批洗涤、消毒。

6.1.1.3 新生儿、婴儿的医用织物应专机洗涤、消毒,不应与其他医用织物混洗。

6.1.1.4 手术室的医用织物(如手术衣、手术铺单等)宜单独洗涤。

6.1.1.5 布巾、地巾宜单独洗涤、消毒。

6.1.1.6 宜选择热洗涤方法。选择热洗涤方法时可不作化学消毒处理,热洗涤方法按附录 A 执行。

6.1.1.7 所有脏污织物的洗涤方法应按洗涤设备操作说明书和附录 A 执行。

6.1.1.8 若选择化学消毒,消毒方法应按消毒剂使用说明书和 WS/T 367 执行。

6.1.2 感染性织物

6.1.2.1 洗涤消毒的原则应符合 6.1.1.1~6.1.1.5 要求。

6.1.2.2 不宜手工洗涤。宜采用专机洗涤、消毒,首选热洗涤方法;有条件的宜使用卫生隔离式洗涤设备。

6.1.2.3 机械洗涤消毒时可采用洗涤与消毒同时进行的程序。

6.1.2.4 采用水溶性包装袋盛装感染性织物的,应在密闭状态下直接投入洗涤设备内。

6.1.2.5 对不耐热的感染性织物宜在预洗环节同时进行消毒处理,消毒方法按附录 A 执行。

6.1.2.6 被朊病毒、气性坏疽、突发不明原因传染病的病原体或其他有明确规定的传染病病原体污染的感染性织物,以及多重耐药菌感染或定植患者使用后的感染性织物,若需重复使用应先消毒后洗涤。消毒方法按附录 A 执行。

6.2 洗涤设备及环境的消毒与杀虫

6.2.1 洗涤设备的消毒

6.2.1.1 感染性织物每次投放洗涤设备后,应立即选用有效消毒剂对其设备舱门及附近区域进行擦拭消毒,消毒方法参照 WS/T 367 执行;使用水溶性包装袋时可不作消毒处理。

6.2.1.2 感染性织物若选择冷洗涤方式洗涤,工作完毕后,应对其设备采取高温热洗涤方法进行消毒处理,将水温提高到 75℃、时间≥30min 或 80℃、时间≥10min 或 A_0 值≥600。

6.2.2 环境的消毒与杀虫

6.2.2.1 每天工作结束后应对污染区的地面与台面采用有效消毒剂进行拖洗/擦拭,消毒方法参照 WS/T 367 执行;清洁区的地面、台面、墙面应每天保洁。

6.2.2.2 污染区室内机械通风的换气次数宜达到 10 次/h,最小新风量宜不小于 2 次/h;必要时进行空气消毒,消毒方法参照 WS/T 368 执行。

6.2.2.3 工作区域的物体表面和地面有明显血液、体液或分泌物等污染时,应及时用吸湿材料去除可见的污染物,再清洁和消毒,消毒方法参照 WS/T 367 执行。

6.2.2.4 当工作环境受到明确传染病病原体污染时,应选用有效消毒剂对环境空气和物体表面进行终末消毒,消毒方法与要求参照 GB 19193 执行。

6.2.2.5 每半年对工作人员手、物体表面进行 1 次卫生学抽

检，符合 GB 15982 Ⅲ类环境规定。

6.2.2.6 当发现有疥疮患者使用过医用织物或医用织物上有螨、虱、蚤等体外寄生虫时，除对其医用织物采用煮沸或蒸汽（100℃，时间≥15min）等方法杀灭外，应对污染环境及时选用拟除虫菊酯、氨基甲酸酯或有机磷类杀虫剂，采取喷雾方法进行杀虫，具体方法应遵循产品的使用说明。

7 清洁织物卫生质量要求

7.1 指标要求

7.1.1 感官指标

清洁织物外观应整洁、干燥，无异味、异物、破损。

7.1.2 物理指标

按 SB/T 10989 要求，清洁织物表面的 pH 应达到 6.5～7.5；测定方法参见附录 B。

7.1.3 微生物指标

清洁织物微生物指标应符合表 1 的要求；检测方法参照附录 B 执行。

表 1 清洁织物微生物指标

项目	指标
细菌菌落总数/（$CFU/100cm^2$）	≤200
大肠菌群	不得检出
金黄色葡萄球菌	不得检出

7.2 检测要求

7.2.1 清洁织物洗涤质量的感官指标应每批次进行检查。

7.2.2 pH 应根据工作需要进行测定。

7.2.3 根据工作需要或怀疑医院感染暴发与医用织物有关时，应进行菌落总数和相关指标菌检测。

8 资料管理与保存要求

8.1 洗衣房的各项相关制度、风险责任协议书、微生物监测报告，以及所用消毒剂、消毒器械的有效证明（复印件）等资料应建档备查，及时更新。

8.2 使用后医用织物和清洁织物收集、交接时，应有记录单据，记录内容应包括医用织物的名称、数量、外观、洗涤消毒方式、交接时间等信息，并有质检员和交接人员签字，记录单据宜一式三联。从事医用织物洗涤服务的社会化洗涤服务机构还应有单位名称、交接人与联系方式并加盖公章，供双方存查、追溯。日常质检记录、交接记录应具有可追溯性，记录的保存期应≥6 个月。

附 录 A
（规范性附录）
医用织物洗涤消毒工作流程及洗涤、消毒、整理过程要求

A.1 工作流程

在对使用后医用织物实施收集、分拣、洗涤消毒、整理、储存时应由污到洁，顺行通过，不应逆行；洗涤消毒工作流程按图 1 进行。

A.2 洗涤、消毒过程

A.2.1 洗涤周期与消毒过程的选择

A.2.1.1 洗涤周期包括预洗、主洗、漂洗、中和四个步骤。

A.2.1.2 对需实施消毒处理的医用织物宜选择在预洗环节完成。在选择含氯消毒剂等腐蚀性较强的化学消毒剂进行消毒时，为尽量减少对织物的损害，应预先确定最大可接受水平即适宜的有效浓度。

A.2.1.3 对耐热的感染性织物，应首选热洗涤消毒方法，并根据需要设定适宜的温度和时间。

A.2.1.4 使用后医用织物的消毒处理可在预洗或主洗中的一个环节进行，不作重复处理。

A.2.2 装载程度

医用织物洗涤时的装载量不应超过洗涤设备最大洗涤量的 90%，即每 100kg 洗涤设备的洗涤量不超过 90kg 织物。

A.2.3 预洗

A.2.3.1 用温度不超过 40℃的水进行预洗；可根据冲洗污垢需要加入适量的洗涤剂。

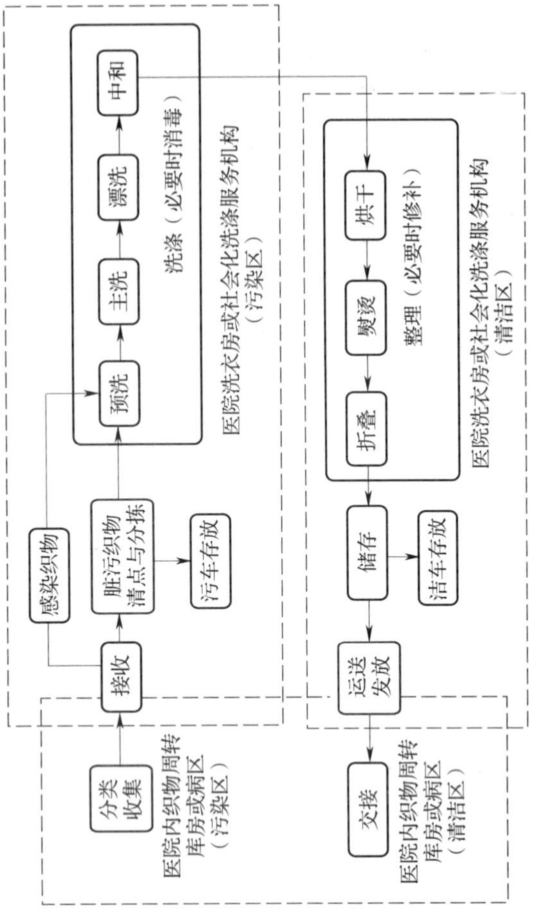

图1 医用织物洗涤消毒工作流程

A.2.3.2 脏污织物的预洗：应采用低温、高水位方式，一般洗涤时间为3min～5min。

A.2.3.3 感染性织物的预洗与消毒：

a）对不耐热感染性织物宜选择在预洗环节同时作消毒处理。

b）对被朊病毒、气性坏疽、突发不明原因传染病的病原体污染或其他有明确规定的传染病病原体污染的感染性织物，若需重复使用应遵循先消毒后洗涤的原则。

c）应根据感染性织物使用对象和污渍性质、程度不同，参照WS/T 367规定，在密闭状态下选择下列适宜的消毒（灭菌）方法进行处理：

1）对于被细菌繁殖体污染的感染性织物，可使用250mg/L～500mg/L的含氯消毒剂或100mg/L～250mg/L的二氧化氯消毒剂或相当剂量的其他消毒剂，洗涤消毒应不少于10min；也可选用煮沸消毒（100℃，时间≥15min）和蒸汽消毒（100℃，时间15min～30min）等湿热消毒方法；

2）对已明确被气性坏疽、经血传播病原体、突发不明原因传染病的病原体或分枝杆菌、细菌芽孢引起的传染病污染的感染性织物，可使用2000mg/L～5000mg/L的含氯消毒剂或500mg/L～1000mg/L的二氧化氯消毒剂或相当剂量的其他消毒剂，洗涤消毒应不少于30min；

3）对已明确被朊病毒病原体污染的感染性织物，应按WS/T 367规定的消毒方法进行处理；

4）需灭菌的应按WS/T 367要求，首选压力蒸汽灭菌；

5）对外观有明显血液、体液、分泌物、排泄物等污渍的感染性织物，宜首选在该环节采用A.2.3.3c）1）、A.2.3.3 c）2）规定的方法，并在密闭状态下进行洗涤消毒。

d）对采用机械洗涤的感染性布巾、地巾（包括可拆卸式地拖地巾或拖把头），宜选择先洗涤后消毒的方式。消毒方法参照WS/T 367规定，可使用500mg/L的含氯消毒剂或250mg/L的二氧化氯消毒剂或相当剂量的其他消毒剂浸泡。

A.2.4 主洗

主洗可分为热洗涤和冷洗涤两种洗涤方法。根据被洗涤医用织物的污染情况可加入碱、清洁剂或乳化剂、消毒洗涤原料。洗涤、消毒方法和程序应按下列要求选择进行：

a）热洗涤方法：应采用高温（70℃～90℃）、低水位方式。对耐热的医用织物首选热洗涤方法。消毒温度75℃，时间≥30min或消毒温度80℃，时间≥10min或A_0值≥600；洗涤时间可在确保消毒时间基础上，根据医用织物脏污程度的需要而延长。

b）冷洗涤方法：应采用中温（40℃～60℃）、低水位方式。对不耐热的医用织物如受热易变形的特殊织物（化纤、羊毛类织物），应选用水温≤60℃的冷洗涤方法处理。若在该环节选择对感染性织物实施消毒（灭菌）处理的，具体方法应按A.2.3.3执行。

A.2.5 去污渍

A.2.5.1 局部的污渍处理应遵循"先干后湿，先碱后酸"的原则。

A.2.5.2 不能确定污渍种类时，其局部的污渍处理可采取下列程序：

a）使用有机溶剂，如丙酮或酒精；

b）使用洗涤剂；

c）使用酸性溶液，如氟化氢钠、氟化氢氨；若为小块斑渍，可使用氢氯酸溶液；

d）使用还原剂或脱色剂的温溶液（<40℃），如连二亚硫酸钠或亚硫酸氢钠；

e）使用氧化剂，如次氯酸钠（液体漂白剂）或过氧化氢。

该洗涤程序应按顺序进行，每一步程序之间均应将被洗涤的织物充分过水。

A.2.6 漂洗

通过用水稀释的方法进行，为主洗去污的补充步骤。漂洗方法：应采用低水位方式，一般温度为65℃～70℃，每次漂洗时间不应低于3min，每次漂洗间隔应进行一次脱水，漂洗次数应不低于3次。

A.2.7 中和

对最后一次漂洗时的水应进行中和；此过程应投放适量的中和剂。中和方法：应采用中、低水位方式，一般温度为45℃～55℃，时间为5min；每次中和剂（包括中和酸剂、柔软剂等）的投放量应根据洗涤织物在脱水出机后用pH试剂测试水中的结果而定，pH偏高则加量，偏低则减量。中和后水中的pH应为5.8～6.5，以保证洗涤消毒后的清洁织物符合7.1.2规定。

A.3 烘干与整理过程

A.3.1 医用织物洗涤后宜按织物种类选择进行熨烫或烘干，烘干温度应不低于60℃。

A.3.2 洗涤后医用织物整理主要包括熨烫、修补、折叠过程，其过程应严防洗涤后医用织物的二次污染。为避免织物损伤和过度缩水，清洁织物熨烫时的平烫机底面温度不宜超过180℃。

A.3.3 烘干及其整理过程中应进行质量控制，如烘干前应目测检查洗涤后的医用织物是否干净，发现仍有污渍时需重新进行洗涤等。

附　录　B
（资料性附录）
清洁织物采样及相关指标检测方法

B.1　清洁织物表面采样及微生物检测

B.1.1　采样方法

B.1.1.1　对衣物等清洁织物样品，可在洗涤消毒等工序完成后于规定的储存时间内采样，送检时间不应超过4h；若样品保存于0℃～4℃时，送检时间不应超过24h。

B.1.1.2　衣物等清洁织物表面的采样：随机抽取衣物等清洁织物，将衣物等内侧面对折并使内侧面和外侧面同时暴露，用5cm×5cm灭菌规格板放在其两面暴露部位的中央或上下两部$25cm^2$的面积范围内，用1个浸湿无菌采样液（0.03mol/L磷酸盐缓冲液或生理盐水）的棉拭子在规格板内横竖往返各涂擦5次，涂擦过程中同时转动棉拭子，连续采样4个规格板面积（各采样点不应重复采取），共采集$100cm^2$，用灭菌剪刀剪去或折断棉签上手接触的部分，将棉拭子放入10mL采样液管内送检。若进行金黄色葡萄球菌检测，需按上述方法另采集10mL样液，采样面积≥$100cm^2$。

B.1.2　微生物指标检测方法

B.1.2.1　菌落总数

B.1.2.1.1　检测方法：按照GB 15982进行。

B.1.2.1.2　检测步骤：按照GB 15982进行。

B.1.2.1.3　结果与报告：按照GB 15982进行。

B.1.2.2　大肠菌群

B.1.2.2.1　检测方法：参照GB 15979进行。

B.1.2.2.2　检测步骤：取样液5mL，加入50mL的双倍乳糖胆盐发酵管内，置36℃±1℃培养24h，若乳糖胆盐发酵管不产酸不产气，则可报告大肠菌群阴性。若乳糖胆盐发酵管产酸产气，则从该管中转种伊红美蓝琼脂平板，置36℃±1℃培养24h，观察菌落形态。菌落呈黑紫色或红紫色，圆形，边缘整齐，表面光滑湿润，常具有金属光泽；也有的呈紫黑色，不带或略带金属光泽；或粉红色，中心较深。挑取可疑菌落进行革兰氏染色镜检，同时接种乳糖发酵管37℃培养24h。

B.1.2.2.3　结果与报告：凡乳糖发酵管产酸产气，革兰氏染色为阴性无芽孢杆菌，即可报告被检样品检出大肠菌群。

B.1.2.3　金黄色葡萄球菌

B.1.2.3.1　检测方法：按照GB 7918.5进行。

B.1.2.3.2　检测步骤：取样液10mL，加入盛有90mL 7.5％氯化钠肉汤或10％氯化钠胰酪胨大豆肉汤的无菌锥形瓶（瓶内可预置适当数量的无菌玻璃珠）中，振荡混匀。置36℃±1℃培养24h。

B.1.2.3.3　结果与报告：按照GB 7918.5进行。

B.2　清洁织物pH测定

B.2.1　采样方法

抽取有代表性的清洁织物2件～3件（具体数量应满足测试需要），供相关实验室作pH测定。

B.2.2　测定方法

按照GB/T 7573进行。

中华人民共和国卫生行业标准

重症监护病房医院感染预防与控制规范

Regulation for prevention and control of healthcare associated infection in intensive care unit

WS/T 509-2016

前　言

根据《中华人民共和国传染病防治法》和《医院感染管理办法》制定本标准。

本标准按照 GB/T 1.1—2009 给出的规则起草。

本标准起草单位：首都医科大学宣武医院、中南大学湘雅医院、北京大学人民医院、山东省立医院、北京大学第一医院、北京协和医院。

本标准起草人：王力红、吴安华、安友仲、李卫光、赵霞、张京利、李六亿、杜斌。

目　录

27 重症监护病房医院感染预防与控制规范

1 范　围

本标准规定了医疗机构重症监护病房(intensive care unit,ICU)医院感染预防与控制的基本要求、建筑布局与必要设施及管理要求、人员管理、医院感染的监测、器械相关感染的预防和控制措施、手术部位感染的预防与控制措施、手卫生要求、环境清洁消毒方法与要求、床单元的清洁与消毒要求、便器的清洗与消毒要求、空气消毒方法与要求等。

本标准适用于各级综合医院依据有关规定设置的ICU。

传染病医院ICU及儿科和新生儿ICU医院感染的预防与控制可结合专业特点,参照本标准执行。

2 规范性引用文件

下列文件对于本文件的应用是必不可少的。凡是注日期的引用文件,仅注日期的版本适用于本文件。凡是不注日期的引用文件,其最新版本(包括所有的修改单)适用于本文件。

GB 15982　医院消毒卫生标准

WS/T 311　医院隔离技术规范

WS/T 312　医院感染监测规范

WS/T 313　医务人员手卫生规范

WS/T 367　医疗机构消毒技术规范

医疗废物管理条例　国务院　2003年版

医疗卫生机构医疗废物管理办法　原卫生部　2003年版

医疗废物分类目录　原卫生部、国家环境保护总局　2003年版

消毒管理办法　原卫生部　2002年版

3 术语和定义

下列术语和定义适用于本文件。

3.1 重症监护病房　intensive care unit;ICU

医院集中监护和救治重症患者的专业病房,为因各种原因导致一个或多个器官与系统功能障碍危及生命或具有潜在高危因素的患者,及时提供系统的、高质量的医学监护和救治技术。

3.2 空气洁净技术　air cleaning technology

通过多级空气过滤系统清除空气中的悬浮微粒及微生物、创造洁净环境的手段。

3.3 中央导管　central line

末端位于或接近于心脏或下列大血管之一的,用于输液、输血、采血、血流动力学监测的血管导管。这些大血管包括:主动脉、肺动脉、上腔静脉、下腔静脉、头臂静脉、颈内静脉、锁骨下静脉、髂外静脉、股静脉。

3.4 目标性监测　target surveillance

针对感染高危人群、高发部位、高危因素等开展的医院感染监测,如重症监护病房医院感染监测、血液净化相关感染监测、手术部位感染监测、抗菌药物临床应用与细菌耐药性监测等。

3.5 器械相关感染　device-associated infection

患者在使用某种相关器械期间或在停止使用某种器械(如呼吸机、导尿管、血管导管等)48h内出现的与该器械相关的感染。如果停止使用相关器械时间超过48h后出现了相关感染,应有证据表明此感染与该器械使用相关,但对器械最短使用时间没有要求。

3.6 中央导管相关血流感染　central line associated-bloodstream infections;CLABSI

患者在留置中央导管期间或拔除中央导管48h内发生的原发性、且与其他部位存在的感染无关的血流感染。

3.7 呼吸机相关肺炎　ventilator-associated pneumonia;VAP

建立人工气道(气管插管或气管切开)并接受机械通气时所发生的肺炎,包括发生肺炎48h内曾经使用人工气道进行机械通气者。

3.8 导尿管相关尿路感染　catheter-associated urinary tract infection;CAUTI

患者留置导尿管期间或拔除导尿管后48h内发生的尿路感染。

3.9 医院感染暴发　healthcare-associated infection outbreak

在医疗机构或其科室患者中,短时间内发生3例以上同种同源感染病例的现象。

4 医院感染预防与控制的基本要求

4.1 ICU应建立由科主任、护士长与兼职感控人员等组成的医院感染管理小组，全面负责本科室医院感染管理工作。

4.2 应制定并不断完善ICU医院感染管理相关规章制度，并落实于诊疗、护理工作实践中。

4.3 应定期研究ICU医院感染预防与控制工作存在的问题和改进方案。

4.4 医院感染管理专职人员应对ICU医院感染预防与控制措施落实情况进行督查，做好相关记录，并及时反馈检查结果。

4.5 应针对ICU医院感染特点建立人员岗位培训和继续教育制度。所有工作人员，包括医生、护士、进修人员、实习学生、保洁人员等，应接受医院感染预防与控制相关知识和技能的培训。

4.6 抗菌药物的应用和管理应遵循国家相关法规、文件及指导原则。

4.7 医疗废物的处置应遵循《医疗废物管理条例》《医疗卫生机构医疗废物管理办法》和《医疗废物分类目录》的有关规定。

4.8 医务人员应向患者家属宣讲医院感染预防和控制的相关规定。

5 建筑布局、必要设施及管理要求

5.1 ICU应位于方便患者转运、检查和治疗的区域。

5.2 ICU整体布局应以洁污分开为原则，医疗区域、医疗辅助用房区域、污物处理区域等应相对独立。

5.3 床单元使用面积应不少于$15m^2$，床间距应大于1m。

5.4 ICU内应至少配备1个单间病室(房)，使用面积应不少于$18m^2$。

5.5 应具备良好的通风、采光条件。医疗区域内的温度应维持在24℃±1.5℃，相对湿度应维持在30%～60%。

5.6 装饰应遵循不产尘、不积尘、耐腐蚀、防潮防霉、防静电、容易清洁和消毒的原则。

5.7 不应在室内摆放干花、鲜花或盆栽植物。

6 人员管理

6.1 医务人员的管理要求

6.1.1 ICU应配备足够数量、受过专门训练、具备独立工作能力的专业医务人员，ICU专业医务人员应掌握重症医学的基本理论、基础知识和基本操作技术，掌握医院感染预防与控制知识和技能。护士人数与实际床位数之比应不低于3∶1。

6.1.2 护理多重耐药菌感染或定植患者时，宜分组进行，人员相对固定。

6.1.3 患有呼吸道感染、腹泻等感染性疾病的医务人员，应避免直接接触患者。

6.2 医务人员的职业防护

6.2.1 医务人员应采取标准预防，防护措施应符合WS/T 311的要求。

6.2.2 ICU应配备足量的、方便取用的个人防护用品，如医用口罩、帽子、手套、护目镜、防护面罩、隔离衣等。

6.2.3 医务人员应掌握防护用品的正确使用方法。

6.2.4 应保持工作服的清洁。

6.2.5 进入ICU可不更鞋，必要时可穿鞋套或更换专用鞋。

6.2.6 乙肝表面抗体阴性者，上岗前宜注射乙肝疫苗。

6.3 患者的安置与隔离

6.3.1 患者的安置与隔离应遵循以下原则：

a)应将感染、疑似感染与非感染患者分区安置；

b)在标准预防的基础上，应根据疾病的传播途径(接触传播、飞沫传播、空气传播)，采取相应的隔离与预防措施。

6.3.2 多重耐药菌、泛耐药菌感染或定植患者，宜单间隔离；如隔离房间不足，可将同类耐药菌感染或定植患者集中安置，并设醒目的标识。

6.4 探视者的管理

6.4.1 应明示探视时间，限制探视者人数。

6.4.2 探视者进入ICU宜穿专用探视服。探视服专床专用，探视日结束后清洗消毒。

6.4.3 探视者进入ICU可不更鞋，必要时可穿鞋套或更换专用鞋。

6.4.4 探视呼吸道感染患者时，探视者应遵循WS/T 311的要求进行防护。

6.4.5 应谢绝患有呼吸道感染性疾病的探视者。

7 医院感染的监测

7.1 应常规监测ICU患者医院感染发病率、感染部位构成比、病原微生物等，做好医院感染监测相关信息的记录。监测内容与方法应遵循WS/T 312的要求。

7.2 应积极开展目标性监测，包括呼吸机相关肺炎（VAP）、血管导管相关血流感染（CLBSL）、导尿管相关尿路感染（CAUTI）、多重耐药菌监测，对于疑似感染患者，应采集相应标本做微生物检验和药敏试验。具体方法参照WS/T 312的要求。

7.3 早期识别医院感染暴发，实施有效的干预措施，具体如下：

a)应制定医院感染暴发报告制度，医院感染暴发或疑似暴发时应及时报告相关部门；

b)应通过收集病例资料、流行病学调查、微生物检验，分析确定可能的传播途径，据此制定并采取相应的控制措施；

c)对疑有某种微生物感染的聚集性发生时，宜做菌种的同源性鉴定，以确定是否暴发。

7.4 应每季度对物体表面、医务人员手和空气进行消毒效果监测，当怀疑医院感染暴发、ICU新建或改建以及病室环境的消毒方法改变时，应随时进行监测，采样方法及判断标准应依照GB 15982。

7.5 应对监测资料进行汇总，分析医院感染发病趋势、相关危险因素和防控工作存在的问题，及时采取积极的预防与控制措施。

7.6 宜采用信息系统进行监测。

8 器械相关感染的预防和控制措施

8.1 中央导管相关血流感染的预防和控制措施

8.1.1 应严格掌握中央导管留置指征，每日评估留置导管的必要性，尽早拔除导管。

8.1.2 操作时应严格遵守无菌技术操作规程，采取最大无菌屏障。

8.1.3 宜使用有效含量≥2g/L氯己定-乙醇（70%体积分数）溶液局部擦拭2～3遍进行皮肤消毒，作用时间遵循产品的使用说明。

8.1.4 应根据患者病情尽可能使用腔数较少的导管。

8.1.5 置管部位不宜选择股静脉。

8.1.6 应保持穿刺点干燥，密切观察穿刺部位有无感染征象。

8.1.7 如无感染征象时，不宜常规更换导管；不宜定期对穿刺点涂抹送微生物检测。

8.1.8 当怀疑中央导管相关性血流感染时，如无禁忌，应立即拔管，导管尖端送微生物检测，同时送静脉血进行微生物检测。

8.2 导尿管相关尿路感染的预防和控制措施

8.2.1 应严格掌握留置导尿指征，每日评估留置导尿管的必要性，尽早拔除导尿管。

8.2.2 操作时应严格遵守无菌技术操作规程。

8.2.3 置管时间大于3d者，宜持续夹闭，定时开放。

8.2.4 应保持尿液引流系统的密闭性，不应常规进行膀胱冲洗。

8.2.5 应做好导尿管的日常维护，防止滑脱，保持尿道口及会阴部清洁。

8.2.6 应保持集尿袋低于膀胱水平，防止返流。

8.2.7 长期留置导尿管宜定期更换，普通导尿管7d～10d更换，特殊类型导尿管按说明书更换。

8.2.8 更换导尿管时应将集尿袋同时更换。

8.2.9 采集尿标本做微生物检测时应在导尿管侧面以无菌操作方法针刺抽取尿液，其他目的采集尿标本时应从集尿袋开口采集。

8.3 呼吸机相关肺炎的预防和控制措施

8.3.1 应每天评估呼吸机及气管插管的必要性，尽早脱机或拔管。

8.3.2 若无禁忌症应将患者头胸部抬高30°～45°，并应协助患者翻身拍背及震动排痰。

8.3.3 应使用有消毒作用的口腔含漱液进行口腔护理，每6h～8h一次。

8.3.4 在进行与气道相关的操作时应严格遵守无菌技术操作规程。

8.3.5 宜选择经口气管插管。

8.3.6 应保持气管切开部位的清洁、干燥。

8.3.7 宜使用气囊上方带侧腔的气管插管，及时清除声门下分泌物。

8.3.8 气囊放气或拔出气管插管前应确认气囊上方的分泌物已被清除。

8.3.9 呼吸机管路湿化液应使用无菌水。

8.3.10 呼吸机内外管路应按照11.4的方法做好清洁消毒。

8.3.11 应每天评估镇静药使用的必要性，尽早停用。

9 手术部位感染预防与控制措施

9.1 应严格掌握患者出入 ICU 的指征，缩短住 ICU 天数。

9.2 应符合国家关于外科手术部位医院感染预防与控制的相关要求。

10 手卫生要求

10.1 应配备足够的非手触式洗手设施和速干手消毒剂，洗手设施与床位数比例应不低于 1∶2，单间病房应每床 1 套。应使用一次性包装的皂液。每床应配备速干手消毒剂。

10.2 干手用品宜使用一次性干手纸巾。

10.3 医务人员手卫生应符合 WS/T 313 的要求。

10.4 探视者进入 ICU 前后应洗手或用速干手消毒剂消毒双手。

11 环境清洁消毒方法与要求

11.1 物体表面清洁消毒方法如下：

a）物体表面应保持清洁，被患者血液、体液、排泄物、分泌物等污染时，应随时清洁并消毒；

b）医疗区域的物体表面应每天清洁消毒 1 次～2 次，达到中水平消毒；

c）计算机键盘宜使用键盘保护膜覆盖，表面每天清洁消毒 1 次～2次；

d）一般性诊疗器械（如听诊器、叩诊锤、手电筒、软尺等）宜专床专用；

e）一般性诊疗器械（如听诊器、叩诊锤、手电筒、软尺等）如交叉使用应一用一消毒；

d）普通患者持续使用的医疗设备（如监护仪、输液泵、氧气流量表等）表面，应每天清洁消毒 1 次～2 次；

g）普通患者交叉使用的医疗设备（如超声诊断仪、除颤仪、心电图机等）表面，直接接触患者的部分应每位患者使用后立即清洁消毒，不直接接触患者的部分应每周清洁消毒 1 次～2 次；

h）多重耐药菌感染或定植患者使用的医疗器械、设备应专人专用，或一用一消毒。

11.2 地面应每天清洁消毒 1 次～2 次。

11.3 安装空气净化系统的 ICU，空气净化系统出、回风口应每周清洁消毒 1 次～2 次。

11.4 呼吸机及附属物品的消毒如下：

a）呼吸机外壳及面板应每天清洁消毒 1 次～2 次；

b）呼吸机外部管路及配件应一人一用一消毒或灭菌，长期使用者应每周更换；

c）呼吸机内部管路的消毒按照厂家说明书进行。

12 床单元的清洁与消毒要求

12.1 床栏、床旁桌、床头柜等应每天清洁消毒1次～2次，达到中水平消毒。

12.2 床单、被罩、枕套、床间隔帘应保持清洁，定期更换，如有血液、体液或排泄物等污染，应随时更换。

12.3 枕芯、被褥等使用时应保持清洁，防止体液浸湿污染，定期更换，如有血液、体液或排泄物等污染，应随时更换。

13 便器的清洗与消毒要求

13.1 便盆及尿壶应专人专用，每天清洗、消毒。

13.2 腹泻患者的便盆应一用一消毒。

13.3 有条件的医院宜使用专用便盆清洗消毒机处理，一用一消毒。

14 空气消毒方法与要求

14.1 ICU空气应达到GB 15982的要求。

14.2 空气消毒可采用以下方法之一，并符合相应的技术要求：

a)医疗区域定时开窗通风。

b)安装具备空气净化消毒装置的集中空调通风系统。

c)空气洁净技术：应做好空气洁净设备的维护与监测，保持洁净设备的有效性。

d)空气消毒器：应符合《消毒管理办法》要求。使用者应按照产品说明书正确使用并定期维护，保证空气消毒器的消毒效果。

e)紫外线灯照射消毒：应遵循WS/T 367的规定。

f)能够使空气达到卫生标准值要求的合法有效的其他空气消毒产品。

中华人民共和国卫生行业标准

病区医院感染管理规范

Regulation for healthcare associated infection control
in ward in healthcare facilities

WS/T 510-2016

前　　言

根据《中华人民共和国传染病防治法》和《医院感染管理办法》制定本标准。

本标准按照 GB/T 1.1—2009 给出的规则起草。

本标准起草单位：北京大学第一医院、国家卫生计生委医院管理研究所、首都医科大学宣武医院、解放军总医院、山东省立医院、广东省人民医院、北京大学口腔医院、首都医科大学附属北京朝阳医院、北京协和医院、北京清华医院。

本标准主要起草人：李六亿、巩玉秀、王力红、刘运喜、李卫光、侯铁英、刘翠梅、贾会学、刘坤、马小军、高凤莉。

目　　录

病区医院感染管理规范

1 范　　围

本标准规定了病区医院感染的管理要求、布局与设施、医院感染监测与报告、医院感染预防与控制、职业防护。

本标准适用于医院病区的医院感染管理。医院其他部门可参照执行。

2 规范性引用文件

下列文件对于本文件的应用是必不可少的。凡是注日期的引用文件，仅注日期的版本适用于本文件。凡是不注日期的引用文件，其最新版本（包括所有的修改单）适用于本文件。

GBZ/T 213　血源性病原体职业接触防护导则

GB 19193　疫源地消毒总则

WS 310.1　医院消毒供应中心　第1部分：管理规范

WS 310.2　医院消毒供应中心　第2部分：清洗消毒及灭菌技术操作规范

WS 310.3　医院消毒供应中心　第3部分：清洗消毒及灭菌效果监测标准

WS/T 311　医院隔离技术规范

WS/T 312　医院感染监测规范

WS/T 313　医务人员手卫生规范

WS/T 367　医疗机构消毒技术规范

WS/T 368　医院空气净化管理规范

医务人员艾滋病病毒职业暴露防护工作指导原则（中华人民共和国原卫生部2004年）

3 术语和定义

下列术语和定义适用于本文件。

3.1 病区　ward area

由一个护士站统一管理的多个病室（房）组成的住院临床医疗区域，与住院部公用区域或公用通道由门分隔。一般包括病室（房）、护士站、医生办公室、医务人员值班室、治疗室、污物间等。

3.2 病室（房）　inpatient room

病区内住院患者接受医学观察、诊疗、睡眠、休息和就餐的房间，一般配备床单元、隔离帘、座椅、呼叫系统，氧源、负压吸引系统、手卫生设施、卫生间、非医疗废物桶等。

3.3 床单元　bed unit

病室（房）内为每位住院患者配备的基本服务设施，一般包括病床及其床上用品、床头柜、床边治疗带等。

4 管 理 要 求

4.1 医院感染管理小组

4.1.1　要求

应建立职责明确的病区医院感染管理小组，负责病区医院感染管理工作，小组人员职责明确，并落实。

4.1.2　人员构成

4.1.2.1　病区负责人为本病区医院感染管理第一责任人。

4.1.2.2　医院感染管理小组人员包括医师和护士。

4.1.2.3　医院感染管理小组人员宜为病区内相对固定人员，医师宜具有主治医师以上职称。

4.1.3　职责

4.1.3.1　医院感染管理小组负责本病区医院感染管理的各项工作，结合本病区医院感染防控工作特点，制定相应的医院感染管理制度，并组织实施。

4.1.3.2　根据本病区主要医院感染特点，如医院感染的主要部位、主要病原体、主要侵袭性操作和多重耐药菌感染，制定相应的医院感染预防与控制措施及流程，并组织落实。

4.1.3.3　配合医院感染管理部门进行本病区的医院感染监测，及时报告医院感染病例，并应定期对医院感染监测、防控工作的落实情况进行自查、分析，发现问题及时改进，并做好相应记录。

4.1.3.4　结合本病区多重耐药菌感染及细菌耐药情况，落实医院抗菌药物管理的相关规定。

4.1.3.5　负责对本病区工作人员医院感染管理知识和技能的培训。

4.1.3.6　接受医院对本病区医院感染管理工作的监督、检查与指导，落实医院感染管理相关改进措施，评价改进效果，做好相应记录。

4.2 工 作 人 员

4.2.1 应积极参加医院感染管理相关知识和技能的培训。

4.2.2 应遵守标准预防的原则，落实标准预防的具体措施，手卫生应遵循 WS/T 313 的要求；隔离工作应遵循 WS/T 311 的要求；消毒灭菌工作应遵循 WS/T 367 的要求。

4.2.3 应遵循医院及本病区医院感染相关制度。

4.2.4 应开展医院感染的监测，按照医院的要求进行报告。

4.2.5 应了解本病区、本专业相关医院感染特点，包括感染率、感染部位、感染病原体及多重耐药菌感染情况。

4.2.6 在从事无菌技术诊疗操作如注射、治疗、换药等时，应遵守无菌技术操作规程。

4.2.7 应遵循国家抗菌药物合理使用的管理原则，合理使用抗菌药物。

4.2.8 保洁员 、配膳员等应掌握与本职工作相关的清洁、消毒等知识和技能。

4.3 教育与培训

4.3.1 病区医院感染管理小组应定期组织本病区医务人员学习医院感染管理相关知识，并做好考核。

4.3.2 病区医院感染管理小组应定期考核保洁员的医院感染管理相关知识，如清洁与消毒、手卫生、个人防护等，并根据其知识掌握情况开展相应的培训与指导。

4.3.3 病区医院感染管理小组应对患者、陪护及其他相关人员进行医院感染管理相关知识如手卫生、隔离等的宣传及教育。

5 布局与设施

5.1 病区内病房(室)、治疗室等各功能区域内的房间应布局合理，洁污分区明确。

5.2 收治传染病患者的医院应具备隔离条件，独立设区，病房内通风良好。

5.3 设施、设备应符合医院感染防控要求，应设有适于隔离的房间和符合 WS/T 313 要求的手卫生设施。

5.4 治疗室等诊疗区域内应分区明确，洁污分开，配备手卫生设施；应保持清洁干燥，通风良好。没有与室外直接通风条件的房间应配置空气净化装置。

5.5 新建、改建病房(室)宜设置独立卫生间，多人房间的床间距应大于 0.8m，床单元之间可设置隔帘，病室床位数单排不应超过 3 床；双排不应超过 6 床。

6 医院感染监测与报告

6.1 医院感染病例监测

6.1.1 病区医务人员应按照医院要求配合医院感染管理部门开展医院感染及其相关监测，包括医院感染病例监测、医院感染的目标性监测、医院感染暴发监测、多重耐药菌感染的监测等，监测方法应遵循 WS/T 312 的要求。

6.1.2 病区医务人员应按照医院要求报告医院感染病例，对监测发现的感染危险因素进行分析，并及时采取有效控制措施。

6.1.3 病区医务人员应根据本病区医院感染防控主要特点开展针对性风险因素监测。怀疑医院感染暴发时，应及时报告医院感染管理部门，并配合调查，认真落实感染控制措施。

6.1.4 如发现传染病疫情或者发现其他传染病暴发、流行以及突发原因不明的传染病时，应当遵循疫情报告属地管理原则，按照国务院或者卫生计生行政部门规定的内容、程序、方式和时限报告。

6.2 消毒相关监测

6.2.1 应根据病区采用的消毒方法，按照 WS/T 367 要求开展相应监测。使用不稳定消毒剂如含氯消毒剂、过氧乙酸等时，应现配现用，并在每次配制后进行浓度监测，符合要求后方可使用。

6.2.2 采用紫外线灯进行物体表面及空气消毒时，应按照 WS/T 367 的要求，监测紫外线灯辐照强度。

6.2.3 怀疑医院感染暴发与空气、物体表面、医务人员手、消毒剂等污染有关时，应对空气、物体表面、医务人员手、消毒剂等进行监测，并针对目标微生物进行检测。

7 医院感染预防与控制

7.1 标准预防措施

7.1.1 进行有可能接触患者血液、体液的诊疗、护理、清洁等工作时应戴清洁手套，操作完毕，脱去手套后立即洗手或进行卫生手消毒。

7.1.2 在诊疗、护理操作过程中，有可能发生血液、体液飞溅到面部时，应戴医用外科口罩、防护眼镜或防护面罩；有可能发生血液、体液大面积飞溅或污染身体时，应穿戴具有防渗透性能的隔离衣或者围裙。

7.1.3 在进行侵袭性诊疗、护理操作过程中，如在置入导管、经椎管穿刺等时，应戴医用外科口罩等医用防护用品，并保证光线充足。

7.1.4 使用后针头不应回套针帽，确需回帽应单手操作或使用器械辅助；不应用手直接接触污染的针头、刀片等锐器。废弃的锐器应直接放入耐刺、防渗漏的专用锐器盒中；重复使用的锐器，应放在防刺的容器内密闭运输和处理。

7.1.5 接触患者黏膜或破损的皮肤时应戴无菌手套。

7.1.6 应密封运送被血液、体液、分泌物、排泄物污染的被服。

7.1.7 有呼吸道症状（如咳嗽、鼻塞、流涕等）的患者、探视者、医务人员等应采取呼吸道卫生（咳嗽礼仪）相关感染控制措施。

7.2 手 卫 生

7.2.1 应配备符合 WS/T 313 要求的设施，包括洗手池、清洁剂、干手设施如干手纸巾、速干手消毒剂等，设施位置应方便医务人员、患者和陪护人员使用；应有醒目、正确的手卫生标识，包括洗手流程图或洗手图示等。

7.2.2 清洁剂、速干手消毒剂宜为一次性包装。

7.2.3 应有医务人员手卫生正确性和依从性的自查和监督检查，发现问题，及时改进。

7.3 清洁与消毒

7.3.1 应保持病区内环境整洁、干燥，无卫生死角。

7.3.2 应按照《消毒管理办法》，执行医疗器械、器具的消毒工作技术规范，所使用物品应达到以下要求：

a)进入人体无菌组织、器官、腔隙，或接触人体破损皮肤、破损黏膜、组织的诊疗器域、器具和物品应进行灭菌；

b)接触完整皮肤、完整黏膜的诊疗器械、器具和物品应进行消毒；

c)各种用于注射、穿刺、采血等有创操作的医疗器具应一用一灭菌；

d)使用的消毒药械、一次性医疗器械和器具应符合国家有关规定；

e)一次性使用的医疗器械、器具应一次性使用。

7.3.3 诊疗用品的清洁与消毒

7.3.3.1 重复使用的器械、器具和物品如弯盘、治疗碗等，应遵循 WS 310.1～310.3 的规定进行清洗、消毒或灭菌；接触完整皮肤的医疗器械、器具及物品如听诊器、监护仪导联、血压计袖带等应保持清洁，被污染时应及时清洁与消毒。

7.3.3.2 湿化水、湿化瓶、呼吸机管路、呼吸机等的清洁、消毒与更换，应遵循有关标准的规定。

7.3.3.3 治疗车上物品应摆放有序，上层放置清洁与无菌物品，下层放置使用后物品；治疗车应配备速干手消毒剂，每天进行清洁与消毒，遇污染随时进行清洁与消毒。

7.3.4 患者生活卫生用品的清洁与消毒

7.3.4.1 生活卫生用品如毛巾、面盆、痰盂（杯）、便器、餐饮具等，应保持清洁，个人专用，定期消毒；患者出院、转院或死亡后应对其使用过的生活卫生用品应进行终末消毒。

7.3.4.2 有条件的病区污物间可配置便器清洗消毒器。

7.3.4.3 对传染病患者及其用物应按传染病管理的有关规定，采取相应的消毒、隔离和管理措施。

7.3.5 床单元的清洁与消毒

7.3.5.1 应进行定期清洁和（或）消毒，遇污染应及时清洁与消毒；患者出院时应进行终末消毒。

7.3.5.2 床单、被套、枕套等直接接触患者的床上用品，应一人一更换；患者住院时间超过一周时，应每周更换；被污染时应及时更换。更换后的用品应及时清洗与消毒。

7.3.5.3 被芯、枕芯、褥子、病床隔帘、床垫等间接接触患者的床上用品，应定期清洗与消毒；被污染时应及时更换、清洗与消毒。

7.3.5.4 甲类及按甲类管理的乙类传染病患者、不明原因病原体感染的患者，使用后的床上用品及患者尸体等应按照 GB 19193 相关要求处理。

7.3.5.5 消毒方法应合法、有效，其使用方法与注意事项等应遵循产品的使用说明。

7.3.6 物体表面、地面的清洁与消毒

7.3.6.1 物体表面（包括监护仪器、设备等的表面）应每天湿式清洁，保持清洁、干燥；遇污染时应及时清洁与消毒。

7.3.6.2 擦拭物体表面的布巾，不同患者之间和洁污区域之间应更换，擦拭地面的地巾不同病房及区域之间应更换，用后集中清洗、消毒，干燥保存。

7.3.7 应保持通风良好，发生呼吸道传染病（麻疹除外）时应进行空气消毒，消毒方法应遵循 WS/T 368 的相关要求。

7.4 隔 离

7.4.1 隔离措施应遵循 WS/T 311 的要求。

7.4.2 应根据疾病传播途径的不同，采取接触隔离、飞沫隔离或空气隔离措施，标识正确、醒目。

7.4.3 隔离的确诊或疑似传染病患者或隔离的非传染病感染患者，除确诊为同种病原体感染之外，应安置在单人隔离房间。

7.4.4 隔离患者的物品应专人专用，定期清洁与消毒，患者出院或转院、死亡后应进行终末消毒。

7.4.5 接触隔离患者的工作人员，应按照隔离要求，穿戴相应的隔离防护用品，如穿隔离衣、戴医用外科口罩、手套等，并进行手卫生。

7.5

呼吸机相关性肺炎、导管相关血流感染、导尿管相关泌尿道感染、手术部位感染、多重耐药菌感染等的预防与控制应遵循有关标准的规定。

7.6 抗菌药物的使用管理

7.6.1 应遵照《抗菌药物临床应用管理办法》进行抗菌药物使用的管理。

7.6.2 应对感染患者及时采集标本送检，并参考临床微生物标本检测结果，结合患者的临床表现等，合理选用抗菌药物。

7.6.3 应对抗菌药物临床应用实行分级管理。

7.6.4 使用特殊使用级抗菌药物应掌握用药指征，经抗菌药物管理工作组指定的专业技术人员会诊后，由具有相应处方权的医师开具处方。

7.6.5 手术预防使用抗菌药物时间应控制在术前 30min～2h

（剖宫产手术除外），抗菌药物品种选择和使用疗程应合理。

7.7 消毒物品与无菌物品的管理

7.7.1 应根据药品说明书的要求配置药液，现用现配。

7.7.2 抽出的药液和配制好的静脉输注用无菌液体，放置时间不应超过 2h；启封抽吸的各种溶媒不应超过 24h。

7.7.3 无菌棉球 、纱布的灭菌包装一经打开，使用时间不应超过 24h；干罐储存无菌持物钳使用时间不应超过 4h。

7.7.4 碘伏、复合碘消毒剂、季铵盐类、氯己定类、碘酊、醇类皮肤消毒剂应注明开瓶日期或失效日期，开瓶后的有效期应遵循厂家的使用说明，无明确规定使用期限的应根据使用频次、环境温湿度等因素确定使用期限，确保微生物污染指标低于 100CFU/mL。连续使用最长不应超过 7d；对于性能不稳定的消毒剂如含氯消毒剂，配制后使用时间不应超过 24h。

7.7.5 盛放消毒剂进行消毒与灭菌的容器，应达到相应的消毒与灭菌水平。

7.8 一次性医疗器械的管理

7.8.1 一次性医疗器械应一次性使用。

7.8.2 一次性医疗器域应由医院统一购置，妥善保管，正确使用。

7.8.3 使用前应检查包装的完好性，有无污损，并在有效期内使用。

7.8.4 使用过程中密切观察患者反应，如发生异常，应立即停止使用，做好留样与登记，并及时按照医院要求报告；同批未用过的物品应封存备查。

7.8.5 用后的一次性医疗器械的处理，应按 7.9 中要求管理。

7.9 医疗废物及污水的管理

7.9.1 应做好医疗废物的分类。

7.9.2 医疗废物的管理应遵循《医疗废物管理条例》及其配套文件的要求。正确分类与收集，感染性医疗废物置黄色废物袋内，锐器置于锐器盒内。

7.9.3 少量的药物性废物可放入感染性废物袋内，但应在标签上注明。

7.9.4 医疗废物容器应符合要求，不遗洒；标识明显、正确，医疗废物不应超过包装物或容器容量的 3/4。应使用有效的封口方式，封闭包装物或者容器的封口。

7.9.5 隔离的（疑似）传染病患者或隔离的非传染病感染患者产生的医疗废物应使用双层包装物包装，并及时密封。

7.9.6 不应取出放入包装物或者容器内的医疗废物。

7.9.7 应有具体措施防止医疗废物的流失、泄漏、扩散，一旦发生前述情形时，应按照本单位的规定及时采取紧急处理措施。

7.9.8 具有污水消毒处理设施并达标排放的医疗机构，患者的引流液、体液、排泄物等，可直接排入污水处理系统；无污水消毒处理设施或不能达标排放的，应按照国家规定进行消毒，达到国家规定的排放标准后方可排入污水处理系统。

7.9.9 应与医院内转运人员做好交接登记并双方签字，记录应保存 3 年。

8 职业防护

8.1 医务人员

8.1.1 应遵循标准预防的原则，在工作中执行标准预防的具体措施。

8.1.2 存在职业暴露风险者，如无免疫史并有相关疫苗可供使用，宜接种相关疫苗。

8.1.3 发生职业暴露后，应及时进行局部处理，并按照要求和流程进行报告。

8.1.4 发生职业暴露后应根据现有信息评估被传染的风险，现有信息包括源患者的液体类型（例如血液，可见体液，其他潜在的传染性液体或组织和浓缩的病毒）和职业暴露类型（即经皮伤害、经黏膜或破损皮肤和叮咬）。

8.1.5 对于乙型肝炎病毒职业暴露者，应通过乙肝疫苗接种史和接种效果对职业暴露者评估乙肝病毒感染的免疫状况，并针对性采取相应预防措施。

8.1.6 职业暴露后应追踪检测相关指标。

8.1.7 具体评估、处理、预防及检测流程应遵循 GBZ/T 213 及《医务人员艾滋病病毒职业暴露防护工作指导原则》。

8.2 其他工作人员

其他工作人员的职业防护参照医务人员职业防护执行。

中华人民共和国卫生行业标准

经空气传播疾病医院感染预防与控制规范

Regulation for prevention and control of healthcare associated infection of airborne transmission disease in healthcare facilities

WS/T 511-2016

前　言

根据《中华人民共和国传染病防治法》、《医院感染管理办法》制定本标准。

本标准按照 GB/T 1.1—2009 给出的规则起草。

本标准起草单位：北京大学第一医院、国家卫生计生委医院管理研究所、中国疾病预防控制中心、浙江疾病预防控制中心、山东省立医院、中华医院感染学杂志社、广东省人民医院、首都医科大学附属北京友谊医院、南京鼓楼医院、北京大学第三医院、中国人民解放军总医院、山西医学科学院山西大医院、内蒙古自治区人民医院、中国医科大学附属第一医院、首都医科大学附属北京朝阳医院、北京大学人民医院、首都医科大学附属北京地坛医院、四川大学华西医院、甘肃省人民医院、中国中医科学院广安门医院。

本标准主要起草人：李六亿、巩玉秀、张流波、付强、胡国庆、李卫光、魏华、侯铁英、邓明卓、姜亦虹、杨雪松、索继江、杨芸、刘卫平、程苏华、张波、曹彬、高凤莉、高燕、王广发、卢联合、袁晓宁、宗志勇、张宇、张俭、周彬、赵冰、姚希。

目　录

经空气传播疾病医院感染预防与控制规范

1 范　　围

本标准规定了经空气传播疾病医院感染预防与控制的基本要求，患者识别要求。患者转运要求，患者安置要求，培训与健康教育，清洁、消毒与灭菌，医疗机构工作人员经空气传播疾病预防与控制要求。

本标准适用于各级各类医疗机构。

2 规范性引用文件

下列文件对于本文件的应用是必不可少的。凡是注日期的引用文件，仅注日期的版本适用于本文件。凡是不注日期的引用文件，其最新版本(包括所有的修改单)适用于本文件。

WS 310.1　医院消毒供应中心　第1部分：管理规范

WS 310.2　医院消毒供应中心　第2部分：清洗消毒及灭菌技术操作规范

WS 310.3　医院消毒供应中心　第3部分：清洗消毒及灭菌效果监测标准

WS/T 311　医院隔离技术规范

WS/T 313　医务人员手卫生规范

WS/T 367　医疗机构消毒技术规范

WS/T 368　医院空气净化管理规范

WS/T 442　临床实验室生物安全指南

3 术语和定义

下列术语和定义适用于本文件。

3.1　经空气传播疾病　airborne transmission diseases

由悬浮于空气中、能在空气中远距离传播(＞1m)，并长时间保持感染性的飞沫核传播的一类疾病。包括专性经空气传播疾病(如开放性肺结核)和优先经空气传播疾病(如麻疹和水痘)。

3.2　负压病区(房)　negative pressure ward (room)

通过特殊通风装置，使病区(房)的空气由清洁区向污染区流动，使病区(房)内的压力低于室外压力。负压病区(房)排出的空气需经处理，确保对环境无害。病室与外界压差宜为－30Pa，缓冲间与外界压差宜为－15Pa。

3.3　产生气溶胶的操作　aerosol-generating procedures

能产生气溶胶的操作，例如气管插管及相关操作、心肺复苏、支气管镜检、吸痰、咽拭子采样、尸检以及采用高速设备(如钻、锯、离心等)的操作等。

3.4　呼吸道卫生　respiratory hygiene

呼吸道感染患者佩戴医用外科口罩、在咳嗽或打喷嚏时用纸巾盖住口鼻、接触呼吸道分泌物后实施手卫生，并与其他人保持1m以上距离的一组措施。

4 管 理 要 求

4.1　应根据国家有关法规，结合本医疗机构的实际情况，制定经空气传播疾病医院感染预防与控制的制度和流程，建筑布局合理、区域划分明确、标识清楚，并定期检查与督导，发现问题及时改进。

4.2　应遵循早发现、早报告、早隔离、早治疗的原则，按照《医疗机构传染病预检分诊管理办法》的要求，落实门诊、急诊就诊患者的预检分诊和首诊负责制。

4.3　应执行疑似和确诊呼吸道传染病患者的安置和转运的管理要求，呼吸道传染病及新发或不明原因传染病流行期间，应制定并落实特定的预检分诊制度。

4.4　应遵循WS/T 311的要求，做好疑似或确诊呼吸道传染病患者的隔离工作；应遵循WS/T 367的要求，做好接诊和收治疑似或确诊呼吸道传染病区域的消毒工作。

4.5　工作人员应掌握经空气传播疾病医院感染的防控知识，遵循标准预防，遇有经空气传播疾病疑似或确诊患者时，应遵守经空气传播疾病医院感染预防与控制的规章制度与流程，做好个人防护。

4.6　应为工作人员提供符合要求的防护用品。

5 患者识别要求

5.1 应制定明确的经空气传播疾病预检分诊制度与流程并落实。
5.2 预检分诊应重点询问患者有无发热、呼吸道感染症状、流行病学史等情况，必要时应对疑似患者测量体温。对疑似经空气传播疾病患者发放医用外科口罩，并指导患者正确佩戴，指导患者适时正确实施手卫生。
5.3 工作人员应正确引导疑似经空气传播疾病患者到指定的感染疾病科门诊就诊。

6 患者转运要求

6.1 患者转运包括从就诊地到临时安置地，从临时安置地到集中安置地。应制定经空气传播疾病患者院内转运与院外转运的制度与流程。
6.2 疑似或确诊呼吸道传染病患者和不明原因肺炎的患者应及时转运至有条件收治的定点医疗机构救治。
6.3 转运时，工作人员应做好经空气传播疾病的个人防护，转运中避免进行产生气溶胶的操作。
6.4 疑似或确诊经空气传播疾病患者在转运途中，病情容许时应戴医用外科口罩。
6.5 转运过程中若使用转运车辆，应通风良好，有条件的医疗机构可采用负压转运车。转运完成后，应及时对转运车辆进行终末消毒，终末消毒应遵循 WS/T 367 的要求。
6.6 患者确定转运时，应告知接诊医疗机构或医疗机构相关部门的工作人员。

7 患者安置要求

7.1 临时安置地应确保相对独立，通风良好或安装了带有空气净化消毒装置的集中空调通风系统，有手卫生设施，并符合 WS/T 313 的要求。
7.2 集中安置地应相对独立，布局合理，分为清洁区、潜在污染区和污染区，三区之间应设置缓冲间，缓冲间两侧的门不应同时开启，无逆流，不交叉。病室内应设置卫生间。
7.3 疑似或确诊经空气传播疾病患者宜安置在负压病区（房）中。应制定探视制度，并限制探视人数和时间。
7.4 疑似患者应单人间安置，确诊的同种病原体感染的患者可安置于同一病室，床间距不小于 1.2m。
7.5 患者在病情容许时宜戴医用外科口眼，其活动宜限制在隔离病室内。
7.6 无条件收治呼吸道传染病患者的医疗机构，对暂不能转出的患者，应安置在通风良好的临时留观病室或空气隔离病室。
7.7 经空气传播疾病患者在医疗机构中的诊疗应遵循医疗机构相关规定。

8 培训与健康教育

8.1 医疗机构应定期开展经空气传播疾病医院感染预防与控制知识的培训，内容可包括常见经空气传播疾病的种类、传播方式与隔离预防措施，防护用品的正确选择及佩戴，呼吸道卫生、手卫生、通风等。
8.2 医疗机构应在经空气传播疾病防控的重点区域、部门和高风险人群中开展经空气传播疾病防控知识培训，对就诊患者和工作人员进行经空气传播疾病防控的健康教育。
8.3 在发生经空气传播疾病及新发或不明原因传染病流行时，医疗机构应采取多种形式针对该传染病防控进行宣传和教育。

9 清洁、消毒与灭菌

9.1 空气净化与消毒应遵循 WS/T 368 的相关要求。

9.2 物体表面清洁与消毒应遵循 WS/T 367 的相关要求。

9.3 经空气传播疾病及不明原因的呼吸道传染病病原体污染的诊疗器械、器具和物品的清洗、消毒或灭菌应遵循 WS 310.1、WS 310.2、WS 310.3 及相关标准的要求。

9.4 患者转出、出院或死亡后，应按照 WS/T 367 的要求进行终末消毒。

9.5 清洗、消毒产品应合法 、有效。

9.6 患者死亡后，应使用防渗漏的尸体袋双层装放，必要时应消毒尸袋表面，并尽快火化。

9.7 医疗废物处理应遵循医疗废物管理的有关规定。

10 医疗机构工作人员经空气传播疾病预防与控制要求

10.1 诊治疑似或确诊经空气传播疾病患者时，应在标准预防的基础上，根据疾病的传播途径采取空气隔离的防护措施。

10.2 医疗机构工作人员防护用品选用应按照分级防护的原则，具体要求详见附录 A 中表 A.1。进入确诊或疑似空气传播疾病患者房间时，应佩戴医用防护口罩或呼吸器；根据暴露级别选戴帽子、手套、护目镜或防护面罩，穿隔离衣。

10.3 工作人员个人防护用品使用的具体要求和穿脱个人防护用品的流程与操作应遵循 WS/T 311 的要求，确保医用防护口罩在安全区域最后脱卸。使用后的一次性个人防护用品应遵循《医疗废物管理条例》的要求处置；可重复使用的个人防护用品应清洗、消毒或灭菌后再用。

10.4 应根据疫情防控需要，开展工作人员的症状监测，必要时应为高风险人群接种经空气传播疾病疫苗。

10.5 医疗机构工作人员发生经空气传播疾病职业暴露时，应采用相应的免疫接种和(或)预防用药等措施。

10.6 标本的采集与处理应遵循 WS/T 442 的相关要求。

附 录 A
（资料性附录）
医务人员的分级防护

医务人员的分级防护要求见表 A.1。

表 A.1 医务人员的分级防护要求

防护级别	使用情况	防护用品									
		外科口罩	医用防护口罩	防护面屏或护目镜	手卫生	乳胶手套	工作服	隔离衣	防护服	工作帽	鞋套
一般防护	普通门(急)诊、普通病房医务人员	+	-	-	+	±	+	-	-	-	-
一级防护	发热门诊与感染疾病科医务人员	+	-	-	+	+	+	+	-	+	-
二级防护	进入疑似或确诊经空气传播疾病患者安置地或为患者提供一般诊疗操作	-	+	±	+	+	+	±★	±★	+	+
三级防护	为疑似或确诊患者进行产生气溶胶操作时	-	+	+	+	+	+	-	+	+	+

注："+"应穿戴的防护用品，"-"不需穿戴的防护用品，"±"根据工作需要穿戴的防护用品，"±★"为二级防护级别中，根据医疗机构的实际条件，选择穿隔离衣或防护服。

本汇编标准规范用词说明

1 为便于在执行本汇编标准规范条文时区别对待，对要求严格程度不同的用词说明如下：

1）表示很严格，非这样做不可的：

正面词采用“必须”，反面词采用“严禁”；

2）表示严格，在正常情况下均应这样做的：

正面词采用“应”，反面词采用“不应”或“不得”；

3）表示允许稍有选择，在条件许可时首先应这样做的：

正面词采用“宜”，反面词采用“不宜”；

4）表示有选择，在一定条件下可以这样做的，采用“可”。

2 条文中指明应按其他有关标准执行的写法为：“应符合……的规定”或“应按……执行”。